해커스
전기기사·산업기사
필기
올인원

이론+적중문제+최신기출

오우진

약력

- 현 | 해커스자격증 전기기사·산업기사·기능사 강의
- 현 | 국가직무능력표준(NCS) 전기설비운영부문 개발위원
  (2016년, 2019년)
- 현 | 한양E&S 기술진단팀 부장
  (전기설비 점검 및 진단, 계전기 시험 및 점검)
- 현 | ㈜이선이엔지 연구개발팀 부장
  (전기안전 장비 및 교재 개발업무)
- 현 | 한국전기기술인협회, 한전 배전직군 직업능력향상 강의
- 현 | 전기기술인협회, 한국폴리텍대학, 대덕대학교 등 컨소시엄 교육
  (수배전 관련)
- 전 | NCS 기반 국가기술자격 실기시험 평가방법 개발위원
  (참여분야: 전기기사 및 전기산업기사 실기시험)
- 전 | 한국전기학원 전기 강의 및 교재 개발
- 전 | 한국전기기술인협회 컨소시엄 교재 개발 참여
- 전 | ㈜이레전력기술 기술부장
  (전기진단 및 안전관리 업무)
- 전 | 수도공업고등학교 전기설비실무 강의

문영철

약력

- 현 | 해커스자격증 전기기사·산업기사·기능사 강의
- 현 | 대한상공회의소 서울기술교육센터 자동화 기초교육
- 현 | 한국자동차환경협회 충전인프라 교육
- 현 | 한양E&S 기술진단팀 이사
  (전기설비 점검 및 진단, 계전기 시험 및 점검)
- 전 | 공무원학원 7급 및 9급 수업
- 전 | 한국전기기술인협회 컨소시엄 교육
- 전 | 한국전기학원 전기 강의 및 교재 개발
- 전 | 대양전기직업전문학교 강의 및 교재개발

서문

전기기사・산업기사 필기 합격으로 직행하는 한 권의 기적!
해커스 전기기사・산업기사 필기 올인원
이론 + 적중문제 + 최신기출

우리나라는 현대사회에 들어오면서 빠르게 산업화가 진행되고 눈부신 발전을 이룩하였는데, 그러한 원동력이 되어준 어떠한 힘, 에너지가 있다면 그것은 바로 전기라 생각합니다. 이러한 전기는 우리의 생활을 좀 더 편리하고 윤택하게 만들어주지만, 관리를 잘못하면 무서운 재앙으로 변할 수 있습니다. 따라서 전기를 안전하게 사용하기 위해서는 이에 관련된 지식을 습득해야 하며, 그 지식을 습득할 수 있는 방법이 바로 전기기사・산업기사 자격시험(이하 자격증)이라고 볼 수 있습니다.

현재 전기에 관련된 산업체에 입사하기 위해서는 자격증이 필수가 되고 전기설비를 관리하는 업무를 수행하기 위해서도 반드시 자격증이 있어야 가능하며, 전기사업법 시행규칙에서도 '전기안전관리자 선임자격에 자격증을 소지한 자'라고 명시되어 있습니다. 이처럼 자격증은 전기인들에게는 필수이지만 자격증 취득이 어려워 전기인의 길을 포기하시는 분들이 많습니다.

이에 최단기간 내에 효과적으로 자격증을 취득할 수 있도록 본서를 출간하게 되었습니다.

본서가 전기를 입문하는 분들에게 조금이나마 도움이 되었으면 합니다. 『해커스 전기기사・산업기사 필기 올인원 이론 + 적중문제 + 최신기출』은 다음과 같은 특징으로 구성되어 있습니다.

첫째. 본서를 완독하면 충분히 합격할 수 있도록 이론 내용을 유기적으로 구성하였습니다.
둘째. 이론적 배경을 꼼꼼히 수록하여 교재만으로도 학습이 가능하도록 구성하였습니다.
셋째. 문제응용력을 높일 수 있도록 단원별 출제예상문제를 엄선하여 구성하였습니다.
넷째. 실전에 효과적으로 대비할 수 있도록 기출문제를 최대한 원문 그대로 수록하였습니다.

더불어 자격증 시험 전문 사이트 해커스자격증(pass.Hackers.com)에서 교재 학습 중 궁금한 점을 나누고 다양한 무료 학습자료를 함께 이용하여 학습 효과를 극대화할 수 있습니다.

이 책을 통해 합격의 영광이 함께하길 바라며, 또한 여러분의 앞날을 밝힐 수 있는 밑거름이 되기를 바랍니다. 앞으로도 더 좋은 도서를 만들기 위해 항상 연구하고 노력하겠습니다.

오우진, 문영철

CONTENTS

이 책의 구성과 특징   6
시험 소개   8
출제기준   10

PART 01 | 이론

Chapter 01 | 전기자기학

01장	벡터	16
02장	진공 중의 정전계	17
03장	정전용량	25
04장	유전체	29
05장	전기 영상법	33
06장	전류	36
07장	진공 중의 정자계	38
08장	전류의 자기현상	41
09장	자성체와 자기회로	47
10장	전자유도법칙	51
11장	인덕턴스	54
12장	전자계	58

Chapter 02 | 전력공학

01장	전력계통	62
02장	전선로	63
03장	선로정수 및 코로나 현상	69
04장	송전 특성	74
05장	고장계산 및 안정도	84
06장	중성점 접지방식	89
07장	이상전압 및 유도장해	92
08장	송전선로 보호방식	97
09장	배전방식	104
10장	배전선로 계산	110
11장	발전	115

Chapter 03 | 전기기기

01장	직류기	123
02장	동기기	136
03장	변압기	146
04장	유도기	158
05장	정류기	168
06장	특수기기	171

Chapter 04 | 회로이론

01장	직류회로	173
02장	단상 교류회로	177
03장	다상 교류회로	183
04장	비정현파 교류	188
05장	대칭좌표법	191
06장	회로망 해석	194
07장	4단자망 회로해석	196
08장	분포정수 회로	201
09장	과도현상	203
10장	라플라스 변환	205

해커스 **전기기사·산업기사 필기** 올인원 이론 + 적중문제 + 최신기출

Chapter 05 | 제어공학

01장	자동제어의 개요	209
02장	전달함수	213
03장	시간 영역 해석법	217
04장	주파수 영역 해석법	222
05장	안정도 판별법	226
06장	근궤적법	231
07장	상태방정식	237
08장	시퀀스 회로의 이해	239

Chapter 06 | 전기설비기술기준

01장	전기설비기술기준	245
02장	공통사항	249
03장	저압 전기설비	266
04장	고압 · 특고압 전기설비	295
05장	전기철도	315
06장	분산형전원설비	318

PART 02 | 적중문제

Chapter 01	전기자기학	326
Chapter 02	전력공학	432
Chapter 03	전기기기	521
Chapter 04	회로이론	607
Chapter 05	제어공학	723
Chapter 06	전기설비기술기준	782

PART 03 | 최신기출(CBT)

2025년 3회	전기기사	876
2025년 2회	전기기사	900
2025년 1회	전기기사	924
2025년 3회	전기산업기사	948
2025년 2회	전기산업기사	971
2025년 1회	전기산업기사	995

무료 특강·학습 콘텐츠 제공
pass.Hackers.com

이 책의 구성과 특징

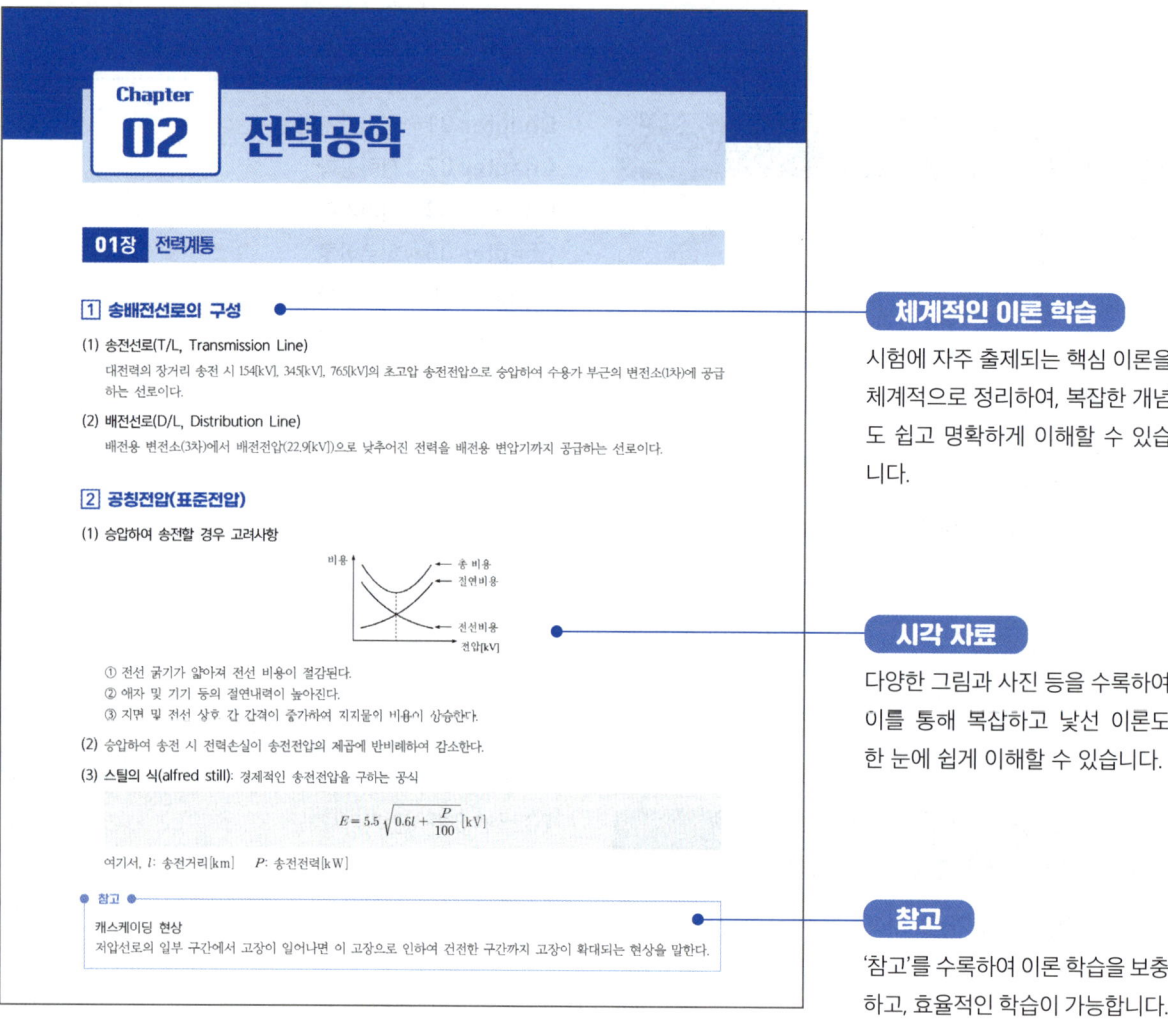

체계적인 이론 학습
시험에 자주 출제되는 핵심 이론을 체계적으로 정리하여, 복잡한 개념도 쉽고 명확하게 이해할 수 있습니다.

시각 자료
다양한 그림과 사진 등을 수록하여 이를 통해 복잡하고 낯선 이론도 한 눈에 쉽게 이해할 수 있습니다.

참고
'참고'를 수록하여 이론 학습을 보충하고, 효율적인 학습이 가능합니다.

해커스 전기기사·산업기사 필기 올인원 이론 + 적중문제 + 최신기출

적중문제

기출 분석을 통해 엄선한 적중문제로 최신 출제 경향을 익히고, 학습한 이론이 어떻게 출제되는지 확인할 수 있습니다.

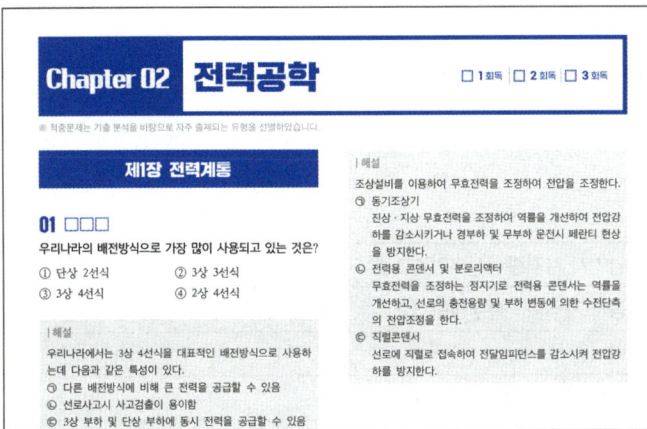

최신기출(CBT)

최신기출문제를 통해 최신 출제 경향을 파악하고, 실전 감각을 기를 수 있습니다.

※ CBT문제는 수험생의 기억에 따라 복원한 것이며, 실제 기출문제와 동일하지 않을 수 있습니다.

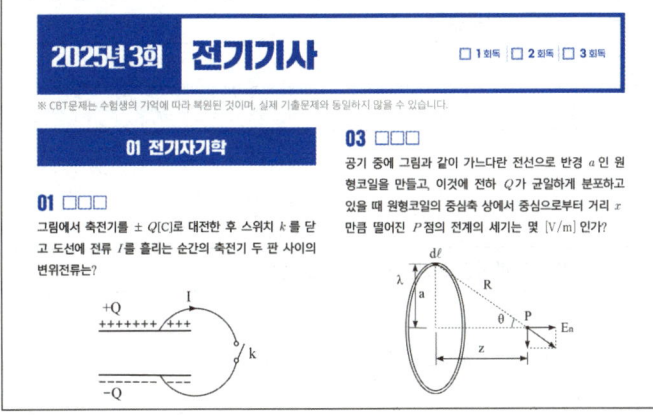

언제 어디서나 필수 공식을 복습하고,
시험 직전 최종 점검까지 할 수 있는

'시험장에 꼭 가져가야 할 필수 공식노트'

시험 소개

■ 전기기사 · 산업기사란?
국가기술자격으로, 전기설비의 설계 · 감리 · 시공 · 운전 · 유지관리 전 과정에서 안전과 법규 준수, 효율적 운영을 담당하는 전문인력입니다.

■ 응시자격

전기기사	자격증, 경력	전기산업기사 자격증 + 실무경력 1년
		전기기능사 자격증 + 실무경력 3년
		실무경력 4년
	관련학과 졸업	4년제 대졸 또는 졸업 예정인 자
		3년제 대졸 + 실무경력 1년
		2년제 대졸 + 실무경력 2년
전기산업기사	자격증, 경력	전기기능사 자격증 + 실무경력 1년
		실무경력 2년
	관련학과 졸업	실무경력 2년

■ 검정방법

전기기사	필기	객관식 4지 택일형, 과목당 20문항(과목당 30분)
	실기	필답형(2시간 30분)
전기산업기사	필기	객관식 4지 택일형, 과목당 20문항(과목당 30분)
	실기	필답형(2시간)

■ 합격기준

필기	100점을 만점으로 하여 과목당 40점 이상, 전과목 평균 60점이상
실기	100점을 만점으로 하여 60점이상

시험 과목

구분	전기기사	전기산업기사
전기자기학	○	○
전력공학	○	○
전기기기	○	○
회로이론&제어공학	○	회로이론만 응시
전기설비기술기준	○	○

필기 최근 6년간 검정현황

과목	구분	2025	2024	2023	2022	2021	2020
전기기사	응시자	64,080	57,417	51,630	52,187	60,500	56,376
	합격자	19,197	15,045	11,477	11,611	13,365	15,970
	합격률	30.0%	26.2%	22.2%	22.2%	22.1%	28.3%
산업기사	응시자	33,021	31,584	29,955	31,121	37,892	34,534
	합격자	7,350	6,189	5,577	6,692	6,991	8,706
	합격률	22.3%	19.6%	18.6%	21.5%	18.4%	25.2%

더 많은 내용이 알고 싶다면?

- 시험일정 및 자격증에 대한 더 자세한 사항은 해커스자격증(pass.Hackers.com) 또는 Q-net(www.Q-net.or.kr)에서 확인할 수 있습니다.
- 모바일의 경우 QR코드로 접속이 가능합니다.

모바일 해커스자격증
(pass.Hackers.com)
바로가기 ▶

출제기준

※ 한국산업인력공단에 공시된 출제기준으로, 「해커스 전기기사·산업기사 필기 올인원 이론 + 적중문제 + 최신기출」 교재의 전체 내용은 모두 아래 출제기준에 근거하여 제작되었습니다.

과목명	주요항목	세부항목	
전기자기학 (20문제)	1. 진공 중의 정전계	(1) 정전기 및 정전유도 (2) 전계 (3) 전기력선 (4) 전하	(5) 전위 (6) 가우스의 정리 (7) 전기쌍극자
	2. 진공 중의 도체계	(1) 도체계의 전하 및 전위분포 (2) 전위계수, 용량계수 및 유도계수 (3) 도체계의 정전에너지	(4) 정전용량 (5) 도체 간에 작용하는 정전력 (6) 정전차폐
	3. 유전체	(1) 분극도와 전계 (2) 전속밀도 (3) 유전체 내의 전계 (4) 경계조건	(5) 정전용량 (6) 전계의 에너지 (7) 유전체 사이의 힘 (8) 유전체의 특수현상
	4. 전계의 특수 해법 및 전류	(1) 전기영상법 (2) 정전계의 2차원 문제 (3) 전류에 관련된 제현상 (4) 저항률 및 도전율	
	5. 자계	(1) 자석 및 자기유도 (2) 자계 및 지위 (3) 자기쌍극자 (4) 자계와 전류 사이의 힘 (5) 분포전류에 의한 자계	
	6. 자성체와 자기회로	(1) 자화의 세기 (2) 자속밀도 및 자속 (3) 투자율과 자화율 (4) 경계면의 조건 (5) 감자력과 자기차폐	(6) 자계의 에너지 (7) 강자성체의 자화 (8) 자기회로 (9) 영구자석
	7. 전자유도 및 인덕턴스	(1) 전자유도 현상 (2) 자기 및 상호유도작용 (3) 자계에너지와 전자유도 (4) 도체의 운동에 의한 기전력 (5) 전류에 작용하는 힘	(6) 전자유도에 의한 전계 (7) 도체 내의 전류 분포 (8) 전류에 의한 자계에너지 (9) 인덕턴스
	8. 전자계	(1) 변위전류 (2) 맥스웰의 방정식 (3) 전자파 및 평면파 (4) 경계조건	(5) 전자계에서의 전압 (6) 전자와 하전입자의 운동 (7) 방전현상

과목명	주요항목	세부항목
전력공학 (20문제)	1. 발·변전 일반	(1) 수력발전 (2) 화력발전 (3) 원자력 발전 (4) 신재생에너지발전 (5) 변전방식 및 변전설비 (6) 소내전원설비 및 보호계전방식
	2. 송·배전선로의 전기적 특성	(1) 선로정수 (2) 전력원선도 (3) 코로나 현상 (4) 단거리 송전선로의 특성 (5) 중거리 송전선로의 특성 (6) 장거리 송전선로의 특성 (7) 분포정전용량의 영향 (8) 가공전선로 및 지중전선로
	3. 송·배전방식과 그 설비 및 운용	(1) 송전방식 (2) 배전방식 (3) 중성점접지방식 (4) 전력계통의 구성 및 운용 (5) 고장계산과 대책
	4. 계통보호방식 및 설비	(1) 이상전압과 그 방호 (2) 전력계통의 운용과 보호 (3) 전력계통의 안정도 (4) 차단보호방식
	5. 옥내배선	(1) 저압 옥내배선 (2) 고압 옥내배선 (3) 수전설비 (4) 동력설비
	6. 배전반 및 제어기기의 종류와 특성	(1) 배전반의 종류와 배전반 운용 (2) 전력제어와 그 특성 (3) 보호계전기 및 보호계전방식 (4) 조상설비 (5) 전압조정 (6) 원격조작 및 원격제어
	7. 개폐기류의 종류와 특성	(1) 개폐기 (2) 차단기 (3) 퓨즈 (4) 기타 개폐장치

출제기준

과목명	주요항목	세부항목	
전기기기 (20문제)	1. 직류기	(1) 직류발전기의 구조 및 원리 (2) 전기자 권선법 (3) 정류 (4) 직류발전기의 종류와 그 특성 및 운전 (5) 직류발전기의 병렬운전 (6) 직류전동기의 구조 및 원리 (7) 직류전동기의 종류와 특성 (8) 직류전동기의 기동, 제동 및 속도제어 (9) 직류기의 손실, 효율, 온도상승 및 정격 (10) 직류기의 시험	
	2. 동기기	(1) 동기발전기의 구조 및 원리 (2) 전기자 권선법 (3) 동기발전기의 특성 (4) 단락현상 (5) 여자장치와 전압조정 (6) 동기발전기의 병렬운전	(7) 동기전동기 특성 및 용도 (8) 동기조상기 (9) 동기기의 손실, 효율, 온도상승 및 정격 (10) 특수 동기기
	3. 전력변환기	(1) 정류용 반도체 소자 (2) 정류회로의 특성 (3) 제어정류기	
	4. 변압기	(1) 변압기의 구조 및 원리 (2) 변압기의 등가회로 (3) 전압강하 및 전압변동률 (4) 변압기의 3상 결선 (5) 상수의 변환 (6) 변압기의 병렬운전	(7) 변압기의 종류 및 그 특성 (8) 변압기의 손실, 효율, 온도상승 및 정격 (9) 변압기의 시험 및 보수 (10) 계기용변성기 (11) 특수변압기
	5. 유도전동기	(1) 유도전동기의 구조 및 원리 (2) 유도전동기의 등가회로 및 특성 (3) 유도전동기의 기동 및 제동 (4) 유도전동기제어 (5) 특수 농형유도전동기	(6) 특수유도기 (7) 단상유도전동기 (8) 유도전동기의 시험 (9) 원선도
	6. 교류정류자기	(1) 교류정류자기의 종류, 구조 및 원리 (2) 단상직권 정류자 전동기 (3) 단상반발 전동기 (4) 단상분권 전동기	(5) 3상 직권 정류자 전동기 (6) 3상 분권 정류자 전동기 (7) 정류자형 주파수 변환기
	7. 제어용 기기 및 보호기기	(1) 제어기기의 종류 (2) 제어기기의 구조 및 원리 (3) 제어기기의 특성 및 시험 (4) 보호기기의 종류	(5) 보호기기의 구조 및 원리 (6) 보호기기의 특성 및 시험 (7) 제어장치 및 보호장치

과목명	주요항목	세부항목	
회로이론 및 제어공학 (20문제)	1. 회로이론	(1) 전기회로의 기초 (2) 직류회로 (3) 교류회로 (4) 비정현파교류 (5) 다상교류 (6) 대칭좌표법	(7) 4단자 및 2단자 (8) 분포정수회로 (9) 라플라스변환 (10) 회로의 전달 함수 (11) 과도현상
	2. 제어공학	(1) 자동제어계의 요소 및 구성 (2) 블록선도와 신호흐름 선도 (3) 상태공간해석 (4) 정상오차와 주파수응답 (5) 안정도판별법 (6) 근궤적과 자동제어의 보상 (7) 샘플값제어 (8) 시퀀스제어	
전기설비 기술기준 (20문제)	전기설비기술기준 및 한국전기설비규정		
	1. 총칙	(1) 기술기준 총칙 및 KEC 총칙에 관한 사항 (2) 일반사항 (3) 전선 (4) 전로의 절연 (5) 접지시스템 (6) 피뢰시스템	
	2. 저압전기설비	(1) 통칙 (2) 안전을 위한 보호 (3) 전선로 (4) 배선 및 조명설비 (5) 특수설비	
	3. 고압, 특고압 전기설비	(1) 통칙 (2) 안전을 위한 보호 (3) 접지설비 (4) 전선로	(5) 기계, 기구 시설 및 옥내배선 (6) 발전소, 변전소, 개폐소 등의 전기설비 (7) 전력보안통신설비
	4. 전기철도설비	(1) 통칙 (2) 전기철도의 전기방식 (3) 전기철도의 변전방식 (4) 전기철도의 전차선로	(5) 전기철도의 전기철도차량 설비 (6) 전기철도의 설비를 위한 보호 (7) 전기철도의 안전을 위한 보호
	5. 분산형 전원설비	(1) 통칙 (2) 전기저장장치 (3) 태양광발전설비	(4) 풍력발전설비 (5) 연료전지설비

해커스자격증
pass.Hackers.com

해커스 **전기기사·산업기사 필기** 올인원 이론 + 적중문제 + 최신기출

PART 01
이론

Chapter 01 　전기자기학
Chapter 02 　전력공학
Chapter 03 　전기기기
Chapter 04 　회로이론
Chapter 05 　제어공학
Chapter 06 　전기설비기술기준

Chapter 01 전기자기학

01장 벡터(vector)

1 내적과 외적

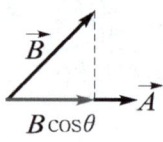 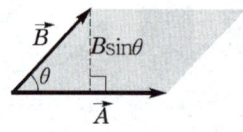   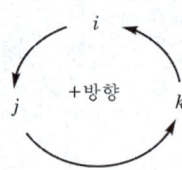

(a) 스칼라 곱 (b) 외적의 크기 (c) 외적의 방향 (d) 외적의 특징

내적(스칼라 곱, dot product)	외적(벡터 곱, cross product)
① 내적: $\vec{A} \cdot \vec{B} = \|A\|\|B\|\cos\theta$ (같은 방향의 스칼라 곱) ② 두 벡터의 사이 각: $\theta = \cos^{-1}\dfrac{\vec{A}\cdot\vec{B}}{\|A\|\|B\|}$ ③ 내적의 특징 　㉠ $i\cdot i = j\cdot j = k\cdot k = 1$ 　㉡ $i\cdot j = j\cdot k = k\cdot i = 0$ 　㉢ 즉, 수직인 두 벡터의 내적은 0이 된다.	① 외적: $\vec{A} \times \vec{B} = \vec{n}\,\|A\|\|B\|\sin\theta$ 　여기서, $\vec{n}$: 두 벡터가 이루는 면적의 수직방향(법선벡터)을 의미한다. ② 방향: 오른나사법칙에 따름 ③ 외적의 특징 　㉠ $i \times i = 0,\quad i \times j = k,\quad i \times k = -j$ 　㉡ $j \times i = -k,\quad j \times j = 0,\quad j \times k = i$ 　㉢ $k \times i = j,\quad k \times j = -i,\quad k \times k = 0$

2 미분 연산자

(1) 편미분 연산자(nabla)

$$\nabla = \frac{\partial}{\partial x}i + \frac{\partial}{\partial y}j + \frac{\partial}{\partial z}k \quad (\partial: \text{'라운드'라고 읽음})$$

여기서, 직각 좌표계의 기본벡터: $i = \vec{a_x} \quad j = \vec{a_y} \quad k = \vec{a_z}$

(2) 함수 A의 기울기(gradient)

$$\mathrm{grad}\,A = \nabla A = \left(\frac{\partial}{\partial x}i + \frac{\partial}{\partial y}j + \frac{\partial}{\partial z}k\right)A = \frac{\partial A}{\partial x}i + \frac{\partial A}{\partial y}j + \frac{\partial A}{\partial z}k$$

3 벡터의 발산과 회전

(1) 벡터의 발산(divergence)

$$div \vec{A} = \nabla \cdot \vec{A} = \left(\frac{\partial}{\partial x}i + \frac{\partial}{\partial y}j + \frac{\partial}{\partial z}k\right) \cdot (A_x i + A_y j + A_z k)$$
$$= \frac{\partial A_x}{\partial x} + \frac{\partial A_y}{\partial y} + \frac{\partial A_z}{\partial z}$$

(2) 벡터의 회전(rotation 또는 curl)

$$rot \vec{A} = \nabla \times \vec{A} = \left(\frac{\partial}{\partial x}i + \frac{\partial}{\partial y}j + \frac{\partial}{\partial z}k\right) \times (A_x i + A_y j + A_z k)$$

$$= \begin{vmatrix} i & j & k \\ \frac{\partial}{\partial x} & \frac{\partial}{\partial y} & \frac{\partial}{\partial z} \\ A_x & A_y & A_z \end{vmatrix} = i \begin{vmatrix} \frac{\partial}{\partial y} & \frac{\partial}{\partial z} \\ A_y & A_z \end{vmatrix} - j \begin{vmatrix} \frac{\partial}{\partial x} & \frac{\partial}{\partial z} \\ A_x & A_z \end{vmatrix} + k \begin{vmatrix} \frac{\partial}{\partial x} & \frac{\partial}{\partial y} \\ A_x & A_y \end{vmatrix}$$

$$= i\left(\frac{\partial A_z}{\partial y} - \frac{\partial A_y}{\partial z}\right) - j\left(\frac{\partial A_z}{\partial x} - \frac{\partial A_x}{\partial z}\right) + k\left(\frac{\partial A_y}{\partial x} - \frac{\partial A_x}{\partial y}\right)$$

02장 진공 중의 정전계(Static electric fields)

1 점전하 관련 공식(쿨롱의 법칙)

(1) 두 전하 사이의 작용하는 힘(전기력)

$$F = \frac{Q_1 Q_2}{4\pi\epsilon_0 r^2} = 9 \times 10^9 \times \frac{Q_1 Q_2}{r^2} [N]$$

여기서, 쿨롱 상수: $K = \frac{1}{4\pi\epsilon_0} = 9 \times 10^9$ r: 두 전하 사이의 거리[m]

① 유전율: $\epsilon = \epsilon_0 \epsilon_s$ [F/m] (ϵ: '입실론'이라고 읽음)

② 진공의 유전율: $\epsilon_0 = 8.855 \times 10^{-12}$ [F/m]

③ 진공의 비유전율: $\epsilon_s = \epsilon_r = 1$

④ 유전율 정의: 절연체(유전체)의 전기적 특성을 나타내는 상수를 말한다.
   여기서 전기적 특성이란, 유전체 삽입에 따라 전계의 세기, 정전용량 등 변화하는 특성을 말한다(전계의 세기 감소, 정전용량 증가).

(2) 전계의 세기

$$E = \frac{Q}{4\pi\epsilon_0 r^2} = 9 \times 10^9 \times \frac{Q}{r^2} \text{ [V/m][N/C]}$$

(3) 전위(전기적인 위치에너지)

$$V = \frac{Q}{4\pi\epsilon_0 r} = 9 \times 10^9 \times \frac{Q}{r} \text{ [V][J/C]}$$

(4) 전속밀도

$$D = \frac{\phi}{S_구} = \frac{Q}{4\pi r^2} \text{ [C/m}^2\text{]}$$

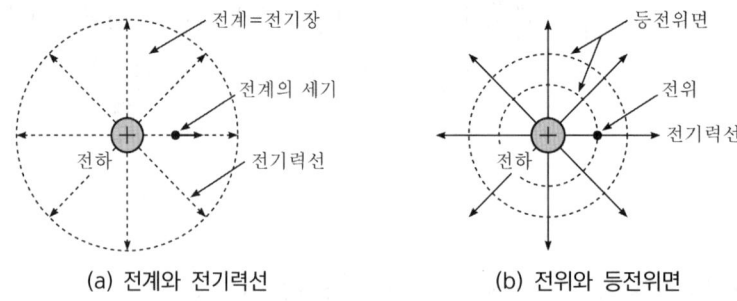

(a) 전계와 전기력선　　　(b) 전위와 등전위면

① 전기력선: 전하 $Q[C]$ 주변에는 전기장이 만들어지고 그 위치에 따라 전계의 세기와 크기와 방향이 결정된다. 이때 전계의 세기를 여러 방향의 선으로 표현한 것을 전기력선이라 한다.
② 전속: 전기력선을 확장해서 유전율(매질)의 크기와 관계없이 1개의 전하(1 [C])에서 1개의 선이 나간다고 가정한 것을 전속 ϕ 또는 유전속이라 한다.

(5) 전계의 세기와 관계식

$$F = QE\text{[N]}, \quad V = rE\text{[V]}, \quad D = \epsilon_0 E\text{[C/m}^2\text{]}$$

여기서, $V = rE$의 공식은 평등전계인 경우에만 적용 가능

(6) 쿨롱의 법칙(Q_2에서 받아지는 힘)

① 거리 벡터: $\vec{r} = (x_1 - x_2)i + (y_1 - y_2)i + (z_1 - z_2)k$
② 거리 스칼라: $r = \sqrt{(x_1 - x_2)^2 + (y_1 - y_2)^2 + (z_1 - z_2)^2}$
③ 거리 단위벡터: $\vec{r_0} = \frac{\vec{r}}{r} = \frac{(x_1 - x_2)i + (y_1 - y_2)i + (z_1 - z_2)k}{\sqrt{(x_1 - x_2)^2 + (y_1 - y_2)^2 + (z_1 - z_2)^2}}$

④ 쿨롱의 법칙

$$\vec{F} = F\vec{r_0} = \frac{Q_1 Q_2}{4\pi\epsilon_0 r^2} \times \frac{\vec{r}}{r} \text{ [N]}$$

2 가우스 법칙

(1) 가우스 법칙의 정리

임의의 폐곡면을 관통하여 밖으로 나가는 전력선의 총수는 폐곡면 내부에 있는 총 전하량의 $1/\epsilon_0$ 배와 같다. 이를 가우스의 정리라고 한다.

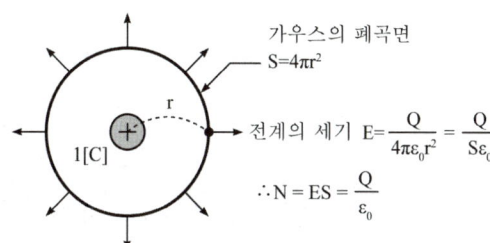

$$N = Es = \frac{Q}{\epsilon_0}$$

(2) 전기력선의 총 수

$$N = \frac{Q}{\epsilon_0} \text{ [개]}$$

(3) 전속선의 총 수

$$N = Q \text{ [개]}$$

(4) 가우스 법칙의 적분형

$$\oint_s E \vec{n} \, ds = \frac{Q}{\epsilon_0}$$

여기서, $\vec{n}$: 법선벡터(전기력선은 폐곡면에 대해서 수직방향을 나타냄)

(5) 가우스 법칙의 미분형

$$div \vec{D} = \rho$$

① 가우스 법칙 좌항 정리(발산의 정리): $\oint_s E \vec{n} \, ds = \int div \, E \, dv$

② 가우스 법칙 우항 정리: $\dfrac{Q}{\epsilon_0} = \int_v \dfrac{\rho}{\epsilon_0} \, dv$

③ 가우스 법칙의 미분형 정리

$$\oint_s E \vec{n}\, ds = \frac{Q}{\epsilon_0} \;\to\; \int div\, E\, dv = \int_v \frac{\rho}{\epsilon_0} dv \;\to\; div\, E = \frac{\rho}{\epsilon_0}$$

여기서, 전속밀도: $D = \epsilon_0 E$

(6) 전하의 특징

구분	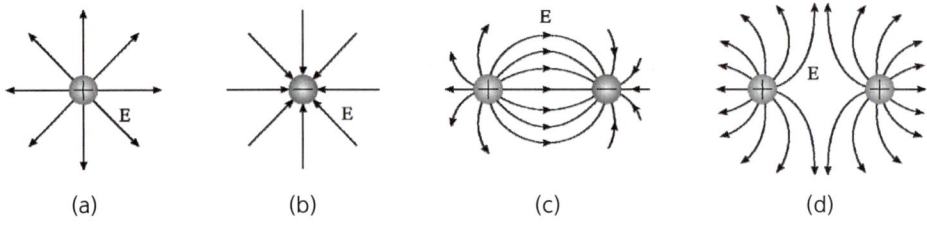	
곡률	작다.	크다.
곡률반경	크다.	작다.
전하밀도	작다.	크다.

① 전하는 도체표면에만 분포한다.
② 전하는 곡률이 큰 곳(뾰족한 곳 또는 곡률반경이 작은 곳)으로 모이려는 특성이 있다.

3 전기력선(electric field lines)의 특징

(a)　　　　(b)　　　　(c)　　　　(d)

(1) 전기력선의 방향은 그 점의 전계의 방향과 같으며 전기력선의 밀도는 그 점에서 전계의 세기와 같다.

(2) 전기력선은 정전하(+)에서 시작하여 부전하(-)에서 끝난다.

(3) 전하가 없는 곳에서는 전기력선의 발생, 소멸이 없다. 즉, 연속적이다.

(4) 단위 전하(1[C])에서는 $1/\epsilon_0$ [개]의 전기력선이 출입한다.

(5) 전기력선은 전위가 낮아지는 방향으로 향한다.

(6) 전기력선은 그 자신만으로 폐곡선을 만들지 않는다.

(7) 전계가 0이 아닌 곳에서는 2개의 전기력선은 교차하지 않는다.

(8) 전기력선은 등전위면과 직교한다.

(9) 도체 내부에는 전기력선이 존재하지 않는다.

4 각 도체에 따른 전계의 세기

구분	중요 공식
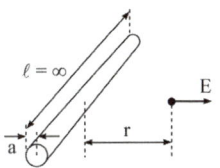 구도체 또는 점전하	① 전계의 세기: $E = \dfrac{Q}{4\pi\epsilon_0 r^2}$ [V/m] ② 도체 표면 전계: $E = \dfrac{Q}{4\pi\epsilon_0 r^2} = \dfrac{\sigma s}{s\epsilon_0} = \dfrac{\sigma}{\epsilon_0}$
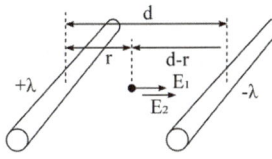 무한장 직선(원주형) 도체	① 전계의 세기: $E = \dfrac{\lambda}{2\pi\epsilon_0 r} \propto \dfrac{1}{r}$ [V/m] ② $\dfrac{1}{2\pi\epsilon_0} = 18 \times 10^9$ ③ 구도체와 직선도체는 공식과 계산문제가 출제되고 나머지는 공식 찾기만 출제됨
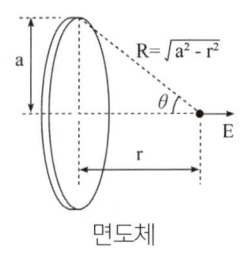 평행 왕복 직선도체	① $+\lambda$에 의한 E_1은 발산하고, $-\lambda$에 의한 의한 E_2는 도체 측으로 들어가게 됨 ② $E = E_1 + E_2 = \dfrac{\lambda}{2\pi\epsilon_0 r} + \dfrac{\lambda}{2\pi\epsilon_0 (d-r)}$ $\qquad = \dfrac{\lambda}{2\pi\epsilon_0}\left(\dfrac{1}{r} + \dfrac{1}{d-r}\right)$ [V/m]
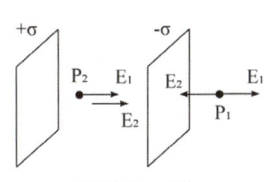 면도체	① 유한 면도체 $\quad : E = \dfrac{\sigma}{2\epsilon_0}(1-\cos\theta) = \dfrac{\sigma}{2\epsilon_0}\left(1 - \dfrac{a}{\sqrt{r^2+a^2}}\right)$ ② 무한 면도체: $\displaystyle\lim_{a\to\infty} E = \dfrac{\sigma}{2\epsilon_0}$ [V/m] 　㉠ 거리에 관계없이 일정한 전계를 가짐 　㉡ 이러한 전계를 평등전계라 함
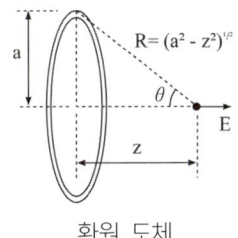 평행판 도체	① 외부 전계: $E = E_1 - E_2 = 0$ 　㉠ 무한 면도체 2개를 대치한 것으로 해석함 　㉡ 무한 면도체의 전계는 거리에 관계없이 항상 일정한 크기($E_1 = E_2 = \dfrac{\sigma}{2\epsilon_0}$)를 가짐 ② 내부 전계: $E = E_1 + E_2 = \dfrac{\sigma}{\epsilon_0}$ [V/m]
환원 도체	전계의 세기 $E = \dfrac{\lambda z a}{2\epsilon_0(a^2+z^2)^{3/2}} = \dfrac{Qz}{4\pi\epsilon_0(a^2+z^2)^{3/2}}$ [V/m] 여기서, $Q = \lambda\ell = \lambda \times 2\pi a$ [C]

> **참고**
>
> 전하밀도의 종류(ρ: 로우, σ: 시그마, λ: 람다라고 읽음)
>
> | 구분 | 전하밀도 | 총 전하량 |
> |---|---|---|
> | 체적 전하밀도 | $\rho_v = \rho = \dfrac{Q}{v}$ [C/m³] | $Q = \rho v = \int_v \rho \, dv$ |
> | 면 전하밀도 | $\rho_s = \sigma = \dfrac{Q}{s}$ [C/m²] | $Q = \sigma s = \int_s \sigma \, ds$ |
> | 선 전하밀도 | $\rho_\ell = \lambda = \dfrac{Q}{\ell}$ [C/m] | $Q = \lambda \ell = \int_\ell \lambda \, d\ell$ |

5 전위와 전위경도

(1) 전위(전기적인 위치에너지, electric potential)

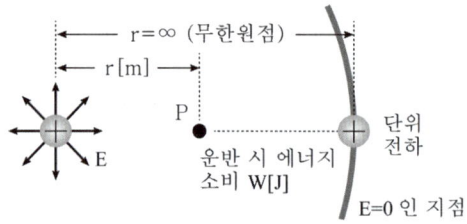

① 정전계에서 단위전하(1 [C])를 전계와 반대 방향으로 무한 원점에서 P점까지 운반하는데 필요한 일 또는 이때 소비되는 에너지를 말한다.

② 전위의 정의 식

$$V = -\int_\infty^P E \, dr \, [\text{V}]$$

(2) 전위차(electric potential difference 또는 Voltage)

① 단위전하(unit charge)가 특정 a에서 b점까지 운반될 때 소비되는 에너지로 a와 b지점의 전위의 차를 말한다.

② 전위차의 정의 식

$$V_{ab} = V_a - V_b = -\int_b^a E \, dr = \frac{W}{Q} \, [\text{J/C} = \text{V}]$$

여기서, W: 전하가 운반될 때 소비되는 에너지 또는 전하를 운반시키기 위해 필요한 에너지[J]

(3) 전위경도

① 전위와 전계의 세기간의 관계를 미분형으로 나타낸 것을 말한다.

② 전위경도 정의 식

㉠ $G = \text{grad } V$

㉡ $E = -\text{grad } V = -\nabla V = \left(\dfrac{\partial}{\partial x} i + \dfrac{\partial}{\partial y} j + \dfrac{\partial}{\partial z} k \right) V$

$V = -\int E \, dr$ 에서 $E = -\dfrac{dV}{dr} = -\nabla V = -\text{grad } V \, [\text{V/m}]$

6 각 도체에 따른 전위와 전위차

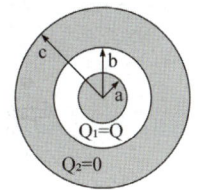
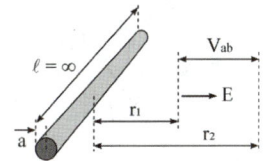

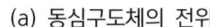

(a) 동심구도체의 전위   (b) 무한장 직선도체의 전위차

(1) 구도체와 동심구도체

① 구도체의 전위: $V = -\int_\infty^P E\, dr = -\int_\infty^r \dfrac{Q}{4\pi\epsilon_0 r^2}\, dr = \dfrac{Q}{4\pi\epsilon_0 r}$ [V]

② 구도체의 전위차: $V_{ab} = -\int_b^a E\, dr = \dfrac{Q}{4\pi\epsilon_0}\left(\dfrac{1}{a} - \dfrac{1}{b}\right)$ [V]

③ 동심구도체의 전위차

$$V = \dfrac{Q}{4\pi\epsilon_0}\left(\dfrac{1}{a} - \dfrac{1}{b} + \dfrac{1}{c}\right) \text{ [V]}$$

여기서, 도체 1의 전하량 $Q_1 = Q$

도체 2의 전하량 $Q_2 = 0$

(2) 무한장 직선도체

① 전계의 세기: $E = \dfrac{\lambda}{2\pi\epsilon_0 r} = 18 \times 10^9 \times \dfrac{\lambda}{r}$ [V/m]

② 전위: $V = -\int_\infty^r E\, dr = -\int_\infty^r \dfrac{\lambda}{2\pi\epsilon_0 r}\, dr = \infty$

③ 전위차: $V_{12} = -\int_{r_2}^{r_1} \dfrac{\lambda}{2\pi\epsilon_0 r}\, dr = \dfrac{\lambda}{2\pi\epsilon_0} \ln \dfrac{r_2}{r_1}$ [V] (단, $r_1 < r_2$인 경우)

● 참고 ●

적분 공식

㉠ $\int x^n\, dx = \dfrac{1}{n+1} x^{n+1} + C$ (여기서, C는 적분상수)

㉡ $\int \dfrac{1}{r^2}\, dr = \int r^{-2}\, dr = -r^{-1} = -\dfrac{1}{r}$

㉢ $\int \dfrac{1}{r}\, dr = \ln r = \log_e r \fallingdotseq 2.3 \log_{10} r$

(여기서, ln: 자연로그, $\log_{10}$: 상용로그)

7 전기 쌍극자

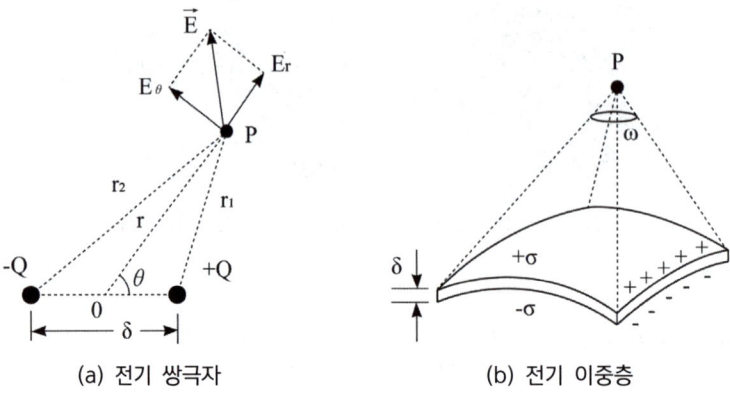

(a) 전기 쌍극자   (b) 전기 이중층

(1) 전기 쌍극자 모멘트

$$M = Q\delta\,[\text{C}\cdot\text{m}]$$

(2) 전기 쌍극자의 전위

$$V = \frac{M\cos\theta}{4\pi\epsilon_0 r^2}\,[\text{V}]$$

(3) 전계의 세기

㉠ 벡터: $\vec{E} = \dfrac{M}{4\pi\epsilon_0 r^3}(\vec{a_r}\,2\cos\theta + \vec{a_\theta}\sin\theta)\,[\text{V/m}]$

㉡ 스칼라: $|\vec{E}| = \dfrac{M}{4\pi\epsilon_0 r^3}\sqrt{1+3\cos^2\theta}\,[\text{V/m}]$

여기서, $\theta = 0$ 일 때 최대, $\theta = 90°$일 때 최소

8 전기 이중층

(1) 이중층 모멘트: $M = P = \sigma\delta\,[\text{C/m}]$

(2) 이중층 전위: $V = \dfrac{P\omega}{4\pi\epsilon_0} = \dfrac{P}{2\pi}(1-\cos\theta)\,[\text{V}]$ 여기서, 입체각: $\omega = 2\pi(1-\cos\theta)$

9 포아송 방정식과 라플라스 방정식

(1) 포아송 방정식

$$\nabla^2 V = -\frac{\rho}{\epsilon_0}$$

여기서, ρ: 체적 전하 밀도[C/m³]

(2) 라플라스 방정식

$$\nabla^2 V = 0$$

① 라플라시안: $\nabla^2 = \nabla \cdot \nabla = \left(\frac{\partial^2}{\partial x^2} + \frac{\partial^2}{\partial y^2} + \frac{\partial^2}{\partial z^2}\right)$

② 전위함수 V가 1차 방정식 이하여야만 라플라스 방정식을 만족한다.

(3) 관련 공식

① 전위경도: $E = -\operatorname{grad} V = -\nabla V$

② 가우스 법칙의 미분형: $\operatorname{div} D = \rho$ 에서 $\operatorname{div} E = \frac{\rho}{\epsilon_0}$ ($\nabla \cdot E = \frac{\rho}{\epsilon_0}$)

③ 위 두 식을 정리: $\operatorname{div} E = \nabla \cdot E = -\nabla \cdot \nabla V = -\nabla^2 V = \frac{\rho}{\epsilon_0}$

03장 정전용량(Electrostatic capacity)

1 정전용량

(1) 도체에 전위차 V를 주었을 때 축적되는 전하량 Q의 관계를 표시한 것으로, 전위차와 전하량(전기량)의 비례상수이다.

(2) 정전용량 정의 식

$$C = \frac{Q}{V} = \frac{\text{전기량}}{\text{전위차}} \quad [\text{F: 패럿}]$$

여기서, $\frac{1}{C} = P$: 엘라스턴스 또는 전위계수

2 정전용량 필수 공식

(1) 전하가 운반될 때 소비되는 에너지

$$W = QV [\text{J}]$$

(2) 콘덴서에 축적된 전하량(전기량)

$$Q = CV [\text{C}]$$

(3) 콘덴서에 저장된 전기적 에너지

$$W_C = \frac{1}{2}CV^2 = \frac{1}{2}QV = \frac{Q^2}{2C} [\text{J}]$$

(4) 정전에너지 밀도

$$w_e = \frac{1}{2}\epsilon_0 E^2 = \frac{1}{2}ED = \frac{D^2}{2\epsilon_0} [\text{J/m}^3]$$

(5) 단위 면적당 받아지는 힘

$$f = \frac{1}{2}\epsilon_0 E^2 = \frac{1}{2}ED = \frac{D^2}{2\epsilon_0} [\text{N/m}^2]$$

여기서, f : 맥스웰의 변형력(정전응력), 극판을 띄어내는 데 필요한 힘

● 참고 ●

참고 공식
① $D = \epsilon_0 E [\text{C/m}^2]$, $V = dE [\text{V}]$, $W = Fd [\text{N} \cdot \text{m} = \text{J}]$
② $W_C = \frac{1}{2}CV^2 = \frac{1}{2} \times \frac{\epsilon_0 S}{d} \times (Ed)^2 = \frac{1}{2}\epsilon_0 E^2 \times Sd [\text{J}] = \frac{1}{2}\epsilon_0 E^2 [\text{J/m}^3]$
③ $f = \frac{W_C}{d} = \frac{1}{2}\epsilon_0 E^2 \times S [\text{N}] = \frac{1}{2}\epsilon_0 E^2 [\text{N/m}^2]$

3 콘덴서 접속 방법

구분	직렬 회로	병렬 회로
회로	(회로도)	(회로도)
합성 정전용량	$C_0 = \dfrac{1}{\dfrac{1}{C_1}+\dfrac{1}{C_2}} = \dfrac{C_1 \times C_2}{C_1 + C_2}$ [F]	$C_0 = C_1 + C_2$ [F]
분배 법칙	① $V_1 = \dfrac{C_2}{C_1+C_2} \times V$ ② $V_2 = \dfrac{C_1}{C_1+C_2} \times V$	① $Q_1 = \dfrac{C_1}{C_1+C_2} \times Q$ ② $Q_2 = \dfrac{C_2}{C_1+C_2} \times Q$

(1) 크기가 동일한 정전용량을 n개 사용하여 회로를 구성한 경우

① 직렬 시 합성 정전용량

$$C_S = \dfrac{1}{\dfrac{1}{C_1}+\dfrac{1}{C_2}+\cdots+\dfrac{1}{C_n}} = \dfrac{1}{\dfrac{n}{C}} = \dfrac{C}{n} \text{ [F]}$$

여기서, $C_1 = C_2 = C_3 = \cdots = C_n = C$

② 병렬 시 합성 정전용량

$$C_P = C_1 + C_2 + \cdots + C_n = nC \text{ [F]}$$

(2) 동일 크기의 정전용량을 병렬로 접속했을 때와 직렬 접속했을 때의 차이

$$\dfrac{C_P}{C_S} = \dfrac{nC}{\dfrac{C}{n}} = n^2$$

4 각 도체에 따른 정전용량

구분	전위차	정전용량
구도체	$V = \dfrac{Q}{4\pi\epsilon_0 a}$ [V]	$C = \dfrac{Q}{V} = \dfrac{Q}{\dfrac{Q}{4\pi\epsilon_0 a}} = 4\pi\epsilon_0 a = \dfrac{a}{9\times 10^9}$ [F]
동심 구도체	$V = \dfrac{Q}{4\pi\epsilon_0}\left(\dfrac{1}{a} - \dfrac{1}{b}\right)$ $= \dfrac{Q(b-a)}{4\pi\epsilon_0 ab}$ [V]	$C = \dfrac{Q}{V} = \dfrac{4\pi\epsilon_0 ab}{b-a}$ $= \dfrac{ab}{9\times 10^9 (b-a)}$ [F]
동축 케이블	$V = \dfrac{\lambda}{2\pi\epsilon_0}\ln\dfrac{b}{a}$ [V]	$C = \dfrac{Q}{V} = \dfrac{\lambda \ell}{\dfrac{\lambda}{2\pi\epsilon_0}\ln\dfrac{b}{a}}$ $= \dfrac{2\pi\epsilon_0 \ell}{\ln\dfrac{b}{a}}$ [F] $= \dfrac{2\pi\epsilon_0}{\ln\dfrac{b}{a}}$ [F/m]
평행 왕복 도체 (단, d ≫ a)	$V = \dfrac{\lambda}{\pi\epsilon_0}\ln\dfrac{d-a}{a}$ $\fallingdotseq \dfrac{\lambda}{\pi\epsilon_0}\ln\dfrac{d}{a}$ [V]	$C = \dfrac{Q}{V} = \dfrac{\lambda \ell}{\dfrac{\lambda}{\pi\epsilon_0}\ln\dfrac{d}{a}}$ $= \dfrac{\pi\epsilon_0 \ell}{\ln\dfrac{d}{a}}$ [F] $= \dfrac{\pi\epsilon_0}{\ln\dfrac{d}{a}}$ [F/m]
평행판 도체	$V = dE = \dfrac{\sigma d}{\epsilon_0}$ [V]	$C = \dfrac{Q}{V} = \dfrac{\sigma S}{\dfrac{d\sigma}{\epsilon_0}} = \dfrac{\epsilon_0 S}{d}$ [F]

04장 유전체(Dielectric substance)

1 전기 분극 현상

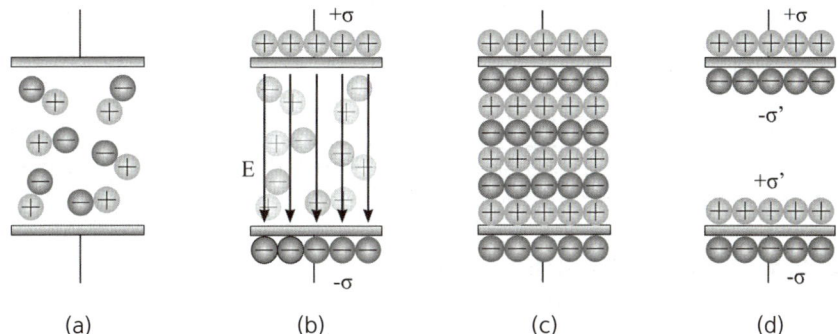

(a): 유전체란 유극분자(= 구속전자)가 존재하는 물체를 말한다.
(b): 콘덴서 외부의 진전하에 의해 유전체 내부에는 전기력선 발생한다.
(c): 유전체 내의 유극분자는 전기력선의 방향으로 재배열된다.
(d): 유전체 내부 인접해 있는 유극분자 간의 정전하와 부전하가 서로 상쇄되고(중화현상), 유전체 외곽에 분극전하만 남게 되는 분극현상이 발생한다.

2 비유전율

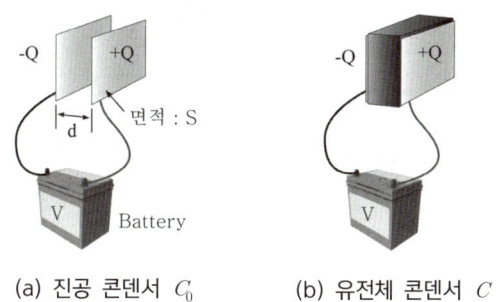

(a) 진공 콘덴서 C_0 (b) 유전체 콘덴서 C

(1) 유전체 콘덴서에 전압을 인가하면(유전체 내에 전기력선이 통과하면) 분극현상이 발생되어 더 많은 전하량을 축적할 수 있게 되는데, 이때 유전체 콘덴서에 축적된 전하의 증가비율을 비유전율이라 한다.

(2) 비유전율

$$\epsilon_s = \epsilon_r = \frac{Q}{Q_0} = \frac{CV}{C_0 V} = \frac{C}{C_0}$$

여기서, Q: 유전체 콘덴서에 축적된 전하량
Q_0: 진공 콘덴서에 축적적된 전하량

3 유전체 삽입 시 전기적 특성 변화

(1) 두 전하 사이의 작용력(F_0: 진공에서의 전기력)

$$F = \frac{F_0}{\epsilon_s} = \frac{Q_1 Q_2}{4\pi\epsilon_0\epsilon_s r^2}\,[\text{N}]$$

(2) 전계의 세기(E_0: 진공에서의 전계의 세기)

$$E = \frac{E_0}{\epsilon_s} = \frac{Q}{4\pi\epsilon_0\epsilon_s r^2}\,[\text{V/m}]$$

(3) 전기력선의 총 수(N_0: 진공에서의 전기력선의 총 수)

$$N = \frac{N_0}{\epsilon_s} = \frac{Q}{\epsilon_0\epsilon_s}$$

(4) 전속선의 총 수(N_0: 진공에서의 전속선의 총 수)

$$N = N_0 = Q$$

(5) 정전용량(C_0: 진공콘덴서의 정전용량)

$$C = \epsilon_s C_0\,[\text{F}]$$

(6) 유전체를 삽입하면 전기력(쿨롱의 힘), 전계의 세기, 전기력선은 ϵ_s만큼 감소하고, 정전용량과 전하량은 ϵ_s만큼 증가한다(전속선은 변화 없음).

4 분극의 세기

(1) 분극의 세기의 정의
  ① 유전체에 전압을 가하여 분극을 일으켰을 때 유전체의 단위 체적당 모멘트를 분극의 세기라 한다.
  ② 정의식

$$\vec{P} = \frac{Q}{S} = \frac{M}{V}\,[\text{C/m}^2]$$

  여기서, 쌍극자 모멘트: $M = Q\delta\,[\text{C}\cdot\text{m}]$

(2) 전기 분극의 종류: 전자 분극, 이온 분극, 배향 분극
  ① **전자 분극**: 단결정 매질에서 전자운과 핵의 상대적인 변위에 의해 발생한다.
  ② **배향 분극**: 유전체 내 영구 쌍극자 모멘트를 갖고 있는 분자가 외부 전계에 의하여 배열함으로서 일어나는 분극현상으로 온도의 영향을 받는다.

(3) 전계와 분극의 세기의 관계

$$P = \epsilon_0(\epsilon_s - 1)E = D - \epsilon_0 E = D\left(1 - \frac{1}{\epsilon_s}\right) [\text{C/m}^2]$$

① 분극률: $\chi = \epsilon_0(\epsilon_s - 1)$ [F/m]

② 비분극률(전기감수율): $\chi_{er} = \dfrac{\chi}{\epsilon_0} = \epsilon_s - 1$ (비유전율: $\epsilon_s = \dfrac{\chi}{\epsilon_0} + 1$)

● 참고 ●

분극의 세기 정리

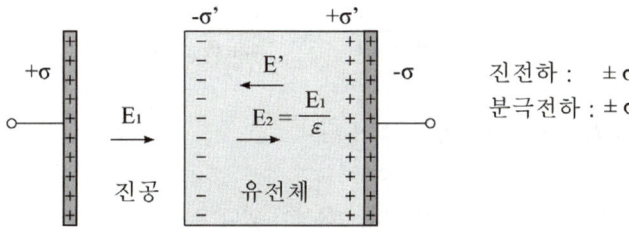

① 유전체 내의 전계의 세기: $E_2 = \dfrac{E_1}{\epsilon_s} = E_1 - E' = E_1 - \dfrac{P}{\epsilon}$

② 양변에 유전율을 곱하면(여기서, $\epsilon = \epsilon_0 \epsilon_s$)

$\epsilon E_2 = \epsilon \dfrac{E_1}{\epsilon_s} = \epsilon E_1 - P$, $\epsilon_0 E_1 = \epsilon_0 \epsilon_s E_1 - P$, $P = \epsilon_0 \epsilon_s E_1 - \epsilon_0 E_1$

5 유전체 경계면의 조건

(1) 개요

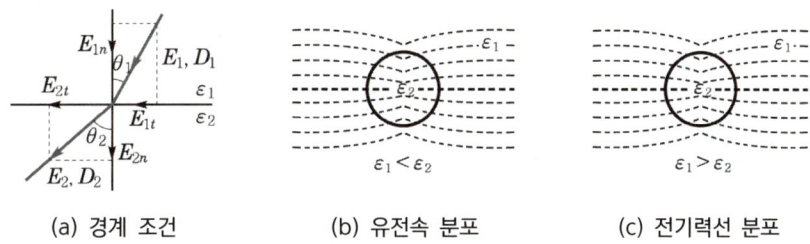

(a) 경계 조건　　　(b) 유전속 분포　　　(c) 전기력선 분포

① 서로 다른 유전체 경계면에서 전기력선(E)와 유전속(D)은 반드시 굴절한다.
② 단, 수직($\theta_1 = 0$)으로 입사하면 굴절하지 않는다.
③ θ_1: 입사각, θ_2: 굴절각
④ $\vec{t}$: 접선벡터(경계면과 수평방향), $\vec{n}$: 법선벡터(경계면과 수직방향)

(2) 경계면의 조건

① 전기력선의 접선(수평)성분 E_t 는 경계면 양쪽에서 같다(연속적).

$$E_{1t} = E_{2t} \ (E_1 \sin\theta_1 = E_2 \sin\theta_2)$$

② 유전속의 법선(수직)성분 D_n 는 경계면 양쪽에서 같다(연속적).

$$D_{1n} = D_{2n} \ (D_1 \cos\theta_1 = D_2 \cos\theta_2)$$

(3) 전기장의 굴절(refraction)

$$\frac{\tan\theta_2}{\tan\theta_1} = \frac{\epsilon_2}{\epsilon_1} \ \text{또는} \ \frac{\tan\theta_1}{\tan\theta_2} = \frac{\epsilon_1}{\epsilon_2}$$

(4) 만약, $\epsilon_1 < \epsilon_2$ 이라면 $\theta_1 < \theta_2$, $D_1 < D_2$, $E_1 > E_2$ 이 된다.
  ① $\theta_1 < \theta_2$: 유전율이 큰 쪽으로 더 크게 굴절한다.
  ② $D_1 < D_2$: 유전속은 유전율이 큰 곳으로 모이려는 특성이 있다.
  ③ $E_1 > E_2$: 전기력선은 유전율이 작은 곳으로 모이려는 특성이 있다.

6 유전체 경계면에 작용하는 힘

구분	전계가 경계면에 대해 수직으로 입사하는 경우($\epsilon_1 > \epsilon_2$의 경우)	전계가 경계면에 대해 수평으로 진행하는 경우($\epsilon_1 > \epsilon_2$의 경우)
특징	수직방향에 대해서는 유전속(전속밀도)가 일정함 ($D_1 = D_2 = D$)	수평방향에 대해서는 전기력선이 일정함 ($E_1 = E_2 = E$)
정전 응력	$f = f_2 - f_1 = \dfrac{1}{2}\left(\dfrac{1}{\epsilon_2} - \dfrac{1}{\epsilon_1}\right)D^2$	$f = f_1 - f_2 = \dfrac{1}{2}(\epsilon_1 - \epsilon_2)E^2$
힘의 방향	유전율이 큰 곳에서 작은 곳으로 진행됨 ($\epsilon_1 \to \epsilon_2$)	유전율이 큰 곳에서 작은 곳으로 진행됨 ($\epsilon_1 \to \epsilon_2$)

여기서, 정전응력: $f = \dfrac{1}{2}\epsilon E^2 = \dfrac{1}{2}ED = \dfrac{D^2}{2\epsilon}$ [N/m²]

05장 전기 영상법(Method of Electric image)

1 무한 평면 도체(접지된 도체 평면)와 점전하

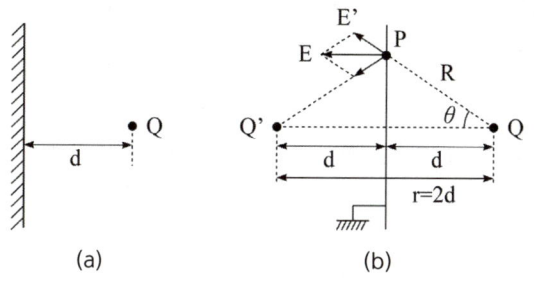

(a)　　　　　(b)

(1) 영상 전하

$$Q' = -Q[\text{C}]$$

(2) 쿨롱의 법칙(영상력, −는 흡인력을 의미)

$$F = \frac{QQ'}{4\pi\epsilon_0 r^2} = \frac{-Q^2}{4\pi\epsilon_0 (2d)^2} = \frac{-Q^2}{16\pi\epsilon_0 d^2} = \frac{9\times 10^9}{4} \times \frac{-Q^2}{d^2}[\text{N}]$$

(3) 최대 전계의 세기

$$E_m = \frac{Q}{2\pi\epsilon_0 d^2}[\text{V/m}]$$

① 전계의 세기: $E = \dfrac{Q}{4\pi\epsilon_0 R^2} \times \cos\theta \times 2$

② 최대 전계 조건: $\theta = 0$, $R = d$

(4) 도체표면에 유도되는 최대 전하밀도

$$\sigma_m = \epsilon_0 E_m = \frac{-Q}{2\pi r^2}[\text{C/m}^2]$$

여기서, 점전하가 +이면 평면도체에는 −가 유도된다.

(5) 전하가 무한 원점까지 운반될 때 소비되는 에너지

$$W = F \cdot d = \frac{Q^2}{16\pi\epsilon_0 d}[\text{J}]$$

2 접지된 도체구와 점전하

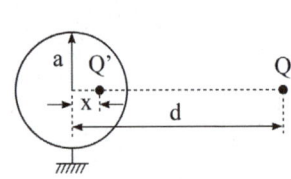
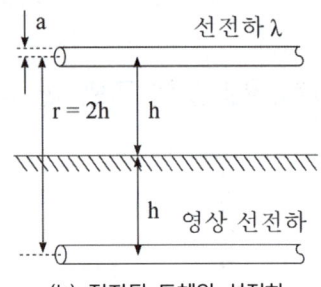

(a) 접지된 도체구와 점전하　　　(b) 접지된 도체와 선전하

(1) 영상 전하

$$Q' = -\frac{a}{d}Q\,[\text{C}]$$

(2) 구도체 내의 영상점

$$x = \frac{a^2}{d}\,[\text{m}]$$

(3) 접지된 도체구와 점전하 사이의 영상력

$$F = \frac{QQ'}{4\pi\epsilon_0 r^2} = \frac{QQ'}{4\pi\epsilon_0 \left(\dfrac{d^2-a^2}{d}\right)^2}\,[\text{N}]$$

여기서, 두 전하 사이의 거리: $r = d - x = \dfrac{d^2-a^2}{d}\,[\text{m}]$

3 접지된 도체(대지)와 선전하(직선도체)

(1) 영상 선전하

$$\lambda' = -\lambda\,[\text{C/m}]$$

(2) 선전하가 지표면으로부터 받는 힘(영상력)

$$F = QE = \lambda\ell \times \frac{\lambda}{2\pi\epsilon_0 r} = \frac{\lambda^2 \ell}{2\pi\epsilon_0 (2h)}\,[\text{N}]$$

여기서, 선전하 밀도 $\lambda = \dfrac{Q}{\ell}\,[\text{C/m}]$

(3) 도체 표면에서의 전위

$$V = \frac{\lambda}{2\pi\epsilon_0} \ln \frac{2h-a}{a} \text{ [V]}$$

(4) 도선과 대지 간의 단위길이당 정전용량

$$C = \frac{\lambda}{V} = \frac{\lambda}{\frac{\lambda}{2\pi\epsilon_0}\ln\frac{2h-a}{a}} = \frac{2\pi\epsilon_0}{\ln\frac{2h-a}{a}} \fallingdotseq \frac{2\pi\epsilon_0}{\ln\frac{2h}{a}} \text{ [F/m]}$$

4 유전체와 점전하

(1) 영상 전하

$$Q' = \frac{\epsilon_1 - \epsilon_2}{\epsilon_1 + \epsilon_2} Q \text{ [C]}$$

(2) 영상력

$$F = \frac{QQ'}{4\pi\epsilon_0(2d)^2} = -\frac{Q^2}{16\pi\epsilon_0 d^2} \times \frac{\epsilon_2-\epsilon_1}{\epsilon_2+\epsilon_1} = -\frac{Q^2}{16\pi\epsilon_0 d^2} \times \frac{\epsilon_r-1}{\epsilon_r+1}$$
$$= -\frac{9\times 10^9}{4} \times \frac{Q^2(\epsilon_r-1)}{d^2(\epsilon_r+1)} = -2.25\times 10^9 \times \frac{Q^2(\epsilon_r-1)}{d^2(\epsilon_r+1)} \text{ [N]}$$

5 유전체와 선전하

(1) 영상 선전하

$$\lambda' = \frac{\epsilon_1 - \epsilon_2}{\epsilon_1 + \epsilon_2} \lambda \text{ [C/m]}$$

(2) 영상력

$$F = \lambda E = \frac{\lambda \lambda'}{2\pi\epsilon_1 2d} = \frac{\lambda^2}{4\pi\epsilon_1 r} \frac{\epsilon_1-\epsilon_2}{\epsilon_1+\epsilon_2} \text{ [N/m]}$$

06장 전류(Electric current)

1 전류와 전기저항

(1) 전류의 정의 식

$$I = \frac{dq}{dt} = \rho \frac{dV}{dt} = \rho \frac{dx}{dt} S = \rho v S = nevS \, [\text{A}]$$

여기서, q: 전하[C] ρ: 체적 전하밀도[C/m³] $\rho = ne$ [C/m³]
n: 단위 체적 당 전자의 개수[개/m³] S: 단면적[m²]
v: 전하의 운동속도[m/s] V: 체적[m³]

(2) 전기저항

$$R = \rho \frac{\ell}{S} = \frac{\ell}{kS} = \frac{\ell}{\sigma S} \, [\Omega]$$

여기서, ρ: 고유저항[Ω·m] $k = \sigma$: 도전율[℧/m]
ℓ: 도체의 길이[m] S: 도체의 단면적[m²]

(3) 옴의 법칙

$$I = \frac{V}{R} = \frac{\ell E}{\frac{\ell}{kS}} = kES = \frac{ES}{\rho} \, [\text{A}]$$

여기서, E: 전계의 세기[V/m] ρ: 고유저항[Ω·m]

(4) 옴의 법칙의 미분형(전류밀도)

$$J = i = \frac{dI}{dS} = kE \, [\text{A/m}^2]$$

(5) **전류의 연속성**: 도체 내에 정상전류가 흐르는 경우 전류의 새로운 발생이나 소멸 없이 연속적이라는 것을 의미

$$\nabla \cdot J = div \, J = 0$$

2 온도계수

(1) 개요
① 온도계수 α 는 초기온도 t_0 에서(여기서, t_0 에서의 저항의 크기는 R_0 이다) 온도가 $1[℃]$ 상승할 때 변화되는 저항의 비율을 의미한다.
② 금속에서는 일반적으로 정특성 온도계수(온도 상승에 따라 저항이 증가), 전해액이나 반도체는 부특성 온도계수(온도 상승에 따라 저항이 감소)의 특성을 나타낸다.

(2) 구리의 온도계수

$$\alpha = \frac{1}{234.5+t_0}$$

(3) 온도 변화에 따른 도체의 저항

$$R_T = R_0 + R_0\, \alpha\, (t-t_0) = R_0\, [1+\alpha\,(t-t_0)]$$

여기서, t_0: 초기 온도[℃] R_0: t_0 에서의 전기저항[Ω]
    t: 변화된 온도[℃] R_T: t 에서의 전기저항[Ω]

(4) 합성 온도계수

$$\alpha_0 = \frac{R_1\alpha_1 + R_2\alpha_2}{R_1+R_2}$$

여기서, R_1, R_2 : 초기 온도 t_0 에서의 금속 저항 크기

3 저항과 정전용량

저항과 정전용량은 $RC = \rho\epsilon$ 의 관계를 갖는다.

구분	정전용량	접지 또는 절연저항
반구도체	$C = 2\pi\epsilon a\,[\text{F}]$	접지저항: $R = \dfrac{\epsilon\rho}{C} = \dfrac{\rho}{2\pi a}\,[\Omega]$
동심 구도체	$C = \dfrac{4\pi\epsilon ab}{b-a}\,[\text{F}]$	절연저항: $R = \dfrac{\epsilon\rho}{C} = \dfrac{\rho(b-a)}{4\pi ab}$ $= \dfrac{b-a}{4\pi k\, ab}\,[\Omega]$

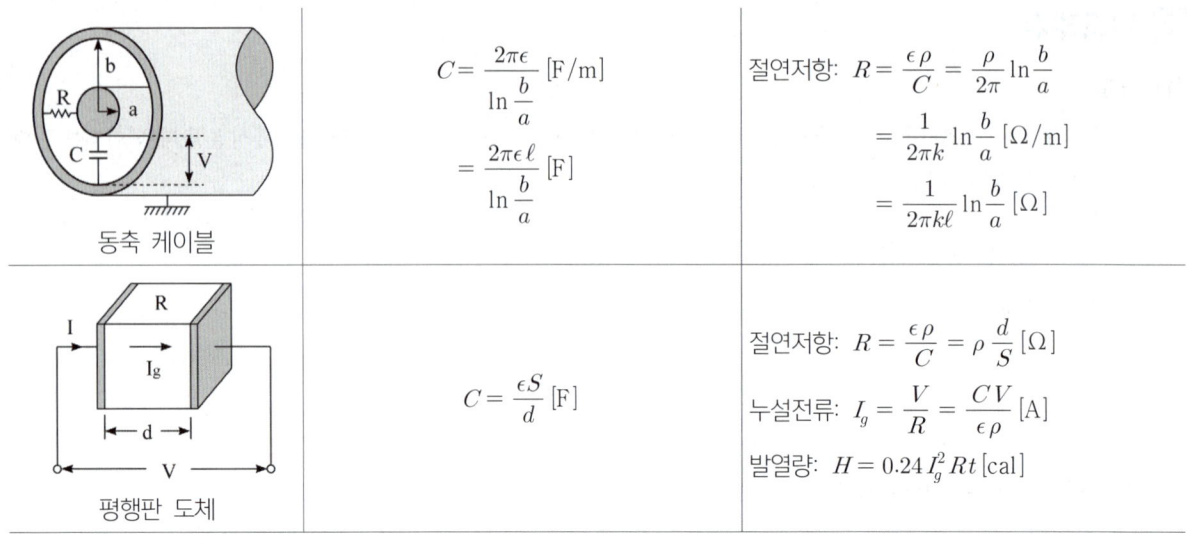

동축 케이블	$C = \dfrac{2\pi\epsilon}{\ln\dfrac{b}{a}}$ [F/m] $= \dfrac{2\pi\epsilon\ell}{\ln\dfrac{b}{a}}$ [F]	절연저항: $R = \dfrac{\epsilon\rho}{C} = \dfrac{\rho}{2\pi}\ln\dfrac{b}{a}$ $= \dfrac{1}{2\pi k}\ln\dfrac{b}{a}$ [Ω/m] $= \dfrac{1}{2\pi k\ell}\ln\dfrac{b}{a}$ [Ω]
평행판 도체	$C = \dfrac{\epsilon S}{d}$ [F]	절연저항: $R = \dfrac{\epsilon\rho}{C} = \rho\dfrac{d}{S}$ [Ω] 누설전류: $I_g = \dfrac{V}{R} = \dfrac{CV}{\epsilon\rho}$ [A] 발열량: $H = 0.24\,I_g^2 Rt$ [cal]

4 접지된 도체(대지)와 선전하(직선도체)

(1) 제베크 효과(Seebeck effect)

두 종류의 금속을 루프 상으로 이어서 두 접속점을 다른 온도로 유지하면, 이 회로에 열기전력에 의한 전류(열전류)가 흐르는 현상을 제베크 효과(Seebeck effect)라고 한다. 이때 연결한 금속의 루프를 열전대라 한다.

(2) 펠티어 효과(Peltier effect)

두 가지 금속의 접속점을 통하여 전류가 흐를 때, 접속점에 주울열 이외의 발열 또는 흡열이 일어나는 현상을 말한다.

(3) 톰슨 효과(Thomson effect)

동일 금속이라도 부분적으로 온도가 다른 금속선에 전류를 흘리면 온도 구배가 있는 부분에 줄열, 이외의 발열 또는 흡열이 일어나는 현상을 말한다.

07장 진공 중의 정자계(Magnetic fields)

1 점자하 관련 공식(쿨롱의 법칙)

(1) 두 자하 사이의 작용력

$$F = \dfrac{m_1 m_2}{4\pi\mu_0 r^2} = 6.33 \times 10^4 \times \dfrac{m_1 m_2}{r^2} = mH \text{[N]}$$

① 투자율이란, 자성체에 자계를 가했을 때 자화되는 정도를 나타내는 상수이다.
② 투자율: $\mu = \mu_0 \mu_s$ [H/m]
③ 진공의 투자율: $\mu_0 = 4\pi \times 10^{-7}$ [H/m]
④ 진공의 비투자율: $\mu_s = \mu_r = 1$

(2) 점자하의 자계의 세기

$$H = \frac{m}{4\pi\mu_0 r^2} = 6.33 \times 10^4 \times \frac{m}{r^2} \,[\text{AT/m}]$$

(3) 점자하의 자위

$$U = \frac{m}{4\pi\mu_0 r} = 6.33 \times 10^4 \times \frac{m}{r} = rH[\text{A, AT, 암페어턴}]$$

(4) 자속밀도

$$B = \frac{\phi}{S} = \frac{m}{S} = \frac{m}{4\pi r^2} = \mu_0 H [\text{Wb/m}^2][\text{T, 테슬라}]$$

2 가우스의 법칙

(1) 자기력선의 총 수

$$N = \frac{m}{\mu_0} \,[\text{개}]$$

(2) 자속선의 총 수

$$N = m \,[\text{개}]$$

(3) 자계의 비발산성

자극은 N과 S극이 함께 공존하므로 자속밀도는 발산하지 않고 회전한다. 이를 자계의 연속성이라 한다.

$$div B = \nabla \cdot B = 0$$

3 자기 쌍극자 = 막대자석

(1) 자기 쌍극자 모멘트 = 막대자석의 세기

$$M = m \cdot \ell \,[\text{Wb} \cdot \text{m}]$$

여기서, m: 자하, 자극의 세기[Wb] ℓ: 자하 간의 거리[m]

(2) 자기 쌍극자의 자위

$$U = \frac{M\cos\theta}{4\pi\mu_0 r^2} = 6.33 \times 10^4 \times \frac{M\cos\theta}{r^2} \,[\text{AT}]$$

(3) 자기 쌍극자의 자계의 세기(벡터)

$$\vec{H} = \frac{M}{4\pi\mu_0 r^3}(\vec{a_r}2\cos\theta + \vec{a_\theta}\sin\theta)\,[\text{AT/m}]$$

(4) 자기 쌍극자의 자계의 세기(스칼라)

$$|\vec{H}| = \frac{M}{4\pi\mu_0 r^3}\sqrt{1+3\cos^2\theta}\,[\text{AT/m}]$$

4 자기 이중층 = 판자석 = 원형코일

(1) 이중층 모멘트 = 판자석의 세기

$$P = \sigma \cdot \ell = \mu_0 I\,[\text{Wb/m}]$$

(2) 자기 이중층의 자위

$$U = \frac{P\omega}{4\pi\mu_0} = \frac{\omega I}{4\pi} = \frac{I}{2}(1-\cos\theta)\,[\text{AT}]$$

5 자계 내 막대자석의 회전력

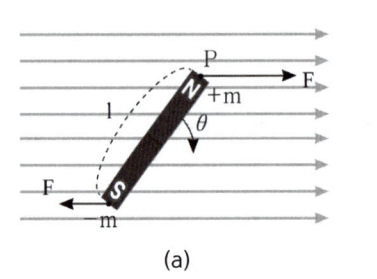 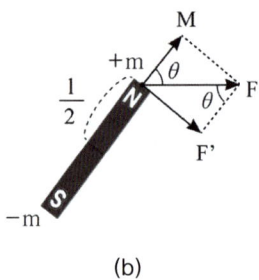

(a) (b)

(1) 막대자석의 회전력

$$\vec{T} = \vec{M} \times \vec{H} = MH\sin\theta = m\ell H\sin\theta\,[\text{N·m}]$$

여기서, M: 자기쌍극자 모멘트　H: 자계의 세기
　　　　m: 자극의 세기(자하)　ℓ: 자극 간의 거리

(2) 회전시키는데 필요한 에너지

$$W = \int T\,d\theta = MH(1-\cos\theta)\,[\text{J}]$$

08장 전류의 자기현상(Magnetic phenomenon)

1 앙페르의 법칙(암페어의 법칙)

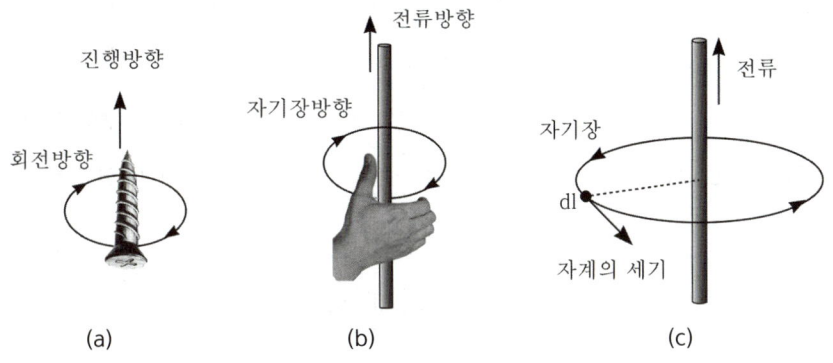

(a)　　　　　(b)　　　　　(c)

1. 앙페르의 주회적분

(1) 정의

한 폐곡선에 대한 H(자계의 세기)의 선적분이 이 폐곡선으로 둘러싸이는 전류와 같음을 정의한 것을 앙페르의 주회적분이라 한다.

(2) 정의 식

$$\oint_c H\, d\ell = \sum_{N=1}^{n} NI$$

(3) 자계의 세기

$$H = \frac{NI}{\ell}\ [\text{AT/m}]$$

(4) 앙페르 법칙의 미분형

$$rot\, H = \nabla \times H = i$$

여기서, N: 권선 수[T]　　　I: 전류[A]
　　　　ℓ: 자계의 경로길이[m]　　$i = J$: 전류밀도[A/m^2]

2. 전류가 도체 표면에만 흐를 경우의 자계의 세기(그림 b 조건)

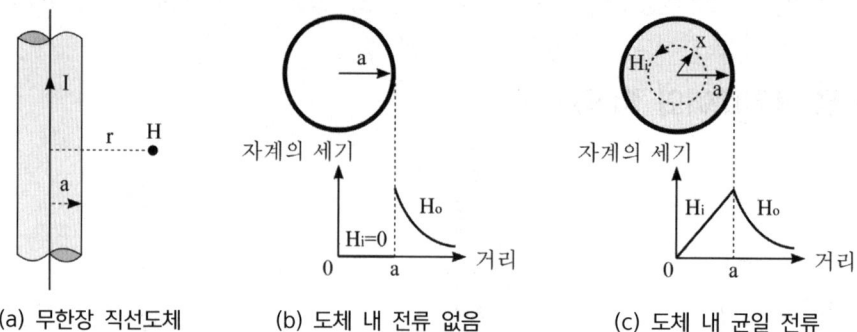

(a) 무한장 직선도체   (b) 도체 내 전류 없음   (c) 도체 내 균일 전류

(1) 도체 내부 자계의 세기

$$H_i = 0 \; [\text{AT/m}]$$

(2) 도체 외부 자계의 세기

$$H_o = \frac{I}{2\pi r} \; [\text{AT/m}]$$

3. 전류가 도체 내부에 균일하게 흐를 경우의 자계의 세기(그림 c 조건)

(1) 도체 내부 자계

$$H_i = \frac{x\,I}{2\pi a^2} \; [\text{AT/m}]$$

여기서, x: 도체 내부 임의의 거리 a: 도체의 반지름

(2) 도체 표면 자계

$$H_s = \frac{I}{2\pi a} \; [\text{AT/m}]$$

(3) 도체 외부 자계

$$H_o = \frac{I}{2\pi r} \; [\text{AT/m}]$$

4. 솔레노이드(solenoid) 내부(코일 중심) 자계의 세기

(1) 개요

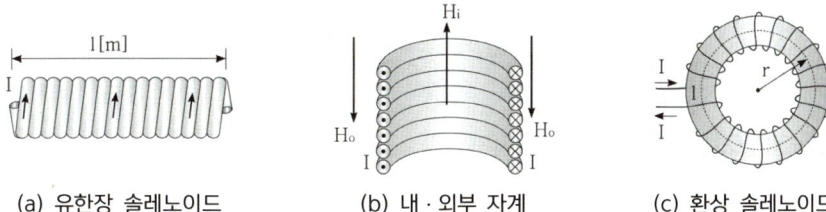

(a) 유한장 솔레노이드   (b) 내·외부 자계   (c) 환상 솔레노이드

① 무한장 솔레노이드란, 외부자계(H_o)가 0이 되어 솔레노이드 내부 자계(H_i)가 평등자계를 이룰 때의 솔레노이드를 말한다.
② 평등 자계를 얻는 조건: 단면적에 비하여 길이(ℓ)를 충분히 길게 한다.
③ 무한장 솔레노이드는 길이 ℓ 과 권선 수 N이 무한대이므로 단위 길이당 권선 수 n_0 의 개념을 사용한다.

(2) 유한장 솔레노이드

$$H_i = \frac{NI}{\ell} \, [\text{AT/m}]$$

(3) 무한장 솔레노이드

$$H_i = \frac{NI}{\ell} = n_0 I \, [\text{AT/m}]$$

여기서, $n_0 = \dfrac{N}{\ell}$: 단위 길이당 권선 수

(4) 환상 솔레노이드(= 무단 솔레노이드)

$$H_i = \frac{NI}{\ell} = \frac{NI}{2\pi r} \, [\text{AT/m}]$$

여기서, r: 환상 철심의 평균 반지름 ℓ: 자로의 길이

2 비오 - 사바르의 법칙

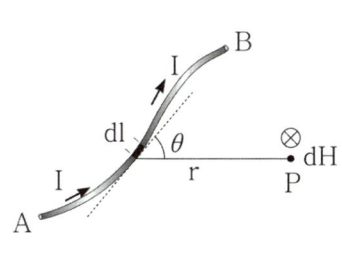 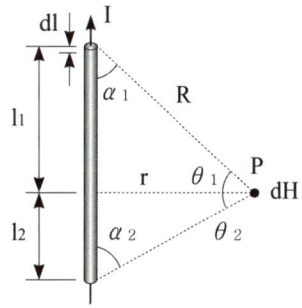

(a) 비오 - 사바르의 법칙   (b) 유한장 직선도체

1. 비오 - 사바르의 법칙

(1) 실험 식

$$dH = \frac{I d\ell \sin\theta}{4\pi r^2} \text{ [AT/m]}$$

(2) 유한장(원주형) 직선도체에 의한 자계의 세기

$$H = \frac{I}{4\pi r}(\sin\theta_1 + \sin\theta_2) = \frac{I}{4\pi r}(\cos\alpha_1 + \cos\alpha_2) \text{ [AT/m]}$$

2. 한 변의 길이가 ℓ[m]인 정다각형 중심에서 자계의 세기

정사각형 중심 자계	정삼각형 중심 자계	정육각형 중심 자계
$H = \dfrac{2\sqrt{2}\,I}{\pi \ell}$ [A/m]	$H = \dfrac{9I}{2\pi \ell}$ [A/m]	$H = \dfrac{\sqrt{3}\,I}{\pi \ell}$ [A/m]

위 공식은 1권선의 경우 자계의 세기를 나타낸다.

3. 원형 선전류(원형 코일)에 의한 자계의 세기

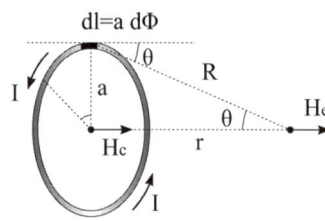

(1) 원형 코일 외부 자계의 세기

$$H_e = \frac{a^2 I}{2R^3} = \frac{a^2 I}{2(a^2+r^2)^{\frac{3}{2}}} \text{ [A/m]}$$

(2) 원형 코일 중심($r = 0$) 자계의 세기

$$H_c = \lim_{r \to 0} H_e = \frac{I}{2a} \text{ [A/m]}$$

3 자계 중의 전류에 작용력

1. 플레밍의 왼손 법칙

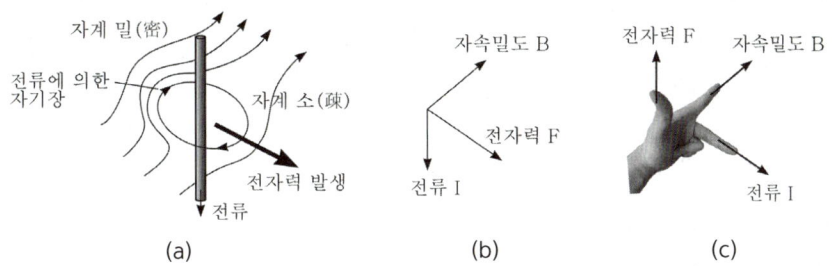

(a)　　　　　　　　(b)　　　　　　　　(c)

(1) 자계 내에 있는 도체에 전류를 흘리면 도체에는 전자력이 발생한다.

(2) 전자력의 크기

$$F = IB\ell \sin\theta = (\vec{I} \times \vec{B})\ell = \oint_c \vec{I} d\ell \times \vec{B} \,[\text{N}]$$

2. 평행 도체 전류 사이에 작용하는 힘(전자력)

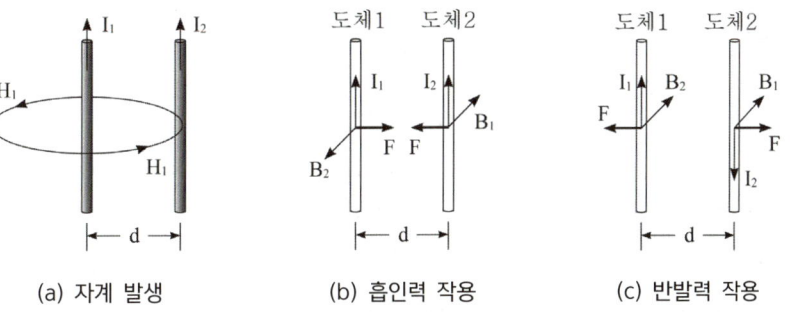

(a) 자계 발생　　　(b) 흡인력 작용　　　(c) 반발력 작용

(1) 전자력

$$f = \frac{2 I_1 I_2}{d} \times 10^{-7} \,[\text{N/m}]$$

① 전류가 동일 방향으로 흐를 경우: 흡인력 작용
② 전류가 반대 방향으로 흐를 경우: 반발력 작용

(2) 평행 왕복 도선의 경우

$$f = \frac{2 I^2}{d} \times 10^{-7} \,[\text{N/m}]$$

여기서, 두 도선에 흐르는 전류의 크기는 같고 반대로 흐른다(반발력 작용).

3. 전하 q[C]가 평등자계 내에 입사하면 다음과 같은 운동을 한다.

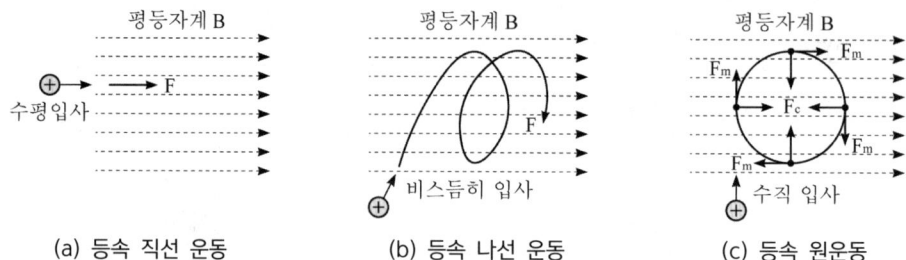

(a) 등속 직선 운동   (b) 등속 나선 운동   (c) 등속 원운동

(1) **등속 직선 운동**: 평등 자계와 수평으로 입사

(2) **등속 나선 운동**: 평등 자계에 대하여 비스듬히 입사

(3) **등속 원운동**: 평등 자계와 수직으로 입사

4. 전하가 원운동할 시 전자력과 구심력

(1) 전자력(= 로렌츠의 힘): $F_m = IB\ell = vBq$

(2) 구심력(= 원심력): $F = \dfrac{mv^2}{r}$

5. 전하의 원운동 조건

$$\frac{mv^2}{r} = vBq$$

평등자계 내에서 전하(또는 전자)가 원운동하기 위해서는 구심력과 전자력의 크기가 같아야 한다.

(1) 원 운동하는 반경

$$r = \frac{mv}{qB} = \frac{mv}{q\mu_0 H} \text{ [m]}$$

원 운동의 반경은 전하(또는 전자)의 이동속도에 비례하고 자계의 세기에 반비례한다.

(2) 각속도

$$\omega = \frac{v}{r} = \frac{qB}{m} \text{ [rad/s]}$$

① 평면각: $\theta = \dfrac{\ell}{r}$ (여기서, ℓ: 호의 길이, r: 원의 반지름)

② 각속도: $\omega = \dfrac{\theta}{t} = \dfrac{\ell}{r \cdot t} = \dfrac{v}{r}$ [rad/s] (여기서, v: 주변속도)

(3) 주기

$$T = \frac{2\pi}{\omega} = \frac{2\pi m}{qB} \, [\text{s}]$$

여기서, q: 전하량[C] m: 전하의 질량 [kg] v: 전하의 운동속도[m/s]
주기는 전하(또는 전자)의 운동 속도와는 무관하다.

09장 자성체와 자기회로(Magnetic circuit)

1 히스테리시스 곡선(자기이력곡선, B-H 곡선)

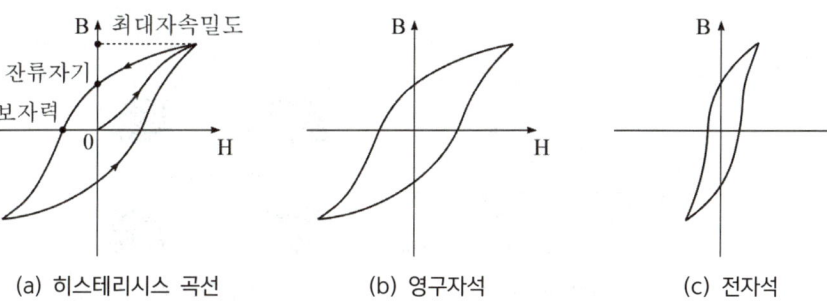

(a) 히스테리시스 곡선   (b) 영구자석   (c) 전자석

1. 히스테리시스 곡선

(1) **잔류자기**: 종축(자속밀도 축)과 만나는 점

(2) **보자력**: 횡축(자화력 축)과 만나는 점

2. 히스테리시스 곡선의 종류

(1) **영구자석**: 잔류자기, 보자력이 크므로 큰 경철(hard iron)에 적합

(2) **전자석**: 보자력이 작아 전자석 재료인 연철, 규소강판 등에 적합

3. 히스테리시스 손실(hysteresis loss)

(1) **B-H 곡선이 이루는 면적의 의미**: 단위 체적 당 열 에너지(손실)

(2) **루프 1회전 시 손실**

$$W_h = \oint H \, dB \, [\text{J/m}^3]$$

(3) 교번자계에 의한 손실

$$P_h = f W_h = \sigma_h \, f \, B_m^{1.6} \, [\text{W/m}^3]$$

여기서, σ_h: 히스테리시스 상수 f: 주파수 B_m: 최대 자속밀도

4. 강자성체 소자법

(1) **직류법**: 처음에 준 자계와 같은 정도의 직류자계를 반대 방향으로 가하는 조작을 반복한다.

(2) **교류법**: 자화할 때와 같은 정도의 교류자계를 가하고, 그 값이 0이 될 때까지 점차 감소시켜 간다.

(3) **가열법**: 온도를 순차적으로 올리면 일반적으로 자화가 서서히 감소하는데, 690~890℃(철의 경우 770℃)에서 급격히 강자성을 잃어버리는 현상이 발생하는 이 급격한 자성변화에서의 온도를 임계온도 또는 퀴리온도라 한다.

2 자화의 세기

(1) 자화의 세기의 정의

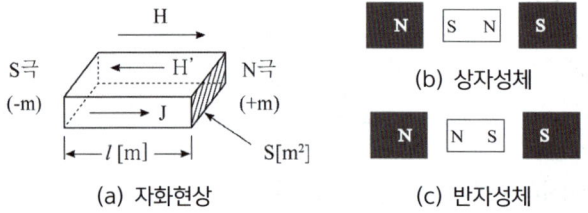

(a) 자화현상   (b) 상자성체   (c) 반자성체

① 자화(磁化)란 자성체에 자계를 가하여 자석의 성질을 가지게 되는 현상을 말하며, 자성체 내 전자의 자전운동에 의해 발생된다.

② 정의 식

$$J = \frac{m}{S} = \frac{M}{V} \, [\text{Wb/m}^2]$$

여기서, 쌍극자 모멘트: $M = Q\ell \, [\text{Wb}\cdot\text{m}]$

(2) 자계와 자화의 세기의 관계

$$J = \mu_0(\mu_s - 1)H = B - \mu_0 H = B\left(1 - \frac{1}{\mu_s}\right) [\text{Wb/m}^2]$$

① 자화율: $\chi = \mu_0(\mu_s - 1) \, [\text{H/m}]$

② 비자화율: $\chi_{er} = \dfrac{\chi}{\mu_0} = \mu_s - 1$ (비투자율: $\mu_s = \dfrac{\chi}{\mu_0} + 1$)

3. 자성체의 종류

자성체 종류	물질의 종류	자화율	비자화율	비투자율
비자성체	-	$\chi = 0$	$\chi_{er} = 0$	$\mu_s = 1$
강자성체	철, 니켈, 코발트 등	$\chi \gg 0$	$\chi_{er} \gg 0$	$\mu_s \gg 1$
상자성체	공기, 망강, 알루미늄 등	$\chi > 0$	$\chi_{er} > 0$	$\mu_s > 1$
반자성체	금, 은, 동, 창연 등	$\chi < 0$	$\chi_{er} < 0$	$\mu_s < 1$

4. 자기 감자력

(1) 자기 감자력 식

$$H' = \frac{N}{\mu_0} J \, [\text{AT/m}]$$

여기서, N: 감자율

(2) 환상 철심의 감자력: $N = 0$

(3) 구자성체의 감자력: $N = \dfrac{1}{3}$

3 자성체 경계면의 조건

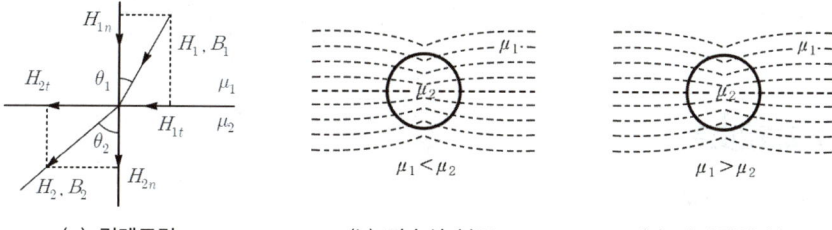

(a) 경계조건　　　(b) 자속선 분포　　　(c) 자기력선 분포

(1) 경계면의 조건

① 자기력선의 접선(수평)성분 H_t 는 경계면 양쪽에서 같다(연속적).

$$H_{1t} = H_{2t} \ (H_1 \sin\theta_1 = H_2 \sin\theta_2)$$

② 자속선의 법선(수직)성분 B_n 는 경계면 양쪽에서 같다(연속적).

$$B_{1n} = B_{2n} \ (B_1 \cos\theta_1 = B_2 \cos\theta_2)$$

(2) 자기장의 굴절(refraction)

$$\frac{\mu_1}{\mu_2} = \frac{\tan\theta_1}{\tan\theta_2} \ \text{또는} \ \frac{\mu_2}{\mu_1} = \frac{\tan\theta_2}{\tan\theta_1}$$

(3) 만약, $\mu_1 < \mu_2$ 이면 $\theta_1 < \theta_2$, $B_1 < B_2$, $H_1 > H_2$ 가 된다.
  ① $\theta_1 < \theta_2$: 투자율이 큰 쪽으로 더 크게 굴절한다.
  ② $B_1 < B_2$: 자속선은 투자율이 큰 곳으로 모이려는 특성이 있다.
  ③ $H_1 > H_2$: 자기력선은 투자율이 작은 곳으로 모이려는 특성이 있다.

4 자계에너지 밀도

정전계	정자계
① 전하가 운반될 때 소요되는 에너지 $W = QV$ [J] (Q: 전하량, V: 전위차)	① 자속이 운반될 때 소요되는 에너지 $W = \Phi I = N\phi I$ [J] (Φ: 쇄교자속, ϕ: 자속, I: 전류)
② 유전체 내의 전계에너지(정전에너지) $w_e = \dfrac{1}{2}\epsilon E^2 = \dfrac{1}{2}ED = \dfrac{D^2}{2\epsilon}$ [J/m³]	② 자성체 내의 자계에너지 $w_m = \dfrac{1}{2}\mu H^2 = \dfrac{1}{2}HB = \dfrac{B^2}{2\mu}$ [J/m³]
③ 단위면적당 작용하는 힘(정전응력 = 맥스웰의 변형력) $f = \dfrac{1}{2}\epsilon E^2 = \dfrac{1}{2}ED = \dfrac{D^2}{2\epsilon}$ [N/m²]	③ 단위면적당 작용하는 힘(철편의 흡인력) $f = \dfrac{1}{2}\mu H^2 = \dfrac{1}{2}HB = \dfrac{B^2}{2\mu}$ [N/m²]

5 전기회로와 자기회로

(1) 전기회로와 자기회로의 관계

전기회로	자기회로
① 기전력: $V = \ell E$ [V]	① 기자력: $F = IN$ [AT]
② 전기저항: $R = \dfrac{\ell}{kS} = \rho\dfrac{\ell}{S}$ [Ω] ($k = \sigma$: 도전률, ρ: 고유저항)	② 자기저항: $R_m = \dfrac{\ell}{\mu S} = \dfrac{F}{\phi}$ [AT/Wb] (μ: 투자율)
③ 옴의 법칙: $I = \dfrac{V}{R} = \dfrac{\ell E}{\frac{\ell}{kS}} = kES$	③ 옴의 법칙: $\phi = \dfrac{F}{R_m} = \dfrac{\mu SNI}{\ell}$ [Wb]
④ 전류밀도: $i = \dfrac{I}{S} = kE = \dfrac{E}{\rho}$ [A/m²]	④ 자속밀도: $B = \dfrac{\phi}{S} = \mu H = \dfrac{\mu NI}{\ell}$ [Wb/m²]

(2) 철심에 미소 공극 발생 시 자기저항의 증가율

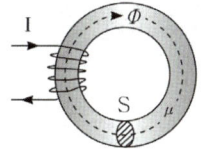
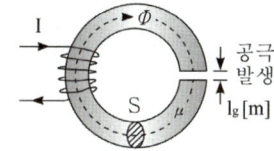

(a) 초기 자기회로   (b) 공극 발생

① 초기 자기저항

$$R_m = \frac{\ell}{\mu S} \text{ [AT/Wb]}$$

② 공극 발생 후 자기저항

$$\frac{\ell - \ell_g}{\mu S} + \frac{\ell_g}{\mu_0 S} \fallingdotseq \frac{\ell}{\mu S} + \frac{\ell_g}{\mu_0 S} = R_m + R_g$$

여기서, $\ell \gg \ell_g$ 이므로 $\ell - \ell_g \fallingdotseq \ell$

③ 자기저항 증가율

$$\alpha = \frac{R_m + R_g}{R_m} = 1 + \frac{R_g}{R_m} = 1 + \frac{\frac{\ell_g}{\mu_0 S}}{\frac{\ell}{\mu S}} = 1 + \frac{\mu \ell_g}{\mu_0 \ell} = 1 + \frac{\mu_s \ell_g}{\ell}$$

10장 전자유도법칙(Electromagnetic induction)

1 유도기전력

(1) 패러데이, 노이만, 렌츠의 실험식

$$e = -N\frac{d\phi}{dt} \text{ [V]}$$

① 패러데이의 전자유도법칙
   회로에 쇄교하는 자속이 변화할 때 그 회로에는 자속이 감소되는 비율에 비례하는 기전력을 유기한다. 이러한 현상을 전자유도라 하며, 발생된 기전력을 유도기전력이라 한다.
② 노이만의 법칙
   전자유도법칙을 수식화한 것으로 유도기전력의 크기를 결정하였다.
③ 렌츠의 법칙
   전자유도에 의해서 회로에 생기는 유도전류는 쇄교자속의 변화를 방해하는 방향(관성의 법칙)이 된다.

(2) 최대 유도기전력

$$e_m = \omega N \phi_m = 2\pi f N \phi_m \, [\text{V}]$$

(3) 유도기전력과 자속과의 위상

자속 ϕ 보다 $\dfrac{\pi}{2}$ [rad] 만큼 위상이 느리다.

(4) 패러데이 법칙의 미분형

$$rot\,E = \nabla \times E = -\dfrac{\partial B}{\partial t}$$

① 전위 식에 스토크스 법칙을 적용: $V = -\oint_C E\,d\ell = -\int_S rot\,E\,ds$

② 역기전력(기전력의 역방향): $e = -V = \int_S rot\,E\,ds$

③ 패러데이 법칙의 적분형: $e = -\dfrac{d\phi}{dt} = -\dfrac{dB}{dt}S = -\int \dfrac{\partial B}{\partial t}ds$

2 전자유도에 의한 기전력

(1) 플레밍의 오른손 법칙

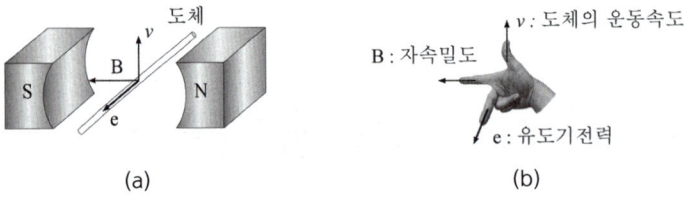

(a)　　　　　　　　(b)

① 자계 내에 있는 도체가 v [m/s] 의 속도로 운동하면 도체에는 기전력이 유도된다(유도기전력이 발생한다).
② 유도기전력

$$e = vB\ell \sin\theta \, [\text{V}]$$

여기서, v: 도체의 운동 속도[m/s]　　B: 자속밀도[Wb/m²]
　　　　ℓ: 도체의 길이[m]　　　　θ: B 와 v 가 이루는 각

(2) 패러데이의 단극 발전기

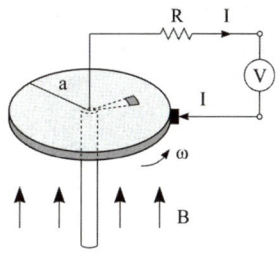

① 유도기전력

$$e = \int_0^a B\omega r\, dr = \frac{\omega B a^2}{2} \text{ [V]}$$

② 전류

$$I = \frac{e}{R} = \frac{\omega B a^2}{2R} \text{ [A]}$$

여기서, ω: 각속도[rad/sec]　　B: 자속밀도[Wb/m²]
　　　　a: 도체의 반지름[m]　　R: 저항[Ω]

3 전자계 특수현상

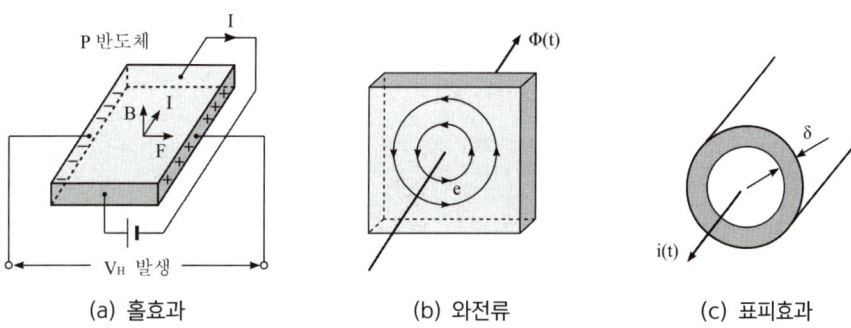

(a) 홀효과　　　　(b) 와전류　　　　(c) 표피효과

(1) 스트레치 효과(stretch effect)

정사각형의 가요성 전선에 대전류를 흘리면, 각 변에는 반발력(전자력)이 작용하여 도선은 원형의 모양이 된다. 이와 같은 현상을 스트레치 효과라 한다.

(2) 홀효과(Hall effect)

반도체에 전류 I를 흘려 이것과 직각 방향으로 자속밀도 B를 가하면 플레밍 왼손법칙에 의해 그 양면의 직각 방향으로 기전력이 발생한다. 이 현상을 홀효과라 한다.

(3) 와전류(eddy current)

자성체 중에서 자속이 변화하면 기전력이 발생하고, 이 기전력에 의해 자성체 중에 소용돌이 모양의 전류가 흐르는 현상을 말한다.

(4) 핀치효과(pinch effect)

액체 상태의 원통상 도선에 직류전압을 인가하면 도체 내부에 자장이 생겨 로렌츠의 힘(구심력)으로 전류가 원통 중심 방향으로 수축하여 전류의 단면은 점차 작아지고 전류가 흐르지 않게 되는 현상을 말한다.

(5) 표피효과(skin effect)

① 도체에 고주파 전류를 흘리면 전류가 도체의 표면 부근에만 흐르는 현상을 말한다.
② 침투두께

$$\delta = \sqrt{\frac{2\rho}{\omega\mu}} = \sqrt{\frac{1}{\pi f \mu \sigma}} \,[\text{m}]$$

여기서, ρ: 고유저항 σ: 도전율 f: 주파수 μ: 투자율

11장 인덕턴스(Inductance)

1 인덕턴스 관련 공식

(1) 유도기전력

$$e = -N\frac{d\phi}{dt} = -L\frac{di}{dt} \,[\text{V}]$$

여기서, $\frac{d\phi}{dt}$: 자속의 시간적 변화율 $\frac{di}{dt}$: 전류의 시간적 변화율

(2) 쇄교자속

$$\Phi = N\phi = LI \,[\text{Wb}]$$

여기서, Φ: 쇄교자속 ϕ: 자속 N: 권선 수

(3) 인덕턴스

$$L = \frac{\Phi}{I} = \frac{N}{I} \times \phi = \frac{N}{I} \times \frac{F}{R_m} = \frac{N^2}{R_m} = \frac{\mu S N^2}{\ell} \,[\text{H}]$$

여기서, 자속: $\phi = \frac{F}{R_m}$ 기자력: $F = IN$ 자기저항: $R_m = \frac{\ell}{\mu S}$

(4) 인덕턴스에 축적되는 에너지(전류에 의한 자계에너지)

$$W_L = \frac{1}{2}LI^2 = \frac{1}{2}\Phi I = \frac{\Phi^2}{2L} = \frac{1}{2}N\phi I = \frac{1}{2}F\phi \,[\text{J}]$$

(5) 자계에너지 밀도

$$w_m = \frac{1}{2}\mu H^2 = \frac{1}{2}HB = \frac{B^2}{2\mu}\ [\text{J/m}^3]$$

여기서, $W_L = \dfrac{1}{2}LI^2\,[\text{J}] = \dfrac{1}{2}\times\dfrac{\mu SN^2}{\ell}\times I^2 = \dfrac{1}{2}\times\mu\times\left(\dfrac{NI}{\ell}\right)^2\times S\times \ell$

$\qquad\qquad = \dfrac{1}{2}\times\mu\times H^2\times(S\times\ell)\,[\text{J}] = \dfrac{1}{2}\mu H^2\,[\text{J/m}^3]$

2 변압기 1·2차측 단자전압

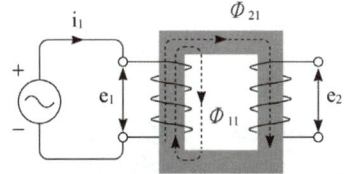
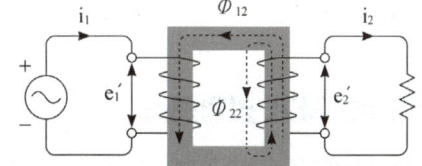

(a) 1차 회로에 전류가 흐를 경우　　(b) 2차 회로에도 전류가 흐를 경우

(1) 1차측 단자전압

$$e_1 = -N_1\frac{d\phi_1}{dt} = -L_1\frac{di_1}{dt}\ [\text{V}]$$

(2) 2차측 단자전압

$$e_2 = -N_2\frac{d\phi_{21}}{dt} = -M\frac{di_1}{dt}\ [\text{V}]$$

여기서, L_1: 1차측 자기 인덕턴스　　M: 상호 인덕턴스

3 인덕턴스와 결합계수

(1) 1차측 자기 인덕턴스

$$L_1 = \frac{\mu S N_1^2}{\ell}\ [\text{H}] \;\rightarrow\; \frac{\mu S}{\ell} = \frac{1}{N_1^2}\times L_1$$

(2) 2차측 자기 인덕턴스

$$L_2 = \frac{\mu S N_2^2}{\ell} = \left(\frac{N_2}{N_1}\right)^2\times L_1\ [\text{H}]$$

(3) 상호 인덕턴스

$$M = \frac{\mu S N_1 N_2}{\ell} = \frac{N_2}{N_1} \times L_1 \, [\text{H}]$$

(4) 결합 계수

$$k = \sqrt{\frac{\Phi_{21}}{\Phi_1} \times \frac{\Phi_{12}}{\Phi_2}} = \sqrt{\frac{M_{21}}{L_1} \times \frac{M_{12}}{L_2}} = \frac{M}{\sqrt{L_1 L_2}}$$

① $k = 0$: 자기적인 비결합
② $k = 1$: 자기적인 완전결합
③ 결합계수의 범위: $0 < k \leq 1$

4 각 도체에 따른 자기 인덕턴스

구분	자기 인덕턴스
무한장 솔레노이드	① 단위 길이당 권선수 $n_0 = \frac{N}{\ell}$ 에서 $N = n_0 \ell$ 가 됨 ② 인덕턴스: $L = \frac{\mu S N^2}{\ell} = \mu S n_0^2 \ell \, [\text{H}] = \mu S n_0^2 \, [\text{H/m}]$
환상 솔레노이드	① 솔레노이드의 평균길이 $\ell = 2\pi r \, [\text{m}]$ 이므로 ② 인덕턴스: $L = \frac{\mu S N^2}{\ell} = \frac{\mu S N^2}{2\pi r} \, [\text{H}]$
원통 도체 또는 동축 케이블	① 내부 인덕턴스: $L_i = \frac{\phi_i}{I} = \frac{\mu_0}{8\pi} \, [\text{H/m}]$ ② 외부 인덕턴스: $L_e = \frac{\phi_e}{I} = \frac{\mu_0}{2\pi} \ln \frac{b}{a} \, [\text{H/m}]$ ③ 전체 인덕턴스: $L = L_i + L_e = \frac{\mu_0}{8\pi} + \frac{\mu_0}{2\pi} \ln \frac{b}{a} \, [\text{H/m}]$
평행 왕복 도선	① 동축 케이블 2가닥이 포설된 것이므로 L 도 2배가 됨 ② 전체 인덕턴스: $L = L_i + L_e = \frac{\mu_0}{4\pi} + \frac{\mu_0}{\pi} \ln \frac{d}{a} \, [\text{H/m}]$

5 인덕턴스 접속법

(1) 인덕턴스 직·병렬 접속법

구분	가동 결합(가극성)	차동 결합(감극성)
직렬 접속	$\therefore L_a = L_1 + L_2 + 2M$	$\therefore L_b = L_1 + L_2 - 2M$
병렬 접속	$\therefore L_a = \dfrac{L_1 L_2 - M^2}{L_1 + L_2 - 2M}$ [H]	$\therefore L_b = \dfrac{L_1 L_2 - M^2}{L_1 + L_2 + 2M}$ [H]

(2) 상호 인덕턴스 계산

① 직렬접속 시 가동 결합(인덕턴스 접속의 최댓값)

$$L_a = L_1 + L_2 + 2M$$

② 직렬접속 시 차동 결합(인덕턴스 접속의 최솟값)

$$L_b = L_1 + L_2 - 2M$$

③ 위 두 식의 차: $L_a - L_b = 4M$

$$M = \frac{L_a - L_b}{4} \text{ [H]}$$

12장 전자계(Electromagnetic field)

1 변위전류

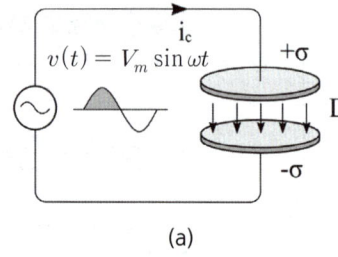 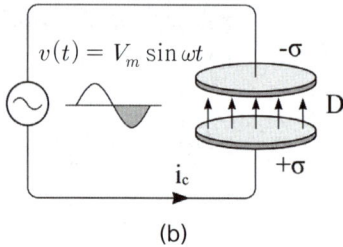

(a)　　　　　　　　　(b)

1. 전도전류밀도

(1) 전도전류

$$I_c = \frac{V}{R} = \frac{E\ell}{\ell/kS} = kES\,[\text{A}]$$

(2) 전도전류밀도

$$i_c = \frac{I_c}{S} = kE\,[\text{A}/\text{m}^2]$$

2. 변위전류밀도

① 전속밀도의 시간적 변화에 따라 유전체 내에 흐르는 전류를 의미한다.
② 변위전류

$$I_d = \frac{\partial D}{\partial t}S = \epsilon S \frac{\partial E}{\partial t} = \frac{\epsilon S}{d}\frac{\partial V}{\partial t} = C\frac{\partial V}{\partial t} = j\omega C V\,[\text{A}]$$

③ 변위전류밀도

$$i_d = \frac{I_d}{S} = \frac{\partial D}{\partial t} = \epsilon \frac{\partial E}{\partial t} = j\omega \epsilon E\,[\text{A}/\text{m}^2]$$

3. 임계주파수

(1) 전도전류와 변위전류의 크기가 같아질 때($I_c = I_d$)의 주파수를 의미한다.

(2) 임계주파수

$$f_c = \frac{k}{2\pi\epsilon} = \frac{\sigma}{2\pi\epsilon}\,[\text{Hz}]$$

(3) 유전체 손실각(유전체 역률)

$$\tan\delta = \frac{I_R}{I_C} = \frac{I_c}{I_d} = \frac{k}{\omega\epsilon} = \frac{k}{2\pi f\epsilon} = \frac{f_c}{f}$$

여기서, I_c: 전도전류, I_d: 변위전류

(4) 유전체 손실

$$P_\ell = vI_R = vI_C\tan\delta\,[\text{W}]$$

2 맥스웰 전자계 기초 방정식

미분형	적분형
$rot\,H = \nabla \times H = i = i_c + \frac{\partial D}{\partial t}$	$\oint_C H\,d\ell = i = i_c + \int_S \frac{\partial D}{\partial t}\,ds$
$rot\,E = \nabla \times E = -\frac{\partial B}{\partial t}$	$\oint_C E\,d\ell = -\int_S \frac{\partial B}{\partial t}\,ds$
$div\,D = \nabla \cdot D = \rho$	$\oint_S D\,ds = \int_V \rho\,dv = Q$
$div\,B = \nabla \cdot B = 0$	$\oint_S B\,ds = 0$

(1) **암페어의 주회적분법칙**: 전계의 시간적 변화에는 회전하는 자계를 발생

(2) **패러데이 전자유도법칙**: 자계가 시간에 따라 변화하면 회전하는 전계가 발생

(3) **전계 가우스 발산정리**: 전하가 존재하면 전속선이 발생

(4) **자계 가우스 발산정리**: 고립된 자극은 없고, N극 S극은 함께 공존

3 평면파와 전자계의 성질

(1) 전자파의 전파속도

$$v = \frac{1}{\sqrt{\epsilon\mu}} = \frac{1}{\sqrt{\epsilon_0\epsilon_s\mu_0\mu_s}} = \frac{3\times10^8}{\sqrt{\epsilon_s\mu_s}}\,[\text{m/s}]$$

여기서, $\frac{1}{\sqrt{\epsilon_0\mu_0}} = 3\times10^8\,[\text{m/s}]$

(2) 전파속도의 변형

$$v = \frac{1}{\sqrt{\epsilon\mu}} = \frac{1}{\sqrt{LC}} = \frac{\omega}{\beta} \; [\text{m/s}]$$

여기서, $LC = \mu\epsilon$ 위상정수: $\beta = \omega\sqrt{LC}$

(3) 전자파 파장의 길이

$$\lambda = \frac{v}{f} = \frac{\omega}{f\beta} = \frac{2\pi}{\beta} \; [\text{m}]$$

여기서, 각 주파수: $\omega = 2\pi f$

(4) 파동 임피던스(wave impedance)
 ① 전계와 자계의 비를 파동 임피던스 또는 고유 임피던스라 한다.
 ② 진공 중에서 파동 임피던스

$$Z_0 = \frac{E}{H} = \sqrt{\frac{\mu_0}{\epsilon_0}} = 120\pi \fallingdotseq 377 \; [\Omega]$$

$$Z_0 = \frac{E}{H} = \sqrt{\frac{\mu_0}{\epsilon_0}} = 120\pi \fallingdotseq 377 \; [\Omega]$$

 ③ 매질 중에서 파동 임피던스

$$Z = \frac{E}{H} = \sqrt{\frac{\mu}{\epsilon}} = \sqrt{\frac{\mu_0}{\epsilon_0}}\sqrt{\frac{\mu_s}{\epsilon_s}} = 120\pi\sqrt{\frac{\mu_s}{\epsilon_s}} \; [\Omega]$$

(5) 전계와 자계의 관계

$$\sqrt{\epsilon}\, E = \sqrt{\mu}\, H$$

 ① 전계의 세기

$$E = \sqrt{\frac{\mu}{\epsilon}}\, H = 120\pi\sqrt{\frac{\mu_s}{\epsilon_s}} = 377\sqrt{\frac{\mu_s}{\epsilon_s}} \; [\text{V/m}]$$

 ② 자계의 세기

$$H = \sqrt{\frac{\epsilon}{\mu}}\, E = \frac{1}{120\pi}\sqrt{\frac{\epsilon_s}{\mu_s}} = 2.65 \times 10^{-3}\sqrt{\frac{\epsilon_s}{\mu_s}} \; [\text{A/m}]$$

 ③ 전계 E와 자계 H는 서로 수직성분이며, 위상차는 없다.
 ④ 전자파의 진행방향은 $\vec{E} \times \vec{H}$의 관계를 갖는다.

4 포인팅 벡터(Poynting vector)

(1) **정의**: 단위 면적을 단위시간에 통과하는 에너지라 정의한다.

(2) 포인팅 벡터

$$P = EH [\text{W/m}^2]$$

(3) 방사전력

$$P_s = \int_S P\, ds = \int_S EH\, ds = EHS = \frac{E^2}{120\pi} S = 120\pi H^2 S [\text{W}]$$

① 전계의 세기: $E = \sqrt{\dfrac{120\pi P_s}{S}} = \sqrt{\dfrac{377 P_s}{4\pi r^2}} [\text{V/m}]$

② 자계의 세기: $H = \sqrt{\dfrac{P_s}{120\pi S}} = \sqrt{\dfrac{P_s}{377 \times 4\pi r^2}} = \dfrac{1}{2r}\sqrt{\dfrac{P_s}{377\pi}}$

5 자기적인 벡터 포텐셜(vector potential)

(1) **정의**: 임의의 벡터 A에 회전을 취하면 자기장의 벡터 B로 되는 벡터함수를 가정했을 때 A를 벡터 포텐셜이라 정의한다.

① 자기적인 벡터 포텐셜 A

$$\nabla \times A = \text{rot}\, A = B$$

② 패러데이 법칙의 미분형

$$\text{rot}\, E = -\frac{\partial B}{\partial t} \rightarrow E = -\frac{\partial A}{\partial t} [\text{V/m}]$$

(2) 벡터 포텐셜은 단지 수학적으로 정의한 것으로 물리적 의미는 없다.

Chapter 02 전력공학

01장 전력계통

1 송배전선로의 구성

(1) **송전선로**(T/L, Transmission Line)
대전력의 장거리 송전 시 154[kV], 345[kV], 765[kV]의 초고압 송전전압으로 승압하여 수용가 부근의 변전소(1차)에 공급하는 선로이다.

(2) **배전선로**(D/L, Distribution Line)
배전용 변전소(3차)에서 배전전압(22.9[kV])으로 낮추어진 전력을 배전용 변압기까지 공급하는 선로이다.

2 공칭전압(표준전압)

(1) 승압하여 송전할 경우 고려사항

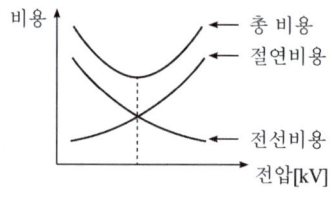

① 전선 굵기가 얇아져 전선 비용이 절감된다.
② 애자 및 기기 등의 절연내력이 높아진다.
③ 지면 및 전선 상호 간 간격이 증가하여 지지물의 비용이 상승한다.

(2) 승압하여 송전 시 전력손실이 송전전압의 제곱에 반비례하여 감소한다.

(3) **스틸의 식**(alfred still): 경제적인 송전전압을 구하는 공식

$$E = 5.5\sqrt{0.6l + \frac{P}{100}}\ [\text{kV}]$$

여기서, l: 송전거리[km] P: 송전전력[kW]

(4) **공칭전압**: 전선로를 대표하는 선간전압을 말하며 일반적으로 수전단 전압을 말한다.

(5) **최고전압**: 전선로에 발생하는 최고의 선간전압을 말한다.

(6) **배전전압**: 110, 220, 380, 440, 3300, 6600, 13200, 22900[V]

(7) **송전전압**: 22000, 66000, 154000, 345000, 765000[V]

③ 직류 송전방식과 교류 송전방식의 특성

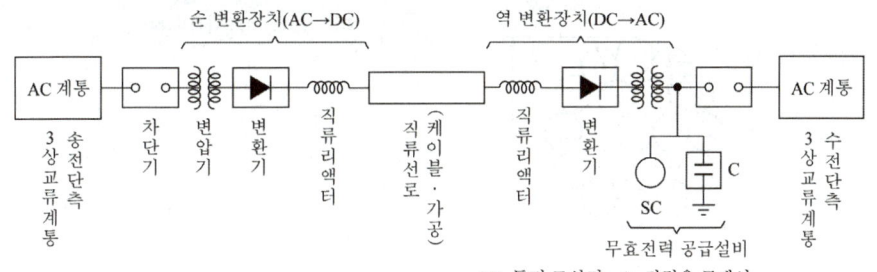

【직류 송전계통의 구성】

교류 송전방식	직류 송전방식
① 전압의 승압·강압이 용이 ② 3상 회전자계를 얻을 수 있음 ③ 교류방식으로 합리적인 운용이 가능 ④ 단상 교류에 비교한 3상 교류의 특성 　㉠ 전선 한 가닥당 송전전력이 큼 　㉡ 회전자계를 쉽게 얻을 수 있어서 회전기기의 사용 용이	① 절연계급을 낮추어서 비용 절감 가능 ② 송전시 효율이 높고, 비동기 연계가 가능 ③ 리액턴스가 없어 안정도가 증대 ④ 표피효과가 없어 최대전력을 공급 ⑤ 사고시·교류시 차단용량에 비해 감소 ⑥ 순변환, 역변환장치가 필요하므로 설비의 가격이 높음

02장 전선로

① 전선

1. 전선

(1) 전선의 구비조건

① 도전율이 높고 저항률이 낮을 것
② 기계적인 강도가 클 것
③ 신장률(팽창률)이 클 것
④ 내구성이 클 것
⑤ 가선작업이 용이할 것
⑥ 가요성이 클 것
⑦ 비중이 작을 것(중량이 가벼울 것)

(2) 연선

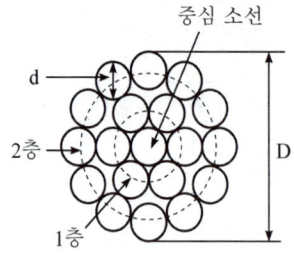

IEC 전선 규격[mm²]				
1.5	2.5	4	6	10
16	25	35	50	70
95	120	150	185	240
30	400	500	630	

① **특징**: 얇은 소선 여러 개가 규칙적으로 배열된다.
② **장점**: 표피효과가 적고 가요성이 우수하다.
③ 연선 소선 총 수

$$N = 3n(n+1) + 1$$

④ 연선의 바깥지름(외경)

$$D = (1+2n)d \, [\text{mm}]$$

⑤ 연선의 총 단면적

$$A = \pi r^2 = \pi \times \left(\frac{d}{2}\right)^2 = \frac{\pi d^2}{4} \, [\text{mm}^2]$$

여기서, n: 소선 층수 d: 소선의 지름 r: 소선의 반지름

(3) 경동선

$$\text{저항률 } \rho = \frac{1}{55} \, [\Omega \cdot \text{mm}^2/\text{m}] \rightarrow \text{풍압에 대한 영향을 고려할 곳}$$

(4) 연동선

$$\text{저항률 } \rho = \frac{1}{58} \, [\Omega \cdot \text{mm}^2/\text{m}] \rightarrow \text{옥내배선 및 접지선}$$

(5) 알루미늄선

$$\text{저항률 } \rho = \frac{1}{35} \, [\Omega \cdot \text{mm}^2/\text{m}] \rightarrow \text{장거리 송전선로}$$

(6) 강심 알루미늄연선(ACSR)

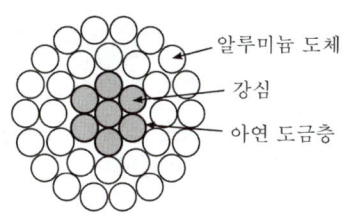

① 동일전력 공급 시 바깥지름이 커진다.
② 코로나현상 방지에 유리하다.
③ 장경간 선로에 적합하고 온천지역에 적용된다.

2 전선의 굵기 선정

1. 전선의 굵기 선정 시 고려사항

(1) **허용전류**: 저항손에 의한 발열로 인하여 전선의 온도가 상승할 때 그 최고온도에 대응하는 전류를 말한다.

(2) **전압강하**

$$e = V_S - V_R = \sqrt{3}\, I_n (r\cos\theta + x\sin\theta)\,[\text{V}]$$

(3) **기계적 강도**: 가공전선은 전선 자중 뿐만 아니라 착빙설, 댐퍼를 비롯한 부착금구의 하중, 각 종 풍압에 의한 진동 등에도 단선되지 않도록 충분한 강도가 요구된다.

2. 켈빈의 법칙

(1) 가장 경제적인 전선의 굵기를 선정하는 법칙이다.

(2) 「전선 시설비에 대한 1년간의 이자 및 감가상각비 = 1년간의 전력손실량에 대한 환산전기요금」이 같을 때의 굵기이다.

3 전선의 이도

(1) 이도가 선로에 미치는 영향

① 이도의 대소는 지지물의 높이를 결정한다.
② 이도가 너무 크면 전선은 좌우로 크게 진동해서 다른 상의 전선 또는 식물에 접촉하여 위험을 준다.
③ 이도가 너무 작으면 전선의 장력이 증가하여 단선 사고가 발생할 수 있다.

(2) 이도(Dip)

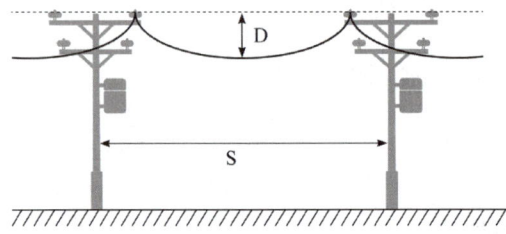

$$D = \frac{WS^2}{8T} [\text{m}]$$

여기서, W: 단위 길이당 전선의 중량[kg/m] S: 경간[m] T: 수평장력[kg]

(3) 전선의 실제 길이

$$L = S + \frac{8D^2}{3S} [\text{m}]$$

(4) 전선에 가한 하중

$$W = \sqrt{W_1^2 + W_2^2}$$

여기서, W_1: 전선하중[kg/m] W_2: 수평하중[kg/m]

(5) 전선의 부하계수

전선에 걸리는 하중은 전선의 자중, 풍압하중, 빙설하중 등이 있으며 이들의 합성 하중과 전선 하중과의 비를 부하계수라 한다.

$$q = \frac{\text{합성하중}}{\text{전선하중}} = \frac{\sqrt{(W_c + W_i)^2 + W_w^2}}{W_c}$$

여기서, W_c: 전선하중 W_i: 빙설하중 W_w: 풍압하중

4 전선의 진동과 도약

(1) 전선의 진동 원인과 결과
① 가공송전선로에 바람이 전선과 직각에 가까운 방향으로 불 때에는 그 전선주위에 공기의 소용돌이가 생기고, 이 때문에 전선의 연직방향에 교번력이 작용하여 전선은 상하로 진동하게 된다.
② 이 진동이 계속되면 단선사고가 발생할 수 있고, 지지물에 지속적인 힘을 가하여 기계적 강도가 약해진다.

(2) 전선의 진동 방지 대책

구분	대책
진동 방지 대책	① 전선의 지지점 가까운 곳에 1개소 또는 2개소에 댐퍼 설치 ② 복도체 및 다도체의 경우 스페이서댐퍼 설치
단선 방지	전선과 동일한 소재를 추가하여 금구류로 연결: 아머로드(armor rod)
상하 선로 단락 방지	① 철탑의 암(arm)의 길이에 차등을 두는 오프셋(off-set)을 실시 ② 착빙설 탈락에 의한 전선의 도약 시 접촉사고를 방지

5 애자(insulator)

(1) 구비조건
① 이상전압에 대해 충분한 절연내력 및 절연저항을 가질 것
② 누설전류가 적고 기계적 강도가 클 것
③ 온도변화에 대해 전기적, 기계적 특성을 유지할 것

(2) 종류
① 핀애자: 66[kV] 이하의 전선로에 사용(실제 30[kV] 이하에 적용)한다.
② 현수애자(254[mm] 적용): 클레비스형과 볼소켓형으로 구분한다.

(3) 전압분담
① 전압분담 가장 큰 애자: 전선에서 가장 가까운 애자이다.
② 전압분담 가장 작은 애자: 전선에서 지지물쪽 약 3/4지점 애자이다.

(4) 보호대책: 초호각, 초호환(뇌격으로 인한 섬락사고 시 애자련 보호)

(5) 연효율(연능률)

$$\eta = \frac{\text{애자련의섬락전압}(V_n)}{1\text{연의애자개수}(n) \times \text{애자1개의섬락전압}(V_1)} \times 100[\%]$$

(6) 전압별 애자의 개수

전압	22[kV]	66[kV]	154[kV]	345[kV]
애자개수	2~3	4~6	9~11	19~23

6 지선(wire ropes supporting electric pole)

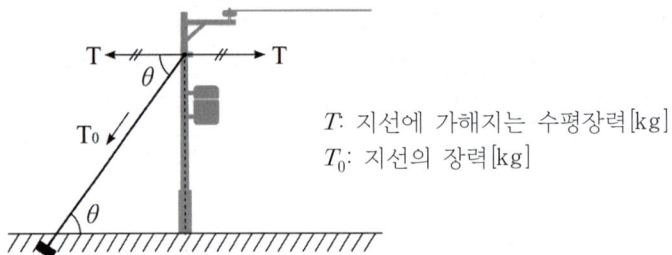

T: 지선에 가해지는 수평장력[kg]
T_0: 지선의 장력[kg]

(1) 지선의 설치 목적
    ① 지지물의 강도를 보강 및 안정성 증대
    ② 불평형 하중에 대한 평형

(2) 지선의 시방 세목
    ① 지선의 안전율: 2.5 이상
    ② 지선의 허용인장하중: 4.31[kN] 이상
    ③ 소선의 굵기 및 인장강도: 직경 2.6[mm] 이상, 3조 이상

(3) 지선의 장력

$$T_0 = \frac{T}{\cos\theta} \, [\text{kg}]$$

7 지중전선로

(1) 시공방법
    ① 직접매설식
    ② 관로식
    ③ 암거식

(2) 고장점 검출 방법
    ① 머레이루프법   ② 펄스레이더법
    ③ 수색코일법   ④ 정전용량법

(3) 인덕턴스 및 정전용량
    ① 지중전선로는 가공전선로에 비해 선간거리가 감소한다.
    ② 가공전선로에 비하여 인덕턴스가 작고, 정전용량 크다.

(4) 충전전류

$$I_C = \omega C E l = 2\pi f C \frac{V}{\sqrt{3}} \, l \, [\text{A}]$$

03장 선로정수(line constant) 및 코로나 현상

1 개요

(1) 송전선로는 저항, 인덕턴스, 정전용량 및 누설 컨덕턴스의 4가지 정수가 연속적으로 분포되어 있는 전기회로로 볼 수 있는데 이를 선로정수라 한다.

(2) 선로정수는 전선의 종류, 굵기 및 배치에 따라 크기가 정해지고 전압, 전류, 역률의 영향은 받지 않는다.

2 인덕턴스

전선에 전류가 흐를 경우 전선 주변에 발생하는 자속의 비례상수를 인덕턴스라 하고, 인덕턴스에는 자기 인덕턴스(L_i)와 상호 인덕턴스(L_m)가 있다.

$$\text{전선 1선당 작용 인덕턴스: } L = L_i + L_m [\text{H}]$$

(1) 단상 2선식 작용 인덕턴스

$$L = 0.05 + 0.4605 \log_{10} \frac{D}{r} \, [\text{mH/km}]$$

여기서, D: 등가 선간거리[m] r: 전선의 반지름[m]

(2) 3상 3선식

① 작용 인덕턴스

$$L = 0.05 + 0.4605 \log_{10} \frac{\sqrt[3]{D_1 \cdot D_2 \cdot D_3}}{r} \, [\text{mH/km}]$$

② 단도체

$$L = 0.05 + 0.4605 \log_{10} \frac{D}{r} \, [\text{mH/km}]$$

③ n도체

$$L = \frac{0.02}{n} + 0.4605 \log_{10} \frac{D}{r_e} \, [\text{mH/km}]$$

여기서, n: 소도체 수 D: 등가 선간거리 r_e: 등가 반경

3 정전용량

(1) 단상 2선식

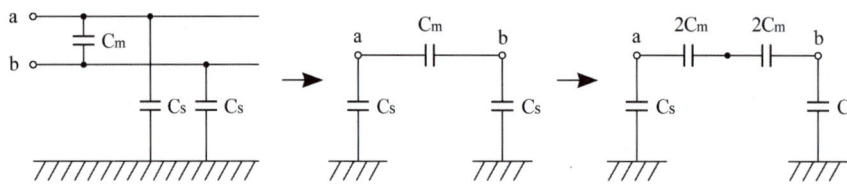

① 1선당 작용 정전용량

$$C = C_s + 2C_m = \frac{0.02413}{\log_{10}\frac{D}{r}} \, [\mu\text{F/km}]$$

② 대지 정전용량

$$C_s = \frac{0.02413}{\log_{10}\frac{4h^2}{rD}} \, [\mu\text{F/km}]$$

여기서, C_s: 대지 정전용량[μF/km] C_m: 선간 정전용량[μF/km]
   r: 전선의 반지름[cm] D: 선간거리[cm]

(2) 3상 3선식

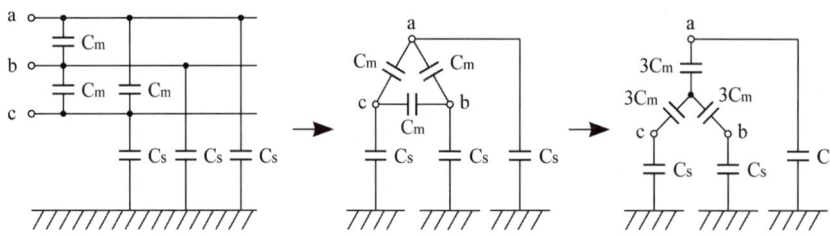

① 1선당 작용 정전용량

$$C = C_s + 3C_m = \frac{0.02413}{\log_{10}\frac{D}{r}} \, [\mu\text{F/km}]$$

② 단도체

$$C = \frac{0.02413}{\log_{10}\frac{D}{r}} \, [\mu\text{F/km}]$$

③ n 복도체

$$C = \frac{0.02413}{\log_{10}\frac{D}{r_e}} \, [\mu\text{F/km}]$$

(3) 충전전류

$$I_c = \omega C E \ell = 2\pi f C \frac{V}{\sqrt{3}} \ell \, [A]$$

여기서, $C = C_s + 3C_m$

(4) 충전용량

$$Q_c = 3EI_c = 3\omega f C E^2 \ell = 2\pi f C V^2 \times 10^{-3} \, [\text{kVA}]$$

4 기하학적 등가 선간거리와 등가반경

(1) 선로는 각 상의 배치가 보통 비대칭 3각형을 이루고 있으므로 그 선간거리의 평균치로는 산술적인 평균값이 아니라 기하학적 평균값을 취해야 한다.

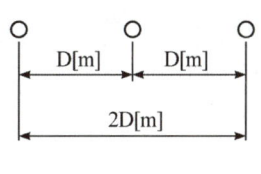
(a) 수평 배치

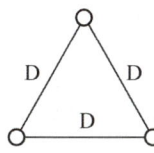
(b) 정삼각 배치

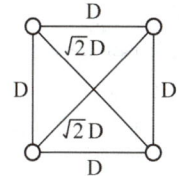
(c) 정사각 배치

(2) 기하학적 평균거리

$$D = \sqrt[3]{D_1 \times D_2 \times D_3} \, [\text{m}]$$

① 수평 배치

$$D = \sqrt[3]{D \times D \times 2D} = \sqrt[3]{2 \times D^3} = \sqrt[3]{2} \times \sqrt[3]{D^3} = \sqrt[3]{2} \, D$$

② 정삼각 배치

$$D = \sqrt[3]{D \times D \times D} = D \, [\text{m}]$$

③ 정사각 배치

$$D = \sqrt[6]{D \times D \times D \times D \times \sqrt{2}\,D \times \sqrt{2}\,D} = \sqrt[6]{2 \times D^6} = \sqrt[6]{2} \, D \, [\text{m}]$$

(3) 기하학적 등가반경

$$r_e = r^{\frac{1}{n}} s^{\frac{n-1}{n}} = \sqrt[n]{r s^{n-1}}$$

여기서, r: 소도체의 반지름 n: 소도체 수 s: 소도체 간격

5 연가(Transposition)

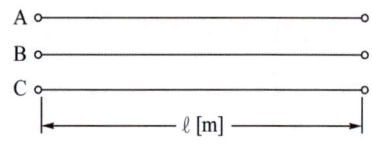
(a) 선로정수 불평형 발생

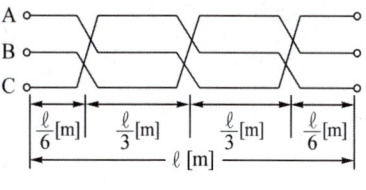
(b) 연가 실시

(1) 3상 3선식 가공선로는 각 선간거리 및 지표상의 높이가 다르기 때문에 각 상의 선로정수의 크기가 달라 불평형이 된다.

(2) 선로정수의 불평형을 방지하기 위해 각 상의 위치를 바꾸어 전체 선로에 대한 선로정수의 크기가 같게 하는 것을 연가라 한다.

(3) 전체 선로를 3등분하여 연가용 철탑으로 전선의 배치를 변경한다.

(4) 연가의 목적
　① 선로정수 평형
　② 근접 통신선에 대한 유도장해 감소
　③ 소호리액터 접지계통에서 중성점의 잔류전압으로 인한 직렬공진의 방지
　④ 저항 접지계통에서 선로정수 불평형에 의한 수전단측의 역률 저하 방지

6 코로나 현상(공기 절연 파괴)

(1) 초고압 송전선로에서 발생하는 코로나 현상은 송전선로 주위 공기의 절연강도를 초과하여 국부적으로 절연이 파괴되어 불꽃 및 잡음이 발생하는 현상을 말한다.

(2) 코로나 임계전압(E_0)

$$E_0 = 24.3\, m_0\, m_1\, \delta\, d\, \log_{10} \frac{D}{r} \, [\text{kV}]$$

여기서, m_0: 전선 표면계수(단선: 1.0, 연선: 0.8)　　m_1: 날씨에 관한 계수(맑은 날: 1.0, 우천 시: 0.8)
　　　　δ: 상대공기밀도　　　　　　　　　　　　d: 전선의 지름
　　　　D: 선간거리[m]　　　　　　　　　　　　　r: 전선의 반지름[cm]

(3) 파열 극한 전위경도
　① 직류전압: 30[kV/cm]
　② 교류전압: 21.1[kV/cm]

(4) 코로나 손실(Peek식, P_c)

$$P_c = \frac{241}{\delta}(f+25)\sqrt{\frac{d}{2D}}\,(E-E_0)^2 \times 10^{-5}\,[\text{kW/km/선}]$$

여기서, f: 주파수　　E: 전선의 대지전압　　E_0: 코로나 임계전압

(5) 문제점

① 전력손실이 발생한다.
② 소호리액터 접지방식에서 1선 지락 시 소호능력 저하된다.
③ 코로나 잡음 및 근접 통신선에 대해서 유도장해 발생한다.
④ 전력반송장치에 장해가 생긴다.
⑤ 오존(O_3)에 의해 초산이 발생하여 전선이 부식된다.
⑥ 코로나현상으로 인해 발생된 고조파 중 제3고조파에 의해 직접접지방식에서 유도장해가 발생한다.

(6) 방지대책

① 굵은 전선(ACSR)을 사용하여 코로나 임계전압을 증대시킨다.
② 등가반경이 큰 복도체 및 다도체 방식을 적용한다.
③ 가선 금구류를 개량한다.

7 복도체 및 다도체(표피효과 이용)

(1) 사용목적: 송전전력의 증대 및 코로나현상 방지를 위함이다.

(2) 장점

① 단도체에 비해 등가반경이 커져서 코로나 임계전압이 높아짐에 따라 코로나 발생이 억제된다.
② 단도체에 비해 정전용량이 커지고, 인덕턴스가 작아짐 → 송전용량이 증대된다.
③ 특성 임피던스 $Z_0 = \sqrt{\dfrac{L}{C}}$ 가 감소하여 전압강하 감소, 안정도 증가

(3) 단점

① 단도체에 비해 정전용량이 커져 경부하 시 페란티 현상의 발생이 우려된다.
② 갤러핑 현상 등으로 인해 전선에 진동이 발생된다.
③ 소도체 사이에서 발생하는 흡인력으로 인해 도체 간 충돌 및 단락으로 전선 표면의 손상의 우려가 있다(방지책: 스페이서 설치).

(4) 전압에 따른 도체 수

전압	154[kV]	345[kV]	765[kV]
도체 수	2도체	4도체	6도체

04장 송전 특성(Transmission characteristics)

1 단거리 송전선로(집중정수 회로)

1. 개요

(1) 단거리 송전선로는 수 km 정도의 송전선로를 말한다.

(2) 송전선로의 선로정수(R, L, C, g) 중에 정전용량 C와 애자의 누설 콘덕턴스 g는 작으므로 무시하고 R, L 직렬회로로 해석한다.

2. 송전 특성(전압강하, 송전단 전력)

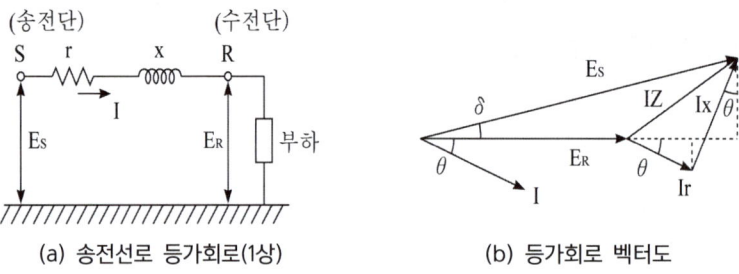

(a) 송전선로 등가회로(1상)   (b) 등가회로 벡터도

(2) 단상의 경우

① 전압강하

$$e = E_S - E_R = I_n(r\cos\theta + x\sin\theta)\,[V]$$

② 수전단전력 $P = E_R I_n \cos\theta$ 에서 $I_n = \dfrac{P}{E_R \cos\theta}$ [A]를 대입하면 위 전압강하 식은 다음과 같이 정리할 수 있다.

$$e = \dfrac{P}{E_R}(r + x\tan\theta)\,[V]$$

(3) 3상의 경우

① 전압강하

$$e = V_S - V_R = \sqrt{3}\,I_n(r\cos\theta + x\sin\theta)\,[V]$$

② 수전단전력 $P = \sqrt{3}\,E_R I_n \cos\theta$ 에서 $I_n = \dfrac{P}{\sqrt{3}\,E_R \cos\theta}$ [A]를 대입하면 위 전압강하 식은 다음과 같이 정리할 수 있다.

$$e = \dfrac{P}{V_R}(r + x\tan\theta)\,[V]$$

(4) 전압 강하율

$$\%e = \frac{E_S - E_R}{E_R} \times 100\,[\%] = \frac{I_n(r\cos\theta + x\sin\theta)}{E_R} \times 100\,[\%]$$

(5) 전압 변동률

$$\varepsilon = \frac{E_{R0} - E_R}{E_R} \times 100\,[\%]$$

여기서, E_{R0}: 무부하시 수전단전압 E_R: 수전단전압

(6) 송전단전력

① 수전단전력

$$P_R = \sqrt{3}\,V_R I_n \cos\theta\,[\text{W}]$$

② 선로손실

$$P_l = 3 I_n^2 r\,[\text{W}]$$

③ 송전단전력

$$P_S = \sqrt{3}\,V_S I_n \cos\theta_S = P_R + 3 I_n^2 r\,[\text{W}]$$

여기서, $\cos\theta_S$: 송전단 역률

3. 페란티 현상(Ferranti effect)

(1) 페란티 현상이란 수전단전압(E_R)이 송전단전압(E_S)보다 더 높아지는 현상을 말한다.

(2) 발생원인

① 경부하 및 무부하 시 선로의 충전용량으로 진상전류가 흘러 전압 보상으로 인해 발생한다.
② 충전용량이 클수록, 선로길이가 길어질수록 커진다.

(3) 방지대책: 수전단에 분로리액터를 설치한다.

4. 충전용량 및 충전전류

(1) 무부하 송전용량(충전용량)

$$Q_c = 2\pi f C V_n^2 l \times 10^{-9}\,[\text{kVA}]$$

(2) 충전전류

$$I_c = \omega C E l \times 10^{-6}\,[\text{A}]$$

(3) 송전선로의 충전전류

$$I_c = 2\pi f C \frac{V_n}{\sqrt{3}} l \times 10^{-6} [A]$$

2 중거리 송전선로

1. 개요

(1) 중거리 송전선로는 50[km]를 넘고 대략 100[km] 정도까지의 송전선로를 말한다.

(2) 선로정수 R, L, C를 고려하여, R-L의 직렬요소와 C의 병렬요소의 집중정수로 취급한다.

2. 송전 특성

T형 등가회로	π형 등가회로
(회로도)	(회로도)
$E_S = \left(1 + \frac{ZY}{2}\right)E_R + Z\left(1 + \frac{ZY}{4}\right)I_R$	$E_S = \left(1 + \frac{ZY}{2}\right)E_R + ZI_R$
$I_S = YE_R + \left(1 + \frac{ZY}{2}\right)I_R$	$I_S = Y\left(1 + \frac{ZY}{4}\right)E_R + \left(1 + \frac{ZY}{2}\right)I_R$

(1) 4단자 정수

계통 구성	4단자 정수
(회로도)	$\begin{bmatrix} E_S \\ I_S \end{bmatrix} = \begin{bmatrix} A & B \\ C & D \end{bmatrix} \begin{bmatrix} E_R \\ I_R \end{bmatrix} = \begin{bmatrix} AE_R + BI_R \\ CE_R + DI_R \end{bmatrix}$

① $A = \dfrac{E_S}{E_R}\bigg|_{I_R=0}$: 2차 개방 시 전압(전달)비

② $B = \dfrac{E_S}{I_R}\bigg|_{E_R=0}$: 2차 단락 시 (전달)임피던스

③ $C = \dfrac{I_S}{E_R}\bigg|_{I_R=0}$: 2차 개방 시 (전달)어드미턴스

④ $D = \dfrac{I_S}{I_R}\bigg|_{E_R=0}$: 2차 단락 시 전류(전달)비

⑤ $AD - BC = 1$

(2) 4단자 기본방정식(T형 회로)

$$E_S = \left(1 + \frac{ZY}{2}\right)E_R + Z\left(1 + \frac{ZY}{4}\right)I_R \rightarrow E_S = AE_R + BI_R$$

$$I_S = YE_R + \left(1 + \frac{ZY}{2}\right)I_R \rightarrow I_S = CE_R + BI_R$$

(3) 각 계통에 따른 4단자 정수

구분	계통 구성	4단자 정수
Z만의 회로 (직렬)		$\begin{bmatrix} A & B \\ C & D \end{bmatrix} = \begin{bmatrix} 1 & Z \\ 0 & 1 \end{bmatrix}$
Y만의 회로 (병렬)		$\begin{bmatrix} A & B \\ C & D \end{bmatrix} = \begin{bmatrix} 1 & 0 \\ Y & 1 \end{bmatrix}$
T형 회로		$\begin{bmatrix} A & B \\ C & D \end{bmatrix} = \begin{bmatrix} 1+\frac{ZY}{2} & Z\left(1+\frac{ZY}{4}\right) \\ Y & 1+\frac{ZY}{2} \end{bmatrix}$
π형 회로		$\begin{bmatrix} A & B \\ C & D \end{bmatrix} = \begin{bmatrix} 1+\frac{ZY}{2} & Z \\ Y\left(1+\frac{ZY}{4}\right) & 1+\frac{ZY}{2} \end{bmatrix}$

3 장거리 송전선로(분포정수 회로)

1. 개요

(1) 전송선로의 길이가 100[km]이상이 되면 집중정수 회로로 취급할 경우 오차가 크게 되므로, 선로정수가 전선로에 따라 균일하게 분포되어 있는 분포정수 회로로 취급한다.

(2) 선로정수

단위 회로(1[km] 당)	선로정수
	① 단위 길이당 직렬 임피던스: $\dot{z} = r + jx\,[\Omega/\text{km}]$ ② 단위 길이당 병렬 어드미턴스: $\dot{y} = g + jb\,[\mho/\text{km}]$

2. 전파방정식

(1) 송전단전압

$$\dot{E}_S = \cosh\alpha l \dot{E}_R + Z_0 \sinh\alpha l \dot{I}_R$$

(2) 송전단전류

$$\dot{I}_S = \frac{1}{Z_0}\sinh\alpha l \dot{E}_R + \cosh\alpha l \dot{I}_R$$

3. 특성(파동) 임피던스

(1) 송전선로를 진행하는 전압과 전류의 비를 나타내는데, 그 송전선 특유의 것으로서 보통 선로의 인덕턴스 L[mH/km]과 정전용량 C[μF/kmm]의 비이며, 선로의 길이에 무관하다.

(2) 특성 임피던스

$$Z_0 = \sqrt{\frac{Z}{Y}} = \sqrt{\frac{R+j\omega L}{g+j\omega C}} \fallingdotseq \sqrt{\frac{L}{C}} \, [\Omega]$$

4. 전파정수(Propagation constant)

(1) 전압 및 전류가 송전단에서 멀어질수록 그 진폭과 위상이 변화하는 특성을 나타낸다.

(2) 전파정수

$$\gamma = \sqrt{ZY} = \sqrt{(R+j\omega L)(g+j\omega C)} = j\omega\sqrt{LC}$$

5. 전파속도(위상속도)

(1) 송전선로에서 전압, 전류의 진행속도는 L, C에 의해 정해진다.

(2) 전파속도

$$v = \frac{1}{\sqrt{LC}} \fallingdotseq \frac{1}{\sqrt{1.3 \times 10^{-3} \times 0.009 \times 10^{-6}}}$$
$$= 3 \times 10^5 [\text{km/s}] = 3 \times 10^8 [\text{m/s}]$$

일반적인 가공송전선로: $L \fallingdotseq 1.3\,[\text{mH/km}]$, $C \fallingdotseq 0.009\,[\mu\text{F/km}]$

4 전력 원선도

1. 송·수전단 전력

(1) 송전선로에서는 R 보다는 X 가 크다($X \gg R$).

(2) 송·수전단 전력

$$P = \frac{E_S E_R}{X} \sin\delta \, [\text{MW}]$$

(3) 최대 전력

$$P_{\max} = \frac{E_S E_R}{X} \, [\text{MW}]$$

여기서, $\sin\delta = 1$

2. 전력 원선도

(1) 전력 원선도에서 알 수 있는 요소

① 송·수전단 전력
② 개선된 수전단 역률
③ 송전효율 및 선로손실
④ 송전단 역률
⑤ 조상설비의 종류 및 조상용량

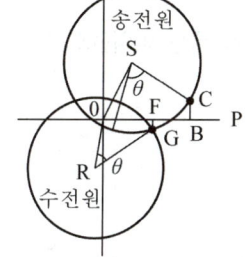

(2) 전력원선도에서 구할 수 없는 것

① 과도 극한전력
② 코로나 손실

(3) 전력원선도 반지름

$$r = \frac{V_S V_R}{B}$$

여기서, V_S: 송전단전압 V_R: 수전단전압 B: 4단자 정수

3. 송전용량 계수법

(1) 수전단 전압과 선로길이를 고려한 수전전력을 구하는 방법이다.

(2) 송전용량

$$P = k \frac{V_r^2}{l} \, [\text{kW}]$$

여기서, k: 송전거리를 고려한 송전용량계수 l: 송전거리 V_R: 수전단전압

(3) 송전용량계수 k 는 송·수전단 전압비, 선로정수 등에 의해서 정해지는 것으로서 $\frac{R}{X}$ 의 비에 따라서 변화된다.

4. 고유부하법

(1) **고유 송전 용량**: 수전단을 선로의 특성 임피던스와 같은 임피던스로 단락한 상태에서의 수전전력이다.

$$\text{고유 송전 용량: } P = \frac{V_R^2}{Z_0} = \frac{V_R^2}{\sqrt{\frac{L}{C}}}$$

(2) **특성 임피던스**

$$Z_0 = \sqrt{\frac{L}{C}} \, [\Omega]$$

5 조상설비

1. 전력용 콘덴서

(1) 유도성 부하로 인하여 발생하는 무효전류와 전력용 콘덴서(역률 보상용 진상 콘덴서)에 흐르는 무효전류의 위상은 서로 반대가 된다. 따라서 유도성 부하에 병렬로 전력용 콘덴서를 설치하면 무효전류가 서로 상쇄되어 역률을 개선시킬 수 있다.

(2) 역률 개선 시 필요한 전력용 콘덴서 용량

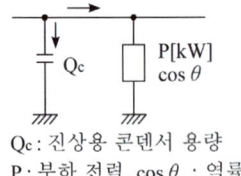
(a) 전력용 콘덴서 설치

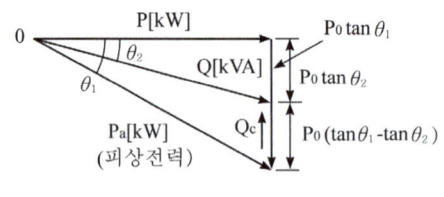
(b) 정지 벡터도

$$Q_C = P(\tan\theta_1 - \tan\theta_2)$$
$$= P\left(\frac{\sin\theta_1}{\cos\theta_1} - \frac{\sin\theta_2}{\cos\theta_2}\right) = P\left(\frac{\sqrt{1-\cos^2\theta_1}}{\cos\theta_1} - \frac{\sqrt{1-\cos^2\theta_2}}{\cos\theta_2}\right)$$
$$= P\left(\sqrt{\frac{1}{\cos^2\theta_1}-1} - \sqrt{\frac{1}{\cos^2\theta_2}-1}\right)[\text{kVA}]$$

여기서, Q_C: 콘덴서 용량[kVA] P: 부하전력[kW]
$\cos\theta_1$: 개선 전 역률 $\cos\theta_2$: 개선 후 역률
$\sin\theta_1$: 개선 전 무효율 $\sin\theta_2$: 개선 후 무효율

(3) 전력용 콘덴서 설치 시 효과
① 역률이 개선되어 정격전류가 감소한다.
② 전압강하 감소

$$e(3상) = \sqrt{3}\,I_n(r\cos\theta + x\sin\theta)\,[\text{V}]$$

여기서, I_n: 부하전류
③ 전력손실 감소

$$P_l = I_n^2 R = \left(\frac{P_r}{E_r\cos\theta}\right)^2 R = \frac{P_r^2}{E_r^2\cos^2\theta}R$$

④ 설비 이용률 증대(공급여력 증가) → 선로전류가 감소한다.
⑤ 역률 90[%] 이상으로 개선 시 → 전기세 감소한다.

(4) 전력용 콘덴서의 충전용량

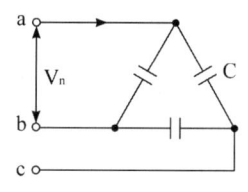 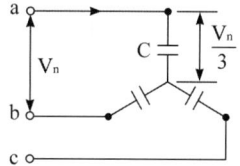

(a) 3상 △결선 시 충전용량   (b) 3상 Y결선 시 충전용량

① 3상 △결선 시 충전용량

$$Q_\triangle = 3Q_1 = 3\omega C V_n^2 \times 10^{-9}\,[\text{kVA}]$$

② 3상 Y결선 시 충전용량

$$Q_Y = 3Q_1 = 3\omega C\left(\frac{V_n}{\sqrt{3}}\right)^2 \times 10^{-9} = \omega C V_n^2 \times 10^{-9}\,[\text{kVA}]$$

③ 전력용 콘덴서를 △결선으로 하면 Y결선 시에 비해 3배의 충전용량

(5) 전력용 콘덴서의 용량이 부하의 지상 무효전력보다 클 경우 진상 무효전력으로 인해 전압보상이 발생하여 수전단 전압이 송전단 전압보다 크게 되는 페란티 현상이 발생할 수 있다.

2. 전력용 콘덴서 설비의 부속기기(직렬리액터, 방전코일)

단선도	명칭	역할
(차단기, DC, 리액터, 콘덴서)	방전코일	잔류전하를 방전시켜 인체 감전사고를 방지
	직렬리액터	제5고조파를 제거하여 파형을 개선
	전력용 콘덴서	부하의 역률을 개선

(1) 직렬리액터 사용 목적
① 콘덴서에 의해 발생하는 고조파에 의한 전압파형의 왜곡 방지
② 콘덴서 투입 시 돌입전류 억제
③ 콘덴서 개방 시 모선의 과전압 억제
④ 고조파전류의 유입 억제와 계전기의 오동작을 방지

(2) 직렬리액터의 용량
① 콘덴서에서 발생하는 고조파 중에서 제3고조파는 △결선에서 제거한다.
② 제5고조파를 제거하기 위해 사용되는 직렬리액터의 용량은 유도성 및 용량성 리액턴스의 공진 조건에 의해 구할 수 있다.

$$5\omega L = \frac{1}{5\omega C} \rightarrow \omega L = \frac{1}{25} \times \frac{1}{\omega C} = 0.04 X_C = 4\% X_C$$

③ 전력용 콘덴서에 직렬로 삽입되는 직렬리액터의 용량은 콘덴서 용량의 이론상 4[%], 실제상 5~6[%]를 사용하고 있다.

(3) 방전코일
① 콘덴서를 회로로부터 분리 시에 콘덴서 내부의 잔류전하를 방전시켜 인체에 대한 감전사고를 미연에 방지하기 위해 설치한다.
② 방전코일의 용량은 콘덴서 뱅크(bank)용량의 0.1[%] 정도를 적용한다.

3. 분로리액터 (페란티 현상 방지)

(1) 장거리 송전선의 경우 경부하 또는 무부하시에 충전전류의 영향으로 수전단의 전압이 상승할 우려가 있다.

(2) 지상전류를 얻고 전압상승을 억제하기 위해 분로리액터를 설치하여 운전한다.

4. 동기조상기

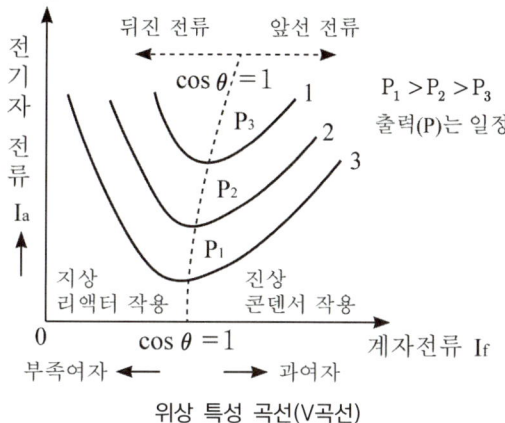

위상 특성 곡선(V곡선)

(1) 동기전동기를 무부하상태로 운전하며 계자전류를 조정하여, 지상 및 진상 무효전력을 제어해 전압 및 역률을 조정하는 설비이다.

(2) 동기조상기의 장점
    ① 계자전류의 조정을 통해 지상 및 진상 무효전력의 제어가 가능하다.
    ② 회전기로서 연속적인 제어가 가능하여 안정도가 향상된다.
    ③ 부하 급변 시 속응여자방식으로 선로의 전압을 일정하게 유지한다.
    ④ 계통의 안정도를 증진시켜서 송전전력이 증대된다.
    ⑤ 송전선로에 시충전(시송전)이 가능하여 안정도가 증대된다.

(3) 동기조상기의 단점
    ① 대용량 기기로서 가격이 비싸다.
    ② 회전기이므로 손실이 크고 유지 및 보수 비용이 크다.

(4) 전력용 콘덴서와 동기조상기 비교

전력용 콘덴서	동기조상기
① 진상전류만 공급이 가능	① 진상·지상 전류 모두 공급이 가능
② 전류 조정이 계단적(단계적)	② 전류 조정이 연속적
③ 소형, 경량 값이 싸고 손실 적음	③ 대형, 중량 값이 비싸고 손실이 큼
④ 용량 변경이 용이	④ 선로의 시충전운전이 가능

5. 직렬콘덴서

(1) 콘덴서를 선로에 직렬로 설치하여 운전하는 것으로 전압강하 보상, 전압변동 경감, 송전전력 증대 및 안정도 증가, 전력 조류제어에 이용한다.

(2) 특징

선로에 직렬콘덴서 설치	특징
S ○──R──X_L──X_C──○ R E_S I↓ (cos θ)	① 장거리선로의 인덕턴스를 보상하여 전압강하 감소 ② 전압변동률 감소 ③ 전달임피던스가 감소, 안정도가 증가하여 최대송전전력이 증대 ④ 부하의 역률이 나쁜 선로일수록 효과 양호

05장 고장계산 및 안정도(Failure calculation)

1 평형 대칭 3상

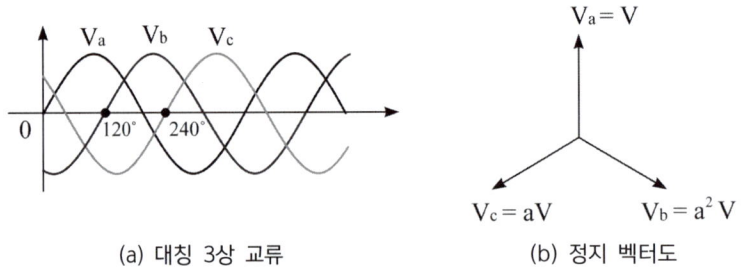

(a) 대칭 3상 교류   (b) 정지 벡터도

(1) 각 상의 크기는 같고 각각 120°의 위상차가 발생되는 3상 교류로 계통에 사고 및 장해가 없는 상태를 말한다.

(2) a상 기준으로 b상은 a상보다 120° 뒤지고, c상은 a상보다 240° 뒤지는 파형을 말한다.

   ① a상 전압: $V_a = V_m \sin \omega t = V$

   ② b상 전압: $V_b = V_m \sin(\omega t - 120°) = a^2 V$

   ③ c상 전압: $V_c = V_m \sin(\omega t - 240°) = a V$

   ④ 중성점 전위: $V_n = V_a + V_b + V_c = V(1 + a^2 + a) = 0$

2 불평형 비대칭 3상

(1) 불평형, 계통의 지락 및 단락 사고, 선로의 유도장해, 서지의 침입, 고조파 발생 등에 의해 각 상의 크기와 위상이 함께 달라진 3상 교류의 형태를 말한다.

(2) 대칭 3상의 경우에는 전압 및 전류에 정상분밖에 나타나지 않지만, 불평형이 발생되면 정상분 외에 각 상에 영상분 및 역상분이 추가로 나타난다. 이때 정상분, 영상분, 역상분을 대칭성분(평형성분)이라 한다.

(3) 즉, 각 상에 흐르는 전류를 영상분, 정상분, 역상분이 분해 해석을 할 수 있는데 이를 대칭좌표법이라 한다.

(4) 각 상에 흐르는 전류

① a상에 흐르는 전류

$$I_a = I_0 + I_1 + I_2$$

② b상에 흐르는 전류

$$I_b = I_0 + a^2 I_1 + a I_2$$

③ c상에 흐르는 전류

$$I_c = I_0 + a I_1 + a^2 I_2$$

(5) 대칭 분해 성분

① 영상분 전류(고조파 $3n$)

$$I_0 = \frac{1}{3}(I_a + I_b + I_c)$$

I_0는 계전기의 동작전류, 통신선에 대한 전자유도 장해를 발생

② 정상분 전류(고조파 $3n+1$)

$$I_1 = \frac{1}{3}(I_a + a I_b + a^2 I_c)$$

I_1는 전동기 운전 시 회전력을 발생

③ 역상분 전류(고조파 $3n-1$)

$$I_2 = \frac{1}{3}(I_a + a^2 I_b + a I_c)$$

I_2는 전동기 운전 시 제동력을 발생

3 고장 계산

(1) 대칭 3상 교류발전기의 기본식

대칭 3상 교류발전기	발전기 기본식
(회로도)	① 영상전압: $V_0 = -I_0 Z_0$ (여기서, I_0: 영상분 전류) ② 정상전압: $V_1 = E_a - I_1 Z_1$ (여기서, I_1: 영상분 전류) ③ 역상전압: $V_2 = -I_2 Z_2$

(2) 1선 지락사고

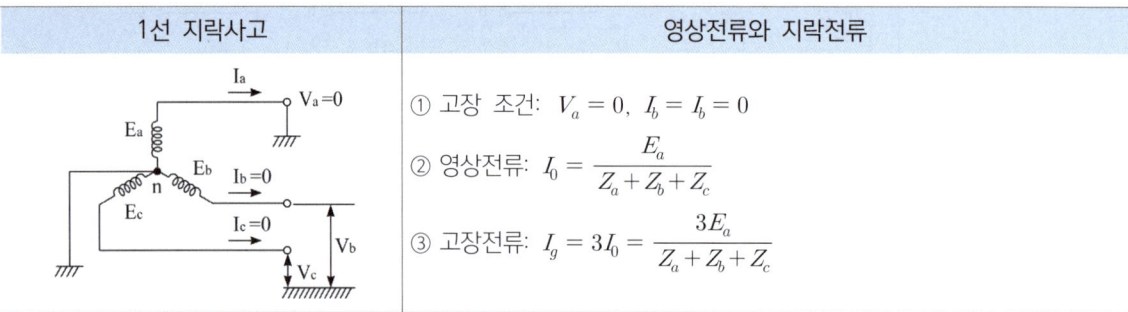

1선 지락사고	영상전류와 지락전류
	① 고장 조건: $V_a = 0$, $I_b = I_b = 0$ ② 영상전류: $I_0 = \dfrac{E_a}{Z_a + Z_b + Z_c}$ ③ 고장전류: $I_g = 3I_0 = \dfrac{3E_a}{Z_a + Z_b + Z_c}$

(3) 선간 및 3상 단락사고

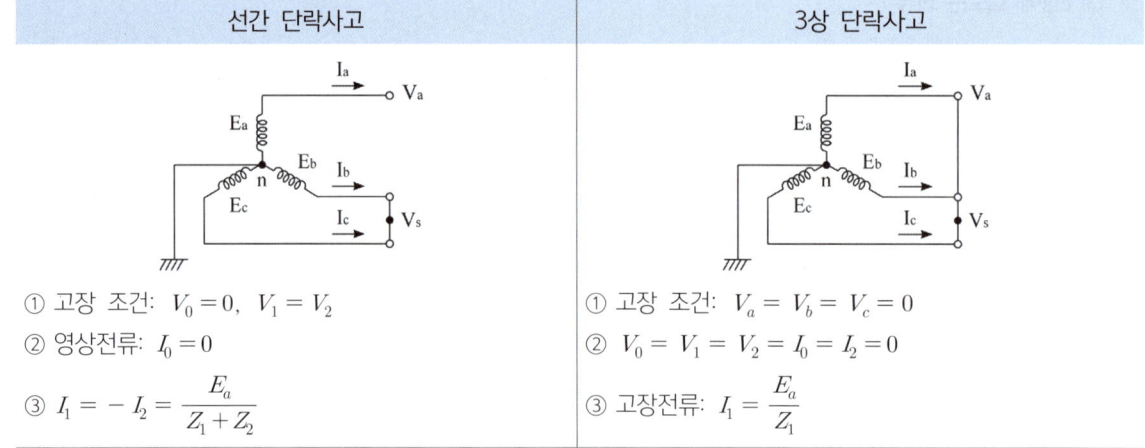

선간 단락사고	3상 단락사고
① 고장 조건: $V_0 = 0$, $V_1 = V_2$ ② 영상전류: $I_0 = 0$ ③ $I_1 = -I_2 = \dfrac{E_a}{Z_1 + Z_2}$	① 고장 조건: $V_a = V_b = V_c = 0$ ② $V_0 = V_1 = V_2 = I_0 = I_2 = 0$ ③ 고장전류: $I_1 = \dfrac{E_a}{Z_1}$

4 고장전류 계산

1. 고장전류 계산목적

(1) 차단기 차단용량 결정 및 보호계전기의 설정

(2) 전력기기의 기계적 강도 및 정격 설정

(3) 근접 통신선에 유도장해 및 계통 구성에 적용

2. 3상 단락전류 계산

(1) 옴 법

전력계통의 선로 및 기기의 전압, 전류, 전력, 임피던스 등의 단위로 나타내어 실제의 크기로 계산하는 방법을 말한다.

$$I_s = \frac{E}{|Z|} = \frac{V_n}{\sqrt{3}\,|Z|}\,[\text{A}]$$

여기서, E: 대지전압 V_n: 선간전압 Z: 선로·기기 임피던스

(2) 퍼센트 임피던스 법(%Z)

전력계통의 선로 및 기기의 전압, 전류, 전력에 백분율[%]을 적용하여 계산하는 방법을 말한다.

① %임피던스

$$\%Z = \frac{I_n \cdot |Z|}{E} \times 100\,[\%]$$

② 단상 %임피던스

$$\%Z = \frac{I_n|Z|}{E} \times 100 = \frac{P_n[\text{kVA}] \cdot |Z|}{10 \cdot E^2[\text{kV}]}\,[\%]$$

여기서, 정격용량: $P_n = EI_n[\text{kVA}]$ I_n: 정격전류[A] E: 대지전압[kV]

③ 3상 %임피던스

$$\%Z = \frac{I_n|Z|}{V_n} \times 100 = \frac{P_n[\text{kVA}] \cdot |Z|}{10 \cdot V_n^2[\text{kV}]}\,[\%]$$

④ 단상 단락전류

$$I_s = \frac{E}{|Z|} = \frac{E}{\frac{\%ZE}{100\,I_n}} = \frac{100}{\%Z} \times I_n\,[\text{A}]$$

⑤ 3상 단락전류

$$I_s = \frac{100}{\%Z} \times I_n = \frac{100}{\%Z} \times \frac{P_n}{\sqrt{3}\,V_n}\,[\text{A}]$$

여기서, E: 대지전압[V] V_n: 선간전압[V]

3. 단락용량(차단기 차단용량의 결정 시에 사용)

(1) 단상 단락용량

$$P_s = EI_s = E \times \frac{100}{\%Z} \times I_n = \frac{100}{\%Z} \times P_n \, [\text{kVA}]$$

(2) 3상 단락용량

$$P_s = \sqrt{3}\, V_n I_s = \sqrt{3}\, V_n \times \frac{100}{\%Z} \times I_n = \frac{100}{\%Z} \times P_n \, [\text{kVA}]$$

(3) **한류리액터**: 사고 시 단락전류를 억제하여 차단기의 용량을 경감

5 안정도

1. 안정도

(1) **정태 안정도**: 부하가 서서히 증가한 경우 계속해서 송전할 수 있는 능력으로, 이때의 전력을 정태 안정 극한전력이라고 한다.

(2) **과도 안정도**: 계통에 갑자기 부하가 증가하여 급격한 교란상태가 발생하더라도 정전을 일으키지 않고 송전을 계속하기 위한 전력의 최대치이다.

(3) **동태 안정도**: 차단기 또는 조상설비 등을 설치하여 안정도를 높이는 것을 말한다.

(4) **안정도 계산**: E_s와 E_r의 상차각 δ에 대한 송전전력

$$P = \frac{E_s E_r}{X} \sin\delta \, [\text{MW}]$$

여기서, E_s: 송전단 전압 E_r: 수전단 전압

2. 안정도 증진대책

(1) 직렬리액턴스를 작게 한다.
  ① 발전기나 변압기 리액턴스를 작게 한다.
  ② 선로에 직렬콘덴서를 설치한다.
  ③ 선로에 복도체를 사용 및 병행 회선 수를 증대한다.

(2) 전압변동을 적게 한다.
  ① 단락비를 크게 선정한다.
  ② 속응여자방식을 채용한다.

(3) 계통을 연계 및 중간 조상방식을 채용한다.

(4) 고장구간을 신속히 차단시키고 재폐로방식을 채택한다.

(5) 소호리액터 접지방식을 채용한다.

(6) 고장 시에 발전기 입출력의 불평형을 작게 설정한다.

06장 중성점 접지방식(Ground neutral system)

1 단거리 송전선로(집중정수 회로)

1. 중성점 접지 방식의 종류

중성점 접지 방식은 다음 그림에서 보는 바와 같이 중성점 접지선에 접지 임피던스 방식에 따라 다음과 같이 나누어진다.

선로에 직렬콘덴서 설치	특징
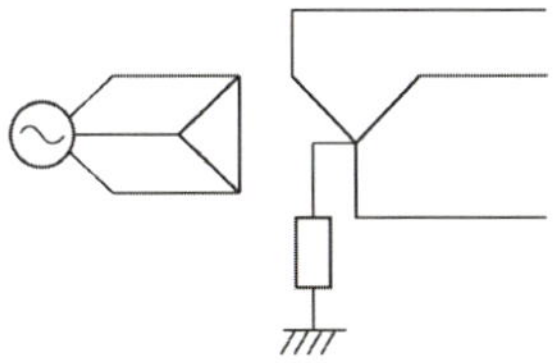	① 비접지 방식 ② 직접 접지 방식 ③ 저항 접지 방식 ④ 소호 리액터 접지 방식

2. 중성점 접지의 목적

(1) 지락 고장 시 건전상의 대지 전위 상승을 억제하여 전선로 및 기기의 절연레벨을 경감시킨다.

(2) 뇌, 아크 지락에 의한 이상전압 경감 및 발생을 방지한다.

(3) 지락 고장 시 접지계전기의 동작을 확실하게 한다.

(4) 소호 리액터 접지방식에서는 1선 지락시의 아크 지락을 재빨리 소멸시켜 그대로 송전을 계속할 수 있다.

2. 중성점 접지방식의 종류별 특성

(1) **비접지방식**(20~30[kV] 정도의 저전압 단거리선로에 적용)

장점	① 1선 지락 고장 시 지락전류가 적음 ② 근접 통신선에 유도장해가 적음 ③ △결선으로 제3고조파를 제거할 수 있음 ④ 변압기 1대 고장 시 V결선 사용 가능
단점	① 1선 지락 시 건전상 대지전압이 $\sqrt{3}$ 배 상승 ② 1선 지락 시 선로에 이상전압(4~6배)이 발생 ③ 계통의 기기 절연레벨 상승 필요
1선 지락 전류	$I_g = 2\pi f(3C_s)\dfrac{V}{\sqrt{3}}l \times 10^{-6}$ [A] 여기서, C_s: 대지정전용량, V: 선간전압 l: 송전거리

(2) **직접접지방식**(저감 절연이 가능하여 절연비가 높은 고압 송전선로에 적용)

장점	① 1선 지락 시 대지전압 억제 및 이상전압이 낮게 발생 ② 계통 및 설비의 절연레벨(저감 절연)을 낮출 수 있음 ③ 변압기의 단절연 가능(중량 및 가격 저하) ④ 보호계전기의 동작이 확실
단점	① 계통 안정도 저하(지락전류가 크고 저역률로 과도 안정도가 낮음) ② 유도장해(1선 지락 사고 시 전자유도장해가 크게 발생) ③ 기기의 충격(지락전류의 기기에 대한 기계적 충격)
유효 접지	① 1선 지락 고장 시 건전상 전압이 상규 대지전압의 1.3배를 넘지 않는 범위에 들어가도록 중성점 임피던스를 조절해서 접지하는 방식 ② 유효접지 조건: $\dfrac{X_0}{X_1} \le 3$, $\dfrac{R_0}{X_1} \le 1$ ③ 위 조건을 만족하면 1선 지락 시 건전상의 대지간 전압은 고장 전보다 1.3배 또는 선간전압의 0.8배 이하가 됨

3. 저항접지방식

저항접지방식의 지락사고	특징
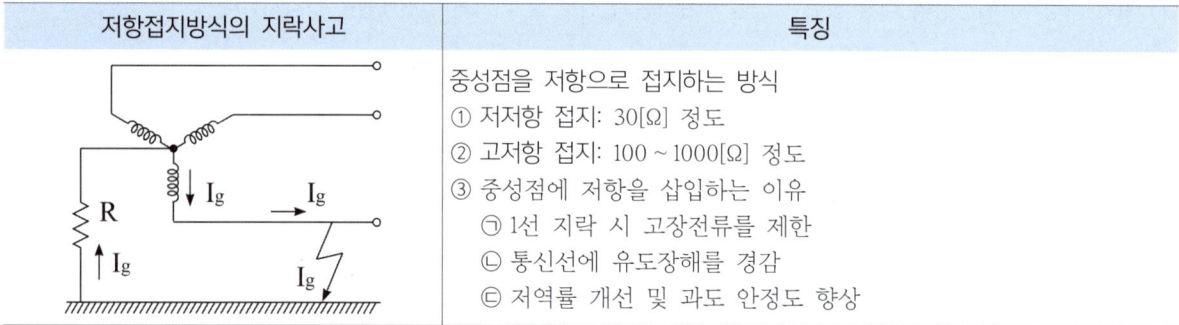	중성점을 저항으로 접지하는 방식 ① 저저항 접지: 30[Ω] 정도 ② 고저항 접지: 100 ~ 1000[Ω] 정도 ③ 중성점에 저항을 삽입하는 이유 　㉠ 1선 지락 시 고장전류를 제한 　㉡ 통신선에 유도장해를 경감 　㉢ 저역률 개선 및 과도 안정도 향상

4. 소호리액터 접지방식(66[kV] 선로에 사용)

(1) **정의**: 선로의 대지정전용량과 병렬공진하는 리액터를 통하여 중성점을 접지하는 방식을 말한다.

(2) **특징**
　① 1선 지락 시 적은 전류가 흐르고 지락아크가 자연 소멸한다.
　② 피터슨코일(PC코일) 또는 소호리액터

(3) **장점**
　① 1선 지락 시 소호하여 고장 회복이 가능하다.
　② 지락 시 다중 고장이 아닌 경우 송전 가능하다.
　③ 1선 지락 시 고장전류가 매우 적어 유도장해가 경감되고 과도 안정도가 높다.

(4) **단점**
　① 소호리액터 접지장치의 가격이 높다.
　② 지락사고 시 지락전류 검출이 어려워 보호계전기의 동작이 확실하지 않다.
　③ 사고 중 단선사고 시 직렬공진으로 이상전압이 발생한다.

(5) 합조도(P): 소호리액터의 탭이 공진점을 벗어나고 있는 정도이다.

$$P = \frac{I_L - I_C}{I_C} \times 100 \, [\%]$$

여기서, I_L: 사용탭전류[A] I_C: 대지충전전류[A]

① $P = 0$: $\omega L = \dfrac{1}{3\omega C_s}$ → 완전 보상

② $P > 0$: $\omega L < \dfrac{1}{3\omega C_s}$ → 과보상(이상전압 방지)

③ $P < 0$: $\omega L > \dfrac{1}{3\omega C_s}$ → 부족보상

(5) 소호리액터의 공진리액턴스

$$\omega L = \frac{1}{3\omega C_s} - \frac{x_t}{3}$$

(6) 공진탭 사용 시 소호리액터 용량(Q_L)

① 1상의 경우

$$Q_L = 6\pi f C E^2 \times 10^{-3} \, [\text{kVA}]$$

여기서, C: 콘덴서[μF] f: 주파수[Hz]

② 3상의 경우

$$Q_L = 2\pi f C V_n^2 \times 10^{-3} \, [\text{kVA}]$$

여기서, E: 상전압(대지전압)[V] V_n: 선간전압[V]

5. 접지방식별 특성 비교

구분 \ 종류	비접지	직접접지	저항접지	소호리액터
지락 시 건전상의 전압 상승	$\sqrt{3}$배 상승	평상시와 같음	비접지보다 작음	-
변압기의 절연	최고	최저, 단절연 가능	비접지보다 약간 작음	비접지보다 작음
지락전류의 크기	작음	최대	중간 정도	최소
1선 지락 시의 전자유도장해	작음	최대	중간 정도	거의 없음
지락계전기 적용	지락계전기의 적용이 곤란	고장구간 선택·차단이 용이	소세력계전기에 의해 선택·차단가능	접지계전기 설치가 어려움

07장 이상전압 및 유도장해(Surge voltage & Protection)

1 이상전압의 종류 및 특징

1. 이상전압의 발생 원인에 따른 종류

(1) 외부적인 원인

① 직격뢰: 전선로에 직격되는 뢰
② 유도뢰: 대지로 방전 시 인접해 있는 전선로에 유도되는 뢰

(2) 내부적인 원인

① 개폐서지: 전위 상승(6배)
② 1선 지락 시 전위 상승, 무부하 시 전위 상승

2. 이상전압의 특성

표준 충격 파형	이상전압의 구성
전압[%] 그래프 0A : 파두 AB : 파미 E(파고값) T_f : 파두길이, T_t : 파미길이	① 무부하회로 개방시 높은 이상전압 발생(개폐 서지) ② 반사파전압: $E_1 = \dfrac{Z_2 - Z_1}{Z_1 + Z_2}$ [V] ③ 투과파전압: $E_2 = \dfrac{2Z_2}{Z_1 + Z_2}$ [V] ④ 진행(전파)속도: $v = \dfrac{1}{\sqrt{LC}}$ [m/s]

(1) **충격파(서지)**: 극히 짧은 시간에 파고값에 도달했다가 소멸해버리는 파형을 말하며, 파두장은 짧고 파미장은 길다.

(2) **국제 표준 충격파**: $1 \times 40 [\mu s]$, $1.2 \times 50 [\mu s]$

2 절연협조

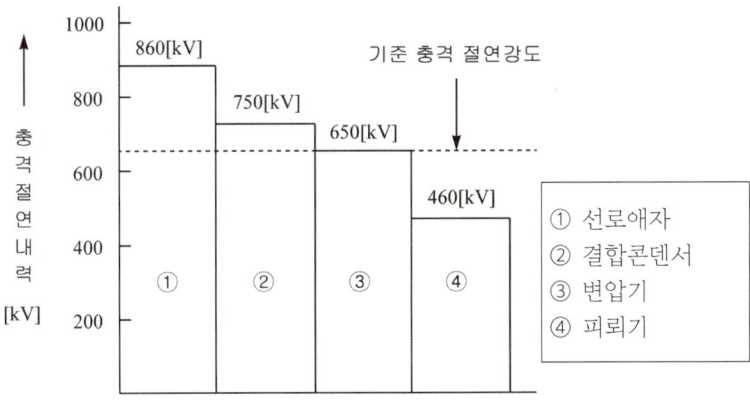

154[kV] 송전계통의 절연협조

(1) **절연협조**: 발전소의 기기나 송배전 선로 등의 전력계통 전체의 절연설계를 보호 장치와 관련시켜 합리화를 도모하고 안전성과 경제성을 유지하는 것을 말한다.

(2) **절연계급**: 계통의 선로 및 기기의 절연 강도 계급을 말하며, 각 절연계급에 대응해서 절연강도를 지정할 때 기준이 되는 기준 충격 절연 강도(BIL)가 정해져 있다.

3 이상전압의 방호 대책

1. 피뢰기

(1) 피뢰기는 낙뢰 또는 개폐서지 등의 이상전압을 일정치 이하로 저감시켜 전기기기의 절연 파괴를 방지하고, 방전한 후 속류를 신속히 차단하고 계통을 정상적인 상태로 유지시키는 기능을 가진 기기를 말한다.

(2) 피뢰기의 종류 및 특성

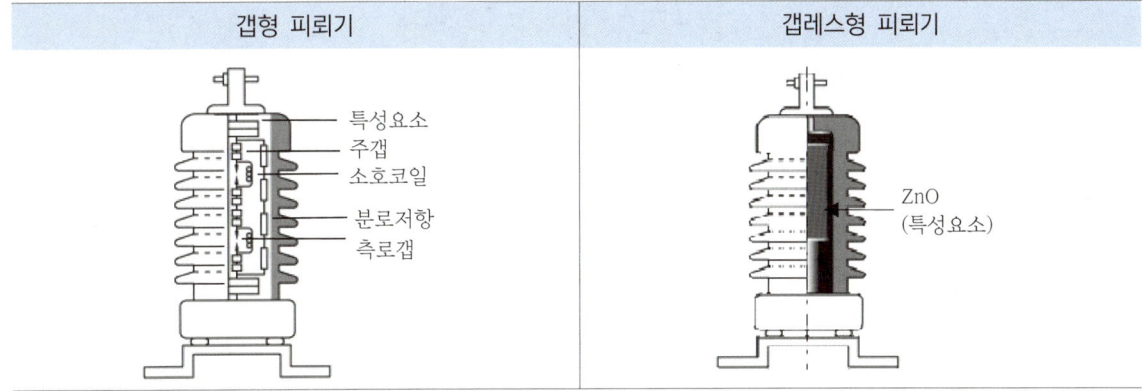

(3) 피뢰기 중요 용어
   ① **상용주파 허용단자전압**: 계통 상용주파수의 지속성 이상전압에 의한 방전개시전압의 실효치
   ② **충격방전 개시전압**: 피뢰기 단자 간에 충격파를 인가할 때 방전을 개시하는 전압(파고치)
   ③ **피뢰기 제한전압** e_3: 방전 중 피뢰기 단자의 충격전압 파고치

$$e_3 = \frac{2Z_2}{Z_1+Z_2}e_1 - \frac{Z_1 Z_2}{Z_1+Z_2}i_g$$

   ④ **피뢰기 정격전압**: 속류를 차단하는 최고의 교류전압

(4) 피뢰기 설치장소 및 구비조건

설치장소	구비조건
① 발·변전소나 개폐소의 인입구 및 인출구 ② 가공전선에 접속되는 배전용 변압기의 고압측 및 특고압측 ③ 특고압 및 고압 가공선으로부터 공급받는 수용가의 인입구 ④ 가공선과 지중케이블의 접속점	① 충격 방전 개시전압이 낮고, 상용주파 방전 개시 전압은 높을 것 ② 방전내량은 크면서 제한전압은 낮을 것 ③ 속류 차단능력이 충분할 것 ④ 반복 동작이 가능할 것 ⑤ 구조가 견고하고 특성이 변화하지 않을 것

2. 가공지선

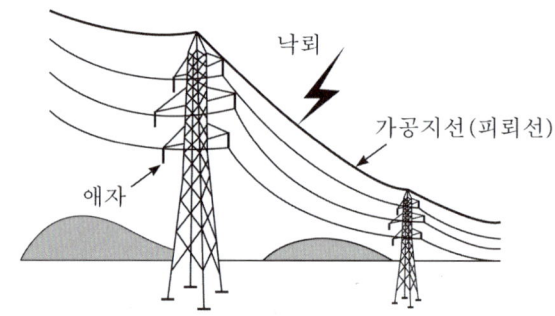

(1) 지지물 상부에 시설한 지선으로 직격뢰로부터 선로 및 기기 차폐

(2) **차폐각**: 30° ~ 45° 정도
   (차폐각은 작을수록 보호효율이 크고 시설비가 높음)

(3) 유도뢰에 의한 정전차폐효과

(4) 통신선의 전자유도장해를 경감시킬 수 있는 전자차폐효과

3. 매설지선

(1) 대지의 접지저항이 300[Ω]을 초과하면 매설지선을 설치

(2) 철탑의 저항값(탑각 접지저항)을 감소 → 역섬락 방지

(3) **매설 길이**: 20 ~ 80[m] 정도로 방사상으로 포설

(4) 접지저항 10[Ω] 이하, 매설깊이 30 ~ 50[cm] 이상

4 유도장해

1. 유도장해의 종류 및 특성

(1) 정전유도장해

① 전력선과 통신선의 상호 정전용량에 의해 발생한다.
② 선로의 병행길이에 무관하며 평상시에 통신선에 장해가 발생한다.

(2) 전자유도장해

① 1선 지락사고 시 영상전류에 의한 자속이 통신선과 쇄교하여 나타나는 상호인덕턴스에 의해 발생한다.
② 전력선과 통신선 간의 병행길이에 비례한다.

(3) 고조파 유도장해

불평형 시 중성선의 영상분전류에 의해 전자유도장해가 발생한다.

2. 정전유도장해

(1) 전력선과 통신선과의 상호정전용량에 의해 발생

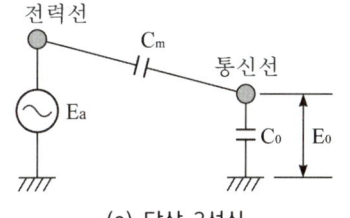

(a) 단상 2선식　　(b) 3상 3선식

(2) 단상 2선식의 정전유도전압

$$E_0 = \frac{C_m}{C_0 + C_m} E_1$$

여기서, C_m: 상호정전용량　　C_0: 대지정전용량

(3) 3상 3선식의 정전유도전압

$$V_n = \frac{\sqrt{C_a(C_a - C_b) + C_b(C_b - C_c) + C_c(C_c - C_a)}}{C_a + C_b + C_c + C_s} \times \frac{V}{\sqrt{3}} \, [\text{V}]$$

3. 전자유도장해

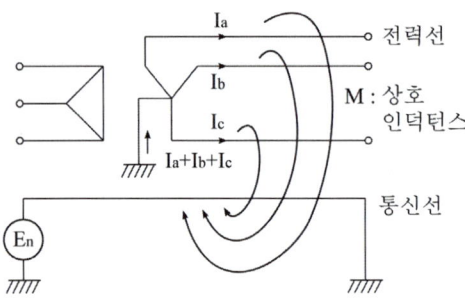

(1) 전력선과 통신선 사이의 상호인덕턴스에 의하여 발생한다.

(2) 전자유도전압

$$E_n = 2\pi f M l \left(I_a + I_b + I_c\right) \times 10^{-3} [\text{kV}]$$
$$= 2\pi f M l \times 3I_0 \times 10^{-3} [\text{kV}]$$

여기서, f: 주파수[Hz] M: 상호인덕턴스[mH/km] l: 병행길이[km]

(3) 전력선에 지락사고 발생 시 $3I_0$의 지락전류가 흘러 상호인덕턴스 M, 병행길이 l 및 주파수에 비례하여 통신선에 유도전압 발생한다.

● 참고 ●

카슨 – 폴라젝 방정식(Carson Pollaczek)
자기 및 상호 인덕턴스를 구하는 식

$$M = 0.2 \log \frac{2}{\gamma d \sqrt{4\pi\omega\sigma}} + 0.1 - j\frac{\pi}{20} [\text{mH/km}]$$

여기서, γ: 1.7811[베셀(Bessel)의 정수] d: 전력선과 통신선의 이격거리[cm] σ: 대지의 도전율

5 유도장해 경감대책

1. 정전유도 경감대책

(1) 전력선 및 통신선의 완전히 연가

(2) 전력선과 통신선의 이격거리를 증가(C의 경감)

(3) 전력선 및 통신선을 케이블화하여 차폐효과를 증대

(4) 통신선을 접지

(5) 차폐선이나 차폐울타리를 설치

2. 전자유도 경감대책

(1) 전력선측 대책

① 전력선을 될 수 있는 한 통신선에서 멀리 이격(M의 저감)
② 지락전류가 적은 접지방식을 채택(소호리액터 접지)
③ 직접접지방식의 경우 지락사고 시 고속도 차단으로 빠른 시간에 고장을 제거
④ 전력선과 통신선 간에 차폐선을 설치(M의 저감)
⑤ 양 선로가 교차할 경우에는 가능한 한 직각으로 교차(M의 저감)
⑥ 전력선의 연가를 충분히 시행

(2) 통신선측 대책

① 연피케이블을 사용(M의 저감)
② 통신선로의 도중에 중계코일(절연변압기)을 설치하여 병행구간 감소
③ 통신선에 통신선용 피뢰기를 설치
④ 통신선을 배류코일 등으로 접지하여 저주파성 유도전류를 대지로 방류
⑤ 통신선에 필터를 설치

08장 송전선로 보호방식(T/L Protection system)

1 보호계전기

1. 한시(限時) 특성에 따른 구분

구분	특징
순한시계전기	최소동작전류 이상의 전류가 흐르면 즉시 동작
반한시계전기	동작전류가 커질수록 동작시간이 짧게 동작
정한시계전기	동작전류의 크기에 관계없이 일정 시간에 동작
정한시성 반한시계전기	동작전류가 적은 동안에는 반한시 특성으로 되고 그 이상에서는 정한시 특성이 되는 것
계단식 계전기	한시치가 다른 계전기와 조합하여 계단적인 한시 특성을 가진 것

2. 보호계전기의 기능별 분류

구분	종류
전류계전기	과전류계전기, 지락과전류계전기, 부족전류계전기
전압계전기	과전압계전기, 지락과전압계전기, 부족전압계전기
비율차동계전기	발전기 보호, 변압기 보호, 모선(bus) 보호
방향계전기	방향단락계전기, 방향지락계전기
거리계전기	옴(ohm)계전기, 모(mho)계전기, 임피던스계전기

3. 보호계전기의 동작기능별 분류

(1) 과전류계전기(OCR)

① 전류의 크기가 일정치 이상으로 되었을 때 동작하는 계전기이다.
② 지락과전류계전기(OCGR): 지락사고 시 지락전류의 크기에 따라 동작하는 계전기이다.

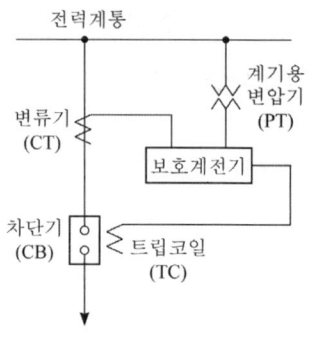

(2) 과전압계전기(OVR)

① 전압의 크기가 일정치 이상으로 되었을 때 동작하는 계전기이다.
② 지락과전압계전기(OVGR): 지락사고 시 영상전압의 크기에 따라 동작하는 계전기이다.

(3) 부족전압계전기(UVR)

전압의 크기가 일정치 이하로 되었을 때 동작하는 계전기이다.

(4) 방향과전류계전기(DOCR)

선간전압을 기준으로 전류의 방향이 일정 범위 안에 있을 때 응동하는 것으로 루프(loop)계통의 단락사고 보호용으로 사용한다.

(5) 차동계전기(DCR)

① 피보호설비(또는 구간)에 유입하는 어떤 입력의 크기와 유출되는 출력의 크기간의 차이가 일정치 이상이 되면 동작하는 계전기이다.
② 전류차동계전기, 비율차동계전기, 전압차동계전기가 있다.

(6) 비율차동계전기(RDR)

총 입력전류와 총 출력전류 간의 차이가 총 입력전류에 대하여 일정 비율 이상으로 되었을 때 동작하는 계전기이다.

(7) 전압차동계전기(DVR)

여러 전압들 간의 차전압(전압차)이 일정치 이상으로 되었을때 동작하는 계전기이다.

(8) 거리계전기(DR)

① 전압과 전류의 비가 일정치 이하인 경우에 동작하는 계전기이다.
② 전압과 전류의 비는 전기적인 거리, 즉 임피던스를 나타내므로 거리계전기라는 명칭을 사용하며 송전선의 경우는 선로의 길이가 전기적인 길이에 비례한다.
③ 거리계전기에는 동작 특성에 따라 임피던스형, 모(mho)형, 리액턴스형, 옴(ohm)형이 있다.

(9) 방향지락계전기(DGR): 방향성을 갖는 과전류지락계전기이다.

(10) 선택지락계전기(SGR)

병행 2회선 송전선로에서 지락사고 시 고장회선만을 선택·차단할 수 있게 하는 계전기이다.

(11) 역상계전기

역상분 전압 또는 전류의 크기에 따라 동작하는 계전기로 불평형 운전을 방지하기 위한 계전기이다.

2 송전선로 보호계전방식

(1) 과전류계전방식(overcurrent relaying system)

① 선로의 고장을 부하전류와 고장전류와의 차이를 이용하여 검출하는 방식이다.
② 보호장치가 간단하고 가격이 저렴하지만 고장점의 차단에 시간이 길어진다.
③ 발전소 및 변전소의 소내 회로의 주보호장치로 이용한다.

(2) 거리계전방식(distance relaying system)

① 고장 시의 전압, 전류값을 이용하여 고장점까지의 선로임피던스를 측정하여 측정값이 미리 정정한 값 이하가 되면 동작하는 방식이다.
② 고장 검출을 송전선로의 임피던스에 의존하므로 전원단으로 갈수록 동작시간이 짧아져 고속 차단이 가능하다.

(3) 파일럿계전방식(pilot relaying system)

① 선로의 구간 내 고장을 고속도로 완전 제거하는 보호방식이다.
② 파일럿(pilot): 선로 고장 및 계전기의 동작상태를 연락하여 고장상태를 연락하는 통신수단이다.
③ 가장 성능이 좋은 보호방식으로 고속도 자동 재폐로방식과의 병용이 가능하다.

(4) 방향계전방식

① **방향단락 계전방식**: 선로에 전원이 일단에 있는 경우
② **방향거리 계전방식**: 선로에 전원이 두 군데 이상 있는 경우

3 모선 보호계전방식

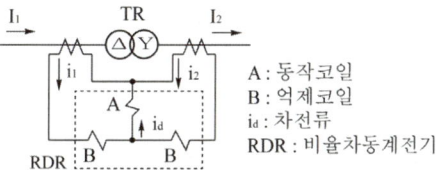

A : 동작코일
B : 억제코일
i_d : 차전류
RDR : 비율차동계전기

(1) 전류차동방식

① 각 회선변류기 2차 회로의 차동전류에 의해 동작하므로 내부 고장 시 동작한다.
② 과전류차동방식, 비율차동방식이 있다.

(2) 전압차동방식

전 회선의 변류기를 병렬접속하고 그 차동회로에 전압차동계전기를 접속하여 외부 고장이나 내부 고장 시 모선을 보호하는 방식이다.

(3) 위상비교방식

① 외부 고장 시 각 회선의 위상이 다른 점을 이용하여 모선을 보호하는 방식이다.
② 위상비교방식, 방향비교방식이 있다.

4 모선

1. 단모선 방식

(1) 모선 하나로 구성되는데 송전선로가 적고 중요하지 않은 계통에 채용된다.

(2) 건설비가 최소이고, 운용 융통성이 없어 신뢰도가 낮다.

2. 이중모선 방식

(1) 모선 고장으로 송·수전이 불가능하게 될 경우를 대비하여 예비 모선을 하나 더 설치하여 구성한다.

(2) 2개의 모선을 효율적으로 운용하기 위하여 여러 개의 모선 연락용 차단기가 필요하다.

(3) 2개의 모선 사이에 설치된 차단기 수에 따라 1차단기 방식, 1.5차단기 방식, 2차단기 방식이 있다.
   ① 1차단기 방식(표준 2중 모선방식)
      ㉠ 2중 모선 방식 중 차단기를 가장 적게 소요하는 방식으로 기기 점검 및 계통 운용상 유리하다.
      ㉡ 단모선 방식에 비하여 건설비가 많이 소요된다.
   ② 1.5차단기 방식
      ㉠ 모선 연락용 차단기 수가 1차단기 방식의 1.5배가 필요하다.
      ㉡ 1차단 방식보다 신뢰성이 높고 2차단 방식보다 건설비가 저렴하다.
   ③ 2차단기 방식
      ㉠ 2중 모선방식 중 차단기를 가장 많이 소요하고 높은 신뢰도가 요구되는 경우에 사용한다.
      ㉡ 차단기 및 단로기 설치 대수가 1차단 방식에 비해 2배가 필요하고 모선 운용 및 모선 보호용 제어회로가 복잡하다.

5 주보호와 후비보호

(1) **주보호**: 보호대상의 이상상태를 제거함에 있어 고장부분 제거가 최소한으로 되며 우선적으로 동작한다.

(2) **후비보호**: 주보호가 오동작하였을 경우 백업(back-up)동작한다.

6 차단기

1. 차단기의 용어정리

(1) **정격전압**: 차단기 정격전압은 차단기에 인가될 수 있는 계통 최고전압

공칭전압[kV]	6.6	22	22.9	66	154	345
정격전압[kV]	7.2	24	25.8	72.5	170	362

(2) **정격차단전류**: 차단기의 정격전압에 해당되는 회복전압 및 정격 재기전압을 갖는 회로 조건에서 규정된 동작책무를 수행할 수 있는 차단전류의 최대한도로 교류분 실횻값

(3) **정격차단용량**: 차단기의 차단용량

$$P_s = \sqrt{3} \times 정격전압 \times 정격차단전류 \, [MVA]$$

(4) 차단기의 정격차단시간(트립코일여자부터 아크소호까지의 시간)

① 개극시간: 폐로상태에서 차단기의 트립제어장치(트립코일)가 개리할 때까지의 시간
② 아크시간: 아크접촉자의 개리 순간부터 접촉자 간의 아크가 소호되는 순간까지의 시간
③ 차단시간: 개극시간과 아크시간의 합

정격전압[kV]	7.2	25.8	72.5	170	362
정격차단시간(cycle) 이내	5~8	5	5	3	3

2. 차단기의 표준동작책무

(1) 정격전압에서 1~2회 이상의 투입, 차단 또는 투입 차단을 정해진 시간 간격으로 행하는 일련의 동작을 말한다.

(2) 동작책무

항목	등급	동작책무
특고압 이상	A	O - 1분 - CO - 3분 - CO
7.2[kV] 고압콘덴서 및 분로리액터	B	CO - 15분 - CO
고속도 재투입용	R	O - t - CO - 1분 - CO

여기서, O: 차단기 개방   CO: 차단기 투입 후 즉시 개방 t: 0.3초

3. 차단기의 종류 및 특성

(1) 기중차단기(ACB)

저압용 차단기로 교류용은 1000[V] 미만, 직류용은 3000[V] 이하의 전로에 사용한다.

(2) 유입차단기(OCB)

절연유를 아크 소호 매질로 하는 것으로 개폐장치 절연유 속에서 전로의 개극 시에 발생하는 수소가스가 냉각작용을 하여 아크를 소호

장점	단점
① 기계적으로 견고하고 충격에 강함 ② 구조상 뇌섬락에 대한 신뢰성이 높음 ③ 차단 시에 폭발음이 없어 방음설비가 필요	① 절연유가 열화되기 쉬워 화재의 위험이 크고 유지·보수가 필요 ② 기계적·전기적 원인에 의해 차단기 폭발 ③ 기준충격 절연강도(BIL)가 커서 건식 또는 몰드변압기에 서지흡수기를 설치하지 않음

(3) 진공차단기(VCB): 고진공으로 유지된 밀폐용기 내에서 접점을 개리 시켜 발생하는 아크를 확산 소호

장점	단점
① 소형·경량으로 콤팩트화가 가능 하고 유지·보수 점검이 필요 없음 ② 밀폐구조로 동작 시 소음이 작음 ③ 화재나 폭발의 염려가 없어 안전함 ④ 차단기 동작 시 신뢰성과 안전성이 높음 ⑤ 소호 특성이 우수하고, 고속개폐가 가능	① 고진공을 만들고, 고진공을 유지하기가 어려움 ② 높은 개폐서지 발생이 우려됨 ③ 누설, 방출가스 및 가스의 투과에 의해 진공도가 저하

(4) **공기차단기(ABB)**: 압축공기를 이용한 단열팽창에 의한 냉각작용을 이용하여 아크 소호

장점	단점
① 고전압, 대용량에 적합 ② 높은 절연내력과 절연 회복속도가 빠름 ③ 압축공기를 아크소호 매질로 이용	① 재기전압에 의한 차단성능에 영향을 주의 ② 차단 시 소음이 크고 염진해를 받기 쉬움 ③ 고전압용에는 내진 강도의 약화

(5) **가스차단기(GCB)**: 아크 소호 특성과 절연 특성이 뛰어난 SF_6 가스를 이용하여 절연유지 및 아크 소호를 시키는 원리를 이용하고 고전압, 대용량으로 사용한다.
  ① SF_6 가스 성질
    ㉠ 보통상태에서 불활성, 불연성, 무색, 무취, 무독 기체
    ㉡ 열전도율이 공기의 1.6배
    ㉢ 아크소호능력이 공기에 비해 100 ~ 200배
    ㉣ 절연내력이 공기에 비해 2 ~ 3배 이상
  ② **가스절연 개폐장치(GIS)**: 철제용기 내에 모선 및 개폐장치, 기타장치를 내장시키고 절연 특성이 우수한 SF_6가스로 충진, 밀폐하여 절연을 유지시키는 종합개폐장치이다.
  ③ 가스차단의 장·단점

장점	단점
㉠ 차단성능이 뛰어나고 개폐서지가 낮음 ㉡ 완전 밀폐형으로 조작 시 가스를 대기 중에 방출하지 않아 조작소음이 적음 ㉢ 보수점검주기가 길어짐	㉠ 가스 기밀구조가 필요 ㉡ 전계가 불균형일 경우 절연내력의 급격한 저하로 불순물, 수분의 철저한 관리가 필요

(6) **자기차단기(MCB)**: 소호실에 흡수코일을 갖추고 차단전류를 코일에 흘려주므로 만들어지는 자계를 이용하여 아크 소호
  ① 기름을 쓰지 않아 화재의 위험이 없고 보수점검 수가 감소한다.
  ② 전류 절단에 의한 와전압이 발생하는 일이 없다.

7 단로기(DS)

(1) 설비의 점검 및 수리 시에 전원에서 분리하여 작업자의 안전을 확보한다.

(2) 송전단 및 수전단 계통의 절체 및 회로를 구분한다.

(3) 변압기의 여자전류와 선로의 무부하 충전전류의 개폐가 가능하다.

(4) 단로기 조작 순서

계통도	단로기 조작 순서

DS_1 CB DS_2
전원측 ── 부하측
	① 전원 차단(정전)
	  CB(OFF) → DS_2(OFF) → DS_1(OFF)
	② 전원 투입(급전)
	  DS_2(ON) → DS_1(ON) → CB(ON)

  ① **주의**: 차단기가 투입된 상태에서 단로기를 투입하거나 개방하면 감전 및 전기화상을 발생할 수 있다.
  ② **대책**: 단로기와 차단기에 인터록 장치를 하여 부하전류가 통전 중에는 회로 개폐가 되지 않도록 시설한다.

8 전력용 퓨즈(PF)

(1) 전력용 퓨즈의 역할과 기능
① 퓨즈는 부하전류를 안전하게 통전, 즉 과도전류나 일시적인 과부하전류로는 용단되지 않는다.
② 일정치 이상의 과전류가 흐르면 차단하여 전로와 기기를 보호한다.
③ 퓨즈는 단락전류를 차단하는 목적으로 사용한다.

(2) 전력용 퓨즈의 종류

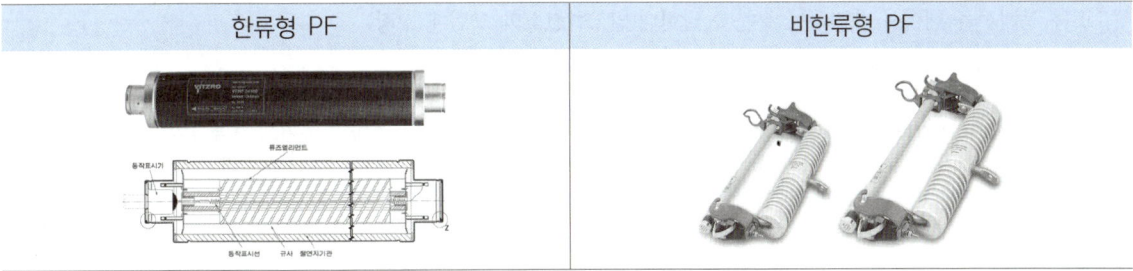

| 한류형 PF | 비한류형 PF |

(3) 전력용 퓨즈의 특성
① 소형·경량이며 경제적이고 재투입이 불가하다.
② 소전류에서 동작이 함께 이루어지지 않아 결상되기 쉽다.
③ 변압기 여자전류나 전동기 기동전류 등의 과도전류로 인해 용단되기 쉽고 결상의 우려가 높다.

9 재폐로 방식

송전선로의 사고는 대부분 뇌에 의한 아크사고로서 영구적인 사고로의 확대는 전체사고의 10[%] 미만으로 나타나므로 사고 제거 후에 아크의 자연적인 소멸 후 다시 송전하는 방식이다.

(1) 계통의 과도 안정도를 향상시킬 수 있어 송전용량이 증대된다.

(2) 기기나 선로의 과부하를 감소시킨다.

(3) 자동복구로 운전원의 조작에 의한 복구보다 신속하고 정확한 운전

(4) 후비 보호계전기의 동작에 의한 차단 시에는 재폐로를 하지 않으며, 전 구간이 고속으로 차단되는 파일럿(pilot) 계전방식에서만 적용한다.

09장 배전방식(Distribution system)

1 고압 배전계통의 구성

(1) 급전선(feeder): 배전 변전소 또는 발전소로부터 배전간선에 이르기까지 도중에 부하가 일체 접속되지 않은 선로이다.

(2) 간선(main line feeder): 급전선에 접속된 수용지역에서의 배전선로 가운데에서 부하의 분포상태에 따라서 배전하거나 또는 분기선을 내어서 배전하는 부분을 말한다(발·변전소의 모선에 상당).

(3) 궤전점(feeder point): 급전선과 배전간선과의 접속점이다.

(4) 분기선(branch line, diverged line): 간선으로부터 분기해서 변압기에 이르기까지의 부분 또는 다양한 말단 부하설비에 전력을 전송하는 역할을 한다.

2 배전전압

(1) 수지식(가지식, 방사상식)

계통도	특징
(그림)	① 부하 증가 시 선로의 증설 및 연장이 용이하고 시설비가 낮음 ② 사고 시 정전범위가 넓고 신뢰도가 낮음 ③ 전압강하 및 전력손실 증대 → 플리커 현상 발생

(2) 환상식(루프식)

계통도	특징
(그림)	① 선로의 고장 또는 보수 시에 다른 회선을 통하여 계속 공급이 가능하므로 공급신뢰도가 높음 ② 전력손실 및 전압강하가 작음 ③ 선로의 보호방식이 복잡해지고 설비비용 증가

(3) 네트워크 방식(망상식)

계통도	특징
(그림)	① 무정전 공급이 가능하므로 공급의 신뢰도가 향상 ② 2곳 이상에서 전원공급이 되므로 부하 증가에 대한 대응이 용이 ③ 전력손실 및 전압강하 감소, 설비 이용률 향상 ④ 설비 및 운전 보수비용 증가

(4) 저압 뱅킹방식

계통도	특징
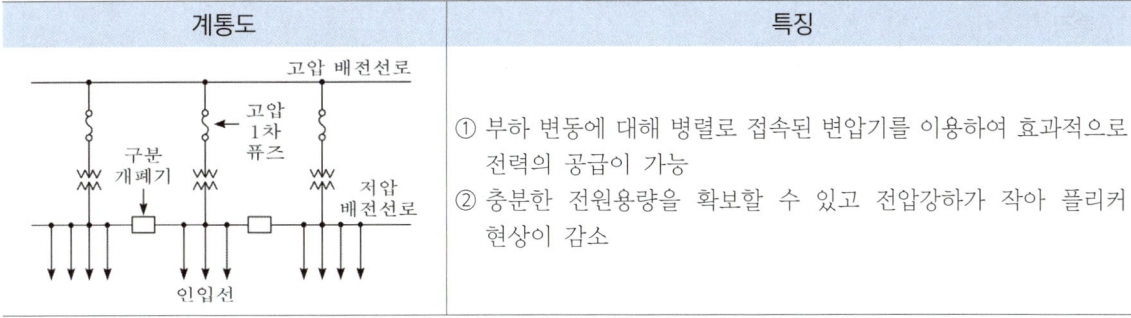	① 부하 변동에 대해 병렬로 접속된 변압기를 이용하여 효과적으로 전력의 공급이 가능 ② 충분한 전원용량을 확보할 수 있고 전압강하가 작아 플리커 현상이 감소

● 참고 ●

캐스케이딩 현상
저압선로의 일부 구간에서 고장이 일어나면 이 고장으로 인하여 건전한 구간까지 고장이 확대되는 현상을 말한다.

3 저압 배전방식

1. 단상 2선식 배전방식

(1) 전압강하나 전력손실이 크므로 소용량의 부하 공급에 사용된다.

(2) 옥내배선의 전등회로에 가장 널리 사용되고 있다.

(3) 표준전압은 220[V]이나 일부 지역에서 110[V]가 사용되기도 했지만, 1999년 이후 모두 220[V]로 승압되었다.

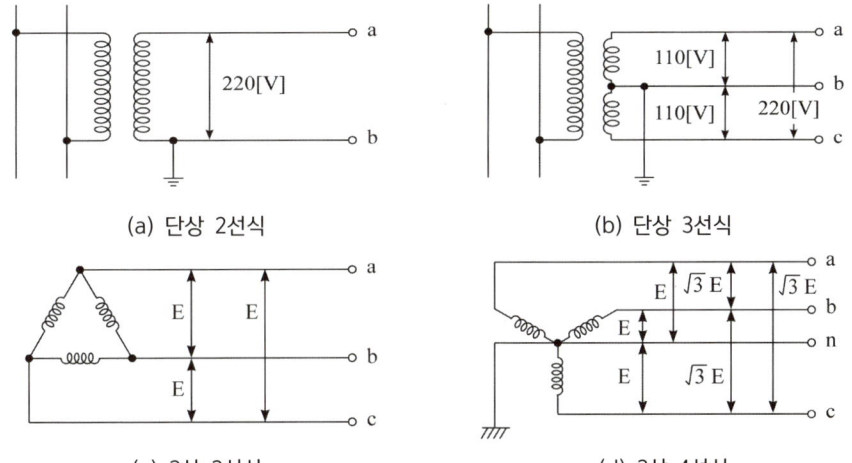

(a) 단상 2선식   (b) 단상 3선식

(c) 3상 3선식   (d) 3상 4선식

2. 단상 3선식 배전방식

(1) 특징
① 변압기 2차측 중성선에 접지공사를 한다.
② 중성선에 과전류차단기를 설치하지 않는다.
③ 동시 동작형 개폐기를 설치한다.

(2) 장점
① 2종의 전압을 얻을 수 있다.
② 단상 2선식에 비해 전력손실, 전압강하가 경감된다.
③ 단상 2선식에 비해 1선당 공급전력이 크다(1.33배).
④ 단상 2선식과 동일 전력공급 시 전선의 소요량이 적다(37.5[%]).

(3) 단점
① 부하 불평형 시 전압 불평형이 발생하고 전력손실이 증가한다.
② 중성선 단선 시 전압의 불평형으로 인해 부하가 소손될 수 있음 → 경부하 측의 전위가 상승한다.

(4) 불평형 방지대책: 저압 밸런서(권수비가 1:1인 단권변압기) 설치 → 중성선 단선 시 전압의 불평형 방지한다.

3. 3상 3선식 200[V] 배전방식

(1) V결선 배전방식: 단상변압기 2대를 V결선을 하여 3상 전력을 공급하는 방식으로 이용률은 86.6[%]이다.

(2) △결선 배전방식
① 3상 변압기 1대 또는 단상 변압기 3대에 의해 3상 200[V] 배전하는 방식이다.
② 공장이나 빌딩 등의 구내 일반 배전용에 널리 사용되고 있다.

4. 3상 4선식 220/380[V] 배전방식

(1) 현재 우리나라의 대표적인 배전방식이다.

(2) 배전선로에서 가장 널리 쓰이고 있는 배전방식으로 전압선과 중성선 사이에 단상 부하를 사용하고 전압선 상호 간에는 동력부하를 사용한다.

(3) 배전전압이 높아 수백[kW]의 부하까지 사용할 수 있고 부하의 크기에 대해 탄력성 있는 배전을 할 수 있다.

(4) 전압강하가 경감되고 배전거리를 증대시킬 수 있다.

5. 저압 배전방식

전기 방식	결선도	공급 전력	전력 손실	1선당 공급전력	소요 전선량 비교
단상 2선식		$VI\cos\theta$	$2I^2R$	$\dfrac{VI\cos\theta}{2}$	100[%]
단상 3선식		$2VI\cos\theta$	$2I^2R$	$\dfrac{2VI\cos\theta}{3}$	37.5[%]
3상 3선식		$\sqrt{3}\,VI\cos\theta$	$3I^2R$	$\dfrac{\sqrt{3}\,VI\cos\theta}{3}$	75[%]
3상 4선식		$3VI\cos\theta$	$3I^2R$	$\dfrac{3VI\cos\theta}{4}$	33.3[%]

6. 전기방식별 1선당 공급전력 비교

(1) 단상 2선식

　① 소비전력

$$P = VI\cos\theta\,[\text{W}]$$

　② 1선당 공급전력

$$P = \frac{VI\cos\theta}{2} = \frac{1}{2}VI = 0.5\,VI$$

(2) 단상 3선식

　① 소비전력

$$P = 2VI\cos\theta\,[\text{W}]$$

　② 1선당 공급전력

$$P = \frac{2VI\cos\theta}{3} = \frac{2}{3}VI$$

③ 단상 2선식과 단상 3선식 비교

$$\frac{단상3선식}{단상2선식} = \frac{\frac{2}{3}VI}{\frac{1}{2}VI} = 1.33 \text{ 배}$$

(3) 3상 3선식

① 소비전력

$$P = \sqrt{3}\, VI\cos\theta\,[\text{W}]$$

② 1선당 공급전력

$$P = \frac{\sqrt{3}\, VI\cos\theta}{3} = \frac{\sqrt{3}}{3}VI = 0.577\, VI$$

③ 단상 2선식과 3상 3선식 비교

$$\frac{3상3선식}{단상2선식} = \frac{\frac{\sqrt{3}}{3}VI}{\frac{1}{2}VI} = 1.15 \text{ 배}$$

(4) 3상 4선식

① 소비전력

$$P = 3VI\cos\theta\,[\text{W}]$$

② 1선당 공급전력

$$P = \frac{3VI\cos\theta}{4} = \frac{3}{4}VI$$

③ 단상 2선식과 3상 4선식 비교

$$\frac{3상4선식}{단상2선식} = \frac{\frac{3}{4}VI}{\frac{1}{2}VI} = 1.5 \text{ 배}$$

4 전력 수요와 공급

(1) 수용률

① 수용률이란, 임의 기간 중 수용가의 최대수용전력과 사용 전기설비의 정격용량 합계와의 비를 말한다.

$$수용률 = \frac{최대 \ 수용 \ 전력 \, [kW]}{수용 \ 설비용량 \, [kW]} \times 100 \, [\%]$$

② 변압기 용량

$$P = \frac{최대수용전력 \, [kW]}{역률 \times 효율} = \frac{수용률 \times 수용설비용량 \, [kW]}{역률 \times 효율} \, [kVA]$$

(2) 부등률

① 최대전력 발생 시각 또는 시기의 분산을 나타내는 지표가 부등률이며 일반적으로 이 값은 1보다 크게 나타낸다.

$$부하율 = \frac{각각 \ 최대 \ 수용 \ 전력의 \ 합}{합성 \ 최대 \ 수용 \ 전력}$$

② 변압기 용량

$$P = \frac{합성 최대수용전력 \, [kW]}{역률 \times 효율} = \frac{\sum(수용률 \times 부하설비용량)}{부등률 \times 역률 \times 효율} \, [kVA]$$

③ 부등률이 높다는 것은 공급설비 이용률이 낮고 변압기 용량이 감소한다는 것을 의미한다.

(3) 부하율

① 전력의 사용은 시각 또는 계절에 따라 상당히 변화하므로 수용가 또는 변전소 등에서 어느 기간 중의 평균 수용 전력과 최대 수용 전력과의 비를 백분율로 나타낸 것을 부하율이라 한다.

$$부하율 = \frac{평균수용전력 \, [kW]}{최대수용전력 \, [kW]} \times 100 \, [\%] = \frac{평균전력}{설비용량} \times \frac{부등률}{수용률}$$

② 부하율이 크다는 것은 공급설비에 대한 설비 이용률이 크고 부하변동이 작다는 것을 의미한다.

5 손실계수와 분산 손실계수

(1) 손실계수(H)

① 손실계수는 말단 집중부하에 대해 어느 기간 중의 평균손실과 최대손실 간의 비를 말한다.

$$H = \frac{어느 \ 기간 \ 중의 \ 평균 \ 손실}{같은 \ 기간 \ 중의 \ 최대 \ 손실}$$

② 손실계수와 부하율 사이에는 다음과 같은 관계가 성립한다.

$$1 \geq F \geq H \geq F^2 \geq 0$$

㉠ 부하율이 높을 때: 손실계수는 부하율에 가까운 값($H \fallingdotseq F$)
㉡ 부하율이 낮을 때: 손실계수는 부하율의 제곱에 가까운 값($H \fallingdotseq F^2$)

③ 손실계수를 구하는 식

$$H = \alpha F + (1-\alpha) F^2$$

여기서, $\alpha = 0.1 \sim 0.4$

(2) 분산손실계수

$$h = \frac{분산\ 부하에\ 의한\ 선로손실}{말단\ 집중부하의\ 선로손실}$$

10장 배전선로 계산(Calcuation of distribution line)

1 전압강하 계산

1. 전압강하 계산

(1) 직류식 배전선로의 전압강하

계통의 구성	전압강하
V_S —r— A ↓I 부하가 말단에 집중	① 전압강하: $e = 2Ir\,[\text{V}]$ ② A점의 전압: $V_A = V_S - 2Ir$

(2) 교류식 배전선로의 전압강하

① 단상 2선식

$$E_S = E_R + 2I_n(r\cos\theta + x\sin\theta)\,[\text{V}]$$

② 단상 3선식 및 3상 4선식

$$E_S = E_R + I_n(r\cos\theta + x\sin\theta)\,[\text{V}]$$

③ 3상 3선식

$$V_S = V_R + \sqrt{3}\,I_n(r\cos\theta + x\sin\theta)\,[\text{V}]$$

④ 3상 3선식의 전압강하 근사식

$$e = \sqrt{3}\,I_n(R\cos\theta + X\sin\theta) = \frac{P}{E}(R + X\tan\theta)$$

여기서, 부하전류: $I_n = \dfrac{P}{\sqrt{3}\,E\cos\theta}\,[\text{A}]$

2 전압강하율, 전압변동률, 전력손실

(1) 전압 강하율
① 송전단과 수전단 간의 전압의 차이, 즉 선로 전압강하(e)를 수전단전압으로 나누어 [%]로 나타낸 것을 말한다.
② %전압 강하율

$$\%e = \frac{송전단전압(E_S) - 수전단전압(E_R)}{수전단전압(E_R)} \times 100 = \frac{e}{E_R} \times 100\,[\%]$$

(2) 전압 변동률
① 무부하 단자전압과 전부하 단자전압에 대한 전압변동의 비를 말한다.
② %전압 변동률

$$\%\epsilon = \frac{무부하\,단자전압(V_0) - 전부하\,단자전압(V_n)}{전부하\,단자전압(V_n)} \times 100\,[\%]$$

(3) 전력손실

$$P_c = I^2 \cdot r = \frac{P^2}{V_n^2 \cos^2\theta} \cdot r\,[\text{W}]$$

① 단상 2선식

$$P_c = 2I_n^2 \cdot r = \frac{P^2}{E^2 \cos^2\theta} \cdot r\,[\text{W}]$$

여기서, E: 상전압 V: 선간전압 = 정격전압

② 3상 3선식

$$P_c = 3I_n^2 \cdot r = \frac{2 \cdot P^2}{V_n^2 \cos^2\theta} \cdot r\,[\text{W}]$$

③ 전력 손실률

$$\%P_l = \frac{전력손실(P_c)}{수전단전력(P_R)} \times 100\,[\%]$$

(4) 전력손실 방지대책
① 승압　　　　　　　　　② 역률개선
③ 전선교체　　　　　　　④ 배전선로 단축
⑤ 불평형 부하 개선　　　⑥ 단위기기 용량 감소

3 선로전압의 조정

(1) **변전소**: 무부하 시 탭변환장치(NLTC), 부하 시 탭절환장치(OLTC)

(2) **송전선로**: 분로리액터, 동기조상기

(3) **배전선로**: 주상변압기 탭조정장치, 직렬콘덴서, 유도전압조정기, 승압기 설치

> ● 참고 ●
>
> 승압기 설치
>
> | 계통의 구성 | 전압강하 |
> |---|---|
> | (전원측 V_l, 부하측 V_h, 단권변압기) | ① 승압된 전압: $V_h = V_l + \dfrac{e_2}{e_1} V_l [V]$
 ② 자기용량(단권Tr용량): $w = e_2 I_2 \times 10^{-3} = \dfrac{e_2}{V_h} \cdot W_0 [kVA]$
 여기서, W: 승압기용량, W_0: 부하용량 |

4 전기방식별 소요전선량의 비교

구분	단상 2선식	단상 3선식	3상 3선식	3상 4선식
전력	$P = VI_1$	$P = 2VI_2$	$P_3 = \sqrt{3}\,VI_3$	$P_4 = 3VI_4$
중량	$W = 2W_1$	$W = 3W_2$	$W = 3W_3$	$W = 4W_4$
선로 손실	$P_\ell = 2I_1^2 R_1$	$P_\ell = 2I_2^2 R_2$	$P_\ell = 3I_3^2 R_3$	$P_\ell = 3I_4^2 R_4$

여기서, $W_1 \sim W_4$: 각 배전방식에 따른 전선 1개의 중량

$I_1 \sim I_4$: 각 배전방식에 따른 선전류

(1) 전선의 중량과 저항과의 관계

$$R = \rho \frac{\ell}{A} \rightarrow W \propto \frac{1}{R}$$

(2) 단상 2선식과 단상 3선식의 비교

① 부하전력이 동일한 조건

$$VI_1 = 2VI_2 \rightarrow I_1 = 2I_2$$

② 배전거리, 선로손실이 동일한 조건

$$2I_1^2 R_1 = 2I_2^2 R_2 \rightarrow \frac{R_1}{R_2} = \frac{I_2^2}{I_1^2} = \frac{I_2^2}{(2I_2)^2} = \frac{1}{4}$$

③ 단상 3선식 중성선의 굵기가 전압선의 굵기와 같은 경우

$$\frac{단상3선식\ 전선중량}{단상2선식\ 전선중량} = \frac{3W_2}{2W_1} = \frac{3}{2} \times \frac{1}{4} = \frac{3}{8} = 0.375$$

(3) 단상 2선식과 3상 3선식의 비교

① 부하전력이 동일한 조건

$$VI_1 = \sqrt{3}\,VI_3 \rightarrow I_1 = \sqrt{3}\,I_3$$

② 배전거리, 선로손실이 동일한 조건에서

$$2I_1^2 R_1 = 3I_3^2 R_3 \rightarrow \frac{R_1}{R_3} = \frac{3I_3^2}{2I_1^2} = \frac{3}{2} = \frac{I_3^2}{(\sqrt{3}\,I_3)^2} = \frac{1}{2}$$

③ 3상 3선식 중성선의 굵기가 전압선의 굵기와 같은 경우

$$\frac{3상3선식\ 전선중량}{단상2선식\ 전선중량} = \frac{3W_3}{2W_1} = \frac{3}{2} \times \frac{R_1}{R_3} = \frac{3}{2} \times \frac{1}{2} = \frac{3}{4} = 0.75$$

(4) 단상 2선식과 3상 4선식의 비교

① 부하전력이 동일한 조건

$$VI_1 = 3VI_4 \rightarrow I_1 = 3I_4$$

② 배전거리, 선로손실이 동일한 조건

$$2I_1^2 R_1 = 3I_4^2 R_4 \rightarrow \frac{R_1}{R_4} = \frac{3I_4^2}{2I_1^2} = \frac{3}{2} = \frac{I_4^2}{(4I_4)^2} = \frac{1}{6}$$

③ 3상 4선식 중성선의 굵기가 전압선의 굵기와 같은 경우

$$\frac{3상4선식\ 전선중량}{단상2선식\ 전선중량} = \frac{4W_4}{2W_1} = \frac{4}{2} \times \frac{R_1}{R_4} = \frac{4}{2} \times \frac{1}{6} = \frac{1}{3} = 0.33$$

5 역률 개선

1. 역률 개선 원리 및 목적

(1) 원리

변전소 또는 수용가에서 콘덴서를 계통에 병렬로 접속하여 진상전류에 의해서 선로의 지상분 전류를 보상함으로써 전류의 합성치를 감소시킨다.

(2) 역률 개선 목적

① 변압기 및 배전선로 손실 경감
② 전압강하 경감
③ 설비 이용률 증대
④ 전기요금 절감

2. 전력용 콘덴서 용량 계산

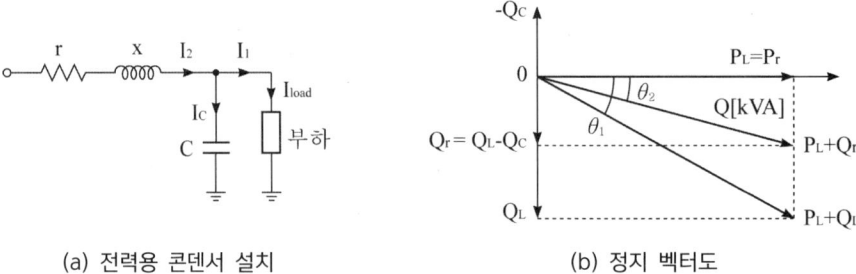

(a) 전력용 콘덴서 설치   (b) 정지 벡터도

(1) 개선 전 무효전력

$$Q_L = P_L \tan\theta_1 = P_L \times \frac{\sin\theta_1}{\cos\theta_1} = P_L \times \frac{\sqrt{1-\cos^2\theta_1}}{\cos\theta_1}$$

여기서, P_r: 개선 전 유효전력 Q_L: 개선 전 무효전력

(2) 개선 후 무효전력

$$Q_L = P_r \tan\theta_2 = P_r \times \frac{\sin\theta_2}{\cos\theta_2} = P_r \times \frac{\sqrt{1-\cos^2\theta_2}}{\cos\theta_2}$$

여기서, P_r: 개선 후 유효전력 Q_r: 개선 후 무효전력

(3) 필요한 콘덴서 용량

$$Q_C = Q_L - Q_r = P_L(\tan\theta_1 - \tan\theta_2)$$
$$= P_L\left(\frac{\sqrt{1-\cos^2\theta_1}}{\cos\theta_1} - \frac{\sqrt{1-\cos^2\theta_2}}{\cos\theta_2}\right)[kVA]$$
$$= P_L\left(\sqrt{\frac{1}{\cos^2\theta_1}-1} - \sqrt{\frac{1}{\cos^2\theta_2}-1}\right)[kVA]$$

여기서, $\cos\theta_1$: 개선 전 역률 $\cos\theta_2$: 개선 후 역률

(4) 피상전력이 일정할 때 콘덴서 용량

$$Q_C = P_a(\sin\theta_1 - \sin\theta_2)[kVA]$$

여기서, P_a: 피상전력[kVA] $\sin\theta_1$: 개선 전 무효전력 $\sin\theta_2$: 개선 후 무효전력

6 부하형태(분포)에 따른 비교

구분	부하의 형태	전압강하	전력손실	부하율	분산손실계수
말단에 집중된 경우		1.0	1.0	1.0	1.0
평등 부하분포		$\dfrac{1}{2}$	$\dfrac{1}{3}$	$\dfrac{1}{2}$	$\dfrac{1}{3}$
중앙일수록 큰 부하분포		$\dfrac{1}{2}$	0.38	$\dfrac{1}{2}$	0.38
말단일수록 큰 부하분포		$\dfrac{2}{3}$	0.58	$\dfrac{2}{3}$	0.58
송전단일수록 큰 부하분포		$\dfrac{1}{3}$	$\dfrac{1}{5}$	$\dfrac{1}{3}$	$\dfrac{1}{5}$

11장 발전(Power generation)

1 수력 발전

1. 수력발전소의 출력

(1) 수력발전소의 출력은 유량과 낙차에 의해 결정된다.

(2) 수력발전소의 출력

$$P = 9.8\,QH\eta_t\eta_g = 9.8 \cdot Q \cdot H \cdot \eta\,[\text{kW}]$$

여기서, H: 유효낙차[m] Q: 유량[m³/sec]
   η_t: 수차의 효율 η_g: 발전기의 효율

2. 수력학

(1) 수두

구분	의미
위치 수두	물의 위치 에너지를 수두로 표시한 값(H_1)
속도 수두	① 물의 속도 에너지를 수두로 나타낸 값 ② 속도 수두: $H_v = \dfrac{v^2}{2g}$ [m] 　여기서, g: 중력가속도(= 9.8), H_v: 낙차 ③ 물의 분출속도: $v = \sqrt{2gH_v}$ [m/sec]
압력 수두	① 물의 압력 에너지를 수두로 나타낸 값 ② 압력 수두: $H_P = \dfrac{P}{w} = \dfrac{P}{1000}$ [m]

(2) 베르누이의 정리

① 비압축성, 정상상태의 유체가 관 내의 한 유선을 따라서 연속적으로 흐를 때(에너지 보존법칙), 물이 흘러가는 임의의 한 점에서 위치 수두, 속도 수두, 압력 수두의 합은 일정

② 베르누이의 정리

$$H_1 + \frac{v_1^2}{2g} + \frac{P_1}{w} = H_2 + \frac{v_2^2}{2g} + \frac{P_2}{w}$$

(3) 연속의 정리

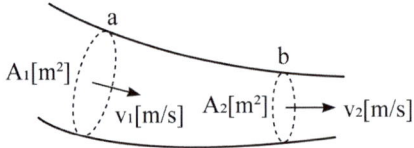

① 단면적 A [m²] 인 관로나 수로를 흐르는 유속 v [m/s]

② 단위 시간당 물의 양(유량 Q)

$$Q = A_1 v_1 = A_2 v_2 \text{ [m}^3\text{/s]}$$

③ 연속의 정리에서 유속과 단면적은 서로 반비례 관계가 성립한다. 따라서 단면적이 좁은 곳에서는 유속이 커지고 반대로 단면적이 넓은 곳에서는 유속이 작아진다.

3. 하천유량

(1) **유량도**: 가로축에 1년 365일을 날짜 순으로 하고 세로축에 매일의 하천유량의 크기를 나타낸다.

(2) **유황곡선**

구분	의미
갈수량(갈수위)	355일은 이 양 이하로 내려가지 않는 유량
저수량(저수위)	275일은 이 양 이하로 내려가지 않는 유량
평수량(평수위)	185일은 이 양 이하로 내려가지 않는 유량
풍수량(풍수위)	95일은 이 양 이하로 내려가지 않는 유량

(3) **적산유량곡선**

① 가로축은 날짜 순으로 하고, 세로축에는 매일매일의 유량의 적산 곡선 및 사용수량을 적산한 곡선을 함께 나타낸 것
② 댐과 저수지 건설계획 또는 기존 저수지의 저수계획을 수립하는 자료로 사용한다.

(4) **연평균 유량**

$$Q = \frac{\frac{a}{1000} \times b \times 10^6 \times k}{365 \times 24 \times 3600} [\text{m}^3/\text{sec}]$$

여기서, a: 강수량[mm] b: 유역면적[km^2] k: 유량계수$\left(=\dfrac{\text{유출량}}{\text{강수량}}\right)$

4. 수력발전소 계통

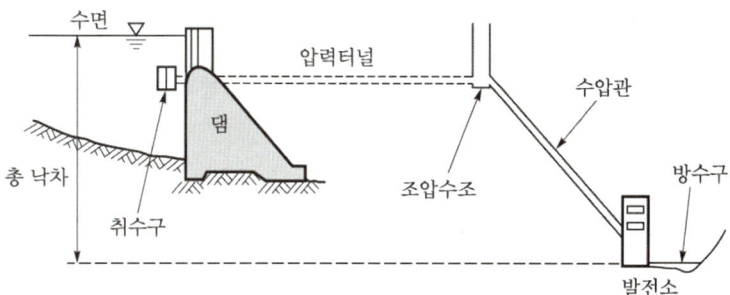

(1) **수로**: 취수구로부터 수조 또는 발전기의 수차까지 물을 흐르게 하는 통로

(2) **조압수조(surge tank)의 목적**

① 부하의 급격한 변동으로 사용수량이 급변할 때 압력수로와 수압관 내를 큰 압력으로부터 보호
② 압력수로와 수압관 사이에 설치
③ 부하 급변 시에 생기는 수격작용을 방지하고 서징작용을 흡수

(3) 조압수조의 종류 및 특성

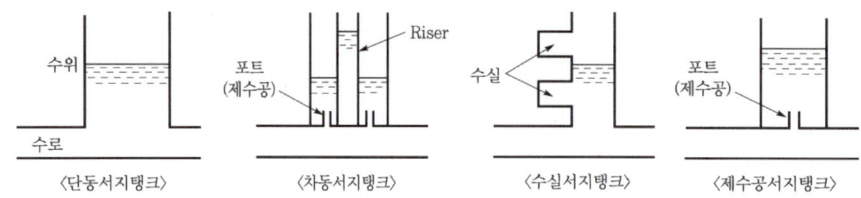

① 단동 서지탱크
② 차동 서지탱크(부하 급변 시 및 주파수 조정용에 사용)
③ 제수공 서지탱크
④ 수실 서지탱크(저수지 수심이 깊은 곳에 사용)

5. 수차의 구분

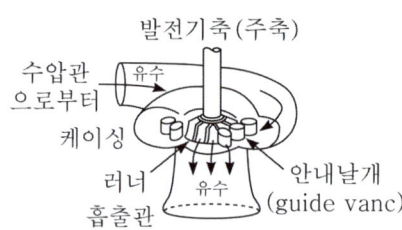

구분			특징
충동수차	고낙차	프란시스수차	압력수두 → 속도수두
반동수차	중낙차	프란시스수차	압력수두를 그대로 러너에 작용시켜 그 반동력을 이용
	저낙차	프로펠러수차	러너날개가 고정날개형이므로 구조가 간단하고 가격이 저렴
		카플란수차	러너의 각도 조절이 가능하고 프로펠러수차와 유사
		사류수차	-
		튜블러수차	조력발전에서 10[m] 이하의 저낙차용으로 사용

① **흡출관**: 낙차를 늘리기 위해 적용(충동수차에는 사용 안 함)
② **조속기**: 수차의 회전수를 일정하게 유지하기 위해 수차의 유량을 자동적으로 조정하는 장치이다.

6. 특유속도

(1) 일정 낙차의 위치에서 운전시켜 출력 1[kW]를 발생시키기 위한 1분당 필요한 회전수를 말한다.

(2) 특유속도

$$N_s = N \frac{P^{\frac{1}{2}}}{H^{\frac{5}{4}}} = N \frac{\sqrt{P}}{H\sqrt{\sqrt{H}}} \, [\text{rpm}]$$

여기서, N: 수차 회전속도 H: 유효낙차 P: 정격출력

7. 조속기

(1) 유량을 자동적으로 조절하여 수차의 회전속도를 일정하게 유지한다.

(2) 평속기 → 배압밸브 → 서보모터 → 복원기구

2 화력 발전

1. 열사이클의 종류

(1) 카르노사이클

카르노사이클의 각 과정	각 사이클 해석
![카르노사이클 T-s 선도] 가장 이상적인 열사이클로서 2개의 등온변화와 2개의 단열변화로 이루어짐	㉠ 등온팽창 (1 → 2) : 온도 T_1의 고열원으로부터 열량 Q_1을 얻어서 온도 T_1을 유지하면서 팽창한다. ㉡ 단열팽창 (2 → 3) : 열 절연된 상태에서의 팽창이며, 온도는 T_1에서 T_2로 저하한다. ㉢ 등온압축 (3 → 4) : 온도 T_2의 저열원에 열량 Q_2를 방출하여 온도를 T_2로 유지하면서 압축된다. ㉣ 단열압축 (4 → 1) : 단열상태에서 압축되어 온도가 T_2에서 T_1으로 상승한다.

(2) 랭킨사이클

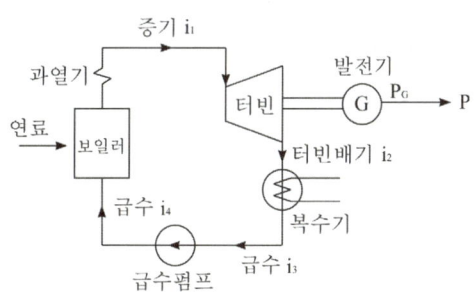

① **절탄기**: 보일러 급수 예열
② **보일러**: 화석연료로 급수를 가열
③ **과열기**: 습증기 → 과열증기
④ **터빈**: 증기를 이용하여 터빈을 회전
⑤ **복수기**: 증기를 급수로 변화(손실이 큼)
⑥ **급수펌프**: 보일러로 다시 순환
⑦ **랭킨사이클의 열효율**

$$\eta_R = \frac{i_3 - i_2}{i_3 - i_1}$$

여기서, i_1: 보일러 급수 엔탈피 i_2: 터빈배기 엔탈피 i_3: 과열증기 엔탈피

열사이클의 종류	특징
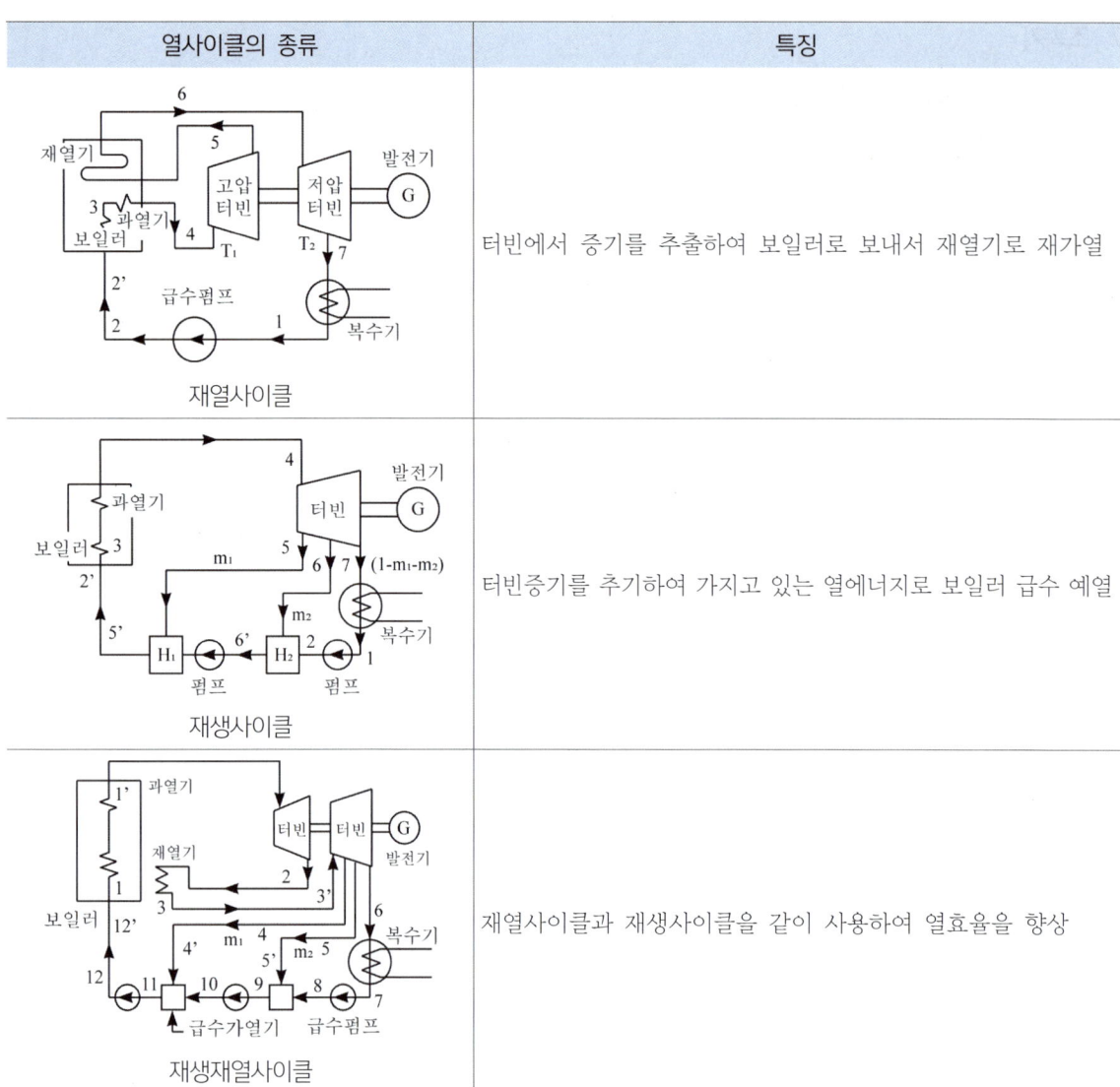 재열사이클	터빈에서 증기를 추출하여 보일러로 보내서 재열기로 재가열
재생사이클	터빈증기를 추기하여 가지고 있는 열에너지로 보일러 급수 예열
재생재열사이클	재열사이클과 재생사이클을 같이 사용하여 열효율을 향상

2. 발전소 열효율

(1) 발전소의 열효율

$$\eta = \frac{860 \cdot P}{W \cdot C} \times 100 \, [\%]$$

여기서, P: 전력량[W] W: 연료소비량[kg] C: 열량[kcal/kg]

(2) $1\,[kWh] = 860\,[kcal]$, $1[J] = 0.24\,[cal] = 4.18\,[J]$

> ● 참고 ●
>
> 화력발전 중요 용어
> ① 엔탈피: 단위 무게의 물이나 증기가 보유하고 있는 전체 열량
> ② 탈기기(부식 방지): 급수 중에 산소 등을 제거하는 설비
> ③ 공기예열기: 연소가스를 이용하여 연소용 공기를 예열

3 원자력 발전

1. 원자로의 구성

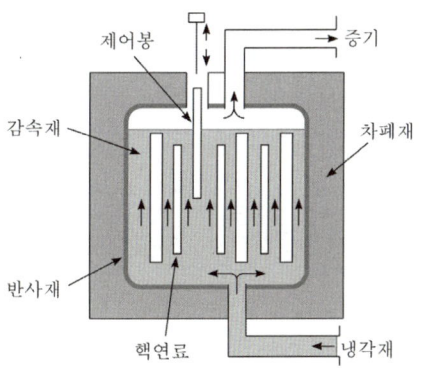

(1) **핵연료**: 우라늄 및 플루토늄 등의 물질을 이용하여 핵분열을 일으키는 물질
　① 원자로의 연료($_{92}U^{235}$, $_{92}U^{233}$, $_{92}U^{239}$)
　② 핵연료는 고온에 견디고 열전도도가 높고 밀도가 높을 것

(2) **감속재**: 고속중성자를 열중성자로 감속되도록 하는 물질
　① 경수(H_2O), 중수(D_2O), 베릴륨, 흑연
　② 중성자 흡수능력이 적을 것(흡수단면적이 작을 것)
　③ 중량이 가볍고 밀도가 큰 원소일 것

(3) **제어봉**: 중성자를 흡수하여 중성자의 수를 조절함으로써 핵분열 연쇄반응을 제어하는 물질
　① 카드뮴(Cd), 붕소(B), 은(Ag), 하프늄(HF), 인듐(In)
　② 중성자 흡수능력이 좋을 것
　③ 냉각재, 방사선 등에 대해 안정할 것

(4) **냉각재**: 원자로 내에서 발생한 열에너지를 외부로 끄집어내기 위한 물질
   ① 경수(H_2O), 중수(D_2O), 이산화탄소(CO_2), 헬륨(He), 나트륨(Na)
   ② 열용량이 크고 열전달 특성이 좋을 것
   ③ 중성자의 흡수가 적을 것

(5) **반사재**: 원자로에서 핵분열 시 중성자가 원자로 밖으로 빠져나가지 않도록 원자로 내부로 되돌려 보내는 역할을 하는 물질
   ① 경수(H_2O), 중수(D_2O), 흑연(C), 산화베릴륨(BeO)
   ② 구비조건은 감속재와 같음

(6) **차폐재**: 원자로 내부의 방사선이 외부로 누출되는 것을 방지하는 역할
   ① 콘크리트, 물(H_2O), 납(Pb)
   ② 밀도가 대단히 높고, 열전도도가 클 것

2. 원자력발전소의 종류

(1) **비등수형(BWR) 원자로**: 원자로 내에서 핵분열로 발생한 열로 물을 가열하여 증기를 발생시켜 터빈에 공급하는 방식으로 열교환기가 없고 감속재, 냉각재로 경수를 사용

(2) **가압수형(PWR) 원자로**: 원자로 내에서의 압력을 매우 높여 물의 비등을 억제함으로써 2차측에 설치한 증기발생기를 통해 증기를 발생시켜 터빈에 공급하는 방식
   ① **가압 경수로형(PWR)**: 감속재, 냉각재를 경수 사용
   ② **가압 중수로형**: 감속재, 냉각재를 중수 사용

Chapter 03 전기기기

01장 직류기

1 직류 발전기의 이론

1. 직류발전기의 구성

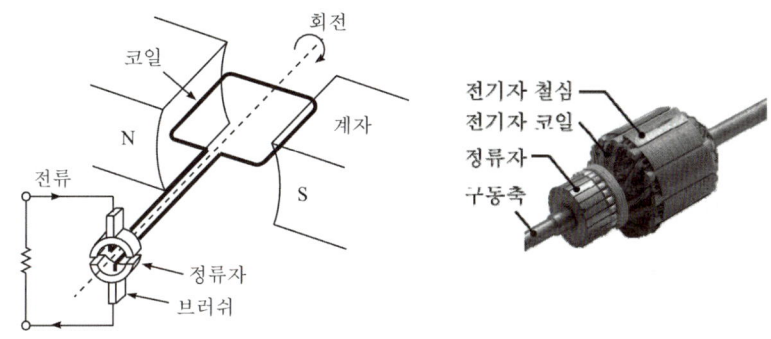

(1) **계자**: 철심에 권선을 감아 직류전류를 흘려 자속을 발생시키는 부분이다.

(2) **전기자**: 계자에서 발생한 자속을 절단하여 기전력(발전기) 및 회전력(전동기)을 발생시키는 부분이다.

(3) **정류자**: 교류를 직류로 변환시키는 부분이다.

2. 전기자권선법

(1) 중권과 파권의 비교

비교 항목	중권(병렬권)	파권(직렬권)
병렬회로수(a)	극수와 같음 ($a = P$)	극수와 관계없이 2 ($a = 2$)
브러시수(b)	극수와 같음 ($b = P$)	2개
균압환	○	×
용도	저전압, 대전류용	고전압, 소전류용

(2) 코일 수

$$\text{코일 수} = \frac{\text{총도체수}}{2} = \frac{\text{슬롯수} \times \text{슬롯내부도체수}}{2} = \text{정류자편수}$$

3. 유기기전력(E)

(1) 도체 1개당 기전력

$$E = Blv\,[\text{V}]$$

① 자속밀도: $B = \dfrac{\text{총 자속}}{\text{전기자옆면적}} = \dfrac{P_{극수} \times \phi_{극당}}{\pi D l}\,[\text{Wb/m}^2]$

② 도체 길이: $l\,[\text{m}]$

③ 주변 속도: $v = \pi DN\dfrac{1}{60}\,[\text{m/s}]$

(2) 직류발전기의 유도기전력

$$E = \dfrac{PZ\phi}{a} \cdot \dfrac{N}{60}\,[\text{V}] \quad (\text{중권: } a = P,\ \text{파권: } a = 2)$$

여기서, P: 극수 Z: 총 도체수 ϕ: 극당 자속
N: 분당 회전수[rpm] a: 병렬회로 수

(3) $E \propto k\phi N\,[\text{V}]$ $\left(\text{기계적 상수 } k = \dfrac{PZ}{a}\right)$

① 유기기전력은 자속 및 회전수와 비례 → $E \propto \phi$, $E \propto n$

② 유기기전력이 일정할 경우 자속과 회전수는 반비례 → E = 일정, $\phi \propto \dfrac{1}{n}$

4. 전기자반작용

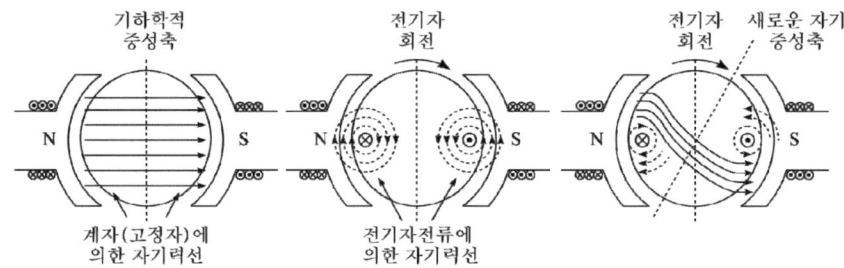

(1) 정의: 전기자권선에 흐르는 전기자전류로 인한 누설자속이 계자극에서 발생하는 주자속에게 영향을 주는 현상이다.

(2) 전기자 기자력(AT_a)의 2분력

① 감자 기자력: 주자속 감속

$$AT_d = \dfrac{I_a Z}{2aP} \cdot \dfrac{2\alpha}{180}\,[\text{AT/극}]$$

② 교차 기자력: 중성축 이동

$$AT_c = \frac{I_a Z}{2aP} \cdot \frac{\beta}{180} \, [\text{AT}/\exists]$$

(3) 전기자반작용으로 인한 문제점

① 편자작용으로 전기적 중성축 이동
  ㉠ 발전기: 회전 방향으로 이동
  ㉡ 전동기: 회전 반대 방향
② 감자작용으로 유기기전력 감소
③ 정류불량: 정류자와 브러시의 접촉면에서 불꽃 및 섬락 발생

(4) 전기자반작용 방지법

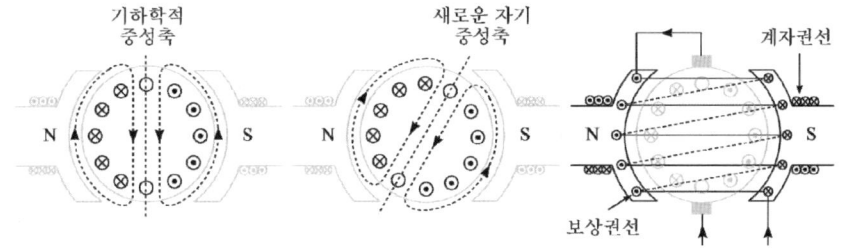

① 보극 설치: 감자현상으로 인한 전압강하 방지
② 보상권선 설치: 전기자에 흐르는 전류와 반대방향의 전류
③ 중성축 이동: 로커를 이용하여 브러시를 기기의 회전방향과 같은 방향으로 이동(전동기의 경우 회전반대방향)

5. 정류 작용

(1) 정의: 전기자권선에서 발생한 교류전력을 직류전력으로 변환하는 것이다.

(2) 리액턴스 전압: 전기자권선에 전류가 흘러 자속이 발생할 때 전기자권선 자체 인덕턴스에 의해 발생되는 역기전력의 크기만을 표현한 전압으로 정류 불량의 원인이 되는 전압이다.

$$e_L = L \frac{2i_c}{T_c} [\text{V}]$$

여기서, L: 자기인덕턴스 i_c: 정류전류 T_c: 정류주기

(2) 양호한 정류를 얻는 방법

① 리액턴스 전압(e_L)이 작을 것
② 인덕턴스(L)가 작을 것
③ 정류주기(T_c)가 클 것 → 회전속도가 적을 것
④ 보극을 설치할 것 → 전압 정류
⑤ 브러시 접촉저항이 클 것 → 저항정류
⑥ 리액턴스 전압 < 브러시 전압 강하

2 직류 발전기의 종류 및 특성

1. 여자 방식에 의한 분류

(1) **타여자 발전기**: 외부 기전력으로 계자권선에 여자전류를 공급하는 발전기를 말한다.

(2) **자여자 발전기**

전기자에 발생한 기전력으로 계자권선에 여자전류를 공급하는 발전기를 말하며, 종류는 다음과 같다.
① 직권 발전기
② 분권 발전기
③ 복권 발전기(내분권, 외분권)

2. 타여자 발전기

(1) 발전기 외부의 다른 직류전원에서 여자전류를 공급하여 계자를 여자시키는 방식의 발전기를 말한다.

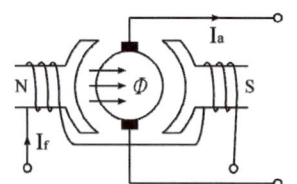 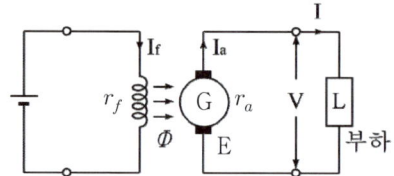

여기서, r_f: 계자저항　　r_a: 전기자저항　　I_a: 전기자전류
　　　　I_f: 계자전류　　I: 부하전류　　V: 단자전압

(2) 정상 상태(부하 존재)
① 전기자 전류: $I_a = I$ ($I_a \neq I_f$)
② 유기기전력

$$E = V + I_a r_a \,[\text{V}]$$

(3) 무부하 상태
① 전기자 전류: $I_a = I = 0$
② 유기기전력: $E = V_0$ (무부하 단자 전압)

(4) 발전기 운용 시 전압 변화가 작기 때문에 안정된 운전이 가능하므로 화학공장의 전원 및 실험실 전원으로 사용한다.

2. 직권 발전기

(1) 계자 권선이 전기자 권선과 직렬로 연결된 발전기

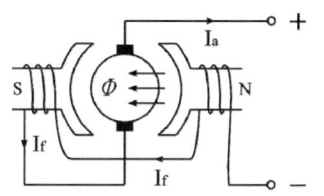 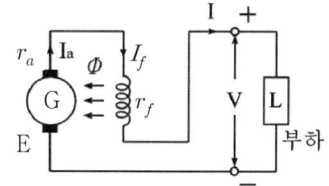

여기서, r_f: 계자저항 r_a: 전기자저항 E: 유기기전력
I_f: 계자전류 I_a: 전기자전류 V: 단자전압

(2) 정상 상태(부하 존재)

① 전기자전류

$$I_a = I_f = I [\text{A}]$$

② 유기기전력

$$E = V + I_a r_a + I_f r_f = V + I_a(r_a + r_f) \, [\text{V}]$$

(3) **무부하 상태**: 회로가 개방되어 전류가 흐르지 않기 때문에 전압이 확립되지 않는다. 즉, 무부하 상태에서는 발전하지 못한다($I_a = I_f = I = 0$).

(4) 부하에 따른 전압변동이 커서 직류전원으로 사용하기 어렵기 때문에 선로의 전압강하 보상용의 승압기로 사용한다.

3. 분권 발전기

(1) 계자 권선이 전자자 권선과 병렬로 연결된 발전기

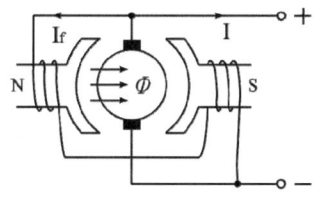 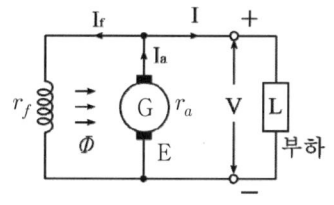

여기서, r_f: 계자저항 r_a: 전기자저항 E: 유기기전력
I_f: 계자전류 I_a: 전기자전류 V: 단자전압

(2) 정상 상태(부하 존재)

① 전기자전류

$$I_a = I + I_f [\text{A}]$$

② 유기기전력

$$E = V + I_a r_a [\text{V}]$$

③ 부하의 단자전압

$$V = I_f r_f [\text{V}]$$

(3) 무부하 상태

① 무부하 운전 금지

② 이유: 회로가 개방되면 부하전류가 0이 되므로($I=0$) 전기자전류 I_a 가 전부 계자전류 I_f 가 되어 계자권선이 소손될 우려가 있다.

(4) 타여자 발전기와 같이 전압변동률이 적고, 다른 여자 전원이 필요없고, 계자 저항기 R_f 로 전압 조정이 가능하므로 화학용 전원, 축전지의 충전용 전원으로 사용된다.

(5) 계자권선의 잔류자기를 이용하여 발전하므로 전기자의 회전방향을 반대로 할 경우 잔류자기가 소멸하여 발전이 안될 수 있다.

4. 복권 발전기

(1) 직권 계자권선과 분권 계자권선을 함께 사용하는 발전기

① 내분권: 전기자권선과 분권 계자권선이 병렬로 먼저 접속된 발전기이다.

② 외분권: 전기자권선과 직권 계자권선이 직렬로 먼저 접속된 발전기이다.

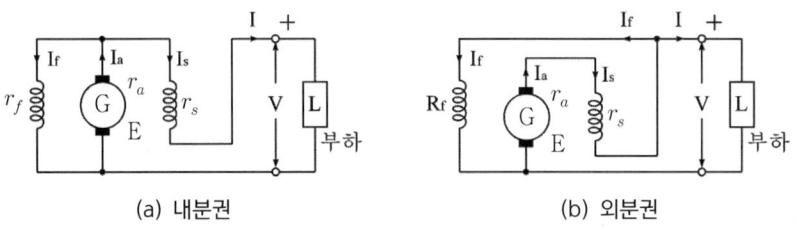

(a) 내분권   (b) 외분권

여기서, r_f: 병렬로 접속된 계자저항 I_f: r_f 측 계자전류 r_s: 직렬로 접속된 계자저항
I_s: r_s 측 계자전류 r_a: 전기자저항 I_a: 전기자전류

(2) 복권 발전기의 변환 특성

① 복권 발전기를 분권 발전기로 사용: 직권 계자권선을 단락

② 복권 발전기를 직권 발전기로 사용: 분권 계자권선을 개방

(3) 내분권 복권 발전기

① 전기자전류

$$I_a = I_f + I_s (= I) [\text{A}]$$

② 유기기전력

$$E = V + I_a r_a + I_s r_s [\text{V}]$$

(4) 외분권 복권 발전기

① 전기자전류

$$I_a(=I_s) = I_f + I \text{[A]}$$

② 유기기전력

$$E = V + I_a(r_a + r_s) \text{[V]}$$

(5) 복권 발전기의 외부 특성

① 가동 복권 발전기

직권 계자권선에 의한 자속과 분권 계자권선에 자속이 서로 합쳐져서($\phi = \phi_s + \phi_f$) 전체 유도기전력을 증가시키는 발전기이다.

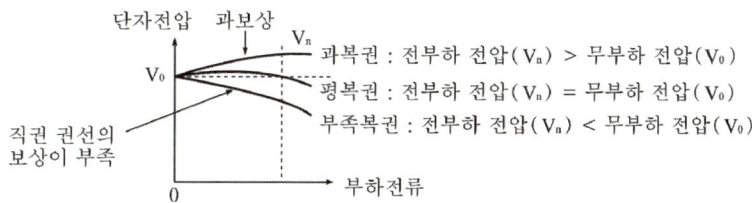

과복권 : 전부하 전압(V_n) > 무부하 전압(V_0)
평복권 : 전부하 전압(V_n) = 무부하 전압(V_0)
부족복권 : 전부하 전압(V_n) < 무부하 전압(V_0)

② 차동 복권 발전기

분권 계자의 기자력을 직권 계자의 기자력으로 감소되어 전체 유기기전력을 감소($\phi = \phi_s - \phi_f$)시키는 발전기이다.

(5) 복권 발전기의 용도

① 평복권 발전기

부하가 증가해도 전압이 일정하므로 직류전원 및 기기의 여자전원으로 사용한다.

② 과복권 발전기

급전선의 전압강하 보상용으로 사용한다.

③ 차동복권 발전기

수하특성을 갖는 정전류 발전기로 아크용접용 발전기로 사용한다.

3 직류 발전기의 특성

1. 전압 변동률

$$\varepsilon = \frac{V_0 - V_n}{V_n} \times 100 \, [\%]$$

여기서, V_0: 무부하전압[V] V_n: 정격전압[V]

(1) $\varepsilon > 0$: 타여자 발전기, 분권 발전기, 부족 복권 발전기

(2) $\varepsilon = 0$: 평복권 발전기

(3) $\varepsilon < 0$: 직권 발전기, 과복권 발전기

2. 직류 발전기의 병렬운전 조건

어떤 부하의 크기가 크거나 발전기 용량이 작은 경우 발전기 1대로는 수요를 감당할 수 없다. 따라서 수요에 맞게 여러 대의 발전기를 동시에 운용하는 방법을 병렬운전이라 하며, 부하에 안정적으로 전력을 공급할 수 있다.

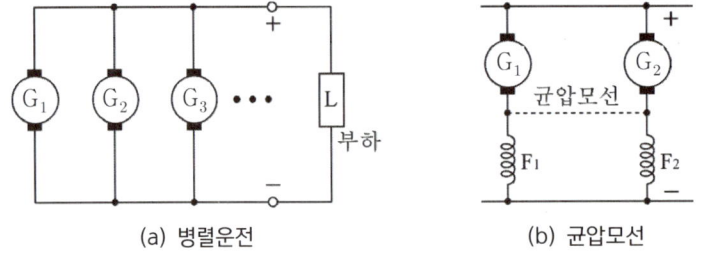

(a) 병렬운전 (b) 균압모선

(1) 직류 발전기의 극성이 같을 것
(2) 정격(단자)전압이 같을 것
(3) 부하전류 부담은 용량에 비례할 것
(4) 외부 특성 곡선이 수하 특성일 것
   수하 특성을 이용한 기기: 용접기, 누설변압기, 차동 복권기
(5) 직권 및 복권발전기의 경우 균압모선을 설치하여 안정된 운전이 가능할 것
   직권의 특성을 나타내는 발전기의 경우 전압차가 상대적으로 크게 되면 발생된 전류가 부하로 흐르지 않고 발전기로 유입될 수 있으므로 전압을 맞춰주는 균압모선을 설치한다.

4 직류 전동기의 이론

1. 직류 전동기의 이론

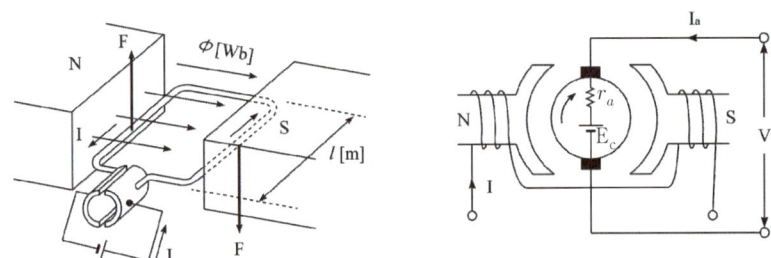

(1) 플레밍의 왼손법칙

자기장 내에 있는 도체에 전류가 흐르면 도체에는 전자력이 발생한다.

$$F = BI\ell \sin\theta \,[\text{N}]$$

여기서, B: 자속밀도[Wb/m^2] I: 전류[A] ℓ: 코일 변의 길이[m]

(2) 역기전력

전동기가 회전하면 전기자 도체가 자속을 끊게 되므로 발전기와 같이 기전력이 만들어 진다. 이때 유도기전력의 방향은 전원측 단자전압과 반대방향이므로 역기전력이라 한다.

$$E_c = \frac{PZ\phi}{a} \times \frac{N}{60} = k\phi N \text{[V]} \quad (k = \frac{PZ}{a60})$$

여기서, P : 극수 Z : 도체 수 ϕ : 극당 자속
  N : 분당 회전 수 a : 병렬회로 수 k : 기계적 상수

(3) 역기전력과 단자전압

$$E_c = V - I_a r_a \text{[V]}$$

(4) 회전 속도

$$n = k\frac{E_c}{\phi} = k\frac{V - I_a r_a}{\phi} \text{[rps]}$$

(5) 토크(1 [kg·m] = 9.8 [N·m])

  ㉠ $T = \dfrac{PZ\phi I_a}{2\pi a}$ [N·m]   ㉡ $T = 0.975\dfrac{P_0}{N}$ [kg·m]

① 전동기 출력: $P_0 = I_a = \omega T$ [W]

② $T = \dfrac{P_0}{\omega} = \dfrac{E_c}{2\pi n} = \dfrac{PZ\phi N}{60a} \times \dfrac{I_a}{\frac{2\pi N}{60}} = \dfrac{PZ\phi I_a}{2\pi a} = K\phi I_a$ [N·m]

③ $T = \dfrac{P_0}{\omega} = \dfrac{P_0}{\frac{2\pi N}{60}} = \dfrac{60}{2\pi} \times \dfrac{P_0}{N} \text{[N·m]} = \dfrac{1}{9.8} \times \dfrac{60}{2\pi} \times \dfrac{P_0}{N} = 0.975\dfrac{P_0}{N}$ [kg·m]

5 직류 전동기의 종류 및 특징

1. 직권 전동기

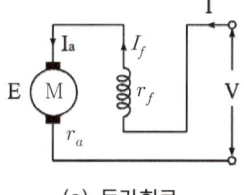

(a) 등가회로   (b) 속도 · 토크 특성

(1) 전기자 전류

$$I_a = I_f = I \,[\text{A}]$$

여기서, I_a: 전기자전류 I_f: 계자전류 I: 부하전류

(2) 역기전력

$$E_c = V - I_a(r_a + r_f) \,[\text{V}]$$

여기서, V: 단자전압 r_a: 전기자저항 r_f: 계자저항

(3) 회전 속도

$$N = k \frac{V - I_a(r_a + r_f)}{\phi} \,[\text{rps}]$$

① **무부하 운전 금지**: 전동기 축에 벨트를 걸어 사용하는 부하 금지
② **이유**: 무부하에서는 회로에 전류가 흐르지 않으므로($I = I_f = I_a = 0$) 계자권선의 자속도 0이 되어 전동기는 위험 속도($N = \infty$)가 된다.
③ 단자전압의 극성을 바꾸어도 회전 방향은 변하지 않는다.

(4) 토크

$$T = K\phi I \propto I^2 \,[\text{N·m}]$$

① 자속은 부하전류에 비례하므로 토크는 전류 제곱에 비례한다.
② 권상기, 기중기, 크레인 등과 같이 큰 토크가 요구되는 부하에 사용한다.

2. 분권 전동기

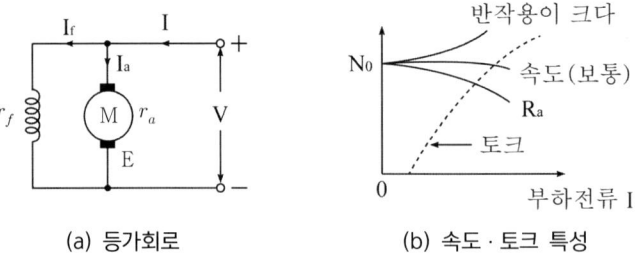

(a) 등가회로   (b) 속도·토크 특성

(1) 전기자 전류

$$I_a = I - I_f \,[\text{A}]$$

여기서, I_a: 전기자전류 I_f: 계자전류 I: 부하전류

(2) 역기전력

$$E_c = V - I_a r_a [\text{V}]$$

여기서, V: 단자전압 r_a: 전기자저항 r_f: 계자저항

(3) 회전 속도

$$N = k \frac{V - I_a r_a}{\phi} [\text{rps}]$$

① 단자전압이 일정하면 계자전류의 변화가 거의 없으므로 토크와 회전 속도의 변화가 직권 또는 복권 전동기에 비해 작다.
② 계자회로에 퓨즈 및 과전류차단기 설치 금지
③ 이유: 계자회로 단선 시 계자전류가 0이 되어 자속이 0으로 변해 회전 속도가 급격히 상승하여 위험속도에 도달하게 된다.
④ 단자전압의 극성을 바꾸어도 회전 방향은 변하지 않는다.
  → 전기자전류(I_a)와 계자전류(I_f)의 방향이 모두 변하기 때문에 플레밍 왼손 법칙에 의한 전자력의 방향은 항상 일정하게 된다.

(4) 토크

$$T = K\phi I \propto I [\text{N·m}]$$

6 직류 전동기의 속도 제어

$$\text{회전 속도 } n = k \frac{E_c}{\phi} = k \frac{V - I_a r_a}{\phi} [\text{rps}]$$

1. 전압 제어법

(1) 워드 레오나드 방식
  ① 광범위한 속도제어가 용이하고, 효율이 높은 것이 특징이다.
  ② 권상기, 압연기, 엘리베이터 등에 사용된다.

(2) 일그너 방식
  ① 플라이 휠(fly-wheel) 효과를 이용한다.
  ② 제철용 압연기 등 부하 변동이 심할 경우 사용된다.

2. 계자 제어법

(1) 자속 ϕ를 조정하여 속도를 제어한다(계자전류가 적어 손실이 작다).

(2) 제어 범위가 작은 정출력 제어 방식이다.

3. 저항 제어법

(1) 전기자 회로에 삽입된 가변저항을 조정하여 속도를 제어한다.

(2) 제어가 용이하고 보수 및 점검이 쉽고 가격이 저렴하다.

(3) 전력손실이 크고, 전압강하가 커져서 속도변동률이 크게 나타난다.

4. 속도 변동률

(1) 직류 전동기가 일정한 전원에서 정격상태로 운전하고 있을 때 무부하 상태부터 정격부하 상태까지의 변화한 속도와 정격속도의 비율을 의미한다.

$$속도\ 변동률\ \epsilon_n = \frac{N_0 - N_n}{N_n} \times 100\ [\%]$$

여기서, N_0: 무부하 속도 N_n: 정격속도

(2) 직류 전동기의 속도·토크 특성 곡선

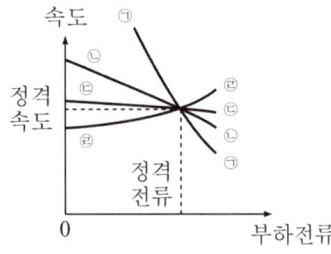 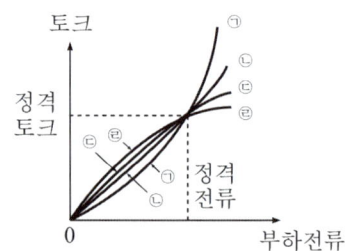

ⓘ 직권 전동기
ⓛ 가동 복권 전동기
ⓒ 분권 전동기
ⓔ 차동 복권 전동기

7 직류 전동기의 전기적 제동법

(1) 역상 제동(플러깅 제동)

전동기를 전원에 접속된 상태에서 전기자의 접속을 반대로 하여 회전 방향과 반대 방향으로 토크를 만들어 낸다. 전동기를 급히 정지시키거나 역전시킬 때 사용하는 방법이다.

(2) 발전 제동

운전 중인 전동기를 전원에서 분리시키고 전원으로부터 분리된 전동기에 저항을 연결하면 직류발전기가 된다. 여기서 발생된 기전력을 저항에서 열로 소비하여 제동하는 방법이다.

(3) 회생 제동

발전 제동과 마찬가지로 운전 중인 전동기를 전원으로부터 분리한 후, 이때 발생된 전력을 전원에 반환하여 제동하는 방법이다.

8 직류기의 손실 및 효율

1. 손실

(1) 동손($P_c = I^2R$ [W]): 부하전류의 제곱에 비례하여 변화한다.

(2) 철손(P_i): 전기자 철심 내에 자속의 변화로 인하여 발생한다.

① 히스테리시스 손($P_h \propto fB_m^2$) → 규소강판 사용으로 손실 감소한다.

② 와류 손($P_e \propto f^2B_m^2$) → 성층철심 사용으로 손실 감소한다.

2. 효율

(1) 실측 효율

$$\eta = \frac{출력}{입력} \times 100 [\%]$$

(2) 발전기의 규약효율

$$\eta = \frac{출력}{출력 + 손실} \times 100 [\%]$$

(3) 전동기의 규약효율

$$\eta = \frac{입력 - 손실}{입력} \times 100 [\%]$$

3. 최대 효율 조건

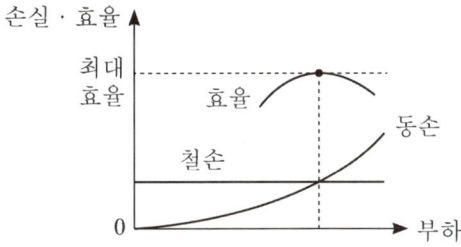

(1) 무부하손(고정손) = 부하손(가변손)

(2) 철손(P_i) = 동손(P_c)

02장 동기기

1 동기 발전기의 원리 및 구조

1. 동기기의 개요

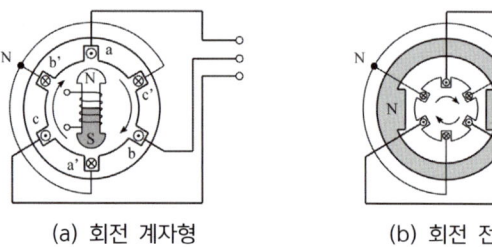

(a) 회전 계자형   (b) 회전 전기자형

(1) 동기기는 속도(N_s)와 주파수(f)가 일정한 회전기를 말한다.

(2) 동기 발전기는 회전 계자형과 회전 전기자형으로 구분되며, 대부분 회전 계자형을 사용한다.

2. 동기기의 원리

(1) 회전자 도체에 직류 전류를 흘려 자속을 발생시킨 후 회전자를 일정 속도로 회전시키면 고정자 권선에는 각각 위상차가 120°만큼의 3상 교류 기전력이 발생한다.

(2) 동기속도

회전계자형의 계자가 한바퀴 회전했을 때 2극기(N, S극)의 경우에는 정현파 파형이 1개, 4극기(N, S, N, S극)의 경우에는 파형이 2개 만들어진다.

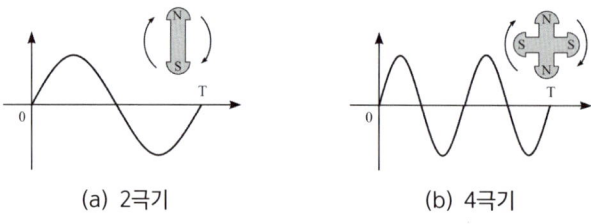

(a) 2극기   (b) 4극기

$$N_s = \frac{120f}{P} \text{[rpm]} \text{ 또는 } n_s = \frac{2f}{P} \text{[rps]}$$

여기서, f: 주파수[Hz] P: 자극 수
N_s: 동기속도(분당)[rpm] n_s: 동기속도(초당)[rps]

(3) 전기자 도체를 Y결선으로 하는 이유

① 선간전압에 비해 상전압이 $\sqrt{3}$ 배 작아 △결선에 비해 절연에 유리하다.
② 제3고조파 등에 의한 순환 전류가 흐르지 않는다.
③ 중성점 접지를 할 수 있어 이상전압에 대한 방지 대책이 용이하다.

3. 회전자에 따른 분류

구분	특징
회전 계자형	① 계자회로는 직류소요전력이 적음 ② 기계적 특성이 우수하여 장시간 사용 가능 ③ 대용량 부하에 적합하고 전기자권선의 결선 복잡
회전 전기자형	① 대전력용으로 제작이 어려움 ② 저전압·소용량에 사용
유도자형	고주파발전기, 유도발전기로 사용

4. 회전자 형태에 따른 분류

구분	돌극형 발전기	비돌극형 발전기
회전속도	저속도기	고속도기
극수	다극기	2극 또는 4극
냉각방식	공기냉각방식	수소냉각방식
적용	수차발전기	터빈발전기
최대 출력 부하각	60°	90°

5. 수소 냉각 방식

(1) **장점**: 수소의 비중이 공기에 비해 작고, 비열이 공기에 비해 크다.
　　① 비중이 공기의 약 7[%] 정도이므로 풍손이 약 1/10 정도로 감소
　　② 비열이 공기의 약 14배 이므로 열전도율이 약 7배가 되어 냉각효과 증가
　　③ 산화현상이 적어 절연능력이 장시간 유지
　　④ 냉각 효과 증대에 의한 발전기 출력이 약 25[%] 정도 증가
　　⑤ 폐쇄형이므로 수명이 길고 소음이 작음

(2) **단점**: 수소의 순도가 떨어질 경우 폭발의 우려가 있다.
　　① 수소가스 순도를 85[%] 이상 유지
　　② 방폭 설비를 갖추어야 함
　　③ 설비비가 고가

6. 전기자 권선법

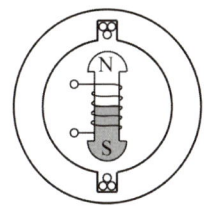 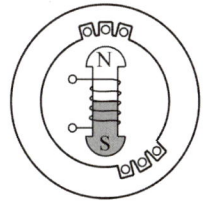 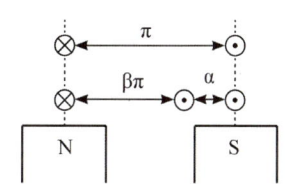

(a) 전절권, 집중권　　　(b) 단절권, 분포권　　　(c) 전절권, 단절권

(1) **집중권**: 매극 매상의 도체를 한 슬롯에 집중시켜 감아주는 권선법이다.

(2) **분포권**: 매극 매상의 도체를 각각의 슬롯에 분포시켜 감아주는 권선법이다.

(3) **전절권**: 코일 간격과 극 간격을 같게 하는 권선법이다.

(4) **단절권**: 코일 간격을 극 간격보다 작게 하는 권선법이다.

(5) 동기 발전기는 대부분 분포권과 단절권을 채용한다.

구분	분포권	단절권
특징	① 집중권에 비해 유기기전력 감소 ② 고조파가 감소하여 파형 개선 ③ 권선의 누설리액턴스가 감소 ④ 열방산효과가 양호	① 전절권에 비해 유기기전력 감소 ② 고조파를 제거하여 파형 개선 ③ 기기 치수 감소 및 구리 사용량 감소
관련 식	① 분포권 계수 $K_d = \dfrac{\sin\dfrac{\pi}{2m}}{q\sin\dfrac{\pi}{2mq}}$ ② 매극 매상당 슬롯수 $q = \dfrac{\text{총 슬롯수}}{\text{상수} \times \text{극수}}$	① 단절권 계수 $K_p = \sin\dfrac{\beta\pi}{2}$ ② 단절 계수 $\beta = \dfrac{\text{코일피치}}{\text{극피치}}$

2 동기 발전기의 특성

1. 유기기전력

(1) 도체 1개당 기전력

$$E = Blv\,[\text{V}]$$

① 자속밀도: $B = \dfrac{\text{총 자속}}{\text{전기자옆면적}} = \dfrac{P_{극수} \times \phi_{극당}}{\pi Dl}\,[\text{Wb/m}^2]$

② 도체 길이: $l\,[\text{m}]$

③ 주변 속도: $v = \pi D N_s \dfrac{1}{60} = \pi D \dfrac{2f}{P}\,[\text{m/s}]$

④ 파형률 $= \dfrac{\text{실효값}}{\text{평균값}} \rightarrow$ 실효값 $=$ 파형률 $\times$ 평균값

   (정현파의 파형률 1.11을 적용)

(2) 1상의 유기기전력

$$E = 4.44 k_w f N \phi \, [\text{V}]$$

여기서, 권선계수: $K_w = K_d \times K_p$
  f: 주파수[Hz]
  N: 한 상의 권수
  ϕ: 매극 당 평균 자속[Wb]

(3) 3상의 단자전압

$$V_n = \sqrt{3} \times 4.44 k_w f N \phi \, [\text{V}]$$

2. 전기자반작용

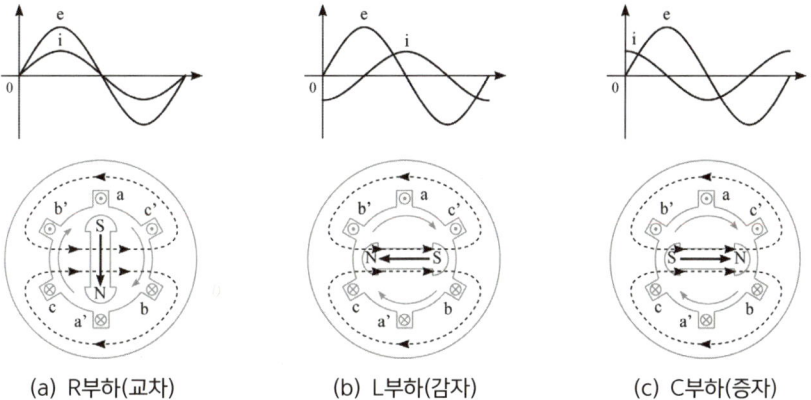

(a) R부하(교차)　　(b) L부하(감자)　　(c) C부하(증자)

(1) 전기자전류에 의한 자속 중에서 공극을 지나 계자에서 만들어지는 주자속에 영향을 미치는 현상이다.

(2) 전기자반작용의 구분

구분		내용
교차 자화작용	I_a가 E_a와 동상일 때	① 횡축 반작용: $I_n \cos\theta$ ② 자속량의 변화가 없음
감자작용	I_a가 E_a에 지상일 때	① 직축 반작용: $I_a \sin\theta$ ② 자속 감소 → 기전력 감소
증자작용	I_a가 E_a에 진상일 때	① 직축 반작용: $I_n \sin\theta$ ② 자속 증가 → 기전력 증가

(3) 기전력에 비해 일정한 위상차를 유지하는 전류가 흐를 경우

① 유효분 $I_n \cos\theta$에 의해 교차자화작용이 발생한다.

② 무효분 $I_a \sin\theta$에 의해 늦은 역률일 경우 감자작용이 발생한다.

③ 무효분 $I_a \sin\theta$에 의해 앞선 역률일 경우 증자작용이 발생한다.

(4) 전기자권선에 의해 만들어지는 동기리액턴스 x_s

$$x_s = x_a + x_l$$

여기서, x_a: 계자와 쇄교하는 부분인 전기자반작용 리액턴스

x_l: 전기자 자신에게만 쇄교하는 누설리액턴스

③ 동기 발전기의 1상 당 등가회로 및 벡터도

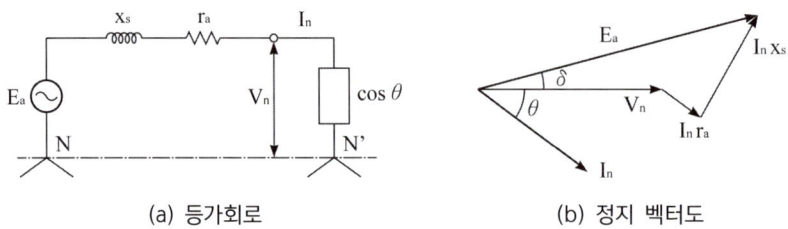

(a) 등가회로   (b) 정지 벡터도

1. 동기임피던스의 특성

(1) 동기 리액턴스: $x_s = x_a + x_l [\Omega]$

(2) 동기 임피던스: $Z_s = r_a + jx_s [\Omega]$

여기서, x_a: 전기자전류가 흘러서 만들어지는 전기자반작용 리액턴스

x_l: 전기자 누설리액턴스 x_s: 동기 리액턴스 r_a: 전기자 권선의 저항

2. 등가회로 간이 벡터도

(1) 전기자권선의 저항 r_a는 동기리액턴스에 비해 너무 작으므로 이를 무시할 수 있다($Z_s = r_a + jx_s ≒ x_s [\Omega]$, $r_a \ll x_s$).

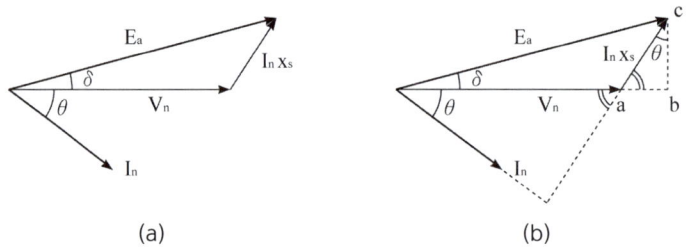

(a)   (b)

(2) 지상전류 시 유기기전력: $E_a = V_n + I_n \cdot x_s [V]$

(3) 진상전류 시 유기기전력: $E_a = V_n - I_n \cdot x_s [V]$

(4) 동기 발전기의 출력

① 1상당 출력: $P = V_n I_n \cos\theta \, [\text{kW}]$

② 간이 벡터도에서 $\overline{bc} = x_s I_n \cos\theta = E_a \sin\delta$ 이므로 $I_n \cos\theta = \dfrac{E_a \sin\delta}{x_s}$

③ 비돌극형 발전기 출력 식

$$P = V_n I_n \cos\theta = \dfrac{E_a V_n}{x_s} \sin\delta \, [\text{kW}]$$

여기서, 최대출력 부하각: $\delta = 90°$

④ 돌극형 발전기 출력 식

$$P = \dfrac{E_a V_n}{x_d} \sin\delta + \dfrac{(x_d + x_q)}{2 x_d x_q} V_n^2 \sin 2\delta \, [\text{kW}]$$

여기서, 최대출력 부하각: $\delta = 60°$ 돌극형의 경우 $x_d \gg x_q$

x_d: 직축 리액턴스 x_q: 횡축 리액턴스

4 동기 발전기의 특성

1. 무부하 포화 곡선과 단락 곡선

(1) 무부하시험

① 3상 동기발전기를 개방 또는 무부하상태에서 정격전압이 될 때까지 필요한 계자전류
② 포화율: 무부하 포화곡선과 공극선의 비율로 발전기의 포화 정도를 나타낸다.

(2) 단락시험

① 3상 동기발전기를 단락하고 정격전류가 될 때까지 필요한 계자전류
② 돌발단락 전류는 처음엔 크나 시간이 지나면 점차 감소하여 일정해진다.
　→ 돌발 단락전류 억제: 전기자 누설리액턴스
③ 지속 단락전류: $I_s = \dfrac{E_a}{x_s} \, [\text{A}]$
　→ 지속 단락전류의 크기가 변하지 않고 직선인 이유: 전기자반작용 때문이다.
③ %동기임피던스

$$\% Z_s = \dfrac{I_n \cdot Z_s}{E} \times 100 = \dfrac{P \cdot Z_s}{10 \cdot E^2} \, [\%]$$

(3) 단락비 K_s

정격속도에서 무부하 정격전압 V_n[V]를 발생시키는 데 필요한 계자전류 I_f' [A]와 정격전류 I_n [A]와 같은 지속 단락전류가 흐르도록 하는 데 필요한 계자전류 I_f'' [A]의 비이다.

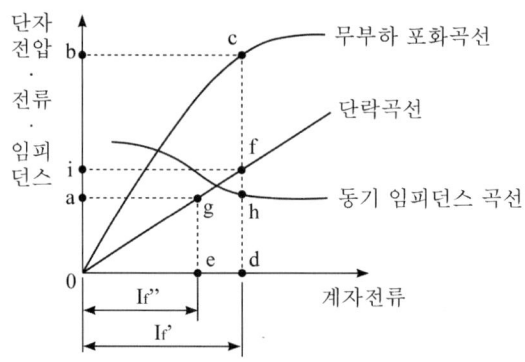

$$K_s = \frac{I_f'}{I_f''} = \frac{\overline{0d}}{\overline{0e}} = \frac{I_s}{I_n} = \frac{100}{\%Z_s} = \frac{1}{Z_s \text{[pu]}} = \frac{10^3 V^2}{PZ_s}$$

여기서, I_s: 단락전류 I_n: 정격전류 V: 정격전압
$\%Z_s$: %임피던스 강하 P: 정격용량

(4) 동기발전기의 특성곡선

① 무부하 포화곡선
무부하 시의 계자전류 I_f와 유기기전력 E와의 관계곡선이다.

② 부하 포화곡선
정격속도에서 부하전류 및 역률을 일정하게 하였을 때 계자전류 I_f와 단자전압 V의 관계곡선이다.

③ 단락곡선
발전기를 단락시킨 상태에서 정격속도로 운전할 때 계자전류 I_f와 단락전류 I_s와의 관계곡선이다.

④ 동기 임피던스 곡선
단락전류 I_s와 유기기전력 E와의 비를 나타내는 곡선 $Z_s = \frac{E}{I_s}$ [Ω]

→ 철심이 포화하면 기전력이 일정한 상태에서 단락곡선이 증가하여 동기임피던스는 감소한다.

(5) 단락비가 큰 기계의 특징

① 철기계, 수차발전기(1.2 정도), 터빈발전기(0.8 ~ 1.0)
② 동기임피던스, 전기자반작용, 전압변동률이 작다.
③ 공극이 크다.
④ 안정도가 높다.
⑤ 철손이 커서 효율이 나쁘다.
⑥ 가격이 비싸다.
⑦ 선로에 충전용량이 크다.
⑧ 기계의 크기와 중량이 크다.

2. 자기여자현상 및 안정도 증진 대책

(1) 자기여자현상의 정의
무부하 동기발전기를 장거리 송전선로에 접속한 경우 선로의 충전용량(진상전류)에 의해 발전기가 스스로 여자되어 단자전압이 상승하는 현상이다.

(2) 자기여자현상의 방지대책
① 수전단에 병렬로 리액턴스를 접속하여 진상전류를 보상한다.
② 변압기의 자화전류(지상전류)를 선로에 공급한다.
③ 동기조상기를 부족여자로 운전하여 수전단에 지상전류 공급한다.
④ 발전기를 2대 이상 모선에 접속하여 운전한다.
⑤ 단락비(1.73 이상)가 큰 발전기를 사용한다.

(3) 안정도 증진 대책
① 정상 과도리액턴스는 작게 하고 단락비를 높게 하여 운전한다.
② 자동전압조정기의 속응도를 향상시킨다.
③ 회전자의 관성력을 크게 운영한다.
④ 영상·역상 임피던스를 크게 하여 운전한다.
⑤ 관성을 크게 하거나 플라이휠 효과를 크게 하여 운전한다.

3. 원동기의 운전

필요조건	다를 경우
각속도가 균일해야 함	기전력의 크기와 위상에 차이가 생기므로 고조파 횡류가 흐름
속도조정률이 적당해야 함	부하의 분담비율이 다르게 됨

4. 난조

(1) 부하가 급변하는 경우 발전기의 회전수가 동기속도 부근에서 진동하는 현상이다.

(2) **방지책**: 제동권선을 설치한다.

5 동기 발전기의 병렬운전 조건

1. 유도기전력의 크기가 같을 것

(1) 크기가 다를 경우($E_A > E_B$)

① 무효순환전류(무효 횡류)가 흐른다.

$$I_0 = \frac{E_A - E_B}{2Z_s} [A]$$

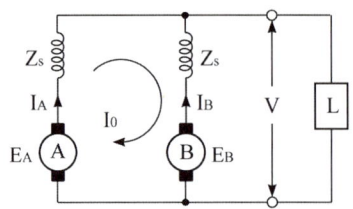

② A 발전기: I_0는 90°지상전류 → 감자작용 → 역률 감소
③ B 발전기: I_0는 90°진상전류 → 증자작용 → 역률 증가

(2) 해결 방법: 무효 순환전류를 없애기 위해서는 발전기의 여자전류를 조정하여 유도기전력의 크기를 같게 운전한다.

2. 유도기전력의 위상이 같을 것

(1) 위상이 다를 경우

① 유효 순환전류(동기화 전류)가 흐른다.
② 수수 전력(주고받는 전력)

$$P = \frac{E^2}{2x^2} \sin\delta [kW]$$

(2) 해결 방법: 원동기의 출력을 확인한 다음 동기발전기를 모선에 접속하여 운전한다.

3. 유도기전력의 주파수가 같을 것

(1) 주파수가 다를 경우: 난조가 발생(단자전압의 진동이 발생)한다.

(2) 해결 방법: 난조를 없애기 위해서는 원동기의 속도를 조정하여 운전한다.

4. 유도기전력의 파형이 같을 것

(1) 파형이 다를 경우: 고주파 무효순환전류가 흐른다.

(2) 해결 방법: 발전기에서 발생하는 기전력의 고조파를 제거하여 정현파를 발생시켜 운전한다.

5. 유도기전력의 상회전 방향이 같을 것

(1) **상회전 방향이 다를 경우**: 단락전류가 흐른다.

(2) **해결 방법**: 위상을 측정하는 기기(동기검정기)로 측정(정상 시 점등)한다.

> ● 참고 ●
> 원동기의 필요조건(동기발전기의 병렬운전 시 회전력을 발생시키는 원동기가 가져야 할 조건)
> (1) 각속도가 균일해야 함
>   병렬운전하고 있는 동기발전기의 회전수가 서로 같더라도 1회전 중에 각속도가 일정하지 않으면 순간적 기전력의 크기와 위상에 차이가 생기므로 고조파 횡류가 흘러서 만족한 운전이 어렵다.
> (2) 속도조정률이 적당해야 함
>   부하의 변동에 대해서는 속도조정률이 작은 것이 바람직하나 부하의 분담을 원활히 하기 위해서는 적당한 속도조정률을 가져야 한다.

6 동기전동기

1. 동기전동기의 장·단점

장점	단점
① 역률 1로 운전이 가능	① 기동토크가 없어 기동장치가 필요
② 필요시 지상·진상으로 변환 가능	② 구조가 복잡하고 가격이 높음
③ 정속도 전동기로 속도가 불변	③ 속도 조정하기가 어려움
④ 타기기에 비해 효율이 양호	④ 난조가 일어나기 쉬움

2. 동기전동기의 기동법

(1) **자기 기동법**

회전자의 제동권선을 이용하여 기동토크를 발생시켜 기동하는 방식이다.

(2) **타전동기 기동법**

기동용 전동기로 유도전동기를 이용하여 기동하는 방법으로 동기전동기에 비해 2극 적은 전동기를 선정한다.

3. 동기전동기의 전기자반작용

(1) **교차자화작용(동상전류)**

① 전기자전류 I_a가 유기기전력 E_a와 동상일 때 발생(R 부하)한다.
② 횡축 반작용

(2) **감자작용(진상전류)**

① 전기자전류 I_a가 유기기전력 E_a보다 위상이 90°앞설 때 발생(L 부하)한다.
② 직축 반작용

(3) 증자작용(지상전류)

① 전기자전류 I_a가 유기기전력 E_a보다 위상이 90°뒤질 때 발생(C 부하)한다.

② 직축 반작용

7 동기조상기

1. 동기조상기의 기능

동기전동기를 무부하상태에서 회전시켜 무효전력의 크기를 조절하여 전압 조정 및 역률을 개선하는 역할을 한다.

2. V곡선(위상특성 곡선)의 특징

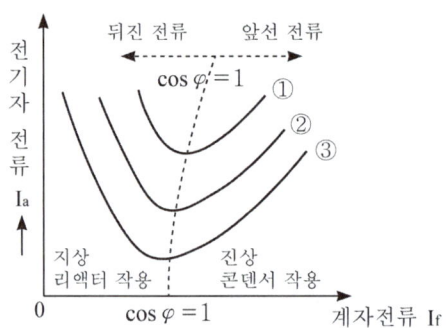

(1) 계자전류(여자전류) I_f와 전기자전류 I_a간의 관계 곡선

(2) 전기자전류가 최소의 점이 역률 1.0

(3) 과여자 시: 콘덴서(SC) 역할

(4) 부족여자 시: 분로리액터(Sh.R) 역할

(5) 출력의 크기 순서: ③ < ② < ①

03장 변압기

1 변압기의 원리 및 구조

1. 변압기의 원리

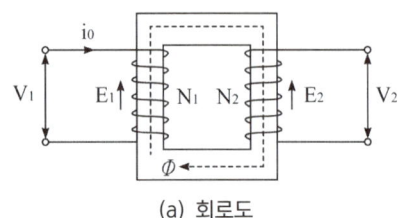

(a) 회로도

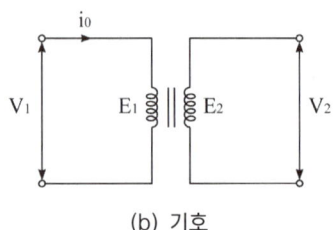

(b) 기호

(1) 변압기는 패러데이 전자유도법칙을 따르며 한쪽 권선에 교류전력을 공급했을 때 반대쪽 권선에 같은 크기와 주파수의 교류전력을 만드는 역할을 한다.

(2) 변압기 1, 2차 권선의 감은 횟수에 따라 교류 전압의 크기가 변경된다.

2. 변압기의 구조

변압기는 자기회로인 철심과 전기회로인 권선이 쇄교하여 만들어지는 것으로 철심과 권선의 조합하는 방법에 따라 구분된다.

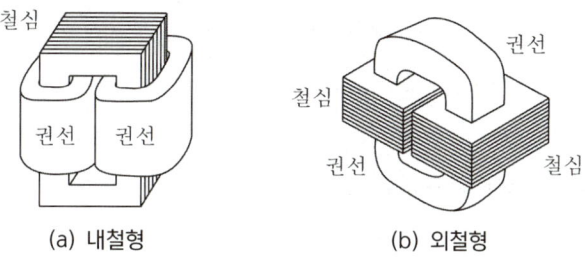

(a) 내철형　　　(b) 외철형

(1) **내철형 변압기**: 철심이 안쪽에 배치되어 권선이 철심을 둘러싸는 형태이다.

(2) **외철형 변압기**: 권선이 안쪽에 있고 철심이 그 주위를 감싸는 형태이다.

(3) 철심

① 방향성 규소강판

규소의 함유량이 약 4[%] 정도로 두께는 0.35[mm]를 표준으로 한다.

② 권철심

폭이 일정한 방향성 규소강판을 직사강형 또는 원형으로 감은 것으로 자속은 항상 압연강판방향으로 진행하기 때문에 자기특성이 우수함

(4) 권선

① 소형 변압기

철심을 절연하고 그 위에 직접 저압권선과 고압권선을 감는 직권방식이다.

② 대형 변압기

절연통의 위에 코일을 감고 절연처리를 한 후에 조립하는 형권방식이다.

(5) **외함**: 용량이 커지면 냉각면적을 넓히기 위해서 판형의 철판을 사용하거나 방열기를 설치한다.

(6) **부싱**: 권선의 인출선을 외함에서 끌어내는 절연단자이다.

2 유도기전력 및 권수비

(1) 1차 유도기전력

$$E_1 = 4.44 f N_1 \phi_m [\text{V}]$$

(2) 2차 유도기전력

$$E_2 = 4.44 f N_2 \phi_m [\text{V}]$$

(3) 1·2차의 권수비 및 전압비

$$a = \frac{E_1}{E_2} = \frac{4.44 f N_1 \phi_m}{4.44 f N_2 \phi_m} = \frac{N_1}{N_2}$$

(4) 권수비

$$a = \frac{E_1}{E_2} = \frac{N_1}{N_2} = \frac{I_2}{I_1}$$

● 참고 ●

2차측 저항을 1차로 환산(등가 변환): $r_1 = a^2 r_2$

3 변압기의 특성시험

1. 무부하시험

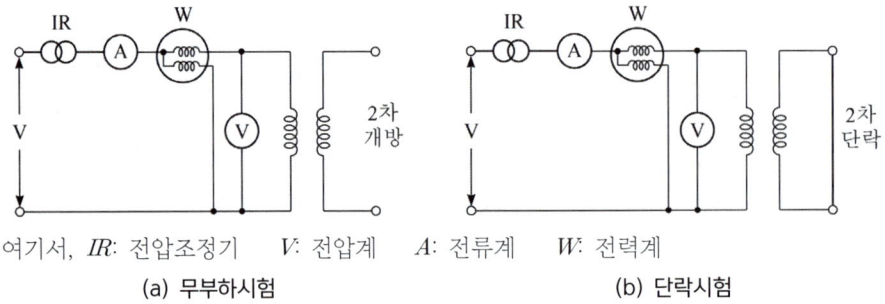

여기서, IR: 전압조정기 V: 전압계 A: 전류계 W: 전력계
(a) 무부하시험   (b) 단락시험

(1) 무부하전류(여자전류): $I_0 = YV_1$ [A], $\dot{I}_0 = \dot{I}_m + \dot{I}_i$
    여기서, $\dot{I}_0$: 무부하 전류 $\dot{I}_m$: 자화 전류 $\dot{I}_i$: 철손 전류

(2) 철손(전력계의 지시 값): $P_i = gV^2$ [W]

(3) 여자어드미턴스: $Y = \sqrt{g^2 + b^2} = \frac{I_0}{V_1}$ [℧]

　① 여자컨덕턴스: $g = \frac{P_i}{v_1^2}$ [℧]

　② 여자서셉턴스: $b = \sqrt{Y^2 - g^2}$ [℧]

2. 단락시험

(1) 임피던스전압(V_z): 변압기 내에 정격전류가 흐를 때의 내부 전압강하

$$V_z = ZI_1 \;\to\; \text{임피던스 } Z = \frac{V_z}{I_1}[\Omega]$$

① 퍼센트 임피던스(%Z): 정격전압에 대한 임피던스전압의 비율

② $\%Z = \dfrac{I_n Z}{V_n} \times 100 = \dfrac{PZ}{10 V_n^2}$

(2) 임피던스 와트

① 임피던스 전압을 측정 시 전력계의 지시 값으로 동손의 크기와 같다.
② 전부하 시 발생하는 부하손인 동손을 구할 수 있다.

(3) 저항 측정: 저항계를 가지고 1차 권선의 저항을 측정한다.

4 변압기의 등가회로

1. 등가회로

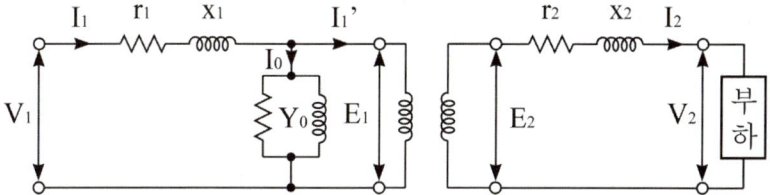

두 개의 독립된 회로를 하나의 전기회로로 변환시킨 것을 등가회로라고 한다.

2. 2차 회로를 1차 회로로 환산한 값

(1) 저항의 등가변환: $r_1 = a^2 r_2$

(2) 리액턴스의 등가변환: $x_1 = a^2 x_2$

(3) 임피던스의 등가변환: $Z_1 = a^2 Z_2$

5 전압변동률

1. 전압변동률과 구성

(1) 변압기에 부하를 접속하면 단자전압이 변화하는데 이것은 일정 변압기에서 부하 역률에 따라 다르며 일정 역률에서의 전압변동률은 다음과 같다.

$$\varepsilon = \frac{V_{20} - V_{2n}}{V_{2n}} \times 100 = p\cos\theta + q\sin\theta \;\; (V_{20} = E_2)$$

여기서, V_{20}: 2차 무부하 전압 V_{2n}: 2차 정격전압 θ: 정격부하 시의 역률각

(2) %저항 강하: $p = \dfrac{I_n r_2}{V_{2n}} \times 100 [\%]$

(3) %리액턴스 강하: $q = \dfrac{I_n x_2}{V_{2n}} \times 100 [\%]$

(4) %임피던스강하

$$Z = \dfrac{I_n Z_2}{V_{2n}} \times 100 = \dfrac{P Z_2}{10\, V_{2n}^{\,2}} = \sqrt{p^2 + q^2}\ [\%]$$

(5) 역률: $\cos\theta = \dfrac{r}{Z} = \dfrac{\%p}{\%Z} = \dfrac{p}{\sqrt{p^2 + q^2}}$

(6) 최대전압변동률: $\dfrac{d\varepsilon}{d\theta} = -p\sin\theta + q\cos\theta = 0\ \rightarrow\ \varepsilon_m = \sqrt{p^2 + q^2} = \%Z$

2. 역률에 따른 전압변동률

(1) 전류가 전압보다 위상이 θ_2 늦은 경우: $\varepsilon = p\cos\theta + q\sin\theta$

(2) 전류가 전압보다 위상이 θ_2 앞선 경우: $\varepsilon = p\cos\theta - q\sin\theta$

(3) 부하역률 $\cos\theta = 1$인 경우: $\varepsilon \fallingdotseq p\,[\%]$

6 단락전류

(1) 변압기의 2차측에 단락사고가 발생하면 큰 단락전류가 흐르게 되는데 이 전류의 크기는 고장점의 %임피던스에 의해 결정된다.

(2) 단상 변압기의 단락전류

$$I_s = \dfrac{100}{\%Z} \times I_n = \dfrac{100}{\%Z} \times \dfrac{P}{E}\ [A]$$

(3) 3상 변압기의 단락전류

$$I_s = \dfrac{100}{\%Z} \times I_n = \dfrac{100}{\%Z} \times \dfrac{P}{\sqrt{3}\, V_n}\ [A]$$

7 변압기의 손실 및 효율

1. 변압기의 손실

(1) 변압기에서 나타나는 손실은 회전기기인 발전기나 전동기에 비해 기계손이 없고 무부하손과 부하손만이 있으므로 회전기에 비해 효율이 좋다.

(2) 무부하손

① 철손(P_i) = 히스테리시스손(P_h) + 와류손(P_e) → $P_i \propto \dfrac{V_1^2}{f}$

② 히스테리시스손 $P_h = k_h \cdot f \cdot B_m^{2.0}$ [W] → $P_h \propto \dfrac{1}{f}$

③ 와류손 $P_e = k_h k_e (t \cdot f \cdot B_m)^2$ [W] → $P_e \propto V_1^2 \propto t^2$ (여기서, t: 두께)

(3) 부하손

① 동손 $P_e = I_n^2 \cdot r$ [W] → 동손은 부하전류 2승에 비례한다.

② **표유부하손**: 부하전류가 흐를 때 권선 이외의 철심, 외함 등에서 누설자속에 의한 와류손 등에 의해 발생한다.

2. 변압기의 효율

(1) 실측효율

부하를 접속한 상태에서 직접 측정하여 나타내는 것을 말한다.

$$\eta = \dfrac{출력}{입력} \times 100\,[\%]$$

(2) 규약효율

직접 측정이 곤란한 경우에 입력을 출력과 손실의 합으로 나타내는 것을 말한다.

$$\eta = \dfrac{출력}{출력 + 손실} \times 100\,[\%]$$
$$= \dfrac{P_o}{P_o + P_i + P_c} \times 100\,[\%]$$
$$= \dfrac{V_{2n} I_{2n} \cos\theta}{V_{2n} I_{2n} \cos\theta + P_i + P_c} \times 100\,[\%]$$

여기서, V_{2n}, I_{2n}: 정격 2차 전압 및 전류 $\cos\theta$: 부하 역률

(3) **최대 효율 조건**: 무부하손(P_i) = 부하손(P_c)

① 전부하인 경우: $P_i = P_c$

② 부하율이 $\dfrac{1}{m}$ 인 경우

$$P_i = \left(\dfrac{1}{m}\right)^2 P_c \rightarrow \dfrac{1}{m} = \sqrt{\dfrac{P_i}{P_c}}$$

(4) 전일 효율

$$\eta = \frac{\frac{1}{m}P_o h}{\frac{1}{m}P_o h + 24P_i + \left(\frac{1}{m}\right)^2 P_c h} \times 100[\%]$$

여기서, h: 사용 시간 [h]

8 변압기 보호방식

1. 변압기의 건조법

변압기의 권선과 철심을 건조함으로써 습기를 없애고 절연을 향상시킬 수 있고 건조방법은 열풍법, 단락법, 진공법 등이 있다.

2. 냉각방식

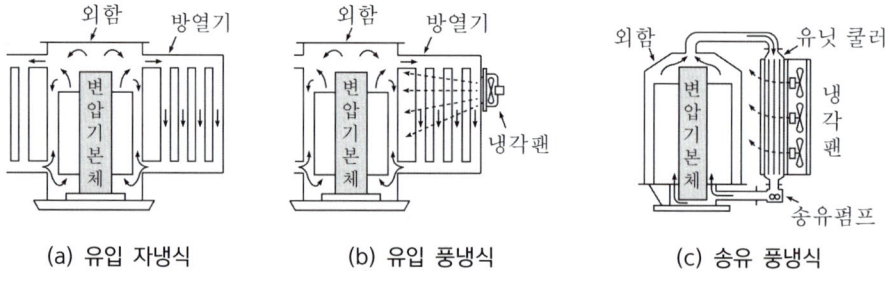

(a) 유입 자냉식　　(b) 유입 풍냉식　　(c) 송유 풍냉식

(1) **건식 자냉식(AN)**: 공기의 자연대류에 의하여 방열하는 방식이다.

(2) **건식 풍냉식(AF)**: 특수통풍기에 강제로 전동송풍기를 사용하여 송풍함으로써 열을 방산하는 방식이다.

(3) **유입 자냉식(ONAN)**: 절연유가 채워진 외함 속에 변압기 본체를 넣고 기름의 대류작용으로 열이 방열기에 전달되어 냉각하는 방식이다.

(4) **유입 풍냉식(ONAF)**: 방열기에 송풍기를 달고 강제 냉각하는 방식이다.

(5) **송유 풍냉식(OFAF)**: 절연유를 펌프를 사용하여 다른 냉각기로 가져가 송풍기로 강제 냉각시키고 다시 외함 속에 송유, 순환시키는 방식이다.

3. 절연의 종류와 최고허용온도

절연 종별 구분	Y	A	E	B	F	H	C
최고허용온도[℃]	90	105	120	130	155	180	180초과

4. 변압기유와 열화 방지

(1) **변압기유(절연유)의 사용 목적**: 절연 및 냉각

(2) **변압기유의 조건**
  ① 절연내력이 클 것
  ② 점도가 낮고 냉각작용이 양호할 것
  ③ 인화점이 높고 응고점이 낮을것
  ④ 화학적으로 안정되고 변질되지 말 것

(3) **밀봉 방식**: 절연유가 공기와 접촉되지 않도록 질소가스 및 절연유로 밀봉하여 열화를 방지한다.

(4) **콘서베이터 방식**: 내부 절연유의 팽창 및 수축에 따라 고무막 유동으로 절연유의 열화를 방지한다.

5. 온도상승시험

유입변압기의 경우 변압기유와 권선의 온도 상승이 규정치 이하인지를 확인할 필요가 있으며, 반환부하법, 실부하법, 등가부하법 등이 있다.

6. 절연내력시험

변압기의 외함과 대지 간 또는 대지와 권선 간, 충전부분 상호간 등의 절연강도를 보안하기 위한 시험으로 유도시험, 충격전압시험, 가압시험 등이 있다.

7. 보호계전기

비율차동계전기, 차동계전기, 부흐홀츠계전기가 있다.

9 변압기의 결선

1. 변압기의 극성(우리나라는 감극성이 표준)

구분	감극성(차동결합)	가극성(가동결합)
회로 구성	(회로도)	(회로도)
극성 시험	전압계 $V = V_1 - V_2$	전압계 $V = V_1 + V_2$
특징	① 단자 A와 a, B와 b는 동일 방향 ② 1차와 2차 권선 간의 전압은 경감	① 단자 A와 a, B와 b는 반대 방향 ② 1차와 2차 권선 간의 전압은 증대

2. 3상 결선방식

구분	장점	단점
△-△	① 제3고조파가 나타나지 않아 파형의 왜곡이 없음 ② 대전류 부하에 적합 $\left(\text{상전류} = \text{선전류} \times \dfrac{1}{\sqrt{3}}\right)$ ③ 1대 고장 시 V결선 가능	① 중성점접지가 되지 않음 ② 지락사고 검출이 곤란 ③ 지락사고 시 대지전압 상승 및 이상전압이 발생
Y-Y	① 중성점접지가 가능(단절연) ② 순환전류가 없고 지락전류 검출 용이 ③ 고전압 결선에 적합 $\left(\text{상전압} = \text{선간전압} \times \dfrac{1}{\sqrt{3}}\right)$	① 제3고조파로 인해 통신선에 유도장해 발생 ② 1대 고장 시 3상 전력 공급 불가능
△-Y 또는 Y-△	① △결선으로 제3고조파가 나타나지 않음 ② Y결선 시 중성점접지가 가능하여 이상전압 억제 ③ 지락사고 시 검출이 용이	① 1차와 2차 간에 30°의 위상차가 발생 ② 1대가 고장 나면 송전이 불가능
V-V	① △결선 1상 고장 시 V결선 사용 가능 ② V결선으로 3상 전력 공급 가능	① 이용률 $= \dfrac{\sqrt{3}}{2} = 86.6[\%]$ ② 출력비 $= \dfrac{\sqrt{3}}{3} = 57.7[\%]$

3. 상수의 변환

(1) 3상 → 2상 변환

① 단상 변압기 2대를 사용하여 3상 전력을 2상으로 변환한다.
② 스콧결선(T결선) T좌 변압기 권수비 $a_T = a \times 0.866$
③ 메이어결선, 우드브리지결선

(2) 3상 → 6상 변환

① 파형 개선 및 정류기 전원용으로 사용한다.
② 2차 2중 Y결선, 2차 2중 △결선, 대각결선, 포크결선

10 변압기의 병렬운전

1. 단상 변압기의 병렬운전조건

(1) 극성 및 상순이 일치할 것

① 단상: 극성이 같을 것
② 3상: 상순이 같을 것
③ 다를 경우: 큰 순환전류(단락전류)가 흘러 권선이 소손된다.

(2) 권수비가 같을 것

① 각 변압기의 1차, 2차 정격전압이 같을 것
② 권수비 차이가 0.25%정도 이내는 허용된다.
③ 다를 경우: 큰 순환전류가 흘러 (동손 증가로) 권선이 가열된다.

(3) 각 변압기의 %임피던스 강하가 같을 것

① %임피던스가 완전하게 일치하기 어려우므로 ±10% 이내에서 허용된다.
② 부하전류가 변압기 용량에 비례하여 분배된다. 즉, 부하분담은 변압기 용량에 비례하고 %임피던스에 반비례한다.
③ 다를 경우: 부하분담이 용량의 비가 되지 않아 부하분담의 불균형이 발생한다.

(4) 저항과 리액턴스비가 같을 것

① 각 변압기의 부하전류가 동위상일 것
② 다를 경우: 각 변압기의 전류 간에 위상차가 발생하여 동손이 증가한다.

2. 병렬운전 시 변압기의 부하분담

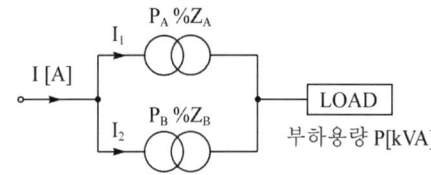

(1) 병렬 운전 시 변압기의 정격용량에 따라 부하 분담은 비례하지만 %Z의 크기가 다르면 부하 분담의 크기가 달라진다.

(2) 변압기 분담 용량

① A 변압기 분담 용량

$$P_a = \frac{m\%Z_B}{\%Z_A + m\%Z_B} \times P \,[\text{kVA}]$$

여기서, 용량비 $m = \dfrac{P_A}{P_B}$ P: 부하용량[kVA]

② B 변압기 분담 용량

$$P_b = \frac{\%Z_A}{\%Z_A + m\%Z_B} \times P \,[\text{kVA}]$$

(3) 병렬운전 시 변압기의 합성용량(계산 값 중 작은 값을 선정)

① A 변압기 용량 기준

$$P_o = \frac{\%Z_A + m\%Z_B}{m\%Z_B} \times P_A \,[\text{kVA}]$$

② B 변압기 용량 기준

$$P_o = \frac{\%Z_A + m\%Z_B}{\%Z_A} \times P_B \,[\text{kVA}]$$

3. 병렬 운전 가능 결선과 불가능 결선

(1) 단상 변압기의 병렬운전 조건외에 상회전방향 및 1차, 2차 권선간 유도기전력의 위상차(= 각변위)가 같아야 한다. 이 조건이 다르면 양쪽의 결선이 서로 각각 다른 차이로 상차에 의한 순환전류가 흘러 병렬운전이 불가능하게 된다.

(2) 3상 변압기 병렬운전이 가능한 조합과 불가능한 조합

가능 결선		불가능 결선	
A 변압기	B 변압기	A 변압기	B 변압기
△-△	△-△		
Y-Y	Y-Y	△-△	△-Y
△-△	Y-Y	△-△	Y-△
△-Y	△-Y	Y-Y	Y-△
△-Y	Y-△	Y-Y	△-Y
Y-△	Y-△		
결선이 같더라도 각 변위가 다를 경우 병렬 운전 불가			

11 특수 변압기

1. 3권선 변압기

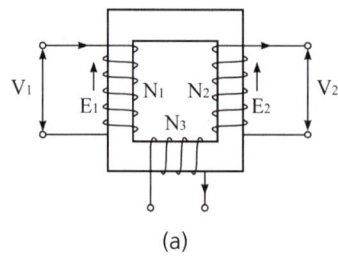
(a)

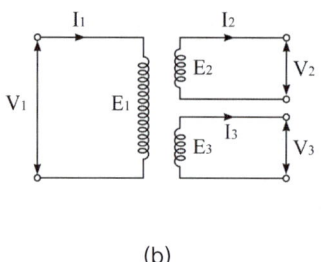
(b)

(1) 1개의 철심에 3개의 권선이 있는 변압기를 말한다.

(2) 3차 권선의 용도
① Y-Y-△ 결선을 하여 제3고조파를 제거
② 조상기를 접속하여 송전선의 전압과 역률을 조정
③ 발전소나 변전소에서 소내용 전력을 공급

2. 단권변압기

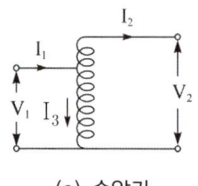
(a) 승압기

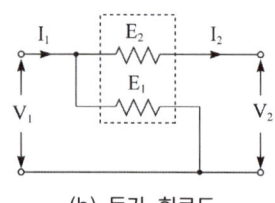
(b) 등가 회로도

(1) 2차측 전압(승압기)

$$V_2 = E_1 + E_2 = V_1 + \frac{V_1}{a} = V_1\left(1 + \frac{1}{a}\right)$$

여기서, 권수비: $a = \dfrac{N_1}{N_2} = \dfrac{E_1}{E_2} = \dfrac{I_2}{I_1}$

(2) 단권변압기 용량

$$P = P_L \times \frac{V_2 - V_1}{V_2} = P_L\left(1 - \frac{V_1}{V_2}\right)$$

여기서, P: 단권변압기의 자기용량(권선용량, 고유용량)
P_L: 단권변압기의 부하용량(출력용량, 정격용량)

$$\frac{\text{자기용량}}{\text{부하용량}} = \frac{P}{P_L} = \frac{(V_2 - V_1)I_2}{V_2 I_2} = \frac{V_2 - V_1}{V_2} = 1 - \frac{V_1}{V_2}$$

(3) 용도
① 가정용의 작은 승압 및 강압용으로 사용
② 배전선로의 승압기나 정전압 공급전원용 슬라이닥스 등으로 사용
③ Y-Y-△ 결선의 계통 연계용으로 사용
④ 초고압용 승압기로 사용

(4) 장점
① 철심 및 권선을 적게 사용하여 변압기의 소형, 경량화가 가능하다.
② 철손 및 동손이 적어 효율이 높다.
③ 부하용량이 자기용량 보다 크므로 경제적이다.
④ 누설자속이 거의 없으므로 전압변동률이 작고 안정도가 높다.

(5) 단점
① 누설 임피던스가 적어 단락전류가 크다.
② 고압측에 이상전압이 발생시 저압측에 영향을 미친다.

(6) 단권 변압기의 결선 특성

① 단권 변압기 V결선: $\dfrac{\text{자기용량}}{\text{부하용량}} = \dfrac{2}{\sqrt{3}}\left(\dfrac{V_2 - V_1}{V_2}\right)$

② 단권 변압기 △결선: $\dfrac{\text{자기용량}}{\text{부하용량}} = \dfrac{1}{\sqrt{3}}\dfrac{V_2^2 - V_1^2}{V_2 V_1}$

3. 계기용 변성기

구분	계기용 변압기(PT)	변류기 (CT)
회로 구성	(회로도)	(회로도)
정격	2차측 표준 정격전류: 110[V]	2차측 표준 정격전류: 5[A]
특징	• 1차측 권선과 병렬로 접속 • $V_1 = \dfrac{N_1}{N_2} \times V_2 = aV_2$ • 1·2차측 단락보호용 퓨즈 설치	• 1차측 권선과 직렬로 접속 • $I_1 = \dfrac{N_2}{N_1} \times I_2 = \dfrac{1}{a}I_2$ • 2차측 개방 금지 → 절연파괴 방지

4. 변압기의 Tap 절환 장치

배전선로의 전압강하로 인해 수전단의 전압이 변화가 필요할 때 사용하는 것으로, 고압측의 5Tap을 이용하여 권수비를 바꾸어 수전단의 전압을 조정

04장 유도기

1 유도전동기의 원리 및 특징

1. 아라고 원판

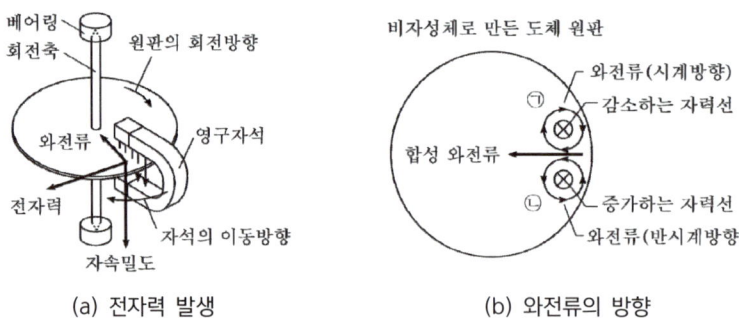

(a) 전자력 발생　　(b) 와전류의 방향

(1) 구리 또는 알루미늄으로 만든 원판을 수직으로 지지하고 자유로이 회전할 수 있게 하고, 그 둘레에서 자석을 회전시키면 원판은 자석보다 느리지만 자석과 같은 방향으로 회전한다.

(2) 영구자석을 시계방향으로 회전시키면 그림 (b)의 ㉠지점에서는 자력선이 감소하여 유도기전력에 의한 와전류는 시계 방향으로 회전하고, ㉡지점에서는 자력선이 증가하여 유도기전력에 의한 와전류는 반시계 방향으로 회전하여 합성된 와전류는 원판 중으로 향하게 된다.

(3) 발생된 와전류와 자석에 의한 자속밀도에 의해 플레밍의 왼손 법칙에 따라 자석을 따라 회전하는 힘(전자력)을 만들어 내고 원판이 회전하게 된다.

2. 3상 교류의 회전자계

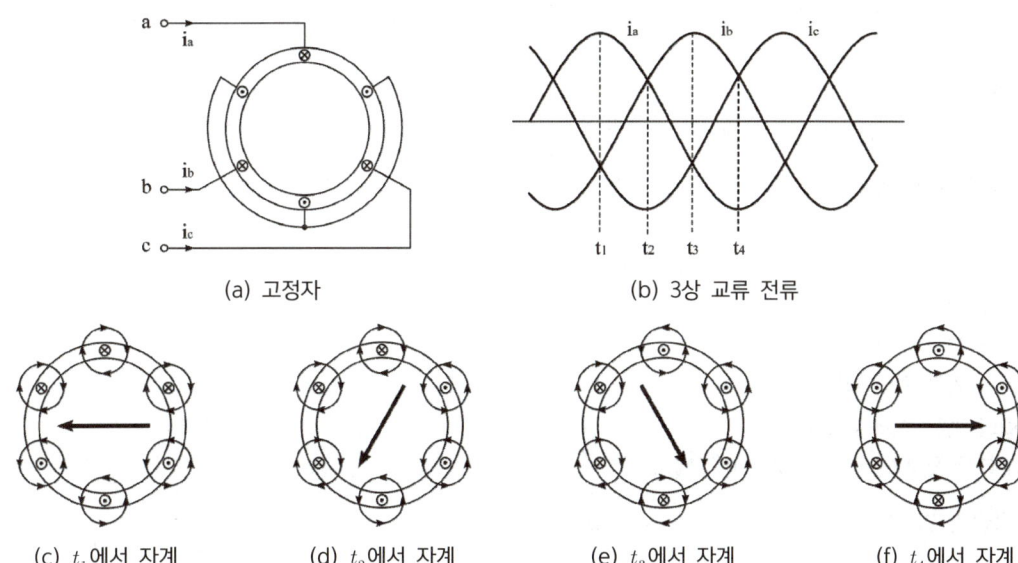

(a) 고정자   (b) 3상 교류 전류

(c) t_1에서 자계   (d) t_2에서 자계   (e) t_3에서 자계   (f) t_4에서 자계

(1) 유도전동기는 영구자석 대신 교류가 만들어내는 교류 회전자계를 사용한다.

(2) 고정자에 3상 교류전력을 인가하면 그림과 같이 회전자계가 발생한다.

3. 유도전동기의 구조

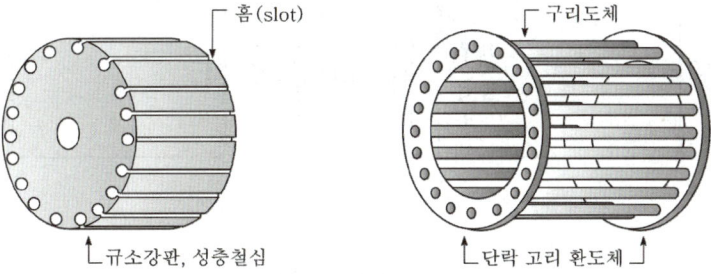

[농형유도전동기 회전자]

권선형 유도전동기	농형 유도전동기
① 슬립링을 이용하여 외부저항을 접속하여 기동 및 속도 특성을 개선 ② 속도 제어가 용이 ③ 가격이 높고 슬립링에서 불꽃 발생 우려	① 구조는 대단히 견고하고 취급이 용이 ② 가격이 저렴하고 기동토크가 작음 ③ 슬립링이 없기 때문에 불꽃이 없음 ④ 속도 제어가 어려움

4. 슬립(slip)

(1) 3상 유도전동기에서는 동기속도 N_s 와 회전자속도 N 사이에 차이가 생긴다.

$$슬립: s = \frac{N_s - N}{N_s} \times 100 [\%]$$

① 상대속도: $N_s - N = sN_s$

② 상대속도는 유도전동기 회전자에서 발생하는 유도기전력의 발생 원인 및 크기, 회전자 전류 주파수를 결정한다.

(2) 유도전동기 회전 속도

$$N = (1-s)N_s = (1-s)\frac{120f}{P} [rpm]$$

① 전동기 정지 상태: $s = 1$ $(N = 0)$
② 전동기 동기 속도 회전: $s = 0$ $(N = N_s)$
③ 슬립의 범위: $0 < s < 1$
④ 전부하 운전 시 슬립: $s = 2 \sim 6 [\%]$ 정도

(3) 슬립 측정 방법: 직류밀리볼트계법, 수화기법, 스트로보스코프법

2 유도전동기의 등가회로

1. 전동기가 정지하고 있는 경우

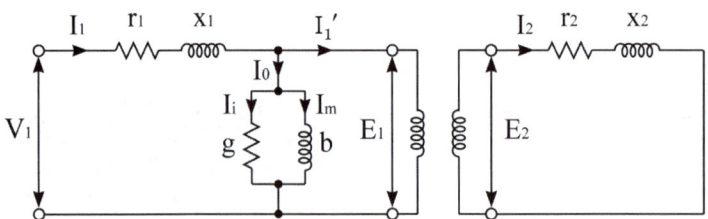

(1) 1차 유도기전력

$$E_1 = 4.44 K_{w1} f_1 N_1 \phi_m [V]$$

(2) 2차 유도기전력

$$E_2 = 4.44 K_{w2} f_2 N_2 \phi_m [V]$$

여기서, N_1, N_2: 전동기 1·2차 권선 수 K_{w1}, K_{w2}: 전동기 1·2차 권선 계수
ϕ_m: 고정자 권선으로 만들어진 1극당 평균 자속

① 주파수 관계: $f_2 = f_1$

② 권수 비: $a = \dfrac{E_1}{E_2} = \dfrac{K_{w1} N_1}{K_{w2} N_2}$

2. 전동기가 회전하고 있는 경우

(1) 1차 유도기전력

$$E_1 = 4.44 K_{w1} f_1 N_1 \phi_m \, [\text{V}]$$

(2) 2차 유도기전력

$$E_{2s} = 4.44 K_{w2} f_2 N_2 \phi_m = 4.44 K_{w2} s f_1 N_2 \phi_m \, [\text{V}]$$

① 주파수 관계: $f_2 = s f_1$ (슬립 주파수)

② 유도기전력 관계: $E_{2s} = s E_2$

③ 권수비: $a' = \dfrac{E_1}{E_{2s}} = \dfrac{E_1}{s E_2} = \dfrac{K_{w1} N_1}{s K_{w2} N_2}$

3. 유도전동기의 등가 회로(등가 변환)

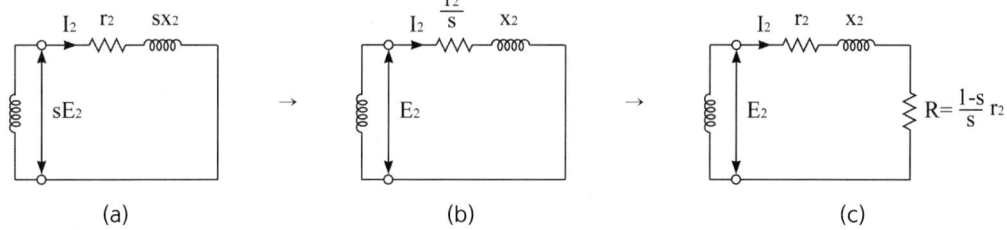

(1) 그림 (a): 유도전동기가 운전하면 고정자 회로는 변화가 없고 회전자 회로의 2차 유도기전력(sE_2)과 유도 리액턴스 (sx_2)가 변화한다.

(2) 그림 (b): 전기소자를 모두 슬립 s로 나눈다.

(3) 그림 (c): $\dfrac{r_2}{s} = \dfrac{r_2}{s} - r_2 + r_2 = r_2 + \left(\dfrac{1}{s} - 1\right) r_2 = r_2 + \left(\dfrac{1-s}{s}\right) r_2$ 로 변환

여기서, $R = \dfrac{1-s}{s} r_2$: 기계적인 2차 출력을 발생시키는 상수

4. 유도전동기의 전력 변환

(1) 운전 시 2차 전류

$$I_2 = \dfrac{sE_2}{\sqrt{r_2^2 + (sx_2)^2}} = \dfrac{E_2}{\sqrt{(r_2/s)^2 + x_2^2}}$$

(2) 2차 입력: $P_2 = P_o + P_{c2} = I_2^2 \dfrac{r_2}{s} \, [\text{W}]$

(3) 2차 동손: $P_{c2} = I_2^2 r_2 = I_2^2 \times \dfrac{r_2}{s} \times s = s P_2 \, [\text{W}]$

(4) 2차 출력: $P_o = \left(\dfrac{1}{s}-1\right)r_2 I_2^2 = I_2^2 \dfrac{r_2}{s} - I_2^2 r_2 = P_2 - P_{c2}$ [W]

(5) 2차 입력, 2차 손실(2차 동손), 출력과 슬립의 관계

$$P_2 : P_{c2} : P_o = 1 : s : 1-s$$

3 유도전동기 토크 특성

1. 토크와 출력

(1) 출력

$$P_o = \omega T = 2\pi \times \dfrac{N}{60} \times T = 4\pi f \times \dfrac{1-s}{P} \times T \text{ [W]}$$

여기서, 회전자 속도: $N = (1-s)N_s = (1-s)\dfrac{120f}{P}$ [rpm]

(2) 토크

$$T = 0.975 \dfrac{P_o}{N} = 0.975 \dfrac{P_2}{N_s} \text{ [kg·m]}$$

2. 동기 와트

(1) 2차 입력과 토크는 비례하게 되고 토크를 표현할 때 2차 입력의 값을 가지고도 나타낼 수 있고 이 2차 입력을 동기와트라 한다.

(2) 동기와트

$$P_2 = 1.026 \cdot T \cdot N_s \times 10^{-3} \text{ [kW]}$$

3. 토크와 1차 전압, 주파수와 관계

(1) 토크

$$T = \dfrac{P}{4\pi f} \cdot V_1^2 \cdot \dfrac{\dfrac{r_2}{s}}{\left(r_1 + \dfrac{r_2}{s}\right)^2 + (x_1 + x_2)^2} \text{ [N·m]}$$

(2) 토크는 극수에 비례하고 주파수에 반비례하며, 1차측 정격전압의 제곱에 비례하고 $\dfrac{r_2}{s}$에 비례한다.

$$T \propto P_{극수} \propto \dfrac{1}{f} \propto V_1^2 \propto \dfrac{r_2}{s}$$

4 비례추이

1. 토크 곡선

2차 입력과 토크는 정비례하므로 2차 입력식을 통해서 토크와 슬립의 관계를 알 수 있다.

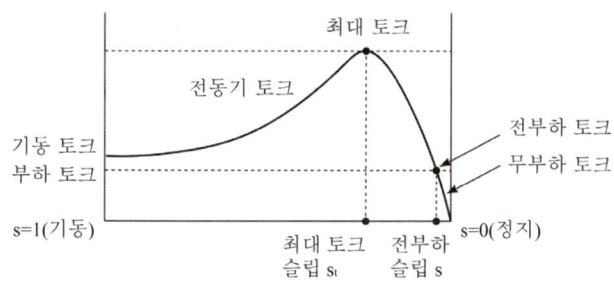

(1) **기동 토크**: 전동기는 정지상태에서 기동하므로 $s=1$일 때 발생하는 토크로 전동기 기동을 위해 반드시 기동 토크는 부하 토크보다 커야 한다.

(2) **전부하 토크**: 전동기 토크와 부하 토크가 만나는 점에서의 토크로 이때 가속 토크는 0이 되고 전동기는 일정한 속도로 운전하는 평형 속도 상태가 된다.

(3) **최대 토크**: 전동기 회전자에서 발생하는 토크 중에서 가장 큰 토크로 이때 슬립은 2차 입력을 변수 s에 대하여 미분한 $\dfrac{dP_2}{ds}=0$으로부터 구할 수 있다.

$$\text{최대 토크 슬립 } s_t = \frac{r_2}{\sqrt{r_1^{\,2}+(x_1+x_2)^2}} \fallingdotseq \frac{r_2}{x_2}$$

(4) **가속 토크**: 전동기 토크와 부하 토크의 차 부분만큼의 여유분 토크로 가속 토크가 크면 클수록 전동기 기동이 빨라진다.

(5) **무부하 토크**: 전동기 무부하 상태에서 발생하는 토크로 회전자 축에서 마찰 손실로 인하여 $s=0$이 안 되는 점에서 형성된다.

(6) **정동 토크**: 부하 토크가 전동기 최대 토크 이상이 될 때 토크로 이때 전동기는 정지한다.

2. 슬립과 토크와의 관계

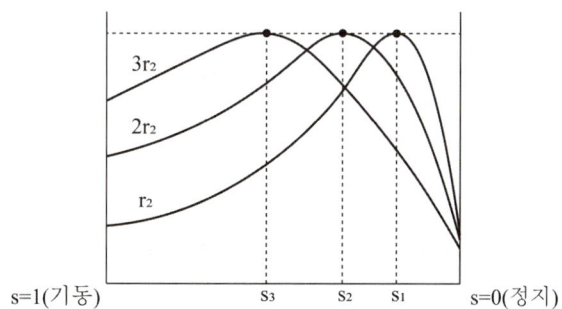

(1) **슬립 - 토크 관계곡선**: 일정 전압 V_1이 가해진 경우 저항 및 리액턴스는 정수이기 때문에 슬립 s를 변화시켜 T를 종축, s를 횡축으로 나타낸다.

(2) **비례추이**: 최대토크 T_m의 크기는 $s_t \fallingdotseq \dfrac{r_2}{x_2}$에 관계로 인해 2차 저항을 m배 증가하면 s_t도 m배 증가하므로 크기가 변하지 않고 일정하다.

$$T_m \propto \frac{r_2}{s_t} = \frac{2r_2}{2s} = \frac{mr_2}{ms}$$

① 비례추이 가능: 토크, 1차 전류, 2차 전류, 역률, 동기와트
② 비례추이 불가능: 2차 동손, 효율

3. 원선도

유도전동기의 특성을 알기 위해 원선도를 그린다. 원선도를 그리기 위해서는 무부하시험, 구속시험, 저항측정을 한다.

(1) **무부하 시험**

유도전동기를 무부하로 정격전압 V_n, 정격주파수 f_1로 운전하여 그때의 무부하전류 I_0과 무부하입력 P_0을 측정한다.

(2) **구속 시험**

유도전동기의 회전자를 적당한 방법으로 회전하지 못하도록 구속하고 권선형 회전자에서는 2차 권선을 스립링에서 단락하여 1차측에 정격주파수의 전압을 가하여 정격 1차 전류에 가까운 구속전류 I_s를 흘려서 그때의 전압과 1차 전압 입력을 측정한다.

(3) **저항 측정**

임의의 주위온도에서 1차 권선 각 단자 간에 직류로 측정한 저항의 평균치를 R_1이라 하고 이 값에서 다음 식에 의해 75[℃]에서의 1차 권선의 1상분의 저항 r_1을 산출한다.

$$r_1 = \frac{R_1}{2} \times \frac{234.5 + 75}{234.5 + t} \,[\Omega]$$

여기서, R_1: 1차 저항 측정값 t: 주위온도

5 유도전동기의 효율

(1) **효율**

$$\eta = \frac{출력}{입력} \times 100[\%] = \frac{입력 - 손실}{입력} \times 100[\%]$$

(2) **2차 효율**

$$\eta_2 = \frac{P_o}{P_2} \times 100[\%] = (1-s) \times 100[\%] = \frac{N}{N_s} \times 100[\%]$$

여기서, P_2: 2차 입력 P_o: 출력

6 유도전동기의 기동법

1. 농형 유도전동기

(1) 전전압 기동법(직입기동)
① 5[kW] 이하의 소용량 농형 유도전동기에 적용한다.
② 직접 전동기에 정격전압을 가하여 기동한다.
③ 기동시에 기동전류는 정격전류의 약 4~6배 정도 흐른다.
④ 기동시간이 오래 걸리거나 기동회수가 빈번한 경우에 부적합하다.

(2) Y-△ 기동법
① 약 5~15[kW] 정도의 농형 유도전동기에 적용한다.
② 기동 시에는 Y결선으로, 운전 시에는 △결선으로 운전하는 방법이다.
③ 기동전류 및 기동토크가 전전압기동 시의 1/3로 감소한다.

(3) 기동보상기법(단권변압기의 기동)
① 15[kW] 이상의 대용량의 농형 유도전동기에 적용한다.
② 단권변압기를 이용하여 감전압 기동한다.

(4) 리액터 기동법
① 펌프나 송풍기와 같이 부하토크가 가동할 때 작고 가속하며 증가하는 부하의 전동기에 적합한다.
② 리액터를 이용하여 감전압 기동한다.
③ 기동보상기를 쓰는 방법에 비해 기동토크가 감소하는 단점이 있으나 기동장치가 간단하여 가격이 저렴하고 리액터 탭조정을 통해 기동전류를 가감할 수 있는 장점이 있다.

2. 권선형 유도전동기

(1) 권선형 유도전동기의 기동법에는 2차 저항기동법(기동저항기법)과 게르게스기동법이 있다.

(2) 2차 저항기동법
① 비례추이 특성을 이용하여 기동한다.
② 외부저항을 삽입하여 기동전류는 감소시키고 기동토크는 증가한다.

7 유도전동기의 속도제어법

1. 농형 유도전동기

(1) 극수변환법
코일의 접속을 바꾸어 극수를 변화시켜 속도를 제어한다.

(2) 1차 전압제어
SCR의 위상각을 조정하여 1차 전압을 변화시켜 속도를 제어한다.

(3) 주파수 변환법
① 선박 전기추진용 모터, 방직공장, 인견공장의 포트모터에 적용한다.
② 공급주파수를 변경하여 속도를 제어한다.

2. 권선형 유도전동기

(1) 2차 저항제어
회전자에 연결되어 있는 슬립링을 통해 외부의 저항을 가감하는 2차 회로의 저항변화에 의한 토크 - 속도특성의 비례추이를 이용하여 속도를 제어한다.

(2) 2차 여자법
슬립주파수의 2차 여자전압을 제어하여 속도제어를 하는 방법이다.

(3) 종속법
① 직렬종속: $N = \dfrac{120f}{P_1 + P_2}[\mathrm{rpm}]$

② 차동종속: $N = \dfrac{120f}{P_1 - P_2}[\mathrm{rpm}]$

③ 병렬종속: $N = \dfrac{2 \times 120f}{P_1 + P_2}[\mathrm{rpm}]$

8 유도전동기의 이상현상

1. 크로우링현상

(1) 농형 유도전동기 계자에 고조파가 유기되거나 공극이 일정하지 않을 때 전동기 회전자가 정격속도에 이르지 못하고 저속도로 운전되는 현상이다.

(2) 슬롯을 사구의 형태로 하여 방지한다.

2. 게르게스현상

권선형 유도전동기가 무부하 또는 경부하로 운전 중 회전자 한 상이 결상되어도 전동기가 소손되지 않고 정격속도의 50[%]의 속도에서 운전되는 현상으로 슬립이 대략 0.5정도 나타난다.

9 유도전동기의 제동법

1. 발전제동
유도전동기를 발전기로 작용시켜 그 출력을 저항에서 소비시킴으로써 제동력을 발생시키는 방법이다.

2. 역상제동
3상 유도전동기가 운전하고 있을 때 3단자 중 임의의 2단자 접속을 바꾸면 회전자계의 방향이 반대로 되어 역상제동이 이루어져서 급제동하는 방법이다.

3. 회생제동
유도전동기는 외력에 의해 동기속도 이상의 속도로 회전시키면 유도발전기가 되어 제동력을 발생한다. 이 경우에 발생한 전력을 전원에 반환되는 방법이다.

10 특수농형 3상 유도전동기

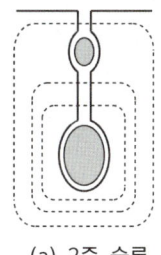
(a) 2중 슬롯

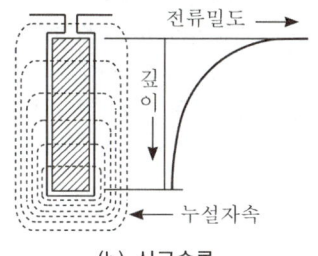
(b) 심구슬롯

1. 2중 농형 유도전동기

(1) 회전자의 슬롯은 회전자도체를 2중으로 하여 도체저항이 큰 외측 슬롯과 도체저항이 작은 내측 슬롯을 병렬 연결한다.

(2) 2차측 주파수는 운전 시 낮고, 기동 시는 높기 때문에 슬롯 내측은 누설자속에 의해 누설리액턴스가 증가하여 기동 시 대부분의 회전자전류는 고저항인 외측으로 흐르고, 정격회전속도에 이르면 회전자전류는 저항이 작은 내측 도체를 흐른다.

(3) 기동 시는 권선형 회전자에 기동저항을 연결한 상태가 되고, 정격 회전속도에는 농형 회전자의 상태가 되어 고효율, 고역률로 운전한다.

2. 심구형(디프슬롯) 농형 유도전동기

(1) 회전자에 삽입되는 하나의 길쭉한 도체는 저항은 같지만 하층부로 갈수록 누설자속이 많아져서 리액턴스가 커진다.

(2) 기동 시 리액턴스성분의 영향력이 커져서 하층부 임피던스는 증가되어 전류는 상층부에만 집중해서 흐르게 되고 정상 운전 시에는 슬립이 작아져 리액턴스성분이 무시되고 전류는 상층부에 고르게 흐르게 된다.

11 단상 유도전동기

1. 단상 유도전동기의 특성

(1) 회전자구조는 3상 농형 유도전동기의 회전자와 같이 농형이다.

(2) 단상 전원은 교번자계가 발생(2회전자계설)한다.

(3) 기동토크가 없다.

(4) 3상 유도전동기가 운전하고 있을 때 3개의 퓨즈 중 1개가 끊어져도 전동기는 계속 회전하는 원리를 응용한다.

2. 단상 유도전동기의 기동방법에 의한 분류

(1) 반발형기동형

① 고정자는 계자권선(F)과 보상권선(C)을 직각으로 설치한다.
② 고정자가 여자되면 회전자에 전압이 유기되어 흐르는 전류
③ 기동토크는 브러시의 위치를 조정하여 전부하토크의 4~5배의 기동토크를 발생

(2) 분상기동형
① 주권선과 기동권선으로 구성되어 있는데 기동권선은 전동기의 기동 시에만 접속이 되고 기동이 완료되면 분리된다.
② 운전권선 $R\downarrow$ X(리액턴스)$\uparrow$, 기동권선 $R\uparrow$ X(리액턴스)$\downarrow$
③ 운전 중 회전방향 변경 필요시 기동권선의 극성 교체
④ 기동토크가 작은 편으로 팬, 송풍기 등 소형에만 적용된다.

(3) 콘덴서기동형
① 기동권선에 직렬로 콘덴서를 접속하여 운전권선의 지상전류와 기동권선의 진상전류로 인해 두 전류 사이의 상차각이 커져서 큰 기동토크가 발생한다.
② 효율, 역률이 좋고 진동과 소음도 작아 운전상태가 양호하다.

(4) 셰이딩코일형
① 셰이딩코일의 방향으로 회전하므로 역회전이 안 된다.
② 구조가 간단하나 기동토크가 작고 효율 및 역률이 낮다.
③ 레코드플레이어, 계량기 등에 적용된다.

3. 단상 유도전동기의 기동토크 크기 비교

반발기동형 > 반발유도형 > 콘덴서기동형 > 분상기동형 > 셰이딩코일형 > 모노사이클릭형

12 유도전압조정기

단상 유도전압조정기	3상 유도전압조정기
① 1상 용량: $P = E_2 I_2 [\text{VA}]$	① 3상 용량: $P = \sqrt{3} E_2 I_2 [\text{VA}]$
② 교번자계 이용	② 회전자계 이용
③ 단락권선(전압강하 방지)이 있음	③ 단락권선이 없음
④ 1, 2차 전압 사이 위상차가 없음	④ 1, 2차 전압 사이에 위상차가 있음

05장 정류기

1 다이오드의 종류 및 특성

(1) **PN 접합 다이오드(정류기)**: 교류를 직류로 변환할 때 사용한다.

(2) **제어다이오드**: 정전압특성을 이용하여 전압의 안정화에 사용한다.

(3) **발광다이오드(LED)**: 전기에너지를 빛에너지로 바꾸는 발광특성을 이용한다.

(4) **환류다이오드**: 온-오프 동작에 따라 부하에 방전전류가 전원으로 역류하지 못하도록 환류시키는 역할이다.

2 다이오드의 정류회로

1. 단상 정류회로

구분	단상 반파	단상 전파
회로도		
직류전압	$E_d = \dfrac{\sqrt{2}}{\pi} E_a = 0.45 E_a [\text{V}]$	$E_d = \dfrac{2\sqrt{2}}{\pi} E_a = 0.9 E_a [\text{V}]$
직류전류	$I_d = \dfrac{\sqrt{2}}{\pi} I_a = 0.45 I_a [\text{A}]$	$I_d = \dfrac{2\sqrt{2}}{\pi} I_a = 0.9 I_a [\text{A}]$
최대역전압 (PIV)	$\text{PIV} = E_m = \sqrt{2} E_a [\text{V}]$	소자 2개시: $\text{PIV} = 2\sqrt{2} E_a [\text{V}]$ 소자 4개시: $\text{PIV} = \sqrt{2} E_a [\text{V}]$
정류효율	40.6[%]	81.2[%]
맥동률	$\dfrac{\text{출력전압의 교류분}}{\text{출력전압의 직류분}} \times 100 \, [\%]$	

여기서, I_a: 교류전류 I_d: 직류전류
 E_a: 교류전압 E_d: 직류전압

2. 3상 정류 회로

구분	3상 반파 정류회로	3상 전파 정류회로
회로도		
직류전압	$E_d = 1.17 E [\text{V}]$	$E_d = 1.35 E [\text{V}]$

3. 정류 방식별 맥동률

단상 반파 정류	단상 전파 정류	3상 반파 정류	3상 전파 정류
121[%]	48[%]	17[%]	4[%]

3 사이리스터(Thyristor)

1. SCR(Silicon Controlled Rectifier)의 특성

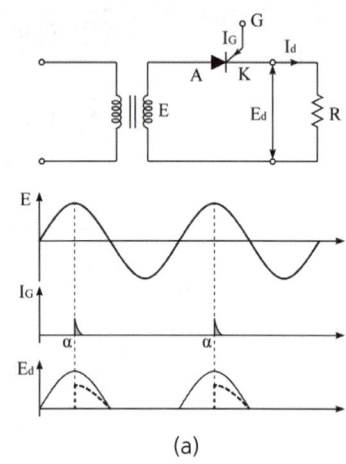
(a)

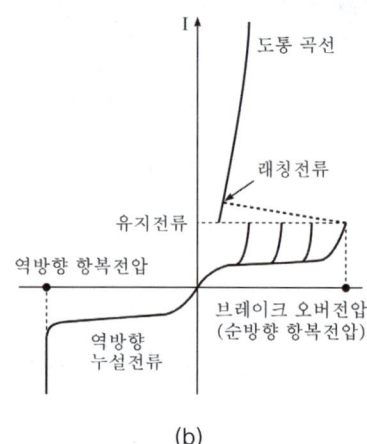
(b)

(1) SCR turn on 조건

① 양극(Anode, 애노드)과 음극(Cathode, 캐소드) 간에 브레이크 오버 전압 이상의 전압을 인가한다.
② 게이트(Gate)에 트리거 펄스 전류를 인가한다.

(2) SCR turn off 조건

① 전원을 역으로 걸어준다(A에 음극, K에 양극을 인가).
② SCR에 흐르는 전류를 유지전류 이하로 한다.

(3) 용어정리

① 래칭전류: SCR을 turn on시키기 위하여 흘러야 할 최소전류이다.
② 유지전류: SCR을 ON상태로 유지에 필요한 최소한의 전류이다.
③ 브레이크 오버전압: 게이트를 개방한 상태에서 양극과 음극 간에 전압을 계속 상승시킬 때 어느 일정 전압에서 SCR 양극간에 대전류가 흐르는 전압이다.

2. 사이리스터의 종류

(1) 단방향 3단자: SCR, LASCR, GTO

(2) 단방향 4단자: SCS

(3) 양방향 2단자: SSS, 역도통 사이리스터

(4) 양방향 3단자: TRIAC

06장 특수기기

1 정류자 전동기

구분	단상 직권 정류자전동기	3상 직권 정류자전동기
원리 및 구조	① 계자권선과 전기자권선이 직렬로 접속 ② 교류, 직류 양용으로 사용	고정자는 3상 유도전동기의 고정자와 같고, 회전자는 직류기의 전기자와 같음
종류 및 특성	① 직권형, 보상직권형, 유도보상직권형 ② 리액턴스전압 감소, 정류 개선을 위해 전기자에 직렬로 보상권선 설치	중간변압기를 고정자권선과 회전자권선이 직렬로 접속
용도	믹서기, 재봉틀, 휴대용 드릴, 영사기	① 기동토크 및 속도제어 범위가 큰 곳 ② 송풍기, 펌프, 공작기계

2 서보모터

구분	AC 서보모터	DC 서보모터
장점	① 브러시가 없어 보수 용이 ② 정류 우수, 고속과 큰 토크 운전 ③ 고정자에 코일이 있어 방열 우수	① 기동토크가 크고 응답성이 우수 ② 회전 시 광범위한 속도제어 가능
단점	제어가 어렵고 가격이 높음	브러시 마모에 의한 손실이 크고 발열현상과 보수가 어려움

3 리니어 모터

(1) 장점
① 구조가 간단하여 신뢰성이 높고 보수가 용이하다.
② 기어·벨트 등 동력변환기구가 필요 없다.
③ 원심력에 의한 가속제한이 없고 고속운전 가능하다.

(2) 단점
① 리니어 유도전동기의 경우 회전형에 비해 역률, 효율이 낮다.
② 저속도운전 및 관성제어가 어렵다.
③ 1·2차의 갭을 일정하게 유지하는 기술이 필요하며 구조적으로 복잡하다.

(3) 용도
① 수송밀도가 높은 컨베이어, 큰 공장의 공작기계, 밸브장치에 쓰인다.
② 감속기계나 연결기구를 사용하지 않고 직접 동력을 전달하는 턴테이블, 릴 등에 쓰인다.

4 스테핑 모터

(1) 총 회전각도는 입력 펄스신호의 수에 비례하고 회전속도는 펄스주파수에 비례한다.

(2) 모터의 제어가 간단하고 디지털제어회로와 조합이 용이하다.

(3) 기동, 정지, 정회전, 역회전이 용이하고 신호에 대한 응답성이 양호하다.

(4) 브러시 등의 접촉부분이 없어 수명이 길고 신뢰성이 높다.

(5) 제어가 간단하고 정밀한 동기운전이 가능하다.

Chapter 04 회로이론

01장 직류회로(Direct current circuit)

1 전압(Voltage)

(1) 문자 기호의 약속
  ① I(대문자): 시간에 따라 일정한 전류(예 직류 전류)
  ② $i(t)$(소문자): 시간에 따라 변화하는 전류(예 교류 전류)

(2) 전압(Voltage)
  ① 정의: 전압은 두 전위의 차를 말하며, 단위전하(1 [C], unit charge)가 a에서 b점까지 운반될 때 소비되는 에너지 W [J, 줄] 로 정의하고, 전압의 기호는 V, 단위는 볼트(V)라 한다.
  ② 정의 식

$$V_{ab} = \frac{W}{Q} \, [\text{J/C} = \text{V}]$$

여기서, W: 전하가 운반될 때 소비되는 에너지[J]

2 전류(Current)

(1) 정의: 단면적이 $S\,[\text{m}^2]$ 인 도체에 직각인 단면을 단위 시간에 통과하는 전하량

(2) 전류의 정의 식
  ① 일정한 비율로 t 초 동안에 $Q[\text{C}]$ 의 전하가 이동한 경우

$$I = \frac{Q}{t} = \frac{CV}{t} \, [\text{C/s} = \text{A}]$$

  ② 이동하는 전하량이 시간적으로 변화하는 경우

$$i(t) = \frac{dq(t)}{dt} = C\frac{dV}{dt} \, [\text{A}]$$

3 옴의 법칙과 전력

(1) 전기저항
   ① 전기저항은 전류의 흐름을 방해하는 성분으로 도체의 재질, 모양, 온도에 따라 변화한다.
   ② 전기저항

$$R = \rho \frac{\ell}{S} = \frac{\ell}{kS} [\Omega]$$

   ③ 컨덕턴스

$$G = \frac{1}{R} = k\frac{S}{\ell} = \frac{S}{\rho\ell} [1/\Omega]$$

   여기서, ρ: 저항률 또는 고유저항[$\Omega \cdot$m] ℓ: 도체의 길이[m]
   k(또는 σ): 도전율[$(\Omega \cdot$m$)^{-1}$] S: 도체의 단면적[m^2]

(2) 옴의 법칙
   ① 정의: 도체에 흐르는 전류는 도체 양단간의 전위차 V에 비례하고 도체의 저항 $R[\Omega]$에 반비례한다.
   ② 옴의 법칙

$$I = \frac{V}{R} = \frac{\ell E}{\ell/kS} = kES \ [V/\Omega = A]$$

(3) 전력과 전력량
   ① 전력의 정의: 단위시간에 행한 전기적인 일을 전력(Power)이라 한다.
   ② 전력의 정의 식

$$P = \frac{W}{t} = \frac{QV}{t} = \frac{ItV}{t} = VI [W]$$

   ③ 전력량

$$W = Pt = VIt = I^2Rt = \frac{V^2}{R}t \ [W \cdot \sec = J]$$

(4) 줄열의 법칙
   ① 정의: 도선에 전위차(전압)를 가하면 전하가 이동하면서(전류가 흐르면서) 에너지를 소비하게 된다. 이 에너지가 도선 내에서 열로 소비될 때 열을 줄열이라 한다.
   ② 줄열

$$H = 0.24\,W = 0.24\,VIt = 0.24\,I^2Rt = 0.24\,\frac{V^2}{R}t \ [\text{cal}]$$

   ③ 단위 환산

$$1\,[\text{kWh}] = 3600\,[\text{kWs} = \text{kJ}] = 3600 \times 0.24 ≒ 860\,[\text{kcal}]$$

4 배율기와 분류기

(1) 배율기(multiplier)

회로도	특징
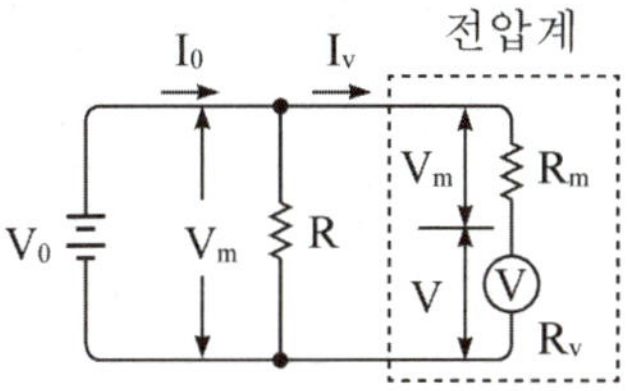 (회로도)	① 배율: $m = \dfrac{V_0}{V} = \dfrac{I_v(R_m + R_v)}{I_v R_v} = 1 + \dfrac{R_m}{R_v}$ ② 배율저항: $R_m = R_v(m-1)\,[\Omega]$

여기서, R_v: 전압계 내부저항 I_v: 전압계 통과 전류

(2) 분류기(shunt)

회로도	특징
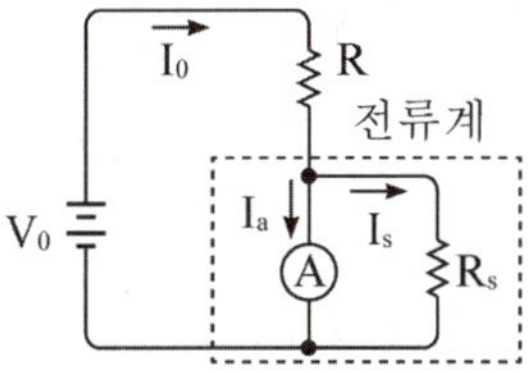 (회로도)	① 배율: $m = \dfrac{I_0}{I_a} = \dfrac{I_a + I_s}{I_a} = 1 + \dfrac{I_s}{I_a} = 1 + \dfrac{R_a}{R_s}$ ② 분류저항: $R_s = \dfrac{R_a}{m-1}\,[\Omega]$

여기서, R_a: 전류계 내부저항 I_a: 전류계 통과 전류

5 저항 접속법

구분	직렬 접속	병렬 접속
회로	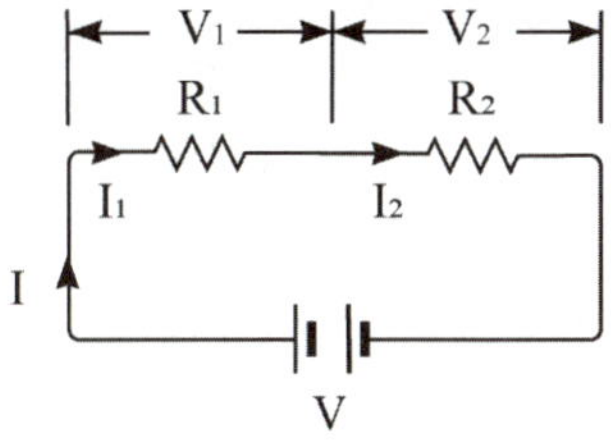 (회로도)	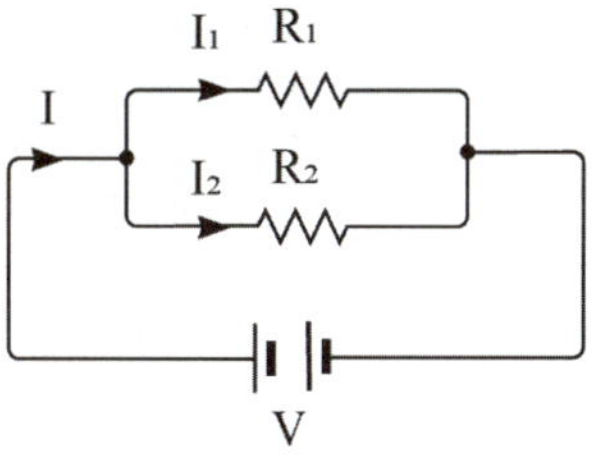 (회로도)
특징	① 전류는 일정 ② 전압은 분배	① 전압은 일정 ② 전류는 분배

합성 저항	① 저항이 2개인 경우 $R_0 = R_1 + R_2 \,[\Omega]$ ② 저항이 n개인 경우 $R_0 = R_1 + R_2 + \ldots + R_n \,[\Omega]$ ③ 동일 크기의 저항 n개가 직렬인 경우 $R_0 = nR \,[\Omega]$	① 저항이 2개인 경우 $R_0 = \dfrac{1}{\dfrac{1}{R_1} + \dfrac{1}{R_2}} = \dfrac{R_1 \times R_2}{R_1 + R_2}$ ② 저항이 n개인 경우 $R_0 = \dfrac{1}{\dfrac{1}{R_1} + \dfrac{1}{R_2} + \ldots + \dfrac{1}{R_n}}$ ③ 동일 크기의 저항 n개가 병렬인 경우 $R_0 = \dfrac{R}{n} \,[\Omega]$
합성 컨덕 턴스	$G_0 = \dfrac{1}{\dfrac{1}{G_1} + \dfrac{1}{G_2}} = \dfrac{G_1 \times G_2}{G_1 + G_2} \,[\mho]$	$G_0 = G_1 + G_2 \,[\mho]$
전압 분배 법칙	① $V_1 = \dfrac{R_1}{R_1 + R_2} \times V_0$ $\quad = \dfrac{G_2}{G_1 + G_2} \times V_0 \,[V]$ ② $V_2 = \dfrac{R_2}{R_1 + R_2} \times V_0$ $\quad = \dfrac{G_1}{G_1 + G_2} \times V_0 \,[V]$	① $I_1 = \dfrac{R_2}{R_1 + R_2} \times I_0$ $\quad = \dfrac{G_1}{G_1 + G_2} \times I_0 \,[A]$ ② $I_2 = \dfrac{R_1}{R_1 + R_2} \times I_0$ $\quad = \dfrac{G_2}{G_1 + G_2} \times I_0 \,[A]$

6 △-Y 결선의 등가변환

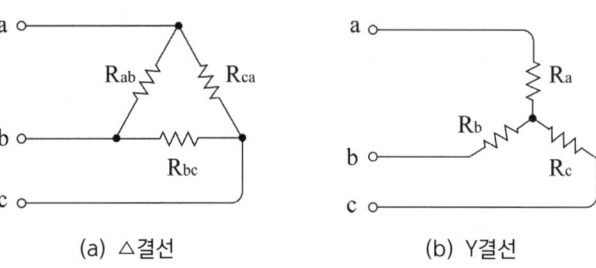

(a) △결선   (b) Y결선

△결선에서 Y결선으로 등가변환	Y결선에서 △결선으로 등가변환
① $R_a = \dfrac{R_{ab} \cdot R_{ca}}{R_{ab} + R_{bc} + R_{ca}} \,[\Omega]$ ② $R_b = \dfrac{R_{ab} \cdot R_{bc}}{R_{ab} + R_{bc} + R_{ca}} \,[\Omega]$ ③ $R_c = \dfrac{R_{bc} \cdot R_{ca}}{R_{ab} + R_{bc} + R_{ca}} \,[\Omega]$ ④ $R_{ab} = R_{bc} = R_{ca} = R_\triangle$ 인 경우 $\quad R_Y = R_a = R_b = R_c = \dfrac{R_\triangle}{3}$	① $R_{ab} = \dfrac{R_a \cdot R_b + R_b \cdot R_c + R_c \cdot R_a}{R_c} \,[\Omega]$ ② $R_{bc} = \dfrac{R_a \cdot R_b + R_b \cdot R_c + R_c \cdot R_a}{R_a} \,[\Omega]$ ③ $R_{ca} = \dfrac{R_a \cdot R_b + R_b \cdot R_c + R_c \cdot R_a}{R_b} \,[\Omega]$ ④ $R_a = R_b = R_c = R_Y$ 인 경우 $\quad R_\triangle = R_{ab} = R_{bc} = R_{ca} = 3R_Y$

7 휘트스톤 브릿지 평형회로

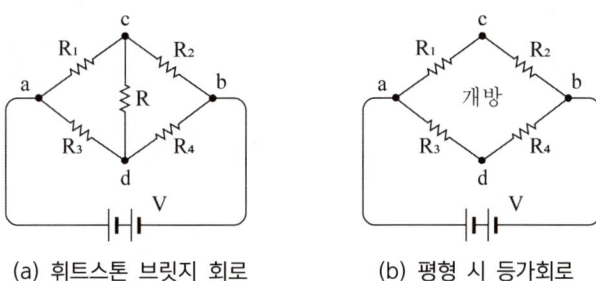

(a) 휘트스톤 브릿지 회로 (b) 평형 시 등가회로

(1) $R_1R_4 = R_2R_3$ 의 조건을 만족하면 $V_{cd} = 0$ 이 되어 c, d 간의 지로(branch)에는 전류가 흐르지 않는다.

(2) 따라서 그림 (b)와 같이 등가변환시킬 수 있다.

02장 단상 교류회로(Single-Phase Alternating Current)

1 교류의 표시법

(1) 순시값(instantaneous value)

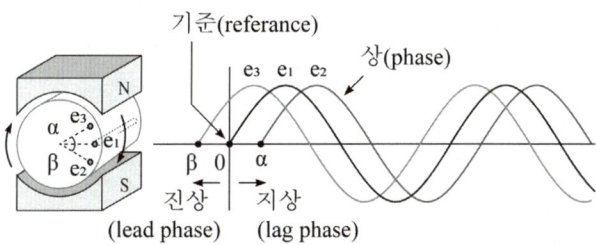

① 정의: 시간적 변화에 따라 순간순간 나타나는 정현파의 값을 의미하고, 일반적으로 기호는 소문자로 표시한다.
② 도체 1의 순시값(e_1 을 기준으로 위상관계를 표시)

$$e_1 = E_m \sin \omega t \, [\text{V}]$$

③ 도체 2의 순시값(e_1 보다 α 만큼 위상이 느리다, 지상)

$$e_2 = E_m \sin (\omega t - \alpha) \, [\text{V}]$$

④ 도체 3의 순시값(e_1 보다 β 만큼 위상이 빠르다, 진상)

$$e_3 = E_m \sin (\omega t + \beta) \, [\text{V}]$$

(2) 정현파의 평균값(average value 또는 mean value)
① 정의: 한주기를 평균내면 수학적으로 0이 되므로 반주기로 평균값을 구한다.
② 평균값

$$I_{av} = \frac{1}{T}\int_0^T i(t)\ dt = \frac{I_m}{\pi} \times 2 = 0.637\,I_m = 0.9\,I$$

여기서, T: 주기시간[sec] I_m: 전류의 최댓값 I: 전류의 실횻값

(3) 정현파의 실횻값(effective value 또는 root mean square value)
① 정의: 부하에서 소비되는 열량을 기준으로 교류를 직류로 환산한 값
② 실횻값

$$I = \sqrt{\frac{1}{T}\int_0^T i^2(t)\ dt} = \frac{I_m}{\sqrt{2}} = 0.707\,I_m$$

(4) 각 종 파형에 따른 실횻값과 평균값

종별	파형	실횻값		평균값		파형율	파고율
		전파	반파	전파	반파	전파	전파
구형파		V_m	$\dfrac{V_m}{\sqrt{2}}$	V_m	$\dfrac{V_m}{2}$	1	1
정현파		$\dfrac{V_m}{\sqrt{2}}$	$\dfrac{V_m}{2}$	$\dfrac{V_m}{\pi} \times 2$	$\dfrac{V_m}{\pi}$	1.11	$\sqrt{2}$
삼각파		$\dfrac{V_m}{\sqrt{3}}$	$\dfrac{V_m}{\sqrt{6}}$	$\dfrac{V_m}{2}$	$\dfrac{V_m}{4}$	1.155	$\sqrt{3}$

① 파고율 = $\dfrac{최댓값}{실횻값}$

② 파형율 = $\dfrac{실횻값}{평균값}$

(5) 페이저의 표시
① 순시값 표현

$$i(t) = I_m \sin(\omega t + \theta) = I\sqrt{2}\,\sin(\omega t + \theta)\ [\text{A}]$$

② 페이저 표현

$$\dot{I} = I\angle\theta\ [\text{A}] = \sqrt{\alpha^2 + \beta^2}\ \angle \tan^{-1}\frac{\beta}{\alpha}\ [\text{A}]$$

③ 복소수 표현

$$\dot{I} = \alpha + j\beta = I(\cos\theta + j\sin\theta)\ [\text{A}]$$

④ 지수형식 표현

$$\dot{I} = Ie^{j\theta} [\text{A}]$$

2 R, L, C 회로 특성

(1) R, L, C 단일 회로 특성

구분	R만의 회로	L만의 회로	C만의 회로
페이저도			
정지 벡터도			
전류	$I_R = \dfrac{V}{R}$ [A]	$I_L = \dfrac{V}{X_L} = \dfrac{V}{\omega L}$ [A]	$I_C = \dfrac{V}{X_C} = \omega C V$ [A]
특징	전류는 전압과 동위상	90° 지상 전류 (전류의 위상이 늦음)	90° 진상 전류 (전류의 위상이 빠름)

(2) R-X 직렬회로

구분	회로가 유도성(R-L)의 경우	회로가 용량성(R-C)의 경우
합성 임피던스	$Z = R + jX_L = \sqrt{R^2 + X_L^2}$ $= \sqrt{R^2 + (\omega L)^2}$ [Ω]	$Z = R - jX_C = \sqrt{R^2 + X_C^2}$ $= \sqrt{R^2 + \left(\dfrac{1}{\omega C}\right)^2}$ [Ω]
부하각	$\theta = \tan^{-1}\dfrac{X_L}{R} = \tan^{-1}\dfrac{\omega L}{R}$	$\theta = -\tan^{-1}\dfrac{X_C}{R} = -\tan^{-1}\dfrac{1}{\omega CR}$

(3) R-X 병렬회로

구분	회로가 유도성(R-L)의 경우	회로가 용량성(R-C)의 경우
합성 임피던스	$Z = \dfrac{1}{\dfrac{1}{R} + \dfrac{1}{jX_L}} = \dfrac{jRX_L}{R + jX_L}$ $= \dfrac{RX_L}{\sqrt{R^2 + X_L^2}} = \dfrac{\omega RL}{\sqrt{R^2 + (\omega L)^2}}$	$Z = \dfrac{1}{\dfrac{1}{R} + \dfrac{1}{-jX_C}} = \dfrac{-jRX_C}{R - jX_C}$ $= \dfrac{RX_C}{\sqrt{R^2 + X_C^2}}$ [Ω]

(4) 역률$\left(\cos\theta = \dfrac{P}{P_a} = \dfrac{유효전력}{피상전력}\right)$과 공진

구분	직렬회로	병렬회로
회로도	(R, jX_L, $-jX_C$ 직렬, $\dot{V}=V\angle 0°$)	(R, jX_L, $-jX_C$ 병렬, $\dot{V}=V\angle 0°$)
역률	$\cos\theta = \dfrac{R}{\sqrt{R^2+X^2}} = \dfrac{V_R}{V}$	$\cos\theta = \dfrac{X}{\sqrt{R^2+X^2}} = \dfrac{I_R}{I}$
공진의 특징	① 공진 조건: $X_L = X_C$ ② 공진 주파수: $f_r = \dfrac{1}{2\pi\sqrt{LC}}$ ③ 임피던스 최소 ④ 전류는 최대	① 공진 조건: $B_L = B_C$ ② 공진 주파수: $f_r = \dfrac{1}{2\pi\sqrt{LC}}$ ③ 어드미턴스 최소 ④ 전류는 최소

(5) 전력 공식

① 피상전력

$$P_a = S = VI = I^2 Z = \dfrac{V^2}{Z} \, [\text{VA}]$$

② 유효전력(소비전력=평균전력)

$$P = VI\cos\theta = I^2 R = \dfrac{V^2}{R} \, [\text{W}]$$

③ 무효전력

$$P_r = Q = VI\sin\theta = I^2 X = \dfrac{V^2}{X} \, [\text{Var}]$$

④ 복소전력

$$P_a = S = \overline{V}I = P \pm jP_r \, [\text{VA}]$$

여기서, $+jP_r$: 용량성　$-jP_r$: 유도성　$V = a+jb$ 일 때 $\overline{V} = a-jb$

(6) 양호도(良好度, quality factor)

① 양호도(전압확대율 = 선택도)

$$Q = \dfrac{P_r}{P} = \dfrac{I^2 X_L}{I^2 R} = \dfrac{V_L}{V} = \dfrac{X_L}{R} = \dfrac{\omega L}{R} = \dfrac{2\pi f L}{R}$$

② 직렬 공진 시 전압확대율

$$Q = \frac{2\pi f_r L}{R} = \frac{2\pi L}{R} \times \frac{1}{2\pi\sqrt{LC}} = \frac{1}{R}\sqrt{\frac{L}{C}}$$

3 최대 전력 전달 조건

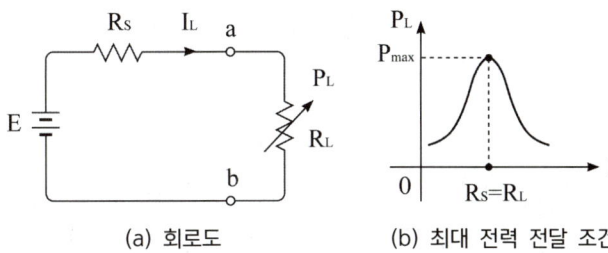

(a) 회로도   (b) 최대 전력 전달 조건

(1) 최대 전력 전달 조건

$$R_L = R_s$$

만약, 전원측 임피던스가 $Z_0 = R + jX$ 였을 때 최대 전력 전달조건은 $Z_L = \overline{Z_0} = R - jX$ 이 되어야 한다.

(2) 부하 전류(여기서, E: 전압의 실횻값[V])

$$I_L = \frac{E}{R_s + R_L} = \frac{E}{2R_L}\,[\text{A}]$$

(3) 최대 출력

$$P_{\max} = \frac{E^2}{(2R_L)^2} \times R_L = \frac{E^2}{4R_L}\,[\text{W}]$$

4 단상 전력 측정

(1) 3전압계법

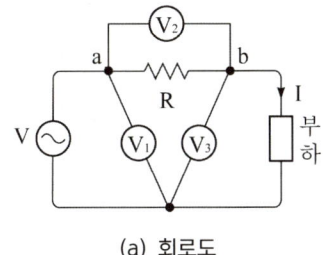

(a) 회로도

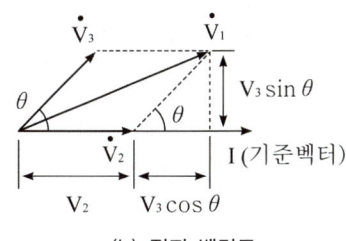

(b) 정지 벡터도

① 1차측 전압: $V_1^2 = (V_2 + V_3\cos\theta)^2 + (V_3\sin\theta)^2 = V_2^2 + V_3^2 + 2V_2V_3\cos\theta$

② 역률

$$\cos\theta = \frac{V_1^2 - V_2^2 - V_3^2}{2V_2V_3}$$

③ 소비전력

$$P = VI\cos\theta = V_3 \times \frac{V_2}{R} \times \cos\theta = \frac{1}{2R}(V_1^2 - V_2^2 - V_3^2) \text{ [W]}$$

(2) 3전압류법

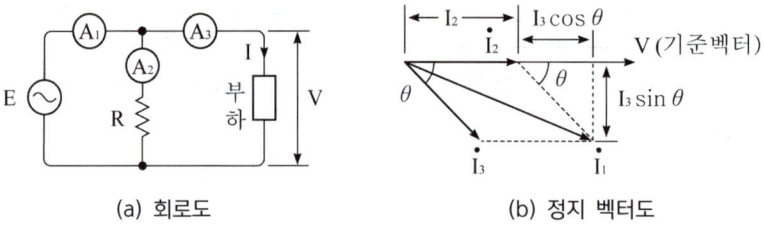

(a) 회로도   (b) 정지 벡터도

① 1차측 전압: $A_1^2 = (A_2 + A_3\cos\theta)^2 + (A_3\sin\theta)^2 = A_2^2 + A_3^2 + 2A_2A_3\cos\theta$

② 역률

$$\cos\theta = \frac{A_1^2 - A_2^2 - A_3^2}{2A_2A_3}$$

③ 소비전력

$$P = VI\cos\theta = R \times A_2 \times A_3 \times \cos\theta = \frac{R}{2}(A_1^2 - A_2^2 - A_3^2) \text{ [W]}$$

5 인덕턴스 접속법

구분	가동 결합(가극성)	차동 결합(감극성)
직렬 접속	$\therefore L_a = L_1 + L_2 + 2M$	$\therefore L_b = L_1 + L_2 - 2M$

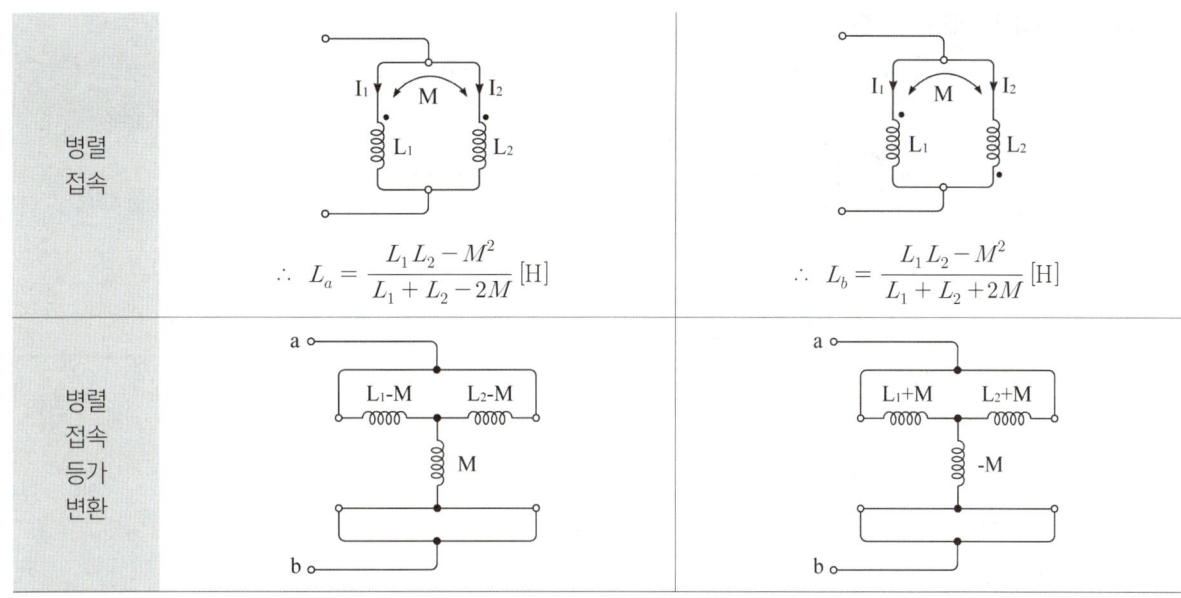

여기서, L_1: 1차측 자기 인덕턴스[H] L_2: 2차측 자기 인덕턴스[H] M: 상호 인덕턴스[H]

03장 다상 교류회로(Poly-Phase Alternating Current)

1 대칭(= 평형) 3상 교류

(1) 3상 벡터 오퍼레이터(vector operator)

① $a = 1\angle 120° = 1\angle -240° = -\dfrac{1}{2} + j\dfrac{\sqrt{3}}{2}$

② $a^2 = 1\angle 240° = 1\angle -120° = -\dfrac{1}{2} - j\dfrac{\sqrt{3}}{2}$

③ $a^3 = 1\angle 360° = 1\angle 0° = 1 = a^0$

④ $a + a^2 = \left(-\dfrac{1}{2} + j\dfrac{\sqrt{3}}{2}\right) + \left(-\dfrac{1}{2} - j\dfrac{\sqrt{3}}{2}\right) = -1$

∴ $1 + a + a^2 = 0$

(2) 대칭 3상 교류의 순시값

① $v_a(t) = V_m \sin \omega t = V\sqrt{2} \sin \omega t \,[\text{V}]$

② $v_b(t) = V_m \sin(\omega t - 120°) = V\sqrt{2} \sin\left(\omega t - \dfrac{2\pi}{3}\right) [\text{V}]$

③ $v_c(t) = V_m \sin(\omega t - 240°) = V\sqrt{2} \sin\left(\omega t - \dfrac{4\pi}{3}\right) [\text{V}]$

(3) 대칭 3상 교류의 페이저 표현

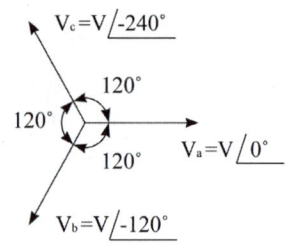 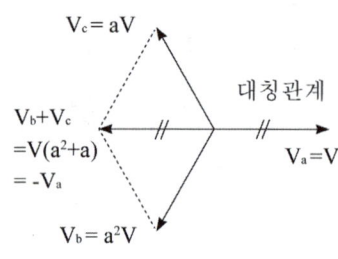

(a) 3상 교류 정지 벡터도　　　　(b) 대칭 3상 교류 조건

① $\dot{V}_a = V \angle 0° = V[V]$
② $\dot{V}_b = V \angle -120° = V \angle 240° = a^2 V[V]$
③ $\dot{V}_c = V \angle -240° = V \angle 120° = a V[V]$
④ $\dot{V}_b + \dot{V}_c = V(a^2 + a) = -V = -\dot{V}_a$
∴ 대칭 조건: $\dot{V}_a + \dot{V}_b + \dot{V}_c = 0$

2 3상 회로 결선법의 특징

(1) Y결선(성형결선, 스타결선)

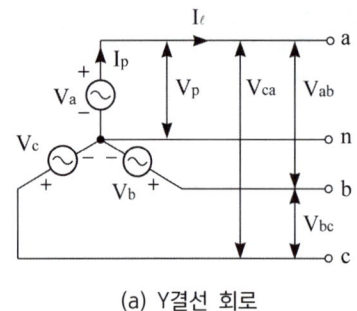 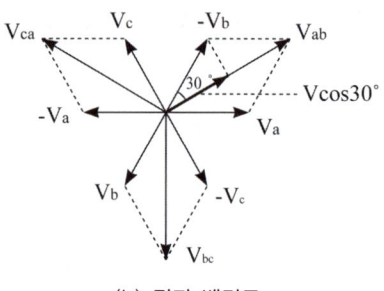

(a) Y결선 회로　　　　(b) 정지 벡터도

① 선전류(부하전류): $I_\ell = I_p \angle 0°$
② 선간전압(단자전압): $V_\ell = \sqrt{3}\, V_p \angle 30°$

여기서, I_ℓ: 선전류[A]　　I_p: 상전류[A]
　　　　V_ℓ: 선간전압[V]　V_p: 상전압[V]

(2) △결선(환상결선)

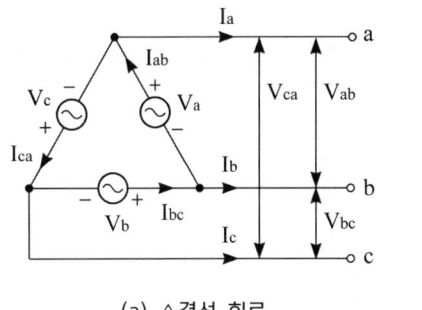
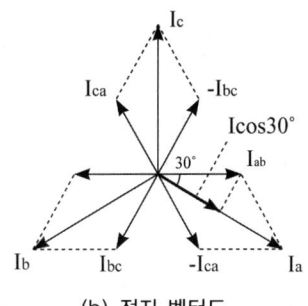

(a) △결선 회로　　　　　　(b) 정지 벡터도

① 선전류(부하전류): $I_\ell = \sqrt{3}\,I_p \angle -30°$
② 선간전압(단자전압): $V_\ell = V_p \angle 0°$

여기서, I_ℓ: 선전류[A]　　I_p: 상전류[A]
　　　　V_ℓ: 선간전압[V]　V_p: 상전압[V]

(3) V결선

① 3대의 변압기를 △결선으로 운전하던 중 변압기 1대가 고장 또는 보수로 인하여 변압기 2대로 3상을 공급하는 방식을 말한다.

② 3상 출력

$$P_V = \sqrt{3}\,P_1\,[\text{kVA}]$$

여기서, P_1: 변압기 1대 용량[kVA]

③ 이용률

$$\epsilon_1 = \frac{P_V}{P_2} = \frac{\sqrt{3}\,P_1}{2P_1} = 0.866 = 86.6\,[\%]$$

④ 출력비

$$\epsilon_2 = \frac{P_V}{P_\triangle} = \frac{\sqrt{3}\,P_1}{3P_1} = 0.577 = 57.7\,[\%]$$

(4) 전력 공식

① 피상전력

$$P_a = \sqrt{3}\,VI = 3I_Z^2\,Z = 3\frac{V_Z^2}{Z}\,[\text{VA}]$$

② 유효전력(소비전력=평균전력)

$$P = \sqrt{3}\,VI\cos\theta = 3I_R^2\,R = 3\frac{V_R^2}{R}\,[\text{W}]$$

③ 무효전력

$$P = \sqrt{3}\, VI\sin\theta = 3I_X^2 X = 3\frac{V_X^2}{X}\,[\text{Var}]$$

여기서, V: 부하의 단자전압[V] I: 부하전류(선전류)[A]
I_Z: Z를 통과하는 전류[A] V_Z: Z의 단자전압[V]
I_R: R를 통과하는 전류[A] V_R: R의 단자전압[V]
I_X: X를 통과하는 전류[A] V_X: X의 단자전압[V]

(5) 동일 크기의 부하 R를 Y와 △결선 시 부하전류 비교

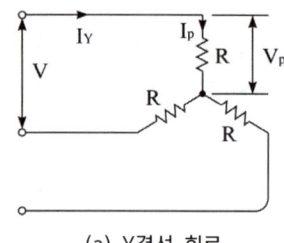
(a) Y결선 회로

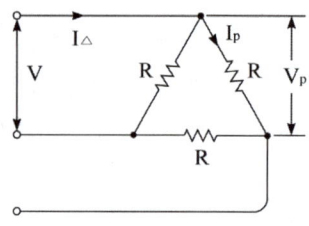
(b) △결선 회로

① Y결선: $I_Y = \dfrac{V_p}{R} = \dfrac{V}{R\sqrt{3}}\,[\text{A}]$

② △결선: $I_\triangle = \sqrt{3}\, I_p = \sqrt{3}\,\dfrac{V_p}{R} = \dfrac{\sqrt{3}\,V}{R}\,[\text{A}]$

$$\frac{I_Y}{I_\triangle} = \frac{1}{3} \quad \text{또는} \quad I_Y = \frac{1}{3} I_\triangle$$

(6) 동일 크기의 부하 R를 Y와 △결선 시 소비전력 비교

① Y결선: $P_Y = 3\dfrac{V_R^2}{R} = \dfrac{3V_p^2}{R} = \dfrac{3\left(\dfrac{V}{\sqrt{3}}\right)^2}{R} = \dfrac{V}{R}\,[\text{W}]$

② △결선: $P_\triangle = 3\dfrac{V_R^2}{R} = \dfrac{3V_p^2}{R} = \dfrac{3V}{R}\,[\text{W}]$

$$\frac{P_Y}{P_\triangle} = \frac{1}{3} \quad \text{또는} \quad P_Y = \frac{1}{3} P_\triangle$$

3 대칭 다상 교류 결선의 특징

(1) 성형결선(스타결선)의 특징

① 선간전압(단자전압): $\dot{V}_\ell = 2\sin\dfrac{\pi}{n}\, V_p \angle \left(\dfrac{\pi}{2} - \dfrac{\pi}{n}\right)\,[\text{V}]$

② 선전류(부하전류): $I_\ell = I_p \angle 0°$

(2) 성형결선 시 상전압과 선간전압의 관계

① $n=3$상: $\dot{V}_\ell = \sqrt{3}\ V_p \angle 30°$

② $n=4$상: $\dot{V}_\ell = \sqrt{2}\ V_p \angle 45°$

③ $n=5$상: $\dot{V}_\ell = 1.17\ V_p \angle 54°$

④ $n=6$상: $\dot{V}_\ell = V_p \angle 60°$

(3) 환상결선의 특징

① 선간전압(단자전압): $V_\ell = V_p \angle 0°$

② 선전류(부하전류): $\dot{I}_\ell = 2\sin\dfrac{\pi}{n}\ I_p \angle -\left(\dfrac{\pi}{2} - \dfrac{\pi}{n}\right)$ [A]

4 3상 전력 측정법

(1) 2전력계법

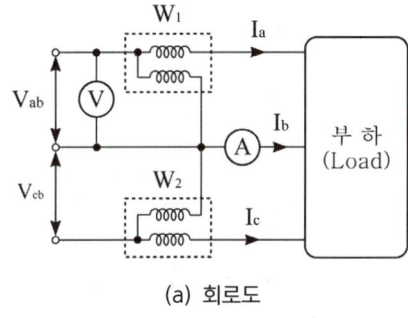

(a) 회로도 (b) 정지 벡터도

① 유효전력

$$P = W_1 + W_1 = \sqrt{3}\ VI\cos\theta\ [\text{W}]$$

② 무효전력

$$P_r = \sqrt{3}(W_2 - W_1) = \sqrt{3}\ VI\sin\theta\ [\text{Var}]$$

③ 피상전력

$$P_a = 2\sqrt{W_1^2 + W_2^2 - W_1 W_2} = \sqrt{3}\ VI\ [\text{VA}]$$

④ 역률

$$\cos\theta = \dfrac{W_1 + W_2}{2\sqrt{W_1^2 + W_2^2 - W_1 W_2}} = \dfrac{W_1 + W_2}{\sqrt{3}\ VI}$$

(2) 부하조건에 따른 역률 값

① W_1, W_2 둘 중 하나의 측정량이 0일 경우($W_2 = 0$의 경우)

$$\cos\theta = \frac{W_1}{2 \times W_1} = \frac{1}{2} = 0.5$$

② W_1, W_2 둘의 측정량이 같은 경우($W_1 = 1$, $W_2 = 1$의 경우)

$$\cos\theta = \frac{2}{2\sqrt{1+1^2-1}} = \frac{2}{2\sqrt{1}} = 1$$

③ W_1, W_2 둘 중 하나가 측정량이 2배일 경우($W_1 = 1$, $W_2 = 2$의 경우)

$$\cos\theta = \frac{3}{2\sqrt{1+2^2-2}} = \frac{3}{2\sqrt{3}} = 0.866$$

④ W_1, W_2 둘 중 하나가 측정량이 3배일 경우($W_1 = 1$, $W_2 = 3$의 경우)

$$\cos\theta = \frac{4}{2\sqrt{1+3^2-3}} = \frac{4}{2\sqrt{7}} = 0.756$$

⑤ R만의 부하인 경우

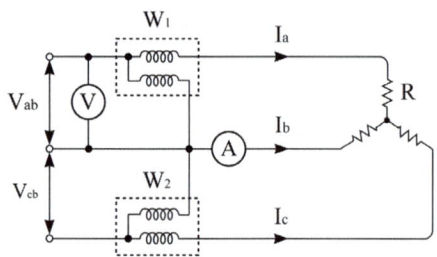

㉠ $W_1 = W_2$이고 역률 $\cos\theta = 1$인 경우
㉡ Y결선에서도 2전력법이 가능
㉢ 3상 유효전력
$P = W_1 + W_2 = 2W$
$= \sqrt{3}\,VI[W]$

04장 비정현파 교류(Non-sinusoidal wave)

1 푸리에 급수

(1) 비정현파의 성분: 직류분 + 기본파 + 고조파

(2) 일반 식

$$f(t) = a_o + \sum_{n=1}^{\infty} a_n \cos n\omega t + \sum_{n=1}^{\infty} b_n \sin n\omega t$$

(3) 대칭 조건에 따른 푸리에 계수

구분	대칭 조건	푸리에 계수
우함수(여현대칭)	$f(t) = f(-t)$	$b_n = 0$ 이고, a_0, a_n 존재
기함수(정현대칭)	$f(t) = -f(-t)$	$a_0 = a_n = 0$ 이고, b_n 존재
반파대칭	$f(t) = f(-t)$	홀수(기수)차 고조파만 남음

여기서, a_0: 직류항 상수 a_n: 여현항(cos) 상수 b_n: 정현항(sin) 상수

2 비정현파의 실횻값

(1) 정의: 각 파의 실횻값의 제곱의 합에 다시 제곱근을 취한 값

(2) 전압의 실횻값

$$|E| = \sqrt{|E_0|^2 + |E_1|^2 + |E_2|^2 + \cdots + |E_n|^2}$$

① 직류성분은 그 자체가 실횻값이 된다.
② 예, $v(t) = 50 + 100\sin\omega t + 50\sin 3\omega t + 20\sin(5\omega t - 30)$의 경우 실횻값

$$|V| = \sqrt{50^2 + \left(\frac{100}{\sqrt{2}}\right)^2 + \left(\frac{50}{\sqrt{2}}\right)^2 + \left(\frac{20}{\sqrt{2}}\right)^2}$$
$$= \sqrt{50^2 + \frac{1}{2}(100^2 + 50^2 + 20^2)}$$

3 비정현파의 전력

(1) 피상전력

$$P_a = |V||I|[\text{VA}]$$

여기서, $|V|$, $|I|$: 전압과 전류의 실횻값

(2) 유효전력

$$P = V_0 I_0 + \sum_{i=1}^{n} V_i I_i \cos\theta_i [\text{W}]$$

여기서, V_0, I_0: 직류성분

(3) 무효전력

$$P_r = Q = \sum_{i=1}^{n} V_i I_i \sin\theta_i [\text{Var}]$$

여기서, 무효전력에서 직류성분은 존재하지 않는다($V_0 I_0 = 0$).

4 비정현파의 회로 해석

(1) 제n 고조파 임피던스

$$Z_n = R + j\left(n\omega L - \frac{1}{n\omega C}\right) = R + j\left(nX_L - \frac{X_C}{n}\right)[\Omega]$$

① 제n 고조파의 주파수와 위상은 기본파의 n배가 된다.

② 즉, X_L의 크기는 n배가 되고, X_C의 크기는 $\frac{1}{n}$배가 된다.

(2) 고조파 공진

① 공진 조건: $n\omega L = \frac{1}{n\omega C}$

② 공진 주파수: $f_n = \frac{1}{2\pi n \sqrt{LC}}$

5 고조파 관리 기준

(1) 종합 고조파 왜형율(THD: Total Harmonics Distortion)

① 기본파의 실횻값과 고조파의 실횻값의 비율 값
② 왜형율

$$THD = \frac{고조파만의\ 실횻치}{기본파의\ 실횻치}$$

(2) 고조파의 정의

① 고조파는 60[Hz] 기본파의 정수배 주파수를 가진 성분을 말하며, 기본파에 이러한 고조파가 함유되면 파형은 왜형파(distorted wave)가 된다.
② JIS 8106에서는 고조파를 주기적 복합파의 각 합성 중 기본파 이외의 것을 말하며, 제2고조파는 기본파의 2배의 주파수를 가지는 것이라고 규정하고 있다.
③ 고조파는 50차수까지를 말하고 그 이상은 고주파수(High Frequence)라 한다.

(3) 고조파 발생 원

① 사이리스터를 사용한 전력변환장치(인버터, 컨버터, UPS, VVVF 등)
② 전기로, 아크로, 용접기 등 비선형 부하의 기기
③ 변압기, 회전기 등 철심의 자기포화특성 기기
④ 형광등, 전자기기 등 콘덴서의 병렬공진
⑤ 이상전압 등의 과도현상에 의한 것

> **참고**
>
> 중성선에 제3고조파 전류의 합성
>
>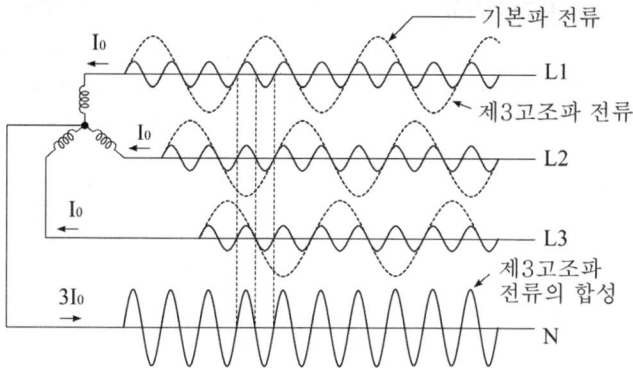

05장 대칭좌표법(Symmetrical coordinates)

1 3상 대칭 분해 성분

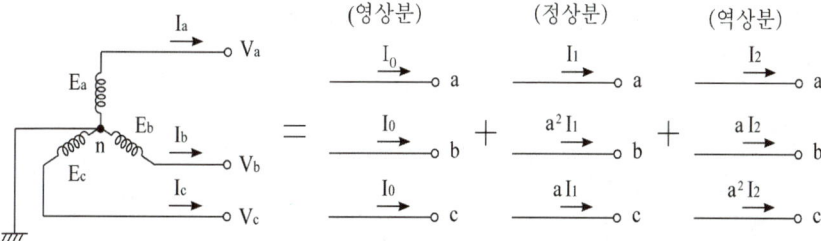

선전류	대칭분 전류
① a상 선전류: $I_a = I_0 + I_1 + I_2$	① 영상분: $I_0 = \dfrac{1}{3}(I_a + I_b + I_c)$
② b상 선전류: $I_b = I_0 + a^2 I_1 + a I_2$	② 정상분: $I_1 = \dfrac{1}{3}(I_a + a I_b + a^2 I_c)$
③ c상 선전류: $I_c = I_0 + a I_1 + a^2 I_2$	③ 역상분: $I_2 = \dfrac{1}{3}(I_a + a^2 I_b + a I_c)$
∴ 각 상의 공통 성분: 영상분	

2 고조파 차수에 따른 분류

구분	고조파 차수	특 징
영상분 I_0	$3n = 3, 6, 9 \ldots$	① a, b, c 상의 크기와 위상이 모두 같음 ② 비접지 계통에서는 존재하지 않음 ③ 중성선에 $3I_0$로 흐르게 됨
정상분 I_1	$3n + 1 = 4, 7, 10 \ldots$	① 기본파와 상회전 방향이 같음 ② 회전기의 속도와 토크를 상승시킴
역상분 I_2	$3n - 1 = 2, 5, 8 \ldots$	① 기본파와 상회전 방향과 반대 ② 회전기의 속도와 토크를 감소시킴

3 대칭(평형) 3상인 경우의 대칭 성분

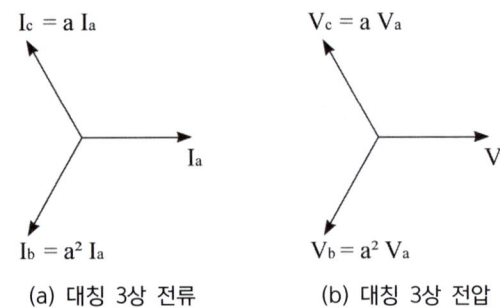

(a) 대칭 3상 전류　　(b) 대칭 3상 전압

(1) 대칭 조건

$$I_a = I, \quad I_b = a^2 I, \quad I_c = aI, \quad I_a + I_b + I_c = 0$$

(2) 대칭 성분

① 영상분 전류

$$I_0 = \frac{1}{3}(I_a + I_b + I_c) = \frac{1}{3}(I_a + a^2 I_a + a I_a) = \frac{1}{3} I_a (1 + a^2 + a) = 0$$

② 정상분 전류

$$I_1 = \frac{1}{3}(I_a + a I_b + a^2 I_c) = \frac{1}{3}(I_a + a^3 I_a + a^3 I_a) = \frac{1}{3}(I_a + I_a + I_a) = I_a$$

③ 역상분 전류

$$I_2 = \frac{1}{3}(I_a + a^2 I_b + a I_c) = \frac{1}{3}(I_a + a^4 I_a + a^2 I_a) = \frac{1}{3} I_a (1 + a + a^2) = 0$$

4 불평형율

(1) 불평형율

$$\text{불평형율} = \frac{\text{역상분}}{\text{정상분}} = \frac{I_2}{I_1} = \frac{V_2}{V_1}$$

계통에 불평형이 발생하면 이를 정상분, 영상분, 역상분으로 대칭분해할 수 있으며, 그 중 정상분과 역상분의 비율을 불평형율(unbalanced factor)이라 한다.

(2) **불평형 대책**: 중성점 접지

(3) **중성선 제거 조건**: 불평형이 발생하지 않는 경우 즉, $I_a + I_b + I_c = 0$인 경우

5 발전기 기본식

대칭 3상 교류발전기	발전기 기본식
(회로도)	① 영상전압: $V_0 = -I_0 Z_0$ ② 정상전압: $V_1 = E_a - I_1 Z_1$ ③ 역상전압: $V_2 = -I_2 Z_2$

6 1선 지락전류

1선 지락사고	영상전류와 지락전류
(회로도)	① 고장 조건: $V_a = 0$, $I_b = I_b = 0$ ② 영상전류: $I_0 = \dfrac{E_a}{Z_a + Z_b + Z_c}$ ③ 지락전류: $I_g = 3I_0 = \dfrac{3E_a}{Z_a + Z_b + Z_c}$
(회로도)	① 고장 조건: $V_a = I_g R_F$, $I_b = I_b = 0$ ② 지락전류: $I_g = 3I_0 = \dfrac{3E_a}{Z_a + Z_b + Z_c + 3R_F}$

06장 회로망 해석(Network Analysis)

1 이상적인 전압원과 전류원

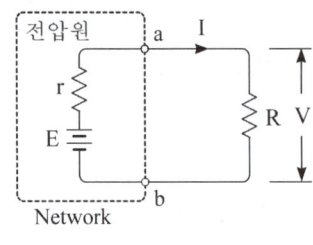

(a) 전압원　　　　(b) 전류원

(1) **이상적인 전압원**: $r = 0$ (회로적 의미: 단락상태)

(2) **이상적인 전류원**: $r = \infty$ (회로적 의미: 개방상태)

(3) 전압원과 전류원의 관계

① 전압원: $E = I_s r$

② 전류원: $I_s = \dfrac{E}{r}$ [A]

③ 전압원과 전류원의 내부저항 r의 크기는 같다.

2 중첩의 정리(superposition's theorem)

(1) **중첩의 정리**: 다수의 전원을 포함하는 회로망에서 회로 내의 임의의 두 점 사이의 전류 또는 전위차는 각각의 전원이 단독으로 있을 때의 전류 또는 전압의 합과 같다.

(2) 개념

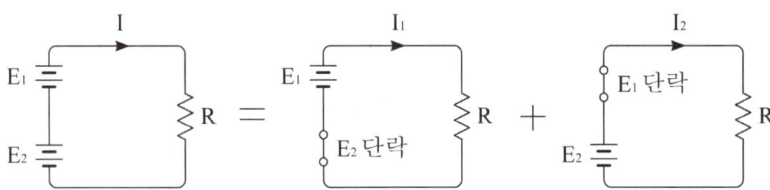

$$I = \frac{E_1 + E_2}{R} = \frac{E_1}{R} + \frac{E_2}{R} = I_1 + I_2 \text{ [A]}$$

(3) 중첩의 정리는 선형회로망에서만 적용된다.

(4) 중첩의 정리를 적용할 때에는 기준이 되는 소스를 제외하고는 전압원은 단락, 전류원을 개방시킨 상태에서 해석해야 한다.

3 테브난의 정리(Thevenin's theorem)

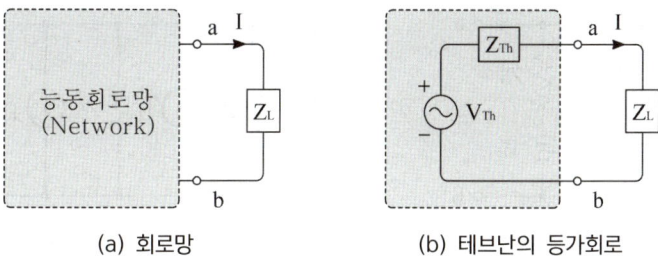

(a) 회로망　　　　(b) 테브난의 등가회로

(1) 그림 (a)의 능동회로망을 그림 (b)와 같이 전압원과 임피던스가 직렬로 접속된 회로로 등가 변환시킬 수 있다.

(2) **전압원 산출**: 부하 Z_L을 개방시키고, 두 단자 a, b의 개방전압

(3) **임피던스 산출**: 두 단자 a, b에서 회로를 바라봤을 때의 합성 임피던스로 구한다. 단, 전압원은 단락, 전류원은 개방시켜 구해야 한다.

4 노튼의 정리(Northon's theorem)

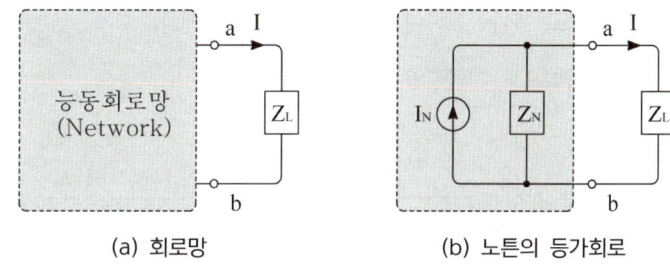

(a) 회로망　　　　(b) 노튼의 등가회로

(1) 그림 (a)의 능동 회로망을 그림 (b)와 같이 전류원과 임피던스가 병렬로 접속된 회로로 등가 변환시킬 수 있다.

(2) **전류원 산출**: 두 단자 a, b를 단락시켰을 때 흐르는 전류로 구한다.

(3) **임피던스 산출**: 두 단자 a, b에서 회로를 바라봤을 때의 합성 임피던스로 구한다. 단, 전압원은 단락, 전류원은 개방시켜 구해야 한다.

(4) 테브난과 노튼의 정리는 쌍대의 관계를 가지며 테브난의 등가회로에서 전류원으로 등가변환하면 노튼의 등가회로가 된다. 즉, 아래와 같은 관계가 된다.

$$① \ I_N = \frac{V_{TH}}{Z_{TH}} [A] \qquad ② \ Z_{TH} = Z_N [\Omega] \qquad ③ \ V_{TH} = I_N Z_N [V]$$

5 밀만의 정리(Millman's theorem)

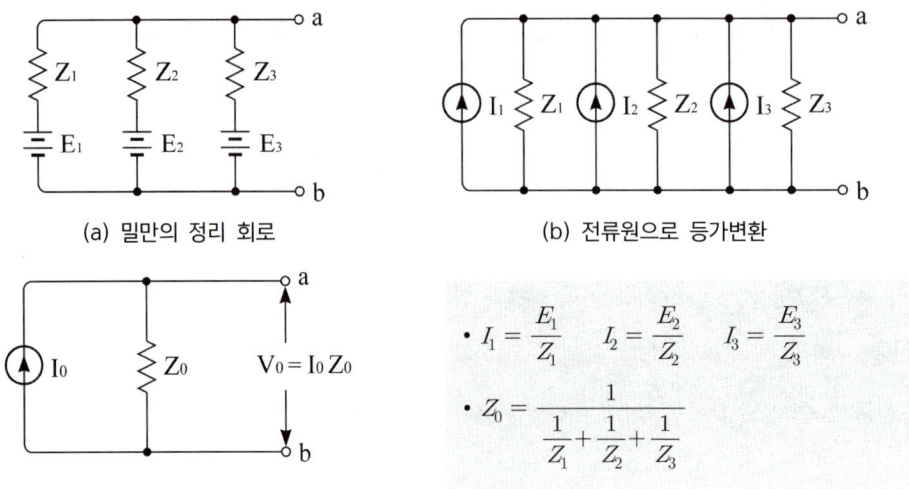

(a) 밀만의 정리 회로　　(b) 전류원으로 등가변환

(c) 개방전압

- $I_1 = \dfrac{E_1}{Z_1} \quad I_2 = \dfrac{E_2}{Z_2} \quad I_3 = \dfrac{E_3}{Z_3}$
- $Z_0 = \dfrac{1}{\dfrac{1}{Z_1} + \dfrac{1}{Z_2} + \dfrac{1}{Z_3}}$

(1) 서로 다른 크기의 전압원이 병렬로 접속되어 있을 때 회로의 두 단자전압(개방전압)을 구할 때 사용된다.

(2) 밀만의 정리는 전압원을 전류원으로 등가변환하여 개방전압을 구하면 된다.

(3) 단자전압 방법 중 가장 유용한 방법으로 개방전압은 다음과 같다.

$$V_{ab} = I_0 Z_0 = \dfrac{\dfrac{E_1}{Z_1} + \dfrac{E_2}{Z_2} + \dfrac{E_3}{Z_3}}{\dfrac{1}{Z_1} + \dfrac{1}{Z_2} + \dfrac{1}{Z_3}} = \dfrac{Y_1 E_1 + Y_2 E_2 + Y_3 E_3}{Y_1 + Y_2 + Y_3}$$

07장 4단자망 회로해석(4-Terminal network)

1 영점과 극점

영점(zero)	극점(pole)
① 구동점 임피던스 $Z(s) = 0$이 되기 위한 s의 해 즉, $Z(s)$의 분모가 0이 되기 위한 s의 해 ② 회로적 의미: 단락(short) 상태 ③ s 평면에 ○으로 표기	① 구동점 임피던스 $Z(s) = \infty$이 되기 위한 s의 해 즉, $Z(s)$의 분모가 ∞가 되기 위한 s의 해 ② 회로적 의미: 개방(open) 상태 ③ s 평면에 ×으로 표기

● 참고 ●

$Z(s) = \dfrac{s(s+1)}{(s+2)(s+3)}$

① 영점: $Z_1 = 0,\ Z_2 = -1$
② 극점: $P_1 = -2,\ P_2 = -3$

2 구동점 임피던스

구분	직렬접속	병렬접속
수동 회로망	R, $j\omega L = Ls$, $\frac{1}{j\omega C} = \frac{1}{Cs}$ 직렬 연결	R, Ls, $\frac{1}{Cs}$ 병렬 연결
구동점 임피던스	$Z(s) = R + Ls + \dfrac{1}{Cs}\ [\Omega]$	$Z(s) = \dfrac{1}{\frac{1}{R} + \frac{1}{Ls} + Cs}\ [\Omega]$
특징	분자가 더해지는 형태	분자가 1이면서 분모가 더해지는 형태

(1) 구동점 임피던스는 두 단자 a, b에서 수동회로망을 보았을 때의 합성 임피던스를 의미하며, 계산의 편의를 위해 $j\omega$ 대신 s로 대치한다.

(2) 임피던스를 주고 회로망을 찾는 문제가 출제된다.

● 참고 ●

① $\dfrac{\frac{a}{b}}{\frac{c}{d}} = \dfrac{ad}{bc}$ 가 되므로 $\dfrac{a}{b} = \dfrac{1}{\frac{b}{a}} = \dfrac{1}{\frac{1}{a} \times b}$ 로 표현이 가능하다.

② 즉, $Z(s) = 3 + \dfrac{9}{4s} = 3 + \dfrac{1}{\frac{4}{9}s}$ 를 의미하므로 $R = 3\ [\Omega]$, $C = \dfrac{4}{9}\ [\mathrm{F}]$ 이 직렬로 접속된 회로망으로 등가변환 시킬 수 있다.

3 정저항 회로

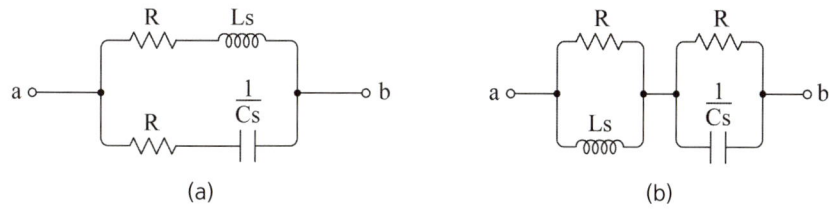

(1) 정저항 회로의 의미: 주파수에 관계없이 항상 일정한 회로로 리액턴스 성분이 0인 회로를 말한다.

(2) 정저항 회로 조건

$$R^2 = Z_1 Z_2 \Rightarrow R = \sqrt{Z_1 Z_2} = \sqrt{\dfrac{L}{C}}$$

여기서 $Z_1 = Ls$, $Z_2 = \dfrac{1}{Cs}$

4 임피던스 파라미터

(1) 회로 방정식(전압 방정식)

회로 방정식	행렬 식
$V_1 = Z_{11}I_1 + Z_{12}I_2$ $V_2 = Z_{21}I_1 + Z_{22}I_2$	$\begin{bmatrix} V_1 \\ V_2 \end{bmatrix} = \begin{bmatrix} Z_{11} & Z_{12} \\ Z_{12} & Z_{22} \end{bmatrix} \begin{bmatrix} I_1 \\ I_2 \end{bmatrix}$

(2) T형 등가회로

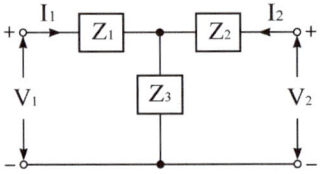

2차측 개방 시 $I_2 = 0$ 이므로	1차측 개방 시 $I_1 = 0$ 이므로
$Z_{11} = \dfrac{V_1}{I_1} = \dfrac{I_1(Z_1+Z_3)}{I_1} = Z_1 + Z_3$ $Z_{21} = \dfrac{V_2}{I_1} = \dfrac{I_1 Z_3}{I_1} = Z_3$	$Z_{12} = \dfrac{V_1}{I_2} = \dfrac{I_2 Z_3}{I_2} = Z_3$ $Z_{22} = \dfrac{V_2}{I_2} = \dfrac{I_2(Z_2+Z_3)}{I_2} = Z_2 + Z_3$

(3) 변압기 등가회로

구분	가동 결합	차동 결합
회로도	I_1, M, I_2, L_1, L_2	I_1, M, I_2, L_1, L_2
등가 회로	I_1, L_1-M, L_2-M, I_2, I_1+I_2, M	I_1, L_1+M, L_2+M, I_2, I_1+I_2, $-M$
임피던스 파라미터	① $Z_{11} = j\omega L_1 = sL_1$ ② $Z_{12} = Z_{21} = sM$ ③ $Z_{22} = j\omega L_2 = sL_2$	① $Z_{11} = j\omega L_1 = sL_1$ ② $Z_{12} = Z_{21} = -sM$ ③ $Z_{22} = j\omega L_2 = sL_2$

5 어드미턴스 파라미터

(1) 회로 방정식(전류 방정식)

회로 방정식	행렬 식
$I_1 = Y_{11} V_1 + Y_{12} V_2$ $I_2 = Y_{21} V_1 + Y_{22} V_2$	$\begin{bmatrix} I_1 \\ I_2 \end{bmatrix} = \begin{bmatrix} Y_{11} & Y_{12} \\ Y_{21} & Y_{22} \end{bmatrix} \begin{bmatrix} V_1 \\ V_2 \end{bmatrix}$

(2) 어드미턴스 파라미터

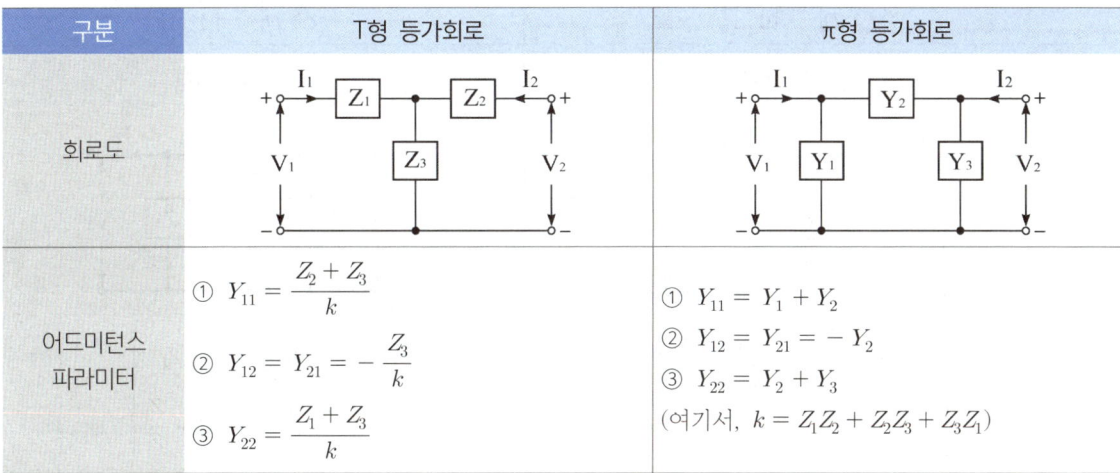

구분	T형 등가회로	π형 등가회로
회로도	(회로도)	(회로도)
어드미턴스 파라미터	① $Y_{11} = \dfrac{Z_2 + Z_3}{k}$ ② $Y_{12} = Y_{21} = -\dfrac{Z_3}{k}$ ③ $Y_{22} = \dfrac{Z_1 + Z_3}{k}$	① $Y_{11} = Y_1 + Y_2$ ② $Y_{12} = Y_{21} = -Y_2$ ③ $Y_{22} = Y_2 + Y_3$ (여기서, $k = Z_1 Z_2 + Z_2 Z_3 + Z_3 Z_1$)

6 ABCD 파라미터(4단자 정수)

(1) 회로 방정식(4단자 기본 식)

회로 방정식	행렬 식
$V_1 = A V_2 + B I_2$ $I_1 = C V_2 + D I_2$	$\begin{bmatrix} V_1 \\ I_1 \end{bmatrix} = \begin{bmatrix} A & B \\ C & D \end{bmatrix} \begin{bmatrix} V_2 \\ I_2 \end{bmatrix}$

(2) ABCD 파라미터

2차측 개방	2차측 단락
(회로도) 2차 개방	(회로도) 2차 단락 $V_2 = 0$
① $A = \dfrac{V_1}{V_2}\bigg|_{I_2 = 0}$: 전압 이득 차원 ② $C = \dfrac{I_1}{V_2}\bigg|_{I_2 = 0}$: 어드미턴스 차원	① $B = \dfrac{V_1}{I_2}\bigg|_{V_2 = 0}$: 임피던스 차원 ② $D = \dfrac{I_1}{I_2}\bigg|_{V_2 = 0}$: 전류 이득 차원

(3) ABCD 파라미터의 시험 유형

Z만의 회로	Y만의 회로
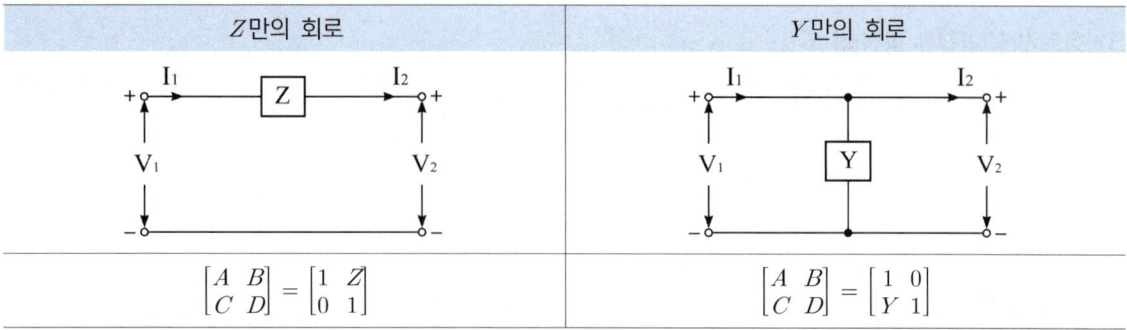	
$\begin{bmatrix} A & B \\ C & D \end{bmatrix} = \begin{bmatrix} 1 & Z \\ 0 & 1 \end{bmatrix}$	$\begin{bmatrix} A & B \\ C & D \end{bmatrix} = \begin{bmatrix} 1 & 0 \\ Y & 1 \end{bmatrix}$

T형 등가회로	π형 등가회로
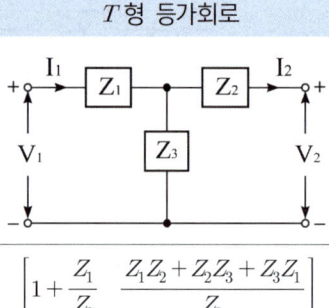	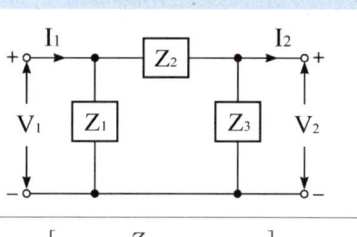
$\begin{bmatrix} 1+\dfrac{Z_1}{Z_3} & \dfrac{Z_1 Z_2 + Z_2 Z_3 + Z_3 Z_1}{Z_3} \\ \dfrac{1}{Z_3} & 1+\dfrac{Z_2}{Z_3} \end{bmatrix}$	$\begin{bmatrix} 1+\dfrac{Z_2}{Z_3} & Z_2 \\ \dfrac{Z_1+Z_2+Z_3}{Z_1 Z_3} & 1+\dfrac{Z_2}{Z_1} \end{bmatrix}$

이상적인 변압기 회로	발전기 회로
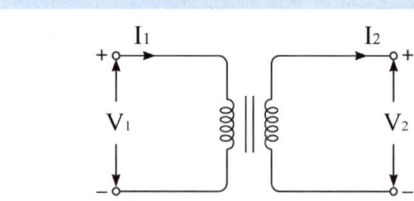	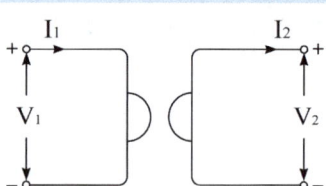
① $\begin{bmatrix} A & B \\ C & D \end{bmatrix} = \begin{bmatrix} a & 0 \\ 0 & \dfrac{1}{a} \end{bmatrix}$	① $\begin{bmatrix} A & B \\ C & D \end{bmatrix} = \begin{bmatrix} 0 & r \\ \dfrac{1}{r} & 0 \end{bmatrix}$
② 권수비 $a = \dfrac{N_1}{N_2} = \dfrac{V_1}{V_2} = \dfrac{I_2}{I_1} = \sqrt{\dfrac{L_1}{L_2}}$	② 자이레이터 $r = \dfrac{V_1}{I_2} = \dfrac{V_2}{I_1}$

두 4단자 회로의 곱

$\begin{bmatrix} A & B \\ C & D \end{bmatrix} \begin{bmatrix} A' & B' \\ C' & D' \end{bmatrix} = \begin{bmatrix} AA'+BC' & AB'+BD' \\ CA'+DC' & CB'+DD' \end{bmatrix}$

7 4단자 정수와 영상 파라미터

(1) 영상 파라미터

계통 구성	영상 파라미터
(회로도)	① $Z_{01} = \sqrt{\dfrac{AB}{CD}}$ ② $Z_{02} = \sqrt{\dfrac{BD}{AC}}$ ③ $Z_{01} Z_{02} = \dfrac{B}{C}$ ④ $\dfrac{Z_{01}}{Z_{02}} = \dfrac{A}{D}$

(2) 대칭 회로($A = D$)의 영상 임피던스: $Z_{01} = Z_{02} = \sqrt{\dfrac{B}{C}}$

(3) 영상 전달정수
   ① 영상 전달정수: $\theta = \log_e \left(\sqrt{AD} + \sqrt{BC} \right) = \ln \left(\sqrt{AD} + \sqrt{BC} \right)$
   ② $\sqrt{AD} = \cosh\theta$에서 영상 전달정수: $\theta = \cosh^{-1} \sqrt{AD}$
   ③ $\sqrt{BC} = \sinh\theta$에서 영상 전달정수: $\theta = \sinh^{-1} \sqrt{BC}$

(4) 영상 파라미터에 의한 4단자 정수
   ① $A = \sqrt{\dfrac{Z_{01}}{Z_{02}}} \cosh\theta$
   ② $B = \sqrt{Z_{01} Z_{02}} \sinh\theta$
   ③ $C = \dfrac{1}{\sqrt{Z_{01} Z_{02}}} \sinh\theta$
   ④ $D = \sqrt{\dfrac{Z_{02}}{Z_{01}}} \cosh\theta$

08장 분포정수 회로(Distributed Constant)

1 특성 임피던스(=파동 임피던스=고유 임피던스)

(1) 정의: 선로를 이동하는 진행파에 대한 전압과 전류의 비로서 그 선로의 고유한 값을 말한다.

(2) 특성 임피던스

$$Z_0 = \sqrt{\dfrac{Z}{Y}} = \sqrt{\dfrac{R + j\omega L}{G + j\omega C}} \, [\Omega]$$

2 전파정수

(1) **정의**: 전압, 전류가 선로의 끝 송전단에서부터 멀어져 감에 따라 그 진폭이라든가 위상이 변해가는 특성과 관계된 상수를 말한다.

(2) 전파정수

$$\gamma = \sqrt{ZY} = \sqrt{RG} + j\omega\sqrt{LC} = \alpha + j\beta$$

여기서, α: 감쇠정수 β: 위상정수

3 무왜형 선로

(1) **정의**: 송전단에서 보낸 정현파 입력이 수전단에 전혀 일그러짐이 없이 도달되는 회로를 말한다.

(2) 무왜형 선로 조건

$$LG = RC$$

(3) 무왜형 선로의 특성 임피던스

$$Z_0 = \sqrt{\frac{L}{C}}$$

4 무손실 선로

(1) 무손실 선로 조건

$$R = G = 0$$

(2) 무손실 선로의 특성 임피던스

$$Z_0 = \sqrt{\frac{L}{C}}$$

(3) 전파 정수

$$\gamma = j\omega\sqrt{LC}$$

5 전파 속도

(1) 전파 속도

$$v = \frac{1}{\sqrt{LC}} = \frac{\omega}{\beta} \text{ [m/s]}$$

여기서, 위상정수: $\beta = \omega\sqrt{LC}$

(2) 파장 길이

$$\lambda = \frac{v}{f} = \frac{\omega}{f\beta} = \frac{2\pi}{\beta} \text{ [m]}$$

여기서, 전파속도: $v = \frac{\omega}{\beta}$ 각주파수: $\omega = 2\pi f$

09장 과도현상(Transient phenomena)

1 R-L, R-C 직렬회로 암기법

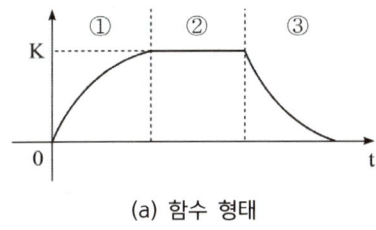 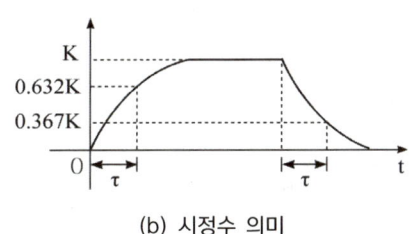

(a) 함수 형태   (b) 시정수 의미

(1) 파형에 따른 함수 형태

파형에 따른 함수 형태	문제 조건에 따른 상수 값
① 과도 상승: $f(t) = K(1 - e^{pt})$ ② 정상 상태: $f(t) = K$ ③ 과도 감소: $f(t) = Ke^{pt}$	① 전류 구할 때: $K = \frac{E}{R}$ ② 전압 구할 때: $K = E$ ③ 전하량 구할 때: $K = CE$

(2) 특성근과 시정수

구분	특성근	시정수
R-L 회로	$p = -\frac{R}{L}$	$\tau = \frac{L}{R}$ [s]
R-C 회로	$p = -\frac{1}{RC}$	$\tau = RC$ [s]

① 시정수는 특성근의 절댓값의 역수 관계가 된다. 즉, $\tau = \left|\dfrac{1}{p}\right|$

② $f(t) = K(1-e^{pt})$에서 시정수 시간은 K의 63.2%에 도달하는 시간을 말한다.

③ $f(t) = Ke^{pt}$에서 시정수 시간은 K의 37%까지 감소하는 시간을 말한다.

④ $e^{-1} = 0.3678$, $1-e^{-1} = 0.632$

2 R-L 직렬 회로

$t=0$에서 스위치를 닫을 때	$t=0$에서 스위치를 개방할 때
① 과도 전류: $i(t) = \dfrac{E}{R}\left(1-e^{-\frac{R}{L}t}\right)$	① 과도 전류: $i(t) = \dfrac{E}{R}e^{-\frac{R}{L}t}$
② $t=0$에서의 전류: $i(0) = 0$	② $t=0$에서의 전류: $i(0) = \dfrac{E}{R}$
③ $i(\tau) = \dfrac{E}{R}(1-e^{-1}) = 0.632\dfrac{E}{R}$	③ $i(\tau) = \dfrac{E}{R}e^{-1} = 0.367\dfrac{E}{R}$
④ L의 전압강하: $V_L = Ee^{-\frac{R}{L}t}$	

3 R-C 직렬 회로

$t=0$에서 스위치를 닫을 때	$t=0$에서 스위치를 개방할 때
① 충전 전하량: $Q(t) = CE\left(1-e^{-\frac{1}{RC}t}\right)$	① 방전 전류: $i(t) = -\dfrac{E}{R}e^{-\frac{1}{RC}t}$
② 과도 전류: $i(t) = \dfrac{E}{R}e^{-\frac{1}{RC}t}$	② $i(\tau) = \dfrac{E}{R}e^{-1} = 0.367\dfrac{E}{R}$
③ $i(\tau) = \dfrac{E}{R}e^{-1} = 0.367\dfrac{E}{R}$	

4 R-L-C 직렬 회로

(1) $\left(\dfrac{R}{2L}\right)^2 - \dfrac{1}{LC} < 0$ 또는 $R^2 < 4\dfrac{L}{C}$ 일 경우: 부족제동(진동적)

(2) $\left(\dfrac{R}{2L}\right)^2 - \dfrac{1}{LC} = 0$ 또는 $R^2 = 4\dfrac{L}{C}$ 일 경우: 임계제동(임계적)

(3) $\left(\dfrac{R}{2L}\right)^2 - \dfrac{1}{LC} > 0$ 또는 $R^2 > 4\dfrac{L}{C}$ 일 경우: 과제동(비진동적)

10장 라플라스 변환(Laplace transform)

1 기초 라플라스 변환과 역변환

(1) 라플라스 변환에 의하여 선형 미분방정식은 s에 관한 대수 방정식으로 변환되어, 풀기 쉬운 형식을 부여한다. 즉, 선형 미분방정식의 손쉽게 풀이하기 위한 해법이 라플라스 변환이라고 보면 된다.

(2) 정의 식

$$F(s) = \int_0^\infty f(t)\, e^{-st}\, dt$$

(3) 기초 라플라스 변환과 역변환 표

구분	라플라스 변환 $f(t) \xrightarrow{\mathcal{L}} F(s)$	라플라스 역변환 $F(s) \xrightarrow{\mathcal{L}^{-1}} f(t)$
상수	$A \xrightarrow{\mathcal{L}} \dfrac{A}{s}$	$\dfrac{A}{s} \xrightarrow{\mathcal{L}^{-1}} A$
복소 추이 정리	$Ae^{\pm at} \xrightarrow{\mathcal{L}} \left.\dfrac{A}{s}\right|_{s=s\mp a} = \dfrac{A}{s\mp a}$	$\dfrac{A}{s\mp a} \xrightarrow{\mathcal{L}^{-1}} Ae^{\pm at}$
시간 함수	$t^n \xrightarrow{\mathcal{L}} \dfrac{n!}{s^{n+1}}$ $t^2 \xrightarrow{\mathcal{L}} \dfrac{2\times 1}{s^3}$	$\dfrac{n!}{s^{n+1}} \xrightarrow{\mathcal{L}^{-1}} t^n$ $\dfrac{8}{s^3} \xrightarrow{\mathcal{L}^{-1}} 4t^2$
삼각 함수	$\sin\omega t \xrightarrow{\mathcal{L}} \dfrac{\omega}{s^2+\omega^2}$ $\cos\omega t \xrightarrow{\mathcal{L}} \dfrac{s}{s^2+\omega^2}$ $e^{-at}\cos\omega t \xrightarrow{\mathcal{L}} \dfrac{s+a}{(s+a)^2+\omega^2}$	$\dfrac{\omega}{s^2+\omega^2} \xrightarrow{\mathcal{L}^{-1}} \sin\omega t$ $\dfrac{s}{s^2+\omega^2} \xrightarrow{\mathcal{L}^{-1}} \cos\omega t$ $\dfrac{s+a}{(s+a)^2+\omega^2} \xrightarrow{\mathcal{L}^{-1}} e^{-at}\cos\omega t$
쌍곡선 함수	$\sinh\omega t \xrightarrow{\mathcal{L}} \dfrac{\omega}{s^2-\omega^2}$ $\cosh\omega t \xrightarrow{\mathcal{L}} \dfrac{s}{s^2-\omega^2}$	$\dfrac{\omega}{s^2-\omega^2} \xrightarrow{\mathcal{L}^{-1}} \sinh\omega t$ $\dfrac{s}{s^2-\omega^2} \xrightarrow{\mathcal{L}^{-1}} \cosh\omega t$
미분	$\dfrac{d}{dt}f(t) \xrightarrow{\mathcal{L}} sF(s)$	$sF(s) \xrightarrow{\mathcal{L}^{-1}} \dfrac{d}{dt}f(t)$
적분	$\int f(t)\,dt \xrightarrow{\mathcal{L}} \dfrac{1}{s}F(s)$	$\dfrac{1}{s}F(s) \xrightarrow{\mathcal{L}^{-1}} \int f(t)\,dt$

2 미분의 정리

(1) $\mathcal{L}\left[\dfrac{d}{ds}\sin\omega t\right] = sF(s) - f(0) = s \times \dfrac{\omega}{s^2+\omega^2} - 0 = \dfrac{\omega s}{s^2+\omega^2}$

(2) $\mathcal{L}\left[\dfrac{d}{ds}\cos\omega t\right] = sF(s) - f(0) = s \times \dfrac{s}{s^2+\omega^2} - 1 = \dfrac{-\omega^2}{s^2+\omega^2}$

3 복소미분의 정리

(1) 일반 식

$$\mathcal{L}\left[t^n f(t)\right] = (-1)^n \dfrac{d^n}{ds^n} F(s)$$

(2) $\mathcal{L}[t\sin\omega t] = -\dfrac{d}{ds}\dfrac{\omega}{s^2+\omega^2} = -\dfrac{0 \times (s^2+\omega^2) - 2s \times \omega}{(s^2+\omega^2)^2} = \dfrac{2\omega s}{(s^2+\omega^2)^2}$

(3) $\mathcal{L}[t\cos\omega t] = -\dfrac{d}{ds}\dfrac{s}{s^2+\omega^2} = -\dfrac{1 \times (s^2+\omega^2) - 2s \times s}{(s^2+\omega^2)^2} = \dfrac{s^2-\omega^2}{(s^2+\omega^2)^2}$

● 참고 ●

① $\dfrac{d}{dx}x^n = nx^{n-1}$, $\dfrac{d}{ds}\omega = 0$, $\dfrac{d}{ds}(s^2+\omega^2) = 2s$

② $\dfrac{d}{dx}\dfrac{f(x)}{g(x)} = \dfrac{f'(x)g(x) - f(x)g'(x)}{g^2(x)}$

4 단위 임펄스 함수(unit impulse function)

(1) 폭 a, 높이 $\dfrac{1}{a}$, 면적이 1 인 파형에 대해서 $a \to 0$ 으로 한 극한 파형을 단위 임펄스 함수라 하고, $\delta(t)$ 로 표시한다.

(2) 충격함수 또는 중량함수라고도 한다.

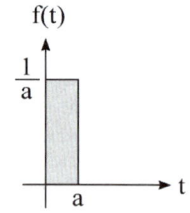

(3) 임펄스 함수

$$\delta(t) = \dfrac{d}{dt}u(t) \xrightarrow{\mathcal{L}} 1$$

5 초기값과 최종값의 정리

(1) 초기값의 정리: $f(0) = \lim_{s \to \infty} s F(s)$

(2) 최종값의 정리: $f(\infty) = \lim_{s \to 0} s F(s)$

6 시간 추이의 정리

파형의 형태	함수
$\begin{cases} t < 0, & f(t) = 0 \\ t \geq 0, & f(t) = K \end{cases}$	① $f(t) = K u(t)$ ② $F(s) = \dfrac{K}{s}$
$\begin{cases} t < L, & f(t) = 0 \\ t \geq L, & f(t) = K \end{cases}$	① $f(t) = K u(t-L)$ ② $F(s) = \dfrac{K}{s} e^{-Ls}$
$\begin{cases} t < a & : f(t) = 0 \\ a \leq t < b & : f(t) = K \\ t \geq b & : f(t) = 0 \end{cases}$	① $f(t) = K u(t-a) - K u(t-b)$ ② $F(s) = \dfrac{K}{s}\left(e^{-as} - e^{-bs}\right)$
$\begin{cases} t < 0, & f(t) = 0 \\ t \geq 0, & f(t) = Kt \end{cases}$	① $f(t) = Kt\, u(t)$ ② $F(s) = \dfrac{K}{s^2}$
$\begin{cases} t < L, & f(t) = 0 \\ t \geq L, & f(t) = Kt \end{cases}$	① $f(t) = K(t-L)\, u(t-L)$ ② $F(s) = \dfrac{K}{s^2} e^{-Ls}$

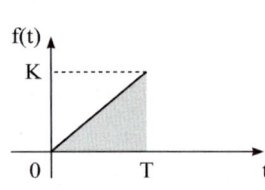	$f(t) = \dfrac{E}{T} t u(t) - \dfrac{E}{T}(t-T)u(t-T) - Eu(t-T)$ $F(s) = \dfrac{E}{Ts^2} - \dfrac{E}{Ts^2}e^{-Ts} - \dfrac{E}{s}e^{-Ts}$ $\quad = \dfrac{E}{Ts^2}(1 - e^{-Ts} - Tse^{-Ts})$
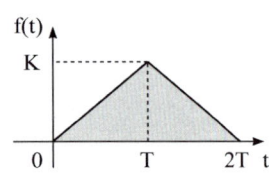	$f(t) = \dfrac{E}{T}tu(t) - \dfrac{2E}{T}(t-T)u(t-T) + \dfrac{E}{T}(t-2T)u(t-2T)$ $F(s) = \dfrac{E}{Ts^2} - \dfrac{2E}{Ts^2}e^{-Ts} + \dfrac{E}{Ts^2}e^{-2Ts}$ $\quad = \dfrac{E}{Ts^2}(1 - 2e^{-Ts} + e^{-2Ts})$

7 부분 분수 전개방식

(1) 라플라스 변환 함수가 $F(s) = \dfrac{1}{(s+1)(s+3)}$ 와 같이 주어졌을 경우 부분 분수 전개방식으로 이를 해결할 수 있다.

(2) 라플라스 역변환

① $F(s) = \dfrac{1}{(s+1)(s+3)} = \dfrac{A}{s+1} + \dfrac{B}{s+3} \xrightarrow{\mathcal{L}^{-1}} Ae^{-t} + Be^{-3t}$

② $A = \lim_{s \to -1}(s+1)F(s) = \lim_{s \to -1}\dfrac{1}{s+3} = \dfrac{1}{2}$

③ $B = \lim_{s \to -3}(s+3)F(s) = \lim_{s \to -3}\dfrac{1}{s+1} = -\dfrac{1}{2}$

$\therefore f(t) = \dfrac{1}{2}e^{-t} - \dfrac{1}{2}e^{-3t} = \dfrac{1}{2}(e^{-t} - e^{-3t})$

Chapter 05 제어공학

01장 자동제어의 개요

1 폐루프 제어계(closed loop system)

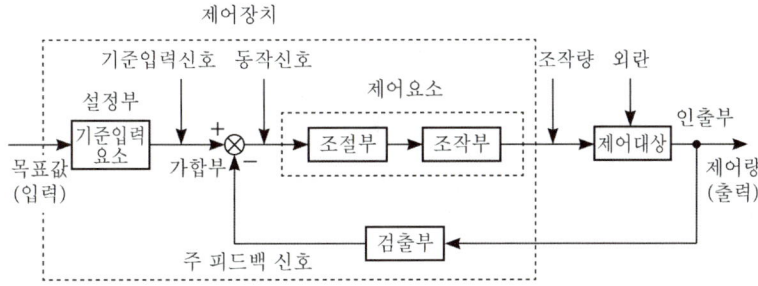

1. 정의

(1) 폐루프 제어계는 피드백 제어계(feedback control) 또는 궤환제어계라고도한다.

(2) 개루프 제어계와 달리 입력과 출력을 비교할 수 있는 검출부를 추가하여 외란에 대비한 제어계를 말한다.

2. 폐루프 제어계의 구성

(1) 목표값(desired value, command)

사용자가 제어장치에 가하는 입력신호로 목표값이 변하지 않고 일정한 값을 가지며 설정값(set point)이라고도 한다.

(2) 기준입력요소 또는 설정부(reference input element)

목표값을 제어할 수 있는 기준입력신호로 변환하는 장치를 말한다.

(3) 기준입력신호(reference input signal)

자동 제어계를 동작시키는 기준입력으로 목표값에 비례한다.

(4) 검출부(detecting means)

제어량을 목표값과 비교하여 오차를 계산하는 장치를 말한다.

(5) 주 피드백 신호(main feedback signal)

검출부에서 계산된 신호를 기준입력신호에 가합하는 신호로, 기준입력신호와 같은 종류의 물리량을 보낸다.

(6) 동작신호(actuating signal)

기준입력신호와 주 피드백 신호의 차로서 제어계를 동작시키는 신호로, 제어편차(error)라고도 한다.

(7) 제어요소(control element)

동작신호에 따라 제어대상을 제어하기 위한 조작량을 만들어 내는 장치로서, 조절부와 조작부로 구성된다.

(8) 조절부(controlling means)

검출부에서 나온 검출량을 목표값과 비교하여, 제어계가 필요로 하는 신호로 만들어 조작부로 보내준다.

(9) 조작부(final control element)

조절부로부터 받은 신호를 조작량으로 바꾸어 제어대상에 보내준다.

3. 폐루프 제어계의 특징

(1) 비선형 왜곡이 감소한다.

(2) 구조가 복잡하고 설치비가 고가이다.

(3) 대역폭이 증가한다.

(4) 계의 특성 변환에 대한 입력 대 출력비의 감도가 감소한다.

2 제어계의 분류

1. 제어량에 의한 분류

(1) 서보기구(servo mechanism)제어

> 위치, 방위, 자세, 거리, 각도 등의 기계적 변위를 제어

(2) 프로세스기구(process control)제어

> 온도, 유량, 압력, 비중 등 공업공정의 상태량을 제어

(3) 자동조정기구(automatic regulation)제어

> 전압, 주파수, 회전력, 토크 등 기계적 또는 전기적인량을 제어

2. 목표값에 의한 분류

(1) 정치제어(constant value control)

① 목표값이 시간적 변화에 따라 항상 일정한 제어를 말한다.
② 프로세스 제어와 자동조정이 정치제어에 속한다.

(2) 추치제어(variable value control)

목표값이 시간적 변화에 따라 변화하는 제어를 말하며, 목표값의 변화가 미리 정해져 있는 경우를 프로그램 제어, 그 변화가 임의인 경우를 추종제어라 한다.
① 추종제어(follow up control)
  ㉠ 출력의 변동을 조정하는 동시에 목표값에 정확히 추종하도록 하는 것을 목적으로 하는 제어를 말한다.
  ㉡ 서보기구가 대표되는 추종제어이며 추적 레이더(radar), 어군탐지기 등이 이에 속한다.

② 프로그램제어(program control)
　㉠ 미리 정해진 프로그램에 따라 제어량을 변화시키는 것을 목적으로 하는 제어를 말한다.
　㉡ 엘리베이터, 무인열차운전, 무인자판기, 열처리 노의 온도제어 등이 이에 속한다.
③ 비율제어(ratio control)
　㉠ 2개 이상의 양 사이에 어떤 비율을 유지하도록 제어하는 것을 말한다.
　㉡ 예를 들면 보일러 자동 연소 제어와 암모니아 합성 장치에서 수소와 질소의 혼합 비율을 일정하게 하는 제어를 들 수 있다.

3 조절부 동작에 의한 분류

1. 불연속 동작

(1) 현재온도가 목표값의 동작범위에 대해서 밸브의 열림과 닫힘을 반복하여 온도를 일정하게 유지시키는 방식을 불연속 동작 또는 on-off 제어라 한다.

(2) 장점: 동작이 간단하고 편차(off-set)가 발생하지 않는다.

(3) 단점
　① 밸브 투입 시 오버슈트(overshoot)가 발생한다.
　② 목표값이 도달한 이후에 on/off가 계속 반복되는 헌팅 현상이 발생한다.

2. 연속 동작

(1) 비례 제어(P 제어, proportional action)
　① 비례제어는 제어량과의 차의 크기에 비례한 조작량의 변화를 주는 제어 동작으로, 제어동작이 연속적으로 이루어지는 연속동작 가운데 가장 기본적인 구조를 말한다.
　② 조작량

$$y(t) = K_P z(t)$$

　여기서, $y(t)$: 조작량 $z(t)$: 동작신호
　　　　 K_P: 비례이득 또는 비례감도 $1/K_P$: 비례대

(2) 비례 적분 제어(PI 제어, proportional integral action)
　① 비례 제어만 있는 조절기로 공정을 제어하면 제어량이 목표값과 반드시 일치되지 않는 경우 많기 때문에 이러한 결함을 해결하기 위해 적분 제어를 공정 제어를 한다. 이를 비례 적분 제어라 한다.
　② 조작량

$$y(t) = K_P \left[z(t) + \frac{1}{T_I} \int_0^t z(t)\, dt \right]$$

　여기서, T_I: 적분시간

(3) 비례 미분 제어(PD 제어, proportional derivative action)

① 미분동작은 동작신호의 미분에 비례하여 출력을 내는 조절부 동작이며 이 동작은 단독으로는 사용하지 않고 비례 제어와 함께 사용한다.

② 조작량

$$y(t) = K_P \left[z(t) + T_D \frac{dz(t)}{dt} \right]$$

여기서, T_D: 미분시간

(4) 비례 적분 미분 제어(PID 제어)

① 비례, 적분, 미분 제어를 모두 조합한 것으로 적분 제어로 잔류편차(정상편차)를 제거하고, 미분 제어로 속응성을 개선한 가장 최적의 제어시스템을 말한다.

② 조작량

$$y(t) = K_P \left[z(t) + \frac{1}{T_I} \int_0^t z(t)\, dt + T_D \frac{dz(t)}{dt} \right]$$

(5) 제어동작의 특징

구분	장점	단점
P 제어	오버슈트와 헌팅이 줄어듬(헌팅 = 난조)	① 안정화까지 시간이 걸림 ② 잔류편차(off-set) 발생
PI 제어	① 잔류편차(off-set) 제거 ② 정상편차(정상특성) 개선	P 제어보다 안정화 시간이 더 걸림(속응성 깊)
PD 제어	응답 속응성을 개선	정상편차 발생
PID 제어	최적의 제어 시스템	가격이 고가

4 변환요소의 종류

변환량	변환 요소
압력 → 변위	벨로우즈, 다이어프램, 스프링
변위 → 압력	노즐 플래퍼, 유압 분사관, 스프링
변위 → 임피던스	가변 저항기, 용량형 변환기, 가변 저항 스프링
변위 → 전압	포텐쇼미터, 차동 변압기, 전위차계
전압 → 변위	전자석, 전자코일
광 → 임피던스	광전관, 광전도 셀, 광전 트랜지스터
광 → 전압	광전지, 광전 다이오드
온도 → 임피던스	측온 저항(열선, 서미스터, 백금, 니켈)
온도 → 전압	열전대 (서미스터)

02장 전달함수(Transfer function)

1 전달함수의 정의

(1) 모든 초기값을 0으로 했을 때 입력변수의 라플라스 변환과 출력 변수의 라플라스 변환의 비이다.

(2) 전달함수

$$G(s) = \frac{\mathcal{L}\,출력}{\mathcal{L}\,입력} = \frac{C(s)}{R(s)} = \frac{Y(s)}{X(s)} = \frac{V_o(s)}{V_i(s)}$$

2 전달함수의 시험 패턴

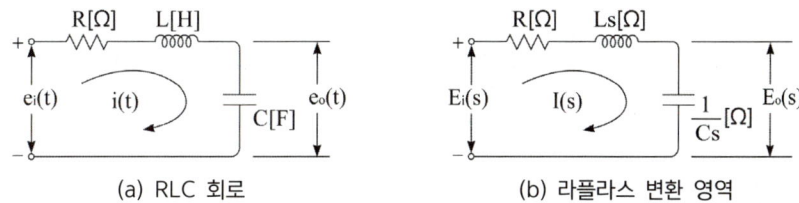

(a) RLC 회로 (b) 라플라스 변환 영역

(1) $G(s) = \dfrac{E_o(s)}{E_i(s)} = \dfrac{\dfrac{1}{Cs}I(s)}{\left(Ls+R+\dfrac{1}{Cs}\right)I(s)} = \dfrac{\dfrac{1}{Cs}}{Ls+R+\dfrac{1}{Cs}} = \dfrac{Z_o(s)}{Z_i(s)}$

$= \dfrac{1}{LCs^2+RCs+1} = \dfrac{\dfrac{1}{LC}}{s^2+\dfrac{R}{L}s+\dfrac{1}{LC}}$

$$G(s) = \frac{E_o(s)}{E_i(s)} = \frac{Z_o(s)}{Z_i(s)} = \frac{\dfrac{1}{Cs}}{Ls+R+\dfrac{1}{Cs}}$$

여기서, $Z_i(s)$: 입력측 임피던스 $Z_o(s)$: 출력측 임피던스

(2) $G(s) = \dfrac{I(s)}{E_i(s)} = \dfrac{I(s)}{\left(Ls+R+\dfrac{1}{Cs}\right)I(s)} = \dfrac{1}{Ls+R+\dfrac{1}{Cs}} = \dfrac{1}{Z_i(s)}$

$= \dfrac{Cs}{LCs^2+RCs+1} = \dfrac{\dfrac{1}{L}s}{s^2+\dfrac{R}{L}s+\dfrac{1}{LC}}$

$$G(s) = \dfrac{I(s)}{E_i(s)} = \dfrac{1}{Z_i(s)} = \dfrac{1}{Ls+R+\dfrac{1}{Cs}}$$

(3) $G(s) = \dfrac{E_o(s)}{I(s)} = \dfrac{\dfrac{1}{Cs}I(s)}{I(s)} = \dfrac{1}{Cs}$

3 메이슨 공식의 간이화

(1) 종합 전달함수

$$M(s) = \dfrac{\sum 전향경로이득}{1-\sum 폐루프이득} = \dfrac{G(s)}{1 \mp G(s)H(s)}$$

(2) 용어 정리

① $G(s) = \dfrac{C(s)}{E(s)}$: 순방향 전달함수(forward transfer function)

② $M(s) = \dfrac{C(s)}{R(s)}$: 폐루프 전달함수(closed loop transfer function)

③ $G(s)H(s) = G$: 개루프 전달함수(open loop transfer function)

④ $H(s)$: 되먹임 전달함수(feedback transfer function)

⑤ $H(s) = 1$인 경우를 단위 궤환 제어계(unit feedback control system) 또는 직렬 궤환 제어계라 한다.

(3) 블록선도 예

블록선도	전달함수
R(s) → ⊕(+,−) → G₁ → C(s), 피드백 G₂	$M(s) = \dfrac{G_1}{1+G_1G_2}$
2단 피드백 G₁, G₂, G₃	$M(s) = \dfrac{G_1G_2}{1+G_1G_2+G_2G_3}$
A(s), B(s) 입력, G₁, G₂, G₃	① $M_1(s) = \dfrac{C_1(s)}{A(s)} = \dfrac{G_1G_2}{1+G_1G_2G_3}$ ② $M_2(s) = \dfrac{C_2(s)}{B(s)} = \dfrac{G_2}{1+G_1G_2G_3}$ ③ 종합 전달함수 $M(s) = M_1(s) + M_2(s)$ $= \dfrac{G_1G_2 + G_2}{1+G_1G_2G_3}$

(4) 신호흐름선도 예

블록선도	전달함수
a, b, c, d, e, -f	$M(s) = \dfrac{abcd}{1-ce+bcf}$
1, b, 1, 1, a, c	$M(s) = a+b+c$
1, G₁, G₂, 1, G₃, H₁, H₂	$M(s) = \dfrac{G_1G_2+G_3}{1-G_1H_1-G_2H_2-G_3H_1H_2}$

4 메이슨 공식의 정식

(1) 종합 전달함수

$$M = \frac{C}{R} = \sum_{K=1}^{N} \frac{G_K \Delta_k}{\Delta}$$

① G_K: K번째의 전향경로의 이득
② Δ_K: K번째의 전향 경로에 접하지 않은 부분의 Δ 값
③ $\Delta = 1 - \sum \ell_1 + \sum \ell_2 - \sum \ell_3 + \sum \ell_4 - \cdots + (-1)^n \sum \ell_n$
④ $\sum \ell_1$: 서로 다른 루프 이득의 합
⑤ $\sum \ell_2$: 서로 접촉하지 않은 두 개의 루프 이득의 곱의 합
⑥ $\sum \ell_n$: 서로 접촉하지 않은 n 개의 루프 이득의 곱의 합

(2) 신호흐름선도 예

블록선도	전달함수
(신호흐름선도)	① $\sum \ell_1 = ab + ab + ab = 3ab$ ② $\sum \ell_2 = a^2b^2 + a^2b^2 + a^2b^2 = 3a^2b^2$ ③ $\sum \ell_3 = a^3b^3$ ④ $\Delta = 1 - \sum \ell_1 + \sum \ell_2 - \sum \ell_3$ $\quad = 1 - 3ab + 3a^2b^2 - a^3b^3 = (1-ab)^3$ ⑤ $G_1 = a^3$, $\Delta_1 = 1$ ⑥ 종합 전달함수 $M(s) = \dfrac{\sum G_K \Delta_K}{\Delta} = \dfrac{a^3}{(1-ab)^3}$
(신호흐름선도)	① $\Delta = 1 - \sum \ell_1 = 1 - d$ ② $G_1 = ab$, $\Delta_1 = 1$ ③ $G_2 = c$, $\Delta_2 = \Delta = 1 - d$ ④ 종합 전달함수 $M(s) = \dfrac{\sum G_K \Delta_K}{\Delta} = \dfrac{G_1 \Delta_1 + G_2 \Delta_2}{\Delta}$ $\quad = \dfrac{ab + c(1-d)}{1-d}$

03장 시간 영역 해석법(Time domain)

1 시험용 신호의 응답

1. 시험용 신호의 종류 및 특징

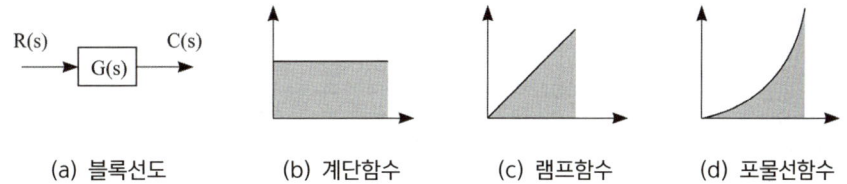

(a) 블록선도   (b) 계단함수   (c) 램프함수   (d) 포물선함수

(1) 계단함수(step function)

급격한 입력의 변화에 대한 속응성을 검사한다.

(2) 램프함수(ramp function)

① 시간에 따라 선형적으로 변하는 신호에 제어계통이 어떻게 동작하는지를 검사한다.
② 램프함수는 속도 함수라고도 한다.

(3) 포물선함수(parabolic function)

① 입력이 포물선 함수와 같이 증가할 때 제어계통의 어떻게 동작하는지를 검사한다.
② 포물선 함수는 가속도 함수라고도 한다.

2. 시험용 신호의 응답

응답: $c(t) = \mathcal{L}^{-1}[C(s)] = \mathcal{L}^{-1}[R(s)G(s)]$

종류	$r(t)$	$R(s)$	응답 $c(t)$
임펄스 응답	$\delta(t)$	1	$c(t) = \mathcal{L}^{-1}[G(s)]$
인디셜 응답	$u(t)$	$\dfrac{1}{s}$	$c(t) = \mathcal{L}^{-1}\left[\dfrac{1}{s}G(s)\right]$
경사 응답	$t\,u(t)$	$\dfrac{1}{s^2}$	$c(t) = \mathcal{L}^{-1}\left[\dfrac{1}{s^2}G(s)\right]$
포물선 응답	$\dfrac{1}{2}t^2 u(t)$	$\dfrac{1}{s^3}$	$c(t) = \mathcal{L}^{-1}\left[\dfrac{1}{s^3}G(s)\right]$

2 정상편차

1. 시험용 신호에 따른 정상편차

구분	입력 $r(t)$	정상편차	정상편차 상수	제어계의 형별
정상 위치 편차	$u(t)$	$e_{sp} = \dfrac{1}{1+K_p}$	$K_p = \lim\limits_{s \to 0} s^0 G$	0형
정상 속도 편차	t	$e_{sv} = \dfrac{1}{K_v}$	$K_p = \lim\limits_{s \to 0} s^1 G$	1형
정상 가속도 편차	$\dfrac{1}{2}t^2$	$e_{sa} = \dfrac{1}{K_a}$	$K_p = \lim\limits_{s \to 0} s^2 G$	2형

2. 제어계의 형별

(1) 0형 제어계

입력이 단위 계단함수로서 정상편차가 유한값으로 나오는 제어계를 0형 제어계라 하며 이때의 정상편차를 정상 위치 편차 e_{sp} 라 한다.

(2) 1형 제어계

입력이 단위 속도함수로서 정상편차가 유한값으로 나오는 제어계를 1형 제어계라 하며 이때의 정상편차를 정상 속도 편차 e_{sv} 라 한다.

(3) 2형 제어계

입력이 단위 포물선함수로서 정상편차가 유한값으로 나오는 제어계를 2형 제어계라 하며 이때의 정상편차를 정상 가속도 편차 e_{sa} 라 한다.

(4) 개루프 전달함수를 통해 제어계 형별 판단

개루프 전달함수: $G = G(s)H(s) = \dfrac{Ks^a(s-Z_1)(s-Z_2)\cdots(s-Z_n)}{s^b(s-P_1)(s-P_2)\cdots(s-P_n)}$

① $b - a = 0$: 0형 제어계
② $b - a = 1$: 1형 제어계
③ $b - a = 2$: 2형 제어계

3 과도응답 해석

1. 2차 지연요소의 인디셜 응답

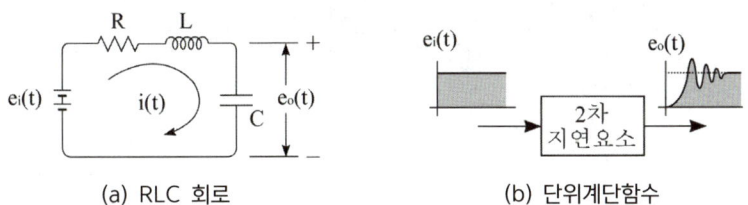

(a) RLC 회로   (b) 단위계단함수

(1) 전달함수: $M(s) = \dfrac{E_o(s)}{E_i(s)} = \dfrac{\dfrac{1}{Cs}}{Ls+R+\dfrac{1}{Cs}} = \dfrac{1}{LCs^2+RCs+1}$

$$= \dfrac{1/LC}{s^2+\dfrac{R}{L}s+\dfrac{1}{LC}} = \dfrac{\omega_n^2}{s^2+2\zeta\omega_n s+\omega_n^2}$$

$$M(s) = \dfrac{\omega_n^2}{s^2+2\zeta\omega_n s+\omega_n^2}$$

여기서, $\zeta = \delta$: 제동비(damping ratio) ω_n: 고유각 주파수

(2) 2차 지연요소의 특성방정식: 전달함수의 분모를 0으로 놓은 방정식

$$F(s) = s^2 + 2\zeta\omega_n s + \omega_n^2 = 0$$

(3) 2차 지연요소의 특성근

① 근의 공식: $x = \dfrac{-b \pm \sqrt{b^2-4ac}}{2a} = \dfrac{-b' \pm \sqrt{b'^2-ac}}{a}$

(여기서, $b' = \dfrac{b}{2}$)

② 특성근: $s = -\zeta\omega_n \pm \sqrt{(\zeta\omega_n)^2 - \omega_n^2}$
$= -\zeta\omega_n \pm \sqrt{-\omega_n^2(1-\zeta^2)}$
$= -\zeta\omega_n \pm j\omega_n\sqrt{1-\zeta^2}$
$= -\alpha \pm j\beta$

2. 과도응답의 평가 상수

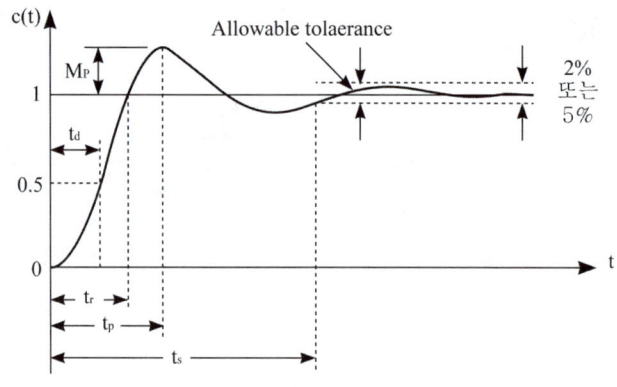

(1) 최대 오버슈트(M_P)

① 응답 중에 생기는 입력과 출력 사이의 최대 편차량을 말하며, 제어계의 안정성을 나타내는 상수로 이용되며 보통 최종값의 백분율로 표기하는 경우가 많다.

② 백분율(상대) 오버슈트 = $\dfrac{\text{최대 오버슈트}}{\text{최종 목표값}} \times 100\,[\%]$

(2) 지연시간(T_d): 목표값의 50[%]에 도달하는데 걸리는 시간

(3) 상승시간(T_r): 목표값의 10에서 90[%]까지 도달하는데 걸리는 시간

(4) 정정시간(T_s): 응답이 정해진 허용범위(최종 목표값의 ±5% 또는 ±2%) 이내로 되는데 걸리는 시간

(5) 진폭 감쇠비: 과도응답의 소멸되는 정도 $\left(\dfrac{\text{제2의 오버슈트}}{\text{최대 오버슈트}}\right)$

(6) 제동비(damping ratio)

$$\zeta = \dfrac{\alpha}{\omega_n} = \dfrac{\text{실제 제동상수}}{\text{임계제동에서의 제동상수}}$$

제동비가 크면 상승시간이 줄어드나 최대 오버슈트가 커지는 결점이 있으므로 일반적으로 $\zeta = 0.707$ 일 때 가장 안정한 것으로 알려져 있다.

3. 특성방정식의 근(특성근)의 위치에 따른 인디셜 응답

특성근의 범위	s-plane	인디셜 응답	구분
① $\zeta > 1$ ② $s = -\alpha_1,\ -\alpha_2$			과제동 (비진동)

① $\zeta = 1$ ② $s = -\alpha$			임계제동 (임계상태)
① $0 < \zeta < 1$ ② $s = -\alpha \pm j\beta$			부족제동 (감쇠진동)
① $\zeta = 0$ ② $s = \pm j\beta$			무제동 (무한진동 또는 완전진동)
① $-1 < \zeta < 0$ ② $s = \alpha \pm j\beta$			부의제동 (발산)
① $\zeta < -1$ ② $s = \alpha_1, \alpha_2$			부의제동 (발산)

4. 제동비에 따른 인디셜 응답

(1) $0 < \zeta < 1$: 부족제동, 감쇠진동, 부족감쇠 (안정)

(2) $\zeta = 1$: 임계제동, 임계감쇠, 임계상태

(3) $\zeta > 1$: 과제동, 과감쇠, 비진동

(4) $\zeta = 0$: 무제동, 무한진동, 완전진동, 임계안정

(5) $\zeta < 0$: 발산, 부의 제동 (불안정)

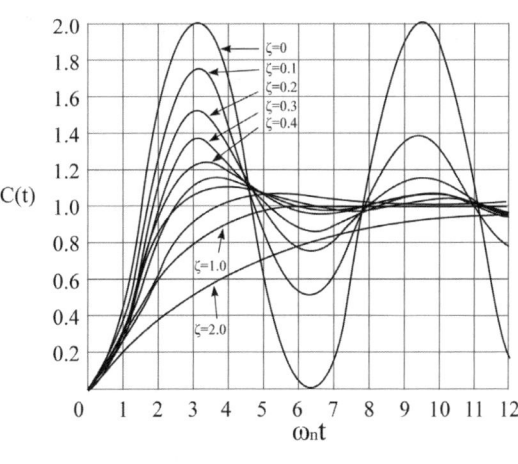

04장 주파수 영역 해석법

1 개요와 복소수 계산

1. 개요

(1) 전달함수 $G(s)$ 의 복소 s 함수를 $j\omega$ 의 정현파 신호로 바꾸어 입력에 정현파 입력을 가했을 때 출력에 나타나는 정현파 함수의 진폭비와 위상비를 구하는 것을 주파수 응답이라 한다.

(2) 폐루프 제어계에서 진폭특성과 위상특성을 이용하여 과도 및 정상상태 성능을 모두 예측할 수 있다는 장점이 있다.

2. 주파수 이득과 위상차

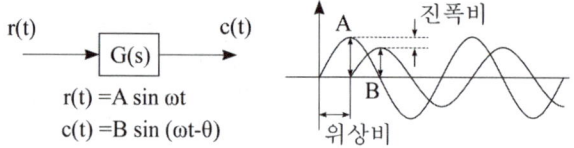

(1) 전달함수 $G(s)$ 에서 s 를 $j\omega$ 로 대치하여 $G(j\omega) = \alpha + j\beta$ 로 표현하는 것이 주파수 전달함수이다. 이때 주파수 이득과 위상차는 다음과 같다.

① 주파수 이득: $|G(j\omega)| = \sqrt{\alpha^2 + \beta^2}$

② 위상차: $\angle G(j\omega) = \tan^{-1}\dfrac{\beta}{\alpha}$

(2) 주파수 ω 를 0에서 ω 까지 변화시킬 때의 $|G(j\omega)|$ 의 변화를 이득 특성 또는 진폭 특성, $\angle G(j\omega)$ 의 변화를 위상 특성이라 하며 이 두 가지를 합하여 주파수 특성이라 한다.

3. 복소수(complex number)의 연산

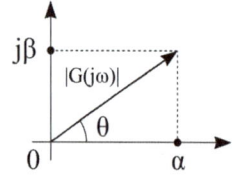 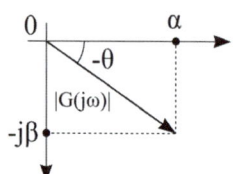

(1) $G(j\omega) = \alpha + j\beta = |G(j\omega)| \angle \theta = \sqrt{\alpha^2 + \beta^2} \angle \tan^{-1}\dfrac{\beta}{\alpha}$

(2) $G(j\omega) = \alpha - j\beta = |G(j\omega)| \angle -\theta = \sqrt{\alpha^2 + \beta^2} \angle \tan^{-1} -\dfrac{\beta}{\alpha}$

(3) $A \angle \theta_1 \times B \angle \theta_2 = AB \angle \theta_1 + \theta_2$

(4) $\dfrac{A \angle \theta_1}{B \angle \theta_2} = \dfrac{A}{B} \angle \theta_1 - \theta_2$

(5) $G(j\omega) = \dfrac{K}{1+j\omega T}$ 의 주파수 전달함수의 크기와 위상차

① $G(j\omega) = \dfrac{K}{1+j\omega T} = \dfrac{K\angle 0}{\sqrt{1^2+(\omega T)^2}\angle \tan^{-1}(\omega T)}$

$\qquad = \dfrac{K}{\sqrt{1^2+(\omega T)^2}} \angle -\tan^{-1}(\omega T)$

② 주파수 전달함수의 크기

$$|G(j\omega)| = \dfrac{K}{\sqrt{1+(\omega T)^2}}$$

③ 주파수 전달함수의 위상차

$$\angle G(j\omega) = -\tan^{-1}(\omega T)$$

2 벡터 궤적

(1) 벡터 궤적이란 복소평면(s 평면)에서 입력 주파수를 0에서 무한대까지 변화를 시켰을 때 주파수 이득 $|G(j\omega)|$ 과 위상 $\angle G(j\omega)$ 의 궤적을 말함

(2) 출제되는 형태

전달함수	미분요소: $G(s) = Ks$	적분요소: $G(s) = \dfrac{K}{s}$
벡터 궤적	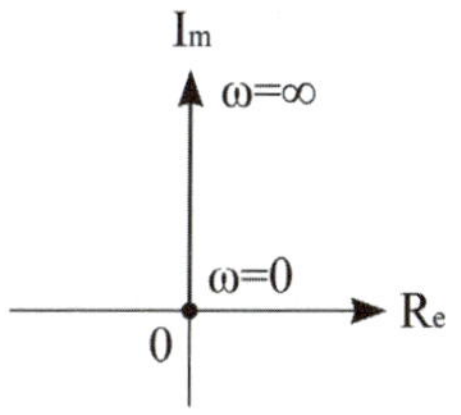 (Im축 양의 방향, $\omega=\infty$ 위쪽, $\omega=0$ 원점)	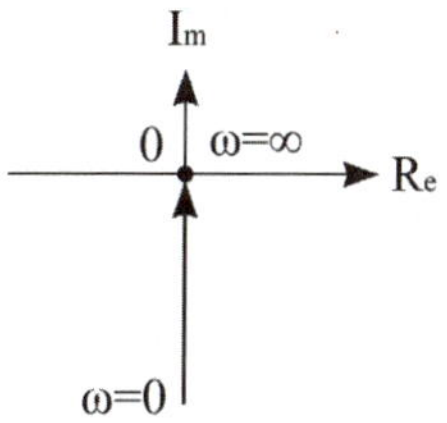 (Im축 음의 방향에서 $\omega=0$, $\omega=\infty$ 원점)

전달함수	1차 지연요소: $G(s) = \dfrac{K}{T_1 s + 1}$	$G(s) = \dfrac{K}{(T_1 s + 1)(T_2 s + 1)}$
벡터 궤적	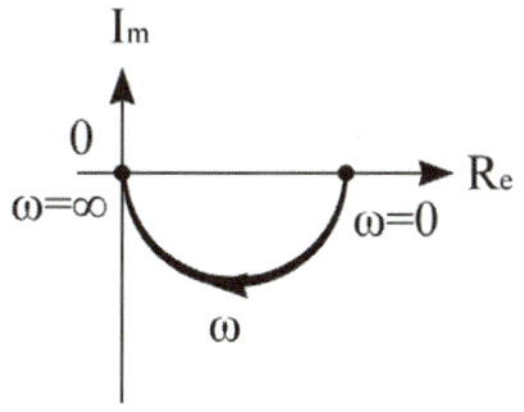 (반원, $\omega=\infty$ 원점, $\omega=0$ 실축 양)	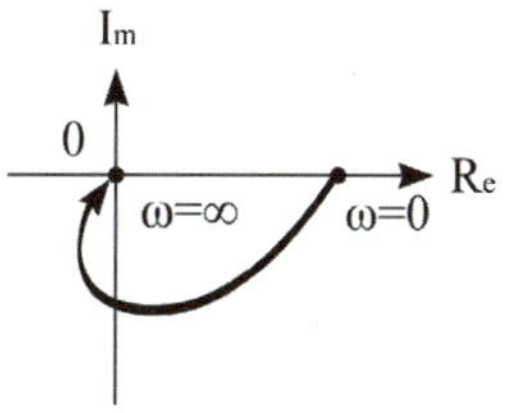 ($\omega=\infty$ 원점, $\omega=0$ 실축 양, 3사분면 경유)

전달함수	$G(s) = \dfrac{K}{s(T_1s+1)}$	$G(s) = \dfrac{K}{s(T_1s+1)(T_2s+1)}$
벡터 궤적		

전달함수	$\dfrac{K}{s(T_1s+1)(T_2s+1)(T_3s+1)}$	부동작 시간요소: $G(s) = Ke^{-Ls}$
벡터 궤적		

(3) 벡터 궤적 암기 방법

① $G(s) = \dfrac{K}{s^0(\ \ )}$ 의 경우 실수 K 에서 궤적이 시작되어, 분모의 괄호 수만큼 $-90°$ 로 꺾여 원점으로 끝나게 된다.

② $G(s) = \dfrac{K}{s(\ \ )}$ 의 경우 $-j\infty$ 에서 궤적이 시작되어, 분모의 괄호 수만큼 $-90°$ 로 꺾여 원점으로 끝나게 된다.

③ 부동작 시간요소(Ke^{-Ls})는 반지름 K 인 원으로 궤적이 그려진다.

3 보드선도

1. 개요

(1) 보드선도란 횡축에 주파수 ω 의 대수눈금으로 주어지며, 종축에 이득 g [dB] 을 취하여 그래프상에 나타난 이득곡선과 위상곡선을 구하는 선도를 말한다.

(2) 이득

$$g = 20\log_{10}|G(j\omega)|$$
$$= K + 20\log_{10}\omega^n$$
$$= K + 20n\log_{10}\omega \text{ [dB]}$$

여기서, K: 이득상수
$20n$: 이득곡선의 기울기[dB/dec]

2. 로그 공식

(1) 로그의 정의: $y = a^x \Leftrightarrow \log_a y = x$

(2) 로그의 공식

① $\log_{10} 1 = 0$

② $\log_{10} 10 = 1$

③ $\log_{10} a + \log_{10} b = \log_{10} ab$

④ $\log_{10} a - \log_{10} b = \log_{10} \dfrac{a}{b}$

⑤ $\log_{10} a^b = b \log_{10} a$

3. 1차 지연요소의 보드선도

(1) 1차 지연요소의 주파수 전달함수

$$G(j\omega) = \frac{1}{1+j\omega T} = \frac{1}{\sqrt{1+(\omega T)^2}} \angle -\tan^{-1}\omega T$$

(2) 이득

$$g = 20 \log_{10} \frac{1}{\sqrt{1+(\omega T)^2}} = -20 \log_{10} \sqrt{1+(\omega T)^2}$$
$$= -20 \log_{10} [1+(\omega T)^2]^{1/2} = -10 \log_{10} 1+(\omega T)^2 \, [\text{dB}]$$

(3) 주파수 변동에 따른 이득

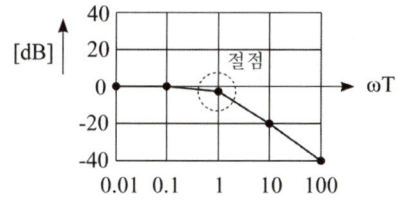

ωT	주파수 전달함수	이득 g[dB]
0.01	$G(j\omega) = \dfrac{1}{1+j0.01} = 1 \angle -0.57°$	$g = 20 \log 1 = 0$ [dB]
0.1	$G(j\omega) = \dfrac{1}{1+j0.1} = 1 \angle -5.7°$	$g = 20 \log 1 = 0$ [dB]
1	$G(j\omega) = \dfrac{1}{1+j} = 0.707 \angle -45°$	$g = 20 \log 0.707 = -3$ [dB]
10	$G(j\omega) = \dfrac{1}{1+j10} = 0.1 \angle -84.3°$	$g = 20 \log 10^{-1} = -20$ [dB]
100	$G(j\omega) = \dfrac{1}{1+j100} = 0.01 \angle -89.3°$	$g = 20 \log 10^{-2} = -40$ [dB]

① 보드선도의 굴곡점을 절점이라 한다.
② 절점 주파수란 "실수부 = 허수부"를 만족하는 주파수를 말한다.

예 $G(j\omega) = 1+j10\omega$ → 절점주파수: $\omega = 0.1$

05장 안정도 판별법(Network Analysis)

1 루스-후르비츠 안정도 판별법

1. 안정도(stability)의 개요

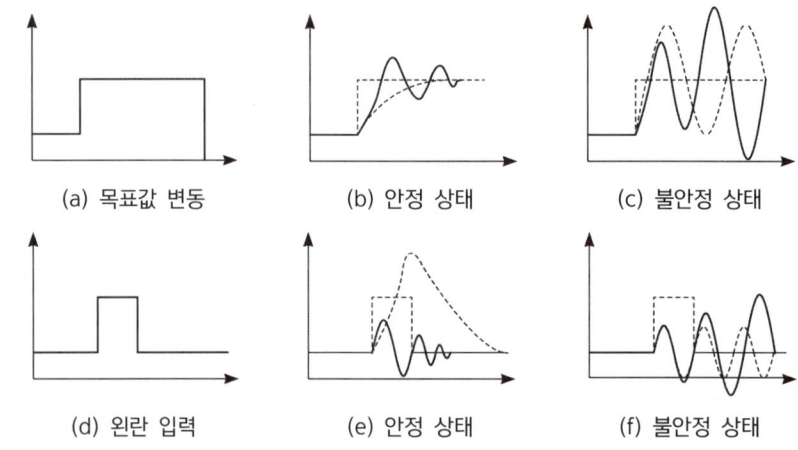

(a) 목표값 변동 (b) 안정 상태 (c) 불안정 상태
(d) 외란 입력 (e) 안정 상태 (f) 불안정 상태

(1) 목표값이 변하든가 또는 제어대상에 외란입력이 가해져 목표값에 편차가 발생하더라도 목표값이 다시 일정해지거나, 외란입력이 사라지면 되도록 빠른 시간 내에 편차가 없어져야 한다.

(2) 이와 같은 특성이 강할수록 그 제어계는 안정하다고 할 수 있다.

(3) 이에 반대로 제어량이 목표값에 도달하지 않고 지속적으로 진동이 발생하든가 아님 발산을 하게되면 그 제어계는 불안정하다고 할 수 있다.

(4) 안정도는 복소평면(s-plane)에서 특성방정식의 근(특성근)에 의해 결정할 수 있는데, 특성근이 복소평면 좌반평면에 위치하면 안정, 복소평면 우반평면에 위치하면 불안정이 되고, 허수축에 위치하게 되면 임계안정(안정한계)이 된다.

(5) 특성근은 3차 이상의 특성방정식에서는 구하기가 매우 어렵다. 따라서 특성근을 구하지 않고 안정도를 판별하는 방법으로 루스-후르비쯔 안정도 판별법에 대해서 알아본다.

2. 루스(Routh)표에 의한 안정도 판별법

(1) 안정 조건

> ① 특성방정식의 모든 차수가 존재할 것
> ② 모든 차수의 계수의 부호가 동일(+)할 것

(2) 루프표 작성법

① 특성방정식

$$F(s) = a_0 S^n + a_1 S^{n-1} + a_2 S^{n-2} + a_3 S^{n-3} + a_4 S^{n-4} + \ldots$$

② 루스표 또는 루스 배열

s^n	a_0	a_2	a_4	a_6	$\cdots$
s^{n-1}	a_1	a_3	a_5	a_7	$\cdots$
s^{n-2}	b_1	b_2	b_3	b_4	$\cdots$
s^{n-3}	c_1	c_2	c_3	c_4	$\cdots$
s^{n-4}	d_1	d_2	d_3	d_4	$\cdots$
s^{n-5}	e_1	e_2	e_3	e_4	$\cdots$

(a) 루스표

s^n	$+$	a_2	a_4	a_6	$\cdots$
s^{n-1}	$+$	a_3	a_5	a_7	$\cdots$
s^{n-2}	$-$	b_2	b_3	b_4	$\cdots$
s^{n-3}	$-$	c_2	c_3	c_4	$\cdots$
s^{n-4}	$+$	d_2	d_3	d_4	$\cdots$
s^{n-5}	$+$	e_2	e_3	e_4	$\cdots$

(b) 불안정 조건

$$b_1 = \frac{\begin{bmatrix} a_0 & a_2 \\ a_1 & a_3 \end{bmatrix}}{-a_1}, \quad b_2 = \frac{\begin{bmatrix} a_0 & a_4 \\ a_1 & a_5 \end{bmatrix}}{-a_1}, \quad b_3 = \frac{\begin{bmatrix} a_0 & a_6 \\ a_1 & a_7 \end{bmatrix}}{-a_1}$$

$$c_1 = \frac{\begin{bmatrix} a_1 & a_3 \\ b_1 & b_2 \end{bmatrix}}{-b_1}, \quad c_2 = \frac{\begin{bmatrix} a_1 & a_5 \\ b_1 & b_3 \end{bmatrix}}{-b_1}, \quad c_3 = \frac{\begin{bmatrix} a_1 & a_7 \\ b_1 & b_4 \end{bmatrix}}{-b_1}$$

$$d_1 = \frac{\begin{bmatrix} b_1 & b_2 \\ c_1 & c_2 \end{bmatrix}}{-c_1}, \quad d_2 = \frac{\begin{bmatrix} b_1 & b_3 \\ c_1 & c_3 \end{bmatrix}}{-c_1}, \quad d_3 = \frac{\begin{bmatrix} b_1 & b_4 \\ c_1 & c_4 \end{bmatrix}}{-c_1}$$

$$e_1 = \frac{\begin{bmatrix} c_1 & c_2 \\ d_1 & d_2 \end{bmatrix}}{-d_1}, \quad e_2 = \frac{\begin{bmatrix} c_1 & c_3 \\ d_1 & d_3 \end{bmatrix}}{-d_1}, \quad e_3 = \frac{\begin{bmatrix} c_1 & c_4 \\ d_1 & d_4 \end{bmatrix}}{-d_1}$$

③ 루스표의 제1열(a_0, a_1, b_1, c_1, d_1, e_1)의 모든 값의 부호가 변하지 않으면 안정이다.

④ 제1열의 부호가 변하는 회수만큼 특성방정식의 근이 복소평면 우반평면에 존재하는 근(불안정한 근)의 수가 된다.

⑤ 즉, 위 표 (b)와 같이 제1열의 결과 값의 부호가 발생했으므로 우반평면에 존재하는 불안정한 근의 수는 2개가 된다.

3. 루스 선도 패턴 정리

(1) $F(s) = As^2 + Bs + C = 0$일 때 안정도 판별

루스 선도	계수
$\begin{array}{c\|cc} s^2 & A & C \\ s^1 & B & 0 \\ \hline s^0 & b_1 & b_2 \end{array}$	$b_1 = \dfrac{\begin{bmatrix} A & C \\ B & 0 \end{bmatrix}}{-B} = \dfrac{A \times 0 - BC}{-B} = C$
안정 조건: $A,\ B,\ C > 0$	

① 루스 선도의 기준열이 모두 (+)일 때 이 시스템은 안정하다고 볼 수 있다. 즉, A, B, b_1이 (+)가 되면 된다.
② $b_1 = C$이므로 기준열의 계수는 A, B, C가 된다.

(2) $F(s) = As^3 + Bs^2 + Cs + D = 0$일 때 안정도 판별

루스 선도	계수
$\begin{array}{c\|ccc} s^3 & A & C & 0 \\ s^2 & B & D & 0 \\ \hline s^1 & b_1 & b_2 & b_3 \\ s^0 & c_1 & c_2 & c_3 \end{array}$	$b_1 = \dfrac{\begin{bmatrix} A & C \\ B & D \end{bmatrix}}{-B} = \dfrac{AD - BC}{-B} = \dfrac{BC - AD}{B}$
	$b_2 = \dfrac{\begin{bmatrix} A & 0 \\ B & 0 \end{bmatrix}}{-B} = 0$
	$c_1 = \dfrac{\begin{bmatrix} B & D \\ b_1 & 0 \end{bmatrix}}{-b_1} = \dfrac{B \times 0 - b_1 \times D}{-b_1} = D$
안정 조건 1: $A,\ B,\ C,\ D > 0$ 안정 조건 2: $BC > AD$	

① $c_1 = D$가 되므로 이 시스템의 안정도를 판별하기 위하여 b_2 값만 구하면 된다.
② b_1이 0보다 크기 위해서는 BC가 AD보다 커야한다.

(3) $F(s) = As^4 + Bs^3 + Cs^2 + Ds + E = 0$일 때 안정도 판별

루스 선도	계수
$\begin{array}{c\|ccc} s^3 & A & C & E \\ s^2 & B & D & 0 \\ \hline s^1 & b_1 & E & 0 \\ s^0 & c_1 & 0 & 0 \\ & E & 0 & 0 \end{array}$	$b_1 = \dfrac{\begin{bmatrix} A & C \\ B & D \end{bmatrix}}{-B} = \dfrac{AD-BC}{-B} = \dfrac{BC-AD}{B}$ $b_2 = \dfrac{\begin{bmatrix} A & E \\ B & 0 \end{bmatrix}}{-B} = \dfrac{A \times 0 - B \times E}{-B} = E$ $c_1 = \dfrac{\begin{bmatrix} B & D \\ b_1 & E \end{bmatrix}}{-b_1} = \dfrac{B \times E - b_1 \times D}{-b_1}$

안정 조건 1: $A, B, C, D, E > 0$
안정 조건 2: $b_1, c_1 > 0$

① b_2 계산과정을 보면 행렬의 2행2열이 0이 되면 0위의 계수 E가 결과값이 된다. 즉, 루스 선도에서 E 밑이 0이면 E는 0의 왼쪽 대각선의 값으로 작성할 수 있다.
② $d_1 = E$가 되므로 이 시스템의 안정도를 판별하기 위하여 b_2과 c_1의 값만 구하면 된다.
③ 루스 선도에서 b_1을 구할 때에는 분모자리에는 b_1 위측에 있는 계수의 부호변환($-B$)이고, 분자자리는 b_1 위에 있는 4개의 계수를 행렬로 묶으면 된다. 즉, $\begin{bmatrix} A & C \\ B & D \end{bmatrix}$이 분자가 된다.

(4) 수열의 제1열 요소의 부호변환은 불안정근(복소평면 우반면에 존재하는 근)의 수를 의미하지만, 시험에서 제어계가 불안정한 경우 불안정근의 수는 무조건 2개가 된다. 이를 정리하면 아래와 같다.

$$\text{특성방정식 } F(s) = s^4 + 3s^2 - s + 3 = 0 \begin{cases} \text{불안정} \\ \text{우반면의 근 : 2개} \end{cases}$$

(5) 특성방정식에서 상수항이 존재하지 않을 경우에는 임계안정상태가 된다.

2 나이퀴스트 선도에 의한 안정도 판별법

(1) 나이퀴스트(Nyquist) 판정법은 $G(s)H(s)$의 벡터궤적을 그려 그 궤적이 $(-1, j0)$인 점을 포위하는지 포위하지 않는지를 통해 제어계의 안정을 결정한다.

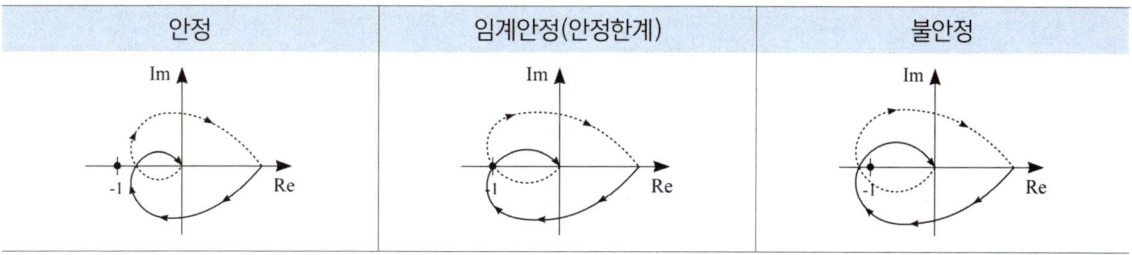

안정	임계안정(안정한계)	불안정

(2) 특징

안정도 판별에 관한 정보를 지시해 주지만 오차를 구할 수는 없다.

3 보드선도에 의한 안정도 판별법

(1) 안정도 판별법

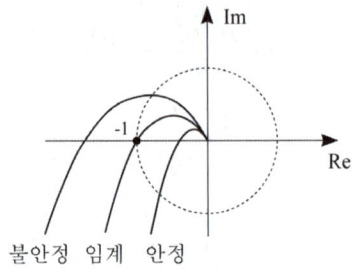
(a) 나이퀴스트 안정도 판별

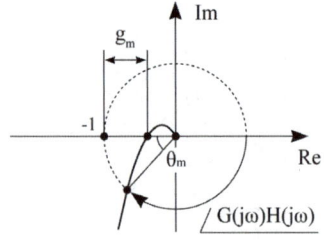
(b) 이득여유와 위상여유

① 안정 조건

$$g_m > 0, \ \theta_m > 0$$

② 임계안정(안정한계) 조건

$$g_m = 0, \ \theta_m = 0$$

③ 불안정 조건

$$g_m < 0, \ \theta_m < 0$$

④ 이득여유와 위상여유가 크면 안정도는 좋지만 제어계의 속응성이 저하되므로 위상여유는 40 ~ 60°, 이득여유는 10 ~ 20 [dB] 이 적절하다.

(2) 이득여유(gain margin)

$$g_m = 20 \log \frac{1}{|G(j\omega)H(j\omega)|} \ [\text{dB}]$$

① 이득여유는 임계점(0, -j)에서 실수축 오른쪽으로 얼마만큼 떨어졌느냐를 나타낸다.
② 따라서 이득여유는 $G(j\omega)H(j\omega)$ 의 허수가 0인 점에서 구해야 한다.

(3) 위상여유(phase margin)

$$\theta_m = \angle G(j\omega)H(j\omega) + 180°$$

(4) 개루프 전달함수의 이득선도와 위상선도의 대응관계

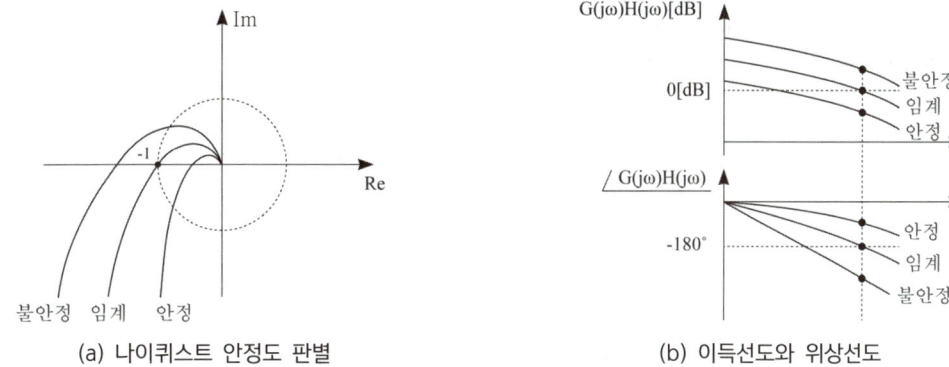

(a) 나이퀴스트 안정도 판별   (b) 이득선도와 위상선도

① 이득 $0[dB]$ 축과 위상 $-180°$ 축을 일치시킬 때 위상곡선이 위에 있으면 안정한 제어계가 된다.
② 이득 $0[dB]$ 축과 위상 $-180°$ 축을 일치시킬 때 위상곡선이 아래에 있으면 불안정한 제어계가 된다.

06장 근궤적법(Root-locus method)

1 개요

(1) 제어계의 안정도를 판별하기 위해서는 특성근의 위치가 중요하다. 즉, 특성근이 복소평면 좌반부에 위치하면 안정, 우반부에 위치하면 불안정이 된다.

(2) 이와 같이 안정도 판별을 위해서 특성근을 구해야 하는데 3차 이상의 특성방정식의 근을 구하는 것은 매우 어렵기 때문에 컴퓨터를 이용하여 이를 해결하지만 이 또한 큰 의미가 없다.

(3) 그 이유는 개루프 전달함수의 이득 K가 변하면 특성방정식의 근도 같이 변하기 때문이다.

(4) 따라서 이러한 문제를 해결하기 위해 근궤적법이 개발되었다. 여태껏 학습한 안정도 판별법은 제어계가 안정한가, 아닌가를 판단하는 절대안정도 판별을 했지만 근궤적법은 제어계가 안정하다면 얼마나 안정한지를 판단하는 상대안정도까지 판단할 수 있어 제어계의 특성 및 설계를 하는데 가장 유용한 방법이 된다.

(5) 근궤적법은 특성근을 구하지 않고 복소평면 위에 개루프 전달함수 $G(s)H(s)$의 K를 0부터 무한대까지 변화시켜 K의 값에 따른 특성방정식의 근의 궤적을 그려 시스템을 해석하는 방법이다.

2 근궤적의 이해

(1) 근궤적의 특징을 알아보기 위해 다음과 같은 개루프 전달함수의 근궤적을 그려보자.

① 개루프 전달함수

$$G(s)H(s) = \frac{K}{s(s+2)}$$

② 특성방정식

$$F(s) = s^2 + 2s + K = 0$$

특성방정식 $F(s) = 1 + G(s)H(s) = 0$: $G(s)H(s) = \dfrac{K}{s(s+2)}$ 대입

$F(s) = 1 + \dfrac{K}{s(s+2)} = 0$: 양변에 $s(s+2)$를 곱

$F(s) = s(s+2) + K = 0$

(2) 특성근

$$s = \frac{-b' \pm \sqrt{b'^2 - ac}}{a} = -1 \pm \sqrt{1-K}$$

(3) 특성근의 K값은 0부터 무한대까지 변화

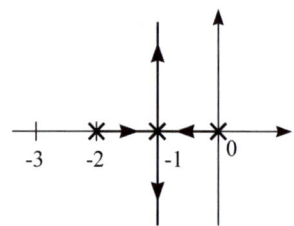

① $K = 0$: 두 개의 실수 근
  → $s_1 = 0,\ s_2 = -2$
② $0 < K < 1$: 두 개의 서로 다른 음의 실수 근
  → $K = 0.5$: $s_1 = -0.29,\ s_2 = -1.7$
③ $K = 1$: 음의 실수를 갖는 중근
  → $s_1 = s_2 = -1$
④ $1 < K < \infty$: 두 개의 음의 실수부를 갖는 공액 복소수 근
  → $K = 3$: $s_1 = -1 + j\sqrt{2},\ s_2 = -1 - j\sqrt{2}$

(3) 안정도 판별

① $K \geq 0$: 특성근이 복소평면 좌반부에 존재하므로 안정이 된다.
② $0 < K < 1$: 제어계는 과제동 상태가 된다.
③ $K = 1$: 제어계는 임계제동 상태가 된다.
④ $1 < K < \infty$: 제어계는 부족제동 상태가 된다.

(4) 위와 같이 특성근을 구하면 근궤적을 그리기는 간단하지만 3차 이상의 특성방정식에서는 근궤적을 그리는 것이 매우 곤란하다. 따라서 특성근을 구하지 않고 특성방정식의 일반적인 성질을 이용해서 특성근의 궤적을 개략적으로 그리는 방법이 근궤적 기법이다.

3 근궤적의 성질

(1) 근궤적의 출발점과 도착점

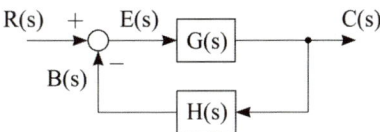

① 전달함수

$$M(s) = \frac{G(s)}{1 + G(s)H(s)}$$

여기서, $G(s)H(s) = K\dfrac{(s-Z_1)(s-Z_2)\cdots(s-Z_n)}{(s-P_1)(s-P_2)\cdots(s-P_n)} = K\dfrac{Z(s)}{P(s)}$

② 특성방정식

$$F(s) = P(s) + KZ(s) = 0$$

여기서, $F(s) = 1 + G(s)H(s) = 0$ 에서 $G(s)H(s) = 1 + K\dfrac{Z(s)}{P(s)}$ 대입

$$F(s) = 1 + K\frac{Z(s)}{P(s)} = 0 \;\rightarrow\; F(s) = P(s) + KZ(s) = 0$$

③ $K = 0$ 일 때 $P(s)$ 가 0이 되므로 특성근의 위치는 극점이 된다.
④ $K = \infty$ 일 때 $Z(s)$ 가 0이 되므로 특성근의 위치는 영점이 된다.
⑤ 이와 같이 K를 0부터 무한대 까지 변화시키면 특성근 극점에서 출발하여 영점에서 끝나게 된다.

(2) 특성근은 실수 근 또는 두 개의 공액 복소수 근을 가지므로 실수축에 대하여 대칭이다.

(3) 근궤적의 수는 개루프 전달함수의 극점과 영점의 개수 중 큰 것과 같으며 또는 특성방정식의 근의 개수와 같다고 할 수 있다.

4 근궤적의 점근선 작도

(1) 점근선의 각도 α

점근선이 실수축과 이루는 각을 의미하며 근궤적을 도시하기 전에 근궤적의 영역을 나눌 수 있는 점근선의 각도를 구하여 점근선을 작도하여야 한다.

$$\alpha_K = \frac{(2K+1)\pi}{P-Z}$$

여기서, $K = 0, 1, 2, 3\ldots$: 상수　$\pi = 180°$
　　　　P: 극점의 수　Z: 영점의 수

(2) 점근선의 교차점 σ

$$\sigma = \frac{\sum P - \sum Z}{P-Z}$$

여기서, $\sum P$: 극점의 총 합　$\sum Z$: 영점의 총 합

(3) 점근선 작도 예시

예) $G(s)H(s) = \dfrac{K}{s(s+1)(s+2)}$ $\begin{cases} 영점 = 0 \\ 극점 = 0,\ -1,\ -2 \end{cases}$

① $\alpha_0 = \dfrac{(2\times 0 + 1)\times 180°}{3-0} = 60°$

② $\alpha_1 = \dfrac{(2\times 1 + 1)\times 180°}{3-0} = 180°$

③ $\alpha_2 = \dfrac{(2\times 2 + 1)\times 180°}{3-0} = 300°$

④ $\sigma = \dfrac{\sum P - \sum Z}{P - Z} = \dfrac{(0-1-2)-0}{3-0} = -1$

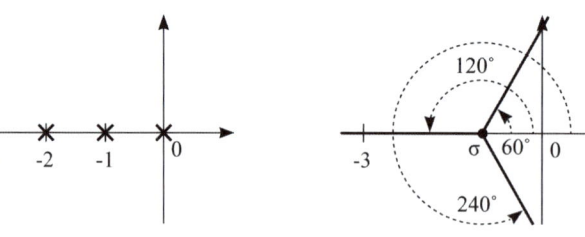

(a) 극점 표시　　(b) 점근선 작도

5 실수축 상의 근궤적의 구간 결정

(1) 개요
① $-\infty$ 에서 실영점까지의 범위에서 실수축에 놓여있는 극점과 영점의 경계구간을 각각 나눈다.
② 이때, 특정 경계구간에서 실영점까지 실수축상에 놓여 있는 영점과 극점의 수를 세어 그 총수가 **홀수이면 근궤적이 존재하고, 짝수이면 존재하지 않는다**.

(2) 실수축상의 근궤적 구간 예시

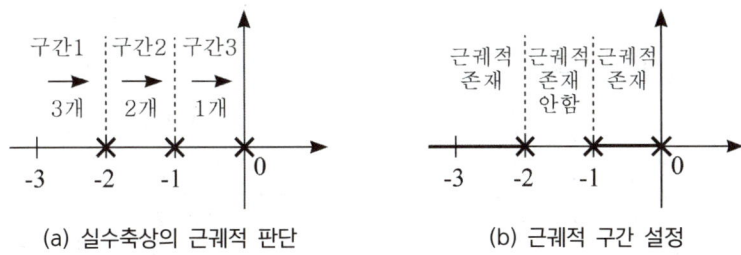

[예] $G(s)H(s) = \dfrac{K}{s(s+1)(s+2)}$ $\begin{cases} 영점 = 0 \\ 극점 = 0,\ -1,\ -2 \end{cases}$

(a) 실수축상의 근궤적 판단 (b) 근궤적 구간 설정

6 근궤적의 이탈점(breakaway point)

(1) 개요
① 근궤적이 실수축에서 시작할 때 그 실수축을 벗어나는 점을 의미하며 이탈점은 반드시 근궤적의 구간에 포함되어야 한다.
② 이탈점을 실수축상에서의 분지점이라고도 한다.
③ 이탈점은 기울기가 0인 점이므로 $\dfrac{dK}{ds} = 0$ 을 만족하는 s 를 구하면 된다.

(2) 이탈점 계산 예시

[예] $G(s)H(s) = \dfrac{K}{s(s+1)(s+2)}$ $\begin{cases} 영점 = 0 \\ 극점 = 0,\ -1,\ -2 \end{cases}$

① 특성방정식: $F(s) = s(s+1)(+2) + K = s^3 + 3s^2 + 2s + K = 0$
② 전달함수 이득: $K = -(s^3 + 3s^2 + 2s)$
③ $\dfrac{dK}{ds} = -3s^2 - 6s - 2 = 0 \rightarrow \dfrac{dK}{ds} = s^2 + 2s + \dfrac{2}{3} = 0$
④ 특성근
   ㉠ $s_1 = -1 + \sqrt{1 - \dfrac{2}{3}} = -0.423$
   ㉡ $s_2 = -1 - \sqrt{1 - \dfrac{2}{3}} = -1.577$
⑤ s_2 은 근궤적의 범위가 아니므로 이탈점은 s_1 이 된다.

7 근궤적의 허수축과의 교차점

(1) 개요
① 근궤적이 허수축과 만나는 점은 특성방정식의 근이 안정구간에서 불안정구간으로 벗어나는 순간의 점 즉, 임계안정점인 값을 의미한다.
② 허수축과의 교차점을 구하는 방법은 루스 선도와 $s = j\omega$ 를 대입하는 방법, 이렇게 두 가지가 있다.

(2) 루스 선도에 의한 방법

① 개루프 전달함수: $G(s)H(s) = \dfrac{K}{s(s+1)(s+2)}$

② 특성방정식: $F(s) = s^3 + 3s^2 + 2s + K = 0$

③ 루스 선도

루스 선도				계수
s^3	1	2	0	$b_1 = \dfrac{\begin{bmatrix} 1 & 2 \\ 3 & K \end{bmatrix}}{-3} = \dfrac{K - 2 \times 3}{-3} = \dfrac{6-K}{3}$
s^2	3	K	0	
s^1	b_1	0	0	$c_1 = \dfrac{\begin{bmatrix} 3 & K \\ b_1 & 0 \end{bmatrix}}{-b_1} = \dfrac{3 \times 0 - b_1 \times K}{-b_1} = K$
s^0	c_1	0	0	

④ s^1 항의 $\dfrac{6-K}{3}$ 이 0이 되는 K의 값은 6이 된다.

⑤ 허수축과의 교차점은 s^2 행으로부터 얻어지는 보조방정식을 통해 구할 수 있다. $3s^2 + K = 3s^2 + 6 = 0$ 이 되고 이를 만족하는 s는 다음과 같다.
$\therefore$ 특성근: $s = \pm j\sqrt{2}$

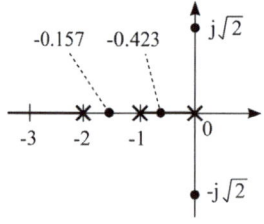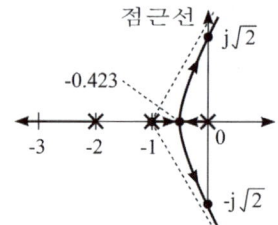

(a) 이탈점과 허수축과의 교차점   (b) 근궤적 작도

07장 상태방정식(Equation of state)

1 상태방정식

1. 개요

(1) 상태방정식은 계의 특성을 일련의 1차 미분방정식으로 표현한 식이다.

(2) 특성방정식

$$F(s) = \det |sI - A| = 0$$

여기서, I: 단위행렬 $\begin{bmatrix} 1 & 0 \\ 0 & 1 \end{bmatrix}$ A: 계수행렬(시스템 행렬)

2. 상태방정식 $\left[\dfrac{d}{dt}x(t) = Ax(t) + Bu(t)\right]$으로 변환

(1) $\dfrac{d^2}{dt^2}c(t) + K_1 \dfrac{d}{dt}c(t) + K_2 c(t) = K_3 u(t)$

① $c(t) = x_1(t)$

② $\dfrac{d}{dt}c(t) = \dfrac{d}{dt}x_1(t) = x_2(t)$

③ $\dfrac{d^2}{dt^2}c(t) = \dfrac{d}{dt}x_2(t) = -K_2 x_1(t) - K_1 x_2(t) + K_3 u(t)$

$$\begin{bmatrix} \dot{x_1} \\ \dot{x_2} \end{bmatrix} = \begin{bmatrix} 0 & 1 \\ -K_2 & -K_1 \end{bmatrix} \begin{bmatrix} x_1(t) \\ x_2(t) \end{bmatrix} + \begin{bmatrix} 0 \\ K_3 \end{bmatrix} u(t)$$

(2) $\dfrac{d^3}{dt^3}c(t) + K_1 \dfrac{d^2}{dt^2}c(t) + K_2 \dfrac{d}{dt}c(t) + K_3 c(t) = K_4 u(t)$

① $c(t) = x_1(t)$

② $\dfrac{d}{dt}c(t) = \dfrac{d}{dt}x_1(t) = x_2(t)$

③ $\dfrac{d^2}{dt^2}c(t) = \dfrac{d}{dt}x_2(t) = x_3(t)$

④ $\dfrac{d^3}{dt^3}c(t) = \dfrac{d}{dt}x_3(t) = -K_3 x_1(t) - K_2 x_2(t) + K_3 x_3(t) + K_4 u(t)$

$$\begin{bmatrix} \dot{x_1} \\ \dot{x_2} \\ \dot{x_3} \end{bmatrix} = \begin{bmatrix} 0 & 1 & 0 \\ 0 & 0 & 1 \\ -K_3 & -K_2 & -K_1 \end{bmatrix} \begin{bmatrix} x_1(t) \\ x_2(t) \\ x_3(t) \end{bmatrix} + \begin{bmatrix} 0 \\ 0 \\ K_4 \end{bmatrix} u(t)$$

2 Z 변환

1. 개요

(1) 연속적인 함수를 다룰 때에는 라플라스 변환을 사용하고, 불연속인 함수를 다룰 때에는 Z변환을 사용한다.

(2) 정의 식

① 라플라스 변환

$$F(s) = \int_0^\infty f(t)\, e^{-st}\, dt$$

② Z변환

$$F(z) = \sum_{n=0}^{\infty} f(t)\, e^{-sT} = \sum_{n=0}^{\infty} f(nT)\, Z^{-n}$$

③ 따라서, $Z = e^{Ts}$에서 양변에 자연로그 I_n을 취해서 정리하면

$$s = \frac{1}{T} I_n Z \text{ (여기서, } T\text{: 샘플러의 주기)}$$

2. s 변환과 z 변환의 정리

구분	$f(t)$	$F(s)$	$F(z)$
단위 임펄스함수	$\delta(t)$	1	1
단위 계단함수	$u(t)$	$\dfrac{1}{s}$	$\dfrac{z}{z-1}$
지수함수	e^{-at}	$\dfrac{1}{s+a}$	$\dfrac{z}{z-e^{-aT}}$
단위 램프함수	$t\,u(t)$	$\dfrac{1}{s^2}$	$\dfrac{Tz}{(z-1)^2}$
초기값의 정리	$\lim\limits_{t \to 0} f(t)$	$\lim\limits_{s \to \infty} s F(s)$	$\lim\limits_{Z \to \infty} F(z)$
최종값의 정리	$\lim\limits_{t \to \infty} f(t)$	$\lim\limits_{s \to 0} s F(s)$	$\lim\limits_{Z \to 1}\left(1 - \dfrac{1}{z}\right) F(z)$

3. s-plane 와 z-plane 의 관계

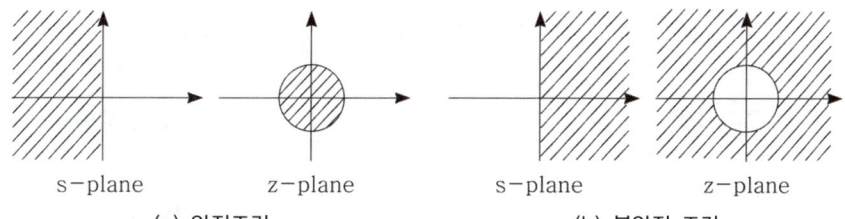

(a) 안정조건 (b) 불안정 조건

구분	안정	불안정	임계안정
s 평면	좌반평면	우반평면	허수축
z 평면	단위원 내부	단위원 외부	단위원 원주상

(1) (a)와 같이 s 평면 좌반평면의 특성근은 z 평면상의 원점에 중심을 둔 단위원 내부에 사상(寫像)된다.

(2) (b)와 같이 s 평면 우반평면의 특성근은 z 평면상의 원점에 중심을 둔 단위원 외부에 사상(寫像)된다.

(3) s 평면 허수축의 특성근은 z 평면상의 원점에 중심을 둔 단위원 원주상에 사상(寫像)된다.

08장 시퀀스 회로의 이해(Sequence circuit)

1 AND 회로(논리적 회로)

입력단자 A, B 중 모두 ON이 되어야 출력이 ON이 되고, 그 어느 한 단자라도 OFF되면 출력이 OFF되는 회로를 말한다.

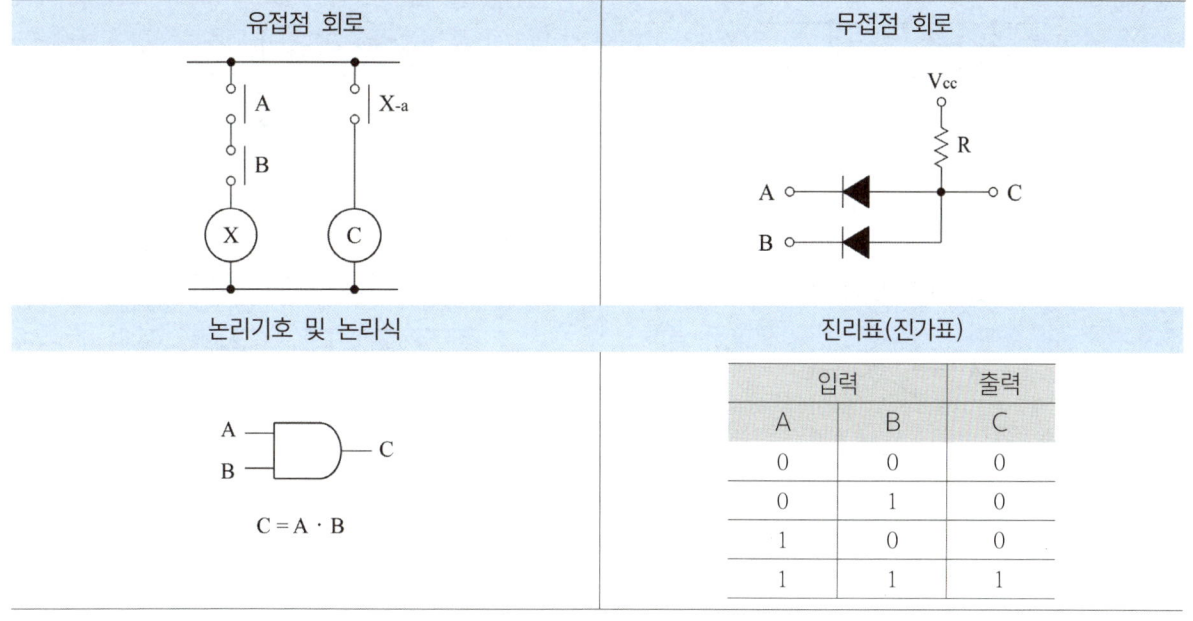

2 OR 회로(논리화 회로)

입력단자 A, B 중 어느 하나라도 ON이 되면 출력이 ON이 되고, A, B 모든 단자가 OFF되어야 출력이 OFF되는 회로를 말한다.

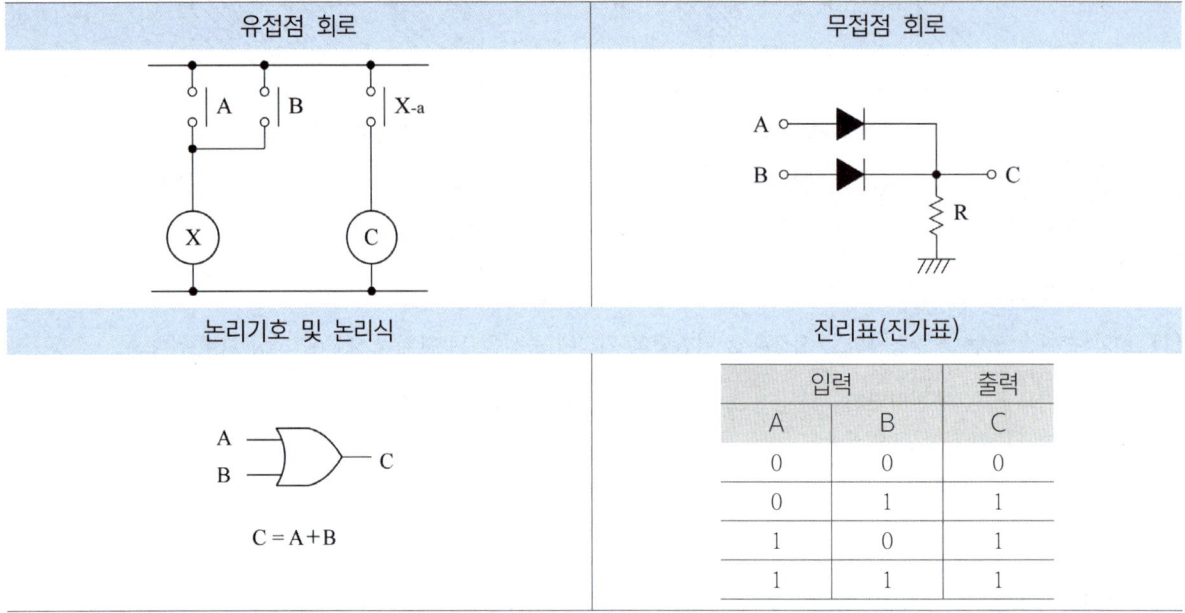

3 NOT 회로(부정회로)

입력이 ON 되면 출력이 OFF되고, 입력이 OFF되면 출력이 ON이 되는 회로를 말한다.

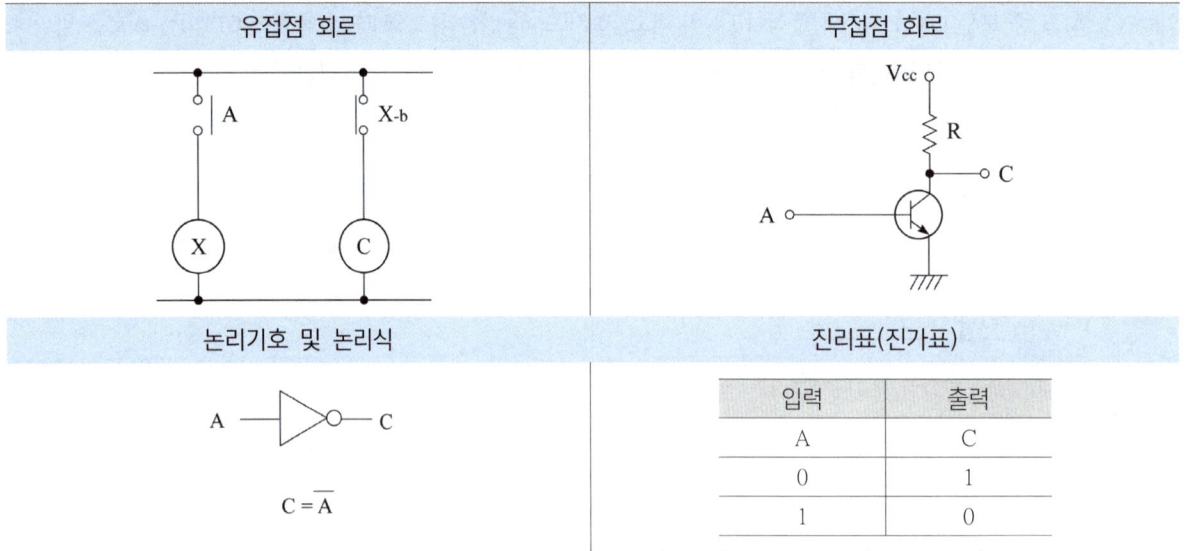

4 NAND 회로(논리적 부정회로)

입력단자 A, B 모두가 ON되어야 출력이 OFF되고 그 중 어느 하나라도 OFF되면 출력이 ON되는 회로를 말한다.

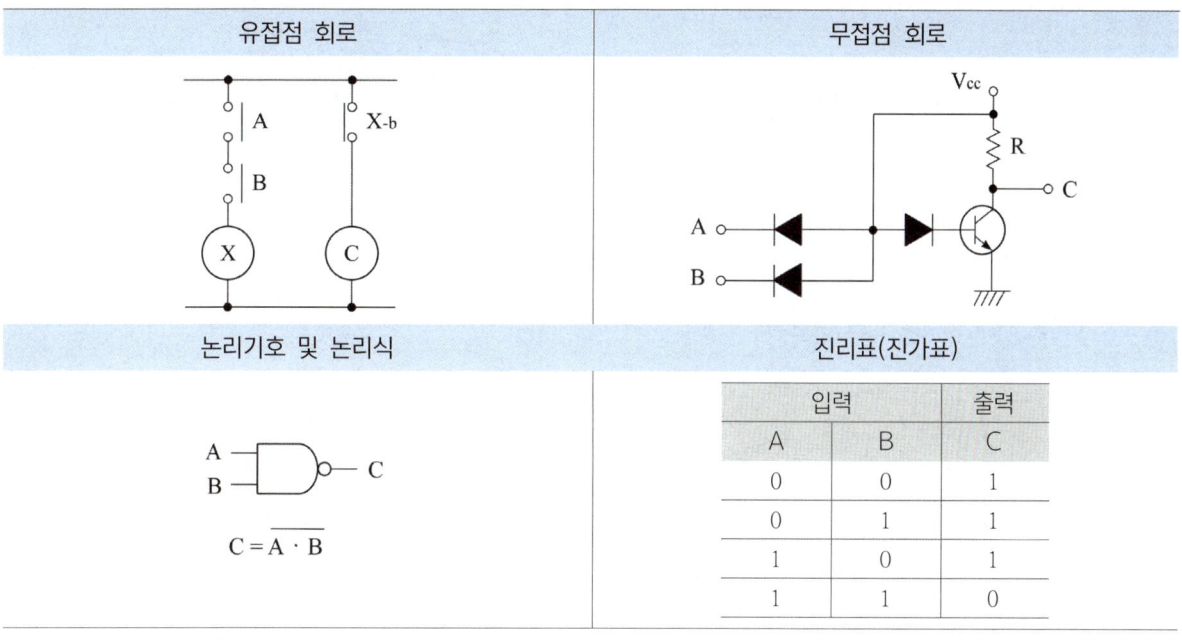

여기서, $C = \overline{A \cdot B} = \overline{A} + \overline{B}$

5 NOR 회로(논리화 부정회로)

입력 A, B 중 어느 하나라도 ON되면 출력이 OFF되고 입력 A, B 모두가 OFF가 되면 출력이 ON되는 회로를 말한다.

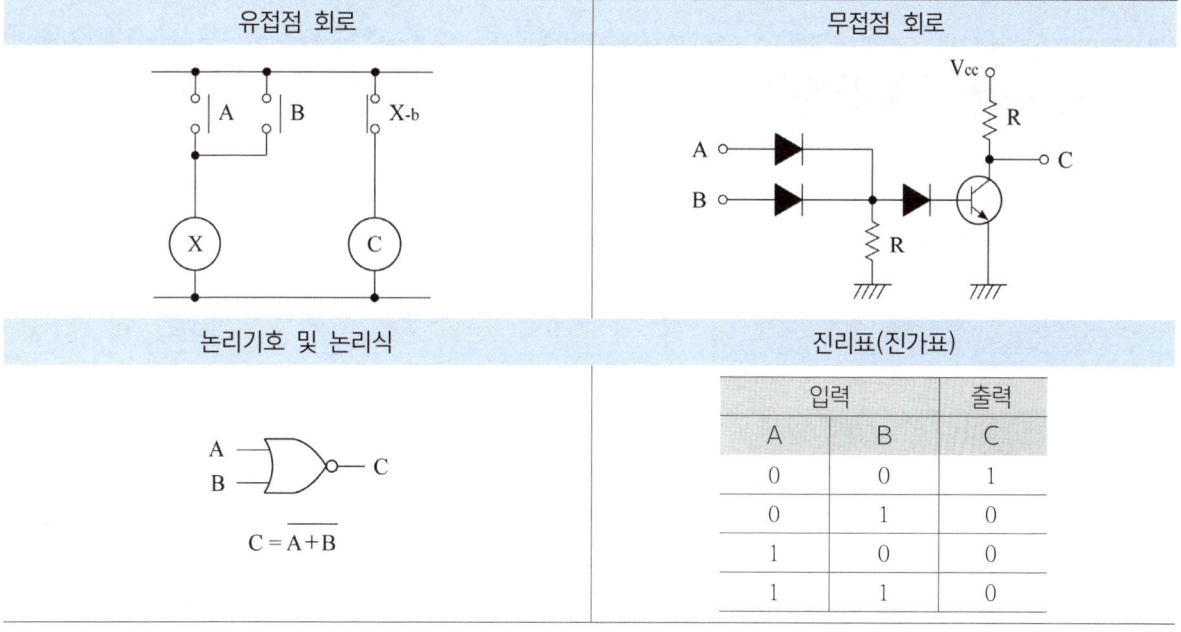

여기서, $C = \overline{A + B} = \overline{A} \cdot \overline{B}$

6 Exclusive OR 회로(배타적인 논리회로)

A, B 두 개의 입력 중 어느 하나만 입력할 때 출력이 ON 상태가 나오는 회로를 Exclusive OR 회로라 한다.

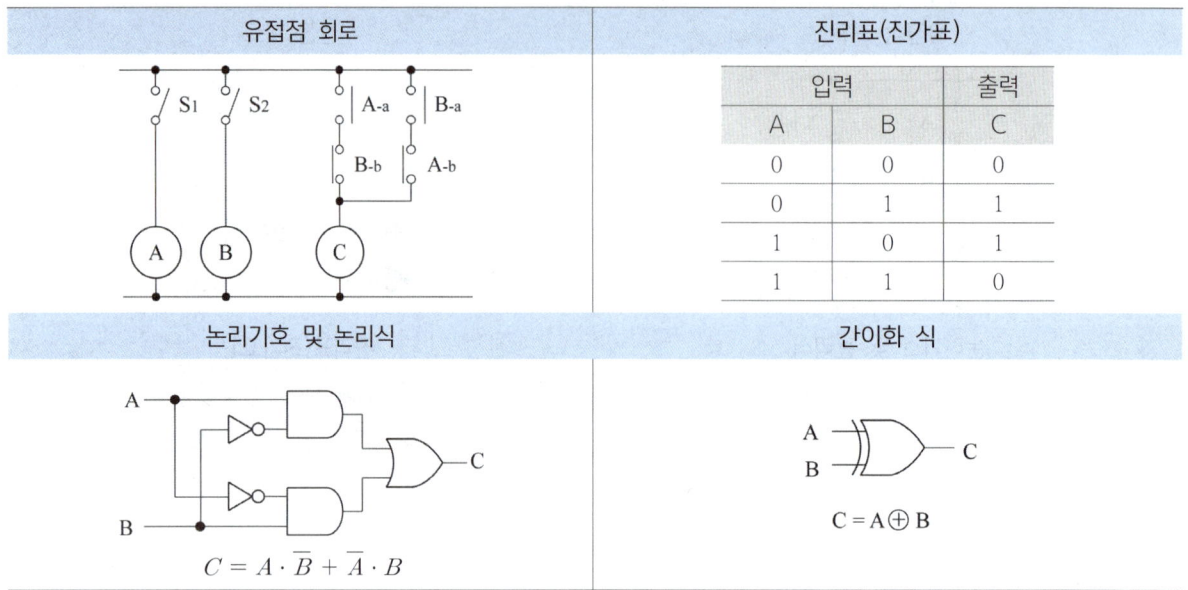

7 불 대수의 공리와 연산

1. 개요

(1) 불 대수에서 사용되는 모든 변수(Variable)는 두 가지 상태로 취급하고, 이러한 논리체계를 2진 변수(binary variable)라고 한다.

(2) 두 가지의 상태를 참(True) 또는 거짓(False)이라 하고 두 가지 상태는 아래 표와 같이 "1"과 "0"으로 취급하여 표시한다.

구분	1	0
신호	있음	없음
부하	동작	정지
개폐기	폐로(ON)	개방(OFF)
계전기	여자	소자
접점	a접점	b접점

(a) 불 대수의 변수

구분	기호		비고
논리곱(AND)	·	∩	직렬접속
논리합(OR)	+	∪	병렬접속
부정(NOT)	$\overline{A}$	A'	쌍대관계

(b) 논리기호의 표현

2. 불 대수의 공리와 연산

불 대수는 다음과 같은 4가지 공리(公理, postulate)에 의해 기본 연산이 정의된다.

(1) 불 대수에서 사용되는 모든 변수는 2개의 값 "0" 또는 "1" 중 하나만 가질 수 있다.
  ① A = 1 이 아니면 A = 0 (회로 접점이 폐로 아니면 개로 상태)
  ② A = 0 이 아니면 A = 1 (회로 접점이 개로 아니면 폐로 상태)

(2) 부정의 동작은 " $^{-}$ "로 표시하고, 다음과 같이 정의된다.
  ① "1"의 부정은 "0"이고, "0"의 부정은 "1"이 된다.
  ② "AND"의 부정은 "OR"이고, "OR"의 부정은 "AND"가 된다.

(3) "AND"의 논리기호는 · 으로 나타내고, 다음과 같이 정의된다.
  ① $1 \cdot 1 = 1$: 두 개의 입력 신호를 동시에 주므로 출력이 있다.
  ② $1 \cdot 0 = 0$: 두 개의 입력 신호를 동시에 안주므로 출력이 없다.

(4) "OR"의 논리기호는 +으로 나타내고, 다음과 같이 정의된다.
  ① $1 + 1 = 1$: 두 개의 입력 신호를 동시에 주므로 출력이 있다.
  ② $1 + 0 = 1$: 한 개의 입력 신호만으로도 출력이 있다.

3. 불 대수의 정리

법칙	논리식
교환 법칙	$A + B = B + A$ 또는 $A \cdot B = B \cdot A$
결합 법칙	$(A + B) + C = A + (B + C)$ 또는 $(A \cdot B) \cdot C = A \cdot (B \cdot C)$
분배 법칙	$A \cdot (B + C) = (A \cdot B) + (A \cdot C)$ $A + (B \cdot C) = (A + B) \cdot (A + C)$

4. 드모르간의 정리 (De Morgan's theorem)

(1) 드모르간의 정리는 복잡한 논리연산을 간략화하기 위해 사용된다.

(2) 드모르간의 정리
  ① 모든 "AND" 연산은 "OR"로 "OR" 연산은 "AND" 연산으로 바꾼다.
  ② 모든 신호 "1"은 "0"으로 "0"은 "1"로 바꾼다.
  ③ 모든 변수는 그의 보수로 나타낸다.
  ④ $\overline{A+B} = \overline{A} \cdot \overline{B}$ 또는 $\overline{A \cdot B} = \overline{A} + \overline{B}$ 가 된다.

5. 쌍대(duality) 관계

(1) 동일 법칙에서 서로 다른 두 관계를 쌍대라 한다.

(2) 예를 들면 회로에는 직렬회로(AND)와 병렬회로(OR)가 있다. 이 관계를 쌍대관계라 하며 직렬회로(AND)의 쌍대를 병렬회로(OR)라 한다. 또한 신호에서도 "1"와 "0"은 쌍대의 관계를 갖는다.

(3) 쌍대 관계
① 모든 "AND" 연산은 "OR"로 "OR" 연산은 "AND" 연산으로 바꾼다.
② 모든 신호 "1"은 "0"으로 "0"은 "1"로 바꾼다.
③ 모든 변수는 보수를 만들지 않고 그대로 둔다.

8 불 대수의 논리식과 등가 접점 회로

논리식	등가 접점 회로
$A \cdot A = A$	
$A \cdot \overline{A} = 0$	
$A \cdot 1 = A$	
$A \cdot 0 = 0$	
$A + A = A$	
$A + \overline{A} = 1$	
$A + 1 = 1$	
$A + 0 = A$	

Chapter 06 전기설비기술기준

01장 전기설비기술기준

1 목적 등

이 고시는 「전기사업법」 제67조 및 같은 법 시행령 제43조에 따라 발전·송전·변전·배전 또는 전기사용을 위하여 시설하는 기계·기구·댐·수로·저수지·전선로·보안통신선로 그 밖의 시설물의 안전에 필요한 성능과 기술적 요건을 규정함을 목적으로 한다.

2 안전 원칙

1. 전기설비는 감전, 화재 그 밖에 사람에게 위해를 주거나 물건에 손상을 줄 우려가 없도록 시설하여야 한다.
2. 전기설비는 사용목적에 적절하고 안전하게 작동하여야 하며, 그 손상으로 인하여 전기 공급에 지장을 주지 않도록 시설하여야 한다.
3. 전기설비는 다른 전기설비, 그 밖의 물건의 기능에 전기적 또는 자기적인 장해를 주지 않도록 시설하여야 한다.

3 용어정의

1. 발전소

발전기·원동기·연료전지·태양전지·해양에너지발전설비·전기저장장치 그 밖의 기계기구를 시설하여 전기를 생산하는 곳을 말한다.

2. 변전소

변전소의 밖으로부터 전송받은 전기를 변전소 안에 시설한 변압기·전동발전기·회전변류기·정류기 그 밖의 기계기구에 의하여 변성하는 곳으로서 변성한 전기를 다시 변전소 밖으로 전송하는 곳을 말한다.

3. 개폐소

전로를 개폐하는 곳으로서 발전소·변전소 및 수용장소 이외의 곳을 말한다.

4. 급전소

전력계통의 운용에 관한 지시 및 급전조작을 하는 곳을 말한다.

5. 이웃 연결 인입선

한 수용장소의 인입선에서 분기하여 지지물을 거치지 아니하고 다른 수용 장소의 인입구에 이르는 부분의 전선을 말한다.

6. 가공인입선

가공전선로의 지지물로부터 다른 지지물을 거치지 아니하고 수용장소의 붙임점에 이르는 가공전선을 말한다.

7. 지지물

목주·철주·철근 콘크리트주 및 철탑과 이와 유사한 시설물로서 전선·약전류전선 또는 광섬유케이블을 지지하는 것을 주된 목적으로 하는 것을 말한다.

8. 무효 전력 보상 설비

무효전력을 조정하는 전기기계기구를 말한다.

9. 전선로

발전소·변전소·개폐소, 이에 준하는 곳, 전기사용장소 상호간의 전선(전차선을 제외한다) 및 이를 지지하거나 수용하는 시설물을 말한다.

4 특고압을 직접 저압으로 변성하는 변압기의 시설

1. 발전소 등 공중(公衆)이 출입하지 않는 장소에 시설하는 경우
2. 혼촉 방지 조치가 되어 있는 등 위험의 우려가 없는 경우
3. 특고압측의 권선과 저압측의 권선이 혼촉하였을 경우 자동적으로 전로가 차단되는 장치의 시설 그 밖의 적절한 안전조치가 되어 있는 경우

5 유도장해 방지

1. 가공전선로는 상시 정전유도 및 전자유도 작용에 의하여 사람에게 위험을 줄 우려가 없도록 시설하고 다음에 따라야 한다.

구분	내용
교류 특고압 가공전선로	• 극저주파 전자계는 지표상 1m에서 전계가 3.5kV/m 이하 • 자계가 83.3μT 이하
직류 특고압 가공전선로	• 직류전계는 지표면에서 25kV/m 이하 • 직류자계는 지표상 1m에서 400,000μT 이하

2. 전력보안 통신설비는 가공전선로로부터의 정전유도작용 또는 전자유도작용에 의하여 사람에 위험을 줄 우려가 없도록 시설하여야 한다.

6 절연유

1. 사용전압이 100kV 이상의 중성점 직접접지식 전로에 접속하는 변압기를 설치하는 곳에는 절연유의 구외 유출 및 지하 침투를 방지하기 위한 설비를 갖추어야 한다.
2. 폴리염화비페닐을 함유한 절연유를 사용한 전기기계기구는 전로에 시설하여서는 아니 된다.

7 발전기 등의 기계적 강도

발전기·변압기·무효전력 보상장치·계기용변성기·모선 및 이를 지지하는 애자는 단락전류에 의하여 생기는 기계적 충격에 견디는 것이어야 한다.

8 수소냉각식 발전기 등의 시설

수소냉각식의 발전기 혹은 조상설비 또는 이에 부속하는 수소냉각장치는 다음 각 호에 따라 시설하여야 한다.

1. 구조는 수소의 누설 또는 공기의 혼입 우려가 없는 것일 것
2. 발전기, 조상설비, 수소를 통하는 관, 밸브 등은 수소가 대기압에서 폭발하는 경우에 생기는 압력에 견디는 강도를 갖는 것일 것
3. 발전기축의 밀봉부로부터 수소가 누설될 때 누설을 정지시키거나 또는 누설된 수소를 안전하게 외부로 방출할 수 있는 것일 것
4. 발전기 또는 조상설비 안으로 수소의 도입 및 발전기 또는 조상설비 밖으로 수소의 방출이 안전하게 될 수 있는 것일 것
5. 이상을 조기에 검지하여 경보하는 기능이 있을 것

9 전선로의 전선 및 절연성능

1. 저압 가공전선 또는 고압 가공전선은 감전의 우려가 없도록 사용전압에 따른 절연성능을 갖는 절연전선 또는 케이블을 사용하여야 한다.
2. 저압전선로 중 절연 부분의 전선과 대지 사이 및 전선의 심선 상호 간의 절연저항은 사용전압에 대한 누설전류가 최대 공급전류의 1/2,000을 넘지 않도록 하여야 한다.

10 고압 및 특고압 전로의 피뢰기 시설

1. 발전소·변전소 또는 이에 준하는 장소의 가공전선 인입구 및 인출구
2. 가공전선로에 접속하는 배전용 변압기의 고압측 및 특고압측
3. 고압 또는 특고압의 가공전선로로부터 공급을 받는 수용 장소의 인입구
4. 가공전선로와 지중전선로가 접속되는 곳

11 특고압 가공전선과 건조물 등의 접근 또는 교차

1. 사용전압이 400kV 이상인 특고압 가공전선과 건조물 사이의 수평거리는 그 건조물의 화재로 인한 전선의 손상 등에 의하여 전기사업에 관련된 전기의 원활한 공급에 지장을 줄 우려가 없도록 3m 이상 이격하여야 한다. 다만, 다음 각 호의 조건을 모두 충족하는 경우에는 예외로 한다.

(1) 가공전선과 건조물 상부와의 수직거리가 28m 이상일 것

(2) 사람이 거주하는 주택 및 다중 이용 시설이 아닌 건조물로서 내화구조이고, 그 지붕 재질은 불연재료일 것

(3) 폭연성 먼지, 가연성 가스, 인화성 물질, 석유류, 화약류 등 위험물질을 다루는 건조물이 아닐 것

2. 사용전압이 170kV 초과의 특고압 가공전선이 건조물, 도로, 보도교, 그 밖의 시설물의 아래쪽에 시설될 때의 상호 간의 수평이격 거리는 3m 이상 이격하여야 한다.

12 전차선로의 시설

1. 직류 전차선로의 사용전압은 저압 또는 고압으로 하여야 한다.

2. 교류 전차선로의 공칭전압은 25kV 이하로 하여야 한다.

3. 전차선로는 전기철도의 전용부지 안에 시설하여야 한다.

13 저압전로의 절연성능

1. 전기사용 장소의 사용전압이 저압인 전로의 전선 상호간 및 전로와 대지 사이의 절연저항은 개폐기 또는 과전류차단기로 구분할 수 있는 전로마다 다음 표에서 정한 값 이상이어야 한다. 다만, 전선 상호간의 절연저항은 기계기구를 쉽게 분리가 곤란한 분기회로의 경우 기기 접속 전에 측정할 수 있다.

전로의 사용전압[V]	DC시험전압[V]	절연저항[MΩ]
SELV 및 PELV	250	0.5
FELV, 500V 이하	500	1.0
500V 초과	1,000	1.0

2. 측정 시 영향을 주거나 손상을 받을 수 있는 SPD 또는 기타 기기 등은 측정 전에 분리시켜야 하고, 부득이하게 분리가 어려운 경우에는 시험전압을 250V DC로 낮추어 측정할 수 있지만 절연저항 값은 1MΩ 이상이어야 한다.

02장 공통사항

1 적용범위

이 규정은 인축의 감전에 대한 보호와 전기설비 계통, 시설물, 발전용 수력설비, 발전용 화력설비, 발전설비 용접 등의 안전에 필요한 성능과 기술적인 요구사항에 대하여 적용한다.

2 용어 정의

1. 계통연계

둘 이상의 전력계통 사이를 전력이 상호 융통될 수 있도록 선로를 통하여 연결하는 것으로 전력계통 상호간을 송전선, 변압기 또는 직류-교류변환설비 등에 연결하는 것

2. 분산형전원

중앙급전 전원과 구분되는 것으로서 전력소비지역 부근에 분산하여 배치 가능한 전원

3. 단독운전

전력계통의 일부가 전력계통의 전원과 전기적으로 분리된 상태에서 분산형전원에 의해서만 가압되는 상태

4. 단순 병렬운전

자가용 발전설비 또는 저압 소용량 일반용 발전설비를 배전계통에 연계하여 운전하되, 생산한 전력의 전부를 자체적으로 소비하기 위한 것으로서 생산한 전력이 연계계통으로 송전되지 않는 병렬 형태

5. 접속설비

공용 전력계통으로부터 특정 분산형전원 전기설비에 이르기까지의 전선로와 이에 부속하는 개폐장치, 모선 및 기타 관련 설비

6. 고장보호(간접접촉에 대한 보호)

고장 시 기기의 노출도전부에 간접 접촉함으로써 발생할 수 있는 위험으로부터 인축을 보호하는 것

7. 기본보호(직접접촉에 대한 보호)

정상운전 시 기기의 충전부에 직접 접촉함으로써 발생할 수 있는 위험으로부터 인축을 보호하는 것

8. 계통접지

전력계통에서 돌발적으로 발생하는 이상현상에 대비하여 대지와 계통을 연결하는 것으로, 중성점을 대지에 접속하는 것

9. 접지시스템

기기나 계통을 개별적 또는 공통으로 접지하기 위하여 필요한 접속 및 장치로 구성된 설비

10. 지락고장전류
충전부에서 대지 또는 고장점(지락점)의 접지된 부분으로 흐르는 전류

11. 충전부
통상적인 운전 상태에서 전압이 걸리도록 되어 있는 도체 또는 도전부(중성선을 포함하나 PEN 도체, PEM 도체, PEL 도체는 포함하지 않음)

12. 노출도전부
충전부는 아니지만 고장 시에 충전될 위험이 있고, 사람이 쉽게 접촉할 수 있는 기기의 도전성 부분

13. 계통외도전부
전기설비의 일부는 아니지만 지면에 전위 등을 전해줄 위험이 있는 도전성 부분

14. 등전위본딩
등전위를 형성하기 위해 도전부 상호간을 전기적으로 연결하는 것

15. 보호등전위본딩
감전에 대한 보호 등과 같이 안전을 목적으로 하는 등전위본딩

16. 보호본딩도체
등전위본딩을 확실하게 하기 위한 보호도체

17. 보호접지
고장 시 감전에 대한 보호를 목적으로 기기의 한 점 또는 여러 점을 접지하는 것

18. 접지전위 상승(EPR)
접지계통과 기준대지 사이의 전위차

19. 접촉범위(Arm's Reach)
사람이 통상적으로 서있거나 움직일 수 있는 바닥면상의 어떤 점에서라도 보조장치의 도움 없이 손을 뻗어서 접촉이 가능한 접근구역을 나타냄

20. 서지보호장치(SPD)
과도 과전압을 제한하고 서지전류를 분류시키기 위한 장치

21. 스트레스전압
지락고장 중에 접지부분 또는 기기나 장치의 외함과 기기나 장치의 다른 부분 사이에 나타나는 전압

22. 특별저압(ELV)

인체에 위험을 초래하지 않을 정도의 저압(교류: 50V이하, 직류: 120V이하)

(1) SELV(Safety Extra Low Voltage)는 비접지회로

(2) PELV(Protective Extra Low Voltage)는 접지회로

23. 피뢰시스템(LPS)

구조물 뇌격으로 인한 물리적 손상을 줄이기 위해 사용되는 전체시스템(외부피뢰시스템과 내부피뢰시스템으로 구성)

24. 외부피뢰시스템

수뢰부시스템, 인하도선시스템, 접지극시스템으로 구성된 피뢰시스템의 일종을 나타냄

25. 수뢰부 시스템

낙뢰를 포착할 목적인 피뢰침, 망상도체, 피뢰선 등과 같은 금속 물체를 이용한 외부 피뢰시스템의 일부

26. 인하도선시스템

뇌전류를 수뢰시스템에서 접지극으로 흘리기 위한 외부 피뢰시스템의 일부

27. 피뢰등전위본딩

뇌전류에 의한 전위차를 줄이기 위해 직접적인 도전접속 또는 서지보호장치를 통해 분리된 금속부를 피뢰시스템에 본딩하는 것

28. 관등회로

방전등용 안정기 또는 방전등용 변압기로부터 방전관까지의 전로

29. 제1차 접근 상태

가공 전선로의 전선의 절단, 지지물이 넘어지거나 무너짐 등의 경우에 그 전선이 다른 시설물에 접촉할 우려가 있는 상태

30. 제2차 접근상태

가공 전선이 다른 시설물의 위쪽 또는 옆쪽에서 수평 거리로 3m 미만인 곳에 시설되는 상태

31. 지중 관로

지중 전선로·지중 약전류 전선로·지중 광섬유 케이블 선로·지중에 시설하는 수관 및 가스관과 이와 유사한 것 및 이들에 부속하는 지중함 등을 나타냄

32. 리플프리직류

교류를 직류로 변환할 때 리플성분의 실횻값이 10% 이하로 포함된 직류

33. PEN 도체

중성선 겸용 보호도체

34. PEM 도체

직류회로에서 중간선 겸용 보호도체

35. PEL 도체

직류회로에서 선도체 겸용 보호도체

3 전압의 구분

구분	내용
저압	교류는 1kV 이하, 직류는 1.5kV 이하인 것
고압	교류는 1kV를, 직류는 1.5kV를 초과하고, 7kV 이하인 것
특고압	7kV를 초과하는 것

4 안전을 위한 보호(감전에 대한 보호)

구분	기본보호	고장보호
정의	전기설비의 충전부에 인축이 직접접촉하여 일어날 수 있는 위험으로부터 보호	기본절연의 고장에 의한 간접접촉을 방지하는 것으로 노출도전부에 인축이 접촉하여 일어날 수 있는 위험으로부터 보호
보호방법	① 인축을 통해 전류가 흐르는 것을 방지 ② 인축에 흐르는 전류를 위험하지 않은 값 이하로 제한	① 인축을 통해 고장전류가 흐르는 것을 방지 ② 인축에 흐르는 고장전류의 크기 및 지속시간을 위험하지 않은 상태로 제한

5 전선

1. 전선의 식별

상(문자)	색상
L1	갈색
L2	검은색
L3	회색
N	파란색
보호도체	녹색-노란색

2. 전선의 종류

(1) 절연전선

① 「전기용품 및 생활용품 안전관리법」과 KS에 적합한 것을 사용하여야 한다.

※ 참고

「전기용품 및 생활용품 안전관리법」은 도체 95mm² 이하, 정격전압 1,000V 이하인 것에 대해서만 규정

② 다음 절연전선인 경우에는 예외로 한다.
  ㉠ 소세력 회로에 사용하는 절연전선
  ㉡ 특고압인하용 절연전선

(2) 코드

「전기용품 및 생활용품 안전관리법」에 의한 안전인증을 취득한 것을 사용하여야 한다.

(3) 캡타이어케이블

「전기용품 및 생활용품 안전관리법」의 적용을 받는 것을 사용하여야 한다.

(4) 저압케이블

사용전압이 저압인 전로(전기기계기구 안의 전로를 제외한다)의 전선으로 사용하는 케이블은 「전기용품 및 생활용품 안전관리법」과 KS에 적합한 것을 사용하여야 한다.

※ 예외
  ㉠ 선박용 케이블
  ㉡ 엘리베이터용 케이블
  ㉢ 통신용 케이블
  ㉣ 용접용 케이블
  ㉤ 발열선 접속용 케이블
  ㉥ 물밑 케이블

(5) 고압 및 특고압케이블(전기기계기구 안의 전로를 제외)

① 고압인 전로의 전선으로 사용하는 케이블은 KS에 적합한 것을 사용하여야 한다.

② 특고압인 전로의 전선으로 사용하는 케이블은 절연체가 에틸렌 프로필렌고무혼합물, 가교폴리에틸렌 혼합물, 폴리프로필렌 혼합물인 케이블로서 선심 위에 금속제의 전기적 차폐층을 설치한 것이거나 파이프형 압력 케이블·연피 케이블·알루미늄피케이블 그 밖의 금속피복을 한 케이블을 사용하여야 한다.

③ 고압 및 특고압인 전로의 전선으로 절연체가 폴리프로필렌 혼합물인 케이블을 사용하는 경우 다음에 적합하여야 한다.
  ㉠ 도체의 상시 최고 허용온도는 90℃ 이상일 것
  ㉡ 절연체의 인장 강도는 12.5N/mm² 이상일 것
  ㉢ 절연체의 신장률은 350% 이상일 것
  ㉣ 절연체의 수분 흡습은 1mg/cm² 이하일 것
    (단, 정격전압 30kV 초과 특고압 케이블은 제외)

(6) 나전선 등

나전선 및 지지선·가공지선·보호도체·보호망·전력보안 통신용 약전류전선 기타의 금속선은 KS에 적합한 것을 사용하여야 한다.

3. 전선의 접속

(1) 전선의 전기저항이 증가되지 않도록 접속 할 것

(2) 전선접속시 전선의 세기가 20% 이상 감소되지 않아야 하고, 접속부분은 접속관 기타의 기구를 사용할 것

- (3) 접속부분에 전기적 부식이 생기지 않을 것
- (4) 두 개 이상의 전선을 병렬로 사용하는 경우에는 다음에 의하여 시설할 것
  - ① 각 전선의 굵기는 구리선 50mm² 이상 또는 알루미늄 70mm² 이상으로 하고, 전선은 같은 도체, 같은 재료, 같은 길이 및 같은 굵기의 것을 사용할 것
  - ② 같은 극의 각 전선은 동일한 터미널러그에 완전히 접속할 것
  - ③ 같은 극인 각 전선의 터미널러그는 동일한 도체에 2개 이상의 리벳 또는 2개 이상의 나사로 접속할 것
  - ④ 병렬로 사용하는 전선에는 각각에 퓨즈를 설치하지 말 것
  - ⑤ 교류회로에서 병렬로 사용하는 전선은 금속관 안에 전자적 불평형이 생기지 않도록 시설할 것

6 전로의 절연

1. 전로의 절연 원칙

전로는 다음 이외에는 대지로부터 절연하여야 한다.

- (1) 수용장소의 인입구의 접지, 고압 또는 특고압과 저압의 혼촉에 의한 위험방지 시설, 피뢰기의 접지, 특고압 가공전선로의 지지물에 시설하는 저압 기계기구 등의 시설, 옥내에 시설하는 저압 접촉전선 공사 또는 아크 용접장치의 시설에 따라 저압전로에 접지공사를 하는 경우의 접지점
- (2) 고압 또는 특고압과 저압의 혼촉에 의한 위험방지 시설, 전로의 중성점의 접지 또는 옥내의 네온 방전등 공사에 따라 전로의 중성점에 접지공사를 하는 경우의 접지점
- (3) 계기용변성기의 2차측 전로에 접지공사를 하는 경우의 접지점
- (4) 특고압 가공전선과 저고압 가공전선이 동일 지지물에 시설되는 부분에 접지공사를 하는 경우의 접지점
- (5) 중성점이 접지된 특고압 가공선로의 중성선에 25kV 이하인 특고압 가공전선로의 시설에 따라 다중 접지를 하는 경우의 접지점
- (6) 파이프라인 등의 전열장치의 시설에 따라 시설하는 소구경관(박스를 포함한다)에 접지공사를 하는 경우의 접지점
- (7) 저압전로와 사용전압이 300V 이하의 저압전로를 결합하는 변압기의 2차측 전로에 접지공사를 하는 경우의 접지점
- (8) 절연할 수 없는 부분
  - ① 시험용 변압기, 전력선 반송용 결합 리액터, 전기울타리용 전원장치, 엑스선발생장치, 전기부식방지용 양극, 단선식 전기철도의 귀선 등 전로의 일부를 대지로부터 절연하지 아니하고 전기를 사용하는 것이 부득이한 것
  - ② 전기욕기·전기로·전기보일러·전해조 등 대지로부터 절연하는 것이 기술상 곤란한 것
- (9) 저압 옥내직류 전기설비의 접지에 의하여 직류계통에 접지공사를 하는 경우의 접지점

2. 절연저항 및 절연내력

- (1) 저압인 전로의 절연성능은 기술기준 제52조를 충족하여야 한다.
- (2) 저압 전로에서 정전이 어려운 경우 등 절연저항 측정이 곤란한 경우 저항성분의 누설전류가 1mA 이하이면 절연성능이 적합한 것으로 판단한다.

(3) 고압 및 특고압의 전로는 시험전압을 전로와 대지 사이(다심케이블은 심선 상호 간 및 심선과 대지 사이)에 연속하여 10분간 가하여 절연내력을 시험하였을 때 이에 견디어야 한다.

전로의 최대사용전압	시험전압	최저시험전압
7[kV] 이하인 전로	1.5배	500[V]
7[kV] ~ 60[kV] 이하인 전로	1.25배	10500[V]
60[kV] 초과하는 전로	1.1배	75000[V]
60[kV] 초과하는 중성점 비접지식 전로	1.25배	
60[kV] 초과하는 중성점 직접접지식 전로	0.72배	
170[kV] 초과하는 중성점 직접접지식 전로	0.64배	
7[kV] ~ 25[kV] 이하인 중성점 다중접지 전로	0.92배	
60[kV]를 초과하는 정류기에 접속되는 전로	교류전압의 1.1배의 직류전압	

3. 연료전지 및 태양전지 모듈의 절연내력

최대사용전압의 1.5배의 직류전압 또는 1배의 교류전압(최저 500V)을 충전부분과 대지사이에 연속하여 10분간 가하여 견디어야 한다.

7 접지시스템

1. 접지시스템의 구분 및 종류

구분	내용
접지시스템의 구분	① 계통접지 ② 보호접지 ③ 피뢰시스템 접지
접지시스템 시설 종류	① 단독접지 ② 공통접지 ③ 통합접지

2. 접지시스템의 시설

(1) 접지시스템의 구성요소 및 요구사항

구분	내용
접지시스템 구성요소	① 접지시스템 　접지극, 접지도체, 보호도체로 구성 ② 접지극 　접지도체를 사용하여 주 접지단자에 연결하여 시설
접지시스템 요구사항	① 지락전류와 보호도체 전류를 대지에 전달할 것 ② 접지저항 값은 인체감전보호를 위한 값과 전기설비의 기계적 요구에 의한 값에 맞을 것

(2) 접지극의 시설 및 접지저항

① 접지극은 다음의 방법 중 하나 또는 복합하여 시설하여야 한다.
  ㉠ 콘크리트에 매입 된 기초 접지극
  ㉡ 토양에 매설된 기초 접지극
  ㉢ 토양에 수직 또는 수평으로 직접 매설된 금속전극(봉, 전선, 테이프, 배관, 판 등)
  ㉣ 케이블의 금속외장 및 그 밖에 금속피복
  ㉤ 지중 금속구조물(배관 등)
  ㉥ 대지에 매설된 철근콘크리트의 용접된 금속 보강재.

② 접지극의 매설
  ㉠ 지하 0.75m 이상으로 하되 동결 깊이를 감안하여 매설할 것
  ㉡ 철주의 밑면으로부터 0.3m 이상의 깊이에 매설하는 경우 이외에는 그 금속체로부터 1m 이상 떼어 매설할 것

③ 수도관 등을 접지극으로 사용하는 경우는 다음에 의한다.
  ㉠ 지중에 매설되어 있고 대지와의 전기저항 값이 3Ω 이하의 값을 유지하고 있는 금속제 수도관로가 다음에 따르는 경우 접지극으로 사용이 가능
    ⓐ 접지도체와 금속제 수도관로의 접속은 안지름 75mm 이상인 부분 또는 여기에서 분기한 안지름 75mm 미만인 분기점으로부터 5m 이내의 부분에서 할 것(전기저항 값이 2Ω 이하인 경우에는 분기점으로부터의 거리는 5m 넘는 곳에서 접지가능)
    ⓑ 접지도체와 금속제 수도관로의 접속부를 수도계량기로부터 수도 수용가 측에 설치하는 경우에는 수도계량기를 사이에 두고 양측 수도관로를 등전위본딩 할 것
  ㉡ 대지와의 사이에 전기저항 값이 2Ω 건축물·구조물의 철골 기타의 금속제 등은 비접지식 고압전로에 시설하는 기계기구의 철대 또는 금속제 외함에 실시하는 접지공사의 접지극으로 사용이 가능함

④ 가연성 액체나 가스를 운반하는 금속제 배관은 접지설비의 접지극으로 사용할 수 없다(보호등전위본딩은 예외).

(3) 접지도체 · 보호도체

① 접지도체
  ㉠ 접지도체의 선정
    ⓐ 접지도체의 단면적은 다음 표에 따른다.

선도체의 단면적 S (mm², 구리)	접지도체의 최소 단면적(mm², 구리)	
	보호도체의 재질	
	선도체와 같은 경우	선도체와 다른 경우
S ≤ 16	S	$(k_1/k_2) \times S$
16 < S ≤ 35	16(a)	$(k_1/k_2) \times 16$
S > 35	S(a)/2	$(k_1/k_2) \times (S/2)$

• k_1, k_2: 도체 및 절연의 재질, 사용온도 등을 고려한 값
• a: PEN 도체의 최소단면적은 중성선과 동일하게 적용

   ⓑ 큰 고장전류가 접지도체를 통하여 흐르지 않을 경우 접지도체의 최소 단면적은 구리는 6mm² 이상 또는 철제는 50mm² 이상으로 한다.
   ⓒ 접지도체에 피뢰시스템이 접속되는 경우 접지도체의 단면적은 구리 16mm² 또는 철 50mm² 이상으로 한다.
  ㉡ 접지도체는 지하 0.75m부터 지표상 2m까지의 부분은 합성수지관(두께 2mm 이상) 또는 몰드로 덮어야 한다.

ⓒ 특고압·고압 전기설비 및 변압기 중성점 접지시스템의 경우, 접지도체가 사람이 접촉할 우려가 있는 곳에 시설되는 고정설비인 경우에는 절연전선(옥외용 비닐절연전선은 제외) 또는 케이블(통신용 케이블은 제외)을 사용할 것
ⓓ 접지도체의 굵기는 고장 시 흐르는 전류를 안전하게 통할 수 있는 것으로서 다음에 의한다.

구분	접지도체 단면적
특고압·고압 전기설비용	6mm² 이상
중성점 접지용	16mm² 이상
7kV 이하 전로의 중성점 접지용	6mm² 이상
사용전압이 25kV 이하인 특고압 가공전선로 (중성선 다중접지식으로 전로에 지락이 생겼을 때 2초 이내에 차단)	6mm² 이상

ⓔ 이동하여 사용하는 전기기계기구의 금속제 외함 등의 접지시스템의 경우는 다음의 것을 사용하여야 한다.

시설장소	접지도체 종류	접지도체의 단면적
특고압·고압 전기설비용 접지도체 및 중성점 접지용	• 클로로프렌캡타이어케이블(3종 및 4종) • 클로로설포네이트폴리에틸렌캡타이어케이블 (3종 및 4종)의 1개 도체 • 다심 캡타이어케이블의 차폐	10mm² 이상
저압 전기설비용	다심 코드 또는 다심 캡타이어케이블의 1개 도체	0.75mm² 이상
	유연성이 있는 연동연선은 1개 도체	1.5mm² 이상

② 보호도체
   ㉠ 보호도체의 최소 단면적은 다음에 의한다.
      ⓐ 보호도체의 최소 단면적은 "ⓑ"에 따라 계산하거나 다음 표에 따라 선정할 수 있다.

선도체의 단면적 S (mm², 구리)	보호도체의 최소 단면적(mm², 구리)	
	보호도체의 재질	
	선도체와 같은 경우	선도체와 다른 경우
S ≤ 16	S	$(k_1/k_2) \times S$
16 < S ≤ 35	16(a)	$(k_1/k_2) \times 16$
S > 35	S(a)/2	$(k_1/k_2) \times (S/2)$

여기서,
• k_1, k_2: 도체 및 절연의 재질, 사용온도 등을 고려한 값
• a: PEN 도체의 최소단면적은 중성선과 동일하게 적용

ⓑ 차단시간이 5초 이하인 경우에만 다음 계산식을 적용한다(보호도체의 단면적은 다음의 계산 값 이상이어야 한다).

$$S = \frac{\sqrt{I^2 t}}{k}$$

여기서, S: 단면적(mm²)
  I: 보호장치를 통해 흐를 수 있는 예상 고장전류 실횻값(A)
  t: 자동차단을 위한 보호장치의 동작시간(s)
  k: 보호도체, 절연, 기타 부위의 재질 및 초기온도와 최종온도에 따라 정해지는 계수

ⓒ 보호도체가 케이블의 일부가 아니거나 선도체와 동일 외함에 설치되지 않으면 단면적은 다음의 굵기 이상으로 하여야 한다.

구분	보호도체의 단면적
기계적 손상에 대해 보호가 되는 경우	구리 2.5mm² 이상 알루미늄 16mm² 이상
기계적 손상에 대해 보호가 되지 않는 경우	구리 4mm² 이상 알루미늄 16mm² 이상

ⓒ 보호도체의 종류는 다음에 의한다.

구분	종류
보호도체로 사용할 수 있는 것	• 다심케이블의 도체 • 충전도체와 같은 트렁킹에 수납된 절연도체 또는 나도체 • 고정된 절연도체 또는 나도체 • 금속케이블 외장, 케이블 차폐, 케이블 외장, 전선묶음(편조전선), 동심도체, 금속관
보호도체 또는 보호본딩도체로 사용할 수 없는 것	• 금속 수도관 • 가스·액체·가루와 같은 인화성 물질을 포함하는 금속관 • 상시 기계적 응력을 받는 지지 구조물 일부 • 가요성 금속배관(예외: 보호도체로 설계된 경우) • 가요성 금속전선관 • 지지선, 케이블트레이 및 이와 비슷한 것

ⓒ 보호도체에는 어떠한 개폐장치를 연결해서는 안 된다.
ⓔ 접지에 대한 전기적 감시를 위한 전용장치(동작센서, 코일, 변류기 등)를 설치하는 경우, 보호도체 경로에 직렬로 접속하면 안 된다.

③ **보호도체의 단면적 보강**
  ⓐ 보호도체는 정상 운전상태에서 전류의 전도성 경로(전기자기간섭 보호용 필터의 접속 등으로 인한)로 사용되지 않아야 한다.
  ⓑ 전기설비의 정상 운전상태에서 보호도체에 10mA를 초과하는 전류가 흐르는 경우, 다음에 의해 보호도체를 증강하여 사용하여야 한다.

구분	보호도체의 단면적
보호도체가 하나인 경우	구리 10mm² 이상 알루미늄 16mm² 이상
추가로 보호도체를 위한 별도의 단자가 구비된 경우	구리 10mm² 이상 알루미늄 16mm² 이상

④ **보호도체와 계통도체 겸용**
  ⓐ 보호도체와 계통도체를 겸용하는 겸용도체(중성선과 겸용, 선도체와 겸용, 중간도체와 겸용 등)는 해당하는 계통의 기능에 적합해야 한다.
  ⓑ 겸용도체는 고정된 전기설비에서만 사용할 수 있으며 다음에 의한다.
    ⓐ 구리 10mm² 또는 알루미늄 16mm² 이상일 것
    ⓑ 중성선과 보호도체의 겸용도체는 전기설비의 부하측에 시설할 수 없음
    ⓒ 폭발성 분위기의 장소는 보호도체를 전용으로 시설할 것

ⓒ 겸용도체의 성능은 다음에 의한다.
ⓐ 공칭전압과 같거나 높은 절연성능을 가질 것
ⓑ 배선설비의 금속 외함은 겸용도체로 사용하지 않을 것
ⓔ 겸용도체는 다음 사항을 준수하여야 한다.
ⓐ 전기설비의 일부에서 중성선·중간도체·선도체 및 보호도체가 별도로 배선되는 경우, 중성선·중간도체·선도체를 전기설비의 다른 접지된 부분에 접속하지 않을 것(예외: 겸용도체에서 각각의 중성선·중간도체·선도체와 보호도체를 구성하는 것은 허용)
ⓑ 겸용도체는 보호도체용 단자 또는 바에 접속할 것
ⓒ 계통외도전부는 겸용도체로 사용해서는 안됨

⑤ 주접지단자
㉠ 접지시스템은 주접지단자를 설치하고, 다음의 도체들을 접속하여야 한다.
ⓐ 등전위본딩도체
ⓑ 접지도체
ⓒ 보호도체
ⓓ 기능성 접지도체
㉡ 여러 개의 접지단자가 있는 장소는 접지단자를 상호 접속하여야 한다.
㉢ 주접지단자에 접속하는 각 접지도체는 개별적으로 분리할 수 있어야 하며, 접지저항을 편리하게 측정할 수 있어야 한다.

(4) 전기수용가 접지

① 저압수용가 인입구 접지
㉠ 다음의 것을 접지극으로 사용하여 변압기 중성점 접지를 한 저압전선로의 중성선 또는 접지측 전선에 추가로 접지공사를 할 수 있다.
지중에 매설되어 있고 대지와의 전기저항 값이 3Ω 이하의 값을 유지하고 있는 금속제 수도관로 및 건물의 철골
㉡ 접지도체는 공칭단면적 6mm² 이상의 연동선 또는 쉽게 부식하지 않는 금속선으로서 고장 시 흐르는 전류를 안전하게 통할 수 있는 것이어야 한다.

② 주택 등 저압수용장소 접지
㉠ 저압수용장소에서 계통접지가 TN-C-S 방식인 경우에 보호도체는 다음에 따라 시설하여야 한다.
ⓐ 보호도체의 최소 단면적은 보호도체 계산한 값 이상으로 할 것
ⓑ 중성선 겸용 보호도체(PEN)는 고정 전기설비에만 사용할 수 있고, 그 도체는 구리는 10mm² 이상, 알루미늄은 16mm² 이상이어야 하며, 그 계통의 최고전압에 대하여 절연되어야 할 것
㉡ 계통접지가 TN-C-S 방식인 경우 감전보호용 등전위본딩을 하여야 한다.

(5) 변압기 중성점 접지

① 변압기의 중성점접지 저항 값(R)은 다음에 의한다.
㉠ $R = \dfrac{대지전압\ 150[\text{V}]}{1선\ 지락전류\ I_g}[\Omega]$ 이하

㉡ 변압기의 고압측 또는 사용전압이 35kV 이하의 특고압측 전로가 저압측 전로와 혼촉하여 저압측 전로의 대지전압이 150V를 초과하는 경우

ⓐ 1초 초과 2초 이내 차단시 $R = \dfrac{300}{I_g}[\Omega]$

ⓑ 1초 이내 차단시 $R = \dfrac{600}{I_g}[\Omega]$

② 전로의 1선 지락전류는 실측값에 의한다.

(6) 공통접지 및 통합접지

① 고압 및 특고압과 저압 전기설비의 접지극이 서로 근접하여 시설되어 있는 경우 공통접지시스템으로 할 수 있다.
  ㉠ 저압 전기설비의 접지극이 고압 및 특고압 접지극의 접지저항 형성영역에 완전히 포함되어 있다면 위험전압이 발생하지 않도록 이들 접지극을 상호 접속할 것
  ㉡ 접지시스템에서 고압 및 특고압 계통의 지락사고시 저압계통에 가해지는 상용주파 과전압은 다음 표에서 정한 값을 초과하지 않을 것

고압계통에서 지락고장시간(초)	저압설비 허용 상용주파 과전압(V)	비고
> 5	U_0 + 250	U_0: 중성선 도체가 없는 계통에서 선간전압
≤ 5	U_0 + 1,200	

② 전기설비의 접지설비, 건축물의 피뢰설비·전자통신설비 등의 접지극을 공용하는 통합접지시스템으로 하는 경우 다음과 같이 하여야 한다.
  ㉠ 통합접지시스템은 "①"에 의할 것
  ㉡ 낙뢰에 의한 과전압 등으로부터 전기전자기기 등을 보호하기 위해 서지보호장치를 설치할 것

(7) 기계기구의 철대 및 외함의 접지

① 전로에 시설하는 기계기구의 철대 및 금속제 외함(외함이 없는 변압기 또는 계기용변성기는 철심)에는 접지공사를 하여야 한다.
② 다음의 어느 하나에 해당하는 경우에는 접지공사를 생략할 수 있다.
  ㉠ 사용전압이 직류 300V 또는 교류 대지전압이 150V 이하인 기계기구를 건조한 곳에 시설하는 경우
  ㉡ 저압용의 기계기구를 건조한 목재의 마루 기타 이와 유사한 절연성 물건 위에서 취급하도록 시설하는 경우
  ㉢ 저압용이나 고압용의 기계기구, 특고압 전선로에 접속하는 배전용 변압기나 이에 접속하는 전선에 시설하는 기계기구 또는 특고압 가공전선로의 전로에 시설하는 기계기구를 사람이 쉽게 접촉할 우려가 없도록 목주 기타 이와 유사한 것의 위에 시설하는 경우
  ㉣ 철대 또는 외함의 주위에 적당한 절연대를 설치하는 경우
  ㉤ 외함이 없는 계기용변성기가 고무·합성수지 기타의 절연물로 피복한 것일 경우
  ㉥ 「전기용품 및 생활용품 안전관리법」의 적용을 받는 이중절연구조로 되어 있는 기계기구를 시설하는 경우
  ㉦ 저압용 기계기구에 전기를 공급하는 전로의 전원측에 절연변압기(2차 전압이 300V 이하이며, 정격용량이 3kVA 이하인 것)를 시설하고 또한 그 절연변압기의 부하측 전로를 접지하지 않은 경우
  ㉧ 물기 있는 장소 이외의 장소에 시설하는 저압용의 개별 기계기구에 전기를 공급하는 전로에 「전기용품 및 생활용품 안전관리법」의 적용을 받는 인체감전보호용 누전차단기(정격감도전류가 30mA 이하, 동작시간이 0.03초 이하의 전류동작형에 한한다)를 시설하는 경우
  ㉨ 외함을 충전하여 사용하는 기계기구에 사람이 접촉할 우려가 없도록 시설하거나 절연대를 시설하는 경우

3. 감전보호용 등전위본딩

(1) 등전위본딩의 적용

① 건축물·구조물에서 접지도체, 주접지단자와 다음의 도전성부분은 등전위본딩 하여야 한다.
  ㉠ 수도관·가스관 등 외부에서 내부로 인입되는 금속배관
  ㉡ 건축물·구조물의 철근, 철골 등 금속보강재
  ㉢ 일상생활에서 접촉이 가능한 금속제 난방배관 및 공조설비 등 계통외도전부
② 주접지단자에 보호등전위본딩 도체, 접지도체, 보호도체, 기능성 접지도체를 접속하여야 한다.

(2) 등전위본딩 시설

① 보호등전위본딩

㉠ 건축물·구조물의 외부에서 내부로 들어오는 각종 금속제 배관은 다음과 같이 하여야 한다.
　　ⓐ 1개소에 집중하여 인입하고, 인입구 부근에서 서로 접속하여 등전위본딩 바에 접속할 것
　　ⓑ 대형건축물 등으로 1개소에 집중하여 인입하기 어려운 경우에는 본딩도체를 1개의 본딩 바에 연결할 것

㉡ 수도관·가스관의 경우 내부로 인입된 최초의 밸브 후단에서 등전위본딩을 하여야 한다.

㉢ 건축물·구조물의 철근, 철골 등 금속보강재는 등전위본딩을 하여야 한다.

② 보조 보호등전위본딩

㉠ 보조 보호등전위본딩의 대상은 전원자동차단에 의한 감전보호방식에서 고장 시 자동차단시간이 요구하는 계통별 최대차단시간을 초과하는 경우이다.

㉡ 고장시 자동차단시간을 초과하고 2.5m 이내에 설치된 고정기기의 노출도전부와 계통외도전부는 보조 보호등전위본딩을 하여야 한다. 다만, 보조 보호등전위본딩의 유효성에 관해 의문이 생길 경우 동시에 접근 가능한 노출도전부와 계통외도전부 사이의 저항 값(R)이 다음의 조건을 충족하는지 확인하여야 한다.

$$\text{교류 계통: } R \leq \frac{50\,V}{I_a}(\Omega)$$

$$\text{직류 계통: } R \leq \frac{120\,V}{I_a}(\Omega)$$

여기서, I_a: 보호장치의 동작전류(A)
　　　　(누전차단기의 경우 I△n(정격감도전류), 과전류보호장치의 경우 5초 이내 동작전류)

③ 비접지 국부등전위본딩

㉠ 절연성 바닥으로 된 비접지 장소에서 다음의 경우 국부등전위본딩을 하여야 한다.
　　ⓐ 전기설비 상호 간이 2.5m 이내인 경우
　　ⓑ 전기설비와 이를 지지하는 금속체 사이

㉡ 전기설비 또는 계통외도전부를 통해 대지에 접촉하지 않아야 한다.

(3) 등전위본딩 도체

① 보호등전위본딩 도체

㉠ 주접지단자에 접속하기 위한 등전위본딩 도체는 설비 내에 있는 가장 큰 보호접지도체 단면적의 1/2 이상의 단면적을 가져야 하고 다음의 단면적 이상이어야 한다.
　　ⓐ 구리도체 6mm^2
　　ⓑ 알루미늄 도체 16mm^2
　　ⓒ 강철 도체 50mm^2

㉡ 주접지단자에 접속하기 위한 보호본딩도체의 단면적은 구리도체 25mm^2 또는 다른 재질의 동등한 단면적을 초과할 필요는 없다.

② 보조 보호등전위본딩 도체

㉠ 두 개의 노출도전부를 접속하는 경우 도전성은 노출도전부에 접속된 더 작은 보호도체의 도전성보다 커야 한다.

㉡ 노출도전부를 계통외도전부에 접속하는 경우 도전성은 같은 단면적을 갖는 보호도체의 1/2 이상이어야 한다.

ⓒ 케이블의 일부가 아닌 경우 또는 선로도체와 함께 수납되지 않은 본딩도체는 다음 값 이상 이어야 한다.

구분	도체 단면적
기계적 보호가 된 것	구리도체 2.5mm² 이상 알루미늄 도체 16mm² 이상
기계적 보호가 없는 것	구리도체 4mm² 이상 알루미늄 도체 16mm² 이상

8 피뢰시스템

1. 피뢰시스템의 적용범위 및 구성

적용범위	① 건축물·구조물로서 지상으로부터 높이가 20m 이상인 것 ② 전기설비 및 전자설비 중 낙뢰로부터 보호가 필요한 설비
피뢰시스템 구성	① 외부피뢰시스템: 직격뢰로부터 대상물을 보호 ② 내부피뢰시스템: 간접뢰 및 유도뢰로부터 대상물을 보호
피뢰시스템 등급선정	① 피뢰시스템 등급에 따라 필요한 곳에는 피뢰시스템을 시설 ② 피뢰시스템 등급은 대상물의 특성에 피뢰레벨을 선정 (위험물 제조소·저장소 및 처리장의 피뢰시스템은 Ⅱ 등급 이상)

2. 외부피뢰시스템

(1) 수뢰부시스템

① 수뢰부시스템의 선정 및 배치는 다음에 의한다.

선정 방법	㉠ 돌침, 수평도체, 그물망도체 ㉡ 자연적 구성부재가 적합하면 수뢰부시스템으로 사용
배치 방법	㉠ 보호각법, 회전구체법, 그물망법 ㉡ 건축물·구조물의 뾰족한 부분, 모서리 등에 우선하여 배치

② 지상으로부터 높이 60m를 초과하는 건축물·구조물에 측뢰 보호가 필요한 경우에는 수뢰부시스템을 다음과 같이 시설한다.
㉠ 전체 높이 60m를 초과하는 건축물·구조물의 최상부로부터 20% 부분에 시설할 것
㉡ 자연적 구성부재가 적합하면, 측뢰 보호용 수뢰부로 사용할 것
③ 건축물·구조물과 분리되지 않은 수뢰부시스템의 시설은 다음에 따른다.
㉠ 지붕 마감재가 불연성 재료인 경우 지붕표면에 시설할 것
㉡ 지붕 마감재가 가연성 재료인 경우 지붕재료와 이격하여 시설할 것

지붕마감재의 종류	간격
초가지붕 또는 이와 유사한 경우	0.15m 이상
다른 재료의 가연성 재료인 경우	0.1m 이상

(2) 인하도선시스템

① 수뢰부시스템과 접지시스템을 전기적으로 연결하는 것으로 다음에 의한다.
  ㉠ 복수의 인하도선을 병렬로 구성할 것
    ※ 예외
      건축물·구조물과 분리된 피뢰시스템인 경우
  ㉡ 도선경로의 길이가 최소가 되도록 할 것

② 배치 방법은 다음에 의한다.

건축물·구조물과 분리된 피뢰시스템인 경우	건축물·구조물과 분리되지 않은 피뢰시스템인 경우
㉠ 뇌전류의 경로가 보호대상물에 접촉하지 않도록 시설 ㉡ 별개의 지지기둥에 설치되어 있는 경우 각 지지기둥 마다 1가닥 이상의 인하도선을 시설 ㉢ 수평도체 또는 그물망도체인 경우 지지 구조물마다 1가닥 이상의 인하도선을 시설	㉠ 벽이 불연성 재료로 된 경우에는 벽의 표면 또는 내부에 시설 (벽이 가연성인 경우 0.1m 이상 이격, 이격이 불가능 한 경우에는 도체의 단면적을 100mm² 이상) ㉡ 인하도선의 수는 2가닥 이상 ㉢ 보호대상 건축물·구조물의 투영에 따른 둘레에 가능한 한 균등한 간격으로 배치 ㉣ 병렬 인하도선의 최대 간격 　• Ⅰ·Ⅱ 등급은 10m 　• Ⅲ 등급은 15m 　• Ⅳ 등급은 20m

③ 수뢰부시스템과 접지극시스템 사이에 전기적 연속성이 형성되도록 다음에 따라 시설하여야 한다.
  ㉠ 경로는 가능한 한 루프 형성이 되지 않도록 하고, 최단거리로 곧게 수직으로 시설할 것
  ㉡ 철근콘크리트 구조물의 철근을 자연적 구성부재의 인하도선으로 사용할 경우 해당 철근 전체 길이의 전기저항값은 0.2Ω 이하가 될 것
  ㉢ 시험용 접속점을 접지극시스템과 가까운 인하도선과 접지극시스템의 연결부분에 시설하고, 이 접속점은 항상 닫힌 회로 되어야 하며 측정 시에 공구 등으로만 개방할 수 있을 것

④ 인하도선으로 사용하는 자연적 구성부재는 다음에 따른다.
  ㉠ 각 부분의 전기적 연속성과 내구성이 확실해야 함
  ㉡ 전기적 연속성이 있는 구조물 등의 금속제 구조체(철골, 철근 등)
  ㉢ 구조물 등의 상호 접속된 강제 구조체
  ㉣ 건축물 외벽 등을 구성하는 금속 구조재의 크기가 인하도선에 대한 요구사항에 부합하고 또한 두께가 0.5mm 이상인 금속판 또는 금속관
  ㉤ 인하도선을 구조물 등의 상호 접속된 철근·철골 등과 본딩하거나, 철근·철골 등을 인하도선으로 사용하는 경우 수평 환상도체는 설치하지 않아도 됨

(3) 접지극시스템

① 뇌전류를 대지로 방류시키기 위한 접지극시스템은 A형 접지극(수평 또는 수직접지극) 또는 B형 접지극(환상도체 또는 기초접지극) 중 하나 또는 조합하여 시설할 수 있다.

② 접지극시스템 배치는 다음에 의한다.
  ㉠ A형 접지극은 최소 2개 이상을 균등한 간격으로 배치할 것
  ㉡ B형 접지극은 접지극 면적을 환산한 길이로 하고 추가할 경우 최소 2개 이상으로 할 것
  ㉢ 접지극시스템의 접지저항이 10Ω 이하인 경우 접지극 면적을 환산한 길이의 최소 이하로 할 것

③ 접지극은 다음에 따라 시설한다.
　㉠ 지표면에서 0.75m 이상 깊이로 매설할 것
　㉡ 대지가 암반지역으로 대지저항이 높거나 건축물·구조물이 전자통신시스템을 많이 사용하는 시설의 경우에는 환상도체접지극 또는 기초접지극으로 할 것
　㉢ 접지극 재료는 대지에 환경오염 및 부식의 문제가 없을 것
　㉣ 철근콘크리트 기초 내부의 상호 접속된 철근 또는 금속제 지하구조물 등 자연적 구성부재는 접지극으로 사용할 것

(4) 옥외에 시설된 전기설비의 피뢰시스템
① 외부에 낙뢰차폐선이 있는 경우 이것을 접지하여야 한다.
② 자연적 구성부재의 조건에 적합한 강철제 구조체 등을 자연적 구성부재 인하도선으로 사용할 수 있다.

3. 내부피뢰시스템

(1) 전기전자설비 보호

① 일반사항
전기전자설비의 뇌서지에 대한 보호는 다음에 따른다.
　㉠ 피뢰구역 경계부분에서는 접지 또는 본딩을 하여야 한다.
　㉡ 직접 본딩이 불가능한 경우에는 서지보호장치를 설치한다.
　㉢ 서로 분리된 구조물 사이가 전력선 또는 신호선으로 연결된 경우 각각의 피뢰구역은 서로 접속한다.

② 전기적 절연
건축물·구조물이 금속제 또는 전기적 연속성을 가진 철근콘크리트 구조물 등의 경우에는 전기적 절연을 고려하지 않아도 된다.

③ 접지와 본딩
　㉠ 전기전자설비를 보호하기 위한 접지와 피뢰등전위본딩은 다음에 따른다.
　　ⓐ 뇌서지 전류를 대지로 방류시키기 위한 접지를 시설하여야 한다.
　　ⓑ 전위차를 해소하고 자계를 감소시키기 위한 본딩을 구성하여야 한다.
　㉡ 접지극은 다음에 적합하여야 한다.
　　ⓐ 전자·통신설비의 접지는 환상도체접지극 또는 기초접지극으로 한다.
　　ⓑ 개별 접지시스템으로 된 복수의 건축물·구조물 등을 연결하는 콘크리트덕트·금속제 배관의 내부에 케이블이 있는 경우 각각의 접지 상호 간은 병행 설치된 도체로 연결하여야 한다(차폐케이블인 경우는 차폐선을 양끝에서 각각의 접지시스템에 등전위본딩 하는 것으로 한다).
　㉢ 전자·통신설비(또는 이와 유사한 것)에서 위험한 전위차를 해소하고 자계를 감소시킬 필요가 있는 경우 다음에 의한 등전위본딩망을 시설하여야 한다.
　　ⓐ 등전위본딩망은 건축물·구조물의 도전성 부분 또는 내부설비 일부분을 통합하여 시설한다.
　　ⓑ 등전위본딩망은 그물망 폭이 5m 이내가 되도록 하여 시설하고 구조물과 구조물 내부의 금속부분은 다중으로 접속한다(금속 부분이나 도전성 설비가 피뢰구역의 경계를 지나가는 경우에는 직접 또는 서지보호장치를 통하여 본딩 한다).
　　ⓒ 도전성 부분의 등전위본딩은 방사형, 그물망형 또는 이들의 조합형으로 한다.

④ 서지보호장치 시설
　㉠ 전기전자설비 등에 연결된 전선로를 통하여 서지가 유입되는 경우, 해당 선로에는 서지보호장치를 설치하여야 한다.
　㉡ 지중 저압수전의 경우, 내부에 설치하는 전기전자기기의 과전압범주별 임펄스내전압이 규정 값에 충족하는 경우는 서지보호장치를 생략할 수 있다.

(2) 피뢰등전위본딩

① 일반사항
㉠ 피뢰시스템의 등전위화는 다음과 같은 설비들을 서로 접속함으로써 이루어진다.
  ⓐ 금속제 설비
  ⓑ 구조물에 접속된 외부 도전성 부분
  ⓒ 내부시스템
㉡ 등전위본딩의 상호 접속은 다음에 의한다.
  ⓐ 자연적 구성부재로 인한 본딩으로 전기적 연속성을 확보할 수 없는 장소는 본딩도체로 연결한다.
  ⓑ 본딩도체로 직접 접속할 수 없는 장소의 경우에는 서지보호장치를 이용한다.
  ⓒ 본딩도체로 직접 접속이 허용되지 않는 장소의 경우에는 절연방전갭(ISG)을 이용한다.

② 금속제 설비의 등전위본딩
㉠ 건축물·구조물과 분리된 외부피뢰시스템의 경우, 등전위본딩은 지표면 부근에서 시행하여야 한다.
㉡ 건축물·구조물과 접속된 외부피뢰시스템의 경우, 피뢰등전위본딩은 다음에 따른다.
  ⓐ 기초부분 또는 지표면 부근 위치에서 하여야 하며, 등전위본딩도체는 등전위본딩 바에 접속하고, 등전위본딩 바는 접지시스템에 접속하여야 한다. 또한 쉽게 점검할 수 있도록 하여야 한다.
  ⓑ 전기적 절연 요구조건에 따른 안전간격을 확보할 수 없는 경우에는 피뢰시스템과 건축물·구조물 또는 내부설비의 도전성 부분은 등전위본딩 하여야 하며, 직접 접속하거나 충전부인 경우는 서지보호장치를 경유하여 접속하여야 한다. 다만, 서지보호장치를 사용하는 경우 보호레벨은 보호구간 기기의 임펄스내전압보다 작아야 한다.
  ⓒ 건축물·구조물에는 지하 0.5m와 높이 20m마다 환상도체를 설치한다. 다만 철근콘크리트, 철골구조물의 구조체에 인하도선을 등전위본딩하는 경우 환상도체는 설치하지 않아도 된다.

③ 인입설비의 등전위본딩
㉠ 건축물·구조물의 외부에서 내부로 인입되는 설비의 도전부에 대한 등전위본딩은 다음에 의한다.
  ⓐ 인입구 부근에서 등전위본딩 한다.
  ⓑ 전원선은 서지보호장치를 사용하여 등전위본딩을 한다.
  ⓒ 통신 및 제어선은 내부와의 위험한 전위차 발생을 방지하기 위해 직접 또는 서지보호장치를 통해 등전위본딩 한다.
㉡ 가스관 또는 수도관의 연결부가 절연체인 경우, 해당설비 공급사업자의 동의를 받아 적절한 공법(절연방전갭 등 사용)으로 등전위본딩 하여야 한다.

④ 등전위본딩 바
㉠ 설치위치는 짧은 도전성경로로 접지시스템에 접속할 수 있는 위치이어야 한다.
㉡ 접지시스템(환상접지전극, 기초접지전극, 구조물의 접지보강재 등)에 짧은 경로로 접속하여야 한다.
㉢ 외부 도전성 부분, 전원선과 통신선의 인입점이 다른 경우 여러 개의 등전위본딩 바를 설치할 수 있다.

03장 저압 전기설비

1 계통접지의 방식

1. 계통접지 구성

(1) 저압전로의 보호도체 및 중성선의 접속 방식에 따른 접지계통 분류
- ① TN 계통
- ② TT 계통
- ③ IT 계통

(2) 계통접지에서 사용되는 문자
- ① 제1문자 – 전원계통과 대지의 관계
  - ㉠ T: 한 점을 대지에 직접 접속
  - ㉡ I: 모든 충전부를 대지와 절연시키거나 높은 임피던스를 통하여 한 점을 대지에 직접 접속
- ② 제2문자 – 전기설비의 노출도전부와 대지의 관계
  - ㉠ T: 노출도전부를 대지로 직접 접속. 전원계통의 접지와는 무관
  - ㉡ N: 노출도전부를 전원계통의 접지점(교류 계통에서는 통상적으로 중성점, 중성점이 없을 경우는 선도체)에 직접 접속
- ③ 그 다음 문자(문자가 있을 경우) – 중성선과 보호도체의 배치
  - ㉠ S: 중성선 또는 접지된 선도체 외에 별도의 도체에 의해 제공되는 보호 기능
  - ㉡ C: 중성선과 보호 기능을 한 개의 도체로 겸용(PEN 도체)

(3) 각 계통에서 나타내는 그림의 기호

	기호 설명
	중성선(N), 중간도체(M)
	보호도체(PE)
	중성선과 보호도체겸용(PEN)

2. TN 계통

전원측의 한 점을 직접접지하고 설비의 노출도전부를 보호도체로 접속시키는 방식으로 중성선 및 보호도체(PE 도체)의 배치 및 접속방식에 따라 다음과 같이 분류한다.

(1) TN-S 계통은 계통 전체에 대해 별도의 중성선 또는 PE 도체를 사용한다. 배전계통에서 PE 도체를 추가로 접지할 수 있다.

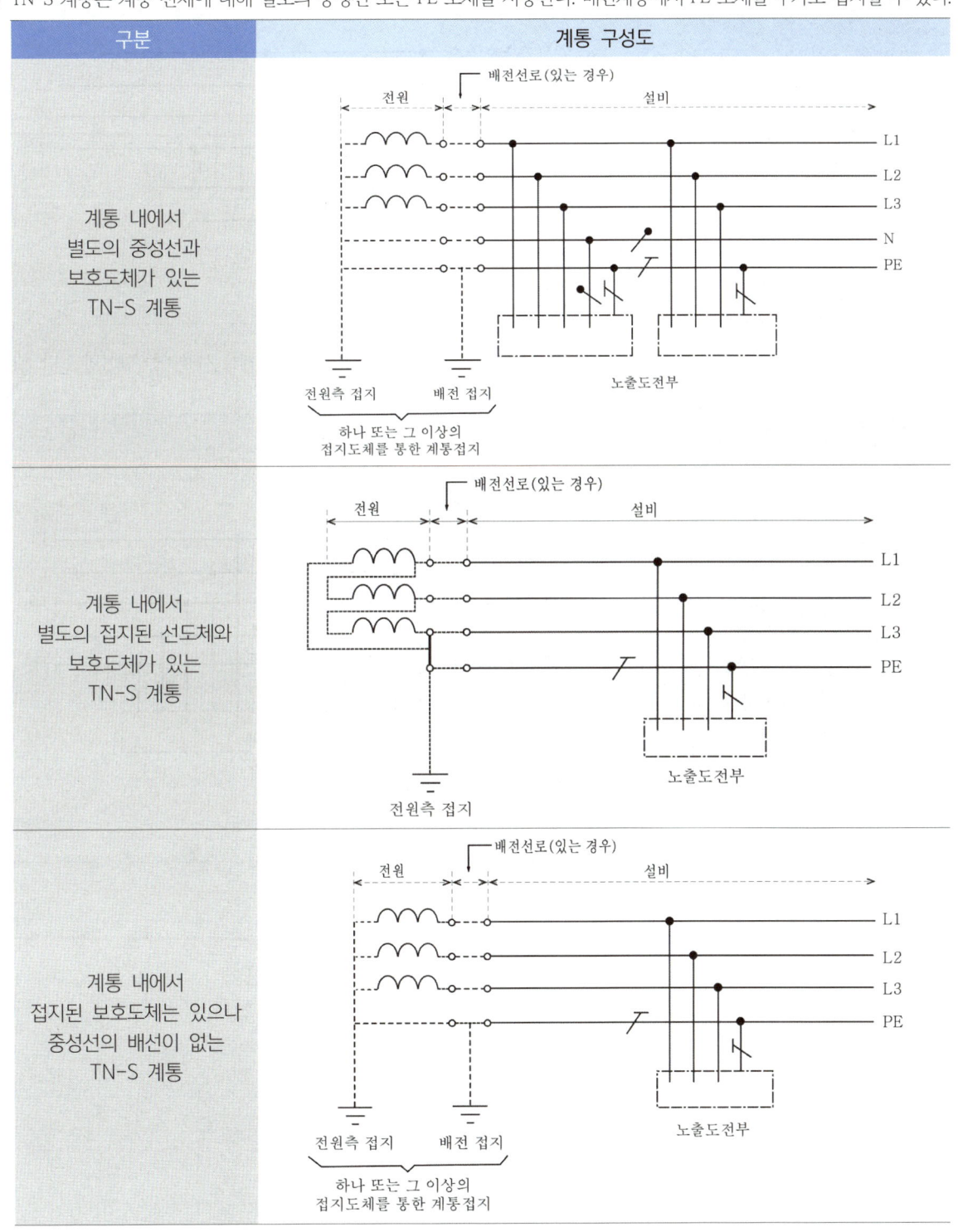

구분	계통 구성도
계통 내에서 별도의 중성선과 보호도체가 있는 TN-S 계통	
계통 내에서 별도의 접지된 선도체와 보호도체가 있는 TN-S 계통	
계통 내에서 접지된 보호도체는 있으나 중성선의 배선이 없는 TN-S 계통	

(2) TN-C 계통은 그 계통 전체에 대해 중성선과 보호도체의 기능을 동일도체로 겸용한 PEN 도체를 사용한다. 배전계통에서 PEN 도체를 추가로 접지할 수 있다.

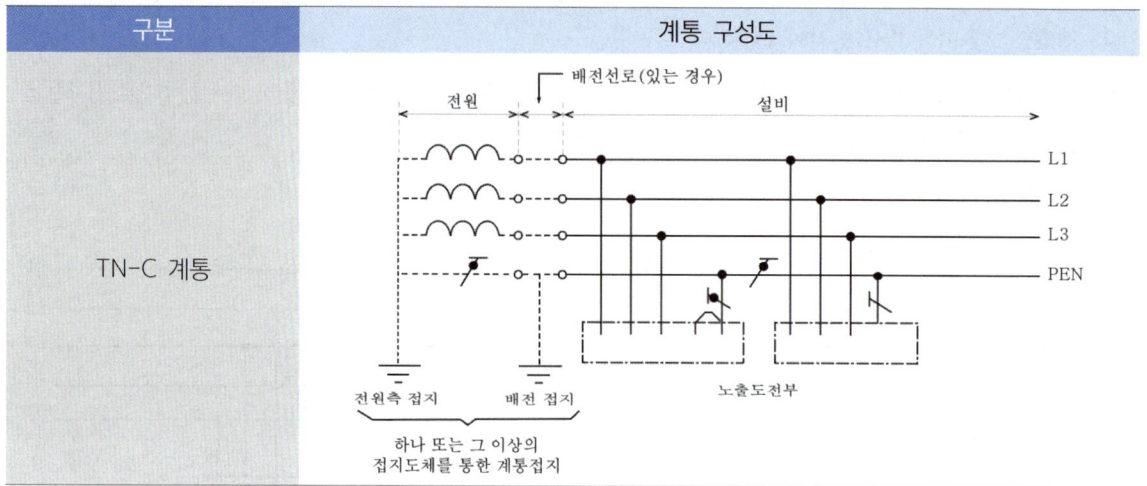

(3) TN-C-S계통은 계통의 일부분에서 PEN 도체를 사용하거나, 중성선과 별도의 PE 도체를 사용하는 방식이 있다. 배전계통에서 PEN 도체와 PE 도체를 추가로 접지할 수 있다.

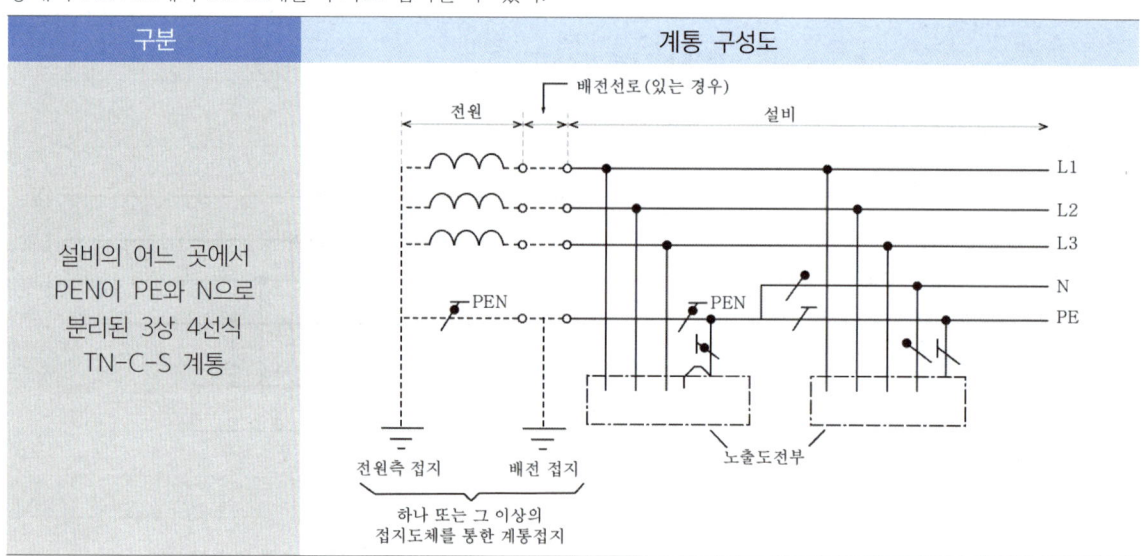

3. TT 계통

전원의 한 점을 직접 접지하고 설비의 노출도전부는 전원의 접지전극과 전기적으로 독립적인 접지극에 접속시킨다. 배전계통에서 PE 도체를 추가로 접지할 수 있다.

구분	계통 구성도
설비 전체에서 별도의 중성선과 보호도체가 있는 TT 계통	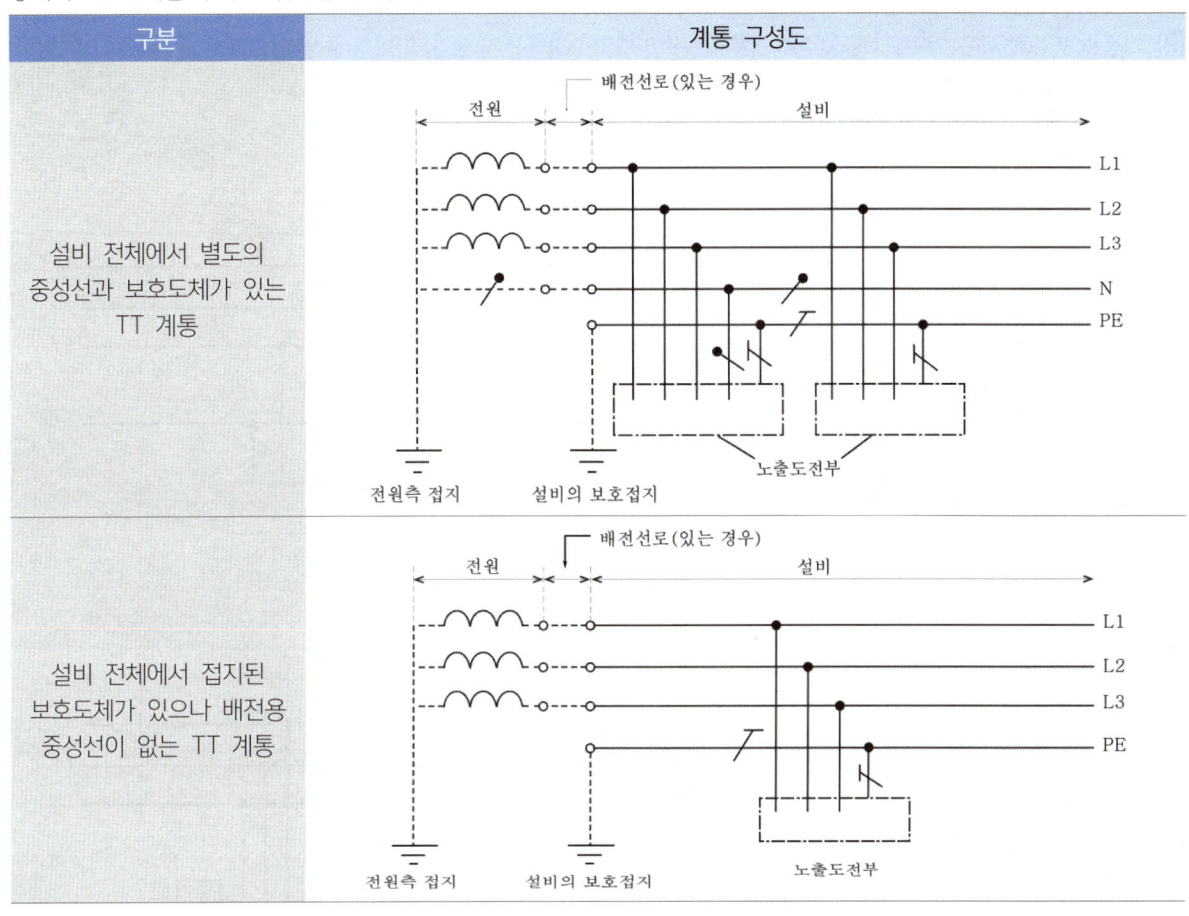
설비 전체에서 접지된 보호도체가 있으나 배전용 중성선이 없는 TT 계통	

4. IT 계통

(1) 충전부 전체를 대지로부터 절연시키거나, 한 점을 임피던스를 통해 대지에 접속시킨다. 전기설비의 노출도전부를 단독 또는 일괄적으로 계통의 PE 도체에 접속시킨다. 배전계통에서 추가접지가 가능하다.

(2) 계통은 충분히 높은 임피던스를 통하여 접지할 수 있다. 이 접속은 중성점, 인위적 중성점, 선도체 등에서 할 수 있다. 중성선은 배선할 수도 있고, 배선하지 않을 수도 있다.

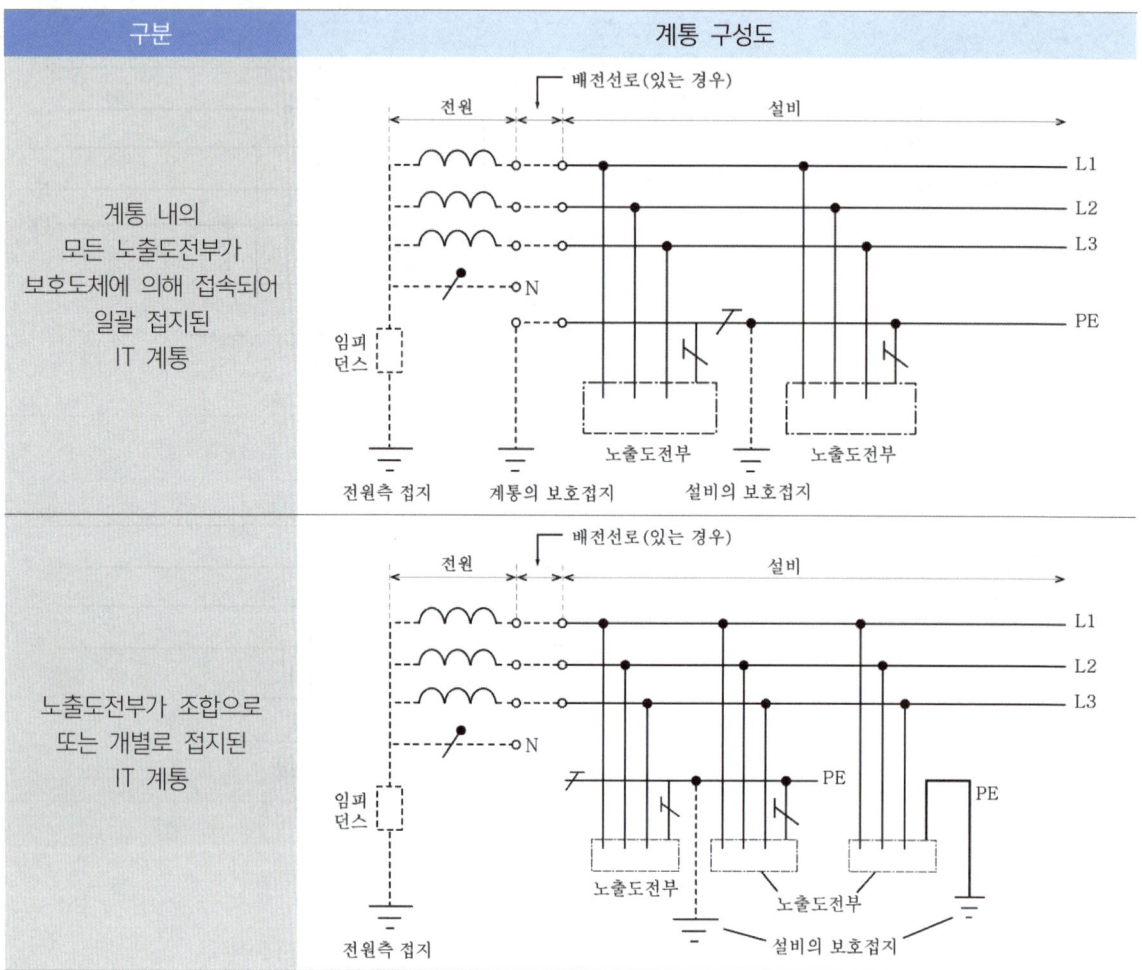

구분	계통 구성도
계통 내의 모든 노출도전부가 보호도체에 의해 접속되어 일괄 접지된 IT 계통	
노출도전부가 조합으로 또는 개별로 접지된 IT 계통	

2 감전에 대한 보호

1. 보호대책 일반 요구사항

구분	내용
안전을 위한 보호의 전압규정	① 교류전압은 실횻값으로 함 ② 직류전압은 리플프리로 함
설비의 각 부분에서 보호대책	① 전원의 자동차단 ② 이중절연 또는 강화절연 ③ 한 개의 전기사용기기에 전기를 공급하기 위한 전기적 분리 ④ SELV와 PELV에 의한 특별저압
숙련자와 기능자의 통제 또는 감독이 있는 설비에 적용가능한 보호대책	① 비도전성 장소 ② 비접지 국부등전위본딩 ③ 두 개 이상의 전기사용기기에 공급하기 위한 전기적 분리

2. 전원의 자동차단에 의한 보호대책

(1) 보호대책 일반 요구사항

① 전원의 자동차단에 의한 보호대책
  ㉠ 기본보호는 충전부의 기본절연 또는 격벽이나 외함에 의한다.
  ㉡ 고장보호는 보호등전위본딩 및 자동차단에 의한다.
  ㉢ 추가적인 보호로 누전차단기를 시설할 수 있다.
② 누설전류감시장치는 보호장치가 아니지만 전기설비의 누설전류를 감시하는데 사용된다. 다만, 누설전류감시장치는 누설전류의 설정 값을 초과하는 경우 음향 또는 음향과 시각적인 신호를 발생시켜야 한다.

(2) 고장보호의 요구사항

① 보호접지
  ㉠ 노출도전부는 계통접지별로 보호도체에 접속하여야 한다.
  ㉡ 동시에 접근 가능한 노출도전부는 개별적 또는 집합적으로 같은 접지계통에 접속하여야 한다.
② 보호등전위본딩
  ㉠ 도전성부분은 보호등전위본딩으로 접속하여야 한다.
  ㉡ 건축물 외부로부터 인입된 도전부는 건축물 안쪽의 가까운 지점에서 본딩하여야 한다.
③ 고장시의 자동차단
  ㉠ 보호장치는 회로의 선도체와 노출도전부 또는 선도체와 기기의 보호도체 사이의 임피던스가 무시할 정도로 되는 고장의 경우 규정된 차단시간 내에서 회로의 선도체 또는 설비의 전원을 자동으로 차단하여야 한다.

ⓒ 다음표에 최대차단시간은 32A 이하 분기회로에 적용한다.

계통	50V < U_0 ≤ 120V		120V < U_0 ≤ 230V		230V < U_0 ≤ 400V		U_0 > 400V	
	교류	직류	교류	직류	교류	직류	교류	직류
TN	0.8	-	0.4	5	0.2	0.4	0.1	0.1
TT	0.3	-	0.2	0.4	0.07	0.2	0.04	0.1

TT 계통에서 차단은 과전류보호장치에 의해 이루어지고 보호등전위본딩은 설비 안의 모든 계통외도전부와 접속되는 경우 TN 계통에 적용 가능한 최대차단시간이 사용될 수 있다.
U_0는 대지에서 공칭교류전압 또는 직류 선간전압이다.

ⓒ 위의 표 이외에는 최대 차단시간을 다음과 같이 적용한다.
　ⓐ TN 계통에서 5초 이하
　ⓑ TT 계통에서 1초 이하
④ 추가적인 보호(누전차단기 이용)
　㉠ 일반인이 사용하는 정격전류 20A 이하 콘센트
　㉡ 옥외에서 사용되는 정격전류 32A 이하 이동용 전기기기

(3) 누전차단기의 시설

① 전원의 자동차단에 의한 저압전로의 보호대책으로 누전차단기를 시설해야할 대상은 다음과 같다.
　㉠ 금속제 외함을 가지는 사용전압이 50V를 초과하는 저압의 기계기구로서 사람이 쉽게 접촉할 우려가 있는 곳에 시설하는 것에 전기를 공급하는 전로. 다만, 다음의 어느 하나에 해당하는 경우에는 적용하지 않는다.
　　ⓐ 기계기구를 발전소·변전소·개폐소에 시설하는 경우
　　ⓑ 기계기구를 건조한 곳에 시설하는 경우
　　ⓒ 대지전압이 150V 이하인 기계기구를 물기가 없는 곳에 시설하는 경우
　　ⓓ 이중절연구조의 기계기구를 시설하는 경우
　　ⓔ 그 전로의 전원측에 절연변압기(2차 전압이 300V 이하인 경우)를 시설하고 또한 그 절연 변압기의 부하측의 전로에 접지하지 아니하는 경우
　　ⓕ 기계기구가 고무·합성수지 기타 절연물로 피복된 경우
　　ⓖ 기계기구가 유도전동기의 2차측 전로에 접속되는 것일 경우
　㉡ 주택의 인입구 등 누전차단기 설치를 요구하는 전로
　㉢ 특고압전로, 고압전로 또는 저압전로와 변압기에 의하여 결합되는 사용전압 400V 초과의 저압전로 또는 발전기에서 공급하는 사용전압 400V 초과의 저압전로(발전소 및 변전소 부분의 전로를 제외).
　㉣ 다음의 전로에는 자동복구 기능을 갖는 누전차단기를 시설할 수 있다.
　　ⓐ 독립된 무인 통신중계소·기지국
　　ⓑ 관련법령에 의해 일반인의 출입을 금지 또는 제한하는 곳
　　ⓒ 옥외의 장소에 무인으로 운전하는 통신중계기 또는 단위기기 전용회로. 단, 일반인이 특정한 목적을 위해 지체하는(머물러 있는) 장소로서 버스정류장, 횡단보도 등에는 시설할 수 없다.
② 일반인이 접촉할 우려가 있는 장소(세대 내 분전반 및 이와 유사한 장소)에는 주택용 누전차단기를 시설하여야 한다.

(4) TN 계통

① 전원 공급계통의 중성점이나 중간점은 접지하여야 한다. 중성점이나 중간점을 접지할 수 없는 경우에는 선도체 중 하나를 접지하여야 한다. 설비의 노출도전부는 보호도체로 전원공급계통의 접지점에 접속하여야 한다.
② 고정설비에서 보호도체와 중성선을 겸하여(PEN 도체) 사용될 수 있다. 이러한 경우에는 PEN 도체에는 어떠한 개폐장치나 단로장치가 삽입되지 않아야 한다.

③ TN 계통에서 과전류보호장치 및 누전차단기는 고장보호에 사용할 수 있다. 누전차단기를 사용하는 경우 과전류보호 겸용의 것을 사용해야 한다.

④ TN-C 계통에는 누전차단기를 사용해서는 아니 된다. TN-C-S 계통에 누전차단기를 설치하는 경우에는 누전차단기의 부하측에는 PEN 도체를 사용할 수 없다. 이러한 경우 PE도체는 누전차단기의 전원측에서 PEN 도체에 접속하여야 한다.

(5) TT 계통

① 전원계통의 중성점이나 중간점은 접지하여야 한다. 중성점이나 중간점을 이용할 수 없는 경우, 선도체 중 하나를 접지하여야 한다.

② TT 계통은 누전차단기를 사용하여 고장보호를 하여야 한다. 다만, 고장루프임피던스가 충분히 낮을 때는 과전류보호장치에 의하여 고장보호를 할 수 있다.

(6) IT 계통

IT 계통은 다음과 같은 감시장치와 보호장치를 사용할 수 있으며, 1차 고장이 지속되는 동안 작동되어야 한다. 절연감시장치는 음향 및 시각신호를 갖추어야 한다.

① 절연감시장치
② 누설전류감시장치
③ 절연고장점검출장치
④ 과전류보호장치
⑤ 누전차단기

(7) 기능적 특별저압(FELV)

① 기본보호는 다음 중 어느 하나에 따른다.
  ㉠ 전원의 1차 회로의 공칭전압에 대응하는 기본절연
  ㉡ 격벽 또는 외함

② 고장보호는 1차 회로가 전원의 자동차단에 의한 보호가 될 경우 FELV 회로 기기의 노출도전부는 전원의 1차 회로의 보호도체에 접속하여야 한다.

③ FELV 계통의 전원은 최소한 단순 분리형 변압기에 의한다.

④ FELV 계통용 플러그와 콘센트는 다음의 모든 요구사항에 부합하여야 한다.
  ㉠ 플러그를 다른 전압 계통의 콘센트에 꽂을 수 없어야 한다.
  ㉡ 콘센트는 다른 전압 계통의 플러그를 수용할 수 없어야 한다.
  ㉢ 콘센트는 보호도체에 접속하여야 한다.

3. 이중절연 또는 강화절연에 의한 보호

(1) 이중 또는 강화절연은 기본절연의 고장으로 인해 전기기기의 접근 가능한 부분에 위험전압이 발생하는 것을 방지하기 위한 보호대책으로 다음에 따른다.

① 기본보호는 기본절연에 의하며, 고장보호는 보조절연에 의한다.
② 기본 및 고장보호는 충전부의 접근 가능한 부분의 강화절연에 의한다.

(2) 이중 또는 강화절연에 의한 보호대책은 모든 상황에 적용할 수 있다.

4. 전기적 분리에 의한 보호

(1) 보호대책
① 기본보호는 충전부의 기본절연에 따른 격벽과 외함에 의한다.
② 고장보호는 분리된 다른 회로와 대지로부터 단순한 분리에 의한다.

(2) 전기적 분리에 의한 고장보호
① 분리된 회로는 최소한 단순 분리된 전원을 통하여 공급되어야 하며, 분리된 회로의 전압은 500V 이하이어야 한다.
② 전기적 분리를 보장하기 위해 회로 간에 기본절연을 하여야 한다.

5. SELV와 PELV를 적용한 특별저압에 의한 보호

(1) 보호대책 일반 요구사항

구분	내용
특별저압 계통에 의한 보호대책	① SELV (Safety Extra-Low Voltage) ② PELV (Protective Extra-Low Voltage)
보호대책의 요구사항	① 특별저압 계통의 전압한계는 교류 50V 이하, 직류 120V 이하이어야 한다. ② 모든 회로로부터 특별저압 계통을 보호 분리하고, 특별저압 계통과 다른 특별저압 계통 간에는 기본절연을 하여야 한다. ③ SELV 계통과 대지간의 기본절연을 하여야 한다.

(2) SELV와 PELV용 전원
특별저압 계통에는 다음의 전원을 사용해야 한다.
① 안전절연변압기 전원 및 이와 동등한 절연의 전원
② 축전지 및 디젤발전기 등과 같은 독립전원
③ 내부고장이 발생한 경우에도 출력단자의 전압이 교류 50V 및 직류 120V를 초과하지 않도록 적절한 표준에 따른 전자장치
④ 안전절연변압기, 전동발전기 등 저압으로 공급되는 이중 또는 강화절연된 이동용 전원

(3) SELV와 PELV 회로에 대한 요구사항

구분	내용
SELV 및 PELV 회로의 포함내용	① 충전부와 다른 SELV와 PELV 회로 사이의 기본절연 ② 이중절연 또는 강화절연 또는 최고전압에 대한 기본절연 및 보호차폐에 의한 SELV 또는 PELV 이외의 회로들의 충전부로부터 보호 분리 ③ SELV 회로는 충전부와 대지 사이에 기본절연 ④ PELV 회로 및 PELV 회로에 의해 공급되는 기기의 노출도전부는 접지
교류 25V 또는 직류 60V를 초과하거나 기기가 물에 잠겨 있는 경우	기본보호는 절연 또는 격벽과 외함으로 함
건조한 상태에서 다음의 경우는 기본보호를 하지 않음	① SELV 회로에서 교류 25V 또는 직류 60V를 초과하지 않는 경우 ② PELV 회로에서 교류 25V 또는 직류 60V를 초과하지 않고 노출도전부 및 충전부가 보호도체에 의해서 주접지단자에 접속된 경우
교류 12V 또는 직류 30V를 초과하지 않는 경우	기본보호를 하지 않아도 됨

6. 장애물 및 접촉범위에서 보호

구분	내용
장애물 및 접촉범위 밖에 배치	장애물을 두거나 접촉범위 밖에 배치하는 보호대책은 기본보호만 해당
장애물	장애물은 충전부에 무의식적인 접촉을 방지하기 위해 시설
접촉범위 밖에 배치	서로 다른 전위로 동시에 접근 가능한 부분이 접촉범위 안에 있으면 안됨 (2.5m 이내 시설금지)

7. 비접지 국부 등전위본딩에 의한 보호

비접지 국부 등전위본딩은 위험한 접촉전압이 나타나는 것을 방지하기 위한 것으로 다음과 같이 한다.

(1) 등전위본딩용 도체는 동시에 접근이 가능한 모든 노출도전부 및 계통외도전부와 상호 접속하여야 한다.

(2) 국부 등전위본딩계통은 노출도전부 또는 계통외도전부를 통해 대지와 직접 전기적으로 접촉되지 않아야 한다.

3 과전류에 대한 보호

과전류로 인하여 회로의 도체, 절연체, 접속부, 단자부 또는 도체를 감싸는 물체 등에 유해한 열적 및 기계적인 위험이 발생되지 않도록, 그 회로의 과전류를 차단하는 보호장치를 설치해야 한다.

1. 회로의 특성에 따른 요구사항

(1) 선도체의 보호

과전류 검출기의 설치
① 과전류의 검출은 모든 선도체에 대하여 과전류 검출기를 설치하여 과전류가 발생할 때 전원을 안전하게 차단해야 한다.
② 3상 전동기 등과 같이 단상 차단이 위험을 일으킬 수 있는 경우 보호 조치를 해야 한다.

(2) 중성선의 보호

구분	TT 계통 또는 TN 계통	IT 계통
과전류 검출기 또는 차단장치 설치 하는 경우	중성선의 단면적이 선도체의 단면적보다 작은 경우(과전류 검출시 선도체는 차단, 중성선은 차단할 필요는 없음)	중성선을 배선하는 경우 중성선에 과전류검출기를 설치해야하며, 과전류가 검출되면 중성선을 포함한 해당 회로의 모든 충전도체를 차단해야 함
과전류 검출기 또는 차단장치 설치 않는 경우	중성선의 단면적이 선도체의 단면적과 동등 이상의 크기이고, 그 중성선의 전류가 선도체의 전류보다 크지 않을 경우	① 설비의 전력 공급점과 같은 전원 측에 설치된 보호장치에 의해 그 중성선이 과전류에 대해 효과적으로 보호되는 경우 ② 정격감도전류가 해당 중성선 허용전류의 0.2배 이하인 누전차단기로 그 회로를 보호하는 경우

(3) 중성선의 차단 및 재연결

중성선을 차단 및 재연결하는 개폐기 및 차단기의 동작은 다음에 따라야 한다.
① 차단 시에는 중성선이 선도체보다 늦게 차단되어야 한다.
② 재연결 시에는 선도체와 동시 또는 그 이전에 재연결되어야 한다.

2. 보호장치의 종류 및 특성

(1) 보호장치의 종류

구분	내용
과부하전류 및 단락전류 겸용 보호장치	보호장치 설치 점에서 예상되는 단락전류를 포함한 모든 과전류를 차단 및 투입할 수 있어야 함
과부하전류 전용 보호장치	① 과부하전류에 대한 보호능력이 있어야 함 ② 차단용량은 설치점의 예상 단락전류 값 미만으로 할 수 있음
단락전류 전용 보호장치	① 과부하전류 보호장치를 별도로 설치했을 경우에 설치할 수 있음 ② 과부하 보호장치의 생략이 허용되는 경우에 설치할 수 있음 ③ 예상 단락전류를 차단할 수 있어야 함 ④ 차단기인 경우에는 이 단락전류를 투입할 수 있어야 함

(2) 보호장치의 특성

① 과전류 보호장치는 표준(배선차단기, 누전차단기, 퓨즈 등의 표준)의 동작특성에 적합하여야 한다.
② 과전류차단기로 저압전로에 사용하는 범용의 퓨즈는 다음 표에 적합한 것이어야 한다.

【퓨즈(gG)의 용단특성】

정격전류의 구분	시간	정격전류의 배수	
		불용단전류	용단전류
4A 이하	60분	1.5배	2.1배
4A 초과 16A 미만	60분	1.5배	1.9배
16A 이상 63A 이하	60분	1.25배	1.6배
63A 초과 160A 이하	120분	1.25배	1.6배
160A 초과 400A 이하	180분	1.25배	1.6배
400A 초과	240분	1.25배	1.6배

③ 과전류차단기로 저압전로에 사용하는 산업용 배선차단기는 다음 표에 적합한 것이어야 한다.

【과전류트립 동작시간 및 특성(산업용 배선차단기)】

정격전류의 구분	시간	정격전류의 배수 (모든 극에 통전)	
		부동작 전류	동작 전류
63A 이하	60분	1.05배	1.3배
63A 초과	120분	1.05배	1.3배

④ 과전류차단기로 저압전로에 사용하는 주택용 배선차단기는 다음표에 적합한 것이어야 한다. 다만, 일반인이 접촉할 우려가 있는 장소에는 주택용 배선차단기를 시설하여야 한다.

순시트립에 따른 구분 (주택용 배선차단기)	
형	순시트립범위
B	3In 초과 ~ 5In 이하
C	5In 초과 ~ 10In 이하
D	10In 초과 ~ 20In 이하

㉠ B, C, D: 순시트립전류에 따른 차단기 분류
㉡ In: 차단기 정격전류

과전류트립 동작시간 및 특성 (주택용 배선차단기)			
정격전류의 구분	시간	정격전류의 배수 (모든 극에 통전)	
		부동작 전류	동작 전류
63A 이하	60분	1.13배	1.45배
63A 초과	120분	1.13배	1.45배

3. 과부하전류에 대한 보호

(1) 도체와 과부하 보호장치 사이의 협조

과부하에 대해 케이블(전선)을 보호하는 장치의 동작특성은 다음의 조건을 충족해야 한다.

$$I_B \leq I_n \leq I_Z$$
$$I_2 \leq 1.45 \times I_Z$$

여기서, I_B: 회로의 설계전류 I_Z: 케이블의 허용전류
       I_n: 보호장치의 정격전류 I_2: 보호장치가 규약시간 이내에 유효하게 동작하는 것을 보장하는 전류

① 위의 식 $I_2 \leq 1.45 \times I_Z$ 에 따른 보호는 조건에 따라서는 보호가 불확실한 경우가 발생할 수 있다. 이러한 경우에는 식 $I_2 \leq 1.45 \times I_Z$ 에 따라 선정된 케이블 보다 단면적이 큰 케이블을 선정하여야 한다.
② I_B는 선도체를 흐르는 설계전류이거나, 함유율이 높은 영상분 고조파(특히 제3고조파)가 지속적으로 흐르는 경우 중성선에 흐르는 전류이다.

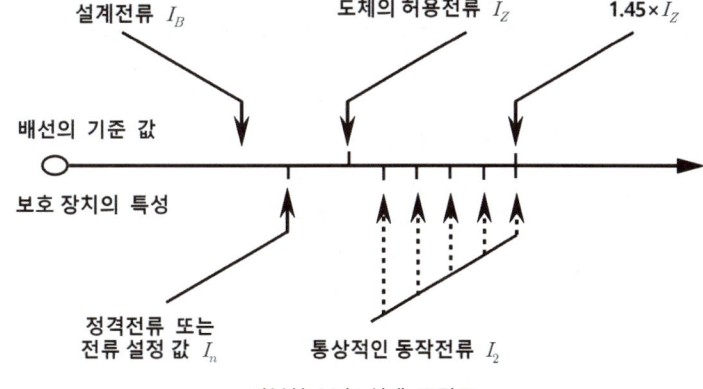

과부하 보호 설계 조건도

(2) 단락 및 과부하 보호장치의 설치 위치

① 설치 위치
과부하 보호장치는 전로 중 도체의 단면적, 특성, 설치방법, 구성의 변경으로 도체의 허용전류 값이 줄어드는 곳(이하 분기점이라 함)에 설치해야 한다.

② 설치 위치의 예외
과부하 보호장치는 분기점(O)에 설치해야 하나, 분기점(O)과 분기회로의 과부하 보호장치의 설치점 사이의 배선 부분에 다른 분기회로나 콘센트 회로가 접속되어 있지 않고, 다음 중 하나를 충족하는 경우에는 변경이 있는 배선에 설치할 수 있다.

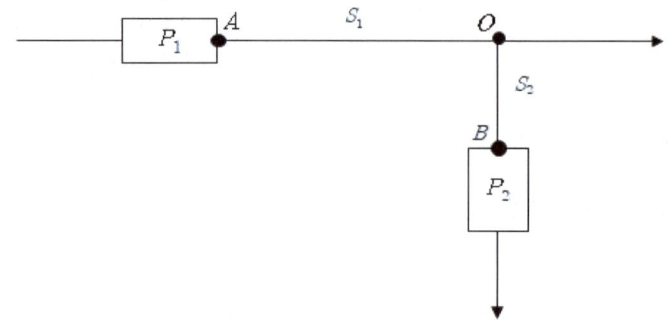

③ 보호장치(P_2)의 설치 위치

설치위치	설치조건
분기점(O)으로부터 3m 이내	전원측 보호장치(P_1)에 의해 보호되지 않는 경우
분기점(O)으로부터 거리제한 없이	전원측 보호장치(P_1)에 의해 보호되는 경우

(3) 과부하보호장치의 생략
다음과 같은 경우에는 과부하보호장치를 생략할 수 있다.

① 일반사항
㉠ 분기회로의 전원 측에 설치된 보호장치에 의하여 분기회로에서 발생하는 과부하에 대해 유효하게 보호되고 있는 분기회로

㉡ 단락보호가 되고 있으며, 분기점 이후의 분기회로에 다른 분기회로 및 콘센트가 접속되지 않는 분기회로 중, 부하에 설치된 과부하 보호장치가 유효하게 동작하여 과부하전류가 분기회로에 전달되지 않도록 조치를 하는 경우

㉢ 통신회로용, 제어회로용, 신호회로용 및 이와 유사한 설비

② IT 계통에서 과부하 보호장치 설치위치 변경 또는 생략
㉠ 과부하 보호가 되지 않은 회로가 다음에 의해 보호될 경우
  ⓐ 이중절연 또는 강화절연에 의한 보호수단 적용
  ⓑ 2차 고장이 발생할 때 즉시 작동하는 누전차단기로 각 회로를 보호
  ⓒ 지속적으로 감시되는 시스템의 경우 다음 중 어느 하나의 기능을 구비한 절연 감시 장치의 사용
    • 최초 고장이 발생한 경우 회로를 차단하는 기능
    • 고장을 나타내는 신호를 제공하는 기능

㉡ 중성선이 없는 IT 계통에서 각 회로에 누전차단기가 설치된 경우에는 선도체 중의 어느 1개에는 과부하 보호장치를 생략 가능

③ 안전을 위해 과부하 보호장치를 생략할 수 있는 경우
　㉠ 회전기의 여자회로
　㉡ 전자석 크레인의 전원회로
　㉢ 전류변성기의 2차회로
　㉣ 소방설비의 전원회로
　㉤ 안전설비(주거침입경보, 가스누출경보 등)의 전원회로

(4) 병렬 도체의 과부하 보호

하나의 보호장치가 여러 개의 병렬도체를 보호할 경우, 병렬도체는 분기회로, 분리, 개폐장치를 사용할 수 없다.

4. 단락전류에 대한 보호

(1) 예상 단락전류의 결정

설비의 모든 관련 지점에서의 예상 단락전류를 결정해야 한다.

(2) 단락보호장치의 특성

① 차단용량

정격차단용량은 단락전류보호장치 설치 점에서 예상되는 최대 크기의 단락전류 보다 커야한다.

② 케이블 등의 단락전류

회로의 임의의 지점에서 발생한 모든 단락전류는 케이블 및 절연도체의 허용 온도를 초과하지 않는 시간 내에 차단되도록 해야 한다. 단락지속시간이 5초 이하인 경우, 통상 사용조건에서의 단락전류에 의해 절연체의 허용온도에 도달하기까지의 시간 t는 다음 식과 같이 계산할 수 있다.

$$t = \left(\frac{kS}{I}\right)^2$$

여기서, t: 단락전류 지속시간 (초)　S: 도체의 단면적(mm²)　I: 유효 단락전류 (A, rms)
　　　　k: 도체 재료의 저항률, 온도계수, 열용량, 해당 초기온도와 최종온도를 고려한 계수

5. 저압전로 중의 개폐기 및 과전류차단장치의 시설

(1) 저압전로 중의 개폐기의 시설

① 저압전로 중에 개폐기를 시설하는 경우에는 그 곳의 각 극에 설치하여야 한다.
② 사용전압이 다른 개폐기는 상호 식별이 용이하도록 시설하여야 한다.

(2) 저압 옥내전로 인입구에서의 개폐기의 시설

① 저압 옥내전로에는 인입구에 가까운 곳으로서 쉽게 개폐할 수 있는 곳에 개폐기를 각 극에 시설하여야 한다.
② 사용전압이 400V 이하인 옥내 전로로서 다른 옥내전로(정격전류가 16A 이하인 과전류 차단기 또는 정격전류가 16A를 초과하고 20A 이하인 배선차단기로 보호되고 있는 것)에 접속하는 길이 15m 이하의 전로에서 전기의 공급을 받는 것은 "①"의 규정에 의하지 아니할 수 있다.
③ 저압 옥내전로에 접속하는 전원측 전로의 그 저압 옥내 전로의 인입구에 가까운 곳에 전용의 개폐기를 쉽게 개폐할 수 있는 곳의 각 극에 시설하는 경우에는 "①"의 규정에 의하지 아니할 수 있다.

(3) 저압전로 중의 전동기 보호용 과전류보호장치의 시설

① 과전류차단기로 저압전로에 시설하는 과부하보호장치와 단락보호 전용차단기 또는 과부하보호장치와 단락보호전용퓨즈를 조합한 장치는 전동기에만 연결하는 저압전로에 사용하고 다음 각각에 적합한 것이어야 한다.

㉠ 과부하 보호장치, 단락보호전용 차단기 및 단락보호전용 퓨즈는 다음에 따라 시설할 것

ⓐ 과부하 보호장치로 전자접촉기를 사용할 경우에는 반드시 과부하계전기가 부착되어 있을 것
ⓑ 단락보호전용 차단기의 단락동작설정 전류 값은 전동기의 기동방식에 따른 기동돌입전류를 고려할 것
ⓒ 단락보호전용 퓨즈는 다음표의 용단 특성에 적합한 것일 것

단락보호전용 퓨즈(aM)의 용단특성		
정격전류의 배수	불용단시간	용단시간
4배	60초 이내	-
6.3배	-	60초 이내
8배	0.5초 이내	-
10배	0.2초 이내	-
12.5배	-	0.5초 이내
19배	-	0.1초 이내

㉡ 과부하 보호장치와 단락보호 전용 차단기 또는 단락보호 전용 퓨즈를 하나의 전용함 속에 넣어 시설한 것일 것
㉢ 과부하 보호장치가 단락전류에 의하여 손상되기 전에 그 단락전류를 차단하는 능력을 가진 단락보호 전용 차단기 또는 단락보호 전용 퓨즈를 시설한 것일 것
㉣ 과부하 보호장치와 단락보호 전용 퓨즈를 조합한 장치는 단락보호 전용 퓨즈의 정격전류가 과부하 보호장치의 설정 전류(setting current) 값 이하가 되도록 시설한 것일 것

② 저압 옥내 시설하는 보호장치의 정격전류 또는 전류 설정 값은 전동기 등이 접속되는 경우에는 그 전동기의 기동방식에 따른 기동전류와 다른 전기사용기계기구의 정격전류를 고려하여 선정하여야 한다.

③ 옥내에 시설하는 전동기(정격 출력이 0.2kW 이하인 것을 제외)에는 전동기가 손상될 우려가 있는 과전류가 생겼을 때에 자동적으로 이를 저지하거나 이를 경보하는 장치를 하여야 한다. 다만, 다음의 어느 하나에 해당하는 경우에는 그러하지 아니하다.

㉠ 전동기를 운전 중 상시 취급자가 감시할 수 있는 위치에 시설하는 경우
㉡ 전동기의 구조나 부하의 성질로 보아 전동기가 손상될 수 있는 과전류가 생길 우려가 없는 경우
㉢ 단상전동기로써 그 전원측 전로에 시설하는 과전류 차단기의 정격전류가 16A(배선차단기는 20A) 이하인 경우

4 전선로

1. 저압 이웃 연결 인입선

(1) 인입선에서 분기하는 점으로부터 100m를 초과하는 지역에 미치지 아니할 것

(2) 폭 5m를 초과하는 도로를 횡단하지 아니할 것

(3) 옥내를 통과하지 아니할 것

(4) 고압 및 특고압 이웃 연결 인입선은 시설할 수 없음

2. 저압 옥측 전선로

(1) 공사방법
① 애자공사(전개된 장소에 한함)
② 합성수지관공사
③ 금속관공사(목조에는 시설금지)
④ 버스덕트공사(목조 및 점검할 수 없는 은폐된 장소는 제외)
⑤ 케이블공사(연피 케이블·알루미늄피 케이블 또는 미네럴 인슐레이션 케이블을 사용하는 경우에는 목조에 시설금지)

(2) 간격

시설 장소	전선 상호 간의 간격		전선과 조영재 사이의 간격	
	사용전압이 400V 미만인 경우	사용전압이 400V 이상인 경우	사용전압이 400V 미만인 경우	사용전압이 400V 이상인 경우
건조한 장소	0.06m	0.06m	0.025m	0.025m
기타장소	0.06m	0.12m	0.025m	0.045m

3. 농사용 저압 가공전선로의 시설

(1) 사용전압은 저압일 것

(2) 저압 가공전선은 인장강도 1.38kN 이상의 것 또는 지름 2mm 이상의 경동선일 것

(3) 저압 가공전선의 지표상의 높이는 3.5m 이상일 것(사람의 출입이 없을 경우 3m 이상)

(4) 목주의 굵기는 위쪽 끝 지름이 0.09m 이상일 것

(5) 전선로의 지지점 간 거리는 30m 이하일 것

(6) 다른 전선로에 접속하는 곳 가까이에 그 저압 가공전선로 전용의 개폐기 및 과전류차단기를 각 극(과전류차단기는 중성극을 제외한다)에 시설할 것

4. 구내에 시설하는 저압 가공전선로

(1) 전선은 지름 2mm 이상의 경동선의 절연전선(지지물 간 거리가 10m 이하인 경우 4mm^2 이상의 연동선의 절연전선을 사용)

(2) 전선로의 지지물 간 거리는 30m 이하일 것

(3) 전선과 다른 시설물과의 간격

【구내에 시설하는 저압 가공전선로 조영물의 구분에 따른 간격】

다른 시설물의 구분		간격
조영물의 상부 조영재	위 쪽	1m
	옆 쪽 또는 아래 쪽	0.6m(전선이 고압 절연전선, 특고압 절연전선 또는 케이블인 경우는 0.3m)
조영물의 상부 조영재 이외의 부분 또는 조영물 이외의 시설물		0.6m(전선이 고압 절연전선, 특고압 절연전선 또는 케이블인 경우는 0.3m)

(4) 도로를 횡단하는 경우에는 4m 이상

(5) 도로를 횡단하지 않는 경우에는 3m 이상

5 배선 및 조명설비 등

1. 일반사항

(1) 저압 옥내배선의 사용전선

① $2.5mm^2$ 이상의 연동선일 것
② 사용 전압이 400V 이하인 경우로 다음에 해당하는 경우 예외
    ㉠ 전광표시 장치, 제어 회로 등의 배선
        ⓐ 합성수지관공사, 금속관공사, 금속몰드공사, 금속덕트공사, 플로어덕트공사, 셀룰러덕트공사 등에 의해서 시설하는 경우 $1.5mm^2$ 이상의 연동선을 사용
        ⓑ 과전류가 생겼을 때에 자동적으로 전로에서 차단하는 장치를 시설할 경우 $0.75mm^2$ 이상인 다심케이블 또는 다심 캡타이어 케이블을 사용
    ㉡ 진열장 등에서는 $0.75mm^2$ 이상인 코드 또는 캡타이어케이블을 사용
    ㉢ 리프트 케이블을 사용하는 경우

(2) 중성선의 단면적

구분	내용
중성선의 단면적 ≥ 선도체의 단면적	• 2선식 단상회로 • 선도체굵기가 구리선 $16mm^2$, 알루미늄선 $25mm^2$ 이하인 다상 회로 • 제3고조파 전류가 흐를수 있고 종합고조파왜형률이 15 ~ 33%인 3상회로
중성선의 단면적 < 선도체의 단면적 (다상회로로 구리선 $16mm^2$ 또는 알루미늄선 $25mm^2$를 초과시로 아래 사항 모두 충족시)	• 상(phase)과 제3고조파 전류 간에 회로 부하가 균형 • 제3고조파 홀수배수 전류가 선도체 전류의 15% 이하 • 중성선 굵기가 구리선 $16mm^2$, 알루미늄선 $25mm^2$ 이상

(3) 나전선의 사용제한

옥내에 시설하는 저압 전선에는 다음 사항 외에는 나전선을 사용할 수 없음
① 애자공사에 의하여 전개된 곳에 다음의 전선을 시설하는 경우
    ㉠ 전기로용 전선
    ㉡ 전선의 피복 절연물이 부식하는 장소에 시설하는 전선
    ㉢ 취급자 이외의 자가 출입할 수 없도록 설비한 장소에 시설하는 전선
② 버스덕트공사에 의하여 시설하는 경우
③ 라이팅덕트공사에 의하여 시설하는 경우
④ 저압 접촉전선 및 놀이용 전차

(4) 옥내전로의 대지 전압의 제한

① 백열전등 또는 방전등에 전기를 공급하는 전로의 대지전압은 300V 이하
② 주택의 옥내전로의 대지전압은 300V 이하이고 다음에 따를 것(대지전압 150V 이하는 예외)
  ㉠ 사용전압은 400V 이하
  ㉡ 주택의 전로 인입구에는 감전보호용 누전차단기를 시설할 것
  ㉢ 3kW 이상의 전기기계기구에 전기를 공급하는 경우 전용의 개폐기, 과전류차단기, 전용콘센트를 시설할 것
  ㉣ 사람의 접촉우려가 없는 은폐된 장소는 합성수지관 공사, 금속관 공사, 케이블 공사에 의하여 시설할 것

2. 배선설비

(1) 사용하는 전선 또는 케이블의 종류에 따른 배선설비의 설치방법

전선 및 케이블		공사방법							
		케이블공사			전선관 시스템	케이블 트렁킹 시스템	케이블 덕팅 시스템	케이블 트레이 시스템	애자 공사
		비고정	직접 고정	지지선					
나전선		-	-	-	-	-	-	-	+
절연전선b		-	-	-	+a	+	+	-	+
케이블	다심	+	+	+	+	+	+	+	0
	단심	0	+	+	+	+	+	+	0

+: 사용가능, -: 사용할 수 없다.
0: 적용할 수 없거나 실용상 일반적으로 사용할 수 없다.
a 케이블트렁킹시스템이 IP4X 또는 IPXXD급의 이상의 보호조건을 제공하고, 도구 등을 사용하여 강제적으로 덮개를 제거할 수 있는 경우에 한하여 절연전선을 사용할 수 있음
b 보호 도체 또는 보호 본딩도체로 사용되는 절연전선은 적절하다면 어떠한 절연 방법이든 사용할 수 있고 전선관시스템, 트렁킹시스템 또는 덕팅시스템에 배치하지 않아도 됨

(2) 사용하는 전선 또는 케이블의 설치방법의 구분

종류	공사방법
전선관시스템	합성수지관공사, 금속관공사, 가요전선관공사
케이블트렁킹시스템	합성수지몰드공사, 금속몰드공사, 금속트렁킹공사a
케이블덕팅시스템	플로어덕트공사, 셀룰러덕트공사, 금속덕트공사b
애자공사	애자공사
케이블트레이시스템	케이블트레이공사
케이블공사	고정하지 않는 방법, 직접 고정하는 방법, 지지선 방법

a 금속본체와 덮개가 별도로 되어 덮개를 개폐할 수 있는 금속덕트공사
b 본체와 덮개 구분 없이 하나로 구성된 금속덕트공사

(3) 수용가 설비에서의 전압강하

① 수용가 설비의 인입구로부터 기기까지의 전압강하는 다음 표의 값 이하로 할 것

설비의 유형	조명(%)	기타(%)
A - 저압으로 수전하는 경우	3	5
B - 고압 이상으로 수전하는 경우	6	8

사용자의 배선설비가 100m를 넘는 부분의 전압강하는 미터 당 0.005% 증가할 수 있으나 이러한 증가분은 0.5%를 넘지 않을 것

② 다음의 경우에는 위의 표보다 더 큰 전압강하를 허용할 수 있다.
  ㉠ 기동 시간 중의 전동기
  ㉡ 돌입전류가 큰 기타 기기

(4) 절연물의 종류에 대한 최고허용온도

절연물의 종류	최고허용온도(℃)
열가소성 물질[폴리염화비닐(PVC)]	70(도체)
열경화성 물질[가교폴리에틸렌 또는 에틸렌프로필렌고무]	90(도체)
무기물(사람이 접촉할 우려가 있는 것)	70(시스)
무기물(사람이 접촉할 우려가 없는 나도체)	105(시스)

(5) 합성수지관 공사

① 전선은 절연전선(옥외용 비닐 절연전선을 제외)일 것
② 전선은 연선일 것
  단선 사용가능: 연동선 10mm^2 이하, 알루미늄선 단면적 16mm^2 이하)
③ 전선은 합성수지관 안에서 접속점이 없도록 할 것
④ 관의 두께는 2mm 이상일 것
⑤ 관 상호 간 및 박스와는 관을 삽입하는 깊이를 관의 바깥 지름의 1.2배(접착제를 사용하는 경우에는 0.8배) 이상
⑥ 관의 지지점 간의 거리는 1.5m 이하

(6) 금속관 공사

① 전선은 절연전선(옥외용 비닐절연전선을 제외)일 것
② 전선은 연선일 것
  단선 사용가능: 연동선 10mm^2 이하, 알루미늄선 단면적 16mm^2 이하)
③ 전선은 금속관 안에서 접속점이 없도록 할 것
④ 콘크리트에 매설하는 것은 1.2mm 이상
  콘크리트에 매설하지 않는 경우: 1mm 이상
  (이음매가 없는 길이 4m 이하인 것을 건조하고 전개된 곳에 시설시 0.5mm 이상)
⑤ 관의 끝부분 및 안쪽 면은 전선의 피복을 손상하지 아니하도록 매끈한 것일 것
⑥ 금속관에는 접지공사를 할 것
⑦ 400V 이하로서 다음의 경우 생략가능
  ㉠ 직류 300V 또는 교류 대지 전압 150V 이하로서 관의 길이가 8m 이하로 사람 접촉의 우려가 없도록 시설하는 경우 또는 건조한 장소에 시설하는 경우
  ㉡ 몰드의 길이가 4m 이하인 것을 시설하는 경우

(7) 금속제 가요전선관공사
① 전선은 절연전선(옥외용 비닐 절연전선을 제외)일 것
② 전선은 연선일 것
   (단선 사용가능: 연동선 10mm² 이하, 알루미늄선 단면적 16mm² 이하)
③ 가요전선관 안에는 전선에 접속점이 없도록 할 것
④ 가요전선관은 2종 금속제 가요 전선관일 것
⑤ 전개된 장소 또는 점검할 수 있는 은폐된 장소로 400V 초과인 전동기에 접속하는 부분에는 1종 가요전선관을 사용
⑤ 습기 또는 물기가 많은 장소에는 비닐 피복 1종 가요전선관 사용
⑥ 2종 금속제 가요전선관을 사용하는 경우에 습기 많은 장소 또는 물기가 있는 장소에 시설하는 때에는 비닐 피복 2종 가요전선관일 것
⑦ 접지공사를 할 것

(8) 합성수지 몰드 공사
① 전선은 절연전선(옥외용 비닐 절연전선을 제외)일 것
② 합성수지 몰드 안에는 전선에 접속점이 없도록 할 것
③ 합성수지 몰드는 홈의 폭 및 깊이가 35mm 이하의 것일 것
   (사람의 접촉 우려가 없을 경우 폭이 50mm 이하 사용)

(9) 금속몰드 공사
① 전선은 절연전선(옥외용 비닐절연 전선을 제외)일 것
② 금속 몰드 안에는 전선에 접속점이 없도록 할 것
③ 사용전압이 400V 이하로 옥내의 건조한 장소로 전개된 장소 또는 점검할 수 있는 은폐장소에 시설할 것
④ 몰드는 폭이 50mm 이하, 두께 0.5mm 이상일 것
⑤ 몰드 상호 간 및 몰드 박스는 견고하고 또한 전기적으로 완전하게 접속할 것
⑥ 접지공사를 할 것
   ※ 예외
   ㉠ 직류 300V 또는 교류 대지 전압 150V 이하로서 관의 길이가 8m 이하로 사람 접촉의 우려가 없도록 시설하는 경우 또는 건조한 장소에 시설하는 경우
   ㉡ 몰드의 길이가 4m 이하인 것을 시설하는 경우)

(10) 금속 덕트 공사
① 전선은 절연전선(옥외용 비닐절연전선을 제외)일 것
② 전선의 덕트 내부 단면적의 20% 이하일 것(전광표시 장치·출퇴표시등·제어회로 배선의 경우 50%)
③ 금속 덕트 안에는 전선에 접속점이 없도록 할 것
④ 폭이 40mm 이상, 두께가 1.2mm 이상인 철판 또는 금속제의 것으로 견고하게 제작한 것일 것
⑤ 덕트의 지지점 간의 거리 3m 이하(수직으로 설치시 6m)
⑥ 덕트의 끝부분은 막을 것
⑦ 접지공사를 할 것

(11) 플로어덕트공사
① 전선은 절연전선(옥외용 비닐 절연전선을 제외)일 것
② 전선은 연선일 것
   (단선 사용가능: 연동선 10mm² 이하, 알루미늄선 단면적 16mm² 이하)
③ 플로어 덕트 안에는 전선에 접속점이 없도록 할 것
④ 접지공사를 할 것

(12) 셀룰러 덕트 공사
① 전선은 절연전선(옥외용 비닐 절연전선을 제외)일 것
② 전선은 연선일 것
  (단선 사용가능: 연동선 10mm² 이하, 알루미늄선 단면적 16mm² 이하)
③ 셀룰러 덕트 안에는 전선에 접속점을 만들지 아니할 것
④ 덕트의 끝부분은 막을 것
⑤ 접지공사를 할 것

(13) 케이블트레이 공사
① 공사방법에는 사다리형, 펀칭형, 그물망형, 바닥밀폐형이 있음
② 전선은 연피 케이블, 알루미늄피 케이블 등 난연성 케이블, 기타 케이블 또는 금속관 혹은 합성수지관 등에 넣은 절연전선을 사용
③ 케이블 트레이의 안전율은 1.5 이상
④ 접지공사를 할 것

(14) 케이블 공사
① 전선은 케이블 및 캡타이어케이블일 것
② 중량물의 압력 또는 기계적 충격을 받을 우려가 있는 곳에 시설하는 케이블에는 적당한 방호 장치를 할 것
③ 전선의 지지점 간의 거리는 아랫면 또는 옆면은 케이블 2m 이하(수직으로 설치시 6m), 캡타이어 케이블은 1m 이하
④ 접지공사를 할 것
  ※ 예외
    ㉠ 직류 300V 또는 교류 대지 전압 150V 이하로서 관의 길이가 8m 이하로 사람 접촉의 우려가 없도록 시설하는 경우 또는 건조한 장소에 시설하는 경우
    ㉡ 몰드의 길이가 4m 이하인 것을 시설하는 경우

(15) 애자공사
① 전선은 절연전선(옥외용 및 인입용 비닐 절연전선을 제외)일 것
② 전선 상호 간의 간격은 0.06m 이상일 것
③ 전선과 조영재 사이의 간격
  ㉠ 사용전압이 400V 이하인 경우에는 25mm 이상
  ㉡ 400V 초과인 경우에는 45mm 이상일 것
    (건조한 장소에 시설하는 경우에는 25mm)
④ 전선의 지지점 간의 거리
  ㉠ 조영재의 윗면 또는 옆면에 따라 붙일 경우에는 2m 이하일 것
  ㉡ 사용전압이 400V 초과시 조영재의 아랫면의 경우 6m 이하일 것

(16) 버스 덕트 공사
① 덕트의 지지점 간의 거리는 3m 이하(수직으로 설치시 6m)
② 덕트의 끝부분은 막을 것
③ 덕트의 내부에 먼지가 침입하지 아니하도록 할 것
④ 접지공사를 할 것

(17) 라이팅 덕트 공사
　① 덕트 상호 간 및 전선 상호 간은 견고하게 또한 전기적으로 완전히 접속할 것
　② 덕트의 지지점 간의 거리는 2m 이하로 할 것
　③ 덕트의 끝부분은 막을 것
　④ 접지공사를 할 것
　　(예외: 대지전압이 150V 이하이고 또한 덕트의 길이가 4m 이하)

(18) 옥내에 시설하는 저압 접촉전선 배선
　① 이동기중기·자동청소기 그 밖에 이동하며 사용하는 저압의 전기기계기구에 전기를 공급하기 위하여 사용하는 저압 접촉전선을 옥내에 시설하는 경우
　　㉠ 전개된 장소 또는 점검할 수 있는 은폐된 장소에 애자공사
　　㉡ 버스덕트공사, 절연트롤리공사
　② 저압 접촉전선을 애자공사에 의하여 옥내의 전개된 장소에 시설하는 경우
　　㉠ 전선의 바닥에서의 높이는 3.5m 이상(예외: 최대 사용전압이 60V 이하이고 또는 건조한 장소에 사람의 접촉우려가 없을 경우)
　　㉡ 전선과 건조물과의 간격은 위쪽 2.3m 이상, 옆쪽 1.2m 이상으로 할 것
　　㉢ 사용전선
　　　ⓐ 전선은 인장강도 11.2kN 이상 또는 지름 6mm의 경동선으로 단면적이 28mm^2 이상인 것일 것
　　　ⓑ 사용전압이 400V 이하인 경우에는 인장강도 3.44kN 이상의 것 또는 지름 3.2mm 이상의 경동선으로 단면적이 8mm^2 이상인 것을 사용
　　㉣ 전선의 지지점간의 거리는 6m 이하일 것
　　㉤ 전선 상호 간의 간격
　　　ⓐ 수평으로 배열하는 경우 0.14m 이상
　　　ⓑ 기타의 경우 0.2m 이상
　　㉥ 전선과 조영재 사이의 간격
　　　ⓐ 습기 및 물기가 있는 경우 45mm 이상
　　　ⓑ 기타의 경우 25mm 이상
　　㉦ 애자는 절연성, 난연성 및 내수성이 있는 것일 것
　③ 저압 접촉전선을 애자공사에 의하여 옥내의 점검할 수 있는 은폐된 장소에 시설하는 경우
　　㉠ 전선 상호 간의 간격은 0.12m 이상일 것
　　㉡ 전선과 조영재 사이의 간격은 45mm 이상일 것

3. 조명설비

(1) 코드의 사용
　① 사용 가능 여부의 구분
　　㉠ 사용 가능: 조명용 전원코드 및 이동전선
　　㉡ 사용 불가능: 고정배선(예외: 건조한 곳 또는 진열장 등의 내부에 배선할 경우)
　② 코드는 사용전압 400V 이하의 전로에 사용

(2) 코드(전구선) 및 이동전선
　① 조명용 전원코드 또는 이동전선은 단면적 0.75mm² 이상의 코드 또는 캡타이어케이블을 사용할 것
　② 옥측에 시설하는 경우의 조명용 전원코드(건조한 장소)
　　단면적이 0.75mm² 이상인 450/750V 내열성 에틸렌 아세테이트 고무절연전선을 사용할 것
　③ 옥내에 시설하는 조명용 전원코드 또는 이동전선(습기가 많은 장소)
　　㉠ 고무코드(사용전압이 400V 이하)
　　㉡ 단면적이 0.75mm² 이상인 0.6/1kV EP 고무 절연 클로로프렌캡타이어케이블을 사용할 것

(3) 콘센트의 시설
　① 노출형콘센트는 기둥과 같은 내구성이 있는 조영재에 견고하게 부착할 것
　② 욕조나 샤워시설이 있는 욕실 또는 화장실 등 인체가 물에 젖어있는 상태에서 전기를 사용하는 장소에 콘센트를 시설하는 경우
　　㉠ 인체감전보호용 누전차단기(정격감도전류 15mA 이하, 동작시간 0.03초 이하의 전류동작형)
　　㉡ 절연변압기(정격용량 3kVA 이하)로 보호된 전로에 접속
　　㉢ 인체감전보호용 누전차단기가 부착된 콘센트를 시설
　　㉣ 콘센트는 접지극이 있는 방적형 콘센트를 사용하고 접지를 할 것
　③ 습기 및 수분이 있는 장소에 시설하는 콘센트는 접지용 단자가 있는 것을 사용하여 접지하고 방습 장치를 시설할 것
　④ 주택의 옥내전로에는 접지극이 있는 콘센트를 사용하여 접지할 것

(4) 점멸기의 시설
　① 점멸기는 전로의 비접지측에 시설할 것
　② 공장·사무실·학교·상점 및 기타 이와 유사한 장소의 옥내에 시설하는 전체 조명용 전등은 부분조명이 가능하도록 시설할 것
　③ 관광숙박업 또는 숙박업에 이용되는 객실의 입구 등은 1분 이내에 소등
　④ 일반주택 및 아파트 각 호실의 현관등은 3분 이내에 소등
　⑤ 욕실 내는 점멸기를 시설하지 말 것

(5) 진열장 또는 이와 유사한 것의 내부 배선
　① 건조한 장소에 시설할 것
　② 진열장 내부에 사용전압이 400V 이하의 경우 0.75mm² 이상의 코드 또는 캡타이어케이블로 배선할 것
　③ 전선의 붙임점 간의 거리는 1m 이하

(6) 옥외등
　① 옥외등에 전기를 공급하는 전로의 사용전압은 대지전압을 300V 이하
　② 옥외등과 옥내등을 병용하는 분기회로는 20A 과전류 차단기 분기회로로 할 것
　③ 옥외등의 인하선
　　㉠ 애자공사(지표상 2m 이상의 높이에서 노출된 장소)
　　㉡ 금속관공사
　　㉢ 합성수지관공사
　　㉣ 케이블공사
　④ 개폐기, 과전류차단기는 옥내에 시설할 것

(7) 1kV 이하 방전등

① 방전등에 전기를 공급하는 전로의 대지전압은 300V 이하로 시설할 것
② 방전등용 안정기는 조명기구에 내장할 것
　※ 방전등용 안정기를 조명기구 외부에 시설할 수 있는 경우
　　㉠ 안정기를 견고한 내화성의 외함 속에 넣을 때
　　㉡ 노출장소에 시설할 경우는 외함을 가연성의 조영재에서 0.01m 이상 이격하여 견고하게 부착할 것
　　㉢ 간접조명을 위한 벽안 및 진열장 안의 은폐장소에는 외함을 가연성의 조영재에서 10mm 이상 이격하여 견고하게 부착하고 쉽게 점검할 수 있도록 시설할 것
③ 방전등용 변압기
　㉠ 관등회로의 사용전압이 400V 초과인 경우는 방전등용 변압기를 사용할 것
　㉡ 방전등용 변압기는 절연변압기를 사용할 것
④ 관등회로의 배선
　㉠ 사용전압이 400V 이하인 배선은 전선에 형광등 전선 또는 공칭단면적 2.5mm² 이상의 연동선과 이와 동등 이상의 세기 및 굵기의 절연전선, 캡타이어 케이블 또는 케이블을 사용하여 시설하여야 할 것
　㉡ 사용전압이 400V 초과이고, 1kV 이하인 배선은 그 시설장소에 따라 합성수지관공사·금속관공사·가요전선관공사나 케이블공사 또는 다음의 표에 따라 시설할 것

시설장소의 구분		공사방법
전개된 장소	건조한 장소	애자공사·합성수지몰드공사 또는 금속몰드공사
	기타의 장소	애자공사
점검할 수 있는 은폐된 장소	건조한 장소	애자공사·합성수지몰드공사 또는 금속몰드공사
	기타의 장소	애자공사

(8) 네온방전등

① 전로의 대지전압은 300V 이하로 시설할 것
② 관등회로의 배선은 애자공사로 다음에 따라서 시설할 것
　㉠ 애자공사로 시설할 것
　㉡ 전선은 네온관용 전선을 사용할 것
　㉢ 배선은 외상을 받을 우려가 없고 사람이 접촉될 우려가 없는 노출장소에 시설할 것
　㉣ 전선은 조영재의 옆면 또는 아랫면에 붙일 것
　㉤ 전선의 지지점 간의 거리는 1m 이하일 것
　㉥ 전선 상호 간의 간격은 60mm 이상일 것

(9) 수중조명등

① 절연변압기는 교류 5kV의 시험전압으로 하나의 권선과 다른 권선, 철심 및 외함 사이에 계속적으로 1분간 가하여 절연내력을 시험할 경우 견디어야 할 것
② 1차측 사용전압 400V 미만, 2차측 사용전압 150V 이하인 절연 변압기를 사용
③ 절연 변압기의 2차측 전로는 접지하지 아니할 것
④ 절연 변압기는 2차측 전로의 사용전압이 30V 이하인 경우 1차 권선과 2차권선 사이에 금속제의 혼촉방지판을 설치하여야 하며 접지공사를 할 것
⑤ 절연 변압기의 2차측 전로에는 개폐기 및 과전류 차단기를 각 극에 시설할 것
⑥ 절연 변압기의 2차측 전로의 사용전압이 30V를 초과하는 경우 그 전로에 지락사고시 자동적으로 전로를 차단하는 정격감도전류 30 mA이하의 누전차단기를 시설할 것

(10) 교통신호등

① 사용전압은 300V 이하
② 인하선의 지표상 높이는 2.5m 이상
③ 사용전압이 150V를 초과하는 경우 지락시 자동 차단하는 누전차단기를 설치할 것
④ 제어장치의 금속제 외함에는 접지공사를 할 것
⑤ 교통신호등 회로의 배선과 기타 시설물과의 간격은 0.6m 이상일 것
   (배선이 케이블인 경우에는 0.3m 이상)

4. 특수설비

(1) 전기울타리의 시설

① 전선은 인장강도 1.38kN 이상 또는 지름 2mm 이상의 경동선일 것
② 전선과 기둥 사이의 간격은 25mm 이상일 것
③ 전선과 다른 시설물 또는 수목 사이의 간격은 0.3m 이상일 것
④ 전기를 공급하는 전로에는 쉽게 개폐할 수 있는 곳에 전용 개폐기를 시설할 것
⑤ 사용전압은 250V 이하일 것
⑥ 전기울타리의 접지전극과 다른 접지 계통의 접지전극의 거리는 2m 이상일 것
⑦ 가공전선로의 아래를 통과하는 전기울타리의 금속부분은 교차지점의 양쪽으로부터 5m 이상의 간격을 두고 접지를 할 것

(2) 전기욕기

전기욕기용 전원장치(내장되어 있는 전원 변압기의 2차측 전로의 사용전압이 10V 이하)는 안전기준에 적합한 것
① 전원장치의 금속제 외함 및 전선을 넣는 금속관에는 접지공사를 할 것
② 욕탕안의 전극간의 거리는 1m 이상일 것
③ 전기욕기용 전원장치로부터 욕탕안의 전극까지의 배선
   ㉠ 2.5mm² 이상의 연동선 또는 절연전선(옥외용 비닐절연전선 제외) 또는 케이블을 사용할 것
   ㉡ 1.5mm² 이상의 캡타이어 케이블을 사용할 것
   ㉢ 합성수지관 공사, 금속관 공사 또는 케이블 공사에 의하여 시설
④ 1.5mm² 이상의 캡타이어 코드를 합성수지관 또는 금속관에 넣고 조영재에 붙일 것
⑤ 전기욕기용 전원장치로부터 욕조안의 전극까지의 절연저항 값은 0.1MΩ 이상일 것

(3) 전극식 온천온수기

① 사용전압은 400V 미만일 것
② 사용전압 400V 미만인 절연 변압기를 사용할 것(교류 2kV 시험전압에 1분간 견딜 것)
③ 절연 변압기의 1차측 전로에는 개폐기 및 과전류 차단기를 각 극에 시설할 것
④ 절연 변압기의 철심 및 금속제 외함에는 접지공사를 할 것
⑤ 온천수 유입구 및 유출구에는 차폐장치를 설치할 것

(4) 전기온상 등

① 전로의 대지전압은 300V 이하일 것
② 발열선 및 발열선에 직접 접속하는 전선은 전기온상선일 것
③ 발열선은 그 온도가 80°C를 넘지 아니하도록 시설할 것
④ 발열선이나 발열선에 직접 접속하는 전선의 피복에 사용하는 금속체 또는 방호장치의 금속제 부분에는 접지공사를 할 것

⑤ 발열선 상호 간의 간격은 0.03m (함내에 시설하는 경우에는 0.02m) 이상일 것
⑥ 발열선과 조영재 사이의 간격은 2.5cm 이상일 것
⑦ 발열선의 지지점 간의 거리는 1m 이하일 것(발열선 상호 간의 간격이 0.06m 이상인 경우에는 2m 이하)

(5) 전격살충기
① 전격격자가 지표상 3.5m 이상의 높이(자동 차단장치 설치시 지표상 1.8m)
② 전격격자와 다른 시설물 또는 식물 사이의 간격은 0.3m 이상일 것

(6) 놀이용 전차
① 전원장치의 2차측 단자의 최대사용전압은 직류 60V 이하, 교류 40V 이하일 것
② 전차에 전기를 공급하기 위한 접촉전선은 제3레일 방식에 의하여 시설할 것
③ 놀이용 전차에 전기를 공급하는 변압기의 1차전압은 400[V]미만(승압용인 경우 2차 전압 150[V]이하)인 절연변압기일 것
④ 접촉전선과 대지 사이의 절연저항은 사용전압에 대한 누설전류가 레일의 연장 1km마다 100mA를 넘지 않도록 유지할 것
⑤ 놀이용 전차안의 전로와 대지 사이의 절연저항은 사용전압에 대한 누설전류가 규정 전류의 5,000분의 1을 넘지 않을 것

(7) 아크 용접기
① 절연변압기를 사용하고 1차측의 대지전압은 300V 이하일 것
② 피용접재, 받침대, 정반 등의 금속체에는 접지공사를 할 것
③ 용접변압기의 1차측 전로에는 용접 변압기에 가까운 곳에 쉽게 개폐할 수 있는 개폐기를 시설할 것

(8) 도로 등의 전열장치의 시설
① 전로의 대지전압은 300V 이하일 것
② 발열선은 그 온도가 80℃를 넘지 않을 것(도로, 옥외주차장→ 120℃ 이하)
③ 발열선 또는 발열선에 접속하는 전선의 피복에 사용하는 금속체에는 접지공사를 할 것
④ 발열선 상호 간의 간격은 0.05m 이상

(9) 소세력 회로
① 전자 개폐기의 조작회로 또는 초인벨·경보벨 등에 접속하는 전로로서 최대 사용전압이 60V 이하일 것
② 절연 변압기를 사용하고 전선은 케이블 이외에는 1mm² 이상일 것
③ 절연변압기의 사용전압은 대지전압 300V 이하로 할 것

(10) 전기부식방지 시설
① 사용전압은 직류 60V 이하일 것
② 지중에 매설하는 양극의 매설깊이는 0.75m 이상일 것
③ 수중에 시설하는 양극과 그 주위 1m 이내의 거리에 있는 임의점과의 사이의 전위차는 10V를 넘지 아니할 것
④ 지표 또는 수중에서 1m 간격의 임의의 2점간의 전위차가 5V를 넘지 아니할 것
⑤ 전선은 케이블인 경우 이외에는 지름 2mm의 경동선 또는 옥외용 비닐절연전선 이상의 절연효력이 있는 것일 것
⑥ 전기부식방지 회로의 전선과 저압 가공전선 사이의 간격은 0.3m 이상일 것
⑦ 전기부식방지 회로의 전선은 4.0mm²의 연동선일 것(양극에 부속하는 전선은 2.5mm² 이상의 연동선)

(11) 전기자동차 전원설비

① 전원공급설비에 사용하는 전압은 저압으로 할 것
  ㉠ 전용의 개폐기 및 과전류 차단기를 각 극(과전류 차단기는 다선식 전로의 중성극을 제외)에 시설할 것
  ㉡ 전로에 지락이 생겼을 때 자동적으로 그 전로를 차단하는 장치를 시설할 것

② 옥내에 시설하는 저압용 배선기구의 시설은 다음에 따라 시설할 것
  ㉠ 옥내에 시설하는 저압용의 배선기구는 그 충전 부분이 노출되지 아니하도록 시설
  ㉡ 옥내에 시설하는 저압용의 비포장 퓨즈는 불연성의 것일 것
  ㉢ 전기자동차의 충전장치는 쉽게 열 수 없는 구조이고 위험표시를 할 것
  ㉣ 충전장치의 충전 케이블 인출부는 옥내용의 경우 지면으로부터 0.45m 이상 1.2m 이내에, 옥외용의 경우 지면으로부터 0.6m 이상에 위치할 것
  ㉤ 전기자동차의 충전장치는 부착된 충전 케이블을 거치할 수 있는 거치대 또는 충분한 수납공간(옥내 0.45m 이상, 옥외 0.6m 이상)을 갖는 구조이며, 충전 케이블은 반드시 거치할 것

(12) 먼지 위험장소

① 폭연성 먼지 또는 화약류의 가루가 있는 장소
  ㉠ 금속관공사, 케이블공사
  ㉡ 0.6/1kV EP 고무절연 클로로프렌 캡타이어 케이블
  ㉢ 전기기계기구는 먼지 폭발방지 특수 방진 구조로 되어 있을 것

② 가연성 먼지가 있는 장소
  ㉠ 합성수지관 공사, 금속관공사, 케이블공사
  ㉡ 0.6/1kV EP 고무절연 클로로프렌 캡타이어 케이블, 0.6/1kV 비닐절연 비닐 캡타이어 케이블
  ㉢ 전기기계기구는 먼지방폭형 보통 방진구조로 되어 있을 것

(13) 전시회, 쇼 및 공연장의 전기설비

① 이동전선
  ㉠ 이동전선은 0.6/1kV EP 고무 절연 클로로프렌 캡타이어 케이블 또는 0.6/1kV 비닐 절연 비닐캡타이어 케이블일 것
  ㉡ 보더라이트에 부속된 이동 전선은 0.6/1kV EP 고무 절연 클로로프렌 캡타이어 케이블
② 무대·무대마루 밑·오케스트라 박스 및 영사실의 전로에는 전용 개폐기 및 과전류 차단기를 시설할 것
③ 비상 조명을 제외한 조명용 분기회로 및 정격 32A 이하의 콘센트용 분기회로는 정격 감도 전류 30mA 이하의 누전 차단기로 보호할 것

(14) 터널, 갱도 기타 이와 유사한 장소

사람이 상시 통행하는 터널 안의 배선의 시설은 다음과 같을 것
① 사용전압은 저압일 것
② 2.5mm²의 연동선 및 절연전선을 사용(옥외용 비닐절연전선 및 인입용 비닐절연전선을 제외)
③ 합성수지관공사·금속관공사·금속제 가요전선관공사·케이블공사, 애자공사
④ 노면상 2.5m 이상의 높이로 할 것
⑤ 전로에는 터널의 입구에 가까운 곳에 전용 개폐기를 시설할 것

(15) 이동식 숙박차량 정박지, 야영지 및 이와 유사한 장소

① TN 계통에서는 PEN 도체가 포함되지 않을 것
② 표준전압은 220/380V를 초과하지 않을 것
③ 지중케이블 및 가공케이블 또는 가공절연전선을 사용할 것
④ 가공전선은 차량이 이동하는 지역에서 지표상 6m 이상(기타의 경우 4m 이상)

⑤ 콘센트 및 최종분기회로는 정격감도전류가 30mA 이하인 누전차단기(중성선을 포함한 모든 극이 차단되는 것)에 의하여 개별적으로 보호될 것
⑥ 하나의 외함 내에는 4개 이하의 콘센트를 조합 배치할 것
⑦ 정격전압 200V~250V, 정격전류 16A의 단상 콘센트가 제공될 것
⑧ 콘센트는 지면으로부터 0.5m~1.5m 높이에 설치할 것

(16) 마리나 및 이와 유사한 장소
① 마리나에서 TN 계통의 사용 시 TN-S 계통만을 사용할 것
② 표준전압은 220/380V를 초과하지 않을 것
③ 마리나 내의 배선
  ㉠ 지중케이블
  ㉡ 가공케이블 또는 가공절연전선(수송매체 고려시 지표상 6m 이상, 기타의 경우 4m 이상)
  ㉢ PVC 보호피복의 무기질 절연케이블
  ㉣ 열가소성 또는 탄성재료 피복의 외장케이블
④ 고장보호를 위한 누전차단기는 다음에 따라 시설할 것
  ㉠ 정격전류가 63A 이하인 모든 콘센트는 정격감도전류가 30mA 이하인 누전차단기에 의해 개별적으로 보호될 것
  ㉡ 정격전류가 63A를 초과하는 콘센트는 정격감도전류 300mA 이하이고, 중성극을 포함한 모든 극을 차단하는 누전차단기에 의해 개별적으로 보호될 것
  ㉢ 주거용 선박에 전원을 공급하는 접속장치는 30mA를 초과하지 않는 개별 누전차단기로 보호되어야 하며, 선택된 누전차단기는 중성극을 포함한 모든 극을 차단할 것
⑤ 정격전압 200V~250V, 정격전류 16A 단상 콘센트가 제공될 것

(17) 의료장소
① 의료장소는 의료용 전기기기의 장착부(의료용 전기기기의 일부로서 환자의 신체와 필연적으로 접촉되는 부분)의 사용방법에 따라 구분할 것
  ㉠ 그룹 0: 일반병실, 진찰실, 검사실, 처치실, 재활치료실 등 장착부를 사용하지 않는 의료장소
  ㉡ 그룹 1: 분만실, MRI실, X선 검사실, 회복실, 구급처치실, 인공투석실, 내시경실 등 장착부를 환자의 신체 외부 또는 심장 부위를 제외한 환자의 신체 내부에 삽입시켜 사용하는 의료장소
  ㉢ 그룹 2: 관상동맥질환 처치실(심장카테터실), 심혈관조영실, 중환자실(집중치료실), 마취실, 수술실, 회복실 등 장착부를 환자의 심장 부위에 삽입 또는 접촉시켜 사용하는 의료장소
② 의료장소별 계통접지
  ㉠ 그룹 0: TT 계통 또는 TN 계통
  ㉡ 그룹 1: TT 계통 또는 TN 계통
    (전원자동차단을 사용하기 어려울 경우 IT 계통을 적용)
  ㉢ 그룹 2: 의료 IT 계통.
    (이동식 X-레이 장치, 정격출력이 5kVA 이상인 대형 기기용 회로, 생명유지 장치가 아닌 일반 의료용 전기기기에 전력을 공급하는 회로 등에는 TT 계통 또는 TN 계통을 적용)
  ㉣ 의료장소에 TN 계통을 적용할 때에는 주배전반 이후의 부하 계통에서는 TN-C 계통으로 시설하지 말 것
③ 그룹 1 및 그룹 2의 의료 IT 계통은 안전을 위해 다음과 같이 시설할 것
  ㉠ 전원측에 이중 또는 강화절연을 한 비단락보증 절연변압기를 설치하고 그 2차측 전로는 접지하지 말 것
  ㉡ 비단락보증 절연변압기의 2차측 정격전압은 교류 250V 이하로 하며 공급방식은 단상 2선식, 정격출력은 10kVA 이하로 할 것
  ㉢ 3상 부하에 대한 전력공급이 요구되는 경우 비단락보증 3상 절연변압기를 사용할 것

④ 그룹 1과 그룹 2의 의료장소에 무영등 등을 위한 특별저압(SELV 또는 PELV)회로를 시설하는 경우에는 사용전압은 교류 실횻값 25V 또는 리플프리(ripple-free) 직류 60V 이하로 할 것
⑤ 의료장소의 전로에는 정격 감도전류 30mA 이하, 동작시간 0.03초 이내의 누전차단기를 설치할 것(예외: 의료 IT 계통, TT 계통 또는 TN 계통에서 누전경보기 시설시, 2.5m 초과의 높이에 조명기구 설치시의 회로)
⑥ 의료장소 내의 접지 설비는 다음과 같이 시설할 것
 ㉠ 의료장소마다 등전위본딩 바를 설치할 것(50m² 이하의 장소인 경우 등전위본딩 바를 공용할 수 있음)
 ㉡ 의료용 전기설비 및 전기기기의 노출도전부는 보호도체에 의하여 등전위본딩 바에 각각 접속되도록 할 것
 ㉢ 그룹 2의 의료장소에서 환자환경(환자로부터 수평방향 1.5m, 바닥으로부터 2.5m 높이) 내에 있는 계통외 도전부와 전기설비 및 의료용 전기기기의 노출도전부, 전자기장해(EMI) 차폐선, 도전성 바닥 등은 등전위본딩을 시행할 것
 ㉣ 접지도체는 등전위본딩 바에 접속된 보호도체 중 가장 큰 것 이상으로 할 것
⑦ 의료장소 내의 비상전원

절환시간	비상전원을 공급받는 장치 또는 기기
0.5초 이내	• 0.5초 이내에 전력공급이 필요한 생명유지장치 • 그룹 1 또는 그룹 2의 의료장소의 수술등, 내시경, 수술실 테이블, 기타 필수 조명
15초 이내	• 15초 이내에 전력공급이 필요한 생명유지장치 • 그룹 2의 의료장소에 최소 50%의 조명, 그룹 1의 의료장소에 최소 1개의 조명
15초 초과	• 병원기능을 유지하기 위한 기본 작업에 필요한 조명 • 그 밖의 병원 기능을 유지하기 위하여 중요한 기기 또는 설비

(18) 엘리베이터·소형물품 운반용 승강기 등의 승강로 안의 저압 옥내배선 등의 시설
사용전압 400V 이하인 저압 옥내배선, 저압의 이동전선 및 이에 직접 접속하는 리프트 케이블은 비닐 리프트 케이블 또는 고무 리프트 케이블을 사용할 것

(19) 저압 옥내 직류전기설비
① 저압 직류과전류차단장치 및 지락차단장치를 시설하는 경우 "직류용" 표시를 할 것
② 30V를 초과하는 축전지는 비접지측 도체에 개폐기를 시설할 것
③ 저압 옥내 직류전기설비의 접지
 ㉠ 저압 옥내 직류전기설비는 전로 보호장치의 확실한 동작의 확보, 이상전압 및 대지전압의 억제를 위하여 직류 2선식의 임의의 한 점 또는 변환장치의 직류측 중간점, 태양전지의 중간점 등을 접지할 것
 ㉡ 직류접지계통은 교류접지계통과 같은 방법으로 금속제 외함, 교류접지도체 등과 본딩하여야 하며, 교류접지가 피뢰설비·통신접지 등과 통합접지되어 있는 경우는 함께 통합접지공사를 할 수 있다. 이 경우 낙뢰 등에 의한 과전압으로부터 전기설비 등을 보호하기 위해 서지보호장치(SPD)를 설치할 것

(20) 비상용 예비전원설비
① 비상용 예비전원설비의 전원 공급방법은 다음과 같이 분류할 것
 ㉠ 수동 전원공급
 ㉡ 자동 전원공급
② 자동 전원공급은 절환 시간에 따라 다음과 같이 분류할 것
 ㉠ **무순단**: 과도시간 내에 전압 또는 주파수 변동 등 정해진 조건에서 연속적인 전원공급이 가능한 것
 ㉡ **순단**: 0.15초 이내 자동 전원공급이 가능한 것
 ㉢ **단시간 차단**: 0.5초 이내 자동 전원공급이 가능한 것
 ㉣ **보통 차단**: 5초 이내 자동 전원공급이 가능한 것

ⓔ **중간 차단**: 15초 이내 자동 전원공급이 가능한 것
ⓕ **장시간 차단**: 자동 전원공급이 15초 이후에 가능한 것
③ 상용전원의 정전으로 비상용전원이 대체되는 경우에는 상용전원과 병렬운전이 되지 않도록 할 것
④ 비상용 예비전원설비의 배선
  ㉠ 무기물절연(MI)케이블
  ㉡ 내화 케이블
  ㉢ 화재 및 기계적 보호를 위한 배선설비

04장 고압·특고압 전기설비

1 접지설비

1. 고압·특고압 접지계통

(1) 고압 또는 특고압 기기는 접촉전압 및 보폭전압의 허용 값 이내의 요건을 만족하도록 시설되어야 한다.

(2) 모든 케이블의 금속시스(sheath) 부분은 접지를 시행하여야 한다.

2. 혼촉에 의한 위험방지시설

(1) 고압 또는 특고압과 저압의 혼촉에 의한 위험방지 시설
① 고압 및 특고압전로와 저압전로를 결합하는 변압기의 저압측의 중성점에는 변압기 중성점 접지 접지공사를 하여야 한다.
  ㉠ 사용전압이 35kV 이하의 특고압전로로서 전로에 지락이 생겼을 때에 1초 이내에 자동적으로 이를 차단하는 장치가 되어 있는 것
  ㉡ 특고압전로와 저압전로를 결합하는 경우에 계산된 접지저항 값이 10Ω을 넘을 때에는 접지저항 값이 10Ω 이하로 할 것
  ㉢ 저압전로의 사용전압이 300V 이하인 경우에 그 접지공사를 변압기의 중성점에 하기 어려울 때에는 저압측의 1단자에 시설할 것
② 변압기의 중성점 접지는 변압기의 시설장소마다 시행하여야 한다. 다만, 토지의 상황에 의하여 변압기의 시설장소에서 의한 접지저항 값을 얻기 어려운 경우, 인장강도 5.26kN 이상 또는 지름 4mm 이상의 가공 접지도체를 변압기의 시설장소로부터 200m까지 떼어놓을 수 있다.
③ 접지공사시 토지의 상황에 의해 접지저항을 얻기 어려울 경우는 다음에 따라 가공공동지선(架空共同地線)을 설치하여 2 이상의 장소에 시설할 것
  ㉠ 가공공동지선은 인장강도 5.26kN 이상 또는 지름 4mm 이상의 경동선을 사용하여 시설할 것
  ㉡ 접지공사는 각 변압기를 중심으로 하는 지름 400m 이내의 지역으로서 그 변압기에 접속되는 전선로 바로 아래의 부분에서 각 변압기의 양쪽에 있도록 할 것
  ㉢ 가공공동지선과 대지 사이의 합성 전기저항 값은 1km를 지름으로 하는 지역 안으로 하고 또한 각 접지도체를 가공공동지선으로부터 분리하였을 경우의 각 접지도체와 대지 사이의 전기저항 값은 300Ω 이하로 할 것
④ 가공공동지선에는 인장강도 5.26kN 이상 또는 지름 4mm의 경동선을 사용하는 저압 가공전선의 1선을 겸용할 수 있다.

(2) 혼촉방지판이 있는 변압기에 접속하는 저압 옥외전선의 시설 등

고압권선 또는 특고압권선과 저압권선 간에 금속제의 혼촉방지판이 있고 또한 그 혼촉방지판에 접지공사를 한 것에 접속하는 저압전선을 옥외에 시설할 때에는 다음에 따라 시설하여야 한다.
① 저압전선은 1구내에만 시설할 것
② 저압 가공전선로 및 옥상전선로의 전선은 케이블일 것
③ 저압 가공전선과 고압 또는 특고압의 가공전선을 동일 지지물에 시설하지 아니할 것(예외: 고압 및 특고압 가공전선이 케이블인 경우)

(3) 특고압과 고압의 혼촉 등에 의한 위험방지 시설

① 변압기에 의하여 특고압전로에 결합되는 고압전로에는 사용전압의 3배 이하인 전압이 가하여진 경우에 방전하는 장치를 그 변압기의 단자에 가까운 1극에 설치하여야 한다.
② 다음의 경우 방전하는 장치를 생략할 수 있다.
  ㉠ 사용전압의 3배 이하인 전압이 가하여진 경우에 방전하는 피뢰기를 고압전로의 모선의 각상에 시설하는 경우
  ㉡ 특고압권선과 고압권선 간에 혼촉방지판을 시설하여 접지저항 값이 10Ω 이하인 경우

(4) 계기용변성기의 2차측 전로의 접지

고압 및 특고압의 계기용변성기의 2차측 전로에는 접지공사를 하여야 한다.

(5) 전로의 중성점의 접지

① 전로의 보호 장치의 확실한 동작의 확보, 이상 전압의 억제 및 대지전압의 저하를 위하여 특히 필요한 경우에 전로의 중성점에 접지공사를 할 경우에는 다음에 따라야 한다.
  ㉠ 접지도체는 공칭단면적 16mm² 이상의 연동선 또는 쉽게 부식하지 아니하는 금속선을 시설할 것
  ㉡ 저압 전로의 중성점에 시설하는 것은 6mm² 이상의 연동선 또는 쉽게 부식하지 않는 금속선을 시설할 것
  ㉢ 접지도체에 접속하는 저항기·리액터 등은 고장 시 흐르는 전류를 안전하게 통할 수 있고 사람이 접촉할 우려가 없도록 시설할 것
② 저압전로에 시설하는 보호 장치의 확실한 동작을 확보하기 위하여 특히 필요한 경우에 전로의 중성점에 접지공사를 할 경우(저압전로의 사용전압이 300V 이하의 경우에 전로의 중성점에 접지공사를 하기 어려울 때에 전로의 1단자에 접지공사를 시행) 접지도체는 6mm² 이상의 연동선 또는 쉽게 부식하지 않는 금속선을 사용할 것
③ 변압기의 안정권선이나 유휴권선 또는 전압조정기의 내장권선을 이상전압으로부터 보호하기 위하여 특히 필요할 경우에 그 권선에 접지공사를 하여야 한다.

2 전선로

1. 전선로

(1) 전선로의 종류

- 가공전선로
- 옥측 전선로
- 옥상 전선로
- 지중 전선로
- 터널내 전선로
- 수상 전선로
- 수저 전선로(=물밑 전선로)

(2) 지지물의 승탑 및 승주 방지 → 발판 볼트는 지표상 1.8m 이상에 시설

(3) 지지물의 종류: 목주, 철주, 철근콘크리트주, 철탑

(4) 전파 및 유도장해 방지

① 전파장해의 방지

1kV초과의 가공전선로에서 발생하는 전파의 허용한도는 531kHz에서 1,602kHz까지의 주파수대에서 신호대잡음비(SNR)가 24dB 이상 되도록 가공전선로를 설치해야 하며 전파장해를 평가할 수 있도록 신호강도(S)는 저잡음지역의 방송전계강도인 71dBμV/m(전계강도)로 함

② 유도장해 방지

㉠ 저·고압 가공전선로와 가공약전류전선로가 병행하는 경우 전선과 기설 약전류 전선의 간격은 2m 이상(예외: 저·고압 가공전선이 케이블인 경우)

㉡ 특고압 가공 전선로는 기설 가공 전화선로에 대하여 상시정전유도작용에 의한 통신상의 장해가 없도록 시설

사용전압	유도전류
60kV 이하	전화선로 길이 12km마다 유도전류가 2μA 이하
60kV 초과	전화선로 길이 40km마다 유도전류가 3μA 이하

2. 가공전선로에 가해지는 하중

(1) 갑종 풍압하중

풍압을 받는 구분		구성재의 수직 투영면적 1m^{2}에 대한 풍압
지지물	목주	588Pa
	철주	원형: 588Pa, 삼각형·마름모형: 1,412Pa, 강관으로 4각형: 1,117Pa
	철근콘크리트주	원형: 588Pa, 기타: 882Pa
	철탑	강관: 1,255Pa, 기타: 2,157Pa
전선, 가섭선		단도체: 745Pa, 다도체: 666Pa
애자장치		1,039Pa
완금류		단일재: 1,196Pa, 기타: 1,627Pa

(2) 을종 풍압하중

① 전선 기타의 가섭선 주위에 두께 6mm, 비중 0.9의 빙설이 부착된 상태에서 수직 투영면적 372Pa(다도체를 구성하는 전선은 333Pa).

② 그 이외의 것은 갑종 풍압하중의 2분의 1을 기초로 하여 계산한 것

(3) 병종 풍압하중

① 갑종 풍압하중의 2분의 1을 기초로 하여 계산한 것

② 인가가 많이 이웃 연결되어 있는 장소에 시설하는 가공전선로

㉠ 저압 또는 고압 가공전선로의 지지물 또는 가섭선

㉡ 35kV 이하 특고압 절연전선 또는 케이블을 사용하는 가공전선로의 지지물, 가섭선 및 애자장치 및 완금류

(4) 풍압하중의 적용

① 빙설이 많지 않은 지방

고온계절에는 갑종 풍압하중, 저온계절에는 병종 풍압하중

② 빙설이 많은 지방

고온계절에는 갑종 풍압하중, 저온계절에는 을종 풍압 하중

3. 기초의 안전율

(1) 가공전선로 지지물의 기초 안전율
① 지지물의 기초 안전율은 2 이상
② 이상 시 상정하중에 대한 철탑의 기초의 안전율 1.33 이상

(2) 목주의 안전율
① 저압 가공전선로: 1.2 이상
② 고압 가공전선로: 1.3 이상
③ 특고압 가공전선로: 1.5 이상

4. 지지물의 근입

(1) 철주 또는 철근 콘크리트주로서 길이가 16m 이하, 설계하중이 6.8kN 이하
① 전체 길이 15m 이하: 근입 깊이를 전체길이의 6분의 1 이상으로 할 것
② 전체 길이 15m 초과: 근입 깊이를 2.5m 이상으로 할 것

(2) 전장 16m 초과 20m 이하, 설계하중이 6.8kN 이하: 근입 깊이 2.8m 이상

(3) 전장 14m 이상 20m 이하, 설계하중이 6.8kN 초과 9.8kN 이하의 경우 위의 (1)기준보다 30cm를 가산할 것

(4) 전장 14m 이상 20m 이하, 설계하중이 9.81kN 초과 14.72kN 이하 경우
① 전장 15m 이하인 경우에는 근입 깊이를 위의 (1)기준보다 50cm를 더한 값 이상
② 전장 15m 초과 18m 이하인 경우 근입 깊이를 3m 이상
③ 전장 18m를 초과하는 경우 근입 깊이를 3.2m 이상
(참고: A종 지지물 전체 길이 16m 이하 설계하중 6.8kN 이하)

5. 지지선의 시설

(1) 철탑은 지지선을 사용하여 그 강도를 분담시키지 않을 것

(2) 지지선의 시설방법
① 지지선의 안전율은 2.5이상일 것. 허용 인장하중의 최저는 4.31kN 이상
② 지지선에 연선을 사용할 경우에는 다음에 의할 것
 ㉠ 소선 3가닥 이상의 연선일 것
 ㉡ 소선의 지름이 2.6mm 이상의 금속선을 사용한 것일 것
  (예외: 소선의 지름이 2mm 이상 아연도강연선으로 인장강도가 $0.68kN/mm^2$ 이상인 경우)
③ 지중부분 및 지표상 30cm까지의 부분에는 아연도금을 한 철봉을 사용
④ 도로 횡단높이는 지표상 5m 이상에 시설할 것
 (예외: 교통 지장의 우려가 없는 경우 - 4.5m 이상, 보도 - 2.5m 이상)
⑥ 지지선애자를 설치하여 지지선의 상부와 하부의 절연을 유지할 것

6. 인입선

(1) 저압 및 고압 가공인입선의 시설

구분	저압 가공인입선	고압 가공인입선
전선의 종류 및 굵기	① 절연전선, 케이블을 사용할 것 ② 인입용 비닐절연전선 2.6mm 이상(2.30kN) 　(지지물 간 거리 15m 이하인 경우 2mm 이상)	지름 5[mm]인 경동선 또는 고압 및 특고압 절연전선 또는 인하용 절연전선
전선의 지표상 높이	① 도로 횡단: 노면상 5m 이상 ② 철도, 궤도 횡단: 6.5m 이상 ③ 횡단보도교의 위: 노면상 3m 이상 ④ 기타: 지표상 4m 이상	① 도로 횡단: 지표상 6m 이상 ② 철도, 궤도 횡단: 6.5m 이상 ③ 횡단보도교의 위: 노면상 3.5m 이상 ④ 위험표시를 할 경우 지표상 3.5m 이상

(2) 특고압 가공인입선

① 변전소 또는 개폐소 이외의 경우 사용전압은 100kV 이하로 시설
② 사용전압이 35kV 이하이고 또한 전선에 케이블을 사용하는 경우에 특고압 가공 인입선의 높이는 지표상 4m 이상으로 시설
③ 특고압 인입선의 옥측 및 옥상부분은 사용전압이 100kV 이하

7. 가공케이블의 시설

(1) 케이블은 조가선에 행거로 시설할 것

(2) 고압인 경우 행거의 간격을 50cm 이하로 시설할 것

(3) 인장강도 5.93kN 이상 단면적 22mm² 이상 아연도강연선일 것

(4) 조가선 및 케이블의 피복에 사용하는 금속체에는 접지공사를 할 것

(5) 조가선을 케이블에 접촉시키기 위해 금속 테이프를 20cm 이하 간격으로 감을 것

8. 전선의 굵기 및 종류

(1) 전압에 따른 전선의 종류

① **저압 가공전선**: 나전선(중성선, 접지측전선), 절연전선, 다심형 전선, 케이블
② **고압 가공전선**: 고압 절연전선, 특고압 절연전선, 케이블
③ **특고압 가공전선**: 경동연선, 알루미늄 전선, 절연전선

(2) 사용전압에 따른 전선의 세기 및 굵기

① 저압
　㉠ 400V 이하: 인장강도 3.43kN 이상, 지름 3.2mm 이상
　　(절연전선: 인장강도 2.3kN 이상, 지름 2.6mm 이상)
　㉡ 400V 초과
　　ⓐ **시가지**: 인장강도 8.01kN 이상, 지름 5mm 이상의 경동선
　　ⓑ **시가지 외**: 인장강도 5.26kN 이상, 지름 4mm 이상의 경동선
② 고압
　인장강도 8.01kN 이상의 것 또는 지름 5mm 이상

③ 특고압

인장강도 8.71kN 이상, 단면적이 22mm² 이상의 경동연선

(3) 가공전선의 안전율

① 경동선 또는 내열 동합금선은 2.2 이상이 되는 처짐 정도로 시설
② ACSR, AL선은 2.5 이상이 되는 처짐 정도로 시설

(4) 가공지선

① 고압 가공지선: 4mm 이상의 나경동선 사용
② 특고압 가공지선: 5mm 이상의 나경동선 사용

9. 가공전선의 높이

(1) 가공전선의 지표상 높이

① 고, 저압 가공전선: 5m 이상 (교통에 지장이 없을 경우 4m 이상)
② 특고압 가공전선

전압	지표상 높이
35kV 이하	5m 이상
35kV 넘고 160kV 이하	6m 이상
160kV 넘는 것	6m에 10kV 단수마다 0.12m씩 가산

(단, 사람의 접촉우려가 없으면 5m 이상)

(2) 가공전선의 횡단 높이

구분 \ 전압	저압	고압	특고압 35kV 이하	특고압 35kV 넘고 160kV 이하	특고압 160kV 초과
도로횡단	6	6	6	-	-
횡단보도교 전선높이	3.5 (절연전선, 케이블: 3)	3.5	절연전선, 케이블: 4m	케이블: 4m	-
철도, 궤도 횡단높이	6.5	6.5	6.5	6.5	6.5 + 0.12m

(N: 160kV 넘는 것으로 10kV 단수마다 12cm 가산할 것)

(3) 가공전선로의 병행설치

① 저압 가공전선과 고압 가공전선을 동일 지지물에 시설하는 경우
  ㉠ 저압을 고압의 아래로 하고 별개의 완금류에 시설할 것
  ㉡ 저압 가공전선과 고압 가공전선 사이의 간격은 50cm 이상일 것
  ㉢ 고압 가공전선에 케이블을 사용하면 저압 가공전선과 간격은 30cm 이상일 것

② 특고압 가공전선과 저고압 가공전선 등의 병행설치

사용전압의 구분	이격 거리	특고압 가공전선이 케이블인 경우의 간격
35kV 이하	1.2m 이상	0.5m 이상
35kV ~ 60kV 이하	2m 이상	1m 이상
60kV 초과	2m + 0.12 × N	1m + 0.12 × N

※ 2m에 60kV를 초과하는 10kV 또는 그 단수마다 0.12m를 더한 값

10. 지지물 간 거리의 제한

(1) 고압, 특고압 가공전선로의 지지물 간 거리

지지물의 구분	표준 지지물 간 거리	지지물 간 거리 늘릴경우
목주, A종 철주, A종 철근 콘크리트주	150m 이하	300m 이하
B종 철주, B종 철근 콘크리트주	250m 이하	500m 이하
철탑	600m 이하	-

(2) 지지물 간 거리를 늘릴 수 있는 경우

① 고압 가공전선은 전선 22mm² 이상
② 특고압 가공전선은 50mm² 이상
  → 목주, A종은 지지물 간 거리를 300m, B종인 것은 500m 이하

11. 보안공사

(1) 저·고압 보안공사

구분		저압보안공사	고압보안공사
전선의 굵기		사용전압 400V 이하 - 4mm 이상(인장강도 5.26kN) 사용전압 400V 초과 저·고압 - 5mm 이상(인장강도 8.01kN)	
목주	안전율	1.5 이상	
	위쪽 끝 지름	0.12m 이상	
지지물 간 거리	목주, A종	100m 이하	
	B 종	150m 이하	
	철 탑	400m 이하	
지지물 간 거리를 늘리려면		22mm² (인장강도8.71kN) 이상의 경동연선	38mm² (인장강도14.51kN) 이상의 경동연선 사용시 B종 지지물과 철탑 가능
		표준 지지물 간 거리 적용	

(2) 특고압 보안공사

① 제1종 특고압 보안공사
사용전압이 35kV를 초과하는 가공전선과 건조물이 제2차 접근상태인 경우

㉠ 사용전선

구분	내용
100kV 미만	55mm² 이상(인장강도 21.67kN)의 경동연선, 알루미늄선, 절연전선
100kV 이상 300kV 미만	150mm² 이상(인장강도 58.84kN)의 경동연선, 알루미늄선, 절연전선
300kV 이상	200mm² 이상(인장강도 77.47kN)의 경동연선, 알루미늄선, 절연전선

㉡ 지지물 간 거리

구분	내용	
목주, A종 지지물	사용불가	150mm² (인장강도 58.84kN) 이상의 경동연선인 경우 좌측의 지지물 간 거리를 따르지 아니할 수 있음
B종 지지물	150m 이하	
철탑	400m 이하 (단주인 경우 300m)	

ⓐ 지기 및 단락시 100kV 미만 3초, 100kV 이상 2초 이내에 자동으로 전로를 차단할 것
ⓑ 아크혼을 붙인 2련 이상의 현수애자·긴 애자 또는 라인포스트애자를 사용할 것

② 제2종 특고압 보안공사
사용전압 35kV 이하의 가공전선이 건조물과 제2차 접근상태인 경우

㉠ 목주의 풍압하중에 대한 안전율 → 2 이상
㉡ 지지물 간 거리

구분	내용	
목주, A종 지지물	100m 이하	95mm² (인장강도 38.05kN) 이상의 경동연선인 경우 B종 지지물 및 철탑은 좌측의 지지물 간 거리를 따르지 아니할 수 있음
B종 지지물	200m 이하	
철탑	400m 이하 (단주인 경우 300m)	

㉢ 아크혼을 붙인 2련 이상의 현수애자·긴 애자 또는 라인포스트애자를 사용할 것

③ 제3종 특고압 보안공사
특고압 가공전선이 건조물 등과 제1차 접근상태인 경우

구분	내용
목주, A종 지지물	100m 이하(38mm² 이상인 경동연선인 경우 150m)
B종 지지물	200m 이하(55mm² 이상인 경동연선인 경우 250m)
철탑	400m 이하(55mm² 이상인 경동연선인 경우 600m)

12. 가공전선과 가공 약전류 전선과의 공용설치(공가)

(1) 저고압 가공전선의 공가
① 저압에 있어서는 0.75m 이상(절연전선 또는 케이블 사용: 0.3m)
② 고압에 있어서는 1.5m 이상(절연전선 또는 케이블 사용: 0.5m)

(2) 특고압 가공전선의 공가
① 35kV 넘는 특고압 가공전선과 가공 약전류전선과는 동일지지물에 시설금지
② 35kV 이하의 특고압 가공전선과의 공용설치(공가)
　㉠ 제2종 특고압 보안공사에 의해 시설할 것
　㉡ 가공전선은 케이블을 제외하고 50mm² (인장강도 21.67kN) 이상의 경동연선 사용
　㉢ 간격은 2m 이상(특고압 가공전선을 케이블로 사용시 0.5m이상)

13. 간격

(1) 특고압 가공전선과 건조물 또는 도로 등과 접근 교차

접근·교차	구분	가공전선		절연전선 (케이블)
		35kV 이하	35kV 넘는것	35kV 이하
건조물	위 쪽	3m 이상	$3 + 0.15 \cdot Nm$ 이상	2.5m 이상 (1.2m)
	옆, 아래쪽			1.5m 이상 (0.5m)

(N: 35kV 초과시 10kV 단수마다 15cm 가산할 것)

(2) 특고압 가공전선과 식물, 삭도, 고·저압선, 약전류전선과의 간격

사용전압의 구분	간격
35kV 이하	2m 이상(절연전선 1m, 케이블 0.5m)
35kV 초과 60kV 이하	2m 이상
60kV 초과	$2 + 0.12 \cdot Nm$ 이상

14. 특고압 가공전선로의 철주·철근 콘크리트주 또는 철탑의 종류

(1) **직선형**: 전선로의 직선부분(3도 이하)에 사용하는 것

(2) **각도형**: 전선로중 3도를 초과하는 수평각도를 이루는 곳에 사용하는 것

(3) **잡아 당김형**: 전가섭선을 인류하는 곳에 사용하는 것

(4) **내장형**: 전선로의 지지물 양쪽의 지지물 간 거리의 차가 큰 곳에 사용하는 것

(5) **보강형**: 전선로의 직선부분에 그 보강(10기 이하마다 1기)을 위하여 사용하는 것

15. 시가지 등에서 특고압 가공전선로의 시설

(1) 특고압 가공전선로의 지지물 간 거리

지지물의 종류	지지물 간 거리
A종 지지물 (목주사용 못함)	75m 이하
B종 지지물	150m 이하
철탑	400m 이하 (전선이 수평으로 2이상으로 전선 4m 미만인 경우 250m)

(2) 전선의 굵기

사용전압의 구분	전선의 단면적
100kV 미만	인장강도 21.67kN 이상, 55mm² 이상 경동연선
100kV 이상	인장강도 58.84kN 이상, 150mm² 이상 경동연선

(3) 전선의 지표상 높이

사용전압의 구분	지표상의 높이
35kV 이하	10m(특고압 절연전선 8m)
35kV 초과	$10 + 0.12 \cdot N$ (N: 35kV를 초과시 10kV 또는 단수마다 12cm를 가산)

(4) 사용전압이 100kV를 초과하는 특고압 가공전선에 지락 및 단락시 1초 이내 자동으로 전로차단

16. 25kV 이하인 특고압 가공전선로의 시설

(1) 다중접지식으로 지락시 2초 이내 전로 차단할 것

(2) 접지선은 6mm² 이상의 연동선

(3) 15kV 이하 특고압 가공전선로

① 접지한 곳 상호 간의 거리는 전선로에 따라 300m 이하일 것

각 접지점의 대지 전기저항 값	1km마다의 중성선과 대지 사이의 접지저항
300Ω 이하	30Ω 이하

② 특고압 가공전선과 저·고압 가공전선은 별개의 완금류에 시설하고 간격은 0.75m 이상일 것

(4) 15kV를 초과하고 25kV 이하 특고압 가공전선로

① 특고압 가공전선과 가공약전류 전선 등 사이의 수평거리는 2.0m 이상
② 목주의 풍압하중에 대한 안전율은 2.0 이상일 것
③ 특고압 가공전선이 다른 특고압 가공전선과 접근교차시 간격

사용전선의 종류	간격
어느 한쪽 또는 양쪽이 나전선인 경우	1.5m 이상
양쪽이 특고압 절연전선인 경우	1.0m 이상
한쪽이 케이블이고 다른 한쪽이 케이블이거나 특고압 절연전선인 경우	0.5m 이상

④ 특고압 가공전선과 식물 사이의 간격은 1.5m 이상일 것
⑤ 특고압 가공전선로의 중성선의 다중 접지는 다음에 의할 것
  접지한 곳 상호 간의 거리는 전선로에 따라 150m 이하일 것

각 접지점의 대지 전기저항 값	1km마다의 중성선과 대지 사이의 접지저항
300Ω 이하	15Ω 이하

⑥ 특고압 가공전선과 저·고압의 가공전선 사이의 간격은 1m 이상
  (특고압 가공전선 케이블이고 저·고압 가공전선이 절연전선 또는 케이블 → 0.5m 이격)

17. 특고압 가공전선이 교류전차선과 접근 교차

(1) 특고압 가공전선은 38mm² 이상의 경동연선일 것
   (케이블인 경우 38mm² 이상의 강연선인 것으로 조가할 것)

(2) 가공전선로의 지지물 간 거리

지지물의 종류	지지물 간 거리
목주 및 A종 지지물	60m 이하
B종 지지물	120m 이하

18. 보호망 시설

(1) 특고압 가공전선이 도로 등의 위에 시설되는 때에 사용

(2) 접지공사를 한 금속제의 그물형 장치로 지지할 것

(3) 금속선은 가공전선 바로 아래에 시설시 인장강도 8.01kN 이상, 지름 5mm 이상의 경동선을 사용(예외: 인장강도 5.26kN 이상, 지름 4mm 이상의 경동선)

(4) 금속선 상호 간격은 가로, 세로 각 1.5m 이하일 것

(5) 저·고압 가공전선 등과의 수직 간격은 0.6m 이상일 것

19. 지중 전선로

(1) 사용전선은 케이블을 사용하고 또한 관로식, 암거식, 직접 매설식에 의하여 시설

(2) 지중전선로의 시설
   ① 매설 깊이(관로식 및 직접 매설식)
     기타 중량물의 압력을 받을 우려가 있는 장소에는 1.0m 이상, 기타 장소에는 0.6m 이상으로 하고 트라프에 넣어 시설
     (예외: 직접 매설식의 경우 파이프형 압력케이블을 사용하거나 최대사용전압이 60kV를 초과하는 연피케이블, 알루미늄피케이블을 사용하고 판 또는 몰드 처리시 트라프 생략가능)
   ② 암거식의 경우 견고하고 차량 기타 중량물의 압력에 견디는 것을 사용

(3) 지중함의 시설

① 차량 기타 중량물의 압력에 견디고 고인 물을 제거할 수 있을 것
② 지중함으로 크기가 1m³ 이상
③ 뚜껑은 시설자이외의 자가 쉽게 열 수 없도록 시설할 것

(4) 지중전선의 피복금속체 접지

관·암거 기타 지중전선을 넣은 방호장치의 금속제부분 및 지중전선의 피복으로 사용하는 금속체에는 접지공사를 할 것(부식방지조치를 한 경우는 예외)

(5) 지중전선과 지중약전류전선 등 또는 관과의 접근 또는 교차

지중전선이 지중약전류 전선 등과 접근하거나 교차하는 경우에 상호 간의 간격
① 저·고압 지중전선 → 0.3m 이하
② 특고압 지중전선 → 0.6m 이하
③ 특고압 지중전선이 가연성이나 유독성의 유체를 내포하는 관과 접근 교차시 상호 간의 간격 1m 이하(단, 사용전압이 25kV 이하인 다중접지방식 지중전선로인 경우에는 0.5m 이하)
④ 특고압 지중전선이 유독성 유체를 내포하는 관과 간격이 0.3m 이하인 경우 내화성 격벽을 시설할 것

(6) 지중전선과 상호 간의 접근 및 교차

① 저압 지중전선과 고압 지중전선: 0.5m 이상
② 저·고압의 지중전선과 특고압 지중전선: 0.3m 이상

20. 터널 안 전선로의 시설

구분	전선의 굵기	노면상 높이	약전선, 수관, 가스관과의 간격	사용공사의 종류
저압	2.6mm 이상 (인장강도 2.30kN)	2.5m 이상	0.1m(전선이 나전선인 경우에 0.3m) 이상	합성수지관·금속관· 금속제 가요전선관·케이블
고압	4.0mm 이상 (인장강도 5.26kN)	3m 이상	0.15m 이상	애자공사, 케이블

21. 수상전선로의 시설

수상전선로의 경우 사용전압은 저압 또는 고압에 적용

(1) 전선은 저압은 클로로프렌 캡타이어 케이블, 고압은 캡타이어 케이블일 것

(2) 수상전선로의 전선을 가공전선로의 전선과 접속하는 경우

① 접속점이 육상에 있는 경우에는 지표상 5m 이상
(예외: 저압인 경우에 도로상 이외의 곳에는 지표상 4m)
② 접속점이 수면상에 저압인 경우에는 수면상 4m 이상, 고압인 경우 수면상 5m 이상

3 기계 · 기구 시설 및 옥내배선

1. 특고압 배전용 변압기의 시설

(1) 특고압 전선에 특고압 절연전선 또는 케이블을 사용할 것

(2) 변압기의 1차 전압은 35kV 이하, 2차 전압은 저압 또는 고압일 것

(3) 변압기의 특고압측에 개폐기 및 과전류차단기를 시설할 것
  (예외: 2 이상의 변압기를 각각 다른 회선의 특고압 전선에 접속할 경우)

(4) 변압기의 2차 전압이 고압인 경우에는 고압측에 개폐기를 시설할 것

2. 특고압을 직접 저압으로 변성하는 변압기의 시설

(1) 전기로 등 전류가 큰 전기를 소비하기 위한 변압기

(2) 발전소 · 변전소 · 개폐소 또는 이에 준하는 곳의 소내용 변압기

(3) 25kV 이하인 특고압 가공전선로에 접속하는 변압기

(4) 사용전압이 35kV 이하인 변압기로서 그 특고압측 권선과 저압측 권선이 혼촉한 경우에 자동적으로 변압기를 전로로부터 차단하기 위한 장치를 설치한 것

(5) 사용전압이 100kV 이하인 변압기로서 그 특고압측 권선과 저압측 권선사이에 접지공사(접지저항 값이 10Ω 이하) 한 금속제의 혼촉방지판이 있는 것

(6) 교류식 전기철도용 신호회로에 전기를 공급하기 위한 변압기

3. 고주파 이용 설비의 장해방지

고주파 이용 설비에서 다른 고주파 이용 설비에 누설되는 고주파 전류의 허용한도는 측정 장치 또는 이에 준하는 측정 장치로 2회 이상 연속하여 10분간 측정하였을 때에 각각 측정값의 최댓값에 대한 평균값이 −30dB(1mW를 0dB로 한다)일 것

4. 아크를 발생하는 기구의 시설

고압용 또는 특고압용의 개폐기 · 차단기 · 피뢰기 등 동작시에 아크가 생기는 것은 목재의 벽 또는 천장 기타의 가연성 물체로부터 일정값 이상 이격시켜야 함

기구 등의 구분	간격
고압용	1m 이상
특고압용	2m 이상 (35kV 이하에서 화재 발생 우려가 없을 경우 1m 이상)

5. 고압용 기계기구의 시설

(1) 기계기구 주위에 울타리 · 담 등을 시설할 것(높이 2m 이상, 하단사이의 간격 0.15m 이상)

(2) 기계기구를 지표상 4.5m(시가지 외에는 4m) 이상의 높이에 시설

6. 개폐기 시설

(1) 전로 중에 개폐기를 시설하는 경우에는 각 극에 설치

(2) 고압용 또는 특고압용의 개폐기는 개폐상태를 표시

(3) 개폐기가 중력 등에 의하여 자연히 작동할 우려가 있는 것은 자물쇠장치를 시설

(4) 고압용 또는 특고압용의 개폐기로서 부하전류를 차단하기 위한 것이 아닌 개폐기는 부하전류가 통하고 있을 경우에는 회로가 열리지 않도록 시설
　① 개폐기를 조작하는 곳의 보기 쉬운 위치에 부하전류의 유무를 표시
　② 전화기 기타의 지령 장치를 시설
　③ 태블릿 등을 사용함으로서 부하전류가 통하고 있을 때에 열린 회로의 조작을 방지

7. 고압 및 특고압 전로 중의 과전류차단기의 시설

(1) 포장퓨즈
　정격전류의 1.3배의 전류에 견디고 또한 2배의 전류로 120분 안에 용단될 것

(2) 비포장퓨즈
　정격전류의 1.25배의 전류에 견디고 또한 2배의 전류로 2분 안에 용단될 것

(3) 고압 또는 특고압의 전로에 단락이 생긴 경우에 동작하는 과전류차단기는 이것을 시설하는 곳을 통과하는 단락전류를 차단하는 능력을 가질 것

(4) 고압 또는 특고압의 과전류차단기는 그 동작에 따라 그 개폐상태를 표시하는 장치가 되어있을 것

8. 과전류차단기의 시설 제한

과전류차단기를 시설하여서는 안되는 장소는 다음과 같다.

(1) 접지공사의 접지도체

(2) 다선식 전로의 중성선

(3) 전로의 일부에 접지공사를 한 저압 가공전선로의 접지측 전선

9. 지락차단장치 등의 시설

다음의 경우 지락이 생겼을 경우 자동적으로 전로를 차단하는 장치를 시설하여야 한다.

(1) 특고압전로 또는 고압전로에 변압기에 의하여 결합되는 사용전압 400V 초과의 저압전로

(2) 발전기에서 공급하는 사용전압 400V 초과의 저압전로

(3) 발전소·변전소 또는 이에 준하는 곳의 인출구

(4) 다른 전기사업자로부터 공급받는 수전점

(5) 배전용변압기의 시설 장소

10. 피뢰기의 시설

(1) 고압 및 특고압의 전로 중 다음의 곳에는 피뢰기를 시설하여야 한다.
   ① 발전소·변전소 또는 이에 준하는 장소의 가공전선 인입구 및 인출구
   ② 특고압 가공전선로에 접속하는 배전용 변압기의 고압측 및 특고압측
   ③ 고압 및 특고압 가공전선로로부터 공급을 받는 수용장소의 인입구
   ④ 가공전선로와 지중전선로가 접속되는 곳
     ※ 예외 사항
       ㉠ 직접 접속하는 전선이 짧은 경우
       ㉡ 피보호기기가 보호범위 내에 위치하는 경우

(2) 피뢰기의 접지
   고압 및 특고압의 전로에 시설하는 피뢰기 접지저항 값은 10Ω 이하로 할 것
   (예외: 피뢰기의 접지도체가 그 접지공사 전용의 것인 경우에 그 접지공사의 접지저항 값은 30Ω 이하로 할 수 있음)

11. 압축공기계통

(1) 최고 사용압력의 1.5배의 수압(1.25배의 기압)을 연속하여 10분간 가한 시험에 견딜 것

(2) 투입 및 차단을 연속하여 1회 이상 할 수 있을 것

(3) 사용압력의 1.5배 이상 3배 이하의 최고 눈금이 있는 압력계를 시설할 것

(4) 압력이 저하한 경우에 자동적으로 압력을 회복하는 장치를 시설할 것

12. 고압 및 특고압 옥내배선 등의 시설

(1) 고압 옥내배선
   ① 고압 옥내배선 공사방법
     ㉠ 애자사용공사(건조한 장소로서 전개된 장소)
     ㉡ 케이블공사
     ㉢ 케이블트레이 공사
   ② 애자사용공사에 의한 고압 옥내배선
     ㉠ 전선은 6mm² 이상의 연동선 또는 절연전선.
     ㉡ 지지점 간의 거리는 6m 이하일 것(조영재의 면에 설치시 2m 이하)
     ㉢ 전선 상호 간격은 0.08m 이상, 전선과 조영재 간격은 0.05m 이상일 것
   ③ 케이블 트레이 공사에 의한 고압 옥내배선은 다음에 의하여 시설할 것
     ㉠ 연피 케이블, 알루미늄피 케이블 등 난연성 케이블을 사용
     ㉡ 금속제 트레이에는 접지공사를 할 것
   ④ 수관·가스관과의 간격은 0.15m 이상(나전선의 경우 0.3m 이상)

(2) 옥내 고압용 이동전선의 시설
   전선은 고압용의 캡타이어케이블일 것

(3) 특고압 옥내 전기설비의 시설
   ① 사용전압은 100kV 이하일 것(케이블 트레이 공사시 35kV 이하)
   ② 전선은 케이블일 것
   ③ 저압 옥내전선·관등회로의 배선 또는 고압 옥내전선과의 간격은 0.6m 이상일 것

4 발전소, 변전소, 개폐소 등의 전기설비

1. 특고압용 기계기구의 시설

(1) 기계기구의 주위에 울타리·담 등을 시설할 것

(2) 기계기구를 지표상 5m 이상의 높이에 시설할 것
(발전소의 경우 하단사이의 간격은 0.15m 이하)

(3) 충전부분의 지표상의 높이는 다음에서 정한 값 이상으로 할 것

사용전압의 구분	울타리의 높이와 울타리로부터 충전부분까지의 거리의 합계 또는 지표상의 높이
35kV 이하	5m
35kV 초과 160kV 이하	6m
160kV 초과	6m에 160kV를 초과하는 10kV 또는 그 단수마다 0.12m를 더한 값

(4) 발전소 등에 시설되는 금속제의 울타리·담 등에는 교차점과 좌, 우로 45m 이내의 개소에 접지공사(100Ω 이하)를 할 것

2. 특고압전로의 상 및 접속 상태의 표시

(1) 발전소·변전소 또는 특고압 전로에는 보기 쉬운 곳에 상별 표시

(2) 발전소·변전소 또는 이에 준하는 곳의 특고압 전로에 대하여는 그 접속상태를 모의모선에 의하여 표시
(예외: 특고압 전선로의 회선수가 2 이하 또한 특고압의 모선이 단일모선인 경우 생략가능)

3. 기기의 보호장치

(1) 발전기 등의 보호장치

다음의 경우에 자동적으로 발전기를 전로로부터 차단하는 장치를 시설하여야 한다.
① 발전기에 과전류나 과전압이 생긴 경우
② 500kVA 이상의 발전기를 구동하는 수차의 압유 장치의 유압이 현저하게 저하한 경우
③ 100kVA 이상의 발전기를 구동하는 풍차의 압유장치의 유압, 압축 공기장치의 공기압이 현저히 저하한 경우
④ 2,000kVA 이상인 수차 발전기의 스러스트 베어링의 온도가 현저히 상승한 경우
⑤ 10,000kVA 이상인 발전기의 내부에 고장이 생긴 경우
⑥ 정격출력이 10,000kW를 초과하는 증기터빈은 스러스트 베어링이 현저하게 마모되거나 온도가 현저히 상승한 경우

(2) 연료전지 보호장치

다음의 경우 자동적으로 전로에서 차단하는 장치를 시설하여야 한다.
① 과전류가 생길 때
② 발전소의 발전전압에 이상이 생겼을 경우 또는 연료가스 출구에서의 산소 농도 또는 공기출구에서 연료가스 농도가 현저히 상승한 경우
③ 연료 전기 온도가 현저히 상승한 경우
④ 상용 전원으로 쓰이는 축전지에는 이에 과전류가 생겼을 경우

(3) 특고압용 변압기의 보호장치

뱅크용량의 구분	동작조건	장치의 종류
5,000kVA 이상 10,000kVA 미만	변압기 내부고장	자동차단장치 경보장치
10,000kVA 이상	변압기 내부고장	자동차단장치
타냉식변압기 (냉각시키기 위하여 봉입한 냉매를 강제 순환시키는 냉각 방식)	냉각장치에 고장 또는 변압기의 온도가 현저히 상승한 경우	경보장치

(4) 무효전력 보상장치의 보호장치

설비종별	뱅크용량의 구분	자동적으로 전로로부터 차단하는 장치
전력용 커패시터 및 분로리액터	500kVA 초과 15,000kVA 미만	내부고장, 과전류
	15,000kVA 이상	내부고장, 과전류, 과전압
무효전력 보상장치	15,000kVA 이상	내부고장

4. 계측장치

적용장소 및 기기	계측 요소 및 장비
발전소	① 발전기・연료전지・태양전지 모듈의 전압 및 전류, 전력 ② 발전기의 베어링 및 고정자의 온도 ③ 정격 출력이 10,000[kW]를 넘는 증기터빈에 접속하는 발전기 진동의 진폭 ④ 주요 변압기의 전압 및 전류, 전력 ⑤ 특고압용 변압기의 온도
동기발전기	동기검정 장치
변전소	① 주요 변압기의 전압 및 전류, 전력 ② 특고압용 변압기의 온도
무효전력 보상장치	① 동기검정장치를 시설 ② 무효전력 보상장치의 전압 및 전류, 전력 ③ 무효전력 보상장치의 베어링 및 고정자의 온도

5. 주요설비

(1) 수소냉각식 발전기 등의 시설
① 기밀구조의 것이고 또한 수소가 대기압에서 발생하는 경우 생기는 압력에 견디는 강도를 가지는 것일 것
② 수소의 순도가 85% 이하로 저하한 경우에 이를 경보하는 장치를 시설할 것
③ 수소의 온도 및 압력을 계측하고 현저히 변동 하는 경우 경보장치를 할 것

(2) 태양전지 모듈 등의 시설
① 충전부분은 노출되지 아니하도록 시설할 것
② 태양전지 모듈에 접속하는 부하측의 전로에는 개폐기 등의 부하전류를 개폐할 수 있는 설비를 시설할 것
③ 태양전지 모듈을 병렬로 접속하는 전로에 단락이 생긴 경우에 전로를 보호하는 과전류차단기 등을 시설할 것
④ 전선은 다음에 의하여 시설할 것
　㉠ 전선은 공칭단면적 2.5mm² 이상의 연동선
　㉡ 옥내 시설 - 합성수지관공사, 금속관공사, 가요전선관공사, 케이블공사
　㉢ 옥측·옥외 시설 - 합성수지관공사, 금속관공사, 가요전선관공사, 케이블공사
⑤ 태양전지 모듈의 지지물은 자체중량, 적재하중, 적설 또는 풍압 및 지진 기타의 진동과 충격에 대하여 안전한 구조의 것이어야 한다.

(3) 발전기 등의 기계적 강도
발전기·변압기·무효전력 보상장치·모선 또는 이를 지지하는 애자는 단락전류에 의하여 생기는 기계적 충격에 견디는 것이어야 한다.

(4) 전선 이상온도 검지장치
전선의 이상온도를 조기에 검지하고 경보하는 장치를 시설해야 한다.
① 사용전압은 직류 30V 이하일 것
② 금속제 부분은 접지공사를 할 것

(5) 절연유의 구외 유출방지
사용전압이 100kV 이상의 변압기를 설치하는 곳에는 절연유의 구외 유출 및 지하침투를 방지 하여야 한다.

6. 상주 감시를 하지 아니하는 변전소의 시설

(1) 사용전압이 170kV 이하의 변압기를 시설하는 변전소로서 기술원이 수시로 순회하거나 그 변전소를 원격감시 제어하는 제어소에서 상시 감시하는 경우

(2) 사용전압이 170kV를 초과하는 변압기를 시설하는 변전소로서 변전제어소에서 상시 감시하는 경우

5 전력보안통신설비

1. 전력보안통신설비

(1) 전력보안통신설비의 시설

발전소, 변전소 및 변환소에 시설
① 원격감시제어가 되지 아니하는 발전소·원격 감시제어가 되지 아니하는 변전소·개폐소, 전선로 및 이를 운용하는 급전소 및 급전분소 간
② 2개 이상의 급전소(분소) 상호 간과 이들을 통합 운용하는 급전소(분소) 간
③ 수력설비 중 필요한 곳, 수력설비의 안전상 필요한 양수소 및 강수량 관측소와 수력발전소 간
④ 동일 수계에 속하고 안전상 긴급 연락의 필요가 있는 수력발전소 상호 간
⑤ 동일 전력계통에 속하고 또한 안전상 긴급연락의 필요가 있는 발전소·변전소 및 개폐소 상호 간
⑥ 발전소·변전소 및 개폐소와 기술원 주재소 간. 다만, 다음 어느 항목에 적합하고 또한 휴대용이거나 이동형 전력보안통신설비에 의하여 연락이 확보된 경우에는 그러하지 아니하다.
　㉠ 발전소로서 전기의 공급에 지장을 미치지 않는 곳
　㉡ 상주감시를 하지 않는 변전소(사용전압이 35kV 이하의 것에 한한다)로서 그 변전소에 접속되는 전선로가 동일 기술원 주재소에 의하여 운용되는 곳
⑦ 발전소·변전소·개폐소·급전소 및 기술원 주재소와 전기설비의 안전상 긴급 연락의 필요가 있는 기상대·측후소·소방서 및 방사선 감시계측 시설물 등의 사이

(2) 전력보안통신선의 시설 높이와 간격

① 전력 보안 가공통신선(가공통신선)의 높이
　㉠ 도로(차도와 인도의 구별이 있는 도로는 차도) 위에 시설하는 경우에는 지표상 5m 이상. 다만, 교통에 지장을 줄 우려가 없는 경우에는 지표상 4.5m까지로 감할 수 있다.
　㉡ 철도 또는 궤도를 횡단하는 경우에는 레일면상 6.5m 이상
　㉢ 횡단보도교 위에 시설하는 경우에는 그 노면상 3m 이상
　㉣ 기타의 경우에는 지표상 3.5m 이상
② 가공전선로의 지지물에 시설하는 통신선 또는 이에 직접 접속하는 가공 통신선의 높이
　㉠ 도로를 횡단하는 경우에는 지표상 6m 이상(교통에 지장을 줄 우려가 없을 때에는 지표상 5m 이상)
　㉡ 철도 또는 궤도를 횡단하는 경우에는 레일면상 6.5m 이상
　㉢ 횡단보도교의 위에 시설하는 경우에는 그 노면상 5m 이상
　　※ 예외사항(횡단보도교 위에 시설)
　　　ⓐ 저압 또는 고압의 가공전선로의 경우 노면상 3.5m 이상(통신선이 절연전선인 경우 3m 이상)
　　　ⓑ 특고압 전선로의 경우 노면상 4m 이상
　㉣ 기타의 경우에는 지표상 5m 이상

(3) 조가선 시설기준

① 조가선은 단면적 $38mm^2$ 이상의 아연도강연선을 사용할 것
② 접지는 전력용 접지와 별도의 독립접지 시공을 원칙으로 할 것
③ 접지극은 지표면에서 0.75m 이상의 깊이에 타 접지극과 1m 이상 이격하여 시설할 것

(4) 특고압 가공전선로 첨가 설치 통신선의 시가지 인입 제한

① 특고압 가공전선로의 지지물에 전선을 첨가 설치하는 통신선 또는 이에 직접 접속하는 통신선은 시가지의 통신선에 접속하여서는 아니 된다.

※ **예외사항**(다음에 경우 시가지의 통신선에 접속이 가능)

㉠ 특고압용 제1종 보안장치, 특고압용 제2종 보안장치를 시설하는 경우

㉡ 중계선륜 또는 배류 중계선륜의 2차측에 시가지의 통신선을 접속하는 경우

② 시가지에 시설하는 통신선은 특고압 가공전선로의 지지물에 시설하여서는 아니 된다.

※ **예외사항**(다음의 전선을 사용할 경우 시설이 가능)

㉠ 통신선이 절연전선으로 인장강도 5.26kN 이상의 것

㉡ 광섬유 케이블 또는 절연전선으로 단면적 16mm²(지름 4mm) 이상의 것

③ 특고압 가공전선로의 지지물에 시설하는 통신선 또는 이것에 직접 접속하는 통신선인 경우에는 다음의 보안장치일 것

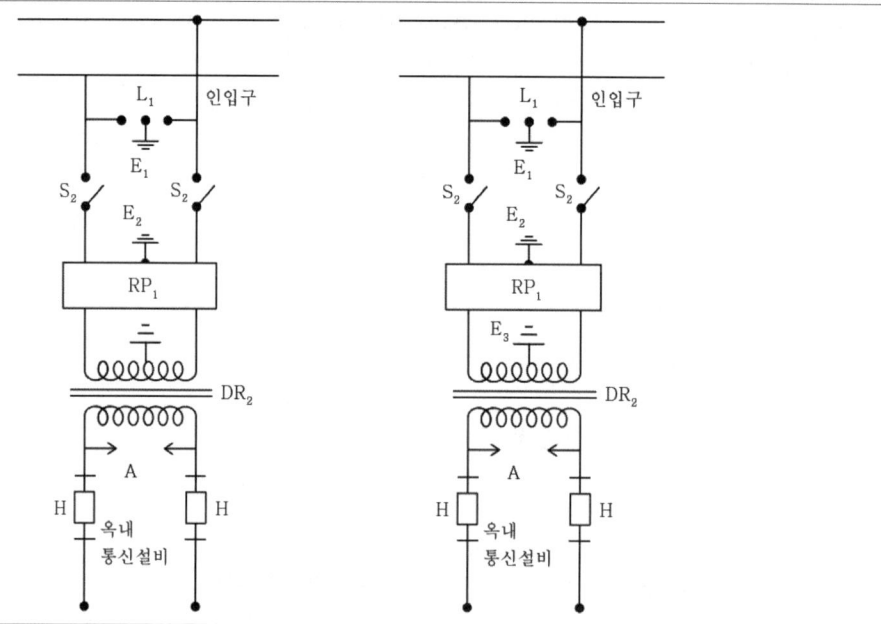

S_2: 인입용 고압개폐기

A: 교류 300V 이하에서 동작하는 방전갭

RP_1: 교류 300V 이하에서 동작하고, 최소 감도 전류가 3A 이하로서 최소 감도전류 때의 응동시간이 1사이클 이하이고 또한 전류 용량이 50A, 20초 이상인 자복성(自復性)이 있는 릴레이 보안기

DR_2: 특고압용 배류 중계 코일(선로측 코일과 옥내측 코일 사이 및 선로측 코일과 대지사이의 절연내력은 교류 6kV의 시험전압으로 시험하였을 때 연속하여 1분간 이에 견디는 것일 것)

L_1: 교류 1kV 이하에서 동작하는 피뢰기

E_1, E_2, E_3: 접지

H: 250mA 이하에서 동작하는 열 코일

(5) 전력보안통신설비의 보안장치

특고압 가공전선로의 지지물에 시설하는 통신선 또는 이에 직접 접속하는 통신선에 접속하는 휴대전화기를 접속하는 곳 및 옥외전화기를 시설하는 곳에는 특고압용 제1종 보안장치 또는 특고압용 제2종 보안장치를 시설하여야 한다.

(6) 전력선 반송 통신용 결합장치의 보안장치

전력선 반송통신용 결합 커패시터에 접속하는 회로에는 다음 그림의 보안장치 또는 이에 준하는 보안장치를 시설하여야 한다.

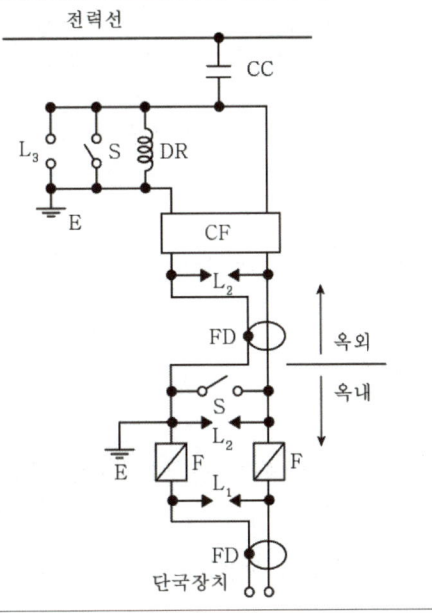

FD: 동축케이블
F: 정격전류 10A 이하의 포장 퓨즈
DR: 전류 용량 2A 이상의 배류 선륜
L_1: 교류 300V 이하에서 동작하는 피뢰기
L_2: 동작 전압이 교류 1.3kV를 초과하고 1.6kV 이하로 조정된 방전갭
L_3: 동작 전압이 교류 2kV를 초과하고 3kV 이하로 조정된 구상 방전갭
S: 접지용 개폐기
CF: 결합 필터
CC: 결합 커패시터(결합 안테나를 포함한다)
E: 접지

(7) 무선용 안테나 등을 지지하는 철탑 등의 시설

전력보안통신설비인 무선통신용 안테나를 지지하는 목주·철주·철근 콘크리트주 또는 철탑의 기초 안전율은 1.5 이상이어야 한다.

05장 전기철도

1. 전기철도의 용어 정의

전기철도에서 사용하는 용어의 정의는 다음과 같다.

(1) 전기철도

전기를 공급받아 열차를 운행하여 여객(승객)이나 화물을 운송하는 철도를 말한다.

(2) 전기철도설비

전기철도설비는 전철 변전설비, 급전설비, 부하설비(전기철도차량 설비 등)로 구성된다.

(3) 전기철도차량

전기적 에너지를 기계적 에너지로 바꾸어 열차를 견인하는 차량으로 전기방식에 따라 직류, 교류, 직·교류 겸용, 성능에 따라 전동차, 전기기관차로 분류한다.

(4) 궤도

레일·침목 및 도상과 이들의 부속품으로 구성된 시설을 말한다.

(5) 레일

철도에 있어서 차바퀴를 직접지지하고 안내해서 차량을 안전하게 주행시키는 설비를 말한다.

(6) 전차선

전기철도차량의 집전장치와 접촉하여 전력을 공급하기 위한 전선을 말한다.

(7) 전차선로

전기철도차량에 전력을 공급하기 위하여 선로를 따라 설치한 시설물로서 전차선, 급전선, 귀선과 그 지지물 및 설비를 총괄한 것을 말한다.

(8) 급전선

전기철도차량에 사용할 전기를 변전소로부터 합성전차선에 공급하는 전선을 말한다.

(9) 급전선로

급전선 및 이를 지지하거나 수용하는 설비를 총괄한 것을 말한다.

(10) 급전방식

전기철도차량에 전력을 공급하기 위하여 변전소로부터 급전선, 전차선, 레일, 귀선으로 구성되는 전력공급방식을 말한다.

(11) 합성전차선

전기철도차량에 전력을 공급하기위하여 설치하는 전차선, 조가선(강체포함), 행어이어, 드로퍼 등으로 구성된 가공전선을 말한다.

(12) 조가선

전차선이 레일면상 일정한 높이를 유지하도록 행어이어, 드로퍼 등을 이용하여 전차선 상부에서 조가하여 주는 전선을 말한다.

(13) 전선 설치방식

전기철도차량에 전력을 공급하는 전차선의 전선 설치방식으로 가공식, 강체식, 제3궤조식으로 분류한다.

(14) 전차선 높이

지지점에서 레일면과 전차선 간의 수직거리를 말한다.

(15) 귀선회로

전기철도차량에 공급된 전력을 변전소로 되돌리기 위한 귀로를 말한다.

(16) 누설전류

전기철도에 있어서 레일 등에서 대지로 흐르는 전류를 말한다.

(17) 전철변전소

외부로부터 공급된 전력을 구내에 시설한 변압기, 정류기 등 기타의 기계 기구를 통해 변성하여 전기철도차량 및 전기철도설비에 공급하는 장소를 말한다.

(18) 지속성 최저전압

무한정 지속될 것으로 예상되는 전압의 최저값을 말한다.

(19) 지속성 최고전압

무한정 지속될 것으로 예상되는 전압의 최고값을 말한다.

(20) 장기 과전압

지속시간이 20ms 이상인 과전압을 말한다.

2. 전기철도의 전기방식

(1) 전력수급조건

① 수전선로의 전력수급조건은 부하의 크기 및 특성, 전압강하, 운용의 합리성, 장래의 수송수요 등을 고려하여 공칭전압(수전전압)으로 선정하여야 한다.

공칭전압(수전전압)(kV)	교류 3상 22.9, 154, 345

② 수전선로의 계통구성에는 3상 단락전류, 3상 단락용량, 전압강하, 전압불평형 및 전압왜형율, 플리커 등을 고려하여 시설하여야 한다.
③ 수전선로는 지형적 여건 등 시설조건에 따라 가공 또는 지중 방식으로 시설하며, 비상시를 대비하여 예비선로를 확보하여야 한다.

(2) 전차선로의 전압

① 직류방식

비지속성 최고전압은 지속시간이 5분 이하로 할 것

② 교류방식

㉠ 비지속성 최저전압은 지속시간이 2분 이하로 할 것
㉡ 급전선과 전차선간의 공칭전압은 단상교류 50kV(급전선과 레일 및 전차선과 레일사이의의 전압은 25kV)를 표준으로 할 것

(3) 전기철도의 변전소 설비

① 급전용변압기는 급전계통에 적합하게 선정할 것
  ㉠ **직류 전기철도**: 3상 정류기용 변압기
  ㉡ **교류 전기철도**: 3상 스코트결선 변압기
② 제어용 교류전원은 상용과 예비의 2계통으로 구성할 것
③ 제어반의 경우 디지털계전기방식을 원칙으로 할 것

3. 전차선 전선 설치방식

전차선의 전선 설치방식은 열차의 속도 및 노반의 형태, 부하전류 특성에 따라 적합한 방식을 채택하여야 하며, 가공방식, 강체방식, 제3레일방식을 표준으로 한다.

(1) 급전선로

① 급전선은 나전선을 적용하여 가공식으로 가설을 할 것
  (전기적 간격, 지락 및 불꽃 방전 등을 고려할 경우 급전선을 케이블로 시공할 것)
② 가공식은 전차선의 높이 이상으로 전차선로 지지물에 병행설치하며, 나전선의 접속은 직선접속으로 할 것
③ 신설 터널 내 급전선을 가공으로 설계할 경우 지지물의 취부는 C채널 또는 매입전을 이용하여 고정할 것

(2) 귀선로

① 귀선로는 비절연보호도체, 매설접지도체, 레일 등으로 구성하여 단권변압기 중성점과 공통접지에 접속한다.
② 귀선로는 사고 및 지락 시에도 충분한 허용전류용량을 갖도록 하여야 한다.

(3) 전차선 등과 식물사이의 간격

교류 전차선 등 충전부와 식물사이의 간격은 5m 이상이어야 한다.

4. 전기철도차량의 역률

(1) 전기철도차량이 전차선로와 접촉한 상태에서 견인력을 끄고 보조전력을 가동한 상태로 정지해 있는 경우, 가공 전차선로의 유효전력이 200kW이상일 경우 총 역률은 0.8 이상일 것

(2) 역행 모드에서 전압을 제한 범위 내로 유지하기 위하여 용량성 역률이 허용될 것

5. 회생제동

전기철도차량은 다음과 같은 경우에 회생제동의 사용을 중단해야 한다.

(1) 전차선로 지락이 발생한 경우

(2) 전차선로에서 전력을 받을 수 없는 경우

(3) 규정된 선로전압이 장기 과전압 보다 높은 경우

6. 전기철도에서 피뢰기 설치장소

(1) 다음의 장소에 피뢰기를 설치하여야 한다.
   ① 변전소 인입측 및 급전선 인출측
   ② 가공전선과 직접 접속하는 지중케이블에서 낙뢰에 의해 절연파괴의 우려가 있는 케이블 단말

(2) 피뢰기는 가능한 한 보호하는 기기와 가깝게 시설하되 누설전류 측정이 용이하도록 지지대와 절연하여 설치할 것

06장 분산형전원설비

1. 용어의 정의

(1) 건물일체형 태양광발전시스템(BIPV, Building Integrated Photo Voltaic)

태양광 모듈을 건축물에 설치하여 건축 부자재의 역할 및 기능과 전력생산을 동시에 할 수 있는 시스템으로 창호, 스팬드럴, 커튼월, 이중파사드, 외벽, 지붕재 등 건축물을 완전히 둘러싸는 벽·창·지붕 형태로 한정한다.

(2) 풍력터빈

바람의 운동에너지를 기계적 에너지로 변환하는 장치(가동부 베어링, 나셀, 날개 등의 부속물을 포함)를 말한다.

(3) 풍력터빈을 지지하는 구조물

타워와 기초로 구성된 풍력터빈의 일부분을 말한다.

(4) 풍력발전소

단일 또는 복수의 풍력터빈(풍력터빈을 지지하는 구조물을 포함)을 원동기로 하는 발전기와 그 밖의 기계기구를 시설하여 전기를 발생시키는 곳을 말한다.

(5) 자동정지

풍력터빈의 설비보호를 위한 보호 장치의 작동으로 인하여 자동적으로 풍력터빈을 정지시키는 것을 말한다.

(6) MPPT

태양광발전이나 풍력발전 등이 현재 조건에서 가능한 최대의 전력을 생산할 수 있도록 인버터 제어를 이용하여 해당 발전원의 전압이나 회전속도를 조정하는 최대출력추종(MPPT, Maximum Power Point Tracking) 기능을 말한다.

2. 분산형전원 계통 연계설비의 시설

(1) 계통 연계의 범위
① 분산형전원설비 등을 전력계통에 연계하는 경우에 적용
② 전력계통이라함은 전력판매사업자의 계통, 구내계통 및 독립전원계통 모두를 말함

(2) 시설기준
① 전기 공급방식 등
　㉠ 분산형전원설비의 전기 공급방식은 전력계통과 연계되는 전기 공급방식과 동일할 것
　㉡ 분산형전원설비 사업자의 한 사업장의 설비 용량 합계가 250kVA 이상일 경우에는 송·배전계통과 연계지점의 연결 상태를 감시 또는 유효전력, 무효전력 및 전압을 측정할 수 있는 장치를 시설할 것

② 저압계통 연계 시 직류유출방지 변압기의 시설
　분산형전원설비를 인버터를 이용하여 전력판매사업자의 저압 전력계통에 연계하는 경우 인버터로부터 직류가 계통으로 유출되는 것을 방지하기 위하여 접속점(접속설비와 분산형전원설비 설치자 측 전기설비의 접속점을 말한다)과 인버터 사이에 상용주파수 변압기(단권변압기를 제외)를 시설할 것
　※ 다음을 모두 충족하는 경우에는 예외로 함
　㉠ 인버터의 직류 측 회로가 비접지인 경우 또는 고주파 변압기를 사용하는 경우
　㉡ 인버터의 교류출력 측에 직류 검출기를 구비하고, 직류 검출 시에 교류출력을 정지하는 기능을 갖춘 경우

③ 단락전류 제한장치의 시설
　분산형전원을 계통 연계하는 경우 전력계통의 단락용량이 다른 자의 차단기의 차단용량 또는 전선의 순시허용전류 등을 상회할 우려가 있을 때에는 그 분산형전원 설치자가 전류제한리액터 등 단락전류를 제한하는 장치를 시설할 것

④ 계통 연계용 보호장치의 시설
　㉠ 계통 연계하는 분산형전원설비를 설치하는 경우 다음에 해당하는 이상 또는 고장 발생 시 자동적으로 분산형전원설비를 전력계통으로부터 분리하기 위한 장치 시설 및 해당 계통과의 보호협조를 실시할 것
　　ⓐ 분산형전원설비의 이상 또는 고장
　　ⓑ 연계한 전력계통의 이상 또는 고장
　　ⓒ 단독운전 상태
　㉡ 단순 병렬운전 분산형전원설비의 경우에는 역전력 계전기를 설치할 것

3. 전기저장장치

(1) 옥내전로의 대지전압 제한
주택의 전기저장장치의 축전지에 접속하는 부하 측 옥내배선을 다음에 따라 시설하는 경우에 주택의 옥내전로의 대지전압은 직류 600V 이하로 할 것
① 전로에 지락이 생겼을 때 자동적으로 전로를 차단하는 장치를 시설할 것
② 사람이 접촉할 우려가 없는 은폐된 장소에 합성수지관공사, 금속관공사 및 케이블공사에 의하여 시설할 것
③ 사람이 접촉할 우려가 없도록 케이블공사에 의하여 시설하고 전선에 적당한 방호장치를 시설할 것

(2) 전기저장장치의 시설
전기배선은 다음에 의하여 시설하여야 한다.
① 전선은 공칭단면적 2.5mm² 이상의 연동선을 사용할 것
② 배선설비 공사는 옥내에 시설할 경우에는 합성수지관공사, 금속관공사, 금속제 가요전선관공사, 케이블공사로 시설할 것
③ 옥측 또는 옥외에 시설할 경우에는 합성수지관공사, 금속관공사, 금속제 가요전선관공사, 케이블공사로 시설할 것

(3) 충전 및 방전 기능
① 충전기능
  ㉠ 전기저장장치는 배터리의 SOC특성(충전상태: State of Charge)에 따라 제조자가 제시한 정격으로 충전할 수 있을 것
  ㉡ 충전할 때에는 전기저장장치의 충전상태 또는 배터리 상태를 시각화하여 정보를 제공해야 할 것
② 방전기능
  ㉠ 전기저장장치는 배터리의 SOC특성에 따라 제조자가 제시한 정격으로 방전 할 수 있을 것
  ㉡ 방전할 때에는 전기저장장치의 방전상태 또는 배터리 상태를 시각화하여 정보를 제공해야 할 것

(4) 제어 및 보호장치
① 전기저장장치의 접속점에는 쉽게 개폐할 수 있는 곳에 개방상태를 육안으로 확인할 수 있는 전용의 개폐기를 시설할 것
② 전기저장장치의 이차전지는 다음에 따라 자동으로 전로로부터 차단하는 장치를 시설할 것
  ㉠ 과전압 또는 과전류가 발생한 경우
  ㉡ 제어장치에 이상이 발생한 경우
  ㉢ 이차전지 모듈의 내부 온도가 급격히 상승할 경우
③ 직류 전로에 과전류차단기를 설치하는 경우 직류 단락전류를 차단하는 능력을 가지는 것이어야 하고 "직류용" 표시를 할 것
④ 직류전로에 지락이 생겼을 때에 자동적으로 전로를 차단하는 장치를 시설할 것
⑤ 발전소 또는 변전소 혹은 이에 준하는 장소에 전기저장장치를 시설하는 경우 전로가 차단되었을 때에 경보하는 장치를 시설할 것

(5) 계측장치
전기저장장치를 시설하는 곳에는 다음의 사항을 계측하는 장치를 시설할 것
① 축전지 출력 단자의 전압, 전류, 전력 및 충방전 상태
② 주요변압기의 전압, 전류 및 전력

(6) 접지 등의 시설
금속제 외함 및 지지대 등은 접지공사를 할 것

4. 태양광발전설비

(1) 옥내전로의 대지전압 제한
주택의 태양전지모듈에 접속하는 부하측 옥내배선의 대지전압 제한은 직류 600V 이하일 것

(2) 태양광설비의 전기배선
전선은 다음에 의하여 시설하여야 한다.
① 모듈 및 기타 기구에 전선을 접속하는 경우는 나사로 조이고, 기타 이와 동등 이상의 효력이 있는 방법으로 기계적·전기적으로 안전하게 접속하고, 접속점에 장력이 가해지지 않도록 할 것
② 배선시스템은 바람, 결빙, 온도, 태양방사와 같이 예상되는 외부 영향을 견디도록 시설할 것
③ 모듈의 출력배선은 극성별로 확인할 수 있도록 표시할 것

(3) 태양전지 모듈의 시설
① 모듈은 자체중량, 적설, 풍압, 지진 및 기타의 진동과 충격에 대하여 탈락하지 아니하도록 지지물에 의하여 견고하게 설치할 것
② 모듈의 각 직렬군은 동일한 단락전류를 가진 모듈로 구성하여야 하며 1대의 인버터에 연결된 모듈 직렬군이 2병렬 이상일 경우에는 각 직렬군의 출력전압 및 출력전류가 동일하게 형성되도록 배열할 것

(4) 전력변환장치의 시설
① 인버터는 실내·실외용을 구분할 것
② 각 직렬군의 태양전지 개방전압은 인버터 입력전압 범위 이내일 것
③ 옥외에 시설하는 경우 방수등급은 IPX4 이상일 것

(5) 피뢰설비
태양광설비에는 외부피뢰시스템을 설치할 것

(6) 태양광설비의 계측장치
태양광설비에는 전압, 전류 및 전력을 계측하는 장치를 시설할 것

5. 풍력발전설비

(1) 간선의 시설기준
출력배선에 쓰이는 전선은 CV선 또는 TFR-CV선을 사용할 것

(2) 주전원 개폐장치
풍력터빈은 작업자의 안전을 위하여 유지, 보수 및 점검 시 전원 차단을 위해 풍력터빈 타워의 기저부에 개폐장치를 시설할 것

(3) 접지설비
접지설비는 풍력발전설비 타워기초를 이용한 통합접지공사를 하여야 하며, 설비 사이의 전위차가 없도록 등전위본딩을 할 것

(4) 피뢰설비

① 피뢰설비는 별도의 언급이 없다면 피뢰레벨(LPL)은 Ⅰ등급을 적용할 것
② 풍력터빈의 피뢰설비는 다음에 따라 시설할 것
　　㉠ 풍력터빈에 설치하는 인하도선은 쉽게 부식되지 않는 금속선으로서 뇌격전류를 안전하게 흘릴 수 있는 충분한 굵기여야 하며, 가능한 직선으로 시설할 것
　　㉡ 풍력터빈 내부의 계측 센서용 케이블은 금속관 또는 차폐케이블 등을 사용하여 뇌유도과전압으로부터 보호할 것
　　㉢ 풍력터빈에 설치한 피뢰설비(리셉터, 인하도선 등)의 기능저하로 인해 다른 기능에 영향을 미치지 않을 것
③ 풍향·풍속계가 보호범위에 들도록 나셀 상부에 피뢰침을 시설하고 피뢰도선은 나셀프레임에 접속할 것
④ 전력기기·제어기기 등의 피뢰설비는 다음에 따라 시설할 것
　　㉠ 전력기기는 금속시스케이블, 내뢰변압기 및 서지보호장치(SPD)를 적용할 것
　　㉡ 제어기기는 광케이블 및 포토커플러를 적용할 것

6. 연료전지설비

(1) 전기배선

전기배선은 열적 영향이 적은 방법으로 시설할 것

(2) 연료전지설비의 보호장치

연료전지는 다음의 경우에 자동적으로 이를 전로에서 차단하고 연료전지에 연료가스 공급을 자동적으로 차단하며 연료전지내의 연료가스를 자동적으로 배제하는 장치를 시설할 것
① 연료전지에 과전류가 생긴 경우
② 발전요소의 발전전압에 이상이 생겼을 경우 또는 연료가스 출구에서의 산소농도 또는 공기 출구에서의 연료가스 농도가 현저히 상승한 경우
③ 연료전지의 온도가 현저하게 상승한 경우

(3) 연료전지설비의 계측장치

전압, 전류 및 전력을 계측하는 장치를 시설할 것

(4) 접지설비

연료전지의 전로 또는 이것에 접속하는 직류전로에 접지공사를 할 때에는 다음에 따라 시설할 것
① 접지극은 고장 시 그 근처의 대지 사이에 생기는 전위차에 의하여 사람이나 가축 또는 다른 시설물에 위험을 줄 우려가 없도록 시설할 것
② 접지도체는 $16mm^2$ 이상의 연동선을 사용할 것(저압 전로의 중성점에 시설하는 것은 $6mm^2$ 이상의 연동선)

pass.Hackers.com

해커스자격증
pass.Hackers.com

해커스 전기기사·산업기사 필기 올인원 이론 + 적중문제 + 최신기출

PART 02
적중문제

Chapter 01 전기자기학
Chapter 02 전력공학
Chapter 03 전기기기
Chapter 04 회로이론
Chapter 05 제어공학
Chapter 06 전기설비기술기준

Chapter 01 전기자기학

※ 적중문제는 기출 분석을 바탕으로 자주 출제되는 유형을 선별하였습니다.

제1장 벡터

01 □□□
벡터에 대한 계산식이 옳지 않은 것은?
① $i \cdot i = j \cdot j = k \cdot k = 0$
② $i \cdot j = j \cdot k = k \cdot i = 0$
③ $\vec{A} \cdot \vec{B} = |\vec{A}||\vec{B}|\cos\theta$
④ $i \times i = j \times j = k \times k = 0$

| 해설
㉠ 내적의 특징
  • $i \cdot i = j \cdot j = k \cdot k = 1$
  • $i \cdot j = j \cdot k = k \cdot i = 0$
㉡ 외적의 특징
  • $i \times i = 0,\ i \times j = k,\ i \times k = -j$
  • $j \times i = -k,\ j \times j = 0,\ j \times k = i$
  • $k \times i = j,\ k \times j = -i,\ k \times k = 0$

02 □□□
$A = -i\,7 - j,\ B = -i\,3 - j\,4$ 의 두 벡터가 이루는 각은 몇 도인가?
① 30°
② 45°
③ 60°
④ 90°

| 해설
두 벡터가 이루는 사이 각은 내적에 의해서 구할 수 있다.
내적 $\vec{A} \cdot \vec{B} = AB\cos\theta$ 에서 사이 각은 $\theta = \cos^{-1}\dfrac{\vec{A} \cdot \vec{B}}{AB}$이 된다.
㉠ $\vec{A} \cdot \vec{B} = (-i\,7 - j) \cdot (-i\,3 - j\,4) = 21 + 4 = 25$
㉡ $A = \sqrt{7^2 + 1^2} = \sqrt{50} = 5\sqrt{2}$
㉢ $B = \sqrt{3^2 + 4^2} = 5$

$\therefore \theta = \cos^{-1}\dfrac{\vec{A} \cdot \vec{B}}{AB}$
$= \cos^{-1}\dfrac{25}{25\sqrt{2}} = 45°$

03 □□□
벡터 $\vec{A} = i - j + 3k,\ \vec{B} = i + ak$ 일 때 벡터 $\vec{A}$와 벡터 $\vec{B}$가 수직이 되기 위한 a의 값은? (단 i, j, k는 x, y, z 방향의 기본벡터이다.)
① -2
② $-\dfrac{1}{3}$
③ 0
④ $\dfrac{1}{2}$

| 해설
㉠ 수직인 두 벡터($\vec{A} \perp \vec{B}$)의 내적은 0이다.
㉡ 내적: $\vec{A} \cdot \vec{B} = (i - j + 3k) \cdot (i + ak) = 1 + 3a = 0$
∴ ㉡을 정리하면 a를 구할 수 있다.
$3a = -1 \rightarrow a = -\dfrac{1}{3}$

04 □□□
$A = 10a_x - 10a_y + 5a_z,\ B = 4a_x - 2a_y + 5a_z$ 는 어떤 평행사변형의 두 변을 표시하는 벡터일 때 이 평행사변형의 면적의 크기는? (단, 좌표는 직각좌표이다.)
① $5\sqrt{3}$
② $7\sqrt{19}$
③ $10\sqrt{29}$
④ $4\sqrt{7}$

정답 01 ① 02 ② 03 ② 04 ③

해설

㉠ 두 벡터가 이루는 평행사변형의 면적은 외적의 크기를 말한다.

㉡ $\vec{A} \times \vec{B} = \begin{vmatrix} a_x & a_y & a_z \\ 10 & -10 & 5 \\ 4 & -2 & 5 \end{vmatrix}$

$= a_x \begin{vmatrix} -10 & 5 \\ -2 & 5 \end{vmatrix} - a_y \begin{vmatrix} 10 & 5 \\ 4 & 5 \end{vmatrix} + a_z \begin{vmatrix} 10 & -10 \\ 4 & -2 \end{vmatrix}$

$= (-50+10)a_x - (50-20)a_y + (-20+40)a_z$

$= -40a_x - 30a_y + 20a_z$

∴ $|\vec{A} \times \vec{B}| = \sqrt{(-40)^2 + (-30)^2 + 20^2}$

$= \sqrt{2900} = \sqrt{29 \times 10^2} = 10\sqrt{29}$

05 □□□

위치함수로 주어지는 벡터량이 $E(xyz) = iE_x + jE_y + kE_z$이다. 나블라($\nabla$)와의 내적 $\nabla \cdot E$와 같은 의미를 갖는 것은?

① $\dfrac{\partial E_x}{\partial x} + \dfrac{\partial E_y}{\partial y} + \dfrac{\partial E_z}{\partial z}$

② $i\dfrac{\partial}{\partial x} + j\dfrac{\partial}{\partial y} + k\dfrac{\partial}{\partial z}$

③ $i\dfrac{\partial E_x}{\partial x} + j\dfrac{\partial E_y}{\partial y} + k\dfrac{\partial E_z}{\partial z}$

④ $\dfrac{\partial E}{\partial x} + \dfrac{\partial E}{\partial y} + \dfrac{\partial E}{\partial z}$

해설

벡터의 내적은 같은 방향의 크기 성분의 곱으로 계산할 수 있다.

$\nabla \cdot E = (i\dfrac{\partial}{\partial x} + j\dfrac{\partial}{\partial y} + k\dfrac{\partial}{\partial z}) \cdot (iE_x + jE_y + kE_z)$

$= \dfrac{\partial E_x}{\partial x} + \dfrac{\partial E_y}{\partial y} + \dfrac{\partial E_z}{\partial z}$

06 □□□

전계 $E = i3x^2 + j2xy^2 + kx^2yz$ 일 때 $divE$는 얼마인가?

① $-i6x + jxy + kx^2y$
② $i6x + j6xy + kx^2y$
③ $-6x - 6xy - x^2y$
④ $6x + 4xy + x^2y$

해설

$divE = \nabla \cdot E$

$= (\dfrac{\partial}{\partial x}i + \dfrac{\partial}{\partial y}j + \dfrac{\partial}{\partial z}k) \cdot (3x^2 i + 2xy^2 j + x^2yz k)$

$= \dfrac{\partial}{\partial x}3x^2 + \dfrac{\partial}{\partial y}2xy^2 + \dfrac{\partial}{\partial z}x^2yz$

$= 6x + 4xy + x^2y$

제2장 진공 중의 정전계

07 □□□

10^4[eV]의 전자속도는 10^2[eV]의 전자속도의 몇 배인가?

① 10
② 100
③ 1000
④ 10000

해설

전자의 운동속도 $v = \sqrt{\dfrac{2eV}{m}}$ [m/s] 이므로 $\sqrt{eV}$ 에 비례한다.

따라서 eV가 100배 차이가 나면 전자속도는 10배가 된다.
(여기서, e : 전자 1개의 전하량, V : 전위차, m : 전자질량)

08 □□□

M. K. S 단위로 나타낸 진공에 대한 유전율은?

① 8.855×10^{-12}[F/m]
② 8.855×10^{-10}[N/m]
③ 8.855×10^{-12}[N/m]
④ 8.855×10^{-10}[F/m]

해설

㉠ 쿨롱 상수: $\dfrac{1}{4\pi\epsilon_0} = 9 \times 10^9$

㉡ 진공의 유전율

$\epsilon_0 = \dfrac{1}{36\pi \times 10^9} ≒ 8.855 \times 10^{-12}$ [F/m]

정답 05 ① 06 ④ 07 ① 08 ①

09

+10[nC]의 점전하로부터 100[mm] 떨어진 거리에 +100[pC]의 점전하가 놓인 경우, 이 전하에 작용하는 힘의 크기는 몇 [nN]인가?

① 100
② 200
③ 300
④ 900

| 해설

두 전하사이의 작용하는 힘(쿨롱의 법칙)

$$F = \frac{Q_1 Q_2}{4\pi\epsilon_0 r^2} = 9 \times 10^9 \times \frac{Q_1 Q_2}{r^2}$$

$$= 9 \times 10^9 \times \frac{10 \times 10^{-9} \times 100 \times 10^{-12}}{(0.1)^2}$$

$$= 900 \times 10^{-9} = 900 \text{ [nN]}$$

여기서, 1[nN, 나노 뉴턴] = 10^{-9} [N]

1 [N] = 10^9 [nN]

10

전하 Q_1, Q_2 간의 작용력이 F_1 이고 이 근처에 전하 Q_3를 놓았을 경우의 Q_1과 Q_2 간의 전기력을 F_2 라 하면 F_1 과 F_2 의 관계는 어떻게 되는가?

① $F_1 > F_2$
② $F_1 = F_2$
③ $F_1 < F_2$
④ Q_2 의 크기에 따라 다르다.

| 해설

쿨롱의 법칙은 두 전하사이의 작용하는 힘(전기력)이다. 따라서 F_1과 F_2 모두 Q_1 과 Q_2 사이의 작용하는 힘을 물어보았으므로 두 힘은 같다.

11

그림과 같이 $Q_A = 4 \times 10^{-6}$ [C], $Q_B = 2 \times 10^{-6}$ [C], $Q_C = 5 \times 10^{-6}$ [C]의 전하를 가진 작은 도체구 A, B, C가 진공 중에서 일직선상에 놓여질 때 B구에 작용하는 힘은 몇 [N]인가?

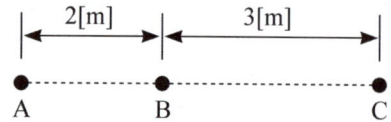

① 1.8×10^{-2}
② 1.0×10^{-2}
③ 0.8×10^{-2}
④ 2.8×10^{-2}

| 해설

B점에 작용한 힘은 A, B 사이에 작용하는 힘 F_{AB} 과 B, C 사이에 작용하는 힘 F_{CB} 중 큰 힘에서 작은 힘을 빼면 된다.

㉠ $F_{AB} = \dfrac{Q_A Q_B}{4\pi\epsilon_0 r^2}$

$= 9 \times 10^9 \times \dfrac{4 \times 10^{-6} \times 2 \times 10^{-6}}{2^2}$

$= 18 \times 10^{-3}$ [N]

㉡ $F_{CB} = \dfrac{Q_B Q_C}{4\pi\epsilon_0 r^2}$

$= 9 \times 10^9 \times \dfrac{2 \times 10^{-6} \times 5 \times 10^{-6}}{3^2}$

$= 10 \times 10^{-3}$ [N]

∴ $F = F_{AB} - F_{CB} = 8 \times 10^{-3} = 0.8 \times 10^{-2}$ [N]

12

진공 중에 한변이 a [m] 인 정삼각형의 꼭지점에 각각 서로 같은 점전하 $+Q$ [C] 이 있을 때 그 각 전하에 작용하는 힘 F 는 몇 [N] 인가?

① $F = \dfrac{Q^2}{4\pi\epsilon_0 a^2}$
② $F = \dfrac{Q^2}{2\pi\epsilon_0 a^2}$
③ $F = \dfrac{\sqrt{2}\, Q^2}{4\pi\epsilon_0 a^2}$
④ $F = \dfrac{\sqrt{3}\, Q^2}{4\pi\epsilon_0 a^2}$

정답 09 ④ 10 ② 11 ③ 12 ④

| 해설

A점에 작용하는 작용하는 힘

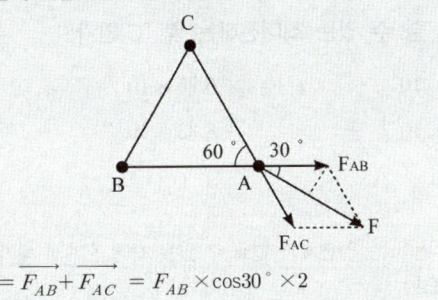

$$F = \overrightarrow{F_{AB}} + \overrightarrow{F_{AC}} = F_{AB} \times \cos 30° \times 2$$
$$= \frac{Q^2}{4\pi\epsilon_0 a^2} \times \frac{\sqrt{3}}{2} \times 2 = \frac{\sqrt{3}\,Q^2}{4\pi\epsilon_0 a^2} \text{ [N]}$$

$$\therefore \vec{F} = F\overrightarrow{r_0} = \left(-\frac{36}{5\sqrt{5}}\overrightarrow{a_x} + \frac{18}{5\sqrt{5}}\overrightarrow{a_y}\right)10^{-8}$$

14 □□□

전계의 세기가 E인 균일한 전계 내에 있는 전자가 받는 힘은? (단, 전자의 전하량은 그 크기가 e 이다.)

① 크기는 eE^2, 전계와 같은 방향
② 크기는 e^2E, 전계와 반대 방향
③ 크기는 eE, 전계와 같은 방향
④ 크기는 eE, 전계와 반대 방향

| 해설

전계 내에서 전하가 받는 힘 $F = qE$[N] 에서 전자의 전기량 $q = e = -1.602 \times 10^{-19}$ [C] 이므로 $F = eE$[N] 이고, 전자는 (-)전하량을 가지므로 전계와 반대 방향으로 힘을 받는다.

13 □□□

점$(0, 1)$[m]되는 곳에 -2×10^{-9}[C]의 점전하가 있다. 점$(2, 0)$[m]에 있는 10^{-8}[C]에 작용하는 힘은 몇 [N]인가?

① $\left(-\dfrac{36}{5\sqrt{5}}\overrightarrow{a_x} + \dfrac{18}{5\sqrt{5}}\overrightarrow{a_y}\right)10^{-8}$

② $\left(-\dfrac{18}{5\sqrt{5}}\overrightarrow{a_x} + \dfrac{36}{5\sqrt{5}}\overrightarrow{a_y}\right)10^{-8}$

③ $\left(-\dfrac{36}{3\sqrt{5}}\overrightarrow{a_x} + \dfrac{18}{3\sqrt{5}}\overrightarrow{a_y}\right)10^{-8}$

④ $\left(\dfrac{36}{5\sqrt{5}}\overrightarrow{a_x} - \dfrac{18}{5\sqrt{5}}\overrightarrow{a_y}\right)10^{-8}$

15 □□□

한변의 길이가 a[m]인 정육각형의 각 정점에 각각 Q[C] 전하를 놓았을 때 정6각형 중심 0의 전계의 세기는 몇 [V/m]인가?

① 0
② $\dfrac{Q}{2\pi\epsilon_o a}$
③ $\dfrac{Q}{4\pi\epsilon_o a}$
④ $\dfrac{Q}{8\pi\epsilon_o a}$

| 해설

극성이 다른 두 전하 사이에는 흡인력이 작용한다. 따라서 10^{-8}[C] 에서 작용하는 힘의 방향은 아래와 같이 점$(0, -1)$ 측으로 향한다.

```
(0,-1)      F      (2,0)
  •────────←────────•
  -Q                +Q
```

㉠ 변위벡터
$$\vec{r} = (0-2)a_x + (1-0)a_y = -2a_x + a_y \text{ [m]}$$

㉡ 단위벡터
$$\overrightarrow{r_0} = \frac{\vec{r}}{r} = \frac{-2a_x + a_y}{\sqrt{2^2 + 1^2}} = \frac{-2a_x + a_y}{\sqrt{5}}$$

㉢ 두 전하 사이에 작용하는 힘(전기력)
$$F = \frac{Q_1 Q_2}{4\pi\epsilon_0 r^2} = 9 \times 10^9 \times \frac{2 \times 10^{-9} \times 10^{-8}}{(\sqrt{5})^2}$$
$$= \frac{18}{5} \times 10^{-8} \text{ [N]}$$

| 해설

㉠ 정육각형 중심에서의 전계의 세기

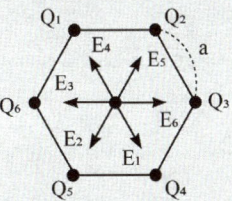

㉡ 그림과 같이 서로 마주보는 점전하는 크기와 떨어진 거리가 같다. (예) Q_1, Q_4 관계)

㉢ 대칭 전하에 의한 전계의 크기는 같고 방향은 반대가 되므로 육각형 중심에서 전계의 세기는 0이 된다.

정답 13 ① 14 ④ 15 ①

16

점전하 $+2Q$[C]이 $X=0$, $Y=1$ 의 점에 놓여있고, $-Q$[C]의 전하가 $X=0$, $Y=-1$ 의 점에 위치할 때 전계의 세기가 0이 되는 점은?

① $-Q$ 쪽으로 5.83 [$X=0$, $Y=-5.83$]
② $+2Q$ 쪽으로 5.83 [$X=0$, $Y=-5.83$]
③ $-Q$ 쪽으로 0.17 [$X=0$, $Y=-0.17$]
④ $+2Q$ 쪽으로 0.17 [$X=0$, $T=0.17$]

| 해설
㉠ 전계의 세기가 0이 되는 점은 각각의 전하로부터 작용하는 전계의 세기는 같고, 작용 방향이 서로 반대인 곳에서 전계가 0이 된다.
㉡ 같은 극성의 전하인 경우 작은 전하 안측에 전계 0점이 존재
㉢ 다른 극성의 전하인 경우 작은 전하 바깥측에 전계 0점이 존재
㉣ 문제에서 두 전하의 극성이 다르기 때문에 그림과 같이 $-Q$ 바깥측에 전계 0점이 존재하게 된다.

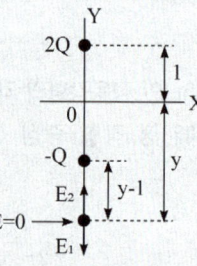

㉤ 전계의 세기가 0이 되려면 $E_1 = E_2$이 되어야 하므로 아래와 같이 정리할 수 있다.

$$\frac{2Q}{4\pi\epsilon_0(y+1)^2} = \frac{Q}{4\pi\epsilon_0(y-1)^2}$$

$$2Q(y-1)^2 = Q(y+1)^2$$

$$\sqrt{2}(y-1) = (y+1)$$

$$y\sqrt{2} - \sqrt{2} = y+1$$

$$y(\sqrt{2}-1) = \sqrt{2}+1$$

$$\therefore y = \frac{\sqrt{2}+1}{\sqrt{2}-1} = 5.83$$

17

절연내력 3000[kV/m]인 공기 중에 놓여진 직경 1[m]의 구도체에 줄 수 있는 최대전하는 몇 [C]인가?

① 6.75×10^4
② 6.75×10^{-6}
③ 8.33×10^{-5}
④ 8.33×10^{-6}

| 해설
㉠ 절연내력이란 절연체가 견딜 수 있는 최대 전계의 세기를 의미한다.
㉡ 전계의 세기 $E = \frac{Q}{4\pi\epsilon_0 r^2} = 9 \times 10^9 \times \frac{Q}{r^2}$ 에서 최대전하는 다음과 같다.

$$\therefore Q = 4\pi\epsilon_0 r^2 E$$

$$= \frac{0.5^2 \times 3000 \times 10^3}{9 \times 10^9} = 8.33 \times 10^{-5} [C]$$

여기서, r: 구도체 반경 [m]

18

진공 중에서 원점의 점전하 0.3[μC]에 의한 점(1, -2, 2)[m]의 x 성분 전계는 몇 [V/m]인가?

① 300
② -200
③ 200
④ 100

| 해설
㉠ 변위벡터
$\vec{r} = (1-0)a_x + (-2-0)a_y + (2-0)a_z$
$= a_x - 2a_y + 2a_z$ [m]

㉡ 단위벡터
$\vec{r_0} = \frac{\vec{r}}{r} = \frac{a_x - 2a_y + 2a_z}{\sqrt{1^2 + 2^2 + 2^2}}$
$= \frac{a_x - 2a_y + 2a_z}{3}$

㉢ 전계의 세기 크기(스칼라)
$E = \frac{Q}{4\pi\epsilon_0 r^2} = 9 \times 10^9 \times \frac{Q}{r^2}$
$= 9 \times 10^9 \times \frac{0.3 \times 10^{-6}}{3^2} = 300 [V/m]$

정답 16 ① 17 ③ 18 ④ 19 ④

19

진공 중에 놓인 반지름 1[m]의 도체구에 전하 Q[C]가 있다면 그 표면에 있어서의 전속밀도 D는 몇 [C/m²]인가?

① Q
② $\dfrac{Q}{\pi}$
③ $\dfrac{Q}{2\pi}$
④ $\dfrac{Q}{4\pi}$

| 해설
전속밀도
$D = \dfrac{전속(\phi)}{면적(S)} = \dfrac{Q}{4\pi r^2} = \dfrac{Q}{4\pi}$ [C/m²]
여기서, 전속과 전하의 크기는 같다. ($\phi = Q$)

20

대전된 도체의 특징이 아닌 것은?

① 도체에 인가된 전하는 도체 표면에만 분포한다.
② 가우스법칙에 의해 내부에는 전하가 존재한다.
③ 전계는 도체 표면에 수직인 방향으로 진행된다.
④ 도체표면에서의 전하밀도는 곡률이 클수록 높다.

| 해설
도체 내부에 전하는 존재하지 않고, 도체 표면에만 분포한다.

21

자유공간 중에서 점 $P(5, -2, 4)$가 도체면상에 있으며 이 점에서 전계 $\vec{E} = 6\vec{a_x} - 2\vec{a_y} + 3\vec{a_z}$ [V/m] 이다. 점 P에서 면전하밀도 ρ_s [C/m²] 는?

① $-2\epsilon_0$
② $3\epsilon_0$
③ $6\epsilon_0$
④ $7\epsilon_0$

| 해설
전속밀도와 전하밀도는 크기는 같다. 단, 전속은 벡터, 전하는 스칼라의 관계가 된다.
∴ 전하밀도
$\rho_s = |D| = \epsilon_0 |\vec{E}|$
$= \epsilon_0 \times \sqrt{6^2 + 2^2 + 3^2} = 7\epsilon_0$ [C/m²]

22

지구의 표면에 있어서 대지로 향하여 $E = 300$[V/m]의 전계가 있다고 가정하면 지표면의 전하밀도는 몇 [C/m²]인가?

① 1.65×10^{-12}
② -1.65×10^{-9}
③ 2.65×10^{-12}
④ -2.65×10^{-9}

| 해설
㉠ 전하밀도: $\rho_s = |D| = \epsilon_0 |\vec{E}|$
$= 8.855 \times 10^{-12} \times 300$
$= 2.65 \times 10^{-9}$ [C/m²]
㉡ 전계가 대지 표면으로 향한다는 것은 대지 표면의 전하밀도가 부(−)극성이 되는 것을 의미한다.

23

전기력선 밀도를 이용하여 주로 대칭 정전계의 세기를 구하기 위하여 이용되는 법칙은?

① 페러데이의 법칙
② 가우스의 법칙
③ 쿨롱의 법칙
④ 톰슨의 법칙

| 해설
가우스의 법칙은 임의의 폐곡면을 관통하여 밖으로 나가는 전력선의 총수는 폐곡면 내부에 있는 총 전하량(Q)의 $1/\epsilon_0$ 배와 같다는 법칙으로 정전계의 세기를 구할 때 사용된다.

정답 20 ② 21 ④ 22 ④ 23 ②

24

점 $(0, 0)$, $(3, 0)$, $(0, 4)$ [m]에 각각 5×10^{-8} [C], 4×10^{-8} [C], -6×10^{-8} [C]의 점전하가 있을 때 점 $(0, 0)$을 중심으로 한 반지름 5 [m]의 구면을 통과하는 전기력선 수는?

① 540π
② 1080π
③ 2160π
④ 5400π

| 해설
㉠ 폐곡면 내부 총 전하량
$Q = (5+4-6)\times 10^{-8} = 3\times 10^{-8}$ [C]
㉡ 진공의 유전율
$\epsilon_0 = 8.855\times 10^{-12} = \dfrac{1}{36\pi\times 10^9}$ [F/m]
∴ 전기력선 수
$N = \dfrac{Q}{\epsilon_0} = \dfrac{3\times 10^{-8}}{\dfrac{1}{36\pi\times 10^9}} = 1080\pi$

25

$div\, E = \dfrac{\rho}{\epsilon_0}$ 와 의미가 같은 식은?

① $\oint_s E\, ds = \dfrac{Q}{\epsilon_0}$
② $E = -\,grad\, V$
③ $div\cdot grad\, V = -\dfrac{\rho}{\epsilon_0}$
④ $div\cdot grad\, V = 0$

| 해설
㉠ 가우스 정리의 미분형: $div\, D = \rho$
(여기서, 전속밀도 $D = \epsilon_0 E$)
㉡ 가우스 정리의 적분형: $\oint_s E\, ds = \dfrac{Q}{\epsilon_0}$

26

전력선의 일반적인 성질로서 틀린 것은?

① 전기력선의 접선방향은 그 점의 전계의 방향과 일치한다.
② 전력선은 전위가 높은 점에서 낮은 점으로 향한다.
③ 전기력선 밀도는 전계의 세기와 무관하다.
④ 두 개의 전기력선은 교차하지 않으며, 그 자신만으로 폐곡선이 되는 일은 없다.

| 해설
전기력선의 성질(특징)
㉠ 전기력선의 정전하(+)에서 시작하여 부전하(-)에서 소멸된다.
㉡ 전기력선의 접선방향 = 전계방향
㉢ 전기력선의 밀도 = 전계세기
㉣ 전기력선끼리는 서로 교차하지 않는다.
㉤ 전기력선은 도체표면에 수직으로 발생한다.
㉥ Q [C]에서 $\dfrac{Q}{\epsilon_0}$ 개의 전기력선이 발생한다.
㉦ 전기력선은 그 자신만으로 폐곡선을 이룰 수 없다. (전기력선은 발산의 성질을 지님)
㉧ 전기력선은 전위가 높은 점에서 낮은 점으로 향한다.
㉨ 전하는 도체 표면에만 분포하므로 도체 내부에는 전하도 전계도 없다.

27

정전계의 설명으로 가장 적합한 것은?

① 전계 에너지가 항상 ∞인 전기장을 의미한다.
② 전계 에너지가 항상 0인 전기장을 의미한다.
③ 전계 에너지가 최소로 되는 전하 분포의 전계를 의미한다.
④ 전계 에너지가 최대로 되는 전하 분포의 전계를 의미한다.

| 해설
전계 내의 전하는 그 자신의 에너지가 최소가 되는 가장 안정된 전하 분포를 가지는 정전계를 형성하려고 한다. 이것을 톰슨의 정리라고 한다.

정답 24 ② 25 ① 26 ③ 27 ③

28 □□□

자유공간 중에 점 P(2, -4, 5)가 도체면상에 있으며, 이 점에서 전계 $E = 3a_x - 6a_y + 2a_z$ [V/m]이다. 도체면에 법선성분 E_n 및 접선성분 E_t의 크기는 몇 [V/m]인가?

① $E_n = 3$, $E_t = -6$
② $E_n = 7$, $E_t = 0$
③ $E_n = 2$, $E_t = 3$
④ $E_n = -6$, $E_t = 0$

| 해설
전계는 도체표면에 대해서 수직 출입하므로 전계의 접선(수평)성분은 0이다. 즉, $E_t = 0$
∴ 전계의 법선(수직)성분의 크기
$$|E| = E_n = \sqrt{3^2 + (-6)^2 + 2^2} = 7 \text{ [V/m]}$$

29 □□□

거리 r [m]에 반비례하는 전계의 세기를 나타내는 대전체는?

① 점전하
② 구전하
③ 전기쌍극자
④ 선전하

| 해설
거리와 관련된 문제
㉠ 무한장 직선도체(선전하)의 전계의 세기
$$E = \frac{\lambda}{2\pi\epsilon_0 r} \propto \frac{1}{r}$$
㉡ 무한평면도체에서의 전계의 세기
$$E = \frac{\sigma}{2\epsilon_0} \propto \text{거리와 관계없다.}$$
㉢ 전기 쌍극자의 전위
$$V = \frac{M\cos\theta}{4\pi\epsilon_0 r^2} \propto \frac{1}{r^2}$$
㉣ 전기 쌍극자의 전계의 세기
$$E = \frac{M}{4\pi\epsilon_0 r^3}\sqrt{1 + 3\cos^2\theta} \propto \frac{1}{r^3}$$

30 □□□

자유공간 중에 $x = 2$, $z = 4$인 무한장 직선상에 ρ_L [C/m]인 균일한 선전하가 있다. 점(0, 0, 4)의 전계 E[V/m]는?

① $E = \dfrac{-\rho_L}{4\pi\epsilon_0} a_x$ [V/m]

② $E = \dfrac{\rho_L}{4\pi\epsilon_0} a_x$ [V/m]

③ $E = \dfrac{-\rho_L}{2\pi\epsilon_0} a_x$ [V/m]

④ $E = \dfrac{\rho_L}{2\pi\epsilon_0} a_x$ [V/m]

| 해설
무한장 직선도체의 전계의 세기 $E = \dfrac{\rho_L}{2\pi\epsilon_0 r}$에서 점(0, 0, 4)까지의 거리는 아래 그림과 같이 $r = 2$ [m]이고, 방향은 $-a_x$가 된다.

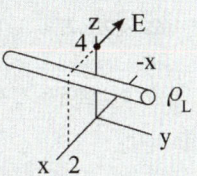

∴ 전계의 세기: $E = \dfrac{-\rho_L}{4\pi\epsilon_0} a_x$ [V/m]

정답 28 ② 29 ④ 30 ①

31 □□□

진공 중에 서로 평행인 무한 길이 두 직선 도선 A, B가 $d[\text{m}]$ 떨어져 있다. A, B의 선전하 밀도를 각각 $\lambda_1[\text{C/m}]$, $\lambda_2[\text{C/m}]$라 할 때, A로부터 $\frac{d}{3}[\text{m}]$인 점의 전계의 세기가 0 이였다면 λ_1과 λ_2의 관계는?

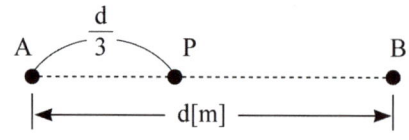

① $\lambda_2 = \frac{1}{2}\lambda_1$ ② $\lambda_2 = 2\lambda_1$
③ $\lambda_2 = 3\lambda_1$ ④ $\lambda_2 = 9\lambda_1$

| 해설

㉠ A도체에 의한 전계의 세기: $E_1 = \frac{\lambda_1}{2\pi\epsilon_0 r_1}$

㉡ B도체에 의한 전계의 세기: $E_2 = \frac{\lambda_2}{2\pi\epsilon_0 r_2}$

㉢ $r_1 = \frac{d}{3}$, $r_2 = \frac{2d}{3}$ 이고 P점에서 전계가 0이 되려면 $E_1 = E_2$가 되어야 한다.

$$\frac{\lambda_1}{2\pi\epsilon_0 r_1} = \frac{\lambda_2}{2\pi\epsilon_0 r_2} \rightarrow r_2\lambda_1 = r_1\lambda_2$$

∴ $2\lambda_1 = \lambda_2$

32 □□□

진공 중에 밀도가 $25 \times 10^{-9}[\text{C/m}]$인 무한히 긴 선전하가 Z축상에 있을 때 $(3, 4, 0)[\text{m}]$의 전계의 세기는?

① $24i + 36j\,[\text{V/m}]$ ② $32i + 26j\,[\text{V/m}]$
③ $42i + 86j\,[\text{V/m}]$ ④ $54i + 72j\,[\text{V/m}]$

| 해설

㉠ 거리벡터
$$\vec{r} = (3-0)i + (4-0)j + (0-0)k = 3i + 4j\,[\text{m}]$$

㉡ 단위벡터
$$\vec{r_0} = \frac{\vec{r}}{r} = \frac{3i+4j}{\sqrt{3^2+4^2}} = \frac{3i+4j}{5}$$

㉢ 전계의 세기(스칼라)
$$E = \frac{\lambda}{2\pi\epsilon_0 r} = 18 \times 10^9 \times \frac{25 \times 10^{-9}}{5}$$
$$= 90\,[\text{V/m}]$$

∴ $\vec{E} = E\vec{r_0} = 90 \times (\frac{3i+4j}{5})$
$= 54i + 72j\,[\text{V/m}]$

33 □□□

중심이 원점에 있고 $Z=0$인 평면에서 반경 $r[\text{m}]$인 원판에 $\rho_s[\text{C/m}^2]$의 면전하밀도가 진공 내에 있을 때 원판의 중심 축상 $Z=h$ 점에서의 전계는?

① $\frac{\rho_s}{2\epsilon_0}(1 - \frac{h}{\sqrt{r^2+h^2}})\,a_z$

② $\frac{\rho_s}{2\epsilon_0}(1 - \frac{r}{\sqrt{r^2+h^2}})\,a_z$

③ $\frac{\rho_s}{4\epsilon_0}(1 - \frac{h}{\sqrt{r^2+h^2}})\,a_z$

④ $\frac{\rho_s}{4\epsilon_0}(1 - \frac{r}{\sqrt{r^2+h^2}})\,a_z$

| 해설

면도체의 전계의 세기

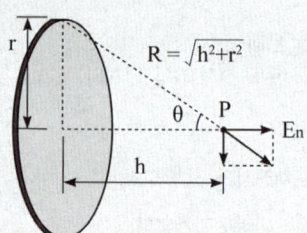

㉠ 유한 면도체
$$E = \frac{\rho_s}{2\epsilon_0}(1 - \cos\theta)$$
$$= \frac{\rho_s}{2\epsilon_0}\left(1 - \frac{h}{\sqrt{r^2+h^2}}\right)$$

㉡ 무한 면도체($r = \infty$)
$$E = \frac{\rho_s}{2\epsilon_0}$$

정답 31 ② 32 ④ 33 ①

34 □□□

무한히 넓은 두 장의 평면판 도체를 간격 d[m]로 평행하게 배치하고 각각의 평면판에 면전하밀도 $\pm\sigma$ [C/m²] 로 분포되어 있는 경우 전기력선은 수직으로 나와 평행하게 발산한다. 이 평면판 내부의 전계세기는 몇 [V/m] 인가?

① $\dfrac{\sigma}{\varepsilon_0}$ ② $\dfrac{\sigma}{2\varepsilon_0}$

③ $\dfrac{\sigma}{2\pi\varepsilon_0}$ ④ $\dfrac{\sigma}{4\pi\varepsilon_0}$

| 해설

평행판 도체에 의한 전계의 세기
㉠ 평행판 외부: $E_o = 0$
㉡ 평행판 내부: $E_i = \dfrac{\sigma}{\varepsilon_0}$

36 □□□

전계의 단위가 아닌 것은?

① [N/C] ② [V/m]

③ [C/J · $\dfrac{1}{m}$] ④ [A · Ω/m]

| 해설

㉠ 쿨롱의 힘과 전계의 세기 관계
$F = QE \rightarrow E = \dfrac{F}{Q}$ [N/C]

㉡ 전위와 전계의 세기 관계
$V = rE \rightarrow E = \dfrac{V}{r}$ [V/m = A · Ω/m]

㉢ 전속밀도와 전계의 세기 관계
$D = \epsilon_0 E \rightarrow E = \dfrac{D}{\epsilon_0}$ [$\dfrac{C/m^2}{F/m}$ = C/F · m]

35 □□□

그림과 같이 반지름 a [m] 인 원형 도선에 전하가 선밀도 λ [C/m] 로 균일하게 분포되어 있다. 그 중심에 수직한 Z축 상의 한 점 P의 전계의 세기는?

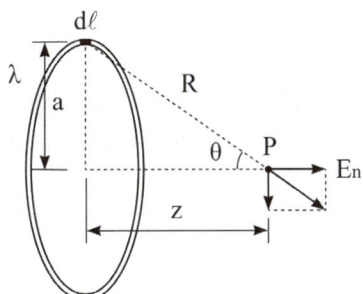

① $\dfrac{\lambda z a}{2\epsilon_0 (a^2 + z^2)^{\frac{3}{2}}}$ ② $\dfrac{\lambda z a}{2\pi\epsilon_0 (a^2 + z^2)^{\frac{3}{2}}}$

③ $\dfrac{\lambda z a}{4\pi\epsilon_0 (a^2 + z^2)^{\frac{3}{2}}}$ ④ $\dfrac{\lambda z a}{4\epsilon_0 (a^2 + z^2)^{\frac{3}{2}}}$

| 해설

환원도체에 의한 전계의 세기
$E = \dfrac{\lambda z a}{2\epsilon_0 (a^2 + z^2)^{3/2}} = \dfrac{Qz}{4\pi\epsilon_0 (a^2 + z^2)^{3/2}}$

37 □□□

평등 전계 내에서 5[C]의 전하를 30[cm] 이동시키는 데 120[J]의 일이 소요되었다. 전계의 세기는 몇 [V/m]인가?

① 24 ② 36
③ 80 ④ 160

| 해설

㉠ 전하를 운반시키는 데 필요한 에너지
$W = QV$ [V]

㉡ 전위차: $V = \dfrac{W}{Q} = \dfrac{120}{5} = 24$ [V]

∴ 전계의 세기: $E = \dfrac{V}{r} = \dfrac{24}{0.3} = 80$ [V/m]

정답 34 ① 35 ① 36 ③ 37 ③

38

등전위면을 따라 전하 $Q[C]$ 를 운반하는 데 필요한 일은?

① 전하의 크기에 따라 변한다.
② 전위의 크기에 따라 변한다.
③ 등전위면과 전기력선에 의하여 결정된다.
④ 항상 0 이다.

| 해설
등전위면은 전위차가 없으므로($V=0$) 전하는 이동하지 않는다.

39

50[V/m]의 평등전계중의 80[V]되는 A점에서 전계 방향으로 80[cm]떨어진 B점의 전위는 몇 [V]인가?

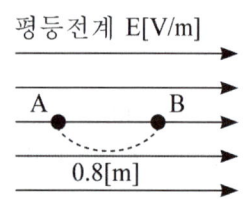

① 20　　② 40
③ 60　　④ 80

| 해설
㉠ A, B 사이의 전위차
$V_{AB} = E \cdot d = 50 \times 0.8 = 40 [V]$
㉡ 전계는 전위가 높은 점에서 낮은 점으로 향하므로 V_A 에서 A, B사이의 전위차를 뺀 전위가 V_B 가 된다.
∴ $V_B = V_A - V_{AB} = 80 - 40 = 40 [V]$

40

원점에 전하 0.4[μF]이 있을 때 두 점(4, 0, 0)[m]과 (0, 3, 0)[m] 간의 전위차는 몇 [V]인가?

① 300　　② 150
③ 100　　④ 30

| 해설

㉠ (4, 0, 0) 지점의 전위: $V_1 = \dfrac{Q}{4\pi\epsilon_0 r_1}$

㉡ (0, 3, 0) 지점의 전위: $V_2 = \dfrac{Q}{4\pi\epsilon_0 r_2}$

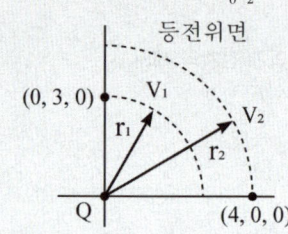

∴ $V_{12} = V_1 - V_2 = \dfrac{Q}{4\pi\epsilon_o}\left(\dfrac{1}{r_1} - \dfrac{1}{r_2}\right)$
$= 9 \times 10^9 \times 0.4 \times 10^{-6} \times \left(\dfrac{1}{3} - \dfrac{1}{4}\right)$
$= 300 [V]$

41

공기의 절연내력은 30[kV/cm]이다. 공기 중에 고립되어 있는 직경 40[cm]인 도체구에 걸어줄 수 있는 전위의 최대치는 몇 [kV]인가?

① 6　　② 15
③ 600　　④ 1,200

| 해설
공기의 절연내력이란 공기가 견딜 수 있는 최대 전계강도를 말한다. 따라서 전위의 최대치는
∴ $V = r E = 20 [cm] \times 30 [kV/cm] = 600 [V]$
여기서, 거리 r 은 반경을 말한다.

정답　38 ④　39 ②　40 ①　41 ③

42

한변의 길이가 a[m]인 정 4각형 A, B, C, D의 각 정점에 각각 Q[C]의 전하를 놓을 때 정 4각형의 중심 0의 전위는 몇 [V]인가?

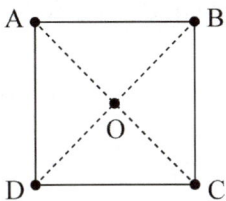

① $\dfrac{3Q}{4\pi\epsilon_0 a}$ ② $\dfrac{3Q}{\pi\epsilon_0 a}$

③ $\dfrac{\sqrt{2}\,Q}{\pi\epsilon_0 a}$ ④ $\dfrac{2Q}{\pi\epsilon_0 a^2}$

| 해설

㉠ D점에 점전로부터 O점까지의 거리
$\overline{DO} = \dfrac{\overline{DB}}{2} = \dfrac{\sqrt{a^2+a^2}}{2} = \dfrac{a\sqrt{2}}{2}$ [m]

㉡ 전위는 스칼라이므로 방향을 고려할 필요 없이 각각의 전위를 더하면 된다. 따라서 점전하 1개 전위의 4배가 된다.

㉢ 점전하 1개의 전위
$V = \dfrac{Q}{4\pi\epsilon_0 r} \times 4 = \dfrac{Q}{\pi\epsilon_0 \dfrac{\sqrt{2}a}{2}} = \dfrac{2Q}{\sqrt{2}\,\pi\epsilon_0 a}$

$= \dfrac{2Q}{\sqrt{2}\,\pi\epsilon_0 a} \times \dfrac{\sqrt{2}}{\sqrt{2}} = \dfrac{\sqrt{2}\,Q}{\pi\epsilon_0 a}$ [V]

43

그림과 같은 동심구 도체에서 도체 1의 전하가 $Q_1 = 4\pi\epsilon_0$ [C], 도체 2의 전하가 $Q_2 = 0$ [C] 일 때 도체 1의 전위는 몇 [V]인가? (단, a = 10[cm], b = 15[cm], c = 20[cm]라 함)

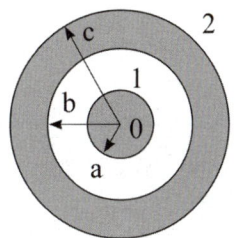

① $\dfrac{1}{12}$ ② $\dfrac{13}{60}$

③ $\dfrac{25}{3}$ ④ $\dfrac{65}{3}$

| 해설

동심 구도체의 전위
$V = \dfrac{Q}{4\pi\epsilon_0}\left(\dfrac{1}{a} - \dfrac{1}{b} + \dfrac{1}{c}\right)$

$= \dfrac{4\pi\epsilon_0}{4\pi\epsilon_0}\left(\dfrac{1}{0.1} - \dfrac{1}{0.15} + \dfrac{1}{0.2}\right)$

$= \left(\dfrac{3}{0.3} - \dfrac{2}{0.3} + \dfrac{1.5}{0.3}\right) = \dfrac{2.5}{0.3} = \dfrac{25}{3}$ [V]

정답 42 ③ 43 ③

44 □□□

무한히 긴 직선 도체에 선전하 밀도 $+\lambda\,[\mathrm{C/m}]$ 로 전하가 충전되어 있을 때 이 직선 도체에서 $r\,[\mathrm{m}]$ 만큼 떨어진 점의 전위는?

① $\dfrac{\lambda}{2\pi r^2}$ ② $\dfrac{\lambda}{2\pi r}$

③ ∞ ④ 0

| 해설
무한장 직선도체에서의 전위와 전위차
㉠ 전계의 세기: $E = \dfrac{\lambda}{2\pi\epsilon_0 r}\,[\mathrm{V/m}]$
㉡ 전위: $V = \infty\,[\mathrm{V}]$
㉢ 전위차: $V_{12} = \dfrac{\lambda}{2\pi\epsilon_0}\ln\dfrac{r_2}{r_1}\,[\mathrm{V}]$
여기서, $r_1 < r_2$

45 □□□

진공 중에서 무한장 직선도체에 선전하밀도 $\rho_L = 2\pi \times 10^{-3}$ [C/m]가 균일하게 분포된 경우 직선도체에서 2와 4[m] 떨어진 두 점사이의 전위차는?

① $\dfrac{10^{-3}}{\pi\epsilon_0}\ln 2$ ② $\dfrac{10^{-3}}{\epsilon_0}\ln 2$

③ $\dfrac{1}{\pi\epsilon_0}\ln 2$ ④ $\dfrac{1}{\epsilon_0}\ln 2$

| 해설
무한 직선전하의 전위차
$V_{12} = \dfrac{\rho_L}{2\pi\epsilon}\ln\dfrac{r_2}{r_1} = \dfrac{2\pi \times 10^{-3}}{2\pi\epsilon_0}\ln\dfrac{4}{2}$
$= \dfrac{10^{-3}}{\epsilon_0}\ln 2\,[\mathrm{V}]$

46 □□□

반지름 $a\,[\mathrm{m}]$인 무한히 긴 원통형 도선 A, B가 중심 사이의 거리 $d\,[\mathrm{m}]$로 평행하게 배치되어 있다. 도선 A, B에 각각 단위 길이마다 $+Q\,[\mathrm{C/m}]$, $-Q\,[\mathrm{C/m}]$의 전하를 줄 때 두 도선 사이의 전위차는 몇 [V]인가?

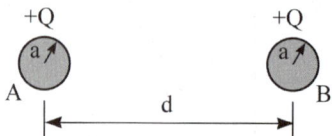

① $\dfrac{Q}{2\pi\epsilon_0}\ln\dfrac{d-a}{a}$ ② $\dfrac{Q}{2\pi\epsilon_0}\ln\dfrac{a}{d-a}$

③ $\dfrac{Q}{\pi\epsilon_0}\ln\dfrac{d-a}{a}$ ④ $\dfrac{Q}{\pi\epsilon_0}\ln\dfrac{a}{d-a}$

| 해설
㉠ 도체 A로부터 $x\,[\mathrm{m}]$ 떨어진 곳에서 전계를 보면 그림과 같이 E_1, E_2가 동일 방향이므로 합력이 된다.

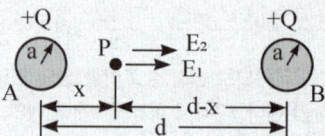

㉡ P점에서의 전계
$E = E_1 + E_2 = \dfrac{Q}{2\pi\epsilon_0}\left(\dfrac{1}{x} + \dfrac{1}{d-x}\right)$
∴ 도선 사이의 전위
$V = -\displaystyle\int_{d-a}^{a}\dfrac{Q}{2\pi\epsilon_0}\left(\dfrac{1}{x} + \dfrac{1}{d-x}\right)dx$
$= \dfrac{Q}{\pi\epsilon_0}\ln\dfrac{d-a}{a}\,[\mathrm{V}]$

47 □□□

간격 $d\,[\mathrm{m}]$로 평행한 무한히 넓은 2개의 도체판에 각각 단위면적마다 $+\sigma\,[\mathrm{C/m^2}]$, $-\sigma\,[\mathrm{C/m^2}]$의 전하가 대전되어 있을 때 두 도체 간의 전위차는 몇 [V] 인가?

① 0 ② ∞

③ $\dfrac{\sigma}{\epsilon_0}d$ ④ $\dfrac{\sigma}{2\epsilon_0}d$

정답 44 ③ 45 ② 46 ③ 47 ③

| 해설

평행판 도체

㉠ 평행판 사이 전계: $E = \dfrac{\sigma}{\epsilon_0}$ [V/m]

㉡ 전위차: $V = Ed = \dfrac{\sigma}{\epsilon_0} d$ [V]

48 □□□

그림과 같은 등전위면에서 전계의 방향은?

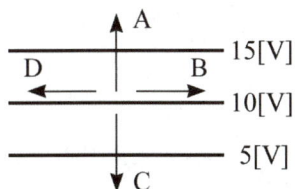

① A
② B
③ C
④ D

| 해설

전계는 높은 전위에서 낮은 전위 방향으로 향하고, 등전위면에 수직으로 발생한다.

49 □□□

그림과 같은 정방향관 단면의 격자점 ⑥의 전위를 반복법으로 구하면 약 몇 [V]가 되는가?

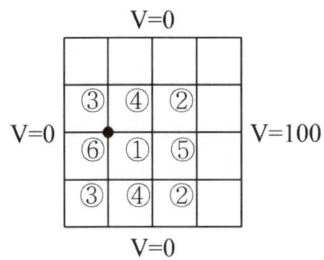

① 6.3
② 9.4
③ 18.8
④ 53.2

| 해설

라플라스 근사법에 의한 전위를 구하면

① 점의 전위: $V_1 = \dfrac{100+0+0+0}{4} = 25$

③ 점의 전위: $V_3 = \dfrac{25+0+0+0}{4} = 6.25$

∴ ⑥점의 전위

$V_6 = \dfrac{25+6.25+6.25+0}{4} = 9.375$ [V]

50 □□□

전위함수가 $V = 2x + 5yz + 3$일 때 점(2, 1, 0)에서의 전계의 세기는?

① $-i2 - j5 - k3$
② $i + j2 + k3$
③ $-i2 - k5$
④ $i4 + k3$

| 해설

전계의 세기

$E = -\mathrm{grad}\,V = -\nabla V$

$= -\left(\dfrac{\partial V}{\partial x}i + \dfrac{\partial V}{\partial y}j + \dfrac{\partial V}{\partial z}k\right)$

$= -(2i + 5zj + 5yk) \quad \begin{vmatrix} x=2 \\ y=1 \\ z=0 \end{vmatrix}$

$= -2i - 5k$ [V/m]

51 □□□

대전 도체 내부의 전위에 대한 설명으로 옳은 것은?

① 내부에는 전기력선이 없으므로 전위는 무한대의 값을 갖는다.
② 내부의 전위와 표면전위는 같다. 즉 도체는 등전위이다.
③ 내부의 전위는 항상 대지전위와 같다.
④ 내부에는 전계가 없으므로 0 전위이다.

| 해설

도체표면은 등전위면이고 도체 내부전위는 표면전위와 같다.

정답 48 ③ 49 ② 50 ③ 51 ②

52 □□□

반경 a 이고 Q의 전하를 갖는 절연된 도체구가 있다. 구의 중심에서 거리 r에 따라 변하는 전위 V와 전계의 세기 E를 그림으로 표시하면?

① 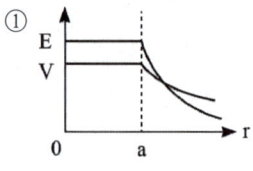 ②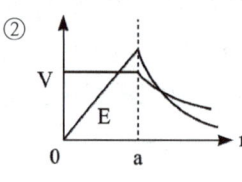

③ 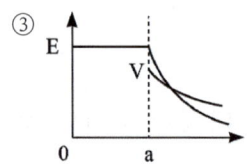 ④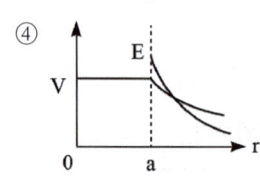

| 해설

도체 내외부 전계 · 전위 특징
㉠ 도체 내부 전계는 0 이다.
㉡ 도체 표면은 등전위면이고, 표면전위는 내부 전위와 같다.

53 □□□

진공 중에 선전하밀도 ρ [C/m], 반경이 a [m]인 아주 긴 직선 원통 전하가 있다. 원통 중심축으로부터 $\dfrac{a}{2}$ [m] 인 거리에 있는 점의 전계의 세기는?

① $\dfrac{\rho}{4\pi\epsilon_0\, a}$ ② $\dfrac{\rho}{2\pi\epsilon_0\, a}$

③ $\dfrac{\rho}{\pi\epsilon_0\, a^2}$ ④ $\dfrac{\rho}{8\pi\epsilon_0\, a}$

| 해설

전하가 도체 내부에 균일하게 분포된 경우
㉠ 도체 외부 전계: $E = \dfrac{\lambda}{2\pi\epsilon_0 r}$ [V/m]
㉡ 도체 내부 전계: $E = \dfrac{r\lambda}{2\pi\epsilon_0 a^2}$ [V/m]
∴ 도체 내부 거리 $r = \dfrac{a}{2}$ 이므로
$E = \dfrac{\lambda}{4\pi\epsilon_0 a} = \dfrac{\rho}{4\pi\epsilon_0 a}$ [V/m]

54 □□□

$E = \dfrac{3x}{x^2+y^2}\, i + \dfrac{3y}{x^2+y^2}\, j$ [V/m]일 때 점(4, 3, 0)를 지나는 전기력선의 방정식을 나타낸 것은 어느 것인가?

① $xy = \dfrac{4}{3}$ ② $xy = \dfrac{3}{4}$

③ $x = \dfrac{4}{3}\, y$ ④ $x = \dfrac{3}{4}\, y$

| 해설

전력선의 방정식 $\dfrac{dx}{E_x} = \dfrac{dy}{E_y}$ 에서
$E_x = \dfrac{3x}{x^2+y^2}$, $E_y = \dfrac{3y}{x^2+y^2}$ 대입하면
$\dfrac{dx}{\frac{3x}{x^2+y^2}} = \dfrac{dy}{\frac{3y}{x^2+y^2}}$ 에서 양변을 적분하면
$\int \dfrac{dx}{x} = \int \dfrac{dy}{y}$ 이 된다.
적분하여 정리하면 $\ln x + C_1 = \ln y + C_2$ 에서
$\dfrac{y}{x} = C$ 이므로 (4, 3, 0)를 대입하면 $\dfrac{y}{x} = \dfrac{3}{4}$ 된다.
∴ $x = \dfrac{4}{3}\, y$

55 □□□

$E = X a_x - Y a_y$ [V/m]일 때 점(6, 2) [m]를 통과하는 전기력선의 방정식은?

① $y = 12\, x$ ② $y = \dfrac{12}{x}$

③ $y = \dfrac{1}{12}\, x$ ④ $y = 12\, x^2$

| 해설

전력선의 방정식 $\dfrac{dx}{E_x} = \dfrac{dy}{E_y}$ 에서 $\dfrac{dx}{x} = -\dfrac{dy}{y}$ 이 되고,
양변 적분을 통해 정리하면
$\int \dfrac{1}{x}\, dx = -\int \dfrac{1}{y}\, dy$
$\ln x + C_1 = -\ln y + C_2$
∴ $xy = C$, $xy = 12$

정답 52 ④ 53 ① 54 ③ 55 ②

56

크기가 같고 부호가 반대인 두 점전하 $+Q[\text{C}]$ 과 $-Q[\text{C}]$ 이 극히 미소한 거리 $d[\text{m}]$ 만큼 떨어졌을 때 전기쌍극자 모멘트는 몇 $[\text{C} \cdot \text{m}]$ 인가?

① $\frac{1}{2}dQ$ ② dQ
③ $2dQ$ ④ $4dQ$

| 해설

㉠ 전기쌍극자 모멘트: $M = Q\delta [\text{C} \cdot \text{m}]$
㉡ 쌍극자 전위: $V = \frac{M\cos\theta}{4\pi\epsilon_0 r^2}[\text{V}]$
㉢ 쌍극자 전계(벡터)
$\vec{E} = \frac{M}{4\pi\epsilon_0 r^3}(a_r 2\cos\theta + a_\theta \sin\theta)$
㉣ 쌍극자 전계(스칼라)
$|\vec{E}| = \frac{M}{4\pi\epsilon_0 r^3}\sqrt{1+3\cos^2\theta}[\text{V/m}]$
㉤ 전계는 $\cos\theta$ 에 비례하므로 $\theta = 0$ 일 때 최대가 되고, $\theta = 90°$ 일 때 최소가 된다.

57

$Ql = \pm 200\pi\epsilon_0 \times 10^3 [\text{C} \cdot \text{m}]$ 인 전기 쌍극자에서 l 과 r 의 사이각이 $\frac{\pi}{3}$ 이고, $r = 1$ 인 점의 전위 $[\text{V}]$ 는?

① $50\pi \times 10^4$ ② 50×10^3
③ 25×10^3 ④ $5\pi \times 10^4$

| 해설

$V = \frac{M\cos\theta}{4\pi\epsilon_0 r^2} = \frac{Ql\cos\theta}{4\pi\epsilon_0 r^2}$
$= \frac{200\pi\epsilon_0 \times 10^3 \times \cos 60}{4\pi\epsilon_0 \times 1^2}$
$= 50 \times 10^3 \times 0.5 = 25 \times 10^3 [\text{V}]$

58

진공 중에서 전기쌍극자 M, M 으로부터 임의의 P 점까지의 거리 r, M 과 r 이 이루는 각을 θ 라 하면 P 점에서 전계의 r 방향 성분 E_r 과 θ 방향성분 E_θ 는?

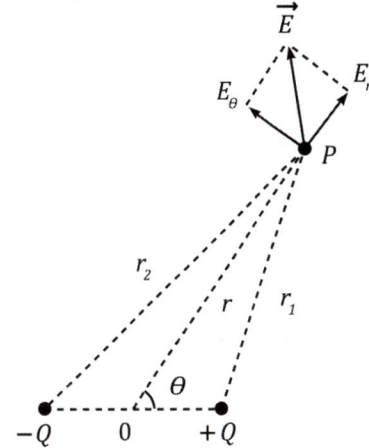

① $E_r = \frac{M}{2\pi\epsilon_0 r^3}\cos\theta$, $E_\theta = \frac{M}{4\pi\epsilon_0 r^3}\sin\theta$

② $E_r = \frac{M}{2\pi\epsilon_0 r^3}\sin\theta$, $E_\theta = \frac{M}{4\pi\epsilon_0 r^3}\cos\theta$

③ $E_r = \frac{M}{4\pi\epsilon_0 r^3}\sin\theta$, $E_\theta = \frac{M}{2\pi\epsilon_0 r^3}\cos\theta$

④ $E_r = \frac{M}{4\pi\epsilon_0 r^3}\sin\theta$, $E_\theta = \frac{M}{4\pi\epsilon_0 r^3}\cos\theta$

| 해설

전기쌍극자 전계의 세기
$\vec{E} = \frac{M}{4\pi\epsilon_0 r^3}(a_r 2\cos\theta + a_\theta \sin\theta)$
$= a_r \frac{M}{2\pi\epsilon_0 r^3}\cos\theta + a_\theta \frac{M}{4\pi\epsilon_0 r^3}\sin\theta$

정답 56 ② 57 ③ 58 ①

59 □□□

쌍극자 모멘트가 $M[\text{C·m}]$ 인 전기 쌍극자에서 점 P의 전계는 $\theta = \dfrac{\pi}{2}$ 일 때 어떻게 되는가? (단, θ는 전기쌍극자의 중심에서 축방향과 점 P를 잇는 선분의 사이각이다.)

① 0
② 최소
③ 최대
④ $-\infty$

| 해설
㉠ 쌍극자 전계(스칼라)
$$|\vec{E}| = \dfrac{M}{4\pi\epsilon_0 r^3}\sqrt{1+3\cos^2\theta}\ [\text{V/m}]$$
㉡ 전계는 $\cos\theta$에 비례하므로 $\theta = 0$일 때 최대가 되고, $\theta = 90°$일 때 최소가 된다.

60 □□□

다음 중 Stokes 정리를 표시하는 일반식은 어느 것인가?

① $\displaystyle\int_c E\,d\ell = \int_s \text{rot}\,\vec{E\,n}\,ds$
② $\displaystyle\int_c E\,d\ell = \int_v \text{div}\,\vec{E\,n}\,dv$
③ $\displaystyle\int_v \text{rot}\,\vec{E\,n}\,dv = \int_s \text{div}\,E\,ds$
④ $\displaystyle\int_s E\,ds = \int_v \text{div}\,E\,dv$

| 해설
㉠ 스토크스의 정리: 선적분과 면적적분 관계
$$\int_c E\,d\ell = \int_s \text{rot}\,\vec{E\,n}\,ds$$
㉡ 가우스 발산(선속) 정리
면적적분과 체적적분 관계
$$\int_s E\,ds = \int_v \text{div}\,E\,dv$$

61 □□□

다음 중 옳지 않은 것은?

① $V_P = \displaystyle\int_p^\infty E\,d\ell$
② $E = -\text{grad}\,V$
③ $\text{grad}\,V = \dfrac{\partial V}{\partial x}i + \dfrac{\partial V}{\partial y}j + \dfrac{\partial V}{\partial z}k$
④ $\displaystyle\int E\,ds = Q$

| 해설
가우스의 법칙
㉠ 적분형: $\displaystyle\oint_s \vec{E\,n}\,ds = \dfrac{Q}{\epsilon_0}$
㉡ 미분형: $\text{div}\,D = \rho$

62 □□□

포아송의 방정식 $\nabla^2 V = -\dfrac{\rho}{\epsilon_0}$ 은 어떤 식에서 유도한 것인가?

① $\text{div}\,D = \dfrac{\rho}{\epsilon_0}$
② $\text{div}\,D = -\rho$
③ $\text{div}\,E = \dfrac{\rho}{\epsilon_0}$
④ $\text{div}\,E = -\dfrac{\rho}{\epsilon_0}$

63 □□□

전위함수 $V = 2xy^2 + x^2yz^2$ [V]일 때 점 $(1,\ 0,\ 0)$ [m]의 공간전하 밀도 $[\text{C/m}^3]$는?

① $4\epsilon_0$
② $-4\epsilon_0$
③ $6\epsilon_0$
④ $-6\epsilon_0$

정답 59 ② 60 ① 61 ④ 62 ③ 63 ②

| 해설

㉠ 체적 전하밀도는 포아송의 방정식($\nabla^2 V = -\frac{\rho}{\epsilon_0}$)을 이용하여 구할 수 있다.

㉡ 좌항을 정리하면
$$\nabla^2 V = \left(\frac{\partial^2}{\partial x^2} + \frac{\partial^2}{\partial y^2} + \frac{\partial^2}{\partial z^2}\right) V$$
$$= \left(\frac{\partial^2}{\partial x^2} + \frac{\partial^2}{\partial y^2} + \frac{\partial^2}{\partial z^2}\right)(2xy^2 + x^2yz^2)$$
$$= 2yz^2 + 4x + 2x^2y \Big|_{\substack{x=1 \\ y=0 \\ z=0}} = 4$$

㉢ $\nabla^2 V = 4 = -\frac{\rho}{\epsilon_0}$ 이므로

∴ $\rho = -4\epsilon_0 \, [C/m^3]$

64 ☐☐☐

공간적 전하분포를 갖는 유전체중의 전계 E에 있어서, 전하밀도 ρ와 전하분포중의 한 점에 대한 전위 V와의 관계 중 전위를 생각하는 고찰점에 ρ의 전하분포가 없다면 $\nabla^2 V = 0$ 이 된다는 것은?

① Laplace 방정식 ② Poisson의 방정식
③ Stokes의 정리   ④ Thomson의 정리

| 해설

㉠ 라플라스 방정식: $\nabla^2 V = 0$

㉡ 포아송의 방정식: $\nabla^2 V = -\frac{\rho}{\epsilon_0}$

65 ☐☐☐

전위 V가 단지 x만의 함수이며 $x=0$에서 $V=0$이고, $x=d$ 일 때 $V=v_0$인 경계조건을 갖는다고 한다. 라플라스 방정식에 의한 V의 해는?

① $\nabla^2 V$ ② $v_0 d$
③ $\frac{v_o}{d}x$ ④ $\frac{Q}{4\pi\epsilon_o d}$

| 해설

㉠ 라플라스 방정식($\nabla^2 V = 0$)을 만족하려면 전위함수는 1차 방정식 이하여야 한다.

㉡ $x=0$에서 $V=0$이므로 $b=0$임을 알 수 있다.
즉, $V = ax$ 이 된다.

㉢ $x=d$인 경우 $V=v_0$라고 했으므로 $v_0 = ad$가 되어
$a = \frac{v_0}{d}$ 가 된다.

㉣ $a = \frac{v_0}{d}$ 이고 $b=0$ 이므로
∴ $V = ax + b = \frac{v_0}{d}x$

제3장 정전용량

66 ☐☐☐

Condenser에 대한 설명 중 옳지 않은 것은?

① 콘덴서는 두 도체간 정전용량에 의하여 전하를 축적시키는 장치이다.
② 가능한 한 많은 전하를 축적하기 위하여 도체간의 간격을 작게 한다.
③ 두 도체간의 절연물은 절연을 유지할 뿐이다.
④ 두 도체간의 절연물은 도체간의 절연은 물론 정전용량을 유지하기 위함이다.

67 ☐☐☐

유도에 의해서 고립도체에 유기되는 전하는?

① 정, 부동량이며 도체는 등전위이다.
② 정, 부동량이며 도체는 등전위가 아니다.
③ 정전하뿐이며 도체는 등전위이다.
④ 부전하뿐이며 등전위이다.

정답 64 ① 65 ③ 66 ③ 67 ①

68 □□□

구도체에 50[μC]의 전하가 있다. 이때의 전위가 10[V]이면 도체의 정전용량은 몇 [μF]인가?

① 3 ② 4
③ 5 ④ 6

│해설
정전용량 정의 식
$$C = \frac{Q}{V} = \frac{50 \times 10^{-6}}{10}$$
$$= 5 \times 10^{-6} [F] = 5 [\mu F]$$

69 □□□

공기 중에 있는 지름 6[cm]의 단일 도체구의 정전용량은 몇 [pF]인가?

① 0.33 ② 3.3
③ 0.67 ④ 6.7

│해설
도체구의 정전용량
$$C = 4\pi\epsilon_0 r = \frac{3 \times 10^{-2}}{9 \times 10^9}$$
$$= 3.33 \times 10^{-12} [F] = 3.3 [pF]$$
여기서, 반지름: $r = 3 \times 10^{-2} [m]$

70 □□□

진공 중에서 1[μF]의 정전용량을 갖는 구의 반지름은 몇 [km]인가?

① 0.9 ② 9
③ 90   ④ 900

│해설
도체구의 정전용량 $C = 4\pi\epsilon_0 a$ 에서 반경은
$$a = \frac{C}{4\pi\epsilon_0} = 9 \times 10^9 \times 10^{-6}$$
$$= 9000 [m] = 9 [km]$$

71 □□□

내구의 반지름 a = 10[cm], 외구의 반지름 b = 20[cm]인 동심도체구의 정전용량은 약 몇 [pF]인가?

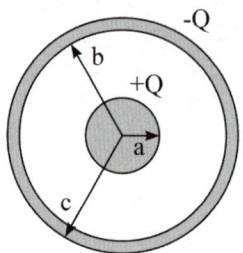

① 16 ② 18
③ 20 ④ 22

│해설
동심도체구의 정전용량
$$C = \frac{4\pi\epsilon_0 ab}{b-a} = \frac{0.1 \times 0.2}{9 \times 10^9 (0.2 - 0.1)}$$
$$= 22 \times 10^{-12} [F] = 22 [pF]$$

72 □□□

내구의 반지름이 a, 외구의 내반경이 b인 동심구형 콘덴서의 내구의 반지름과 외구의 내반경을 각각 2a, 2b로 증가시키면 이 동심구형 콘덴서의 정전용량은 몇 배로 되는가?

① 4 ② 3
③ 2 ④ 1

│해설
동심도체구의 정전용량 $C = \frac{4\pi\epsilon_0 ab}{b-a}$ 에서
a, b가 각각 n배로 증가하면 새로운 정전용량
$$C_0 = \frac{4\pi\epsilon_0 (na \times nb)}{nb - na} = \frac{n^2 (4\pi\epsilon_0 ab)}{n(b-a)} = nC$$ 가 된다.

∴ 따라서 a, b를 각각 2배 증가시키면 정전용량도 2배 증가한다.

정답 68 ③ 69 ② 70 ② 71 ④ 72 ③

73

반지름이 10[cm]와 20[cm]인 동심 원통의 길이가 50[cm]일 때 이것의 정전용량은 약 몇 [pF]인가? (단, 내원통에 $+\lambda$[C/m], 외원통에 $-\lambda$[C/m]인 전하를 준다고 한다.)

① 0.56[pF] ② 34[pF]
③ 40[pF]   ④ 141[pF]

| 해설
동심 원통도체의 정전용량

$$C = \frac{2\pi\epsilon_0 l}{\ln\frac{b}{a}} = 18 \times 10^9 \times \frac{l}{\ln\frac{b}{a}}$$

$$= \frac{1}{18 \times 10^9} \times \frac{0.5}{\ln\frac{0.2}{0.1}} = 40 \times 10^{-12} \text{ [F]}$$

$$= 40 \text{ [pF]}$$

74

반지름 2[mm]인 원통 단면을 갖는 길이가 극히 긴 두 도선 중심사이가 1[m]이고 단위 길이당 8.94×10^{-10}[C/m]의 전하가 주어지며 두 도선 사이의 전위차가 200[V]인 평형된 배전선의 단위길이 당 정전용량은 몇 [F/m]인가?

① 2.23×10^{-6} ② 2.98×10^{-8}
③ 4.47×10^{-12} ④ 8.94×10^{-12}

| 해설
㉠ 정전용량 정의 식

$$C = \frac{Q}{V} = \frac{\lambda l}{V} \text{ [F]} = \frac{\lambda}{V} \text{ [F/m]}$$

$$= \frac{8.94 \times 10^{-10}}{200} = 4.47 \times 10^{-12} \text{ [F/m]}$$

㉡ 평행 왕복도체의 정전용량

$$C = \frac{\pi\epsilon_0}{\ln\frac{d}{a}} = \frac{\pi \times 8.855 \times 10^{-12}}{\ln\frac{1}{2 \times 10^{-3}}}$$

$$= 4.47 \times 10^{-12} \text{ [F/m]}$$

75

무한히 넓은 평행판 콘덴서에서 두 평행판 사이의 간격이 d[m]일 때 단위 면적당 두 평행판 사이의 정전용량은 몇 [F/m²]인가?

① $\dfrac{1}{4\pi\epsilon_0 d}$ ② $\dfrac{4\pi\epsilon_0}{d}$
③ $\dfrac{\epsilon_0}{d}$ ④ $\dfrac{\epsilon_0}{d^2}$

| 해설
평행판 콘덴서의 정전용량 $C = \dfrac{\epsilon_0 S}{d}$ [F]에서 단위 면적당 정전용량은 다음과 같다.

$$\therefore C' = \frac{C}{S} = \frac{\epsilon_0}{d} \text{ [F/m}^2\text{]}$$

76

정전용량이 5[μF]인 평행판 콘덴서를 20[V]로 충전한 뒤에 극판거리를 처음의 2배로 하였다. 이때 이 콘덴서의 전압은 몇 [V]가 되겠는가?

① 5   ② 10
③ 20   ④ 40

| 해설
㉠ 콘덴서에 전압을 가하면 양극판에는 $Q = CV$ 만큼의 전하가 축적된다.
㉡ 이때 전원을 제거하고 극판의 간격을 처음에 2배로 하면 정전용량(↓$C = \dfrac{\epsilon_0 S}{d\uparrow}$)은 2배 감소한다.
㉢ 콘덴서에 축적된 전하량의 크기는 변하지 않으므로 C가 감소한 만큼 전압의 크기가 상승되게 된다.
(일정 $Q = C\downarrow V\uparrow$)

$$\therefore V' = 2V = 2 \times 20 = 40 \text{ [V]}$$

정답 73 ③ 74 ③ 75 ③ 76 ④

77 □□□

공기 중에 한변 40[cm]의 정방형 전극을 가진 평행판 콘덴서가 있다. 극판의 간격을 4[mm]로 하고 극판간에 100[V]의 전위차를 주면 축적되는 전하는 몇 [C]이 되는가?

① 3.54×10^{-9}
② 3.54×10^{-8}
③ 6.56×10^{-9}
④ 6.56×10^{-8}

| 해설
㉠ 평행판 콘덴서의 정전용량
$$C = \frac{\epsilon_0 S}{d} = \frac{8.855 \times 10^{-12} \times 0.4^2}{4 \times 10^{-3}}$$
$$= 3.542 \times 10^{-10} [F]$$
㉡ 콘덴서에 축적되는 총 전하량
$$Q = CV = 3.542 \times 10^{-10} \times 100$$
$$= 3.542 \times 10^{-8} [C]$$

78 □□□

평행판 전극의 단위면적당 정전용량이 $C = 200 \, [\text{pF/m}^2]$일 때 두 극판 사이에 전위차 $2000 \, [\text{V}]$를 가하면 이 전극판 사이의 전계의 세기는 약 몇[V/m] 인가?

① 22.6×10^3
② 45.2×10^3
③ 22.6×10^6
④ 45.2×10^5

| 해설
㉠ 단위 면적당 정전용량: $C = \frac{\epsilon_0}{d} \, [F/m^2]$
㉡ 평행판 도체 간의 간격
$$d = \frac{\epsilon_0}{C} = \frac{8.855 \times 10^{-12}}{200 \times 10^{-12}} = 0.0442 \, [m]$$
∴ 전계의 세기
$$E = \frac{V}{d} = \frac{2000}{0.0442} = 45.2 \times 10^3 \, [V/m]$$

79 □□□

도체계의 전위계수의 성질로 틀린 것은?

① $P_{rr} \geqq P_{rs}$
② $P_{rr} < 0$
③ $P_{rs} \geqq 0$
④ $P_{rs} = P_{sr}$

| 해설
전위계수의 성질
$P_{rr} \geqq P_{rs} \geqq 0, \; P_{rs} = P_{sr}$

80 □□□

도체계에서 임의의 도체를 일정전위의 도체로 완전 포위하면 내외공간의 전계를 완전 차단할 수 있다. 이것을 무엇이라 하는가?

① 전자차폐
② 정전차폐
③ 홀(hall)효과
④ 핀치(pinch)효과

81 □□□

Q와 $-Q$로 대전된 두 도체 n과 r 사이의 전위차를 전위계수로 표시하면?

① $(P_{nn} - 2P_{nr} + P_{rr})Q$
② $(P_{nn} + 2P_{nr} + P_{rr})Q$
③ $(P_{nn} + P_{nr} + P_{rr})Q$
④ $(P_{nn} - P_{nr} + P_{rr})Q$

| 해설
전위계수에 의한 전위차
㉠ $\begin{cases} V_1 = P_{11}Q_1 + P_{12}Q_2 \\ V_2 = P_{21}Q_1 + P_{22}Q_2 \end{cases}$ 에서 Q_1은 $+Q$를 Q_2은 $-Q$를 대입하고, $P_{12} = P_{21}$을 적용한다.
㉡ $\begin{cases} V_1 = P_{11}Q - P_{12}Q \\ V_2 = P_{12}Q - P_{22}Q \end{cases}$ 이 된다.
㉢ 전위차: $V = V_1 - V_2 = (P_{11} - 2P_{12} + P_{22})Q$
㉣ 문제에서 도체 1을 n으로 도체 2를 r로 주어졌으므로 전위차는 다음과 같다.
∴ $V_{nr} = V_n - V_r = (P_{nn} - 2P_{nr} + P_{rr})Q[V]$

정답 77 ② 78 ② 79 ② 80 ② 81 ①

82 ☐☐☐

1[C]의 정전하를 각각 대전시켰을 때 도체 1의 전위는 5[V], 도체 2의 전위는 12[V]로 되는 두 도체가 있다. 도체 1에만 1[C]을 대전하였을 때 도체 2의 전위가 0.5[V]로 된다면 이 두 도체간의 정전용량은 몇 [F]인가?

① 0.02
② 0.05
③ 0.07
④ 0.1

| 해설

㉠ 전위계수에 의한 전위
$$V_1 = P_{11}Q_1 + P_{12}Q_2$$
$$V_2 = P_{21}Q_1 + P_{22}Q_2$$

㉡ 두 도체에 각각 1[C]의 전하를 줄 때
($Q_1 = Q_2 = 1[C]$)
$$V_1 = P_{11} \times 1 + P_{12} \times 1 = 5[V]$$
$$V_2 = P_{21} \times 1 + P_{22} \times 1 = 12[V]$$

㉢ 도체 1에만 1[C]의 전하를 줄 때 도체 2의 전위가 5[V]가 되므로
$$V_2 = P_{21} \times 1 + P_{22} \times 0 = 0.5[V] \rightarrow P_{12} = P_{21} = 0.5$$

㉣ ㉡에서 $P_{12} = P_{21} = 0.5$를 대입하면
$$V_1 = P_{11} \times 1 + 0.5 \times 1 = 5[V] \rightarrow P_{11} = 4.5$$
$$V_2 = 0.5 \times 1 + P_{22} \times 1 = 12[V] \rightarrow P_{22} = 11.5$$

∴ 정전용량 $C = \dfrac{1}{P_{11} - 2P_{12} + P_{22}}$
$$= \dfrac{1}{4.5 - 2 \times 0.5 + 11.5}$$
$$= \dfrac{1}{15} = 0.0666..[F]$$

83 ☐☐☐

용량계수와 유도계수의 성질 중 틀리는 것은?

① 유도계수는 항상 0이거나 0보다 작다.
② 용량계수는 항상 0보다 크다.
③ $q_{11} \geq -(q_{21} + q_{31} + ... + q_{n1})$
④ 용량계수와 유도계수는 항상 0보다 크다.

84 ☐☐☐

콘덴서의 내압(耐壓) 및 정전용량이 각각 1000[V] - 2[μF], 700[V] - 3[μF], 600[V] - 4[μF], 300[V] - 8[μF]이다. 이 콘덴서를 직렬로 연결할 때 양단에 인가되는 전압을 상승시키면 제일 먼저 절연이 파괴되는 콘덴서는?

① 1000[V] - 2[μF]
② 700[V] - 3[μF]
③ 600[V] - 4[μF]
④ 300[V] - 8[μF]

| 해설

최대전하 = 내압 × 정전용량의 결과 최대전하 값이 작은 것이 먼저 파괴된다.

㉠ $1000 \times 2 = 2000[\mu C]$
㉡ $700 \times 3 = 2100[\mu C]$
㉢ $600 \times 4 = 2400[\mu C]$
㉣ $300 \times 8 = 2400[\mu C]$

∴ 2[μF]가 먼저 파괴된다.

정답 82 ③ 83 ④ 84 ①

85

정전용량 C_1, C_2, C_x 의 캐패시터 3개를 그림과 같이 연결하고 단자 a, b간에 100[V]의 전압을 가하였다. 지금 $C_1 = 0.02[\mu F]$, $C_2 = 0.1[\mu F]$이며 C_1에 90[V]의 전압이 걸렸을 때 C_x는 몇 [μF]인가?

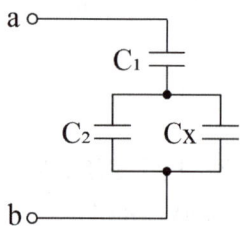

① 0.1 ② 0.04
③ 0.06 ④ 0.08

| 해설
㉠ 등가변환

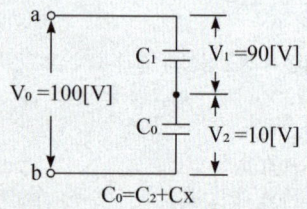

$C_0 = C_2 + C_x$

㉡ 전압 분배법칙 $V_2 = \dfrac{C_1}{C_1 + C_2 + C_x} \times V_0$ 에서

$10 = \dfrac{0.02}{0.12 + C_x} \times 100$ 이므로 $0.12 + C_x = 0.2$ 이 된다.

∴ $C_x = 0.2 - 0.12 = 0.08\,[\mu F]$

86

그림과 같이 $C_1 = 3[\mu F]$, $C_2 = 4[\mu F]$, $C_3 = 5[\mu F]$, $C_4 = 4[\mu F]$의 콘덴서가 연결되어 있을 때 C_1에 $Q_1 = 120[\mu C]$의 전하가 충전되어 있다면 a, c간의 전위차는 몇 [V]인가?

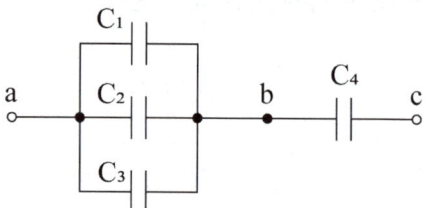

① 72 ② 96
③ 102 ④ 160

| 해설
㉠ a, b간 전위차는 C_1에 걸린 전압과 같으므로
$$V_{ab} = \dfrac{Q_1}{C_1} = \dfrac{120}{3} = 40\,[V]$$

㉡ V_{ab}에 걸린 전압을 전압분배법칙에 의해 전개하면
$$V_{ab} = \dfrac{C_4}{C + C_4} \times V_{ac}$$
(여기서 $C = C_1 + C_2 + C_3 = 12\,[\mu F]$)

∴ $V_{ac} = \dfrac{V_{ab}(C + C_4)}{C_4} = \dfrac{40(12 + 4)}{4}$
$= 160\,[V]$

정답 85 ④   86 ④

87

내압이 1[kV]이고, 용량이 0.01[μF], 0.02[μF], 0.04[μF]인 3개의 콘덴서를 직렬로 연결하면 전체 내압은 몇 [V]가 되는가?

① 1,750
② 1,950
③ 3,500
④ 7,000

| 해설

㉠ $V = \dfrac{Q}{C}$ 식에서 직렬접속 시 Q는 일정하므로 정전용량 C에 반비례한다. 따라서 용량이 가장 작은 $0.01[\mu F]$에 가장 많은 전압이 걸리게 되므로 $0.01[\mu F]$에 $1[kV]$가 걸리게 된다.

㉡ 합성 정전용량

$$C = \dfrac{1}{\dfrac{1}{C_1} + \dfrac{1}{C_2} + \dfrac{1}{C_3}}$$

$$= \dfrac{1}{\dfrac{1}{0.01} + \dfrac{1}{0.02} + \dfrac{1}{0.04}}$$

$$= \dfrac{1}{100 + 50 + 25} = \dfrac{1}{175}$$

㉢ $V_1 : V = \dfrac{1}{C_1} : \dfrac{1}{C}$ 에서

$1000 : V = 100 : 175$ 이므로

∴ 전체 내압: $V = \dfrac{1000 \times 175}{100} = 1750[\text{V}]$

88

1[μF]의 콘덴서를 30[kV]로 충전하여 200[Ω]의 저항에 연결하면 저항에서 소모되는 에너지는 몇 [J]인가?

① 450
② 900
③ 1350
④ 1800

| 해설

저항에서 소모되는 에너지는 콘덴서에 저장된 에너지와 같다.

∴ $W = \dfrac{1}{2}CV^2$

$= \dfrac{1}{2} \times 1 \times 10^{-6} \times (30 \times 10^3)^2 = 450[\text{J}]$

89

20[W]의 전구가 2초 동안 한 일의 에너지를 축적할 수 있는 콘덴서의 용량은 몇 [μF]인가? (단, 충전전압은 100[V]이다.)

① 4,000
② 6,000
③ 8,000
④ 10,000

| 해설

㉠ 콘덴서에 축적된 에너지: $W = \dfrac{1}{2}CV^2[\text{J}]$

㉡ 평균 전력: $P = \dfrac{W}{t}[\text{J/sec} = \text{W}]$

∴ 콘덴서 용량

$C = \dfrac{2W}{V^2} = \dfrac{2 \times P \times t}{V^2} = \dfrac{2 \times 20 \times 2}{100^2}$

$= 8 \times 10^{-3}[\text{F}] = 8000[\mu F]$

90

누설이 없는 콘덴서의 소모 전력은 얼마인가?

① $\dfrac{1}{2}CV^2$
② $\dfrac{Q}{\epsilon}$
③ ∞
④ 0

91

W_1과 W_2의 에너지를 갖는 두 콘덴서를 병렬 연결한 경우의 총 에너지 W와의 관계로 옳은 것은?
(단, $W_1 \neq W_2$ 이다.)

① $W_1 + W_2 = W$
② $W_1 + W_2 > W$
③ $W_1 + W_2 < W$
④ $W_1 - W_2 = W$

| 해설

축적된 에너지가 서로 다를 경우 두 도체를 접속하는 순간 에너지가 같아질 때까지(등전위) 전하는 이동하게 되고 이때 에너지가 소비되므로 두 도체를 연결하면 에너지가 줄어들게 된다.

∴ $W_1 + W_2 > W$

정답 87 ① 88 ① 89 ③ 90 ④ 91 ②

92

면적이 0.02[m²], 간격이 0.03[m]이고, 공기로 채워진 평행 평판의 커패시터에 1.0×10^{-6}[C]의 전하를 충전시킬 때, 두 판 사이에 작용하는 힘의 크기는 약 몇 [N]인가?

① 1.1
② 1.41
③ 1.89
④ 2.83

| 해설

㉠ 단위 면적당 작용하는 힘(정전응력)
$$f = \frac{1}{2}\epsilon_0 E^2 = \frac{1}{2}ED = \frac{D^2}{2\epsilon_0} = \frac{\sigma^2}{2\epsilon_0}\,[\text{N/m}^2]$$

㉡ 면전하 밀도: $\sigma = \dfrac{Q}{S}\,[\text{C/m}^2]$

$$\therefore F = fS = \frac{\sigma^2 S}{2\epsilon_0} = \frac{Q^2}{2\epsilon_0 S}$$
$$= \frac{(10^{-6})^2}{2 \times 8.855 \times 10^{-12} \times 0.02} = 2.823\,[\text{N}]$$

93

무한히 넓은 두 장의 도체판을 d[m]의 간격으로 평행하게 놓은 후, 두 판 사이에 V[V]의 전압을 가한 경우 도체판의 단위 면적당 작용하는 힘은 몇 [N/m²]인가?

① $f = \epsilon_0 \dfrac{V^2}{d}\,[\text{N/m}^2]$

② $f = \dfrac{1}{2}\epsilon_0 dV^2\,[\text{N/m}^2]$

③ $f = \dfrac{1}{2}\epsilon_0\left(\dfrac{V}{d}\right)^2\,[\text{N/m}^2]$

④ $f = \dfrac{1}{2}\dfrac{1}{\epsilon_0}\left(\dfrac{V}{d}\right)^2\,[\text{N/m}^2]$

| 해설

정전응력(여기서, 전위차: $V = dE$)
$$f = \frac{1}{2}\epsilon_0 E^2 = \frac{1}{2}\epsilon_0\left(\frac{V}{d}\right)^2\,[\text{N/m}^2]$$

94

대전도체 표면의 전하밀도를 [C/m²]라 할 때 대전도체 표면의 단위면적에 받는 정전응력의 크기[N/m²]와 방향은?

① $\dfrac{\sigma^2}{2\epsilon_0}$, 도체 내부 방향

② $\dfrac{\sigma^2}{2\epsilon_0}$, 도체 외부 방향

③ $\dfrac{\sigma^2}{\epsilon_0}$, 도체 내부 방향

④ $\dfrac{\sigma^2}{\epsilon_0}$, 도체 외부 방향

| 해설

정전응력 $f = \dfrac{\sigma^2}{2\epsilon_0}$은 양극판(+극판과 -극판) 사이에서 발생한다. (도체 내부 방향)

95

반지름 2[m]인 구도체에 전하 10×10^{-4}[C]이 주어질 때 구도체 표면에 작용하는 정전응력은 약 몇 [N/m²]인가?

① 22.4
② 26.6
③ 30.8
④ 32.2

| 해설

㉠ 구도체 전계의 세기
$$E = \frac{Q}{4\pi\epsilon_0 r^2} = 9 \times 10^9 \times \frac{10 \times 10^{-4}}{2^2}$$
$$= 2.25 \times 10^6\,[\text{V/m}]$$

㉡ 정전응력
$$f = \frac{1}{2}\epsilon_0 E^2$$
$$= \frac{1}{2} \times 8.855 \times 10^{-12} \times (2.25 \times 10^6)^2$$
$$= 22.4\,[\text{N/m}^2]$$

정답 92 ④ 93 ③ 94 ① 95 ①

제4장 유전체

96 □□□

평행판 콘덴서의 극판사이가 진공일 때의 용량을 C_0, 비유전율 ϵ_s 의 유전체를 채웠을 때의 용량을 C 라 할 때 이들의 관계식은?

① $\dfrac{C}{C_0} = \dfrac{1}{\epsilon_0 \epsilon_s}$
② $\dfrac{C}{C_0} = \dfrac{1}{\epsilon_s}$
③ $\dfrac{C}{C_0} = \epsilon_0 \epsilon_s$
④ $\dfrac{C}{C_0} = \epsilon_s$

| 해설

진공 콘덴서 C_0 에 유전체를 삽입하면 비유전율 ϵ_s 만큼 용량이 증가한다.
∴ 유전체 콘덴서 $C = \epsilon_s C_0$

97 □□□

비유전율 ϵ_s 에 대한 설명으로 옳은 것은?

① 진공의 비유전율은 0이고, 공기의 비유전율은 1이다.
② ϵ_s 는 항상 1보다 작은 값이다.
③ ϵ_s 는 절연물의 종류에 따라 다르다.
④ ϵ_s 의 단위는 [C/m]이다.

| 해설

① 진공의 비유전율은 1이고, 공기의 비유전율은 1.000587으로 약 1이다.
② 비유전율은 1보다 크고, 유전체 종류에 따라 크기가 다르다.
④ ϵ_s 는 비율 값이므로 단위가 없다.
  (단, 유전율 ϵ 의 단위는 [F/m]이다.)

98 □□□

다음 유전체 중 비유전율이 가장 큰 것은?

① 공기
② 운모
③ 파라핀
④ 티탄산바륨

99 □□□

일정 전압을 가해져 있는 콘덴서에 비유전율이 ϵ_s 인 유전체를 채웠을 때 일어나는 현상은?

① 극판의 전계가 ϵ_s 배 된다.
② 극판의 전계가 $\dfrac{1}{\epsilon_s}$ 배 된다.
③ 극판의 전하량이 ϵ_s 배 된다.
④ 극판의 전하량이 $\dfrac{1}{\epsilon_s}$ 배 된다.

| 해설

콘덴서에 유전체를 채우면 유전체의 비유전율 ϵ_s 배만큼 용량이 커져 축적되는 전하량이 ϵ_s 배만큼 증가한다.

100 □□□

ϵ_s =10인 유리 콘덴서와 동일 크기의 ϵ_s =1인 공기 콘덴서가 있다. 유리 콘덴서에 200[V]의 전압을 가할 때 동일한 전하를 축적하기 위하여 공기 콘덴서에 필요한 전압 [V]은?

① 20
② 200
③ 400
④ 2000

| 해설

공기콘덴서에 유리유전체를 삽입하면 비유전율 ϵ_s 배만큼 용량이 증가하여 전하량도 ϵ_s 배 만큼 증가한다. 따라서 공기콘덴서가 유리콘덴서와 동일한 전하를 축적하기 위해서는 ϵ_s 배 만큼 전압을 가해야 하므로 2000[V]가 필요하다. ($Q = CV = \epsilon_s C_0 V$)

정답 96 ④ 97 ③ 98 ④ 99 ③ 100 ④

101 □□□

진공 중에 있는 두 대전체 사이에 작용하는 힘이 1.6×10^{-6}[N]이였다. 이 대전체 사이에 유전체를 넣었더니 작용하는 힘이 2.0×10^{-8}[N]이 되었다면 이 유전체의 비유전율은 얼마인가?

① 40
② 60
③ 80
④ 100

| 해설

비유전율

$$\epsilon_s = \frac{F_0}{F} = \frac{1.6 \times 10^{-6}}{2.0 \times 10^{-8}} = 80$$

102 □□□

절연유($\epsilon_r = 2.5$) 중의 도체 표면밀도 $3.5[\mu C/m^2]$에 대한 전계는 공기 중인 경우의 몇 배가 되는가?

① 2.5
② 3.5
③ 1.0
④ 0.4

| 해설

$E = \frac{E_0}{\epsilon_s}$ 이므로 $E = \frac{E_0}{2.5} = 0.4 E_0$ 된다.

103 □□□

합성수지의 절연체에 5×10^3 [V/m]의 전계를 가했을 때 이때의 전속밀도를 구하면 약 몇 [C/m²]이 되는가? (단, 이 절연체의 비유전율은 10으로 한다.)

① 40.28×10^{-6}
② 41.28×10^{-8}
③ 43.52×10^{-4}
④ 44.28×10^{-8}

| 해설

전속밀도와 전계의 세기 관계

$$D = \epsilon_0 \epsilon_s E = 8.855 \times 10^{-12} \times 10 \times 5 \times 10^3$$
$$= 44.28 \times 10^{-8} [C/m^2]$$

104 □□□

비유전율이 5인 유전체중의 전하 Q[C]에서 발산하는 전기력선 및 전속선의 수는 공기 중인 경우의 각각 몇 배로 되는가?

① 전기력선 1/5배, 전속선 1/5배
② 전기력선 5배, 전속선 5배
③ 전기력선 1/5배, 전속선 1배
④ 전기력선 5배, 전속선 1배

| 해설

㉠ 전기력선의 총 수 $N = \frac{Q}{\epsilon} = \frac{Q}{\epsilon_0 \epsilon_s}$ 이므로 전기력선은 비유전율에 반비례한다.

㉡ 전속선의 총 수는 $N = Q$ 이므로 비유전율과 관계없이 일정하다.

105 □□□

동축 원통도체내의 원통간의 전계의 세기가 어느 곳에서든지 일정하기 위해서는 원통간에 넣는 유전체의 유전율이 중심으로부터의 거리 r과 더불어 어떻게 변화하면 되는가?

① 거리 r에 비례하도록 하면 된다.
② 거리 r에 반비례하도록 하면 된다.
③ 거리 r^2에 비례하도록 하면 된다.
④ 거리 r^2에 반비례하도록 하면 된다.

| 해설

원통도체의 전계와 세기 $E = \frac{\lambda}{2\pi\epsilon r}$ [V/m] 식에서 ϵ과 r이 반비례하므로 거리 r이 증가할수록 ϵ를 감소해주면 일정 전계를 얻을 수 있다.

정답 101 ③ 102 ④ 103 ④ 104 ③ 105 ②

106

반지름이 각각 a[m], b[m], c[m]인 독립 도체구가 있다. 이들 도체를 가는 선으로 연결하면 합성 정전용량은 몇 [F]인가?

① $4\pi\epsilon_0(a+b+c)$
② $4\pi\epsilon_0\sqrt{a^2+b^2+c^2}$
③ $12\pi\epsilon_0\sqrt{a^3+b^3+c^3}$
④ $\dfrac{4}{3}\pi\epsilon_0\sqrt{a^2+b^2+c^2}$

| 해설
㉠ 도체구의 정전용량: $C=4\pi\epsilon_0 r$ [F]
㉡ 도체를 가는 선으로 연결하면 아래와 같이 병렬 접속이 된다.

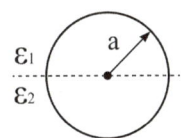

∴ $C=C_1+C_2+C_3=4\pi\epsilon_0(a+b+c)$ [F]

107

그림과 같이 유전율이 ϵ_1, ϵ_2인 두 유전체 경계면에 중심을 둔 반지름 a[m]인 도체구의 정전용량은?

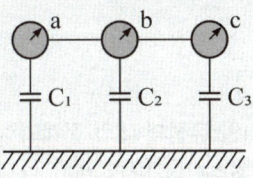

① $4\pi a(\epsilon_1+\epsilon_2)$
② $2\pi a(\epsilon_1+\epsilon_2)$
③ $\dfrac{\epsilon_1+\epsilon_2}{2\pi a}$
④ $\dfrac{\epsilon_1+\epsilon_2}{4\pi a}$

| 해설
㉠ 구도체의 정전용량: $C=4\pi\epsilon_0 r$ [F]
㉡ 반구도체의 정전용량: $C=2\pi\epsilon_0 r$ [F]
㉢ 그림과 같이 접속하면 병렬접속 상태이므로
∴ $C=C_1+C_2=2\pi a(\epsilon_1+\epsilon_2)$ [F]

108

반경 a[m]의 도체구와 내외 반경이 각각 b[m] 및 c[m]인 도체구가 동심으로 되어있다. 두 도체구 사이에 비유전율 ϵ_s인 유전체를 채웠을 경우의 정전용량은 몇 [F]인가?

① $9\times10^9\dfrac{bc}{d-b}$
② $\dfrac{1}{9\times10^9}\dfrac{abc}{a-b+c}$
③ $\dfrac{\epsilon_s}{9\times10^9}\dfrac{ac}{c-a}$
④ $\dfrac{\epsilon_s}{9\times10^9}\dfrac{ab}{b-a}$

| 해설
동심 구도체의 정전용량
$C=\dfrac{4\pi\epsilon_0\epsilon_s ab}{b-a}=\dfrac{\epsilon_s}{9\times10^9}\dfrac{ab}{b-a}$ [F]

109

내원통의 반지름 a[m], 외원통의 반지름 b[m]인 동축원통 콘덴서의 내외 원통사이에 공기를 넣었을 때 정전용량이 C_0이었다. 내외 반지름을 모두 3배로 하고 공기 대신 비유전률 9인 유전체를 넣었을 경우의 정전용량은?

① $\dfrac{C_0}{9}$
② $\dfrac{C_0}{3}$
③ C_0
④ $9C_0$

| 해설
㉠ 동축원통 콘덴서의 내외 원통사이에 공기를 넣었을 때의 정전용량: $C_0=\dfrac{2\pi\epsilon_0 l}{\ln\dfrac{b}{a}}$ [F]
㉡ 내외 반지름을 3배, 공기 대신 비유전율 $\epsilon_s=9$를 채웠을 때의 정전용량은
∴ $C=\epsilon_s C_0=\dfrac{2\pi\times9\epsilon_0 l}{\ln\dfrac{3b}{3a}}=9C_0$ [F]

정답 106 ① 107 ② 108 ④ 109 ④

110

극판의 면적이 4[cm²], 정전용량이 10[pF]인 종이 콘덴서를 만들려고 한다. 비유전율 2.5, 두께 0.01[mm]의 종이를 사용하면 종이는 몇 장을 겹쳐야 되겠는가?

① 89장
② 100장
③ 885장
④ 8,550장

| 해설

㉠ 종이 콘덴서 $C = \dfrac{\epsilon S}{d} = \dfrac{\epsilon_0 \epsilon_s S}{d}$ [F] 에서

㉡ 콘덴서 극판의 간격

$$d = \dfrac{\epsilon_0 \epsilon_s S}{C}$$
$$= \dfrac{8.855 \times 10^{-12} \times 2.5 \times 4 \times 10^{-4}}{10 \times 10^{-12}}$$
$$= 8.855 \times 10^{-4} \text{[m]}$$

㉢ 종이콘덴서에 들어가는 종이의 수를 알기위해서는 콘덴서 극판의 간격을 종이의 두께(0.01[mm] = 10^{-5}[m])로 나누면 되므로

$$\therefore N = \dfrac{8.855 \times 10^{-4}}{10^{-5}} = 88.55 \fallingdotseq 89$$

111

대향면적 S = 100[cm²]의 평행판 콘덴서가 비유전율 2.1, 절연내력 1.2×10^5[V/m]인 기름 중에 있을 때 축적되는 최대전하는 약 몇 [C]인가?

① 2.23×10^{-6}
② 3.14×10^{-6}
③ 4.28×10^{-6}
④ 6.28×10^{-6}

| 해설

㉠ 콘덴서 사이의 전위차: $V = d \times E$ [V]
㉡ 콘덴서 단면적
$S = 100 \text{[cm}^2\text{]} = 100 \times 10^{-4} = 10^{-2} \text{[m}^2\text{]}$
㉢ 전계의 세기
$E = 1.2 \times 10^5 \text{[V/cm]} = 1.2 \times 10^7 \text{[V/m]}$

∴ 콘덴서에 축적된 전하량

$$Q = CV = \dfrac{\epsilon S}{d} \times d \times E = \epsilon S E = \epsilon_0 \epsilon_s S E$$
$$= 8.855 \times 10^{-12} \times 2.1 \times 10^{-2} \times 1.2 \times 10^7$$
$$= 2.23 \times 10^{-6} \text{[C]}$$

112

유전체 내의 정전 에너지 식으로 옳지 않은 것은?

① $\dfrac{1}{2} ED$ [J/m³]
② $\dfrac{1}{2} \dfrac{D^2}{\epsilon}$ [J/m³]
③ $\dfrac{1}{2} \epsilon E^2$ [J/m³]
④ $\dfrac{1}{2} \epsilon D^2$ [J/m³]

| 해설

정전에너지(단위 체적당 정전 에너지)

$$W = \dfrac{1}{2} \epsilon E^2 = \dfrac{1}{2} ED = \dfrac{D^2}{2\epsilon} \text{[J/m}^3\text{]}$$

113

비유전율이 2.4인 유전체 내의 전계의 세기 100[mV/m]이다. 유전체에 저축되는 단위 체적 당 정전 에너지는 몇 [J/m³]인가?

① 1.06×10^{-13}
② 1.77×10^{-13}
③ 2.32×10^{-13}
④ 2.32×10^{-11}

| 해설

정전에너지(단위 체적당 정전 에너지)

$$W = \dfrac{1}{2} \epsilon E^2 = \dfrac{1}{2} \epsilon_0 \epsilon_s E^2$$
$$= \dfrac{1}{2} \times 8.855 \times 10^{-12} \times 2.4 \times (100 \times 10^{-3})^2$$
$$= 1.06 \times 10^{-13} \text{[J/m}^3\text{]}$$

정답 110 ① 111 ① 112 ④ 113 ①

114

커패시터를 제조하는데 A, B, C, D와 같은 4가지 유전 재료가 있다. 커패시터 내에서 단위 체적 당 가장 큰 에너지 밀도를 나타내는 재료로부터 순서대로 나열하면? (단, 유전 재료 A, B, C, D의 비유전율은 각각 $\epsilon_{rA}=8$, $\epsilon_{rB}=10$, $\epsilon_{rC}=2$, $\epsilon_{rD}=4$이다.)

① $B > A > D > C$ ② $A > B > D > C$
③ $D > A > C > B$ ④ $C > D > A > B$

| 해설
정전에너지 $W = \frac{1}{2}\epsilon E^2 = \frac{1}{2}\epsilon_r \epsilon_0 E^2$ [J/m³] 이므로 비유전율에 비례한다.
∴ 따라서 $\epsilon_{rB} > \epsilon_{rA} > \epsilon_{rD} > \epsilon_{rC}$ 이므로
$B > A > D > C$가 된다.

115

간격 d[m], 면적 S[m²]의 평행판 커패시터 사이에 유전율 ϵ을 갖는 절연체를 넣고 전극간에 V[V]의 전압을 가할 때 양 전극판을 떼어내는데 필요한 힘의 크기는 몇 [N]인가?

① $\frac{1}{2\epsilon}\frac{V^2}{d^2}S$ ② $\frac{1}{2\epsilon}\frac{dV^2}{S}$
③ $\frac{1}{2}\epsilon\frac{V}{d}S$ ④ $\frac{1}{2}\epsilon\frac{V^2}{d^2}S$

| 해설
㉠ 단위면적당 작용하는 힘
$f = \frac{1}{2}\epsilon E^2 = \frac{1}{2}ED = \frac{D^2}{2\epsilon}$ [N/m²] 이므로
㉡ 전극판을 떼어내는데 필요한 힘
$F = f \cdot S = \frac{1}{2}\epsilon E^2 S$ [N]이 된다.
㉢ 여기에 $E = \frac{V}{d}$를 대입하면
∴ $F = \frac{1}{2}\epsilon\left(\frac{V}{d}\right)^2 S = \frac{1}{2d}\frac{\epsilon S}{d}V^2$
$= \frac{1}{2d}CV^2$ [N]

116

극판 면적이 50[cm²], 간격이 5[cm]인 평행판 콘덴서의 극판간에 유전율 3인 유전체를 넣은 후 극판간에 50[V]의 전위차를 가하면 전극판을 떼어내는데 필요한 힘은 몇 [N]인가?

① −600   ② −750
③ −6000   ④ −7500

| 해설
전극판을 떼어내는데 필요한 힘
$F = \frac{1}{2}\epsilon E^2 \times S = \frac{1}{2}\epsilon\left(\frac{V}{d}\right)^2 S$
$= \frac{1}{2} \times 3 \times \left(\frac{50}{0.05}\right)^2 \times 50 \times 10^{-4} = 7500$ [N]
∴ 전극판을 떼어내는 힘은 흡인력과 반대방향이므로
-7500 [N] 이다.

117

공기콘덴서를 어느 전압으로 충전한 다음 전극 간에 유전체를 넣어 정전용량을 2배로 하였다면 축적되는 에너지는 어떻게 되는가?

① $\frac{1}{4}$ 배로 된다.   ② $\frac{1}{2}$ 배로 된다.
③ $\sqrt{2}$ 배로 된다.   ④ 2 배로 된다.

| 해설
㉠ 콘덴서에 전압을 인가하여 전하를 충전한 다음 전원을 제거한 상태에서 유전체를 삽입한 경우이므로 콘덴서 극판에 충전된 전하량 Q는 일정한 상태가 된다.
㉡ 콘덴서에 축적되는 에너지 $W_C = \frac{Q^2}{2C}$ [J]이므로 정전용량에 반비례한다.
∴ 정전용량을 2배로 하면 에너지는 $\frac{1}{2}$ 배가 된다.

정답   114 ①   115 ④   116 ④   117 ②

118

정전용량이 $1[\mu F]$ 인 공기콘덴서가 있다. 이 콘덴서 판간의 $\frac{1}{2}$ 인 두께를 갖고 비유전율 $\epsilon_r = 2$ 인 유전체를 그 콘덴서의 한 전극면에 접촉하여 넣을 때 전체의 정전용량은 몇 $[\mu F]$ 가 되는가?

① $2[\mu F]$
② $\frac{1}{2}[\mu F]$
③ $\frac{4}{3}[\mu F]$
④ $\frac{5}{3}[\mu F]$

| 해설

㉠ 초기 공기콘덴서 용량: $C_0 = \frac{\epsilon_0 S}{d} = 1[\mu F]$

㉡ 극판과 평행하게 유전체를 넣으면 아래 그림과 같이 공기층과 유전체층 콘덴서가 직렬로 접속된 것으로 해석된다.

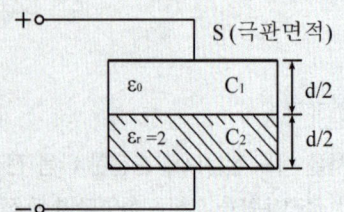

㉢ 공기 부분의 정전용량
$$C_1 = \frac{\epsilon_0 S}{d/2} = 2\frac{\epsilon_0 S}{d} = 2C_0$$

㉣ 유전체 부분의 정전용량
$$C_2 = \frac{\epsilon_r \epsilon_0 S}{d/2} = 2\epsilon_r \frac{\epsilon_0 S}{d} = 2\epsilon_r C_0$$

∴ C_1 과 C_2 는 직렬로 접속되어 있으므로
$$C = \frac{C_1 \times C_2}{C_1 + C_2} = \frac{4\epsilon_r C_0^2}{(1+\epsilon_r)2C_0} = \frac{2\epsilon_r}{1+\epsilon_r}C_0$$
$$= \frac{2 \times 2}{1+2} \times 1 = \frac{4}{3}[\mu F]$$

119

정전용량이 $C_0[F]$인 평행판 공기콘덴서에 전극간격의 1/2두께의 유리판을 전극에 평행하게 넣으면 이 때의 정전용량 [F]는? (단, 유리판의 비유전율은 ϵ_s 라 한다.)

① $\frac{(1+\epsilon_s)C_0}{2\epsilon_s}$
② $\frac{C_0 \epsilon_s}{1+\epsilon_s}$
③ $\frac{2\epsilon_s C_0}{1+\epsilon_s}$
④ $\frac{3C_0}{1+\frac{1}{\epsilon_s}}$

| 해설

문제 118번과 해석은 동일하다.

㉠ 초기 공기 콘덴서의 정전용량: $C_0 = \frac{\epsilon_0 S}{d}$

㉡ 공기 부분의 정전용량
$$C_1 = \frac{\epsilon_0 S}{d/2} = 2\frac{\epsilon_0 S}{d} = 2C_0$$

㉢ 유전체 부분의 정전용량
$$C_2 = \frac{\epsilon_s \epsilon_0 S}{d/2} = 2\epsilon_s \frac{\epsilon_0 S}{d} = 2\epsilon_s C_0$$

∴ C_1 과 C_2 는 직렬로 접속되어 있으므로
$$C = \frac{C_1 \times C_2}{C_1 + C_2} = \frac{4\epsilon_s C_0^2}{(1+\epsilon_s)2C_0}$$
$$= \frac{2\epsilon_s}{1+\epsilon_s}C_0 [F]$$

정답 118 ③ 119 ③

120

그림과 같은 정전용량이 C_0[F]되는 평행판 공기콘덴서의 판면적의 $\frac{2}{3}$ 되는 공간에 비유전율 ϵ_s 인 유전체를 채우면 공기콘덴서의 정전용량은 몇 [F]인가?

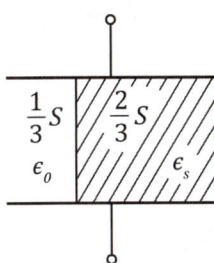

① $\frac{2\epsilon_s}{3}C_0$ ② $\frac{3}{1+2\epsilon_s}C_0$

③ $\frac{1+\epsilon_s}{3}C_0$ ④ $\frac{1+2\epsilon_s}{3}C_0$

| 해설

㉠ 초기 공기콘덴서 용량: $C_0 = \frac{\epsilon_0 S}{d}$

㉡ 극판의 면적을 나누어 유전체를 넣으면 공기층과 유전체 층 콘덴서가 병렬로 접속된 것으로 해석된다.

㉢ 공기 부분의 정전용량

$C_1 = \frac{\epsilon_0 S/3}{d} = \frac{1}{3}C_0$

㉣ 유전체 부분의 정전용량

$C_2 = \frac{\epsilon_s \epsilon_0 2S/3}{d} = \frac{2}{3}\epsilon_s C_0$

∴ C_1과 C_2는 병렬로 접속되어 있으므로

$C = C_1 + C_2 = \frac{C_0}{3} + \frac{2\epsilon_s C_0}{3}$

$= \frac{1+2\epsilon_s}{3}C_0$ [F]

121

그림과 같이 판의 면적 $\frac{1}{3}S$, 두께 d와 판면적 $\frac{1}{3}S$, 두께 $\frac{1}{2}d$ 되는 유전체($\epsilon_s = 3$)를 끼웠을 경우의 정전용량은 처음의 몇 배인가?

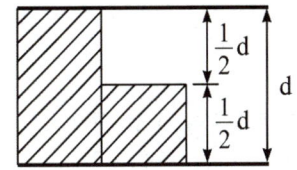

① $\frac{1}{6}$ ② $\frac{5}{6}$

③ $\frac{11}{6}$ ④ $\frac{13}{6}$

| 해설

㉠ 초기 공기 콘덴서의 정전용량: $C_0 = \frac{\epsilon_0 S}{d}$

㉡ 유전체 콘덴서 등가회로는 아래와 같다.

㉢ $C_1 = \frac{1}{3}\epsilon_s C_0 = C_0$

㉣ $C_2 = \frac{2}{3}C_0$

㉤ $C_3 = \frac{2}{3}\epsilon_s C_0 = 2C_0$

㉥ $C_4 = \frac{1}{3}C_0$

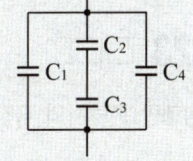

∴ 합성 정전용량

$C = C_1 + \frac{C_2 \times C_3}{C_2 + C_3} + C_4$

$= C_0 + \frac{1}{2}C_0 + \frac{1}{3}C_0 = \frac{11}{6}C_0$

122 □□□

$C_1 = 2[\mu F]$, $C_2 = 4[\mu F]$인 공기 콘덴서를 직렬연결하고 C_1에 $\epsilon_r = 2$인 종이를 채웠을 때 합성용량은 몇 배로 증가하는가?

① 2.5 ② 2
③ 1.5 ④ 1.2

| 해설
㉠ C_1와 C_2를 직렬 접속 시 합성용량
$$C = \frac{C_1 \times C_2}{C_1 + C_2} = \frac{2 \times 4}{2+4} = \frac{4}{3}[\mu F]$$
㉡ C_1에 종이를 채웠을 때의 정전용량
$$C_1' = \epsilon_r C_1 = 2 \times 2 = 4[\mu F]$$
㉢ C_1'와 C_2를 직렬접속 시 합성용량
$$C' = \frac{C_1' \times C_2}{C_1' + C_2} = \frac{4 \times 4}{4+4} = 2[\mu F]$$
∴ $\frac{C'}{C} = \frac{2}{\frac{4}{3}} = 1.5$

123 □□□

평행판 콘덴서의 극간전압을 일정히 하고 간격의 $\frac{2}{3}$ 두께이며, 비유전율 10인 유리판을 삽입할 경우 극간의 흡인력은 유리판의 삽입 전보다 어떻게 되는가?

① $\frac{1}{2.5}$ 배로 작아진다. ② $\frac{1}{1.5}$ 배로 작아진다.
③ 2.5 배로 커진다. ④ 1.5 배로 커진다.

| 해설
㉠ 정전응력(흡인력)
$$f = \frac{1}{2}\epsilon E^2 [N/m^2] = \frac{1}{2}\epsilon \left(\frac{V}{d}\right)^2 S[N]$$
$$= \frac{1}{2d}CV^2 [N] \propto C$$이므로
정전흡인력은 정전용량에 비례한다.
㉡ 간격 $\frac{2}{3}$의 두께에 비유전율 10인 물질로 채워지면
$$C_1 = \frac{3}{2}\epsilon_r C_0 = 15 C_0$$
㉢ 나머지 $\frac{1}{3}$의 두께에는 공기로 채워져 있으므로
$$C_2 = 3 C_0$$
㉣ 직렬 합성 정전용량
$$C = \frac{15 C_0 \times 3 C_0}{15 C_0 + 3 C_0} = 2.5 C_0$$
∴ 정전용량이 2.5배 증가하므로 정전흡인력 또한 2.5배 커진다.

124 □□□

전기 분극이란?

① 도체내의 원자핵의 변위이다.
② 유천체내의 원자의 흐름이다.
③ 유전체내의 속박전하의 변위이다.
④ 도체내의 자유전하의 흐름이다.

125 □□□

영구 쌍극자 모멘트를 갖고 있는 분자가 외부계에 의하여 배열함으로서 일어나는 전기 분극 현상은?

① 전자 분극 ② 쌍극자 연면 분극
③ 이온 분극 ④ 쌍극자 배향 분극

126 □□□

유전체 내의 전속밀도의 관한 설명 중 옳은 것은?

① 진전하만이다. ② 분극전하만이다.
③ 겉보기 전하만이다. ④ 진전하와 분극전하이다.

127 □□□

전속밀도에 대한 설명으로 가장 옳은 것은?

① 전속은 스칼라량이기 때문에 전속밀도도 스칼라량이다.
② 전속밀도는 전계의 세기의 방향과 반대 방향이다.
③ 전속밀도는 유전체 내에 분극의 세기와 같다.
④ 전속밀도는 유전체와 관계없이 크기는 일정하다.

정답 122 ③ 123 ③ 124 ③ 125 ④ 126 ① 127 ④

| 해설

① 전속밀도와 전하밀도의 크기는 같다. 단, 전속밀도는 벡터, 전하밀도는 스칼라가 된다.
② 전속밀도는 전계의 세기의 방향과 같은 방향이다.
③ 분극의 세기: $P = D - \epsilon_0 E$
   (여기서, D: 전속밀도, E: 전계의 세기)
④ 전속밀도는 유전체와 관계없이 크기가 일정하다.

| 해설

분극의 세기

$$P = \epsilon_0(\epsilon_s - 1)E = \frac{10^{-9}}{36\pi} \times (5-1) \times 10^4$$

$$= \frac{10^{-5}}{9\pi} [C/m^2] = \frac{10^{-5}}{9\pi} \times \frac{1}{10^4} [C/cm^2]$$

$$= \frac{10^{-9}}{9\pi} [C/cm^2]$$

128 □□□

평행판 공기콘덴서의 양 극판에 $+\sigma$ [C/m²], $-\sigma$ [C/m²]의 전하가 분포되어 있다. 이 두 전극사이에 유전률 ϵ [F/m]인 유전체를 삽입한 경우의 전계는 몇 [V/m]인가? (단, 유전체의 분극전하밀도를 $+\sigma'$ [C/m²], $-\sigma'$ [C/m²]이라 한다.)

① $\dfrac{\sigma - \sigma'}{\epsilon_0}$
② $\dfrac{\sigma + \sigma'}{\epsilon_0}$
③ $\dfrac{\sigma}{\epsilon_0} - \dfrac{\sigma'}{\epsilon}$
④ $\dfrac{\sigma'}{\epsilon_0}$

| 해설

㉠ 분극의 세기
$$P = \epsilon_0(\epsilon_s - 1)E = D - \epsilon_0 E = D\left(1 - \frac{1}{\epsilon_s}\right)$$

㉡ 분극전하밀도(= 분극의 세기)
$\sigma' = P = D - \epsilon_0 E = \sigma - \epsilon_0 E$ 에서
$\epsilon_0 E = \sigma - \sigma'$ 이므로
(여기서, 전속밀도 D = 전하밀도 σ)
∴ 전계의 세기: $E = \dfrac{\sigma - \sigma'}{\epsilon_0}$ [V/m]

129 □□□

비유전율 $\epsilon_s = 5$인 등방 유전체의 한 점에서 전계의 세기가 $E = 10^4$ [V/m]일 때 이 점의 분극의 세기는 몇 [C/cm²]인가?

① $\dfrac{10^{-9}}{9\pi}$
② $\dfrac{10^{-5}}{9\pi}$
③ $\dfrac{5}{36\pi} \times 10^{-9}$
④ $\dfrac{5}{36\pi} \times 10^{-5}$

130 □□□

비유전율이 10인 유전체를 5[V/m]인 전계 내에 놓으면 유전체의 표면 전하밀도는 몇 [C/m²]인가? (단, 유전체의 표면과 전계는 직각이다.)

① $35\epsilon_0$
② $45\epsilon_0$
③ $55\epsilon_0$
④ $65\epsilon_0$

| 해설

유전체 표면 전하밀도는 분극전하밀도이므로
∴ $P = \epsilon_0(\epsilon_s - 1)E = \epsilon_0(10-1) \times 5 = 45\epsilon_0$

131 □□□

평등 전계 내에 수직으로 비유전율 $\epsilon_r = 3$인 유전체판을 놓았을 경우 판 내의 전속밀도 $D = 4 \times 10^{-8}$ [C/m²]이었다. 이 유전체의 비분극률은?

① 2
② 3
③ 1×10^{-6}
④ 2×10^{-5}

| 해설

비분극률(= 전기감수율)
$\chi_{er} = \dfrac{\chi}{\epsilon_0} = \epsilon_s - 1 = 3 - 1 = 2$

정답 128 ① 129 ① 130 ② 131 ①

132

정전용량이 20[μF]인 평행판 축전기에 0.01[C]의 전하량을 충전했을 때 두 평행판 사이에 비유전율 10인 유전체를 채우면 유전체 표면에 발생하는 분극전하량은 몇 [C]인가?

① -0.009　　② -0.01
③ -0.09　　　④ -0.1

| 해설

㉠ 분극전하밀도 $\sigma' = P = \dfrac{Q'}{S}$ [C/m²] 이고,

전하밀도 $\sigma = D = \dfrac{Q}{S}$ [C/m²]

㉡ 분극전하밀도 $P = D\left(1 - \dfrac{1}{\epsilon_s}\right)$ 에서 양변에 면적을 곱해서 분극전하량을 구할 수 있다.

∴ 분극전하량

$Q' = -Q\left(1 - \dfrac{1}{\epsilon_s}\right) = -0.01\left(1 - \dfrac{1}{10}\right)$
$\quad = -0.009$ [C]

133

유전체에 대한 경계조건의 설명이 옳지 않은 것은?

① 표면 전하밀도란 구속전하의 표면밀도를 말하는 것이다.
② 완전 유전체 내에서는 자유전자가 존재하지 않는다.
③ 경계면에 외부 전하가 있으면, 유전체의 내부와 외부의 전하는 평형되지 않는다.
④ 특수한 경우를 제외하고 경계면에서 표면전하밀도는 영(zero)이다.

| 해설

유전체 표면 전하밀도란 분극전하 밀도(= 분극의 세기)를 말한다.

134

유전율이 각각 다른 두 유전체의 경계면에 전계가 수직으로 입사하였을 때, 옳은 것은?

① 전계는 연속성이다.　　② 전속밀도가 달라진다.
③ 유전률이 같아진다.　　④ 전력선은 굴절하지 않는다.

| 해설

전계가 수직 입사하면 전계는 접선 성분이, 전속은 법선성분이 연속적이다.

135

두 종류의 유전율(ϵ_1, ϵ_2)을 가진 유전체 경계면에 진전하가 존재하지 않을 때 성립하는 경계조건을 옳게 나타낸 것은? (단, θ_1, θ_2는 각각 유전체 경계면의 법선벡터와 E_1, E_2가 이루는 각이다.)

① $E_1\sin\theta_1 = E_2\sin\theta_2$

$D_1\sin\theta_1 = D_2\sin\theta_2$, $\dfrac{\tan\theta_1}{\tan\theta_2} = \dfrac{\epsilon_2}{\epsilon_1}$

② $E_1\cos\theta_1 = E_2\cos\theta_2$

$D_1\sin\theta_1 = D_2\sin\theta_2$, $\dfrac{\tan\theta_1}{\tan\theta_2} = \dfrac{\epsilon_2}{\epsilon_1}$

③ $E_1\sin\theta_1 = E_2\sin\theta_2$

$D_1\cos\theta_1 = D_2\cos\theta_2$, $\dfrac{\tan\theta_1}{\tan\theta_2} = \dfrac{\epsilon_1}{\epsilon_2}$

④ $E_1\cos\theta_1 = E_2\cos\theta_2$

$D_1\cos\theta_1 = D_2\cos\theta_2$, $\dfrac{\tan\theta_1}{\tan\theta_2} = \dfrac{\epsilon_1}{\epsilon_2}$

| 해설

유전체 경계조건

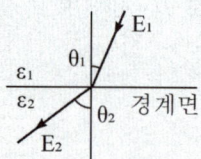

㉠ 전계의 접선성분은 서로 같다. (연속적)
$E_{1t} = E_{2t}$ ($E_1\sin\theta_1 = E_2\sin\theta_2$)

㉡ 전속밀도의 법선성분은 서로 같다.
$D_{1n} = D_{2n}$ ($D_1\cos\theta_1 = D_2\cos\theta_2$)

㉢ 경계조건: $\dfrac{\epsilon_1}{\epsilon_2} = \dfrac{\tan\theta_1}{\tan\theta_2}$

정답　132 ①　133 ①　134 ④　135 ③

136 □□□
이종의 유전체사이에 경계면에 전하분포가 없을 때 경계면 양쪽에 있어서 맞는 설명은 다음 중 어느 것인가?

① 전계의 법선성분 및 전속밀도의 접선성분은 서로 같다.
② 전계의 법선성분 및 전속밀도의 법선성분은 서로 같다.
③ 전계의 접선성분 및 전속밀도의 접선성분은 서로 같다.
④ 전계의 접선성분 및 전속밀도의 법선성분은 서로 같다.

137 □□□
유전율이 각각 ϵ_1, ϵ_2 인 두 유전체가 접해 있는 경우 $\epsilon_1 > \epsilon_2$ 의 조건을 갖는다면 입사각(θ_1)과 굴절각(θ_2)의 관계는 어떻게 되는가?

① $\theta_1 = \theta_2$
② $\theta_1 > \theta_2$
③ $\theta_1 < \theta_2$
④ θ_1, θ_2의 크기와는 관계 없다.

138 □□□
그림과 같이 평행판 콘덴서의 극판사이에 유전율이 각각 ϵ_1, ϵ_2 인 두 유전체를 반반씩 채우고 극판 사이에 일정한 전압을 걸어줄 때 매질 (1), (2)내의 전계의 세기 E_1, E_2 사이에 성립하는 관계로 옳은 것은?

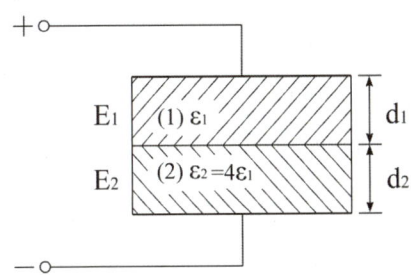

① $E_2 = 4E_1$
② $E_2 = 2E_1$
③ $E_2 = \dfrac{E_1}{4}$
④ $E_2 = E_1$

|해설
경계면에 수직입사 시 전속밀도는 일정하다.
즉 $D_1 = D_2$ 이므로 $\epsilon_1 E_1 = \epsilon_2 E_2$ 된다. 따라서
∴ $E_2 = \dfrac{\epsilon_1}{\epsilon_2} E_1 = \dfrac{\epsilon_1}{4\epsilon_1} E_1 = \dfrac{1}{4} E_1$

139 □□□
그림과 같은 유전속의 분포에서 그림과 같을 때 ϵ_1 과 ϵ_2 의 관계는?

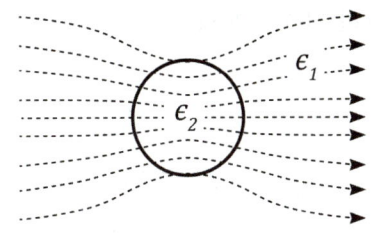

① $\epsilon_1 = \epsilon_2$
② $\epsilon_1 > \epsilon_2$
③ $\epsilon_1 < \epsilon_2$
④ $\epsilon_1 = \epsilon_2 = 0$

|해설
유전속(전속선)은 유전율이 큰 곳으로 모이므로 $\epsilon_1 < \epsilon_2$ 이 된다.

140 □□□
두 유전체의 경계면에 대한 설명 중 옳은 것은?

① 두 유전체의 경계면에 전계가 수직으로 입사하면 두 유전체 내의 전계의 세기는 같다.
② 유전율이 작은 쪽에서 큰 쪽으로 전계가 입사할 때 입사각은 굴절각보다 크다.
③ 경계면에서 정전력은 전계가 경계면에 수직으로 입사할 때 유전율이 큰 쪽에서 작은 쪽으로 작용한다.
④ 유전율이 큰 쪽에서 작은 쪽으로 전계가 경계면에 수직으로 입사할 때 유전율이 작은 쪽의 전계의 세기가 작아진다.

|해설
㉠ 유전율이 큰 곳에서 전기력선 및 전속선은 입사각 또는 굴절각은 커진다.
㉡ 전기력선은 유전율이 작은 곳으로, 유전속(전속선)은 유전율이 큰 곳으로 모인다.

정답 136 ④ 137 ② 138 ③ 139 ③ 140 ③

141 □□□

매질 1이 나일론(비유전율 $\epsilon_s = 4$)이고, 매질 2는 진공일 때 전속밀도 D가 경계면에서 각각 θ_1, θ_2의 각을 이룰 때 $\theta_2 = 30°$라 하면 θ_1의 값은?

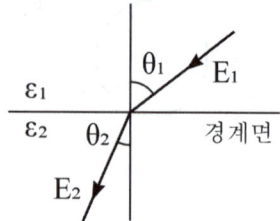

① $\tan^{-1}\dfrac{4}{\sqrt{3}}$
② $\tan^{-1}\dfrac{\sqrt{3}}{4}$
③ $\tan^{-1}\dfrac{\sqrt{3}}{2}$
④ $\tan^{-1}\dfrac{2}{\sqrt{3}}$

| 해설

유전체의 경계조건 $\dfrac{\epsilon_1}{\epsilon_2} = \dfrac{\tan\theta_1}{\tan\theta_2}$ 에서

$\tan\theta_2 = \tan\theta_1 \dfrac{\epsilon_2}{\epsilon_1} = \tan\theta_1 \dfrac{\epsilon_{s2}}{\epsilon_{s1}}$ 이므로

$\therefore \theta_1 = \tan^{-1}\left(\tan\theta_2 \dfrac{\epsilon_{s1}}{\epsilon_{s2}}\right)$

$= \tan^{-1}\left(\tan 30° \times \dfrac{4}{1}\right) = \tan^{-1}\left(\dfrac{4}{\sqrt{3}}\right)$

142 □□□

공기 중의 전계 E_1이 10[kV/cm]이고 입사각이 $\theta_1 = 30°$ (법선과 이룬 각)으로 변압기유의 경계면에 닿을 때 굴절각 θ_2는 몇 도이며, 변압기유의 전계 E_2는 몇 [V/m]인가? (단, 변압기유의 비유전율은 3이다.)

① $60°, \dfrac{10^6}{\sqrt{3}}$ [V/m]
② $60°, \dfrac{10^3}{\sqrt{3}}$ [V/m]
③ $45°, \dfrac{10^6}{\sqrt{3}}$ [V/m]
④ $45°, \dfrac{10^4}{\sqrt{3}}$ [V/m]

| 해설

㉠ 유전체의 경계조건 $\dfrac{\epsilon_2}{\epsilon_1} = \dfrac{\tan\theta_2}{\tan\theta_1}$ 에서

$\tan\theta_2 = \tan\theta_1 \dfrac{\epsilon_2}{\epsilon_1} = \tan\theta_1 \dfrac{\epsilon_{s2}}{\epsilon_{s1}}$ 이다.

$\therefore \theta_2 = \tan^{-1}\left(\tan\theta_1 \dfrac{\epsilon_{s2}}{\epsilon_{s1}}\right)$

$= \tan^{-1}(\tan 30° \times 3)$

$= \tan^{-1}\sqrt{3} = 60°$

㉡ 유전체의 경계조건 $E_1\sin\theta_1 = E_2\sin\theta_2$ 에서
(여기서 $E_1 = 10$[kV/cm] = 10^6[V/m])

$\therefore E_2 = E_1 \dfrac{\sin\theta_1}{\sin\theta_2} = 10^6 \times \dfrac{\sin 30°}{\sin 60°}$

$= 10^6 \times \dfrac{1/2}{\sqrt{3}/2} = \dfrac{10^6}{\sqrt{3}}$ [V/m]

143 □□□

$X > 0$인 영역에 $\epsilon_{R1} = 3$인 유전체, $X < 0$인 영역에 $\epsilon_{R2} = 5$인 유전체가 있다. 유전율 $\epsilon_2 = \epsilon_0 \epsilon_{R2}$인 영역에서 전계 $\vec{E_2} = 20\vec{a_x} + 30\vec{a_y} - 40\vec{a_z}$[V/m]일 때 유전율 ϵ_1인 영역에서 전계 $\vec{E_1}$는 몇 [V/m]인가?

① $\dfrac{100}{3}\vec{a_x} + 30\vec{a_y} - 40\vec{a_z}$
② $20\vec{a_x} + 90\vec{a_y} - 40\vec{a_z}$
③ $100\vec{a_x} + 10\vec{a_y} - 40\vec{a_z}$
④ $60\vec{a_x} + 30\vec{a_y} - 40\vec{a_z}$

| 해설

㉠ 경계조건에 의해 $D_{1x} = D_{2x}$, $E_{1y} = E_{2y}$
  $E_{1z} = E_{2z}$ 이므로

㉡ $D_{1x} = D_{2x}$ 에서 $\epsilon_1 E_{1x} = \epsilon_2 E_{2x}$ 이므로

$E_{1x} = \dfrac{\epsilon_2}{\epsilon_1} E_{2x} = \dfrac{5\epsilon_0}{3\epsilon_0} \times 20 = \dfrac{100}{3}$

㉢ $E_{1y} = E_{2y} = 30$, $E_{1z} = E_{2x} = -40$ 이다.

$\therefore \vec{E_1} = \dfrac{100}{3}\vec{a_x} + 30\vec{a_y} - 40\vec{a_z}$ [V/m]

정답 141 ① 142 ① 143 ①

144 □□□

$X>0$인 영역에 $\epsilon_{R1}=3$인 유전체, $X<0$인 영역에 $\epsilon_{R2}=5$인 유전체가 있다. $X<0$인 영역에서 전계 $\vec{E_2}=20\vec{a_x}+30\vec{a_y}-40\vec{a_z}$ [V/m]일 때 $X>0$인 영역에서의 전속밀도 D_1은 몇 [C/m²]인가?

① $(100\vec{a_x}-90\vec{a_y}-120\vec{a_z})\epsilon_0$
② $(100\vec{a_x}+90\vec{a_y}-120\vec{a_z})\epsilon_0$
③ $(100\vec{a_x}-150\vec{a_y}+200\vec{a_z})\epsilon_0$
④ $(100\vec{a_x}-150\vec{a_y}-200\vec{a_z})\epsilon_0$

| 해설
㉠ 경계조건에 의해 $D_{1x}=D_{2x}$, $E_{1y}=E_{2y}$
 $E_{1z}=E_{2z}$ 이므로
㉡ $D_{1x}=D_{2x}$에서 $\epsilon_1 E_{1x}=\epsilon_2 E_{2x}$이므로
 $E_{1x}=\dfrac{\epsilon_2}{\epsilon_1}E_{2x}=\dfrac{5\epsilon_0}{3\epsilon_0}\times 20=\dfrac{100}{3}$
㉢ $E_{1y}=E_{2y}=30$, $E_{1z}=E_{2z}=-40$ 이다.
㉣ $\vec{E_1}=\dfrac{100}{3}\vec{a_x}+30\vec{a_y}-40\vec{a_z}$ [V/m]
∴ $D_1=\epsilon_1 E_1=3\epsilon_0\left(\dfrac{100}{3}\vec{a_x}+30\vec{a_y}-40\vec{a_z}\right)$
$=\epsilon_0(100\vec{a_x}+90\vec{a_y}-120\vec{a_z})$ [C/m²]

145 □□□

Faraday관에서 전속선수가 $5Q$개이면 Faraday관수는?

① $\dfrac{Q}{\epsilon}$ ② $\dfrac{Q}{5}$
③ $\dfrac{5}{Q}$ ④ $5Q$

| 해설
Faraday관수 = 전속선수 = 전하량 크기[C]

146 □□□

패러데이관에 대한 설명 중 틀린 것은?

① 패러데이관 내의 전속선수는 일정하다.
② 진전하가 없는 점에서는 패러데이관은 불연속적이다.
③ 패러데이관의 밀도는 전속밀도와 같다.
④ 단위 전위차당 패러데이관의 보유 에너지는 1/2[J]이다.

| 해설
패러데이관(Faraday)의 성질
㉠ 패러데이관 내의 전속수는 일정하다.
㉡ 패러데이관 내부에 정, 부의 단위전하가 있다.
㉢ 진전하가 없는 면에서는 패러데이관은 연속이다.
㉣ 패러데이 관의 밀도는 전속밀도와 같다.

147 □□□

패러데이관(管)에 대한 설명 중 틀린 것은?

① 패러데이관 내의 전속선 수는 일정하다.
② 진전하가 없는 점에서는 패러데이관은 불연속적이다.
③ 패러데이관의 밀도는 전속밀도와 같다.
④ 패러데이관 양단에 정(正), 부(負)의 단위 전하가 있다.

정답 144 ② 145 ④ 146 ② 147 ②

148 □□□

평행판 사이에 유전율이 ϵ_1, ϵ_2 되는 ($\epsilon_2 < \epsilon_1$)유전체를 경계면이 판에 평행하게 그림과 같이 채우고 그림의 극성으로 극판사이에 전압을 걸었을 때 두 유전체 사이에 작용하는 힘은?

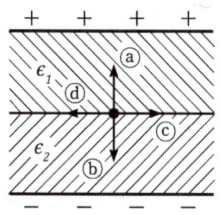

① ⓐ의 방향
② ⓑ의 방향
③ ⓒ의 방향
④ ⓓ의 방향

| 해설
경계면에서 힘은 경계면과 수직방향이고, 유전율이 작은 쪽으로 향한다. 즉 $\epsilon_2 < \epsilon_1$ 이면 유전체면에 작용하는 힘이 ϵ_1 에서 ϵ_2 의 방향으로 작용한다.

149 □□□

평행판 공기콘덴서 극판간에 비유전율 6인 유리판을 일부만 삽입한 경우 내부로 끌리는 힘은 약 몇 [N/m²]인가? (단, 극판간의 전위경도는 30[kV/cm]이고 유리판의 두께는 판간 두께와 같다.)

① 199
② 223
③ 239
④ 269

| 해설
유전체 경계면에서 작용하는 힘은 유전율이 큰 곳에서 작은 곳으로 작용하므로

$$\therefore f = \frac{1}{2}(\epsilon_2 - \epsilon_1)E^2 = \frac{1}{2}\epsilon_0(\epsilon_{s2} - 1)E^2$$
$$= \frac{1}{2} \times 8.855 \times 10^{-12} \times (6-1) \times \left(30 \times \frac{10^3}{10^{-2}}\right)^2$$
$$= 199.23 \, [N/m^2]$$

150 □□□

어떤 종류의 결정(結晶)을 가열하면 한면에 정(正), 반대면에 부(負)의 전기가 나타나 분극을 일으키며 반대로 냉각하면 역(逆)의 분극이 일어나는 것은?

① 파이로(Pyro)전기
② 볼타(Volta)효과
③ 바아크 하우센(Barkhausen)법칙
④ 압전기(Piezo-electric)의 역효과

151 □□□

압전기 현상에서 분극이 응력과 같은 방향으로 발생하는 현상을 무슨 효과라 하는가?

① 종효과
② 횡효과
③ 역효과
④ 근접효과

| 해설
압전현상(피에조 효과): 유전체에 압력이나 인장력을 가하면 전기분극이 발생하는 현상
㉠ 종효과: 압력이나 인장력이 분극과 같은 방향으로 진행
㉡ 횡효과: 압력이나 인장력이 분극과 수직 방향으로 진행

152 □□□

압전기 현상에서 분극이 응력에 수직한 방향으로 발생하는 현상을 무슨 효과라 하는가?

① 종효과
② 횡효과
③ 역효과
④ 근접효과

정답 148 ② 149 ① 150 ① 151 ① 152 ②

제5장 전기영상법

153 □□□
접지된 무한 평면도체 전방의 한 점 P에 있는 점전하 $+Q[C]$의 평면도체에 대한 영상전하는?

① 점 P의 대칭점에 있으며 전하는 $-Q[C]$이다.
② 점 P의 대칭점에 있으며 전하는 $-2Q[C]$이다.
③ 평면 도체 상에 있으며 전하는 $-Q[C]$이다.
④ 평면 도체 상에 있으며 전하는 $-2Q[C]$이다.

154 □□□
직교하는 도체평면과 점전하 사이에는 몇 개의 영상전하가 존재하는가?

① 2 ② 3
③ 4 ④ 5

| 해설
직교하는 도체 평면에서는 3개의 영상전하가 나타난다.

155 □□□
그림과 같이 공기 중에서 무한평면도체의 표면으로부터 2[m]인 곳에 점전하 4[C]이 있다. 전하가 받는 힘은 몇 [N]인가?

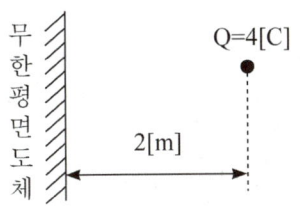

① 3×10^9 ② 9×10^9
③ 1.2×10^{10} ④ 3.6×10^{10}

| 해설
전하가 받는 힘(전기력)
$$F = \frac{Q^2}{4\pi\epsilon_0 r^2} = \frac{-Q^2}{4\pi\epsilon_0 (2a)^2}$$
$$= \frac{9 \times 10^9}{4} \times \frac{-Q^2}{a^2} = -\frac{9 \times 10^9}{4} \times \frac{4^2}{2^2}$$
$$= -9 \times 10^9 \text{[N]}$$
여기서, '-'는 흡인력을 의미

156 □□□
공기 중에서 무한평면 도체표면 아래의 1[m] 떨어진 곳에 1[C]의 점전하가 있다. 이 전하가 받는 힘의 크기는 몇 [N]인가?

① 9×10^9 ② $\frac{9}{2} \times 10^9$
③ $\frac{9}{4} \times 10^9$ ④ $\frac{9}{10} \times 10^9$

| 해설
무한평판과 점전하에 의한 작용력
$$F = \frac{Q \cdot Q'}{4\pi\epsilon_0 r^2} = \frac{-Q^2}{4\pi\epsilon_0 (2a)^2}$$
$$= \frac{9 \times 10^9}{4} \times \frac{-Q^2}{a^2} = -\frac{9}{4} \times 10^9 \text{[N]}$$

정답 153 ① 154 ② 155 ② 156 ③

157 □□□

평면도체의 표면에서 a[m]인 거리에 점전하 Q[C]이 있다. 이 전하를 무한 원점까지 운반하는데 요하는 일은 몇 [J]인가?

① $\dfrac{Q^2}{4\pi\epsilon_0 a^2}$ ② $\dfrac{Q^2}{8\pi\epsilon_0 a}$

③ $\dfrac{Q^2}{16\pi\epsilon_0 a}$ ④ $\dfrac{Q^2}{16\pi\epsilon_0 a^2}$

| 해설

도체표면과 점전하 사이에 $F = \dfrac{Q^2}{16\pi\epsilon_0 a^2}$ [N] 의 힘이 작용하기 때문에 무한원점까지 점전하를 운반할 때 에너지가 필요하다. $a = r$로 하고, a에서 ∞까지 적분하여 계산한다.

$$\therefore W = \int_a^\infty \dfrac{Q^2}{16\pi\epsilon_0 r^2}\,dr = \dfrac{Q^2}{16\pi\epsilon_0}\left(-\dfrac{1}{r}\right)_a^\infty$$

$$= \dfrac{Q^2}{16\pi\epsilon_0 a}\ [\text{J}]$$

158 □□□

그림과 같은 무한 평면 도체로부터 d[m] 떨어진 점에 $+Q$[C]의 점전하가 있을 때 $\dfrac{d}{2}$[m]인 P점에 있어서의 전계의 세기는 몇 [V/m]인가?

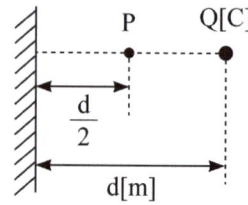

① $\dfrac{Q}{3\pi\epsilon_0 d}$ ② $\dfrac{8Q}{9\pi\epsilon_0 d^2}$

③ $\dfrac{10Q}{9\pi\epsilon_0 d^2}$ ④ $\dfrac{Q}{\pi\epsilon_0 d^2}$

| 해설

영상전하 $Q' = -Q$ 대치하여 해석할 수 있다. 즉, P점의 전계의 세기는 Q에 의한 전계 E_1 과 $-Q$에 의한 E_2의 합 벡터로 구할 수 있다.

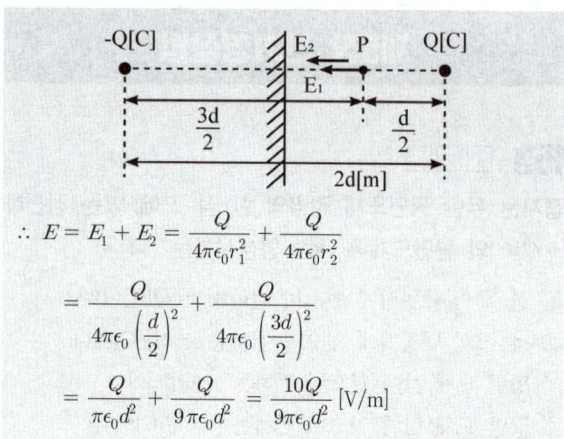

$$\therefore E = E_1 + E_2 = \dfrac{Q}{4\pi\epsilon_0 r_1^2} + \dfrac{Q}{4\pi\epsilon_0 r_2^2}$$

$$= \dfrac{Q}{4\pi\epsilon_0\left(\dfrac{d}{2}\right)^2} + \dfrac{Q}{4\pi\epsilon_0\left(\dfrac{3d}{2}\right)^2}$$

$$= \dfrac{Q}{\pi\epsilon_0 d^2} + \dfrac{Q}{9\pi\epsilon_0 d^2} = \dfrac{10Q}{9\pi\epsilon_0 d^2}\ [\text{V/m}]$$

159 □□□

접지된 무한히 넓은 평면도체로부터 a[m]떨어져 있는 공간에 Q[C]의 점전하가 놓여 있을 때 그림 P점의 전위는 몇 [V]인가?

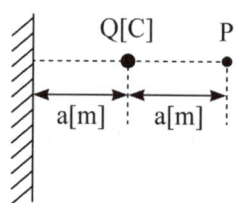

① $\dfrac{Q}{8\pi\epsilon_0 a}$ ② $\dfrac{Q}{6\pi\epsilon_0 a}$

③ $\dfrac{3Q}{4\pi\epsilon_0 a}$ ④ $\dfrac{Q}{2\pi\epsilon_0 a}$

| 해설

영상전하 해석

$$\therefore V = V_1 + V_2 = \dfrac{Q}{4\pi\epsilon_0 r_1} + \dfrac{-Q}{4\pi\epsilon_0 r_2} = \dfrac{Q}{4\pi\epsilon_0 a} - \dfrac{Q}{4\pi\epsilon_0 3a}$$

$$= \dfrac{Q}{4\pi\epsilon_0}\left(\dfrac{1}{a} - \dfrac{1}{3a}\right) = \dfrac{Q}{6\pi\epsilon_0 a}\ [\text{V}]$$

정답 157 ③ 158 ③ 159 ②

160 □□□

반지름 a[m]인 접지구형도체와 점전하가 유전율 ϵ인 공간에서 각각 원점과 $(d, 0, 0)$인 점에 있다. 구형도체를 제외한 공간의 전계를 구할 수 있도록 구형도체를 영상전하로 대치할 때의 영상점전하의 위치는?

① $\left(-\dfrac{a^2}{d}, 0, 0\right)$ ② $\left(+\dfrac{a^2}{d}, 0, 0\right)$

③ $\left(0, +\dfrac{a^2}{d}, 0\right)$ ④ $\left(+\dfrac{d^2}{4a}, 0, 0\right)$

| 해설

접지된 도체구와 점전하

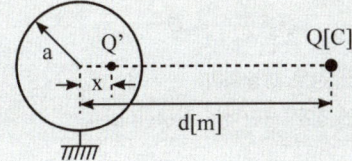

㉠ 영상전하: $Q' = -\dfrac{a}{d}Q$ [C]

㉡ 구도체 내의 영상점: $x = \dfrac{a^2}{d}$ [m]

161 □□□

반경이 0.01[m]인 구도체를 접지시키고 중심으로부터 0.1[m]의 거리에 10[μC]의 점전하를 놓았다. 구도체에 유도된 총전하량은 몇 [μC]인가?

① 0 ② −1
③ −10 ④ +10

| 해설

$Q' = -\dfrac{a}{d}Q = -\dfrac{0.01}{0.1} \times 10 \times 10^{-6}$
$= -10^{-6}$ [C] $= -1$ [μC]

162 □□□

접지된 구도체와 점전하간에 작용하는 힘은?

① 항상 흡인력이다. ② 항상 반발력이다.
③ 조건적 흡인력이다. ④ 조건적 반발력이다.

163 □□□

지면에 평행으로 높이 h[m]에 가설된 반지름 a[m]인 직선도체가 있다. 대지정전용량은 몇 [F/m]인가? (단, $h > a$이다.)

① $\dfrac{4\pi\epsilon_0}{\log \dfrac{2h}{a}}$ ② $\dfrac{2\pi\epsilon_0}{\log \dfrac{2h}{a}}$

③ $\dfrac{4\pi\epsilon_0}{\log \dfrac{a}{2h}}$ ④ $\dfrac{2\pi\epsilon_0}{\log \dfrac{a}{2h}}$

| 해설

평면도체와 선도체에 의한 전기영상법

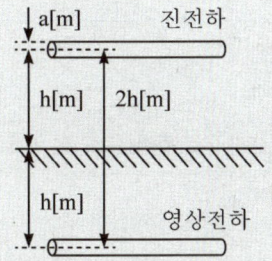

㉠ 영상 선전하밀도: $\lambda' = -\lambda$

㉡ 선전하가 지표면으로부터 받는 힘
$F = QE = \lambda l \times \dfrac{\lambda}{2\pi\epsilon_0 r} = \dfrac{\lambda^2 l}{2\pi\epsilon_0(2h)}$ [N]
$= \dfrac{\lambda^2}{4\pi\epsilon_0 h}$ [N/m]

㉢ 임의의 x[m] 점에서의 전계의 세기
$E = \dfrac{\lambda}{2\pi\epsilon_0 r} = \dfrac{\lambda}{2\pi\epsilon_0 x} + \dfrac{\lambda}{2\pi\epsilon_0(2h-x)}$ [V/m]

㉣ 도체 표면에서의 전위차
$V = -\int_h^a E\, dx$
$= -\int_h^a \dfrac{\lambda}{2\pi\epsilon_0}\left(\dfrac{1}{x} + \dfrac{1}{2h-x}\right) dx$
$= \dfrac{\lambda}{2\pi\epsilon_0} \ln \dfrac{2h-a}{a}$ [V]

㉤ 도선과 대지 간의 단위길이당 정전용량
$C = \dfrac{\lambda}{V} = \dfrac{\lambda}{\dfrac{\lambda}{2\pi\epsilon_0} \ln \dfrac{2h-a}{a}}$
$= \dfrac{2\pi\epsilon_0}{\ln \dfrac{2h-a}{a}} ≒ \dfrac{2\pi\epsilon_0}{\ln \dfrac{2h}{a}}$ [F/m]

여기서, $\ln = \log_e ≒ 2.3 \log_{10}$

정답 160 ② 161 ② 162 ① 163 ②

164

무한대 평면도체와 d[m]떨어진 평행한 무한장 직선도체에 ρ[C/m]의 전하분포가 주어졌을 때 직선도체의 단위길이당 받는 힘은 몇 [N/m]인가? (단, 공간의 유전율은 ϵ 임)

① 0
② $\dfrac{\rho^2}{\pi\epsilon_0 d}$
③ $\dfrac{\rho^2}{2\pi\epsilon_0 d}$
④ $\dfrac{\rho^2}{4\pi\epsilon_0 d}$

| 해설

선전하가 지표면으로부터 받는 힘

$F = QE = \lambda l \times \dfrac{\lambda}{2\pi\epsilon_0 r} = \dfrac{\lambda^2 l}{2\pi\epsilon_0 (2d)}$ [N]

$= \dfrac{\lambda^2}{4\pi\epsilon_0 d}$ [N/m]

∴ 선전하 밀도 λ 가 ρ로 주어졌으므로

$F = \dfrac{\rho^2}{4\pi\epsilon_0 d}$ [N/m]

165

전류 $+I$와 전하 $+Q$가 무한히 긴 직선상의 도체에 각각 주어졌고 이들 도체는 진공속에서 각각 투자율과 유전율이 무한대인 물질로 된 무한대 평면과 평행하게 놓여있다. 이 경우 영상법에 의한 영상전류와 영상전하는?
(단, 전류는 직류임)

① $-I, -Q$
② $-I, +Q$
③ $+I, -Q$
④ $+I, +Q$

| 해설

영상법에 의해 작용하는 힘은 항상 흡인력이 작용한다. 따라서 크기는 같고 부호가 반대이며, 상호 대칭점에 위치한다. 이 때 영상전하는 $-Q$이고 영상전류는 $+I$이다.

166

유전율이 ϵ_1 과 ϵ_2 인 두 유전체가 경계를 이루어 접하고 있는 경우 유전율이 ϵ_1 인 영역에 전하 Q가 존재할 때 이 전하에 작용하는 힘에 대한 설명으로 옳은 것은?

① $\epsilon_1 > \epsilon_2$ 인 경우 반발력이 작용한다.
② $\epsilon_1 > \epsilon_2$ 인 경우 흡인력이 작용한다.
③ ϵ_1 과 ϵ_2 값에 상관없이 반발력이 작용한다.
④ ϵ_1 과 ϵ_2 값에 상관없이 흡인력이 작용한다.

| 해설

유전체 내의 영상전하

$Q' = -\dfrac{\epsilon_2 - \epsilon_1}{\epsilon_2 + \epsilon_1} Q = \dfrac{\epsilon_1 - \epsilon_2}{\epsilon_1 + \epsilon_2} Q$

∴ $\epsilon_1 > \epsilon_2$ 인 경우 반발력이,
  $\epsilon_1 < \epsilon_2$ 인 경우 흡인력이 작용한다.

167

무한평면도체의 표면을 가진 비유전율 ϵ_r 인 유전체의 표면 전방의 공기 중 d[m] 지점에 놓인 점전하 Q[C]에 작용하는 힘은 몇 [N] 인가?

① $-9 \times 10^9 \times \dfrac{Q^2(\epsilon_r + 1)}{d^2(\epsilon_r - 1)}$
② $-9 \times 10^9 \times \dfrac{Q^2(\epsilon_r - 1)}{d^2(\epsilon_r + 1)}$
③ $-2.25 \times 10^9 \times \dfrac{Q^2(\epsilon_r + 1)}{d^2(\epsilon_r - 1)}$
④ $-2.25 \times 10^9 \times \dfrac{Q^2(\epsilon_r - 1)}{d^2(\epsilon_r + 1)}$

정답 164 ④ 165 ③ 166 ① 167 ④

| 해설

유전체와 점전하 사이에 작용하는 힘

$$F = \frac{QQ'}{4\pi\epsilon_0(2d)^2} = -\frac{Q^2}{16\pi\epsilon_0 d^2} \times \frac{\epsilon_2-\epsilon_1}{\epsilon_2+\epsilon_1}$$
$$= -\frac{Q^2}{16\pi\epsilon_0 d^2} \times \frac{\epsilon_r-1}{\epsilon_r+1}$$
$$= -\frac{9\times10^9}{4} \times \frac{Q^2(\epsilon_r-1)}{d^2(\epsilon_r+1)}$$
$$= -2.25\times10^9 \times \frac{Q^2(\epsilon_r-1)}{d^2(\epsilon_r+1)} \ [N]$$

제6장 전류

168 □□□

10[A]의 전류가 5분 동안 도선에 흘렀을 때 도선 단면을 지나는 전기량은 몇 [C]인가?

① 3000[C] ② 50[C]
③ 2[C] ④ 0.033[C]

| 해설

$Q = It = 10\times5\times60 = 3000\ [C]$

169 □□□

다음 (　) 안의 ㉠과 ㉡에 들어갈 알맞은 내용은?

도체의 전기전도는 도전율로 나타내는데 이는 도체 내의 자유전하밀도에 (　㉠　)하고, 자유전하의 이동도에 (　㉡　)한다.

① ㉠ 비례 ㉡ 비례
② ㉠ 반비례 ㉡ 반비례
③ ㉠ 비례 ㉡ 반비례
④ ㉠ 반비례 ㉡ 비례

170 □□□

전류에 대한 설명 중 옳지 않은 것은?

① 전하의 이동이다.
② 1[V/s]를 1[A]로 한다.
③ 전하가 전계 방향으로 평균속도 v로 이동함에 따라 생기는 전류를 드리프트 전류라 한다.
④ $div\ i = 0$은 전류의 연속성이라 한다.

| 해설

1[A]는 도선의 임의의 단면적을 1초 동안 1[C]의 전하가 통과할 때의 크기다.

$$\therefore I = \frac{Q}{t}\ [C/s = A]$$

171 □□□

$\nabla \cdot i = 0$에 대한 설명이 아닌 것은?

① 도체 내에 흐르는 전류는 연속적이다.
② 도체 내에 흐르는 전류는 일정하다.
③ 단위시간당 전하의 변화는 없다.
④ 도체 내에 전류가 흐르지 않는다.

| 해설

전류의 연속성($div\ i = 0$)
전류의 새로운 발생이나 소멸이 없는 연속이라는 것을 의미한다.

정답 168 ① 169 ① 170 ② 171 ④

172

어떤 콘덴서에 가한 전압을 2초 사이에 500[V]에서 4500[V]로 상승 시켰더니, 평균전류가 0.6[mA]가 흘렸다. 이 콘덴서의 정전용량은 몇 [μF]인가?

① 0.3
② 0.6
③ 0.8
④ 0.9

해설

㉠ 전하량: $Q = It = CV$ [C]
㉡ 정전용량

$$C = \frac{It}{V} = \frac{0.6 \times 10^{-3} \times 2}{4500 - 500} = 3 \times 10^{-7} \text{ [F]}$$
$$= 0.3 \times 10^{-6} \text{ [F]} = 0.3 \text{ [μF]}$$

173

반지름이 5[mm]인 구리선에 10[A]의 전류가 단위시간에 흐르고 있을때 구리선의 단면을 통과하는 전자의 개수는 단위시간 당 얼마인가? (단, 전자의 전하량은 $e = 1.602 \times 10^{-19}$ [C]이다.)

① 6.24×10^{18}
② 6.24×10^{19}
③ 1.28×10^{22}
④ 1.28×10^{23}

해설

전자의 개수
$$N = \frac{Q}{e} = \frac{It}{e} = \frac{10 \times 1}{1.602 \times 10^{-19}}$$
$$= 6.242 \times 10^{19} \text{ [개]}$$

여기서, 전자 1개의 전하량 $e = 1.602 \times 10^{-19}$
단위시간 = 1초

174

대지 중의 두 전극 사이에 있는 어떤 점의 전계의 세기가 $E = 6$[V/cm], 지면의 도전율이 $k = 10^{-4}$[℧/cm]일 때 이 점의 전류밀도는 몇 [A/cm²]인가?

① 6×10^{-4}
② 6×10^{-6}
③ 6×10^{-5}
④ 6×10^{-3}

해설

전류밀도
$i = kE = 10^{-4} \times 6 = 6 \times 10^{-4}$ [A/cm²]

175

구리 중에는 1[cm³]에 8.5×10^{22} [개]의 자유전자가 있다. 단면적 2[mm²]의 구리선에 10[A]의 전류가 흐를 때의 자유전자의 평균속도는 약 몇 [cm/s]인가?

① 0.037
② 0.37
③ 3.7
④ 37

해설

㉠ 전류의 정의식
$$I = \frac{Q}{t} = nevS = \rho vS \text{ [A]}$$

여기서, $\rho = ne$: 체적 전하밀도[C/m³]

㉡ 단위 체적당 전자의 개수
$n = 8.5 \times 10^{22}$ [개/cm³]
$= 8.5 \times 10^{22} \times 10^6$ [개/m³]

㉢ 구리선의 단면적
$S = 2$ [mm²] $= 2 \times 10^{-6}$ [m²]

∴ 전자의 이동 속도
$$v = \frac{I}{neS}$$
$$= \frac{10}{8.5 \times 10^{22} \times 10^6 \times 1.6 \times 10^{-19} \times 2 \times 10^{-6}}$$
$$= 0.000367 \text{ [m/s]} = 0.0367 \text{ [cm/s]}$$

176

20[℃]에서 저항 온도계수 $\alpha_{20} = 0.004$인 저항선의 저항이 100[Ω]이다. 이 저항선의 온도가 80[℃]로 상승될 때 저항은 몇 [Ω]이 되겠는가?

① 24
② 48
③ 72
④ 124

정답 172 ① 173 ② 174 ① 175 ① 176 ④

| 해설

온도 상승에 따른 전기저항값
$R_{80} = R_{20}[1+\alpha_{20}(80-20)]$
$= 100[1+0.004(80-20)]$
$= 124[\Omega]$

177 □□□

구리의 저항율은 20[℃]에서 $1.69\times 10^{-8}[\Omega \cdot m]$ 이고 온도계수는 0.0039이다. 단면이 2[mm²]인 구리선 200[m]의 50[℃]에서의 저항값은 몇 [Ω]인가?

① 1.69×10^{-3} ② 1.89×10^{-3}
③ 1.69 ④ 1.89

| 해설

㉠ 20[℃]에서 전기저항
$R_0 = \rho\frac{l}{S} = 1.69\times 10^{-8}\times \frac{200}{2\times 10^{-6}} = 1.69[\Omega]$
㉡ 온도 상승 후 전기저항
$R_T = 1.69\times[1+0.0039(50-20)] = 1.887[\Omega]$

178 □□□

200[V] 30[W]인 백열전구와 200[V] 60[W]인 백열전구를 직렬로 접속하고, 200[V]의 전압을 인가하였을 때 어느 전구가 더 어두운가? (단, 전구의 밝기는 소비전력에 비례한다.)

① 둘 다 같다.
② 30[W]전구가 60[W]전구보다 더 어둡다.
③ 60[W]전구가 30[W]전구보다 더 어둡다.
④ 비교할 수 없다.

| 해설

㉠ 전력 $P=\frac{V^2}{R}$ [W]에서 $R=\frac{V^2}{P}$ [Ω]이므로 전력은 저항에 반비례한다. 따라서 전력이 작은 백열전구(30[W]용)의 저항이 더 크다.
㉡ 직렬회로에서 전류의 크기는 일정하고 $P=I^2R$[W]이므로 백열전구의 소비전력은 저항크기에 비례하므로 30[W]용 백열전구가 전력은 더 많이 소비한다.

∴ 전구의 밝기는 소비전력에 비례한다고 했으므로 30[W]인 백열전구가 더 밝다.

179 □□□

정전용량 C [F/m]와 컨덕턴스 G [S]와의 관계로 옳은 것은? (단, k: 도전율[℧/m], ϵ: 유전율 [F/m])

① $\frac{C}{G}=\frac{\epsilon}{k}$ ② $Ck=\frac{G}{\epsilon}$
③ $GC=\epsilon k$ ④ $\frac{C}{G}=\frac{k}{\epsilon}$

| 해설

전기저항과 정전용량의 관계 $RC=\epsilon\rho$에서 $\frac{C}{G}=\frac{\epsilon}{k}$의 관계가 성립된다.

180 □□□

반지름 a [m]인 반구도체를 유전율 ϵ, 고유저항 ρ 인 대지에 접지할 경우의 도체와 대지간의 저항은 몇 [Ω]인가?

① $4\pi a\rho$ ② $2\pi a\rho$
③ $\frac{\rho}{2\pi a}$ ④ $\frac{\rho}{4\pi a}$

| 해설

㉠ 반구도체 정전용량: $C=2\pi\epsilon a$[F]

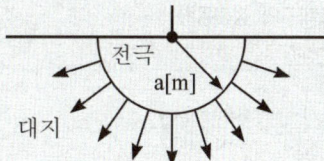

㉡ 저항과 정전용량의 관계: $RC=\epsilon\rho$
∴ 접지저항: $R=\frac{\rho\epsilon}{C}=\frac{\rho\epsilon}{2\pi\epsilon a}=\frac{\rho}{2\pi a}$ [Ω]

정답 177 ④ 178 ③ 179 ① 180 ③

181

반지름 a, b 인 두 구상도체 전극이 도전율 k 인 매질 속에 중심 간의 거리 r 만큼 떨어져 놓여있다. 양 전극 간의 저항은? (단, $r \gg a, b$ 이다.)

① $4\pi k \left(\dfrac{1}{a} + \dfrac{1}{b}\right)$ ② $4\pi k \left(\dfrac{1}{a} - \dfrac{1}{b}\right)$

③ $\dfrac{1}{4\pi k}\left(\dfrac{1}{a} + \dfrac{1}{b}\right)$ ④ $\dfrac{1}{4\pi k}\left(\dfrac{1}{a} - \dfrac{1}{b}\right)$

| 해설

㉠ 전위차: $V = \dfrac{Q}{4\pi\epsilon}\left(\dfrac{1}{a} + \dfrac{1}{b}\right)$ [V]

㉡ 정전용량: $C = \dfrac{Q}{V} = \dfrac{4\pi\epsilon}{\dfrac{1}{a} + \dfrac{1}{b}}$ [F]

∴ 전기저항

$R = \dfrac{\epsilon\rho}{C} = \dfrac{\epsilon}{kC} = \dfrac{1}{4\pi k}\left(\dfrac{1}{a} + \dfrac{1}{b}\right)$ [Ω]

182

내반경이 2[cm], 외반경이 3[cm]인 동심 구도체 간에 고유저항이 1.884×10^2 [Ω·m]인 저항물질로 채워져 있는 경우 내외 구간의 합성저항은 약 몇 [Ω]정도 되겠는가?

① 2.5   ② 5
③ 250   ④ 500

| 해설

㉠ 동심 도체구의 정전용량

$C = \dfrac{4\pi\epsilon ab}{b-a}$

$= \dfrac{1}{9 \times 10^9} \times \dfrac{0.02 \times 0.03}{0.03 - 0.02}$

$= 6.66 \times 10^{-12}$ [F]

㉡ 전기저항

$R = \dfrac{\rho\epsilon}{C}$

$= \dfrac{1.884 \times 10^2 \times 8.855 \times 10^{-12}}{6.66 \times 10^{-12}}$

$= 250$ [Ω]

183

반경 a, b 이고 길이 ℓ, 도전율이 σ 인 동축케이블이 있다. 단위 길이 당 절연저항은?

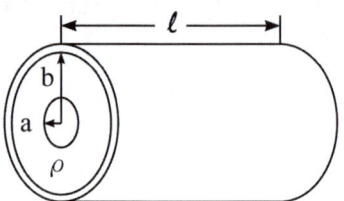

① $\dfrac{\sigma}{2\ell} \ln \dfrac{b}{a}$ ② $\dfrac{\sigma\ell}{2\pi} \ln \dfrac{b}{a}$

③ $\dfrac{1}{2\pi\sigma} \ln \dfrac{b}{a}$ ④ $\dfrac{1}{2\pi\sigma} \ln \dfrac{a}{b}$

| 해설

㉠ 동축케이블의 정전용량

$C = \dfrac{Q}{V} = \dfrac{\lambda l}{V} = \dfrac{2\pi\epsilon}{\ln \dfrac{b}{a}}$ [F/m]

$= \dfrac{2\pi\epsilon l}{\ln \dfrac{b}{a}}$ [F]

㉡ 동축케이블의 절연저항

$R = \dfrac{\rho}{2\pi} \ln \dfrac{b}{a} = \dfrac{1}{2\pi\sigma} \ln \dfrac{b}{a}$ [Ω/m]

$= \dfrac{1}{2\pi\sigma l} \ln \dfrac{b}{a}$ [Ω]

정답 181 ③ 182 ③ 183 ③

184

그림과 같은 손실유전체에서 전원의 양극 사이에 채워진 동축케이블의 전력손실은 몇 [W]인가? (단, 모든 단위는 MKS 유리화 단위이며, σ는 매질의 도전율[S/m]이라 한다.)

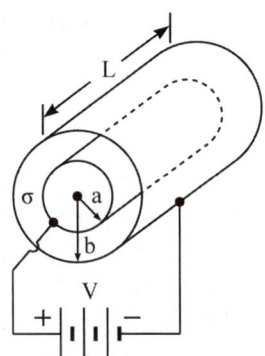

① $\dfrac{\pi\sigma V^2 L}{2\ln\dfrac{b}{a}}$ ② $\dfrac{\pi\sigma V^2 L}{\ln\dfrac{b}{a}}$

③ $\dfrac{2\pi\sigma V^2 L}{\ln\dfrac{b}{a}}$ ④ $\dfrac{4\pi\sigma V^2 L}{\ln\dfrac{b}{a}}$

| 해설

㉠ 동축케이블의 정전용량: $C = \dfrac{2\pi\varepsilon L}{\ln\dfrac{b}{a}}$ [F]

㉡ 전기저항: $R = \dfrac{1}{2\pi\sigma L}\ln\dfrac{b}{a}$ [Ω]

∴ 전력손실

$P_c = \dfrac{V^2}{R} = \dfrac{V^2}{\dfrac{1}{2\pi\sigma L}\ln\dfrac{b}{a}} = \dfrac{2\pi\sigma L V^2}{\ln\dfrac{b}{a}}$ [W]

185

비유전율 $\epsilon_s = 2.2$, 고유저항 $\rho = 10^{11}$[Ω·m]인 유전체를 넣은 콘덴서의 용량이 20[μF]이었다. 여기에 500[kV]의 전압을 가하였을 때 누설전류는 몇 [A]인가?

① 4.2 ② 5.1
③ 54.5 ④ 61.0

| 해설

저항과 정전용량의 관계 $RC = \rho\epsilon$ 에서

절연저항 $R = \dfrac{\rho\epsilon}{C}$ 이므로

∴ 누설전류

$I_g = \dfrac{V}{R} = \dfrac{CV}{\rho\epsilon}$

$= \dfrac{20\times 10^{-6}\times 500\times 10^3}{10^{11}\times 2.2\times 8.855\times 10^{-12}} = 5.13$ [A]

186

직류 500[V] 절연저항계로 절연저항을 측정하니 2[MΩ]이 되었다면 누설전류는?

① 25[μA] ② 250[μA]
③ 1000[μA] ④ 1250[μA]

| 해설

누설전류

$I = \dfrac{V}{R} = \dfrac{500}{2\times 10^6} = 250\times 10^{-6}$ [A]

$= 250$ [μA]

정답 184 ③ 185 ② 186 ②

187

유전율 ϵ [F/m], 고유저항 ρ [Ω·m]의 유전체로 채운 정전용량 C[F]의 콘덴서에 전압 V[V]를 가할 때의 유전체 중에 발생하는 열량은 시간 t[sec] 간에 몇 [cal]가 되겠는가?

① $0.24 \dfrac{CV^2}{\rho\epsilon} t$
② $0.24 \dfrac{CV}{\rho\epsilon} t$
③ $4.2 \dfrac{CV}{\rho\epsilon} t$
④ $4.2 \dfrac{CV^2}{\rho\epsilon} t$

| 해설

㉠ 절연저항: $R = \dfrac{\rho\epsilon}{C}$

㉡ 누설전류: $I_g = \dfrac{V}{R} = \dfrac{CV}{\rho\epsilon}$

∴ 발열량 $H = 0.24 \times I_g^2 Rt = 0.24 \times \dfrac{V^2}{R} t$
$= 0.24 \times \dfrac{CV^2}{\rho\epsilon} t$ [cal]

188

동일한 금속 도선의 두 점간에 온도차를 주고 고온 쪽에서 저온 쪽으로 전류를 흘리면, 줄열 이외에 도선속에서 열이 발생하거나 흡수가 일어나는 현상을 지칭하는 것은?

① 제베크 효과
② 톰슨 효과
③ 펠티에 효과
④ 볼타 효과

| 해설

① 제베크 효과: 서로 다른 두 종류의 금속을 접속하여 폐회로를 만들어 그 두개의 접합부분을 다른 온도로 유지하면 열기전력을 일으켜 열전류가 흐르는 현상
③ 펠티에 효과: 두 종류의 금속으로 폐회로를 만들어 전류를 흘리면 양 접속점에서 한 쪽은 온도가 올라가고 다른 쪽은 온도가 내려가는 현상

189

두 종류의 금속으로 하나의 폐회로를 만들고 여기에 전류를 흘리면 접속점에 열의 흡수나 발생이 일어나는 효과를 무엇이라 하는가?

① Pinch 효과
② Peltier 효과
③ Thomson 효과
④ Seebeck 효과

| 해설

① 핀치 효과: 유동성 도전물질에 있어서 통전하고 있는 각 부분의 상호작용에 의해 통전방향과 직각방향으로 수축이 발생하고, 경우에 따라서는 파괴현상이 생기는 것
③ 톰슨 효과: 동일 금속이라도 부분적으로 온도가 다른 금속선에 전류를 흘리면 온도 구배가 있는 부분에 주울열, 이외의 발열 또는 흡열이 일어나는 현상
④ 제베크 효과: 서로 다른 두 종류의 금속을 접속하여 폐회로를 만들어 그 두개의 접합부분을 다른 온도로 유지하면 열기전력을 일으켜 열전류가 흐르는 현상

190

펠티에 효과에 관한 공식 또는 설명으로 틀린 것은? (단, H는 열량, P는 펠티에 계수, I는 전류, t는 시간이다.)

① $H = P \displaystyle\int_0^t I \, dt$ [cal]
② 펠티에 효과는 지벡 효과와 반대의 효과이다.
③ 반도체와 금속을 결합시켜 전자냉동 등에 응용된다.
④ 펠티에 효과란 동일한 금속이라도 그 도체 중의 2점간에 온도차가 있으면 전류를 흘림으로써 열의 발생 또는 흡수가 생긴다는 것이다.

| 해설

펠티에 효과
동일 금속이라도 부분적으로 온도가 다른 금속선에 전류를 흘리면 온도 구배가 있는 부분에 주울열, 이외의 발열 또는 흡열이 일어나는 현상

정답 187 ① 188 ② 189 ② 190 ④

제7장 진공 중의 정자계

191 □□□

거리 r[m]를 두고 m_1, m_2[Wb]인 같은 부호의 자극이 놓여 있다. 두 자극을 잇는 선상의 어느 일점에서 자계의 세기가 0인 점은 m_1[Wb]에서 몇 [m] 떨어져 있는가?

① $\dfrac{m_1 r}{m_1 + m_2}$
② $\dfrac{r\sqrt{m_1}}{\sqrt{m_1 + m_2}}$
③ $\dfrac{r\sqrt{m_1}}{\sqrt{m_1} + \sqrt{m_2}}$
④ $\dfrac{r\sqrt{m_2}}{\sqrt{m_1} + \sqrt{m_2}}$

| 해설

㉠ 자계의 세기가 0인 점은 아래 그림과 같이 $H_1 = H_2$인 점을 말한다.

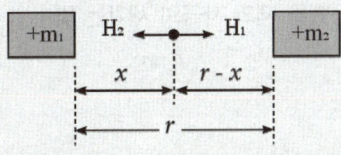

㉡ $H_1 = \dfrac{m_1}{4\pi\mu_0 x^2}$, $H_2 = \dfrac{m_2}{4\pi\mu_0 (r-x)^2}$

㉢ $\dfrac{m_1}{4\pi\mu_0 x^2} = \dfrac{m_2}{4\pi\mu_0 (r-x)^2}$ 에서 양변에 제곱근을 취하면 $\dfrac{\sqrt{m_1}}{\sqrt{x^2}} = \dfrac{\sqrt{m_2}}{\sqrt{(r-x)^2}}$

에서 $\dfrac{\sqrt{m_1}}{x} = \dfrac{\sqrt{m_2}}{r-x}$ 이 된다.

∴ $x = \dfrac{r\sqrt{m_1}}{\sqrt{m_1} + \sqrt{m_2}}$ [m]

192 □□□

그림과 같이 진공에서 6×10^{-3}[Wb] 자극을 가진 길이 10[cm]되는 막대자석의 정자극으로부터 5[cm] 떨어진 P점의 자계의 세기는?

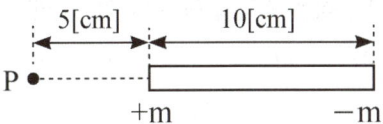

① 13.5×10^4
② 17.3×10^4
③ 23.3×10^3
④ 20.4×10^5

| 해설

P점에서의 자계의 세기는 아래 그림과 같이 $+m$에 의한 자계 H_1과 $-m$에 의한 자계 H_2의 합이 된다. (H_1과 H_2는 방향이 반대이므로 $H = H_1 - H_2$이 된다.)

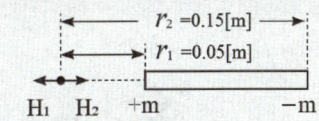

∴ $H = H_1 - H_2 = \dfrac{m}{4\pi\mu_0}\left(\dfrac{1}{r_1^2} - \dfrac{1}{r_2^2}\right)$

$= 6.33 \times 10^4 \times 6 \times 10^{-3} \left(\dfrac{1}{0.05^2} - \dfrac{1}{0.15^2}\right)$

$= 13.5 \times 10^4$ [AT/m]

정답 191 ③ 192 ①

193

그림과 같이 공기 중에서 1[m]의 거리를 사이에 둔 2점 A, B에 각각 3×10^{-4}[Wb]와 -3×10^{-4}[Wb]의 점자극을 두었다. 이 때 점 P에 단위 정(+)자극을 두었을 때 이 극에 작용하는 힘의 합력은 약 몇 [N]인가?
(단, $m(\overline{AP}) = m(\overline{BP})$, $m(\angle APB) = 90°$ 이다.)

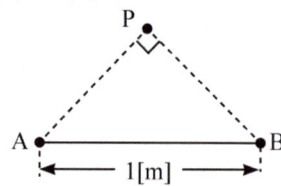

① 0
② 18.9
③ 37.9
④ 53.7

| 해설

㉠ P점의 자계의 세기는 아래와 같다.

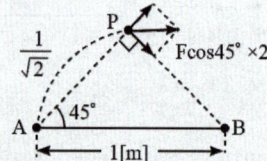

㉡ $\cos 45° = \dfrac{\overline{AP}}{1/2}$ 에서

$\overline{AP} = \dfrac{1/2}{\cos 45} = \dfrac{1/2}{\sqrt{2}/2} = \dfrac{1}{\sqrt{2}}$ [m]

∴ $F = F_1 + F_2 = F_1 \times \cos 45° \times 2$

$= \dfrac{m \times 1}{4\pi\mu_0 r^2} \times \dfrac{\sqrt{2}}{2} \times 2$

$= 6.33 \times 10^4 \times \dfrac{3 \times 10^{-4} \times 1}{\left(\dfrac{1}{\sqrt{2}}\right)^2} \times \dfrac{\sqrt{2}}{2} \times 2$

$= 53.7$ [N]

194

자계의 세기를 표시하는 단위와 관계없는 것은?

① [A/m]
② [N/Wb]
③ [Wb/m]
④ [Wb/H·m]

| 해설

㉠ 자기력과 자계의 세기와의 관계
$F = mH$ 에서
$H = \dfrac{F}{m}$ [N/Wb]

㉡ 자위와 자계의 세기와의 관계
$U = rH$ 에서
∴ $H = \dfrac{U}{r}$ [A/m] 또는 [AT/m]

㉢ 자속밀도와 자계의 세기와의 관계
$B = \mu_0 H$ 에서
∴ $H = \dfrac{B}{\mu_0} \left[\dfrac{\text{Wb/m}^2}{\text{H/m}} = \text{Wb/H} \cdot \text{m}\right]$

195

500[AT/m]의 자계 중에 어떤 자극을 놓았을 때 3×10^3[N]의 힘이 작용했을 때의 자극의 세기는 몇 [Wb]이겠는가?

① 2
② 3
③ 5
④ 6

| 해설

자기력과 자계의 세기와의 관계 $F = mH$ 에서
∴ 자극의 세기(자하 = 자극)
$m = \dfrac{F}{H} = \dfrac{3 \times 10^3}{500} = 6$ [Wb]

196

자속의 연속성을 나타낸 식은?

① $div B = \rho$
② $div B = 0$
③ $B = \mu H$
④ $div B = \mu H$

| 해설

자극은 항상 N, S극이 쌍으로 존재하여 자력선이 N극에서 나와서 S극으로 들어간다.
즉, 자계는 발산하지 않고 회전한다.
∴ $div B = 0$ ($\nabla \cdot B = 0$)

정답 193 ④ 194 ③ 195 ④ 196 ②

197

정자계에서 자계의 분포를 결정하는 관계식이 아닌 것은?

① $divB = 0$
② $rotH = J$
③ $divD = \rho$
④ $B = \mu H$

|해설

$divD = \rho$는 정전계 해석이다.

198

진공 중에서 4π[Wb]의 자하(磁荷)로 부터 발산되는 총 자력선 수는?

① 4π
② 10^7
③ $4\pi \times 10^7$
④ $\dfrac{10^7}{4\pi}$

|해설

㉠ 자기력선의 수: $N = \dfrac{m}{\mu} = \dfrac{m}{\mu_0 \mu_s}$ 개
㉡ 자속선 수: $N = m$ 개 (μ과 무관)
∴ 자기력선 수(진공의 비투자율: $\mu_s = 1$)
$N = \dfrac{m}{\mu_0} = \dfrac{4\pi}{4\pi \times 10^{-7}} = 10^7$

199

등자위면의 설명으로 잘못된 것은?

① 등자위면은 자력선과 직교한다.
② 자계 중에서 같은 자위의 점으로 이루어진 면이다.
③ 자계 중에 있는 물체의 표면은 항상 등자위면이다.
④ 서로 다른 등자위면은 교차하지 않는다.

|해설

등자위면의 특징
㉠ 자력선은 양자하에서 방사되어 음자하로 흡수된다.
㉡ 자력선상의 어느 점에서 접선 방향은 그 점의 자계 방향을 나타낸다.
㉢ 자력선은 서로 반발한다.
㉣ 자하는 $\dfrac{m}{\mu_0}$ 개의 자력선을 발산한다.
㉤ 자력선은 등자위면과 직교한다.

200

다음 ( ) 안에 들어갈 내용으로 옳은 것은?

전기쌍극자에 의해 발생하는 전위의 크기는 전기쌍극자 중심으로부터 거리의 (ⓐ)에 반비례하고, 자기쌍극자에 의해 발생하는 자계의 크기는 자기쌍극자 중심으로부터 거리의 (ⓑ)에 반비례한다.

① ⓐ 제곱   ⓑ 제곱
② ⓐ 제곱   ⓑ 세제곱
③ ⓐ 세제곱 ⓑ 제곱
④ ⓐ 세제곱 ⓑ 세제곱

|해설

㉠ 전기쌍극자에 의한 전위
$V = \dfrac{M\cos\theta}{4\pi\epsilon_0 r^2} \propto \dfrac{1}{r^2}$
㉡ 자기쌍극자에 의한 자계의 세기
$|\vec{H}| = \dfrac{M}{4\pi\mu_0 r^3}\sqrt{1+3\cos^2\theta} \propto \dfrac{1}{r^3}$

201

자석의 세기 0.2[Wb], 길이 10[cm]인 막대자석의 중심에서 60°의 각을 가지며 40[cm]만큼 떨어진 점 A의 자위는 몇 [A]인가?

① 1.97×10^3
② 3.97×10^3
③ 7.92×10^3
④ 9.58×10^3

|해설

자기 쌍극자의 자위
$U = \dfrac{M\cos\theta}{4\pi\mu_0 r^2} = \dfrac{ml\cos\theta}{4\pi\mu_0 r^2}$
$= 6.33 \times 10^4 \times \dfrac{0.2 \times 0.1 \times \cos 30°}{0.4^2}$
$= 3.956 \times 10^3$ [A]

정답 197 ③ 198 ② 199 ③ 200 ② 201 ②

202 □□□

판자석의 표면밀도를 $\pm\sigma$[Wb/m²]이라 하고, 두께를 δ[m]라고 할 때, 이 판자석의 세기는 몇 [Wb/m]인가?

① $\sigma\delta$　　　　② $\frac{1}{2}\sigma\delta^2$

③ $\frac{1}{2}\sigma\delta$　　　　④ $\sigma\delta^2$

| 해설

㉠ 자기 이중층 모멘트(판자석의 세기)
$M = P = \sigma\delta = \mu_0 I$ [Wb/m]
㉡ 자기 이중층(판자석) 자위
$U = \frac{P\omega}{4\pi\mu_0} = \frac{I\omega}{4\pi} = \frac{I}{2}(1-\cos\theta)$ [J/Wb]

203 □□□

그림과 같은 반경 a[m]인 원형 코일에 I[A]의 전류가 흐르고 있다. 이 도체 중심축상 x[m]인 P점의 자위 [A]는?

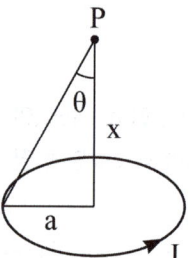

① $\frac{I}{2}\left(1-\frac{x}{\sqrt{a^2+x^2}}\right)$

② $\frac{I}{2}\left(1-\frac{a}{\sqrt{a^2+x^2}}\right)$

③ $\frac{I}{2}\left(1-\frac{x^2}{(a^2+x^2)^{3/2}}\right)$

④ $\frac{I}{2}\left(1-\frac{a^2}{(a^2+x^2)^{3/2}}\right)$

| 해설

원형 선전류에 의한 자위
$U = \frac{P\omega}{4\pi\mu_0} = \frac{I\omega}{4\pi} = \frac{I}{2}(1-\cos\theta)$
$= \frac{I}{2}\left(1-\frac{x}{\sqrt{a^2+x^2}}\right)$ [A]

204 □□□

그림과 같이 판자석의 세기 M[Wb/m]인 판자석의 N극과 S극측에 입체각 ω_1, ω_2인 P점과 Q점이 판에 무한히 접근해 있을 때 두 점 사이의 자위차는 몇 [J/Wb]인가?

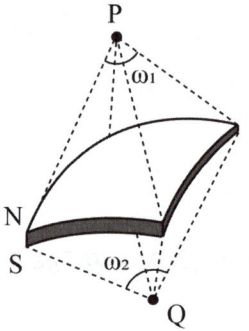

① $\frac{M}{\mu_0}$　　　　② $\frac{M}{4\mu_0}$

③ $\frac{2M}{4\mu_0}(\omega_1-\omega_2)$　　　　④ 0

| 해설

㉠ 입체각 $\omega = 2\pi(1-\cos\theta)$에서 P와 Q점이 판에 무한히 접근하므로 $\theta = 0$이 된다.
㉡ 입체각 $\omega = 2\pi(1-\cos 90) = 2\pi$가 된다.
∴ 자위차 $U = U_P - U_Q = \frac{M}{4\pi\mu_0}(\omega_1+\omega_2)$
$\fallingdotseq \frac{M}{4\pi\mu_0}(2\pi+2\pi) = \frac{M}{\mu_0}$ [J/Wb]

정답　202 ①　203 ①　204 ①

205

그림과 같이 균일한 자계의 세기 H[A/m]내에 자극의 세기가 $\pm m$[Wb], 길이 l[m]인 막대자석을 그 중심 주위에 회전할 수 있도록 놓는다. 이때 자석과 자계의 방향이 이룬 각을 θ 라고 하면 자석이 받는 회전력은?

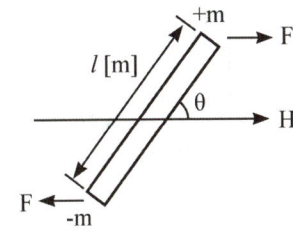

① $mHl\cos\theta$ [N·m]
② $mHl\sin\theta$ [N·m]
③ $2mHl\sin\theta$ [N·m]
④ $2mHl\tan\theta$ [N·m]

| 해설
막대자석이 자계 내에서 받는 회전력
$T = \vec{M} \times \vec{H} = MH\sin\theta$
$\quad = mlH\sin\theta$ [N·m]

206

자극의 세기가 8×10^{-6}[Wb], 길이가 3[cm]인 막대자석을 120[A/m]의 평등 자계 내에 자력선과 30°의 각도로 놓으면 이 막대자석이 받는 회전력은 몇 [N·m]인가?

① 1.44×10^{-4}
② 1.44×10^{-5}
③ 3.02×10^{-4}
④ 3.02×10^{-5}

| 해설
막대자석이 받는 회전력
$T = \vec{M} \times \vec{H} = MH\sin\theta$
$\quad = 8 \times 10^{-6} \times 0.03 \times 120 \times \sin 30°$
$\quad = 1.44 \times 10^{-5}$ [N·m]

207

자기모멘트 9.8×10^{-5}[Wb·m]의 막대자석을 지구 자계의 수평분력 10.5[AT/m]의 곳에서 지자기 자오면으로부터 90°회전시키는데 필요한 일은 몇 [J]인가?

① 9.3×10^{-3}
② 9.3×10^{-4}
③ 1.03×10^{-3}
④ 1.23×10^{-3}

| 해설
회전시키는데 필요한 에너지
$W = MH(1-\cos\theta)$
$\quad = 9.8 \times 10^{-5} \times 10.5(1-\cos 90°)$
$\quad = 1.03 \times 10^{-3}$ [J]

제8장 전류의 자기현상

208

앙페르의 주회적분의 법칙을 설명한 것으로 올바른 것은?

① 폐회로 주위를 따라 전계를 선적분한 값은 폐회로 내의 총 저항과 같다.
② 폐회로 주위를 따라 전계를 선적분한 값은 폐회로 내의 총 전압과 같다.
③ 폐회로 주위를 따라 자계를 선적분한 값은 폐회로 내의 총 전류와 같다.
④ 폐회로 주위를 따라 전계와 자계를 선적분한 값은 폐회로 내의 총 저항, 총 전압, 총 전류의 합과 같다.

정답 205 ② 206 ② 207 ③ 208 ③

209

무한장 직선도선에 흐르는 직류전류 I에 의해, 무한장 직선도선의 전류 상하에 존재하는 자침이, 그림과 같이 자침 중심축을 중심으로 회전하여 정지하였다. (ㄱ) (ㄴ) (ㄷ) (ㄹ)의 극을 순서대로 잘 배열한 것은?

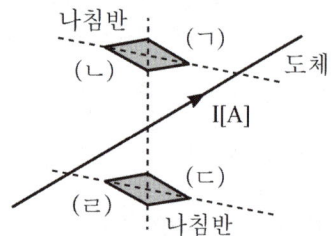

① S, N, S, N
② S, N, N, S
③ N, S, N, S
④ N, S, S, N

| 해설
㉠ 나침반(자침)에서 자계가 나가는 방향이 N극 들어가는 방향이 S극이 된다.
㉡ 그림에서 앙페르 오른나사법칙을 적용하면 자계는 (ㄱ)에 나와 (ㄷ)으로 들어가고, 다시(ㄹ)에서 나와 (ㄴ)으로 들어간다.
∴ 자계가 나가는 (ㄱ)와 (ㄹ): N극
자계가 들어가는 (ㄷ)와 (ㄴ): S극

210

철판의 ( ) 부분에 대한 극성은?

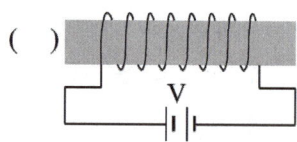

① N극
② N극과 S극이 교번
③ S극
④ 자극이 생기지 않음

| 해설
그림을 보면 위로 감기는 방향으로 전류가 흐르므로 앙페르의 오른나사 법칙에 의하여 왼쪽으로 자계가 발생하게 된다.
∴ ( )에 들어가는 극성은 N극이 된다.

211

그림과 같이 전류 I[A]가 흐르고 있는 직선 도체로부터 r[m] 떨어진 P점의 자계의 세기 및 방향을 바르게 나타낸 것은? (단, ⊗은 지면을 들어가는 방향, ⊙은 지면을 나오는 방향이다.)

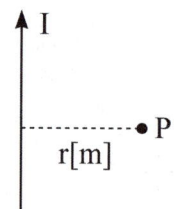

① $\dfrac{I}{2\pi r}$, ⊗

② $\dfrac{I}{2\pi r}$, ⊙

③ $\dfrac{Id\ell}{4\pi r^2}$, ⊗

④ $\dfrac{Id\ell}{4\pi r^2}$, ⊙

| 해설
㉠ 무한장 직선 도체의 자계의 세기
$H = \dfrac{I}{2\pi r}$ [AT/m]
㉡ 앙페르 오른나사 법칙에서 전류의 방향을 엄지로 하면 오른손이 쥐어지는 방향이 자계의 방향이 된다. 따라서 P점에서 자계는 들어가는 방향(⊗)이 된다.
여기서, ⊙: 나오는 방향

정답 209 ④ 210 ① 211 ①

212

반지름 25[cm]의 원주형 도선에 π[A]의 전류가 흐를 때 도선의 중심축에서 50[cm]되는 점의 자계의 세기는 몇 [AT/m]인가? (단, 도선의 길이는 매우 길다.)

① 1
② $\frac{1}{2}\pi$
③ $\frac{1}{3}\pi$
④ $\frac{1}{4}\pi$

| 해설

무한장 직선 도체의 자계의 세기

$H = \dfrac{I}{2\pi r} = \dfrac{\pi}{2\pi \times 0.5} = 1\,[\text{AT/m}]$

213

무한히 긴 직선 도체에 전류 I[A]를 흘릴 때 이 전류로부터 d[m]되는 점의 자속밀도는 몇 [Wb/m²]인가?

① $\dfrac{\mu_0 I}{4\pi d}$
② $\dfrac{\mu_0 I}{2\pi d}$
③ $\dfrac{I}{2\pi d}$
④ $\dfrac{I}{2\pi \mu_0 d}$

| 해설

㉠ 무한장 직선 도체의 자계의 세기: $H = \dfrac{I}{2\pi d}\,[\text{AT/m}]$

㉡ 자속밀도: $B = \mu_0 H = \dfrac{\mu_0 I}{2\pi d}\,[\text{Wb/m}^2]$

214

자유공간 중에서 $x = -2$, $y = 4$를 통과하고 z축과 평행인 무한장 직선도체에 +z축 방향으로 직류전류 I가 흐를 때 점(2, 4, 0)에서의 자계 H[AT/m]는 어떻게 표현되는가?

① $\dfrac{I}{4\pi}a_y$
② $\dfrac{I}{4\pi}a_y$
③ $-\dfrac{I}{8\pi}a_y$
④ $\dfrac{I}{8\pi}a_y$

| 해설

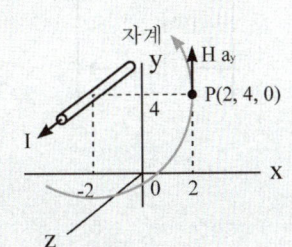

㉠ 도체에서 P점까지의 거리: 4[m]
㉡ 무한장 직선도체의 자계의세기

$H = \dfrac{I}{2\pi r} = \dfrac{I}{2\pi \times 4} = \dfrac{I}{8\pi}\,[\text{AT/m}]$

㉢ P점에서 자계의 방향: +y축 ($\vec{a_y}$)

215

무한장 직선도체가 있다. 이 도체로 부터 수직으로 0.1[m] 떨어진 점의 자계의 세기가 180[AT/m]이다. 이 도체로부터 수직으로 0.3[m]떨어진 점의 자계의 세기는 몇 [AT/m]인가?

① 20
② 60
③ 180
④ 540

| 해설

무한장 직선 도체의 자계의 세기 $\left(H = \dfrac{I}{2\pi r}\right)$는 거리 r에 반비례한다. 따라서 거리가 0.1[m]에서 0.3[m] 3배 멀어지면 자계의 세기는 3배 작아지게 된다.

$\therefore H = \dfrac{180}{3} = 60\,[\text{AT/m}]$

정답 212 ① 213 ② 214 ④ 215 ②

216

그림과 같이 무한히 긴 두 개의 직선상 도선이 1[m]간격으로 나란히 놓여 있고, 도선 ①에 4[A], 도선 ②에 8[A]가 흐르고 있을 때 두 선간 중앙점 P에 있어서의 자계의 세기는 몇 [A/m]인가? (단, 지면의 아래쪽에서 위쪽으로 향하는 방향을 정(+)으로 한다.)

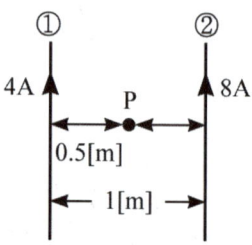

① $\dfrac{4}{\pi}$
② $\dfrac{12}{\pi}$
③ $-\dfrac{4}{\pi}$
④ $-\dfrac{5}{\pi}$

| 해설

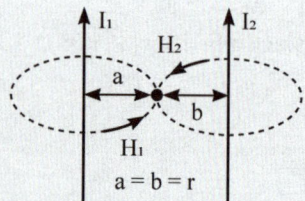

㉠ 자계의 세기는 전류 크기에 비례하므로 H_1보다 H_2이 더 크므로 P점에서 자계는 H_2방향 즉, 지면 아래쪽에서 위쪽으로 향하는 정(+)이 된다.
㉡ P점에서 자계의 세기

$$H_P = H_2 - H_1 = \dfrac{1}{2\pi r}(I_2 - I_1)$$
$$= \dfrac{1}{2\pi \times 0.5}(8-4) = \dfrac{4}{\pi} \text{[A/m]}$$

217

전류 분포가 균일한 반경 a[m]인 무한정 원주형 도선에 1[A]의 전류를 흘렸더니 도선의 중심에서 $\dfrac{a}{2}$되는 점에서의 자계의 세기가 $\dfrac{1}{2\pi}$[AT/m]이었다. 이 도선의 반경은 몇 [m]인가?

① 4
② 2
③ 0.5
④ 0.75

| 해설
전류가 도체 내부에 균일하게 흘렀을 때
도체 내부의 자계의 세기 $H_i = \dfrac{rI}{2\pi a^2}$ 에서

$a^2 = \dfrac{rI}{2\pi H_i} = \dfrac{\dfrac{a}{2} \times 1}{2\pi \times \dfrac{1}{2\pi}}$ 이므로 $a = \dfrac{1}{2}$

218

다음 중 무한 솔레노이드에 전류가 흐를 때에 대한 설명으로 가장 알맞은 것은?

① 내부 자계는 위치에 상관없이 일정하다.
② 내부 자계와 외부 자계는 그 값이 같다.
③ 외부 자계는 솔레노이드 근처에서 멀어질수록 그 값이 작아진다.
④ 내부 자계의 크기는 0 이다.

| 해설
솔레노이드의 특징
㉠ 솔레노이드 내부 자계는 없다.
㉡ 솔레노이드 외부 자계는 평등자계이다.
㉢ 평등자계를 얻는 방법
 단면적에 비하여 길이를 충분히 길게 한다.

정답 216 ① 217 ③ 218 ①

219

길이 1[cm]마다 권수 50을 가진 무한장 솔레노이드에 500[mA]의 전류를 흘릴 때 내부자계는 몇 [AT/m]인가?

① 1,250　　　　② 2,500
③ 12,500　　　　④ 25,000

| 해설
무한장 솔레노이드 자계의 세기
$H = nI = \dfrac{\ni}{l} = \dfrac{50 \times 500 \times 10^{-3}}{0.01}$
$= 2,500 [\text{AT/m}]$

220

무단(無斷)솔레노이드의 자계를 나타내는 식은? (단, N은 코일 권선 수, r은 평균 반지름, I는 코일에 흐르는 전류이다.)

① $\dfrac{NI}{2\pi}$ [AT/m]　　② NI [AT/m]

③ $\dfrac{NI}{2\pi r}$ [AT/m]　　④ $\dfrac{N}{r}$ [AT/m]

| 해설
무단(= 환상) 솔레노이드 자계의 세기
$H = \dfrac{NI}{\ell} = \dfrac{NI}{2\pi r}$ [AT/m]

221

공심 환상철심에서 코일의 권회 수 500회, 단면적 6[cm²], 평균 반지름 15[cm], 코일에 흐르는 전류를 4[A]라 하면 철심 중심에서의 자계의 세기는 약 몇 [AT/m]인가?

① 1,520　　　　② 1,720
③ 1,920　　　　④ 2,120

| 해설
환상 솔레노이드의 자계의 세기
$H = \dfrac{NI}{2\pi r} = \dfrac{500 \times 4}{2\pi \times 0.15} = 2120 [\text{AT/m}]$

222

철심을 넣은 환상 솔레노이드의 평균 반지름은 20[cm]이다. 코일에 10[A]의 전류가 흘러 내부 자계의 세기를 2000[AT/m]로 하기 위한 코일의 권수는 약 몇 회인가?

① 200　　　　② 250
③ 300　　　　④ 350

| 해설
환상 솔레노이드의 자계의 세기 $H = \dfrac{NI}{2\pi r}$
$\therefore N = \dfrac{2\pi r H}{I} = \dfrac{2\pi \times 0.2 \times 2000}{10} = 251.3 [\text{T}]$

223

그림과 같이 I[A]의 전류가 흐르고 있는 도체의 미소부분 $\triangle l$의 전류에 의해 이 부분이 r[m] 떨어진 지점 P의 자기장 $\triangle H$[A/m]는?

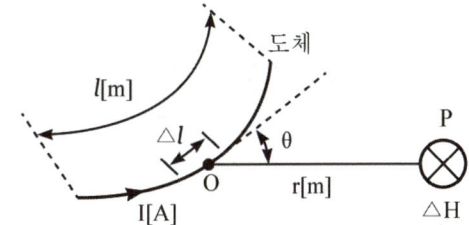

① $\dfrac{I^2 \triangle l^2 \sin\theta}{4\pi r}$　　② $\dfrac{I \triangle l^2 \sin\theta}{4\pi r}$

③ $\dfrac{I^2 \triangle l \sin\theta}{4\pi r}$　　④ $\dfrac{I \triangle l \sin\theta}{4\pi r^2}$

| 해설
비오 - 사바르의 법칙
임의 형상의 도선에 흐르는 전류에 의한 자기장을 계산하는 법칙

정답　219 ②　220 ③　221 ④　222 ②　223 ④

224

진공 중의 M.K.S 유리화 단위계에서 정전하 간의 정전력 $F = \dfrac{Q_1 Q_2}{\alpha_0 R^2}$ [N], 자하 간의 자기력 $F = \dfrac{m_1 m_2}{\beta_0 R^2}$ [N] 및 전류와 자계 간의 전자력 $F = \dfrac{mIl\sin\theta}{\gamma_0 R^2}$ [N] 이다. 상수 α_0, β_0, γ_0 상호 간의 관계식 $\dfrac{\gamma_0^{\,2}}{\alpha_0 \beta_0}$ 의 값은?

① 3×10^8
② 3×10^{10}
③ 9×10^{16}
④ 9×10^{20}

| 해설

㉠ 정전하 간의 정전력 $F = \dfrac{Q_1 Q_2}{4\pi\epsilon_0 R^2}$ [N] 에서 $\alpha_0 = 4\pi\epsilon_0$

㉡ 정자하 간의 자기력 $F = \dfrac{m_1 m_2}{4\pi\mu_0 R^2}$ [N] 에서 $\beta_0 = 4\pi\mu_0$

㉢ 전류와 자계 간의 전자력 $F = mH = \dfrac{mIl\sin\theta}{4\pi R^2}$ [N] 에서 $\gamma_0 = 4\pi$

$\therefore \dfrac{\gamma_0^{\,2}}{\alpha_0 \beta_0} = \dfrac{(4\pi)^2}{4\pi\epsilon_0 \times 4\pi\mu_0} = \dfrac{1}{\epsilon_0 \mu_0} = \dfrac{1}{\dfrac{4\pi \times 10^{-7}}{36\pi \times 10^9}} = 9 \times 10^{16}$

225

그림과 같은 길이 $\sqrt{3}$ [m]인 유한장 직선도선에 π [A]의 전류가 흐를 때 도선의 일단 B에서 수직하게 1[m]되는 P점의 자계의 세기는 몇 [AT/m]인가?

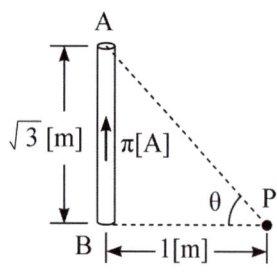

① $\dfrac{\sqrt{3}}{8}$
② $\dfrac{\sqrt{3}}{4}$
③ $\dfrac{\sqrt{3}}{2}$
④ $\sqrt{3}$

| 해설

㉠ 유한장 직선전류에 의한 자계의 세기는
$H = \dfrac{I}{4\pi r}(\sin\theta_1 + \sin\theta_2)$ 에서 $\theta_2 = 0$ 이므로
$H = \dfrac{I}{4\pi r} \times \sin\theta$ 가 된다.

㉡ 선분 $\overline{AP} = \sqrt{(\sqrt{3})^2 + 1^2} = 2$ [m]

㉢ $\sin\theta = \dfrac{\overline{AB}}{\overline{AP}} = \dfrac{\sqrt{3}}{2}$

$\therefore H = \dfrac{I}{4\pi r} \times \sin\theta$
$= \dfrac{\pi}{4\pi r} \times \dfrac{\sqrt{3}}{2} = \dfrac{\sqrt{3}}{8}$ [AT/m]

226

8[m] 길이의 도선으로 만들어진 정방향 코일에 π [A]가 흐를 때 정방향의 중심점에서의 자계의 세기는 몇 [A/m]인가?

① $\dfrac{\sqrt{2}}{2}$
② $\sqrt{2}$
③ $2\sqrt{2}$
④ $4\sqrt{2}$

| 해설

길이 8[m]의 도선으로 정사각형 도체를 만들었으므로 도체 한 변의 길이 $l = 2$ [m] 가 된다.
$\therefore$ 정사각형 도체 중심의 자계의 세기
$H = \dfrac{2\sqrt{2}\,I}{\pi l}$
$= \dfrac{2\sqrt{2} \times \pi}{\pi \times 2} = \sqrt{2}$ [A/m]

정답 224 ③ 225 ① 226 ②

227

한 변이 L[m]되는 정방형의 도선 회로에 전류 I[A]가 흐르고 있을 때 회로 중심에서의 자속밀도는 몇 [Wb/m²]인가?

① $\dfrac{2\sqrt{2}}{\pi}\dfrac{I}{L}$
② $\dfrac{2\sqrt{2}}{\pi}\mu_0\dfrac{I}{L}$
③ $\dfrac{2\sqrt{2}}{\pi}\dfrac{L}{I}$
④ $\dfrac{2\sqrt{2}}{\pi}\mu_0\dfrac{L}{I}$

| 해설

㉠ 정사각형 도체 중심에서 자계의 세기
$$H=\dfrac{2\sqrt{2}\,I}{\pi L}\,[\text{AT/m}]$$
㉡ 자속밀도
$$B=\mu_0 H=\mu_0\dfrac{2\sqrt{2}\,I}{\pi L}\,[\text{Wb/m}^2]$$

228

그림과 같이 한 변의 길이가 l[m]인 정삼각형 회로에 I[A]가 흐르고 있을 때 삼각형 중심에서의 자계의 세기는?

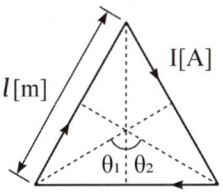

① $\dfrac{9I}{2\pi l}$
② $\dfrac{9I}{\pi l}$
③ $\dfrac{\sqrt{2}\,I}{2\pi l}$
④ $\dfrac{2\sqrt{2}\,I}{\pi l}$

| 해설

한 변의 길이가 l[m]인 도체(코일)에 전류를 흘렸을 때 도체 중심에서 자계의 세기

㉠ 정사각형 도체: $H=\dfrac{2\sqrt{2}\,I}{\pi l}\,[\text{A/m}]$

㉡ 정삼각형 도체: $H=\dfrac{9I}{2\pi l}\,[\text{A/m}]$

㉢ 정육각형 도체: $H=\dfrac{\sqrt{3}\,I}{\pi l}\,[\text{A/m}]$

㉣ 정n각형 도체: $H=\dfrac{nI}{2\pi R}\tan\dfrac{\pi}{n}\,[\text{A/m}]$

229

그림과 같이 한변의 길이가 l[m]인 정육각형 회로에 전류 I[A]가 흐르고 있을 때 중심 자계의 세기는 몇 [A/m]인가?

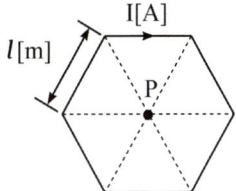

① $\dfrac{1}{2\sqrt{3}\,\pi l}\times I$
② $\dfrac{2\sqrt{2}}{\pi l}\times I$
③ $\dfrac{\sqrt{3}}{\pi l}\times I$
④ $\dfrac{\sqrt{3}}{2\pi l}\times I$

| 해설

정육각형 도체 중심에서 자계의 세기
$$H=\dfrac{\sqrt{3}\,I}{\pi l}\,[\text{A/m}]$$

정답 227 ② 228 ① 229 ③

230 □□□

$z=0$인 평면상에 중심이 원점에 있고 반경이 a[m]인 원형 도체에 그림과 같이 전류 I[A]가 흐를 때 $z=b$인 점에서 자계의 세기 H[AT/m]는? (단, a_z는 단위 벡터이다.)

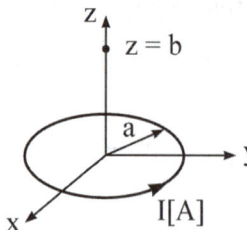

① $\dfrac{a^2 I}{2(a^2+b^2)^3} a_z$ ② $\dfrac{a I}{2(a^2+b^2)^{\frac{3}{2}}} a_z$

③ $\dfrac{a^2 I}{2(a^2+b^2)^{\frac{3}{2}}} a_z$ ④ $\dfrac{a^2 I}{2(a^2+b^2)^2} a_z$

| 해설
원형 선전류에 의한 자계의 세기
$H = \dfrac{a^2 I}{2R^3} = \dfrac{a^2 I}{2(a^2+b^2)^{3/2}}$ [A/m]

231 □□□

반경이 a[m]이고, $\pm z$에 원형선로 루프들이 놓여 있다. 그림과 같은 방향으로 전류 I[A]가 흐를 때 원점의 자계 세기 H[A/m]를 구하면? (단, $\vec{a_z}, \vec{a_\phi}$는 단위벡터)

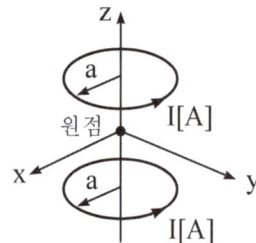

① $\dfrac{Ia^2 \vec{a_z}}{2(a^2+Z^2)^{3/2}}$ ② $\dfrac{Ia^2 \vec{a_\phi}}{2(a^2+Z^2)^{3/2}}$

③ $\dfrac{Ia^2 \vec{a_z}}{(a^2+Z^2)^{3/2}}$ ④ $\dfrac{Ia^2 \vec{a_\phi}}{(a^2+Z^2)^{3/2}}$

| 해설
㉠ 원형 선전류에 의한 자계
$H = \dfrac{a^2 I}{2R^3} = \dfrac{a^2 I}{2(a^2+Z^2)^{3/2}}$ [A/m]
㉡ 원점에서 두 원형 선전류에 의한 자계는 모두 z축으로 향한다. 따라서 ㉠의 2배를 취해서 구할 수 있다.
∴ $H = \dfrac{a^2 I}{(a^2+z^2)^{3/2}} \vec{a_z}$ [A/m]

232 □□□

반지름이 2[m], 권수가 100회인 원형코일의 중심에 30[AT/m]의 자계를 발생시키려면 몇 [A]의 전류를 흘려야 하는가?

① 1.2[A] ② 1.5[A]
③ 120[A] ④ 150[A]

| 해설
원형코일 중심의 자계 $H = \dfrac{NI}{2a}$ [AT/m] 에서
∴ 전류 $I = \dfrac{2aH}{N} = \dfrac{2 \times 2 \times 30}{100} = 1.2$ [A]

233 □□□

전류의 세기가 I[A], 반지름 r[m]인 원형 선전류 중심에 m[Wb]인 가상 점자극을 둘 때 원형 선전류가 받는 힘은 몇 [N]인가?

① $\dfrac{mI}{2\pi r}$ ② $\dfrac{mI}{2r}$

③ $\dfrac{mI^2}{2\pi r}$ ④ $\dfrac{mI}{2\pi r^2}$

정답 230 ③ 231 ③ 232 ① 233 ②

| 해설
㉠ 원형 선전류에 의해 코일 중심에는
  $H = \dfrac{I}{2r}$ [A/m] 의 자계가 발생한다.
㉡ 코일 중심에 점자극 m 을 두면 자기력 $F = mH$ 가 발생하고, 동시에 원형코일에도 동일 크기의 전자력이 발생된다.
㉢ 원형코일와 점자극은 서로 반대 방향으로 힘(자기력)이 발생된다.
∴ 원형 선전류가 받는 힘
  $F = mH = m\dfrac{I}{2r} = \dfrac{mI}{2r}$ [N]

234 □□□

그림과 같이 반지름 r[m]인 원의 임의의 2점 a, b(각 θ) 사이에 전류 I[A]가 흐른다. 원의 중심 0의 자계의 세기는 몇 [A/m]인가?

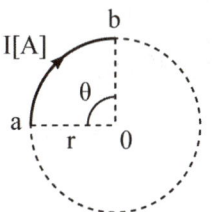

① $\dfrac{I\theta}{4\pi r^2}$ ② $\dfrac{I\theta}{4\pi r}$

③ $\dfrac{I\theta}{2\pi r^2}$ ④ $\dfrac{I\theta}{2\pi r}$

| 해설
원형코일 중심의 자계 $\dfrac{I}{2r}$ [A/m] 에서
θ 만큼 이동한 비율 값이 $\dfrac{\theta}{2\pi}$ 이므로
∴ $H = \dfrac{I}{2r} \times \dfrac{\theta}{2\pi} = \dfrac{I\theta}{4\pi r}$ [A/m]

235 □□□

같은 평등 자계 중의 자계와 수직방향으로 전류 도선을 놓으면 N, S극이 만드는 자계와 전류에 의한 자계와의 상호작용에 의하여 자계의 합성이 이루어지고 전류 도선은 힘을 받는다. 이러한 힘을 무엇이라 하는가?

① 전자력　　　② 기전력
③ 기자력　　　④ 전기력

| 해설
① 전자력: 자계 내의 도체에 전류를 흘릴 때 도체에서 받아지는 힘
② 기전력: 전류를 발생시키는 원천으로 배터리와 같은 전원에 의해 생성되는 전위차를 의미한다.
③ 기자력: 자속을 발생시키는 원천으로 자기적 현상을 일으키는 힘을 의미한다.
④ 전기력: 전기를 띤 물질(전하) 사이에 작용하는 힘

236 □□□

전류가 흐르는 도선을 자계 안에 놓으면, 이 도선에 힘이 작용한다. 평등자계의 진공 중에 놓여 있는 직선전류 도선이 받는 힘에 대하여 옳은 것은?

① 전류의 세기에 반비례한다.
② 도선의 길이에 비례한다.
③ 자계의 세기에 반비례한다.
④ 전류와 자계의 방향이 이루는 각의 탄젠트 각에 비례한다.

| 해설
플레밍의 왼손 법칙
㉠ 자계 내의 도체에 전류를 흘리면 도체에는 전자력이 발생된다.
㉡ 전자력: $F = BIl \sin\theta$ [N]
∴ 전자력은 도선의 길이에 비례한다.

정답　234 ②　235 ①　236 ②

237

자속밀도가 0.3[Wb/m²]인 평등자계 내에 5[A]의 전류가 흐르고 있는 길이 2[m]인 직선도체를 자계의 방향에 대하여 60°의 각도로 놓았을 때 이 도체가 받는 힘은 약 몇 [N]인가?

① 1.3 ② 2.6
③ 4.7 ④ 5.2

| 해설
플레밍의 왼손 법칙
㉠ 자계 내의 도체에 전류를 흘리면 도체에는 전자력이 발생된다.
㉡ 전자력: $F = IBl\sin\theta$
$= 0.3 \times 2 \times 5 \times \sin 60°$
$= 2.6 [N]$

238

공기 중에서 12[Wb/m²]인 평등 자계 내에 길이 80[cm]인 도선을 자계에 대하여 30°의 각을 이루는 위치에 두었을 때 24[N]의 힘을 받았다면 도선에 흐르는 전류는 몇 [A]인가?

① 2 ② 3
③ 4 ④ 5

| 해설
플레밍의 왼손 법칙
㉠ 자계 내의 도체에 전류를 흘리면 도체에는 전자력이 발생된다.
㉡ 전자력: $F = IBl\sin\theta [N]$
$\therefore I = \dfrac{F}{Bl\sin\theta} = \dfrac{24}{12 \times 0.8 \times \sin 30} = 5[A]$

239

자계 안에 놓여있는 전류회로에 작용하는 힘 F에 대한 식으로 옳은 것은?

① $F = \oint_c Idl \times B$
② $F = \oint_c I \cdot B \times dl$
③ $F = \oint_c IB \cdot dl$
④ $F = \oint_c I^2 H \cdot dl$

| 해설
플레밍의 왼손 법칙
㉠ 자계 내의 도체에 전류를 흘리면 도체에는 전자력이 발생된다.
㉡ 전자력: $F = IBl\sin\theta [N]$
$\therefore F = IBl\sin\theta = (\vec{I} \times \vec{B})l = \oint I_c\, dl \times B$

240

그림과 같이 전류가 흐르는 반원형 도선이 평면 $Z=0$상에 놓여 있다. 이 도선이 자속밀도 $B = 0.8a_x - 0.7a_y + a_z$ [Wb/m²]인 균일 자계 내에 놓여 있을 때 도선의 직선부분에 작용하는 힘은 몇 [N]인가?

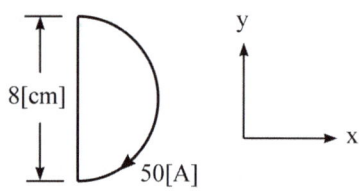

① $4a_x + 3.2a_z$
② $4a_x - 3.2a_z$
③ $5a_x - 3.5a_z$
④ $-5a_x + 3.5a_z$

| 해설
플레밍의 왼손법칙
㉠ 자기장 속에 있는 도선에 전류가 흐르면 도선에는 전자력이 발생된다.
㉡ 전자력: $F = IBl\sin\theta = (\vec{I} \times \vec{B})l$
㉢ 도선의 직선 부분에서의 전류는 y축 방향으로 흐르므로 전류 $I = 50\, a_y$가 된다.
$\therefore F = (\vec{I} \times \vec{B})l$
$= [50a_y \times (0.8a_x - 0.7a_y + a_z)]\, 0.08$
$= (-40a_z + 50a_x)\, 0.08$
$= 4a_x - 3.2a_z [N]$

정답 237 ② 238 ④ 239 ① 240 ②

241 ☐☐☐

서로 같은 방향으로 전류가 흐르고 있는 나란한 두 도선 사이에는 어떤 힘이 작용하는가?

① 서로 미는 힘
② 서로 당기는 힘
③ 하나는 밀고, 하나는 당기는 힘
④ 회전하는 힘

| 해설
평행도선 사이에 작용하는 힘(전자력)
㉠ 전류가 동일 방향으로 흐를 경우: 흡인력
㉡ 전류가 반대 방향으로 흐를 경우: 반발력
㉢ 전자력: $f = \dfrac{2I_1 I_2}{d} \times 10^{-7}$ [N/m]

242 ☐☐☐

그림과 같이 정사각형의 가요성 전선에 대전류를 흘리면 그 형상은 대체적으로 어떻게 되겠는가?

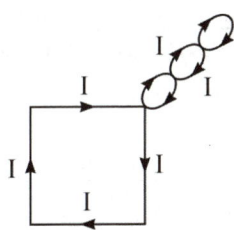

① 삼각형의 모양이 된다.
② 직사각형의 모양이 된다.
③ 원형의 모양이 된다.
④ 타원형의 모양이 된다.

| 해설
전류 방향이 서로 반대 방향이므로 각 도선들이 반발하여 원형의 모양이 된다.

243 ☐☐☐

그림과 같이 x, y, z를 직각좌표라 하고 무한장 직선도선 l이 z 축상에 있으며 이것에 z의 + 방향으로 전류 i_1이 흐르고 있다. 그리고 $y-z$ 면상에 직사각형 도선 A, B, C, D가 있고, 이것에 AB, CD 방향으로 전류 i_2가 흐르고 있을 때 z의 + 방향으로 힘이 발생하는 변은?

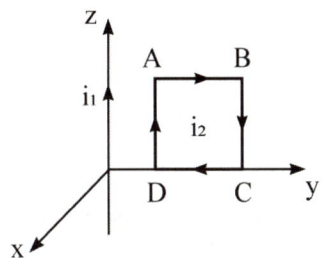

① AB
② BC
③ CD
④ DA

| 해설
순환되는 전류(i_2)에 대해 도선의 평형인 부분(AB와 CD 또는 BC와 DA)은 전류가 반대로 흐르므로 반발력이 작용한다. 따라서 z의 + 방향으로 힘이 발생하는 변은 AB변이다.

정답 241 ② 242 ③ 243 ①

244

간격이 1.5[m]이고 평행한 무한히 긴 단상 송전선로가 가설되었다. 여기에 선간전압 6600[V], 3[A]를 송전하면 단위 길이 당 작용하는 힘은?

① 1.2×10^{-3} [N/m], 흡인력
② 5.89×10^{-5} [N/m], 흡인력
③ 1.2×10^{-6} [N/m], 반발력
④ 6.28×10^{-7} [N/m], 반발력

|해설
평행도선 사이의 작용력
㉠ 단상 선로는 왕복전류이므로 서로 반발력이 작용하고, 전류의 크기는 같다. ($I_1 = I_2 = I$)
㉡ 전자력
$$f = \frac{2I^2}{d} \times 10^{-7} = \frac{2 \times 3^2 \times 10^{-7}}{1.5}$$
$$= 12 \times 10^{-7} = 1.2 \times 10^{-6} \text{ [N/m]}$$

245

진공 중에서 2[m] 떨어진 2개의 무한 평행 도선에 단위 길이 당 10^{-7}[N]의 반발력이 작용할 때 그 도선들에 흐르는 전류는?

① 각 도선에 2[A]가 반대 방향으로 흐른다.
② 각 도선에 2[A]가 같은 방향으로 흐른다.
③ 각 도선에 1[A]가 반대 방향으로 흐른다.
④ 각 도선에 1[A]가 같은 방향으로 흐른다.

|해설
평행도선 사이의 작용력
㉠ 단상 선로는 왕복전류이므로 서로 반발력이 작용하고, 전류의 크기는 같다. ($I_1 = I_2 = I$)
㉡ 전자력 $f = \frac{2I^2}{d} \times 10^{-7}$ [N/m] 에서
$$I^2 = \frac{dF}{2 \times 10^{-7}} \text{ 가 되므로}$$
$$\therefore I = \sqrt{\frac{dF}{2 \times 10^{-7}}} = \sqrt{\frac{2 \times 10^{-7}}{2 \times 10^{-7}}} = 1 \text{ [A]}$$

246

두 개의 길고 직선인 도체가 평행으로 그림과 같이 위치하고 있다. 각 도체에는 10[A]의 전류가 같은 방향으로 흐르고 있으며, 이격거리는 0.2[m]일 때 오른쪽 도체의 단위 길이 당 힘은? (단, a_x, a_z 는 단위 벡터이다.)

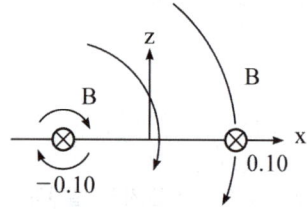

① $10^{-2}(-a_x)$ [N/m]
② $10^{-4}(-a_x)$ [N/m]
③ $10^{-2}(-a_z)$ [N/m]
④ $10^{-4}(-a_z)$ [N/m]

|해설
평행도선 사이의 작용력
㉠ 전류가 동일방향으로 흐르면 두 평행도체 사이에는 흡인력이 발생하므로 오른쪽 도체에서 작용하는 힘의 방향은 $-a_x$이 된다.
㉡ 전자력
$$f = \frac{2I^2}{r} \times 10^{-7} = \frac{2 \times 10^2 \times 10^{-7}}{0.2}$$
$$= 10^{-4} \text{ [N/m]}$$

정답 244 ③ 245 ③ 246 ②

247 □□□

반지름 25[cm]의 원형코일을 1[mm]간격으로 동축상에 평행배치한 후 각각에 100[A]의 전류가 같은 방향으로 흐를 때 상호간에 작용하는 인력은 몇 [N]인가?

① 0.0314 ② 0.314
③ 3.14   ④ 31.4

| 해설

평행도선 사이의 작용력(전자력)
㉠ 원형 코일의 길이
$$l = 2\pi r = 2\pi \times 0.25 = 0.5\pi \, [\text{m}]$$
㉡ 전자력: $F = \dfrac{2I^2 l}{d} \times 10^{-7}$
$$= \dfrac{2 \times 100^2 \times 0.5\pi}{10^{-3}} \times 10^{-7}$$
$$= 3.14 \, [\text{N}]$$

248 □□□

전하 $q[\text{C}]$가 진공 중의 자계 $H[\text{AT/m}]$에 수직방향으로 $v[\text{m/s}]$의 속도로 움직일 때 받는 힘은 몇 [N]인가? (단, μ_0는 진공의 투자율이다.)

① $\dfrac{qH}{\mu_0 v}$ ② qvH
③ $\dfrac{qvH}{\mu_0}$ ④ $\mu_0 qvH$

| 해설

㉠ 자계 내 전류가 흐르면(전하 또는 전자가 이동) 플레밍 왼손법칙에 의해서 전자력이 발생된다.
㉡ 전자력(단, $I \perp B$)
$$F = IBl\sin\theta = \dfrac{dq}{dt}Bl\sin 90°$$
$$= \dfrac{dl}{dt}Bq = vBq = v\mu_0 Hq \, [\text{N}]$$

249 □□□

$B[\text{Wb/m}^2]$의 자계 내에서 $-1[\text{C}]$의 점전하가 $v[\text{m/s}]$의 속도로 이동할 때 받는 힘 F는 몇 [N]인가?

① $B \cdot v$ ② $\dfrac{B \cdot v}{2}$
③ $B \times v$ ④ $2B \times v$

| 해설

자계 내 운동전하가 받는 힘(전자력)
$$F = vBq\sin\theta = (\vec{v} \times \vec{B})q$$
$$= -(\vec{v} \times \vec{B}) = \vec{B} \times \vec{v} \, [\text{N}]$$

250 □□□

평등자계내의 내부로 ㉠자계와 평행한 방향, ㉡자계와 수직인 방향으로 일정 속도의 전자를 입사시킬 때 전자의 운동 궤적을 바르게 나타낸 것은?

① ㉠ 원   ㉡ 타원
② ㉠ 직선 ㉡ 타원
③ ㉠ 직선 ㉡ 원
④ ㉠ 원   ㉡ 원

| 해설

평등자계내의 전자 또는 전하의 운동
㉠ 운동 전하가 평등자계에 대하여 수직으로 입사 시 등속 원운동
㉡ 운동 전하가 평등자계에 대하여 수평으로 입사 시 등속 직선운동
㉢ 운동 전하가 평등자계에 대하여 비스듬이 입사 시 등속 나선 운동

정답 247 ③ 248 ④ 249 ③ 250 ③

251 □□□

평등자계내에 수직으로 돌입한 전자의 궤적은?

① 원운동을 하는 반지름은 자계의 세기에 비례한다.
② 구면 위에서 회전하고 반지름은 자계의 세기에 비례한다.
③ 원운동을 하고 반지름은 전자의 처음 속도에 반비례한다.
④ 원운동을 하고 반지름은 자계의 세기에 반비례한다.

| 해설

운동 전하가 평등자계에 대하여 수직입사하면 등속 원운동하며, 원운동 조건은 원심력 또는 구심력($\frac{mv^2}{r}$)과 전자력(vBq)이 같아야 한다.

㉠ 원운동 조건: $\frac{mv^2}{r} = vBq$

　여기서, m: 질량 [kg], q 전하[C]
　　　　B: 자속밀도 [Wb/m²]

㉡ 전자의 궤도(원운동을 하는 반지름): $r = \frac{mv}{Bq}$ [m]

㉢ 전자의 이동 속도: $v = \frac{Bqr}{m}$ [m/s]

㉣ 각속도: $\omega = \frac{v}{r} = \frac{v}{\frac{mv}{Bq}} = \frac{Bq}{m}$ [rad/m]

㉤ 주기: $\omega = 2\pi f = \frac{2\pi}{T} = \frac{Bq}{m}$ 에서

　주기 $T = \frac{2\pi m}{Bq}$ [sec]

㉥ 원 한 바퀴 돌 때의 등가 전류

　$I = \frac{Q}{T} = \frac{\omega Q}{2\pi} = \frac{BqQ}{2\pi m}$ [A]

252 □□□

평등자계와 직각방향으로 일정한 속도로 발사된 전자의 원운동에 관한 설명 중 옳은 것은?

① 플레밍의 오른손법칙에 의한 로렌츠의 힘과 원심력의 평형 원운동이다.
② 원의 반지름은 전자의 발사속도와 전계의 세기의 곱에 반비례한다.
③ 전자의 원운동 주기는 전자의 발사 속도와 관계되지 않는다.
④ 전자의 원운동 주파수는 전자의 질량에 비례한다.

| 해설

전자의 원운동 주기 $T = \frac{2\pi m}{Bq}$ [sec]이므로 전자의 이동 속도와는 관계되지 않는다.

253 □□□

2[C]의 점전하가 전계 $E = 2a_x + a_y - 4a_z$ [V/m] 및 자계 $B = -2a_x + 2a_y - a_z$[Wb/m²] 내에서 속도 $v = 4a_x - a_y - 2a_z$[m/s]로 운동하고 있을 때 점전하에 작용하는 힘 F는 몇 [N]인가?

① $10a_x + 18a_y + 4a_z$
② $14a_x - 18a_y - 4a_z$
③ $-14a_x + 18a_y + 4a_z$
④ $14a_x + 18a_y + 4a_z$

| 해설

전계와 자계 내에서 운동전하가 받는 힘

㉠ 전기력
$$F_e = qE = 2(2a_x + a_y - 4a_z)$$
$$= 4a_x + 2a_y - 8a_z \text{ [N]}$$

㉡ 전자력
$$F_m = q(v \times B) = q \begin{bmatrix} a_x & a_y & a_z \\ 4 & -1 & -2 \\ -2 & 2 & -1 \end{bmatrix}$$
$$= 2[(1+4)a_x + (4+4)a_y + (8-2)a_z]$$
$$= 10a_x + 16a_y + 12a_z$$

∴ $F = F_e + F_m = 14a_x + 18a_y + 4a_z$

정답　251 ④　252 ③　253 ④

제9장 자성체와 자기회로

254 ☐☐☐
자성체가 균일하게 자화되어 있을 때의 자극의 상태로 옳은 것은?
① 자성체에는 자극이 나타나지 않는다.
② 자성체 전체에 자극이 골고루 분포되어 나타난다.
③ 자성체의 내부에 자극이 나타난다.
④ 자성체의 양단면에 자극이 나타난다.

255 ☐☐☐
아래 그림들은 전자의 자기 모멘트의 크기와 배열상태를 그 차이에 따라서 배열한 것이다. 강자성체에 속하는 것은?

① 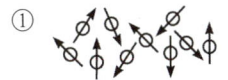   ②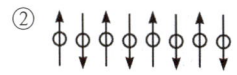

③    ④

| 해설
자기모멘트의 크기와 배열상태
① 상자성체
② 강반자성체
③ 강자성체
④ 패리자성체

256 ☐☐☐
물질의 자화현상과 관계가 가장 깊은 것은?
① 분자의 운동   ② 전자의 공전
③ 전자의 자전   ④ 전자의 이동

| 해설
물질은 전자의 자전운동에 의해서 자화된다.

257 ☐☐☐
일반적으로 자구를 가지는 자성체는?
① 상자성체   ② 강자성체
③ 역자성체   ④ 비자성체

258 ☐☐☐
히스테리시스곡선의 기울기는 다음의 어떤 값에 해당하는가?
① 투자율   ② 유전율
③ 자화율   ④ 감자율

| 해설
히스테리시스 곡선의 횡축은 자계의 세기 H, 종축은 자속밀도 B이므로 히스테리시스 곡선의 기울기는 $\frac{B}{H}$ 가 되므로 투자율 μ 을 의미한다. (자속밀도 $B = \mu H$)

259 ☐☐☐
B-H곡선을 자세히 관찰하면 매끈한 곡선이 아니라 B가 계단적으로 증가 또는 감소함을 알 수 있다. 이러한 현상을 무엇이라 하는가?
① 퀴리점   ② 자기여자 효과
③ 자왜현상   ④ 바크하우젠 효과

| 해설
강자성체에 자계를 가하면 자화가 일어나는데 자화는 자구(磁區)를 형성하고 있는 경계면, 즉 자벽(磁壁)이 단속적으로 이동함으로써 발생한다. 이때 자계의 변화에 대한 자속의 변화는 미시적으로는 불연속으로 이루어지는데, 이것을 바크하우젠 효과라고 한다.

정답 254 ④ 255 ③ 256 ③ 257 ② 258 ① 259 ④

260 ☐☐☐

자기이력곡선(Hysteresis loop)에 대한 설명 중 틀린 것은?

① 자화의 경력이 있을 때나 없을 때나 곡선은 항상 같다.
② Y축은 자속밀도이다.
③ 자화력이 0 일 때 남아있는 자기가 잔류자기이다.
④ 잔류자기를 상쇄시키려면 역방향의 자화력을 가해야 한다.

| 해설

히스테리시스 곡선: 자성체가 자화되는 특성을 나타낸 곡선으로 외부에서 인가한 자기력에 대한 자성체 내의 자속밀도를 나타낸 곡선

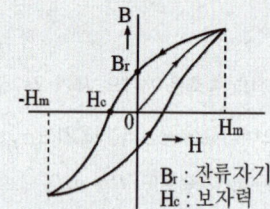

㉠ 횡축과 만나는 점: 보자력 H_c
㉡ 종축과 만나는 점: 잔류자기 B_r
㉢ 히스테리시스 곡선의 면적의 의미
  단위 체적당 필요한 열에너지(손실)
∴ 자화 경력이 없을 때에는 0부터 자속밀도가 증가하지만, 자화 경력이 있을 때에는 잔류 자기부터 자속밀도가 상승한다.

261 ☐☐☐

강자성체의 히스테리시스 루프의 면적은?

① 강자성체의 단위 체적당의 필요한 에너지이다.
② 강자성체의 단위 면적당의 필요한 에너지이다.
③ 강자성체의 단위 길이당의 필요한 에너지이다.
④ 강자성체의 전체 체적의 필요한 에너지이다.

262 ☐☐☐

히스테리시스 손은 최대 자속밀도의 몇 승에 비례하는가?

① 1.6 ② 2
③ 2.6 ④ 3.2

| 해설

히스테리시스 손
$P_h = fW_h = a_h fB_m^{1.6}\ [\text{W/m}^3]$

263 ☐☐☐

영구자석의 재료로 사용되는 철에 요구되는 사항은?

① 잔류 자속밀도는 그다지 크지 않아도 보자력이 큰 것
② 잔류 자속밀도는 크고 보자력이 적은 것
③ 잔류 자속밀도 및 보자력이 큰 것
④ 잔류 자속밀도는 크고 보자력은 관계없다.

| 해설

㉠ 영구자석
  잔류자기와 보자력이 크고 히스테리시스 곡선의 면적이 큰 자성체
㉡ 전자석
  잔류자기는 크나, 보자력과 히스테리시스 곡선의 면적이 모두 작은 자성체

264 ☐☐☐

전자석에 사용하는 연철(soft iron)의 성질로 옳은 것은?

① 잔류자기, 보자력이 모두 크다.
② 보자력이 크고 히스테리시스 곡선의 면적이 작다.
③ 보자력과 히스테리시스 곡선의 면적이 모두 작다.
④ 보자력이 크고 잔류자기가 작다.

| 해설

히스테리시스 곡선의 종류

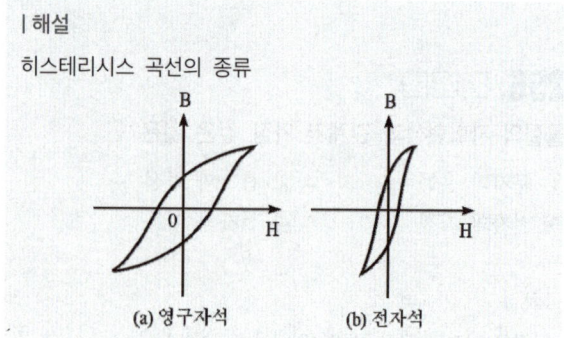

정답 260 ① 261 ① 262 ① 263 ③ 264 ③

⊙ 영구자석
  잔류자기와 보자력이 크고 히스테리시스 곡선의 면적이 큰 자성체
ⓒ 전자석
  잔류자기는 크나, 보자력과 히스테리시스 곡선의 면적이 모두 작은 자성체

265 □□□

강자성체를 소자시키는 방법으로 적당하지 못한 방법은?

① 처음에 준 자계와 같은 정도의 직류자계를 반대 방향으로 가하는 조작을 반복한다. (직류법)
② 처음에 준 자계와 같은 방향의 강한 자계를 준 후 급냉한다. (급냉법)
③ 자화할 때와 같은 정도의 교류자계를 가하고, 그 값이 0이 될 때까지 점차 감소시켜 간다. (교류법)
④ 강자성체의 온도를 큐리점 이상이 될 때까지 상승시킨다. (가열법)

266 □□□

강자성체의 세 가지 특성이 아닌 것은?

① 와전류 특성
② 히스테리시스 특성
③ 고투자율 특성
④ 포화 특성

| 해설
와전류는 전자유도법칙에 의해 발생되는 현상이다.

267 □□□

다음 자성체중 반자성체가 아닌 것은?

① 창연
② 구리
③ 금
④ 알루미늄

| 해설
⊙ **강자성체**: 코발트(Co), 니켈(Ni), 규소강, 순철(Fe), 퍼멀로이, 슈퍼 멀로이 등
ⓒ **상자성체**: 산소(O_2), **알루미늄(Al)**, 망간(Mn), 백금(Pt), 이리듐(Ir), 주석(Sn), 질소(N_2) 등
ⓒ **반자성체**: 창연(Bi), 금(Au), 은(Ag), 동(Cu), 아연(Zn), 납(Pb), 규소(Si), 탄소(C) 등

268 □□□

강자성체가 아닌 것은?

① 철
② 니켈
③ 백금
④ 코발트

| 해설
백금은 상자성체이다.

269 □□□

다음 중 투자율이 가장 큰 것은?

① 니켈
② 코발트
③ 순철
④ 규소강

| 해설
투자율이 가장 큰 것은 비투자율이 가장 큰 것을 나타낸다.
① 니켈: $\mu_s = 600$
② 코발트: $\mu_s = 250$
③ 순철: $\mu_s = 200,000$
④ 규소강: $\mu_s = 7,000$

270 □□□

비투자율 μ_s, 자속밀도 B[Wb/m2]의 자계 중에 있는 m[Wb]의 자극이 받는 힘은 몇 [N]인가?

① mB
② $\dfrac{mB}{\mu_0}$
③ $\dfrac{mB}{\mu_s}$
④ $\dfrac{mB}{\mu_0 \mu_s}$

| 해설
자기력과 자계의 세기 관계
$$F = mH = \frac{mB}{\mu} = \frac{mB}{\mu_0 \mu_s} \text{[N]}$$
여기서, 자속밀도: $B = \mu H$[Wb²/m²]
자계의 세기: H[AT/m²]
투자율: $\mu = \mu_0 \mu_s$[H/m]

정답 265 ② 266 ① 267 ④ 268 ③ 269 ③ 270 ④

271

반경이 3[cm]인 원형 단면을 가지고 있는 원환 연철심에 감은 코일에 전류를 흘려서 철심 중의 자계의 세기가 400[AT/m]되도록 여자할 때 철심 중의 자속밀도는 얼마인가? (단, 철심의 비투자율은 400이라고 한다.)

① 0.2[Wb/m²]
② 2.0[Wb/m²]
③ 0.02[Wb/m²]
④ 2.2[Wb/m²]

| 해설
자속밀도와 자계의 세기의 관계
$B = \mu_0 \mu_s H = 4\pi \times 10^{-7} \times 400 \times 400$
$= 0.2 \, [\text{Wb/m}^2]$

272

단면적 2[cm²]의 철심에 5×10^{-4}[Wb]의 자속을 통하게 하려면 2000[AT/m]의 자계가 필요하다. 철심의 비투자율은 약 얼마인가?

① 332
② 663
③ 995
④ 1990

| 해설
자속 $\phi = BS = \mu HS = \mu_0 \mu_s HS$ 에서
$\mu_s = \dfrac{\phi}{\mu_0 SH} = \dfrac{5 \times 10^{-4}}{4\pi \times 10^{-7} \times 2 \times 10^{-4} \times 2000}$
$= 995 \, [\text{H/m}]$

273

자계에 있어서의 자화의 세기 J[Wb/m²]는 유전체에서의 무엇과 동일한 의미를 가지고 대응되는가?

① 전속밀도
② 전계의 세기
③ 전기분극도
④ 전위

274

길이 l[m], 단면적의 지름 d[m]인 원통이 길이 방향으로 균일하게 자화되어 자화의 세기가 J[Wb/m²]인 경우 원통 양단에서의 전자극의 세기 m[Wb]는?

① $\pi d^2 J$
② $\pi d J$
③ $\pi \dfrac{d^2}{4} J$
④ $\dfrac{4J}{\pi} d^2$

| 해설
자화의 세기 $J = \dfrac{m}{S} = \dfrac{M}{V}$ [Wb/m²] 에서
∴ 전자극의 세기
$m = J \times S = J \times \pi r^2 = J \times \dfrac{\pi d^2}{4}$ [Wb]

275

비투자율이 400인 환상철심 중의 평균자계의 세기가 300[A/m]일 때, 자화의 세기는 몇 [Wb/m²]인가?

① 0.1
② 0.15
③ 0.2
④ 0.25

| 해설
자화의 세기 $J = \mu_0 (\mu_s - 1) H = B - \mu_0 H$
$= B\left(1 - \dfrac{1}{\mu_s}\right)$ [Wb/m²] 에서
∴ $J = \mu_o (\mu_s - 1) H$
$= 4\pi \times 10^{-7} \times (400 - 1) \times 300$
$= 0.15 \, [\text{Wb/m}^2]$

정답 271 ① 272 ③ 273 ③ 274 ③ 275 ②

276

비투자율이 500인 철심을 이용한 환상 솔레노이드에서 철심 속의 자계의 세기가 200[A/m]일 때 철심 속의 자속밀도 B[T]와 자화율 [H/m]는?

① $B = \pi \times 10^{-2}$, $\chi = 3.2 \times 10^{-4}$
② $B = \pi \times 10^{-2}$, $\chi = 6.3 \times 10^{-4}$
③ $B = 4\pi \times 10^{-2}$, $\chi = 6.3 \times 10^{-4}$
④ $B = 4\pi \times 10^{-2}$, $\chi = 12.6 \times 10^{-4}$

| 해설
 ㉠ 자속밀도
  $B = \mu_0 \mu_s H = 4\pi \times 10^{-7} \times 500 \times 200$
  $= 4\pi \times 10^{-2}$ [Wb/m²], T : 테슬라]
 ㉡ 자화율
  $\chi = \mu_0(\mu_s - 1) = 4\pi \times 10^{-7}(500-1)$
  $= 6.3 \times 10^{-4}$ [H/m]

277

비자화율 $\dfrac{\chi}{\mu_0}$ 이 49이며, 자속밀도 0.05[Wb/m²]인 자성체에서 자계의 세기는 몇 [AT/m]인가?

① $10^4 \pi$
② $50 \times 10^3 \pi$
③ $\dfrac{5 \times 10^4}{2\pi}$
④ $\dfrac{10^4}{4\pi}$

| 해설
 ㉠ 자화율: $\chi = \mu_0(\mu_s - 1)$ [H/m]
 ㉡ 비자화율: $\chi_{er} = \dfrac{\chi}{\mu_0} = \mu_s - 1$
 ㉢ 비투자율: $\mu_s = 1 + \dfrac{\chi}{\mu_0} = 1 + 49 = 50$
 ㉣ 자속밀도: $B = \mu H = \mu_0 \mu_s H$ [Wb/m²]
  $\therefore H = \dfrac{B}{\mu_0 \mu_s} = \dfrac{0.05}{4\pi \times 10^{-7} \times 50} = \dfrac{10^4}{4\pi}$

278

다음 관계식 중 성립될 수 없는 것은? (단, μ : 투자율, μ_0 : 진공의 투자율, χ : 자화율, μ_s : 비투자율, B : 자속밀도, J : 자화의 세기, H : 자계의 세기)

① $\mu = \mu_0 + \chi$
② $\mu_s = 1 + \dfrac{\chi}{\mu_0}$
③ $B = \mu H$
④ $J = \chi B$

| 해설
 자화의 세기 $J = \mu_0(\mu_s - 1)H = \chi H$ [Wb/m²]

279

강자성체의 자속밀도 B의 크기와 자화의 세기 J의 크기 사이에는 어떤 관계가 있는가?

① J는 B와 같다.
② J는 B보다 약간 작다.
③ J는 B보다 약간 크다.
④ J는 B보다 대단히 크다.

| 해설
 강자성체는 비투자율 μ_s 가 수백, 수천이므로
 $\therefore$ 자화의 세기 $J = B\left(1 - \dfrac{1}{\mu_s}\right)$ [Wb/m²] 식에서 J가 B보다 약간 작다.

정답 276 ③ 277 ④ 278 ④ 279 ②

280

자화율(magnetic susceptibility) χ 는 상자성체에서 일반적으로 어떤 값을 갖는가?

① $\chi = 0$　　② $\chi > 0$
③ $\chi < 0$　　④ $\chi = 1$

| 해설

자화율 $\chi = \mu_0(\mu_s - 1)$

종류	자화율	비자화율	비투자율
비자성체	$\chi = 0$	$\chi_{er} = 0$	$\chi = 0$
상자성체	$\chi > 0$	$\chi_{er} > 0$	$\chi > 0$
강자성체	$\chi \gg 0$	$\chi_{er} \gg 0$	$\chi \gg 0$
반자성체	$\chi < 0$	$\chi_{er} < 0$	$\chi < 0$

281

반자성체에서의 비투자율 μ_s 는?

① $\mu_s = 1$　　② $\mu_s < 1$
③ $\mu > 1$　　④ $\mu_s = 0$

282

자기 감자력(self demagnetizing force)은?

① 자계에 반비례한다.
② 자극의 세기에 반비례한다.
③ 자화의 세기에 비례한다.
④ 자속에 반비례한다.

| 해설

감자력: $H' = \dfrac{N}{\mu_0} J [A/m]$

여기서, N: 감자율, J: 자화의 세기

283

감자력이 0인 것은?

① 가늘고 긴 막대 자성체
② 구 자성체
③ 짧은 막대 자성체
④ 환상 철심

| 해설

환상 철심의 감자율: 0
구 자성체의 감자율: 1/3

284

투자율이 다른 두 자성체의 경계면에서 굴절각은?

① 투자율에 비례
② 투자율에 반비례
③ 투자율의 제곱에 비례
④ 비투자율에 반비례

| 해설

$\dfrac{\tan\theta_1}{\tan\theta_2} = \dfrac{\mu_1}{\mu_2}$: 굴절각은 투자율에 비례한다.

285

자성체 경계면에 전류가 없을 때의 경계조건으로 틀린 것은?

① 자계 H의 접선 성분 $H_{1T} = H_{2T}$
② 자속밀도 B의 법선 성분 $B_{1n} = B_{2n}$
③ 전속밀도 D의 법선 성분 $D_{1n} = D_{2n} = \dfrac{\mu_2}{\mu_1}$
④ 경계면에서의 자력선의 굴절 $\dfrac{\tan\theta_1}{\tan\theta_2} = \dfrac{\mu_1}{\mu_2}$

정답　280 ②　281 ②　282 ③　283 ④　284 ①　285 ③

| 해설

자성체 경계조건

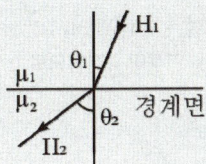

㉠ 자계의 접선성분은 서로 같다. (연속적)
$H_{1t} = H_{2t}$ ($H_1 \sin\theta_1 = H_2 \sin\theta_2$)

㉡ 자속밀도의 법선성분은 서로 같다.
$B_{1n} = B_{2n}$ ($B_1 \cos\theta_1 = B_2 \cos\theta_2$)

㉢ 경계조건: $\dfrac{\mu_1}{\mu_2} = \dfrac{\tan\theta_1}{\tan\theta_2}$

286 □□□

투자율이 다른 두 자성체가 평면으로 접하고 있는 경계면에서 전류밀도가 0일 때 성립하는 경계조건은?

① $\mu_2 \tan\theta_1 = \mu_1 \tan\theta_2$
② $H_1 \cos\theta_1 = H_2 \cos\theta_2$
③ $B_1 \sin\theta_1 = B_2 \cos\theta_2$
④ $\mu_1 \tan\theta_1 = \mu_2 \tan\theta_2$

| 해설

경계조건 $\dfrac{\tan\theta_1}{\tan\theta_2} = \dfrac{\mu_1}{\mu_2}$ 에서

∴ $\mu_2 \tan\theta_1 = \mu_1 \tan\theta_2$

287 □□□

두 자성체의 경계면에서 정자계가 만족하는 것은?

① 양측 경계면상의 두점간의 자위차가 같다.
② 자속은 투자율이 적은 자성체에 모인다.
③ 자계의 법선성분은 서로 같다.
④ 자속밀도의 접선성분이 같다.

| 해설

㉠ 자속밀도는 법선성분이 같다. ($B_{1n} = B_{2n}$)
㉡ 자계의 접선성분은 같다. ($H_{1t} = H_{2t}$)
㉢ 자기력선 또는 자속선은 투자율이 큰 곳으로 더 크게 굴절한다. ($\dfrac{\tan\theta_1}{\tan\theta_2} = \dfrac{\mu_1}{\mu_2}$)
㉣ 양측 경계면상의 두 점 간의 자위차는 같다.
㉤ 자속밀도는 투자율이 큰 곳으로 자계는 투자율이 작은 곳으로 모인다.

288 □□□

등질, 선형, 등방성인 두 물질이 $x=0$ 인 무한평면을 경계면으로 접해있고 경계면상에는 전류가 흐르지 않는다고 한다, 지금 $x<0$ 인 영역에서 비투자율 $\mu_{R1}=2$ 이고, 자계 $H_1 = 2a_x - 2a_y + 2a_z$ [H/m] 라고 하면 $x>0$ 인 영역에서 $\mu_{R2}=4$ 일 때 자속밀도 B_2 는 몇 [Wb/m²]인가?

① $B_2 = \mu_0(4a_x - 4a_y + 4a_z)$
② $B_2 = \mu_0(8a_x - 8a_y + 8a_z)$
③ $B_2 = \mu_0(8a_x - 8a_y + 4a_z)$
④ $B_2 = \mu_0(4a_x - 8a_y + 8a_z)$

| 해설

㉠ 자속밀도 법선 성분 연속성
$B_{x1} = B_{x2}$ 에서 $B_{x2} = B_{x1} = \mu_1 H_{x1} = 2\mu_0 \times 2 = 4\mu_0$

㉡ 자계세기 접선 성분 연속성
$H_{y1} = H_{y2}$ 에서
$B_{y2} = \mu_2 H_{y2} = \mu_2 H_{y1} = 4\mu_0 \times -2 = -8\mu_0$

㉢ $H_{z1} = H_{z2}$ 에서
$B_{z2} = \mu_2 H_{z2} = \mu_2 H_{z1} = 4\mu_0 \times 2 = 8\mu_0$

∴ $B_2 = B_{x2} + B_{y2}a_y + B_{z2}a_z$
$= \mu_0(4a_x - 8a_y + 8a_z)$

정답 286 ① 287 ① 288 ④

289 ☐☐☐

그림과 같이 진공 중에 자극 면적이 2[cm²], 간격이 0.1[cm]인 자성체내에서 포화 자속밀도가 2[Wb/m²]일 때 두 자극면 사이에 작용하는 힘의 크기는 약 몇 [N]인가?

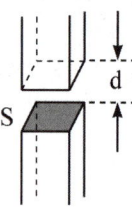

① 53[N] ② 106[N]
③ 159[N] ④ 318[N]

| 해설
단위면적당 작용하는 힘
$$f = \frac{1}{2}\mu H^2 = \frac{1}{2}HB = \frac{B^2}{2\mu} [N/m^2]$$ 에서
∴ 철편의 흡인력
$$F = f \cdot S = \frac{B^2}{2\mu_0} \times S$$
$$= \frac{2^2}{2 \times 4\pi \times 10^{-7}} \times 2 \times 10^{-4}$$
$$= 318.47 [N]$$

290 ☐☐☐

그림과 같이 갭의 면적 100[cm²]의 전자석에 자속밀도 5000[Gauss]의 자속이 발생될 때 철편을 흡입하는 힘은 약 얼마인가?

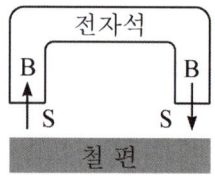

① 1,000[N] ② 1,500[N]
③ 2,000[N] ④ 2,500[N]

| 해설
㉠ 1[Wb/m²] = 10⁴[Gauss] 이므로
$B = 5000$[Gauss] $= 0.5$[Wb/m²]
㉡ 철편을 흡입하는 면적이 2개이므로
∴ 철편의 흡인력
$$F = f \times 2S = \frac{B^2}{2\mu_0} \times 2S$$
$$= \frac{0.5^2}{2 \times 4\pi \times 10^{-7}} \times 2 \times 100 \times 10^{-4}$$
$$= 1989 ≒ 2000 [N]$$

291 ☐☐☐

자계의 세기 H[AT/m], 자속밀도 B[Wb/m2] 투자율 μ[H/m]인 곳에 자계의 에너지 밀도는 몇 [J/m³]인가?

① BH ② $\frac{1}{2\mu}H^2$
③ $\frac{1}{2}\mu H$ ④ $\frac{1}{2}BH$

| 해설
㉠ 전계 에너지 밀도
$$W_e = \frac{1}{2}\epsilon E^2 = \frac{1}{2}ED = \frac{D^2}{2\epsilon} [J/m^3]$$
㉡ 자계 에너지 밀도
$$W_m = \frac{1}{2}\mu H^2 = \frac{1}{2}BH = \frac{B^2}{2\mu} [J/m^3]$$

292 ☐☐☐

다음 중 기자력에 대한 설명으로 옳지 않은 것은?
① 전기회로의 기전력에 대응이다.
② 코일에 전류가 흘렸을 때 전류밀도와 코일의 권수의 곱의 크기와 같다.
③ 자기회로의 자기저항과 자속의 곱과 동일하다.
④ SI 단위는 암페어 [A] 이다.

정답 289 ④ 290 ③ 291 ④ 292 ②

| 해설

자기회로 공식

㉠ 기자력 $F = IN = R_m \phi$ [AT]

㉡ 자기저항 $R_m = \dfrac{l}{\mu S} = \dfrac{F}{\phi}$ [AT/Wb]

㉢ 옴의법칙 $\phi = \dfrac{F}{R_m} = \dfrac{IN}{\dfrac{l}{\mu S}} = \dfrac{\mu SNI}{l}$ [Wb]

293 □□□

자기회로와 전기회로의 대응관계를 표시하였다. 잘못된 것은?

① 자속 – 전속
② 자계 – 전계
③ 기자력 – 기전력
④ 투자율 – 도전율

| 해설

전기회로와 자기회로의 대응 관계

전기회로	자기회로
기전력	기자력
전기저항	자기저항
도전율	투자율
전류(전류밀도)	자속(자속밀도)

294 □□□

전기회로와 비교할 때 자기회로의 특징이 아닌 것은?

① 기자력과 자속은 변화가 비직선성이다.
② 공기에 대한 누설자속이 많다.
③ 자기회로는 정전용량과 같은 회로요소는 없다.
④ 자속의 변화에 따른 자기저항 내의 주울 손실이 생긴다.

| 해설

① 기자력을 증가하면 어느 시점에서 자속은 포화되므로 비선형(비직선) 특성을 갖는다.
④ 자속의 변화에 따른 철심 내에 철손(와류손과 히스테리시스 손)이 생긴다.

295 □□□

평균 자로의 길이 80[cm]의 환상 철심에 500회의 코일을 감고 여기에 4[A]의 전류를 흘렸을 때 기자력과 자화력 (자계의 세기)은?

① 2,000[AT]   2,500[AT/m]
② 3,000[AT]   2,500[AT/m]
③ 2,000[AT]   3,500[AT/m]
④ 3,000[AT]   3,500[AT/m]

| 해설

㉠ 기자력
$F = NI = 500 \times 4 = 2000$ [AT]

㉡ 자화력(자계의 세기)
$H = \dfrac{NI}{l} = \dfrac{500 \times 4}{0.8} = 2500$ [AT/m]

296 □□□

단면적이 0.5[m²], 길이가 0.8[m], 비투자율이 20인 막대 철심이 있다. 이 철심의 자기저항 [AT/Wb]은?

① 6.37×10^4
② 4.45×10^4
③ 3.60×10^4
④ 9.70×10^5

| 해설

철심의 자기저항

$R_m = \dfrac{l}{\mu S} = \dfrac{l}{\mu_0 \mu_s S}$

$= \dfrac{0.8}{4\pi \times 10^{-7} \times 20 \times 0.5}$

$= 6.37 \times 10^4$ [AT/Wb]

정답 293 ① 294 ④ 295 ① 296 ①

297 □□□

그림과 같이 비투자율 μ_s이 800, 원형단면적 S가 10[cm²], 평균 자로의 길이 l이 30[cm]인 환상 철심에 코일을 600회 감아 1[A]의 전류를 흘릴 때 철심 내 자속은 약 몇 [Wb]인가?

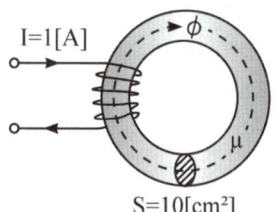

① 1.51×10^{-1}　② 2.01×10^{-1}
③ 1.51×10^{-3}　④ 2.01×10^{-3}

| 해설
자기회로의 옴의 법칙에서
$\phi = \dfrac{F}{R_m} = \dfrac{IN}{\dfrac{l}{\mu S}} = \dfrac{\mu SNI}{l}$ [Wb] 이므로

$\therefore \phi = \dfrac{\mu SNI}{l} = \dfrac{\mu_0 \mu_s SNI}{l}$

$= \dfrac{4\pi \times 10^{-7} \times 800 \times 10 \times 10^{-4} \times 600 \times 1}{30 \times 10^{-2}}$

$= 2.01 \times 10^{-3}$ [Wb]

298 □□□

그림은 철심부의 평균 길이가 l_2, 공극의 길이가 l_1, 면적이 S인 자기회로이다. 자속밀도를 B[Wb/m²]로 하기 위한 기자력은?

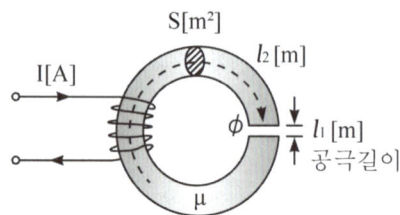

① $\dfrac{\mu_0}{B}(l_1 + \dfrac{\mu_s}{l_2})$ [AT]　② $\dfrac{B}{\mu_0}(l_2 + \dfrac{l_2}{\mu_s})$ [AT]

③ $\dfrac{\mu_0}{B}(l_2 + \dfrac{\mu_s}{l_1})$ [AT]　④ $\dfrac{B}{\mu_0}(l_1 + \dfrac{l_2}{\mu_s})$ [AT]

| 해설
㉠ 공극이 있는 경우의 자기저항
$R_T = R_m + R_g = \dfrac{l_2}{\mu S} + \dfrac{l_1}{\mu_0 S}$

$= \dfrac{1}{\mu_0 S}\left(\dfrac{l_2}{\mu_s} + l_1\right)$

㉡ 자속 $\phi = BS = \dfrac{F}{R_T}$ 에서 기자력은

$\therefore F = BSR_T = BS\left(\dfrac{l_2}{\mu S} + \dfrac{l_1}{\mu_0 S}\right)$

$= \dfrac{B}{\mu_0}\left(\dfrac{l_2}{\mu_s} + l_1\right)$ [AT]

299 □□□

아래의 그림과 같은 자기회로에서 A부분에만 코일을 감아서 전류를 인가할 때의 자기저항과 B부분에만 코일을 감아서 전류를 인가할 때의 자기저항 [AT/Wb]을 각각 구하면 어떻게 되는가? (단, 자기저항 $R_1 = 1$, $R_2 = 0.5$, $R_3 = 0.5$[AT/Wb]이다.)

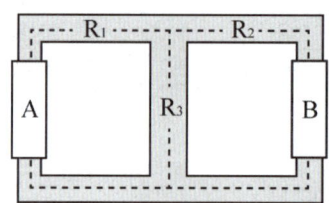

① $R_A = 1.25$, $R_B = 0.83$
② $R_A = 1.25$, $R_B = 1.25$
③ $R_A = 0.83$, $R_B = 0.83$
④ $R_A = 0.83$, $R_B = 1.25$

정답　297 ④　298 ④　299 ①

| 해설

㉠ A부분에만 기전력을 인가한 경우

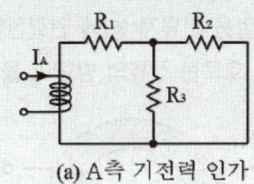

(a) A측 기전력 인가

$R_A = 1 + \dfrac{0.5}{2} = 1.25\,[\Omega]$

㉡ B부분에만 기전력을 인가한 경우

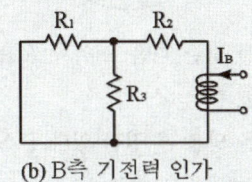

(b) B측 기전력 인가

$R_B = 0.5 + \dfrac{1 \times 0.5}{1 + 0.5} = 0.833\,[\Omega]$

300 □□□

다음 중 자기회로에서 키르히호프의 법칙으로 알맞은 것은? (단, R: 자기저항, ϕ: 자속, N: 코일 권수, I: 전류이다.)

① $\sum_{i=1}^{n} \phi_i = \infty$

② $\sum_{i=1}^{n} R_i \phi_i = \sum_{i=1}^{n} N_i I_i$

③ $\sum_{i=1}^{n} N_i \phi_i = 0$

④ $\sum_{i=1}^{n} R_i \phi_i = \sum_{i=1}^{n} N_i L_i$

| 해설

㉠ 키르히호프의 제1법칙
임의의 결합점에 유입·유출하는 자속의 합은 0이다.
($\sum_{i=1}^{n} \phi_i = 0$)

㉡ 키르히호프의 제2법칙
폐자로 내에서 기자력의 합은 그 폐자로 내에서 자기저항과 자속의 합과 같다. ($\sum_{i=1}^{n} F_i = \sum_{i=1}^{n} \phi_i \cdot R_m$)

제10장 전자유도법칙

301 □□□

전자유도에 의해서 회로에 발생하는 기전력은 자속쇄교수의 시간에 대한 감소비율에 비례한다는 (ㄱ)법칙에 따르고 특히, 유도된 기전력의 방향은 (ㄴ)법칙에 따른다. (ㄱ), (ㄴ)에 알맞은 것은?

	(ㄱ)	(ㄴ)
①	패러데이법칙	플레밍의 왼손
②	패러데이	렌츠
③	렌츠	패러데이
④	플레밍의 왼손	패러데이

| 해설

패러데이는 자속이 시간적으로 변화하면 기전력이 발생한다는 성질을, 렌츠는 기전력의 방향은 자속의 증감을 방해하는 방향으로 발생한다는 것을 설명하였다.

302 □□□

다음에서 전자유도 법칙과 관계없는 것은?

① 노이만(Neumann)의 법칙
② 렌츠(Lenz)의 법칙
③ 비오 - 사바르(Biot Savart)의 법칙
④ 가우스(Gauss)의 법칙

| 해설

가우스의 법칙은 전기력선 밀도를 이용하여 대칭 정전계의 세기를 구하기 위하여 이용되는 법칙을 말한다.

정답 300 ② 301 ② 302 ④

303 □□□
렌츠의 법칙을 올바르게 설명한 것은?
① 전자유도에 의하여 생기는 전류의 방향은 항상 일정하다.
② 전자유도에 의하여 생기는 전류의 방향은 자속변화를 방해하는 방향이다.
③ 전자유도에 의하여 생기는 전류의 방향은 자속변화를 도와주는 방향이다.
④ 전자유도에 의하여 생기는 전류의 방향은 자속변화와는 관계가 없다.

304 □□□
막대자석 위쪽에 동축도체 원판을 놓고 회로의 한 끝은 원판의 주변에 접촉시켜 회전하도록 해놓은 그림과 같은 패러데이 원판 실험을 할 때 검류계에 전류가 흐르지 않는 경우는?

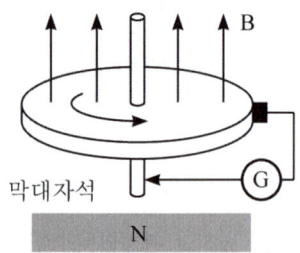

① 자석을 축 방향으로 전진시킨 후 후퇴시킬 때
② 자석만을 일정한 방향으로 회전시킬 때
③ 원판만을 일정한 방향으로 회전시킬 때
④ 원판과 자석을 동시에 같은 방향, 같은 속도로 회전시킬 때

305 □□□
그림과 같이 환상철심에 2개의 코일을 감고, 1차 코일을 전지에, 2차 코일을 검류계 ⓖ에 연결한다. 다음의 각 경우 중 검류계에 흐르는 전류의 방향이 옳게 언급된 것은?

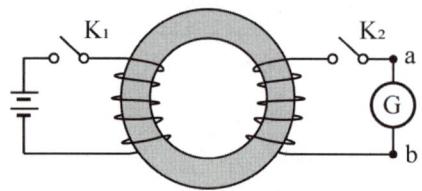

① 스위치 K_2를 닫은 다음 스위치 K_1을 닫으면 전류는 b에서 a로 흐른다.
② 스위치 K_1을 닫은 후 잠깐 있다가 스위치 K_2를 닫으면 전류는 a에서 b로 흐른다.
③ 스위치 K_1과 K_2를 닫아 놓고, 스위치 K_1을 급히 열면 전류는 b에서 a로 흐른다.
④ 스위치 K_1과 K_2를 닫아 놓고, 스위치 K_2를 급히 열면 전류는 b에서 a로 흐른다.

| 해설
스위치 K_1과 K_2를 닫은 상태에서 K_1을 급히 열면 철내에 자속이 감소하게 된다. 그럼 전자유도법칙 $e = -N\dfrac{d\phi}{dt}$ 에 의해서 자속과 같은 방향으로 기전력이 유도되므로 2차측 코일에 흐르는 전류는 b에서 a측으로 흐르게 된다.

306 □□□
공간 내 한점의 자속밀도 B가 변화할 때 전자유도에 의하여 유기되는 전계 E는?

① $div\, E = -\dfrac{\partial B}{\partial t}$
② $rot\, E = -\dfrac{\partial B}{\partial t}$
③ $div\, E = \dfrac{\partial B}{\partial t}$
④ $rot\, E = \dfrac{\partial B}{\partial t}$

| 해설
패러데이 법칙의 미분형
$rot\, E = \nabla \times E = -\dfrac{\partial B}{\partial t}$

정답 303 ② 304 ④ 305 ③ 306 ②

307

자속 ϕ[Wb]가 주파수 f[Hz]로 $\phi = \phi_m \sin 2\pi ft$ [Wb]일 때 이 자속과 쇄교하는 권수 N회인 코일에 발생하는 기전력은 몇 [V]인가?

① $-2\pi fN\phi_m \cos 2\pi ft$
② $-2\pi fN\phi_m \sin 2\pi ft$
③ $2\pi fN\phi_m \tan 2\pi ft$
④ $2\pi fN\phi_m \sin 2\pi ft$

| 해설

$$e = -N\frac{d\phi}{dt} = -N\frac{d}{dt}\phi_m \sin 2\pi ft$$
$$= -N\phi_m \frac{d}{dt}\sin 2\pi ft$$
$$= -2\pi fN\phi_m \cos 2\pi ft \text{ [V]}$$

여기서, $\frac{d}{dt}\sin \omega t = \omega \cos \omega t$
$\frac{d}{dt}\cos \omega t = -\omega \sin \omega t$

308

자속 ϕ[Wb]가 $\phi = \phi_m \cos 2\pi ft$ [Wb]로 변화할 때 이 자속과 쇄교하는 권수 N[회]인 코일에 발생하는 기전력은 몇 [V]인가?

① $2\pi fN\phi_m \cos 2\pi ft$
② $-2\pi fN\phi_m \cos 2\pi ft$
③ $2\pi fN\phi_m \sin 2\pi ft$
④ $-2\pi fN\phi_m \sin 2\pi ft$

| 해설

$$e = -N\frac{d\phi}{dt} = -N\frac{d}{dt}\phi_m \cos 2\pi ft$$
$$= -N\phi_m \frac{d}{dt}\cos 2\pi ft$$
$$= 2\pi fN\phi_m \sin 2\pi ft$$

309

$\phi = \phi_m \sin \omega t$ [Wb]의 정현파로 변화하는 자속이 권선수 n인 코일과 쇄교할 때의 유도기전력의 위상을 자속에 비교하면?

① $\frac{\pi}{2}$ 만큼 빠르다.
② $\frac{\pi}{2}$ 만큼 늦다.
③ π 만큼 빠르다.
④ π 만큼 늦다.

| 해설

전자유도법칙
㉠ 유도기전력: $e = -N\frac{d\phi}{dt}$ [V]
㉡ 유도기전력 최댓값: $e_m = \omega N\phi$ [V]
㉢ 위상: 자속보다 90° 늦다.

310

최대 자속밀도 B_m, 주파수 f에서 유도기전력이 E_1일 때, 최대 자속밀도가 $2B_m$, 주파수 $2f$에서의 유도기전력을 E_2라 하면, E_1과 E_2의 관계는?

① $E_2 = E_1$
② $E_2 = 2E_1$
③ $E_2 = 4E_1$
④ $E_2 = 0.25E_1$

| 해설

㉠ 최대 유도기전력 $E_m = \omega N\phi_m$
$= 2\pi fNB_m S$ [V]
여기서, N: 권선 수, S: 단면적
㉡ 최대 유도기전력은 주파수 f와 최대 자속밀도 B_m에 비례하므로 f와 B_m이 모두 2배 증가하면 유도기전력은 4배 증가한다.
∴ $E_2 = 4E_1$

정답 307 ① 308 ③ 309 ② 310 ③

311 □□□

N회의 권선에 최댓값 1[V], 주파수 f[Hz]인 기전력을 유기시키기 위한 쇄교 자속의 최댓값은 [Wb]인가?

① $\dfrac{f}{2\pi N}$ ② $\dfrac{2N}{\pi}f$

③ $\dfrac{1}{2\pi fN}$ ④ $\dfrac{N}{2\pi f}$

| 해설
최대 유도기전력
$e_m = \omega N\phi_m = 2\pi fN\phi_m = 1\,[\text{V}]$에서
$\therefore \phi_m = \dfrac{e_m}{2\pi fN} = \dfrac{1}{2\pi fN}[\text{Wb}]$

312 □□□

저항 24[Ω]의 코일을 지나는 자속이 $0.3\cos 800t$ [Wb]일 때 코일에 흐르는 전류의 최댓값은 몇 [A]인가?

① 10   ② 20
③ 30   ④ 40

| 해설
전류의 최댓값
$I_m = \dfrac{e_m}{R} = \dfrac{\omega N\phi_m}{R} = \dfrac{800\times 1\times 0.3}{24}$
$= 10\,[\text{A}]$

313 □□□

권수 N, 가로 a[m], 세로 b[m]인 구형 코일이 자속밀도 B[Wb/m²]되는 평등자계 내에서 각속도 ω[rad/sec]로 회전할 때 발생하는 유도기전력의 최대치는?

① ωNB ② ωabB^2
③ $\omega NabB$ ④ $\omega NabB^2$

| 해설
최대 유도기전력
$e_m = \omega N\phi_m = \omega NBS = \omega NB(ab)\,[\text{V}]$

314 □□□

다음 중 폐회로에 유도되는 유도기전력에 관한 설명 중 가장 알맞은 것은?

① 렌츠의 법칙은 유도기전력의 크기를 결정하는 법칙이다.
② 자계가 일정한 공간 내에서 폐회로가 운동하여도 유도기전력이 유도된다.
③ 유도기전력은 권선수의 제곱에 비례한다.
④ 전계가 일정한 공간 내에서 폐회로가 운동하여도 유도기전력이 유도된다.

| 해설
플레밍의 오른손 법칙
㉠ 자계 내에 도체가 v[m/s]로 운동하면 도체에는 기전력이 유도된다.
㉡ 유도기전력: $e = vBl\sin\theta\,[\text{V}]$

315 □□□

0.2[Wb/m²]의 평등자계속에 자계와 직각방향으로 놓인 길이 90[cm]의 도선을 자계와 30°각의 방향으로 50[m/sec]의 속도로 이동시킬 때 도체 양단에 유기되는 기전력은 몇 [V]인가?

① 0.45[V]   ② 0.9[V]
③ 4.5[V]   ④ 9.0[V]

| 해설
플레밍 오른손 법칙에 의한 유도기전력
$e = Blv\sin\theta = 0.2\times 0.9\times 50\times \sin 30°$
$= 4.5\,[\text{V}]$

정답 311 ③ 312 ① 313 ③ 314 ② 315 ③

316

$l_1 = \infty$[m], $l_2 = 1$[m]의 두 직선 도선을 $d=50$[cm]의 간격으로 평행하게 놓고 l_1을 중심축으로 하여 l_2를 속도 100[m/s]로 회전시키면 l_2에 유기되는 전압은 몇 [V]인가? (단, l_1에 흘러주는 전류 $I_1 = 50$[mA]이다.)

① 0
② 5
③ 2×10^{-6}
④ 3×10^{-6}

| 해설

l_1 전류에 의한 자계는 l_1 도체 표면에 대해서 수직방향으로 원의 형태로 발생된다. 따라서 l_2가 l_1을 중심으로 회전하면 l_2 도체는 l_1에 의한 자기장과 평행으로 운동하게 되며, 평행으로 운동 시에는 기전력이 유도되지 않는다.

317

길이 l[m]인 도체 a, b가 속도 v[m/s]로 자계 속을 운동할 때 도체에서는 a에서 b 방향으로 유도기전력이 생기게 된다. 이때 속도와 자속밀도가 평행이 된다면 기전력은 얼마인가?

① 0
② 3.14
③ $vl\sin\theta$
④ $vBl\sin\theta$

| 해설

도체와 자속밀도가 평행으로 진행되면 도체를 쇄교하는 자속이 없으므로(도체에 자속의 변화가 없으므로) 유도기전력은 발생하지 않는다. ($e = Blv\sin\theta = Blv\sin 0 = 0$)

318

그림과 같은 균일한 자계 B[Wb/m²]내에서 길이 l[m]인 도선 AB가 속도 v[m/s]로 움직일 때 $ABCD$ 내에 유도되는 기전력 e[V]는?

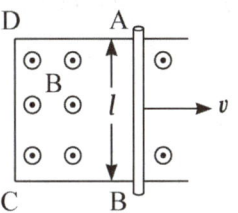

① 시계 방향으로 Blv이다.
② 반시계 방향으로 Blv이다.
③ 시계 방향으로 Blv^2이다.
④ 반시계 방향으로 Blv^2이다.

| 해설

㉠ 자계 내에 도체가 v[m/s]로 운동하면 도체에는 기전력이 유도된다. 도체의 운동방향과 자속밀도는 수직으로 쇄교하므로 기전력은 $e = Blv$가 발생된다.
㉡ 방향은 아래 그림과 같이 플레밍 오른손 법칙에 의해 시계 방향으로 발생된다.

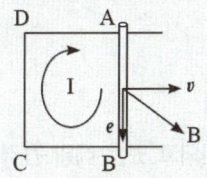

319 □□□

한변의 길이가 각각 a[m], b[m]인 그림과 같은 구형도체가 X축 방향으로 v[m/s]의 속도로 움직이고 있다. 이때 자속밀도는 $X-Y$평면에 수직이고 어느 곳에서든지 크기가 일정한 B[Wb/m²]이다. 이 도체의 저항을 R[Ω]이라고 할 때 흐르는 전류는 몇 [A]이겠는가?

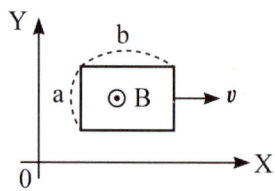

① 0
② $\dfrac{Babv}{R}$
③ $\dfrac{Bv}{R}$
④ $\dfrac{2Bav}{R}$

| 해설
도선 운동 시에 발생하는 유도기전력
$e = Blv\sin\theta$ [V] 이때 구형 도선이 한 방향으로 운동하므로 양쪽에서 같은 방향으로 유도기전력이 발생하여 서로 상쇄되기 때문에 유도기전력의 합은 0이 된다.

320 □□□

철도의 서로 절연되고 있는 레일 간격이 1.5[m]로서 열차가 72[km/h]의 속도로 달리고 있을 때 차축이 지구 자계의 수직분력 $B = 0.2 \times 10^{-4}$[Wb/m²]를 절단하는 경우 레일 간에 발생하는 기전력은 몇 [V]인가?

① 2126
② 3160
③ 6×10^{-4}
④ 6×10^{-5}

| 해설
열차의 차축(도체)이 지구 자계를 끊을 때 유기전력 e가 발생된다. (플레밍의 오른손 법칙)
∴ $e = Blv\sin\theta$
$= 0.2 \times 10^{-4} \times 1.5 \times \dfrac{72 \times 10^3}{3600}$
$= 6 \times 10^{-4}$ [V]

321 □□□

자계 중에 이것과 직각으로 놓인 도체에 I[A]의 전류를 흘릴 때 f[N]의 힘이 작용하였다. 이 도체를 v[m/s]의 속도로 자계와 직각으로 운동시킬 때의 기전력 e[V]는?

① $\dfrac{fv}{I^2}$
② $\dfrac{fv}{I}$
③ $\dfrac{fv^2}{I}$
④ $\dfrac{fv}{2I}$

| 해설
㉠ 자계 내에 있는 도체에 전류가 흐르면 도체에는 전자력이 발생한다. (플레밍의 왼손 법칙) 전자력 $f = IBl\sin\theta$ [N]에서 $Bl\sin\theta = \dfrac{f}{I}$ 가 된다.
㉡ 자계 내에 있는 도체가 운동하면 도체에는 기전력이 발생한다. (플레밍의 오른손법칙)
∴ 유도기전력 $e = vBl\sin\theta = \dfrac{fv}{I}$ [V]

322 □□□

진공 중에서 유전율 ϵ[F/m]의 유전체가 평등자계 B[Wb/m²] 내에 속도 v[m/s]로 운동할 때, 유전체에 발생하는 분극의 세기 P는 몇 [C/m²]인가?

① $(\epsilon - \epsilon_0)v \cdot B$
② $(\epsilon - \epsilon_0)v \times B$
③ $\epsilon v \times B$
④ $\epsilon_0 v \times B$

| 해설
㉠ 플레밍의 오른손 법칙
자계 내에 도체가 운동하면 도체에는 기전력이 발생되며, 유도되는 기전력의 크기는 다음과 같다. (유도기전력)
$e = V = vBl\sin\theta = (v \times B)l$ [V]
㉡ 기전력과 전계의 세기의 관계
$V = lE$에서 $E = \dfrac{V}{l} = v \times B$
∴ 분극의 세기
$P = \epsilon_0(\epsilon_s - 1)E = \epsilon_0(\epsilon_s - 1)v \times B$
$= (\epsilon - \epsilon_0)v \times B$ [C/m²]

정답 319 ① 320 ③ 321 ② 322 ②

323

전류가 흐르고 있는 도체의 직각 방향으로 자계를 가하면, 도체 측면에 정(+)의 전하가 생기는 것을 무슨 효과라 하는가?

① Thomson 효과 ② Peltier 효과
③ Seebeck 효과 ④ Hall 효과

| 해설

① 톰슨(Thomson) 효과
   동일한 금속이라도 그 도체중의 2점간에 온도차가 있으면 전류를 흘림으로써 열의 발생, 또는 흡수가 생기는 현상
② 펠티에(Peltier) 효과
   두 종류의 금속으로 폐회로를 만들어 전류를 흘리면 양 접속점에서 한쪽은 온도가 올라가고 다른 한쪽은 온도가 내려가는 현상
③ 제베크(Seebeck) 효과
   두 종류의 금속을 접속하여 폐회로를 만들어 그 두 개의 접합부에 온도차를 주면 열기전력을 일으켜 열전류가 흐르는 현상
④ 홀(Hall) 효과
   도체나 반도체에 전류를 흘려 이것과 직각으로 자계를 가하면 이 두 방향과 직각 방향으로 전력이 생기는 현상

324

반드시 외부에서 자계를 가할 때만 일어나는 효과는?

① Seebeck 효과 ② Pinch 효과
③ Hall 효과 ④ Peltier 효과

| 해설

홀(Hall) 효과
도체나 반도체에 전류를 흘려 이것과 직각으로 자계를 가하면 이 두 방향과 직각 방향으로 전력이 생기는 현상

325

반지름 a[m]인 액체 상태의 원통상 도선 내부에 균일하게 전류가 흐를 때 도체 내부에 자장이 생겨 로렌츠의 힘으로 전류가 원통 중심방향으로 수축하려는 효과는?

① 펠티에 효과 ② 톰슨 효과
③ 핀치 효과 ④ 제베크 효과

326

일반적으로 도체를 관통하는 자속이 변화하든가 또는 자속과 도체가 상대적으로 운동하여 도체 내의 자속이 시간적 변화를 일으키면, 이 변화를 막기 위하여 도체 내에 국부적으로 형성되는 임의의 폐회로를 따라 전류가 유기되는데 이 전류를 무엇이라 하는가?

① 변위전류 ② 도전전류
③ 대칭전류 ④ 와전류

| 해설

자속이 시간적 변화를 일으키면 도체 내에 전압이 유기되어 전류가 흐르게 되는데 이를 와전류라 하고, 와전류에 의해서 발생된 손실을 와류손이라 한다.

327

와전류에 대한 설명으로 틀린 것은?

① 도체 내부를 통하는 자속이 없으면 와전류가 생기지 않는다.
② 도체 내부를 통하는 자속이 변화하지 않아도 전류의 회전이 발생하여 전류밀도가 균일하지 않다.
③ 패러데이의 전자유도법칙에 의해 철심이 교번자속을 통할 때 줄(Joule)열 손실이 크다.
④ 교류기기는 와전류가 매우 크기 때문에 저감대책으로 얇은 철판(규소강판)을 겹쳐서 사용한다.

정답 323 ④ 324 ③ 325 ③ 326 ④ 327 ②

328 □□□

표면 부근에 집중해서 전류가 흐르는 현상을 표피효과라 하는데 표피효과에 대한 설명으로 잘못된 것은?

① 도체에 교류가 흐르면 표면에서부터 중심으로 들어갈수록 전류밀도가 작아진다.
② 표피효과는 고주파일수록 심하다.
③ 표피효과는 도체의 전도도가 클수록 심하다.
④ 표피효과는 도체의 투자율이 작을수록 심하다.

| 해설

침투두께(표피두께) $\delta = \dfrac{1}{\sqrt{\pi f \mu \sigma}}$ [m]에서
f, μ, σ 가 클수록 침투두께는 작아지고,
침투두께가 작아질수록 표피효과는 심해진다.

329 □□□

도전도 $k = 6 \times 10^{17}$ [℧/m], 투자율 $\mu = \dfrac{6}{\pi} \times 10^{-7}$ [H/m] 인 평면도체 표면에 10[kHz]의 전류가 흐를 때, 침투되는 깊이 δ [m]는?

① $\dfrac{1}{6} \times 10^{-7}$
② $\dfrac{1}{8.5} \times 10^{-7}$
③ $\dfrac{36}{\pi} \times 10^{-10}$
④ $\dfrac{36}{\pi} \times 10^{-6}$

| 해설

침투깊이(표피두께)
$$\delta = \sqrt{\dfrac{2\rho}{\omega \mu}} = \dfrac{1}{\sqrt{\pi f \mu \sigma}}$$
$$= \dfrac{1}{\sqrt{\pi \times (10 \times 10^3) \times \dfrac{6}{\pi} \times 10^{-7} \times 6 \times 10^{17}}}$$
$$= \dfrac{1}{\sqrt{6^2 \times 10^{14}}} = \dfrac{1}{6 \times 10^7} = \dfrac{1}{6} \times 10^{-7} \text{ [m]}$$

330 □□□

고주파를 취급할 경우 큰 단면적을 갖는 한 개의 도선을 사용하지 않고 전체로서는 같은 단면적이라도 가는 선을 모은 도체를 사용하는 주된 이유는?

① 히스테리스 손을 감소시키기 위하여
② 철손을 감소시키기 위하여
③ 과전류에 대한 영향을 감소시키기 위하여
④ 표피효과에 대한 영향을 감소시키기 위하여

| 해설

표피효과 억제 대책: 연선, 복도체, 다도체 사용

331 □□□

내부장치 또는 공간을 물질로 포위시켜 외부자계의 영향을 차폐시키는 방식을 자기차폐라 한다. 자기차폐에 좋은 물질은?

① 강자성체 중에서 비투자율이 큰 물질
② 강자성체 중에서 비투자율이 작은 물질
③ 비투자율이 1보다 작은 역자성체
④ 비투자율에 관계없이 물질의 두께에만 관계되므로 되도록 두꺼운 물질

| 해설

자기차폐는 비투자율이 큰 강자성체로 포위시켜 내부장치를 외부 자계에 대하여 영향을 받지 않도록 차폐하는 것을 말한다. 만약 내부장치가 외부 자계에 노출되면 유도장해($e = -N\dfrac{d\phi}{dt}$)를 일으키게 된다.

정답 328 ④ 329 ① 330 ④ 331 ①

332

정전차폐와 자기차폐를 비교하면?

① 정전차폐가 자기차폐에 비교하여 완전하다.
② 정전차폐가 자기차폐에 비교하여 불완전하다.
③ 두 차폐방법은 모두 완전하다.
④ 두 차폐방법은 모두 불완전하다.

| 해설
정전차폐는 완전차폐가 가능하나 자기차폐는 비교적 불완전하다.

제11장 인덕턴스

333

자기 인덕턴스의 성질을 옳게 표현한 것은?

① 항상 부(負)이다.
② 항상 정(正)이다.
③ 항상 0이다.
④ 유도되는 기전력에 따라 정(正)도 되고 부(負)도 된다.

| 해설
인덕턴스 L는 부(負)값이 없다.

334

인덕턴스의 단위에서 1[H]는?

① 1[A]의 전류에 대한 자속이 1[Wb]인 경우이다.
② 1[A]의 전류에 대한 유전율이 1[F/m]이다.
③ 1[A]의 전류가 1초간에 변화하는 양이다.
④ 1[A]의 전류에 대한 자계가 1[AT/m]인 경우이다.

| 해설
인덕턴스 정의 식: $L = \dfrac{\Phi}{I}$ [H = Wb/m]

∴ $L = \dfrac{\Phi}{I} = \dfrac{1}{1} = 1$ [H]

335

환상솔레노이드 코일에 있어서 코일에 흐르는 전류가 2[A]일 때 자로의 자속이 1×10^{-2}[Wb]이었다고 한다. 코일 권수를 500회라 할 때 이 코일의 자기 인덕턴스는 몇 [H]인가? (단, 코일의 전류와 자로의 자속과의 관계는 정비례한 것으로 하여 계산하시오.)

① 2.5
② 3.5
③ 4.5
④ 5.5

| 해설
인덕턴스 $L = \dfrac{N}{I}\phi = \dfrac{500}{2} \times 10^{-2} = 2.5$ [H]

336

회로가 닫혀있는 코일 1과 개방된 코일 2가 그림과 같이 평등자계와 직각방향으로 서로 나란한 코일면을 유지하고 있을 때 평등자계의 자속이 일정한 비율로 감소하는 경우 다음 설명 중 옳은 것은?

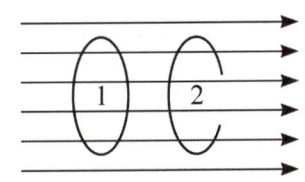

① 유기기전력은 두 코일에 모두 유기된다.
② 유기기전력은 개방된 코일 2에만 유기된다.
③ 두 코일에 같은 줄열이 발생한다.
④ 줄열은 어느 쪽도 발생하지 않는다.

| 해설
전자유도법칙에 의해 두 코일 모두 유기기전력이 발생하며, 전류를 닫혀있는 코일에만 흐르기 때문에 코일 1에만 줄열이 발생된다.

정답 332 ① 333 ② 334 ① 335 ① 336 ①

337

자기인덕턴스 0.5[H]의 코일에 1/200[sec]동안에 전류가 25[A]로부터 20[A]로 줄었다. 이 코일에 유기된 기전력의 크기 및 방향은?

① 50[V], 전류와 같은 방향
② 50[V], 전류와 반대 방향
③ 500[V], 전류와 같은 방향
④ 500[V], 전류와 반대 방향

| 해설
유도기전력
$$e = -L\frac{di}{dt} = -0.5 \times \frac{20-25}{1/200} = 500\,[\text{V}]$$
여기서, + 부호는 전류와 동일 방향으로 발생한다는 의미이다.

338

그림(a)의 인덕턴스에 전류가 그림(b)와 같이 흐를 때 2초에서 6초 사이의 인덕턴스전압 V_L 은 몇 [V]인가?

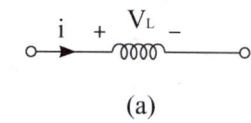

(a)

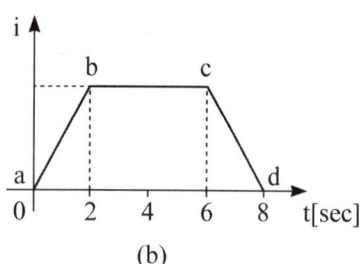

(b)

① 0
② 5
③ 10
④ -5

| 해설
인덕턴스 전압(유도기전력)은 시간에 따라 전류의 크기가 변해야 발생된다. ($V_L = L\frac{di}{dt}$ [V])
∴ 2초와 6초 사이의 전류의 변화가 없으므로
유도기전력$\left(\frac{di}{dt} = 0\right)$은 발생되지 않는다.

339

자기회로의 자기저항이 일정할 때 코일의 권수를 1/2로 줄이면 자기인덕턴스는 원래의 몇 배가 되는가?

① $\frac{1}{\sqrt{2}}$ 배
② $\frac{1}{2}$ 배
③ $\frac{1}{4}$ 배
④ $\frac{1}{8}$ 배

| 해설
㉠ 자기인덕턴스
$$L = \frac{\Phi}{I} = \frac{N}{I}\phi = \frac{N}{I} \times \frac{F}{R_m}$$
$$= \frac{N}{I} \times \frac{IN}{l/\mu S} = \frac{\mu S N^2}{l}\,[\text{H}]$$
㉡ $L \propto \sqrt{N}$ 의 관계를 갖는다.
∴ 권수를 1/2 하면 자기인덕턴스 L 은 1/4이 된다.

340

철심에 25회의 권선을 감고 1[A]의 전류를 통했을 때 0.01[Wb]의 자속이 발생하였다. 같은 철심을 사용하여 자기인덕턴스를 0.25[H]로 하려면 도선의 권수는?

① 25
② 50
③ 75
④ 100

| 해설
㉠ 1차측 자기 인덕턴스
$$L_1 = \frac{N_1}{I} \times \phi = \frac{25}{1} \times 0.01 = 0.25\,[\text{H}]$$
㉡ 인덕턴스 $L \propto \sqrt{N}$ 의 관계를 가지므로
$L_1 : L_2 = N_1^2 : N_2^2$ 에서 2차 권수는
$$\therefore N_2 = \sqrt{\frac{L_2 N_1^2}{L_1}} = \sqrt{\frac{1 \times 25^2}{0.25}} = 25\,[\text{T}]$$

정답 337 ③ 338 ① 339 ③ 340 ①

341

자기인덕턴스 50[H]인 회로에 20[A]의 전류가 흐르고 있을 때 축적되는 전자 에너지는 몇 [J]인가?

① 10[J]　　② 100[J]
③ 1,000[J]　④ 10,000[J]

| 해설
코일에 축적되는 자기적인 에너지
$W_L = \frac{1}{2}LI^2 = \frac{1}{2} \times 50 \times 20^2 = 10000\,[J]$

342

권선수가 N회인 코일에 전류 $I[A]$를 흘릴 경우, 코일에 $\phi[Wb]$의 자속이 지나간다면 이 코일에 저장된 자계 에너지는 어떻게 표현되는가?

① $\frac{1}{2}N\phi^2 I[J]$　② $\frac{1}{2}N\phi I[J]$
③ $\frac{1}{2}N^2\phi I[J]$　④ $\frac{1}{2}N\phi I^2[J]$

| 해설
코일에 축적되는 자기적인 에너지
$W_L = \frac{1}{2}\Phi I = \frac{1}{2}N\phi I = \frac{1}{2}F\phi\,[J]$
여기서, 기자력 $F = IN[AT]$

343

어떤 자기회로에 3,000[AT]의 기자력을 줄 때 2×10^{-3}[Wb]의 자속이 통하였다. 이 자기회로의 자화에 필요한 에너지는 몇 [J]인가?

① 1.5　　② 3
③ 6　　　④ 3×10^3

| 해설
코일에 축적되는 자기적인 에너지
$W_L = \frac{1}{2}F\phi = \frac{1}{2} \times 3000 \times 2 \times 10^{-3} = 3\,[J]$

344

자기 유도계수 20[mH]인 코일에 전류를 흘릴 때 코일과의 쇄교자속수가 0.2[Wb]이었다면 코일에 축적된 에너지는 몇 [J]인가?

① 1　　② 2
③ 3　　④ 4

| 해설
코일에 저장되는 자기에너지
$W_L = \frac{\Phi^2}{2L} = \frac{0.2^2}{2 \times (20 \times 10^{-3})} = 1\,[J]$

345

10[A]의 전류가 흐르고 있는 도선이 자계 내에서 운동하여 5[Wb]의 자속을 끊었다고 하면, 이때 전자력이 한 일은 몇 [J]인가?

① 25　　② 50
③ 75　　④ 100

| 해설
자속이 운반될 때 소비되는 에너지
∴ $W = \phi I = 5 \times 10 = 50\,[J]$

346

10[A]를 흘리고 있는 도체가 20[Wb/sec]의 자속을 끊었을 때 이것의 전력은 몇 [W]인가?

① 2　　　② 200
③ 2,000　④ 4,000

| 해설
㉠ 자속이 운반될 때 소비되는 에너지
　$W = \phi I\,[J]$
㉡ 전력 $P = \frac{W}{t} = \frac{\phi I}{t} = 10 \times 20 = 200\,[W]$

정답　341 ④　342 ②　343 ②　344 ①　345 ②　346 ②

347 □□□

그림과 같은 회로에서 스위치를 최초 A에 연결하여 일정 전류 I[A]를 흘린 다음 스위치를 급히 B로 전환할 때 저항 R[Ω]에서 발생하는 열량은 몇 [cal]인가?

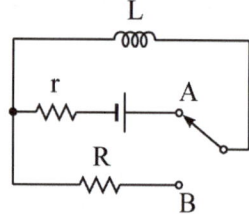

① $\dfrac{1}{8.4}LI^2$ ② $\dfrac{1}{4.2}LI^2$

③ $\dfrac{1}{2}LI^2$ ④ LI^2

| 해설
㉠ 스위치를 A로 이동하면 코일에는 에너지가 저장($W_L = \dfrac{1}{2}LI^2$ [J])된다.
㉡ 그 후 스위치를 B측으로 이동시키면 코일에 저장된 에너지만큼 저항 R에서 소비된다.
㉢ 1[J] $= \dfrac{1}{4.2}$ [cal] $≒ 0.24$ [cal]
∴ 발열량: $H = \dfrac{1}{4.2} W_L = \dfrac{1}{8.4}LI^2$ [cal]

348 □□□

그림과 같은 회로에서 인덕턴스 20[H]에 저축되는 에너지는 몇 [J]인가?

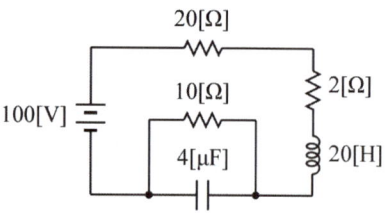

① 1.95 ② 19.5
③ 97.7 ④ 9,770

| 해설
㉠ 직류회로에는 주파수가 없으므로($f=0$)에서 C는 개방, L은 단락 상태가 된다.
㉡ 용량 리액턴스($f=0$)
$X_C = \dfrac{1}{\omega C} = \dfrac{1}{2\pi fC}\bigg|_{f=0} = \infty$
㉢ 유도 리액턴스($f=0$)
$X_L = \omega L = 2\pi fL\big|_{f=0} = 0$
㉣ 회로에 흐르는 전류
$I = \dfrac{100}{20+2+10} = \dfrac{100}{32}$ [A]
∴ 코일에 저장되는 자기적 에너지
$W_L = \dfrac{1}{2}LI^2 = \dfrac{1}{2} \times 20 \times \left(\dfrac{100}{32}\right)^2$
$= 97.656$ [J]

349 □□□

비투자율 1000, 단면적 10[cm²], 자로의 길이 100[cm], 권수 1000회인 철심 환상 솔레노이드에 10[A]의 전류가 흐를 때 저축되는 자기에너지는 몇 [J]인가?

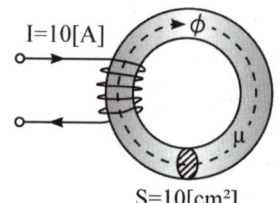

① 62.8 ② 6.28
③ 31.4 ④ 3.14

| 해설
㉠ 자기인덕턴스
$L = \dfrac{\mu S N^2}{l} = \dfrac{\mu_0 \mu_s S N^2}{l}$
$= \dfrac{4\pi \times 10^{-7} \times 1000 \times 10 \times 10^{-4} \times 1000^2}{100 \times 10^{-2}}$
$= 4\pi \times 10^{-1}$ [H]
㉡ 코일에 저장되는 자기적인 에너지
$W_L = \dfrac{1}{2}LI^2 = \dfrac{1}{2} \times 4\pi \times 10^{-1} \times 10^2$
$= 62.8$ [J]

정답 347 ① 348 ③ 349 ①

350

인덕턴스의 단위와 같지 않은 것은? (단, [Wb]: 자속, [A]: 전류, [V]: 전압, [J]: 에너지, [s]: 시간의 단위)

① [Wb/A]
② $\left[\dfrac{V}{A}S\right]$
③ $\left[\dfrac{J}{A} \cdot \dfrac{1}{S}\right]$
④ [J/A²]

| 해설

㉠ 쇄교 자속: $\Phi = N\phi = LI$
→ 인덕턴스: $L = \dfrac{\Phi}{I}$ [Wb/A]

㉡ 유도기전력: $e = -L\dfrac{di}{dt}$
→ $L = -\dfrac{e \cdot dt}{di}\left[\dfrac{V \cdot sec}{A} = \Omega \cdot sec\right]$

㉢ 코일에 축적된 에너지: $W = \dfrac{1}{2}LI^2$
→ $L = \dfrac{2W}{I^2}$ [J/A²]

351

두 개의 전기회로 간의 상호 인덕턴스를 구하는데 사용하는 방법은?

① 가우스의 법칙
② 플레밍의 오른손 법칙
③ 노이만의 공식
④ 스테판-볼쯔만의 법칙

352

그림과 같은 환상철심에 A, B의 코일이 감겨있다. 전류 I가 120[A/s]로 변화할 때, 코일 A에 90[V], 코일 B에 40[V]의 기전력이 유도된 경우, 코일 A의 자기 인덕턴스 L_1[H]과 상호 인덕턴스 M[H]의 값은 얼마인가?

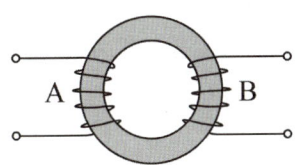

① $L_1 = 0.75$, $M = 0.33$
② $L_1 = 1.25$, $M = 0.7$
③ $L_1 = 1.75$, $M = 0.9$
④ $L_1 = 1.95$, $M = 1.1$

| 해설

㉠ A코일 유도기전력: $e_A = -L_A\dfrac{di_A}{dt}$
→ $L_A = \dfrac{e_A}{\dfrac{di_A}{dt}} = \dfrac{90}{120} = 0.75$ [H]

㉡ B코일 유도기전력: $e_B = -M\dfrac{di_A}{dt}$
→ $M = \dfrac{e_M}{\dfrac{di_A}{dt}} = \dfrac{40}{120} = 0.33$ [H]

353

환상철심에 권수 N_1인 A 코일과 권수 N_2인 B 코일이 있을 때 A 코일의 자기 인덕턴스가 L_1이라면 두 코일의 상호 인덕턴스는 몇 [H]인가? (단, 1, 2차 코일의 누설자속은 없다고 한다.)

① $\dfrac{L_1 N_1}{N_2}$
② $\dfrac{L_1 N_2}{N_1}$
③ $\dfrac{N_1}{L_1 N_2}$
④ $\dfrac{N_2}{L_1 N_1}$

| 해설

㉠ 1차 코일의 자기 인덕턴스
$L_1 = \dfrac{\mu S N_1^2}{l} \rightarrow \dfrac{\mu S}{l} = \dfrac{1}{N_1^2} \times L_1$

㉡ 2차 코일의 자기 인덕턴스
$L_2 = \dfrac{\mu S N_2^2}{l} = \dfrac{\mu S}{l} \times N_2^2 = \left(\dfrac{N_2}{N_1}\right)^2 \times L_1$

㉢ 상호 인덕턴스
$M = \dfrac{\mu S N_1 N_2}{l} = \dfrac{\mu S}{l} \times N_1 N_2 = \dfrac{N_2}{N_1} \times L_1$

정답 350 ③ 351 ③ 352 ① 353 ②

354 □□□
철심이 들어있는 환상코일에서 1차 코일의 권수가 100회일 때 자기 인덕턴스는 0.01[H]이었다. 이 철심에 2차 코일을 200회 감았을 때 2차 코일의 자기 인덕턴스 L_2와 상호 인덕턴스 M은 각각 몇 [H]인가?

① $L_2 = 0.02$ [H], $M = 0.01$ [H]
② $L_2 = 0.01$ [H], $M = 0.02$ [H]
③ $L_2 = 0.04$ [H], $M = 0.02$ [H]
④ $L_2 = 0.02$ [H], $M = 0.04$ [H]

| 해설
㉠ 2차 코일의 자기 인덕턴스
$$L_2 = \left(\frac{N_2}{N_1}\right)^2 \times L_1$$
$$= \left(\frac{200}{100}\right)^2 \times 0.01 = 0.04 \text{ [H]}$$
㉡ 상호 인덕턴스
$$M = \frac{N_2}{N_1} \times L_1 = \frac{200}{100} \times 0.01 = 0.02 \text{ [H]}$$

355 □□□
환상 철심에 권수 1000회의 A 코일과 권수 N회의 B 코일이 감겨져 있다. A 코일의 자기 인덕턴스가 100[mH]이고, 두 코일 사이의 상호 인덕턴스가 20[mH], 결합계수가 1일 때, B 코일의 권수 N은?

① 100회   ② 200회
③ 300회   ④ 400회

| 해설
상호 인덕턴스 $M = \frac{N_2}{N_1} \times L_1$ 에서
$$\therefore N_B = \frac{MN_A}{L_A} = \frac{20 \times 10^{-3} \times 1000}{100 \times 10^{-3}} = 200$$

356 □□□
자기 인덕턴스 L_1, L_2와 상호 인덕턴스 M과의 결합계수는 어떻게 표시되는가?

① $\dfrac{M}{\sqrt{L_1 L_2}}$ ② $\dfrac{M}{L_1 L_2}$
③ $\dfrac{\sqrt{L_1 L_2}}{M}$ ④ $\dfrac{L_1 L_2}{M}$

357 □□□
자기 인덕턴스와 상호 인덕턴스와의 관계에서 결합계수 k의 값은?

① $0 \leq k \leq \dfrac{1}{2}$
② $0 \leq k \leq 1$
③ $1 \leq k \leq 2$
④ $0 \leq k \leq 10$

| 해설
㉠ $k = 0$: 자기적인 비결합
㉡ $k = 1$: 자기적인 완전결합
㉢ 결합계수 범위: $0 < k \leq 1$

358 □□□
자기유도계수가 각각 L_1, L_2인 A, B 2개의 코일이 있다. 상호 유도계수 $M = \sqrt{L_1 L_2}$라고 할 때 다음 중 틀린 것은?

① A 코일에서 만든 자속은 전부 B 코일과 쇄교되어 진다.
② 두 코일이 만드는 자속은 항상 같은 방향이다.
③ A 코일에 1초 동안에 1[A]의 전류 변화를 주면 B 코일에는 1[V]가 유기된다.
④ L_1, L_2는 부(-)의 값을 가질 수 없다.

정답   354 ③ 355 ② 356 ① 357 ② 358 ③

| 해설

㉠ 상호 인덕턴스 $M = k\sqrt{L_1 L_2}$ 에서 $k = 1$ 은 자기적인 완전결합을 의미한다. 즉, A 코일에서 만든 자속은 전부 B 코일과 쇄교된다. ($\phi_1 = \phi_{21}$, $\phi_{11} = 0$)
㉡ A 코일에 시간에 따라 변화하는 전류를 인가하면 B 코일에는 $e = -M\dfrac{di_A}{dt}$ [V] 의 기전력이 유도된다. 따라서 $\dfrac{di_A}{dt} = 1$ [A/s] 를 인가하면 B 코일에는 M [V] 의 기전력이 유도된다.

359 □□□

그림과 같이 환상의 철심에 일정한 권선이 감겨진 권수 N 회, 단면적 S [m²], 평균자로의 길이 l [m]인 환상 솔레노이드에 전류 I [A]를 흘렸을 때 이 환상 솔레노이드의 자기 인덕턴스를 바르게 표현한 식은?

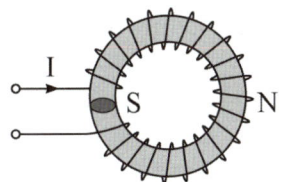

① $\dfrac{\mu^2 SN}{l}$ ② $\dfrac{\mu S^2 N}{l}$

③ $\dfrac{\mu SN}{l}$ ④ $\dfrac{\mu SN^2}{l}$

| 해설
㉠ 기자력: $F = IN$ [AT]
㉡ 자기저항: $R_m = \dfrac{\mu S}{l}$ [AT/Wb]
㉢ 자속(옴의 법칙): $\phi = \dfrac{F}{R_m} = \dfrac{\mu SNI}{l}$ [Wb]
∴ 인덕턴스: $L = \dfrac{N}{I}\phi = \dfrac{\mu SN^2}{l}$ [H]

360 □□□

권수가 N인 철심 L 이 들어 있는 환상 솔레노이드가 있다. 철심의 투자율이 일정하다고 하면, 이 솔레노이드의 자기 인덕턴스는? (단, R_m 은 철심의 자기저항이다.)

① $L = \dfrac{R_m}{N^2}$ ② $L = \dfrac{N^2}{R_m}$

③ $L = R_m N^2$ ④ $L = \dfrac{N}{R_m}$

| 해설
$L = \dfrac{N}{I}\phi = \dfrac{N}{I} \times \dfrac{F}{R_m} = \dfrac{N}{I} \times \dfrac{IN}{R_m} = \dfrac{N^2}{R_m}$

361 □□□

N 회 감긴 환상 코일의 단면적이 S [m²]이고 평균 길이가 l [m]이다. 이 coil의 권수를 반으로 줄이고 인덕턴스를 일정하게 하려면?

① 단면적을 2배로 한다.
② 길이를 1/4배로 한다.
③ 전류의 세기를 4배로 한다.
④ 비투자율을 2배로 한다.

| 해설
인덕턴스 $L = \dfrac{\mu SN^2}{l}$ [H] 에서, N을 1/2하면 인덕턴스는 1/4배가 된다.
∴ 인덕턴스를 일정하게 유지하려면 길이를 1/4 또는 단면적을 4배로 하면 된다.

정답 359 ④ 360 ② 361 ②

362

그림과 같은 1[m]당 권선수 n, 반지름 a[m]의 무한장 솔레노이드에서 자기 인덕턴스는 n 과 a 사이에 어떤 관계가 있는가?

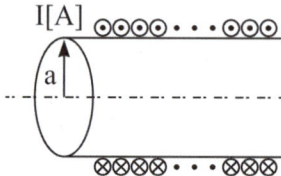

① a 와는 상관없고 n^2 에 비례한다.
② a 와 n 의 곱에 비례한다.
③ a^2 과 n^2 의 곱에 비례한다.
④ a^2 에 반비례하고 n^2 에 비례한다.

| 해설
㉠ 단위 길이당 권선수 $n = \dfrac{N}{l}$ 에서 권수 $N = nl$ 이므로
$N^2 = n^2 l^2$ 이 된다.
㉡ 자기 인덕턴스
$$L = \dfrac{\mu S N^2}{l} = \dfrac{\mu S n^2 l^2}{l}$$
$$= \mu S n^2 l = \mu \pi a^2 l [H] = \mu \pi a^2 n^2 [H/m]$$
∴ a^2 과 n^2 의 곱에 비례한다.

363

지름이 40[mm]인 원형 종이관에 일정하게 2000회의 코일이 감겨있는 솔레노이드의 인덕턴스는 몇 [mH]인가? (단, 솔레노이드의 길이는 50[cm]투자율은 μ_0 라고 한다.)

① 12.6   ② 25.2
③ 50.4   ④ 75.6

| 해설
종이관 내부는 공기로 채워져 있으므로(공심 솔레노이드) 비투자율 $\mu_s = 1$이 된다.
∴ 자기 인덕턴스
$$L = \dfrac{\mu_0 S N^2}{l} = \dfrac{\mu_0 (\pi r^2) N^2}{l}$$
$$= \dfrac{4\pi \times 10^{-7} \times \pi (0.02)^2 \times 2000^2}{0.5}$$
$$= 12.62 \times 10^{-3} [H]$$

364

동축케이블의 단위 길이당 자기 인덕턴스는? (단, 동축선 자체의 내부 인덕턴스는 무시하는 것으로 한다.)

① 두 원통의 반지름의 비에 정비례한다.
② 동축선의 투자율에 비례한다.
③ 동축선간 유전체의 투자율에 비례한다.
④ 동축선에 흐르는 전류의 세기에 비례한다.

| 해설
동축케이블(원통 도체) 전체 인덕턴스
$$L = L_i + L_e = \dfrac{\mu}{8\pi} + \dfrac{\mu}{2\pi} \ln \dfrac{b}{a} [H/m]$$
여기서, L_i: 내부 인덕턴스
L_e: 외부 인덕턴스

365

지름 2[mm], 길이 25[m]인 동선의 내부 인덕턴스는 몇 [μH]인가?

① 25   ② 5.0
③ 2.5   ④ 1.25

| 해설
내부 인덕턴스(구리의 비투자율: $\mu_s \fallingdotseq 1$)
$$L_i = \dfrac{\mu l}{8\pi} = \dfrac{\mu_0 \mu_s l}{8\pi} = \dfrac{4\pi \times 10^{-7} \times 25}{8\pi}$$
$$= 1.25 \times 10^{-6} [H] = 1.25 [\mu H]$$

366

내도체의 반지름이 a[m]이고, 외도체의 내반지름이 b[m], 외반지름이 c[m]인 동축케이블의 단위 길이 당 자기 인덕턴스는 몇 [H/m]인가?

① $\dfrac{\mu_0}{2\pi} \ln \dfrac{b}{a}$ ② $\dfrac{\mu_0}{\pi} \ln \dfrac{b}{a}$
③ $\dfrac{2\pi}{\mu_0} \ln \dfrac{b}{a}$ ④ $\dfrac{\pi}{\mu_0} \ln \dfrac{b}{a}$

정답 362 ③ 363 ① 364 ③ 365 ④ 366 ①

| 해설

동축케이블(원통 도체) 전체 인덕턴스

$$L = L_i + L_e = \frac{\mu}{8\pi} + \frac{\mu_0}{2\pi} \ln \frac{b}{a} \text{ [H/m]}$$

여기서, L_i : 내부 인덕턴스
L_e : 외부 인덕턴스

367 □□□

균일하게 원형 단면을 흐르는 전류 I[A]에 의한 반지름 a[m], 길이 l[m], 비투자율 μ_s인 원통 도체의 내부 인덕턴스[H]는?

① $\frac{1}{2} \times 10^{-7} \mu_s l$ ② $\frac{1}{2a} \times 10^{-7} \mu_s l$

③ $2 \times 10^{-7} \mu_s l$ ④ $10^{-7} \mu_s l$

| 해설

도체 내부의 인덕턴스 $L_i = \frac{\mu l}{8\pi}$ [H] 에서

$\therefore L_i = \frac{\mu l}{8\pi} = \frac{\mu_0 \mu_s l}{8\pi} = \frac{4\pi \times 10^{-7} \times \mu_s \times l}{8\pi}$

$= \frac{1}{2} \times 10^{-7} \times \mu_s l$ [H]

368 □□□

반지름 a[m]인 직선상 도체의 전류 I[A]가 고르게 흐를 때 도체 내의 전자에너지와 관계없는 것은?

① 투자율   ② 도체의 길이
③ 전류의 크기   ④ 도체의 단면적

| 해설

도체 내부의 인덕턴스 $L_i = \frac{\mu l}{8\pi}$ [H] 에서

∴ 코일에 저장되는 자기적인 에너지

$W_L = \frac{1}{2} LI^2 = \frac{1}{2} \times \left(\frac{\mu l}{8\pi}\right)^2 I^2$ [J]

369 □□□

그림과 같이 반지름 a[m]인 원형 단면을 가지고 중심간격이 d[m]인 평행 왕복 도선의 단위 길이당 자기 인덕턴스 [H/m]는? (단, 도체는 공기 중에 있고 $d \gg a$ 로 한다.)

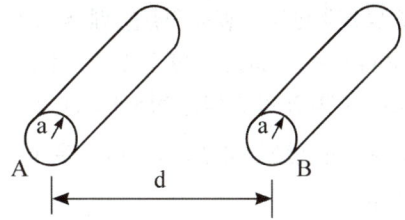

① $L = \frac{\mu_0}{\pi} \ln \frac{a}{b} + \frac{\mu}{4\pi}$ [H/m]

② $L = \frac{\mu_0}{\pi} \ln \frac{a}{b} + \frac{\mu}{2\pi}$ [H/m]

③ $L = \frac{\mu_0}{\pi} \ln \frac{d}{a} + \frac{\mu}{4\pi}$ [H/m]

④ $L = \frac{\mu_0}{\pi} \ln \frac{d}{a} + \frac{\mu}{2\pi}$ [H/m]

| 해설

㉠ 동축원통도체(동축케이블)의 인덕턴스

$L = \frac{\mu}{8\pi} + \frac{\mu_0}{2\pi} \ln \frac{b}{a}$ [H/m]

㉡ 두 개의 평행 왕복도선의 인덕턴스

$L = \frac{\mu}{4\pi} + \frac{\mu_0}{\pi} \ln \frac{d}{a}$ [H/m]

정답 367 ① 368 ④ 369 ③

370 □□□

서로 결합하고 있는 두 코일 C_1와 C_2의 자기 인덕턴스가 각각 L_{C1}, L_{C2}라고 한다. 이 둘을 직렬로 연결하여 합성 인덕터스 값을 얻은 후, 두 코일 간 상호 인덕턴스의 크기 ($|M|$)를 얻고자 한다. 직렬로 연결할 때, 두 코일간 자속이 서로 가해져서 보강되는 방향이 있고, 서로 상쇄되는 방향이 있다. 전자의 경우 얻은 합성인덕턴스의 값이 L_1 후자인 경우 얻은 합성인덕턴스의 값이 L_2일 때, 다음 중 알맞은 식은?

① $L_1 < L_2$, $|M| = \dfrac{L_2 + L_1}{4}$

② $L_1 > L_2$, $|M| = \dfrac{L_1 + L_2}{4}$

③ $L_1 < L_2$, $|M| = \dfrac{L_2 - L_1}{4}$

④ $L_1 > L_2$, $|M| = \dfrac{L_1 - L_2}{4}$

| 해설

㉠ 가동결합(코일을 서로 같은 방향으로 감은 경우)
$L_1 = L_{C1} + L_{C2} + 2M$
㉡ 차동결합(코일을 서로 반대 방향으로 감은 경우)
$L_2 = L_{C1} + L_{C2} - 2M$
∴ 상호 인덕턴스: $M = \dfrac{L_1 - L_2}{4}$ [H]

371 □□□

서로 결합하고 있는 두 코일의 자기유도계수가 각각 3[mH], 5[mH]이다. 이들을 자속이 서로 합해지도록 직렬 접속하면 합성유도계수가 L[mH]이고, 반대되도록 직렬 접속하면 합성 유도계수 L'는 L의 60[%]이었다. 두 코일 간의 결합계수는 얼마인가?

① 0.258   ② 0.362
③ 0.451   ④ 0.551

| 해설

㉠ 가동결합: $L_+ = L_1 + L_2 + 2M = L$
(여기서, $L_1 = 3$[mH], $L_2 = 5$[mH])
㉡ 차동결합: $L_- = L_1 + L_2 - 2M = 0.6L$
㉢ 상호 인덕턴스
$L_+ + L_- = 4M = 0.4L \rightarrow L = 10M$
㉣ 가동결합 공식에서 $L = 10M$을 대입하면
$L_+ = L_1 + L_2 + 2M = 10M$
$L_1 + L_2 = 8M \rightarrow M = \dfrac{L_1 + L_2}{8} = 1$[mH]
∴ 결합계수
$k = \dfrac{M}{\sqrt{L_1 L_2}} = \dfrac{1}{\sqrt{3 \times 5}} = 0.25$[mH]

372 □□□

$L_1 = 5$[H], $L_2 = 80$[H], 결합계수 $k = 0.5$인 두개의 코일을 그림과 같이 접속하고 $I = 0.5$[A]의 전류를 흘릴 때 이 합성 코일에 축적되는 에너지[J]는?

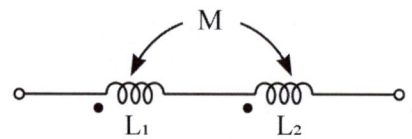

① 13.13×10^{-3} ② 16.26×10^{-3}
③ 8.13×10^{-3} ④ 26.26×10^{-3}

| 해설

㉠ 두 코일은 가동결합 상태이므로
$L = L_1 + L_2 + 2M = L_1 + L_2 + 2k\sqrt{L_1 L_2}$
$= 5 + 80 + 2 \times 0.5\sqrt{5 \times 80} = 105$[mH]
㉡ 코일에 축적되는 자기적인 에너지
$W_L = \dfrac{1}{2}LI^2 = \dfrac{1}{2} \times 105 \times 10^{-3} \times (0.5)^2$
$= 13.125 \times 10^{-3}$ [J]

정답 370 ④ 371 ① 372 ①

373

그림과 같이 각 코일의 자기인덕턴스가 각각 $L_1=6[H]$, $L_2=2[H]$이고, 두 코일 사이에는 상호 인덕턴스가 $M=3[H]$라면 전 코일에 저축되는 자기에너지는 몇 [J]인가? (단, $I=10[A]$이다.)

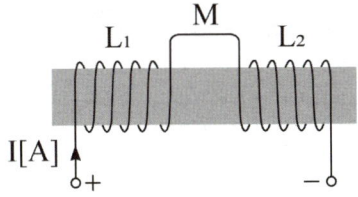

① 50
② 100
③ 150
④ 200

| 해설
㉠ 두 코일은 차동결합 상태이므로
$L = L_1 + L_2 - 2M = 6 + 2 - 2 \times 3 = 2[H]$
㉡ 코일에 축적되는 자기적인 에너지
$W_L = \frac{1}{2}LI^2 = \frac{1}{2} \times 2 \times 10^2 = 100[J]$

제12장 전자계

374

변위전류의 개념 도입은 다음 중 누구의 기여에 의한 것인가?

① 패러데이(Faraday)
② 렌츠(Lenz)
③ 맥스웰(maxwell)
④ 로렌츠(Lorentz)

375

유전체 내에서 변위전류를 발생하는 것은?

① 분극전하 밀도의 시간적 변화
② 전속밀도의 시간적 변화
③ 자속밀도의 시간적 변화
④ 분극전하 밀도의 공간적 변화

| 해설
변위전류밀도는 $i_d = \frac{\partial D}{\partial t}$ 이므로 변위전류는 전속밀도의 시간적 변화에 의해서 발생된다.

376

변위전류와 가장 관계가 깊은 것은?

① 반도체
② 유전체
③ 자성체
④ 도체

377

전도전자나 구속전자의 이동에 의하지 않은 전류는?

① 대류전류
② 전도전류
③ 변위전류
④ 분극전류

| 해설
① 대류전류: 하전 입자가 전해액, 절연액, 기체, 진공중 등을 이동함으로써 생기는 전류
② 전도전류: 도체의 2점 간에 전위차가 있는 경우에 도체에 흐르는 전류
③ 변위전류: 전속밀도의 시간적 변화에 따라 유전체 내에 흐르는 전류
④ 분극전류: 유전체 내부에 속박되어 있는 구속전자에 의한 전류
∴ 변위전류는 시변에서만 흐르는 전류이다.

정답 373 ② 374 ③ 375 ② 376 ② 377 ③

378 □□□

그림에서 축전기를 ±Q[C]로 대전한 후 스위치 k를 닫고 도선에 전류 I를 흘리는 순간의 축전기 두 판 사이의 변위전류는?

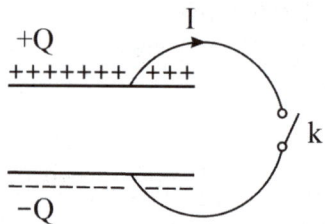

① +Q판에서 -Q판쪽으로 흐른다.
② -Q판에서 +Q판쪽으로 흐른다.
③ 왼쪽에서 오른쪽으로 흐른다.
④ 오른쪽에서 왼쪽으로 흐른다.

| 해설
전도전류와 변위전류의 방향은 같으며, 두 전류 모두 자기장을 발생시킨다.

379 □□□

변위전류밀도를 나타내는 식은?

① $\dfrac{\partial \phi}{\partial t}$ ② $\dfrac{\partial D}{\partial t}$
③ $\dfrac{\partial B}{\partial t}$ ④ $\dfrac{\partial N\phi}{\partial t}$

| 해설
㉠ 변위전류밀도
$$i_d = \dfrac{\partial D}{\partial t} = \epsilon \dfrac{\partial E}{\partial t} = j\omega\epsilon E \,[\text{A/m}^2]$$
㉡ 변위전류는 전계, 자계, 전자계 및 회로에 인가되는 교류 전압보다 위상이 90° 앞선다.

380 □□□

간격 d[m]인 두 개의 평행판 전극 사이에 유전율 ϵ[F/m]의 유전체가 있을 때 전극사이에 전압 $V_m \sin\omega t$ [V]를 가하면 변위전류는 몇 [A]가 되겠는가? (단, 여기서, 극판의 면적은 S[m²]이고 콘덴서의 정전용량은 C[F]라 한다.)

① $\dfrac{V_m}{\omega C}\sin\left(\omega t + \dfrac{\pi}{2}\right)$ ② $-\omega C V_m \sin\omega t$
③ $\omega c V_m \sin\left(\omega t + \dfrac{\pi}{2}\right)$ ④ $-\omega C V_m \cos\omega t$

| 해설
변위전류
$$I_d = \dfrac{\partial D}{\partial t}S = \epsilon S \dfrac{\partial E}{\partial t} = \dfrac{\epsilon S}{d}\dfrac{\partial V}{\partial t}$$
$$= C\dfrac{\partial V}{\partial t} = C\dfrac{\partial}{\partial t}V_m \sin\omega t$$
$$= CV_m \dfrac{\partial}{\partial t}\sin\omega t = \omega CV_m \cos\omega t$$
$$= \omega CV_m \sin\left(\omega + \dfrac{\pi}{2}\right) = j\omega CV_m \sin\omega t$$
$$= j\omega CV \,[\text{A}]$$
여기서, 허수 j는 위상이 90° 빠른 것을 의미한다.
즉, $j = 1\angle 90°$

381 □□□

간격이 d[m]인 2개의 평행판 전극 사이에 유전율 ϵ의 유전체가 들어 있다. 전극사이에 전압 $V_m \cos\omega t$를 가했을 때 변위전류밀도 i_d[A/m²]는?

① $\dfrac{\epsilon\omega}{d}V_m \sin\omega t$ ② $\dfrac{\epsilon}{d}V_m \cos\omega t$
③ $-\dfrac{\epsilon\omega}{d}V_m \sin\omega t$ ④ $-\dfrac{\epsilon}{d}V_m \cos\omega t$

| 해설
변위전류밀도
$$i_d = \dfrac{\partial D}{\partial t} = \epsilon\dfrac{\partial E}{\partial t} = \dfrac{\epsilon}{d}\dfrac{\partial V}{\partial t}$$
$$= \dfrac{\epsilon}{d}\dfrac{\partial}{\partial t}V_m \cos\omega t = \dfrac{\epsilon}{d}V_m \dfrac{\partial}{\partial t}\cos\omega t$$
$$= -\dfrac{\epsilon\omega}{d}\sin\omega t \,[\text{A/m}^2]$$

정답 378 ② 379 ② 380 ③ 381 ③

382

변위전류에 의하여 전자파가 발생되었을 때 전자파의 위상은?

① 변위전류보다 90도 빠르다.
② 변위전류보다 90도 늦다.
③ 변위전류보다 30도 빠르다.
④ 변위전류보다 30도 늦다.

| 해설
㉠ 변위전류밀도
$$i_d = \frac{\partial D}{\partial t} = \epsilon \frac{\partial E}{\partial t} = j\omega\epsilon E \,[\text{A/m}^2]$$
㉡ 변위전류는 전계, 자계, 전자계 및 회로에 인가되는 교류전압보다 위상이 90° 앞선다.

383

공기 중에서 1[V/m]의 전계를 1[A/m²]의 변위전류로 흐르게 하려면 주파수는 몇 [MHz]가 되어야 하는가?

① 1,500
② 1,800
③ 15,000
④ 18,000

| 해설
변위전류밀도 $i_d = \omega\epsilon_0 E = 2\pi f \epsilon_0 E \,[\text{A/m}^2]$ 에서 주파수는 다음과 같다.

$$\therefore f = \frac{i_d}{2\pi\epsilon_0 E} = \frac{1}{2\pi\epsilon_0 \times 1}$$
$$= \frac{1}{2\pi \times \frac{1}{36\pi \times 10^9}} = 18 \times 10^9 \,[\text{Hz}]$$
$$= 18000 \,[\text{MHz}]$$

384

도전율 σ, 유전율 ϵ 인 매질에 교류전압을 가할 때 전도전류와 변위전류의 크기가 같아지는 주파수는?

① $f = \dfrac{\sigma}{2\pi\epsilon}$
② $f = \dfrac{\epsilon}{2\pi\sigma}$
③ $f = \dfrac{2\pi\epsilon}{\sigma}$
④ $f = \dfrac{2\pi\sigma}{\epsilon}$

| 해설
㉠ 전도전류: $I_c = \sigma ES \,[\text{A}]$
㉡ 변위전류: $I_d = \omega\epsilon ES = 2\pi f \epsilon ES \,[\text{A}]$
㉢ 임계조건: $I_c = I_d \rightarrow \sigma ES = 2\pi f \epsilon ES$

$\therefore$ 임계주파수 $f_c = \dfrac{\sigma}{2\pi\epsilon} = \dfrac{k}{2\pi} \,[\text{Hz}]$

385

미분방정식 형태로 나타낸 맥스웰의 전자계 기초방정식은?

① $rot E = -\dfrac{\partial B}{\partial t}$, $rot H = \dfrac{\partial D}{\partial t}$,
$div D = 0$, $div B = 0$

② $rot E = -\dfrac{\partial B}{\partial t}$, $rot H = i + \dfrac{\partial D}{\partial t}$,
$div D = \rho$, $div B = H$

③ $rot E = -\dfrac{\partial B}{\partial t}$, $rot H = i + \dfrac{\partial D}{\partial t}$,
$div D = \rho$, $div B = 0$

④ $rot E = -\dfrac{\partial B}{\partial t}$, $rot H = i$,
$div D = 0$, $div B = 0$

| 해설
㉠ $rot H = \nabla \times H = i = i_c + \dfrac{\partial D}{\partial t}$
전계의 시간적 변화는 회전하는 자계를 발생시킨다.
㉡ $rot E = \nabla \times E = -\dfrac{\partial B}{\partial t}$
자계가 시간에 따라 변화하면 회전하는 전계가 발생한다.
㉢ $div D = \nabla \cdot D = \rho$
전하가 존재하면 전속선이 발생한다.
㉣ $div B = \nabla \cdot B = 0$
고립된 자극은 없고, N극 S극은 함께 공존한다.

정답 382 ② 383 ④ 384 ① 385 ③

386

전자계에 대한 맥스웰의 기본이론이 아닌 것은?

① 자계의 시간적 변화에 따라 전계의 회전이 생긴다.
② 전도전류는 자계를 발생시키나, 변위전류는 자계를 발생시키지 않는다.
③ 자극은 N-S극이 항상 공존한다.
④ 전하에서는 전속선이 발산된다.

| 해설
전도전류와 변위전류는 모두 주위에 자계를 만든다.
($rot\,H = \nabla \times H = i = i_c + \dfrac{\partial D}{\partial t}$)

387

다음 맥스웰(Maxwell) 전자방정식 중 성립하지 않는 식은?

① $div\,D = \rho$
② $div\,B = 0$
③ $rot\,E = \dfrac{\partial B}{\partial t}$
④ $rot\,H = i + \dfrac{\partial D}{\partial t}$

| 해설
패러데이법칙의 미분형
$rot\,E = \nabla \times E = -\dfrac{\partial B}{\partial t}$

388

전자장에 관한 다음의 기본 식 중 옳지 않은 것은?

① 가우스 정리의 미분형 $div\,D = \rho$
② 옴의 법칙의 미분형 $i = \sigma E$
③ 패러데이 법칙의 미분형 $rot\,E = -\dfrac{\partial B}{\partial t}$
④ 암페어 주회적분 법칙의 미분형 $rot\,H = \dfrac{\partial D}{\partial t} + \rho$

| 해설
암페어 주회적분 법칙의 미분형
$rot\,H = \nabla \times H = i = i_c + \dfrac{\partial D}{\partial t}$
여기서, i: 전류밀도($i = i_c + i_d$)
i_c: 전도전류 밀도
$i_d = \dfrac{\partial D}{\partial t}$: 변위전류밀도

389

유전체 내의 전계의 세기가 E, 분극의 세기가 P, 유전율이 $\epsilon = \epsilon_0 \epsilon_s$ 인 유전체 내의 변위전류밀도는?

① $\epsilon \dfrac{\partial E}{\partial t} + \dfrac{\partial P}{\partial t}$
② $\epsilon_0 \dfrac{\partial E}{\partial t} + \dfrac{\partial P}{\partial t}$
③ $\epsilon_0 (\dfrac{\partial E}{\partial t} + \dfrac{\partial P}{\partial t})$
④ $\epsilon (\dfrac{\partial E}{\partial t} + \dfrac{\partial P}{\partial t})$

| 해설
분극의 세기 $P = D - \epsilon_0 E$에서 전속밀도는 $D = \epsilon_0 E + P$ 이 된다.
∴ 변위전류밀도
$i_d = \dfrac{\partial D}{\partial t} = \dfrac{\partial}{\partial t}(\epsilon_0 E + P)$
$= \epsilon_0 \dfrac{\partial E}{\partial t} + \dfrac{\partial P}{\partial t}$

390

와전류를 발생하는 전계 E를 표시하는 식은?

① $div\,E = -\dfrac{\rho}{\epsilon}$
② $div\,E = \dfrac{\rho}{\epsilon}$
③ $rot\,E = -\dfrac{\partial B}{\partial t}$
④ $rot\,E = \dfrac{\partial B}{\partial t}$

| 해설
와전류: $rot\,E = -\dfrac{\partial B}{\partial t}$
자속밀도가 시간에 따라 변화하면 회전하는 전계를 발생한다.

정답 386 ② 387 ③ 388 ④ 389 ② 390 ③

391 □□□

그림과 같은 평행판 콘덴서에 교류전원을 접속할 때 전류의 연속성에 대해서 성립하는 식은? (단, E: 전계, D: 전속밀도, ρ: 체적전하밀도, i: 전도전류밀도, B: 자속밀도, t: 시간)

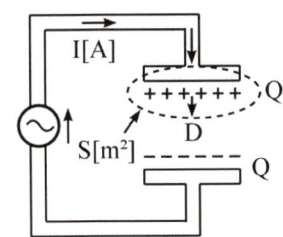

① $\nabla \cdot D = \rho$
② $\nabla \times E = -\dfrac{\partial B}{\partial t}$
③ $\nabla \cdot B = 0$
④ $\nabla \cdot \left(i + \dfrac{\partial D}{\partial t}\right) = 0$

|해설

전류밀도 $i = i_c + i_d = kE + \dfrac{\partial D}{\partial t}$ 이므로

∴ 전류의 연속성

$div\, i = \nabla \cdot i = \nabla \cdot \left(i_c + \dfrac{\partial D}{\partial t}\right) = 0$

392 □□□

전자계에서 전파속도와 관계없는 것은?

① 도전율
② 유전율
③ 비투자율
④ 주파수

|해설

㉠ 전자파의 속도: $v = \dfrac{1}{\sqrt{\epsilon\mu}}$ [m/s]

㉡ 파장의 길이: $\lambda = \dfrac{v}{f}$ [m] → $v = \lambda f$

∴ 전자파의 속도는 유전율(ϵ), 투자율(μ), 주파수(f)에 비례한다.

393 □□□

유전율 ϵ, 투자율 μ인 매질에서 전자파의 전파속도는?

① $\sqrt{\dfrac{\epsilon}{\mu}}$
② $\sqrt{\dfrac{\mu}{\epsilon}}$
③ $\dfrac{3 \times 10^8}{\sqrt{\varepsilon_s \mu_s}}$
④ $\sqrt{\mu\epsilon}$

|해설

㉠ 진공 중의 전자파의 속도($\epsilon_0 = \mu_0 = 1$)

$v_0 = \dfrac{1}{\sqrt{\epsilon_0 \mu_0}} = \dfrac{1}{\sqrt{\dfrac{4\pi \times 10^{-7}}{36\pi \times 10^9}}}$

$= \dfrac{1}{\sqrt{\dfrac{1}{9 \times 10^{16}}}} = 3 \times 10^8$ [m/s]

㉡ 매질 내에서 전파속도

$v = \dfrac{1}{\sqrt{\epsilon\mu}} = \dfrac{1}{\sqrt{\epsilon_0 \epsilon_s \mu_0 \mu_s}} = \dfrac{3 \times 10^8}{\sqrt{\epsilon\mu}}$ [m/s]

394 □□□

전자파의 전파속도[m/s]에 대한 설명 중 옳은 것은?

① 유전율에 비례한다.
② 유전율에 반비례한다.
③ 유전율과 투자율의 곱의 제곱근에 비례한다.
④ 유전율과 투자율의 곱의 제곱근에 반비례한다.

|해설

전자파의 전파 속도 $v = \dfrac{1}{\sqrt{\epsilon\mu}} = \dfrac{3 \times 10^8}{\sqrt{\epsilon_s \mu_s}}$ 이므로 전파속도는 유전율과 투자율의 곱의 제곱근(루트)에 반비례한다.

정답 391 ④ 392 ① 393 ③ 394 ④

395

비유전율 4, 비투자율 4인 매질 내에서의 전자파의 전파 속도는 자유공간에서의 빛의 속도의 몇 배인가?

① $\frac{1}{3}$ ② $\frac{1}{4}$
③ $\frac{1}{9}$ ④ $\frac{1}{16}$

| 해설
전파속도
$$v = \frac{1}{\sqrt{\mu\epsilon}} = \frac{3\times 10^8}{\sqrt{\mu_s \epsilon_s}}$$
$$= \frac{C}{\sqrt{\mu_s \epsilon_s}} = \frac{C}{\sqrt{4\times 4}} = \frac{C}{4}$$

396

합성수지($\epsilon_s = 4$) 중 에서의 전자파 속도는? (단, $\mu_s = 1$이다.)

① 3×10^8 [m/s] ② 1.5×10^8 [m/s]
③ 7.5×10^7 [m/s] ④ 1.5×10^7 [m/s]

| 해설
전자파의 속도
$$v = \frac{1}{\sqrt{\epsilon\mu}} = \frac{3\times 10^8}{\sqrt{\mu_s \epsilon_s}}$$
$$= \frac{3\times 10^8}{\sqrt{1\times 4}} = 1.5\times 10^8 \text{ [m/s]}$$

397

진공 중에서 빛의 속도와 일치하는 전자파의 전파속도를 얻기 위한 조건으로 맞는 것은?

① $\mu_s = 0$, $\epsilon_s = 0$ ② $\mu_s = 0$, $\epsilon_s = 1$
③ $\mu_s = 1$, $\epsilon_s = 0$ ④ $\mu_s = 1$, $\epsilon_s = 1$

| 해설
전자파의 속도 $v = \frac{1}{\sqrt{\epsilon\mu}} = \frac{3\times 10^8}{\sqrt{\epsilon_s \mu_s}}$ [m/s] 이므로 전자파의 속도가 빛의 속도와 같기 위해서는 $\epsilon_s = \mu_s = 1$ 이 되어야 한다.

398

15[MHz]의 전자파의 파장은 몇 [m]인가?

① 8 ② 15
③ 20 ④ 25

| 해설
전자파의 속도 $v_0 = 3\times 10^8$ [m/s]
∴ 파장의 길이 $\lambda = \frac{v}{f} = \frac{3\times 10^8}{15\times 10^6} = 20$ [m]

399

안테나에서 파장 40[cm]의 평면파가 자유공간에 방사될 때 발신 주파수는 몇 [MHz]인가?

① 650 ② 700
③ 750 ④ 800

| 해설
파장의 길이 $\lambda = \frac{v}{f}$ [m] 에서 발신 주파수는
$$\therefore f = \frac{v}{\lambda} = \frac{3\times 10^8}{0.4}$$
$$= 0.75\times 10^9 \text{ [Hz]} = 750 \text{ [MHz]}$$

400

비유전율 $\epsilon_r = 4$, 비투자율이 $\mu_r = 1$인 매질 내에서 주파수가 1[GHz]인 전자기파의 파장은 몇 [m]인가?

① 0.1[m] ② 0.15[m]
③ 0.25[m] ④ 0.4[m]

| 해설
㉠ 매질 중의 전자파의 속도
$$v = \frac{1}{\sqrt{\epsilon\mu}} = \frac{3\times 10^8}{\sqrt{\epsilon_r \mu_r}} = \frac{3\times 10^8}{\sqrt{4\times 1}}$$
$$= 1.5\times 10^8 \text{ [m/s]}$$
㉡ 파장의 길이
$$\lambda = \frac{v}{f} = \frac{1.5\times 10^8}{10^9} = 0.15 \text{ [m]}$$

정답 395 ② 396 ② 397 ④ 398 ③ 399 ③ 400 ②

401

도체 내의 전자파의 속도를 v 라 하고, 감쇠 정수를 α, 위상 정수를 β, 각속도를 ω 라고 하면 전자파의 속도 $v[\text{m/s}]$를 나타내는 것은?

① $\dfrac{\omega}{\alpha}$ ② $\dfrac{\alpha^2}{\omega}$

③ $\dfrac{\omega}{\beta}$ ④ $\dfrac{\beta^2}{\omega}$

| 해설

㉠ 전파 정수: $\gamma = \alpha + j\beta$
여기서, α: 감쇠정수
㉡ 위상정수: $\beta = \omega\sqrt{LC}$
∴ 전자파의 속도
$v = \dfrac{1}{\sqrt{\epsilon\mu}} = \dfrac{1}{\sqrt{LC}} = \dfrac{\omega}{\beta}\,[\text{m/s}]$
여기서, $LC = \epsilon\mu$

402

자유공간 내의 고유 임피던스는?

① $\mu_0\epsilon_0$ ② $\sqrt{\mu_0\epsilon_0}$

③ $\dfrac{\mu_0}{\epsilon_0}$ ④ $\sqrt{\dfrac{\mu_0}{\epsilon_0}}$

| 해설

자유공간에서의 고유 임피던스
$Z_0 = \dfrac{E}{H} = \sqrt{\dfrac{\mu_0}{\epsilon_0}}$

403

콘크리트($\epsilon_r = 4$, $\mu_r = 1$) 중에서 전자파의 고유 임피던스는 약 몇 [Ω]인가?

① 35.4[Ω] ② 70.8[Ω]
③ 124.3[Ω] ④ 188.5[Ω]

| 해설

자유공간에서의 고유 임피던스(특성 임피던스)
$Z = \sqrt{\dfrac{\mu}{\epsilon}} = \sqrt{\dfrac{\mu_0\mu_r}{\epsilon_0\epsilon_r}} = 120\pi\sqrt{\dfrac{\mu_r}{\epsilon_r}}$
$= 120\pi\sqrt{\dfrac{1}{4}} = 377\times\dfrac{1}{2} = 188.5\,[\Omega]$

404

다음에서 무손실 전송회로의 특성임피던스를 나타낸 것은?

① $Z_0 = \sqrt{\dfrac{C}{L}}$ ② $Z_0 = \sqrt{\dfrac{L}{C}}$

③ $Z_0 = \dfrac{1}{\sqrt{LC}}$ ④ $Z_0 = \sqrt{LC}$

| 해설

특성 임피던스 $Z_0 = \sqrt{\dfrac{Z}{Y}} = \sqrt{\dfrac{R+j\omega L}{G+j\omega C}}$ 에서
무손실선로($R = G = 0$)이므로
∴ $Z_0 = \sqrt{\dfrac{L}{C}}\,[\Omega]$

405

전송회로에서 무손실인 경우 $L = 360[\text{mH}]$, $C = 0.01[\mu\text{F}]$일 때 특성 임피던스는 몇 [Ω]인가?

① $\dfrac{1}{6}\times 10^{-3}$ ② 3.6×10^7

③ $\dfrac{1}{36}\times 10^{-6}$ ④ 6×10^3

| 해설

선로의 특성 임피던스
$Z_0 = \sqrt{\dfrac{L}{C}} = \sqrt{\dfrac{360\times 10^{-3}}{0.01\times 10^{-6}}} = 6\times 10^3\,[\Omega]$

정답 401 ③ 402 ④ 403 ④ 404 ② 405 ④

406 □□□
전계와 자계의 위상 관계는?
① 위상이 서로 같다.
② 전계가 자계보다 90° 빠르다.
③ 전계가 자계보다 90° 늦다.
④ 전계가 자계보다 45° 빠르다.

| 해설
전계와 자계는 동위상이고, 서로 수직으로 진동한다.

407 □□□
전자파의 진행방향은?
① 전계 E의 방향과 같다.
② 자계 H의 방향과 같다.
③ $E \times H$의 방향과 같다.
④ $\nabla \times E$의 방향과 같다.

| 해설
전계 E와 자계 H의 외적 방향이다.

408 □□□
다음 중 전계와 자계와의 관계는?
① $\sqrt{\mu\epsilon} = EH$
② $\sqrt{\mu}H = \sqrt{\epsilon}E$
③ $\mu\epsilon = EH$
④ $\sqrt{\epsilon}H = \sqrt{\mu}E$

| 해설
고유(파동) 임피던스 $Z = \dfrac{E}{H} = \sqrt{\dfrac{\mu}{\epsilon}}$ 에서
∴ 전계와 자계의 관계: $\sqrt{\epsilon}E = \sqrt{\mu}H$

409 □□□
최대 전계 $E_m = 6[V/m]$인 평면 전자파가 수중을 전파할 때 자계의 최대치는 얼마인가?
(단, 물의 비유전율 $\epsilon_s = 80$, 비투자율 $\mu_s = 1$이다.)
① 0.071[AT/m]
② 0.142[AT/m]
③ 0.284[AT/m]
④ 0.426[AT/m]

| 해설
㉠ 전계와 자계의 관계: $\sqrt{\epsilon}E = \sqrt{\mu}H$
㉡ 진공 중의 특성 임피던스
$$Z_0 = \frac{E}{H} = \sqrt{\frac{\mu_0}{\epsilon_0}} = 120\pi = 377[\Omega]$$
㉢ 매질 중의 특성 임피던스
$$Z_0 = \frac{E}{H} = \sqrt{\frac{\mu_0\mu_r}{\epsilon_0\epsilon_r}} = 120\pi\sqrt{\frac{\mu_r}{\epsilon_r}}[\Omega]$$
∴ $H_m = \sqrt{\dfrac{\epsilon}{\mu}}E_m = \dfrac{E_m}{120\pi}\sqrt{\dfrac{\epsilon_s}{\mu_s}}$
$= \dfrac{6}{120\pi} \times \sqrt{80} = 0.142[AT/m]$

410 □□□
전계 $E = \sqrt{2}\,E_e \sin\omega(t - \dfrac{z}{v})[V/m]$의 평면 전자파가 있다. 진공 중에서의 자계의 실횻값은 몇 [A/m]인가?
① $2.65 \times 10^{-1}E_e$
② $2.65 \times 10^{-2}E_e$
③ $2.65 \times 10^{-3}E_e$
④ $2.65 \times 10^{-4}E_e$

| 해설
고유(파동) 임피던스 $Z = \dfrac{E}{H} = \sqrt{\dfrac{\mu_0}{\epsilon_0}}$ 에서
자계의 세기의 실횻값은 다음과 같다.
∴ $H = \sqrt{\dfrac{\epsilon_0}{\mu_0}}E = \dfrac{E}{120\pi} = 2.65 \times 10^{-3}E$
$= 2.65 \times 10^{-3}E_e [A/m]$
여기서, 전계의 실횻값: $E = \dfrac{E_m}{\sqrt{2}} = E_e$

정답 406 ① 407 ③ 408 ② 409 ② 410 ③

411 □□□

평면 전자파가 유전율 ϵ, 투자율 μ 인 유전체 내를 전파한다. 전계의 세기가 $E = E_m \sin\omega(t - \frac{X}{V})$ [V/m]이라면 자계의 세기 H[A/m]는?

① $\sqrt{\mu\epsilon}\, E_m\, \sin\omega\, (t - \frac{X}{V})$

② $\sqrt{\frac{\epsilon}{\mu}}\, E_m\, \cos\omega\, (t - \frac{X}{V})$

③ $\sqrt{\frac{\epsilon}{\mu}}\, E_m\, \sin\omega\, (t - \frac{X}{V})$

④ $\sqrt{\frac{\mu}{\epsilon}}\, E_m\, \cos\omega\, (t - \frac{X}{V})$

| 해설
㉠ 자계의 최댓값

$$H_m = \sqrt{\frac{\epsilon}{\mu}}\, E_m = \frac{E_m}{120\pi}\sqrt{\frac{\epsilon_s}{\mu_s}}$$

$$= 2.65 \times 10^{-3}\, E_m$$

㉡ 전계와 자계는 동위상이므로

∴ 자계의 세기 $H = \sqrt{\frac{\epsilon}{\mu}}\, E_m\, \sin\omega\, (t - \frac{X}{V})$

412 □□□

자유공간에서 전파 $E(z, t) = 10^3 \sin(\omega t - \beta z)\, a_y$ [V/m] 일 때 자파 $H(z, t)$ [A/m]는?

① $\frac{10^3}{120\pi} \sin(\omega t - \beta z)\, a_z$

② $\frac{10^3}{120\pi} \sin(\omega t - \beta z)\, a_x$

③ $-\frac{10^3}{120\pi} \sin(\omega t - \beta z)\, a_z$

④ $-\frac{10^3}{120\pi} \sin(\omega t - \beta z)\, a_x$

| 해설
㉠ 자계의 최댓값

$$H = \sqrt{\frac{\epsilon_0}{\mu_0}}\, E = \frac{E}{120\pi} = \frac{10^3}{120\pi}$$

㉡ 전파는 y 성분이면서 전자파가 시간에 따라 z 방향으로 진행하기 위해서는 자파가 $-x$ 성분이 되어야 된다.

㉢ 전자파의 진행 방향은 $S = \vec{E} \times \vec{H}$ 이므로 $\vec{a_y} \times (-\vec{a_x}) = \vec{a_z}$ 이 된다.

∴ $H(z, t) = -\frac{10^3}{120\pi} \sin(\omega t - \beta z)\, a_x$ [A/m]

413 □□□

전계 E[V/m] 및 자계 H[AT/m]의 에너지가 자유공간 중을 v[m/s]의 속도로 전파될 때 단위시간에 단위면적을 지나가는 에너지는 몇 [W/m²]인가?

① $\sqrt{\epsilon\mu}\, EH$

② EH

③ $\frac{EH}{\sqrt{\epsilon\mu}}$

④ $\frac{1}{2}(\epsilon E^2 + \mu H^2)$

| 해설
포인팅 벡터(Poynting vector)
전자파의 진행방향에 수직한 평면의 단위 면적을 단위시간 내에 통과하는 에너지의 크기

∴ 포인팅 벡터

$$P = Wv = \frac{1}{2}(\epsilon E^2 + \mu H^2) \times \frac{1}{\sqrt{\epsilon\mu}}$$

$$= EH\, [\text{W/m}^2]$$

정답 411 ③ 412 ④ 413 ②

414 □□□

전계 및 자계의 세기가 각각 E, H일 때 포인팅 벡터 P의 표시로 옳은 것은?

① $\frac{1}{2}E \times H$
② $E\, rot\, H$
③ $H\, rot\, E$
④ $E \times H$

415 □□□

자유공간에 있어서의 포인팅 벡터를 $P[\text{W/m}^2]$이라 할 때 전계의 세기의 실횻값 $E_e[\text{V/m}]$를 구하면?

① $377P$
② $\frac{P}{377}$
③ $\sqrt{377P}$
④ $\sqrt{\frac{P}{377}}$

| 해설

㉠ 전계와 자계의 관계 $\frac{E}{H} = \sqrt{\frac{\mu_0}{\epsilon_0}}$ 에서

$$H = \sqrt{\frac{\epsilon_0}{\mu_0}}\,E = \frac{E}{120\pi} = \frac{E}{377}\,[\text{AT/m}]$$

㉡ 포인팅 벡터

$$P = EH = \frac{E^2}{120\pi} = \frac{E^2}{377}\,[\text{W/m}^2]$$

∴ 전계의 세기의 실횻값
$E = \sqrt{120\pi P} = \sqrt{377P}\,[\text{V/m}]$

416 □□□

지구는 태양으로부터 평균 $1[\text{kW/m}^2]$의 방사열을 받고 있다. 지구 표면에서의 전계는 몇 $[\text{V/m}]$인가?

① 423
② 526
③ 715
④ 614

| 해설

전계의 세기의 실횻값
$E = \sqrt{377P} = \sqrt{377 \times 10^3} = 614\,[\text{V/m}]$

417 □□□

$100[\text{kW}]$의 전력이 안테나에서 사방으로 균일하게 방사될 때 안테나에서 $1[\text{km}]$거리에 있는 점의 전계의 실효치는? (단, 공기의 유전율은 $\epsilon_0 = \frac{10^{-9}}{36\pi}\,[\text{F/m}]$이다.)

① $1.73[\text{V/m}]$
② $2.45[\text{V/m}]$
③ $3.73[\text{V/m}]$
④ $6[\text{V/m}]$

| 해설

방사전력 $P_s = \int_S P\,ds = PS = EHS$

$$= \frac{E^2 S}{120\pi}\,[\text{W}]$$ 에서

$$\therefore E = \sqrt{\frac{120\pi P_s}{S}} = \sqrt{\frac{120\pi P_s}{4\pi r^2}} = \sqrt{\frac{30 P_s}{r^2}}$$

$$= \sqrt{\frac{30 \times 100 \times 10^3}{1000^2}} = \sqrt{3} = 1.732$$

418 □□□

방송국 안테나 출력이 $W[\text{W}]$이고 이로부터 진공 중에 $r[\text{m}]$ 떨어진 점에서 자계의 세기의 실효치 H는 몇 $[\text{A/m}]$인가?

① $\frac{1}{r}\sqrt{\frac{W}{377\pi}}\,[\text{A/m}]$
② $\frac{1}{2r}\sqrt{\frac{W}{377\pi}}\,[\text{A/m}]$
③ $\frac{1}{2r}\sqrt{\frac{W}{188\pi}}\,[\text{A/m}]$
④ $\frac{1}{r}\sqrt{\frac{2W}{377\pi}}\,[\text{A/m}]$

| 해설

방사전력

$$P_s = W = \int_S P\,ds = PS = EHS$$

$$= 120\pi H^2 S\,[\text{W}]$$ 에서

$$\therefore H = \sqrt{\frac{W}{120\pi S}} = \sqrt{\frac{W}{120\pi \times 4\pi r^2}}$$

$$= \frac{1}{2r}\sqrt{\frac{W}{377\pi}}\,[\text{A/m}]$$

정답 414 ④ 415 ③ 416 ④ 417 ① 418 ②

419 □□□

전계의 실효치가 377[V/m]인 평면 전자파가 진공 중에 진행하고 있다. 이때 이 전자파에 수직되는 방향으로 설치된 단면적 10[m²]의 센서로 전자파의 전력을 측정하려고 한다. 센서가 1[W]의 전력을 측정했을 때 1[mA]의 전류를 외부로 흘려준다면 전자파의 전력을 측정했을 때 외부로 흘려주는 전류는 몇 [mA]인가?

① 3.77
② 37.7
③ 377
④ 3770

| 해설

방사전력 $P_s = \int_S P\, ds = PS = EHS$

$= \dfrac{E^2 S}{120\pi} = \dfrac{377^2 \times 10}{377}$

$= 3770\,[W]$

∴ 센서가 1[W]의 전력을 측정했을 때 1[mA]의 전류가 발생하므로, 3770[W]의 전력을 측정하면 전류는 3770[mA]이 발생된다.

420 □□□

자계의 벡터 포텐셜을 A라 할 때 자계의 변화에 의하여 생기는 전계의 세기 E는?

① $E = rot\,A$

② $rot\,E = -\dfrac{\partial A}{\partial t}$

③ $E = -\dfrac{\partial A}{\partial t}$

④ $rot\,E = A$

| 해설

㉠ 맥스웰 방정식: $rot\,E = -\dfrac{\partial B}{\partial t}$

㉡ $B = rot\,A$ (여기서, A: 벡터 포텐셜)

∴ ㉡식을 ㉠식에 대입 정리하면

$E = -\dfrac{\partial A}{\partial t}\,[V/m]$

정답 419 ④ 420 ③

Chapter 02 전력공학

☐ 1회독 ☐ 2회독 ☐ 3회독

※ 적중문제는 기출 분석을 바탕으로 자주 출제되는 유형을 선별하였습니다.

제1장 전력계통

01 ☐☐☐
우리나라의 배전방식으로 가장 많이 사용되고 있는 것은?

① 단상 2선식 ② 3상 3선식
③ 3상 4선식 ④ 2상 4선식

| 해설
우리나라에서는 3상 4선식을 대표적인 배전방식으로 사용하는데 다음과 같은 특성이 있다.
㉠ 다른 배전방식에 비해 큰 전력을 공급할 수 있음
㉡ 선로사고시 사고검출이 용이함
㉢ 3상 부하 및 단상 부하에 동시 전력을 공급할 수 있음

02 ☐☐☐
변전소의 설치 목적이 아닌 것은?

① 경제적인 이유에서 전압을 승압 또는 강압한다.
② 발전전력은 집중 연계한다.
③ 수용가에 배분하고 정전을 최소화한다.
④ 전력의 발생과 계통의 주파수를 변환시킨다.

| 해설
변전소는 전압을 승압 또는 강압하는 곳으로 계통을 연계하고 조류를 제어한다.

03 ☐☐☐
전력계통의 전압을 조정하는 가장 보편적인 방법은?

① 발전기의 유효전력 조정
② 부하의 유효전력 조정
③ 계통의 주파수 조정
④ 계통의 무효전력 조정

| 해설
조상설비를 이용하여 무효전력을 조정하여 전압을 조정한다.
㉠ 동기조상기
  진상 · 지상 무효전력을 조정하여 역률을 개선하여 전압강하를 감소시키거나 경부하 및 무부하 운전시 페란티 현상을 방지한다.
㉡ 전력용 콘덴서 및 분로리액터
  무효전력을 조정하는 정지기로 전력용 콘덴서는 역률을 개선하고, 선로의 충전용량 및 부하 변동에 의한 수전단측의 전압조정을 한다.
㉢ 직렬콘덴서
  선로에 직렬로 접속하여 전달임피던스를 감소시켜 전압강하를 방지한다.

04 ☐☐☐
전송전력이 400[MW], 송전거리가 200[km] 인 경우의 경제적인 송전전압은 약 몇 [kV]인가? (단, Still의 식에 의하여 산정한다.)

① 57 ② 173
③ 353 ④ 645

| 해설
경제적인 송전전압
$$E = 5.5\sqrt{0.6l + \frac{P}{100}}$$
$$= 5.5\sqrt{0.6 \times 200 + \frac{400000}{100}} = 353\,[kV]$$
여기서, l: 송전거리 [km],
P: 송전전력 [kW]

정답 01 ③ 02 ④ 03 ④ 04 ③

05 □□□

송전선로의 건설비와 전압과의 관계를 나타낸 것은?

①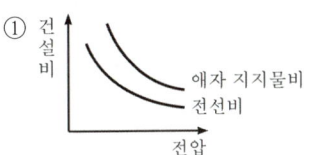

②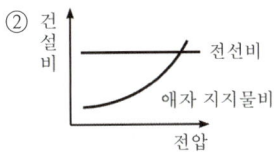

③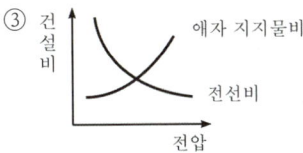

④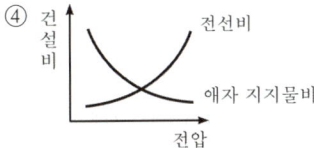

| 해설
송전하는데 전압을 높여주면
㉠ 전선의 굵기가 가늘어도 된다.
㉡ 절연내력을 높여야 하기 때문에 소요애자의 가격은 비싸진다.
㉢ 전선 상호간 거리를 크게 하여야 하므로 지지물 가격은 비싸진다.

06 □□□

교류 송전방식에 비하여 직류 송전방식의 장점에 해당되지 않는 것은?

① 기기 및 선로의 절연의 요하는 비용이 절감됨
② 안정도의 한계가 없으므로 송전용량을 전류용량의 한도까지 높일 수 있음
③ 1선 지락고장시 인접통신선의 전자 유도장해가 적음
④ 고전압, 대전류의 차단이 용이함

| 해설
직류 송전방식(HVDC)의 장점
㉠ 비동기 연계가 가능하다.
㉡ 리액턴스가 없어서 역률을 1로 운전이 가능하고 안정도가 높다.
㉢ 절연비가 저감되고 코로나에 유리하다.
㉣ 유전체손이나 연피손이 없다.
㉤ 고장전류가 적어 계통 확충이 가능하다.

07 □□□

각 전력계통을 연락선으로 상호 연결하면 여러가지 장점이 있다. 옳지 않은 것은?

① 각 전력계통의 신뢰도가 증가한다.
② 경제급전이 용이하다.
③ 배후전력(back power)이 크기 때문에 고장이 적으며 영향의 범위가 적어진다.
④ 주파수의 변화가 적어진다.

| 해설
연계(interconnecting system)란 다단자 전원망을 병렬화하는 것으로 다음과 같은 장단점이 있어 모든 계들을 연계시키고 있다.
(1) 장점
 ㉠ 각 전력계통이 유무 상통하여 전력의 신뢰도를 증가시킬 수 있으며 첨두부하를 교환하여 부하율을 향상시킨다.
 ㉡ 부하증가에 대해 배후전력이 커서 전압, 주파수 변화가 적고 전력의 질이 좋아진다.
 ㉢ 경제급전이 가능해져서 경제적이다.
(2) 단점
 ㉠ 배후전력이 커서 고장전류가 많아 보호방식이 복잡해진다.
 ㉡ 많은 계통이 연결되어 있어 한 번 고장이 발생하면 복구가 어렵다.
 ㉢ 복잡한 전압조정방식이 필요하다.

정답 05 ① 06 ④ 07 ③

제2장 전선로

08 □□□
가공전선에 사용되는 전선의 구비조건으로 틀린 것은?
① 도전율이 높아야 한다.
② 기계적 강도가 커야 한다.
③ 전압강하가 적어야 한다.
④ 허용전류가 적어야 한다.

| 해설
전선의 구비조건
㉠ 도전율이 높을 것
㉡ 기계적 강도가 클 것
㉢ 가요성(유연성)이 클 것
㉣ 내구성이 있을 것
㉤ 비중이 작을 것
㉥ 가격이 저렴할 것
㉦ 공사·보수의 취급이 용이할 것

09 □□□
인장강도는 작으나 도전율이 높아 옥내 배선용으로 주로 사용되는 전선은?
① 규동선　　　② 연동선
③ 경동선　　　④ 동복강선

| 해설
(1) 연동선
　㉠ 풍압에 대한 영향을 받지 않는 곳에 시설하는 전선으로 옥내배선 및 접지선에 사용
　㉡ 저항률: $\rho = \frac{1}{58}[\Omega\cdot mm^2/m]$
　㉢ 인장강도: $20 \sim 25[kg/mm^2]$
(2) 경동선
　㉠ 저항률: $\rho = \frac{1}{55}[\Omega\cdot mm^2/m]$
　㉡ 인장강도: $35 \sim 48[kg/mm^2]$

10 □□□
송전거리, 전력, 손실율 및 역률이 일정하다면 전선의 굵기는?
① 전류에 비례한다.
② 전압의 제곱에 비례한다.
③ 전류에 역비례한다.
④ 전압의 제곱에 역비례한다.

| 해설
㉠ 부하전력: $P = V_n I_n \cos\theta [W]$
㉡ 부하전류: $I_n = \dfrac{P}{V_n \cos\theta}[A]$
㉢ 전력손실: $P_l = I_n^2 R = \left(\dfrac{P}{V_n \cos\theta}\right)^2 \times R$
　　　　　　$= \dfrac{P^2}{V_n^2 \cos^2\theta}\rho\dfrac{l}{A}[W]$
∴ 전선의 단면적과 전압 관계 $A \propto \dfrac{1}{V^2}$
　여기서, P: 송전전력, V_n: 송전전압, r: 선로저항, $\cos\theta$: 역률, A: 전선의 굵기

11 □□□
송배전선로의 전선 굵기를 결정하는데 고려하지 않아도 되는 것은?
① 기계적 강도　　② 전압강하
③ 허용전류　　　④ 절연저항

| 해설
전선 굵기의 결정 시 고려사항
㉠ 허용전류
㉡ 전압강하
㉢ 기계적 강도

정답　08 ④　09 ②　10 ④　11 ④

12 □□□

100[V]의 수용가를 220[V]로 승압했을 때 특별히 교체하지 않아도 되는 것은?

① 백열전등의 전구
② 옥내배선의 전선
③ 콘센트와 플러그
④ 형광등의 안정기

| 해설

부하 증가시 $V = I \cdot R$ 에서 승압을 할 경우 전선을 교체하지 않아도 공급전류는 증가된다. 승압시 부하 설비 및 개폐장치의 경우 절연이 파괴될 우려가 있으므로 교체해야 된다.

13 □□□

ACSR은 동일한 길이에서 동일한 전기저항을 갖는 경동 연선에 비하여 어떠한가?

① 바깥지름과 중량이 모두 크다.
② 바깥지름은 크고 중량은 작다.
③ 바깥지름은 작고 중량은 크다.
④ 바깥지름과 중량이 모두 적다.

| 해설

강심 알루미늄 연선(ACSR)의 특징
㉠ 경동선에 비해 저항률이 높아서 동일 전력을 공급하기 위해서는 바깥지름이 더 커지게 된다.
㉡ 전선이 굵어져서 코로나현상 방지에 효과적이다.
㉢ 중량이 작아 장경간 선로에 적합하고 온천지역에 적용된다.

14 □□□

다음 중 켈빈(Kelvin)의 법칙이 적용되는 경우는?

① 전력손실량을 축소시킬 때
② 경제적인 전선의 굵기를 선정할 때
③ 전압강하를 축소시킬 때
④ 부하 배분의 균형을 얻을 때

| 해설

켈빈의 법칙
경제적인 전선의 굵기를 결정하는 방안으로 전선비용은 건설비와 유지비를 같게 설계하였을 때 가장 경제적 투자가 된다.

15 □□□

가공송전선로를 가선할 때에는 하중조건과 온도조건을 고려하여 적당한 이도(dip)를 주도록 하여야 한다. 다음 중 이도에 대한 설명으로 옳은 것은?

① 이도가 작으면 전선이 좌우로 크게 흔들려서 다른 상의 전선에 접촉하여 위험하게 된다.
② 전선을 가선할 때 전선을 팽팽하게 가선하는 것을 이도를 크게 준다고 한다.
③ 이도를 작게 하면 이에 비례하여 전선의 장력이 증가되며 심할 때는 전선 상호간이 꼬이게 된다.
④ 이도의 대소는 지지물의 높이를 좌우한다.

| 해설

이도가 선로에 미치는 영향
㉠ 이도의 대소는 지지물의 높이를 결정한다.
㉡ 이도가 크면 전선은 좌우로 크게 진동해서 다른 상의 전선 또는 식물에 접촉해서 위험을 준다.
㉢ 이도가 너무 작으면 전선의 장력이 증가하여 단선 사고가 발생할 수 있다.

16 □□□

양 지지점의 높이가 같은 전선의 이도를 구하는 식은?
(단, 이도 d[m], 수평장력 T[kg], 전선의 무게 W[kg/m], 경간 S[m])

① $d = \dfrac{WS^2}{8T}$
② $d = \dfrac{SW^2}{8T}$
③ $d = \dfrac{8WT}{S^2}$
④ $d = \dfrac{ST^2}{8W}$

| 해설

이도: $D = \dfrac{WS^2}{8T}$ [m]

여기서, W: 단위 길이당 전선의 중량[kg/m]
S: 경간[m], T: 수평 장력[kg]

정답 12 ② 13 ② 14 ② 15 ④ 16 ①

17

전선의 자중과 빙설하중의 종합하중을 W_1, 풍압하중을 W_2 라 할 때 합성 하중은?

① $\sqrt{W_1^2 + W_2^2}$
② $W_1 + W_2$
③ $W_1 - W_2$
④ $W_2 - W_1$

| 해설

전선의 하중 $W = \sqrt{W_1^2 + W_2^2}$

여기서, W_1: 수직하중, W_2: 수평하중

∴ 전선의 자중(W_c)과 빙설하중(W_i)의 합은 수직하중으로 풍압하중은 수평하중으로 고려한다.

18

가공전선로에서 전선의 단위 길이당 중량과 경간이 일정할 때 이도는 어떻게 되는가?

① 전선의 장력에 반비례한다.
② 전선의 장력에 비례한다.
③ 전선의 장력의 2승에 반비례한다.
④ 전선의 장력의 2승에 비례한다.

| 해설

전선의 이도 $D = \dfrac{WS^2}{8T}$ 이므로 경간이 일정할 때 전선의 이도는 장력(T)에 반비례한다.

19

고저차가 없는 가공송전선로에서 이도 및 전선 중량을 일정하게 하고 경간을 2배로 했을 때 전선의 수평장력은 몇 배가 되는가?

① 2배
② 4배
③ $\dfrac{1}{2}$ 배
④ $\dfrac{1}{4}$ 배

| 해설

㉠ 전선의 이도: $D = \dfrac{WS^2}{8T}$

여기서, S: 경간 [m], T: 수평 장력 [kg]
W: 단위 길이당 전선의 중량 [kg/m]

㉡ 전선의 수평장력: $T = \dfrac{WS^2}{8D}$

∴ $T \propto S^2$ 이므로 경간(S)을 2배로 하면 수평장력(T)는 4배가 된다.

20

그림과 같이 지지점 A, B, C 에는 고저차가 없으며, 경간 AB와 BC 사이에 전선이 가설되어 그 이도가 12[cm]이었다고 한다. 지금 지지점 B에서 전선이 떨어져 전선의 이도가 D로 되었다면 D는 몇 [cm]가 되겠는가?

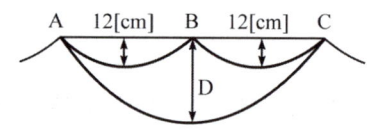

① 10
② 24
③ 30
④ 36

| 해설

㉠ 새로운 전선의 이도 D
㉡ 경간이 같고 전선의 지지점에 고저차가 없는 상태에서 전선이 떨어질 경우

∴ $D = 2D_1 = 2 \times 12 = 24$ [cm]

21

경간 200[m]의 가공전선로가 있다. 전선 1[m] 당의 하중은 2.0[kg]이고 풍압하중이 없는 것으로 하면, 인장하중 4000[kg]의 전선을 사용할 때의 이도는 몇 [m]인가? (단, 안전율은 2.0으로 한다.)

① 5
② 5.4
③ 6.4
④ 7

| 해설

전선의 이도

$D = \dfrac{WS^2}{8T} = \dfrac{2 \times 200^2}{8 \times 4000/2.0} = 5$ [m]

여기서, 인장하중 = 수평장력 × 안전율

정답 17 ① 18 ① 19 ② 20 ② 21 ①

22

전선 양측의 지지점의 높이가 동일한 경우 전선의 단위 길이당 중량을 W[kg], 수평장력을 T[kg], 경간을 S[m], 전선의 이도를 D[m]라 할 때 전선의 실제길이 L[m]를 계산하는 식은?

① $S + \dfrac{8S^2}{3D}$
② $S + \dfrac{8D^2}{3S}$
③ $S + \dfrac{3S^2}{8D}$
④ $S + \dfrac{3D^2}{8S}$

| 해설

전선의 실제 길이 $L = S + \dfrac{8D^2}{3S}$ [m]

여기서, S: 경간, D: 전선의 이도

23

단면적 330[mm²]의 강심알루미늄을 경간이 300[m]이고 지지점의 높이가 같은 철탑사이에 가설하였다. 전선의 이도가 7.4[m]이면 전선의 실제 길이는 몇 [m]인가? (단, 풍압, 온도 등의 영향은 무시한다.)

① 300.282
② 300.487
③ 300.685
④ 300.875

| 해설

전선의 실제 길이
$L = S + \dfrac{8D^2}{3S} = 300 + \dfrac{8 \times 7.4^2}{3 \times 300} = 300.487$ [m]

24

전선의 지지점 높이가 31[m]이고, 전선의 이도가 9[m]라면 전선의 평균 높이는 몇 [m]가 적당한가?

① 25
② 26.5
③ 28.5
④ 30

| 해설

전선의 평균 높이
$h_m = h - \dfrac{2}{3}D = 31 - \dfrac{2}{3} \times 9 = 25$ [m]

25

전선로에 댐퍼(damper)를 사용하는 목적은?

① 전선의 진동방지
② 전력손실 경감
③ 낙뢰의 내습방지
④ 많은 전력을 보내기 위하여

| 해설

댐퍼는 진동이 발생하기 쉬운 개소에 설치하여 전선의 진동을 방지시켜 단선사고는 방지한다. 댐퍼는 350[m] 이내는 1개, 650[m] 구간에는 2개 그 이상은 3개 이상을 설치한다.

26

송전선로에 사용되는 애자의 특성이 나빠지는 원인으로 볼 수 없는 것은 어느 것인가?

① 애자 각 부분의 열팽창의 상이
② 전선 상호간의 유도장애
③ 누설전류에 의한 편열
④ 시멘트의 화학팽창 및 동결팽창

| 해설

애자의 열화 원인
㉠ 애자제조의 결함
㉡ 온도의 영향
㉢ 전기적 스트레스와 코로나에 의한 영향
㉣ 시멘트의 화학 팽창

정답 22 ② 23 ② 24 ① 25 ① 26 ②

27 □□□

현수애자에 대한 설명이 아닌 것은?

① 애자를 연결하는 방법에 따라 클래비스형과 볼 소켓형이 있다.
② 2~4층의 갓 모양의 자기편을 시멘트로 접착하고 그 자기를 주철제 base로 지지한다.
③ 애자의 연결개수를 가감함으로써 임의의 송전전압에 사용할 수 있다.
④ 큰 하중에 대하여는 2연 또는 3연으로 하여 사용할 수 있다.

| 해설
현수애자의 특성
㉠ 애자의 연결개수를 가감함으로서 임의의 송전전압에 사용할 수 있다.
㉡ 큰 하중에 대해서는 2연 또는 3연으로 하여 사용할 수 있다.
㉢ 현수애자를 접속하는 방법에 따라 클레비스형과 볼소켓형으로 나눌 수 있다.

28 □□□

250[mm] 현수애자 1개의 건조섬락 전압은 몇 [kV] 정도인가?

① 50   ② 60
③ 80   ④ 100

| 해설
250[mm] 현수애자의 전기적 특성

구분	섬락전압
건조섬락전압	80[kV]
주수섬락전압	50[kV]
충격섬락전압	130[kV]
유중파괴전압	110[kV]

누설거리: 280[mm]

29 □□□

송전선 현수애자련의 연면섬락과 관계가 가장 작은 것은?

① 철탑 접지저항   ② 현수애자의 개수
③ 현수애자련의 오손   ④ 가공지선

| 해설
연면섬락은 초고압 송전선로에서 애자련의 표면에 전류가 흘러 생기는 섬락으로 방지책은 다음과 같다.
㉠ 철탑의 접지 저항을 작게 한다.
㉡ 현수 애자 개수를 늘려 애자련을 길게 한다.

30 □□□

4개를 한 줄로 이어 단 표준 현수애자를 사용하는 송전선 전압에 해당되는 것은? (단, 애자는 250[mm] 현수애자임)

① 22[kV]   ② 66[kV]
③ 154[kV]   ④ 345[kV]

| 해설
송전전압에 따른 1연의 애자 개수

송전전압	애자의 개수
22[kV]	2~3개
66[kV]	4~5개
154[kV]	9~11개
345[kV]	18~23개

31 □□□

다음 중 가공송전선에 사용하는 애자련 중 전압부담이 가장 큰 것은?

① 철탑에 가장 가까운 애자
② 전선에 가장 가까운 애자
③ 중앙에 있는 애자
④ 철탑과 애자연 중앙의 그 중간에 있는 애자

| 해설
송전선로에서 현수애자의 전압부담은 전선에서 가까이 있는 것부터 1번째 애자 22[%], 2번째 애자 17[%], 3번째 애자 12[%], 4번째 애자 10[%], 그리고 8번째 애자가 약 6[%], 마지막 애자가 8[%] 정도의 전압을 부담하게 된다.

정답   27 ②   28 ③   29 ④   30 ②   31 ②

32

현수애자 4개를 1련으로 한 66[kV] 송전선로가 있다. 현수애자 1개의 절연저항은 1500[MΩ] 이 선로의 경간이 200[m]라면 선로 1[km]당의 누설 컨덕턴스는 몇 [℧]인가?

① 0.83×10^{-9}
② 0.83×10^{-4}
③ 0.83×10^{-3}
④ 0.83×10^{-2}

| 해설

㉠ 1[km]당 지지물 경간이 200[m]이므로 철탑의 수는 5개가 된다.
㉡ 애자련의 절연저항은 병렬로 환산해서 1[km] 당 합성저항은 다음과 같다.

$$R = \frac{4 \times 1500 \times 10^6}{5} = \frac{6}{5} \times 10^9 \, [\Omega]$$

∴ 누설 컨덕턴스

$$G = \frac{1}{R} = \frac{5}{6} \times 10^{-9} = 0.83 \times 10^{-9} \, [\text{℧}]$$

33

송전선에 낙뢰가 가해져서 애자에 섬락이 생기면 아크가 생겨 애자가 손상되는데 이것을 방지하기 위하여 사용하는 것은?

① 댐퍼(damper)
② 아킹혼(arcing horn)
③ 아머로드(armour rod)
④ 가공지선(overhead ground wire)

| 해설

아킹혼, 아킹링의 사용목적
㉠ 뇌격으로 인한 섬락사고 시 애자련을 보호
㉡ 애자련의 전압분담 균등화
㉢ 전기적 접지에 의한 코로나 발생의 억제

34

250[mm] 현수애자 10개를 직렬로 접속한 애자연의 건조 섬락전압이 590[kV]이고, 연효율(string efficiency) 0.74이다. 현수애자 한개의 건조 섬락 전압은 약 몇 [kV]인가?

① 80
② 90
③ 100
④ 120

| 해설

연효율 $\eta = \frac{V_n}{nV_1} = \frac{590}{10 \times V_1} = 0.74$ 에서

현수애자 1개의 건조 섬락전압은 다음과 같다.

$$\therefore V_1 = \frac{590}{10 \times 0.74} = 80 \, [\text{kV}]$$

35

보통 송전선용 표준철탑 설계의 경우 가장 큰 하중은?

① 풍압
② 애자, 전선의 중량
③ 빙설
④ 전선의 인장강도

| 해설

철탑에 상시 상정하중에서 가장 크게 고려해야 할 하중은 풍압하중이다.

36

전선로의 지지물 양쪽의 경간 차가 큰 곳에 쓰이며 E철탑이라고도 하는 철탑은?

① 인류형 철탑
② 보강형 철탑
③ 각도형 철탑
④ 내장형 철탑

| 해설

사용목적에 따른 철탑의 종류는 전선로의 표준경간에 대하여 설계하는 것으로 다음의 5종류가 있다.
㉠ 직선형 철탑: 직선철탑이라 함은 수평각 3° 이하의 개소에 사용하는 현수애자장치 철탑을 말하며 그 철탑형의 기호를 "A, F, SF"로 한다.
㉡ 각도형 철탑: 각도철탑이라 함은 수평각도가 3°를 넘는 개소에 사용하는 철탑으로 기호는 "B"라 한다.
㉢ 인류형 철탑: 인류철탑이라 함은 가섭선을 인류하는 개소에 사용하는 철탑으로 그 철탑형의 기호를 "D"로 한다.
㉣ 내장형 철탑: 내장철탑이라 함은 수평각도가 30°를 초과하거나 양측 경간의 차가 커서 불평균 장력이 현저하게 발생하는 개소에 사용하는 철탑을 말하며 그 철탑형의 기호를 "C, E"로 한다.
㉤ 보강형 철탑: 직선철탑이 연속하는 경우 전선로의 강도가 부족하며 10기 이하마다 1기씩 내장애자장치의 내장형 철탑으로 전선로를 보강하기 위하여 사용한다.

정답 32 ① 33 ② 34 ① 35 ① 36 ④

37

지상 높이 h[m]인 곳에 수평하중 P[kg]을 받는 목주에 지선을 설치 할 때 지선 l[m]가 받는 장력은 몇 [kg]인가?

① $\dfrac{l}{h}P$
② $\dfrac{\sqrt{l^2-h^2}}{h}P$
③ $\dfrac{h^2}{\sqrt{l^2-h^2}}P$
④ $\dfrac{l}{\sqrt{l^2-h^2}}P$

| 해설

㉠ 지선이 받는 장력
$$T_0 = \dfrac{P}{\cos\theta} = \dfrac{P}{a/l} = \dfrac{lP}{a}$$

㉡ 피타고라스 정리에서 $a^2 + h^2 = l^2$ 이므로
$$a = \sqrt{l^2 - h^2}$$

∴ $T_0 = \dfrac{lP}{\sqrt{l^2-h^2}}$ [kg]

38

케이블의 전력손실과 관계가 없는 것은?

① 도체의 저항손
② 유전체손
③ 연피손
④ 철손

| 해설

철손은 전기기기의 철심에서 자기포화에 의해 발생하는 손실이다.

39

지중케이블에 있어서 고장점을 찾는 방법이 아닌 것은?

① Murray loop 시험기에 의한 방법
② Megger에 의한 측정방법
③ 수색코일에 의한 방법
④ 펄스에 의한 측정

| 해설

㉠ 지중케이블의 고장점 찾는 방법
 머레이루프법, 펄스레이다법, 수색코일법, 정전용량법
㉡ Megger(메거)는 절연저항 측정시 사용한다.

40

케이블을 부설한 후 현장에서 절연내력시험을 할 때 직류로 하는 이유는?

① 절연파괴시까지의 피해가 적다.
② 절연내력은 직류가 크다.
③ 시험용 전원의 용량이 적다.
④ 케이블의 유전체손이 없다.

| 해설

직류로 시험하는 이유는 케이블은 정전용량이 없고 유전체손이 없을 뿐만 아니라 충전용량도 없으므로 시험용 전원의 용량이 적어져 이동이 간편하여 휴대하기 쉽다.

제3장 선로정수 및 코로나 현상

41

송전선로의 선로정수가 아닌 것은 다음 중 어느 것인가?

① 저항
② 리액턴스
③ 정전용량
④ 누설 콘덕턴스

| 해설

송전선로의 선로정수: 저항, 인덕턴스, 정전용량, 누설 콘덕턴스

42

선로정수에 영향을 가장 많이 주는 것은?

① 전선의 배치
② 송전전압
③ 송전전류
④ 역률

| 해설

선로정수는 전선의 종류, 굵기 및 배치에 따라 크기가 정해지고 전압, 전류, 역률의 영향은 받지 않는다.

정답 37 ④ 38 ④ 39 ② 40 ③ 41 ② 42 ①

43

그림과 같이 D[m]의 간격으로 반경 r[m]의 두 전선 a, b가 평행으로 가선되어 있는 경우 작용 인덕턴스는 몇 [mH/km]인가?

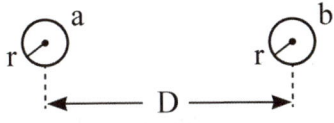

① $L = 0.05 + 0.4605 \log_{10} \dfrac{D}{r}$

② $L = 0.05 + 0.4605 \log_{10}(rD)$

③ $L = 0.05 + 0.4605 \log_{10} \dfrac{2D}{r}$

④ $L = 0.05 + 0.4605 \log_{10}\left(\dfrac{1}{rD}\right)$

| 해설

인덕턴스 $L = 0.05 + 0.4605 \log_{10} \dfrac{D}{r}$ [mH/km]

여기서, D: 등가 선간거리, r: 전선의 반지름

44

그림과 같은 선로의 등가선간거리는 몇[m]인가?

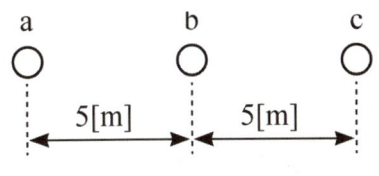

① 5　　② $5\sqrt{2}$

③ $5\sqrt[3]{2}$　　④ $10\sqrt[3]{2}$

| 해설

등가선간거리

$D = \sqrt[3]{D_1 \times D_2 \times D_3} = \sqrt[3]{5 \times 5 \times (5 \times 2)}$

$\quad = \sqrt[3]{2} \times \sqrt[3]{5^3} = \sqrt[3]{2} \times 5 = 5\sqrt[3]{2}$

45

반지름 r[m]인 3상 송전선 A, B, C 가 그림과 같이 수평으로 D[m] 간격으로 배치되고 3선이 완전 연가 된 경우 각 인덕턴스는 몇 [mH/km]인가?

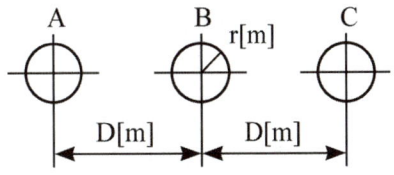

① $L = 0.05 + 0.4605 \log_{10} \dfrac{D}{r}$

② $L = 0.05 + 0.4605 \log_{10} \dfrac{\sqrt{2}\,D}{r}$

③ $L = 0.05 + 0.4605 \log_{10} \dfrac{\sqrt{3}\,D}{r}$

④ $L = 0.05 + 0.4605 \log_{10} \dfrac{\sqrt[3]{2}\,D}{r}$

| 해설

㉠ 3선의 수평배열 등가선간거리

$D = \sqrt[3]{D \times D \times 2D} = \sqrt[3]{2D^3}$

$\quad = \sqrt[3]{2} \times \sqrt[3]{D^3} = \sqrt[3]{2}\,D$

㉡ 작용 인덕턴스

$L = 0.05 + 0.4605 \log_{10} \dfrac{\sqrt[3]{2}\,D}{r}$ [mH/km]

46

길이가 35[km]인 단상 2선식 전선로의 유도 리액턴스는? (단, 전선로 단위 길이당 인덕턴스는 1.3[mH/km/선], 주파수 60[Hz]이다.)

① 17　　② 26
③ 34　　④ 68

| 해설

유도 리액턴스 $X_L = \omega L = 2\pi f L$[$\Omega$]이고 L[mH/km/선] 이므로 선로길이만큼 배수를 취하고 단상 2선식이므로 왕복선로 즉, 2배로 한다.

∴ $X_L = 2\pi f L \times 2l = 2\pi \times 60 \times 1.3 \times 10^{-3} \times 2 \times 35 = 34$ [Ω]

정답　43 ①　44 ③　45 ④　46 ③

47 □□□

반지름 14[mm]의 ACSR로 구성된 완전 연가된 3상 1회 송전선로가 있다. 각 상간의 등가선간거리가 2800[mm]라고 할 때 이 선로의 [km]당 작용 인덕턴스는 몇 [mH/km]인가?

① 1.11
② 1.012
③ 0.83
④ 0.33

| 해설

작용 인덕턴스
$$L = 0.05 + 0.4605 \log_{10} \frac{D}{r}$$
$$= 0.05 + 0.4605 \log_{10} \frac{2800}{14}$$
$$= 1.11 \, [mH/km]$$

48 □□□

전선 4개의 도체가 정사각형으로 배치되어 있을 때 각 도체간의 거리를 D라 하면 소도체간의 기하 평균거리는?

① D
② 4D
③ $\sqrt[3]{2}\, D$
④ $\sqrt[6]{2}\, D$

| 해설

정사각 배치의 기하학적 평균거리는 각각의 전선끼리 영향을 미치는 관계를 고려한다.
$$D = \sqrt[6]{D \times D \times D \times D \times \sqrt{2}\, D \times \sqrt{2}\, D}$$
$$= \sqrt[6]{2 \times D^6} = \sqrt[6]{2}\, D$$

49 □□□

단상 2선식 배전선로에서 대지 정전용량을 C_s, 선간 정전용량을 C_m이라 할 때 작용정전용량 C_n은?

① $C_s + C_m$
② $C_s + 2C_m$
③ $2C_s + C_m$
④ $C_s + 3C_m$

| 해설

단상 2선식의 1선당 작용 정전용량
$$C = C_s + 2C_m = \frac{0.02413}{\log_{10} \frac{D}{r}} \, [\mu F/km]$$

여기서, C_s: 대지 정전용량 [$\mu F/km$]
C_m: 선간 정전용량 [$\mu F/km$]
r: 도체의 반경 [cm]
D: 선간거리 [cm]

50 □□□

그림과 같이 각 도체와 연피간의 정전용량이 C_o, 각 도체간의 정전용량이 C_m인 3상 케이블의 도체 1조당의 작용 정전용량은?

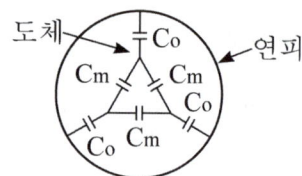

① $C_o + C_m$
② $2C_o + 3C_m$
③ $3C_o + C_m$
④ $C_o + 3C_m$

| 해설

케이블에서 도체와 연피간의 정전용량(C_o)은 대지 정전용량이다.
3상 3선식의 1조당 작용 정전용량
∴ $C = C_o + 3C_m = C_o + 3C_m \, [\mu F/km]$

51 □□□

3상 3선식 송전선로에서 각 선의 대지 정전용량이 0.5096[μF]이고, 선간 정전용량이 0.1295[μF]일 때 1선의 작용 정전용량은 몇 [μF]인가?

① 0.6391
② 0.7686
③ 0.8981
④ 1.5288

| 해설

3상 3선식의 1선의 작용 정전용량
$$C = C_s + 3C_m = 0.5096 + 3 \times 0.1295 = 0.8981 \, [\mu F/km]$$

여기서, C_s: 대지정전용량 [$\mu F/km$]
C_m: 선간정전용량 [$\mu F/km$]

정답 47 ① 48 ④ 49 ② 50 ④ 51 ③

52

도체의 반경이 2[cm], 선간거리가 2[m]인 송전선로의 작용 정전용량은 몇 [μF/km]인가?

① 0.00603
② 0.01206
③ 0.02413
④ 0.05826

| 해설

작용 정전용량

$$C = \frac{0.02413}{\log_{10}\frac{D}{r}} = \frac{0.02413}{\log_{10}\frac{200}{2}} = 0.01206\,[\mu F/km]$$

여기서, 도체 반경과 선간거리를 [cm]로 하여 $\frac{D}{r} = \frac{200}{2}$를 적용한다.

53

3상 3선식 1회선의 가공 송전선로에서 D를 선간거리, r을 전선의 반지름이라고 하면 1선당의 정전용량 C는?

① $\log_{10}\frac{D}{r}$에 비례
② $\log_{10}\frac{D}{r}$에 반비례
③ $\frac{D}{r^2}$에 비례
④ $\frac{r^2}{D}$에 비례

| 해설

전선의 1선당 작용 정전용량

$$C = \frac{0.02413}{\log_{10}\frac{D}{r}} \propto \frac{1}{\log_{10}\frac{D}{r}}$$

54

정삼각형 배치의 선간거리가 5[m]이고, 전선의 지름이 1[cm]인 3상 가공송전선의 1선의 정전용량은 약 몇 [μF/km]인가?

① 0.008
② 0.016
③ 0.024
④ 0.032

| 해설

㉠ 도체 간의 등가선간거리

$$D_n = \sqrt[3]{D_1 \cdot D_2 \cdot D_3} = \sqrt[3]{5 \times 5 \times 5}$$
$$= \sqrt[3]{5^3} = 5\,[m]$$

㉡ 작용 정전용량

$$C = \frac{0.02413}{\log_{10}\frac{D}{r}} = \frac{0.02413}{\log_{10}\frac{500}{0.5}} = 0.008\,[\mu F/km]$$

여기서, 도체 반경과 선간거리를 [cm]로 하여 $\frac{D}{r} = \frac{500}{0.5}$를 적용한다.

55

송배전 선로에서 도체의 굵기는 같게 하고 경간을 크게 하면 도체의 인덕턴스는?

① 커진다.
② 작아진다.
③ 변함이 없다.
④ 도체의 굵기 및 경간과는 무관하다.

| 해설

$L = 0.05 + 0.4605\log_{10}\frac{D}{r}$ [mH/km]이므로 작용 인덕턴스는 $L \propto \log_{10}\frac{D}{r}$에 비례하므로 경간을 크게 하더라도 인덕턴스의 변화는 없다.

56

송배전 선로에서 도체의 굵기는 같게 하고 도체간의 간격을 크게 하면 도체의 인덕턴스는?

① 커진다.
② 작아진다.
③ 변함이 없다.
④ 도체의 굵기 및 도체간의 간격과는 무관하다.

| 해설

$L = 0.05 + 0.4605\log_{10}\frac{D}{r}$ [mH/km]이므로 작용 인덕턴스는 $L \propto \log_{10}\frac{D}{r}$에 비례하므로 도체간의 간격 D를 크게 하면 도체의 인덕턴스는 증가한다.

정답 52 ② 53 ② 54 ① 55 ③ 56 ①

57

송전선로의 정전용량은 등가 선간거리 D가 증가하면 어떻게 되는가?

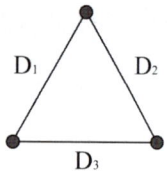

① 증가한다.
② 감소한다.
③ 변하지 않는다.
④ D^2에 반비례하여 감소한다.

| 해설
정전용량 $C = \dfrac{0.02413}{\log_{10}\dfrac{D}{r}}$ 에서 선간거리 D를 증가시키면 정전용량은 감소한다.

58

3상 3선식 송전선을 연가 할 경우 일반적으로 전체 선로 길이를 몇 등분해서 연가하는가?

① 5   ② 4
③ 3   ④ 2

| 해설
연가는 송전선로에 근접한 통신선에 대한 유도장해를 방지하기 위해 선로구간을 3등분하여 전선의 배치를 상호 변경하여 선로정수를 평형시키는 방법이다.

59

송전선로를 연가하는 목적은?

① 페란티 효과 방지
② 직격뢰 방지
③ 선로정수의 평형
④ 유도뢰의 방지

| 해설
연가의 목적
㉠ 선로정수 평형
㉡ 근접 통신선에 대한 유도장해 감소
㉢ 소호리액터 접지계통에서 중성점의 잔류전압으로 인한 직렬공진의 방지

60

선로정수를 전체적으로 평형되게 하고 근접 통신선에 대한 유도장해를 줄일 수 있는 방법은?

① 딥(dip)을 준다.
② 연가를 한다
③ 복도체를 사용한다.
④ 소호리액터접지를 한다.

| 해설
연가의 목적
㉠ 선로정수 평형
㉡ 근접 통신선에 대한 유도장해 감소
㉢ 소호리액터 접지계통에서 중성점의 잔류전압으로 인한 직렬공진의 방지

61

전선의 표피효과에 관한 기술 중 맞는 것은?

① 전선이 굵을수록, 또 주파수가 낮을수록 커진다.
② 전선이 굵을수록, 또 주파수가 높을수록 커진다.
③ 전선이 가늘수록, 또 주파수가 낮을수록 커진다.
④ 전선이 가늘수록, 또 주파수가 높을수록 커진다.

| 해설
주파수 $f[Hz]$, 투자율 $\mu[H/m]$, 도전율 $\sigma[\mho/m]$ 및 전선의 지름이 클수록 표피효과는 커진다.

정답 57 ② 58 ③ 59 ③ 60 ② 61 ②

62 □□□

3상 수직 배치인 선로에서 오프셋(off-set)를 설치하는 이유는?

① 전선의 진동억제
② 단락 방지
③ 철탑 중량 감소
④ 전선의 풍압 감소

| 해설
철탑의 암 길이를 다르게 하는 오프셋은 피빙도약으로 인한 상하선의 단락을 방지하기 위해 전선이 수직배치인 개소에 설치한다.

63 □□□

공기의 파열 극한 전위경도는 정현파교류의 실효치로 약 몇 [kV/cm]인가?

① 21   ② 25
③ 30   ④ 33

| 해설
공기의 파열 극한 전위경도
㉠ 1[cm] 간격의 두 평면 전극의 사이의 공기 절연이 파괴되어 전극간 아크가 발생되는 전압
㉡ 직류: 30[kV/cm], 교류: 21.1[kV/cm]

64 □□□

송전선로에서 코로나가 발생하면 전선이 부식된다. 다음의 무엇에 의하여 부식되는 것인가?

① 산소   ② 질소
③ 수소   ④ 오존

| 해설
송전선로에서 코로나가 일어나면 공기절연이 파괴되면서 O_3(오존)이 발생하며 주위의 빗물과 화학적 반응에 의해 초산이 형성되므로 전선이 부식된다.

65 □□□

1선 1[km]당의 코로나 손실 P[kW]를 나타내는 Peek 식을 구하면? (단, δ : 상대공기밀도, D: 선간거리[cm], d: 전선의 지름[cm], f : 주파수[Hz], E: 전선에 걸리는 대지전압[kV], E_0: 코로나 임계전압[kV] 이다.)

① $P = \dfrac{241}{\delta}(f+25)\sqrt{\dfrac{d}{2D}}(E-E_0)^2 \times 10^{-5}$

② $P = \dfrac{241}{\delta}(f+25)\sqrt{\dfrac{2D}{d}}(E-E_0^2) \times 10^{-5}$

③ $P = \dfrac{241}{\delta}(f+25)\sqrt{\dfrac{d}{2D}}(E-E_0)^2 \times 10^{-3}$

④ $P = \dfrac{241}{\delta}(f+25)\sqrt{\dfrac{2D}{d}}(E-E_0)^2 \times 10^{-3}$

| 해설
Peek의 실험식에서 코로나 손실은
$P_c = \dfrac{241}{\delta}(f+25)\sqrt{\dfrac{d}{2D}}(E-E_0)^2 \times 10^{-5}$ [kW/km/선]

66 □□□

3상 3선식 송전선로에서 코로나 임계전압 E_0 [kV]는? (단, $d = 2r$ 전선의 지름 [cm], D: 전선의 평균 선간거리 [cm])

① $E_0 = 24.3 d \log_{10} \dfrac{D}{r}$
② $E_0 = 24.3 d \log_{10} \dfrac{r}{D}$
③ $E_0 = \dfrac{24.3}{d \log_{10} \dfrac{D}{r}}$
④ $E_0 = \dfrac{24.3}{d \log_{10} \dfrac{r}{D}}$

| 해설
코로나 임계전압
$E_o = 24.3 m_o m_1 \delta d \log_{10} \dfrac{D}{r}$ [kV]

여기서, m_o: 전선 표면에 정해지는 계수
→ 매끈한 전선(1.0), 거친 전선(0.8)
m_1: 날씨에 관한 계수 → 맑은날(1.0), 우천시(0.8)
δ: 상대 공기밀도 $\left(\dfrac{0.386b}{273+t}\right)$
b: 기압[mmHg], d: 전선직경[cm]
t: 온도[℃], D: 선간거리[cm]

정답 62 ② 63 ① 64 ④ 65 ① 66 ①

67 □□□
송전선의 코로나손과 가장 관계가 깊은 것은?

① 상대공기 밀도 ② 송전선의 정전용량
③ 송전거리 ④ 송전선의 전압 변동률

| 해설
코로나손은 Peek의 실험식
$$P_c = \frac{241}{\delta}(f+25)\sqrt{\frac{d}{2D}}(E-E_0)^2 \times 10^{-5} [kW/km/선]$$
여기서, δ: 상대공기밀도, f: 주파수
d: 전선직경, D: 선간거리
E_o: 임계전압

68 □□□
다음 중 송전선로의 코로나 임계전압이 높아지는 경우는?

① 기압이 낮아지는 경우
② 전선의 지름이 큰 경우
③ 온도가 높아지는 경우
④ 상대 공기밀도가 작은 경우

| 해설
코로나 임계전압
$$E_o = 24.3 m_o m_1 \delta d \log_{10} \frac{D}{r} [kV]$$
여기서, m_o: 전선 표면에 정해지는 계수
→ 매끈한 전선(1.0), 거친 전선(0.8)
m_1: 날씨에 관한 계수 → 맑은 날(1.0), 우천시(0.8)
δ: 상대 공기밀도,
d: 전선직경[cm]
r: 전선의 반지름[cm]

69 □□□
다음 송전선로의 코로나 발생 방지 대책으로 가장 효과적인 방법은?

① 전선의 선간거리를 증가시킨다.
② 선로의 대지 절연을 강화한다.
③ 철탑의 접지 저항을 낮게 한다.
④ 전선을 굵게 하거나 복도체를 사용한다.

| 해설
코로나 임계전압 $E_o = 24.3 m_o m_1 \delta d \log_{10} \frac{D}{r}$ [kV]에서 코로나 임계전압이 전선의 지름(d)에 비례하므로 굵은 전선을 사용하거나 단도체 대신 복도체를 사용하는 경우 임계전압이 증가하여 코로나 발생을 억제할 수 있다.

70 □□□
복도체에서 2본의 전선이 서로 충돌하는 것을 방지하기 위하여 2본의 전선 사이에 적당한 간격을 두어 설치하는 것은?

① 아머로드 ② 댐퍼
③ 아킹혼 ④ 스페이서

| 해설
복도체 방식으로 전력공급 시 도체간에 전선의 꼬임현상 및 충돌로 인한 불꽃발생이 일어날 수 있으므로 스페이서를 설치하여 도체 사이의 일정한 간격을 유지한다.

71 □□□
다도체를 사용한 송전선로가 있다. 단도체를 사용했을 때와 비교할 때 옳은 것은? (단, L은 작용인덕턴스이고, C는 작용정전용량이다.)

① L과 C 모두 감소한다.
② L과 C 모두 증가한다.
③ L은 감소하고, C는 증가한다.
④ L은 증가하고, C는 감소한다.

| 해설
복도체나 다도체를 사용할 때 특성
㉠ 인덕턴스는 감소하고 정전용량은 증가한다.
㉡ 같은 단면적의 단도체에 비해 전류용량이 증대된다.
㉢ 안정도가 증가하여 송전용량이 증가한다.
㉣ 등가반경이 커져 코로나 임계전압의 상승으로 코로나 현상이 방지된다.

정답 67 ① 68 ② 69 ④ 70 ④ 71 ③

72

송전선로에 복도체를 사용하는 이유는?

① 철탑의 하중을 평형시키기 위해서이다.
② 선로의 진동을 없애기 위해서이다.
③ 선로를 뇌격으로부터 보호하기 위해서이다.
④ 코로나를 방지하고 인덕턴스를 감소시키기 위해서이다.

| 해설
복도체 및 다도체는 등가 단면적의 단선에 비해서
㉠ 코로나 임계전압은 15 ~ 20[%] 상승하여 코로나를 방지한다.
㉡ 인덕턴스는 20 ~ 30[%] 감소하고 정전용량은 20[%]정도 증가한다.
㉢ 중부하 송전선로에서는 조상설비를 절약할 수 있고 안정도가 증대한다.
㉣ 안정도가 증가하여 송전전력이 증대된다.

73

복도체에 있어서 소도체의 반지름을 r[m], 소도체 사이의 간격을 s[m]라고 할 때 2개의 소도체를 사용한 복도체의 등가 반지름은?

① $\sqrt{rs}$
② $\sqrt{r^2 s}$
③ $\sqrt{rs^2}$
④ rs

| 해설
등가 반지름 $r_e = r^{\frac{1}{n}} s^{\frac{n-1}{n}} = \sqrt[n]{rs^{n-1}}$
여기서, r: 소도체의 반지름, n: 소도체 수, s: 소도체 간격
∴ 복도체의 등가 반지름
$r_e = r^{\frac{1}{2}} s^{\frac{2-1}{2}} = \sqrt{rs}$

제4장 송전특성 및 조상설비

74

수전단전압 60,000[V], 전류 200[A], 선로 저항 R = 7.61[Ω], 리액턴스 X = 11.85[Ω]일 때 전압강하율은 몇 [%]인가? (단, 수전단 역률은 0.8임)

① 6.51
② 7.62
③ 8.42
④ 9.43

| 해설
전압강하율
$\%e = \dfrac{\sqrt{3} I_n (r\cos\theta + x\sin\theta)}{V_R}$
$= \dfrac{200\sqrt{3}\,(7.61 \times 0.8 + 11.85 \times 0.6)}{60000}$
$= 7.62\,[\%]$

75

단거리 송전선의 4단자 정수 A, B, C, D 중 그 값이 0인 정수는?

① A
② B
③ C
④ D

| 해설
단거리 송전선로는 선로의 길이가 짧아 선로와 대지 사이의 정전용량 및 누설컨덕턴스가 무시할 만큼 작게 나타난다.

정답 72 ④ 73 ① 74 ② 75 ②

76 □□□
T회로의 일반 회로정수에서 C는 무엇을 의미하는가?
① 저항   ② 리액턴스
③ 임피던스   ④ 어드미턴스

| 해설
T형 회로의 4단자 정수

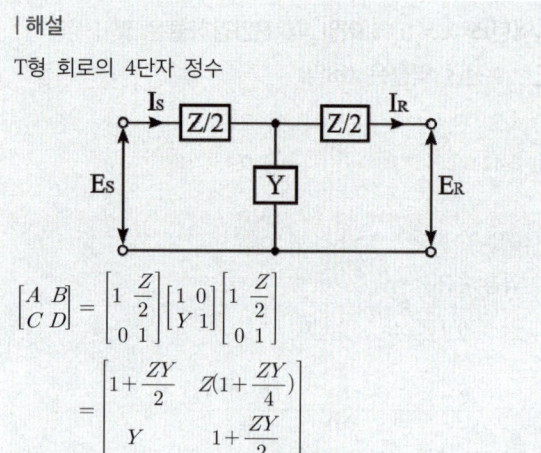

$\begin{bmatrix} A & B \\ C & D \end{bmatrix} = \begin{bmatrix} 1 & \frac{Z}{2} \\ 0 & 1 \end{bmatrix} \begin{bmatrix} 1 & 0 \\ Y & 1 \end{bmatrix} \begin{bmatrix} 1 & \frac{Z}{2} \\ 0 & 1 \end{bmatrix}$

$= \begin{bmatrix} 1+\frac{ZY}{2} & Z(1+\frac{ZY}{4}) \\ Y & 1+\frac{ZY}{2} \end{bmatrix}$

$\therefore A = 1+\frac{ZY}{2},\ B = Z(1+\frac{ZY}{4}),\ C = Y,\ D = 1+\frac{ZY}{2}$

77 □□□
중거리 송전선로의 T 형 회로에서 송전단전류 I_S는? (단, Z, Y는 선로의 직렬 임피던스와 병렬 어드미턴스이고 E_R은 수전단전압 I_R은 수전단 전류이다.)

① $I_R(1+\frac{ZY}{2}) + YE_R$
② $E_R(1+\frac{ZY}{2}) + ZI_R(1+\frac{ZY}{4})$
③ $E_R(1+\frac{ZY}{2}) + ZI_R$
④ $I_R(\frac{1+ZY}{2}) + E_RY(1+\frac{ZY}{4})$

| 해설
T형 회로의 송전단 전압과 전류

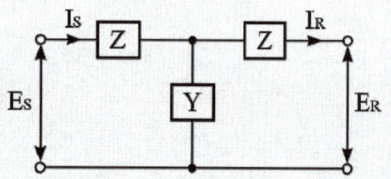

㉠ T형 회로 송전단 전압
$E_S = (1+\frac{ZY}{2})E_R + Z(1+\frac{ZY}{4})I_R$

㉡ T형 회로 송전단 전류
$I_S = YE_R + (1+\frac{ZY}{2})I_R$

78 □□□
다음 그림에서 4단자정수 A, B, C, D는?
(단, 여기서 $\dot{E}_S$, $\dot{I}_S$는 송전단전압, 전류, $\dot{E}_R$, $\dot{E}_R$은 수전단 전압, 전류이고 $\dot{Y}$는 병렬 어드미턴스이다.)

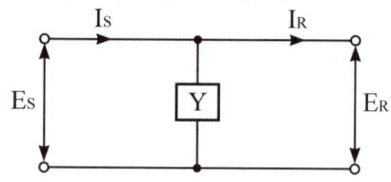

① 1, 0, Y, 1   ② 1, 0, −Y, 1
③ 1, Y, 0, 1   ④ 1, 0, 0, 1

| 해설
Y만의 회로에서 4단자 정수
$\begin{bmatrix} A & B \\ C & D \end{bmatrix} = \begin{bmatrix} 1 & 0 \\ Y & 1 \end{bmatrix}$

79 □□□
π형 회로의 일반 회로정수에서 B의 값은?
① Y ② Z
③ $1+\frac{ZY}{2}$ ④ $Y(1+\frac{ZY}{4})$

| 해설
π형 회로의 4단자 정수는 다음과 같다.

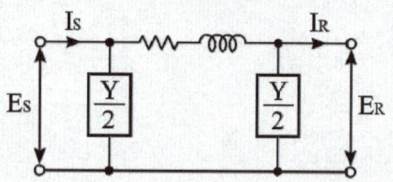

정답 76 ④ 77 ① 78 ① 79 ②

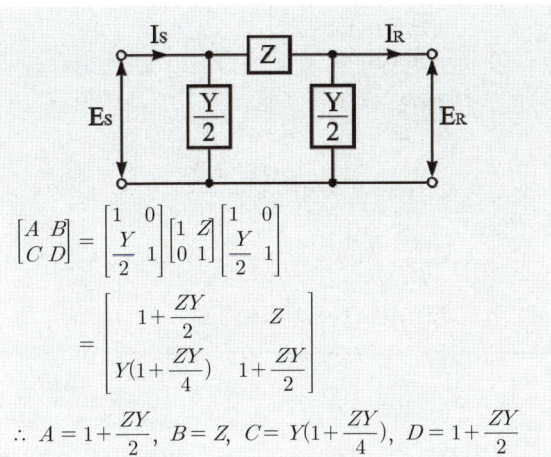

$$\begin{bmatrix} A & B \\ C & D \end{bmatrix} = \begin{bmatrix} 1 & 0 \\ \frac{Y}{2} & 1 \end{bmatrix} \begin{bmatrix} 1 & Z \\ 0 & 1 \end{bmatrix} \begin{bmatrix} 1 & 0 \\ \frac{Y}{2} & 1 \end{bmatrix}$$

$$= \begin{bmatrix} 1+\frac{ZY}{2} & Z \\ Y(1+\frac{ZY}{4}) & 1+\frac{ZY}{2} \end{bmatrix}$$

$\therefore A = 1+\frac{ZY}{2},\ B = Z,\ C = Y(1+\frac{ZY}{4}),\ D = 1+\frac{ZY}{2}$

80 □□□

154[kV], 300[km]의 3상 송전선에서 일반회로 정수는 다음과 같다. A = 0.930, B = j150, C = j0.90×10⁻³, D = 0.930이 송전선에서 무부하시 송전단에 154[kV]를 가했을 때 수전단 전압은 약 몇 [kV]인가?

① 143
② 154
③ 166
④ 171

| 해설

㉠ 송전선의 무부하시 수전단 전류 $I_R = 0$이므로 송전단 전압 $E_S = AE_R + BI_R$에서
㉡ $E_S = AE_R + B \times 0 = AE_R$
∴ 수전단 전압
$E_R = \frac{E_S}{A} = \frac{154}{0.93} = 165.59 ≒ 166\,[kV]$

81 □□□

일반 회로정수가 A, B, C, D이고 송전단 상전압이 E_s인 경우 무부하 시 송전단의 충전전류(송전단전류)는?

① CE_s
② ACE_s
③ $\frac{A}{C}E_s$
④ $\frac{C}{A}E_s$

| 해설

㉠ 4단자 방정식
$E_s = AE_r + BI_r$
$I_s = CE_r + DI_r$

㉡ 4단자 정수
$A = \left.\frac{E_s}{E_r}\right|_{I_r=0},\ B = \left.\frac{E_s}{I_r}\right|_{E_r=0}$
$C = \left.\frac{I_s}{E_r}\right|_{I_r=0},\ D = \left.\frac{I_s}{I_r}\right|_{E_r=0}$

㉢ 무부하는 2차측 개방한 상태($I_r = 0$)이므로 4단자 정수 A와 C의 관계이다.

㉣ $I_s = CE_r$이고, $E_r = \frac{E_s}{A}$이므로
송전단전류 $I_s = \frac{C}{A}E_s$이다.

82 □□□

그림과 같이 회로정수 A, B, C, D인 송전선로에 변압기 임피던스 Z_r를 수전단에 접속했을 때 변압기 임피던스 Z_r를 포함한 새로운 회로정수 D_0는? (단, 그림에서 E_S, I_S는 송전단 전압, 전류이고 E_R, I_R는 수전단의 전압 전류이다.)

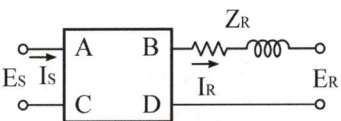

① $B + AZ_r$
② $B + CZ_r$
③ $D + AZ_r$
④ $D + CZ_r$

| 해설

그림과 같은 4단자 정수는 다음과 같다.
$$\begin{bmatrix} A_0 & B_0 \\ C_0 & D_0 \end{bmatrix} = \begin{bmatrix} A & B \\ C & D \end{bmatrix}\begin{bmatrix} 1 & Z_r \\ 0 & 1 \end{bmatrix}$$
$$= \begin{bmatrix} A & AZ_r + B \\ C & CZ_r + D \end{bmatrix}$$ 이므로
$\therefore D_o = CZ_r + D$

정답 80 ③ 81 ④ 82 ④

83 □□□

일반 회로정수가 A, B, C, D인 선로에 임피던스가 $\dfrac{1}{Z_r}$인 변압기가 수전단에 접속된 계통의 일반 회로정수 중 D_0는?

① $D_0 = \dfrac{C+DZ_r}{Z_r}$ ② $D_0 = \dfrac{C+AZ_r}{Z_r}$

③ $D_0 = \dfrac{D+CZ_r}{Z_r}$ ④ $D_0 = \dfrac{B+AZ_r}{Z_r}$

| 해설

㉠ 4단자 회로는 그림과 같으므로 합성 4단자 정수는 다음과 같다.

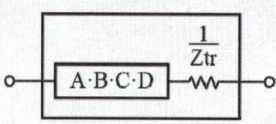

㉡ $\begin{bmatrix} A_0 & B_0 \\ C_0 & D_0 \end{bmatrix} = \begin{bmatrix} A & B \\ C & D \end{bmatrix}\begin{bmatrix} 1 & \dfrac{1}{Z_r} \\ 0 & 1 \end{bmatrix} = \begin{bmatrix} A & \dfrac{A}{Z_r}+B \\ C & \dfrac{C}{Z_r}+D \end{bmatrix}$

∴ $D_0 = \dfrac{C}{Z_r} + D = \dfrac{C+DZ_r}{Z_r}$

84 □□□

일반 회로정수가 같은 평행 2회선에서 A, B, C, D는 1회선인 경우의 몇 배로 되는가?

① A: 2, B: 2, C: $\dfrac{1}{2}$, D: 1

② A: 1, B: 2, C: $\dfrac{1}{2}$, D: 1

③ A: 1, B: $\dfrac{1}{2}$, C: 2, D: 1

④ A: 1, B: $\dfrac{1}{2}$, C: 2, D: 2

| 해설

평행 2회선의 경우 합성 4단자 정수 A_0, B_0, C_0, D_0는 다음과 같다.

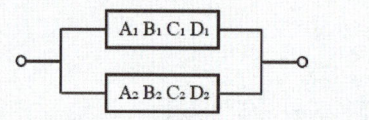

㉠ $A_0 = \dfrac{A_1B_2 + B_1A_2}{B_1+B_2}$

$B_0 = \dfrac{B_1 \cdot B_2}{B_1+B_2}$

$C_0 = C_1 + C_2 + \dfrac{(A_1-A_2)(D_2-D_1)}{B_1+B_2}$

$D_0 = \dfrac{B_1D_2 + D_1B_2}{B_1+B_2}$

㉡ $A_1 = A_2 = A$, $B_1 = B_2 = B$
$C_1 = C_2 = C$, $D_1 = D_2 = D$ 라 하면

∴ $A_0 = A$, $B_0 = \dfrac{1}{2}B$
$C_0 = 2C$, $D_0 = D$

85 □□□

장거리 송전선로의 특성은 무슨 회로로 나누는 것이 가장 좋은가?

① 특성 임피던스 회로   ② 집중정수 회로
③ 분포정수 회로   ④ 분산 회로

| 해설

전선로의 100[km]이상이 되면 선로정수가 전선로에 균일하게 분포되어 있는 분포정수 회로로 해석해야 한다.
∴ 집중정수회로
  ㉠ 단거리 송전선로: R, L 적용
  ㉡ 중거리 송전선로: R, L, C 적용

86 □□□

송전선의 특성 임피던스는 저항과 누설 콘덕턴스를 무시하면 어떻게 표시되는가? (단, L은 선로의 인덕턴스, C는 선로의 정전용량이다.)

① $\sqrt{\dfrac{L}{C}}$ ② $\sqrt{\dfrac{C}{L}}$

③ $\dfrac{L}{C}$ ④ $\dfrac{C}{L}$

정답 83 ① 84 ③ 85 ③ 86 ①

| 해설

송전선의 손실이 없는 경우($R = g = 0$)의 특성 임피던스는 다음과 같다.

$$\therefore Z_0 = \sqrt{\frac{Z}{Y}} = \sqrt{\frac{R+j\omega L}{g+j\omega C}} = \sqrt{\frac{L}{C}}$$

87 □□□

선로의 특성 임피던스에 관한 내용으로 옳은 것은?

① 선로의 길이가 길어질수록 값이 커진다.
② 선로의 길이가 길어질수록 값이 적어진다.
③ 선로의 길이보다는 부하전력에 따라 값이 변한다.
④ 선로의 길이에 관계없이 일정하다.

| 해설

㉠ 송전선의 손실이 없는 경우($R = g = 0$)의 특성 임피던스는 다음과 같다.
$$Z_0 = \sqrt{\frac{Z}{Y}} = \sqrt{\frac{R+j\omega L}{g+j\omega C}} = \sqrt{\frac{L}{C}}$$
㉡ L[mH/km]이고 C[μF/km]이므로 특성 임피던스는 선로의 길이에 관계없이 일정하다.

88 □□□

선로의 단위 길이 당의 분포 인덕턴스, 저항, 정전용량 및 누설 콘덕턴스를 각각 L, r, C 및 g라 할 때 전파정수는?

① $\sqrt{g + j\frac{\omega C}{r}} + j\omega L$
② $\sqrt{r + j\omega \frac{L}{g}} + j\omega C$
③ $\sqrt{(r+j\omega L)(g+j\omega C)}$
④ $(r+j\omega L)(g+j\omega C)$

| 해설

전파정수
$$\gamma = \sqrt{ZY} = \sqrt{(r+j\omega L)(g+j\omega C)}$$
$$= j\omega\sqrt{LC} \fallingdotseq \sqrt{LC}$$

89 □□□

송전선로의 특성임피던스와 전파정수는 무슨 시험에 의해서 구할 수 있는가?

① 무부하시험과 단락시험
② 부하시험과 단락시험
③ 부하시험과 충전시험
④ 충전시험과 단락시험

| 해설

장거리 송전선로에서 특성임피던스와 전파정수는 무부하시험과 단락시험에서 구할 수 있다.

90 □□□

송전선로의 수전단을 단락한 경우 송전단에서 본 임피던스는 300[Ω]이고, 수전단을 개방한 경우 임피던스는 1200[Ω]일 때 이 선로의 특성임피던스는 몇 [Ω]인가?

① 600
② 50
③ 1000
④ 1200

| 해설

특성 임피던스
$$Z_0 = \sqrt{\frac{Z_{ss}}{Y_{so}}} = \sqrt{Z_{ss} \times Z_{so}}$$
$$= \sqrt{300 \times 1200} = 600[\Omega]$$
Z_{ss} : 수전단 단락시 송전단에서 본 임피던스
Z_{so} : 수전단 개방시 송전단에서 본 임피던스

91 □□□

어떤 가공선의 인덕턴스가 1.6[mH/km]이고 정전용량이 0.008[μF/km]일 때 특성 임피던스는 약 몇 [Ω]인가?

① 128
② 224
③ 345
④ 447

| 해설

특성 임피던스
$$Z_0 = \sqrt{\frac{L}{C}} = \sqrt{\frac{1.6 \times 10^{-3}}{0.008 \times 10^{-6}}} = 447[\Omega]$$

정답 87 ④ 88 ③ 89 ① 90 ① 91 ④

92

파동 임피던스가 500[Ω]인 가공 송전선 10[km] 당의 인덕턴스[mH/km]와 정전용량 C[μF/km]는 얼마인가?

① $L = 1.67$, $C = 0.0067$
② $L = 2.12$, $C = 0.0067$
③ $L = 1.67$, $C = 0.167$
④ $L = 2.12$, $C = 0.167$

| 해설

㉠ 파동 임피던스 $Z_0 = \sqrt{\dfrac{L}{C}}$ [Ω] 이고,

전파속도 $v = \dfrac{1}{\sqrt{LC}} = 3 \times 10^8$ [m/s] 이므로 이 두 식을 이용하여 인덕턴스 L과 정전용량 C를 구할 수 있다.

㉡ 인덕턴스
$L = \dfrac{Z_0}{v} = \dfrac{500}{3 \times 10^8} = 1.67 \times 10^{-3}$ [H/m]
$= 1.67$ [mH/km]

㉢ 정전용량
$C = \dfrac{1}{Z_0 v} = \dfrac{1}{500 \times 3 \times 10^8}$
$= 0.00667 \times 10^{-9}$ [F/m]
$= 0.0067$ [μF/km]

93

일반 회로정수 A, B, C, D 송수전단 상전압이 각각 E_S, E_R 일 때 수전단 전력 원선도의 반지름은?

① $\dfrac{E_s \cdot E_R}{A}$
② $\dfrac{E_s \cdot E_R}{B}$
③ $\dfrac{E_s \cdot E_R}{C}$
④ $\dfrac{E_s \cdot E_R}{D}$

| 해설

전력 원선도의 반지름: $r = \dfrac{E_S E_R}{B}$

94

정전압 송전방식에서 전력 원선도를 그리려면 무엇이 주어져야 하는가?

① 송수전단전압, 선로의 일반 회로정수
② 송수전단전류, 선로의 일반 회로정수
③ 조상기 용량, 수전단전압
④ 송전단 전압, 수전단전류

| 해설

전력 원선도를 작성하는 데 필요한 인자는 송수전단전압의 크기 및 위상각 그리고 선로정수가 필요하다.

95

전력 원선도의 가로축과 세로축은 각각 어느 것을 나타내는가?

① 최대전력 - 피상전력
② 유효전력 - 무효전력
③ 조상용량 - 송전효율
④ 송전효율 - 코로나손실

| 해설

전력 원선도의 가로축은 유효전력, 세로축은 무효전력, 반경(= 반지름)은 $\dfrac{V_S \cdot V_R}{Z}$ 이다.

96

전력 원선도에서 알 수 없는 것은?

① 전력
② 손실
③ 역률
④ 코로나 손실

| 해설

전력 원선도에서 알 수 있는 사항
㉠ 송·수전단 전력
㉡ 조상설비의 종류 및 조상용량
㉢ 개선된 수전단 역률
㉣ 송전효율 및 선로손실
㉤ 송전단 역률

정답 92 ① 93 ② 94 ① 95 ② 96 ④

97

충전전류는 일반적으로 어떤 전류를 말하는가?

① 앞선전류
② 뒤진전류
③ 유효전류
④ 누설전류

| 해설
충전전류는 선로와 대지, 선로와 선로 사이에 정전용량으로 인해 선로에 흐르는 진상전류(= 앞선전류)이다.

98

동기조상기에 대한 설명으로 옳은 것은?

① 정지기의 일종이다.
② 연속적인 전압조정이 불가능하다.
③ 계통의 안정도를 증진시키기가 어렵다.
④ 송전선의 시송전에 이용할 수 있다.

| 해설
동기조상기의 특성
㉠ 진상전류 및 지상전류를 이용할 수 있어 광범위로 연속적인 전압조정을 할 수 있다.
㉡ 시동전동기를 갖는 경우에는 조상기를 발전기로 동작시켜 선로에 충전전류를 흘리고 시송전(= 시충전)에 이용할 수 있다.
㉢ 계통의 안정도를 증진시켜 송전전력을 증가시킬 수 있다.

99

동기조상기(A)와 전력용 콘덴서(B)를 비교한 것으로 옳은 것은?

① 조정: (A)는 계단적, (B)는 연속적
② 전력손실: (A)가 (B)보다 적음
③ 무효전력: (A)는 진상·지상 양용, (B)는 진상용
④ 시송전: (A)는 불가능, (B)는 가능

| 해설
(1) 동기조상기의 특성
 ㉠ 진상·지상 전류 모두 공급이 가능하다.
 ㉡ 전류조정이 연속적이다.
 ㉢ 대형, 중량으로 값이 비싸고 손실이 크다.
 ㉣ 선로의 시송전(= 시충전)운전이 가능하다.

(2) 전력용 콘덴서의 특성
 ㉠ 진상전류만 공급이 가능하다.
 ㉡ 전류조정이 계단적이다.
 ㉢ 소형, 경량의 값이 싸고 손실이 적다.
 ㉣ 용량 변경이 쉽다.

100

송배전선로의 도중에 직렬로 삽입하여 선로의 유도성 리액턴스를 보상함으로써 선로정수 그 자체를 변화시켜서 선로의 전압강하를 감소시키는 직렬콘덴서 방식의 득실에 대한 설명으로 옳은 것은?

① 최대 송전력이 감소하고 정태안정도가 감소된다.
② 부하의 변동에 따른 수전단의 전압변동률은 증대된다.
③ 선로의 유도리액턴스를 보상하고 전압강하를 감소한다.
④ 송수 양단의 전달임피던스가 증가하고 안정 극한전력이 감소한다.

| 해설
㉠ 전압강하
$$e = V_S - V_R = \sqrt{3}\,I_n\left[R\cos\theta + (X_L - X_C)\sin\theta\right]$$가 되어 감소된다.
㉡ 직렬 축전기는 송전선로와 직렬로 설치하는 전력용 콘덴서 설치하게 되면 안정도를 증가시키고 리액턴스를 감소시킨다.

101

안정권선(△권선)을 가지고 있는 대용량 고전압의 변압기가 있다. 조상기 전력용콘덴서는 주로 어디에 접속되는가?

① 주변압기의 1차
② 주변압기의 2차
③ 주변압기의 3차(안정권선)
④ 주변압기의 1차와 2차

| 해설
1차 변전소에 설치되어 있는 3권선 변압기의 3차권선의 용도
㉠ 3고조파 제거를 위해 안정권선(△권선) 설치
㉡ 조상설비(동기조상기 및 전력용 콘덴서, 분로리액터)설치
㉢ 변전소 내에 전원공급

정답 97 ① 98 ④ 99 ③ 100 ③ 101 ③

102

전력계통의 전압조정설비의 특징으로 옳지 않은 것은?

① 병렬 콘덴서는 진상능력만을 가지며 병렬 리액터는 진상능력이 없다.
② 동기조상기는 무효전력의 공급과 흡수가 모두 가능하며 진상 및 지상용량을 갖는다.
③ 동기조상기는 조정의 단계가 불연속적이나 직렬콘덴서 및 병렬리액터는 연속적이다.
④ 병렬리액터는 장거리 초고압 송전선 또는 지중선 계통의 충전용량 보상용으로 주요 발변전소에 설치된다.

| 해설
동기조상기는 무부하 상태로 회전하는 동기전동기로 무효전력을 가감하여 전압을 조정하게 되므로 전압조정이 연속적이다.

103

조상설비가 있는 1차 변전소에서 주 변압기로 주로 사용되는 변압기는?

① 강압용 변압기
② 3권선 변압기
③ 단권 변압기
④ 단상 변압기

| 해설
1차 변전소의 주 변압기로 3권선 변압기가 사용되는데 조상설비는 3권선 변압기의 3차권선에 접속된다.

104

중간조상방식이란?

① 송전선로의 중간에 동기조상기 연결
② 송전선로의 중간에 직렬콘덴서 삽입
③ 송전선로의 중간에 병렬 전력용콘덴서 연결
④ 송전선로의 중간에 개폐소 설치, 리액터와 전력용 콘덴서를 병렬로 연결

| 해설
중간조상방식은 송전선로중의 변전소에 3권선 변압기의 3차 권선에 동기조상기를 연결하여 무효전력을 조정하는 방식이다.

105

전력용콘덴서를 변전소에 설치할 때 직렬리액터를 설치하고자 한다. 직렬리액터의 용량을 결정하는 식은?
(단, f_0는 전원의 기본주파수, C는 역률개선용 콘덴서의 용량, L은 직렬리액터의 용량임)

① $2\pi f_0 L = \dfrac{1}{2\pi f_0 C}$
② $6\pi f_0 L = \dfrac{1}{6\pi f_0 c}$
③ $10\pi f_0 L = \dfrac{1}{10\pi f_0 c}$
④ $14\pi f_0 L = \dfrac{1}{14\pi f_0 c}$

| 해설
직렬리액터는 제5고조파 제거를 위해 사용한다.
㉠ $5\omega_0 L = \dfrac{1}{5\omega_0 C}$ → $10\pi f_0 L = \dfrac{1}{10\pi f_0 C}$
여기서, $\omega_0 = 2\pi f_0$
㉡ 직렬 리액터의 용량은 콘덴서 용량의 이론상 4[%], 실제상 5~6[%]를 사용한다.

106

1상당의 용량 150[kVA]인 전력용콘덴서에 제 5고조파를 억제시키기 위해 필요한 직렬리액터의 기본파에 대한 용량은 몇[kVA]정도가 필요한가?

① 1.5
② 3
③ 4.5
④ 6

| 해설
직렬리액터의 용량은 기본파 용량의 4[%]가 필요하다.
∴ 직렬리액터 용량 $Q_L = 150 \times 0.04 = 6[kVA]$

107

전력용 콘덴서 회로에 방전코일을 설치하는 주목적은?

① 합성 역률의 개선
② 전원 개방시 잔류전하를 방전시켜 인체의 위험방지
③ 콘덴서의 등가용량 증대
④ 전압의 개선

정답 102 ③ 103 ② 104 ① 105 ③ 106 ④ 107 ②

| 해설
방전코일은 콘덴서를 전원으로부터 개방시킬 때 콘덴서 내부에 남아 있는 잔류전하를 방전시킨다.

108 □□□

정전용량 0.01[μF/km], 길이 173.2[km], 선간전압 60000[V], 주파수 60[Hz]인 송전선로의 충전전류[A]는 얼마인가?

① 6.3
② 12.5
③ 22.6
④ 37.2

| 해설
송전선로의 충전전류
$$I_c = 2\pi f C \frac{V_n}{\sqrt{3}} l \times 10^{-6}$$
$$= 2\pi f (C_s + 3C_m) \frac{V_n}{\sqrt{3}} l \times 10^{-6}$$
$$= 2\pi \times 60 \times 0.01 \times \frac{60000}{\sqrt{3}} \times 173.2 \times 10^{-6}$$
$$= 22.6 [A]$$

109 □□□

수전단 전압이 송전단 전압보다 높아지는 현상을 무슨 효과라 하는가?

① 페란티효과
② 표피효과
③ 근접효과
④ 도플러효과

| 해설
㉠ 페란티현상
  선로에 충전전류가 흐르면 수전단전압이 송전단전압보다 높아지는 현상
㉡ 표피효과
  교류전류의 경우에는 도체 중심보다 도체 표면에 전류가 많이 흐르는 현상
㉢ 근접효과
  같은 방향의 전류는 바깥쪽으로 다른 방향의 전류는 안쪽으로 모이는 현상

110 □□□

초고압 장거리 송전선로에 접속되는 1차 변전소에 분로리액터를 설치하는 목적은?

① 송전용량을 증가
② 전력손실의 경감
③ 과도안정도의 증진
④ 페란티 효과의 방지

| 해설
무부하 및 경부하시 발생하는 페란티 현상은 분로리액터(Sh·R)을 투입하여 경감시킨다.

제5장 고장계산 및 안정도

111 □□□

3본의 송전선에 동상의 전류가 흘러올 경우 이 전류를 무슨 전류라 하는가?

① 영상전류
② 평형전류
③ 단락전류
④ 대칭전류

| 해설
㉠ 영상전류는 같은 크기와 동일한 위상각의 차를 가진 불평형 전류로 통신선에 대한 전자 유도장해를 발생시킨다.
㉡ 영상전류: $I_0 = \frac{1}{3}(I_a + I_b + I_c)$

정답 108 ③ 109 ① 110 ④ 111 ①

112 □□□

A, B 및 C상 전류를 각각 $\dot{I}_a$, $\dot{I}_b$ 및 $\dot{I}_c$라 할 때 $I_x = \frac{1}{3}(I_a + a^2 I_b + a I_c)$, $a = -\frac{1}{2} + j\frac{\sqrt{3}}{2}$ 으로서 표시되는 I_x는 어떤 전류인가?

① 정상전류
② 역상전류
③ 영상전류
④ 역상전류와 영상전류의 합계

| 해설
불평형에 의한 대칭분 전류
㉠ 영상전류: $I_0 = \frac{1}{3}(I_a + I_b + I_c)$
㉡ 정상전류: $I_1 = \frac{1}{3}(I_a + aI_b + a^2 I_c)$
㉢ 역상전류: $I_2 = \frac{1}{3}(I_a + a^2 I_b + aI_c)$

113 □□□

송전선로의 정상, 역상 및 영상 임피던스를 각각 Z_1, Z_2 및 Z_o라 할 때 옳은 것은?

① $Z_1 = Z_2 = Z_0$
② $Z_1 = Z_2 > Z_0$
③ $Z_1 > Z_2 = Z_0$
④ $Z_1 = Z_2 < Z_0$

| 해설
송전선로의 임피던스 $Z_1 = Z_2 < Z_0$

114 □□□

중성점 저항접지방식에서 1선 지락시의 영상전류를 I_0라고 할 때 저항을 통하는 전류는 어떻게 표현되는가?

① $\frac{1}{3}I_0$
② $\sqrt{3}I_0$
③ $3I_0$
④ $6I_0$

해설

㉠ a상에 지락 사고가 발생하고 b와 c상이 개방되었다면 $V_a = 0$, $I_b = I_c = 0$이 된다.

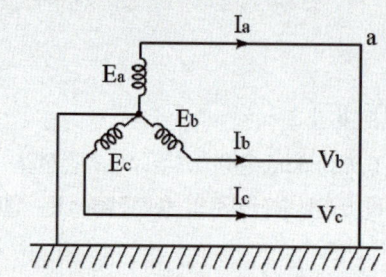

㉡ $I_0 + a^2 I_1 + aI_2 = I_0 + aI_1 + a^2 I_2 = 0$
㉢ 따라서 $I_0 = I_1 = I_2$이 된다.
∴ a상의 지락전류
$I_g = I_a = I_0 + I_1 + I_2 = 3I_0 = \frac{3E_a}{Z_0 + Z_1 + Z_2}$

115 □□□

선간 단락고장을 대칭좌표법으로 해석할 경우 필요한 것 모두를 나열한 것은?

① 정상 임피던스 및 역상 임피던스
② 정상 임피던스 및 영상 임피던스
③ 역상 임피던스 및 영상 임피던스
④ 영상 임피던스

| 해설
선로의 고장시 대칭좌표법으로 해석할 경우 필요한 사항
㉠ 1선 지락: 영상 임피던스, 정상 임피던스, 역상 임피던스
㉡ 선간 단락: 정상 임피던스, 역상 임피던스
㉢ 3선 단락: 정상 임피던스

116 □□□

3상 동기발전기 단자에서의 고장전류 계산시 영상전류 I_0와 정상전류 I_1 및 역상전류 I_2가 같은 경우는?

① 1선지락
② 2선지락
③ 선간단락
④ 2상단락

정답 112 ② 113 ④ 114 ③ 115 ① 116 ①

| 해설

1선 지락 고장시 $I_0 = I_1 = I_2$ 이므로

∴ $I_g = 3I_0 = \dfrac{3E_a}{Z_0 + Z_1 + Z_2}$

117 □□□

송배전선로의 고장전류의 계산에서 영상 임피던스가 필요한 경우는?

① 3상 단락 계산
② 3선 단선 계산
③ 1선 지락 계산
④ 선간 단락 계산

| 해설

선로의 고장시 대칭좌표법으로 해석할 경우 필요한 사항
㉠ 1선 지락: 영상 임피던스, 정상 임피던스, 역상 임피던스
㉡ 선간 단락: 정상 임피던스, 역상 임피던스
㉢ 3선 단락: 정상 임피던스

118 □□□

3상 단락사고가 발생한 경우 옳지 않은 것은?
(단, V_0: 영상전압, V_1: 정상전압, V_2: 역상전압, I_0: 영상전류, I_1: 정상전류, I_2: 역상전류)

① $V_2 = V_0 = 0$
② $V_2 = I_2 = 0$
③ $I_2 = I_0 = 0$
④ $I_1 = I_2 = 0$

| 해설

3상 단락 사고가 일어나면 $V_a = V_b = V_c = 0$ 이므로
$I_0 = I_2 = V_0 = V_1 = V_2 = 0$
∴ $I_1 = \dfrac{E_a}{Z_1} \neq 0$

119 □□□

그림과 같은 3상 발전기가 있다. a 상이 지락한 경우 지락전류는 얼마인가?

(단, Z_0, Z_1, Z_2는 영상, 정상, 역상 임피던스이다.)

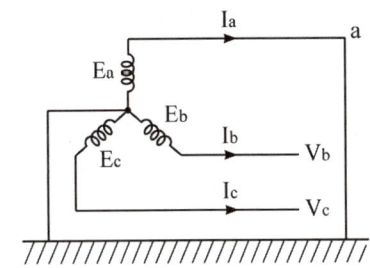

① $\dfrac{E_a}{Z_0 + Z_1 + Z_2}$
② $\dfrac{2E_a}{Z_0 + Z_1 + Z_2}$
③ $\dfrac{3E_a}{Z_0 + Z_1 + Z_2}$
④ $\dfrac{2Z_2 E_a}{Z_1 + Z_2}$

| 해설

1선 지락 사고시 전류 $I_0 = I_1 = I_2$
$I_g = 3I_0 = \dfrac{3E_a}{Z_0 + Z_1 + Z_2}$ [A]

120 □□□

고장점에서 구한 전 임피던스를 Z, 고장점의 성형전압을 E라 하면 단락전류는?

① $\dfrac{E}{Z}$
② $\dfrac{E}{\sqrt{3}\,Z}$
③ $\dfrac{\sqrt{3}\,E}{Z}$
④ $\dfrac{3E}{Z}$

| 해설

단락전류: $I_s = \dfrac{E}{Z}$ [A]

여기서, V: 선간전압
E: 성형전압(= 대지전압)

정답 117 ③ 118 ④ 119 ③ 120 ①

121

송전선로의 저항을 R, 리액턴스를 X라 하면 다음의 어느 식이 성립하는가?

① R > X
② R < X
③ R = X
④ R ≤ X

| 해설
송전선로에서 일반적으로 리액턴스가 저항에 비해서 크게 나타난다.

122

단락전류는 다음 중 어느 것을 말하는가?

① 앞선전류
② 뒤진전류
③ 충전전류
④ 누설전류

| 해설
선로에서 인덕턴스가 정전용량보다 크므로 사고시 발생하는 단락전류는 지상전류가 된다.

123

단락전류를 제한하기 위한 것은?

① 동기조상기
② 분로리액터
③ 전력용 콘덴서
④ 한류리액터

| 해설
한류리액터는 선로에 직렬로 설치한 리액터로 단락사고시 발전기가 전기자 반작용이 일어나기 전 커다란 돌발 단락전류가 흐르므로 이를 제한하기 위해 설치하는 리액터로 이를 한류리액터라 한다.

124

%임피던스에 대한 설명으로 틀린 것은?

① 단위를 가지지 않는다.
② 절대량이 아닌 기준량에 대한 비를 나타낸 것이다.
③ 기기 용량의 크기와 관계없이 일정한 범위로 사용한다.
④ 변압기나 동기기의 내부 임피던스만 사용할 수 있다.

| 해설
(1) %임피던스법은 전력계통의 선로 및 기기의 전압, 전류, 전력에 백분율(%)을 적용하여 계산하는 방법이다.
(2) %임피던스법의 특징
 ㉠ 값이 단위를 가지지 않으므로 계산 도중 단위의 환산이 필요없다.
 ㉡ 식이 간단해진다.
 ㉢ 기기 용량의 대소에 관계없이 그 값이 일정한 범위 내에 들어가기 때문에 기억하기 쉽다.

125

3상 변압기의 impedance가 $Z[\Omega]$이고 선간전압이 $V[kV]$, 정격용량이 $P[kVA]$일 때 이 변압기의 퍼센트 임피던스는?

① $\dfrac{10PZ}{V}$
② $\dfrac{PZ}{10V^2}$
③ $\dfrac{PZ}{100V^2}$
④ $\dfrac{PZ}{V}$

| 해설
퍼센트 임피던스
$$\%Z = \dfrac{I_n Z}{V} \times 100 = \dfrac{P \cdot Z}{10 \cdot V^2} [\%]$$

126

송전선로에서 가장 많이 발생되는 사고는?

① 단선사고
② 단락사고
③ 지지물 전복사고
④ 지락사고

| 해설
송전선로 운용중에 수목이나 조류에 의한 지락사고가 가장 많이 발생한다.

정답 121 ② 122 ② 123 ④ 124 ④ 125 ② 126 ④

127

3상3선식 송전선로에서 정격전압이 66[kV] 이고, 1선당 리액턴스가 17[Ω]일 때 이를 100[MVA] 기준으로 환산한 %리액턴스는?

① 35
② 39
③ 45
④ 49

| 해설
퍼센트 리액턴스
$$\%X = \frac{P_n X}{10 V_n^2} = \frac{100000 \times 17}{10 \times 66^2} = 39.02\%$$
여기서, V_n: 정격전압[kV]
P_n: 정격용량[kVA]

128

변압기의 %임피던스가 표준치보다 훨씬 클 때 고려하여야 할 문제점은?

① 온도상승
② 여자돌입전류
③ 기계적 충격
④ 전압변동율

| 해설
%임피던스의 크기가 전압변동률과 같으므로 %임피던스가 클 경우 전압변동률을 고려해야 한다.

129

154[kV]계통에 접속된 용량 80,000[kVA]의 변압기의 %임피던스가 8[%]이다. 이것을 100,000[kVA]기준으로 고치면 임피던스 값은 몇[Ω]가 되겠는가?

① 23.7
② 29.6
③ 33.3
④ 36.7

| 해설
㉠ 100,000[kVA]를 기준으로 용량 환산한 %임피던스
$$\%Z = 8 \times \frac{100,000}{80,000} = 10[\%]$$
㉡ %임피던스 $\%Z = \frac{PZ}{10V^2}$ 에서 임피던스는

$$\therefore Z = \frac{10 V^2}{P} \times \%Z = \frac{10 \times 154^2}{100000} \times 10$$
$$= 23.716[\Omega]$$

130

선로의 3상 단락전류는 대개 다음과 같은 식으로 구한다. 여기에서 I_N은 무엇인가?

$$I_S = \frac{100}{\%Z_T + \%Z_L} \cdot I_N$$

① 그 선로의 평균전류
② 그 선로의 최대전류
③ 전원 변압기의 선로측 정격전류(단락측)
④ 전원 변압기의 전원측 정격전류

| 해설
3상 단락전류 $I_S = \dfrac{100}{\%Z_T + \%Z_L} \cdot I_N [A]$
여기서, I_S: 3상 단락전류
$\%Z_T$: 변압기의 %임피던스
$\%Z_L$: 선로의 %임피던스

131

정격용량 3000[kVA], 정격 2차전압 6[kV], %임피던스 5[%]인 3상 변압기의 2차 단락전류는 약 몇 [A]인가?

① 5770
② 6770
③ 7770
④ 8770

| 해설
2차측 단락전류
$$I_s = \frac{100}{\%Z} \times I_n = \frac{100}{5} \times \frac{3000}{\sqrt{3} \times 6}$$
$$= 5773.6[A]$$

정답 127 ② 128 ④ 129 ① 130 ③ 131 ①

132

그림과 같은 3상 송전계통의 송전전압은 22[kV]이다. 지금 1점 P에서 3상 단락했을 때의 발전기에 흐르는 단락전류는 약 몇 [A]인가?

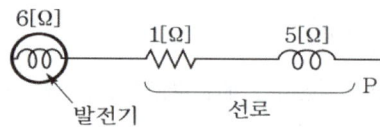

① 725 ② 1150
③ 2300 ④ 3725

| 해설
선로 및 기기의 합성 임피던스
$Z = \sqrt{1^2 + (6+5)^2} = 11.05[\Omega]$
∴ 단락전류
$I_s = \dfrac{E}{Z} = \dfrac{22000/\sqrt{3}}{11.05} = 1150[A]$

133

단락점까지의 전선 한 줄의 임피던스가 $Z = 6 + j8[\Omega]$ 단락전의 단락점 전압이 $E = 22.9[kV]$인, 단상선로의 단락용량은 몇 [kVA]인가? (단, 부하전류는 무시한다.)

① 13,110 ② 26,220
③ 39,330 ④ 52,440

| 해설
㉠ 전선로 왕복선의 임피던스
$Z = 2(6+j8) = 2 \times \sqrt{6^2 + 8^2} = 20[\Omega]$
㉡ 단락전류: $I_s = \dfrac{E}{Z} = \dfrac{22900}{20} = 1145[A]$
∴ 단락용량: $P_s = EI_s = 22.9 \times 1145$
$= 26220[kVA]$

134

154[kV] 송전계통에서 3상 단락고장이 발생하였을 경우 고장점에서 본 등가 정상 임피던스가 100[MVA] 기준으로 25[%]라고 하면 단락용량은 몇 [MVA]인가?

① 250 ② 300
③ 400 ④ 500

| 해설
단락용량(여기서, P_n: 기준용량)
$P_s = \dfrac{100}{25} \times 100 = 400[MVA]$

135

그림과 같은 전선로의 단락용량은 약 몇 [MVA]인가?
(단, 그림의 수치는 10,000[kVA]를 기준으로 한 %리액턴스를 나타낸다.)

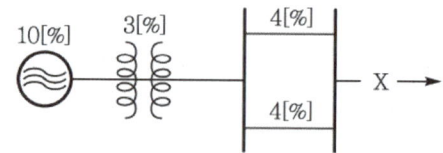

① 33.7 ② 66.7
③ 99.7 ④ 133.7

| 해설
㉠ 합성 %리액턴스
$\%X = \dfrac{4}{2} + 3 + 10 = 15\%$
㉡ 단락용량
$P_s = \dfrac{100}{\%Z} \times P_n$
$= \dfrac{100}{15} \times 10,000 \times 10^{-3}$
$= 66.67[MVA]$

정답 132 ② 133 ② 134 ③ 135 ②

136 □□□

그림과 같은 전력계통에서 A점에 설치된 차단기의 단락용량은 몇[MVA]인가? (단, 각 기기의 리액턴스는 발전기 G_1, G_2 = 15 [%](정격용량 15[MVA]기준), 변압기 8[%](정격용량 20[MVA] 기준, 송전선 11[%](정격용량 10[MVA]기준)이며 기타 다른 정수는 무시한다.)

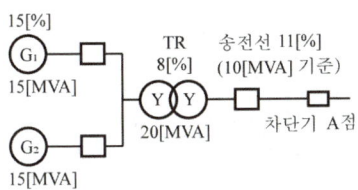

① 20　　② 30
③ 40　　④ 50

| 해설

㉠ 15[MVA]를 기준용량으로 하였을 때 계통의 %리액턴스
$$\%X = \frac{15}{2} + 8 \times \frac{15}{20} + 11 \times \frac{15}{10} = 30[\%]$$

㉡ A점 차단기의 단락용량
$$P_s = \frac{100}{30} \times 15 = 50[\text{MVA}]$$

137 □□□

그림과 같은 154[kV] 송전계통의 F점에서 무부하시 3상 단락고장이 발생하였을 경우 고장전력은 약 몇 [MVA]인가? (단, 발전기 G_1 : 용량 20[MVA], G_2 : 용량 30[MVA]의 %과도 리액턴스 및 변압기 T_r : 용량 50[MVA]의 %리액턴스는 각각 자기용량기준으로 20[%], 20[%], 10[%]이고 변압기에서 고장점 F까지의 선로 리액턴스는 100[MVA]기준으로 5[%]라고 한다.)

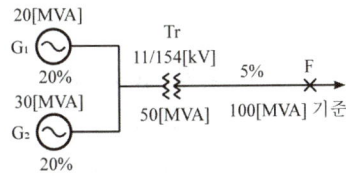

① 133　　② 143
③ 154　　④ 182

| 해설

㉠ 100[MVA]를 기준용량으로 하였을 때 각 기기의 %임피던스는 다음과 같다.

㉡ 발전기 G_1
$$\%Z_{G1} = 20 \times \frac{100}{20} = 100[\%]$$

㉢ 발전기 G_2
$$\%Z_{G2} = 20 \times \frac{100}{30} = 66.7[\%]$$

㉣ 변압기 T_r
$$\%Z_{Tr} = 10 \times \frac{100}{50} = 20[\%]$$

㉤ 송전선로 T/L
$$\%Z_{TL} = 5 \times \frac{100}{100} = 5[\%]$$

㉥ 고장점 F에서 본 전 %임피던스
$$\%Z = 5 + 20 + \frac{100 \times 66.7}{100 + 66.7} = 65[\%]$$

∴ 고장전력 $P_s = \frac{100}{\%Z} \times P_n$ 이므로
$$P_s = \frac{100}{65} \times 100 = 153.8[\text{MVA}]$$

138 □□□

100[MVA]의 3상변압기 2뱅크를 가지고 있는 배전용 2차측의 배전선에 시설할 차단기 용량은 몇 [MVA]인가? (단, 변압기는 병렬로 운전되며, 각각의 %Z는 20[%]이고, 전원 임피던스는 무시한다.)

① 1,000　　② 2,000
③ 3,000　　④ 4,000

| 해설

2뱅크 변압기의 합성 퍼센트 임피던스는 자기용량을 기준으로 $\frac{20}{2} = 10[\%]$ 이므로 차단기 용량은 다음과 같다.
$$\therefore P_s = \frac{100}{\%Z} \times P_n = \frac{100}{10} \times 100 = 1000[\text{MVA}]$$

정답　136 ④　137 ③　138 ①

139

송전선로의 송전단 전압을 E_S, 수전단 전압을 E_R, 송수전단 전압 사이의 위상차를 δ, 선로의 리액턴스를 X라 하면, 선로저항을 무시할 때 송전전력 P는 어떤 식으로 표시되는가?

① $P = \dfrac{E_S - E_R}{X}$
② $P = \dfrac{(E_S - E_R)^2}{X}$
③ $P = \dfrac{E_S E_R}{X} \sin\delta$
④ $P = \dfrac{E_S E_R}{X} \tan\delta$

| 해설

송전전력 $P = \dfrac{E_s \cdot E_R}{X} \sin\delta$ [MW] 이므로 유도 리액턴스 X에 반비례하므로 송전거리가 멀어질수록 감소한다.

140

교류 송전에서는 송전거리가 멀어질수록 동일전압에서의 송전 가능전력이 적어진다. 그 이유는 무엇인가?

① 선로의 어드미턴스가 커지기 때문이다.
② 선로의 유도성 리액턴스가 커지기 때문이다.
③ 코로나 손실이 증가하기 때문이다.
④ 저항손실이 커지기 때문이다.

| 해설

송전전력 $P = \dfrac{V_S V_R}{X} \sin\delta$ [MW]

여기서 V_S: 송전단 전압[kV]
V_R: 수전단전압[kV]

∴ 송전거리가 멀어질수록 유도리액턴스 X가 증가하여 송전전력이 감소한다.

141

송전선로의 송전용량을 결정할 때 송전용량계수법에 의한 수전전력을 나타낸 식은?

① $\dfrac{송전용량계수 \times (수전단선간전압)^2}{송전거리}$
② $\dfrac{송전용량계수 \times 수전단선간전압}{송전거리}$
③ $\dfrac{송전용량계수 \times (송전거리)^2}{수전단선간전압}$
④ $\dfrac{송전용량계수 \times (수전단전류)^2}{송전거리}$

| 해설

송전용량계수법 $P = K\dfrac{V_R^2}{L}$

여기서, K: 송전용량 계수
V_R: 수전단 전압 [kV]
L: 송전거리 [km]

142

154[kV] 송전선로에서 송전거리가 154[km]라 할 때 송전용량 계수법에 의한 송전용량은? (단, 송전용량 계수는 1200으로 한다.)

① 61,600[kW]
② 92,400[kW]
③ 123,200[kW]
④ 184,800[kW]

| 해설

송전용량: $P = K\dfrac{V_R^2}{L} = 1200 \times \dfrac{154^2}{154} = 184,800$ [kW]

143

전력계통의 안정도의 종류에 속하지 않는 것은?

① 상태안정도
② 정태안정도
③ 과도안정도
④ 동태안정도

정답 139 ③ 140 ② 141 ① 142 ④ 143 ①

| 해설

안정도의 종류 및 특성
㉠ 정태안정도
  정태 안정도란 부하가 서서히 증가한 경우 계속해서 송전할 수 있는 능력으로 이때의 전력을 정태안정 극한전력이라 한다.
㉡ 과도안정도
  계통에 갑자기 부하가 증가하여 급격한 교란상태가 발생하더라도 정전을 일으키지 않고 송전을 계속하기 위한 전력의 최대치를 과도안정도라 한다.
㉢ 동태안정도
  차단기 또는 조상설비 등을 설치하여 안정도를 높인 것을 동태안정도라 한다.

144 □□□

정태안정 극한전력이란?

① 부하가 서서히 증가할 때의 극한전력
② 부하가 갑자기 변할 때의 극한전력
③ 부하가 갑자기 사고가 났을 때의 극한전력
④ 부하가 변하지 않을 때의 극한전력

| 해설

정태안정도
정태 안정도란 부하가 서서히 증가한 경우 계속해서 송전할 수 있는 능력으로 이때의 전력을 정태안정 극한전력이라 한다.

145 □□□

과도안정 극한전력이란?

① 부하가 서서히 감소할 때의 극한전력
② 부하가 서서히 증가할 때의 극한전력
③ 부하가 갑자기 사고가 났을 때의 극한전력
④ 부하가 변하지 않을 때의 극한전력

| 해설

과도안정도
계통에 갑자기 부하가 증가하여 급격한 교란상태가 발생하더라도 정전을 일으키지 않고 송전을 계속하기 위한 전력의 최대치를 과도안정도라 한다.

146 □□□

전력계통의 안정도 향상대책으로 옳은 것은?

① 송전계통의 전달리액턴스를 증가시킨다.
② 재폐로방식(reclosing method)를 채택한다.
③ 전원측 원동기용 조속기의 부동시간을 크게 한다.
④ 고장을 줄이기 위하여 각 계통을 분리시킨다.

| 해설

송전전력을 증가시키기 위한 안정도 증진대책
㉠ 직렬 리액턴스를 작게 한다.
  • 발전기나 변압기 리액턴스를 작게 한다.
  • 선로에 복도체를 사용하거나 병행 회선수를 늘린다.
  • 선로에 직렬 콘덴서를 설치한다.
㉡ 전압변동을 적게 한다.
  • 단락비를 크게 한다.
  • 속응 여자방식을 채용한다.
㉢ 계통을 연계시킨다.
㉣ 중간 조상방식을 채용한다.
㉤ 고장구간을 신속히 차단시키고 재폐로 방식을 채택한다.
㉥ 소호리액터 접지방식을 채용한다.
㉦ 고장시에 발전기 입출력의 불평형을 작게 한다.

147 □□□

송전계통의 안정도를 증진시키는 방법이 아닌 것은?

① 전압변동을 적게 한다.
② 직렬리액턴스를 크게 한다.
③ 제동저항기를 설치한다.
④ 중간조상기방식을 채용한다.

| 해설

송전계통의 안정도 향상책은 다음과 같다.
㉠ 보호계전기, 차단기의 동작으로 고속화하여 발전기의 부담을 적게 한다.
㉡ 고속도 재폐로방식을 채택한다.
㉢ 직렬 리액턴스를 줄인다.
㉣ 전압변동을 적게 한다.
㉤ 고장전류를 줄이고 고장구간을 조속히 차단한다.
㉥ 중간조상방식을 채용한다.

정답 144 ① 145 ③ 146 ② 147 ②

제6장 중성점 접지방식

148 □□□
송전선의 중성점을 접지하는 이유가 아닌 것은?

① 고장전류 크기의 억제
② 이상전압 발생의 방지
③ 보호계전기의 신속 정확한 동작
④ 전선로 및 기기의 절연레벨을 경감

| 해설
송전선의 중성점 접지의 목적
㉠ 대지전압 상승억제
  지락고장 시 건전상 대지전압 상승억제 및 전선로와 기기의 절연레벨 경감 목적
㉡ 이상전압 상승억제
  뇌, 아크지락, 기타에 의한 이상전압 경감 및 발생 방지 목적
㉢ 계전기의 확실한 동작 확보
  지락사고 시 지락계전기의 확실한 동작 확보
㉣ 아크지락 소멸
  소호리액터 접지인 경우 1선 지락시 아크지락의 신속한 아크소멸로 송전선을 지속

149 □□□
중성점 비접지 방식이 이용되는 송전선은?

① 20 ~ 30[kV] 정도의 단거리 송전선
② 40 ~ 50[kV] 정도의 중거리 송전선
③ 50 ~ 100[kV] 정도의 장거리 송전선
④ 140 ~ 160[kV] 정도의 장거리 송전선

| 해설
우리나라에 채용되고 있는 중성점 접지방식
㉠ 22[kV] 계통
  비접지방식
㉡ 22.9[kV] 계통
  3상 4선식 중성점 다중접지방식
㉢ 66[kV] 계통
  소호리액터 접지방식
㉣ 154[kV], 345[kV] 계통
  직접접지방식(유효접지방식)

150 □□□
△결선의 3상3선식 배전선로가 있다. 1선이 지락하는 경우 건전상의 전위상승은 지락전의 몇 배가 되는가?

① $\frac{\sqrt{3}}{2}$
② 1
③ $\sqrt{2}$
④ $\sqrt{3}$

| 해설
1선 지락사고시 건전상의 대지전압이 $\sqrt{3}$ 배 상승한다.

151 □□□
6.6[kV], 60[Hz], 3상3선식 비접지식에서 선로의 길이가 10[km]이고 1선의 대지정전용량이 0.005[μF/km]일 때 1선 지락시의 고장전류 I_g [A]의 범위로 옳은 것은?

① $I_g < 1$
② $1 \leq I_g < 2$
③ $2 \leq I_g < 3$
④ $3 \leq I_g < 4$

| 해설
비접지식 선로에서 1선 지락 사고시 지락전류
$I_g = 2\pi f(3C_s)\frac{V}{\sqrt{3}} l \times 10^{-6}$
$= 2\pi \times 60 \times 3 \times 0.005 \times \frac{6600}{\sqrt{3}} \times 10 \times 10^{-6}$
$= 0.215$ [A]

152 □□□
비접지식 송전선로에 있어서 1선 지락고장이 생겼을 경우 지락점에 흐르는 전류는?

① 직류 전류이다.
② 고장상의 전압보다 90도 늦은 전류이다.
③ 고장상의 전압보다 90도 빠른 전류이다.
④ 고장상의 전압과 동상의 전류이다.

| 해설
1선 지락고장시 지락점에 흐르는 전류는 건전상의 대지정전용량으로 흐르므로 90°진상전류가 된다.

정답 148 ① 149 ① 150 ④ 151 ① 152 ③

153 □□□

배전선로에 3상 3선식 비접지방식을 채용 할 경우 장점이 아닌 것은?

① 과도안정도가 크다.
② 1선 지락고장 시 고장전류가 작다.
③ 1선 지락고장 시 인접통신선의 유도장해가 작다.
④ 1선 지락고장 시 건전상의 대지전위 상승이 작다.

|해설
비접지방식의 특성
(1) 장점
  ㉠ 1선 지락고장 시 대지 정전용량에 의한 리액턴스가 커서 지락전류가 아주 작다.
  ㉡ 근접통신선에 대한 유도장해가 작다.
  ㉢ 변압기의 △결선으로 선로에 제3고조파가 나타나지 않는다.
  ㉣ 변압기의 1대 고장 시에도 V결선으로 3상 전력의 공급이 가능하다.
(2) 단점
  ㉠ 1선 지락고장 시 건전상의 대지전압이 $\sqrt{3}$ 배, 이상전압(4~6배)이 나타난다.
  ㉡ 계통의 기기 절연레벨을 높여야 한다.

154 □□□

송전계통에 있어서 지락보호계전기의 동작이 가장 확실한 방식은?

① 비접지식
② 고저항접지식
③ 직접접지식
④ 소호리액터접지식

|해설
직접접지 방식은 1선 지락사고시 지락전류가 커서 고장검출이 확실하고 고속도로 선택 차단이 가능하다.

155 □□□

송전선로에서 1선 지락시에 건전상의 전압상승이 가장 적은 접지방식은 어느 것인가?

① 비접지 방식
② 직접접지 방식
③ 저항접지 방식
④ 소호리액터 접지 방식

|해설
직접접지 방식은 1선 지락 고장시 건전상의 전압상승이 거의 없다.

156 □□□

직접접지 방식에 대한 설명 중 옳지 않은 것은?

① 이상전압 발생의 우려가 없다.
② 계통의 절연수준이 낮아지므로 경제적이다.
③ 변압기의 단절연이 가능하다.
④ 보호계전기가 신속히 동작하므로 과도안정도가 좋다.

|해설
직접접지방식
㉠ 1선 지락 시 건전상의 전위는 평상시 같아 기기의 절연을 단절연할 수 있어 변압기 가격이 저렴하다.
㉡ 1선 지락 시 지락전류가 커서 지락계전기의 동작이 확실하다. 반면 지락전류가 크기 때문에 기기에 주는 충격과 유도장해가 크고 안정도가 나쁘다.

157 □□□

유효접지는 1선 접지시에 건전상의 전압이 상규 대지전압의 몇 배를 넘지 않도록 하는 중성점 접지를 말하는가?

① 0.8
② 1.3
③ 3
④ 4

|해설
1선 지락 고장시 건전상 전압이 상규 대지 전압의 1.3배를 넘지 않는 범위에 들어가도록 중성점 임피던스를 조절해서 접지하는 방식을 유효접지라고 한다.

정답 153 ④ 154 ③ 155 ② 156 ④ 157 ②

158 □□□

어떤 선로의 양단에 같은 용량의 소호리액터를 설치한 3상 1회선 송전선로에서 전원측으로부터 선로 길이의 1/4 지점에 1선지락 고장이 발생했다면 영상전류의 분포는 대략 어떠한가?

① 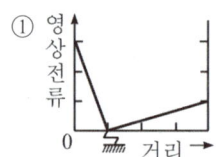 ②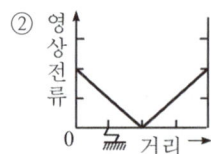
③ 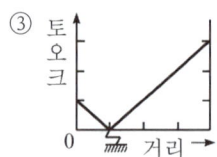 ④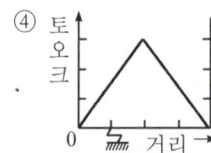

| 해설
소호리액터 접지방식은 병렬공진을 이용하여 지락전류를 억제하므로 지락점의 위치에 관계없이 선로 양단에 나타나는 영상전류의 크기는 같다.

159 □□□

3상 1회선 송전선로의 소호리액터의 용량은?

① 선로 충전용량과 같다.
② 3선 일괄의 대지충전용량과 같다.
③ 선간 충전용량의 1/2이다.
④ 1선과 중성점 사이의 충전용량과 같다.

| 해설
소호리액터의 용량: $\omega L = \dfrac{1}{3\omega C_s}$

160 □□□

소호리액터 접지에 대하여 틀린 것은?

① 선택 지락계전기의 동작이 용이하다.
② 지락전류가 적다.
③ 지락 중에도 송전이 계속 가능하다.
④ 전자유도장애가 경감한다.

| 해설
지락 사고시 지락전류가 적어 검출이 어려워 보호계전기의 동작이 확실하지 않다.

161 □□□

송전계통에 있어서 1선 지락의 경우 지락전류가 가장 적은 계통은?

① 저항접지식   ② 직접접지식
③ 비접지식   ④ 소호리액터 접지식

| 해설
송전계통의 접지방식별 지락 사고시 지락전류 크기 비교

중성점 접지방식	지락전류의 크기
비접지	작다
직접접지	최대
저항접지	중간 정도
소호리액터접지	최소

162 □□□

단선 고장시의 이상전압이 가장 큰 접지방식은?
(단, 비공진 탭이나 2회선을 사용하지 않은 경우임)

① 비접지식   ② 직접 접지식
③ 소호리액터 접지식   ④ 고저항 접지식

| 해설
소호리액터 접지계통에서 1선 단선사고가 발생하면 대지정전용량과 직렬공진상태가 되어 이상전압이 발생한다.

163 □□□

소호리액터 접지계통에서 리액터의 탭을 완전 공진 상태에서 약간 벗어나도록 하는 이유는?

① 전력손실을 줄이기 위하여
② 선로의 리액턴스분을 감소시키기 위하여
③ 접지 계전기의 동작을 확실하게 하기 위하여
④ 직렬공진에 의한 이상전압의 발생을 방지하기 위하여

정답 158 ② 159 ② 160 ① 161 ④ 162 ③ 163 ④

| 해설

소호리액터 접지방식에서 1선 지락사고시 건전상의 전선이 단선이 될 경우 직렬공진으로 인해 이상전압이 발생할 우려가 있으므로 리액터를 과보상으로 하여 설치한다.

㉠ $\omega L < \dfrac{1}{3\omega C_s}$ → 과보상(이상전압 방지)

㉡ 소호리액터의 용량: $\omega L = \dfrac{1}{3\omega C} - \dfrac{x_t}{3}$

164 □□□

소호리액터 접지방식에서 10[%]정도의 과보상을 한다고 할 때 사용되는 탭의 크기로 일반적인 것은?

① $\omega L > \dfrac{1}{3\omega C}$ ② $\omega L < \dfrac{1}{3\omega C}$

③ $\omega L > \dfrac{1}{3\omega^2 C}$ ④ $\omega L < \dfrac{1}{3\omega^2 C}$

| 해설

㉠ $\omega L > \dfrac{1}{3\omega C}$: 부족보상

㉡ $\omega L < \dfrac{1}{3\omega C}$: 과보상

㉢ $\omega L = \dfrac{1}{3\omega C}$: 완전보상

165 □□□

1상 대지정전용량 0.53[μF], 주파수 60[Hz]의 3상 송전선의 소호리액터의 공진탭(리액턴스)은 몇 [Ω]인가? (단, 접지시키는 변압기의 1상당의 리액턴스는 9[Ω]이다.)

① 1466 ② 1566
③ 1666 ④ 1686

| 해설

소호리액터의 공진 리액턴스

$\omega L = \dfrac{1}{3\omega C} - \dfrac{X_t}{3}$

$\therefore \omega L = \dfrac{1}{3 \times 2\pi \times 60 \times 0.53 \times 10^{-6}} - \dfrac{9}{3}$

$= 1665.25 \fallingdotseq 1666[\Omega]$

166 □□□

선로의 길이 60[km]인 3상 3선식 66[kV] 1회선 송전에 적당한 소호리액터 용량은 몇 [kVA]인가? (단, 대지정전용량은 1선당 0.0053[μF/km]이다.)

① 322 ② 522
③ 1044 ④ 1566

| 해설

소호리액터 용량

$Q_L = 2\pi f C V^2 l \times 10^{-9}$

$= 2\pi \times 60 \times 0.0053 \times 66000^2 \times 60 \times 10^{-9}$

$= 522.2$ [kVA]

167 □□□

다음 표는 리액터의 종류와 그 목적을 나타낸 것이다. 바르게 짝지어진 것은?

종류	목적
㉠ 병렬리액터	ⓐ 지락 아크의 소멸
㉡ 한류리액터	ⓑ 송전손실 경감
㉢ 직렬리액터	ⓒ 차단기의 용량 경감
㉣ 소호리액터	ⓓ 제5고조파 제거

① ㉠ - ⓑ ② ㉡ - ⓓ
③ ㉢ - ⓓ ④ ㉣ - ⓒ

| 해설

리액터의 종류 및 특성

㉠ 병렬리액터(= 분로리액터): 페란티 현상을 방지한다.

㉡ 한류리액터: 계통의 사고시 단락전류의 크기를 억제하여 차단기의 용량을 경감시킨다.

㉢ 직렬리액터: 콘덴서 설비에서 발생하는 제 5고조파를 제거한다.

㉣ 소호리액터: 1선 지락 사고시 지락전류를 억제하여 지락 시 발생하는 아크를 소멸한다.

168 □□□
송전선로의 중성점 접지에 대하여 기술하였다. 다음 중 옳은 것은?

① 소호리액터 접지방식은 선로의 정전용량과 직렬공진을 이용한 것으로 지락전류가 타방식에 비해 좀 큰 편이다.
② 고저항 접지방식은 이중 고장을 발생시킬 확률이 거의 없으며 비접지식 보다는 많은 편이다.
③ 직접 접지방식을 채용하는 경우 이상전압이 낮기 때문에 변압기 선정시 단절연이 가능하다.
④ 비접지방식을 택하는 경우 지락전류 차단이 용이하고 장거리 송전을 할 경우 이중 고장의 발생을 예방하기 좋다.

| 해설
직접 접지방식은 지락사고시 건전상의 전압이 거의 변화가 없고 이상전압이 낮기 때문에 절연레벨을 낮게 하고 단절연 방식을 채택할 수 있다.

제7장 이상전압 및 유도장해

169 □□□
송·배전 선로에 발생되는 이상전압의 내부적 원인이 아닌 것은?

① 선로의 개폐
② 아크 접지
③ 선로의 이상상태
④ 유도뢰

| 해설
이상전압의 종류
㉠ 외부적 원인: 직격뢰, 유도뢰, 다른 선로 와의 혼촉사고 또는 유도 현상
㉡ 내부적 원인: 개폐서지, 지락사고시 전위 상승, 무부하시 전위상승, 잔류 전압으로 인 한 전위상승

170 □□□
뇌서지와 개폐서지의 파두장과 파미장에 대한 설명으로 옳은 것은?

① 파두장은 같고, 파미장이 다르다.
② 파두장은 다르고, 파미장은 같다.
③ 파두장과 파미장이 모두 다르다.
④ 파두장과 파미장이 모두 같다.

| 해설
표준충격파
㉠ 뇌 서지의 크기: 1.2 × 50[μs] 뇌서지는 파두장([μsec])과 파미장([μsec])으로 구분된다.
㉡ 개폐 서지의 크기: 250 × 2500[μs]

171 □□□
기기의 충격전압시험을 할 때 채용하는 우리나라의 표준 충격 전압파의 파두장 및 파미장을 표시한 것은?

① 1.5 × 40[μ·sec]
② 2 × 40[μ·sec]
③ 1.2 × 50[μ·sec]
④ 2.3 × 50[μ·sec]

| 해설
우리나라에서는 충격전압 시험으로 적용하고 있는 표준충격파는 1.2 × 50[μs]으로
파두장 T_f : 1.2 [μsec], 파미장 T_t : 50[μsec]으로 한다.

172 □□□
송전선로의 개폐 조작시 발생하는 이상전압에 관한 상황에서 옳은 것은?

① 개폐 이상전압은 회로를 개방할 때보다 폐로할 때 더 크다.
② 개폐 이상전압은 무부하시 보다 전부하일 때 더 크다.
③ 가장 높은 이상전압은 무부하 송전선의 충전전류를 차단할 때이다.
④ 개폐 이상전압은 상규대지 전압의 6배, 시간은 2~3초이다.

정답 168 ③ 169 ④ 170 ③ 171 ③ 172 ③

| 해설

이상전압이 가장 큰 경우는 무부하 송전선로의 충전전류를 차단할 경우에 발생한다.

173 □□□

인덕턴스가 1.345[mH/km], 정전용량이 0.00785[μF/km]인 가공선의 서지 임피던스는 몇 [Ω]인가?

① 320
② 370
③ 414
④ 483

| 해설

서지 임피던스(= 특성임피던스)

$$Z_0 = \sqrt{\frac{L}{C}} = \sqrt{\frac{1.345 \times 10^{-3}}{0.00785 \times 10^{-6}}} = 414[\Omega]$$

174 □□□

파동 임피던스가 300[Ω]인 가공 송전선 1[km]당의 인덕턴스는 몇 [mH/km]인가?
(단, 저항과 누설컨덕턴스는 무시한다.)

① 0.5
② 1
③ 1.5
④ 2

| 해설

㉠ 전파속도: $V = \frac{1}{\sqrt{LC}} \rightarrow C = \frac{1}{LV^2}$

㉡ 파동임피던스 = 특성임피던스

$$Z_0 = \sqrt{\frac{L}{C}} = \sqrt{L^2 V^2} = LV[\Omega]$$

∴ 1[km]당의 인덕턴스

$$L = \frac{Z_0}{V} = \frac{300}{3 \times 10^8} = 1 \times 10^{-6}[\text{H/m}]$$
$$= 1[\text{mH/km}]$$

175 □□□

서지파(진행파)가 서지임피던스 Z_1의 선로측에서 서지임피던스 Z_2 선로측으로 입사할 때 반사계수(반사파전압 ÷ 입사파전압) a를 나타내는 식은?

① $\dfrac{Z_2 - Z_1}{Z_1 + Z_2}$
② $\dfrac{2Z_2}{Z_1 + Z_2}$
③ $\dfrac{Z_1 - Z_2}{Z_1 + Z_2}$
④ $\dfrac{2Z_1}{Z_1 + Z_2}$

| 해설

㉠ 반사계수: $\lambda = \dfrac{Z_2 - Z_1}{Z_1 + Z_2}$

㉡ 투과계수: $\nu = \dfrac{2Z_2}{Z_1 + Z_2}$

176 □□□

가공선의 임피던스가 Z_1, 케이블의 임피던스가 Z_2인 선로의 접속점에 피뢰기를 설치하였더니 가공선 쪽에서 파고치 e[V]의 진행파가 진행되어 이상전류를 i[A] 방전시켰다면 피뢰기의 제한전압 식은?

① $\dfrac{2Z_2}{Z_1 + Z_2}e - \dfrac{Z_1 Z_2}{Z_1 + Z_2}i$
② $\dfrac{2Z_2}{Z_1 + Z_2}e + \dfrac{Z_1 Z_2}{Z_1 + Z_2}i$
③ $\dfrac{2Z_2}{Z_1 + Z_2}e - \dfrac{Z_1 + Z_2}{Z_1 Z_2}i$
④ $\dfrac{2Z_2}{Z_1 + Z_2}e + \dfrac{Z_1 + Z_2}{Z_1 Z_2}i$

| 해설

피뢰기 제한전압

$$E = \dfrac{2Z_2}{Z_1 + Z_2}e - \dfrac{Z_1 Z_2}{Z_1 + Z_2}i[\text{V}]$$

정답   173 ③   174 ②   175 ①   176 ①

177 □□□

파동 임피던스 $Z_1 = 500[\Omega]$, $Z_2 = 300[\Omega]$인 두 무손실 선로 사이에 그림과 같이 저항 R을 접속하였다. 제 1선로에서 구형파가 진행하여 왔을 때 무반사로 하기 위한 R의 값은 몇 $[\Omega]$인가?

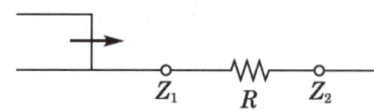

① 100　　　② 200
③ 300　　　④ 500

| 해설

Z_1 점에서 입사파가 진행되었을 때 반사파 전압 E_λ은
$E_\lambda = \dfrac{(Z_2 + R) - Z_1}{Z_1 + (Z_2 + R)} \times E$ 이므로 무반사 조건은 $E = 0$ 이므로
$(Z_2 + R) - Z_1 = 0$
$\therefore R = Z_1 - Z_2 = 500 - 300 = 200[\Omega]$

178 □□□

임피던스 Z_1, Z_2 및 Z_3를 그림과 같이 접속한 선로의 A 쪽에서 전압파 E가 진행해 왔을 때 접속점 B에서 무반사로 되기 위한 조건은?

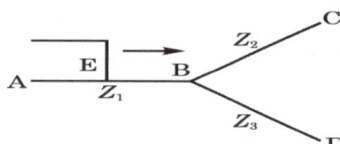

① $Z_1 = Z_2 + Z_3$　　② $\dfrac{1}{Z_3} = \dfrac{1}{Z_1} + \dfrac{1}{Z_2}$
③ $\dfrac{1}{Z_1} = \dfrac{1}{Z_2} + \dfrac{1}{Z_3}$　　④ $\dfrac{1}{Z_2} = \dfrac{1}{Z_1} + \dfrac{1}{Z_3}$

| 해설

반사파 $\lambda = \dfrac{Z_b - Z_a}{Z_a + Z_b} = 0$ 이 되기 위한 조건은 $Z_a = Z_b$ 이므로 $\dfrac{1}{Z_a} = \dfrac{1}{Z_1}$, $\dfrac{1}{Z_b} = \dfrac{1}{Z_2} + \dfrac{1}{Z_3}$ 이므로 $\dfrac{1}{Z_1} = \dfrac{1}{Z_2} + \dfrac{1}{Z_3}$ 된다.

179 □□□

이상전압에 대한 방호장치가 아닌 것은?

① 방전코일　　② 가공지선
③ 피뢰기　　　④ 서지흡수기

| 해설

이상전압에 대한 방호장치에는 피뢰기, 서지흡수기, 가공지선, 매설지선, 아킹혼, 아킹링 등이 있다.

180 □□□

계통 내의 각 기기, 기구 및 애자 등의 상호 간에 적정한 절연강도를 지니게 함으로서 계통 설계를 합리적으로 할 수 있게 한 것을 무엇이라 하는가?

① 기준충격절연강도　　② 보호계전방식
③ 절연계급 선정　　　　④ 절연협조

| 해설

절연협조의 정의
발변전소의 기기나 송배전 선로 등의 전력계통 전체의 절연설계를 보호장치와 관련시켜서 합리화를 도모하고 안전성과 경제성을 유지하는 것이다.

181 □□□

154[kV] 송전계통의 뇌에 대한 보호에서 절연강도의 순서가 가장 경제적이고 합리적인 것은?

① 피뢰기 - 변압기코일 - 기기 - 결합콘덴서 - 선로애자
② 변압기코일 - 결합콘덴서 - 피뢰기 - 선로애자 - 기기
③ 결합콘덴서 - 기기 - 선로애자 - 변압기코일 - 피뢰기
④ 기기 - 결합콘덴서 - 변압기코일 - 피뢰기 - 선로애자

| 해설

송전계통의 절연레벨(BIL)은 다음과 같다.

공칭전압	154[kV]	345[kV]
현수애자	750[kV]	1370[kV]
단로기	750[kV]	1175[kV]
변압기	650[kV]	1050[kV]
피뢰기	460[kV]	735[kV]

정답　177 ②　178 ③　179 ①　180 ④　181 ①

182

전력계통의 절연협조 계획에서 채택되어야 하는 모선피뢰기와 변압기의 관계에 대한 그래프로 옳은 것은?

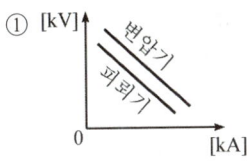
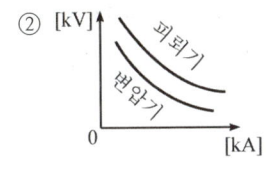
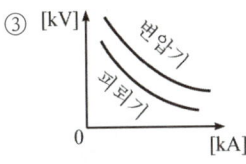
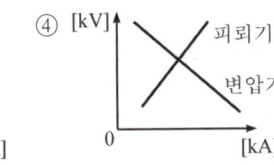

| 해설
절연협조는 피뢰기의 제한전압을 기준하여 설계하므로 피뢰기의 절연레벨이 가장 낮다.

183

피뢰기의 구조는?

① 특성요소와 소호리액터
② 특성요소와 콘덴서
③ 소호리액터와 콘덴서
④ 특성요소와 직렬갭(gap)

| 해설
피뢰기의 구조는 특성요소와 직렬갭으로 구성되어 있으며 그 기능은 다음과 같다.
㉠ 직렬갭
특성요소를 선로에서 절연시켜 상용주파 방전전류의 통과를 방지하고 이상전압이 내습되면 즉시 방전하여 뇌전류를 대지에 방류하고 그 속류를 차단시킨다.
㉡ 특성요소
탄화규소를 주체로 하고 그 결착 재료와 같이 구성된 특성요소는 피뢰기의 주체이고 그 동작에 의해 방전전류를 흘리며 진행파의 파고치를 저감시켜 다른 기기를 보호하고 속류를 억제한다.

184

피뢰기의 정격전압이란?

① 상용주파수의 방전개시전압
② 속류 차단이 되는 최고의 교류전압
③ 방전을 개시할 때의 단자전압의 순시값
④ 충격 방전전류를 통하고 있을 때의 단자전압

| 해설
㉠ 피뢰기 정격전압이란 선로단자와 접지단자 간에 인가할 수 있는 상용주파 최대 허용전압
㉡ 피뢰기 정격전압 $V_n = \alpha\beta V_m$ [V]
여기서, α : 접지계수
β : 유도계수
V_m : 공칭전압

185

피뢰기가 구비하여야 할 조건으로 거리가 먼 것은?

① 충격 방전 개시 전압이 낮을 것
② 상용주파 방전개시 전압이 낮을 것
③ 제한전압이 낮을 것
④ 속류 차단능력이 클 것

| 해설
피뢰기의 구비조건
㉠ 상용주파 허용단자 전압(= 방전개시 전압)이 높을 것
㉡ 충격 방전 개시 전압이 낮을 것
㉢ 방전내량은 크면서 제한전압은 낮을 것
㉣ 속류 차단능력이 충분할 것

정답 182 ③ 183 ④ 184 ② 185 ②

186
피뢰기의 상용주파 허용 단자전압이란?

① 피뢰기가 동작하여도 변압기가 파괴되는 전압
② 피뢰기가 받을 수 있는 뇌전압
③ 피뢰기 동작중 단자전압의 파고치
④ 속류를 차단할 수 있는 최대의 교류전압

| 해설
상용주파 허용 단자전압
(= 속류를 차단할 수 있는 최고의 교류전압)
㉠ 계통의 상용주파수의 지속성 이상전압에 의한 방전개시전압의 실효치
㉡ 피뢰기 정격전압의 1.5배 이상일 것

187
피뢰기의 충격 방전개시전압은 무엇으로 표시하는가?

① 직류 전압의 크기
② 충격파의 평균치
③ 충격파의 최대치
④ 충격파의 실효치

| 해설
충격방전 개시전압이란 파형과 극성의 충격파를 피뢰기의 선로단자와 접지 단자간에 인가 했을 때 방전전류가 흐르기 이전에 도달할 수 있는 최고전압을 말한다.

188
피뢰기의 제한전압이란?

① 상용주파(상용주파) 전압에 대한 피뢰기의 충격방전 개시전압
② 충격파 침입시 피뢰기의 충격방전 개시전압
③ 피뢰기가 충격파 방전 종료후 언제나 속류를 확실히 차단할 수 있는 상용주파 허용 단자전압
④ 충격파 전류가 흐르고 있을 때의 피뢰기의 단자전압의 파고값

| 해설
피뢰기 제한전압
㉠ 방전으로 저하되어서 피뢰기 단자간에 남게 되는 충격전압의 파고치
㉡ 방전 중에 피뢰기 단자간에 걸리는 전압의 최대치(파고값)

189
송전선로에서 가공지선을 설치하는 목적이 아닌 것은?

① 뇌(雷)의 직격을 받을 경우 송전선 보호
② 유도에 의한 송전선의 고전위 방지
③ 통신선에 대한 차폐효과 증진
④ 철탑의 접지저항 경감

| 해설
가공지선의 설치 효과
㉠ 직격뢰로부터 선로 및 기기 차폐
㉡ 유도뢰에 의한 정전차폐효과
㉢ 통신선의 전자유도장해를 경감시킬 수 있는 전자차폐효과

190
철탑에서의 차폐각에 대한 설명 중 옳은 것은?

① 차폐각이 클수록 차폐효율이 크다.
② 차폐각이 클수록 정전유도가 커진다.
③ 차폐각이 10도인 경우 차폐효율은 10[%] 정도이다.
④ 차폐각은 보통 90도 이상으로 설계한다.

| 해설
㉠ 가공지선은 지지물 상부에 시설한 지선으로 강심알루미늄연선(ACSR) 또는 아연도철선을 사용하였으나 최근에는 광복합 가공지선(OPGW)을 사용하고 있다.
㉡ 차폐각은 가공지선과 전력선과의 설치각을 말하며 차폐각이 클수록 차폐효율이 작아지며 정전유도가 커지므로 보통 45°이하로 설계한다.

191
송전선로에 매설지선을 설치하는 목적은?

① 직격뢰로부터 송전선을 차폐 보호하기 위함
② 철탑 기초의 강도를 보강하기 위함
③ 현수애자 1연의 전압분담을 균일화하기 위함
④ 철탑으로부터 송전선로의 역섬락을 방지하기 위함

정답 186 ④ 187 ③ 188 ④ 189 ④ 190 ② 191 ④

| 해설
매설지선은 철탑의 탑각 접지저항을 작게 하기 위한 지선으로 역섬락을 방지하기 위해 사용한다.

192 □□□

전력선과 통신선 간의 상호 정전용량 및 상호 인덕턴스에 의해 발생되는 유도장해로 옳은 것은?

① 정전유도장해 및 전자유도장해
② 전력유도장해 및 정전유도장해
③ 정전유도장해 및 고조파유도장해
④ 전자유도장해 및 고조파유도장해

| 해설
전력선과 통신선 간의 유도장해
㉠ 정전유도장해: 전력선과 통신선과의 상호 정전용량에 의해 발생
㉡ 전자유도장해: 전력선과 통신선과의 상호 인덕턴스에 의해 발생

193 □□□

통신선과 평행인 주파수 60[Hz]의 3상 1회선 송전선이 있다. 1선 지락 때문에 영상 전류가 100[A] 흐르고 있다. 통신선에 유도되는 전자유도 전압은 몇[V]인가? (단, 여기서 영상 전류는 전 전선에 걸쳐서 같으며, 송전선과 통신선과의 상호 인덕턴스는 0.06[mH/km], 그 평행길이는 40[km]이다.)

① 156.6
② 162.8
③ 230.2
④ 271.3

| 해설
전자유도전압
$E_m = 2\pi fMl \times 3I_0 \times 10^{-3}$
$= 2\pi \times 60 \times 0.06 \times 10^{-3} \times 40 \times 3 \times 100$
$= 271.4$ [V]
여기서, M: 상호 인덕턴스 [mH/km]
$\dot{I_a} + \dot{I_b} + \dot{I_c} = 3\dot{I_0}$ [A]

194 □□□

3상 송전선로와 통신선이 병행되어 있는 경우에 통신유도장해로서 통신선에 유도되는 정전 유도전압은?

① 통신선의 길이에 비례한다.
② 통신선의 길이의 자승에 비례한다.
③ 통신선의 길이에 반비례한다.
④ 통신선의 길이와는 관계가 없다.

| 해설
통신선에 유도되는 정전유도전압
$E_n = \dfrac{3C_m}{C_0 + 3C_m} E_0$ [V]
∴ 정전유도전압은 선로길이와 관계없고 이격거리와 영상전압의 크기에 따라 변화된다.

195 □□□

전력선 1의 대지전압 E, 통신선의 대지 정전용량을 C_b 전력선과 통신선 사이에 상호 정전용량을 C_{ab} 라고 하면 통신선의 정전유도전압은?

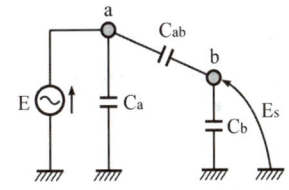

① $\dfrac{C_{ab} + C_b}{C_b} E$
② $\dfrac{C_{ab} + C_b}{C_{ab}} E$
③ $\dfrac{C_b}{C_{ab} + C_b} E$
④ $\dfrac{C_{ab}}{C_{ab} + C_b} E$

| 해설
등가회로는 그림과 같으므로 통신선에 유도되는 정전유도전압

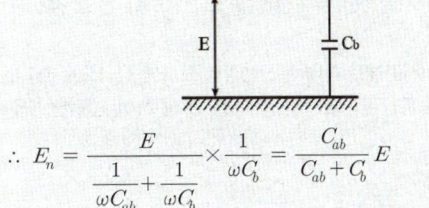

∴ $E_n = \dfrac{E}{\dfrac{1}{\omega C_{ab}} + \dfrac{1}{\omega C_b}} \times \dfrac{1}{\omega C_b} = \dfrac{C_{ab}}{C_{ab} + C_b} E$

정답 192 ① 193 ④ 194 ④ 195 ④

196 □□□

66[kV], 송전선에서 연가 불충분으로 각 선의 대지용량이 $C_a = 1.1[\mu F]$, $C_b = 1[\mu F]$, $C_c = 0.9[\mu F]$ 가 되었다. 이때 잔류전압은 몇[V]인가?

① 1500
② 1800
③ 2200
④ 2500

해설

중성점에 나타나는 잔류전압

$$E_n = \frac{\sqrt{C_a(C_a - C_b) + C_b(C_b - C_c) + C_c(C_c - C_a)}}{C_a + C_b + C_c} \times \frac{V}{\sqrt{3}} [V]$$

$$= \frac{\sqrt{1.1(1.1 - 1) + 1(1 - 0.9) + 0.9(0.9 - 1.1)}}{1.1 + 1 + 0.9} \times \frac{66,000}{\sqrt{3}} = 2,200 [V]$$

197 □□□

송전선이 통신선에 미치는 유도장해를 억제 제거하는 방법이 아닌 것은?

① 송전선에 충분한 연가를 실시한다.
② 송전 계통의 중성점 접지 개소를 택하여 중성점을 리액터 접지 한다.
③ 송전선과 통신선의 상호 접근 거리를 크게 한다.
④ 송전선측에 특성이 양호한 피뢰기를 설치 한다.

해설

유도장해 억제 대책
㉠ 연가를 충분히 한다. (중성점의 잔류전압을 적게 한다.)
㉡ 소호리액터를 채용한다. (지락전류를 제한한다.)
㉢ 고장의 고속도 차단(154[kV]나 345[kV]계에서는 3[Hz] 정도로 0.1[s]에서 고장을 제거한다.
㉣ 차폐선을 시설하면 유도전압을 30 ~ 50[%] 정도 감소시킨다.
㉤ 전력선을 케이블로 하며 통신선과의 교차를 직각으로 한다.
㉥ 전력선과 통신선과의 상호 거리를 크게 하여 인덕턴스를 줄인다.

198 □□□

유도장해를 방지하기 위한 전력선측의 대책으로 옳지 않은 것은?

① 소호리액터를 채용한다.
② 차폐선을 설치한다.
③ 중성점 전압을 가능한 높게 한다.
④ 중성점 접지에 고저항을 넣어서 지락전류를 줄인다.

해설

유도장해 방지대책
(1) 전력선측 대책
㉠ 중성점접지에 고저항을 넣어 지락전류를 줄인다.
㉡ 연가를 시설한다.
㉢ 소호리액터를 설치한다.
㉣ 고장구간 고속도로 차단한다.
㉤ 차폐선을 설치한다.
㉥ 지중 케이블(cable)화한다.
(2) 통신선측 대책
㉠ 통신선로를 교차실시한다.
㉡ 단선식을 복선식으로 바꾼다.
㉢ 나선을 연피케이블화 한다.
㉣ 배류코일을 채택한다.
㉤ 통신선용 피뢰기를 설치한다.
㉥ 차폐선을 설치한다.

199 □□□

송전선로의 1선 지락 고장시 인접통신선에 대한 전자유도장해의 방지대책이 아닌 것은?

① 전력선과 통신선과의 병행거리 단축
② 전력선과 통신선과의 이격거리 단축
③ 고속도계전기 및 차단기를 채용
④ 도전율이 높은 도체로 가공지선 설치

해설

유도장해 방지대책
(1) 전력선측 대책
㉠ 전력선과 통신선의 이격거리를 충분히 한다.
㉡ 전력선과 통신선을 직각 교차한다.
㉢ 전력선과 통신선간에 차폐선을 설치한다. (상호인덕턴스 M의 저감)

정답 196 ③ 197 ④ 198 ③ 199 ②

ⓓ 지락전류를 작게 한다.
ⓔ 전력선의 연가를 충분히 시행한다.
(2) 통신선측 대책
   ㉠ 연피 케이블을 사용한다. (상호인덕턴스 M의 저감)
   ㉡ 통신선에 통신선용 피뢰기를 설치한다.
   ㉢ 통신선을 배류 코일 등으로 접지하여 저주파성 유도전류를 대지로 방류한다.

200 □□□

통신유도장해 방지대책의 일환으로 전자유도 전압을 계산함에 이용되는 인덕턴스 계산식은?

① Peek 식
② Peterson 식
③ Carson-Pollaczek 식
④ Still 식

| 해설
카슨 - 폴라첵 방정식(Carson Pollaczek)대지귀로전류에 기초를 둔 자기 및 상호 인덕턴스를 구하는 식으로 유도전압 예측 계산의 기본 식이다.

$$\therefore M = 0.2 \log \frac{2}{\gamma d \sqrt{4\pi\omega\sigma}} + 0.1 - j\frac{\pi}{20} \text{ [mH/km]}$$

여기서, γ: 1.7811(Bessel의 정수)
   σ: 대지의 도전율
   d: 전력선과 통신선과의 이격거리[cm]

제8장 송전선로 보호방식

201 □□□

보호계전기가 구비하여야 할 조건이 아닌 것은?

① 보호동작이 정확, 확실하고 감도가 예민할 것
② 열적, 기계적으로 견고할 것
③ 가격이 싸고, 또 계전기의 소비전력이 클 것
④ 오래 사용하여도 특성의 변화가 없을 것

| 해설
(1) 보호계전기 구비조건은 가격이 저렴하고 소비전력이 작아야 한다.
(2) 보호계전기가 갖추어야 할 조건
   ㉠ 동작이 정확하고 감도가 예민할 것
   ㉡ 고장상태를 신속하게 선택할 것
   ㉢ 소비전력이 작을 것
   ㉣ 내구성이 있고 오차가 작을 것

202 □□□

최소 동작전류 이상의 전류가 흐르면 즉시 동작하는 계전기는?

① 반한시계전기
② 정한시계전기
③ 순한시계전기
④ Notting 한시계전기

| 해설
계전기의 한시 특성에 의한 분류
㉠ 순한시계전기: 최소동작전류 이상의 전류가 흐르면 즉시 동작하는 것
㉡ 반한시계전기: 동작전류가 커질수록 동작시간이 짧게 되는 특성을 가진 것
㉢ 정한시계전기: 동작전류의 크기에 관계없이 일정한 시간에서 동작하는 것
㉣ 정한시 반한시계전기: 동작전류가 적은 동안에는 반한시 특성으로 되고 그 이상에서는 정한시 특성이 되는 것
㉤ 계단식계전기: 한시치가 다른 계전기와 조합하여 계단적인 한시특성을 가진 것

203 □□□

동작전류가 커질수록 동작시간이 짧게 되는 특성을 가진 계전기는?

① 반한시계전기
② 정한시계전기
③ 순한시계전기
④ Notting 한시계전기

| 해설
계전기 응동시간에 따른 구분은 다음과 같다.

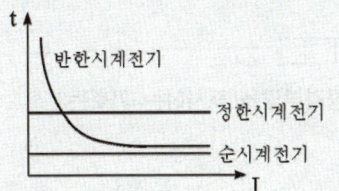

정답 200 ③ 201 ③ 202 ③ 203 ①

204

과전류계전기(OCR)의 탭 값을 옳게 설명한 것은?

① 계전기의 최대부하전류
② 계전기의 최소동작전류
③ 계전기의 동작시한
④ 변류기의 권수비

|해설

과전류계전기의 탭(tap) 값은 선로 및 기기의 단락시 보호되는 최소 동작전류이다.

205

인입되는 전압이 정정값 이하로 되었을 때 동작하는 것으로서 단락고장 검출 등에 사용되는 계전기는?

① 부족전압계전기 ② 비율차동계전기
③ 재폐로계전기   ④ 선택계전기

|해설

보호계전기의 동작 기능별 분류
㉠ 부족전압계전기
 전압이 일정값 이하로 떨어졌을 경우 동작되고 단락시에 고장검출도 가능한 계전기
㉡ 비율차동계전기
 총 입력전류와 총 출력전류간의 차이가 총 입력전류에 대하여 일정비율 이상으로 되었을 때 동작하는 계전기
㉢ 재폐로계전기
 차단기에 동작책무를 부여하기 위해 차단기를 재폐로 시키기 위한 계전기
㉣ 선택계전기
 고장회선을 선택 차단할 수 있게 하는 계전기

206

변성기의 정격부담을 표시하는 기호는?

① W   ② S
③ dyne ④ VA

|해설

계기용 변성기의 2차 단자 간에 접속되는 부하가 정격 2차 전류에서 소비하는 피상전력으로 단위를 [VA]를 사용한다.

207

다음 중 변류기 수리시(개방시) 2차측을 단락시키는 이유는?

① 2차측 절연보호
② 2차측 과전류 보호
③ 측정오차 방지
④ 1차측 과전류 방지

|해설

변류기 2차측을 개방하면 1차 부하전류가 모두 여자전류로 변화하여 2차 코일에 큰 고전압이 유기하여 절연이 파괴되고, 권선이 소손될 위험이 있다.

208

그림과 같이 200/5(CT) 1차측에 150[A]의 3상 평형 전류가 흐를 때 전류계에 흐르는 전류는 몇 [A]인가?

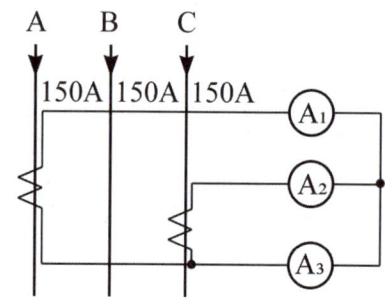

① 3.75   ② 5.25
③ 6.25   ④ 7.25

|해설

A_3에 흐르는 전류는 3상 평형일 경우 벡터합에 의해 A_1, A_2에 흐르는 전류와 같으므로 전류계 A_3에 흐르는 전류는 다음과 같다.

$$\therefore A_3 = A_1 = A_2 = 150 \times \frac{5}{200} = 3.75[A]$$

정답 204 ② 205 ① 206 ④ 207 ① 208 ①

209 □□□

3상으로 표준전압 3[kV], 600[kW]를 역률 0.85로 수전하는 공장의 수전회로에 시설할 변류기의 변류비로 정하려고 한다. 가장 적당한 것은?
(단, 변류기의 2차 전류는 5[A]이다.)

① 5 ② 10
③ 20 ④ 40

| 해설

㉠ 부하전류
$$I_2 = \frac{600}{\sqrt{3} \times 3 \times 0.85} = 135.85 [A]$$

㉡ CT의 적당한 변류비는 정격 부하전류의 150[%]이므로
∴ CT의 변류비 $= \frac{135.85 \times 1.5}{5} = 40.7 ≒ 40$

210 □□□

다음 그림에서 *친 부분에 흐르는 전류는?

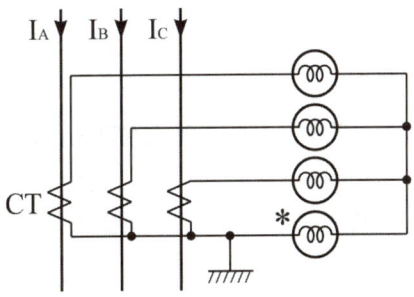

① B상 전류 ② 정상 전류
③ 역상 전류 ④ 영상 전류

| 해설

*부분에 흐르는 전류 $I_* = I_A + I_B + I_C = 3I_0$
(여기서, I_0 : 영상전류)

211 □□□

영상전류를 검출하는 방법이 아닌 것은?

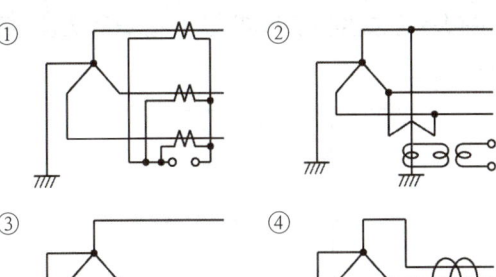

③  ④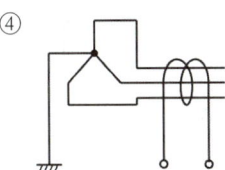

| 해설

지락사고 검출방법

①, ④: 선로에 평형 3상 전류가 흐르면 전류는 검출되지 않고 불평형 전류가 흐르면 영상전류가 검출된다.

② 접지변압기 또는 Zig-Zag 변압기 1차측을 Y결선하고, 그 중성점에 CT를 접속하여 영상전압을 검출한다.

③ 중성점 CT방식: 변압기나 발전기의 중성점 접지선에 CT를 접속 하여 영상전류를 검출한다. (CT는 주로 100/5A를 사용)

212 □□□

그림에서 계기(Ⓜ)가 지시하는 것은?

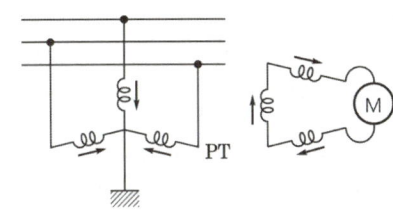

① 정상전류 ② 영상전압
③ 역상전압 ④ 정상전압

| 해설

접지형 계기용변압기(GPT)의 지락검출
㉠ 지형 계기용변압기(GPT)를 이용하여 지락사고를 검출
㉡ 접지 방식에서 1선 지락사고시 건전상의 전압이 상승하는 특성을 이용하여 영상전압을 검출

정답 209 ④ 210 ④ 211 ② 212 ②

213

3상 송전선로에 변압기 그림과 같이 Y-△로 결선되어 있고, 1차측에는 중성점이 접지되어 있다. 이 경우 영상전류가 흐르는 곳은?

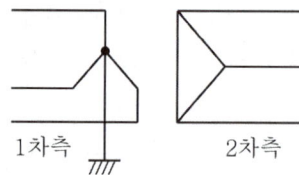

① 2차측 선로
② 2차측선로 및 접지선
③ 1차측선로, 접지선 및 △회로내부
④ 1차측선로, 접지선, △회로내부 및 2차측 선로

| 해설
변압기의 2차측 △결선 내부에만 영상전류가 흐를 뿐 선로에는 영상전류가 흐르지 않는다.

214

6.6[kV] 고압배전선로(비접지 선로)에서 지락보호를 위하여 특별히 필요치 않은 것은?

① 과전류계전기(OCR)
② 선택접지계전기(SGR)
③ 영상변류기(ZCT)
④ 접지변압기(GPT)

| 해설
과전류계전기는 과부하 또는 단락시에 고장전류로 인해 배전선이 손상되지 않도록 차단기를 동작시킨다
  ㉠ 과전류계전기(Over Current Relay)
      전류가 일정값 이상으로 흘렀을 때 동작시킨다.
  ㉡ 선택접지계전기(Ground Relay)
      다회선 선로에서 지락사고시 지락 회선을 선택 차단한다.
  ㉢ 영상변류기(Zero phase sequence Current Transformer)
      전로나 기기에 지락사고가 발생할 경우 영상전류를 검출하여 지락계전기를 동작시킨다.
  ㉣ 접지형 계기용 전압기(Ground Potential Transformer)
      비접지계통에서 지락사고 시 영상전압을 검출하여 지락과전압계전기(OVGR)를 동작시킨다.

215

영상변류기(zero sequence C.T)를 사용하는 계전기는?

① 과전류계전기
② 과전압계전기
③ 접지계전기
④ 차동계전기

| 해설
접지계전기(= 지락계전기)는 지락사고시 지락전류를 영상변류기를 통해 검출하여 그 크기에 따라 동작하는 계전기이다.

216

다음 중 변압기 보호에 쓰이지 않는 것은?

① 부흐흘쯔계전기
② 임피던스계전기
③ 차동전류계전기
④ 비율차동계전기

| 해설
임피던스계전기는 거리계전기로서 송전선로 단락 및 지락사고 보호에 이용되고 있다.

217

과부하 또는 외부의 단락사고에 동작하는 계전기는?

① 차동 계전기
② 과전압 계전기
③ 과전류 계전기
④ 부족전압 계전기

| 해설
과전류 계전기는 발전기, 변압기, 선로 등의 단락보호, 과부하 보호에 사용된다.

218

3상 결선 변압기의 단상 운전에 의한 소손방지 목적으로 설치하는 계전기는?

① 차동계전기
② 역상계전기
③ 과전류계전기
④ 단락계전기

정답 213 ③ 214 ① 215 ③ 216 ② 217 ③ 218 ②

| 해설

역상계전기
㉠ 역상분전압 또는 전류의 크기에 따라 동작하는 계전기
㉡ 전력설비의 불평형운전 또는 결상 운전방지를 위해 설치

219 □□□

모선보호에 사용되는 계전 방식은?

① 전력평형보호방식 계전방식
② 전류차동 보호방식
③ 표시선 계전방식
④ 방향단락 계전방식

| 해설
모선보호용 차단기로는 차동계전기(전류차동, 전압차동, 위상비교), 방향비교 계전방식, 차폐모선방식이 있다.

220 □□□

다음의 2중모선 중 1.5차단기방식(one and half breaker system)은 어느 것인가? (단, 단로기: ⑂, 차단기: ⊕)

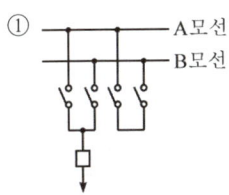 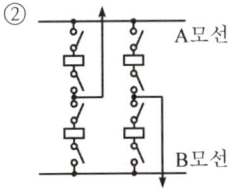
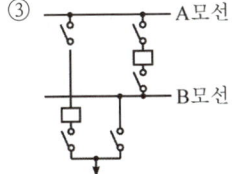 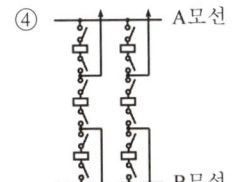

| 해설
2중 모선 1.5차단방식
2중 모선에 차단기를 3개 연결하여 사용하는 방식으로, 임의의 한 모선이 정전이 되어도 가운데 차단기의 조작으로 다른 모선을 이용하여 지속적으로 전력을 공급할 수 있다. 또한, 임의의 송전선로의 사고 시 차단기 3개 중 2개가 동작하여 사고를 제거할 수 있고 이때 가운데 차단기는 양 옆의 차단기와 조합하여 동작한다.

221 □□□

송전선로의 보호방식으로 지락에 대한 보호는 영상전류를 이용하여 어떤 계전기를 동작시키는가?

① 전류차동계전기
② 과전압계전기
③ 거리계전기
④ 선택지락계전기

| 해설
① 전류차동계전기
   보호기기 및 선로에 유입하는 어떤 입력의 크기와 유출되는 출력의 크기 간의 차이가 일정치 이상이 되면 동작하는 계전기
② 과전압계전기
   전압의 크기가 일정치 이상으로 되었을 때 동작하는 계전기
③ 거리계전기
   전압과 전류의 비가 일정치 이하인 경우에 동작하는 계전기
㉣ 선택지락계전기
   비접지 계통의 지락사고시 영상전압과 영상전류를 검출하여 선택 차단한다.

222 □□□

송전선로의 단락보호를 위한 것이 아닌 것은?

① 과전류 계전방식
② 방향단락 계전방식
③ 거리 계전방식
④ 과전압 계전방식

| 해설
과전압계전방식은 계통전압이 정정값보다 상승하였을때 동작되는 계전방식이다.

223 □□□

중성점 저항접지방식의 병행2회선 송전선로의 지락사고 차단에 사용되는 계전기는?

① 거리 계전기
② 선택접지계전기
③ 과전류계전기
④ 역상 계전기

| 해설
병행2회선 전로의 선택 차단에는 선택접지계전기(SGR)가 사용한다.

정답 219 ② 220 ④ 221 ④ 222 ④ 223 ②

224 ☐☐☐
전류차동계전기는 무엇에 의하여 동작하는가?

① 정상전류와 영상전류의 차로 동작한다.
② 양쪽 전류의 차로 동작한다.
③ 전압과 전류의 배수의 차로 동작한다.
④ 정상전류와 역상전류의 차로 동작한다.

| 해설
전류차동계전기는 송전선 양단의 전류의 크기와 방향을 비교, 고장구간을 판단하는 계전기로 신뢰성이 우수하고 보호성능이 높아 많이 사용되고 있다.

225 ☐☐☐
변압기 보호용 비율차동계전기를 사용하여 △-Y 결선의 변압기를 보호하려고 한다. 이때 변압기 1, 2차측에 설치하는 변류기의 결선방식은?
(단, 위상보정 기능이 없는 경우이다.)

① △-△   ② △-Y
③ Y-△   ④ Y-Y

| 해설
변압기의 결선이 △-Y 결선일 경우 1차와 2차 사이에 30°의 위상차가 발생하여 전압 및 전류에 $\sqrt{3}$ 배의 크기의 차가 발생하므로 변압기 보호용 비율차동계전기를 설치할 때 변압기의 1차, 2차에 3대의 CT결선은 역으로 Y-△로 하여 위상차를 보정한다.

226 ☐☐☐
다음은 어떤 계전기의 동작 특성을 나타낸 것이다. 계전기의 종류는?

전압 및 전류를 입력량으로 하여, 전압과 전류와 비의 함수가 예정치 이하로 되었을 때 동작한다.

① 변화폭 계전기   ② 거리 계전기
③ 차동 계전기   ④ 방향 계전기

| 해설
전압과 전류의 입력량이므로 $Z = \dfrac{V}{I} [\Omega]$
즉, 임피던스가 예정치 이하로 되면 동작되는 것이 거리 계전기의 동작원리이다.

227 ☐☐☐
전원이 양단에 있는 환상선로의 단락보호에 사용되는 계전기는?

① 과전류 계전방식   ② 선택 계전방식
③ 방향단락 계전방식   ④ 방향거리 계전방식

| 해설
㉠ 방향단락 계전방식
　선로에 전원이 일단에 있는 경우
㉡ 방향거리 계전방식
　선로에 전원이 두 군데 이상 있는 경우

228 ☐☐☐
표시선 계전방식이 아닌 것은?

① 전압반향방식   ② 방향비교방식
③ 전류순환방식   ④ 반송 계전방식

| 해설
㉠ 파일럿 계전방식: 보호구간 내의 고장을 신속하게 검출하여 고장점 양단을 동시 차단을 하기 위한 방식
㉡ 표시선 계전방식: 전류 순환 방식, 방향 비교 방식, 전압 반향 방식
㉢ 반송 계전방식: 방향 비교 방식, 위상 비교 방식, 전류 비교 방식

정답 224 ② 225 ③ 226 ② 227 ④ 228 ④

229

아래의 송전선 보호방식 중 가장 뛰어난 방식으로 고속도 차단 재폐로 방식을 쉽고, 확실하게 적용할 수 있는 것은?

① 표시선 계전방식
② 과전류 계전방식
③ 방향거리 계전방식
④ 회로선택 계전방식

| 해설
표시선 계전방식은 선로의 구간내 고장을 고속도로 완전 제거하는 보호방식이다.

230

파이로트 와이어(Pilot wire) 계전방식에 해당되지 않는 것은?

① 고장점 위치에 관계없이 양단을 동시에 고속차단할 수 있다.
② 송전선에 평행하도록 양단을 연락한다.
③ 고장시 장해를 받지 않게 하기 위하여 연피케이블을 사용한다.
④ 고장점 위치에 관계없이 부하측 고장을 고속차단한다.

| 해설
파이로트 와이어 계전방식은 거리계전기의 맹점을 보완하기 위해 시한차를 두지 않는 고속도 계전기로 고장시 선로 양단을 동시에 차단한다.

231

전력선 반송보호계전방식에서 고장의 선택방법이 아닌 것은?

① 방향비교방식
② 순환전류방식
③ 위상비교방식
④ 고속도거리계전기와 조합하는 방식

| 해설
반송계전방식은 전력선에 반송파를 사용하거나 별도의 통신수단을 이용한 것이다. 원리상으로 다음의 3종류로 구분된다.
㉠ 방향비교방식
㉡ 위상비교방식
㉢ 전송차단방식

232

전력선 반송 보호계전방식의 장점이 아닌 것은?

① 장치가 간단하고 고장이 없으며 계전기의 성능저하가 없다.
② 고장의 선택성이 우수하다.
③ 동작이 예민하다.
④ 고장점이나 계통의 여하에 불구하고 선택차단개소를 동시에 고속도 차단할 수 있다.

| 해설
전력선 반송 보호계전방식의 특성
㉠ 송전선로에 단락이나 지락사고시 고장점의 양끝에서 선로의 길이에 관계없이 고속으로 양단을 동시에 차단이 가능하다.
㉡ 중·장거리 선로의 기본 보호 계전방식으로써 널리 적용한다.
㉢ 설비가 복잡하여 초기 설비투자비가 크고 차단 동작이 예민하다.

233

후비보호계전방식의 설명으로 틀린 것은?

① 주보호계전기가 보호할 수 없을 경우 동작하며, 주보호계전기와 정정값은 동일하다.
② 주보호계전기가 그 어떤 이유로 정지해 있는 구간의 사고를 보호한다.
③ 주보호계전기에 결함이 있어 정상 동작할 수 없는 상태에 있는 구간사고를 보호한다.
④ 송전선로에서 거리계전기의 후비보호계전기로 고장선택계산기를 많이 사용한다.

| 해설
주보호 방식과 후비보호방식
㉠ 주보호
보호범위 내에서 발생한 고장에 대하여 다른 계전기보다 신속하게 제거함으로써 정전범위를 최소화한다.
㉡ 후비보호
주보호가 차단에 실패하였을 경우 그 사고를 검출하여 차단기를 개방하여 사고의 확대를 방지한다.

정답 229 ① 230 ④ 231 ② 232 ① 233 ①

234

충전된 콘덴서의 에너지에 의해 트립되는 방식으로 정류기, 콘덴서등으로 구성되어 있는 차단기의 트립방식은?

① 콘덴서 트립방식　② 직류전압 트립방식
③ 과전류 트립방식　④ 부족전압 트립방식

| 해설
콘덴서 트립방식은 상시에 콘덴서를 충전하여 충전된 에너지로 차단기를 제어하는 방식이다.

235

과부하 전류는 물론 사고때의 대전류를 개폐할 수 있는 것은?

① 단로기　② 나이프 스위치
③ 차단기　④ 부하 개폐기

| 해설
(1) 차단기는 계통의 단락, 지락 사고가 일어났을 때 계통 안정을 확보하기 위하여 신속히 고장 계통을 분리하는 역할을 한다.
(2) 개폐기에 따른 개폐 가능 전류
　㉠ 단로기: 무부하 충전전류 및 변압기 여자전류 개폐 가능
　㉡ 차단기: 부하전류 및 고장전류(과부하전류 및 단락전류)의 개폐 가능
　• 선로개폐기: 부하전류의 개폐 가능
　• 전력퓨즈: 단락전류 차단 가능

236

차단기의 정격 차단시간은?

① 가동 접촉자의 동작시간부터 소호까지의 시간
② 고장 발생부터 소호까지의 시간
③ 가동 접촉자의 개극부터 소호까지의 시간
④ 트립코일 여자부터 소호까지의 시간

| 해설
정격차단시간: 트립코일이 여자되면서부터 아크소호까지의 시간

정격전압[kV]	정격차단시간[Cycle]
7.2	5 ~ 8
25.8	5
25.8	5
170	3
362	3

237

차단기의 정격 투입전류란 투입되는 전류의 최초 주파의 어느 값을 말하는가?

① 평균값　② 최댓값
③ 실횻값　④ 순시값

| 해설
투입전류란 차단기의 투입순간에 각 극에 흐르는 전류를 말하며 최초 주파수에 있어서의 최대치로 표시하고 3상 시험에 있어서 각 상의 최댓값이 된다.

238

차단기의 개방시 재점호를 일으키기 가장 쉬운 경우는?

① 1선 지락전류인 경우
② 무부하 충전전류인 경우
③ 무부하 변압기의 여자전류인 경우
④ 3상 단락전류인 경우

| 해설
송전선로 개폐조작 시 이상전압(재점호)이 가장 큰 경우는 무부하 송전선로의 충전전류(진상전류)를 차단 시 발생한다.

정답　234 ①　235 ③　236 ④　237 ②　238 ②

239

다음 중 차단기의 차단책무가 가장 가벼운 것은?

① 중성점 저항 접지계통의 지락전류 차단
② 중성점 직접 접지계통의 지락전류 차단
③ 중성점 소호리액터로 접지한 장거리 송전선로의 충전전류 차단
④ 송전선로의 단락사고시의 차단

| 해설

차단기의 차단능력이 가벼운 것은 사고시의 사고 전류가 가장 작을 때이므로 접지방식 중에 소호리액터 접지계통에 지락사고 발생시 지락전류가 거의 흐르지 못하기 때문에 차단시 이상전압이 거의 발생하지 않는다.

240

3상 교류에서 차단기의 정격 차단용량을 계산하는 식은?

① 정격전압 × 정격전압 × 정격전류
② $\sqrt{3}$ × 정격전압 × 정격전류
③ 3 × 정격전압 × 정격차단전류
④ $\sqrt{3}$ × 정격전압 × 정격차단전류

| 해설

차단기의 정격 차단용량

$P_s = \sqrt{3} \times$ 정격전압 $\times$ 정격차단전류 [MVA]

241

수·변전설비의 1차측에 설치하는 차단기의 용량은 주로 다음의 어느 것에 의하여 정하는가?

① 공급측의 전원의 단락용량
② 수전계약용량
③ 수전전력의 역률과 부하율
④ 부하설비의 용량

| 해설

차단기의 차단용량(= 단락용량)

$P_s = \dfrac{100}{\%Z} \times P_n$ [kVA]

여기서, %Z: 전원에서 고장점까지의 퍼센트 임피던스
P_n: 공급측의 전원용량(= 기준용량 또는 변압기 용량)

242

전력회로에 사용되는 차단기의 차단용량(Interrupting capacity)을 결정할 때 이용되는 것은?

① 예상 최대 단락전류
② 회로에 접속되는 전부하전류
③ 계통의 최고전압
④ 회로를 구성하는 전선의 최대허용전류

| 해설

차단기의 정격 차단용량

$P_s = \sqrt{3} \times$ 정격전압 $\times$ 정격차단전류 [MVA]

243

정격전압 7.2[kV]인 3상용 차단기의 차단용량이 100[MVA]이다. 정격 차단전류는 몇 [kA]인가?

① 2   ② 4
③ 8   ④ 12

| 해설

정격 차단전류

$I_s = \dfrac{P_s}{\sqrt{3}\,V_n} = \dfrac{100}{\sqrt{3}\times 7.2} = 8$ [kA]

여기서, P_s: 차단기의 차단용량
V_n: 차단기 정격전압

244

다음 차단기들의 소호매질이 적합하지 않게 결합된 것은?

① 공기차단기 - 압축공기
② 가스차단기 - SF$_6$ 가스
③ 자기차단기 - 진공
④ 유입차단기 - 절연유

| 해설

㉠ 자기차단기 - 전자력에 의한 냉각작용
㉡ 진공차단기 - 진공속에서 아크 소호

정답 239 ③ 240 ④ 241 ① 242 ① 243 ③ 244 ③

245

소호 원리에 따른 차단기의 종류 중에서 소호실에서 아크에 의한 절연유 분해 가스의 흡부력(吸付力)을 이용하여 차단하는 것은?

① 유입차단기 ② 기중차단기
③ 자기차단기 ④ 가스차단기

| 해설
유입차단기
절연유를 아크소호 매질로 하는 것으로 개폐장치 절연유속에서 전로의 개극시에 발생하는 수소가스가 냉각작용을 하여 아크를 소호한다.

246

그림은 유입차단기의 구조도이다. A의 명칭은?

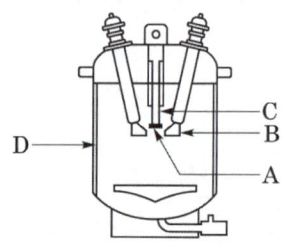

① 절연 liner ② 승강간
③ 가동접촉자 ④ 고정접촉자

| 해설
A: 가동접촉자
B: 고정접촉자
C: 승강간
D: 절연라이너

247

차단기를 신규로 설치할 때 소내 전력공급용(6[kV]급)으로 현재 가장 많이 채용되고 있는 것은?

① OCB   ② GCB
③ VCB   ④ ABB

| 해설
(1) 진공차단기(VCB)
   소형·경량이고 밀폐구조로 되어 있어 동작시 소음이 적고 유지보수점검 주기가 길어 소내전원용으로 널리 사용되고 있다.
(2) VCB 특징
   ㉠ 차단기가 소형·경량이고 불연성, 저소음으로서 수명이 길다.
   ㉡ 동작시 고속도 개폐가 가능하고 차단시 아크소호능력이 우수하다.
   ㉢ 전류재단현상, 고진공도 유지 등의 문제가 발생한다.

248

진공차단기의 특징에 속하지 않은 것은?

① 화재위험이 거의 없다.
② 소형경량이고 조작기구가 간편하다.
③ 동작시 소음은 크지만 소호실의 보수가 거의 필요치 않다.
④ 차단시간이 짧고 차단성능이 회로 주파수의 영향을 받지 않는다.

| 해설
진공차단기의 특성
㉠ 소형·경량으로 콤펙트화가 가능하다.
㉡ 밀폐구조로 아크나 가스의 외부 방출이 없어 동작시 소음이 작다.
㉢ 화재나 폭발의 염려가 없어 안전하다.
㉣ 차단기 동작시 신뢰성과 안전성이 높고 유지 보수점검이 거의 필요 없다.
㉤ 차단시 소호특성이 우수하고, 고속개폐가 가능하다.

정답 245 ① 246 ③ 247 ③ 248 ③

249

개폐 서지 이상전압의 발생을 억제할 목적으로 설치하는 것은?

① 단로기 ② 차단기
③ 리액터 ④ 개폐 저항기

| 해설
초고압용 차단기는 개폐 시 전류 절단 현상이 나타나서 높은 이상전압이 발생하므로 개폐 시 이상전압을 억제하기 위해 개폐 저항기를 사용한다.

250

공기차단기(ABB)의 공기 압력은 일반적으로 몇 [kg/cm²] 정도 되는가?

① 5~10 ② 15~30
③ 30~45 ④ 45~55

| 해설
공기차단기는 선로 및 기기에 고장전류가 흐를 경우 차단하여 보호하는 66[kV] 이상에서 사용하는 설비로서 차단 시 발생하는 아크를 압축공기탱크를 이용하여 15~30[kg/cm²]의 압력으로 공기를 분사하여 소호한다.

251

최근 154[kV]급 변전소에 주로 설치되는 차단기는 어떤 것인가?

① 자기차단기(MBB)
② 유입차단기(OCB)
③ 기중차단기(ACB)
④ SF₆ 가스차단기(GCB)

| 해설
가스차단기(GCB)와 공기차단기(ABB)가 초고압용으로 사용된다.

252

SF₆ 차단기에 관한 설명으로 옳지 않은 것은?

① SF₆ 가스는 절연내력이 공기의 2~3배 정도이고 소호능력이 공기의 100~200배 정도이다.
② 밀폐구조이므로 소음이 없다.
③ 근거리고장 등 가혹한 재기전압에 대해서도 우수하다.
④ 아크에 의하여 SF₆ 가스는 분해되어 유독가스를 발생시킨다.

| 해설
SF₆ 차단기는 소호성능이 우수하고 안정도가 높은 SF₆ 불활성 기체를 이용한 차단기로서 특징은 다음과 같다.
㉠ SF₆ 가스는 사용 상태에서 불활성, 불연, 무미, 무취, 무독성이다.
㉡ 비열은 0.7, 비중은 공기의 약 5배 정도 무겁다.
㉢ 소호능력은 공기의 100~200배 정도이다.

253

최근에 우리나라에서 많이 채용되고 있는 가스절연개폐설비(GIS)의 특징으로 틀린 것은?

① 대기절연을 이용한 것에 비해 현저하게 소형화할 수 있으나 비교적 고가이다.
② 소음이 적고 충전부가 완전한 밀폐형으로 되어 있기 때문에 안정성이 높다.
③ 가스 압력에 대한 엄중 감시가 필요하며 내부 점검 및 부품 교환이 번거롭다.
④ 한랭지, 산악지방에서도 액화방지 및 산화방지 대책이 필요 없다.

| 해설
가스절연개폐설비의 특징
㉠ 대기절연방식에 비해 설치공간의 축소가 가능
㉡ 밀폐형 구조로 동작 시 소음이 적고 안정성이 높음
㉢ SF₆ 가스를 사용하므로 불연성이고 충전부가 노출되지 않아 염해, 오손에 영향이 없음

정답 249 ④ 250 ② 251 ④ 252 ④ 253 ④

254

전력용 퓨즈는 주로 어떤 전류의 차단을 목적으로 사용하는가?

① 충전전류　　② 과부하전류
③ 단락전류　　④ 과도전류

| 해설
과전류 차단기에는 차단기와 퓨즈가 있는데 퓨즈는 단락전류를 차단하기 위해 설치한다. 과부하 전류나 과도전류 등에는 동작하지 않아야 한다.

255

전력용 퓨즈의 장점으로 틀린 것은?

① 소형으로 큰 차단용량을 갖는다.
② 밀폐형 퓨즈는 차단 시에 소음이 없다.
③ 가격이 싸고 유지 보수가 간단하다.
④ 과도전류에 의해 쉽게 용단되지 않는다.

| 해설
전력용 퓨즈의 특성
㉠ 소형 경량이며 경제적이다.
㉡ 재투입되지 않는다.
㉢ 소전류에서 동작이 함께 이루어지지 않아 결상되기 쉽다.
㉣ 변압기 여자전류나 전동기 기동전류 등의 과도전류로 인해 용단되기 쉽다.

256

배전선로의 고장 또는 보수 점검시 정전 구간을 축소하기 위하여 사용되는 것은?

① 단로기　　② 컷 아웃 스위치
③ 계자저항기　　④ 유입개폐기

| 해설
전압에 따른 개폐장치
㉠ 고압선로: 유입개폐기(OS), 기중개폐기(AS)
㉡ 특고압선로: 컷 아웃 스위치(COS), 인터럽터 스위치(Int.SW), 선로개폐기(LS) 등이 사용

257

단로기에 대한 다음 설명 중 옳지 않은 것은?

① 소호장치가 있어서 아크를 소멸시킨다.
② 회로를 분리하거나, 계통의 접속을 바꿀 때 사용한다.
③ 고장전류는 물론 부하전류의 개폐에도 사용할 수 없다.
④ 배전용의 단로기는 보통 디스커넥팅바아로 개폐한다.

| 해설
단로기는 부하전류나 고장전류는 차단할 수 없고 변압기 여자전류나 무부하 충전전류 등 매우 적은 전류를 개폐할 수 있는 것으로 주로 발·변전소에 회로변경, 보수점검을 위해 설치하며 블레이드 접촉부, 지지애자 및 조작장치로 구성되어 있다.

258

변전소에서 수용가에 공급되는 전력을 끊고 소내 기기를 점검할 필요가 있을 경우와 점검이 끝난 후 차단기와 단로기를 개폐시키는 동작을 설명한 것이다. 옳은 것은?

① 점검시에는 차단기로 부하회로를 끊고 단로기를 열어야 하며, 점검한 후 차단기로 부하회로를 연결한 후 다음 단로기를 넣어야 한다.
② 점검시에는 단로기를 열고 난 후 차단기를 열어야 하며 점검 후에는 단로기를 넣고난 다음 차단기로 부하회로를 연결하여야 한다.
③ 점검시에는 단로기를 열고 난 후 차단기를 열어야 하며 점검이 끝난 경우 차단기를 부하에 연결한 다음 단로기를 넣어야 한다.
④ 점검시에는 차단기로 부하회로를 끊고 난 다음 단로기를 열어야 하며 점검 후에는 단로기를 넣은 후 차단기를 넣어야 한다.

| 해설
단로기 조작순서(차단기와 연계하여 동작)
㉠ 전원 투입(급전): DS ON → CB ON
㉡ 전원 차단(정전): CB OFF → DS OFF

정답　254 ③　255 ④　256 ④　257 ①　258 ④

259

재폐로 차단기에 대한 설명 중 옳은 것은?

① 배전선로용 고장구간을 고속차단하여 제거한 후 다시 수동조작에 의해 배전이 되도록 설계된 것이다.
② 재폐로 계전기와 같이 설치하여 계전기가 고장을 검출하여 이를 차단기에 통보 차단하도록 된 것이다.
③ 송전선로의 고장구간을 고속 차단하고 재송전하는 조작을 자동적으로 시행하는 재폐로 차단기를 장비한 자동차단기이다.
④ 3상 재폐로 차단기는 1상의 차단이 가능하고 무전압 시간을 약 20~30초로 정하여 재폐로 하도록 되어 있다.

| 해설
재폐로 방식은 고장전류를 차단하고 차단기를 일정 시간후 자동적으로 재투입하는 방식으로 3상 재폐로방식과 다상 재폐로방식이 있다.

260

차단기의 고속도 재폐로의 목적은?

① 고장의 신속한 제거 ② 안정도 향상
③ 기기의보호 ④ 고장전류 억제

| 해설
재폐로방식의 특징
재폐로방식은 고장전류를 차단하고 차단기를 일정 시간 후 자동적으로 재투입하는 방식으로 3상 재폐로방식과 다상 재폐로방식이 있으며 재폐로방식을 적용하면 다음과 같다.
㉠ 송전계통의 안정도를 향상시킨다.
㉡ 송전용량을 증가시킬 수 있다.
㉢ 계통사고의 자동복구를 할 수 있다.

261

다중접지 계통에 사용되는 재폐로 기능을 갖는 일종의 차단기로서 과부하 또는 고장전류가 흐르면 순시동작하고, 일정시간 후에는 자동적으로 재폐로 하는 보호기기는?

① 라인퓨즈 ② 리클로저
③ 섹셔널라이저 ④ 고장구간 자동개폐기

| 해설
보호장치의 종류 및 특성
㉠ 리클로저
보호계전기와 차단기의 기능을 갖고 사고검출 및 자동차단과 재폐로가 가능한 차단기
㉡ 라인퓨즈
단상 분기점에만 설치하며 다른 보호장치와 협조가 가능해야 함
㉢ 섹셔널라이저
다중접지 특고압 배전선로용 보호장치의 일종으로 사고전류를 직접 차단할 수 없으므로 후비에 반드시 차단기나 리클로저를 설치해야 보호장치 기능이 가능
㉣ 고장구간 자동개폐기
다중접지 배전선로에서 수용가의 책임 분계점 또는 분기선로상에 설치하여 과부하 및 고장전류 발생시 선로상의 타 보호기와 협조하여 무전압 상태에서 고장구간만을 신속하게 구분하기 위하여 사용
㉤ 변전소차단기 - 리클로우저 - 섹쇼너라이저 - 라인퓨즈

262

공통 중성선 다중접지방식의 배전선로에 있어서 Recloser(R), Sectionalizer(S), Line fuse(F)의 보호협조에서 보호협조가 가장 적합한 배열은? (단, 왼쪽은 후비보호 역할이다.)

① S - F - R ② S - R
③ F - S - R ④ R - S - F

| 해설
가장 합리적인 보호협조는 변전소 차단기
- Recloser - Sectionalizer - Fuse이다.

정답 259 ③ 260 ② 261 ② 262 ④

제9장 배전방식

263 ☐☐☐

다음 중 고압 배전계통의 구성순서로 알맞은 것은?

① 배전변전소 → 간선 → 분기선 → 급전선
② 배전변전소 → 급전선 → 간선 → 분기선
③ 배전변전소 → 간선 → 급전선 → 분기선
④ 배전변전소 → 급전선 → 분기선 → 간선

| 해설
고압 배전계통의 구성
㉠ 변전소(substation): 발전소에서 생산한 전력을 송전선로나 배전선로를 통하여 수요자에게 보내는 과정에서 전압이나 전류의 성질을 바꾸기 위하여 설치한 시설
㉡ 급전선(feeder): 변전소 또는 발전소로부터 수용가에 이르는 배전선로 중 분기선 및 배전변압기가 없는 부분
㉢ 간선(main line feeder): 인입개폐기와 변전실의 저압 배전반에서 분기보안장치에 이르는 선로
㉣ 분기선(branch line): 간선에서 분기되어 부하에 이르는 선로

264 ☐☐☐

배전선을 구성하는 방식으로 방사상식에 대한 설명으로 옳은 것은?

① 부하의 분포에 따라 수지상으로 분기선을 내는 방식이다.
② 선로의 전류분포가 가장 좋고 전압강하가 좋다.
③ 수용증가에 따른 선로연장이 어렵다.
④ 사고시 무정전 공급으로 도시 배전선에 적합하다.

| 해설
방사상식(가지식)의 특징
㉠ 배전설비가 간단하고 사고시 정전 범위가 넓다.
㉡ 배전선로의 전압강하와 전력손실이 크다.
㉢ 부하 밀도가 낮은 농어촌 지역에 적합하다.

265 ☐☐☐

그림과 같은 형태의 배전방식은?

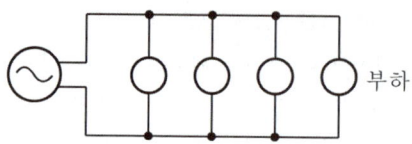

① 정전압 병렬식   ② 정전압 직렬식
③ 정전류 병렬식   ④ 정전류 직렬식

| 해설
직렬식(정전류)식과 병렬식(정전압)이 있으며 이 그림은 정전압 병렬식이다.

266 ☐☐☐

루프(loop)배전방식에 대한 설명으로 옳은 것은?

① 전압강하가 적은 이점이 있다.
② 시설비가 적게 드는 반면에 전력손실이 크다.
③ 부하밀도가 적은 농·어촌에 적당하다.
④ 고장시 정전범위가 넓은 결점이 있다.

| 해설
방사상(가지식)식 배전에 비해 루프배전은 전압변동 및 전력손실이 적어지는 것이 장점이지만 시설비가 많이 들어 부하밀도가 높은 도심지의 번화가나 상가지역에 적당하다.

267 ☐☐☐

저압네트워크 배전방식의 장점이 아닌 것은?

① 사고시 정전범위를 축소시킬 수 있다.
② 전압변동이 적다.
③ 인축의 접지사고가 적어진다.
④ 부하의 증가에 대한 적응성이 양호하다.

정답 263 ② 264 ① 265 ① 266 ① 267 ③

| 해설

네트워크 배전방식의 특징
㉠ 무정전 공급이 가능하고 공급의 신뢰도가 높다.
㉡ 부하 증가에 대해 융통성이 좋다.
㉢ 전력손실이나 전압강하가 적고 기기의 이용률이 향상된다.
㉣ 인축에 대한 접지사고가 증가한다.
㉤ 네트워크 변압기나 네트워크 프로텍터 설치에 따른 설비비가 비싸다.
㉥ 대형 빌딩가와 같은 고밀도 부하밀집지역에 적합하다.

268 □□□

저압 뱅킹방식의 장점이 아닌 것은?

① 전압강하 및 전력손실이 경감된다.
② 변압기용량 및 저압선 용량이 절감된다.
③ 부하변동에 대한 탄력성이 좋다.
④ 경부하시의 변압기 이용 효율이 좋다.

| 해설

동일 배전선에 2대 이상의 변압기를 저압측에 병렬 접속하여 공급하는 배전방식으로 다음과 같은 특징이 있다.
㉠ 부하 증가에 대해 많은 변압기 전력을 공급할 수 있으므로 탄력성이 있다.
㉡ 전압동요(Flicker)현상이 감소된다.
㉢ 단상 3선식인 경우 각 변압기가 바란스 작용을 하여 전압강하나 전력손실이 적다. 단점으로는 건전한 변압기 일부가 고장나면 고장이 확대되는 현상이 일어난다. 이것을 캐스케이딩(cascading) 현상이라 하며 이를 방지하기 위하여 구분퓨즈를 설치하여야 한다. 현재는 사용하고 있지 않는 배전방식이다.

269 □□□

저압 뱅킹(banking) 배전방식에서 캐스케이딩(cascading) 현상이란?

① 전압 동요가 적은 현상
② 변압기의 부하배분이 불균일한 현상
③ 저압선이나 변압기에 고장이 생기면 자동적으로 고장이 제거되는 현상
④ 저압선의 고장에 의하여 건전한 변압기의 일부 또는 전부가 차단되는 현상

| 해설

(1) 캐스케이딩 현상이란 Banking 배전방식으로 운전 중 건전한 변압기 일부에 고장이 발생하면 부하가 다른 건전한 변압기에 걸려서 고장이 확대되는 현상을 말한다.
(2) 저압 뱅킹방식
부하 밀집도가 높은 지역의 배전선에 2대 이상의 변압기를 저압측에 병렬 접속하여 공급하는 배전방식
(3) 저압 뱅킹 방식의 특징
㉠ 부하 증가에 대해 많은 변압기 전력을 공급할 수 있으므로 탄력성이 있다.
㉡ 전압동요(Flicker)현상이 감소된다.

270 □□□

플리커 경감을 위한 전력 공급측의 방안이 아닌 것은?

① 공급 전압을 낮춘다.
② 전용 변압기로 공급한다.
③ 단독 공급 계통을 구성한다.
④ 단락 용량이 큰 계통에서 공급한다.

| 해설

(1) 플리커 현상
순간적인 전압 변동 및 용량 부족으로 인해 조명이 깜박거리거나 TV 화면이 일그러지는 현상으로 사람에게 불쾌감을 일으킨다.
(2) 플리커 경감을 위한 전력 공급측에서 실시하는 방법
㉠ 전용 공급 계통을 구성한다.
㉡ 단락용량이 큰 계통을 이용해서 전력을 공급한다.
㉢ 부하설비에 전용 변압기를 이용하여 전력을 공급한다.
㉣ 전력 공급 시 공급 전압을 승압시켜 전압 강하를 감소시킨다.

정답 268 ④ 269 ④ 270 ①

271 □□□

단상 3선식 110/220[V]에 대한 설명으로 옳은 것은?

① 전압 불평형이 우려되므로 콘덴서를 설치한다.
② 중성선과 외선 사이에만 부하를 사용하여야 한다.
③ 중성선에는 반드시 퓨즈를 끼워야 한다.
④ 2종의 전압을 얻을 수 있고 전선량이 절약되는 이점이 있다.

| 해설
단상 3선식의 경우 단상 2선식에 비해 동일전력의 공급 시 전선량이 37.5%로 감소하고 2종의 전압을 이용할 수 있다.

272 □□□

저압 밸런스를 필요로 하는 방식은?

① 3상 3선식   ② 3상 4선식
③ 단상 2선식   ④ 단상 3선식

| 해설
밸런스는 단상 3선식선로의 말단에 전압불평형을 방지하기 위하여 설치하는 권선비 1 : 1인 단권변압기이다.

273 □□□

그림과 같은 단상 3선식 회로의 중성선 P점에서 단선되었다면 백열등 A(100W)와 B(400W)에 걸리는 단자전압은 각각 몇[V]인가?

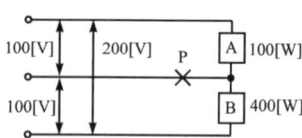

① $V_A = 160\,[V],\quad V_B = 40\,[V]$
② $V_A = 120\,[V],\quad V_B = 80\,[V]$
③ $V_A = 40\,[V],\quad V_B = 160\,[V]$
④ $V_A = 80\,[V],\quad V_B = 120\,[V]$

| 해설
(1) 100W 백열전구 저항
$$R_A = \frac{V^2}{P} = \frac{100^2}{100} = 100\,[\Omega]$$
(2) 400W 백열전구 저항
$$R_B = \frac{V^2}{P} = \frac{100^2}{400} = 25\,[\Omega]$$
(3) 중성선 단선시 각 부하에 걸리는 전압
㉠ A부하 전압
$$V_A = I \times R_A = \frac{200}{100+25} \times 100 = 160\,[V]$$
㉡ B부하 전압
$$V_B = I \times R_B = \frac{200}{100+25} \times 25 = 40\,[V]$$

274 □□□

교류 단상 3선식 배전방식을 교류 단상 2선식에 비교하면?

① 전압강하가 작고 효율이 높다.
② 전압강하가 크고 효율이 높다.
③ 전압강하가 작고 효율이 낮다.
④ 전압강하가 크고 효율이 낮다.

| 해설
동일선로 및 동일부하에 전력공급 시 단상 3선식은 단상 2선식에 비해 전력손실 및 전압강하가 감소되고 1선당 공급전력이 크다.

275 □□□

불평형 부하에서 역률은?

① $\dfrac{\text{유효전력}}{\text{각상의 피상전력의 산술합}}$

② $\dfrac{\text{유효전력}}{\text{각상의 피상전력의 벡터합}}$

③ $\dfrac{\text{무효전력}}{\text{각상의 피상전력의 산술합}}$

④ $\dfrac{\text{무효전력}}{\text{각상의 피상전력의 벡터합}}$

정답 271 ④ 272 ④ 273 ① 274 ① 275 ②

| 해설

불평형 부하시 역률

$$\cos\theta = \frac{P}{S} = \frac{P}{\sqrt{P^2 + Q^2 + H^2}}$$

여기서, S: 피상전력[kVA]
P: 유효전력[kW]
Q: 무효전력[kVAR]
H: 고조파전력[kVAH]

276 □□□

전력설비의 수용률을 나타낸 것으로 옳은 것은?

① 수용률 $= \dfrac{\text{평균전력[kW]}}{\text{최대수용전력[kW]}} \times 100$

② 수용률 $= \dfrac{\text{개개의 최대수용전력의 합[kW]}}{\text{합성최대수용전력[kW]}} \times 100$

③ 수용률 $= \dfrac{\text{최대수용전력[kW]}}{\text{수용설비용량[kW]}} \times 100$

④ 수용률 $= \dfrac{\text{설비전력[kW]}}{\text{합성 최대수용전력[kW]}} \times 100$

| 해설

임의 기간 중 수용가의 최대수요전력과 사용 전기설비의 정격용량의 합계와의 비를 수용률이라 한다.

$\therefore$ 수용률 $= \dfrac{\text{최대수용전력[kW]}}{\text{수용설비용량[kW]}} \times 100\%$

277 □□□

어느 수용가의 부하설비는 전등설비 500[W], 전열설비가 600[W], 전동기 설비가 400[W], 기타설비가 100[W]이다. 이 수용가의 최대수용전력이 1200[W]이면 수용률은 몇 [%]인가?

① 55   ② 65
③ 75   ④ 85

| 해설

수용률 $= \dfrac{\text{최대수용전력}}{\text{설비용량}} \times 100$

$= \dfrac{1200}{500+600+400+100} \times 100$

$= \dfrac{1200}{1600} \times 100 = 75[\%]$

278 □□□

부하율이란?

① $\dfrac{\text{피상전력}}{\text{부하설비용량}} \times 100[\%]$

② $\dfrac{\text{부하설비용량}}{\text{피상전력}} \times 100[\%]$

③ $\dfrac{\text{최대수용전력}}{\text{평균수용전력}} \times 100[\%]$

④ $\dfrac{\text{평균수용전력}}{\text{최대수용전력}} \times 100[\%]$

| 해설

어느 기간 중의 평균 수용전력과 최대 수용전력과의 비를 백분율로 표시하여 부하율이라 한다.

$\therefore$ 부하율 $= \dfrac{\text{평균수용전력}}{\text{최대수용전력}} \times 100$

$= \dfrac{\text{평균전력}}{\text{설비용량}} \times \dfrac{\text{부등률}}{\text{수용률}} [\%]$

279 □□□

전력 사용의 변동상태를 알아보기 위한 것으로 가장 적당한 것은?

① 수용률   ② 부등률
③ 부하율   ④ 역률

| 해설

부하의 전력 사용은 시간 또는 계절에 따라 변화되는데 이를 알아보기 위해 부하율을 사용한다. 부하율이 크다면 부하변동이 작고 부하율이 작다면 부하변동이 크다는 것을 의미한다.

정답 276 ③ 277 ③ 278 ④ 279 ③

280 □□□

수전용량에 비해 첨두부하가 커지면 부하율은 그에 따라 어떻게 되는가?

① 낮아진다.
② 높아진다.
③ 변하지 않고 일정하다.
④ 부하의 종류에 따라 달라진다.

| 해설
부하율은 평균전력과 최대수용전력의 비이므로 첨두부하가 커지면 부하율이 낮아진다.

281 □□□

연간 전력량이 [kWh]이고 연간 최대전력이 [kW]인 연 부하율은 몇 [%]인가?

① $\frac{E}{W} \times 100$
② $\frac{W}{E} \times 100$
③ $\frac{8760\,W}{E} \times 100$
④ $\frac{E}{8760\,W} \times 100$

| 해설
평균전력은 1시간 기준이므로 연부하율을 고려할 경우 24시간, 365일을 고려해야 한다.
∴ 연 부하율
$$F = \frac{\text{평균전력}}{\text{최대수용전력}} \times 100$$
$$= \frac{\frac{E}{365 \times 24}}{W} \times 100 = \frac{E}{8760\,W} \times 100$$

282 □□□

정격 10[kVA]의 주상 변압기가 있다. 이것의 2차측 일부하 곡선이 다음 그림과 같을 때 1일의 부하율은 몇 [%]인가?

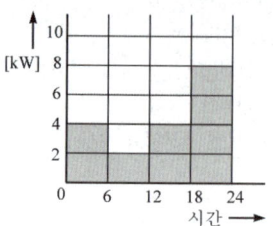

① 52.3
② 54.3
③ 56.3
④ 58.3

| 해설
㉠ 1시간당 평균전력
$$P = \frac{4 \times 6 + 2 \times 6 + 4 \times 6 + 8 \times 6}{24}$$
$$= 4.5\,[\text{kW}]$$
㉡ 1일의 부하율
$$F = \frac{P}{P_m} \times 100 = \frac{4.5}{8} \times 100 = 56.25\,[\%]$$

283 □□□

어떤 수용가의 1년간의 소비전력량은 100만[kWh]이고 1년 중 최대전력은 130[kW]라면 부하율은 약 몇 [%]인가?

① 74.2
② 78.6
③ 82.4
④ 87.8

| 해설
㉠ 1시간당 평균전력
$$P = \frac{100 \times 10^4}{365 \times 24} = 114.15\,[\text{kW}]$$
㉡ 부하율
$$F = \frac{P}{P_m} \times 100 = \frac{114.5}{130} \times 100 = 87.8\,[\%]$$

정답 280 ① 281 ④ 282 ③ 283 ④

284

수용가군 총 합의 부하율은 각 수용가의 수용률 및 수용가 사이의 부등률이 변화할 때 다음 중 옳은 것은?

① 수용률에 비례하고 부등률에 반비례한다.
② 부등률에 비례하고 수용률에 반비례한다.
③ 부등률에 비례하고 수용률에 비례한다.
④ 부등률에 반비례하고 수용률에 반비례한다.

| 해설

$$부하율 = \frac{평균전력}{최대수용전력} = \frac{평균전력}{\frac{최대수용전력합}{부등율}}$$

$$= \frac{평균전력 \times 부등율}{설비용량 \times 수용율} \propto \frac{부등율}{수용율}$$

285

배전계통에서 부등률이란?

① $\dfrac{최대수용전력}{설비용량}$

② $\dfrac{부하의 \ 평균전력의합}{부하설비의 \ 최대전력}$

③ $\dfrac{각 \ 부하의 \ 최대 \ 수용전력의 \ 합}{각 \ 부하를 \ 종합했을때의 \ 최대수용전력}$

④ $\dfrac{최대부하시의 \ 설비용량}{정격용량}$

| 해설

최대 전력 발생시각 또는 시기의 분산을 나타내는 지표가 부등률이며 일반적으로 이 값은 1보다 크다.

$$부등율 = \frac{각 \ 부하의 \ 최대 \ 수용전력의 \ 합}{각 \ 부하를 \ 종합했을때의 \ 최대수용전력}$$

286

일반적인 경우 그 값이 1 이상인 것은 어느 것인가?

① 수용률　　② 전압강하율
③ 부하율　　④ 부등률

| 해설

최대 전력 발생시각 또는 시기의 분산을 나타내는 지표가 부등률이며 일반적으로 이 값은 1보다 크다.

287

전력 소비기기가 동시에 사용되는 정도를 나타낸 것은?

① 부하율　　② 수용률
③ 부등률　　④ 보상률

| 해설

부등율이 적어지면 전력 소비기기는 동시에 사용될 확률이 높아지게 된다.

288

설비 A의 설비용량이 150[kW], 설비 B의 설비용량이 350[kW]일 때 수용률이 각각 0.6 및 0.7일 경우 합성최대전력이 279[kW]이면 부등률은 약 얼마인가?

① 1.2　　② 1.3
③ 1.4　　④ 1.5

| 해설

$$부등율 = \frac{개개의 \ 최대수용전력의 \ 합}{합성최대수용전력}$$

$$= \frac{150 \times 0.6 + 350 \times 0.7}{279} = 1.2$$

정답 284 ②　285 ③　286 ④　287 ③　288 ①

289

설비용량 800[kW], 부등률 1.2, 수용률 60[%]일 때 변전시설 용량은 최저 몇 [kVA] 이상이어야 하는가? (단, 역률은 90[%]이상 유지되어야 한다고 한다.)

① 450
② 500
③ 550
④ 600

| 해설

$$P_T = \frac{\Sigma P_S \times F_{de}}{F_{di} \times \cos\theta} = \frac{800 \times 0.6}{1.2 \times 0.9} = 450 \,[\text{kVA}]$$

290

전력 수요설비에 있어서 그 값이 높게 되면 경제적으로 불리하게 되는 것은?

① 부하율
② 수용률
③ 부등률
④ 부하밀도

| 해설

수용률이 높아지면 설비용량이 커져서 변압기 등의 가격이 비싸져서 비경제적이 된다.

291

154/6.6[kV], 50,000[kVA]의 3상 변압기 1대를 시설한 변전소가 있다. 이 변전소의 6.6[kV] 각 배전선에 접속한 부하설비 및 수용률이 표와 같고 각 배전선간의 부등률을 1.17로 하였을 때 변전소에 걸리는 최대전력은 약 몇 [kW]인가?

배전선	부하설비[kW]	수용률[%]
a	4716	24
b	1635	74
c	3600	48
d	4094	32

① 4186
② 4356
③ 4598
④ 4728

| 해설

㉠ 각각의 최대수용전력의 합
$4716 \times 0.24 + 1635 \times 0.74 + 3600 \times 0.48 + 4094 \times 0.32$
$= 5379.82 \,[\text{kW}]$

㉡ 최대전력(= 합성최대수용전력)
$$P = \frac{각각의\ 최대수용전력의\ 합}{부등율}$$
$$= \frac{5379.82}{1.17} = 4598 \,[\text{kW}]$$

292

스포트 네트워크 시스템을 채용하여 계약전력 9000[kW], 역률 0.9, 수전 회선수 3회선, 네트워크 변압기의 부하율 130%, 변압비 22/3.3[kV]일 경우 변압기의 용량은 약 몇 [kVA]인가?

① 3846
② 5254
③ 6154
④ 6923

| 해설

스포트 네트워크 시스템의 변압기 용량
$$P = \frac{최대수요전력}{수전\ 회선수-1} \times \frac{1}{1.3}$$
$$= \frac{9000}{3-1} \times \frac{1}{1.3} \times \frac{1}{0.9}$$
$$= 3846 \,[\text{kVA}]$$

293

배전선의 손실계수 H와 부하율 F와의 관계는?

① $0 \leq F^2 \leq H \leq F \leq 1$
② $0 \leq H^2 \leq F \leq H \leq 1$
③ $0 \leq H \leq F^2 \leq F \leq 1$
④ $0 \leq F \leq H^2 \leq H \leq 1$

정답 289 ① 290 ② 291 ③ 292 ① 293 ①

| 해설
㉠ 손실계수(H)는 말단집중부하에 대해서 어느 기간 중의 평균손실과 최대 손실 간의 비
㉡ 손실계수
$$H = \frac{어느\ 기간\ 중의\ 평균손실}{같은\ 기간\ 중의\ 최대\ 손실}$$
㉢ 손실계수(H)와 부하율(F)의 관계
$0 \leq F^2 \leq H \leq F \leq 1$

294 □□□
다음 설명 중 옳지 않은 것은?
① 저압 뱅킹방식은 전압 동요를 경감할 수 있다.
② 밸런스는 단상 2선식에 필요하다.
③ 수용률이란 최대 수용전력을 설비용량으로 나눈 값을 퍼센트로 나타낸다.
④ 배전선로의 부하율이 F일 때 손실계수는 F와 F^2의 중간 값이다.

| 해설
밸런스는 단상 3선식 선로의 말단에 전압불평형을 방지하기 위하여 설치하는 권선비 1:1인 단권변압기이다.

295 □□□
일반적으로 부하의 역률을 저하시키는 원인이 되는 것은?
① 전등의 과부하
② 선로의 충전전류
③ 유도전동기의 경부하 운전
④ 동기조상기의 중부하 운전

| 해설
설비 운용시 경부하 또는 무부하 운전시에 역률이 저하된다.

296 □□□
3상 1회선의 송전선로에 3상 전압을 가해 충전할 때 1선에 흐르는 충전전류는 32[A], 또 3선을 일괄하여 이것과 대지 사이에 상전압을 가하여 충전시켰을 때 전 충전전류는 60[A]가 되었다. 이 선로의 대지 정전용량과 선간 정전용량의 비는 얼마이겠는가?
① 5 : 1
② 15 : 8
③ 3 : 1
④ 6 : 1

| 해설
㉠ 1선에 흐르는 충전전류
$I_c = 2\pi f(C_S + 3C_m)\frac{V}{\sqrt{3}} l \times 10^{-6}$ [A]
㉡ $I_{c1} = 2\pi f(C_S + 3C_m)\frac{V}{\sqrt{3}} l \times 10^{-6} = 32$ [A]
㉢ $I_{c2} = 2\pi f \times 3C_S \times \frac{V}{\sqrt{3}} l \times 10^{-6} = 60$ [A]
㉣ $\dfrac{I_{C1}}{I_{C2}} = \dfrac{2\pi f(C_S + 3C_m) \times \frac{V}{\sqrt{3}} l \times 10^{-6}}{2\pi f \times 3C_S \times \frac{V}{\sqrt{3}} l \times 10^{-6}} = \dfrac{32}{60}$
㉤ 윗 식을 정리하면 $\dfrac{C_S + 3C_m}{3C_S} = \dfrac{32}{60}$ 이므로
∴ $\dfrac{C_m}{C_S} = \dfrac{1}{5}$

제10장 배전선로 설비 및 운용

297 □□□
배전용 변전소 주변압기를 사용하는 것은?
① 단권 변압기
② 3권선 변압기
③ 체강 변압기
④ 체승 변압기

| 해설
배전용 변전소에서는 초고압에서 배전전압으로 강압시켜 배전선로를 이용해 수용가에 공급해야 하므로 체강 변압기를 사용한다.

정답 294 ② 295 ③ 296 ① 297 ③

298

주상변압기의 고장이 배전선로에 파급되는 것을 방지하고 변압기의 과부하 소손을 예방하기 위하여 사용되는 개폐기는?

① 리클로저 ② 부하개폐기
③ 컷 아웃 스위치 ④ 섹셔널라이저

| 해설
주상변압기의 고장보호를 위해 1차측이 고압 및 특고압일 경우 컷아웃스위치(COS)를 2차측에 캐치홀더(Catch Holder)를 설치한다.

299

주상변압기의 1차측 전압이 일정할 경우 2차측 부하가 변동하면, 주상변압기의 동손과 철손은 어떻게 되는가?

① 동손과 철손이 모두 변동한다.
② 동손과 철손이 모두 일정하다.
③ 동손은 변동하고 철손은 일정하다.
④ 동손은 일정하고 철손은 변동한다.

| 해설
㉠ 동손($P_c = I_n^2 r$)
  2차측 부하의 크기가 변화되면 부하전류(I_n)가 변화하여 동손은 변화된다.
㉡ 철손$\left(P_i \propto \dfrac{V_1^2}{f}\right)$
  1차측 전압이 일정하므로 철손은 변화되지 않는다.

300

아래 그림과 같이 6300/210[V]인 단상변압기 3대를 △-△ 결선하여 수전단전압이 6000[V]인 배전선로에 접속하였다. 이 중 2대의 변압기는 감극성이고 CA상에 연결된 변압기 1대가 가극성이었다고 한다. 이때 아래 그림과 같이 접속된 전압계에는 몇[V]의 전압이 유기되는가?

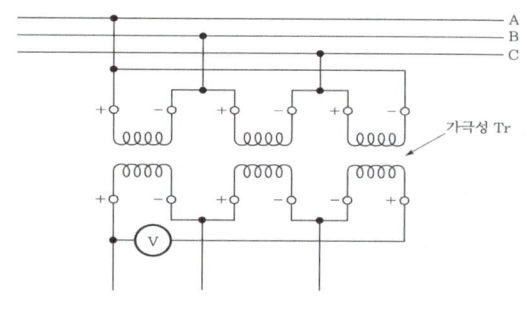

① 400 ② 200
③ 100 ④ 0

| 해설
㉠ 변압기 2차측 전압
$$V_1 = V_2 = V_3 = 6000 \times \frac{210}{6300} = 200 [V]$$
㉡ 3상 vector에서 변압기 1대가 가극성이므로 V_3의 위상이 반대된다.
∴ 전압계의 측정 전압
$$V = \dot{V_1} + \dot{V_2} - \dot{V_3} = 200 + 200 = 400 [V]$$

301

1차 변전소에서 가장 유리한 3권선 변압기 결선은?

① △-Y-Y ② Y-△-△
③ Y-Y-△ ④ △-Y-△

| 해설
1차 변전소의 변압기 결선은 Y-Y-△ 결선을 사용하여 중성점 직접접지방식을 적용해 절연비용을 감소시키고 3차 권선을 △결선으로 하여 3고조파를 제거한다.

정답 298 ③ 299 ③ 300 ① 301 ③

302 ☐☐☐

송전선로에서 사용하는 변압기결선에서 △결선이 포함되어 있는 이유는 무엇인가?

① sin파의 제거
② 3고조파의 제거
③ 5고조파의 제거
④ 7고조파의 제거

| 해설
변압기 결선에 △결선을 사용하면 3고조파(영상분)를 제거하여 근접 통신선에 대한 유도장해를 억제할 수 있다.

303 ☐☐☐

정격용량 100[kVA]인 단상변압기 2대로 V결선을 했을 경우의 최대 출력은 몇[kVA]인가?

① 86.6
② 150
③ 173
④ 200

| 해설
㉠ V결선의 3상 출력
$P_V = \sqrt{3}\,P = 100\sqrt{3} = 173.2\,[kVA]$
㉡ 또는 이용률을 이용
$P = 100 \times 2 \times 0.866 = 173.2\,[KVA]$

304 ☐☐☐

500[kVA] 변압기 3대를 △-△결선 운전하는 변전소에서 부하의 증가로 500[kVA] 변압기 1대를 증설하여 2뱅크로 하였다. 최대 몇 [kVA]의 부하에 응할 수 있는가?

① $\dfrac{1000}{\sqrt{3}}$
② $1000\sqrt{3}$
③ $\dfrac{2000\sqrt{3}}{3}$
④ $\dfrac{3000\sqrt{3}}{3}$

| 해설
V결선의 3상 출력이 에서 2뱅크로 공급할 수 있는 전력은
∴ $P_T = 2P_V = 2 \times P\sqrt{3}$
$= 2 \times 500\sqrt{3} = 1732\,[kVA]$

305 ☐☐☐

직류 2선식에서 배전선로의 끝에 부하가 집중되어 있는 경우 전선 1가닥의 저항을 [Ω], 선로전류를 [A]라 하면 이 배전선로의 전압강하 e는 몇 [V]인가?

① $e = \dfrac{1}{2}RI$
② $e = RI$
③ $e = 2RI$
④ $e = 3RI$

| 해설
직류에서 리액턴스 $X = 0$, 역률 $\cos\theta = 1$이므로
∴ 전압강하
$e = KI(R\cos\theta + X\sin\theta)$
$= KIR = 2IR\,[V]$
여기서, 단상2선식: $K = 2$
단상3선식: $K = 1$
3상3선식: $K = \sqrt{3}$
3상4선식: $K = 1$

306 ☐☐☐

송전단전압이 6600[V], 수전단전압은 6100[V]이다. 수전단의 부하를 끊는 경우 수전단전압이 6300[V]라면 이 회로의 전압강하율과 전압변동률은 각각 몇 [%]인가?

① 3.28 8.2
② 8.2   3.28
③ 4.14 6.8
④ 6.8   4.14

| 해설
㉠ 전압강하율
$\%e = \dfrac{V_S - V_R}{V_R} \times 100 = \dfrac{6600 - 6100}{6100} \times 100$
$= 8.26\,[\%]$
㉡ 전압변동률
$\epsilon = \dfrac{V_0 - V_n}{V_n} \times 100 = \dfrac{6300 - 6100}{6100} \times 100$
$= 3.28\,[\%]$
여기서, V_0: 무부하 단자전압
V_n: 전부하 단자전압

정답 302 ② 303 ③ 304 ② 305 ③ 306 ②

307

변전소로부터 특고압 3상3선식의 가공전선로로 수전하고 있는 공장이 있다. 이 공장의 부하는 40,000[kW]이고 뒤진역률 90[%], 수전전압은 70,000[V]라고 한다. 부하전류는 몇 [A]인가?

① 322.6　　② 366.6
③ 396.6　　④ 422.6

| 해설
부하전류
$$I_n = \frac{P}{\sqrt{3}\,V_n\cos\theta} = \frac{40,000}{\sqrt{3}\times70\times0.9}$$
$$= 366.6\,[A]$$

308

지상부하를 가진 3상3선식 배전선 또는 단거리 송전선에서 선간 전압강하를 나타낸 식은? (단, I, R, X, θ는 각각 수전단 전류, 선로저항, 리액턴스 및 수전단 전류의 위상각이다.)

① $I(R\cos\theta + X\sin\theta)$
② $2I(R\cos\theta + X\sin\theta)$
③ $\sqrt{3}\,I(R\cos\theta + X\sin\theta)$
④ $3I(R\cos\theta + X\sin\theta)$

| 해설
전압강하: $e = KI(R\cos\theta + X\sin\theta)$
여기서, 단상2선식: $K=2$
　　　　단상3선식: $K=1$
　　　　3상3선식: $K=\sqrt{3}$
　　　　3상4선식: $K=1$

309

지상부하를 갖는 단거리 송전선로의 전압강하 근사식은? (단, P는 3상 부하전력[kW], E는 선간전압[kV], R은 선로저항[Ω], X는 리액턴스[Ω], θ는 부하의 역률각이다.)

① $\dfrac{P}{\sqrt{3}\,E}(R\cos\theta + X\sin\theta)$
② $\dfrac{P}{E}(R + X\tan\theta)$
③ $\dfrac{P}{\sqrt{3}\,E}(R + X\tan\theta)$
④ $\dfrac{\sqrt{3}\,P}{E}(R + \tan\theta)$

| 해설
부하전류 $I = \dfrac{P}{\sqrt{3}\,E\cos\theta}$ [A]이므로
∴ 전압강하
$$e = \sqrt{3}\,I(R\cos\theta + X\sin\theta)$$
$$= \sqrt{3}\times\left(\frac{P}{\sqrt{3}\,E\cos\theta}\right)(R\cos\theta + X\sin\theta)$$
$$= \frac{P}{E}(R + X\tan\theta)\,[V]$$

310

그림과 같은 단상2선식 배전에서 인입구 A점의 전압이 100[V]라면 C점의 전압은 몇[V]인가? (단, 저항값은 1선의 값으로 AB간 0.05[Ω], BC간 0.1[Ω]이다.)

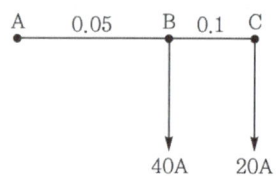

① 90[V]　　② 94[V]
③ 96[V]　　④ 97[V]

정답　307 ②　308 ③　309 ②　310 ①

| 해설

단상 2선식 $E_R = E_S - e = E_S - 2IR$[V] 에서
여기서, E_R: 수전단 전압
        E_S: 송전단 전압, X는 무시
㉠ B점의 전압
   $V_B = 100 - 2 \times (40+20) \times 0.05 = 94$ [V]
㉡ C점의 전압
   $V_C = 94 - 2 \times 20 \times 0.1 = 90$ [V]

| 해설

㉠ 부하전류
   $I = \dfrac{P}{\sqrt{3} V \cos\theta} = \dfrac{360}{\sqrt{3} \times 6 \times 0.8}$
   $= 43.3$ [A]
㉡ 송전단 전압
   $V_S = V_R + \sqrt{3} I (R\cos\theta + X\sin\theta)$
   $= 6000 + \sqrt{3} \times 43.3 (5 \times 0.8 + 4 \times 0.6)$
   $= 6480$ [V]

311 □□□

3상3선식의 배전선로가 있다. 이것에 역률이 0.8인 3상 평형 부하 20[kW]를 걸었을 때, 배전선로 등의 전압강하는? (단, 부하의 전압은 200[V], 전선 1조의 저항은 0.02[Ω] 이고 리액턴스는 무시한다.)

① 1[V] ② 2[V]
③ 3[V] ④ 4[V]

| 해설

㉠ 부하전류
   $I = \dfrac{P}{\sqrt{3} V \cos\theta} = \dfrac{20}{\sqrt{3} \times 0.2 \times 0.8}$
   $= 72.17$ [A]
㉡ 전압강하
   $e = \sqrt{3} I (R\cos\theta + X\sin\theta)$
   $= \sqrt{3} \times 72.17 \times (0.02 \times 0.8 + 0 \times 0.6)$
   $= 2$ [V]

312 □□□

역률 0.8, 출력 360[kW]인 3상 평형유도 부하가 3상 배전선로에 접속되어 있다. 부하단의 수전전압이 6000[V], 배전선 1조의 저항 및 리액턴스가 각각 5[Ω], 4[Ω]라고 하면 송전단 전압은 몇[V]인가?

① 6120 ② 6277
③ 6300 ④ 6480

313 □□□

수전단 3상부하 P_r[W], 부하역률 $\cos\theta_r$(소수) 수전단 선간전압 V_r[V], 선로저항 R[Ω/선]이라 할 때 송전단 3상 전력 P_S[W]는?

① $P_S = P_r \left(1 + \dfrac{P_r R}{V_r^2 \cos^2\theta_r}\right)$

② $P_S = P_r \left(1 + \dfrac{P_r R}{V_r \cos\theta_r}\right)$

③ $P_S = P_r (1 + P_r R \cos\theta_r)$

④ $P_S = P_r \left(1 + \dfrac{P_r R \cos^2\theta_r}{V_r^2}\right)$

| 해설

부하전류 $I = \dfrac{P_r}{\sqrt{3} V_r \cos\theta_r}$ [A] 이므로

∴ 송전단 3상 전력
   $P_s = P_r + 3I^2 R$
   $= P_r + 3 \times \left(\dfrac{P_r}{\sqrt{3} V_r \cos\theta_r}\right)^2 R$
   $= P_r \left(1 + \dfrac{P_r R}{V_r^2 \cos^2\theta_r}\right)$ [W]

정답 311 ② 312 ④ 313 ①

314

단권변압기를 초고압계통의 연계용으로 이용할 때 장점에 해당되지 않는 것은?

① 동량이 경감된다.
② 2차측의 절연강도를 낮출 수 있다.
③ 분로권선에는 누설자속이 없어 전압변동률이 작다.
④ 부하용량은 변압기 고유용량보다 크다.

| 해설
(1) 단권변압기의 2차측 권선은 공통권선이므로 절연강도를 낮출 수 없다.
(2) 단권변압기의 장점
 ㉠ 소형·경량화가 가능하다.
 ㉡ 철손, 동손이 작아 효율이 양호하다.
 ㉢ 누설자속이 작아 전압변동률이 작다.
 ㉣ 등가 용량에 비해 부하용량이 크다.
(3) 단권변압기의 단점
 ㉠ 누설 리액턴스가 적어 단락사고시 단락전류가 크다.
 ㉡ 고압측에 이상전압 발생시 저압측에 영향을 줄 수 있다.

315

배전선로에서 사용하는 전압 조정방법이 아닌 것은?

① 승압기 사용
② 유도전압 조정기 사용
③ 주상변압기 탭전환
④ 병렬콘덴서 사용

| 해설
㉠ 병렬콘덴서는 부하와 병렬로 접속하여 역률을 개선한다.
㉡ 배전선로 전압의 조정장치
 주상 변압기 Tap 조절장치, 승압기 설치(단권변압기), 유도전압 조정기, 직렬콘덴서
 → 유도전압 조정기는 부하에 따라 전압 변동이 심한 급전선에 전압 조정장치로 사용한다.
참고 병렬콘덴서의 경우, 배전선로 전압조정 방법에 속하지 않지만 문제의 경향에 따라 다른 보기의 내용이 부적합할 경우 답으로 표현될 수 있다.

316

승압기에 의하여 전압 V_e 에서 V_h 로 승압할 때 2차 정격전압 e, 자기용량 W인 단상승압기가 공급할 수 있는 부하전력은?

① $\dfrac{V_e}{e} \times W$
② $\dfrac{V_h}{e} \times W$
③ $\dfrac{V_e}{V_h - V_e} \times W$
④ $\dfrac{V_h - V_e}{V_e} \times W$

| 해설
승압기 용량 $W = \dfrac{e}{V_h} \times W_o$ 이므로

∴ 승압기 공급전력: $W_o = \dfrac{V_h}{e} W$

317

단상 교류회로로서 3300/220[V]의 변압기를 그림과 같이 접속하여 60[kW], 역률 0.85의 부하에 공급하는 전압을 상승시킬 경우 몇 [kVA]의 변압기를 택하면 좋겠는가? (단, AB점 사이의 전압은 3000[V]로 한다.)

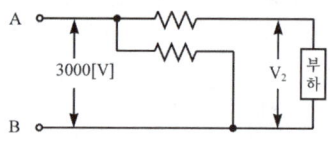

① 약 5
② 약 7.5
③ 약 10
④ 약 15

| 해설
㉠ 승압기 2차 전압
$V_2 = V_1\left(1 + \dfrac{e_2}{e_1}\right) = 3000\left(1 + \dfrac{220}{3300}\right) = 3200\,[V]$
㉡ 승압기 용량
$W = \dfrac{e_2}{V_2} W_0 = \dfrac{220}{3200} \times \dfrac{60}{0.85} = 4.95 ≒ 5\,[kVA]$

정답 314 ② 315 ④ 316 ② 317 ①

318 □□□

그림과 같은 회로에서 A, B, C, D의 어느 곳에 전원을 접속하면 간선 A-D간의 전력손실이 최소가 되는가?

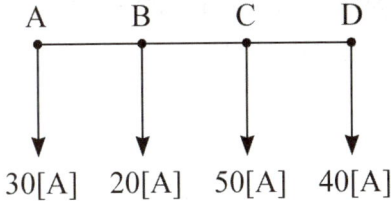

① A
② B
③ C
④ D

| 해설

각 구간당 저항이 동일하다고 하며 각 구간당 저항을 r이라 하면

㉠ A점에서 하는 급전의 경우
$P_{CA} = 110^2 r + 90^2 r + 40^2 r = 21800r$

㉡ B점에서 하는 급전의 경우
$P_{CB} = 30^2 r + 90^2 r + 40^2 r = 10600r$

㉢ C점에서 하는 급전의 경우
$P_{CC} = 30^2 r + 50^2 r + 40^2 r = 5000r$

㉣ D점에서 하는 급전의 경우
$P_{CD} = 30^2 r + 50^2 r + 100^2 r = 13400r$

∴ C점에서 급전하는 경우 전력손실은 최소가 된다.

319 □□□

다음 ( )안에 알맞은 것은?

"선로의 전압을 2배로 승압할 경우, 공급전력은 승압전의 (㉠)로 되고, 선로 손실은 승압 전의 (㉡)로 된다."

① ㉠ 1/4배 ㉡ 2배
② ㉠ 1/4배 ㉡ 4배
③ ㉠ 2배   ㉡ 1/4배
④ ㉠ 4배   ㉡ 1/4배

| 해설

공급전압의 2배 상승 시
㉠ 공급전력 $P \propto V^2$ 이므로 송전전력은 4배로 된다.
㉡ 선로손실 $P_c \propto \dfrac{1}{V^2}$ 이므로 전력손실은 $\dfrac{1}{4}$ 배로 된다.

320 □□□

배전선의 전력손실 경감 대책이 아닌 것은?

① 피더(Feeder) 수를 늘린다.
② 역률을 개선한다.
③ 배전전압을 높인다.
④ 부하의 불평형을 방지한다.

| 해설

전력손실 경감 대책
㉠ 배전전압의 승압
㉡ 역률 개선
㉢ 전선 교체
㉣ 배전선로 단축
㉤ 불평형 부하 개선
㉥ 단위 기기 용량 감소

321 □□□

송전전력, 송전거리, 전선로의 전력손실이 일정하고 같은 재료의 전선을 사용한 경우 단상 2선식에서 전선 한 가닥마다의 전력을 100[%]라 하면, 단상 3선식에서는 133[%]이다. 3상 3선식에서는 몇 [%]인가?

① 57
② 87
③ 100
④ 115

| 해설

전선 1선당 전력비

$\dfrac{3상\ 3선식}{단상\ 2선식} = \dfrac{\dfrac{\sqrt{3}}{3}VI}{\dfrac{1}{2}VI} = \dfrac{2\sqrt{3}}{3} = 1.15 = 115[\%]$

322

배전선로의 전기방식 중 전선의 중량(전선비용)이 가장 적게 소요되는 전기방식은? (단, 배전전압, 거리, 전력 및 선로 손실 등을 같다고 한다.)

① 단상 2선식
② 단상 3선식
③ 3상 3선식
④ 3상 4선식

| 해설

송전전력, 송전전압, 송전거리, 송전손실이 같을 때 소요 전선량

전기방식	소요되는 전선량
단상 2선식	100[%]
단상 3선식	37.5[%]
3상 3선식	75[%]
3상 4선식	33.3[%]

323

동일한 조건하에서 3상 4선식 배전선로의 총 소요 전선량은 3상 3선식의 것에 비해 몇 배 정도로 되는가? (단, 중성선의 굵기는 전력선의 굵기와 같다고 한다.)

① $\frac{1}{3}$
② $\frac{3}{4}$
③ $\frac{3}{8}$
④ $\frac{4}{9}$

| 해설

㉠ 단상 2선식을 기준으로 비교한 전선의 소요량

전기방식	소요되는 전선량
단상 2선식	100[%]
단상 3선식	37.5[%]
3상 3선식	75[%]
3상 4선식	33.3[%]

㉡ $\frac{3상\ 4선식}{3상\ 3선식} = \frac{33.3\%}{75\%} = \frac{4}{9}$

324

동일전력을 동일 선간전압, 동일 역률로 동일 거리에 보낼 때 사용하는 전선의 총 중량이 같으면 3상 3선식일 때와 단상 2선식일 때의 전력손실의 비는?
(단, 3상3선식/단상 2선식)

① 1
② $\frac{3}{4}$
③ $\frac{1}{3}$
④ $\frac{1}{2}$

| 해설

㉠ 전선의 총량

$V_0 = 2A_1 L = 3A_3 L$ $\therefore \frac{A_3}{A_1} = \frac{2}{3}$

㉡ 전선의 저항 $R = \rho \frac{L}{A}$ 이므로 전선의 단면적에 반비례하여

$\frac{A_3}{A_1} = \frac{R_1}{R_3} = \frac{2}{3}$

㉢ 동일전력, 동일 선간전압이면

$P = V_1 I_1 = \sqrt{3} V I_3$ 에서 $\frac{I_1}{I_3} = \sqrt{3}$

∴ 전력손실

$\frac{P_{C3}}{P_{C2}} = \frac{3 I_3^2 R_3}{2 I_1^2 R_1} = \frac{3}{2} \times \left(\frac{1}{3}\right)^2 \times \frac{3}{2} = \frac{3}{4}$

325

저압 배전선의 배전방식 중 배전설비가 단순하고 공급능력이 최대인 경제적 배전방식이며, 국내에서 220/380[V] 승압방식으로 채택된 방식은?

① 단상 2선식
② 단상 3선식
③ 3상 3선식
④ 3상 4선식

| 해설

3상 4선식 배전방식의 특성
㉠ 다른 배전방식에 비해 큰 전력을 공급할 수 있다.
㉡ 선로 사고 시 사고검출이 용이하다.
㉢ 3상 부하(380[V]) 및 단상 부하(220[V])에 동시 전력을 공급할 수 있다.

정답 322 ④ 323 ④ 324 ② 325 ④

326 □□□

부하전력 및 역률이 같을 때 전압을 배로 승압하면 전압강하와 전력손실은 어떻게 되는가?

	전압강하	전력손실
①	$\frac{1}{n}$	$\frac{1}{n^2}$
②	$\frac{1}{n^2}$	$\frac{1}{n}$
③	$\frac{1}{n}$	$\frac{1}{n}$
④	$\frac{1}{n^2}$	$\frac{1}{n^2}$

| 해설

㉠ 전압강하
$$e = \sqrt{3}I(r\cos\theta + x\sin\theta)$$
$$= \sqrt{3} \times \frac{P}{\sqrt{3}V\cos\theta}(r\cos\theta + x\sin\theta)$$
$$= \frac{P}{V}(r + x\tan\theta) \propto \frac{1}{V}$$

㉡ 전력손실
$$P_c = 3I^2r = 3 \times \left(\frac{P}{\sqrt{3}V\cos\theta}\right)^2 \times \rho\frac{L}{A}$$
$$= \frac{P^2}{V^2\cos^2\theta}\rho\frac{L}{A} \propto \frac{1}{V^2}$$

327 □□□

공장이나 빌딩에 200[V] 전압을 400[V] 승압하여 배전할 때, 400[V] 배전과 관계없는 것은?

① 전선 등 재료의 절감
② 전압변동률의 감소
③ 배선의 전력손실 경감
④ 변압기 용량의 절감

| 해설

(1) 배전전압을 200[V]에서 400[V]로 2배 상승하는 경우 배전전압을 상승하면 아래와 같은 특성이 나타나지만 변압기의 용량은 부하의 용량과 관계가 있으므로 변화되지 않는다.
(2) 배전전압의 2배 상승 시
  ㉠ 전선굵기 등 재료는 $A \propto \frac{1}{V^2}$이므로 $\frac{1}{4}$배로 된다.
  ㉡ 전압변동률 $\epsilon \propto \frac{1}{V^2}$이므로 $\frac{1}{4}$배로 된다.
  ㉢ 전력손실 $P_c \propto \frac{1}{V^2}$이므로 $\frac{1}{4}$배로 된다.

328 □□□

배전전압을 3000[V]에서 6000[V]로 높이는 이점이 아닌 것은?

① 배전손실이 같다고 하면 수송전력을 증가시킬 수 있다.
② 수송전력이 같다면 전력손실을 줄일 수 있다.
③ 전압강하를 줄일 수 있다.
④ 주파수를 감소시킨다.

| 해설

배전전압의 2배 상승 시
㉠ 송전전력 $P \propto V^2$이므로 송전전력은 4배로 된다.
㉡ 전력손실 $P_c \propto \frac{1}{V^2}$이므로 전력손실은 $\frac{1}{4}$배로 된다.
㉢ 전압강하 $e \propto \frac{1}{V}$이므로 전압강하는 $\frac{1}{2}$배로 된다.

329 □□□

154[kV] 송전선로의 전압을 345[kV]로 승압하고 같은 손실률로 송전한다고 가정하면 송전전력은 승압 전의 약 몇 배 정도인가?

① 2
② 3
③ 4
④ 5

| 해설

㉠ 전력손실: $P_c = \frac{P^2}{V^2\cos^2\theta}\rho\frac{l}{A}$
㉡ 154[kV] 송전선로의 전압을 345[kV]로 승압할 경우 송전전력은 $P \propto V^2$이므로
$$P_{154} : P_{345} = 154^2 : 345^2$$
$$\therefore P_{345} = \left(\frac{345^2}{154^2}\right)P_{154} = 5.02P_{154}\text{ 배로 증가한다.}$$

정답 326 ① 327 ④ 328 ④ 329 ④

330 □□□
배전선로의 손실경감과 관계없는 것은?
① 승압 ② 역률 개선
③ 대용량 변압기 채용 ④ 동량의 증가

| 해설
전력손실은 $P_c = \dfrac{\rho l P^2}{A V^2 \cos^2\theta}$ 의 관계가 있으므로 대용량 변압기를 채용하면 부하전력이 커져 전력손실은 2승에 비례하여 증가해 진다.

331 □□□
3상3선식 선로에서 일정한 거리에 일정한 전력을 송전할 경우 선로에서의 저항손은?
① 선간전압에 비례한다.
② 선간전압에 반비례한다.
③ 선간전압의 2승에 비례한다.
④ 선간전압의 2승에 반비례한다.

| 해설
송전선로의 저항손 $P_c = \dfrac{P^2}{V^2 \cos^2\theta} \rho \dfrac{L}{A}$ [W] 에서
$P_c \propto \dfrac{1}{V^2}$

332 □□□
3상3선식 송전선로에서 송전전력 P[kW], 송전전압 V[kV], 전선의 단면적 A[mm²], 송전거리 l[km], 전선의 고유저항 ρ[Ω·m/mm²], 역률 $\cos\theta$ 일 때, 선로손실 P_c은 몇 [kW]인가?

① $\dfrac{\rho l P^2}{A V^2 \cos^2\theta}$ ② $\dfrac{\rho l P^2}{A^2 V \cos^2\theta}$

③ $\dfrac{\rho l P}{A V^2 \cos^2\theta}$ ④ $\dfrac{\rho l P}{A^2 V \cos^2\theta}$

| 해설
㉠ 선로에 흐르는 전류: $I = \dfrac{P}{\sqrt{3} V \cos\theta}$ [A]
㉡ 선로손실
$$P_l = 3I^2 r = 3\left(\dfrac{P}{\sqrt{3} V \cos\theta}\right)^2 r \times 10^{-3}$$
$$= \dfrac{P^2}{V^2 \cos^2\theta} \times \dfrac{1000\rho l}{A} \times 10^{-3}$$
$$= \dfrac{\rho l P^2}{A V^2 \cos^2\theta} \text{ [kW]}$$

333 □□□
동일한 전압에서 동일한 전력을 송전할 때 역률을 0.8에서 0.9로 개선하면 전력손실은 몇 [%]정도 감소하는가?
① 5 ② 10
③ 20 ④ 40

| 해설
㉠ 전력손실 $P_c \propto \dfrac{1}{\cos^2\theta}$ 이므로 역률을 0.8에서 0.9로 개선하면
㉡ $P_c \propto \dfrac{1}{\left(\dfrac{0.9}{0.8}\right)^2} = 0.79$
㉢ 손실 감소율: $P_c' = 1 - 0.79 = 0.21$
∴ 21 [%] 감소한다.

334 □□□
배전선에 부하가 균등하게 분포되었을 때 전압강하는 전 부하가 집중적으로 배전선 말단에 연결되어 있을 때의 몇 [%] 인가?
① 25 ② 50
③ 75 ④ 100

정답 330 ③ 331 ④ 332 ① 333 ③ 334 ②

| 해설

부하 모양에 따른 전압강하 계수

구분	전압강하	전력손실	부하율	분산손실계수
㉠	1.0	1.0	1.0	1.0
㉡	$\frac{1}{2}$	$\frac{1}{3}$	$\frac{1}{2}$	$\frac{1}{3}$
㉢	$\frac{1}{2}$	0.38	$\frac{1}{2}$	0.38
㉣	$\frac{2}{3}$	0.58	$\frac{2}{3}$	0.58
㉤	$\frac{1}{3}$	$\frac{1}{5}$	$\frac{1}{3}$	$\frac{1}{5}$

㉠ 말단에 집중된 경우
㉡ 평등 부하 분포
㉢ 중앙일수록 큰 부하 분포
㉣ 말단일수록 큰 부하 분포
㉤ 송전단일수록 큰 부하 분포

335 □□□

송전단에서 전류가 동일하고 배전선에 리액턴스를 무시하면 배전선 말단에 단일부하가 있을 때의 전력손실은 배전선에 따라 균등한 부하가 분포되어 있는 경우의 전력손실에 비하여 몇 배나 되는가?

① $\frac{1}{2}$ ② 2
③ $\frac{1}{3}$ ④ 3

| 해설

부하 모양에 따른 전압강하 계수

구분	전압강하	전력손실	부하율	분산손실계수
㉠	1.0	1.0	1.0	1.0
㉡	$\frac{1}{2}$	$\frac{1}{3}$	$\frac{1}{2}$	$\frac{1}{3}$
㉢	$\frac{1}{2}$	0.38	$\frac{1}{2}$	0.38
㉣	$\frac{2}{3}$	0.58	$\frac{2}{3}$	0.58
㉤	$\frac{1}{3}$	$\frac{1}{5}$	$\frac{1}{3}$	$\frac{1}{5}$

㉠ 말단에 집중된 경우
㉡ 평등 부하 분포
㉢ 중앙일수록 큰 부하 분포
㉣ 말단일수록 큰 부하 분포
㉤ 송전단일수록 큰 부하 분포

336 □□□

배전선로의 역률 개선에 따른 효과로 적합하지 않은 것은?

① 전원측 설비의 이용률 향상
② 전로 절연에 요하는 비용 절감
③ 전압강하의 감소
④ 전로의 전력손실 경감

| 해설

(1) 전력용콘덴서를 병렬로 접속하여 진상전류에 의해서 선로의 지상분 전류를 보상함으로써 역률을 개선한다.
(2) 역률 개선의 효과
  ㉠ 변압기 및 배전선로의 손실 경감
  ㉡ 전압강하 감소
  ㉢ 설비 이용율 향상
  ㉣ 전력 요금 경감

337 □□□

전력용 콘덴서 회로의 전원 개방 시 잔류전하에 의한 인체의 위험방지를 목적으로 설치하는 것은?

① 직렬리액터 ② 방전코일
③ 아킹혼 ④ 직렬저항

| 해설

콘덴서 개방 시의 잔류전하를 방전시켜서 충전에 따른 위험을 방지하기 위해서는 방전코일을 설치한다.

정답 335 ④ 336 ② 337 ②

338 □□□
주 변압기 등에서 발생하는 제 5고조파를 줄이는 방법으로 옳은 것은?

① 콘덴서에 직렬리액터 삽입
② 변압기 2차측에 분로리액터 연결
③ 모선에 방전코일 연결
④ 모선에 공심리액터 연결

| 해설
㉠ 직렬리액터는 전력용 콘덴서에 의해 발생된 제 5고조파를 제거하기 위해 사용한다.
㉡ 직렬리액터의 용량 $X_L = 0.04\, X_C$
(이론상 4[%], 실제로는 5~6[%]를 적용)

339 □□□
1대의 주상변압기에 역률(뒤짐) $\cos\theta_1$, 유효전력 P_1[kW]의 부하와 역률(뒤짐) $\cos\theta_2$, 유효전력 P_2[kW]의 부하가 병렬로 접속되어 있을 때 주상변압기 2차측에서 본 부하의 종합 역률은?

① $\dfrac{P_1+P_2}{\sqrt{(P_1+P_2)^2+(P_1\tan\theta_1+P_2\tan\theta_2)^2}}$

② $\dfrac{P_1+P_2}{\sqrt{(P_1+P_2)^2+(P_1\sin\theta_1+P_2\sin\theta_2)^2}}$

③ $\dfrac{P_1+P_2}{\dfrac{P_1}{\cos\theta_1}+\dfrac{P_2}{\cos\theta_2}}$

④ $\dfrac{P_1+P_2}{\dfrac{P_1}{\sin\theta_1}+\dfrac{P_2}{\sin\theta_2}}$

| 해설
㉠ 유효전력 $P = P_1 + P_2$ [kW]
㉡ 무효전력 $Q = Q_1 + Q_2$
$= P_1\tan\theta_1 + P_2\tan\theta_2$ [kVA]

∴ 종합역률 $= \dfrac{\text{유효전력}}{\text{피상전력}}$

$= \dfrac{\text{유효전력}}{\sqrt{\text{유효전력}^2+\text{무효전력}^2}}$

$= \dfrac{P_1+P_2}{\sqrt{(P_1+P_2)^2+(P_1\tan\theta_1+P_2\tan\theta_2)^2}}$

340 □□□
3상 배전선로의 말단에 역률 80[%] (늦음) 160[kW]의 평형 3상 부하가 있다. 부하점에 부하와 병렬로 부하용 콘덴서를 접속하여 선로손실을 최소로 하기 위해 필요한 콘덴서 용량[kVA]은?
(단, 여기서 부하단 전압은 변하지 않는 것으로 한다.)

① 100   ② 120
③ 180   ④ 200

| 해설
선로손실이 최소가 되는 조건은 역률이 100%일 때이므로
∴ 콘덴서 용량
$Q_c = P\tan\theta_1 = 160 \times \dfrac{0.6}{0.8} = 120$ [kVA]

341 □□□
뒤진 역률 80[%] 1000[kW]의 3상 부하가 있다. 이것에 콘덴서를 설치하여 역률을 95[%]로 개선하는데 필요한 콘덴서의 용량은 몇 [kVA]가 되겠는가?

① 376   ② 398
③ 422   ④ 464

| 해설
콘덴서 용량
$Q_c = P(\tan\theta_1 - \tan\theta_2)$
$= 1000\left(\dfrac{0.6}{0.8} - \dfrac{\sqrt{1-0.95^2}}{0.95}\right) = 422$ [kVA]
여기서, $\cos\theta_1$: 개선 전 역률
$\cos\theta_2$: 개선 후 역률

정답 338 ① 339 ① 340 ② 341 ③

342

역률 0.8인 부하 480[kW]를 공급하는 변전소에 전력용 콘덴서 220[kVA]를 설치하면 역률은 몇 [%]로 개선할 수 있는가?

① 94
② 96
③ 98
④ 99

| 해설
부하 역률
$$\cos\theta = \frac{P}{\sqrt{P^2 + Q^2}}$$
$$= \frac{480}{\sqrt{480^2 + \left(\frac{480}{0.8} \times 0.6 - 220\right)^2}} = 0.96$$
$$= 96\,[\%]$$

343

어느 수용가가 당초에 지상 역률 80[%]로 60kW의 부하를 사용하고 있었는데, 새로이 지상 역률 60[%], 40[kW]의 부하를 증가해서 사용하게 되었다. 이때 전력용콘덴서로 합성 역률을 90[%]로 개선하려고 한다면 전력용 콘덴서의 소요 용량은 몇 [kVA]가 필요한가?

① 40
② 50
③ 60
④ 70

| 해설
㉠ 유효전력
$$P = 60 + 40 = 100\,[\text{kW}]$$
㉡ 무효전력
$$Q = 60 \times \frac{0.6}{0.8} + 40 \times \frac{0.8}{0.6} = 98.33\,[\text{kVA}]$$
∴ 콘덴서 용량
$$Q_c = P(\tan\theta_1 - \tan\theta_2)$$
$$= 100\left(\frac{98.33}{100} - \frac{\sqrt{1-0.9^2}}{0.9}\right)$$
$$= 50\,[\text{kVA}]$$

344

역률 개선용 콘덴서를 부하와 병렬로 연결하고자 한다. △결선방식과 Y결선방식을 비교하면 콘덴서의 정전용량(단위: μF)의 크기는 어떠한가?

① △결선방식과 Y결선방식은 동일하다.
② Y결선방식이 △결선방식의 $\frac{1}{2}$ 용량이다.
③ △결선방식이 Y결선방식의 $\frac{1}{3}$ 용량이다.
④ Y결선방식이 △결선방식의 $\frac{1}{\sqrt{3}}$ 용량이다.

| 해설
㉠ △결선서 콘덴서 용량
$$Q_\triangle = 6\pi fCV^2 \times 10^{-9}\,[\text{kVA}]$$
㉡ Y결선시 콘덴서 용량
$$Q_Y = 2\pi fCV^2 \times 10^{-9}\,[\text{kVA}]$$
㉢ $\dfrac{C_\triangle}{C_Y} = \dfrac{\dfrac{Q}{6\pi fV^2 \times 10^{-9}}}{\dfrac{Q}{2\pi fV^2 \times 10^{-9}}} = \dfrac{1}{3}$ 에서

∴ $C_\triangle = \dfrac{1}{3} C_Y$

345

어떤 콘덴서 3개를 선간전압 3300[V], 주파수 60[Hz]의 선로에 △로 접속하여 60[kVA]가 되도록 하려면 콘덴서 1개의 정전용량 약 [μF]인가?

① 0.5
② 5
③ 50
④ 500

| 해설
㉠ 콘덴서용량
$$Q_\triangle = 6\pi fCV^2 \times 10^{-9}$$
$$= 6\pi \times 60C \times 3300^2 \times 10^{-9} = 60\,[\text{kVA}]$$
㉡ 정전용량
$$C = \frac{60}{6\pi \times 60 \times 3300^2 \times 10^{-9}} = 5\,[\mu\text{F}]$$

정답 342 ② 343 ② 344 ③ 345 ②

제11장 발전

346 ☐☐☐
양수발전의 목적은?
① 연간 발전량[kWH]을 늘이기 위하여
② 연간 평균 손실 전력을 줄이기 위하여
③ 연간 발전비용을 줄이기 위하여
④ 연간 수력발전량을 늘이기 위하여

| 해설
양수발전소의 설치 목적은 경부하시 저렴한 발전전력으로 저수지의 물을 높은 곳의 저수지로 양수하여 첨두부하시 발전에 이용함으로써 발전비용을 감소시킬 수 있다.

347 ☐☐☐
전력계통의 경부하시나 또는 다른 발전소의 발전전력에 여유가 있을 때 이 잉여전력을 이용해서 물을 상부의 저수지에 옮겨 저장하였다가 필요에 따라 이 물을 이용해서 발전하는 발전소는?
① 조력 발전소   ② 양수식 발전소
③ 유역변경식 발전소 ④ 수로식 발전소

| 해설
양수발전은 경부하시 잉여전력을 이용하여 상부 저수지에 물을 저장하였다가 첨두부하시 발전하는 방식을 말한다.

348 ☐☐☐
유효낙차 400[m]의 수력발전소가 있다. 펠톤 수차의 노즐에서 분출하는 물의 속도를 이온값의 0.95배로 한다면 물의 분출 속도는 몇 [m/sec]인가?
① 42   ② 59.5
③ 62.6   ④ 84.1

| 해설
물의 분출 속도
$V = K\sqrt{2gH} = 0.95\sqrt{2 \times 9.8 \times 400}$
$= 84.11 \text{ [m/s]}$

349 ☐☐☐
횡축에 1년 365일을 역일순으로 취하고, 종축에 유량을 취하여 매일의 측정유량을 나타낸 곡선은?
① 유황곡선   ② 적산유량곡선
③ 유량도   ④ 수위유량곡선

| 해설
하천의 유량 측정
㉠ 유황곡선
 횡축에 일수를, 종축에 유량을 표시하고 유량이 많은 일수를 차례로 배열하여 이 점들을 연결한 곡선이다.
㉡ 적산유량곡선
 횡축에 역일을 종축에 유량을 기입하고 이들의 유량을 매일 적산하여 작성한 곡선으로 저수지 용량 등을 결정하는 데 이용할 수 있다.
㉢ 유량도
 횡축에 역일을 종축에 유량을 기입하고 매일의 유량을 표시한 것
㉣ 수위유량곡선
 횡축의 하천의 유량을 종축에 하천의 수위 사이에는 일정한 관계가 있으므로 이들 관계를 곡선으로 표시한 것을 수위 유량곡선이라 한다.

350 ☐☐☐
그림과 같은 유황곡선을 가진 수력지점에서 최대사용수량 OC로 1년간 계속 발전하는데 필요한 저수지의 용량은?

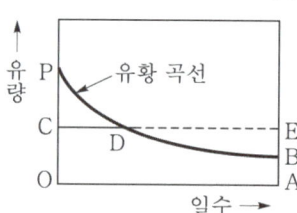

① 면적 OCDBA   ② 면적 OCDA
③ 면적 DEB   ④ 면적 PCD

정답 346 ③ 347 ② 348 ④ 349 ③ 350 ③

| 해설

적산유량곡선은 댐과 저수지 건설계획 또는 기존 저수지의 저수계획을 수립하는 자료로 사용할 수 있다.
㉠ OC: 최대 사용수량
㉡ 면적 OPBA: 유량
㉢ 면적 DEB: 부족수량
∴ 따라서 저수지의 용량은 부족수량인 면적 DEB의 수량만큼 저수해 두면 된다.

351 □□□

수력발전소의 댐을 설계하거나 저수지의 용량 등을 결정하는데 가장 적당한 것은?

① 유량도
② 적산유량곡선
③ 유황곡선
④ 수위유량곡선

| 해설

적산유량곡선은 횡축에 역일을 종축에 유량을 기입하고 이들의 유량을 매일 적산하여 작성한 곡선으로 저수지 용량 등을 결정하는데 이용할 수 있다.

352 □□□

수력발전소에서 갈수량이란?

① 1년(365일간) 중 355일간은 이보다 낮아지지 않는 유량
② 1년(365일간) 중 275일간은 이보다 낮아지지 않는 유량
③ 1년(365일간) 중 185일간은 이보다 낮아지지 않는 유량
④ 1년(365일간) 중 95일간은 이보다 낮아지지 않는 유량

| 해설

하천의 유량은 계절에 따라 변하므로 유량과 수위는 다음과 같이 구분한다.
㉠ 갈수량: 1년 365일 중 355일은 이 양 이하로 내려가지 않는 유량
㉡ 저수량: 1년 365일 중 275일은 이 양 이하로 내려가지 않는 유량
㉢ 평수량: 1년 365일 중 185일은 이 양 이하로 내려가지 않는 유량
㉣ 풍수량: 1년 365일 중 95일은 이 양 이하로 내려가지 않는 유량

353 □□□

그림에서 A, B 두 지점의 단면적을 각각 $1.2[m^2]$, $0.4[m^2]$이라 하고 A에서의 유속 V_1을 $0.3[m/sec]$라 할 때 B에서의 유속 V_2는 몇 [m/sec]이겠는가?

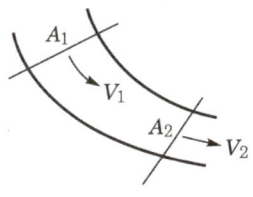

① 0.9
② 1.2
③ 3.6
④ 4.8

| 해설

연속의 정리에서 유량 $Q = A_1 V_1 = A_2 V_2$이므로
$Q = 1.2 \times 0.3 = 0.4 \times V_2$이 된다.
따라서 B점에서의 유속은 다음과 같다.
∴ $V_2 = \dfrac{1.2 \times 0.3}{0.4} = 0.9 \, [m^3/s]$
(여기서, A: 수관의 단면적, V: 유속)

354 □□□

유효낙차 100[m], 최대사용유량 $20[m^3/sec]$인 발전소의 최대출력은 몇 [kW]인가?
(단, 이 발전소의 종합효율은 87[%]라고 한다.)

① 15000
② 17000
③ 19000
④ 21000

| 해설

수력발전 출력
$P = 9.8 HQ\eta = 9.8 \times 100 \times 20 \times 0.87$
$= 17052 \, [W] \fallingdotseq 17000 \, [kW]$
여기서, H: 유효낙차[m]
Q: 유량
η: 효율

정답 351 ② 352 ① 353 ① 354 ②

355 □□□

유역면적 800[km²], 유효낙차 30[m], 연간 강우량 1500[mm]의 수력발전소에서 그 강우량의 70[%]만 이용하면 연간 발전전력량은 몇 [kWh]가 되는가? (단, 종합효율은 80[%]이다.)

① 1.49×10^5
② 1.49×10^6
③ 5.49×10^5
④ 5.49×10^6

| 해설

㉠ 비가 내린 양을 강우량이라 하며, 단위로서는 [mm]를 사용하고 지표면에 흐르는 물의 양을 유출량이라고 한다. 유출량 크기를 살펴보면 다음과 같다.
㉡ 사용 유량

$$q = KQ = 0.7 \times \frac{\frac{1500}{1000} \times 800 \times 10^6}{365 \times 24 \times 3600}$$

$$= 26.636 \, [m^3/s]$$

㉢ 연간 발전량
$P = 9.8 H Q \eta_t$
$= 9.8 \times 30 \times 26.636 \times 0.8 \times 365 \times 24$
$= 5.49 \times 10^6 \, [kWh]$

356 □□□

저수지에서 취수구에 제수문을 설치하는 주된 목적은?

① 낙차를 높이기 위하여 설치
② 홍수위를 낮추기 위하여 설치
③ 모래를 배제하기 위하여 설치
④ 유량을 조정하기 위하여 설치

| 해설

(1) 유량을 조절하기 위해서 제수문을 설치한다.
(2) 수력발전의 부속기구
　㉠ 취수구: 댐에 저장한 물을 수로에 도입하기 위한 구조물
　㉡ 제수문: 수로에 유입하는 유량을 조절하기 위한 구조물
　㉢ 흡출관: 반동수차의 유효낙차를 증가시키기 위한 구조물

357 □□□

수조에 대한 다음 설명 중 옳지 않은 것은?

① 수로내의 수위의 이상 상승을 방지한다.
② 수로식 발전소의 수로의 처음 부분과 수압관의 아래 부분에 설치한다.
③ 수로에서 유입하는 물속의 토사를 침전시켜서 배사문으로 배사하고 부유물을 제거한다.
④ 용량을 크게 하는 것이 바람직하나, 지형적 조건에 따라서 최소한 최대사용 유량을 1~2분 동안 저장할 수 있는 용적을 가져야 한다.

| 해설

부하의 급격한 변동으로 사용 수량이 급변할 때 압력수로와 수압관내에 직접적인 피해를 줄이도록 압력수로과 수압관 사이에 설치하는 설비를 조압수조라 한다.

358 □□□

조압수조(surge tank)의 설치 목적은?

① 조속기의 보호
② 수차의 보호
③ 여수의 처리
④ 수압관의 보호

| 해설

조압수조 설치 목적
㉠ 부하의 변동시 생기는 수격작용 경감
㉡ 유량 조절
㉢ 수격작용에 의한 압력이 압력수로에 미치는 것을 방지 (= 수압관 보호)

359 □□□

조압수조 중 서징의 주기가 가장 빠른 것은?

① 제수공 조압수조
② 수실 조압수조
③ 차동 조압수조
④ 단동 조압수조

| 해설

부하의 급변시 수차를 회전시키는 유량의 변화가 커지게 되므로 수압관에 가해지는 압력을 고려해야 한다. 수압관의 압력이 짧은 시간에 크게 변화될 때 차동조압수조를 이용하여 압력을 완화시켜야 한다.

정답 355 ④ 356 ④ 357 ② 358 ④ 359 ③

360

저수지의 이용수심이 클 때 사용하면 유리한 조압수조는?

① 단동조압수조 ② 차동조압수조
③ 소공조압수조 ④ 수실조압수조

| 해설
수실조압수조는 수조의 상·하부 측면에 수실을 가진 수조로서 저수지의 이용수심이 클 경우 사용한다.

361

수차의 특유속도에 대한 설명으로 옳은 것은?

① 특유속도가 크면 경부하시의 효율 저하는 거의 없다.
② 특유속도가 큰 수차는 러너의 주변속도가 일반적으로 적다.
③ 특유속도가 높다는 것은 수차의 실용속도가 높은 것을 의미한다.
④ 특유속도가 높다는 것은 수차 러너와 유수와의 상대속도가 빠르다는 것이다.

| 해설
단위 낙차 단위 출력하에서 모형 수차가 회전하는 속도를 특유속도라 한다.

362

특유속도를 선정할 때 그 한계를 표시하는 식으로

$N_S \leq \dfrac{13,000}{H+20} + 50$ 이 사용되는 수차는?

① 펠턴수차 ② 프란시스수차
③ 프로펠러수차 ④ 카플란수차

| 해설
각 수차의 특유속도는 다음과 같다.
㉠ 펠톤수차: $12 \leq N_S \leq 23$
㉡ 프란시스 수차: $N_S \leq \dfrac{13000}{H+20} + 50$
㉢ 프로펠러 수차: $N_S \leq \dfrac{20000}{H+20} + 50$
㉣ 카프란 수차: $N_S \leq \dfrac{20000}{H+20} + 50$

363

다음 중 특유속도가 가장 작은 수차는?

① 프로펠러수차 ② 프란시스수차
③ 펠턴수차 ④ 카플란수차

| 해설
각 수차의 특유속도는 다음과 같다.
㉠ 펠톤수차: $12 \leq N_S \leq 23$
㉡ 프란시스 수차: $N_S \leq \dfrac{13000}{H+20} + 50$
㉢ 프로펠러 수차: $N_S \leq \dfrac{20000}{H+20} + 50$
㉣ 카프란 수차: $N_S \leq \dfrac{20000}{H+20} + 50$

364

수차의 특유속도 N_S 표시하는 식은? (단, N은 수차의 정격회전수, H는 유효낙차[m], P는 유효낙차 H에 있어서의 최대출력 [kW])

① $\dfrac{NP^{\frac{1}{2}}}{H^{\frac{5}{4}}}$ ② $\dfrac{NP^{\frac{1}{2}}}{H^{\frac{2}{3}}}$

③ $\dfrac{NP^{\frac{3}{2}}}{H^{\frac{3}{4}}}$ ④ $\dfrac{NP}{H^{\frac{1}{2}}}$

| 해설
특유속도

$N_s = \dfrac{NP^{\frac{1}{2}}}{H^{\frac{5}{4}}} = N \times \dfrac{\sqrt{P}}{H^{\frac{5}{4}}}$ [rpm]

정답 360 ④ 361 ④ 362 ② 363 ③ 364 ①

365

유효낙차 150[m], 출력 2000[kW], 회전수 375[rpm]인 수차의 특유속도는 약 몇 [rpm]인가?

① 100
② 150
③ 200
④ 250

| 해설
특유속도: 수차의 기본 특성을 비교하는 방법으로 비속도라고도 한다. 이것은 어느 수차와 기하학적으로 닮은 수차를 가정하여 이를 1[m] 낙차에서 1[kW]의 출력을 발생하는 데 필요한 1분간의 회전수를 말한다.

∴ 특유속도

$$N_s = \frac{NP^{\frac{1}{2}}}{H^{\frac{5}{4}}} = \frac{375 \times 20000^{\frac{1}{2}}}{150^{\frac{5}{4}}}$$

$$≒ 100 \, [rpm]$$

366

수력발전소에서 사용되는 수차(水車)중 15[m] 이하의 저낙차에 적합하여 조력발전용으로 알맞은 수차는 어느 것인가?

① 카프란 수차
② 펠톤 수차
③ 프란시스 수차
④ 튜블러 수차

| 해설
튜블러 수차
일반 반동 수차에서 발생하는 유수에서의 손실을 줄이기 위해 수차와 발전기를 연결한 것으로 초저낙차(15[m]이하 조력발전용)에 적용이 가능하다.

367

수차의 종류를 적용 낙차가 높은 것으로부터 낮은 순서로 나열한 것은?

① 프란시스 - 펠톤 - 프로펠러
② 펠톤 - 프란시스 - 프로펠러
③ 프란시스 - 프로펠러 - 펠톤
④ 프로펠러 - 펠톤 - 프란시스

| 해설
㉠ 펠톤수차: 500[m]이상의 고낙차
㉡ 프란시스 수차: 50~500[m] 정도의 중낙차
㉢ 프로펠러수차: 50[m]이하의 저낙차

368

흡출관을 사용하는 목적은?

① 압력을 줄이기 위하여
② 물의 유량을 일정하게 하기 위하여
③ 속도변동률을 적게 하기 위하여
④ 낙차를 늘리기 위하여

| 해설
흡출관은 반동수차에 설치되는 설비로 낙차를 늘리기 위해 사용된다. 충동수차인 펠톤수차에는 사용되지 않는다.

369

회전속도의 변화에 따라서 자동적으로 유량을 가감하는 장치를 무엇이라 하는가?

① 예열기
② 급수기
③ 여자기
④ 조속기

| 해설
출력의 증감에 관계없이 수차의 회전수를 일정하게 유지하기 위해서 출력의 변화에 따라서 수차의 유량을 자동적으로 조정하는 장치를 조속기라 한다.

370

부하변동이 있을 경우 수차(또는 증기터빈)입구의 밸브를 조작하는 기계식 조속기의 각 부의 동작순서는?

① 평속기 → 복원기구 → 배압밸브 → 서보모터
② 배압밸브 → 평속기 → 서보모터 → 복원기구
③ 평속기 → 배압밸브 → 서보모터 → 복원기구
④ 평속기 → 배압밸브 → 복원기구 → 서보모터

정답 365 ① 366 ④ 367 ② 368 ④ 369 ④ 370 ③

| 해설

조속기는 전기식과 기계식이 있으며 주요부분은 평속기, 배압 밸브, 서보모터, 복원기구로 구성된다.
㉠ 평속기(speeder)
  수차의 회전수 편차를 검출하는 장치
㉡ 배압 밸브(distributing valve)
  평속기의 동작 변화에 의하여 배압 밸브를 조작하여 서보 모터에 통하는 압유의 방향을 좌우로 바꾸는 작용을 하는 장치
㉢ 서보 모터(servo motor)
  배압 밸브를 통해서 압유를 공급받아 안내 날개 또는 니이들 밸브를 개폐시키는 작용을 하는 장치
㉣ 복원기구(feedback mechanism)
  수차의 속도변동시에 생기는 안내 날개 또는 니이들 밸브의 과동을 막고 배압 밸브가 속히 정위치에 복귀되도록 하는 장치

371 □□□

화력발전소의 위치를 선정할 때 고려하지 않아도 되는 것은?

① 전력수요지에 가까울 것
② 값 싸고 풍부한 용수와 냉각수가 얻어질 것
③ 연료의 운반과 저장이 편리하며 지반이 견고할 것
④ 바람이 불지 않도록 산으로 둘러싸여 있을 것

| 해설

화력발전소 설치 장소의 선정은 용지, 용수, 연료수송, 공해 등의 관계로 제약을 받게 되는데 일반적으로 해안 지역에 많이 건설되고 있다.

372 □□□

증기의 엔탈피란?

① 증기 1[kg]의 잠열
② 증기 1[kg]의 보유열량
③ 증기 1[kg]의 감열
④ 증기 1[kg]의 증발열을 그 온도로 나눈 것

| 해설

엔탈피
1[kg]의 물 또는 증기의 보유 열량[kcal/kg]

373 □□□

가장 효율이 높은 이상적인 열사이클은?

① 재생 사이클
② 카르노 사이클
③ 재생재열 사이클
④ 랭킨 사이클

| 해설

카르노 사이클은 이상적인 사이클로서 효율이 가장 높다.

374 □□□

그림은 어떤 열사이클을 T-S선도로 나타낸 것인가?

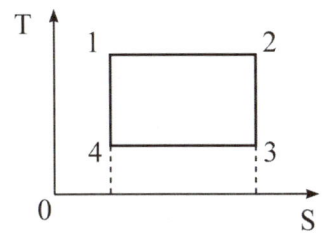

① 랭킨 사이클
② 재열 사이클
③ 재생 사이클
④ 카르노 사이클

| 해설

카르노 사이클은 이상적인 싸이클로서 열동작은 다음과 같다.
㉠ 1-2: 등온팽창 과정
㉡ 2-3: 단열팽창 과정
㉢ 3-4: 등온압축 과정
㉣ 4-1: 단열압축 과정

375 □□□

랭킨 사이클이 취하는 급수 및 증기의 올바른 순환과정은?

① 등압가열 → 단열팽창 → 등압냉각 → 단열압축
② 단열팽창 → 등압가열 → 단열압축 → 등압냉각
③ 등압가열 → 단열압축 → 단열팽창 → 등압냉각
④ 등온가열 → 단열팽창 → 등온압축 → 단열압축

| 해설

랭킨 사이클은 증기를 작업유체로서 사용하는 기력발전소의 기본 사이클로서 2개의 등압 변화와 단열변화로 구성된다.

정답 371 ④ 372 ② 373 ② 374 ④ 375 ①

376

기력발전소의 열사이클 중 가장 기본적인 것으로서 두 등압변화와 두 단열변화로 되는 열사이클은?

① 랭킨 사이클 ② 재생 사이클
③ 재열 사이클 ④ 재생재열 사이클

| 해설
랭킨 사이클은 증기를 작업유체로 사용하는 기력발전소의 기본 사이클로서 2개의 등압변화와 단열변화로 구성된다.

377

기력발전소의 열사이클 과정중에서 ㉠ 단열팽창 과정이 행하여지는 기기와 ㉡ 이때의 급수 또는 증기의 변화상태로 옳은 것은?

① ㉠ 보일러   ㉡ 압축액 → 포화증기
② ㉠ 터빈   ㉡ 과열증기 → 습증기
③ ㉠ 복수기   ㉡ 습증기 → 포화액
④ ㉠ 급수펌프 ㉡ 포화액 → 압축액(과냉액)

| 해설
단열팽창은 터빈에서 이루어지는 과정이므로 터빈에 들어간 과열 증기가 습증기로 된다.

378

그림과 같은 열사이클은 무슨 사이클인가?

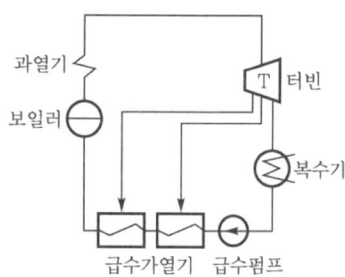

① 랭킨 사이클 ② 재생 사이클
③ 재열 사이클 ④ 재생재열 사이클

| 해설
터빈에서 팽창중인 증기의 일부를 추기하여 가열하는 사이클을 재생 사이클이라 한다.

379

고압 고온을 채용한 기력발전소에서 채용되는 열사이클로 그림과 같은 장치선도의 열사이클은?

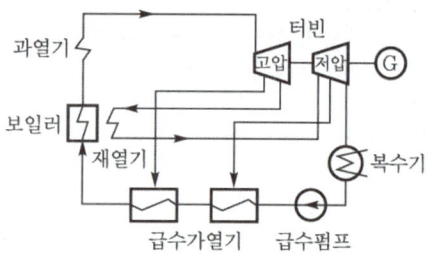

① 랭킨 사이클 ② 재생 사이클
③ 재열 사이클 ④ 재열재생 사이클

| 해설
㉠ 재생재열 사이클
  대용량 기력발전소에서 가장 많이사용하는 방식으로 재생 사이클과 재열 사이클의 장점을 겸비
㉡ 재열 사이클
  터빈에서 임의의 온도까지 팽창한 증기를 추출하여 보일러로 되돌려 보내서 재열기로 적당한 온도까지 재가열시켜 다시 터빈으로 보내는 방식
㉢ 재생 사이클
  터빈에서 팽창 도중의 증기의 일부를 추출하여 급수가열에 이용하여 효율을 높이는 방식

380

증기압, 증기온도 및 진공도가 일정하다면 추기할 때는 추기치 않을 때보다 단위 발전량당 증기소비량과 연료소비량은 어떻게 변하는가?

① 증기소비량, 연료소비량보다 감소한다.
② 증기소비량은 증가하고 연료소비량은 감소한다.
③ 증기소비량은 감소하고 연료소비량은 증가한다.
④ 증기소비량, 연료소비량 모두 증가한다.

| 해설
증기를 추기하여 배기가스의 폐열을 이용하여 재가열하거나 급수가열을 하게 되면 증기소비량은 증가하게 되고 상대적으로 연료소비량은 감소하여 발전소의 발전효율은 증가한다.

정답 376 ① 377 ② 378 ② 379 ④ 380 ②

381

"화력발전소의 ①은 발생 ②을 열량으로 환산한 값과 이것을 발생하기 위하여 소비된 ③의 보유 열량 ④를 말한다." 빈칸에 알맞은 말은?

① ① 손실률 ② 발열량
　 ③ 물　　　 ④ 차
② ① 발전량　 ② 증기량
　 ③ 연료　　 ④ 결과
③ ① 열효율　 ② 전력량
　 ③ 연료　　 ④ 비
④ ① 연료소비율 ② 증기량
　 ③ 물　　　 ④ 화

382

발전 전력량 E[kWh], 연료 소비량 W[kg], 연료의 발열량 C[kcal/kg]인 화력발전소의 열효율 η[%]는?

① $\dfrac{860E}{WC} \times 100$　　② $\dfrac{E}{WC} \times 100$

③ $\dfrac{E}{860WC} \times 100$　　④ $\dfrac{9.8E}{WC} \times 100$

| 해설

화력발전소의 열효율

$\eta = \dfrac{860P}{WC} \times 100$ [%]

383

최대 출력 350[MW], 평균 부하율 80[%]로 운전되고 있는 기력발전소의 10일간 중유소비량이 1.6×10^4[kℓ]라고 하면 발전단에서 열효율은 몇 [%]인가?
(단, 중유의 열량은 10,000[kcal/ℓ]이다.)

① 35.3　　② 36.1
③ 37.8　　④ 39.2

| 해설

발전소의 발열량 $860Pt = WC\eta$ [kcal] 에서
∴ 발전단의 열효율

$\eta = \dfrac{860Pt}{WC}$

$= \dfrac{860 \times 350 \times 10^6 \times 24 \times 0.8}{1.6 \times 10^4 \times 10^3 \times 10000}$

$= 0.3612 = 36.12$ [%]

384

급수의 엔탈피 130[kcal/kg], 보일러 출구 과열증기 엔탈피 830[kcal/kg], 터빈 배기 엔탈피 550[kcal/kg]인 랭킨 사이클의 열사이클 효율은?

① 0.2　　② 0.4
③ 0.6　　④ 0.8

| 해설

랭킨 사이클의 열효율

$\eta_R = \dfrac{i_3 - i_2}{i_3 - i_1} = \dfrac{830 - 550}{830 - 130} = 0.4$

여기서, i_1: 보일러 급수 엔탈피
　　　 i_2: 터빈 배기 엔탈피
　　　 i_3: 과열증기 엔탈피

정답 381 ③　382 ①　383 ②　384 ②

385 □□□
공기 예열기를 설치하는 효과로서 옳지 않은 것은?
① 화로온도가 높아져 보일러 증발량이 증가한다.
② 매연의 발생이 적어진다.
③ 보일러 효율이 높아진다.
④ 연소율이 감소한다.

| 해설
공기예열기는 연도 내 절탄기 뒤에 설치하여 폐기가스를 이용하여 연소용 공기를 예열하는 장치로서 공기예열기를 설치하게 되면, 다음과 같은 효과가 있다.
㉠ 폐기가스의 열손실이 감소하고 보일러효율을 높인다.
㉡ 예열공기에 의해 연료의 연소가 완전히 행해져 연소효율이 높아진다.
㉢ 화로온도가 높아지기 때문에 보일러의 열흡수가 좋아지고 증발량이 증가한다.

386 □□□
화력발전소에서 발전효율을 저하시키는 원인으로 가장 큰 손실은?
① 소내용 동력
② 터빈 및 발전기의 손실
③ 연돌 배출가스
④ 복수기 냉각수 손실

| 해설
복수기는 진공상태를 만들어 증기터빈에서 일을 한 증기를 배기단에서 냉각응축시킴과 동시에 복수로서 회수하는 장치이다.

387 □□□
아래 표시한 것은 기력발전소의 기본사이클이다. 순서가 맞는 것은 어느 것인가?
① 급수펌프 - 보일러 - 터빈 - 과열기 - 복수기 - 다시 급수펌프로
② 급수펌프 - 보일러 - 과열기 - 터빈 - 복수기 - 다시 급수펌프로
③ 과열기 - 보일러 - 복수기 - 터빈 - 급수펌프 - 축열기 - 다시 과열기
④ 보일러 - 급수펌프 - 복수기 - 급수펌프 - 다시 보일러

| 해설
화력발전소에서 급수 및 증기의 순환과정(랭킨 사이클)
절탄기 → 보일러 → 과열기 → 터빈 → 복수기 → 급수펌프

388 □□□
화력발전소에서 절탄기의 용도는?
① 보일러에 공급되는 급수를 예열한다.
② 포화 증기를 가열한다.
③ 연소용 공기를 예열한다.
④ 석탄을 건조한다.

| 해설
절탄기는 배기가스의 여열을 이용해서 보일러에 공급되는 급수를 예열하는 장치이다.

389 □□□
화력발전소에서 재열기의 사용목적은?
① 석탄건조
② 급수가열
③ 공기가열
④ 증기가열

| 해설
고압 터빈 내에서 팽창되어 과열증기가 습증기로 되었을 때 추기하여 재가열하는 설비를 재열라 한다.
㉠ 과열기: 포화증기를 과열 증기로 만들어 증기터빈에 공급하기 위한 설비
㉡ 절탄기: 배기가스의 여열을 이용하여 보일러 급수를 예열하기 위한 설비
㉢ 공기예열기: 연도가스의 여열을 이용하여 연소할 공기를 예열하는 설비

정답 385 ④ 386 ④ 387 ② 388 ① 389 ④

390

기력 발전소에서 연도에 설치되는 것이 아닌 것은?

① 과열기　　② 복수기
③ 절탄기　　④ 재열기

| 해설
복수기는 터빈과 급수펌프 사이에 위치한다.

391

터빈에서 배기되는 증기를 용기 내로 도입하여 물로 냉각하면 증기는 응결하고 용기 내는 진공이 되며, 증기를 저압까지 팽창시킬 수 있다. 이렇게 하면 전체의 열낙차를 증가시키고 증기터빈의 열효율을 높일 수 있는데 이러한 목적으로 사용되는 설비는?

① 조속기　　② 복수기
③ 과열기　　④ 재열기

| 해설
복수기는 진공상태를 만들어 증기터빈에서 일을 한 증기를 배기단에서 냉각시킴과 동시에 복수로서 회수하는 장치이다.

392

보일러 급수중에 포함되어 있는 염류가 보일러 물이 증발함에 따라 그 농도가 증가되어 용해도가 작은 것부터 차례로 침전하여 보일러의 내벽에 부착되는 것을 무엇이라 하는가?

① 프라이밍(priming)　　② 포밍(forming)
③ 캐리오버(carry over)　　④ 스케일(scale)

| 해설
보일러급수의 불순물에 의한 장해
㉠ 프라이밍 현상: 일명 기수공발이라고도 하며 보일러 드럼에서 증기와 물의 분리가 잘 안되어 증기속에 수분이 섞여서 같이 끓는 현상
㉡ 포밍현상: 정상적인 물은 1기압 상태에서 100℃에 증발하여야 하는데 이보다 낮은 온도에서 물이 증발하는 현상
㉢ 캐리오버: 수증기 속에 포함한 물이 터빈까지 전달되는 현상

393

석탄 연소화력 발전소에서 사용되는 집진장치의 효율이 가장 큰 것은?

① 전기식 집진기　　② 수세식 집진기
③ 원심력식 집진장치　　④ 직렬 결합식

| 해설
전기 집진장치
㉠ 석탄 연소화력 발전소에서 사용되는 집진장치로 효율이 가장 높다.
㉡ 전기에너지를 인가하여 연도내부 공기를 이온화하여, 미립자를 음으로 대전하여서 집진 전극에 끌어당겨서 집진하는 고성능의 집진장치이다.

394

원자력 발전의 특징이 아닌 것은?

① 건설비와 연료비가 높다.
② 설비는 국내 관련 사업을 발전시킨다.
③ 수송 및 저장이 용이하여 비용이 절감된다.
④ 방사선 측정기, 폐기물 처리장치 등이 필요하다.

| 해설
원자력 발전의 특성
㉠ 화력 발전소에 비해 건설비는 높지만 연료비가 훨씬 적게 들어 전체적인 발전 원가면에서는 유리하다.
㉡ 다른 연료와 달리 연기, 분진, 유황이나 질소 산화물, 가스 등 대기나 수질, 토양 오염이 없는 깨끗한 에너지이다.

395

농축 우라늄을 제조하는 방법이 아닌 것은?

① 물질 확산법　　② 열 확산법
③ 기체 확산법　　④ 이온법

| 해설
농축 우라늄의 제조방법에는 열 확산법, 기체확산법, 원심분리법(물질 확산법), 노즐 분리법 등이 있는데 현재에는 원심분리법이 가장 많이 사용되고 있다.

정답　390 ②　391 ②　392 ④　393 ①　394 ①　395 ④

396

우라늄 235(U^{235}) 1[g]에서 얻을 수 있는 에너지는 석탄 몇 톤[ton] 정도에서 얻을 수 있는 에너지에 상당하는가?

① 0.3
② 0.5
③ 1
④ 3

|해설
우라늄 1[g]으로 석탄 3[ton], 석유 9드럼에 해당하는 에너지를 얻을 수 있다.

397

다음 중 감속재로 사용되지 않는 것은?

① 경수
② 중수
③ 흑연
④ 카드뮴

|해설
감속재는 핵분열에 의해 생긴 고속중성자를 열중성자로 감속하기 위하여 사용하는 것으로 원자핵의 질량수가 적을 것, 중성자의 산란이 크고 흡수가 적을 것이 요구됨으로 경수, 중수, 흑연, 베릴륨 등이 이용되고 있다.

398

원자력발전소에서 감속재에 관한 설명으로 틀린 것은?

① 중성자 흡수단면적이 클 것
② 감속비가 클 것
③ 감속능력이 클 것
④ 경수, 중수, 흑연 등이 사용됨

|해설
감속재란 핵분열에 의해 생긴 고속중성자를 열중성자로 감속하기 위하여 사용하는 것
㉠ 원자핵의 질량수가 적을 것
㉡ 중성자의 산란이 크고 흡수가 적을 것

399

감속재의 온도계수란?

① 감속재의 시간에 대한 온도 상승률이다.
② 반응에 아무런 영향을 주지 않는 계수이다.
③ 열중성자로서 양(+)의 값을 갖는 계수이다.
④ 감속재의 온도 1[℃]변화에 대한 반응도의 변화이다.

|해설
감속재 온도계수는 감속재의 온도 1[℃] 변화 시의 반응도의 변화를 나타낸다.

400

원자력발전에서 제어용 재료로 사용되는 것은?

① 하프늄
② 스테인레스 강
③ 나트륨
④ 경수

|해설
중성자의 수를 감소시켜 핵분열 연쇄 반응을 제어하는 것으로 중성자 흡수가 큰 것이 요구되므로 카드뮴(cd), 붕소(B), 하프늄(Hf)등이 이용되고 있다.

401

원자로의 제어재가 구비하여야 할 조건으로 틀린 것은?

① 중성자 흡수 단면적이 적을 것
② 높은 중성자 속에서 장시간 그 효과를 간직할 것
③ 열과 방사선에 대하여 안정할 것
④ 내식성이 크고 기계적 가공이 용이할 것

|해설
제어재는 중성자의 수를 감소시켜 핵분열 연쇄반응을 제어하는 것으로 중성자 흡수가 큰 것이 요구되므로 카드뮴(cd), 붕소(B), 하프늄(Hf)등이 이용되고 있다.

정답 396 ④ 397 ④ 398 ① 399 ④ 400 ① 401 ①

402

가스냉각형 원자로에 사용하는 연료 및 냉각재는?

① 농축우라늄, 헬륨
② 천연우라늄, 이산화탄소
③ 농축우라늄, 질소
④ 천연우라늄, 수소가스

| 해설
가스냉각형 원자로(GCR)
㉠ 연료: 천연우라늄
㉡ 냉각재: 이산화탄소

403

원자로의 냉각재가 갖추어야 할 조건으로 틀린 것은?

① 열용량이 작을 것
② 중성자의 흡수 단면적이 작을 것
③ 냉각재와 접촉하는 재료를 부식하지 않을 것
④ 중성자의 흡수 단면적이 큰 불순물을 포함하지 않을 것

| 해설
냉각재란 원자로 내의 온도를 적당한 값으로 유지시키기 위하여 냉각재를 사용하며 냉각재의 구비조건은 다음과 같다.
㉠ 중성자 흡수가 적을 것
㉡ 열전달 및 열운반 특성이 양호할 것
㉢ 방사능이 적을 것
㉣ 냉각재로는 경수, 중수, 탄산가스, 헬륨가스

404

원자로에서 중성자가 원자로 외부로 유출되어 인체에 위험을 주는 것을 방지하고 방열의 효과를 주기 위한 것은?

① 제어재
② 차폐재
③ 반사체
④ 구조재

| 해설
차폐재
원자력발전소의 원자로 부근에서 사람을 방사선으로부터 보호하기 위해 노심 주위에 설치되는 것으로 차폐재는 원자로 주변에 두꺼운 콘크리트와 납이나 강철 등의 금속으로 구성된다.

405

가압수형 원자력 발전소(PWR)에 사용하는 연료, 감속재 및 냉각재로 적당한 것은?

① 연료: 천연우라늄,
  감속재: 흑연감속,
  냉각재: 이산화탄소 냉각
② 연료: 농축우라늄,
  감속재: 중수감속,
  냉각재: 경수냉각
③ 연료: 저농축우라늄,
  감속재: 경수감속,
  냉각재: 경수냉각
④ 연료: 저농축우라늄,
  감속재: 흑연감속,
  냉각재: 경수냉각

| 해설
우리나라의 원자로는 대부분 미국 westinghouse사의 가압경수로(고리 원자력, 영광원자력, 울진원자력)로서 핵연료로는 저농축 우라늄 그리고 감속재와 냉각재로는 경수(H_2O)를 사용하고 있다.

406

경수형 원자로에 속하는 것은?

① 고속증식로
② 가압수형 원자로
③ 열중성자로
④ 흑연 속 가스냉각로

| 해설
경수형 원자로는 열 중성자로 가압수형 원자로(PWR), 비등수형 원자로(BWR)가 있다.

정답 402 ② 403 ① 404 ② 405 ③ 406 ②

407 □□□

비등수형 원자로의 특색 중 틀린 것은?

① 열교환기가 필요하다.
② 기포에 의한 자기 제어성이 있다.
③ 순환펌프로서는 급수펌프뿐이므로 펌프동력이 작다.
④ 방사능 때문에 증기는 완전히 기수분리를 해야 한다.

| 해설
비등수형(BWR)의 경우 원자로 내에서 바로 증기를 발생시켜 직접 터빈에 공급하는 방식이므로 열교환기가 필요 없다.

408 □□□

비등수형 경수로에 해당되는 것은?

① HIGR
② PHWR
③ PWR
④ BWR

| 해설
㉠ 가스냉각형 원자로: GCR
㉡ 가압수형 원자로: PWR
㉢ 비등수형 원자로: BWR

409 □□□

증식비가 1보다 큰 원자로는?

① 경수로
② 고속증식로
③ 중수로
④ 흑연로

| 해설
전환비($R = \dfrac{\text{생산된 새로운 연료의 양}}{\text{소비된 연료의 양}}$)가 보다 커지는 것을 증식이라 하고, $R \leq 1$일 경우에는 전환로, $R > 1$인 것을 증식로라 한다. 경수로는 0.5 정도, 고온가스로에서는 0.6 ~ 0.8 정도이고 고속 증식로에서는 1.2 ~ 1.3정도이다.

정답 407 ① 408 ④ 409 ②

Chapter 03 전기기기

※ 적중문제는 기출 분석을 바탕으로 자주 출제되는 유형을 선별하였습니다.

제1장 직류기

01 □□□
직류기를 구성하고 있는 3요소는?

① 전기자, 계자, 슬립링
② 전기자, 계자, 정류자
③ 전기자, 정류자, 브러시
④ 전기자, 계자, 보상권선

| 해설
직류기 3요소: 전기자, 계자, 정류자
교류기 3요소: 전기자, 계자, 슬립링

02 □□□
다음 권선법 중에서 직류기에 주로 사용되는 것은?

① 폐로권, 환상권, 이층권
② 폐로권, 고상권, 이층권
③ 개로권, 환상권, 단층권
④ 개로권, 고상권, 이층권

| 해설
전기자권선 방법은 다음과 같은 방법이 있으나 대부분의 직류기는 고상권, 그리고 2층권을 사용하고 있다.

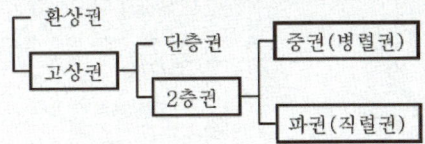

03 □□□
직류 분권발전기의 전기자권선을 단중 중권으로 감으면?

① 브러시 수는 극수와 같아야 한다.
② 균압선이 필요없다.
③ 높은전압, 작은전류에 적당하다.
④ 병렬 회로수는 항상 2이다.

| 해설
㉠ 병렬 회로수 = 극수 = 브러시수이며 균압환이 필요하다.
㉡ 저전압, 대전류에 적당하다.

04 □□□
단중 중권으로된 직류 8극 분권발전기의 전전류가 I[A] 일 때 각 권선에 흐르는 전류는?

① $4I$
② $8I$
③ $\dfrac{I}{4}$
④ $\dfrac{I}{8}$

| 해설
중권은 극수와 분기회로수가 같으므로 분기회로수는 8개가 된다.
∴ 분기회로 전류: $\dfrac{I}{8}$[A]

정답 01② 02② 03① 04④

05

4극 전기자 권선이 단중중권인 직류발전기의 전기자전류가 20[A]이면 각 전기자 권선의 병렬회로에 흐르는 전류는?

① 10[A] ② 8[A]
③ 5[A]   ④ 2[A]

| 해설

전기자 전류: $I_a = \dfrac{I_a}{a} = \dfrac{20}{4} = 5$ [A]

06

슬롯수 32, 코일변수 64, 극수 4극인 1구 단중 중권기를 같은 극수의 1극 2층 파권기로 변경하면 단자전압은 약 몇 배가 되는가?

① 0.5 ② 1
③ 1.5 ④ 2

| 해설

유기기전력 $E = \dfrac{PZ}{a}\phi n \propto \dfrac{1}{a}$

(여기서, 병렬회로수 a : 파권 2, 중권 4)

∴ 단자전압은 파권기가 **중권기에 비하여 2배**가 된다.

07

단중 중권의 극수 P인 직류기에서 전기자 병렬 회로수 a는 어떻게 되는가?

① $a = 2$ ② $a = P$
③ $a = 2P$ ④ $a = 3P$

| 해설

직류기의 다중 중권 권선법에서 전기자 병렬회로수 $a = mP$의 관계가 있으므로 **단중 중권의 경우에는 $a = P$**이다.

08

자극수 4, 슬롯수 24, 슬롯 내부코일 변수 4인 단중 중권 직류기의 정류자 편수는?

① 38 ② 48
③ 60 ④ 80

| 해설

정류자 편수

$K = \dfrac{\text{전 슬롯수} \times \text{슬롯내 코일변수}}{2}$

$= \dfrac{24 \times 4}{2} = 48$

09

직류발전기의 유기기전력이 260[V], 극수가 6, 정류자 편수가 162인 정류자 편간 평균전압은 약 얼마인가? (단, 중권이다.)

① 8.25[V]   ② 9.63[V]
③ 10.25[V] ④ 12.25[V]

| 해설

$E_a = 260$ [V], $P = a = 6$ (중권), $K = 162$

∴ 정류자 편간 평균전압

$e = \dfrac{E}{K/a} = \dfrac{260}{162/6} = \dfrac{260}{27} = 9.629$ [V]

10

전기자의 지름 D[m] 길이 l[m]가 되는 전기자에 전기자권선을 감은 직류 발전기가 있다 자극의 수 P, 각 극의 자속수가 ϕ[Wb]일 때 전기자표면의 자속밀도[Wb/m²]는?

① $\dfrac{\pi DP}{60}$ ② $\dfrac{P\phi}{\pi Dl}$
③ $\dfrac{\pi Dl}{P\phi}$ ④ $\dfrac{\pi Dl}{P}$

| 해설

$B = \dfrac{\text{총자속}}{\text{전기자단면적}} = \dfrac{P\phi}{\pi Dl}$ [Wb/m²]

정답 05 ③ 06 ④ 07 ② 08 ② 09 ② 10 ②

11 □□□

전기자 도체의 총수 400, 10극 단중 파권으로 매극의 자속수가 0.02[Wb]인 직류발전기가 1200[rpm]의 속도로 회전할 때 그 유도기전력[V]은?

① 800 ② 750
③ 720 ④ 700

| 해설

유도기전력(파권의 경우 $a=2$)

$$E_a = \frac{PZ}{60a}\phi N = \frac{400 \times 10 \times 0.02 \times 1200}{60 \times 2} = 800[V]$$

12 □□□

포화하고 있지 않은 직류발전기의 회전수가 1/2로 되었을 때 기전력을 전과 같은 값으로 하자면 여자전류를 전 것에 비해 몇 배인가?

① 1/2배 ② 1배
③ 2배 ④ 4배

| 해설

유기기전력 $E = \frac{PZ}{a}\phi n \propto K\phi n$ 에서

자속 $\phi \propto \frac{1}{n} = \frac{1}{1/2} = 2$배

13 □□□

부하의 변화가 심할 때 직류기의 전기자반작용 방지에 가장 유효한 것은?

① 리액턴스코일 ② 보상권선
③ 공극의 증가 ④ 보극

| 해설

보상권선은 전기자반작용을 전면적으로 방지하고, 보극은 전기자반작용을 국부적으로 제거한다.

14 □□□

직류기의 전기자 반작용에 관한 설명으로 옳지 않은 것은?

① 보상권선은 계자극면의 자속분포를 수정할 수 있다.
② 전기자 반작용을 보상하는 효과는 보상권선보다 보극이 유리하다.
③ 고속기나 부하변화가 큰 직류기에는 보상권선이 적당하다.
④ 보극은 바로 밑의 전기자 권선에 의한 기자력을 상쇄한다.

| 해설

㉠ 전기자 반작용: 전기자권선에 흐르는 전류로 인해 발생하는 누설자속이 계자극의 주자속에게 영향을 미치게 하여 자속의 분포를 변화시키는 현상이다.
㉡ 전기자반작용으로 인한 문제점
  • 주자속감소(감자작용)
  • 편자작용에 의한 중성축 이동
  • 정류자와 브러시 부근에서 불꽃발생(정류불량의 원인)
㉢ 전기자반작용 대책
  • 보극 설치(소극적 대책)
  • 보상권선 설치(적극적 대책)
  • 로커를 이용하여 브러시 이동(발전기는 회전방향으로 이동하고, 전동기는 회전방향과 반대로 이동)

15 □□□

직류발전기에서 브러시간에 유기되는 기전력의 파형의 맥동을 방지하는 대책이 될 수 없는 것은?

① 사구(skewed slot)를 채용할 것
② 갭의 길이를 균일하게 할 것
③ 슬롯폭에 대하여 갭을 크게 할 것
④ 정류자 편수를 적게 할 것

| 해설

직류발전기는 교류전력을 직류전력으로 변환시키는 정류 과정이 필요하다. 정류시 리플(맥동)을 감소시켜야 양질의 직류전력이 되는데 이를 위해 정류자 편수를 많이 설치해야 한다.

정답 11 ① 12 ③ 13 ② 14 ② 15 ④

16

다음은 직류발전기 정류곡선이다. 이중에서 정류말기의 정류상태가 좋지 않은 것은?

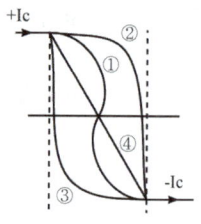

① 1
② 2
③ 3
④ 4

| 해설

$L\dfrac{di}{dt}$ 가 큰 경우 정류 불량
②번은 말기에, ③번은 초기에 불량

17

직류기에서 정류를 양호하게 하는 조건이 아닌 것은?

① 정류주기를 크게 한다.
② 전절권으로 한다.
③ 회전속도를 적게 한다.
④ 리액턴스 전압을 감소시킨다.

| 해설

단절권으로 하여 인덕턴스 L을 작게 한다.
따라서 전절권이 아닌 단절권으로 한다.

18

직류기에 있어서 불꽃 없는 정류를 얻는데 가장 유효한 방법은?

① 탄소브러시와 보상권선
② 보극과 탄소브러시
③ 자기포화와 브러시의 이동
④ 보극과 보상권선

| 해설

전압정류와 저항정류가 동시에 적용되면 가장 양호한 정류가 된다.

19

브러시를 중성축에서 이동시키는 것은?

① 로커
② 피그테일
③ 호울더
④ 라이저

| 해설

회전중인 직류기의 브러시를 로커를 이용하여 이동한다.

20

보극이 없는 직류전동기는 부하의 증가에 따라 브러시의 위치를 어떻게 하는 것이 좋은가?

① 그대로 둔다.
② 회전방향과 반대로 이동한다.
③ 회전방향으로 이동한다.
④ 극호의 중간위치에 둔다.

| 해설

발전기는 회전방향으로, 전동기는 회전방향과 반대로 이동한다.

21

보극이 없는 직류기에서 브러시를 부하에 따라 이동시키는 이유는?

① 정류작용을 잘 되게 하기 위하여
② 전기자반작용의 감자분력을 없애기 위하여
③ 유기기전력을 없애기 위하여
④ 공극 자속의 일그러짐을 없애기 위하여

| 해설

정류작용은 잘 되지만 감자기자력에 의한 기전력 저하가 따른다. 그리고 부하의 증가, 감소에 따라 브러시 이동각을 다르게 해야 한다.

정답 16 ② 17 ② 18 ② 19 ① 20 ② 21 ①

22

불꽃 없는 정류를 하기 위해 평균 리액턴스 전압(A)와 브러시 접촉면 전압강하(B) 사이에 필요한 조건은?

① A > B
② A < B
③ A = B
④ A, B에 관계없다.

| 해설
불꽃 없는 정류를 위해 접촉저항이 큰 탄소브러시를 사용하므로 접촉면에 전압강하가 크게 된다.

23

무부하에서 자기여자로서 전압을 확립하지 못하는 직류 발전기는?

① 타여자 발전기
② 직권 발전기
③ 분권 발전기
④ 차동복권 발전기

| 해설

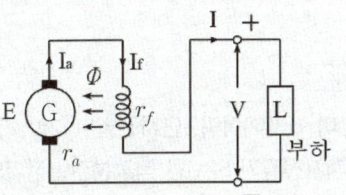

직권 발전기는 $I = I_f$ (부하전류 = 계자전류)이므로 무부하에서 계자전류가 0이기 때문에 전압이 확립되지 않는다.

24

3상 유도전동기로 직류분권발전기를 구동하여 직류를 얻어 사용했었다. 유도기의 1차측 3선중 2선을 바꾸어 결선을 하고 운전하였다면 직류분권발전기의 전압은?

① 전압이 0이 된다.
② 과전압이 유도된다.
③ +, -극성이 바뀐다.
④ +, -극성이 변함없다.

| 해설
3상 유도전동기의 운전중에 3선중 2선 접속 변경시 역방향으로 회전하게 되므로 직류분권발전기가 역회전하여 잔류자기가 소멸되어 전압이 0이 된다.

25

직류분권발전기를 서서히 단락상태로 하면 어떠한 상태로 되는가?

① 과전류로 소손된다.
② 과전압이 된다.
③ 소전류가 흐른다.
④ 운전이 정지된다.

| 해설
서서히 단락상태가 되면 계자전류가 0이 되므로 잔류자기에 의한 최소전압에 의하여 **소전류가 흐른다**.

26

직류발전기의 단자전압을 조정하려면 다음 중 어느 것을 조정하는가?

① 전기자저항
② 기동저항
③ 방전저항
④ 계자저항

| 해설
직류발전기의 경우 계자저항 변화시 계자전류가 변화되어 자속이 변화된다. 자속의 변화는 기전력 및 전압의 크기를 조정할 수 있다.

27

직류분권발전기의 계자회로의 개폐기를 운전 중 갑자기 열면?

① 속도가 감소한다.
② 과속도가 된다.
③ 계자권선에 고압을 유발한다.
④ 정류자에 불꽃을 유발한다.

| 해설
운전중인 발전기의 계자회로 개폐시
전자 유도법칙($e = -L\dfrac{di}{dt}$)에 따라 계자권선에는 고압이 발생한다.

정답 22 ② 23 ② 24 ① 25 ③ 26 ④ 27 ③

28 □□□

다음 중 직류분권발전기에 대한 설명으로 옳은 것은?

① 단자전압이 강하하면 계자전류가 증가한다.
② 부하에 의한 전압의 변동이 타여자발전기에 비하여 크다.
③ 타여자발전기의 경우보다 외부특성곡선이 상향(上向)으로 된다.
④ 분권권선의 접속방법에 관계없이 자기여자로 전압을 올릴 수 있다.

| 해설
㉠ 정격전압: $V_n = E_a - I_a r_a$
㉡ 정격전류: $I_a = I_f + I_n$
∴ 분권발전기의 경우 단자전압이 변화하면 계자전류 및 부하전류가 동시에 변하므로 타여자발전기보다 전압강하가 크다.

29 □□□

정격 200[V], 20[kW] 직권발전기의 유도기전력[V]은?
(단, $r_a = r_f = 0.05[Ω]$이다.)

① 225 ② 220
③ 215 ④ 210

| 해설
직권발전기

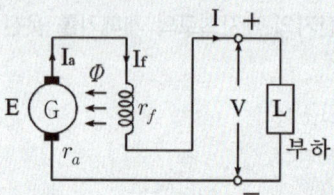

㉠ 전기자전류
$$I_a = I = \frac{P}{V_t} = \frac{20 \times 10^3}{200} = 100[A]$$
㉡ 유도기전력
$$E = V + I(r_a + r_f)$$
$$= 200 + 100 \times (0.05 + 0.05) = 210[V]$$

30 □□□

정격속도로 회전하고 있는 무부하의 분권발전기가 있다. 계자저항이 40[Ω], 계자전류가 3[A], 전기자저항이 2[Ω]일 때 유기기전력은 얼마인가?

① 114[V] ② 120[V]
③ 126[V] ④ 132[V]

| 해설
분권발전기

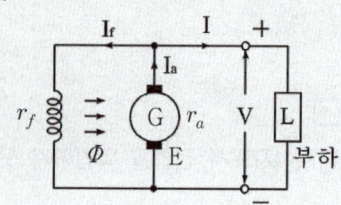

㉠ 무부하 전류: $I_f = I_a = 3[A], I = 0$
㉡ 유기기전력
$$E_a = I_f r_f + I_a r_a$$
$$= 3 \times 40 + 3 \times 2 = 126[V]$$

31 □□□

전기자저항이 0.3[Ω]이며, 단자전압이 210[V] 부하 전류가 95[A], 계자전류가 5[A]인 직류분권발전기의 유기기전력[V]은?

① 180 ② 230
③ 240 ④ 250

| 해설
분권발전기
㉠ 전기자 전류
$$I_a = I_f + I_a = 5 + 95 = 100[A]$$
㉡ 유기기전력
$$E_a = I_f r_f + I_a r_a$$
$$= 210 + 100 \times 0.3 = 240[V]$$

정답 28 ② 29 ④ 30 ③ 31 ③

32

다음 ( )에 알맞은 것은?

직류발전기에서 계자권선이 전기자에 병렬로 연결된 직류기는 (㉠)발전기라 하며, 전기자권선과 계자권선이 직렬로 접속된 직류기는 (㉡)발전기라 한다.

① ㉠ 분권 ㉡ 직권
② ㉠ 직권 ㉡ 분권
③ ㉠ 복권 ㉡ 분권
④ ㉠ 자여자 ㉡ 타여자

| 해설
㉠ 타여자발전기
  계자권선과 전기자가 별개로 결선된다.
㉡ 분권기
  계자권선과 전기자가 병렬로 접속된다.
㉢ 직권기
  계자권선과 전기자가 직렬로 접속된다.
㉣ 복권기
  직권계자권선과 분권계자권선이 전기자와 직·병렬로 접속된다.

33

직류분권발전기의 무부하포화곡선이 $V = \dfrac{950 i_f}{30 + i_f}$ 이고 I_f는 계자전류[A], V는 무부하전압[V]로 주어질 때 계자회로의 저항이 25[Ω]이면 몇 [V]의 전압이 유기되는가?

① 200[V]   ② 250[V]
③ 280[V]   ④ 300[V]

| 해설
㉠ 단자전압: $V = I_f \times R_f = I_f \times 25 = \dfrac{950 I_f}{30 + I_f}$
㉡ ㉠식에서 $I_f \times 25 \times (30 + I_f) = 950 I_f$ 이므로 정리하면
  $750 + 25 I_f = 950$
㉢ 계자전류: $I_f = \dfrac{950 - 750}{25} = 8\,[A]$
∴ 무부하 단자전압
  $V = I_f R_f = 8 \times 25 = 200\,[V]$

34

가동 복권발전기의 내부결선을 바꾸어 직권발전기로 사용하려면?

① 직권 계자를 단락시킨다.
② 분권계자를 개방시킨다.
③ 직권계자를 개방시킨다.
④ 외부권 복권형으로 한다.

| 해설
㉠ 가동복권 발전기 → 직권 발전기
  분권계자 개방
㉡ 가동복권 발전기 → 분권 발전기
  직권계자 단락

35

가동 복권발전기의 내부결선을 바꾸어 분권발전기로 하자면?

① 내분권 복권형으로 해야 한다.
② 외분권 복권형으로 해야 한다.
③ 분권 계자를 단락시킨다.
④ 직권 계자를 단락시킨다.

| 해설
㉠ 가동복권 발전기 → 직권 발전기
  분권계자 개방
㉡ 가동복권 발전기 → 분권 발전기
  직권계자 단락

정답 32 ① 33 ① 34 ② 35 ④

36

무부하 때에 119[V]인 분권발전기가 6[%]의 전압변동률을 가지고 있다고 한다. 전부하 단자전압은 몇 [V]인가?

① 105.1
② 112.2
③ 125.6
④ 145.2

| 해설

전압변동률 $\delta = \dfrac{V_0 - V_n}{V_n} \times 100\,[\%]$ 에서

$\therefore V_n = \dfrac{V_0}{1 + \dfrac{\epsilon}{100}} = \dfrac{119}{1 + \dfrac{0.06}{100}}$

$= 112.2\,[V]$

37

직류기에서 전압 변동률이 (+)값으로 표시되는 발전기는?

① 과복권 발전기
② 직권 발전기
③ 분권 발전기
④ 평복권 발전기

| 해설

㉠ 전압변동률: $\epsilon = \dfrac{V_0 - V_n}{V_n} \times 100\,[\%]$
㉡ 직권 발전기와 과복권 발전기: −
㉢ 평복권 발전기: 0

38

직류 분권발전기의 병렬운전을 하기 위한 발전기용량 P와 정격전압 V는?

① P도 V도 임의이다.
② P는 임의, V는 같다.
③ P는 같고, V는 임의이다.
④ P도, V도 같다.

| 해설

발전기의 병렬운전시 용량, 출력, 부하전류의 크기는 같지 않아도 된다.

39

직류발전기를 병렬 운전할 때 균압선이 필요한 직류기는?

① 분권 발전기, 직권 발전기
② 분권 발전기, 복권 발전기
③ 직권 발전기, 복권 발전기
④ 분권 발전기, 단극 발전기

| 해설

안전운전을 위하여 직권 계자권선의 일단을 접속한 전선이 필요하다.

40

종축에 단자전압, 횡축에 정격전류의 [%]로 눈금을 적은 외부특성곡선이 겹쳐지는 두 대의 분권발전기가 있다. 용량이 각각 100[kW], 200[kW]이고 정격전압은 100[V]이다. 부하전류가 150[A]일 때 각 발전기의 분담전류는 몇 [A]인가?

① $I_1 = 50[A]$, $I_2 = 100[A]$
② $I_1 = 75[A]$, $I_2 = 75[A]$
③ $I_1 = 100[A]$, $I_2 = 50[A]$
④ $I_1 = 70[A]$, $I_2 = 80[A]$

| 해설

㉠ 정격전압이 같고, 퍼센트로 나타낸 외부 특성곡선이 겹치기 때문에 부하전류 분담은 발전기용량에 비례하므로
$I_1 : I_2 = 100 : 200$, $100I_2 = 200I_1$
㉡ $I_2 = 2I_1$
㉢ $I_1 + I_2 = 150$
㉣ ㉢식에 ㉡을 대입하여 정리하면
$I_1 + 2I_1 = 150 \rightarrow I_1 = \dfrac{150}{3} = 50\,[A]$
㉤ $I_1 = 50\,[A]$ 이면 $I_2 = 2I_1 = 100\,[A]$
$\therefore I_1 = 50\,[A]$, $I_2 = 100\,[A]$

정답 36 ② 37 ③ 38 ② 39 ③ 40 ①

41

직류 발전기의 무부하 포화곡선과 관계되는 것은?

① 부하전류와 계자전류 ② 단자전압과 계자전류
③ 단자전압과 부하전류 ④ 출력과 부하전류

| 해설
무부하곡선이란 정격속도, 무부하상태에서 계자전류와 유기기전력과의 관계곡선

42

직류발전기의 병렬운전에서 부하분담의 방법은?

① 계자전류와 무관하다.
② 계자전류를 증가하면 부하분담은 감소한다.
③ 계자전류를 증가하면 부하분담은 증가한다.
④ 계자전류를 감소하면 부하분담은 증가한다.

| 해설
직류발전기의 병렬운전 중 계자전류 변화 시
㉠ 계자전류 증가 시 기전력이 증가
　→ 부하분담 증가
㉡ 계자전류 감소 시 기전력이 감소
　→ 부하분담 감소

43

직류 분권전동기가 있다. 전 도체수 100, 단중파권으로 자극수는 4, 자속수 3.14[Wb]이다. 여기에 부하를 걸어 전기자에 5[A]의 전류가 흐르고 있다면 이 전동기의 토크 [N·m]는 약 얼마인가?

① 400   ② 450
③ 500   ④ 550

| 해설
토크: $T = \dfrac{PZ\phi I_a}{2\pi a}$

$= \dfrac{4 \times 100 \times 3.14 \times 5}{2 \times 3.14 \times 2} = 500\,[\text{N}\cdot\text{m}]$

44

출력 10[HP], 600[rpm]인 전동기의 토크[kg·m]는 얼마인가?

① 약 1.9   ② 약 12.1
③ 약 0.02 ④ 약 0.2

| 해설
토크: $T = \dfrac{P}{9.8\omega} = 0.975 \times \dfrac{P}{N}$

$= 0.975 \times \dfrac{10 \times 746}{600} = 12.1\,[\text{N}\cdot\text{m}]$

45

전기자 총 도체수 500, 6극, 중권의 직류전동기가 있다. 전기자 전 전류가 100[A]일 때의 발생토크는 얼마인가? (단, 1극당 자속수는 0.01[Wb]이다.)

① 8.12[kg·m]   ② 9.54[kg·m]
③ 10.25[kg·m] ④ 11.58[kg·m]

| 해설
토크: $T = \dfrac{PZ\phi}{2\pi a} I\,[\text{N}\cdot\text{m}]$

$= \dfrac{6 \times 0.01 \times 500}{2\pi \times 6} \times 100 \times \dfrac{1}{9.8} = 8.124\,[\text{kg}\cdot\text{m}]$

46

정격부하를 걸고 16.3[kg·m]의 토크를 발생하여 600[rpm]으로 회전하는 어떤 직류 분권전동기의 역기전력이 50[V]라고 한다. 그 전류[A]는 얼마인가?

① 약 2.1   ② 약 20.5
③ 약 125.3 ④ 약 200

| 해설
토크: $T = 0.975\dfrac{P}{N} = 0.975 \times \dfrac{E_c I_a}{N}$

$= \dfrac{0.975 \times 50 I_a}{600} = 16.3\,[\text{kg}\cdot\text{m}]$

$\therefore I_a = \dfrac{600 \times 16.3}{0.975 \times 50} = 200\,[\text{A}]$

정답 41 ② 42 ③ 43 ③ 44 ② 45 ① 46 ④

47 □□□

직류 분권전동기가 있다. 단자전압 215[V], 전기자전류 100[A], 1500[rpm]으로 운전되고 있을 때 발생 토크[N·m]는? (단, 전기자저항 $r_a = 0.1[Ω]$이다.)

① 120.6　　② 130.6
③ 191.1　　④ 291.1

|해설
㉠ 역기전력: $E_a = V - I_a r_a$
$= 215 - 100 \times 0.1$
$= 205 [V]$
㉡ 토크: $T = \dfrac{P}{\omega} = \dfrac{E_a I_a}{2\pi n}$
$= \dfrac{205 \times 100}{2\pi \times \dfrac{1500}{60}} = 130.6 [N \cdot m]$

48 □□□

직류 직권전동기에 있어서 회전수 N과 토크 T와의 관계는? (단, 자기포화는 무시한다.)

① $T \propto \dfrac{1}{N}$　　② $T \propto \dfrac{1}{N^2}$
③ $T \propto N$　　④ $T \propto N^{\frac{3}{2}}$

|해설
직권 전동기의 특성 $T \propto I_a^2 \propto \dfrac{1}{N^2}$
(여기서, T: 토크, I_a: 전기자 전류, N: 회전수)

49 □□□

직류전동기에서 정속도(constant speed) 전동기라고 볼 수 있는 전동기는?

① 직류 직권전동기　　② 직류 내분권식전동기
③ 직류 복권전동기　　④ 직류 타여자전동기

|해설
타여자 및 분권전동기(정속도전동기)
$T \propto I_a \propto \dfrac{1}{N}$
직권전동기
$T \propto I_a^2 \propto \dfrac{1}{N^2}$

50 □□□

정격전압에서 전 부하로 운전할 때 50[A]의 부하전류가 흐르는 직류 직권전동기가 있다. 지금 이 전동기의 부하 토크만이 1/2로 감소하면 그 부하전류는?
(단, 자기포화는 무시한다.)

① 25[A]　　② 35[A]
③ 45[A]　　④ 50[A]

|해설
토크: $T = \dfrac{PZ}{2\pi a} \phi I = k_1 \phi I \propto k I^2$
(직권의 경우 $\phi \propto I$)
$\therefore I' = \sqrt{\dfrac{1}{2}} \times 50 = 35.35 [A]$

51 □□□

직류 직권전동기에서 벨트(belt)를 걸고 운전하면 안 되는 이유는?

① 손실이 많아진다.
② 직결하지 않으면 속도제어가 곤란하다.
③ 벨트가 벗겨지면 위험속도에 도달한다.
④ 벨트가 마모하여 보수가 곤란하다.

|해설
직권전동기 회전속도의 경우이므로 벨트가 벗겨져서 무부하가 되면 위험속도에 도달한다.

정답　47 ②　48 ②　49 ④　50 ②　51 ③

52

직류전동기의 공급전압을 V[V], 자속을 ϕ[Wb], 전기자 전류를 I[A], 전기자저항을 R_a[Ω], 속도를 N[rps]라 할 때 속도식은? (단, k는 상수이다.)

① $N = k\dfrac{V+R_aI_a}{\phi}$

② $N = k\dfrac{V-R_aI_a}{\phi}$

③ $N = k\dfrac{\phi}{V+R_aI_a}$

④ $N = K\dfrac{\phi}{V-R_aI_a}$

| 해설

직류전동기의 회전속도
$N = k\dfrac{E_c}{\phi} = k\dfrac{V-R_aI_a}{\phi}$ [rps]

(여기서, 기계적 상수 $k = \dfrac{PZ}{a}$)

53

전기자저항 0.2[Ω] 직권계자 권선저항 0.3[Ω]의 직권전동기에 100[V]를 가하였더니, 부하전류 10[A]이었다. 이때, 전동기의 속도[rpm]은 약 얼마인가?
(단, 기계정수는 2.61이다.)

① 1200   ② 1300
③ 1500   ④ 1700

| 해설

전동기 회전속도 $n = K\dfrac{V_t - (r_a+r_s)I}{I}$ [rps]이므로

분당 회전수는

∴ $N = 60n$
$= 60 \times 2.61 \times \dfrac{100 - (0.2+0.3)10}{10}$
$\fallingdotseq 1500$ [rpm]

54

전기자저항이 0.02[Ω]인 직류분권발전기가 있다. 회전수가 1000[rpm]이고 단자전압이 220[V]일 때 전기자전류가 100[A]를 나타내었다. 지금 이것을 전동기로서 사용하여 그 단자전압과 전기자전류가 위의 값과 같을 때의 회전수는?
(단, 전기자반작용은 무시한다)

① 956[rpm]   ② 982[rpm]
③ 1018[rpm] ④ 1047[rpm]

| 해설

㉠ 발전기의 유기기전력
$E_c = V + I_aR_a$
$= 220 + 100 \times 0.02 = 222$ [V]

㉡ 전동기의 역기전력
$E_c = V - I_a(R_a+R_f)$
$= 220 - 100 \times 0.02 = 218$ [V]

㉢ 회전속도는 역기전력에 비례하므로
$E_a : E_c = N_G : N_M = 222 : 218$

∴ $N_M = N_G \times \dfrac{218}{222} = 1000 \times \dfrac{218}{222}$
$= 981.98 \fallingdotseq 982$ [rpm]

55

직류직권전동기의 전원극성을 반대로 하면?

① 회전방향이 변한다.
② 회전방향은 변하지 않는다.
③ 속도가 증가한다.
④ 발전기로 된다.

| 해설

전기자와 계전권선의 전류의 방향이 모두 바뀌면 회전방향은 불변이다.

정답 52 ② 53 ③ 54 ② 55 ②

56

직류분권전동기에서 위험속도가 되는 경우는?

① 저전압, 과여자
② 정격전압, 무여자
③ 정격전압, 과부하
④ 전기자에 저저항 접속

| 해설

$N = \dfrac{E_c}{K\phi}$ [rpm] 무여자이면 ϕ 가 최소(잔류자기)이므로 회전수 N 이 크게 상승한다.

57

직류분권전동기의 단자전압과 계자전류는 일정히 하고, 2배의 속도로 2배의 토크를 발생하는데 필요한 전력은 처음 전력의 몇 배인가?

① 불변
② 2배
③ 4배
④ 8배

| 해설

기계적 동력 $P = \omega T = 2\pi n T$에서 속도와 토크를 각각 2배 증가하면

$\therefore P' = 2\pi \times \dfrac{2N}{60} \times 2T = 4 \times 2\pi n T = 4P$

58

120[V] 직류전동기의 전기자 저항은 2[Ω]이며, 전부하로 운전시의 전기자전류는 5[A]이다. 전기자에 의한 발생전력[W]은?

① 500
② 550
③ 600
④ 650

| 해설

㉠ 역기전력
$E_a = V - I_a r_a = 120 - 5 \times 2 = 110$ [V]

㉡ 발생전력
$P = E_c \times I_a = 110 \times 5 = 550$ [W]

59

직류분권전동기의 공급전압의 극성을 반대로 하면 회전방향은 어떻게 되는가?

① 변하지 않는다.
② 반대로 된다.
③ 회전하지 않는다.
④ 속도가 증가한다.

| 해설

직권 및 분권전동기의 전원 극성을 반대로 하면 전기자권선과 계자권선의 전류 방향이 동시에 바뀌어 회전방향은 변하지 않는다.
(역회전운전 → 전기자 권선만의 접속을 교체)

60

100[V], 2[kW]의 직류분권전동기의 단자 유입전류가 7.5[A]일 때 4[N·m]의 토크를 발생하였다. 부하가 증가해서 단자 유입전류가 22.5[A]로 되었을 때의 토크는? (단, 전기자저항과 계자저항은 각각 0.2[Ω]와 40[Ω]이다.)

① 12[N·m]
② 13[N·m]
③ 15[N·m]
④ 16[N·m]

| 해설

㉠ 토크는 전기자전류에 비례한다. 전기자전류는 유입전류에서 계자전류를 뺀 값이다.

㉡ $\left(7.5 - \dfrac{100}{40}\right) = 5$ [A]

㉢ $\left(22.5 - \dfrac{100}{40}\right) = 20$ [A]

㉣ $4 : T = 5 : 20,\ 5T = 20 \times 4$

$\therefore T = \dfrac{20 \times 4}{5} = 16$ [N·m]

정답 56 ② 57 ③ 58 ② 59 ① 60 ④

61

직류분권전동기의 기동 시에, 정격전압을 공급하면 전기자전류가 많이 흐르다가 회전속도가 점점 증가함에 따라 전기자전류가 감소하는 원인은?

① 전기자반작용의 증가
② 전기자권선의 저항 증가
③ 브러시의 접촉저항 증가
④ 전동기의 역기전력 상승

|해설

㉠ 전동기의 속도: $N \propto k \dfrac{E_c}{\phi}$

㉡ 회전속도(N)가 증가하면 역기전력(E_c)이 증가한다.

㉢ 역기전력: $E_c = V_n - I_a \cdot r_a [\text{V}]$

∴ 역기전력(E_c)이 증가할 경우 전기자전류(I_a)는 감소한다.

62

직류직권전동기의 회전력(torque) 특성곡선은?

①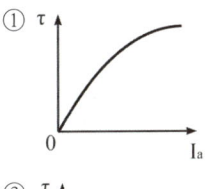
②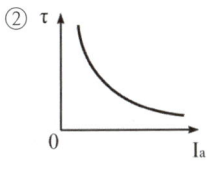
③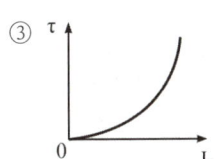
④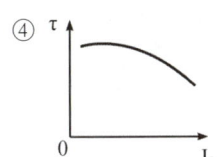

|해설
토크는 전류 제곱에 비례한다.

63

다음 중 직류전동기의 속도제어 방법에 속하지 않는 것은?

① 저항제어법
② 전압제어법
③ 계자제어법
④ 2차 여자법

|해설
직류전동기 속도 제어방법
㉠ 전압제어법 ㉡ 계자제어법 ㉢ 저항제어법

64

직류전동기의 속도제어 방식 중 직·병렬 제어법을 사용할 수 있는 전동기는?

① 직류 타여자전동기
② 직류 분권전동기
③ 직류 직권전동기
④ 직류 복권전동기

|해설
직·병렬 제어법은 직권전동기에 적용하는 전압제어법의 일종으로, 정격이 같은 전동기를 사용하는 경우로 만약 2대의 전동기를 직렬로 접속하여 전압 V를 인가하면 전동기 1대에 $\dfrac{1}{2}$의 전압이 가해지고 2대의 전동기를 병렬로 접속하여 전압 V를 인가하면 전동기 1대에 전 전압이 가해지므로 직렬접속과 병렬접속의 변화를 통해 속도를 조정할 수 있게 된다.

65

분권직류전동기에서 부하의 변동이 심할 때 광범위하게 또한 안정되게 속도를 제어하는 가장 적당한 방식은?

① 계자제어 방식
② 워드레오너드 방식
③ 직렬저항제어 방식
④ 일그너 방식

|해설
부하변동이 심한 경우에는 플라이휠을 설치한 일그너방식을 사용한다.

66

직류전동기의 회전수는 자속이 감소하면 어떻게 되는가?

① 불변이다.
② 정지한다.
③ 저하한다.
④ 상승한다.

|해설
회전수: $N \propto 1/\phi$(반비례)

정답 61 ④ 62 ③ 63 ④ 64 ③ 65 ④ 66 ④

67
직류분권전동기의 기동시에는 계자저항기의 저항값을 어떻게 해두는가?

① 0으로 해둔다. ② 최대로 해둔다.
③ 중위(中位)로 해둔다. ④ 끊어 놔둔다.

|해설
기동저항기의 저항값은 기동전류가 전부하 전류의 1.5~2배 정도가 되도록 정하고, 계자저항기의 저항값은 0으로 하여 자속을 크게 한다.

68
직류전동기의 속도 제어법에서 정출력 제어에 속하는 것은?

① 계자 제어법 ② 전기자저항 제어법
③ 전압 제어법 ④ 워드레오나드 제어법

|해설
㉠ $P = \omega T = 2\pi \frac{N}{60} K\phi I_a [W]$, $N \propto \frac{1}{\phi}$
㉡ 계자제어는 P가 거의 일정하다.
㉢ 전압제어의 종류로 워드레오너드 방식과 일그너 방식이 있다.

69
직류전동기를 전 부하전류 이하 동일전류에서 운전할 경우 회전수가 큰 순서대로 나열하면?

① 직권, 화동(가동)복권, 분권, 차동 복권
② 직권, 차동 복권, 분권, 화동(가동)복권
③ 차동 복권, 분권, 화동(가동)복권, 직권
④ 화동(가동)복권, 분권, 차동 복권, 직권

|해설
속도변동률 $\epsilon = \frac{N_0 - N_n}{N_n} \times 100$ [%]
속도변동이 큰 순서
㉠ 직권
㉡ 가(화)동복권
㉢ 분권
㉣ 차동복권

70
어느 분권전동기의 정격 회전수가 1500[rpm]이다. 속도변동률이 5[%]이면 공급전압과 계자저항의 값을 변화시키지 않고 이것을 무부하로 하였을 때의 회전수[rpm]은?

① 3527 ② 2360
③ 1575 ④ 1165

|해설
속도변동율 $\epsilon = \frac{N_0 - N}{N} \times 100$ [%] 에서
무부하 회전속도
$N_0 = (1 + \frac{\epsilon}{100}) \times N = (1 + \frac{5}{100}) \times 1500$
$= 1575$ [rpm]

71
부하가 변하면 심하게 속도가 변하는 직류 전동기는?

① 가동복권 전동기 ② 분권 전동기
③ 직권 전동기 ④ 차동복권 전동기

|해설
㉠ $N \propto \frac{1}{I}$, $T \propto I^2 \propto \frac{1}{N^2}$
㉡ 직권 전동기는 토크가 증가하면 속도가 저하하므로 회전속도와 토크와의 곱에 비례하는 출력도 어떤 범위 내에서는 대체로 일정하다. 그러므로 전차, 기중기 등의 부하변동이 심하고 큰 기동토크가 요구되는 기기에 주로 사용한다.

72
직류전동기의 설명 중 바르게 설명한 것은?

① 전동차용 전동기는 차동복권 전동기이다.
② 직권 전동기가 운전 중 무부하로 되면 위험속도가 된다.
③ 부하변동에 대하여 속도변동이 가장 큰 직류 전동기는 분권전동기이다.
④ 직류직권 전동기는 속도조정이 어렵다.

정답 67 ① 68 ① 69 ① 70 ③ 71 ③ 72 ②

| 해설
직권 전동기의 경우 무부하시 여자 전류는 0이 된다.
$(N \propto \dfrac{1}{\phi} = \dfrac{1}{I_f} = \dfrac{1}{0} = \infty)$

73 □□□
직류 전동기의 제동법 중 발전제동을 옳게 설명한 것은?
① 전동기가 정지할 때까지 제동토크가 감소하지 않는 특징을 지닌다.
② 전동기를 발전기로 동작시켜 발생하는 전력을 전원으로 반환함으로써 제동한다.
③ 전기자를 전원과 분리한 후 이를 외부저항에 접속하여 전동기의 운동에너지를 열에너지로 소비시켜 제동한다.
④ 운전 중인 전동기의 전기자접속을 반대로 접속하여 제동한다.

| 해설
㉠ 발전제동
  운전 중인 전동기를 전원에서 분리하여 발전기로 작용시키고, 회전체의 운동 에너지를 전기적인 에너지로 변환하여 이것을 저항에서 열 에너지로 소비시켜서 제동하는 방법
㉡ 회생제동
  전동기가 갖는 운동에너지를 전기에너지로 변화하고, 이것을 전원으로 반환하여 제동하는 방법
㉢ 역전제동
  전동기를 전원에 접속된 상태에서 전기자의 접속을 반대로 하고, 회전방향과 반대방향으로 토크를 발생시켜서 급속히 정지시키거나 역전시키는 방법

74 □□□
직류전동기의 규약효율은 어떤 식으로 표시된 식에 의하여 구하여진 값인가?
① $\eta = \dfrac{출력}{입력} \times 100[\%]$
② $\eta = \dfrac{출력}{입력 - 손실} \times 100[\%]$
③ $\eta = \dfrac{입력 - 손실}{입력} \times 100[\%]$
④ $\eta = \dfrac{입력}{출력 + 손실} \times 100[\%]$

| 해설
규약효율
㉠ 전동기: $\eta_M = \dfrac{입력 - 손실}{입력} \times 100[\%]$
㉡ 발전기: $\eta_G = \dfrac{출력}{출력 + 손실} \times 100[\%]$

75 □□□
효율 80[%], 출력 10[kW] 기기의 손실[kW]은?
① 2
② 2.5
③ 3
④ 3.5

| 해설
손실 = 입력 − 출력 = $\dfrac{출력}{효율}$ − 출력
= $\dfrac{10}{0.8} - 10 = 2.5\,[\text{kW}]$

76 □□□
정격 출력시(부하손/고정손) = 2이고, 효율 0.8인 어느 발전기의 1/2 정격출력시의 효율은?
① 0.7
② 0.75
③ 0.8
④ 0.83

| 해설
㉠ 정격출력시 효율
$\eta = \dfrac{P}{P + P_c + P_i} = \dfrac{P}{P + 2P_i + P_i} = 0.8$
㉡ $\dfrac{부하손}{고정손} = \dfrac{P_c}{P_i} = 2$
∴ 효율 $\eta = \dfrac{\frac{1}{2}P}{\frac{1}{2}P + 2 \times \left(\frac{1}{2}\right)^2 \times P_i + P_i}$
$= \dfrac{P}{P + P_i + 2P_i} = 0.8$

정답 73 ③ 74 ③ 75 ② 76 ③

77

직류기의 손실 중에서 기계손으로 옳은 것은?

① 풍손
② 와류손
③ 표유부하손
④ 브러시의 전기손

| 해설
직류기의 손실
㉠ 전기적 손실

무부하손	철손 = 히스테리시스손 + 와류손
	유전체손
	여자전류 저항손
부하손	동손
	표유부하손

㉡ 기계적 손실에는 마찰손, 풍손 등이 있다.

78

전기기계에 있어서 히스테리시스손을 감소시키기 위하여 어떻게 해야 하는가?

① 성층철심 사용
② 규소강판 사용
③ 보극설치
④ 보상권선 설치

| 해설
발전기, 전동기와 같은 회전기계는 2 ~ 2.5[%]
변압기는 4 ~ 4.5[%]의 규소가 함유된 강판을 사용한다.

79

직류기의 효율이 최대가 되는 경우는?

① 와류손 = 히스테리시스손
② 기계손 = 전기자 동손
③ 전부하동손 = 철손
④ 고정손 = 부하손

| 해설
효율 $\eta = \dfrac{V_n I_n}{V_n I_n + P_i + P_c} \times 100$에서 최대효율은 $\dfrac{d\eta}{dI} = 0$이다.
최대효율조건은 다음과 같다.
무부하손(고정손) = 부하손(가변손)

80

일정 전압으로 운전하고 있는 직류발전기의 손실이 $\alpha + \beta I^2$으로 표시될 때 효율이 최대가 되는 전류는? (단, α, β는 정수이다.)

① $\dfrac{\alpha}{\beta}$
② $\dfrac{\beta}{\alpha}$
③ $\sqrt{\dfrac{\alpha}{\beta}}$
④ $\sqrt{\dfrac{\beta}{\alpha}}$

| 해설
최대 효율 조건 $\alpha = \beta I^2$에서
$\therefore I = \sqrt{\dfrac{\alpha}{\beta}}$ [A]

81

직류기의 특성 시험법 중 반환 부하법이 아닌 것은?

① Blondel 법
② Kapp 법
③ Hopkinson 법
④ Meyer 법

| 해설
Meyer 법은 단상 변압기 2대를 이용하여 3상 교류를 2상으로 변압할 경우 결선법

82

직류직권전동기의 속도제어에 사용되는 기기는?

① 초퍼
② 인버터
③ 듀얼 컨버터
④ 사이클로 컨버터

| 해설
초퍼는 직류전력을 직류전력으로 변환하는 설비로 직류직권 전동기의 속도제어에 사용할 수 있다.

정답 77 ① 78 ② 79 ④ 80 ③ 81 ④ 82 ①

제2장 동기기

83 ☐☐☐

보통 회전계자형으로 하는 전기기기는?

① 직류발전기 ② 회전변류기
③ 동기발전기 ④ 유도발전기

| 해설
회전계자형 - 동기발전기(= 교류발전기)
회전전기자형 - 직류발전기

84 ☐☐☐

동기발전기에 회전계자형을 사용하는 경우에 대한 이유로 틀린 것은?

① 기전력의 파형을 개선한다.
② 전기자가 고정자이므로 고압 대전류용에 좋고, 절연하기 쉽다.
③ 계자가 회전자이지만 저압 소용량의 직류이므로 구조가 간단하다.
④ 전기자보다 계자극을 회전자로 하는 것이 기계적으로 튼튼하다.

| 해설
동기발전기를 회전계자형으로 하는 이유
㉠ 기계적으로 튼튼하다.
㉡ 직류 소요전력이 작고 절연이 용이하다.
㉢ 전기자권선은 Y결선으로 복잡하고 고압을 유기한다.

85 ☐☐☐

다음은 유도자형 동기발전기의 설명이다. 옳은 것은?

① 전기자만 고정되어 있다.
② 계자극만 고정되어 있다.
③ 계자극과 전기자가 고정되어 있다.
④ 회전자가 없는 특수 발전기이다.

| 해설
유도자형 발전기는 계자 및 전기자 모두 고정된 상태로 발전이 되는데 실험실 전원 등으로 사용된다.

86 ☐☐☐

다음 중 동기발전기의 여자방식이 아닌 것은?

① 직류여자기방식 ② 브러시레스 여자방식
③ 정류기 여자방식 ④ 회전계자방식

| 해설
동기발전기는 회전계자방식을 주로 사용하는데 계자가 직류전원을 이용하여 여자시키며 회전하여 전기자에 기전력을 발생시킨다.
계자의 여자방식
㉠ 직류 여자방식
㉡ 브러시레스 여자방식
㉢ 정류기 여자방식

87 ☐☐☐

3상 동기발전기의 전기자권선을 Y결선하는 이유로서 적당하지 않은 것은?

① 전기자 반작용이 감소한다.
② 고조파 순환전류가 흐르지 않는다.
③ 이상전압 방지의 대책이 용이하다.
④ 코일의 코로나 열화 등이 감소한다.

| 해설
㉠ 선간전압에 제 3고조파가 나타나지 않아 고조파 순환전류가 흐르지 않는다.
㉡ 지락고장시 지락전류를 검출하여 보호계전기를 고속도로 동작시킬 수 있어 이상전압 방지대책이 용이하다.
㉢ 코로나 발생 우려가 낮아 권선의 절연 열화가 적어 절연물의 수명이 길다.

정답 83 ③ 84 ① 85 ③ 86 ④ 87 ①

88
동기기의 전기자권선법 중 단절권, 분포권으로 하는 이유 중 가장 중요한 목적은?

① 높은 전압을 얻기 위해서
② 일정한 주파수를 얻기 위해서
③ 좋은 파형을 얻기 위해서
④ 효율을 좋게하기 위해서

| 해설
분포권, 단절권을 사용하는 이유는 고조파를 제거하여 기전력의 파형을 개선하기 위함이다.

89
교류기에서 집중권이란 매극 매상의 슬롯수가 몇 개임을 말하는가?

① 1/2
② 1
③ 2
④ 5

| 해설
매극매상당 슬롯수 $q = 1$ 인 경우
분포권 계수가 $K_d = \dfrac{\sin\dfrac{\pi}{2m}}{q\sin\dfrac{\pi}{2mq}} = \dfrac{\sin\dfrac{\pi}{2m}}{1\sin\dfrac{\pi}{2m1}} = 1$ 이므로
집중권과 같다.

90
동기발전기의 권선을 분포권으로 하면?

① 난조를 방지한다.
② 파형이 좋아진다.
③ 집중권에 비하여 합성 유도 기전력이 높아진다.
④ 권선의 리액턴스가 커진다.

| 해설
권선을 분포권으로 하면 기전력의 파형은 좋아지고 권선의 누설리액턴스가 감소하고 전기자 동손에 의한 열이 골고루 분포되어 과열을 방지시키는 이점이 있다.

91
동기발전기 단절권의 특징이 아닌 것은?

① 코일간격이 극간격보다 작다.
② 전절권에 비해 합성 유기기전력이 증가한다.
③ 전절권에 비해 코일단이 짧게 되므로 재료가 절약된다.
④ 고조파를 제거해서 전절권에 비해 기전력의 파형이 좋아진다.

| 해설
단절권의 특징
㉠ 전절권에 비해 (합성)유기기전력은 감소된다.
㉡ 고조파를 제거하여 기전력의 파형을 좋게 한다.
㉢ 코일 끝부분의 길이가 단축되어 기계 전체의 크기가 축소된다.
㉣ 구리의 양이 적게 든다.
㉤ 극간격에 비해 전기자권선의 간격이 작다.

92
슬롯수 48의 고정자가 있다. 여기에 3상 4극의 2층권을 시행할 때 매극매상의 슬롯수와 총 코일수는?

① 4과 48
② 12와 48
③ 12과 24
④ 9와 24

| 해설
㉠ 매극매상의 슬롯수
$q = \dfrac{슬롯수}{극수 \times 상수} = \dfrac{48}{4 \times 3} = 4$
㉡ 총 코일수 $= \dfrac{총도체수}{2} = \dfrac{48 \times 2}{2} = 48$

93
3상4극의 24개의 슬롯을 갖는 권선의 분포계수는?

① 0.966
② 0.801
③ 0.866
④ 0.912

정답 88 ③ 89 ② 90 ② 91 ② 92 ① 93 ①

| 해설

㉠ 매극매상의 슬롯수
$$q = \frac{슬롯수}{극수 \times 상수} = \frac{24}{4 \times 3} = 2$$

㉡ 분포계수
$$K_d = \frac{\sin\frac{n\pi}{2m}}{q\sin\frac{n\pi}{2mq}} = \frac{\sin\frac{\pi}{2\times 3}}{2\sin\frac{\pi}{2\times 3 \times 2}}$$
$$= \frac{0.5}{2 \times 0.2588} = 0.966$$

94 □□□

동기기에서 제 5고조파를 제거하려면 $\frac{코일피치}{자극피치}$가 얼마인 단절권선으로 하는 것이 가장 적당한가?

① 0.6
② 0.7
③ 0.8
④ 0.9

| 해설

㉠ 제 5고조파를 제거하기 위해서 5고조파 단절계수가 0이여야 한다.
㉡ 단절계수: $K_{p5} = \sin\frac{5\beta\pi}{2} = 0$
∴ $\frac{5\beta\pi}{2} = 360°$에서 $\beta = \frac{360 \times 2}{5 \times 180} = 0.8$

95 □□□

3상 동기발전기에서 권선피치와 자극피치의 비를 13/15의 단절권으로 하였을 때의 단절계수를 나타내는 것은?

① $\sin\frac{13}{30}\pi$
② $\sin\frac{30}{13}\pi$
③ $\sin\frac{3}{2}\pi$
④ $\sin\frac{2}{3}\pi$

| 해설

$\beta = \frac{코일피치}{극피치} = \frac{13}{15}$이므로 단절권 계수는
∴ $K_P = \sin\frac{\beta\pi}{2} = \sin\frac{\frac{13}{15}\pi}{2} = \sin\frac{13\pi}{30}$

96 □□□

3상 20,000[kVA]인 동기발전기가 있다. 이 발전기는 60[Hz]일 때는 200[rpm] 50[Hz]인 때는 167[rpm]으로 회전한다. 이 동기발전기의 [극]수는?

① 18극
② 36극
③ 54극
④ 72극

| 해설

동기속도 $N_s = \frac{120f}{P}$[rpm]에서 극수는
∴ $P = \frac{120 \times 60}{200} = 36$[극]

97 □□□

자속밀도를 0.6[Wb/m²] 도체의 길이를 0.3[m], 속도를 10[m/s]라 할 때 도체 양단에 유기되는 기전력은?

① 0.9[V]
② 1.8[V]
③ 9[V]
④ 18[V]

| 해설

유기기전력(유도기전력)
$e = Blv = 0.6 \times 0.3 \times 10 = 1.8$[V]

98 □□□

60[Hz], 12극의 동기전동기 회전자계의 주변속도[m/s]는? (단, 회전자계의 극 간격은 1[m]이다.)

① 72
② 98
③ 102
④ 120

| 해설

$$v = \pi Dn = \pi D \times \frac{N_s}{60}$$
$$= 12 \times 1 \times \frac{600}{60} = 120 \text{[m/s]}$$

정답 94 ③ 95 ① 96 ② 97 ② 98 ④

99

동기발전기의 유기기전력의 식은 $E = 4 \times (\ ) K_p K_d f \phi N$ 으로 표시된다. 여기서 ( )는 무엇을 가리키는가? (단, K_p는 단절계수, K_d는 분포계수, ϕ는 매극당 자속수, N은 권수이다.)

① 실효치 ② 최대치
③ 파고율 ④ 파형율

| 해설

동기발전기의 유기기전력 $E = 4.44 K_w f N \phi [V]$
(여기서, K_w: 권선계수, f: 주파수, N: 1상당 권수, ϕ: 극당 자속)
실효치(E) = 파형율(1.11) × 평균치($4f\phi$) × N × K_w

100

6극 성형 접속의 3상 교류발전기가 있다. 1극의 자속이 0.16[Wb], 회전수1000[rpm], 1상의 권수 186, 권선계수 0.96이면 주파수와 단자전압은 얼마인가?

① 50[Hz], 6340[V]
② 60[Hz], 6340[V]
③ 50[Hz], 11000[V]
④ 80[Hz], 11000[V]

| 해설

㉠ $f = \dfrac{N_s \times P}{120} = \dfrac{1000 \times 6}{120} = 50[Hz]$

㉡ 1상의 기전력
$E = 4.44 K_w f N \phi$
$= 4.44 \times 0.96 \times 50 \times 186 \times 0.16$
$= 6342.4 [V]$

∴ 단자전압
$V = \sqrt{3} E = 1.73 \times 6342.4 = 10985 [V]$

101

3상 동기발전기의 단자전압이 6600[V], 자극수 20, 슬롯수 180, 2층권이고 코일의 권수가 4라면 발전기의 1극당의 자속수[Wb]는? (단, 권선계수는 0.9이고, 회전수는 360[rpm]이며, 전기자권선은 성형이다.)

① 약 6.6×10^{-3} ② 약 11.4×10^{-3}
③ 약 66×10^{-3} ④ 약 114×10^{-3}

| 해설

㉠ 1상의 코일수
$N = \dfrac{180 \times 2 \times 4}{2 \times 3} = 240[회]$

㉡ 주파수
$f = \dfrac{NP}{120} = \dfrac{360 \times 20}{120} = 60 [Hz]$

㉢ 단자전압은 선간전압이고, 상전압은 선간전압의 $1/\sqrt{3}$배이므로 상전압은
$E_1 = \dfrac{V}{\sqrt{3}} = 4.44 K_w f N \phi [V]$

∴ 자속수
$\phi = \dfrac{E_1}{4.44 k_w f N} = \dfrac{6600/\sqrt{3}}{4.44 \times 0.9 \times 60 \times 240}$
$= 0.0662 [Wb]$

102

동기기에서 동기임피던스 값과 실용상 같은 것은? (단, 전기자저항은 무시한다.)

① 전기자 누설 리액턴스   ② 동기 리액턴스
③ 유도 리액턴스   ④ 등가 리액턴스

| 해설

동기 임피던스 $\dot{Z}_s = \dot{r}_a + j(\dot{x}_a + \dot{x}_l) [\Omega]$에서 동기 리액턴스
$x_s = x_a + x_l$
$\dot{Z}_s = \dot{r}_a + j\dot{x}_s$에서
$|Z_s| = \sqrt{r_a^2 + x_s^2}$ 이고 $r_a \ll x_s$이므로
$|Z_s| ≒ |x_s|$

정답 99 ④ 100 ③ 101 ③ 102 ②

103

동기기의 전기자 저항을 r, 반작용 리액턴스를 X_a, 누설 리액턴스를 X_l 이라 하면 동기 임피던스는?

① $\sqrt{r^2+(X_a/X_l)^2}$ ② $\sqrt{r^2+X_{l2}}$
③ $\sqrt{r^2+X_a^2}$ ④ $\sqrt{r^2+(X_a+X_l)^2}$

| 해설
㉠ 동기 리액턴스: $X_s = X_a + X_l$
㉡ 동기 임피던스: $Z_s = \sqrt{r^2+x_s^2}\,[\Omega]$

104

3상 동기발전기에 유기기전력보다 90° 뒤진 전기자전류가 흐를 때 전기자반작용은?

① 교차 자화작용 한다.
② 증자작용을 한다.
③ 자기여자 작용을 한다.
④ 감자작용을 한다.

| 해설
동기발전기에 부하를 걸면 전기자전류가 흘러 기자력이 계자기자력에 겹쳐 작용하여 자속분포가 무부하때와 다르게 된다. 즉 전기자전류가 만든 자속이 자극(Main Pole)에 미치는 영향을 전기자반작용이라 한다
㉠ 횡축 반작용
 계자에 흐르는 기전력과 전기자권선에 흐르는 전류가 동위상일 경우 발생하는 전기자반작용으로 자극의 좌측 윗부분에는 자속이 증가하고 우측은 감소한다. 이를 편자작용또는 교차 자화작용이라고 한다.
㉡ 직축 반작용
 전기자권선에 흐르는 전류가 기전력보다 90° 앞서거나 뒤질 경우 발생하는 전기자반작용으로 자속이 증가하거나 감소하는 현상
 • 부하전류가 90° 뒤지는 경우
  감자작용(자속이 감소한다.)
 • 부하전류가 90° 앞서는 경우
  증자(자화)작용(자속이 증가한다.)

105

3상 동기발전기의 전기자반작용은 부하의 성질에 따라 다르다. 잘못 설명한 것은?

① $\cos\theta ≒ 1$일 때 즉 전압, 전류가 동상일 때는 실제적으로 교차자화작용을 한다.
② $\cos\theta ≒ 0$일 때 즉 전류가 전압보다 90°뒤질 때는 감자작용을 한다.
③ $\cos\theta ≒ 0$일 때 즉 전류가 전압보다 90°앞설 때 증자작용을 한다.
④ $\cos\theta ≒ 0$일 때 즉 전류가 전압보다 θ 만큼 뒤질 때 증자작용을 한다.

| 해설
부하전류가 전압보다 90° 늦은 전류가 흐를 경우 전압이 최대가 되는 순간 전류에 의한 자속은 직축에 작용하는 직축 반작용이 되고 그 결과는 주자속 ϕ를 감소시키는 감자작용을 한다.
㉠ 횡축 반작용
 전압과 전류가 동위상의 경우에는 편자작용
㉡ 직축 반작용
 • 전압보다 90°늦은 전류는 감자작용
 • 전압보다 90°앞선 전류는 자화작용(증자작용)을 한다.
∴ $I\cos\theta$는 횡축반작용을, $I\sin\theta$는 직축반작용을 한다.

106

동기발전기에서 전기자 전류를 I, 역률을 $\cos\theta$ 라 하면 횡축 반작용을 하는 성분은?

① $I\cos\theta$ ② $I\cot\theta$
③ $I\sin\theta$ ④ $I\tan\theta$

| 해설
임의의 역률 $\cos\theta$의 전류 $I[A]$ 일 때 $I\cos\theta$는 횡축 반작용을, $I\sin\theta$는 직축반작용을 한다.

정답 103 ④ 104 ④ 105 ④ 106 ①

107 □□□

3상 동기발전기의 1상의 유도기전력 120[V], 반작용 리액턴스 0.2[Ω]이다. 90° 진상전류 20[A]일 때의 발전기 단자전압[V]은? (단, 기타는 무시한다.)

① 116   ② 120
③ 124   ④ 140

| 해설
전류 위상에 따른 발전기 단자전압
㉠ 90° 지상전류: $V = E - X_s I$ [V]
㉡ 90° 진상전류: $V = E + X_s I$ [V]
∴ $V = 120 + 0.2 \times 20 = 124$ [V]

108 □□□

돌극형 동기발전기에서 직축 리액턴스 X_d와 횡축 리액턴스 X_q는 그 크기 사이에 어떤 관계가 있는가?

① $X_d = X_q$ ② $X_d > X_q$
③ $X_d < X_q$ ④ $2X_d = X_q$

| 해설
돌극형 동기발전기의 경우 구조적 특징에 따라 직축이 횡축보다 공극이 작아 리액턴스가 크게 나타나므로 직축 동기리액턴스가 횡축동기리액턴스 보다 크게 나타난다.

109 □□□

정격출력 10000[kVA], 정격전압 6600[V], 정격역률 0.8의 3상 발전기가 있다. 동기 리액턴스 0.8[P·U]때의 전압변동률을 구하라.

① 약 12[%]   ② 약 20[%]
③ 약 46[%]   ④ 약 61[%]

| 해설
㉠ 무부하 전압
$E = V_0 = \sqrt{0.8^2 + (0.8 + 0.6)^2}$
$= 1.61 [P \cdot U]$

㉡ 전압변동률
$\epsilon = \dfrac{V_0 - V_n}{V_n} \times 100$
$= \dfrac{1.61 - 1}{1} \times 100 = 61 [\%]$

110 □□□

정격전압 6600[V]인 3상 동기발전기가 정격출력(역률 = 1)으로 운전할 때 전압변동률이 12[%]이었다. 여자전류와 회전수를 조정하지 않은 상태로 무부하 운전하는 경우 단자전압[V]은?

① 6433   ② 6943
③ 7392   ④ 7842

| 해설
전압변동률 $\epsilon = \dfrac{V_0 - V_n}{V_n} \times 100$
$= \left(\dfrac{V_o}{V_n} - 1\right) \times 100 [\%]$ 에서
∴ 무부하 운전 시 단자전압
$V_0 = \left(\dfrac{\epsilon}{100} + 1\right) \times V_n$
$= \left(\dfrac{12}{100} + 1\right) \times 6600 = 7392 [V]$

111 □□□

동기발전기 1상의 정격전압을 V, 정격출력에서의 무부하로 하였을 때 전압을 V_0라 하고 전압변동률을 ϵ 이라면 각상의 정격전압 V를 나타내는 식은?

① $V_0(\epsilon - 1)$ ② $V_0(\epsilon + 1)$
③ $\dfrac{V_0}{(\epsilon + 1)}$ ④ $\dfrac{V_0}{(\epsilon - 1)}$

정답 107 ③ 108 ② 109 ④ 110 ③ 111 ③

| 해설

전압변동률 $\epsilon = \dfrac{V_0 - V_n}{V_n} \times 100$

$= \left(\dfrac{V_o}{V_n} - 1\right) \times 100 \, [\%]$ 에서

∴ 정격전압: $V = \dfrac{V_0}{\epsilon + 1}\,[V]$

112 □□□

여자전류 및 단자전압이 일정한 비철극형 동기발전기의 출력과 부하각 δ와의 관계를 나타낸 것은?
(단, 전기자 저항은 무시한다.)

① δ에 비례
② δ에 반비례
③ cosδ에 비례
④ sinδ에 비례

| 해설

㉠ 비돌극기의 출력: $P ≒ \dfrac{E_1 V_1}{x_s} \sin\delta$

㉡ 돌극기의 출력: $P = \dfrac{EV}{X_d}\sin\delta - \dfrac{V^2(X_d - X_q)}{2X_d X_q}\sin2\delta\,[W]$

113 □□□

비철극형 동기발전기의 1상의 단자전압을 V, 유기기전력을 E, 동기리액턴스를 x_s, 부하각을 δ라고 하고 전기자 저항을 무시할 때 1상의 최대출력은?

① $\dfrac{E^2 V}{X_s}\sin\delta$
② $\dfrac{EV^2}{X_s}\sin\delta$
③ $\dfrac{EV}{X_s}\sin\delta$
④ $\dfrac{EV}{X_s}$

| 해설

비철극형은 원통형인데, 최대출력은 부하각 δ가 90°에서 나오므로 sin 90° = 1 인 경우이다.

114 □□□

동기리액턴스 $x_s = 10\,[\Omega]$, 전기자권선저항 $r_a = 0.1\,[\Omega]$ 유도기전력 $E = 6400\,[V]$, 단자전압 $V = 4000\,[V]$, 부하각 $\delta = 30°$이다. 3상 동기발전기의 출력[kW]은?
(단, 1상 값이다.)

① 1280
② 3840
③ 5560
④ 6650

| 해설

㉠ 동기임피던스
$Z_s = \sqrt{r_a^2 + X_a^2}$
$= \sqrt{0.1^2 + 10^2} = 10\,[\Omega]$

㉡ 1상 출력식 $P_1 = \dfrac{E_1 V_1}{Z_s}\sin\delta \times 10^{-3}\,[kW]$ 에서 3상 출력은 1상의 3배이므로

∴ $P = 3P_1 = 3 \times \dfrac{E_1 V_1}{Z_s}\sin\delta \times 10^{-3}$

$= 3 \times \dfrac{6400 \times 4000}{10} \times \sin 30$

$= 3,840,000\,[W] = 3840\,[kW]$

115 □□□

3상 비돌극 동기발전기가 있다. 정격출력 10,000[kVA] 정격전압 6,600[V], 정격역률 $\cos\phi = 0.8$이다. 여자를 정격상태로 유지할 때 이 발전기의 최대출력[kW]은?
(단, 1상의 동기리액턴스는 0.9(단위법)이며 저항은 무시한다.)

① 약 17,090[kW]
② 약 18,890[kW]
③ 약 21,250[kW]
④ 약 23,610[kW]

| 해설

㉠ 동기리액턴스: $X_s\,[P.U] = 0.9$
㉡ 역률 $\cos\theta = 0.8$이면 무효율 $\sin\theta = 0.6$이 된다.
㉢ $E = \sqrt{(0.8)^2 + (0.6 + 0.9)^2} = 1.7\,[P.U]$
㉣ 비돌극(원통형) 발전기의 최대 출력은 부하각 90°에서
$P_m = \dfrac{EV}{X_s} = \dfrac{1.7 \times 1}{0.9} = 1.8888\cdots$

∴ $10000 \times 1.8889 ≒ 18890\,[kW]$

정답 112 ④ 113 ④ 114 ② 115 ②

116

3상 69000[kVA], 13800[V], 2극 3,600[rpm] 터빈발전기 정격전류[A]는?

① 5421
② 3260
③ 2887
④ 1967

| 해설

$$I = \frac{P}{\sqrt{3}\,V_1} = \frac{69000}{\sqrt{3}\times 13.8} ≒ 2887\,[A]$$

117

발전기의 단락비나 동기임피던스를 산출하는데 필요한 시험은?

① 무부하 포화시험과 3상 단락시험
② 정상, 영상, 리액턴스의 측정시험
③ 돌발 단락시험과 부하시험
④ 단상 단락시험과 3상 단락시험

| 해설

동기발전기의 특성시험: 무부하 포화시험, 3상 단락시험

118

그림은 3상 동기발전기의 무부하 포화곡선이다. 이 발전기의 포화율은?

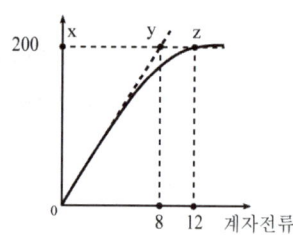

① 0.2
② 0.5
③ 1.5
④ 2.5

| 해설

포화율 $= \dfrac{12-8}{8} = 0.5$

119

발전기의 단자 부근에서 단락이 일어났다고 하면 단락전류는?

① 계속 증가한다.
② 발전기가 즉시 정지한다.
③ 일정한 큰 전류가 흐른다.
④ 처음은 큰 전류이나 점차로 감소한다.

| 해설

발전기 단자부근에서 단락이 일어나면 처음에는 큰 전류가 흐르나 전기자반작용에 의해 점점 작아진다.

120

동기발전기의 돌발 단락전류를 주로 제한하는 것은?

① 동기 리액턴스
② 누설 리액턴스
③ 권선저항
④ 동기 임피던스

| 해설

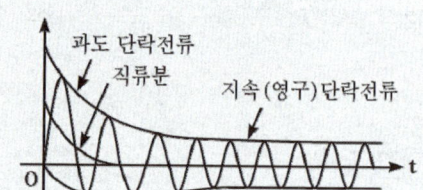

동기발전기의 단자가 단락되면 그림과 같이 정격전류의 수 배에 해당하는 돌발단락전류가 흐른다. 하지만 수사이클에서 수십사이클이 지나면 이 단락전류는 거의 90°까운 뒤진 전류이기 때문에 전기자반작용이 발생하여 감자작용을 하므로 전류가 감소하여 지속 단락전류(또는 영구 단락전류)가 된다. 그러나 이 돌발 단락전류는 상당히 크므로 이것을 제한하기 위하여 한류리액터를 설치한다.

정답 116 ③ 117 ① 118 ② 119 ④ 120 ②

121

철심이 포화할 때 동기발전기의 동기 임피던스는?

① 증가
② 감소
③ 일정
④ 주기적인 변화

| 해설

동기임피던스 $Z_s = \dfrac{E}{I_s}$ [A]

동기발전기의 특성곡선에서 무부하 포화곡선과 단락곡선의 특징으로 철심이 포화하면 유기기전력은 더 이상 증가하지 않게 되고 단락곡선의 증가시 동기임피던스는 감소한다.

122

그림과 같은 동기발전기의 동기리액턴스는 3[Ω]이고, 무부하 시의 선간전압이 220[V]이다. 그림과 같이 3상 단락 되었을 때 단락전류는 얼마인가?

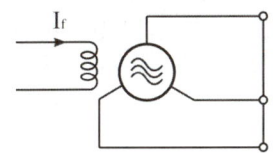

① 24[A]
② 42.3[A]
③ 73.3[A]
④ 127[A]

| 해설

단락전류는 상전압을 동기임피던스(동기리액턴스)로 나눈다.

$\therefore I_s = \dfrac{E_1}{Z_s} = \dfrac{220/\sqrt{3}}{3} = 42.34$ [A]

123

동기기에 있어서 동기 임피던스와 단락비와의 관계는?

① 동기 임피던스[Ω] = $\dfrac{1}{(\text{단락비})^2}$

② 단락비 = $\dfrac{\text{동기임피던스}[\Omega]}{\text{동기각속도}}$

③ 단락비 = $\dfrac{1}{\text{동기임피던스}[pu]}$

④ 동기임피던스[pu] = 단락비

| 해설

단락비 $K_S = \dfrac{I_s}{I_n} = \dfrac{100}{\%Z} = \dfrac{1}{Z[PU]} = \dfrac{10^3 V_n^2}{P Z_s}$

124

어떤 수차용 교류 발전기의 단락비가 1.2이다. 이 발전기의 동기 임피던스[p.u]는?

① 0.12
② 0.25
③ 0.52
④ 0.83

| 해설

동기 임피던스
$Z_s = \dfrac{V_1}{I_S} = \dfrac{1}{K_s} = \dfrac{1}{1.2} = 0.833$

125

동기발전기에서 무부하 정격전압 V_n을 유기하는데 필요한 계자전류 I_1, 3상 단락 정격전류를 흐르게 하는데 필요한 계자전류를 I_2, 정격전류를 I_n이라고 하면 동기기의 단락비를 나타내는 식은?

① I_1 / I_2
② I_2 / I_1
③ I_1 / I_n
④ I_2 / I_n

| 해설

단락비 $K_s = \dfrac{I_1}{I_2} = \dfrac{\text{정격속도에서 무부하정격전압을 발생시키는데 필요한 계자전류}}{\text{정격전류와 같은 지속단락전류가 흐르도록 하는데 필요한 계자전류}}$

정답 121 ② 122 ② 123 ③ 124 ④ 125 ①

126 □□□

5,000[kVA], 6,000[V]의 3상 교류발전기에서 여자전류 200[A]에 상당하는 무부하 단자전압은 600[V]이고 단락전류는 600[A]이다. 이 발전기의 단락비는?

① 1.12
② 1.25
③ 1.32
④ 1.39

| 해설

㉠ 단락전류: $I_s = 600\,[A]$

㉡ 정격전류: $I = \dfrac{P}{\sqrt{3}\,V}$

$= \dfrac{5000}{\sqrt{3}\times 6} = 481.139\,[A]$

∴ 단락비 $= \dfrac{I_s}{I} = \dfrac{600}{481.139} = 1.247$

127 □□□

정격용량 12000[kVA], 정격전압 6600[V]의 3상 교류발전기가 있다. 무부하곡선에서의 정격전압에 대한 계자전류는 280[A], 3상 단락곡선에서의 계자전류 280[A]에서의 단락전류는 920[A]이다. 이 발전기의 단락비와 동기 임피던스[Ω]는 얼마인가?

① 단락비 = 1.14,   동기 임피던스 = 7.17[Ω]
② 단락비 = 0.876, 동기 임피던스 = 7.17[Ω]
③ 단락비 = 1.14,   동기 임피던스 = 4.14[Ω]
④ 단락비 = 0.876, 동기 임피던스 = 4.14[Ω]

| 해설

㉠ 정격전류 $I = \dfrac{12000\times 10^3}{\sqrt{3}\times 6600} = 1049.758\,[A]$

㉡ 단락비 $K_s = \dfrac{I_s}{I} = \dfrac{920}{1049.758} = 0.876$

∴ 동기 임피던스

$Z_s = \dfrac{V_1}{I_s} = \dfrac{6600}{\sqrt{3}\times 920} = 4.141\,[\Omega]$

128 □□□

동기발전기의 단락비가 작을 때의 설명으로 옳은 것은?

① 동기 임피던스가 크고 전기자반작용이 작다.
② 동기 임피던스가 크고 전기자반작용이 크다.
③ 동기 임피던스가 작고 전기자반작용이 작다.
④ 동기 임피던스가 작고 전기자반작용이 크다.

| 해설

단락비가 큰 기기의 특징
(철의 비율이 높아 철기계라 한다.)
㉠ 동기 임피던스가 작다.
㉡ 전기자반작용이 작다.
㉢ 전압변동률이 작다.
㉣ 공극이 크다.
㉤ 안정도가 높다.
㉥ 철손이 크다.
㉦ 효율이 낮다.
㉧ 가격이 높다.
㉨ 송전선의 충전용량이 크다.
∴ 단락비가 작은 동기발전기의 특성은 위의 내용과 반대이므로 동기 임피던스가 크고 전기자반작용이 크다.

129 □□□

동기발전기의 부하 포화곡선은 발전기를 정격속도로 돌려 이것에 일정 역률, 일정 전류의 부하를 걸었을 때 어느 것의 관계를 표시하는 것인가?

① 부하전류와 계자전류
② 단자전압과 계자전류
③ 단자전압과 부하전류
④ 출력과 부하전류

| 해설

동기발전기의 특성곡선
• 무부하 포화곡선
  유기기전력과 계자전류의 관계곡선
• 부하 포화곡선
  계자전류와 단자전압과의 관계곡선
• 외부 특성곡선
  부하전류와 단자전압과의 관계곡선
• 위상 특성곡선
  계자전류와 전기자전류와의 관계곡선

정답 126 ② 127 ④ 128 ③ 129 ②

130 □□□
동기발전기의 자기여자작용은 부하전류의 위상이 다음 중 어느 때 일어나는가?

① 역률이 1인 때
② 느린 역률 0인 때
③ 빠른 역률 0인 때
④ 역률과 무관하다.

| 해설
무여자 상태에서도 90° 진상전류인 선로의 충전전류에 의해서 전기자반작용 중의 증자작용이 발생하여 발전기 단자전압이 순식간에 이상 상승할 수가 있는데, 이를 발전기의 자기여자현상이라 한다.

131 □□□
동기발전기의 자기여자현상의 방지법이 아닌 것은?

① 수전단에 리액턴스를 병렬로 접속한다.
② 발전기 2대 또는 3대를 병렬로 모선에 접속한다.
③ 송전선로의 수전단에 변압기를 접속한다.
④ 단락비가 작은 발전기로 충전한다.

| 해설
자기여자현상을 방지하려면 단락비를 다음식으로 만족하도록 하여야 한다.

$$\therefore 단락비 > \frac{Q_o}{Q} \cdot \left(\frac{V}{V_c}\right)^2 \cdot (1+\sigma)$$

132 □□□
동기발전기의 병렬운전에 필요한 조건이 아닌 것은?

① 유도기전력이 같을 것
② 위상이 같을 것
③ 주파수가 같을 것
④ 용량이 같을 것

| 해설
3상 동기발전기를 병렬운전 하고자 하는 경우에는 다음 조건을 만족해야 한다.
㉠ 위상이 같을 것
㉡ 전압의 크기가 같을 것
㉢ 주파수가 같을 것
㉣ 파형 및 상회전 방향이 같을 것

133 □□□
동기발전기 2대로 병렬운전할 때 일치하지 않아도 되는 것은?

① 기전력의 크기
② 기전력의 위상
③ 부하전류
④ 기전력의 주파수

| 해설
3상 동기발전기의 병렬운전조건 중 용량과는 필요충분조건은 아니나 가급적 3 : 1의 범위내의 것을 병행 운전시키는 것이 바람직하다.

134 □□□
3상 동기발전기를 병렬운전 시키는 경우 고려하지 않아도 되는 조건은?

① 기전력 파형이 같을 것
② 기전력의 주파수가 같을 것
③ 회전수가 같을 것
④ 기전력의 크기가 같을 것

| 해설
3상 동기발전기의 병렬운전조건
㉠ 기전력크기가 같을 것
㉡ 기전력의 위상이 같을 것
㉢ 기전력의 주파수가 같을 것
㉣ 기전력의 파형이 같을 것
㉤ 상회전 방향이 같을 것

135 □□□
2대의 발전기가 병렬 운전되고 있을 때, B기의 원동기의 조속기를 조정하여 B기의 입력을 증가시키면 B기에는?

① 90°진상 전류가 흐른다.
② 90°지상 전류가 흐른다.
③ 부하 전류가 증가한다.
④ 부하 전류가 감소한다.

| 해설
병렬운전하는 A, B발전기중에 B발전기의 조속기를 조정해서 회전수를 증가시키면 부하전류가 증가하여 출력이 증가한다.

정답 130 ③ 131 ④ 132 ④ 133 ③ 134 ③ 135 ③

136 □□□
병렬운전을 하고 있는 두대의 3상 동기발전기 사이에 무효순환 전류가 흐르는 경우는?

① 여자전류의 변화
② 원동기의 출력변화
③ 부하의 증가
④ 부하의 감소

| 해설
동기발전기의 병렬운전시 유기기전력의 차에 의해 무효순환 전류가 흐르게 된다. 기전력의 차가 생기는 이유는 각 발전기의 여자전류의 크기가 다르기 때문이다.

137 □□□
정전압 계통에 접속된 동기발전기는 그 여자를 약하게 하면?

① 출력이 감소한다.
② 전압이 강하한다.
③ 앞선 무효전류가 증가한다.
④ 뒤진 무효전류가 증가한다.

| 해설
앞선 무효전류가 증가하여, 원래의 뒤진 무효전류를 감소시키므로 역률이 좋아진다.

138 □□□
2대의 동기발전기가 병렬운전하고 있을 때 동기화 전류가 흐르는 경우는?

① 기전력의 크기에 차가 있을 때
② 기전력의 위상에 차가 있을 때
③ 기전력의 파형에 차가 있을 때
④ 부하 분담에 차가 있을 때

| 해설
동기화전류(유효순환전류)가 흐를 때 기전력의 위상차가 있거나, 원동기의 출력이 변할 때이다.

139 □□□
극수 6, 회전수 1200[rpm]의 교류 발전기와 병렬운전하는 극수 8의 교류 발전기의 회전수[rpm]는?

① 400 ② 500
③ 800 ④ 900

| 해설
$$f = \frac{NP}{120} = \frac{1200 \times 6}{120} = 60 [Hz]$$
$$\therefore N = \frac{120f}{P} = \frac{120 \times 60}{8} = 900 [rpm]$$

140 □□□
병렬운전하는 두 동기발전기 사이에 그림과 같이 동기검정기가 접속되어 있을 때 상회전 방향이 일치되어 있다면?

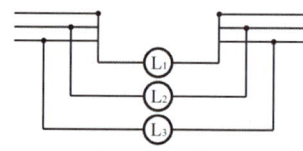

① L_1, L_2, L_3 모두 어둡다.
② L_1, L_2, L_3 모두 밝다.
③ L_1, L_2, L_3 순서대로 명멸한다.
④ L_1, L_2, L_3 모두 점등되지 않는다.

| 해설
주파수와 위상이 일치하는지를 알아보는데는 동기검정장치가 필요하다. 문제의 그림과 같이 L_1, L_2, L_3의 3개의 전등을 동기검정등이라 부르며, 실제로는 사용되지 않지만 원리적으로는 매우 이해하기 쉬우므로 이것을 설명해 본다.
① 양 발전기의 단자전압이 같고, 위상이 일치하면 L_1은 소등하고 L_2, L_3가 같은 밝기로 점등한다.
② 위상이 다르면 L_3가 제일 밝고 L_2, L_1의 순으로 어두워진다.
③ 주파수가 다른 경우는 L_1, L_2, L_3의 전등은 플리커(명멸)한다.
④ B기의 회전이 늦으면 L_1, L_2, L_3의 순으로 명멸하고 B기의 회전이 빠르면 L_1, L_3, L_2의 순으로 명멸한다.

정답 136 ① 137 ③ 138 ② 139 ④ 140 ④

141 □□□

1[MVA], 3300[V], 동기 임피던스 5[Ω]의 2대의 3상 교류 발전기를 병렬운전 중 한 발전기의 계자를 강화해서 두 유도기전력(상전압) 사이에 200[V]의 전압차가 생기게 했을 때 두 발전기 사이에 흐르는 무효 횡류는 몇 [A]인가?

① 40
② 30
③ 20
④ 10

| 해설

무효 횡류: $I = \dfrac{E_0}{2Z_s} = \dfrac{200}{2 \times 5} = 20[\text{A}]$

142 □□□

2대의 3상 동기발전기가 무부하로 병렬 운전하고 있을 때 대응하는 기전력 사이에 60°의 위상차가 있다면 한쪽 발전기에서 다른쪽 발전기에 공급되는 전력은 약 몇[kVA]인가? (단, 각 발전기의 기전력(선간)은 3300[V], 동기 리액턴스는 5[Ω], 전기자저항은 무시한다.)

① 189
② 221
③ 259
④ 314

| 해설

$$P = \dfrac{E^2}{2Z_s}\sin\delta$$
$$= \dfrac{(3300/\sqrt{3})^2}{2 \times 5} \times \sin 60° = 314 [\text{kVA}]$$

143 □□□

동기기에서 동기 리액턴스가 커지면 동작 특성이 어떻게 되는가?

① 전압변동률이 커지고 병렬운전 시 동기화력이 커진다.
② 전압변동률이 커지고 병렬운전 시 동기화력이 적어진다.
③ 전압변동률이 적어지고, 지속단락 전류도 감소한다.
④ 전압변동률이 적어지고 지속단락 전류는 증가한다.

| 해설

동기리액턴스가 크면, 내부전압강하가 크기 때문에 전압변동률이 커지고, 동기화력 $\dfrac{E_l^2}{2Z_s}\cos\theta$는 작아진다.

144 □□□

동기발전기의 안정도를 증진시키기 위하여 설계상 고려할 점으로 틀린 것은?

① 자동전압 조정기의 속도를 크게 한다.
② 정상 과도 리액턴스 및 단락비를 작게 한다.
③ 회전자의 관성력을 크게 한다.
④ 영상 및 역상 임피던스를 크게 한다.

| 해설

안정도를 증진시키려면 다음과 같다.
㉠ 정상 과도 리액턴스는 작게하고 및 단락비를 크게 한다.
㉡ 자동전압 조정기의 속응도를 크게 한다.
㉢ 회전자의 관성력을 크게 한다.
㉣ 영상 및 역상 임피이던스를 크게 한다.
㉤ 관성을 크게 하거나 플라이휠 효과를 크게 한다.

145 □□□

3상 동기발전기에서 그림과 같이 1상의 권선을 서로 똑같은 2조로 나누어서 그 1조의 권선전압을 E[V], 각 권선의 전류를 I[A]라 하고, 지그재그 Y형(zigzag star)으로 결선하는 경우 선간전압, 선전류 및 피상전력은?

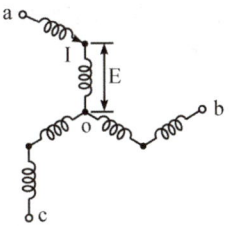

① $3E$, I, $\sqrt{3} \times 3E \times I = 5.2EI$
② $\sqrt{3}E$, $2I$, $\sqrt{3} \times \sqrt{3}E \times 2I = 6EI$
③ E, $2\sqrt{3}I$, $\sqrt{3} \times E \times 2\sqrt{3}I = 6EI$
④ $\sqrt{3}E$, $\sqrt{3}I$, $\sqrt{3} \times \sqrt{3}E \times \sqrt{3}I = 5.2EI$

| 해설

㉠ 선간전압: $V_l = \sqrt{3}E$
㉡ 선전류: $I_l = 2I$
∴ 피상전력
$P = \sqrt{3} \times$선간전압$\times$선전류
$= \sqrt{3} \times \sqrt{3}E \times 2I = 6EI$

정답 141 ③ 142 ④ 143 ② 144 ② 145 ②

146
대용량 발전기 권선의 층간 단락보호에 가장 적합한 계전 방식은?
① 과부하 계전기
② 접지 계전기
③ 차동계전기
④ 온도 계전기

| 해설
차동계전기: 발전기, 변압기, 모선 등의 단락사고시 검출용으로 사용된다.

147
발전기의 부하가 불평형이 되어 발전기의 회전자가 과열 소손되는 것을 방지하기 위하여 설치하는 계전기는?
① 과전압 계전기
② 역상 과전류 계전기
③ 계자 상실 계전기
④ 비율 차동 계전기

| 해설
역상 과전류 계전기: 부하의 불평형시에 고조파가 발생하므로 역상분을 검출할 수 있고 기기 과열의 큰 원인인 과전류의 검출이 가능하다.

148
동기전동기에 관한 설명 중 옳지 않은 것은?
① 기동 토크가 작다.
② 유도전동기에 비해 효율이 양호하다.
③ 여자기가 필요하다.
④ 역률을 조정할 수 없으며, 속도는 불변이다.

| 해설
동기전동기는 역률 1.0으로 운전이 가능하여 타 기기에 비해 효율이 높고 필요시 여자전류를 가감하여 역률을 조정할 수 있다.

149
역률이 가장 좋은 전동기는?
① 농형유도전동기
② 반발기동 전동기
③ 동기전동기
④ 교류 정류자전동기

| 해설
동기전동기의 특성
(1) 장점
  ㉠ 속도가 일정(동기속도 N_s로 운전)
  ㉡ 역률을 조정할 수 있음(역률 $\cos\theta = 1$로 운전 가능)
  ㉢ 효율이 좋고 공극이 크고 기계적으로 튼튼
(2) 단점
  ㉠ 기동토크가 작고(기동 토크 $T_s = 0$) 속도 제어가 어려움
  ㉡ 직류여자가 필요하고 난조가 일어나기 쉬움

150
인가전압과 여자가 일정한 동기전동기에서 전기자저항과 동기 리액턴스가 같으면 최대출력을 내는 부하각은 몇 도인가?
① 30°
② 45°
③ 60°
④ 90°

| 해설
전기자 저항과 동기 리액턴스가 같을 경우 최대 출력이 발생하는 부하각은 다음과 같다.
부하각 $\delta = \tan^{-1}(\frac{x}{r}) = 45°(r = x)$

151
동기전동기의 진상전류는 어떤 작용을 하는가?
① 증자작용
② 감자작용
③ 교차자화작용
④ 아무 작용도 없다.

| 해설
동기전동기에서 진상전류는 감자작용을 하고, 동기발전기에서 진상전류는 자화(증자)작용을 한다.

정답 146 ③ 147 ② 148 ④ 149 ③ 150 ② 151 ②

152

동기전동기에서 위상에 관계없이 감자작용을 할 때는 어떤 경우인가?

① 진상전류가 흐를 때
② 지상전류가 흐를 때
③ 동상전류가 흐를 때
④ 전류가 흐를 때

| 해설
㉠ 진상전류가 흐를 경우는 감자작용이 발생
㉡ 동기발전기와 반대로 작용한다.

153

동기와트로 표시되는 것은?

① 토크　　　　② 동기속도
③ 출력　　　　④ 1차 입력

| 해설
동기와트 $P_2 = 1.026 \cdot T \cdot N_s \times 10^{-3}$ [kW]
동기와트(P_2)는 동기속도에서 토크의 크기를 나타낸다.

154

동기전동기의 위상특성곡선은 다음 중 어느 것인가?
(단, P를 출력, I_f를 계자전류, I를 전기자전류 $\cos\phi$를 역률로 한다.)

① I_f-I 곡선,　P는 일정
② P-I 곡선,　I_f는 일정
③ P-I_f 곡선,　I는 일정
④ I_f-I 곡선,　$\cos\phi$는 일정

| 해설
위상특성곡선은 계자전류와 전기자전류와의 관계곡선으로 부하의 크기가 일정한 상태에서 V곡선으로 나타난다.

155

브론델(blondel)의 원선도에 대하여 잘못된 것은?

① 여자전류를 변화시키면 전기자전류의 벡터궤적은 원으로 된다.
② 부하를 변화시킨 경우의 V곡선을 구할 수가 있다.
③ 여자를 일정하게 하고 부하를 변화시켰을 경우 역률을 구할 수 있다.
④ 부하의 조정에 의하여 역률을 조정, 1로 할 수 있는 것이 큰 이점이다.

| 해설
브론델 선도는 동기전동기의 벡터도를 기본으로 그린 원선도로 동기전동기의 특성을 구할 수 있다.

156

동기전동기에서 공급전압과 주파수 및 부하를 일정하게 하고 여자전류를 변화하면 다음 중 무엇이 변하는가?

① 속도와 역률
② 전기자전류와 토크
③ 속도와 토크
④ 전기자전류와 역률

| 해설
전기자전류의 유효전류는 일정하고, 여자전류 증, 감에 따라 전기자전류의 무효전류(지상, 진상)가 변한다.

157

동기조상기의 여자전류를 줄이면?

① 콘덴서로 작용　　② 리액터로 사용
③ 진상전류로 됨　　④ 저항손의 보상

| 해설
여자전류가 증가하면 앞선 무효전류가 증가하여 전기자전류가 증가하고 여자전류를 감소시키면 뒤지는 무효전류가 증가한다.

정답　152 ①　153 ①　154 ①　155 ②　156 ④　157 ②

158 ☐☐☐

전압이 일정한 모선에 접속되어 역률 1로 운전하고 있는 전동기의 여자전류를 감소시키면 이 전동기의 역률 및 전기자전류는 어떻게 되는가?

① 역률이 앞서고 전기자전류 증가
② 역률이 앞서고 전기자전류 감소
③ 역률이 뒤지고 전기자전류 증가
④ 역률이 뒤지고 전기자전류 감소

| 해설

무부하 동기전동기를 역률 1.0으로 운전 중에 여자전류가 감소시키면 전기자전류가 지상전류를 취하여 리액터작용을 하므로 역률은 뒤지고 전기자전류는 증가한다.

159 ☐☐☐

그림은 동기발전기의 구동 개념도이다. 그림에서 ⓒ을 발전기라 할 때, ⓒ의 명칭으로 적합한 것은?

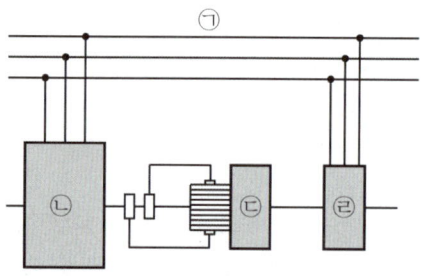

① 전동기
② 여자기
③ 원동기
④ 제동기

| 해설

각 부분별 명칭
㉠ 전원
㉡ 발전기
㉢ 여자기
㉣ 기동용 유도전동기

160 ☐☐☐

3상 송전선의 수전단에서 전압 3300[V], 전류 800[A], 역률 0.8의 지상전력을 수전하는 경우 동기조상기를 사용해서 역률을 100[%]로 개선하고자 한다. 필요한 동기조상기의 용량[kVA]은?

① 1452
② 1584
③ 2743
④ 3200

| 해설

㉠ 수전전력
$$W = \sqrt{3}\,VI\cos\theta$$
$$= \sqrt{3} \times 3.3 \times 800 \times 0.8 = 3658.09\,[kW]$$

㉡ 동기조상기의 용량
$$Q_c = W(\tan\theta_1 - \tan\theta_2)$$
$$= 3658.09\left(\frac{\sqrt{1-0.8^2}}{0.8} - \frac{\sqrt{1-1.0^2}}{1.0}\right)$$
$$= 2743\,[kVA]$$

161 ☐☐☐

동기전동기의 자기기동에서 계자권선을 단락하는 이유는?

① 고전압이 유도된다.
② 전기자반작용을 방지한다.
③ 기동 권선으로 이용한다.
④ 기동이 쉽다.

| 해설

동기전동기의 자기 기동시에 고정자에서 발생하는 회전자계가 계자권선과 쇄교하여 큰 기전력 발생하고 그로인한 전류로 계자권선의 과열 소손되는 것을 방지하기 위해 단락하여 기동한다.

162 ☐☐☐

3상 동기기의 제동권선의 효용은?

① 출력증가
② 효율증가
③ 난조방지
④ 역률개선

정답 158 ③ 159 ② 160 ③ 161 ① 162 ③

| 해설
제동권선은 회전자 자극표면에 축방향으로 동선을 넣어 양단을 단락환으로 연결한 것으로 부하가 갑자기 급증하면 토크를 발생시키고 반대로 부하가 급감하면 역토크를 발생시켜 난조를 방지한다. 시동권선으로도 사용한다.

163 □□□

유도전동기로 동기전동기를 기동하는 경우, 유도전동기의 극수는 동기전동기의 극수보다 2극 적은 것을 사용하는 이유로 옳은 것은? (단, s는 슬립이며 N_s는 동기속도이다.)

① 같은 극수의 유도전동기는 동기속도보다 sN_s 만큼 늦으므로
② 같은 극수의 유도전동기는 동기속도보다 sN_s 만큼 빠르므로
③ 같은 극수의 유도전동기는 동기속도보다 $(1-s)N_s$ 만큼 늦으므로
④ 같은 극수의 유도전동기는 동기속도보다 $(1-s)N_s$ 만큼 빠르므로

| 해설
동기전동기 기동 시 유도전동기를 이용할 경우 유도전동기가 $(1-s)N_s$ 만큼 동기전동기보다 늦게 회전하므로 동기전동기보다 2극 적은 유도전동기를 사용하여 기동한다.

164 □□□

60[Hz], 600[rpm]의 동기전동기에 직결된 기동용 유도전동기의 극수는?

① 8　　　　　　② 10
③ 12　　　　　　④ 14

| 해설
㉠ 동기속도: $N_s = \dfrac{120f}{P}$
㉡ 극수: $P = \dfrac{120f}{N_s} = \dfrac{120 \times 60}{600} = 12$
∴ 기동용 유도전동기의 극수는 이것보다 2극이 적어야 하므로 10극이 된다.

165 □□□

동기전동기의 용도가 아닌 것은?

① 크레인　　　　② 분쇄기
③ 압축기　　　　④ 송풍기

| 해설
크레인에는 적은 전류로 큰 토크를 발생시키는 전동기가 유리하므로 직류 직권전동기를 사용한다.

166 □□□

다음에서 동기전동기와 구조가 동일한 것은?

① 직류전동기　　② 유도전동기
③ 정류자전동기　④ 교류발전기

| 해설
동기전동기는 동기발전기(= 교류발전기)와 구조가 같고 일반적으로 회전계자형으로 계자에 직류를 그리고 전기자에 교류를 가하여 동기속도로 회전하는 기기이다.

제3장 변압기

167 □□□

변압기의 원리는?

① 전자유도 작용을 이용
② 정전유도 작용을 이용
③ 자기유도 작용을 이용
④ 플레밍의 오른손 법칙을 이용

| 해설
전자유도작용
서로 독립된 코일에 자속이 쇄교하면서 전압을 유도하는 원리

정답　163 ①　164 ②　165 ①　166 ④　167 ①

168

전력용변압기에서 1차에 정현파 전압을 인가하였을 때, 2차에 정현파 전압이 유기되기 위하여서는 1차에 흘러 들어가는 여자전류는 기본파 전류 외에 주로 몇 고조파 전류가 포함되는가?

① 제 2고조파
② 제 3고조파
③ 제 4고조파
④ 제 5고조파

| 해설
변압기 1차측에 정현파 교류전압을 가하면 여자전류가 흐르고 정현파 자속이 발생한다. 실제 변압기 철심에서 히스테리시스현상으로 인해 자기포화현상으로 비정현파가 발생하는데 그중에 제 3고조파가 다수 포함되어 있다.

169

1차 전압 3300[V], 2차 전압 100[V]의 변압기에서 1차측에 3500[V]의 전압을 가했을 때 2차측 전압은?
(단, 권선의 임피던스는 무시한다.)

① 106.1
② 2970
③ 2640
④ 3500

| 해설
권수비 $a = \dfrac{3300}{100} = 33$ 에서 2차측 전압은

$\therefore V_2 = \dfrac{1}{a}V_1 = \dfrac{1}{33} \times 3500 = 106.1\,[\text{V}]$

170

그림과 같은 정합 변압기(matching transformer)가 있다. R_2 에 주어지는 전력이 최대가 되는 권선비 a 는?

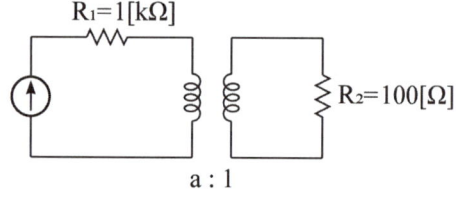

① 약 2
② 약 1.16
③ 약 2.16
④ 약 3.16

| 해설
㉠ 2차 저항을 1차 저항으로 환산
$R_1' = a^2 R_2$
㉡ 최대전력 전달조건은 전원측 저항과 부하측 저항을 같은 경우
$\therefore R_1 = R_1' = a^2 R_2$ 에서
$a = \sqrt{\dfrac{R_1}{R_2}} = \sqrt{\dfrac{1000}{100}} = 3.162$

171

그림과 같은 변압기에서 1차 전류는 얼마인가?

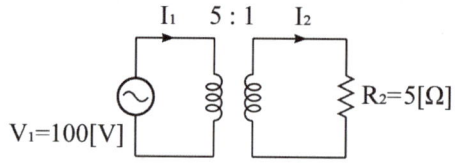

① 0.8[A]
② 8[A]
③ 10[A]
④ 20[A]

| 해설
㉠ 권수비: $a = \dfrac{N_1}{N_2} = \dfrac{5}{1} = 5$
㉡ 2차측 저항을 1차측으로 환산하면
$R_1' = a^2 R_2 = 5^2 \times 5 = 25\,[\Omega]$
$\therefore$ 1차 전류: $I_1 = \dfrac{V_1}{R_1'} = \dfrac{100}{125} = 0.8\,[\text{A}]$

172

단상변압기의 2차측(105[V]단자)에 1[Ω]의 저항을 접속하고 1차측에 1[A]의 전류를 흘렸을 때 1차 단자전압이 900[V]이었다. 1차측 탭전압과 2차 전류는 얼마인가?
(단, 변압기는 이상변압기이고, V_r는 1차 탭전압, I_2는 2차 전류를 표시한다.)

① $V_r = 3150\,[\text{V}]$, $I_2 = 30\,[\text{A}]$
② $V_r = 900\,[\text{V}]$, $I_2 = 30\,[\text{A}]$
③ $V_r = 900\,[\text{V}]$, $I_2 = 1\,[\text{A}]$
④ $V_r = 3150\,[\text{V}]$, $I_2 = 1\,[\text{A}]$

정답 168 ② 169 ① 170 ④ 171 ① 172 ①

| 해설

㉠ 1차 전류와 2차 저항을 이용 권수비를 산출하면
$1 = \dfrac{900}{R_1} = \dfrac{900}{a^2 \times 1}$ 를 정리하면 권수비 $a = 30$ 이 된다.
㉡ $V_1 = aV_2 = 30 \times 105 = 3150 \, [V]$
㉢ $I_2 = aI_1 = 30 \times 1 = 30 \, [A]$

173 □□□

1차전압 3300[V], 권수비 30인 단상 변압기로 전등부하에 20[A]를 공급할 때의 입력[kW]는?
(단, 전등부하의 역률은 1이다.)

① 1.2[kW] ② 2.2[kW]
③ 3.6[kW] ④ 6.6[kW]

| 해설

$P = 3300 \times \dfrac{20}{30} \times 1 \times 10^{-3} = 2.2 \, [kW]$

여기서, 전등부하의 역률은 1로 본다.

174 □□□

변압기의 자속에 대한 설명으로 옳은 것은?

① 주파수와 전압의 반비례한다.
② 전압에 반비례한다.
③ 권수에만 비례한다.
④ 전압에 비례, 주파수와 권수에 반비례한다.

| 해설

자속 $\phi = \dfrac{E}{4.44fN} \propto \dfrac{E}{fN}$

175 □□□

권수비 $a = 6600/220$, 60[Hz] 변압기의 철심의 단면적 0.02[m²] 최대 자속밀도 1.2[Wb/m²]일 때 1차 유기기전력 [V]은 약 얼마인가?

① 1407 ② 3521
③ 42198 ④ 49814

| 해설

1차 유기기전력
$E_1 = 4.44 f \omega_1 \phi_m$
$= 4.44 \times 60 \times 6600 \times 1.2 \times 0.02$
$= 42198 \, [V]$

176 □□□

부하에 관계없이 변압기에 흐르는 전류로서 자속만을 만드는 것은?

① 1차 전류   ② 철손전류
③ 여자전류   ④ 자화전류

| 해설

무부하시험시 변압기 2차측을 개방하고 1차측에 정격전압 V_1을 인가할 경우 전력계에 나타나는 값은 철손이고, 전류계의 값은 무부하전류 I_o가 된다. 여기서 무부하전류(I_o)는 철손전류(I_i)와 자화전류(I_m)의 합으로 자화전류는 자속만을 만드는 전류이다.

177 □□□

변압기의 권수를 N로 할 때 누설 리액턴스는?

① N에 비례
② N에 반비례
③ N^2에 비례
④ N^2에 반비례

| 해설

인덕턴스 $L = \dfrac{\mu N^2 A}{l} \, [H]$

누설 리액턴스 $X_l = \omega L = 2\pi f \dfrac{\mu N^2 A}{l}$ 이므로
누설 리액턴스는 변압기 권수의 제곱에 비례한다.

정답 173 ② 174 ④ 175 ③ 176 ④ 177 ③

178 □□□

전압 2200[V] 무부하전류 0.088[A]인 변압기의 철손이 110[W]이었다. 자화전류는?

① 약 0.05[A] ② 약 0.038[A]
③ 약 0.0724[A] ④ 약 0.088[A]

| 해설
㉠ 철손전류: $I_i = \dfrac{P_i}{V} = \dfrac{110}{2200} = 0.05[A]$
㉡ 자화전류: $I_m = \sqrt{I_0^2 - I_i^2}$
  $= \sqrt{(0.088)^2 - (0.05)^2}$
  $= 0.0724[A]$

179 □□□

2[kVA], 3000/100[V]의 단상 변압기의 철손이 200[W]이면 1차에 환산한 여자 콘덕턴스는?

① 약 66.6×10^{-3}[℧] ② 약 22.2×10^{-6}[℧]
③ 약 2×10^{-2}[℧] ④ 약 2×10^{-6}[℧]

| 해설
여자 콘덕턴스
$g_o = \dfrac{P_i}{V_1^2} = \dfrac{200}{3000^2} = 22.2 \times 10^{-6}[℧]$

180 □□□

변압비 3000/100[V]인 단상변압기 2대의 고압측을 그림과 같이 직렬로 3300[V] 전원에 연결하고, 저압측에 각각 5[Ω], 7[Ω]의 저항을 접속하였을 때 고압측의 단자전압 E_1는 대략 얼마인가?

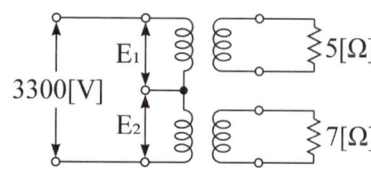

① 471[V] ② 660[V]
③ 1375[V] ④ 1925[V]

| 해설
2차측 저항을 1차로 환산할 때 저항은
㉠ $R_1 = a^2 r_1 = \left(\dfrac{3000}{100}\right)^2 \times 5 = 4500[\Omega]$
㉡ $R_2 = a^2 r_2 = \left(\dfrac{3000}{100}\right)^2 \times 7 = 6300[\Omega]$
∴ E_1 단자전압은
$E_1 = \dfrac{3300}{R_1 + R_2} \times 4500$
$= \dfrac{3300}{4500 + 6300} \times 4500 = 1375[V]$

181 □□□

변압기의 등가회로 작성에 필요한 시험은?

① 구속시험 ② 단락시험
③ 유도시험 ④ 반환부하시험

| 해설
변압기의 등가회로 작성시 특성 시험
㉠ 무부하시험: 무부하전류(여자전류), 철손, 여자어드민턴스
㉡ 단락시험: 임피던스 전압, 임피던스 와트, 동손, 전압변동률
㉢ 권선의 저항측정

182 □□□

변압기의 임피던스 전압이란?

① 정격전류 시 2차측 단자전압
② 변압기의 1차를 단락, 1차에 1차 정격전류와 같은 전류를 흐르게 하는데 필요한 1차 전압
③ 변압기 누설임피던스와 정격전류와의 곱인 내부 전압강하이다.
④ 변압기의 2차를 단락, 2차에 2차 정격전류와 같은 전류를 흐르게 하는데 필요한 2차 전압

| 해설
임피던스 전압
변압기 2차측을 단락한 상태에서 1차측의 인가전압을 서서히 증가시켜 정격전류가 1차, 2차 권선에 흐르게 되는데 이때 전압계의 지시값을 임피던스 전압이라고 한다.

정답 178 ③ 179 ② 180 ③ 181 ② 182 ③

183

단상 변압기의 임피던스 왓트(impedance watt)를 구하기 위해서는 다음 중 어느 시험이 필요한가?

① 무부하시험   ② 단락시험
③ 유도시험   ④ 반환부하법

| 해설
단락시험에서 정격전류와 같은 단락전류가 흐를 때의 입력이 임피던스 와트이고, 이것이 동손이다.

184

변압기의 2차를 단락한 경우에 1차 단락전류 I_{s1}[A]은?
(단, V_1: 1차 단자전압, Z_1: 1차 권선의 임피던스, Z_2: 2차 권선의 임피던스, a: 권수비, Z: 부하의 임피던스)

① $I_{s1} = \dfrac{V_1}{Z_1 + a^2 Z_2}$ ② $I_{s1} = \dfrac{V_1}{Z_1 + a Z_2}$

③ $I_{s1} = \dfrac{V_1}{Z_1 - a Z_2}$ ④ $I_{s1} = \dfrac{V_1}{Z_1 + Z_2 + Z}$

| 해설
㉠ 1차 권선의 임피던스: Z_1
㉡ 2차 임피던스를 1차로 환산: $Z_1 = a^2 Z_2$
㉢ 단락전류에는 부하임피던스가 적용되지 않으므로 변압기 내부 1·2차 권선의 임피던스만 고려하면 다음과 같다.
∴ 1차 단락전류: $I_{s1} = \dfrac{V_1}{Z_1 + a^2 Z_2}$ [A]

185

변압기의 주요 시험항목 중 전압변동률 계산에 필요한 수치를 얻기 위한 필수적인 시험은?

① 단락시험   ② 내전압시험
③ 변압비시험   ④ 온도상승시험

| 해설
변압기의 등가회로 작성 시 특성 시험
㉠ 무부하시험: 무부하전류(여자전류), 철손, 여자어드미턴스
㉡ 단락시험: 임피던스 전압, 임피던스 와트, 동손, 전압변동률
㉢ 권선의 저항 측정

186

권수비 60인 단상변압기의 전부하 2차전압 200[V] 전압 변동률이 3[%]일 때 1차 단자전압[V]은?

① 12360   ② 12720
③ 13625   ④ 18760

| 해설
전압변동율 $\epsilon = \dfrac{V_{20} - V_{2n}}{V_{2n}} \times 100$

$= \left(\dfrac{V_{20}}{V_{2n}} - 1\right) \times 100$에서

(여기서, V_{20}: 무부하 단자전압, V_{2n}: 전부하 단자전압)

∴ $V_{10} = a V_{20} = a V_{2n}\left(1 + \dfrac{\epsilon}{100}\right)$

$= 60 \times 200 \times \left(1 + \dfrac{3}{100}\right) = 12,360$ [V]

187

어떤 변압기의 무부하에서 14.5:1, 어떤 역률의 정격부하에서 15:1이었다. 이 변압기의 동일 역률에 있어서의 전압 변동률은?

① 2.45[%]   ② 3.45[%]
③ 4.45[%]   ④ 5.45[%]

| 해설
2차 정격전압을 V_{2n} 이라 하면
무부하 1차단자전압 $V_{10} = 15 V_{2n}$,
전부하 시 1차단자전압 $V_{1n} = 14.5 V_{2n}$ 이므로 전압변동률

∴ $\% \epsilon = \dfrac{V_{10} - V_{1n}}{V_{1n}} \times 100$

$= \dfrac{15 V_{2n} - 14.5 V_{2n}}{14.5 V_{2n}} \times 100 = 3.45$ [%]

정답 183 ② 184 ① 185 ① 186 ① 187 ②

188 □□□

어떤 변압기의 백분율 저항 강하가 2[%], 백분율 리액턴스 강하가 3[%]라 한다. 이 변압기로 역률이 80[%]인 부하에 전력을 공급하고 있다. 이 변압기의 전압변동률[%]은?

① 1.6[%] ② 1.8[%]
③ 3.4[%] ④ 3.6[%]

| 해설
전압변동률
$\%\epsilon = p\cos\theta + q\sin\theta$
$= 2 \times 0.8 + 3 \times 0.6$
$= 3.4\,[\%]$

189 □□□

어떤 변압기의 단락시험에서 %저항강하 1.5[%]와 %리액턴스 강하 3[%]를 얻었다. 부하역률 80[%] 앞선 경우의 전압변동률[%]은?

① -0.6 ② 0.6
③ -3.0 ④ 3.0

| 해설
전압변동률
$\%\epsilon = p\cos\theta + q\sin\theta$
$= 1.5 \times 0.8 + 3 \times (-0.6)$
$= -0.6\,[\%]$

190 □□□

어떤 변압기의 전압변동률은 부하역률 100[%]에서 2[%], 부하역률 80[%]에서 3[%]이다. 이 변압기의 최대 전압변동률[%]은 약 얼마인가?

① 6.2 ② 5.1
③ 4.2 ④ 3.1

| 해설
㉠ 역률 100[%] 일 때 전압변동률
$\%\epsilon = p = 2\,[\%]$
㉡ 역률 80[%] 일 때 전압변동률
$\%\epsilon = p\cos\theta + q\sin\theta\,[\%]$
$= 2 \times 0.8 + q \times 0.6 = 3\,[\%]$

㉢ ㉡에서 %리액턴스 강하를 구하면
$q = 2.33\,[\%]$
$\therefore \epsilon_m = \sqrt{p^2 + q^2} = \sqrt{2^2 + 2.33^2}$
$= 3.07 ≒ 3.1\,[\%]$

191 □□□

5[kVA], 2000/200[V] 단상변압기가 있다. 2차측의 저항과 리액턴스가 각각 0.14[Ω], 0.16[Ω]이다. 이 변압기의 지상 역률 0.8의 정격부하를 걸었다면 전압변동률은 몇[%]인가?

① 0.026 ② 0.26
③ 2.6   ④ 26

| 해설
㉠ 2차측 정격전류
$I_{2n} = \dfrac{P}{V_{2n}} = \dfrac{5 \times 10^3}{200} = 25\,[A]$
㉡ 전압변동률
$\%\epsilon = \dfrac{I_{2n}(r_{12}\cos\theta + x_{12}\sin\theta)}{V_{2n}} \times 100$
$= \dfrac{25 \times (0.14 \times 0.8 + 0.16 \times 0.6)}{200} \times 100$
$= 2.6\,[\%]$

192 □□□

5[kVA], 3000/200[V]의 변압기의 단락시험에서 임피던스전압 = 120[V], 동손 = 150[W]라 하면 저항강하[%]는?

① 약 2[%] ② 약 3[%]
③ 약 4[%] ④ 약 5[%]

| 해설
저항강하[%]
$P = \dfrac{I_1^2 r}{P_n} \times 100 = \dfrac{150}{5 \times 10^3} \times 100 = 3\,[\%]$

정답 188 ③ 189 ① 190 ④ 191 ③ 192 ②

193

10[kVA], 2000/100[V] 변압기 1차 환산등가 임피던스가 $6.2 + j7$[Ω]이라면 그 임피던스 강하[%]는?

① 약 9.4
② 약 8.35
③ 약 6.75
④ 약 2.4

| 해설

㉠ $Z = \sqrt{R^2 + X^2}$
$= \sqrt{(6.2)^2 + 7^2} = 9.35[\Omega]$

㉡ $I_1 = \dfrac{10 \times 10^3}{2000} = 5[A]$

∴ $\%Z = \dfrac{IZ}{E} \times 100 = \dfrac{5 \times 9.35}{2000} \times 100$
$= 2.3375 ≒ 2.4[\%]$

194

3상 변압기의 임피던스가 Z[Ω]이고, 선간전압이 V[kV] 정격용량이 P[kVA]일 때 Z(임피던스)[%]는?

① $\dfrac{PZ}{V}$
② $\dfrac{10PZ}{V}$
③ $\dfrac{PZ}{10V^2}$
④ $\dfrac{PZ}{100V^2}$

| 해설

정격전류 $I = \dfrac{P}{\sqrt{3}\,V}$ [A]

여기서, P: 정격용량 [kVA],
V: 선간전압 [kV]

∴ 백분율 임피던스

$\%Z = \dfrac{IZ}{E} \times 100$

$= \dfrac{\dfrac{P}{\sqrt{3}\,V} \times Z}{1000\,V/\sqrt{3}} \times 100 = \dfrac{PZ}{10\,V^2}$ [%]

195

단상 100[kVA] 13200/200[V] 변압기의 저압측 선전류의 유효분[A]는? (단, 역률 0.8 지상이다.)

① 300
② 400
③ 500
④ 700

| 해설

$I_2 = \dfrac{P}{E} = \dfrac{100}{0.2} \times (0.8 - j\,0.6)$
$= 400 - j\,300$ [A]

∴ 유효분 400[A], 무효분 300[A] 흐른다.

196

임피던스 전압강하 4[%]의 변압기가 운전 중 단락되었을 때 단락전류는 정격전류의 몇 배가 흐르는가?

① 30
② 25
③ 20
④ 15

| 해설

$I_{1s} = \dfrac{100}{\%Z} I_{1n} = \dfrac{100}{4} \times I_{1n} = 25 I_{1n}$

197

30[kVA], 3300/200[V], 60[Hz]의 3상 변압기 2차측에 3상 단락이 생겼을 경우 단락전류는 약 몇[A]인가? (단, 임피던스 전압[%]은 3[%]라 함)

① 2250
② 2620
③ 2730
④ 2886

| 해설

2차 단락전류

$I_{2s} = \dfrac{100}{\%Z} \times I_{2n} = \dfrac{100}{\%Z} \times \dfrac{P}{\sqrt{3}\,V_2}$

$= \dfrac{100}{3} \times \dfrac{30 \times 10^3}{\sqrt{3} \times 200} = 2886.75$ [A]

정답 193 ④ 194 ③ 195 ② 196 ② 197 ④

198

변압기의 규약효율 산출에 필요한 기본요건이 아닌 것은?

① 파형은 정현파를 기준으로 한다.
② 별도의 지정이 없는 경우 역률은 100% 기준이다.
③ 손실은 각 권선의 부하손의 합과 무부하손의 합이다.
④ 부하손은 40℃를 기준으로 보정한 값을 사용한다.

| 해설

규약효율 $\eta = \dfrac{출력}{출력 + 손실} \times 100\,[\%]$ 으로
부하손은 75℃를 기준으로 보정한 값을 사용한다.

199

변압기의 전부하 효율은?

① $\dfrac{출력}{입력 + 동손 + 철손}$ ② $\dfrac{입력}{출력 + 동손 + 철손}$

③ $\dfrac{출력}{출력 + 동손 + 철손}$ ④ $\dfrac{입력}{입력 + 동손 + 철손}$

| 해설

변압기의 전부하 효율

$\eta = \dfrac{P_o}{P_o + P_i + P_c} \times 100\,[\%]$

(여기서, P_o: 출력, P_i: 철손, P_c: 동손)

200

50[kVA], 전부하 동손 1200[W] 무부하손 800[W]인 단상 변압기의 부하역률 80[%]에 대한 전부하 효율은?

① 95.24[%]   ② 96.15[%]
③ 96.65[%]   ④ 97.53[%]

| 해설

$\eta = \dfrac{P_2}{P_2 + P_c + P_i} \times 100$

$= \dfrac{50 \times 10^3 \times 0.8}{50 \times 10^3 \times 0.8 + 800 + 1200} \times 100$

$= 95.24\,[\%]$

201

100[kVA]의 단상변압기가 역률 80[%]에서 전부하 효율이 90[%]라면 역률 0.5의 전부하에서의 효율[%]은?

① 85   ② 92
③ 98   ④ 105

| 해설

손실 $P_l = \dfrac{100 \times 0.8}{0.9} - 100 \times 0.8 = 8.9\,[\mathrm{kW}]$

∴ $\eta = \dfrac{100 \times 0.5}{100 \times 0.5 + 8.9} \times 100 = 84.9\,[\%]$

202

50[Hz], 6.3[kV]/210[V], 50[kVA], 정격역률 0.8(지상)의 단상 변압기에 있어서 무부하손은 0.65[%], % 저항강하는 1.4[%]라 하면 이 변압기의 전부하 효율은?

① 약 96.5[%]   ② 약 97.7[%]
③ 약 98.6[%]   ④ 약 99.4[%]

| 해설

㉠ 무부하손은 출력에 0.65[%]이므로
　　$P_0 = 40 \times 0.0065 = 0.26\,[\mathrm{kW}]$
㉡ 동손
　　$P_c = \%r \times \dfrac{p}{100} = 1.4 \times \dfrac{50}{100} = 0.7\,[\mathrm{kW}]$
㉢ 전부하시 출력
　　$W = P\cos = 50 \times 0.8 = 40\,[\mathrm{kW}]$
∴ 전부하 효율
　　$\eta = \dfrac{40}{40 + 0.26 + 0.7} \times 100 = 97.65\,[\%]$

정답 198 ④   199 ③   200 ①   201 ①   202 ②

203 ☐☐☐

변압기의 철손이 P_i[kW], 전부하 동손이 P_c[kW]일 때, 정격출력 $\frac{1}{m}$의 부하를 걸었을 때 전체 손실[kW]은?

① $(P_i + P_c)(\frac{1}{m})^2$
② $P_i + (\frac{1}{m})^2 P_c$
③ $(P_i + P_c)(\frac{1}{m})$
④ $P_i + (\frac{1}{m}) P_c$

| 해설

부하율이 $\frac{1}{m}$ 일 때의 효율

$$\eta = \frac{\frac{1}{m} P_o}{\frac{1}{m} P_o + P_i + (\frac{1}{m})^2 P_c} \times 100 [\%]$$

전체 손실 = $P_i + (\frac{1}{m})^2 P_c$

204 ☐☐☐

변압기의 철손과 전부하 동손을 같게 설계하면 최대 효율은?

① 전부하 시
② 3/2 부하 시
③ 2/3 부하 시
④ 1/2 부하 시

| 해설

변압기 운전 시 최대 효율 조건
전부하 시 최대 효율: $P_i = P_c$
$\frac{1}{m}$ 부하 시 최대 효율: $P_i = \left(\frac{1}{m}\right)^2 P_c$

205 ☐☐☐

전부하 동손 100[W], 철손 40[W]의 변압기로서 효율이 최대로 되는 부하는 전부하의 몇 [%]인가?

① 80
② 63
③ 60
④ 40

| 해설

최대 효율 조건 $P_i = \left(\frac{1}{m}\right)^2 P_c$ 에서

$$\therefore \frac{1}{m} = \sqrt{\frac{P_i}{P_c}} = \sqrt{\frac{40}{100}} = 0.632$$

206 ☐☐☐

정격 150[kVA], 철손 1[kW], 전부하 동손이 4[kW]인 단상 변압기의 최대 효율[%]와 최대 효율 시의 부하[kVA]를 구하시오.

① 96.8[%]   125[kVA]
② 97.4[%]   75[kVA]
③ 97[%]   50[kVA]
④ 97.2[%]   100[kVA]

| 해설

㉠ 최대 효율이 되기위한 부하율

$$\frac{1}{m} = \sqrt{\frac{P_i}{P_c}} = \sqrt{\frac{1}{4}} = \frac{1}{2}$$

㉡ 최대 효율 부하

$$P = 150 \times \frac{1}{2} = 75 [kW]$$

$$\therefore \text{효율: } \eta = \frac{P}{P + P_c + P_i} \times 100$$

$$= \frac{75}{75 + 0.5^2 \times 4 + 1} \times 100$$

$$= 97.4 [\%]$$

207 ☐☐☐

변압기의 전일효율이 최대가 되는 조건은?

① 하루 중의 무부하손의 합 = 하루 중의 부하손의 합
② 하루 중의 무부하손의 합 < 하루 중의 부하손의 합
③ 하루 중의 무부하손의 합 > 하루 중의 부하손의 합
④ 하루 중의 무부하손의 합 = 2 × 하루 중의 부하손의 합

| 해설

㉠ 변압기의 최대 효율 조건
철손(P_i) = 동손(P_c)

㉡ 전일효율의 최대 효율 조건

$$24 P_i = h \left(\frac{1}{m}\right)^2 P_c$$

여기서, h: 사용시간, $\frac{1}{m}$: 부하율

∴ 전부하 시간이 짧을수록, 철손이 작아야만 최대 효율로 운전이 가능하다.

정답 203 ② 204 ① 205 ② 206 ② 207 ①

208 □□□

변압기의 전일효율을 최대로 하기 위한 조건은?

① 전부하 시간이 짧을수록 무부하손을 적게 한다.
② 전부하 시간이 짧을수록 철손을 크게 한다.
③ 부하시간에 관계없이 전부하 동손과 철손을 같게 한다.
④ 전부하 시간이 길수록 철손을 적게 한다.

| 해설
전일 효율 시 최대효율 조건
$24P_i = h(\frac{1}{m})^2 P_c$
(여기서, P_i: 철손, P_c: 전부하 동손, h: 사용시간, $\frac{1}{m}$: 부하율)
사용시간이 짧을 경우에도 철손은 24시간이 적용되므로 최대효율이 되려면 철손이 동손보다 작아야 한다.

209 □□□

변압기의 효율이 회전기기의 효율보다 좋은 이유는?

① 철손이 적다.
② 동손이 적다.
③ 동손과 철손이 적다.
④ 기계손이 없고 여자전류가 적다.

| 해설
변압기는 정지기로 회전력이 발생하지 않아 자속을 만드는 여자전류가 적고 기계손이 적어 회전기기보다 효율이 적다.

210 □□□

일정 전압 및 일정 파형에서 주파수가 상승하면 변압기 철손은 어떻게 변하는가?

① 불변이다.
② 감소한다.
③ 증가한다.
④ 어떤 기간 동안 증가한다.

| 해설
변압기의 철손은 히스테리시스손과 와류손이다.
㉠ 히스테리시스손
$P_h = k_h \cdot f \cdot B_m^2$ [W/kg]
여기서, k_h: 재료에 의해 결정되는 정수

㉡ 와류손: $P_e = k_e (k_f f B_m t)^2$ [W/kg]
여기서 k_e: 재료에 의해 정해지는 계수
k_f: 파형율, f: 주파수 [Hz]
B_m: 최대자속밀도 [Wb/m²]
t: 철심의 두께 [m]
㉢ 철손: $P_i = P_h + P_e$
$= k_h f B_m^2 + (k_e k_f f B_m t)^2$
㉣ 전압이 일정하면 자속밀도
$B_m = \frac{E}{4.44 A f N} = k \cdot \frac{1}{f}$ 이므로
$P_i = k_1 f B_m^2 + (k_2 f B_m)^2$
$= k_1 f (k \cdot \frac{1}{f})^2 + (k_2 k_f f \cdot k \cdot \frac{1}{f} t)^2$
$= k_{h1} \frac{1}{f} + k_{e1}^2 \propto \frac{1}{f}$
∴ 주파수가 증가하면 철손은 감소

211 □□□

인가전압이 일정할 때 변압기의 와류손은?

① 주파수에 무관계
② 주파수에 비례
③ 주파수에 역비례
④ 주파수의 제곱에 비례

| 해설
자속밀도 $B_m = \frac{E}{4.44 A f N} \propto \frac{kE}{f}$ 에서
와류손 $P_e = k_e (k_f f B_m t)^2$
$= k_e (k_f f \cdot k \cdot \frac{E}{f} t)^2 = k k_f^2 t^2 E^2$

212 □□□

변압기에서 생기는 철손 중 와류손(eddy current loss)는 철심의 규소강판 두께와 어떤 관계에 있는가?

① 두께에 비례
② 두께의 2승에 비례
③ 두께의 1/2승에 비례
④ 두께의 3승에 비례

| 해설
와류손 $P_e = k f^2 B^2 t^2$ (t: 두께)

정답 208 ① 209 ④ 210 ② 211 ① 212 ②

213 □□□

3300[V] 60[Hz]용 변압기의 와류손이 360[W]이다. 이 변압기를 2750[V], 50[Hz]에서 사용할 때 이 변압기의 와류손은 어떻게 되는가?

① 약 360[W]
② 약 330[W]
③ 약 250[W]
④ 약 210[W]

| 해설
와류손은 전압 제곱에 비례($P_e \propto V^2$)하므로
$\therefore \left(\dfrac{2750}{3300}\right)^2 \times 360 = 250\,[\text{W}]$

214 □□□

정격주파수가 50[Hz]의 변압기를 일정기간 60[Hz]의 전원에 접속하여 사용했을 때 여자전류 철손 및 리액턴스 강하는?

① 여자전류와 철손 5/6 감소,
   리액턴스 강하 6/5 증가
② 여자전류와 철손 5/6 감소,
   리액턴스 강하 5/6 감소
③ 여자전류와 철손 6/5 증가,
   리액턴스 강하 6/5 증가
④ 여자전류와 철손 6/5 증가,
   리액턴스 강하 5/6 감소

| 해설
여자전류 $I_o = \dfrac{V_1}{\omega L} = \dfrac{V_1}{2\pi f L}$ [A],
철손 $P_i \propto \dfrac{V_1^2}{f}$, 리액턴스 $X_L = \omega L = 2\pi f L$
$I_o \propto \dfrac{1}{f}$, $P_i \propto \dfrac{1}{f}$ 이므로
주파수가 50[Hz]에서 60[Hz]로 증가하면 $\dfrac{5}{6}$로 감소한다.
$X_L \propto f$ 이므로
주파수가 50[Hz]에서 60[Hz]로 증가하면 $\dfrac{6}{5}$로 증가한다.

215 □□□

같은 정격전압에서 변압기의 주파수만 높이면 가장 많이 증가하는 것은?

① 여자 전류
② 온도상승
③ 철손
④ %임피던스

| 해설
정격전압에서 주파수만 증가하면 철손, 여자전류, 온도상승은 주파수에 반비례하여 감소하지만, %임피던스는 주파수에 비례하여 증가한다.

216 □□□

주파수가 정격보다 3[%] 상승하고 동시에 전압이 정격보다 3[%] 저하된 전원에서 운전되는 변압기가 있다. 철손이 fB_m^2 (f: 주파수, B_m: 자속밀도 최대치)에 비례한다면, 이 변압기 철손을 정격상태에 비하여 어떻게 달라지는가?

① 3.1[%] 증가
② 3.1[%] 감소
③ 8.7[%] 증가
④ 8.7[%] 감소

| 해설
철손 $P_i \propto \dfrac{V^2}{f} = \dfrac{(1-0.03)^2}{1+0.03} = 0.9135$
$\therefore 1 - 0.9135 = 0.0865 = 8.65\,[\%]$ 감소한다.

217 □□□

변압기의 부하가 증가할 때의 현상으로서 옳지 않은 것은?

① 동손이 증가한다.
② 여자전류는 변함없다.
③ 온도가 상승한다.
④ 철손이 증가한다.

| 해설
부하가 증가하면 동손이 증가하고 철손은 변하지 않는다.

218 ☐☐☐
변압기의 동손은 부하전류의 몇 제곱에 비례하는가?

① 4   ② 2
③ 1   ④ 0.5

| 해설
동손 $P_c = I_n^2 \cdot r$ 이므로 부하전류(I_n)의 제곱에 비례한다.

219 ☐☐☐
변압기의 표유부하손이란?

① 동손, 철손
② 부하전류중 누전에 의한 손실
③ 권선이외 부분의 누설 자속에 의한 손실
④ 무부하시 여자전류에 의한 동손

| 해설
변압기의 손실
㉠ 히스테리시스손
   철심의 히스테리시스 현상에 의해 생기는 손실
㉡ 와류손
   와전류손은 자속의 변화 때문에 철심 단면에 유도되는 맴돌이 전류로 인하여 생기는 손실
㉢ 유전체손
   전압이 높을 때 절연물의 유전체로 인해서 생기는 손실
㉣ 표유부하손
   누설자속 또는 변압기의 구조에 따라 예측할 수 없이 생기는 손실

220 ☐☐☐
변압기의 성층철심 재료로서 규소 함유량이 적당한 것은?

① 8[%]   ② 7[%]
③ 6.5[%]   ④ 3.5[%]

| 해설
변압기에 사용되는 규소강판의 규소 함유량은 3~4%이다.

221 ☐☐☐
변압기에서 발생하는 소음을 적게하려면 다음 중 어느 것이 가장 적당한가?

① 냉각을 한다.   ② 철심을 단단히 조인다.
③ 절연을 잘한다.   ④ 부하를 많이 걸어준다.

| 해설
변압기에서 발생하는 소음의 저감대책
㉠ 자기왜형으로 인한 진동을 작게하기 위하여 철심의 자속밀도를 낮게 하고 자기왜형이 작은 철심재료를 사용한다.
㉡ 철심과 권선을 단단히 조인다.
㉢ 냉식 변압기에서는 냉각팬으로 경음 팬을 사용하고 또한 방음장치를 한다.
㉣ 탱크 외면에 방음벽을 설치한다.

222 ☐☐☐
변압기의 누설 리액턴스를 줄이는 가장 효과적인 방법은?

① 철심의 단면적을 크게 한다.
② 코일의 단면적을 크게 한다.
③ 권선을 분할하여 조립한다.
④ 권선을 동심배치한다.

| 해설
변압기 권선의 누설 리액턴스를 줄이는 가장 효과적인 방법은 권선을 분할 조립하는 방법으로 저압권선을 내측에 감고 고압권선을 외측에 감아서 절연이 용이해지고 경제적으로 제작할 수 있다.

223 ☐☐☐
변압기의 1, 2차 권선간의 절연에 사용되는 것은?

① 에나멜   ② 무명실
③ 종이테이프   ④ 크래프트지

| 해설
크래프트 펄프를 원료로 만들어진 종이로서, 시멘트 등의 포장지로 사용되는데 전기적으로는 절연특성이 우수하여 변압기의 절연지로 사용된다.

정답 218 ② 219 ③ 220 ④ 221 ② 222 ③ 223 ④

224
변압기 권선과 철심의 건조법이 아닌 것은?

① 열풍법 ② 단락법
③ 반환부하법 ④ 진공법

| 해설
반환부하법은 온도시험
변압기의 권선과 철심을 건조함으로써 습기를 없애고 절연을 향상시킬 수 있는데, 건조 방법에는 열풍법, 단락법, 진공법이 있다.

225
변압기의 제조과정에서 건조가 완전히 되었는가를 판단하는데 가장 정확한 측정 방법은?

① 구속시험 ② tanδ 측정
③ 직류저항 측정 ④ 충격전압 측정

| 해설
tanδ 측정
변압기의 절연 및 성능상태를 확인할 수 있는 시험으로 기기의 건조상태도 확인할 수 있다.

226
전기기기에 사용되는 절연물의 종류 중 H종 절연물에 해당되는 최고 허용온도는?

① 105℃ ② 120℃
③ 155℃ ④ 180℃

| 해설
Y종(90℃), A종(105℃), E종(120℃), B종(130℃), F종(150℃), H종(180℃)

227
변압기유로 쓰이는 절연유에 요구되는 특성이 아닌 것은?

① 절연내력이 클 것 ② 인화점이 높을 것
③ 점도가 클 것 ④ 응고점이 낮을 것

| 해설
변압기유는 절연 및 냉각매체의 역할을 하므로 광유와 합성유가 있는데 광유를 사용하고 있다.
변압기유가 갖추어야 할 조건
㉠ 절연내력이 높을 것
㉡ 점도가 낮을 것
㉢ 인화점이 높고 응고점이 낮을 것
㉣ 다른 재질에 화학작용을 일으키지 않을 것
㉤ 변질하지 말 것 등이다.

228
변압기의 기름 중 아크 방전에 의하여 생기는 가스 중 가장 많이 발생하는 가스는?

① 수소 ② 일산화탄소
③ 아세틸렌 ④ 산소

| 해설
유입 변압기에서 아크 방전 등이 발생할 경우 변압기유가 전기분해 되어 수소, 메탄 등의 가연성 기체와 슬러지가 발생한다.

229
변압기에 콘서베이터의 용도는?

① 통풍장치 ② 변압기유의 열화방지
③ 강제순환 ④ 코로나방지

| 해설
변압기 상부에 설치하여 변압기유의 열화를 방지하는데 사용한다.

정답 224 ③ 225 ② 226 ④ 227 ③ 228 ① 229 ②

230 □□□
변압기유의 열화 방지 방법 중 틀린 것은?
① 개방형 콘서베이터 ② 수소봉입방식
③ 밀봉방식 ④ 흡착제방식

| 해설
변압기유는 열화 방지 방법
㉠ 변압기 용량 1[MVA] 이하
  호흡기(Breather) 설치
㉡ 변압기 용량 1[MVA] ~ 3[MVA] 이하
  개방형 콘서베이터 + 호흡기(Breather) 설치
㉢ 변압기 용량 3[MVA] 이상
  밀폐형 콘서베이터 설치

231 □□□
수은접점 2개를 사용하여 아크 방전등의 사고를 검출하는 계전기는?
① 과전류 계전기 ② 가스검출 계전기
③ 브흐홀츠 계전기 ④ 차동 계전기

| 해설
브흐홀츠 계전기는 콘서베이터와 변압기 본체 사이를 연결하는 관 안에 설치한 계전기로 수은접점으로 구성되어 변압기 내부에 고장이 발생하는 경우 내부고장 등을 검출하여 보호한다.

232 □□□
변압기의 내부고장에 대한 보호용으로 사용되는 계전기는 다음 중 어느 것이 적당한가?
① 차동 계전기 ② 접지 계전기
③ 과전류 계전기 ④ 역상 계전기

| 해설
차동 계전기는 변압기, 발전기, 모선 등의 내부고장 및 단락사고의 보호용으로 사용된다.
• 접지 계전기
  지락사고 시 지락전류를 검출하여 동작하는 계전기
• 과전류 계전기
  전류의 크기가 일정치 이상으로 되었을 때 동작하는 계전기
• 역상 계전기
  전력설비의 불평형운전 또는 결상 운전방지를 위해 설치

233 □□□
다음 중 비율 차동 계전기를 사용하는 경우는?
① 변압기의 고조파 발생 억제
② 변압기의 자기포화 억제
③ 변압기의 상간 단락 보호
④ 변압기의 여자 돌입전류보호

| 해설
비율 차동 계전기
변압기, 발전기, 모선 등의 내부고장 및 단락사고의 보호용으로 사용된다.

234 □□□
변압기의 내부고장을 검출하기 위하여 사용되는 보호계전기가 아닌 것은 다음 중 어느 것인가?
① 저전압 계전기 ② 차동 계전기
③ 가스 검출 계전기 ④ 압력 계전기

| 해설
저전압 계전기
계전기에 인가하는 전압이 예정값 이하로 되었을 때 동작하는 계전기

235 □□□
변압기 온도 시험을 하는데 가장 좋은 방법은?
① 실부하법 ② 내전압법
③ 단락시험법 ④ 반환부하법

| 해설
반환부하법
2대이상의 동일 정격의 변압기가 있는 경우에 사용하는 것으로 전원측으로부터 손실분을 공급받는 방법

정답 230 ② 231 ③ 232 ① 233 ③ 234 ① 235 ④

236

변압기 보호장치의 주된 목적이 아닌 것은?

① 전압 불평형 개선
② 절연내력 저하 방지
③ 변압기 자체 사고의 최소화
④ 다른 부분으로의 사고 확산 방지

| 해설
변압기에는 비율차동계전기 및 브흐홀츠계전기를 설치하여 변압기의 절연내력 저하로 인한 사고 및 사고의 확대를 방지하고 예방하는 목적으로 사용된다.

237

변압기의 층간 절연내력을 시험하는데 가장 적당한 방법은?

① 상용주파 가압시험
② 비접지의 충격전압시험
③ tanδ 측정
④ 1단접지 충격전압시험

| 해설
변압기의 층간 절연내력을 시험할 때 1단접지 충격전압시험을 시행한다.

238

보호하려는 회로의 전압이 정상치 이상으로 되었을 때에 동작하는 것으로 기기 설비의 보호에 사용되는 계전기는?

① 과전압 계전기
② 방향 계전기
③ 지락 과전압 계전기
④ 거리 계전기

| 해설
과전압 계전기(OVR)
회로에 일정값 이상의 전압이 검출 되었을 때 동작하는 계전기
지락 과전압 계전기(OVGR)
지락사고 시 발전되는 영상전압의 크기에 의해 동작하는 계전기

239

무부하 변압기를 회로에 투입했을 때 과전류 계전기가 들어 있어서 투입되지 않는 이유는?

① 전압이 동요하기 때문에
② 선로 충전전류 때문에
③ 이상전압 발생 때문에
④ 과도 돌입여자전류 때문에

| 해설
변압기의 회로 투입시 과도 돌입여자전류가 흘러 과전류 계전기가 이상전류로 판단하여 차단기를 동작시키기 때문에 변압기 투입이 되지 않는다. 그래서 감도 저하법 및 고조파 억제법 등을 이용하여 계전기의 동작특성을 완화시켜 변압기를 회로에 투입한다.

240

주상변압기의 고압측에 몇 개의 탭을 내놓은 이유는?

① 예비단자용으로
② 부하전류를 조정하기 위하여
③ 수전점의 전압을 조정하기 위하여
④ 여자전류를 조정하기 위하여

| 해설
주상변압기 탭 조정장치는 1차측에 약 5% 간격 정도의 5개의 탭을 설치한 것으로 이를 변화시켜 배전선로에서 전압강하에 의해 낮아진 수전점의 전압을 조정하기 위해 사용한다.

정답 236 ① 237 ④ 238 ① 239 ④ 240 ③

241

210/105[V]의 변압기를 그림과 같이 결선하고 고압측에 200[V]의 전압을 가하면 전압계의 지시는 얼마인가?

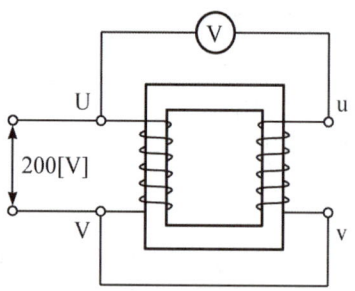

① 100[V] ② 200[V]
③ 300[V] ④ 400[V]

| 해설

㉠ 권수비: $a = \dfrac{E_1}{E_2} = \dfrac{210}{105} = 2$

㉡ 2차 전압: $V_2 = \dfrac{V_1}{a} = \dfrac{200}{2} = 100\,[V]$

∴ 문제에서 변압기가 감극성 이므로
$ⓥ = V_1 - V_2 = 200 - 100 = 100\,[V]$

242

다음 중 변압기의 극성시험법이 아닌 것은?

① 직류전압계법 ② 교류전압계법
③ 표준변압기법 ④ 스코트법

| 해설

변압기의 극성시험법은 변압기의 가극성, 감극성 여부를 판단하기 직류전압계법, 교류전압계법, 표준변압기법이 있다.

243

단상변압기의 3상 Y-Y결선에서 잘못된 것은?

① 3고조파 전류가 흐르며 유도장해를 일으킨다.
② 역 V결선이 가능하다.
③ 권선전압이 선간전압의 3배이므로 절연이 용이하다.
④ 중성점 접지가 된다.

| 해설

Y-Y 결선의 특성
• 중성점을 접지가 가능하여 단절연이 가능하다.
• 이상전압의 발생을 억제할 수 있고 지락사고의 검출이 용이하다.
• 상전압이 선간전압의 $\dfrac{1}{\sqrt{3}}$ 배이므로 고전압 결선에 적합하다.
• 중성점을 접지하여 변압기에 3고조파가 나타나지 않는다.

244

변압기에서 제3고조파의 영향으로 통신장애를 일으키는 3상 결선법은?

① △-△결선 ② Y-Y결선
③ Y-△결선 ④ △-Y결선

| 해설

Y-Y 결선은 절연이 용이하나 제3조파의 영향으로 통신장애를 일으키므로 3권선변압기를 설치할 수 있다.

245

3상 배전선에 접속된 V결선의 변압기가 있어 전부하 시의 출력을 P[kVA]라 하면, 같은 변압기 1대를 증설하여 △결선 하였을 때의 정격출력[kVA]는?

① $(3/2)P$ ② $(2/\sqrt{3})P$
③ $\sqrt{3}\,P$ ④ $2P$

| 해설

㉠ 변압기 V결선의 용량: $P_V = \sqrt{3}\,P_1$ [kVA]
㉡ V결선에 변압기 1대 추가 시 △결선으로 운전
$P_\triangle = \sqrt{3} \times P_V$

정답 241 ① 242 ④ 243 ③ 244 ② 245 ③

246

2대의 변압기를 V결선하여 3상 변압하는 경우 변압기 이용률[%]은?

① 57.8　　　② 86.6
③ 66.6　　　④ 100

| 해설

이용률 $= \dfrac{\sqrt{3}\, P_1}{2P_1} \times 100 = 86.6\,[\%]$

247

△결선 변압기의 1대가 고장으로 제거되어 V결선으로 할 때 공급할 수 있는 전력과 고장전 전력에 대한 비는 몇 [%]가 되는가?

① 81.6　　　② 75
③ 66.7　　　④ 57.7

| 해설

출력비 $= \dfrac{\text{V결선출력}}{\triangle\text{결선출력}} \times 100$

$= \dfrac{\sqrt{3} \times 1\text{대용량}}{3 \times 1\text{대용량}} = 57.7\,[\%]$

248

용량 100[kVA]인 동일 정격의 단상변압기 4대로 낼 수 있는 3상 최대 출력용량[kVA]은?

① $200\sqrt{3}$　　　② $200\sqrt{2}$
③ $300\sqrt{2}$　　　④ 400

| 해설

이용률 86.6[%] 이므로
∴ $P = (2 \times 100 \times 0.866) \times 2$
　　$= 200\sqrt{3}\,[\text{kVA}]$

249

변압기의 1차측을 Y결선, 2차측을 △결선으로 한 경우 1차와 2차 간의 전압의 위상변위는?

① 0°　　　② 30°
③ 45°　　　④ 60°

| 해설

Y-△결선은 1차, 2차 결선상의 차로 인해 30°의 위상차가 발생한다.

250

권선비 $a:1$인 3대의 단상변압기를 △-Y로 결선하고 1차 단자전압 V_1, 1차 전류 I_1 이라 하면 2차의 단자전압 V_2 및 2차 전류 I_2 값은?
(단, 저항과 리액턴스 및 여자전류는 무시한다.)

① $V_2 = \dfrac{\sqrt{3}\,V_1}{a},\quad I_2 = I_1$

② $V_2 = V_1,\quad I_2 = \dfrac{aI_1}{\sqrt{3}}$

③ $V_2 = \dfrac{\sqrt{3}\,V_1}{a},\quad I_2 = \dfrac{aI_1}{\sqrt{3}}$

④ $V_2 = \dfrac{\sqrt{3}\,V_1}{a},\quad I_2 = \sqrt{3}\,aI_1$

| 해설

㉠ 2차 상전압: $V_2' = \dfrac{V_1}{a}$

㉡ 2차는 Y 결선이므로 선간전압
$V_2 = \sqrt{3}\,V_2' = \sqrt{3}\,\dfrac{V_1}{a}$

㉢ 2차 전류: $I_2 = aI_1' = \dfrac{aI_1}{\sqrt{3}}\,[\text{A}]$
여기서, I_1' : 상전류, I_1 : 선전류

정답　246 ②　247 ④　248 ①　249 ②　250 ③

251 □□□

권수비 10 : 1인 동일 정격의 3대의 단상 변압기를 Y-△로 결선하여 2차 단자에 200[V], 75[kVA]의 평형부하를 걸었을 때, 각 변압기의 1차 권선의 전류 및 1차 선간전압을 구하시오. (단, 여자전류와 임피던스는 무시한다.)

① 21.6[A], 2000[V]
② 12.5[A], 2000[V]
③ 21.6[A], 3464[V]
④ 12.5[A], 3464[V]

| 해설
㉠ 단상변압기 2차 단자전압
$E_1 = aE_2 = 10 \times 200 = 2000 \text{ [V]}$
㉡ Y결선 하였으므로 1차 선간전압
$V_1 = \sqrt{3} E_1 = 1.732 \times 2000 = 3464 \text{ [V]}$
㉢ 1차 권선에 흐르는 전류
$I_1 = \dfrac{W}{\sqrt{3} \times V_1} = \dfrac{75}{\sqrt{3} \times 3.464} = 12.5 \text{ [A]}$

252 □□□

60[Hz], 1328/230[V]의 단상변압기가 있다. 무부하 전류 $i = 3\sin\omega t + 1.1\sin(3\omega t + \alpha)$ 이다. 지금 위와 똑같은 변압기 3대로 Y-△결선하여 1차에 2300[V]의 평형전압을 걸고 2차를 무부하로 하면, △회로를 순환하는 전류(실효치)는 약 얼마인가?

① 0.77[A]
② 1.10[A]
③ 4.48[A]
④ 6.35[A]

| 해설
2차측 △ 회로를 순환하는 전류는 제 3고조파이므로 제 3고조파 실효치는 다음과 같다.
$\therefore I_3 = \dfrac{I_{m3}}{\sqrt{2}} = 1.1 \times \dfrac{1}{\sqrt{2}} \times \dfrac{1328}{230} = 4.49 \text{ [A]}$

253 □□□

3300/210[V]의 단상변압기 3대를 △-Y로 결선하여 한 상 10[kW] 전열기의 전원으로 사용하다가 이것을 △-△로 결선했을 때, 이 전열기의 소비전력[kW]은?

① 31.2
② 10
③ 2.0
④ 5.0

| 해설
△-Y결선의 변압기를 △-△로 변경하는 경우
2차 단자전압은 $\dfrac{1}{\sqrt{3}}$배 저하하므로 전열기 소비전력은 다음과 같다.
$\therefore P = 10 \times 3 \times \left(\dfrac{1}{\sqrt{3}}\right)^2 = 10 \text{ [kW]}$

254 □□□

정격용량 100[kVA]인 단상 변압기 3대를 △-△ 결선하여 300[kVA]의 3상 출력을 얻고 있다. 한 상에 고장이 발생하여 결선을 V결선으로 하는 경우 ㉠ 뱅크용량[kVA], ㉡ 각 변압기의 출력[kVA]은?

① ㉠ 253   ㉡ 126.5
② ㉠ 200   ㉡ 100
③ ㉠ 173   ㉡ 86.6
④ ㉠ 152   ㉡ 75.6

| 해설
㉠ 변압기 V결선시 용량
$P_V = \sqrt{3} P_1 = \sqrt{3} \times 100 = 173.2 \text{ [kVA]}$
㉡ 각 변압기의 출력
$P_1 = \dfrac{P_V}{2} = \dfrac{173.2}{2} = 86.6 \text{ [kVA]}$

255 □□□

변압기의 병렬운전에서 필요한 조건은?

A: 극성을 고려하여 접속할 것
B: 권수비가 상등하며 1차 2차의 정격전압이 상등할 것
C: 용량이 꼭 상등할 것
D: 퍼센트 임피던스 강하가 같을 것
E: 권선의 저항과 누설 리액턴스의 비가 상등할 것

① A, B, C, D
② B, C, D, E
③ A, C, D, E
④ A, B, D, E

정답 251 ④ 252 ③ 253 ② 254 ③ 255 ④

| 해설

변압기 병렬운전 조건
㉠ 권수비가 같을 것
㉡ 극성이 같을 것
㉢ 퍼센트 임피던스 강하가 같을 것
㉣ 퍼센트 저항강하 및 퍼센트 리액턴스 강하의 비가 같을 것
㉤ 3상 변압기는 극성이 없으므로 극성 대신 상회전 방향 및 각 변위가 같아야 한다.
㉥ 병렬운전 시 용량은 3 : 1 이내가 되는 것이 바람직하나 반드시 같지 않아도 된다.

256 □□□

단상변압기를 병렬운전 할 경우 부하전류 분담은?

① 누설 임피던스에 비례
② 누설 임피던스에 반비례
③ 누설 리액턴스에 비례
④ 누설 리액턴스의 제곱에 비례

| 해설

정격용량에 비례, 누설 임피던스에 반비례한다.

257 □□□

2차로 환산한 임피던스가 각각 $0.03 + j0.02$[Ω], $0.02 + j0.03$[Ω]인 단상변압기 2대를 병렬로 운전시킬 때, 분담 전류는?

① 크기는 같으나 위상이 다르다.
② 크기와 위상이 같다.
③ 크기는 다르나 위상이 같다.
④ 크기와 위상이 다르다.

| 해설

변압기 2대의 임피던스 크기가 다음과 같이 같으므로
$\sqrt{0.03^2 + 0.02^2} = \sqrt{0.02^2 + 0.03^2}$
분담 전류의 크기가 같지만 저항 및 리액턴스의 비가 다르므로 분담 전류의 위상이 다르다.

258 □□□

3상 변압기를 병렬운전 할 경우 조합 불가능한 것은?

① △-△ 와 △-△
② Y-△ 와 Y-△
③ △-△ 와 △-Y
④ △-Y 와 Y-△

| 해설

△-△와 △-Y, △-Y 와 Y-Y의 결선은 각변위가 30°차가 있어 순환전류가 흐르기 때문에 병렬운전이 불가능하다.

259 □□□

3상 전원에서 2상 전압을 얻고자 할 때 결선 중 틀린 것은?

① Meyer 결선
② Scott 결선
③ 우드브리지 결선
④ Fork 결선

| 해설

2대의 단상변압기를 사용하여 2상으로 변환시킬 수 있는 결선방법으로 Scott결선, Meyer 결선, Woodbridge 결선 등이 있다.

260 □□□

3상에서 2상을 얻기 위한 변압기의 결선방법은?

① T 결선
② Y 결선
③ V 결선
④ △ 결선

| 해설

3상 전원에서 2상전압을 얻는 결선은 Scott 결선, Meyer 결선, Woodbridge 결선이 있다.

정답 256 ② 257 ① 258 ③ 259 ④ 260 ①

261 □□□

권수가 같은 2대의 단상 변압기로 3상 전압을 2상으로 변압하기 위하여 스코트 결선을 할 때 T좌 변압기의 권수는 전 권수의 어느 점에서 택하여야 하는가?

① $\dfrac{1}{\sqrt{2}}$ ② $\dfrac{1}{\sqrt{3}}$

③ $\dfrac{2}{\sqrt{3}}$ ④ $\dfrac{\sqrt{3}}{2}$

| 해설

T좌 변압기의 권수비: $a_T = \dfrac{\sqrt{3}}{2} \cdot \dfrac{V_1}{V_2}$

262 □□□

동일 용량의 변압기 2대를 사용하여 3300[V]의 3상식 간선에서 220[V]의 2상 전력을 얻으려면 T좌 변압기의 권수비는 얼마로 되겠는가?

① 17.31 ② 16.52
③ 15.34 ④ 12.99

| 해설

주좌 변압기 권선비 $a_m = \dfrac{n_1}{n_2} = \dfrac{3300}{220} = 15$

∴ T좌 변압기 권선비 $a_t = 15 \times \dfrac{\sqrt{3}}{2} = 12.99$

263 □□□

일반적으로 전철이나 화학용과 같이 비교적 용량이 큰 수은정류기용 변압기의 2차측 결선방식으로 쓰이는 것은?

① 6상 2중 성형 ② 3상 반파
③ 3상 전파 ④ 3상 크로즈파

| 해설

용량이 큰 수은정류기용으로 사용되는 변압기의 2차 결선 방식은 6상 2중 성형 및 포크 결선이 사용된다.

264 □□□

변압기의 결선 중에서 6상측의 부하가 수은정류기일 때 주로 사용되는 결선은?

① 포크 결선 ② 환상 결선
③ 2중 3각 결선 ④ 대각 결선

| 해설

3대의 단상변압기를 사용하여 6상 또는 12상으로 변환시킬 수 있는 결선방법의 종류로는
2차 2중 Y결선, 2차 2중 △결선, 대각결선, Fork 결선 등이 있다.

265 □□□

다음은 단권변압기(auto transformer)를 설명한 것이다. 틀린 것은?

① 소형에 적합하다.
② 누설자속이 작다.
③ 손실이 작고 효율이 좋다.
④ 재료가 절약되어 경제적이다.

| 해설

단권 변압기의 장점 및 단점
1. 장점
   ㉠ 철심 및 권선을 적게 사용하여 변압기의 소형화, 경량화가 가능하다.
   ㉡ 철손 및 동손이 적어 효율이 높다.
   ㉢ 자기용량에 비하여 부하용량이 커지므로 경제적이다.
   ㉣ 누설자속이 거의 없으므로 전압변동률이 작고 안정도가 높다.
2. 단점
   ㉠ 고압측과 저압측이 직접 접촉되어 있으므로 저압측의 절연강도를 고압측과 동일한 크기의 절연이 필요하다.
   ㉡ 누설자속이 거의 없어 %임피던스가 작기 때문에 사고 시 단락전류가 크다.

정답 261 ④ 262 ④ 263 ① 264 ① 265 ①

266

단권변압기에서 고압측을 V_h, 저압측을 V_e, 2차 출력을 P, 단권변압기의 용량을 $P_\in$ 이라 하면 $\dfrac{P_\in}{P}$ 는?

① $\dfrac{V_e + V_h}{V_h}$
② $\dfrac{V_e - V_h}{V_h}$
③ $\dfrac{V_e + V_h}{V_e}$
④ $\dfrac{V_h - V_e}{V_h}$

| 해설
단권변압기의 자기용량과 부하용량의 비
$\dfrac{P_\in}{P} = \dfrac{\text{자기용량}}{\text{부하용량}} = \dfrac{V_h - V_e}{V_h}$

267

용량 10[kVA]의 단권변압기를 그림과 같이 접속하고 역률 80[%]의 부하에 몇 [kW]의 전력을 공급할 수 있는가?

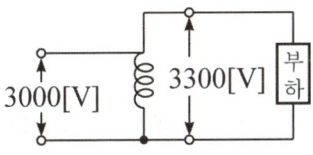

① 110[kW]
② 88[kW]
③ 667[kW]
④ 33[kW]

| 해설
$\dfrac{10}{\text{부하용량}} = \dfrac{3300 - 3000}{3300} = \dfrac{1}{11}$
∴ 부하용량
$P_L = 110\,[\text{kVA}]$ 또는 $110 \times 0.8 = 88\,[\text{kW}]$

268

200[V]의 배전선 전압을 220[V]로 승압하여 30[kVA]의 부하에 전력을 공급하는 단권변압기가 있다. 이 단권변압기의 자기용량[kVA]는?

① 2.72
② 3.5
③ 4.26
④ 5.2

| 해설
$\dfrac{\text{자기용량}}{\text{부하용량}} = 1 - \dfrac{V_e}{V_h}$

∴ 자기용량 $= \left(1 - \dfrac{V_l}{v_h}\right) \times$ 부하용량

$= 30\left(1 - \dfrac{200}{220}\right) = 2.727\,[\text{kVA}]$

여기서, V_e: 저압측 전압, V_h: 고압측 전압

269

V결선의 단권변압기를 사용하여, 선로전압 V_1 에서 V_2 로 변압하여, 전력 P[kVA]를 송전하는 경우, 단권변압기의 자기용량 P_S 는 얼마인가?

① $\left(1 - \dfrac{V_2}{V_1}\right)P$

② $\dfrac{2}{\sqrt{3}}\left(1 - \dfrac{V_2}{V_1}\right)P$

③ $\dfrac{\sqrt{3}}{2}\left(1 - \dfrac{V_2}{V_1}\right)P$

④ $\dfrac{1}{2}\left(1 - \dfrac{V_2}{V_1}\right)P$

| 해설
단권변압기의 V결선
$\dfrac{\text{자기용량}}{\text{부하용량}} = \dfrac{1}{0.866}\left(\dfrac{V_1 - V_2}{V_1}\right)$

V결선시 자기용량
$P_s = \dfrac{1}{0.866}\left(\dfrac{V_1 - V_2}{V_1}\right)P = \dfrac{2}{\sqrt{3}}\left(1 - \dfrac{V_2}{V_1}\right)P$

정답 266 ④ 267 ② 268 ① 269 ②

270 □□□

단권변압기 2대를 V결선하여 선로 전압 3000[V]를 3300[V]로 승압하여 300[kVA]의 부하에 전력을 공급하려고 한다. 단권변압기의 자기용량[kVA]은?

① 약 27.27[kVA] ② 약 21.72[kVA]
③ 약 15.75[kVA] ④ 약 9.09[kVA]

| 해설

㉠ $\dfrac{\text{자기용량}}{\text{부하용량}} = \dfrac{1}{0.866}\left(\dfrac{V_h - V_L}{V_h}\right)$

㉡ 자기용량 $= \dfrac{1}{0.866}\left(\dfrac{3300-3000}{3300}\right) \times 300$
$= 31.492\,[\text{kVA}]$

∴ 1대 자기용량 $= \dfrac{31.492}{2} = 15.746\,[\text{kVA}]$

271 □□□

3권선 변압기의 3차 권선의 용도가 아닌 것은?

① 소내용 전원공급 ② 승압용
③ 조상설비 ④ 제 3고조파 제거

| 해설

3권선 변압기 3차 권선의 용도
㉠ 변압기의 3차 권선을 △결선으로 하여 변압기에서 발생하는 제 3고조파를 제거한다.
㉡ 3차 권선에 조상설비를 접속하여 무효전력을 조정한다.
㉢ 3차 권선을 통해 발전소나 변전소 내에 전력을 공급한다.

272 □□□

변압기의 정격을 정의한 다음 중에서 옳은 것은?

① 2차단자간에 얻을 수 있는 유효전력을 [kW]로 표시한 것이 정격출력이다.
② 정격 2차전압은 명판에 기재되어있는 2차권선의 단자전압이다.
③ 정격 2차전압을 2차권선의 저항으로 나눈 것이 정격 2차전류이다.
④ 전부하의 경우의 1차 단자전압을 정격 1차전압이라 한다.

| 해설
정격전압
변압기의 정격 2차전압이란 명판에 기록된 권선의 단자전압의 실효치이며, 이 전압에서 정격출력을 얻는 전압이다. 3상 변압기의 경우 정격전압은 선간의 전압으로 나타낸다.

273 □□□

변압기를 설명하는 말 중 틀린 것은?

① 사용 주파수가 증가하면 전압변동률은 감소한다.
② 전압변동률은 부하의 역율에 따라 변한다.
③ △-Y 결선에서는 고조파전류가 흘러서 통신선에 대한 유도장애는 없다.
④ 효율은 부하의 역률에 따라 다르다.

| 해설
리액턴스 $X = 2\pi f L\,[\Omega]$ 이므로 주파수가 증가하면 리액턴스 X와 전압변동률이 증가한다.

274 □□□

일반적인 변압기의 손실 중에서 온도상승에 관계가 가장 적은 요소는?

① 철손 ② 동손
③ 와류손 ④ 유전체손

| 해설
유전체손은 전압이 높을 때 절연물의 유전체로 인해서 발생하는 손실로 케이블에서 주로 발생하고, 변압기에서는 발생량이 적어 온도상승과는 관계가 적다.

정답 270 ③ 271 ② 272 ② 273 ① 274 ④

275 ☐☐☐

전류계를 교체하기 위해 우선 변류기 2차측을 단락시켜야 하는 이유는?

① 측정오차 방지 ② 2차측 절연보호
③ 2차측 과전류보호 ④ 1차측 과전류방지

| 해설

변류기 2차가 개방되면 2차 전류는 0이 되고 1차 부하전류도 0이 된다. 그러나 1차측은 선로에 연결되어 있어서 2차측의 전류에 관계없이 선로 전류가 흐르고 있고 이는 모두 여자 전류로 되어 철손이 증가하여 많은 열을 발생시켜 과열, 소손될 우려가 있다. 이때 자속은 모두 2차측 기전력을 증가시켜 절연을 파괴할 우려가 있으므로 개방하여서는 안 된다.
㉠ 변류기(CT, Current Transformer)
  → 2차측 절연보호(퓨즈 설치 안 됨)
㉡ PT(PT, Potential Transformer)
  → 선간 단락 사고방지(퓨즈 설치)

276 ☐☐☐

평형 3상회로의 전류를 측정하기 위해서 변류비 200 : 5의 변류기를 그림과 같이 접속하였더니 전류계의 지시가 1.5[A]이었다. 1차 전류는 몇 [A]인가?

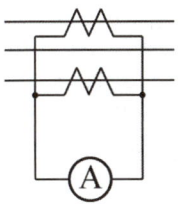

① 60 ② $60\sqrt{3}$
③ 30 ④ $30/\sqrt{3}$

| 해설

전류계에 흐르는 전류는 $I_1 \times \frac{5}{200} = 1.5$ 이므로

∴ 1차 전류: $I_1 = \frac{1.5 \times 200}{5} = 60[A]$

277 ☐☐☐

평형 3상 전류를 측정하려고 변류비 60/5[A]의 변류기 두 대를 그림과 같이 접속했더니 전류계에 2.5[A]가 흘렀다. 1차 전류는 몇 [A]인가?

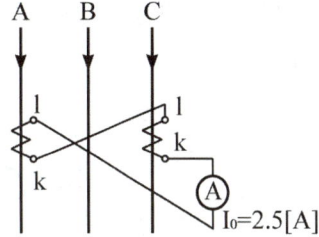

① 약 12.0 ② 약 17.3
③ 약 30.0 ④ 약 51.9

| 해설

㉠ CT가 교차접속되어 있어 실제의 크기보다 $\sqrt{3}$배 더 지시하게 된다.
㉡ 실제 CT 2차 전류: $I_2 = \frac{2.5}{\sqrt{3}}[A]$

∴ 1차 전류: $I = \frac{2.5}{\sqrt{3}} \times \frac{60}{5} = 17.3[A]$

정답 275 ② 276 ① 277 ②

278 ☐☐☐

평형 3상 3선식 전로에 2개의 PT와 3개의 전압계 V_1, V_2, V_3를 그림과 같이 접속하고 선간전압을 측정하고 있을 때 퓨즈 F_2가 절단되었다고 하면 각 전압계 지시는 몇 [V]가 되는가? (단, 3상 선간전압은 3000[V]이다)

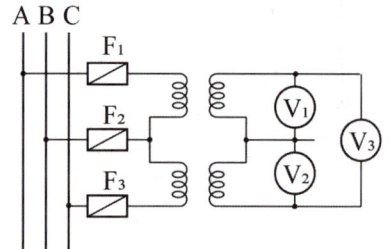

① $V_1 = V_2 = 3000[V]$, $V_3 = 6000[V]$
② $V_1 = V_2 = V_3 = 3000[V]$
③ $V_1 = V_2 = 1500[V]$, $V_3 = 3000[V]$
④ $V_1 = V_2 = V_3 = 1500[V]$

| 해설

㉠ 퓨즈 F_2 절단되면 2개의 PT는 직렬로 접속된 상태에서 3000[V]가 걸리므로 PT는 각각 1500[V]씩 걸리게 된다.
㉡ V_1과 V_2는 PT 1차측 상전압을 표시하므로 다음과 같은 전압이 측정된다.
$V_1 = V_2 = 1500[V]$
㉢ V_3의 측정전압은 PT 2개의 전압의 합(A, C간의 선간전압)의 전압이 측정된다.
$V_3 = 3000[V]$

279 ☐☐☐

누설변압기에 필요한 특성은 무엇인가?

① 정전류 특성
② 정전압 특성
③ 고저항 특성
④ 수하특성

| 해설

보통 전력용변압기는 누설자속 즉, 누설 리액턴스를 되도록 적게 하여 전압변동률을 좋게 하지만 네온관용 변압기, 용접용 변압기은 전류가 일정하게 유지되어야 할 때가 있다. 이러한 특성을 갖도록 누설자속을 특히 크게 설계한 변압기를 누설변압기라 한다.

제4장 유도기

280 ☐☐☐

유도전동기의 보호방식에 따른 종류가 아닌 것은?

① 방폭형
② 방진형
③ 방수형
④ 전개형

| 해설

유도전동기의 사용환경에 대한 보호방식
전동기의 보호형식은 기기를 사용환경에 대하여 잘못 적용하면 고장 및 수명 단축의 원인이 되므로 사용장소에 적합하게 전폐형, 분진 방폭형, 방진형, 방수형 등의 적용보호방식을 선정한다.

281 ☐☐☐

유도전동기의 슬립(slip) S의 범위는?

① $1 > S > 0$
② $0 > S > -1$
③ $0 > S > 1$
④ $-1 < S < 1$

| 해설

슬립 $s = \dfrac{N_s - N}{N_s} \times 100[\%]$

(여기서, N_s: 동기속도, N: 회전자 속도)
슬립의 범위
• 유도전동기의 경우: $0 < s < 1$
• 유도발전기의 경우: $-1 < s < 0$

282 ☐☐☐

유도전동기의 슬립을 측정하려고 한다. 다음 중 슬립의 측정법이 아닌 것은?

① 수화기법
② 프로니 브레이크법
③ 스트로보 스코프법
④ 직류 밀리볼트계법

정답 278 ③ 279 ④ 280 ④ 281 ① 282 ②

| 해설

슬립 측정방법
㉠ 직류밀리볼트계법
㉡ 수화기법
㉢ 스트로보스코프법

283 □□□

8극 60[Hz], 500[kW]의 3상 유도전동기의 전부하 슬립이 2.5[%]라 한다. 이때의 회전수[rps]는?

① 877 ② 900
③ 14.6 ④ 15.0

| 해설

㉠ 동기속도
$N_s = \dfrac{120 \times f}{P} = \dfrac{120 \times 60}{8} = 900 \text{[rpm]}$

㉡ 회전속도
$N = (1-s)N_s = (1-0.025) \times 900$
$= 877.5 \text{[rpm]} = 14.6 \text{[rps]}$

284 □□□

3상 60[Hz], 4극 유도전동기가 어떤 회전속도로 회전하고 있다. 회전자 주파수가 3[Hz]일 때 이 전동기의 회전자 속도[rpm]는?

① 1800[rpm] ② 1710[rpm]
③ 1720[rpm] ④ 1750[rpm]

| 해설

㉠ 동기속도
$N_S = \dfrac{120f}{P} = \dfrac{120 \times 60}{4} = 1800 \text{[rpm]}$

㉡ 슬립: $s = \dfrac{f'}{f_2} = \dfrac{3}{60} = 0.05$

∴ 회전속도
$N = (1-s)N_s = (1-0.05) \times 1800$
$= 1710 \text{[rpm]}$

285 □□□

주파수 60[Hz]의 유도전동기가 있다. 전부하에서의 회전수가 매분 1164회이면 극수는? (S는 3[%]이다.)

① 4 ② 6
③ 8 ④ 10

| 해설

회전속도 $N = (1-s)N_s = (1-s) \times \dfrac{120f}{P}$

∴ 극수: $P = (1-s) \times \dfrac{120f}{N}$
$= (1-0.03) \times \dfrac{120 \times 60}{1164} = 6$

286 □□□

3상 6극 유도전동기의 고정자 슬롯(SLOT) 홈 수가 36이라면 인접한 슬롯 사이의 전기각은?

① 30° ② 60°
③ 120° ④ 180°

| 해설

전기적 각도
$\alpha = \dfrac{P}{2} \times$ 기하학적 각도 $= \dfrac{6}{2} \times \dfrac{2\pi}{36} = 30°$

287 □□□

3상 유도전동기의 회전방향은 이 전동기에서 발생되는 회전자계의 회전방향과 어떤 관계가 있는가?

① 아무 관계도 없다.
② 회전자계의 회전방향으로 회전한다.
③ 회전자계의 반대방향으로 회전한다.
④ 부하조건에 따라 정해진다.

| 해설

3상 유도전동기에서 전동기의 회전자는 회전자계의 유도작용에 의해 약간 늦게 같은 방향으로 회전한다.

정답 283 ③ 284 ② 285 ② 286 ① 287 ②

288 ☐☐☐

유도전동기 회전자속도 n 으로 회전할 때, 회전자 전류에 의해 생기는 회전자계는 고정자의 회전자계의 속도 n_s 와 어떤 관계인가?

① n_s 와 같다.
② n_s 보다 적다.
③ n_s 보다 크다.
④ n 속도이다.

| 해설

유도전동기의 운전중 회전자의 회전속도는 회전자계에 비해 sN_s 만큼 늦게 회전자계 속도 n_s 와 같은 속도로 회전한다.

289 ☐☐☐

3상 유도전동기의 불평형 3상 전압을 가한 경우 다음 전동기 특성 중 옳은 것은?

① 영상전압은 거의 고려할 필요가 없다.
② 영상전압은 고려하여야 한다.
③ 정상전압과 역상전압에 의한 회전자계의 방향은 같다.
④ 직렬 운전상태에서 역상분은 제동작용을 하지 않는다.

| 해설

불평형 3상에서 고조파 특성 비교
㉠ 영상분 3n(3, 6, 9 …)
  위상차가 발생하지 않는 것으로 회전자계가 발생하지 못함
㉡ 정상분 3n + 1(4, 7, 10, 13 …)
  +120°의 위상차가 발생하는 고조파로 기본파와 같은 방향으로 작용하는 회전자계를 발생
㉢ 역상분 3n - 1(2, 5, 8, 11 …)
  -120°의 위상차가 발생하는 고조파로 기본파와 역방향으로 작용하는 회전자계를 발생

290 ☐☐☐

제13차 고조파에 의한 기자력의 회전자계의 회전방향 및 속도와 기본파 회전자계의 관계는?

① 기본파와 반대방향이고, 1/13배의 속도
② 기본파와 동방향이고, 1/13배의 속도
③ 기본파와 동방향이고, 13배의 속도
④ 기본파와 반대방향이고, 13배의 속도

| 해설

정상분 3n + 1(4, 7, 10, 13 …): +120°의 위상차가 발생하는 고조파로 기본파와 같은 방향으로 작용하는 회전자계를 발생하고 회전속도는 $\frac{1}{13}$ 배의 속도로 된다.

291 ☐☐☐

1차 권선수 N_1, 2차 권선수 N_2, 1차 권선계수 K_{w1}, 2차 권선계수 K_{w2} 인 유도전동기가 슬립 s 로 운전하는 경우 전압비는?

① $\frac{K_{w1}N_1}{K_{w2}N_2}$
② $\frac{K_{w2}N_2}{K_{w1}N_1}$
③ $\frac{K_{w1}N_1}{SK_{w2}N_2}$
④ $\frac{SK_{w2}N_2}{K_{w1}N_1}$

| 해설

회전시 권수비
$$a = \frac{E_1}{sE_2} = \frac{4.44k_{w1}fN_1\phi_m}{4.44k_{w2}sfN_2\phi_m} = \frac{k_{w1}N_1}{sk_{w2}N_2}$$
(여기서, k_{w1}, k_{w2}: 1차, 2차 권선 계수, N_1, N_2: 1차, 2차 권선수, ϕ_m: 최대자속)

292 ☐☐☐

50[Hz], 6극 200[V], 10[kW]의 3상 유도전동기가 960[rpm]으로 회전하고 있을 때의 2차 주파수[Hz]는?

① 2
② 4
③ 6
④ 8

| 해설

㉠ 동기속도
$$N_s = \frac{120f}{P} = \frac{120 \times 50}{6} = 1000 \text{[rpm]}$$
㉡ 슬립
$$s = \frac{N_s - N}{N_s} = \frac{1000 - 960}{1000} = 0.04$$
∴ 2차 주파수
$$f_2 = sf_1 = 0.04 \times 50 = 2 \text{[Hz]}$$

정답 288 ① 289 ① 290 ② 291 ③ 292 ①

293 □□□

10[극] 50[Hz] 3상 유도전동기가 있다. 회전자도 3상이고 회전자가 정지할 때 2차 1상간의 전압이 150[V]이다. 이것을 회전자계와 같은 방향으로 400[rpm]으로 회전시킬 때 2차 전압은 얼마인가?

① 150[V] ② 100[V]
③ 75[V]   ④ 45[V]

| 해설
㉠ 동기속도
$$N_s = \frac{120f}{P} = \frac{120 \times 50}{10} = 600 \text{[rpm]}$$
㉡ 슬립: $s = \frac{N_s - N}{N_s} = \frac{600 - 400}{600} = 0.3$
∴ 2차 전압
$E_2' = sE_2 = 0.3 \times 150 = 45 \text{[V]}$

294 □□□

10극, 3상 유도전동기가 있다. 회전자도 3상이고, 정지시의 2차 1상의 전압이 150[V]이다. 이 회전자를 회전자계와 반대방향으로 400[rpm] 회전시키면 2차 전압[V]은 약 얼마인가? (단, 1차 전원 주파수는 50[Hz]이다.)

① 150 ② 200
③ 250 ④ 300

| 해설
㉠ 동기속도
$$N_s = \frac{120f}{P} = \frac{120 \times 50}{10} = 600 \text{[rpm]}$$
㉡ 회전자계와 반대방향으로 회전할 때 슬립
$$S = \frac{N_s - N}{N_s} = \frac{600 - (-400)}{600} = 1.667$$
∴ $sE_2 = 1.667 \times 150 = 250 \text{[V]}$

295 □□□

다음 그림의 sE_2는 권선형 3상 유도전동기의 2차 유기전압이고, E_c는 2차 여자법에 의한 속도제어를 하기 위하여 외부에서 회전자 슬립에 가한 슬립 주파수의 전압이다. 여기서 E_c의 작용 중 옳은 것은?

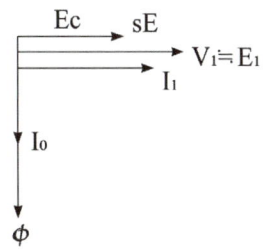

① 역률을 향상시킨다.   ② 속도를 강하하게 한다.
③ 속도를 상승하게 한다. ④ 역률과 속도를 떨어뜨린다.

| 해설
유도전동기에서 2차 유기전압과 외부에서 가한 슬립 주파수의 전압이 같은 방향이면 속도는 상승하게 된다.

296 □□□

그림과 같은 sE_2는 유도전동기의 2차 유기전압 E_c는 2차 여자를 위하여 외부에서 가한 슬립 주파수의 전압이다. 여기서 E_c를 옳게 설명한 것은?

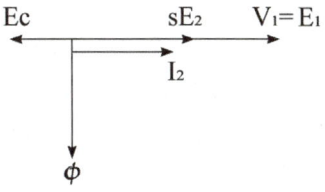

① 속도를 상승하게 한다. ② 속도를 강하하게 한다.
③ 속도에 관계없다.   ④ 역률을 떨어지게 한다.

| 해설
유도전동기에서 2차 유기전압과 외부에서 가한 슬립 주파수의 전압이 반대방향이면 속도는 강하된다.

정답 293 ④ 294 ③ 295 ③ 296 ②

297

권선형 유도전동기의 슬립 s에 있어서의 2차 전류는? (단 여기서 E_2, x_2는 각각 전동기가 정지 때의 2차 유도전압 및 2차 리액턴스라 하고 R_2는 2차 저항이라 한다.)

① $\dfrac{sE_2}{\sqrt{(sR_2)^2 + (X_2)^2}}$

② $\dfrac{sE_2}{\sqrt{(R_2)^2 + X_2^2/s}}$

③ $\dfrac{E_2}{\sqrt{(R_2/s)^2 + (X_2)^2}}$

④ $\dfrac{E_2}{\sqrt{\{R_2/(1-s)\}^2 + (X_2)^2}}$

| 해설

회전시 2차 유도기전력: sE_2
2차 임피던스: $\dot{Z}_2 = \dot{R}_2 + j\dot{X}_2$
회전시 2차전류

$I_2 = \dfrac{sE_2}{|Z_2|} = \dfrac{sE_2}{\sqrt{R_2^2 + (sX_2)^2}}$
$= \dfrac{E_2}{\sqrt{(\dfrac{R_2}{s})^2 + (X_2)^2}}$

298

220[V], 6극, 60[Hz], 10[kW]인 3상 유도전동기의 회전자 1상의 저항은 0.1[Ω], 리액턴스는 0.5[Ω]이다. 정격전압을 가했을 때 슬립이 4[%]이었다. 회전자 전류는 얼마인가? (단, 고정자와 회전자는 3각 결선으로 각각 권수는 300회와 150회이며 각 권선계수는 같다.)

① 25[A] ② 36[A]
③ 43[A] ④ 52[A]

| 해설

㉠ 회전자에 유도되는 전압
$E_2 = \dfrac{E_1}{a} = \dfrac{220}{300/150} = 110 [V]$

㉡ 회전자 전류
$I_2 = \dfrac{E_2}{\sqrt{(\dfrac{r_2}{s})^2 + X_2^2}}$
$= \dfrac{110}{\sqrt{(\dfrac{0.1}{0.04})^2 + 0.5^2}} = 43 [A]$

299

슬립 5[%]인 유도전동기의 등가 부하저항은 2차 저항의 몇 배인가?

① 19 ② 20
③ 29 ④ 40

| 해설

$R = \dfrac{1-s}{s} \times r_2 = \dfrac{1-0.05}{0.05} \times r_2 = 19 r_2$ 이므로 19배가 된다.

300

극수 P의 3상 유도전동기가 주파수 f[Hz] 슬립 s, 토크 T[N·m]로 회전하고 있을 때 기계적 출력[W]은?

① $\dfrac{4\pi f}{P} \times T(1-s)$ ② $\dfrac{4Pf}{\pi} \times T(1-s)$

③ $\dfrac{4\pi f}{P} Ts$ ④ $\dfrac{\pi f}{2P} \times T(1-s)$

| 해설

㉠ 회전속도
$n = n_s(1-s) = \dfrac{2f}{P}(1-s)$ [rps]

㉡ 각속도: $\omega = 2\pi n = \dfrac{4\pi f}{P}(1-s)$

∴ 기계적 출력
$P = \omega T = \dfrac{4\pi f}{P}(1-s) T$ [W]

정답 297 ③ 298 ③ 299 ① 300 ①

301

유도전동기의 2차 동손을 P_c, 2차 입력을 P_2, 슬립을 s 라 할 때 이들 사이의 관계는?

① $s = \dfrac{P_c}{P_2}$ ② $s = \dfrac{P_2}{P_c}$

③ $s = P_2 P_c$ ④ $s = s \cdot P_2 P_c$

| 해설

2차 입력과 2차 동손의 관계 $P_2 : P_c = 1 : s$

∴ 2차 동손: $P_c = s P_2$

302

15[kW], 60[Hz], 4극의 3상 유도전동기가 있다. 전부하가 걸렸을 때의 슬립이 4[%]라면 이때의 2차(회전차)측 동손 및 2차입력은?

① 0.4[kW], 136[kW]
② 0.62[kW], 15.6[kW]
③ 0.06[kW], 156[kW]
④ 0.8[kW], 13.6[kW]

| 해설

㉠ 2차 동손

$$P_{c2} = \dfrac{s}{1-s} P_0 = \dfrac{0.04}{1-0.04} \times 15 = 0.625 \,[\text{kW}]$$

㉡ 2차 입력

$$P_2 = \dfrac{P_0}{1-s} = \dfrac{15}{1-0.04} = 15.625 \,[\text{kW}]$$

303

15[kW]의 3상 유도전동기의 기계손이 350[W], 전부하 슬립이 3[%]인 3상 유도전동기의 전부하시의 2차 동손은?

① 약 475[W] ② 약 460.5[W]
③ 약 453[W] ④ 약 439.5[W]

| 해설

㉠ 회전자 출력
$P_0 = P + P_M = 15000 + 350 = 15350 \,[\text{W}]$

㉡ 2차 출력과 2차 동손의 관계
$P_o : P_{C_2} = 1-s : s$

∴ 2차 동손
$$P_{C_2} = \dfrac{s}{1-s} P_o = \dfrac{0.03}{0.97} \times 15350 = 475 \,[\text{W}]$$

304

3000[V], 60[Hz], 8극 100[kW] 3상 유도전동기의 전부하 2차 구리손이 3[kW], 기계손이 2[kW]이라면 전부하 회전수[rpm]는?

① 986 ② 967
③ 896 ④ 874

| 해설

㉠ 슬립: $s = \dfrac{P_{C2}}{P_2} = \dfrac{3}{100+3+2} = 0.0286$

㉡ 회전수

$$N = (1-s) \times N_s = (1-s) \times \dfrac{120f}{P}$$
$$= (1-0.0286) \times \dfrac{120 \times 60}{8}$$
$$= 874.3 \,[\text{rpm}]$$

정답 301 ① 302 ② 303 ① 304 ④

305 □□□

정격출력 50[kW]의 정격전압 220[V], 주파수 60[Hz], 극수 4의 3상 유도전동기가 있다. 이 전동기가 전부하에서 슬립 S = 0.04, 효율 90[%]로 운전하고 있을 때 다음과 같은 값을 갖는다. 이 중 틀린 것은 어느 것인가?

① 1차 입력 = 55.56[kW]
② 2차 효율 = 96[%]
③ 회전자 입력 = 47.9[kW]
④ 회전자 동손 = 2.08[kW]

| 해설

㉠ 1차 입력
$$P_1 = \frac{출력}{효율} = \frac{50}{0.9} = 55.56 \,[kW]$$

㉡ 2차 효율
$$\eta = 1 - S = 1 - 0.04 = 0.96 = 96 \,[\%]$$

㉢ 회전자 입력
$$P_2 = \frac{P_o}{1-s} = \frac{50}{1-0.04} = 52.08 \,[kW]$$

㉣ 회전자 동손
$$P_{c2} = \frac{s}{1-s} \times P_o = \frac{0.04}{1-0.04} \times 50$$
$$= 2.08 \,[kW]$$

306 □□□

유도전동기의 특성에서 토크와 2차입력, 동기속도의 관계는?

① 토크는 2차입력과 동기속도의 자승에 비례한다.
② 토크는 2차입력과 비례하고, 회전속도에 반비례한다.
③ 토크는 2차입력에 비례하고, 동기속도에 반비례한다.
④ 토크는 2차입력과 동기속도의 곱에 비례한다.

| 해설

유도전동기의 토크(T)
$$T = 0.975 \frac{P_o}{N} = 0.975 \frac{P_2}{N_s} \,[kg \cdot m]$$
(여기서, P_o: 출력, P_2: 2차 입력,
 N: 회전자 속도, N_s: 동기속도)

307 □□□

동기와트로 표시되는 것은?

① 토크
② 동기 각속도
③ 1차 입력
④ 2차 출력

| 해설

동기와트 $P_2 = 1.026 \cdot T \cdot N_s \times 10^{-3} \,[kW]$
동기와트(P_2)는 동기속도에서 토크의 크기를 나타낸다.

308 □□□

3상 유도 전동기를 불평형 전압으로 운전하면 토크와 입력의 관계는?

① 토크는 감소하고 입력 감소
② 토크는 감소하고 입력 증가
③ 토크는 증가하고 입력 증가
④ 토크는 증가하고 입력 감소

| 해설

3상 유도전동기에 기본파와 고조파의 벡터합인 불평형 전압이 인가되면 평형전압에 비해 피상전력이 커지므로 입력이 증가되고 역상분 고조파에 의해 역방향 토크가 발생되어 토크는 감소된다.

309 □□□

20[HP], 4극 60[Hz]의 3상 유도전동기가 있다. 전부하 슬립이 4[%]이다. 전부하시의 토크[kg·m]는? (단, 1[HP]은 746[W]이다.)

① 약 11.41
② 약 10.41
③ 약 9.41
④ 약 8.41

정답 305 ③ 306 ③ 307 ① 308 ② 309 ④

| 해설
㉠ 동기속도
$$N_s = \frac{120f}{P} = \frac{120 \times 60}{4}$$
$$= 1800 \text{ [rpm]}$$
㉡ 회전속도
$$N = (1-s)N_s = (1-0.04) \times 1800$$
$$= 1728 \text{ [rpm]}$$
∴ 토크
$$T = 0.975 \times \frac{P_2}{N} = 0.975 \times \frac{20 \times 746}{1728}$$
$$= 8.41 \text{ [kg/m]}$$

310 □□□
유도전동기의 토크(회전력)은?

① 단자전압에 무관
② 단자전압에 비례
③ 단자전압의 2승에 비례
④ 단자전압의 3승에 비례

| 해설
$$T = \frac{P_2}{\frac{2\pi}{60} \times \frac{120f}{P}}$$
$$= \frac{PV_1^2}{4\pi f} \times \frac{\frac{r_2}{s}}{\left(r_1 + \frac{r_2}{s}\right)^2 + (x_1+x_2)^2} \propto V_1^2$$

311 □□□
일정 주파수의 전원에서 운전중의 3상 유도전동기의 전원전압이 80[%]로 되었다고 하면 부하의 토크는 약 몇 [%]로 되는가?

① 55
② 64
③ 80
④ 90

| 해설
$$T = K_0 \frac{s r_2 E_2^2}{r_2 + (s x_2)^2} \propto E_2^2 \text{ 이므로}$$
∴ $T \propto 0.8^2 = 0.64 = 64[\%]$

312 □□□
3상 유도전동기의 전압이 15[%] 저하하면 기동토크의 감소률[%]은 대략 얼마인가?

① 15.0
② 72.3
③ 85.0
④ 27.8

| 해설
㉠ 토크는 단자전압 제곱에 비례하므로
$T : T' = V^2 : (0.85V)^2$ 의 관계가 된다.
㉡ $T' = 0.85^2 T = 0.7225 T$
∴ 기동토크의 감소률
$\alpha = 1 - 0.7225 = 0.2775 = 27.75 [\%]$

313 □□□
200[V], 3상 유도전동기의 전부하 슬립이 6[%]이다. 공급전압이 10[%] 저하된 경우의 전부하 슬립은 어떻게 되는가?

① 0.074
② 0.067
③ 0.054
④ 0.049

| 해설
㉠ 슬립은 공급전압 제곱에 반비례한다.
㉡ $s_1 : \frac{1}{V_1^2} = s_2 : \frac{1}{V_2^2}$ 에서
∴ 공급전압이 10% 저하 시 전부하 슬립
$$s_2 = \left(\frac{V_1}{V_2}\right)^2 s_1 = \left(\frac{V_1}{0.9 V_1}\right)^2 \times 0.06$$
$$= 0.074$$

정답 310 ③ 311 ② 312 ④ 313 ①

314 □□□

3상 유도전동기의 최대 토크를 T_m, 최대토크를 발생하는 슬립 S_t, 2차 저항 R_2와 관계?

① $T_m \propto R_2$, $S_t =$ 일정
② $T_m \propto R_2$, $S_t \propto R_2$
③ $T_m =$ 일정, $S_t \propto R_2$
④ $T_m \propto \dfrac{1}{R}$, $S_t \propto R_2$

| 해설

㉠ 최대 토크 → 일정

$$T_m = \frac{P}{4\pi f} \times P_m$$
$$= \frac{P}{4\pi f} \times \frac{V_1^2}{2\{r_1 + \sqrt{(r_1^2 + (x_1+x_2)^2)}\}}$$

이므로 2차 저항 t_2에 관계없다.
∴ $T_m =$ 일정

㉡ 최대 토크 발생 시 슬립

$$S_t = \frac{r_2}{\sqrt{r_1^2 + (x_1+x_2)^2}} \fallingdotseq \frac{r_2}{x_1+x_2} \propto r_2$$

이므로 2차 저항 r_2이 비례한다.
∴ $S_t \propto r_2 = R_2$

315 □□□

권선형 유도전동기에서 2차측 저항을 3배로 하면 최대 토크는 어떻게 되는가?

① 3배가 된다.
② 3배가 된다.
③ 13배가 된다.
④ 변하지 않는다.

| 해설

최대토크 $T_m \propto \dfrac{r_2}{s_t} = \dfrac{mr_2}{ms_t}$ 에서 2차측 저항의 증감에 따라 최대토크의 발생 슬립이 비례하여 변화되므로 최대토크는 변하지 않는다.

316 □□□

비례추이를 하는 전동기는?

① 단상 유도전동기　② 권선형 유도전동기
③ 동기전동기　　　④ 정류자전동기

| 해설

비례추이 할 수 있는 전동기는 권선형 유도전동기로서 2차 저항의 가감을 통하여 토크 등을 변화시킬 수 있다.

317 □□□

3상 유도전동기의 특성 중 비례추이할 수 없는 것은?

① 1차 전류　　② 2차 전류
③ 출력　　　　④ 토크

| 해설

비례추이 가능: 토크, 1차 전류, 2차 전류, 역률, 동기와트
비례추이 불가능: 출력, 2차 동손, 효율

318 □□□

유도전동기의 토크 속도 곡선이 비례추이(proportional shifting) 한다는 것은 그 곡선이 무엇에 비례해서 이동하는 것을 말하는가?

① 슬립　　　　② 회전수
③ 공급전압　　④ 2차 합성저항

| 해설

최대 토크를 발생하는 슬립 $s_t \propto \dfrac{r_2}{x_2}$

최대 토크 $T_m \propto \dfrac{r_2}{s_t}$ 에서 $\dfrac{r_2}{s_1} = \dfrac{r_2+R}{s_2}$ 이므로 2차 합성저항에 비례해서 토크 속도 곡선이 변화된다.

정답　314 ③　315 ④　316 ②　317 ③　318 ④

319

권선형 3상 유도전동기에서 2차 저항을 변화시켜 속도를 제어하는 경우 최대 토크는?

① 최대 토크가 생기는 점의 슬립에 비례한다.
② 최대 토크가 생기는 점의 슬립에 반비례한다.
③ 2차 저항에만 비례한다.
④ 항상 일정하다.

| 해설

최대 토크는 $T_m \propto \dfrac{r_2}{S_t} = \dfrac{mr_2}{mS_t}$으로 저항의 크기가 변화되어 슬립이 변화되어도 항상 일정하다.
반면에 슬립이 $s_t \to ms_t$로 증가시
회전속도 $N = (1-ms_t)N_s$는 감소

320

3상 권선형 유도전동기의 전부하 슬립이 5[%], 2차 1상의 저항 1[Ω]이다. 이 전동기의 기동토크를 전부하 토크와 같도록 하려면 외부에서 2차에 삽입할 저항은 몇[Ω]인가?

① 20 ② 19
③ 18 ④ 17

| 해설

외부에서 2차에 삽입하는 저항 R
$R = \dfrac{1-s}{s}r_2 = \dfrac{1-0.05}{0.05} \times 1 = 19$

321

60[Hz] 6극 권선형 3상 유도전동기가 있다. 전부하 시의 회전수는 1152[rpm]이다. 지금 회전수 900[rpm]에서 전부하를 발생시키면 회전자에 투입해야 할 외부저항은 얼마인가?
(단, 회전자는 Y결선이고 각 상 저항 $R_2 = 0.03$[Ω]이다.)

① 0.1275[Ω] ② 0.1375[Ω]
③ 0.1475[Ω] ④ 0.1575[Ω]

| 해설

㉠ $s_1 = \dfrac{N_s - N}{N_s} = \dfrac{1200-1152}{1200} = 0.04$

㉡ $s_2 = \dfrac{1200-900}{1200} = 0.25$

㉢ $T \propto \dfrac{0.03}{0.04} = \dfrac{0.03+R}{0.25}$

∴ $R = \dfrac{0.03}{0.04} \times 0.25 - 0.03 = 0.1575$[Ω]

322

60[Hz], 4극, 정격속도 1720[rpm]의 권선형 3상 유도전동기가 있다. 전부하 운전 중에 2차 회로의 저항을 4배로 하면 속도[rpm]는?

① 약 962 ② 약 1215
③ 약 1483 ④ 약 1656

| 해설

㉠ 슬립
$s = \dfrac{N_s - N}{N_s} = \dfrac{1800-1720}{1800} = 0.0444$

㉡ 2차 회로 저항을 4배로 하면 슬립 S도 4배가 되므로
∴ 전동기 속도
$N = (1-s)N_s = (1-0.0444 \times 4) \times 1800$
$\fallingdotseq 1480$[rpm]

323

유도전동기의 원선도를 그리는데 필요치 않은 시험은?

① 저항측정 ② 무부하시험
③ 구속시험 ④ 슬립(slip)측정

| 해설

유도전동기의 특성을 구하기 위하여 원선도를 작성한다.
원선도 작성시 필요시험: 무부하시험, 구속시험, 저항측정

정답 319 ④ 320 ② 321 ④ 322 ③ 323 ④

324

3상 유도전동기가 있다. 슬립 S[%]일 때 2차 효율은?

① 1 - S ② 2 - S
③ 3 - S ④ 4 - S

| 해설
2차 효율
$$\eta_2 = \frac{2차\ 출력}{2차\ 입력} = \frac{1-s}{1} = 1-s = \frac{N}{N_s}$$

325

200[V], 60[Hz], 4극 20[kW]의 3상 유도전동기가 있다. 전부하일 때의 회전수가 1728[rpm]이라 하면 2차 효율 [%]은?

① 45 ② 56
③ 96 ④ 100

| 해설
슬립 $s = \frac{1800-1728}{1800} = 0.04$

∴ 2차 효율
$\eta_2 = (1-s) \times 100 = (1-0.04) \times 100$
$= 96\ [\%]$

326

220[V], 50[Hz], 8극, 15[kW]의 3상 유도전동기가 있다. 전부하 회전수가 720[rpm]이면 이 전동기의 2차 동손과 2차 효율은 약 얼마인가?

① 425[W] 85[%] ② 537[W] 92[%]
③ 625[W] 96[%] ④ 723[W] 98[%]

| 해설
㉠ 동기속도
$N_s = \frac{120f}{P} = \frac{120 \times 50}{8} = 750\ [rpm]$
㉡ 슬립
$s = \frac{N_s - N}{N_s} = \frac{750-720}{750} = 0.04$

㉢ 2차 동손
$P_{C_2} = \frac{s}{1-s}P = \frac{0.04}{1-0.04} \times 15 \times 10^3$
$= 625\ [W]$
㉣ 2차 효율
$\eta_2 = \frac{P}{P_2} = \frac{15000}{15625} = 0.96 \times 100$
$= 96\ [\%]$

327

유도전동기의 슬립이 커지면 커지는 것은?

① 회전수 ② 권수비
③ 2차 효율 ④ 2차 주파수

| 해설
슬립 s가 커질 경우
- 회전수 $N = (1-s)N_s$ → 감소한다.
- 권수비 $a = \frac{k_{w1}N_1}{sk_{w2}N_2}$ → 감소한다.
- 2차 효율 $\eta_2 = (1-s) \times 100[\%]$ → 감소한다.
- 2차 주파수 $f' = sf_1$ → 증가한다.

328

유도전동기에서 인가전압이 일정하고 주파수가 정격값에서 수[%] 감소함에 따른 현상 중 해당되지 않는 것은?

① 동기속도가 감소한다.
② 누설 리액턴스가 증가한다.
③ 철손이 증가한다.
④ 효율이 나빠진다.

| 해설
주파수가 유도전동기에 미치는 현상
㉠ 회전수
동기속도는 주파수에 비례하므로 회전수는 감소한다.
㉡ 누설리액턴스
자속이 증가하여 여자전류가 증가하고 누설 리액턴스는 감소한다.

정답 324 ① 325 ③ 326 ③ 327 ④ 328 ②

ⓒ 철손
철손은 주파수에 반비례하므로 증가한다.
ⓔ 효율
주파수가 감소한 만큼 기계손이 줄어드나 여자전류의 증가에 따라 동손과 철손이 증가하여 효율은 저하한다.
ⓜ 최대 토크
리액턴스는 주파수에 비례하므로 주파수가 감소하면 감소한 만큼 최대 토크는 커진다.
ⓗ 기동 전류
리액턴스의 감소에 따라 약간 증가한다.
ⓢ 온도 상승
여자전류에 의해 동손과 철손이 증가하고 회전속도가 감소하여 상승한다.

329 □□□

유도전동기의 기동계급은?

① 16종
② 19종
③ 23종
④ 26종

| 해설
유도전동기의 기동계급은 총 19종이다.

기동계급	1[kW]당 입력[kVA]
A	~ 4.2 미만
B	4.2 이상 4.8 미만
C	4.8 이상 5.4 미만
D	5.4 이상 6.0 미만
E	6.0 이상 6.7 미만
F	6.7 이상 7.5 미만
G	7.5 이상 8.4 미만
H	8.4 이상 9.5 미만
J	9.5 이상 10.7 미만
K	10.7 이상 12.1 미만
L	12.1 이상 13.4 미만
M	13.4 이상 15.0 미만
N	15.0 이상 16.8 미만
P	16.8 이상 18.8 미만
R	18.8 이상 21.5 미만
S	21.5 이상 24.1 미만
T	24.1 이상 26.8 미만
U	26.8 이상 30.0 미만
V	30.0 이상 ~

330 □□□

3상 농형 유도전동기의 효율은 약 몇[%]인가?

① 60
② 70
③ 85
④ 100

| 해설
3상 농형 유도전동기는 전기적 손실(철손, 동손) 및 기계적 손실(기계손) 등의 영향으로 효율 85[%] 정도로 운전된다.

331 □□□

농형 유도전동기의 기동법이 아닌 것은?

① 2차 저항 기동법
② Y−△기동법
③ 전전압 기동법
④ 기동 보상기법

| 해설
기동법은 기동전류 감소와 기동토크 증대를 위한 방법이다.
㉠ 농형 유도전동기 기동법
• 전전압 기동
• Y−△기동
• 기동보상기법(= 단권변압기 기동)
• 리액터 기동
• 콘드로퍼 기동
㉡ 권선형 유도전동기 기동법
• 2차 저항 기동(= 기동 저항기법)
• 게르게스 기동

332 □□□

3상 유도전동기의 기동법 중 전전압기동에 대한 설명으로 옳지 않은 것은?

① 소용량 농형전동기의 기동법이다.
② 소용량의 농형전동기에서는 일반적으로 기동시간이 길다.
③ 기동시에는 역률이 좋지 않다.
④ 전동기 단자에 직접 정격전압을 가한다.

| 해설
직접 정격전압을 전동기에 가해 기동시키는 방법으로서 이때는 기동전류가 전부하 전류의 500~700[%] 정도가 흐르게 되어 전동기 용량에 비해 큰 전원설비가 필요하다. 5[kW] 이하의 소용량 유도전동기는 이 방식으로 기동을 시킨다.

정답 329 ② 330 ③ 331 ① 332 ②

333
유도전동기의 기동에서 Y-△ 기동은 대략 몇[kW] 범위의 전동기에서 이용되는가?

① 5[kW] 이하
② 5 ~ 15[kW] 정도
③ 15[kW] 이상
④ 용량에 관계없이 이용이 가능하다.

| 해설
Y-△ 기동의 특성
전전압 기동에 비해 기동 전류 및 기동 토크가 $\frac{1}{3}$로 운전되는 약 5 ~ 15[kW] 정도의 농형 유도전동기에 적용하는 방법

334
권선형 유도전동기의 기동시 2차측에 저항을 넣는 이유는?

① 기동전류 감소
② 회전수 감소
③ 기동토크 감소
④ 기동전류 감소와 토크 증대

| 해설
권선형 유도전동기의 2차 저항 기동은 회전자의 외부에 저항을 접속하여 기동전류를 감소 및 기동토크를 증가시킬 수 있다.

335
유도전동기 기동보상의 탭전압으로 보통 사용되지 않는 전압은 정격전압의 몇 [%]정도인가?

① 35[%]
② 50[%]
③ 65[%]
④ 80[%]

| 해설
기동 보상기법
전원측에 3상 단권 변압기를 사용하여 기동시에 1차 권선에 인가되는 전압을 전전압의 50, 65, 80(%)로 낮게 감압하여 기동하고 가속이 된 후에 전원 전압을 인가하여 주는 방식이다.

336
유도전동기의 속도제어법 중 저항제어와 무관한 것은?

① 농형 유도전동기
② 비례추이
③ 속도제어가 간단하고 원활함
④ 속도조정 범위가 작다.

| 해설
농형유도 전동기는 저항제어가 불가능하다. 권선형 유도전동기에만 적용한다.

337
유도전동기의 1차 전압변화에 의한 속도제어시 SCR을 사용하여 변화시키는 것은?

① 주파수
② 토크
③ 전류
④ 위상각

| 해설
농형 유도전동기의 속도제어 방법 중 1차 전압 제어법으로 SCR은 게이트 단자를 이용하여 위상각 변화를 통해 출력 전압을 제어할 수 있다.

338
인견공장에서 사용되는 포트 모터의 속도제어는 다음 가운데 어떤 것에 따르는가?

① 극수변환에 의한 제어
② 주파수변환에 의한 제어
③ 저항에 의한 제어
④ 2차여자에 의한 제어

| 해설
인견공장에서 사용되는 포트 모우터의 속도제어는 주파수를 130 ~ 150[Hz]로 변환시켜 사용하는 주파수 제어이다.

정답 333 ② 334 ④ 335 ① 336 ① 337 ④ 338 ②

339 ☐☐☐

60[Hz]인 3상 유도전동기가 8극, 2극의 2대가 있다. 이것을 차동 종속접속을 하여 운전할 때의 무부하 속도[rpm]는?

① 720　　② 900
③ 1000　　④ 1200

| 해설

차동 종속접속 시 무부하 속도

$$N = \frac{120f}{P_1 - P_2} = \frac{120 \times 60}{8 - 2} = 1200 \text{[rpm]}$$

340 ☐☐☐

유도전동기의 2차 회로에 2차 주파수와 같은 주파수로 적당한 크기와 위상 전압을 외부에 가하는 속도 제어법은?

① 1차 전압 제어　　② 극수 변환 제어
③ 2차 저항 제어　　④ 2차 여자 제어

| 해설

2차 여자 제어법은 권선형 유도전동기의 2차 회로에 2차 주파수와 같은 주파수로 적당한 크기와 위상의 전압을 외부에서 가하여 속도를 제어하는 방법으로 회전자 기전력과 동상, 또는 반대의 위상을 갖는 외부 전압을 2차 회로에 가해주면 유도전동기의 속도를 동기속도보다 높게 또는 낮게 조정할 수 있고 역률 개선의 효과도 있다.

341 ☐☐☐

3상 유도전동기의 전원주파수를 변화하여 속도를 제어하는 경우 전동기의 출력 P와 주파수 f와의 관계는?

① $P \propto f$　　② $P \propto \frac{1}{f}$
③ $P \propto f^2$　　④ P는 f에 무관

| 해설

3상 유도전동기의 출력이 $P_o = \omega T = \frac{4\pi f}{P_{극수}}(1-s) \cdot T$이므로 출력과 주파수는 비례한다.

342 ☐☐☐

권선형 유도전동기와 직류분권전동기와의 유사한 점 2가지는?

① 정류자가 있다. 저항으로 속도조정을 할 수 있다.
② 속도변동률이 적다. 토크가 전류에 비례한다.
③ 속도가 가변이다. 기동토크가 기동전류에 비례한다.
④ 속도변동률이 적다. 저항으로 속도조정을 할 수 있다.

| 해설

권선형 유도전동기와 직류분권전동기는 가변저항의 변화를 통해 속도조정이 가능하고 저항의 가감을 통해 속도를 조정하는 다른 전동기에 비해 속도변동률이 적다.

343 ☐☐☐

어느 3상 유도전동기의 전전압 기동 토크는 전부하 시의 1.8배이다. 전 전압의 2/3로 기동할 때 기동토크는 전부하 시의 몇 배인가?

① 0.8　　② 0.7
③ 0.6　　④ 0.4

| 해설

토크는 단자전압 제곱에 비례하므로

$$\therefore T' = 1.8 \times \left(\frac{2}{3}\right)^2 = 0.8 T$$

344 ☐☐☐

3상 유도전동기의 Y-△기동법은 전전압 기동(직입기동)에 비하여 기동전류(I_{st})와 기동토크(T_{st})는?

① $\frac{1}{3}, \frac{1}{\sqrt{3}}$　　② $\frac{1}{3}, \frac{1}{3}$
③ $\frac{1}{\sqrt{3}}, \frac{1}{\sqrt{3}}$　　④ $\sqrt{3}, \sqrt{3}$

| 해설

Y-△ 기동하면 전전압 기동에 비해 기동전류와 기동토크 모두 $\frac{1}{3}$배로 감소한다.

정답 339 ④　340 ④　341 ①　342 ④　343 ①　344 ②

345

유도전동기에 게르게스(Gorges)현상이 생기는 슬립은 대략 얼마인가?

① 0.25
② 0.50
③ 0.70
④ 0.80

| 해설

3상 권선형유도전동기의 2차 회로가 1선이 단선된 경우 2차 회로에 단상 전류가 흐르므로 부하가 슬립이 50%인 곳에서 걸리면 더 이상 가속되지 않는다. 이러한 현상을 게르게스현상이라 한다.
즉 회전속도 $N = (1-2s)N_0$ 가 됨을 말하며 이는 토크가 낮은 부분이 생기는 것으로 이를 게르게스현상이라 한다.

346

3상 권선형 유도전동기의 2차 회로에 저항을 삽입하는 목적이 아닌 것은?

① 속도를 줄이지만 최대토크를 크게 하기 위해
② 속도제어를 하기 위하여
③ 기동토크를 크게 하기 위하여
④ 기동전류를 줄이기 위하여

| 해설

권선형 유도전동기의 2차 저항의 크기 변화를 통해 기동전류 감소와 기동토크 증대 및 속도제어를 할 수 있는데 최대토크는 변하지 않는다.

347

10[kW], 3상, 200[V] 유도전동기의 전부하 전류[A]는? (단, 효율 및 역률 85[%])

① 60
② 80
③ 40
④ 20

| 해설

㉠ 출력: $P = \sqrt{3}\,VI\cos\theta \times \eta$ [W]
㉡ 전류
$$I = \frac{P}{\sqrt{3}\,V\cos\theta \times \eta}$$
$$= \frac{10 \times 10^3}{\sqrt{3} \times 200 \times 0.85 \times 0.85} = 40\,[A]$$

348

3상 유도전동기에 직결된 펌프가 있다. 펌프 출력은 100[HP], 효율 74.6[%] 전동기의 효율과 역률은 94[%]와 90[%]라고 하면 전동기의 입력[kVA]는 얼마인가?

① 95.74[kVA]
② 104.4[kVA]
③ 111.1[kVA]
④ 118.2[kVA]

| 해설

$$P_0 = \frac{P}{\cos\theta \times \eta_M \times \eta_P}$$
$$= \frac{100 \times 0.746}{0.94 \times 0.9 \times 0.746} = 118.2\,[kVA]$$

349

브러시를 이동하여 회전속도를 제어하는 전동기는?

① 단상 직권전동기
② 직류 직권전동기
③ 반발 전동기
④ 반발기동형 단상유도전동기

| 해설

반발 전동기는 브러시의 위치를 변경하여 토크 및 회전속도를 제어할 수 있다.

350

3상 유도전동기가 75[%]의 부하를 가지고 운전하고 있던 중 1선이 개방되면 어떻게 되는가?

① 즉시 정지한다.
② 계속 운전하며 전동기에 큰 지장이 없다.
③ 역방향으로 회전하다.
④ 계속 운전하나 소손될 위험이 따른다.

정답 345 ② 346 ① 347 ③ 348 ④ 349 ③ 350 ④

| 해설

3상 유도전동기가 경부하(75[%]이하) 운전 중에 3선중 1선이 단선이 되어도 다른 2선에 전류가 증가된 상태로 회전이 계속된다. 그로인해 유도전동기에 과열이 발생하여 전원 및 전선, 전동기 등에 과열 소손의 우려가 나타난다.

| 해설

농형 유도전동기의 특성
- 구조는 대단히 견고하고 취급방법이 간단하다.
- 가격이 저렴하고 역률, 효율이 높다.
- 기동전류(= 기동용량[kVA])가 크고 기동토크가 작다.
- 소형 및 중형에서 많이 사용된다.

351 □□□

다음과 같은 전동력 응용기기에서 GD^2의 값이 적은 것이 바람직한 장치는 어느 것인가?

① 압연기 ② 엘리베이터
③ 송풍기 ④ 냉동기

| 해설

가역동작을 하므로 관성이 작아야 한다.

352 □□□

무부하 전동기는 역률이 낮지만 부하가 늘면 역률이 커지는 이유는?

① 전류증가 ② 효율증가
③ 전압감소 ④ 2차저항 증가

| 해설

유도전동기는 전부하 운전을 하고 있으면 역률은 나쁘지 않으나 부하를 걸지 않는 경우에는 현저하게 역률이 나쁘게 된다. 이것은 회전자계를 만드는 여자전류가 부하의 유무에 관계없이 일정하며, 동시에 고정자와 회전자 사이에 공극이 있기 때문이다.

353 □□□

농형전동기의 결점인 것은?

① 기동 [kVA]가 크고 기동토크가 크다.
② 기동 [kVA]가 작고 기동토크가 적다.
③ 기동 [kVA]가 작고 기동토크가 크다.
④ 기동 [kVA]가 크고 기동토크가 적다.

354 □□□

2중 농형전동기가 보통 농형전동기에 비해서 다른 점은 무엇인가?

① 기동전류가 크고, 기동토크도 크다.
② 기동전류가 적고, 기동토크도 적다.
③ 기동전류는 적고, 기동토크는 크다.
④ 기동전류는 크고, 기동토크는 적다.

| 해설

2중 농형전동기는 보통 농형전동기의 기동특성을 개선하기 위해 회전자 도체를 2중으로 하여 기동전류를 적게 하고 기동토크를 크게 발생한다.

355 □□□

유도전동기의 실부하법에서 부하로 쓰이지 않는 것은?

① 전기동력계 ② 프로니브레이크
③ 전동발전기 ④ 와전류제동기

| 해설

실부하법은 소용량 전동기에 적용되는 시험으로 피시험 전동기의 부하로써 직류발전기 또는 전기동력계(다이나모 메터)를 사용하여 정격주파수, 정격전압 상태에서 정격출력이 되도록 부하를 조정하고 이 상태를 계속해서 각부의 온도가 일정하게 될 때까지 시험하는 방법이다.

정답 351 ② 352 ① 353 ④ 354 ③ 355 ③

356 □□□
유도전동기의 제동방법 중 슬립의 범위를 1~2 사이로 하여 3선 중 2선의 접속을 바꾸어 제동하는 방법은?

① 역상제동　　② 직류제동
③ 단상제동　　④ 회생제동

| 해설
ⓐ 직류제동
　유도전동기를 전원에서 분리한 후 2개의 단자사이에 직류전압을 가하면 켑에는 고정 자계가 생긴다. 이 자계속을 회전자가 흐르기 때문에 회전속도에 대한 주파수의 교류 기전력이 발생하여 제동력이 생긴다.
ⓑ 역상제동
　운전 중의 유도전동기에 회전방향과 반대의 회전자계를 부여함에 따라 정지시키는 방법이다. 교류 전원의 3선중 2선을 바꾸면 회전방향과 반대가 되기 때문에 회전자는 강한 제동력을 받아 급속하게 정지한다.
ⓒ 단상제동
　단상 유도전동기의 2차저항이 큰 경우는 토크가 제동력이 되는 성질을 갖으므로 이것을 제동토크로 이용하는 방법이다.
ⓓ 회생제동
　유도전동기는 외력에 의해 동기속도 이상의 속도로 회전시키면 유도발전기가 되어 제동력을 발생한다. 이 경우에 발생한 전력을 전원에 반환하는 방법을 전력 회생제동이라 한다.

357 □□□
크로우링 현상은 다음의 어느 것에서 일어나는가?

① 유도전동기　　② 직류직권전동기
③ 회전변류기　　④ 3상 변압기

| 해설
농형 유도전동기의 경우 기동시 고조파 자속으로 인한 이상토크가 기본파 토크와 겹쳐서 부하를 걸고 기동하면 전동기는 가속되지 않고 저속도 운전되는 현상을 크로우링(crawling) 현상이라 한다. 전동기가 저속도로 운전을 계속하게 되면 과대전류가 흘러 소손될 염려가 있다. 방지대책으로 농형 회전자의 슬롯수가 고정자 슬롯수보다 많을 때 일어나기 쉬우므로 회전자 슬롯수를 적당하게 하며 회전자 슬롯을 사구(skew slot)로 설계한다.

358 □□□
소형 유도전동기의 슬롯을 사구(skew slot)로 하는 이유는?

① 토크 증가　　② 게르게스 증가
③ 크로우링 현상의 방지　　④ 제동 토크의 증가

| 해설
게르게스현상이란 3상 권선형 유도전동기의 2차회로가 한 개 단선된 경우에는 2차회로에 단상전류가 흐르므로 부하가 슬립 50[%]인 지점에 걸리면 더 이상 전동기는 가속되지 않는 현상이며, 사구를 하는 이유는 크로우링현상을 방지하기 위함이다.

359 □□□
유도 전동기의 소음 중 전기적인 소음이 아닌 것은?

① 고조파 자속에 의한 진동률
② 슬립 비트음
③ 기본파 자속에 의한 진동음
④ 팬음

| 해설
팬음은 전동기를 냉각시키기 위한 FAN의 회전 마찰 소리로 기계적 소음이다.

360 □□□
3상 유도전동기가 경부하에서 운전 중 1선의 퓨즈가 잘못되어 용단하였을 때는?

① 속도가 증가하여 다른 선의 퓨즈도 용단한다.
② 속도가 늦어져서 다른 선의 퓨즈도 용단한다.
③ 전류가 감소하여 운전이 계속된다.
④ 전류가 증가하여 운전에 계속된다.

| 해설
3상 유도전동기는 경부하에서 운전 중에 1상이 결상되어도 계속 운전이 가능하다. 단 전류가 증가된 상태이므로 과열소손의 우려가 있다.

정답　356 ①　357 ①　358 ③　359 ④　360 ④

361

단상 유도전동기를 기동토크가 큰 순서대로 배열한 것은?

① ㉠ 반발유도형 ㉡ 반발기동형
   ㉢ 콘덴서기동형 ㉣ 분산기동형
② ㉠ 반발기동형 ㉡ 반발유도형
   ㉢ 콘덴서기동형 ㉣ 세이딩코일형
③ ㉠ 반발기동형 ㉡ 콘덴서기동형
   ㉢ 세이딩코일형 ㉣ 분상기동형
④ ㉠ 반발유도형 ㉡ 모노사이크릭형
   ㉢ 콘덴서기동형 ㉣ 콘덴서기동형

| 해설
단상 유도전동기의 기동토크

종류	기동토크[%]
분상기동형	125~150
반발기동형	400~500
콘덴서기동형	300 이상
콘덴서형기동형	40~100
세이딩코일형	40~90

362

반발 전동기(reaction motor)의 특성으로 가장 옳은 것은?

① 기동 토크가 특히 큰 전동기
② 전부하 토크가 큰 전동기
③ 여자권선 없이 동기속도가 회전하는 전동기
④ 속도제어가 용이한 전동기

| 해설
반발 전동기는 분포권의 권선을 갖는 고정자와 정류자를 갖는 회전자 그리고 브러시로 구성되어 있다. 정류자에 접촉된 브러시는 고정자축으로부터 ψ각 만큼 위치하여 있고 단락회로로 구성되어 있다. 고정자가 여자되면 전기자에 유도작용이 생겨 자신의 기자력이 유기되어 토크가 발생하여 전동기는 회전한다. 이 전동기의 기동토크는 전부하 토크의 400~500[%] 정도 되고 기동전류는 전부하전류의 200~300[%] 정도이다. 그러나 낮은 역률과 브러시에서 불꽃이 발생하는 것이 단점이다.

363

브러쉬를 이동하여 회전속도를 제어하는 전동기는?

① 직류직권 전동기
② 단상직권 전동기
③ 반발 전동기
④ 반발 기동형 단상유도 전동기

| 해설
반발 전동기는 브러시의 위치를 변경하여 토크 및 회전속도를 제어할 수 있다.

364

전력변환 기기가 아닌 것은?

① 유도전동기　② 변압기
③ 정류기　　　④ 인버터

| 해설
유도전동기는 전력변환 기기가 아닌 전기에너지를 운동에너지로 변환하는 기기이다.

365

유도전압 조정기의 설명을 옳게 한 것은?

① 단락권선은 단상 및 3상 유도전압 조정기 모두 필요하다.
② 3상 유도전압 조정기에는 단락권선이 필요없다.
③ 3상 유도전압 조정기의 1차와 2차 전압은 동상이다.
④ 단상 유도전압 조정기의 기전력은 회전자계에 의해서 유도된다.

| 해설
단상, 3상 유도전압조정기 비교
㉠ 단상 유도전압 조정기
　• 교번자계 이용
　• 단락권선 있다.
　• 1·2차 전압사이 위상차가 없다.
㉡ 3상 유도전압 조정기
　• 회전자계 이용
　• 단락권선 없다.
　• 1·2차 전압사이에 위상차가 있다.

정답　361 ②　362 ①　363 ③　364 ①　365 ②

366

단상 유도전압조정기의 단락권선의 역할은?

① 철손경감   ② 전압강하 경감
③ 절연보호   ④ 전압조정 용이

| 해설
제어각 $\alpha = 90°$ 위치에서 직렬권선의 리액턴스 전압강하를 방지한다.

367

3상 전압조정기의 원리는 어느 것을 응용한 것인가?

① 3상 동기발전기   ② 3상 변압기
③ 3상 유도전동기   ④ 3상 교류자전동기

| 해설
3상 유도전압조정기는 3상 유도전동기의 원리를 응용한 것으로 유도전동기를 정지시킨 상태에서 1차 권선과 2차 권선에서 발생하는 유도전압을 변압기처럼 사용하는 전압조정장치이다.

368

3상 유도전압 조정기의 동작원리는?

① 회전자계에 의한 유도작용을 이용하여 2차전압의 위상 전압의 조정에 따라 변화한다.
② 교번자계의 전자유도작용을 이용한다.
③ 충전된 두 물체 사이에 적용하는 힘
④ 두 전류 사이에 적용하는 힘

| 해설
3상 유도 전압 조정기
3상 유도전압 조정기 용량
$P_2 = \sqrt{3} E_2 I_2 \times 10^{-3}$ [kVA]
단상, 3상 유도전압조정기 비교
㉠ 단상 유도전압 조정기
 • 교번자계 이용
 • 단락권선 있다.
 • 1 · 2차 전압사이 위상차 없다.
㉡ 3상 유도전압 조정기
 • 회전자계 이용
 • 단락권선 없다.
 • 1 · 2차 전압사이에 위상차 있다.

369

정격 2차 전류 I_2, 조정전압 E_2일 때 3상 유도전압조정기의 출력[kVA]은?

① $2E_2 I_2 \times 10^{-3}$ ② $\sqrt{3} E_2 I_2 \times 10^{-3}$
③ $3E_2 I_2 \times 10^{-3}$ ④ $E_2 I_2 \times 10^{-3}$

| 해설
3상 유도전압 조정기 용량
$P_2 = \sqrt{3} E_2 I_2 \times 10^{-3}$ [kVA]

370

단상 유도전압조정기에서 1차 전원전압을 V_1이라 하고 2차의 유도전압을 E_2라고 할 때 부하 단자전압을 연속적으로 가변할 수 있는 조정범위는?

① $0 \sim V_1$ 까지
② $V_1 + E_2$ 까지
③ $V_1 - E_2$ 까지
④ $V_1 + E_2$ 에서 $V_1 - E_2$ 까지

| 해설
유도 전압조정기의 2차 유도전압의 조정 범위는
$V_2 = V_1 \pm E_2$ 이다.

371

단상 유도전압조정기의 1차전압 100[V], 2차전압 100±30[V], 2차전류는 50[A]이다. 이 유도전압조정기의 정격용량[kVA]은?

① 1.5   ② 3.5
③ 5   ④ 6.4

| 해설
유도전압조정기의 정격용량
$P = E_2 I_2 \times 10^{-3} = 30 \times 50 \times 10^{-3}$
$= 1.5 [kVA]$

정답 366 ② 367 ③ 368 ① 369 ② 370 ④ 371 ①

제5장 정류기

372 □□□
실리콘 다이오드의 특성에서 잘못된 것은?
① 전압강하가 크다.　② 정류비가 크다.
③ 허용온도가 높다.　④ 역내전압이 크다.

| 해설
실리콘 다이오드
- 허용 온도(150[℃])가 높고 전류 밀도가 크다.
- 소자가 견딜 수 있는 역방향 전압(역내 전압)이 높다.
- 효율이 높고 전압강하가 작다.

373 □□□
다이오드를 사용하는 정류회로에서 과대한 부하전류로 인하여 다이오드가 소손될 우려가 있을 때 가장 적절한 조치는 어느 것인가?
① 다이오드 양단에 적당한 값의 콘덴서를 추가한다.
② 다이오드 양단에 적당한 값의 저항을 추가한다.
③ 다이오드를 병렬로 추가한다.
④ 다이오드를 직렬로 추가한다.

| 해설
다이오드 보호방식
㉠ 과전류로부터 다이오드 보호
　다이오드를 병렬로 추가 접속
㉡ 과전압으로부터 다이오드 보호
　다이오드를 직렬로 추가 접속

374 □□□
단상 반파정류로 직류전압 150[V]를 얻으려면 변압기 2차선의 상전압 V_s를 얼마로 결정하면 되는가?
(단, 부하는 무유도 저항이고, 정류회로 및 변압기 내의 전압강하는 무시한다.)
① 약 150[V]　② 약 200[V]
③ 약 333[V]　④ 약 472[V]

| 해설
정류시 전압관계
㉠ 단상 반파: $V_d = 0.45 V_s$ [V]
㉡ 단상 전파: $V_d = 0.9 V_s$ [V]
㉢ 3상 반파: $V_d = 1.17 V_s$ [V]
㉣ 3상 전파: $V_d = 1.35 V_s$ [V]
∴ $V_d = 0.45 V_s$ 에서
$$V_s = \frac{V_d}{0.45} = \frac{150}{0.45} = 333.33 [V]$$

375 □□□
반파 정류회로에서 순저항 부하에 걸리는 직류전압의 크기가 200[V]이다. 다이오드에 걸리는 최대 역전압의 크기 [V]는?
① 약 400　② 약 479
③ 약 512　④ 약 628

| 해설
㉠ 단상 반파 직류전압: $V_d = 0.45 V_s$
㉡ 단상 교류전압의 실횻값
$$V_s = \frac{V_d}{0.45} = \frac{200}{0.45} = 444.44 [V]$$
∴ 최대 역전압 PIV
$$V_m = \sqrt{2} V_s = \sqrt{2} \times 444.44 = 628 [V]$$

정답　372 ①　373 ③　374 ③　375 ④

376

단상 반파 정류회로에서 변압기 2차전압의 실횻값을 E[V]라 할 때 직류전류 평균값[A]은 얼마인가? (단, 정류기의 전압강하는 e[V]이다.)

① $\dfrac{\frac{\sqrt{2}}{\pi}E-e}{R}$
② $\dfrac{1}{2}\cdot\dfrac{E-e}{R}$
③ $\dfrac{2\sqrt{2}}{\pi}\cdot\dfrac{E}{R}$
④ $\dfrac{\sqrt{2}}{\pi}\cdot\dfrac{E-e}{R}$

| 해설

정류기의 전압강하 e를 고려한 직류전압

$E_d = \dfrac{\sqrt{2}}{\pi}E - e\,[V]$

직류전류 평균값 $I_d = \dfrac{E_d}{R} = \dfrac{(\frac{\sqrt{2}}{\pi}E-e)}{R}\,[A]$

377

단상 반파의 정류 효율은?

① $\dfrac{4}{\pi^2}\times 100\,[\%]$
② $\dfrac{\pi^2}{4}\times 100\,[\%]$
③ $\dfrac{8}{\pi^2}\times 100\,[\%]$
④ $\dfrac{\pi^2}{8}\times 100\,[\%]$

| 해설

정류 효율
- 단상 반파정류 $= \dfrac{4}{\pi^2}\times 100 = 40.6\,[\%]$
- 단상 전파정류 $= \dfrac{8}{\pi^2}\times 100 = 81.2\,[\%]$

378

동작모드가 그림과 같이 나타나는 혼합브리지는?

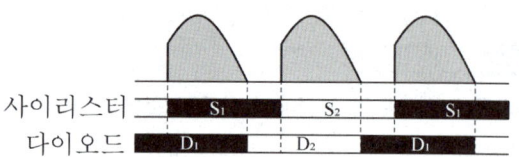

①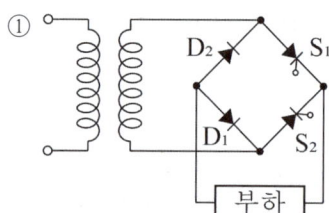

②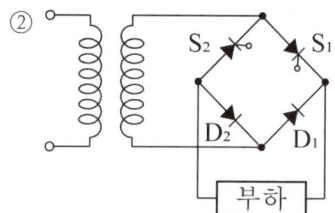

③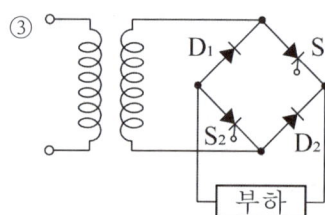

④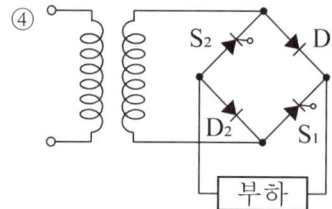

| 해설

동작모드가 그림과 같이 나타나기 위해서는 사이리스터(S)와 다이오드(D)의 On 상태를 고려해 보면 된다. 즉, S_1과 D_1이 한 방향으로 나타나고 S_2와 D_2가 한 방향으로 되어야 한다.

정답 376 ① 377 ① 378 ①

379

정류기의 단상 전파정류에 있어서 직류전압 100[V]를 얻는데 필요한 2차 상전압은 얼마인가?
(단, 부하는 순저항으로 하고 변압기내의 전압강하는 무시하며 리액턴스 전압강하를 15[V]로 한다.)

① 약 94.4[V]   ② 약 128[V]
③ 약 181[V]   ④ 약 225[V]

| 해설

㉠ 직류평균전압: $E_d = \dfrac{2\sqrt{2}E}{\pi} - e$ [V]

㉡ 2차 상전압: $E = \dfrac{\pi}{2\sqrt{2}}(E_d + e)$
$= \dfrac{\pi}{2\sqrt{2}}(100 + 15)$
$\fallingdotseq 128$ [V]

380

그림과 같은 정류회로에서 전류계의 지시값은 얼마인가? (단, 전류계는 가동코일형이고 정류기의 저항은 무시한다.)

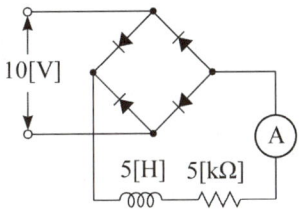

① 1.8[mA]   ② 4.5[mA]
③ 6.4[mA]   ④ 9.0[mA]

| 해설

㉠ 단상 브릿지 회로(단상 전파 직류전압)
$V_d = 0.9\,V_s = 0.9 \times 10 = 9$ [V]

㉡ 전류계의 지시값
$I_d = \dfrac{E_d}{R} = \dfrac{9}{5 \times 10^3} = 1.8 \times 10^{-3}$ [A]

381

6상 반파정류회로에서 450[V]의 직류전압을 얻는데 필요한 변압기의 직류 권선전압은 몇[V]인가?

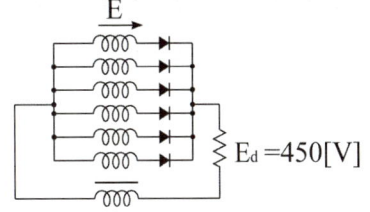

① 333   ② 348
③ 356   ④ 375

| 해설

$E_d = \dfrac{\sqrt{2}E\sin\dfrac{\pi}{m}}{\dfrac{\pi}{m}} = \dfrac{\sqrt{2}\sin 30°}{\dfrac{\pi}{6}}E = 1.35E$

$\therefore E = \dfrac{E_d}{1.35} = \dfrac{450}{1.35} = 333$ [V]

382

사이리스터 2개를 사용한 단상 전파정류회로에서 직류전압 100[V]를 얻으려면 몇[V]의 교류전압이 필요한가?
(단, 정류기 내의 전압강하는 무시한다.)

① 약 111   ② 약 141
③ 약 152   ④ 약 166

| 해설

직류평균전압: $E_d = \dfrac{2\sqrt{2}E}{\pi} - e_a$ [V]

∴ 상전압
$E = \dfrac{\pi}{2\sqrt{2}}(E_d + e_a) = \dfrac{\pi}{2\sqrt{2}} \times 100$
$= 111$ [V]

정답 379 ② 380 ① 381 ① 382 ①

383 □□□

사이리스터 2개를 사용한 단상전파 정류회로에서 직류전압 100[V]를 얻으려면 1차에 약 110[V]의 교류전압이 필요하다. 이때 PIV가 몇 [V]인 다이오드를 사용하면 되는가?

① 111
② 141
③ 222
④ 314

| 해설

㉠ 단상 반파 직류전압: $V_d = 0.9\,V_s$
㉡ 단상 교류전압의 실횻값

$$V_s = \frac{V_d}{0.9} = \frac{100}{0.9} = 111.11\,[V]$$

∴ 최대 역전압 PIV

$$V_m = 2\sqrt{2}\,V_s = \sqrt{2} \times 111.11 = 314\,[V]$$

384 □□□

단상 반파정류 회로인 경우 정류 효율은 몇 [%]인가?

① 12.6
② 40.6
③ 60.6
④ 81.2

| 해설

저항부하 정류회로의 효율과 맥동률

구분	효율[%]	맥동율[%]
단상 반파 정류	40.6	121
단상 전파 정류	81.2	48
3상 반파 정류	96.5	19
3상 전파 정류	99.8	4
6상 중복 정류	99.8	4
6상 반파 정류	99.8	4

385 □□□

정류방식 중에서 맥동율이 가장 작은 회로는?

① 단상 반파정류회로
② 단상 전파정류회로
③ 삼상 반파정류회로
④ 삼상 전파정류회로

| 해설

각 정류방식에 따른 맥동률을 구하면 다음과 같다.
• 단상 반파정류: 1.21
• 단상 전파정류: 0.48
• 3상 반파정류: 0.19
• 3상 전파정류: 0.042

386 □□□

정류회로의 상수를 크게 했을 경우 옳은 것은?

① 맥동 주파수와 맥동률이 증가한다.
② 맥동률과 맥동 주파수가 감소한다.
③ 맥동 주파수는 증가하고 맥동율은 감소한다.
④ 맥동률과 주파수는 감소하나 출력이 증가한다.

| 해설

1상에서 3상 또는 6상 등으로 상수를 크게 하면 양질의 직류전력이 발생하여 맥동 주파수는 증가하고 교류분이 감소하여 맥동률은 감소한다.

387 □□□

3상 반파 정류회로에서 직류전압의 파형은 전원전압 주파수의 몇 배의 교류분을 포함하는가?

① 1
② 2
③ 3
④ 6

| 해설

㉠ 정류회로에서 직류분전력에 포함된 교류분주파수를 맥동 주파수라 한다.
㉡ 맥동주파수 = 전원전압 주파수 × 상수 × K
 (여기서, K: 반파정류 1, 전파정류 2)
∴ 3상 반파 정류회로에서 맥동주파수는 전원전압 주파수에 3배의 교류분을 포함한다.

388 □□□

어떤 정류기의 부하 전압이 2000[V]이고 맥동률이 3[%]이면 교류분은 몇 [V] 포함되어 있는가?

① 20
② 30
③ 50
④ 60

| 해설

$$\nu = \frac{\text{출력전압에 포함된 교류분}(V_r')}{\text{출력전압의 직류분}(E_{do})}$$ 이므로

∴ V_r' = 맥동률 × 출력전압의 직류분
 $= 0.03 \times 2{,}000 = 60\,[V]$

정답 383 ④ 384 ② 385 ④ 386 ③ 387 ③ 388 ④

389

도통(on)상태에 있는 SCR을 차단(off)상태로 만들기 위해서는 어떻게 하여야 하는가?

① 게이트 펄스전압을 가한다.
② 게이트 전류를 증가시킨다.
③ 게이트 전압이 부(-)가 되도록 한다.
④ 전원전압의 극성이 반대가 되도록 한다.

| 해설
SCR의 경우 부하전류가 흐르고 있을 경우 게이트 전압으로 차단을 할 수 없고 애노드 전류가 0 또는 전원의 극성이 반대가 되어야 차단(off)된다.

390

SCR의 기호가 맞는 것은 어느 것인가?
(단, A는 anode의 약자, K는 cathode의 약자이며 G는 gate의 약자이다)

①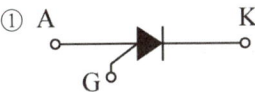
②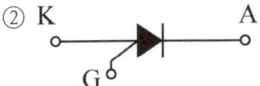
③
④

| 해설
SCR은 게이트(G)에 일정한 신호를 인가하면 에노드(A)에서 케소드(K)로 전류가 흐르게 되고, 동작을 정지시키기 위해서는 유지전류 이하로 감소시키면 된다.

391

SCR에 관한 설명이다. 적절하지 않은 것은?

① 3단자 소자이다.
② 적은 게이트 신호로 대전력을 제어한다.
③ 직류전압만을 제어한다.
④ 도통상태에서 전류가 유지전류 이하로 되면 비도통상태로 된다.

| 해설
SCR 2개를 단상 역병렬로 접속하면 TRIAC과 같은 특성이므로 교류전압을 제어한다.

392

다음 ( )안에 알맞는 말의 순서는?

사이리스터(Thyristor)에서는 게이트 전류가 흐르면 순방향의 저지상태에서 ( )상태로 된다. 게이트 전류를 가하여 도통 완료까지의 시간을 ( )시간이라고 하나 이 시간이 길면 ( )시의 ( )이 많고 사이리스터소자가 파괴되는 수가 있다.

① 온(On), 턴온(Turn On), 스위칭, 전력손실
② 온(On), 턴온(Turn On), 전력손실, 스위칭
③ 스위칭, 온(On), 턴온(Turn On), 전력손실
④ 턴온(Turn On), 스위칭, 온(On), 전력손실

| 해설
SCR(사이리스터)을 동작시킬 경우에 애노드에 (+), 캐소드에 (-)의 전압을 인가하고(순방향) 게이트 전류를 흘려주면 OFF 상태에서 ON상태로 되는데 이 시간을 턴온(turn on)시간이라 한다. 이때 게이트 전류를 제거하여도 ON상태는 그대로 유지된다. 그리고 턴온(turn on) 시간이 길어지면 스위칭 시 전력손실(열)이 커져 소자가 파괴될 수도 있다.

정답 389 ④ 390 ④ 391 ③ 392 ①

393

전원전압이 100[V]인 단상 전파정류제어에서 점호각이 30°일 때 직류평균전압은 약 몇 [V]인가?

① 54
② 64
③ 84
④ 94

| 해설

단상 전파 제어 시 출력전압

$E_d = \dfrac{\sqrt{2}}{\pi} E \times (1+\cos\alpha)$

$= \dfrac{\sqrt{2}}{\pi} \times 100 \times (1+\cos 30°)$

$= 83.97 ≒ 84 [V]$

394

트라이액(TRIAC)에 대한 설명으로 틀린 것은?

① 쌍방향성 3단자 사이리스터이다.
② 턴오프시간이 SCR보다 짧으며 급격한전압변동에 강하다.
③ SCR 2개를 서로 반대방향으로 병렬 연결하여 양방향 전류제어가 가능하다.
④ 게이트에 전류를 흘리면 어느 방향이든 전압이 높은 쪽에서 낮은 쪽으로 도통한다.

| 해설

트라이액의 특성
• 2방향성 3단자 사이리스터로 2방향의 전류제어 가능
• 사이리스터를 2개 역병렬로 접속한 것과 같은 작용
• 게이트 단자를 통해 ON을 할 수 있고 OFF는 불가능

395

반도체 다이리스터로 속도제어를 할 수 없는 제어는?

① 정지형 레오나드 제어
② 일그너 제어
③ 초퍼제어
④ 인버터 제어

| 해설

일그너 제어는 플라이휠을 이용하는 방법으로 전동기 운전중에 부하변동이 심할 때 안정된 운전을 위해 사용한다.

396

게이트 조작에 의해 부하전류 이상으로 유지전류를 높일 수 있어 게이트의 턴온, 턴오프가 가능한 사이리스터는?

① SCR
② GTO
③ LASCR
④ TRIAC

| 해설

GTO(Gate Turn Off Thyristor)는 부하전류를 차단할 수 있는 소자로 게이트를 이용하여 소자를 턴온, 턴오프 시킬 수 있다.
㉠ SCR: 다이오드에 래치 기능이 있는 스위치(게이트)를 내장한 3단자 단일 방향성 소자
㉡ LASCR: 광신호를 이용하여 트리거시킬 수 있는 사이리스터
㉢ TRIAC: 교류에서도 사용할 수 있는 3단자 쌍방향성 사이리스터

397

PN 접합구조로 되어 있고 제어는 불가능하나 교류를 직류로 변환하는 반도체 정류소자는?

① IGBT
② SCR
③ GTO
④ DIODE

| 해설

다이오드(DIODE)는 일정전압 이상을 가하면 전류가 흐르는 소자로 ON-OFF만 가능한 스위칭 소자이다.

398

다음은 IGBT에 관한 설명이다. 잘못된 것은?

① Insulate Gate Bipolar Thyistor의 약자이다
② 트랜지스터와 MOSFET를 조합한 것이다.
③ 고속 스위칭이 가능하다.
④ 전력용 반도체 소자이다.

| 해설

IGBT(Insulated Gate Bipolar Transistor)
• 게이트에 인가되는 전압에 의해 제어
• MOSFET과 전력용 트랜지스터의 조합
• 전력용 트랜지스터의 경우보다 훨씬 빠른 스위칭이 가능
• 대전력, 고주파수 응용 장치에 활용

정답 393 ③ 394 ② 395 ② 396 ② 397 ④ 398 ①

399

사이리스터 명칭에 관한 설명 중 틀린 것은?

① SCR은 역저지 3극 사이리스터이다.
② SSS는 2극 양방향 사이리스터이다.
③ TRIAC은 2극 양방향 사이리스터이다.
④ SCS는 역저지 4극 사이리스터이다.

| 해설

트라이액(TRIAC): 교류 회로의 위상제어에 사용할 수 있는 2방향성 3단자 사이리스터

400

전압을 일정하게 유지하기 위해서 이용되는 다이오드는?

① 정류용 다이오드   ② 바랙터 다이오드
③ 바리스터 다이오드 ④ 제너 다이오드

| 해설

제너 다이오드는 정전압 특성을 가지고 있으므로 전압을 일정하게 유지하기 위한 전압 제어소자로서 널리 이용되고 있으며, 정전압 다이오드라고도 한다.

401

직류에서 교류로 변환하는 기기는?

① 인버터   ② 사이크로 컨버터
③ 쵸퍼   ④ 회전 변류기

| 해설

정류기에 따른 전력 변환
- 인버터: 직류 → 교류로 변환
- 컨버터: 교류 → 직류로 변환
- 쵸퍼: 직류 → 직류로 변환
- 싸이클로 컨버터: 교류 → 교류로 변환

402

반도체 사이리스터에 의한 제어는 어느 것을 변화시키는가?

① 주파수   ② 위상각
③ 최댓값   ④ 토크

| 해설

사이리스터의 게이트 회로를 이용하여 위상각을 변화시켜 속도 제어가 가능하다.

403

인버터(inverter)의 전력변환은?

① 교류 - 직류로 변환   ② 직류 - 직류로 변환
③ 교류 - 교류로 변환   ④ 직류 - 교류로 변환

| 해설

정류기에 따른 전력변환
- 인버터: 직류 → 교류로 변환
- 컨버터: 교류 → 직류로 변환
- 쵸퍼: 직류 → 직류로 변환
- 싸이클로 컨버터: 교류 → 교류로 변환

404

교류전력을 교류로 변환하는 것은?

① 정류기   ② 쵸퍼
③ 인버터   ④ 사이크로 컨버터

| 해설

정류기에 따른 전력변환
- 인버터: 직류 → 교류로 변환
- 컨버터: 교류 → 직류로 변환
- 쵸퍼: 직류 → 직류로 변환
- 싸이클로 컨버터: 교류 → 교류로 변환

정답 399 ③ 400 ④ 401 ① 402 ② 403 ④ 404 ④

405 □□□

사이크로 컨버터(cycloconverter)란?

① 실리콘 양방향성 소자이다.
② 제어정류기를 사용한 주파수 변환기이다.
③ 직류 제어소자이다.
④ 전류 제어장치이다.

| 해설

주파수 f_1 교류 → 순변환장치(CONVERTER) → DC 직류 → 역변환장치(INVERTER) → 주파수 f_2 교류

어떠한 주파수의 교류를 다른 주파수의 교류로 변환시키는 것을 주파수 변환기라 하는데 이 변환방법에는 직접식과 간접식이 있다. 간접식은 그림과 같이 순변환(CONVERTER)과 역변환(INVERTER)으로 구성되어 있으나 직접식은 직류회로를 개재함이 없이 다른 주파수의 교류로 변환시키는 방법이다. 이와 같은 직접변환방식을 사이클로컨버터라 한다.

406 □□□

GTO 사이리스터의 특징으로 틀린 것은?

① 각 단자의 명칭은 SCR 사이리스터와 같다.
② 온(on)상태에서는 양방향 전류특성을 보인다.
③ 온(on)드롭(drop)은 약 2 ~ 4[V]가 되어 SCR 사이리스터보다 약간 크다.
④ 오프(off)상태에서는 SCR 사이리스터처럼 양방향 전압 저지능력을 갖고 있다.

| 해설
GTO(Gate Turn Off) 사이리스터는 단방향 3단자 소자로 온(On)상태일 때 전류는 한쪽 방향으로만 흐른다.

제6장 특수기기

407 □□□

단상 정류자전동기의 일종인 단상 반발전동기에 해당되는 것은?

① 시라게전동기
② 반발유도전동기
③ 아트킨손형 전동기
④ 단상 직권 정류자전동기

| 해설
단상 반발전동기의 종류에는 아트킨손형 전동기, 톰슨형 전동기, 데리형 전동기가 있다.

408 □□□

단상 직권전동기의 종류가 아닌 것은?

① 직권형
② 아트킨손형
③ 보상직권형
④ 유도보상직권형

| 해설
단상 직권전동기의 종류에는 직권형, 보상직권형, 유도보상직권형이 있다. 아트킨손형은 단상 반발전동기에 종류이다.

409 □□□

직류 및 교류 양용에 사용되는 만능전동기는?

① 복권전동기
② 유도전동기
③ 동기전동기
④ 직권정류자전동기

| 해설
직권정류자전동기는 교류, 직류 양용으로 사용되므로 교직 양용 전동기(universal motor)라고도 하고 믹서기, 재봉틀, 진공소제기, 휴대용 드릴, 영사기 등에 사용된다.

정답 405 ② 406 ② 407 ③ 408 ② 409 ④

410

가정용 재봉틀, 소형 공구, 영사기, 치과의료용, 엔진 등에 사용하고 있으며 교류, 직류 양쪽 모두에 사용되는 만능 전동기는?

① 전기동력계 ② 3상 유도전동기
③ 차동복권전동기 ④ 단상 직권정류자전동기

| 해설
단상 직권정류자전동기의 특성
㉠ 소형 공구 및 가전제품에 일반적으로 널리 이용되는 전동기이다.
㉡ 교류, 직류 양용으로 사용되는 교직 양용 전동기(universal motor)이다.
㉢ 믹서기, 재봉틀, 진공소제기, 휴대용 드릴, 영사기, 치과의료용 등에 사용한다.

411

75[W] 이하의 소출력 단상 직권정류자전동기의 용도로 적합하지 않은 것은?

① 믹서 ② 소형 공구
③ 공작기계 ④ 치과의료용

| 해설
단상 직권 정류자 전동기의 특성
㉠ 소형 공구 및 가전제품에 일반적으로 널리 이용되는 전동기
㉡ 교류·직류 양용으로 사용되어 교직 양용 전동기(universal motor)
㉢ 믹서기, 재봉틀, 진공소제기, 휴대용 드릴, 영사기, 치과의료용 등에 사용

412

그림은 단상 직권 정류자전동기의 개념도이다. C 를 무엇이라고 하는가?

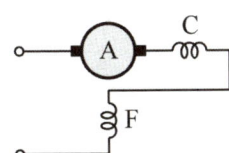

① 제어권선 ② 보상권선
③ 보극권선 ④ 단층권선

| 해설
단상 직권 정류자전동기의 보상 직권형으로, C 는 보상권선, F 는 계자권선이다.

413

단상 정류자전동기에 보상권선을 사용하는 이유는?

① 출력증대 ② 기동토크 조절
③ 속도제어 ④ 역률 개선

| 해설
직류용 직권전동기를 교류용으로 사용하면 역률과 효율이 나쁘고 토크가 약해서 정류가 불량이 된다. 이를 개선하기 위하여 전기자에 직렬로 연결한 보상권선을 설치한다.

414

단상 직권정류자전동기에 관한 설명 중 틀린 것은?
(단, A: **전기자**, C: **보상권선**, F: **계자권선**이라 한다.)

① 직권형은 A와 F가 직렬로 되어 있다.
② 보상직권형은 A, C 및 F가 직렬로 되어 있다.
③ 단상 직권정류자전동기에서는 보극권선을 사용하지 않는다.
④ 유도보상직권형은 A와 F가 직렬로 되어 있고 C는 A에서 분리한 후 단락되어 있다.

| 해설
단상 직권정류자전동기
㉠ 보상직권형은 전기자권선, 보상권선, 계자권선이 직렬로 연결되어 있다.
㉡ 유도보상직권형의 경우 계자권선과 전기자권선이 직렬로 접속되어 있고 보상권선은 전기자권선과 분리시켜서 단락한다.
㉢ 대형 기기의 경우 보극을 설치하거나 고저항의 도선을 사용하여 단락전류를 제한한다.
㉣ 직권형은 전기자권선과 계자권선이 직렬로 연결되어 있다.

정답 410 ④ 411 ③ 412 ② 413 ④ 414 ③

415 ☐☐☐
단상 직권 정류자전동기에서 보상권선과 저항도선의 작용을 설명한 것 중 틀린 것은 어느 것인가?
① 보상권선은 역률을 좋게 한다.
② 보상권선은 변압기의 기전력을 크게 한다.
③ 보상권선은 전기자반작용을 제거해 준다.
④ 저항도선은 변압기 기전력에 의한 단락전류를 작게 한다.

| 해설
㉠ 보상권선
 전기자반작용을 제거해 역률을 개선하고 기전력을 작게 한다.
㉡ 저항도선
 변압기기전력에 의한 단락전류를 감소 시킨다.

416 ☐☐☐
단상 직권 정류자전동기에 전기자권선의 권수를 계자권수에 비해 많게 하는 이유가 아닌 것은?
① 주자속을 작게 하고 토크를 증가하기 위하여
② 속도기전력을 크게 하기 위하여
③ 변압기기전력을 크게 하기 위하여
④ 역률 저하를 방지하기 위하여

| 해설
단상 직권 정류자전동기는 전기자나 계자권선의 리액턴스 때문에 속도기전력 및 역률이 크게 감소하므로 이를 방지하기 위해 계자권선의 권수를 감소시켜 계자에서 발생하는 주자속을 작게 한다. 이에 따른 토크의 감소를 보충하기 위해 전기자권선수를 크게 하고 변압기의 기전력을 작게 한다.

417 ☐☐☐
3상 직권 정류자전동기에 중간 변압기를 사용하는 이유로 적당하지 않은 것은?
① 중간 변압기를 이용하여 속도 상승을 억제할 수 있다.
② 회전자전압을 정류작용에 맞는 값으로 선정할 수 있다.
③ 중간 변압기를 사용하여 누설리액턴스를 감소할 수 있다.
④ 중간 변압기의 권수비를 바꾸어 전동기 특성을 조정할 수 있다.

| 해설
중간 변압기 사용이유
㉠ 전원전압의 크기에 관계없이 회전자전압을 정류작용에 맞는 값으로 선정
㉡ 중간 변압기의 권수비를 바꾸어서 전동기 특성의 조정가능
㉢ 경부하에서는 속도가 현저하게 상승하나 중간 변압기를 사용하여 철심을 포화시켜 속도 상승을 억제

418 ☐☐☐
교류 정류자기에서 갭의 자속분포가 정현파로 $\phi_m = 0.14$[Wb], $P=2$, $a=1$, $Z=200$, $N=1200$[rpm]인 경우 브러시축이 자극축과 30°라면 속도기전력의 실횻값 E_s는 약 몇 [V]인가?
① 160
② 400
③ 560
④ 800

| 해설
속도기전력의 실횻값
$$E_s = \frac{1}{\sqrt{2}} \frac{P}{a} Z \frac{N}{60} \phi_m \sin\theta$$
$$= \frac{1}{\sqrt{2}} \times \frac{2}{1} \times 200 \times \frac{1200}{60} \times 0.14 \times \sin 30°$$
$$= 395.95 ≒ 400 [V]$$

419 ☐☐☐
스텝모터(step motor)의 장점으로 틀린 것은?
① 회전각과 속도는 펄스수에 비례한다.
② 위치제어를 할 때 각도 오차가 적고 누적된다.
③ 가속, 감속이 용이하며 정·역전 및 변속이 쉽다.
④ 피드백 없이 오픈루프로 손쉽게 속도 및 위치제어를 할 수 있다.

정답 415 ② 416 ③ 417 ③ 418 ② 419 ②

| 해설

스텝모터(step motor)의 특징
㉠ 기동, 정지, 정회전, 역회전이 용이하고 신호에 대한 응답성이 좋다.
㉡ 제어가 간단하고 정밀한 동기운전이 가능하며, 오차도 누적되지는 않는다.
㉢ 피드백루프가 필요없어 오픈루프로 손쉽게 속도 및 위치제어가 가능하다.
㉣ 가·감속 운전과 정·역전 및 변속이 용이하다.
㉤ 모터의 제어가 간단하고 디지털 제어회로와 조합이 용이하다.
㉥ 브러시 등의 접촉부분이 없어 수명이 길고 신뢰성이 높다.
㉦ 회전각도는 입력펄스 신호의 수에 비례하고 회전속도는 펄스주파수에 비례한다.

420 □□□

일반적인 DC 서보모터의 제어에 속하지 않는 것은?

① 역률제어　　② 토크제어
③ 속도제어　　④ 위치제어

| 해설

DC 서보모터의 제어에는 위치제어, 토크제어, 속도제어가 있다.

421 □□□

스테핑모터의 일반적 특징으로 틀린 것은?

① 기동·정지 특성은 나쁘다.
② 회전각은 입력펄스수에 비례한다.
③ 회전속도는 입력펄스 주파수에 비례한다.
④ 고속응답이 좋고, 고출력의 운전이 가능하다.

| 해설

스테핑모터의 특징
㉠ 회전각도는 입력펄스신호의 수에 비례하고 회전속도는 펄스주파수에 비례한다.
㉡ 모터의 제어가 간단하고 디지털제어회로와 조합이 용이하다.
㉢ 기동, 정지, 정회전, 역회전이 용이하고 신호에 대한 응답성이 좋다.
㉣ 브러시 등의 접촉부분이 없어 수명이 길고 신뢰성이 높다.

422 □□□

회전형 전동기와 선형 전동기(linear motor)를 비교한 설명 중 틀린 것은?

① 선형의 경우 회전형에 비해 공극의 크기가 작다.
② 선형의 경우 직접적으로 직선운동을 얻을 수 있다.
③ 선형의 경우 회전형에 비해 부하관성의 영향이 크다.
④ 선형의 경우 전원의 상순서를 바꿔 이동방향을 변경한다.

| 해설

선형 전동기(Linear Motor)의 특징
㉠ 직선형 구동력을 직접 발생시키기 때문에 기계적인 변환장치가 불필요하므로 효율이 높다.
㉡ 회전형에 비해 공극이 커서 역률 및 효율이 낮다.
㉢ 회전형의 경우와 같이 전원의 상순을 바꾸어서 이동방향에 변화를 준다.
㉣ 부하관성에 영향을 크게 받는다.

423 □□□

교류전동기에서 브러시 이동으로 속도변화가 용이한 전동기는?

① 동기전동기　　② 시라게전동기
③ 3상 농형 유도전동기　　④ 2중 농형 유도전동기

| 해설

시라게전동기(슈라게전동기)
브러시의 간격을 조정하여 원활하게 속도를 제어하는 전동기

정답　420 ①　421 ①　422 ①　423 ②

424 □□□

브러시의 위치를 바꾸어서 회전방향을 바꿀 수 있는 전기기계가 아닌 것은?

① 톰슨형 반발전동기
② 3상 직권 정류자전동기
③ 시라게전동기
④ 정류자형 주파수변환기

| 해설
정류자형 주파수변환기는 3상 회전변류기의 전기자권선과 거의 같은 구조로서, 자극면마다 전기각 $\frac{2\pi}{3}$ 의 간격으로 3조의 브러시를 갖고 있는 구조로서 전원주파수 f_1 에 임의의 주파수 f_2 를 변환하여 $f = f_1 + f_2$ 주파수를 얻을 수 있는 기계이다.

425 □□□

동기주파수 변환기의 주파수 f_1 및 f_2 계통에 접속되는 양극을 P_1, P_2라 하면 다음 어떤 관계가 성립되는가?

① $\dfrac{f_1}{f_2} = \dfrac{P_1}{P_2}$
② $\dfrac{f_1}{f_2} = P_2$
③ $\dfrac{f_1}{f_2} = \dfrac{P_2}{P_1}$
④ $\dfrac{f_2}{f_1} = P_1 \cdot P_2$

| 해설
동기속도 $N_s = \dfrac{120f_1}{P_1} = \dfrac{120f_2}{P_2}$

$\therefore \dfrac{f_1}{f_2} = \dfrac{P_1}{P_2}$

정답 424 ④ 425 ①

Chapter 04 회로이론

※ 적중문제는 기출 분석을 바탕으로 자주 출제되는 유형을 선별하였습니다.

제1장 직류회로

01 □□□

두 점 사이에는 20[C]의 전하를 옮기는데 80[J]의 에너지가 필요하다면 두 점 사이의 전압은?

① 2[V] ② 3[V]
③ 4[V] ④ 5[V]

| 해설
전압 $V = \dfrac{W}{Q} = \dfrac{80}{20} = 4[V]$

02 □□□

$i(t) = 2t^2 + 8t$ [A] 로 표시되는 전류가 도선에 3[sec]동안 흘렀을 때 통과한 전 전기량은 몇 [C]인가?

① 18 ② 48
③ 54 ④ 61

| 해설
㉠ 적분 공식: $\displaystyle\int x^n \, dx = \dfrac{1}{n+1} x^{n+1} + C$
  여기서, C: 적분상수
㉡ 전류 정의식: $i(t) = \dfrac{dQ}{dt}$ [A]
∴ 전기량
$Q = \displaystyle\int i(t) \, dt = \int_0^3 2t^2 + 8t \, dt$
$= \left[\dfrac{2}{3}t^3 + 4t^2\right]_0^3 = \dfrac{2}{3} \times 3^3 + 4 \times 3^2$
$= 54$ [C]

03 □□□

일정 전압의 직류 전원에 저항을 접속하고 전류를 흘릴 때 이 전류값을 20[%] 증가시키기 위해서는 저항값을 몇 배로 하여야 하는가?

① 1.25배 ② 1.2배
③ 0.83배 ④ 0.8배

| 해설
㉠ 옴의 법칙 $I = \dfrac{V}{R}$ 에서 저항 $R = \dfrac{V}{I}$ 이므로 저항은 전류에 반비례한다.
㉡ 전류값을 20[%] 증가($1.2I$)시키기 위한 저항값은 다음과 같다.
∴ $R_x = \dfrac{V}{1.2I} = 0.83 \dfrac{V}{I} = 0.83 R [\Omega]$

정답 01 ③ 02 ③ 03 ③

04 □□□

그림에서 a, b단자에 200[V]를 가할 때 저항 2[Ω]에 흐르는 전류는?

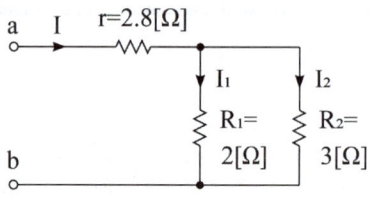

① 40[A] ② 30[A]
③ 20[A] ④ 10[A]

| 해설
㉠ 합성저항
$$R = r + \frac{R_1 \times R_2}{R_1 + R_2} = 2.8 + \frac{2 \times 3}{2+3} = 4[\Omega]$$
㉡ 회로 전체 전류
$$I = \frac{V}{R} = \frac{200}{4} = 50[A]$$
∴ 전류 분배 법칙
$$I_2 = \frac{R_1}{R_1 + R_2} \times I = \frac{3}{2+3} \times 50 = 30[A]$$

05 □□□

기전력 1.6[V]의 전지에 부하저항을 접속하였더니 0.5[A]의 전류가 흐르고 부하의 단자전압이 1.5[V]이었다. 전지의 내부저항 [Ω]은?

① 0.4 ② 0.2
③ 5.2 ④ 4.1

| 해설
㉠ 전지의 내부저항을 r, 부하저항을 R로 표현하면 아래와 같이 나타낼 수 있다.

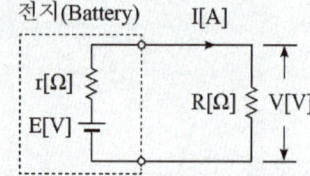

㉡ 전류가 0.5[A]일 때 부하저항
$$R = \frac{V}{I} = \frac{1.5}{0.5} = 3[\Omega]$$
여기서, V: 부하의 단자전압

∴ 기전력 $E = I(r+R)$ 관계에서 내부저항은
$$r = \frac{E}{I} - R = \frac{1.6}{0.5} - 3 = 0.2[\Omega]$$

06 □□□

다음 그림과 같은 회로에서 R의 값은 얼마인가?

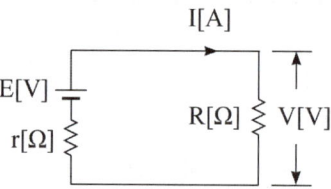

① $\frac{E-V}{E} r$ ② $\frac{E}{E-V} r$
③ $\frac{E-V}{V} r$ ④ $\frac{V}{E-V} r$

| 해설
㉠ 기전력: $E = I(r+R) = Ir + IR$
$$= Ir + V = \frac{V}{R}r + V$$ 에서
여기서, 부하 단자 전압: $V = IR$
㉡ $E - V = \frac{V}{R}r$ 이므로 부하저항은
∴ $R = \frac{V}{E-V} \times r$

07 □□□

최대눈금이 50[V]의 직류전압계가 있다. 이 전압계를 써서 150[V]의 전압을 측정하려면 몇 [Ω]의 저항을 배율기로 사용하여야 되는가?
(단, 전압계의 내부저항은 5,000[Ω]이다.)

① 1,000 ② 2,500
③ 5,000 ④ 10,000

정답 04 ② 05 ② 06 ④ 07 ④

| 해설

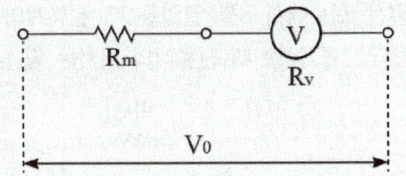

㉠ 전압계 측정전압: $V = \dfrac{R_v}{R_m + R_v} \times V_0$

　$\rightarrow \dfrac{V_0}{V} = \dfrac{R_m + R_v}{R_v} = \dfrac{R_m}{R_v} + 1$

㉡ 배율: $m = \dfrac{V_0}{V} = \dfrac{150}{50} = 3$

∴ 배율기 저항

　$R_m = \left(\dfrac{V_0}{V} - 1\right)R_v = (m-1)R_v$

　　　$= (3-1) \times 5{,}000 = 10{,}000\,[\Omega]$

08 □□□

3개의 같은 저항 $R\,[\Omega]$을 그림과 같이 △결선하고 기전력 $V\,[V]$, 내부저항 $r\,[\Omega]$ 인 전지를 n 개 직렬 접속했다. 이 때 전지 내를 흐르는 전류가 $I\,[A]$ 라면 R 은 몇 $[\Omega]$ 인가?

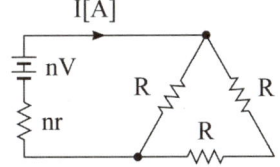

① $\dfrac{3n}{2}\left(\dfrac{V}{I} + r\right)$ 　② $\dfrac{2n}{3}\left(\dfrac{V}{I} + r\right)$

③ $\dfrac{3n}{2}\left(\dfrac{V}{I} - r\right)$ 　④ $\dfrac{2n}{3}\left(\dfrac{V}{I} - r\right)$

| 해설

기전력 $nV = I\left(nr + \dfrac{2}{3}R\right)$ 이므로

$\dfrac{nV}{I} = nr + \dfrac{2}{3}R$ 에서

$\dfrac{2}{3}R = n\left(\dfrac{V}{I} - r\right)$ 이므로

∴ $R = \dfrac{3n}{2}\left(\dfrac{V}{I} - r\right)\,[\Omega]$

09 □□□

다음 회로에서 전류는 몇 [A]인가?

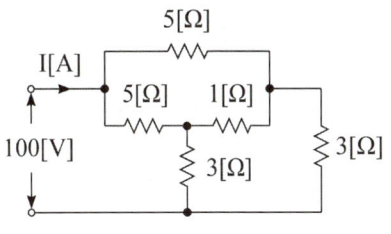

① 50[A] 　② 25[A]
③ 12.5[A] 　④ 10[A]

| 해설

㉠ 등가변환

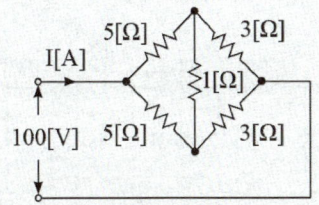

㉡ 휘트스톤 브리지 평형조건에 의한 등가변환시키면 아래와 같이 저항 1[Ω]이 개방된 것으로 표현할 수 있다.

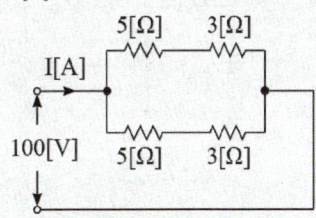

㉢ 합성저항: $R_0 = \dfrac{8 \times 8}{8 + 8} = 4\,[\Omega]$

∴ 전류: $I = \dfrac{V}{R_0} = \dfrac{100}{4} = 25\,[A]$

정답　08 ③　09 ②

10

그림의 사다리꼴 회로에서 출력전압 V_L[V]은?

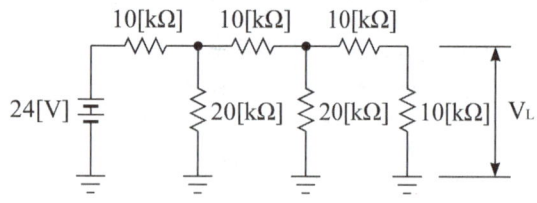

① 2
② 3
③ 4
④ 6

| 해설

㉠ 등가변환하면 각 마디를 통과할 때마다 전류는 1/2씩 분배된다.

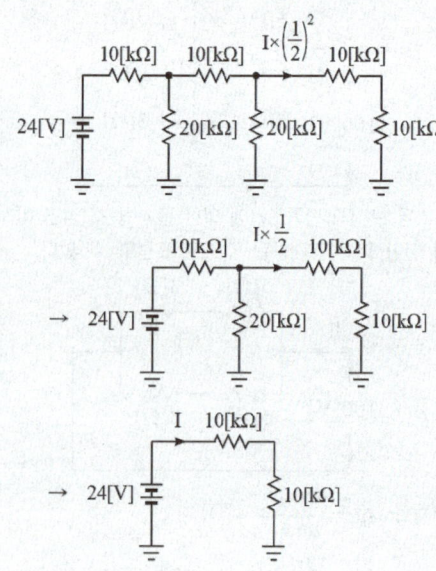

㉡ 합성저항이 $R_0 = 20\,[\mathrm{k}\Omega]$ 이므로 전체전류

$I = \dfrac{V}{R_0} = \dfrac{24}{20 \times 10^{-3}} = 1.2\,[\mathrm{mA}]$ 가 된다.

㉢ 회로 말단에 흐르는 전류

$2.4\,[\mathrm{mA}] \times \left(\dfrac{1}{2}\right)^2 = 0.3\,[\mathrm{mA}]$

∴ 말단 부하의 단자전압

$V_L = I \times R$
$\quad = 0.3 \times 10^{-3} \times 10 \times 10^3 = 3\,[\mathrm{V}]$

11

그림과 같은 회로에서 S를 열었을 때 전류계의 지시는 10[A]이었다. S를 닫을 때 전류계의 지시는 몇 [A]인가?

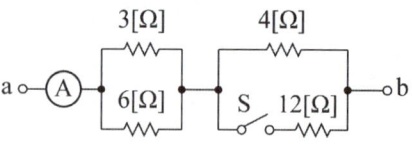

① 8
② 10
③ 12
④ 15

| 해설
(1) 스위치(S) 개방 상태 해석
  ㉠ 합성저항: $R_{ab} = \dfrac{3 \times 6}{3+6} + 4 = 6\,[\Omega]$
  ㉡ 전체 전류(전류계 지시값): $I_o = 10\,[\mathrm{A}]$
  ㉢ a, b 양단의 기전력
     $V_{ab} = I_o R_{ab} = 10 \times 6 = 60\,[\mathrm{V}]$
(2) 스위치(S) 닫은 상태 해석
  ㉠ 합성저항
     $R_c = \dfrac{3 \times 6}{3+6} + \dfrac{4 \times 12}{4+12} = 5\,[\Omega]$
  ㉡ a, b 양단의 기전력: $V_{ab} = 60\,[\mathrm{V}]$
  ㉢ 전류: $I_c = \dfrac{V_{ab}}{R_c} = \dfrac{60}{5} = 12\,[\mathrm{A}]$

12

그림과 같은 회로에서 r_1, r_2에 흐르는 전류의 크기가 1:2의 비율이라면 r_1, r_2의 저항은 각각 몇 [Ω]인가?

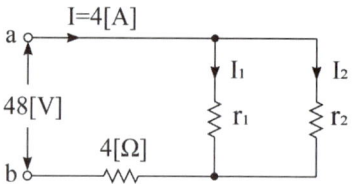

① $r_1 = 16$, $r_2 = 8$
② $r_1 = 24$, $r_2 = 12$
③ $r_1 = 6$, $r_2 = 3$
④ $r_1 = 8$, $r_2 = 4$

정답 10 ② 11 ③ 12 ②

해설

㉠ $I_1 : I_2 = I_1 : 2I_1 = \dfrac{V}{r_1} : \dfrac{V}{r_2}$ 에서

$\dfrac{2VI_1}{r_1} = \dfrac{VI_1}{r_2}$ 이므로 $r_1 = 2r_2$ 가 된다.

㉡ 합성저항 $R = \dfrac{V}{I} = \dfrac{48}{4} = 12[\Omega]$ 또는

$R = 4 + \dfrac{r_1 \times r_2}{r_1 + r_2} = 4 + \dfrac{2r_2^2}{3r_2} = 4 + \dfrac{2}{3}r_2$ 이므로

$R = 12 = 4 + \dfrac{2}{3}r_2$ 에서

∴ $r_2 = \dfrac{3}{2} \times (12-4) = 12[\Omega]$

$r_1 = 2r_2 = 24[\Omega]$

13 ☐☐☐

6[Ω]의 저항 3개를 그림과 같이 연결하였을 때 a, b 사이의 합성저항은 몇 [Ω]인가?

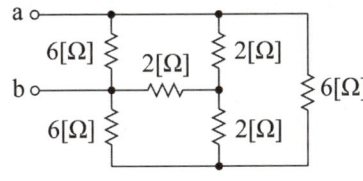

① 1[Ω]
② 2[Ω]
③ 3[Ω]
④ 4[Ω]

해설

㉠ 문제의 회로는 아래와 같이 표현할 수 있다.

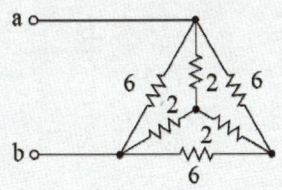

㉡ △결선으로 접속된 저항을 Y결선으로 등가변환하면 저항의 크기가 1/3이 된다.

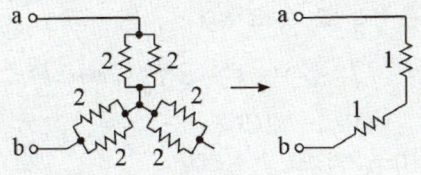

∴ a, b사이의 합성저항: $R_{ab} = 2[\Omega]$

제2장 단상 교류회로

14 ☐☐☐

$v = 141 \sin\left(377t - \dfrac{\pi}{6}\right)[\text{V}]$ 의 파형의 주파수는 몇 [Hz]인가?

① 50
② 60
③ 100
④ 377

해설

㉠ 각주파수: $\omega = 2\pi f = 2\pi \times 60 = 377[\text{rad/s}]$

㉡ 주파수: $f = \dfrac{377}{2\pi} = 60[\text{Hz}]$

15 ☐☐☐

그림과 같은 파형의 순시값은?

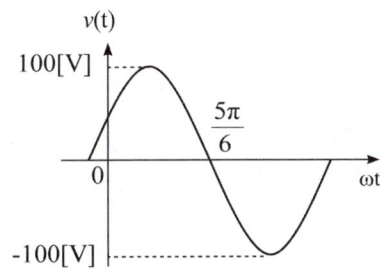

① $v = 100\sqrt{2}\sin\omega t$
② $v = 100\sqrt{2}\cos\omega t$
③ $v = 100\sin\left(\omega t + \dfrac{\pi}{6}\right)$
④ $v = 100\sin\left(\omega t - \dfrac{\pi}{6}\right)$

해설

순시값 = 최댓값 $\sin(\omega t \pm 위상차)$
      = $\sqrt{2}$ 실횻값 $\sin(\omega t \pm 위상차)$
      = 실횻값 ∠ ± 위상차

∴ $v = 100\sin\left(\omega t + \dfrac{\pi}{6}\right)[\text{V}]$

정답 13 ② 14 ② 15 ③

16 □□□

$i = 10\sin\left(\omega t - \dfrac{\pi}{3}\right)$ [A]로 표시되는 전류파형 보다 위상이 $30°$ 만큼 앞서고 최대치가 100 [V] 되는 전압파형 v를 식으로 나타내면 어떤 것인가?

① $v = 100\sin\left(\omega t - \dfrac{\pi}{3}\right)$

② $v = 100\sqrt{2}\sin\left(\omega t - \dfrac{\pi}{6}\right)$

③ $v = 100\sin\left(\omega t - \dfrac{\pi}{6}\right)$

④ $v = 100\sqrt{2}\cos\left(\omega t - \dfrac{\pi}{6}\right)$

| 해설

위상이 $30°$ 진상이므로

$\therefore v = 100\sin(\omega t - 60 + 30) = 100\sin\left(\omega t - \dfrac{\pi}{6}\right)$ [V]

17 □□□

최대치 100 [V], 주파수 60 [Hz] 인 정현파 전압이 있다. $t = 0$ 에서 순시값이 50 [V] 이고 이 순간에 전압이 감소하고 있을 경우의 정현파의 순시값은?

① $v = 100\sin(120\pi t + 45°)$

② $v = 100\sin(120\pi t + 135°)$

③ $v = 100\sin(120\pi t + 150°)$

④ $v = 100\sin(120\pi t + 30°)$

| 해설

㉠ $v = 100\sin\omega t$ 에서 순시값이 50 [V] 가 되기 위한
$\theta = \omega t = 30°$ 가 되어야 한다.
(여기서, $\sin 30° = 0.5$)

㉡ 아래 그림과 같이 순시값이 50 [V] 인 점을 $30°$ 와 $150°$ 이며, 전압이 감소하는 부분은 $150°$ 지점이다.

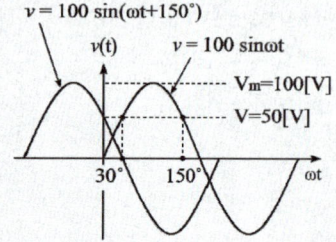

㉢ $t = 0$ 에서 순시값이 50 [V] 이고 이 순간에 전압이 감소하려면 진상 $150°$ 가 되어야 한다.
$\therefore v = 100\sin(120\pi t + 150°)$ [V]

18 □□□

아래 2개의 교류전압의 위상차를 시간으로 표시하면 몇 초인가?

$$e_1 = 141\sin(120\pi t - 30°)$$
$$e_2 = 150\cos(120\pi t - 30°)$$

① $\dfrac{1}{60}$ ② $\dfrac{1}{120}$

③ $\dfrac{1}{240}$ ④ $\dfrac{1}{360}$

| 해설

$\sin\omega t$ 과 $\cos\omega t$ 의 위상차는 $90° = \dfrac{\pi}{2}$ [rad] 이고,

각 주파수 $\omega = \dfrac{\theta}{t} = 2\pi f$ [rad/s] 이므로

$\therefore$ 시간: $t = \dfrac{\theta}{2\pi f} = \dfrac{\pi/2}{120\pi} = \dfrac{1}{240}$ [sec]

19 □□□

교류 전류는 크기 및 방향이 주기적으로 변한다. 한 주기의 평균값은?

① 0 ② $\dfrac{2}{\pi}$

③ $\dfrac{2I_m}{\pi}$ ④ $\dfrac{I_m}{2}$

| 해설

대칭 정현파의 경우 한 주기를 반주기로 보고, 비대칭파의 경우에는 한주기를 그대로 본다.

$\therefore I_a = \dfrac{1}{T}\displaystyle\int_0^T I_m \sin\omega t\ dt = \dfrac{1}{\pi}\displaystyle\int_0^\pi I_m \sin\omega t\ d\omega t = \dfrac{2I_m}{\pi}$

$= 0.637 I_m = 0.9 I$ [A]

여기서, I_m: 최댓값, I: 실횻값

정답 16 ③ 17 ③ 18 ③ 19 ③

20 □□□

어떤 교류전압의 실횻값이 314[V]일 때 평균값은?

① 약 142[V] ② 약 283[V]
③ 약 365[V] ④ 약 382[V]

| 해설

평균값: $V_a = \dfrac{2V_m}{\pi} = 0.637\,V_m$

$= 0.637 \times \sqrt{2}\,V$

$= 0.9\,V = 0.9 \times 314 = 282.6\,[V]$

21 □□□

$i = 3\sqrt{2}\sin(377t - 30°)\,[A]$의 평균값?

① 5.7[A] ② 4.3[A]
③ 3.9[A] ④ 2.7[A]

| 해설

평균값: $I_a = \dfrac{2I_m}{\pi} = 0.637\,I_m$

$= 0.637 \times \sqrt{2}\,I = 0.9\,I$

$= 0.9 \times 3 = 2.7\,[A]$

22 □□□

정현파 교류회로의 실효치를 계산하는 식은?

① $I = \dfrac{1}{T^2}\int_0^T i^2\,dt$

② $I^2 = \dfrac{2}{T}\int_0^T i\,dt$

③ $I^2 = \dfrac{1}{T}\int_0^T i^2\,dt$

④ $I = \sqrt{\dfrac{2}{T}\int_0^T i^2\,dt}$

| 해설

실횻값: $I = \sqrt{\dfrac{1}{T}\int_0^T i^2\,dt}$

$= \dfrac{I_m}{\sqrt{2}} = 0.707\,I_m$

23 □□□

정현파 교류의 실횻값은 평균값의 몇 배가 되는가?

① $\dfrac{\pi}{2\sqrt{2}}$ ② $\dfrac{2}{\sqrt{3}}$
③ $\dfrac{\sqrt{3}}{2}$ ④ $\dfrac{2\sqrt{2}}{\pi}$

| 해설

㉠ 평균값: $I_a = \dfrac{2I_m}{\pi} \rightarrow$ 최댓값: $I_m = \dfrac{\pi}{2}I_a$

㉡ 실횻값: $I = \dfrac{I_m}{\sqrt{2}} = \dfrac{\pi}{2\sqrt{2}} \times I_a$

24 □□□

삼각파의 최대치가 1이라면 실효치와 평균치는 각각 얼마인가?

① $\dfrac{1}{\sqrt{2}},\ \dfrac{1}{\sqrt{3}}$

② $\dfrac{1}{\sqrt{3}},\ \dfrac{1}{2}$

③ $\dfrac{1}{\sqrt{2}},\ \dfrac{1}{2}$

④ $\dfrac{1}{\sqrt{2}},\ \dfrac{1}{3}$

| 해설

각 종 파형에 따른 실횻값과 평균값

파형		실횻값		평균값	
		전파	반파	전파	반파
구형파		V_m	$\dfrac{V_m}{\sqrt{2}}$	V_m	$\dfrac{V_m}{2}$
정현파		$\dfrac{V_m}{\sqrt{2}}$	$\dfrac{V_m}{2}$	$\dfrac{2V_m}{\pi}$	$\dfrac{V_m}{\pi}$
삼각파		$\dfrac{V_m}{\sqrt{3}}$	$\dfrac{V_m}{\sqrt{6}}$	$\dfrac{V_m}{2}$	$\dfrac{V_m}{4}$

여기서, V_m: 전압의 최댓값

정답 20 ② 21 ④ 22 ③ 23 ① 24 ②

25 □□□

그림과 같은 톱니파형의 실효치는?

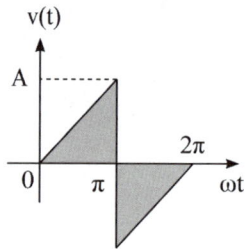

① $\dfrac{A}{\sqrt{3}}$ ② $\dfrac{A}{\sqrt{2}}$

③ $\dfrac{A}{3}$ ④ $\dfrac{A}{2}$

| 해설

㉠ 삼각파(톱니파)의 평균값: $V_a = \dfrac{V_m}{2}$

㉡ 삼각파(톱니파)의 실횻값: $V = \dfrac{V_m}{\sqrt{3}}$

26 □□□

그림과 같은 $e = E_m \sin \omega t\, [V]$인 정현파 교류의 반파 정류파형 실횻값은?

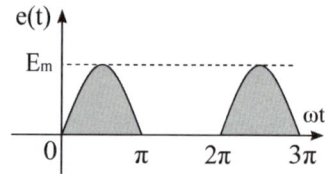

① E_m ② $\dfrac{E_m}{\sqrt{2}}$

③ $\dfrac{E_m}{2}$ ④ $\dfrac{E_m}{\sqrt{3}}$

| 해설

㉠ 반파 정현파의 평균값: $E_a = \dfrac{E_m}{\pi}$

㉡ 반파 정현파의 실횻값: $E = \dfrac{E_m}{2}$

27 □□□

그림과 같은 파형을 가진 맥류전류의 평균값이 10[A]이라면 전류의 실횻값은 얼마인가?

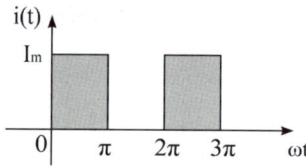

① 10 ② 14

③ 20 ④ 28

| 해설

㉠ 반파 구형파의 평균값: $I_a = \dfrac{I_m}{2}$

㉡ 최댓값: $I_m = 2I = 2 \times 10 = 20\,[A]$

∴ 실횻값: $I = \dfrac{I_m}{\sqrt{2}} = \dfrac{20}{\sqrt{2}} = 14.14\,[A]$

28 □□□

처음 10초간은 50[A]의 전류를 흘리고 다음 20초간은 40[A]의 전류를 흘리면 전류의 실효치는 약 얼마인가? (단, 주기는 30초라 한다.)

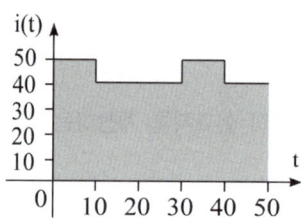

① 38.7 ② 43.6

③ 46.8 ④ 51.5

| 해설

실횻값: $I = \sqrt{\dfrac{1}{T}\displaystyle\int_0^T i^2\, dt}$

$= \sqrt{\dfrac{50^2 \times 10 + 40^2 \times 20}{30}}$

$= 43.6\,[A]$

정답 25 ① 26 ③ 27 ② 28 ②

29 □□□

그림과 같이 $e = 100\sin\omega t\,[\text{V}]$ 의 정현파 교류전압의 반파 정류파에 있어서 사선 부분의 평균치는 약 몇 [V]인가?

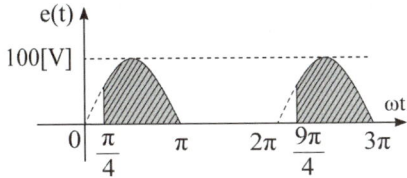

① 27.17 ② 200/π
③ 70.7   ④ 4.7

|해설

$$E_a = \frac{1}{T}\int_0^T i(t)\,dt$$
$$= \frac{1}{2\pi}\int_{\pi/4}^{\pi} 100\sin\omega t\,d\omega t$$
$$= \frac{100}{2\pi}\int_{\pi/4}^{\pi} \sin\omega t\,d\omega t$$
$$= \frac{100}{2\pi}\left[-\cos\omega t\right]_{\pi/4}^{\pi}$$
$$= \frac{100}{2\pi}\left(\cos\frac{\pi}{4} - \cos\pi\right) = 27.17\,[\text{V}]$$

30 □□□

전류 파형에 있어서 0 으로부터 π 까지의 사이는 $i = I_m\sin\omega t\,[\text{A}]$ 로 π 에서부터 2π 까지는 $-\frac{I_m}{2}$ 로 주어진다. $I_m = 5\,[\text{A}]$ 라 할 때 전류의 평균치는?

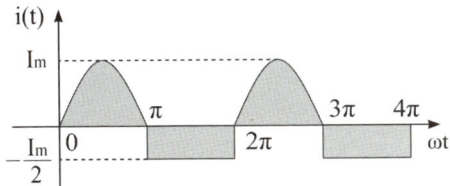

① 0.234 ② 0.342
③ 0.432 ④ 0.5

|해설
㉠ 반파 정현파(정류파)의 평균값
$$I_{a1} = \frac{I_m}{\pi} = \frac{5}{\pi} = 1.592\,[\text{A}]$$

㉡ 반파 구형파(맥류파)의 평균값
$$I_{a2} = \frac{I_m}{2} = \frac{1}{2}\times -\frac{5}{2} = -1.25\,[\text{A}]$$

∴ 전류의 평균값
$$I_a = I_{a1} + I_{a2} = 1.592 - 1.25 = 0.342\,[\text{A}]$$

31 □□□

교류의 파형율이란?

① $\dfrac{\text{최댓값}}{\text{실횻값}}$ ② $\dfrac{\text{실횻값}}{\text{최댓값}}$

③ $\dfrac{\text{평균값}}{\text{실횻값}}$ ④ $\dfrac{\text{실횻값}}{\text{평균값}}$

|해설
㉠ 파고율 = $\dfrac{\text{최댓값}}{\text{실횻값}}$

㉡ 파형율 = $\dfrac{\text{실횻값}}{\text{평균값}}$

32 □□□

톱니파에서 파형률의 값은?

① 0.577 ② 1.414
③ 1.155 ④ 2

|해설
각 파형(전파)의 파고율과 파형율

파형	실횻값	평균값	파고율	파형율
구형파	V_m	V_m	1	1
정현파	$\dfrac{V_m}{\sqrt{2}}$	$\dfrac{2V_m}{\pi}$	$\sqrt{2}$	1.11
삼각파	$\dfrac{V_m}{\sqrt{3}}$	$\dfrac{V_m}{2}$	$\sqrt{3}$	1.155

여기서, 삼각파와 톱니파의 실횻값, 평균값, 파고율, 파형율은 모두 동일하다.

정답 29 ① 30 ② 31 ④ 32 ③

33
파형의 파형율 값이 잘못된 것은?
① 정현파의 파형율은 1.414이다.
② 톱니파의 파형율은 1.155이다.
③ 전파 정류파의 파형율은 1.11이다.
④ 반파 정류파의 파형율은 1.571이다.

34
정현파의 파고율은?
① 1.0   ② 1.414
③ 1.732   ④ 2.0

35
파고율 값이 1.414인 것은 어떤 파인가?
① 반파 정류파   ② 직사각형파
③ 정현파   ④ 톱니파

36
반파 정류파의 파고율은?
① 2   ② 1
③ $\sqrt{3}$ ④ $\sqrt{2}$

37
구형파의 파고율은?
① 1.0   ② 1.732
③ 1.414   ④ 2.0

38
파고율이 2가 되는 파는?
① 정현파   ② 톱니파
③ 반파 정류파   ④ 전파 정류파

| 해설
㉠ 정현 반파 실횻값: $V = \dfrac{V_m}{2}$
㉡ 파고율 = $\dfrac{최댓값}{실횻값} = \dfrac{V_m}{\dfrac{V_m}{2}} = 2$

39
그림과 같은 회로에서 부하 R에 흐르는 직류전류는 몇 [A] 인가? (단, $R = 5\,[\Omega]$, $e = 314\sin\omega t\,[\mathrm{V}]$ 이다.)

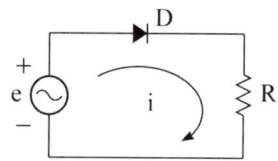

① 31.4   ② 5
③ 10   ④ 20

| 해설
다이오드(D)를 거치면 반파 정류파(정현파)가 되고, 직류값은 평균값을 의미하므로
∴ 직류전류: $I_a = \dfrac{V_a}{R} = \dfrac{314/\pi}{5}$
$= \dfrac{100}{5} = 20\,[\mathrm{A}]$

정답 33 ① 34 ② 35 ③ 36 ① 37 ① 38 ③ 39 ④

40 □□□

아래와 같이 2개의 교류전압이 있다. 다음 중 옳게 설명한 것은?

$$v_1 = 100\sqrt{2}\sin\left(377t + \frac{\pi}{3}\right)[\text{V}]$$
$$v_2 = 100\sqrt{2}\cos\left(377t + \frac{\pi}{3}\right)[\text{V}]$$

① v_1과 v_2의 주기는 모두 $\frac{1}{60}$ [sec] 이다.

② v_1과 v_2의 주파수는 377 [Hz] 이다.

③ v_1과 v_2는 동상이다.

④ v_1과 v_2의 실횻값은 100 [V], $100\sqrt{2}$ [V] 이다.

| 해설

① v_1과 v_2의 주기: $T = \frac{1}{f} = \frac{1}{60}$ [sec]

② v_1과 v_2의 주파수

$f = \frac{\omega}{2\pi} = \frac{377}{2 \times 3.14} = 60$ [Hz]

③ v_2는 v_1보다 위상이 90° 앞선다.

④ v_1과 v_2의 실횻값은 모두 100 [V] 이고, 최댓값은 $100\sqrt{2}$ [V] 이다.

41 □□□

$e^{j\frac{2\pi}{3}}$와 같은 것은?

① $-\frac{1}{2} - j\frac{\sqrt{3}}{2}$ ② $\frac{1}{2} - j\frac{\sqrt{3}}{2}$

③ $-\frac{1}{2} + j\frac{\sqrt{3}}{2}$ ④ $\frac{1}{2} + j\frac{\sqrt{3}}{2}$

| 해설

$e^{j\frac{2\pi}{3}} = e^{j120} = 1\angle 120°$
$= \cos 120° + \sin 120°$
$= -\frac{1}{2} + j\frac{\sqrt{3}}{2}$

42 □□□

복소전압 $E = -20\,e^{j\frac{3\pi}{2}}$를 정현파의 순시값으로 나타내면 어떻게 되는가?

① $e = -20\sin\left(\omega t + \frac{\pi}{2}\right)$ [V]

② $e = 20\sin\left(\omega t + \frac{2\pi}{3}\right)$ [V]

③ $e = -20\sqrt{2}\sin\left(\omega t - \frac{3\pi}{2}\right)$ [V]

④ $e = 20\sqrt{2}\sin\left(\omega t + \frac{\pi}{2}\right)$ [V]

| 해설

교류의 순시값은 페이저 표현법에 의해 다음과 같이 정리할 수 있다.

$e = E\sqrt{2}\sin(\omega t + \theta) = E\angle\theta$
$\quad = E e^{j\theta} = E(\cos\theta + j\sin\theta)$

여기서, E: 전압의 실횻값

$\therefore E = -20\,e^{j\frac{3\pi}{2}} = -20\angle\frac{3\pi}{2}$

$= 20\angle\frac{\pi}{2} = 20\sqrt{2}\sin\left(\omega t + \frac{\pi}{2}\right)$ [V]

(좌표에서 $\frac{3\pi}{2} = 270°$의 반대방향(-)은 $\frac{\pi}{2} = 90°$가 된다.)

43 □□□

$i(t) = \sqrt{32}\sin\left(\omega t + \frac{\pi}{6}\right)$ [A]를 복소수로 나타내면?

① $2(\sqrt{3} + j1)$ ② $2(\sqrt{6} + j\sqrt{2})$

③ $2(1 + j\sqrt{3})$ ④ $2(\sqrt{2} + j\sqrt{6})$

| 해설

$\dot{I} = \frac{\sqrt{32}}{\sqrt{2}}\angle\frac{\pi}{6} = 4(\cos 30° + j\sin 30°)$
$= 2(\sqrt{3} + j)$ [A]

정답 40 ① 41 ③ 42 ④ 43 ①

44

아래 두 벡터의 $\dot{A}_3 = \dot{A}_1 / \dot{A}_2$ 의 값은?

$$\dot{A}_1 = 20\left(\cos\frac{\pi}{3} + j\sin\frac{\pi}{3}\right)$$
$$\dot{A}_2 = 5\left(\cos\frac{\pi}{6} + j\sin\frac{\pi}{6}\right)$$

① $\dot{A}_3 = 10\left(\cos\frac{\pi}{3} + j\sin\frac{\pi}{3}\right)$

② $\dot{A}_3 = 10\left(\cos\frac{\pi}{6} + j\sin\frac{\pi}{6}\right)$

③ $\dot{A}_3 = 4\left(\cos\frac{\pi}{3} + j\sin\frac{\pi}{3}\right)$

④ $\dot{A}_3 = 4\left(\cos\frac{\pi}{6} + j\sin\frac{\pi}{6}\right)$

| 해설

㉠ $\dot{A}_1 = 20\left(\cos\frac{\pi}{3} + j\sin\frac{\pi}{3}\right)$
$= 20\,e^{j60} = 20\angle 60°$

㉡ $\dot{A}_2 = 5\left(\cos\frac{\pi}{6} + j\sin\frac{\pi}{6}\right)$
$= 5\,e^{j30} = 5\angle 30°$

∴ $\dot{A}_3 = \dfrac{\dot{A}_1}{\dot{A}_2} = \dfrac{20\angle 60°}{5\angle 30°} = 4\angle 30°$

$= 4\angle\dfrac{\pi}{6} = 4\left(\cos\dfrac{\pi}{6} + j\sin\dfrac{\pi}{6}\right)$

45

아래 두 합성 전압의 순시값은?

$$e_1 = 10\sqrt{2}\sin\left(\omega t + \frac{\pi}{3}\right)[V]$$
$$e_2 = 20\sqrt{2}\sin\left(\omega t + \frac{\pi}{6}\right)[V]$$

① 약 $29.1\sqrt{2}\sin(\omega t + 40°)$
② 약 $20.6\sqrt{2}\sin(\omega t + 40°)$
③ 약 $29.1\sqrt{2}\sin(\omega t + 50°)$
④ 약 $20.6\sqrt{2}\sin(\omega t + 50°)$

| 해설

㉠ 페이저 표현법
$\dot{E}_1 = 10\angle 60°$, $\dot{E}_2 = 20\angle 30°$

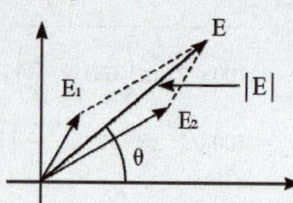

㉡ 실횻값 전압
$|E| = \sqrt{E_1^2 + E_2^2 + 2E_1 E_2 \cos\theta}$
$= \sqrt{10^2 + 20^2 + 2\times 10\times 20\times \cos 30°}$
$= 29.1\,[V]$

㉢ 위상각
$\theta = \tan^{-1}\dfrac{10\sin 60° + 20\sin 30°}{10\cos 60° + 20\cos 30°} = 40°$

∴ 합성 전압의 순시값
$e = 29.1\sqrt{2}\sin(\omega t + 40°)\,[V]$

46

아래 두 전류의 차에 상당하는 전류는?

$$i_1 = \sqrt{72}\sin(\omega t - \phi)\,[A]$$
$$i_2 = \sqrt{32}\sin(\omega t - \phi - 180°)\,[A]$$

① 2[A]   ② 6[A]
③ 10[A]   ④ 12[A]

| 해설

㉠ $\dot{I}_1 = \sqrt{36}\angle -\phi = 6\angle -\phi$

㉡ $\dot{I}_2 = \sqrt{16}\angle -\phi - 180° = 4\angle -\phi - 180°$

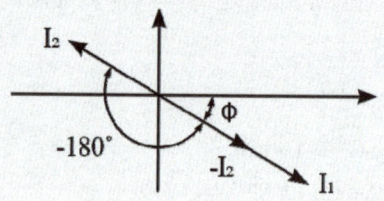

∴ $I = \dot{I}_1 - \dot{I}_2 = \dot{I}_1 + (-\dot{I}_2) = 10\angle -\phi\,[A]$

정답 44 ④ 45 ① 46 ③

47

어떤 회로의 단자 전압 및 전류의 순시값이 다음과 같을 때, 복소 임피던스는 약 몇 [Ω]인가?

$$v(t) = 220\sqrt{2}\sin\left(377t + \frac{\pi}{4}\right)[\text{V}]$$
$$i(t) = 5\sqrt{2}\sin\left(377t + \frac{\pi}{3}\right)[\text{A}]$$

① $42.5 - j11.4$ ② $42.5 - j9$
③ $50 + j11.4$ ④ $50 - j11.4$

| 해설

㉠ $\dot{V} = 220\angle\frac{\pi}{4} = 220\angle 45°$

㉡ $\dot{I} = 5\angle\frac{\pi}{3} = 5\angle 60°$

∴ 임피던스
$\dot{Z} = \frac{\dot{V}}{\dot{I}} = \frac{220\angle 45°}{5\angle 60°} = 44\angle -15°$
$= 44(\cos 15° - j\sin 15°)$
$≒ 42.5 - j11.4\,[\Omega]$

48

저항과 리액턴스의 직렬회로에 $E = 14 + j38\,[\text{V}]$인 교류전압을 가하니 $I = 6 + j2\,[\text{A}]$의 전류가 흐른다. 이 회로의 저항과 리액턴스는 얼마인가?

① $R = 4\,[\Omega],\ X_L = 5\,[\Omega]$
② $R = 5\,[\Omega],\ X_L = 4\,[\Omega]$
③ $R = 6\,[\Omega],\ X_L = 3\,[\Omega]$
④ $R = 7\,[\Omega],\ X_L = 2\,[\Omega]$

| 해설

임피던스
$Z = \frac{E}{I} = \frac{14+j38}{6+j2}$
$= \frac{14+j38}{6+j2} \times \frac{6-j2}{6-j2} = \frac{160+j200}{6^2+2^2}$
$= 4+j5 = R+jX_L\,[\Omega]$

여기서, $+jX$는 유도성 리액턴스,
$-jX$는 용량성 리액턴스가 된다.

49

저항 20[Ω], 인덕턴스 56[mH]의 직렬회로에 141.4[V], 60[Hz]의 전압을 가할 때 이 회로 전류의 순시값은?

① 약 $i = 4.86\sin(377t + 46°)\,[\text{A}]$
② 약 $i = 4.86\sin(377t - 54°)\,[\text{A}]$
③ 약 $i = 6.9\sin(377t - 46°)\,[\text{A}]$
④ 약 $i = 6.9\sin(377t - 54°)\,[\text{A}]$

| 해설

㉠ 유도 리액턴스
$X_L = \omega L = 2\pi f L = 2\pi \times 60 \times 56 \times 10^{-3} = 21.1\,[\Omega]$

㉡ 임피던스
$Z = R + jX_L = 20 + j21.1$
$= \sqrt{20^2 + 21.2^2}\angle\frac{21.1}{20} = 29\angle 46.53\,[\Omega]$

㉢ 전류
$I = \frac{V}{Z} = \frac{141.4}{29\angle 46.53} = 4.875\angle -46.53$

∴ $i(t) = 4.875\sqrt{2}\sin(377t - 46.53)\,[\text{A}]$

50

그림(a)의 병렬회로를 그림 (b)와 같이 등가 직렬회로로 고친 등가 임피던스 $Z[\Omega]$는 얼마인가?

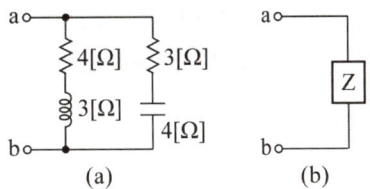

① $0.12 + j10.16$ ② $0.28 + j0.04$
③ $3.5 - j0.5$ ④ $4 - j3$

| 해설

합성 임피던스
$Z = \frac{Z_1 \times Z_2}{Z_1 + Z_2} = \frac{(4+j3)\times(3-j4)}{(4+j3)+(3-j4)}$
$= \frac{24-j7}{7-j} = \frac{24-j7}{7-j} \times \frac{7+j}{7+j}$
$= \frac{175-j25}{7^2+1^2} = 3.5 - j0.5\,[\Omega]$

정답   47 ① 48 ① 49 ③ 50 ③

51

R = 100[Ω], C = 30[μF]의 직렬회로에 V = 100[V], f = 60[Hz]의 교류전압을 가할 때 전류[A]는?

① 약 88.4 ② 약 133.5
③ 약 75 ④ 약 0.75

| 해설

㉠ 용량 리액턴스
$$X_C = \frac{1}{2\pi f C} = \frac{1}{2\pi \times 60 \times 30 \times 10^{-6}}$$
$$= 88.42 [\Omega]$$

㉡ 임피던스: $Z = R - jX_C$
$$= 100 - j88.42$$
$$= \sqrt{100^2 + 88.42^2} \angle \frac{88.42}{100}°$$
$$= 133.48 \angle -41.48°$$

㉢ 전류: $I = \frac{V}{Z} = \frac{100}{133.48 \angle -41.48}$
$$= 0.75 \angle 41.48 [A]$$

∴ 전류의 실횻값: $I = 0.75 [A]$

52

코일에 $e = 211 \sin \omega t [V]$ 인 교류 전압이 가해졌을 때 오실로스코프에 의하여 전류의 최댓값이 10[A]임을 알 수 있었다. 만일 코일의 내부 저항이 10[Ω]임이 알려져 있다면 코일의 인덕턴스는 약 몇 [mH]인가?
(단, 주파수는 60[Hz]이다.)

① 39 ② 49
③ 59 ④ 69

| 해설

㉠ 임피던스
$$Z = \frac{V_m}{I_m} = \frac{211}{10} = 21.1 = \sqrt{R^2 + X_L^2} [\Omega]$$
(여기서, $Z^2 = R^2 + X_L^2$)

㉡ 유도 리액턴스
$$X_L = \sqrt{Z^2 - R^2}$$
$$= \sqrt{21.1^2 - 10^2} = 18.58 [\Omega]$$
(여기서, $X_L = \omega L = 2\pi f L [\Omega]$)

∴ 인덕턴스 $L = \frac{X_L}{2\pi f} = \frac{18.58}{2\pi \times 60} = 0.049 [H] = 49 [mH]$

53

회로의 총 어드미턴스 값은 몇 [℧]인가?

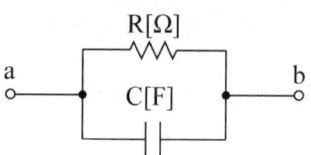

① $j\frac{R}{\omega CR - j}$ ② $\frac{1}{R}(1 + j\omega CR)$
③ $R - j\frac{1}{\omega C}$ ④ $\frac{1}{R} - j\frac{1}{\omega C}$

| 해설

㉠ 임피던스
$$Z = \frac{1}{\frac{1}{R} + \frac{1}{-jX_C}} = \frac{1}{\frac{1}{R} + j\frac{1}{X_C}} [\Omega]$$

㉡ 어드미턴스
$$Y = \frac{1}{Z} = \frac{1}{R} + j\frac{1}{X_C} = \frac{1}{R} + j\omega C$$
$$= \frac{1}{R}(1 + j\omega CR) [℧]$$

54

$R = 25[\Omega]$, $X_L = 5[\Omega]$, $X_C = 10[\Omega]$를 병렬로 접속한 회로의 어드미턴스 $Y[℧]$는?

① $0.4 - j0.1$ ② $0.4 + j0.1$
③ $0.04 + j0.1$ ④ $0.04 - j0.1$

| 해설

어드미턴스 $Y = \frac{1}{R} + \frac{1}{jX_L} + \frac{1}{-jX_C}$
$$= \frac{1}{R} - j\frac{1}{X_L} + j\frac{1}{X_C}$$
$$= \frac{1}{25} - j\frac{1}{5} + j\frac{1}{10}$$
$$= 0.04 - j0.1 [℧]$$

여기서, 어드미턴스 $Y = G \pm jB$
G는 컨덕턴스, B는 서셉턴스가 된다.
($+jB$: 용량성, $-jB$: 유도성)

정답 51 ④ 52 ② 53 ② 54 ④

55

$Z_1 = 3 + j10\,[\Omega]$, $Z_2 = 3 - j2\,[\Omega]$ 두 임피던스를 직렬로 하고 양단에 100[V]의 전압을 가했을 때 각 임피던스 양단의 전압은?

① $V_1 = 98 + j36,\ V_2 = 2 + j36$
② $V_1 = 98 - j36,\ V_2 = 2 + j36$
③ $V_1 = 98 + j36,\ V_2 = 2 - j36$
④ $V_1 = 98 - j36,\ V_2 = 2 - j36$

| 해설

㉠ 합성 임피던스
$Z = Z_1 + Z_2 = (3+j10) + (3-j2)$
$\quad = 6 + j8\,[\Omega]$

㉡ 전류
$I = \dfrac{V}{Z} = \dfrac{100}{6+j8} = \dfrac{100}{6+j8} \times \dfrac{6-j8}{6-j8}$
$\quad = \dfrac{100(6-j8)}{6^2+8^2} = 6 - j8\,[A]$

㉢ Z_1의 단자전압
$V_1 = IZ_1 = (6-j8) \times (3+j10)$
$\quad = 98 + j36\,[V]$

㉣ Z_2의 단자전압
$V_2 = IZ_2 = (6-j8) \times (3-j2)$
$\quad = 2 - j36\,[V]$

56

어떤 회로 소자에 $e = 125\sin 377t\,[V]$를 가했을 때 전류 $i = 25\sin 377t\,[A]$가 흐른다. 이 소자는 어떤 것인가?

① 다이오드   ② 순저항
③ 유도 리액턴스   ④ 용량 리액턴스

| 해설

전압과 전류의 위상관계

구분	전류 위상
R만의 회로	㉠ 전압과 동위상 ㉡ $i_R(t) = I_R\sqrt{2}\sin\omega t$ ㉢ 전류 실횻값: $I_R = \dfrac{V}{R}$
L만의 회로	㉠ 전압보다 90° 느리다. (지상) ㉡ $i_L(t) = I_L\sqrt{2}\sin(\omega t - 90°)$ ㉢ $I_L = \dfrac{V}{X_L} = \dfrac{V}{\omega L} = \dfrac{V}{2\pi fL}$
C만의 회로	㉠ 전압보다 90° 빠르다. (진상) ㉡ $i_C(t) = I_C\sqrt{2}\sin(\omega t + 90°)$ ㉢ $I_C = \dfrac{V}{X_C} = \omega CV = 2\pi fCV$

여기서, 전압: $v(t) = V\sqrt{2}\sin\omega t\,[V]$

57

어떤 회로 소자에 $e = 125\cos 377t\,[V]$ 가했을 때 전류 $i = 50\sin 377t\,[A]$가 흐른다. 이 소자는 어떤 것인가?

① 저항성분   ② 용량성
③ 무유도성   ④ 유도성

| 해설

전류의 위상이 전압보다 90°지상이므로 유도 리액턴스만의 회로이다.

58

60[Hz]에서 리액턴스 값이 10[Ω]인 경우 인덕턴스 값 [mH]와 정전용량 [μF]은?

① 26.53, 295.37   ② 18.37, 265.25
③ 18.37, 295.37   ④ 26.53, 265.25

| 해설

㉠ 유도 리액턴스 $X_L = \omega L = 2\pi fL$ 에서
$L = \dfrac{X_L}{2\pi f} = \dfrac{10}{2\pi \times 60}$
$\quad = 0.02653\,[H] = 26.53\,[mH]$

㉡ 용량 리액턴스 $X_C = \dfrac{1}{\omega C} = \dfrac{1}{2\pi fC}$ 에서
$C = \dfrac{1}{2\pi fX_C} = \dfrac{1}{2\pi \times 60 \times 10}$
$\quad = 0.00026526\,[F] = 265.26\,[\mu F]$

정답 55 ③ 56 ② 57 ④ 58 ④

59

저항 30[Ω], 용량성 리액턴스 40[Ω]의 병렬회로에 120[V]의 정현파 교번전압을 가할 때 전 전류 [A]는?

① 3 ② 4
③ 5 ④ 6

| 해설

㉠ 회로도

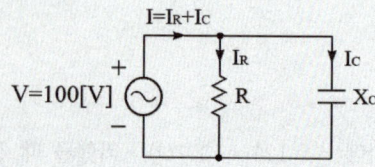

㉡ 전류 벡터도

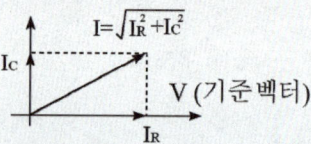

㉢ 저항에 흐르는 전류(전압과 동위상)
$$I_R = \frac{V}{R} = \frac{120}{30} = 4\,[A]$$

㉣ 콘덴서에 흐르는 전류(전압보다 90° 진상)
$$I_C = \frac{V}{-jX_C} = j\frac{120}{40} = j3\,[A]$$

∴ 전체 전류의 실효값
$$I = I_R + I_C = \sqrt{I_R^2 + I_C^2}$$
$$= \sqrt{4^2 + 3^2} = 5\,[A]$$

60

실효값 200[V], 50[Hz]인 교류전압을 인덕턴스 20[H]인 코일에 가했을 때 흐르는 전류의 실효값은?

① 10π ② $\dfrac{\pi}{10}$
③ $\dfrac{1}{10\pi}$ ④ $\dfrac{10}{\pi}$

| 해설

$$I = \frac{V}{X_L} = \frac{V}{2\pi fL} = \frac{200}{2\pi \times 50 \times 20}$$
$$= \frac{1}{10\pi}\,[A]$$

61

인덕턴스 L = 20[mH]인 코일에 실효치 V = 50[V], f = 60[Hz]인 정현파 전압을 인가했을 때 코일에 축적되는 평균 자기에너지 W_L[J]은?

① 0.44 ② 4.4
③ 0.63 ④ 63

| 해설

㉠ L만의 회로에 흐르는 전류
$$I_L = \frac{V}{2\pi fL} = \frac{50}{2\pi \times 60 \times 20 \times 10^{-3}}$$
$$= 6.63\,[A]$$

㉡ 코일에 축적되는 자기에너지
$$W_L = \frac{1}{2}LI^2 = \frac{1}{2} \times 20 \times 10^{-3} \times 6.63^2$$
$$= 0.44\,[J]$$

62

정전용량 C만의 회로에 100[V], 60[Hz]의 교류를 가하니 60[mA]의 전류가 흐른다. C는 얼마인가?

① 5.26[μF] ② 4.32[μF]
③ 3.59[μF] ④ 1.59[μF]

| 해설

㉠ C만의 회로에 흐르는 전류
$$i_C = C\frac{dV}{dt} = \frac{V}{X_C} = \omega CV = 2\pi fCV\,[A]$$

㉡ 정전용량
$$C = \frac{i_C}{2\pi fV} = \frac{60 \times 10^{-3}}{2\pi \times 60 \times 100}$$
$$= 0.159 \times 10^{-5}\,[F] = 1.59\,[\mu F]$$

63

어떤 콘덴서를 300[V]로 충전하는데 9[J]의 에너지가 필요했다. 이 콘덴서의 정전용량은 몇 [μF]인가?

① 100 ② 200
③ 300 ④ 400

정답 59 ③ 60 ③ 61 ① 62 ④ 63 ②

| 해설

㉠ 콘덴서에 축적되는 전하량
$Q = CV$ [C]

㉡ 콘덴서에 축적되는 전기에너지
$W_C = \frac{1}{2}CV^2 = \frac{1}{2}QV = \frac{Q^2}{2C}$ [J]

∴ $C = \frac{2W_C}{V^2} = \frac{2 \times 9}{300^2}$
$= 2 \times 10^{-4}$ [F] $= 200$ [μF]

64 □□□

다음 회로 중 저항 1[MΩ]에서 0.5[sec] 동안 소비되는 에너지 [J]는 얼마인가?
(여기서, $e = 100\sin 2\pi ft$ [V] 이다.)

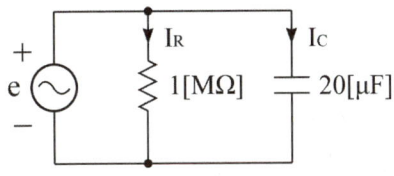

① 2.8
② 2.5×10^{-2}
③ 2.5×10^{-3}
④ 2.5×10^{-4}

| 해설

㉠ 저항에 흐르는 전류
$I_R = \frac{E}{R} = \frac{100/\sqrt{2}}{10^6} = \frac{10^{-4}}{\sqrt{2}}$ [A]

㉡ 소비되는 에너지
$W_L = I_R^2 Rt = \left(\frac{10^{-4}}{\sqrt{2}}\right)^2 \times 10^6 \times 0.5$
$= 0.25 \times 10^{-2}$ [J]

65 □□□

어떤 코일에 흐르는 전류가 0.01[sec]사이에 일정하게 50[A]에서 10[A]로 변할 때 20[V]의 기전력이 발생한다고 하면 자기 인덕턴스는?

① 20[mH]
② 33[mH]
③ 40[mH]
④ 5[mH]

| 해설

L의 단자전압(유도기전력) $V_L = L\frac{di}{dt}$ 에서 자기 인덕턴스는 다음과 같다.

$L = \frac{V_L}{\frac{di}{dt}} = \frac{20}{\frac{50-10}{0.01}} = \frac{20}{\frac{40}{0.01}} = 5 \times 10^{-3}$ [H] $= 5$ [mH]

66 □□□

인덕턴스에서 급격히 변할 수 없는 것은?

① 전압
② 전류
③ 전압과 전류
④ 정답이 없다.

| 해설

인덕턴스 단자전압은 $V_L = L\frac{di}{dt}$ 이므로 전류가 급변하면 전압이 무한대가 된다.
∴ 인덕턴스 회로에서 전류가 급변할 수 없다.

67 □□□

인덕터의 특성을 요약한 것 중 잘못된 것은?

① 인덕터는 직류에 대해서 단락회로로 작용한다.
② 일정한 전류가 흐를 때 전압은 무한대이지만 일정량의 에너지가 축적된다.
③ 인덕터의 전류가 불연속으로 급격히 변화하면 전압이 무한대가 되어야 하므로 인덕터 전류가 불연속적으로 급격히 변할 수 없다.
④ 인덕터는 에너지를 축적하지만 소모하지는 않는다.

| 해설

① 인덕터의 리액턴스는 $X_L = 2\pi fL$ [Ω] 에서
   직류는 $f = 0$ 이므로 $X_L = 0$ (단락회로)이 된다.
② 일정전류(직류)가 흐르면 $V = IX_L = 0$ 이 되고,
   에너지 $W_L = \frac{1}{2}LI^2$ [J] 를 축적한다.
③ 인덕터 단자전압 $V_L = L\frac{di}{dt}$ 이므로 전류가 급격히 변하면 전압이 무한대가 되므로, 전류는 급변할 수 없다.

정답 64 ③ 65 ④ 66 ② 67 ②

68 □□□

정전용량계 C에 관한 설명으로 잘못된 것은?

① C의 단위에는 [F], [μF], [PF] 등이 사용된다.
② 정전용량의 역을 엘라스턴스(elastance)라고 한다.
③ 엘라스턴스(elastance)의 단위에는 다래프(daraf)가 사용된다.
④ 정전용량계 C의 단자전압은 순간적으로 변화시킬 수 있다.

| 해설

콘덴서 전류 $i_L = C\dfrac{dV}{dt}$ 이므로 전압가 급변하면 전류가 무한대가 된다.

∴ 콘덴서 회로에서 전압이 급변할 수 없다.
(참고: 인덕턴스는 전류가 급변할 수 없고, 콘덴서는 전압이 급변할 수 없다.)

69 □□□

저항과 콘덴서를 병렬로 접속한 회로에 직류 100[V]를 가하면 5[A]가 흐르고, 교류 300[V]로 가하면 25[A]가 흐른다. 이때 콘덴서의 리액턴스[Ω]는?

① 7   ② 10
③ 14 ④ 15

| 해설

㉠ 직류전압($f=0$)을 인가하면 용량 리액턴스는
$X_C = \dfrac{1}{2\pi fC} = \infty$ 가 되어 개방상태가 되어 저항 R만의 회로로 볼 수 있다.
$R = \dfrac{V_0}{I_0} = \dfrac{100}{5} = 20[\Omega]$

㉡ 교류전압을 인가했을 때 R에 흐르는 전류
$I_R = \dfrac{V}{R} = \dfrac{300}{20} = 15[A]$

㉢ 교류회로 전류

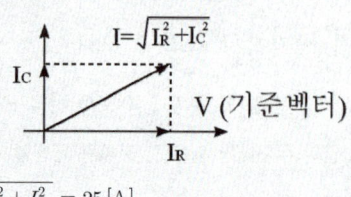

$I = \sqrt{I_R^2 + I_C^2} = 25[A]$

㉣ 콘덴서에 흐르는 전류
$I_C = \sqrt{I^2 - I_R^2} = \sqrt{25^2 - 15^2} = 20[A]$

∴ 용량 리액턴스 $X_C = \dfrac{V}{I_C} = \dfrac{300}{20} = 15[\Omega]$

70 □□□

RL 직렬회로의 $V_R = 100[V]$ 이고, $V_L = 173[V]$ 이다. 전원전압이 $v = \sqrt{2}\,V\sin\omega t\,[V]$ 일 때 리액턴스 양단 전압의 순시값 $v_L[V]$은?

① $173\sqrt{2}\sin(\omega t + 60°)$
② $173\sqrt{2}\sin(\omega t + 30°)$
③ $173\sqrt{2}\sin(\omega t - 60°)$
④ $173\sqrt{2}\sin(\omega t - 30°)$

| 해설

㉠ 전류의 위상차
$\theta = \tan^{-1}\dfrac{X_L}{R} = \tan^{-1}\dfrac{V_L}{V_R}$
$= \tan^{-1}\dfrac{173}{100} = 60°$ (지상 전류)

㉡ 리액턴스 단자전압의 위상은 전류보다 90° 앞서므로
$\theta = -60° + 90° = 30°$ 이 된다.

∴ 리액턴스 단자전압의 순시값
$v_L(t) = 173\sqrt{2}\sin(\omega t + 30°)\,[V]$

71 □□□

역률 0.8, 800[kW]를 2시간 사용할 때 소비전력량 [kWh]은?

① 1,000   ② 1,200
③ 1,400   ④ 1,600

| 해설

소비전력량
$W = Pt = 800 \times 2 = 1,600[kWh]$

정답 68 ④ 69 ④ 70 ② 71 ④

72 □□□

100[V] 전원에 1[kW]의 선풍기를 접속하니 12[A]의 전류가 흘렀다. 선풍기의 무효율 [%]은?

① 50
② 55
③ 83
④ 91

| 해설
㉠ 역률
$$\cos\theta = \frac{P}{P_a} = \frac{P}{VI} = \frac{1000}{100\times 12} = 0.833$$
㉡ $\sin^2\theta + \cos^2\theta = 1$ 에서 무효율은
$$\therefore \sin\theta = \sqrt{1-\cos^2\theta}$$
$$= \sqrt{1-0.833^2} = 0.55 = 55[\%]$$

73 □□□

어떤 소자에 걸리는 전압와 소자에 흐르는 전류가 다음과 같을 때 소비되는 전력[W]은?

$$v = 100\sqrt{2}\cos\left(314t+\frac{\pi}{6}\right)[V]$$
$$i = 3\sqrt{2}\cos\left(314t-\frac{\pi}{6}\right)[A]$$

① 100
② 150
③ 250
④ 600

| 해설
㉠ 전압과 전류의 위상차(상차각)
$$\theta = 30-(-30) = 60°$$
㉡ 유효전력(소비전력 = 평균전력)
$$P = VI\cos\theta = 100\times 3\times \cos 60°$$
$$= 150[W]$$

74 □□□

어떤 회로에 $E=100\angle 45°$[V]의 전압을 가할 때 전류 $I=5\angle -15°$[A]가 흘렀다. 이 회로의 소비전력 [W]은?

① 250
② 500
③ 950
④ 1,200

| 해설
㉠ 전압과 전류의 위상차(상차각)
$$\theta = 45°-(-15°) = 60°$$
㉡ 유효전력(소비전력 = 평균전력)
$$P = VI\cos\theta = 100\times 3\times\cos 60°$$
$$= 250[W]$$

75 □□□

어느 회로에 있어서 전압과 전류가 다음과 같을 때 무효전력 [Var]은 얼마인가?

$$e = 50\sin(\omega t+\theta)[V]$$
$$i = 4\sin(\omega t+\theta-30°)[A]$$

① 100
② 86.6
③ 70.7
④ 50

| 해설
$$Q = P_r = VI\sin\theta = \frac{V_m}{\sqrt{2}}\times\frac{I_m}{\sqrt{2}}\sin\theta$$
$$= \frac{1}{2}V_mI_m\sin\theta = \frac{1}{2}\times 50\times 4\times\sin 30°$$
$$= 50[Var]$$

76 □□□

R = 50[Ω], L = 200[mH]의 직렬회로에 주파수 50[Hz]의 교류전원에 대한 역률[%]은?

① 62.3
② 72.3
③ 82.3
④ 92.3

| 해설
㉠ 유도 리액턴스
$$X_L = \omega L = 2\pi fL = 2\pi\times 50\times 200\times 10^{-3}$$
$$= 62.8[\Omega]$$
㉡ 직렬회로 시 역률
$$\cos\theta = \frac{R}{\sqrt{R^2+X_L^2}} = \frac{50}{\sqrt{50^2+62.8^2}}$$
$$= 0.623 = 62.3[\%]$$

정답 72 ② 73 ② 74 ① 75 ④ 76 ①

77

저항 R, 리액턴스 X와의 직렬회로에 있어서 $\dfrac{X}{R} = \dfrac{1}{\sqrt{2}}$ 일 때 회로의 역률은?

① 12
② $\dfrac{1}{\sqrt{3}}$
③ $\dfrac{\sqrt{2}}{\sqrt{3}}$
④ $\dfrac{\sqrt{3}}{2}$

| 해설
직렬회로 시 역률
$$\cos\theta = \dfrac{R}{Z} = \dfrac{R}{\sqrt{R^2 + X_L^2}}$$
$$= \dfrac{\sqrt{2}}{\sqrt{(\sqrt{2})^2 + 1^2}} = \dfrac{\sqrt{2}}{\sqrt{3}}$$

78

저항 R과 유도리액턴스 X_L이 병렬로 연결된 회로의 역률은?

① $\dfrac{\sqrt{R^2 + X_L^2}}{R}$
② $\dfrac{\sqrt{R^2 + X_L^2}}{X_L}$
③ $\dfrac{R}{\sqrt{R^2 + X_L^2}}$
④ $\dfrac{X_L}{\sqrt{R^2 + X_L^2}}$

| 해설
㉠ 직렬 시 역률
$$\cos\theta = \dfrac{R}{\sqrt{R^2 + X_L^2}} = \dfrac{V_R}{V}$$
㉡ 병렬 시 역률
$$\cos\theta = \dfrac{X_L}{\sqrt{R^2 + X_L^2}} = \dfrac{I_R}{I}$$
여기서, V: 전체 전압
V_R: R의 단자전압
I: 전체 전류
I_R: R 통과 전류

79

다음 그림에서 각 분로의 전류가 각각 $I_L = 3 - j6$ [A], $I_C = 5 + j2$ [A] 일 때 전원에서의 역률은?

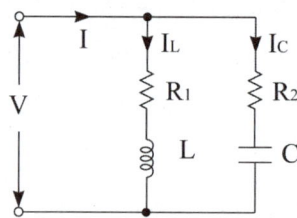

① $\dfrac{1}{\sqrt{17}}$
② $\dfrac{4}{\sqrt{17}}$
③ $\dfrac{1}{\sqrt{5}}$
④ $\dfrac{2}{\sqrt{5}}$

| 해설
㉠ 전체 전류
$I = I_L + I_C = (3 - j6) + (5 + j2)$
$= 8 - j4$ [A]
㉡ 병렬회로 시 역률
$$\cos\theta = \dfrac{I_R}{I} = \dfrac{8}{\sqrt{8^2 + 4^2}} = \dfrac{8}{\sqrt{80}}$$
$$= \dfrac{8}{4\sqrt{5}} = \dfrac{2}{\sqrt{5}}$$

80

저항 $R = 3$ [Ω], 유도 리액턴스 $X_L = 4$ [Ω]이 직렬로 연결된 회로에서 전압 $e = 100\sqrt{2}\sin\omega t$ [V] 을 가하였다. 이 회로에서 소비되는 전력 [kW] 은 얼마인가?

① 1.2
② 2.2
③ 3.5
④ 4.2

| 해설
유효전력
$$P = I^2 R = \left(\dfrac{V}{\sqrt{R^2 + X^2}}\right)^2 R$$
$$= \left(\dfrac{100}{\sqrt{3^2 + 4^2}}\right)^2 \times 3 = 20^2 \times 3$$
$$= 1200 \text{ [W]} = 1.2 \text{ [kW]}$$

정답 77 ③ 78 ④ 79 ④ 80 ①

81

$R = 15[\Omega]$, $X_L = 12[\Omega]$, $X_C = 30[\Omega]$ 가 병렬로 접속된 회로에 $120[V]$의 교류전압을 가하면 전원에 흐르는 전류와 역률은?

① 22[A], 85[%]
② 22[A], 80[%]
③ 22[A], 60[%]
④ 10[A], 80[%]

| 해설

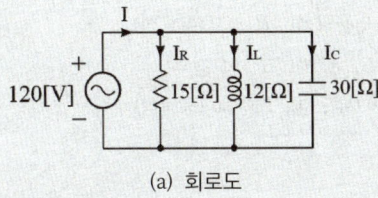

(a) 회로도

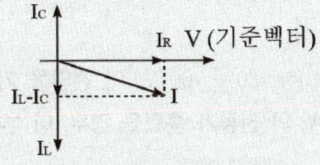

(b) 전류 벡터도

㉠ 저항에 흐르는 전류
$$I_R = \frac{V}{R} = \frac{120}{15} = 8[A]$$
㉡ 코일에 흐르는 전류
$$I_L = \frac{V}{jX_L} = -j\frac{V}{X_L} = -j\frac{120}{12}$$
$$= -j10[A]$$
㉢ 콘덴서에 흐르는 전류
$$I_C = \frac{V}{-jX_C} = j\frac{V}{X_C} = j\frac{120}{30} = j4[A]$$
㉣ 부하전류
$$I = I_R - j(I_L - I_C) = 8 - j6$$
$$= \sqrt{8^2 + 6^2} = 10[A]$$
㉤ 병렬회로 시 역률
$$\cos\theta = \frac{I_R}{I} = \frac{8}{10} = 0.8$$

82

어떤 코일의 임피던스를 측정하고자 직류 전압 100[V]를 가했더니 500[W]가 소비되고, 교류 전압 150[V]를 가했더니 720[W]가 소비되었다. 코일의 저항[Ω]과 리액턴스[Ω]는 각각 얼마인가?

① $R = 20$, $X = 15$
② $R = 15$, $X = 20$
③ $R = 25$, $X = 20$
④ $R = 30$, $X = 25$

| 해설

㉠ 직류 전압을 가하면 $f = 0$ 이 되어 유도 리액턴스 $X = 2\pi fL = 0[\Omega]$ 이 된다.
따라서 코일은 저항 성분만 남기 때문에
$$R = \frac{V^2}{P} = \frac{100^2}{500} = 20[\Omega]$$ 이 된다.

㉡ 교류 전압을 인가하면 코일은 저항과 유도 리액턴스가 직렬로 접속된 것으로 해석되므로 전류
$$I = \frac{V}{\sqrt{R^2 + X_L^2}}[A]$$ 이 된다.

㉢ 교류 전압 인가 시 소비전력
$$P = I^2 R = \frac{V^2}{R^2 + X_L^2} \times R[W]$$
$$\therefore X_L = \sqrt{\frac{V^2 R}{P} - R^2}$$
$$= \sqrt{\frac{150^2 \times 20}{720} - 20^2} = 15[\Omega]$$

정답 81 ④ 82 ①

83 □□□

그림과 같은 회로에서 각 계기들의 지시값은 다음과 같다. Ⓥ는 240[V], Ⓐ는 5[A], Ⓦ는 720[W]이다. 이때의 인덕턴스 L[H]은 얼마인가? (단, 주파수는 60[Hz])

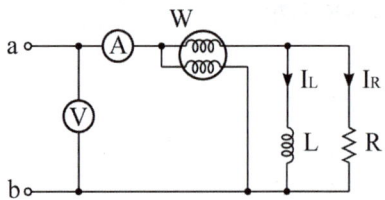

① $\dfrac{1}{2\pi}$ ② $\dfrac{1}{3\pi}$

③ 2π ④ 3π

| 해설
㉠ 피상전력
$P_a = VI = 240 \times 5 = 1200\,[\text{VA}]$
㉡ 무효전력
$P_r = \sqrt{P_a^2 - P^2} = \sqrt{1200^2 - 720^2}$
$\quad = 960\,[\text{Var}]$
㉢ 유도 리액턴스
$X_L = 2\pi f L = \dfrac{V^2}{P_r} = \dfrac{240^2}{960} = 60\,[\Omega]$
∴ 인덕턴스
$L = \dfrac{X_L}{2\pi f} = \dfrac{60}{2\pi \times 60} = \dfrac{1}{2\pi}\,[\text{H}]$

84 □□□

$R-L$ 병렬회로의 양단에 $e = E_m \sin(\omega t + \theta)\,[\text{V}]$의 전압이 가해졌을 때 소비되는 유효전력 [W]은?

① $\dfrac{E_m^2}{2R}$ ② $\dfrac{E^2}{2R}$

③ $\dfrac{E_m^2}{\sqrt{2}\,R}$ ④ $\dfrac{E^2}{\sqrt{2}\,R}$

| 해설
$P = \dfrac{E^2}{R} = \dfrac{1}{R}\left(\dfrac{E_m}{\sqrt{2}}\right)^2 = \dfrac{E_m^2}{2R}\,[\text{W}]$
여기서, E: 전압의 실횻값
$\quad\quad E_m$: 전압의 최댓값

85 □□□

어떤 회로의 전압 E, 전류 I일 때 $P_a = \overline{E}I = P + jP_r$에서 $P_r > 0$이다. 이 회로는 어떤 부하인가?
(단, $\overline{E}$는 E의 공액 복소수이다.)

① 유도성 ② 무유도성
③ 용량성 ④ 정저항

| 해설
복소전력 공식
㉠ $P_a = \overline{E}I = P \pm jP_r$의 경우
  $P_r > 0$ (용량성), $P_r < 0$ (유도성)
㉡ $P_a = E\overline{I} = P \pm jP_r$의 경우
  $P_r > 0$ (유도성), $P_r < 0$ (용량성)

86 □□□

어떤 부하에 $V = 80 + j60\,[\text{V}]$의 전압을 가하여 $I = 4 + j2\,[\text{A}]$의 전류가 흘렀을 경우, 이 부하의 역률과 무효율은?

① 0.8, 0.6
② 0.894, 0.448
③ 0.916, 0.401
④ 0.984, 0.179

| 해설
㉠ 복소전력
$P_a = \overline{V}I = (80 - j60)(4 + j2)$
$\quad = 440 - j80 = \sqrt{440^2 + 80^2}\,\angle\dfrac{-60}{440}$
$\quad = 447.2\,\angle -10.3\,[\text{VA}]$
㉡ 유효전력: $P = 440\,[\text{W}]$
㉢ 무효전력: $P_r = 80\,[\text{Var}]$
㉣ 피상전력: $P_a = 447.2\,[\text{VA}]$
㉤ 부하각: $\theta = -10.3$
∴ 역률: $\cos\theta = \dfrac{P}{P_a} = \dfrac{440}{447.2} = 0.984$
무효율: $\sin\theta = \dfrac{P_r}{P_a} = \dfrac{80}{447.2} = 0.179$

정답 83 ① 84 ① 85 ③ 86 ④

87

600[kVA] 역률 0.6(지상) 부하와 800[kVA] 역률 0.8(진상)의 부하가 접속되어 있을 때 종합 피상전력 [kVA]는?

① 1,400　　② 1,000
③ 960　　　④ 0

| 해설

㉠ 부하 1의 피상전력
$$P_{a1} = 600 \times 0.6 - j600 \times 0.8$$
$$= 360 - j480 \,[\text{kVA}]$$

㉡ 부하 2의 피상전력
$$P_{a2} = 800 \times 0.8 - j800 \times 0.6$$
$$= 640 + j480 \,[\text{kVA}]$$

∴ 합성 부하의 피상전력
$$P_a = P_{a1} + P_{a2}$$
$$= (360 + 640) + j(-480 + 480)$$
$$= 1000 \,[\text{kVA}]$$

88

다음의 회로에서 $I_1 = 2e^{-j\frac{\pi}{3}}$, $I_2 = 5e^{j\frac{\pi}{3}}$ $I_3 = 1$ 이다. 이 단상회로에서의 평균전력[W] 및 무효전력[Var]은?

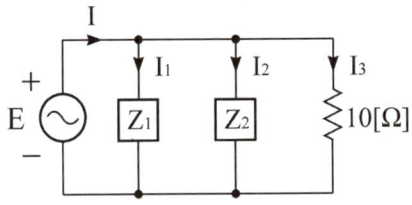

① $P = 10\,[\text{W}], \; Q = -9.75\,[\text{Var}]$
② $P = 20\,[\text{W}], \; Q = 19.5\,[\text{Var}]$
③ $P = 45\,[\text{W}], \; Q = 26\,[\text{Var}]$
④ $P = 10\,[\text{W}], \; Q = 9.75\,[\text{Var}]$

| 해설

㉠ Z_1에 흐르는 전류
$$I_1 = 2e^{-j\frac{\pi}{3}} = 2\left(\cos\frac{\pi}{3} - j\sin\frac{\pi}{3}\right)$$
$$= 1 - j\sqrt{3}\,[\text{A}]$$

㉡ Z_2에 흐르는 전류
$$I_2 = 5e^{j\frac{\pi}{3}} = 5\left(\cos\frac{\pi}{3} + j\sin\frac{\pi}{3}\right)$$
$$= 2.5 + j4.33\,[\text{A}]$$

㉢ 부하전류(전체전류)
$$I = I_1 + I_2 + I_3 = 4.5 + j2.6\,[\text{A}]$$

㉣ 복소전력
$$P_a = \overline{V}I = 10I_3 \times (4.5 + j2.6)$$
$$= 10(4.5 + j2.6) = 45 + j26\,[\text{VA}]$$

∴ 유효전력: $P = 45\,[\text{W}]$
무효전력: $P_r = 26\,[\text{Var}]$

89

코일에 단상 100[V]의 전압을 가하면 30[A]의 전류가 흐르고 1.8[kW]의 전력을 소비한다고 한다. 이 코일과 병렬로 콘덴서를 접속하여 회로의 합성 역률을 100[%]로 하기 위한 용량 리액턴스 [Ω]는 대략 얼마인가?

① 4.17　　② 5.17
③ 6.32　　④ 10.1

| 해설

㉠ 유효전력 $P = I^2R\,[\text{W}]$에서 저항
$$R = \frac{P}{I^2} = \frac{1800}{30^2} = 2\,[\Omega]$$

㉡ 회로 임피던스
$$Z = \frac{V}{I} = \frac{100}{30} = 3.33\,[\Omega]$$

㉢ 역률을 100[%]로 하기 위한 무효전력
$$Q = I^2X_L = 30^2 \times 2.67 = 2400\,[\text{Var}]$$

∴ 용량 리액턴스
$$X_C = \frac{V^2}{Q} = \frac{100^2}{2400} = 4.17\,[\Omega]$$

정답　87 ②　88 ③　89 ①

90

$R=5[\Omega]$, $L=10[\text{mH}]$, $C=1[\mu\text{F}]$의 직렬회로에서 공진주파수 $f_r[\text{Hz}]$는 약 얼마인가?

① 3,181 ② 1,820
③ 1,591 ④ 1,432

| 해설
공진주파수
$$f_r = \frac{1}{2\pi\sqrt{LC}} = \frac{1}{2\pi \times \sqrt{10\times 10^{-3} \times 1\times 10^{-6}}}$$
$$= 1591[\text{Hz}]$$

91

직렬 공진회로에서 최대가 되는 것은?

① 전류 ② 저항
③ 리액턴스 ④ 임피던스

| 해설
㉠ RLC 직렬회로

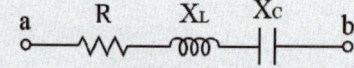

㉡ 직렬접속 시 합성 임피던스
$Z = R + j(X_L + X_C)[\Omega]$
㉢ 공진 조건: $X_L = X_C$
㉣ 공진 시 합성 임피던스
$Z = R$(전압과 전류는 동위상)
∴ 직렬 공진 시 임피던스는 최소, 전류는 최대가 된다.

92

RLC 직렬회로에서 공진 시의 전류는 공급전압에 대하여 어떤 위상차를 갖는가?

① 0° ② 90°
③ 180° ④ 270°

| 해설
$Z = R + j(X_L - X_C)[\Omega]$ 에서 공진 시
$Z = R$이 되어 전압과 전류가 동위상이 된다.

93

어떤 RLC 병렬회로가 병렬 공진되었을 때 합성전류는?

① 최대가 된다.
② 최소가 된다.
③ 전류는 흐르지 않는다.
④ 전류는 무한대가 된다.

| 해설
㉠ 병렬회로의 합성 어드미턴스
$Y = G + j(B_C - B_L)[℧]$
㉡ 공진 조건: $B_C = B_L$
∴ 병렬 공진 시 어드미턴스는 최소가 되어 전류는 최소가 된다.

94

자체 인덕턴스 L = 0.02[mH]와 선택도 Q = 60일 때 코일의 주파수 f = 2[MHz]였다. 이 코일의 저항은 몇 [Ω]인가?

① 2.2 ② 3.2
③ 4.2 ④ 5.2

| 해설
㉠ 선택도: $Q = \dfrac{P_r}{P} = \dfrac{I^2 X}{I^2 R}$
㉡ 직렬회로의 경우 전류가 일정하므로 선택도
$Q = \dfrac{X}{R} = \dfrac{2\pi f L}{R}$ 이 된다.
∴ $R = \dfrac{2\pi f L}{Q}$
$= \dfrac{2\pi \times 2\times 10^6 \times 0.02\times 10^{-3}}{60} = 4.18[\Omega]$

정답 90 ③ 91 ① 92 ① 93 ② 94 ③

95

$R = 10\,[\Omega]$, $L = 10\,[\text{mH}]$, $C = 1\,[\mu\text{F}]$ 인 직렬회로에 $100\,[\text{V}]$ 전압을 가했을 때 공진의 첨예도(선택도) Q는 얼마인가?

① 1
② 10
③ 100
④ 1,000

| 해설

직렬공진 시 선택도는 다음과 같다.

$Q = \dfrac{X_L}{R} = \dfrac{2\pi f L}{R} = \dfrac{2\pi L}{R} \times \dfrac{1}{2\pi\sqrt{LC}}$

$\quad = \dfrac{1}{R}\sqrt{\dfrac{L}{C}}$

$\therefore\ Q = \dfrac{1}{R}\sqrt{\dfrac{L}{C}} = \dfrac{1}{10} \times \sqrt{\dfrac{10 \times 10^{-3}}{1 \times 10^{-6}}} = 10$

96

$R = 5\,[\Omega]$, $L = 20\,[\text{mH}]$ 및 가변용량 C로 구성된 R, L, C 직렬회로에 주파수 $1000\,[\text{Hz}]$인 교류를 가한 다음 C를 가변하여 직렬공진 시켰다. C의 값과 선택도 Q는?

① $C = 2.277\,[\mu\text{F}]$, $Q = 3.413$
② $C = 1.268\,[\mu\text{F}]$, $Q = 3.413$
③ $C = 2.277\,[\mu\text{F}]$, $Q = 25.12$
④ $C = 1.268\,[\mu\text{F}]$, $Q = 25.12$

| 해설

㉠ 직렬공진 조건 $\omega L = \dfrac{1}{\omega C}$ 에서 정전용량은

$C = \dfrac{1}{\omega^2 L} = \dfrac{1}{(2\pi \times 1000)^2 \times 10 \times 10^{-3}}$

$\quad = 1.268 \times 10^{-6}\,[\text{F}]$

$\quad = 1.268\,[\mu\text{F}]$

㉡ 직렬공진 시 선택도

$Q = \dfrac{1}{R}\sqrt{\dfrac{L}{C}}$

$\quad = \dfrac{1}{5} \times \sqrt{\dfrac{20 \times 10^{-3}}{1.268 \times 10^{-6}}} = 25.12$

97

$Z_g = 0.3 + j2\,[\Omega]$인 발전기 임피던스에 $Z_l = 1.7 + j3\,[\Omega]$인 선로를 연결하여 부하에 전력을 공급한다. 부하 임피던스 Z_L이 어떤 값을 취할 때 부하에 최대전력이 전송되겠는가?

① $2 - j5$
② $2 + j5$
③ 2
④ $\sqrt{2^2 + 5}$

| 해설

전원측 임피던스 $Z_s = Z_g + Z_l = 2 + j5\,[\Omega]$ 이므로 최대전력 전달조건은 다음과 같다.

$\therefore\ Z_L = \overline{Z_s} = 2 - j5\,[\Omega]$

98

그림과 같은 회로에서 부하 임피던스 $\dot{Z}_L$을 얼마로 할 때 이에 최대전력 공급되는가?

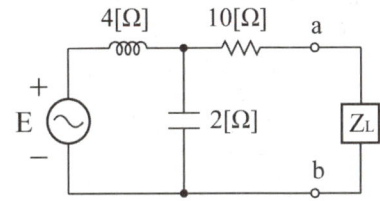

① $10 + j1.3$
② $10 - j1.3$
③ $10 + j4$
④ $10 - j4$

| 해설

전원 측 합성 임피던스

$Z_{ab} = 10 + \dfrac{j4 \times (-j2)}{j4 + (-j2)} = 10 + \dfrac{8}{j2}$

$\quad = 10 - j4\,[\Omega]$

$\therefore$ 최대전력 전달조건

$Z_L = \overline{Z_{ab}} = 10 + j4\,[\Omega]$

여기서, Z_{ab}: a, b단자에서 전원측 임피던스$[\Omega]$

정답 95 ② 96 ④ 97 ① 98 ③

99 □□□

그림과 같은 회로에서 전압계 3개로 단상전력을 측정하고자 할 때의 유효전력은?

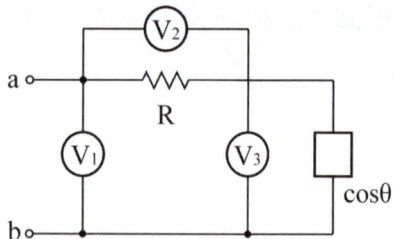

① $\dfrac{1}{2R}(V_1^2 - V_2^2 - V_3^2)$ ② $\dfrac{1}{2R}(V_1^2 - V_3^2)$

③ $\dfrac{R}{2}(V_1^2 - V_2^2 - V_3^2)$ ④ $\dfrac{R}{2}(V_2^2 - V_1^2 - V_3^2)$

| 해설

㉠ 역률: $\cos\theta = \dfrac{V_1^2 - V_2^2 - V_3^2}{2V_2V_3}$

㉡ 유효전력(소비전력)

$P = VI\cos\theta$

$= V_3 \times \dfrac{V_2}{R} \times \dfrac{V_1^2 - V_2^2 - V_3^2}{2V_2V_3}$

$= \dfrac{1}{2R}(V_1^2 - V_2^2 - V_3^2)\,[\text{W}]$

100 □□□

그림과 같이 전류계 A_1, A_2, A_3, $25\,[\Omega]$의 저항 R을 접속하였다. 전류계의 지시는 $A_1 = 10\,[\text{A}]$, $A_2 = 4\,[\text{A}]$, $A_3 = 7\,[\text{A}]$이다. 부하의 전력 $[\text{W}]$와 역률은 얼마인가?

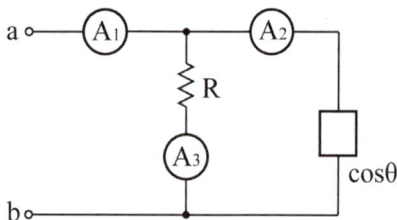

① $P = 437.5\,[\text{W}],\ \cos\theta = 0.625$
② $P = 437.5\,[\text{W}],\ \cos\theta = 0.545$
③ $P = 507.5\,[\text{W}],\ \cos\theta = 0.647$
④ $P = 507.5\,[\text{W}],\ \cos\theta = 0.747$

| 해설

㉠ 역률: $\cos\theta = \dfrac{A_1^2 - A_2^2 - A_3^2}{2A_2A_3}$

$= \dfrac{10^2 - 4^2 - 7^2}{2\times 4\times 7} = 0.625$

㉡ 유효전력(소비전력)

$P = VI\cos\theta = \dfrac{R}{2}(A_1^2 - A_2^2 - A_3^2)$

$= \dfrac{25}{2}(10^2 - 4^2 - 7^2) = 437.5\,[\text{W}]$

101 □□□

그림과 같은 결합 회로의 합성 인덕턴스는?

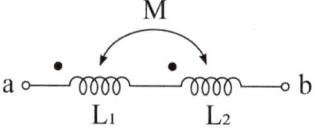

① $L_1 + L_2 + 2M$ ② $L_1 + L_2 - 2M$
③ $L_1 + L_2 + M$ ④ $L_1 + L_2 - M$

| 해설

L_1, L_2는 가동결합이(dot가 같은 방향)된다.

∴ 합성 인덕턴스: $L = L_1 + L_2 + 2M$

102 □□□

그림과 같은 결합 회로의 합성 인덕턴스는?

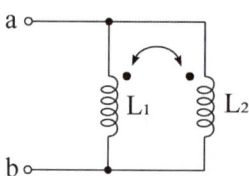

① $\dfrac{L_1L_2 - M^2}{L_1 + L_2 - 2M}$ ② $\dfrac{L_1L_2 + M^2}{L_1 + L_2 - 2M}$

③ $\dfrac{L_1L_2 - M^2}{L_1 + L_2 + 2M}$ ④ $\dfrac{L_1L_2 + M^2}{L_1 + L_2 + 2M}$

정답 99 ① 100 ① 101 ① 102 ①

| 해설

L_1, L_2는 가동결합이(dot가 같은 방향)된다.

∴ 합성 인덕턴스: $L_{ab} = \dfrac{L_1 L_2 - M^2}{L_1 + L_2 - 2M}$

| 해설

L_1, L_2는 가동결합(dot가 같은 방향)이 된다.

∴ 합성 임피던스
$$Z_{ab} = R_1 + R_2 + jX_L$$
$$= R_1 + R_2 + j\omega L$$
$$= R_1 + R_2 + j\omega(L_1 + L_2 + 2M)\ [\Omega]$$

103 □□□

그림과 같은 회로의 단자 a, b에서 본 합성 인덕턴스는 얼마인가?

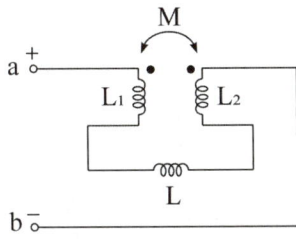

① $L_{ab} = L_1 + L_2 + 2M$
② $L_{ab} = L_1 + L_2 - 2M$
③ $L_{ab} = L + L_1 + L_2 + 2M$
④ $L_{ab} = L + L_1 + L_2 - 2M$

| 해설

L_1, L_2는 차동결합(dot가 반대 방향)이 된다.

∴ 합성 인덕턴스: $L = L + L_1 + L_2 - 2M$

104 □□□

다음 회로의 a, b 간의 합성 임피던스는?

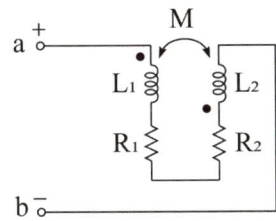

① $R_1 + R_2 + j\omega M$
② $R_1 + R_2 - j\omega M$
③ $R_1 + R_2 + j\omega(L_1 + L_2 + 2M)$
④ $R_1 + R_2 + j\omega(L_1 + L_2 - 2M)$

105 □□□

그림과 같이 고주파 브리지를 가지고 상호 인덕턴스를 측정하고자 한다. 그림 (a)와 같이 접속하면 합성 자기 인덕턴스는 30[mH]이고, (b)와 같이 접속하면 14[mH]이다. 상호 인덕턴스 [mH]는?

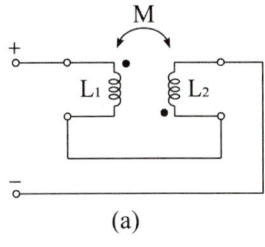

(a)

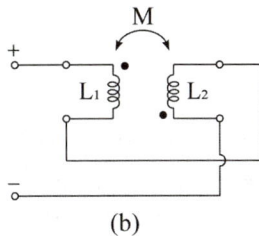

(b)

① 2   ② 4
③ 8   ④ 16

| 해설

㉠ (a) 가동결합: $L_a = L_1 + L_2 + 2M = 30$
㉡ (b) 차동결합: $L_b = L_1 + L_2 - 2M = 14$
㉢ $L_a - L_b = 4M$ 에서 상호 인덕턴스는

∴ $M = \dfrac{L_a - L_b}{4} = \dfrac{30 - 14}{4} = 4\ [\text{mH}]$

정답 103 ④ 104 ③ 105 ②

106 □□□

두 개의 코일 a, b가 있다. 두 개를 직렬로 접속하였더니 합성 인덕턴스가 119[mH], 극성을 반대로 접속 하였더니 합성 인덕턴스가 11[mH]이다. 코일 a의 자기 인덕턴스가 20[mH]라면 결합계수 k는 얼마인가?

① 0.6
② 0.7
③ 0.8
④ 0.9

| 해설

㉠ (a) 가동결합: $L_a = L_1 + L_2 + 2M = 119$
㉡ (b) 차동결합: $L_b = L_1 + L_2 - 2M = 11$
㉢ $L_a - L_b = 4M$ 에서 상호 인덕턴스는

$$M = \frac{L_a - L_b}{4} = \frac{119 - 11}{4} = 27\,[mH]$$

㉣ M을 ㉠식에 대입하여 L_2를 구하면

$$L_2 = L_a - 2M - L_1$$
$$= 119 - 2 \times 27 - 20 = 45\,[mH]$$

∴ 결합계수

$$k = \frac{M}{\sqrt{L_1 L_2}} = \frac{27}{\sqrt{20 \times 45}} = 0.9$$

107 □□□

5[mH]의 두 자기인덕턴스가 있다. 결합계수를 0.2로 부터 0.8까지 변화시킬 수 있다면 이것을 접속시켜 얻을 수 있는 합성인덕턴스의 최댓값, 최솟값은?

① 18[mH]   2[mH]
② 18[mH]   8[mH]
③ 20[mH]   2[mH]
④ 20[mH]   8[mH]

| 해설

㉠ 결합계수: $k = \frac{M}{\sqrt{L_1 L_2}} = \frac{M}{5} = 0.2 \sim 0.8$
㉡ 상호 인덕턴스의 범위: $M = k\sqrt{L_1 L_2} = 1 \sim 4\,[mH]$
㉢ 가동결합 $L_a = L_1 + L_2 + 2M$ 이고,
   차동결합 $L_b = L_1 + L_2 - 2M$ 이므로
   상호 인덕턴스 $M = 4$를 대입해야 최댓값과 최솟값을 구할 수 있다.

∴ 최댓값: $L_a = L_1 + L_2 + 2M$
$= 5 + 5 + 2 \times 4 = 18\,[mH]$
최솟값: $L_b = L_1 + L_2 - 2M$
$= 5 + 5 - 2 \times 4 = 2\,[mH]$

108 □□□

그림의 회로에서 전원 주파수가 일정할 경우 평형조건은?

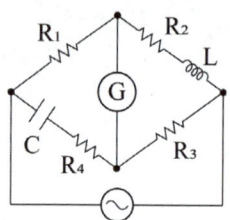

① $R_1 R_3 - R_2 R_4 = \dfrac{L}{C}$, $\dfrac{R_4}{R_2} = \dfrac{1}{\omega^2 LC}$

② $\dfrac{R_4}{R_2} = \dfrac{1}{\omega^2 LC}$, $\dfrac{R_4}{R_2} = \dfrac{1}{\omega^2 LC}$

③ $R_1 R_2 - R_2 R_4 = \dfrac{L}{C}$, $\dfrac{R_4}{R_2} = \dfrac{L}{C}$

④ $R_1 R_3 + R_2 R_4 = \dfrac{1}{\omega^2 LC}$, $\dfrac{R_4}{R_2} = \dfrac{L}{C}$

| 해설

㉠ 휘트스톤 브리지 평형조건

$$R_1 R_3 = (R_2 + j\omega L)\left(R_4 + \frac{1}{j\omega C}\right)$$

㉡ ㉠을 정리하면 다음과 같다.

$$R_1 R_3 = R_2 R_4 + \frac{L}{C} + j\left(\omega L R_4 - \frac{R_2}{\omega C}\right)$$

㉢ 평형조건은 허수가 0이고 실수가 같아야 한다.

∴ 허수부: $\dfrac{R_4}{R_2} = \dfrac{1}{\omega^2 LC}$

실수부: $R_1 R_3 - R_2 R_4 = \dfrac{L}{C}$

정답 106 ④ 107 ① 108 ①

제3장 다상 교류회로

109 □□□

$a + a^2$ 의 값은? (단, $a = e^{j120}$ 이다.)

① 0
② -1
③ 1
④ a^3

|해설

벡터 오퍼레이터(vector operator)
㉠ $a = 1 \angle 120°$
  $= \cos 120° + j\sin 120°$
  $= -\frac{1}{2} + j\frac{\sqrt{3}}{2}$
㉡ $a^2 = 1 \angle 240°$
  $= \cos 240° + j\sin 240°$
  $= -\frac{1}{2} - j\frac{\sqrt{3}}{2}$
∴ $a + a^2 = -1$

110 □□□

대칭 3상 교류에서 순시값의 벡터 합은?

① 0
② 40
③ 0.577
④ 86.6

|해설

㉠ $v_a = V_m \sin\omega t = V\angle 0° = V$
㉡ $v_b = V_m \sin(\omega t - 120°)$
  $= V_m \sin(\omega t + 240°)$
  $= V\angle 240° = a^2 V$
㉢ $v_c = V_m \sin(\omega t - 240°)$
  $= V_m \sin(\omega t + 120°)$
  $= V\angle 120° = aV$
∴ $v_a + v_b + v_c = V(1 + a^2 + a) = 0$

111 □□□

대칭 3상 Y부하에서 각 상의 임피던스가 $Z = 3 + j4\,[\Omega]$이고, 부하전류가 20[A]일 때 이 부하의 선간전압[V]은 얼마인가?

① 14.3
② 151
③ 173
④ 193

|해설

㉠ 각 상의 임피던스의 크기

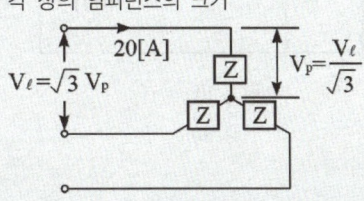

$Z = \sqrt{3^2 + 4^2} = 5\,[\Omega]$

㉡ Y결선 시 선전류와 상전류의 크기는 같다.
  상전압: $V_P = I_P \times Z = 20 \times 5 = 100\,[V]$
∴ Y결선 시 선간전압은 상전압의 $\sqrt{3}$ 배
  $V_l = \sqrt{3}\,V_P = \sqrt{3} \times 100 = 173.2\,[V]$

112 □□□

대칭 3상 Y결선부하에서 각 상의 임피던스가 $Z = 16 + j12\,[\Omega]$이고, 부하전류가 10[A]일 때 이 부하의 선간전압 [V]은?

① 152.6
② 229.1
③ 346.4
④ 445.1

|해설

㉠ 각 상의 임피던스의 크기
  $Z = \sqrt{16^2 + 12^2} = 20\,[\Omega]$
㉡ 상전압: $V_P = I_P \times Z = 10 \times 20 = 200\,[V]$
∴ 선간전압
  $V_l = \sqrt{3}\,V_P = \sqrt{3} \times 200 = 346.4\,[V]$

정답   109 ②   110 ①   111 ③   112 ③

113 □□□

그림과 같은 평형 Y형 결선에서 각 상이 8[Ω]의 저항과 6[Ω]의 리액턴스가 직렬로 접속된 부하에 걸린 선간전압이 $100\sqrt{3}$ [V]이다. 이 때 선전류는 몇 [A]인가?

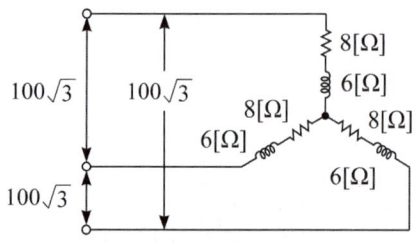

① 5 ② 10
③ 15 ④ 20

| 해설

㉠ 각 상의 임피던스의 크기
$Z = \sqrt{8^2 + 6^2} = 10\,[\Omega]$

㉡ 상전압: $V_P = \dfrac{V_l}{\sqrt{3}} = \dfrac{100\sqrt{3}}{\sqrt{3}} = 100\,[V]$

∴ 선전류: $I_l = I_P = \dfrac{V_P}{Z} = \dfrac{100}{10} = 10\,[A]$

114 □□□

평형 3상 3선식 회로가 있다. 부하는 Y결선이고 $V_{AB} = 100\sqrt{3} \angle 0°$ [V]일 때 $I_A = 20 \angle -120°$ [A]이었다. Y결선된 부하 한 상의 임피던스는?

① $5 \angle 60°$
② $5\sqrt{3} \angle 60°$
③ $5 \angle 90°$
④ $5\sqrt{3} \angle 90°$

| 해설

Y결선 시 $V_l = \sqrt{3}\,V_P \angle 30°$ 이므로 상전압
$V_P = \dfrac{V_l}{\sqrt{3}} \angle -30° = 100 \angle -30°$ 가 된다.

∴ 각 상의 임피던스
$Z = \dfrac{V_P}{I_P} = \dfrac{100 \angle -30°}{20 \angle -120°}$
$= 5 \angle 90° = j5 = jX_L\,[\Omega]$

115 □□□

그림과 같은 대칭 3상 회로가 있다. I_a의 크기 및 I_c의 위상각은?

(단, $E_a = 120 \angle 0°$, $Z_l = 4 + j6$, $Z = 20 + j12$ 이다.)

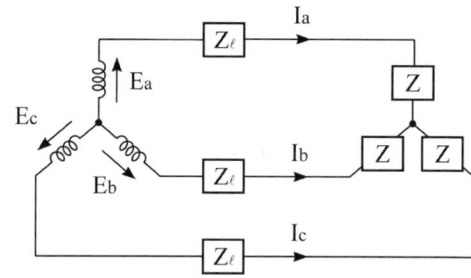

① $4,\ \tan^{-1}\dfrac{3}{4}$

② $4,\ -\tan^{-1}\dfrac{3}{4} + 120°$

③ $8,\ -\tan^{-1}\dfrac{3}{4}$

④ $8,\ \tan^{-1}\dfrac{3}{4} - 120°$

| 해설

㉠ 각 상의 임피던스의 크기
$Z_a = Z_l + Z = 24 + j18$
$= \sqrt{24^2 + 18^2} \angle \tan^{-1}\dfrac{18}{24}$
$= 30 \angle \tan^{-1}\dfrac{3}{4}$

㉡ a상의 선전류
$I_a = \dfrac{E_a}{Z_a} = \dfrac{120 \angle 0°}{30 \angle \tan^{-1}\dfrac{3}{4}}$
$= 4 \angle -\tan^{-1}\dfrac{3}{4}\,[A]$

㉢ c상의 선전류 I_c는 I_a와 크기는 같고, 위상은 240° 느리다. (또는 120° 빠르다.)

∴ $I_c = 4 \angle -\tan^{-1}\dfrac{3}{4} - 240°$
$= 4 \angle -\tan^{-1}\dfrac{3}{4} + 120°\,[A]$

정답 113 ② 114 ③ 115 ②

116 □□□

그림과 같은 회로에 대칭 3상 전압 220[V]를 가할 때 a, a'선이 단선되었다고 하면 선전류는?

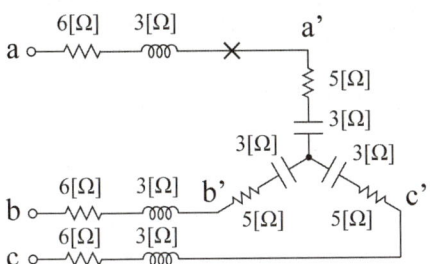

① 5[A]
② 10[A]
③ 15[A]
④ 20[A]

| 해설

3상에서 a선이 끊어지면 b, c상에 의해 단상 전원이 공급되므로 b, c상에 흐르는 전류는

$$\therefore I = \frac{V_{bc}}{Z_{bc}}$$
$$= \frac{220}{6 + j3 + 5 - j3 - j3 + 5 + j3 + 6}$$
$$= \frac{220}{22} = 10 [A]$$

117 □□□

전원과 부하가 다같이 △결선(환상결선)된 3상 평형회로가 있다. 전원전압이 200[V], 부하 임피던스가 $Z = 6 + j8 [\Omega]$인 경우 부하전류[A]는?

① 20
② $\dfrac{20}{\sqrt{3}}$
③ $20\sqrt{3}$
④ $10\sqrt{3}$

| 해설

㉠ 각 상의 임피던스의 크기

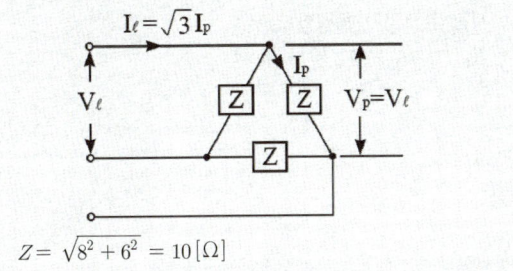

$Z = \sqrt{8^2 + 6^2} = 10 [\Omega]$

㉡ 전원전압은 선간전압을 의미하고, △결선 시 상전압과 선간전압의 크기는 같다.
㉢ 상전류(환상전류)

$$I_P = \frac{V_P}{Z} = \frac{200}{10} = 20 [A]$$

∴ 선전류(부하전류)

$$I_\ell = \sqrt{3}\, I_P = 20\sqrt{3} [A]$$

118 □□□

그림과 같은 평형 3상 회로에 선간전압 100[V]를 가했을 때 흐르는 선전류는?

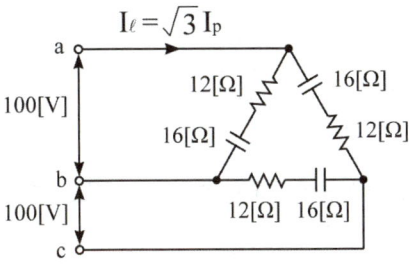

① 3.6 [A]
② $3.6\sqrt{3}$ [A]
③ 5 [A]
④ $5\sqrt{3}$ [A]

| 해설

㉠ 각 상의 임피던스의 크기

$$Z = \sqrt{12^2 + 16^2} = 20 [\Omega]$$

㉡ 상전류: $I_p = \dfrac{V_p}{Z} = \dfrac{100}{20} = 5 [A]$

∴ 선전류: $I_\ell = \sqrt{3}\, I_p = 5\sqrt{3} [A]$

정답 116 ② 117 ③ 118 ④

119

3상 3선식에서 선간전압이 100[V]인 송전선에 $5\angle 45°$ [Ω]의 부하를 △접속할 때의 선전류[A]는?

① $20\angle -75°$
② $20\angle -15°$
③ $34.6\angle -75°$
④ $34.6\angle -15°$

| 해설

상전류: $I_P = \dfrac{V_P}{Z} = \dfrac{100\angle 0°}{5\angle 45°}$
$\quad\quad\quad = 20\angle -45°$ [A]

∴ 선전류(부하전류)
$\quad I_\ell = \sqrt{3}\, I_P \angle -30° = 20\sqrt{3}\angle -75°$
$\quad\quad = 34.6\angle -75°$ [A]

120

그림과 같은 Y결선 회로와 등가인 △결선 회로의 A, B, C값은?

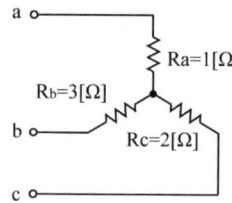 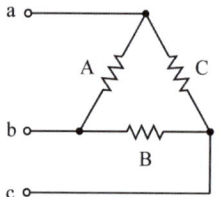

① $A = \dfrac{11}{2}$, $B = 11$, $C = \dfrac{11}{3}$
② $A = \dfrac{7}{2}$, $B = 7$, $C = \dfrac{7}{3}$
③ $A = \dfrac{11}{3}$, $B = \dfrac{11}{2}$, $C = 11$
④ $A = \dfrac{7}{3}$, $B = \dfrac{7}{2}$, $C = 7$

| 해설

Y결선을 △결선으로 등가변환하면 다음과 같다.

㉠ $A = \dfrac{R_a R_b + R_b R_c + R_c R_a}{R_c}$
$\quad = \dfrac{1\times 3 + 3\times 2 + 2\times 1}{2} = \dfrac{11}{2}$ [Ω]

㉡ $B = \dfrac{R_a R_b + R_b R_c + R_c R_a}{R_a}$
$\quad = \dfrac{1\times 3 + 3\times 2 + 2\times 1}{1} = 11$ [Ω]

㉢ $C = \dfrac{R_a R_b + R_b R_c + R_c R_a}{R_b}$
$\quad = \dfrac{1\times 3 + 3\times 2 + 2\times 1}{3} = \dfrac{11}{3}$ [Ω]

∴ 저항의 크기가 동일할 경우 $R_\triangle = 3R_Y$ 가 된다.

121

10[Ω]의 저항 3개를 Y결선한 것을 등가 △결선으로 환산한 저항의 크기[Ω]는?

① 20
② 30
③ 40
④ 50

| 해설

Y결선을 △결선으로 등가변환하면 다음과 같다.

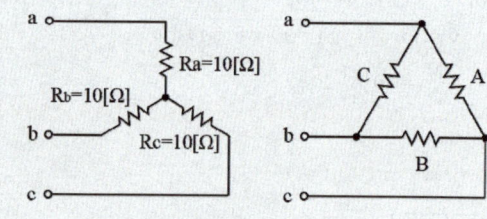

㉠ $A = \dfrac{R_a R_b + R_b R_c + R_c R_a}{R_c}$
$\quad = \dfrac{10^2 + 10^2 + 10^2}{10} = \dfrac{300}{10} = 30$ [Ω]

㉡ $B = \dfrac{R_a R_b + R_b R_c + R_c R_a}{R_a}$
$\quad = \dfrac{10^2 + 10^2 + 10^2}{10} = \dfrac{300}{10} = 30$ [Ω]

㉢ $C = \dfrac{R_a R_b + R_b R_c + R_c R_a}{R_b}$
$\quad = \dfrac{10^2 + 10^2 + 10^2}{10} = \dfrac{300}{10} = 30$ [Ω]

∴ 저항의 크기가 동일할 경우
$\quad R_\triangle = 3R_Y = 3\times 10 = 30$ [Ω]

정답 119 ③ 120 ① 121 ②

122

그림과 같은 회로의 단자 a, b, c에 대칭 3상 전압을 가하여 각 선전류를 같게 하려면 R의 값은?

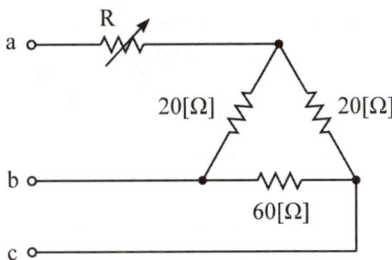

① 2[Ω] ② 8[Ω]
③ 16[Ω] ④ 24[Ω]

| 해설
△결선을 Y결선으로 등가변환하면 다음과 같다.

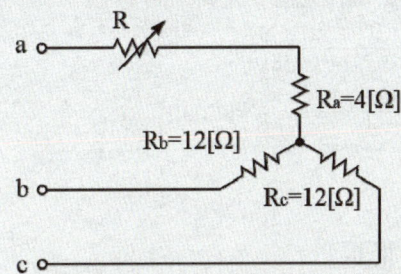

㉠ $R_a = \dfrac{R_{ab} \times R_{ca}}{R_{ab} + R_{bc} + R_{ca}} = \dfrac{20 \times 20}{20 + 60 + 20} = 4\,[\Omega]$

㉡ $R_b = \dfrac{R_{ab} \times R_{bc}}{R_{ab} + R_{bc} + R_{ca}} = \dfrac{20 \times 60}{20 + 60 + 20} = 12\,[\Omega]$

㉢ $R_c = \dfrac{R_{bc} \times R_{ca}}{R_{ab} + R_{bc} + R_{ca}} = \dfrac{60 \times 20}{20 + 60 + 20} = 12\,[\Omega]$

∴ 각 선전류가 같으려면 각 상의 임피던스가 평형이 되어야 하므로 $R = 8\,[\Omega]$이 되어야 한다.

123

같은 저항 $r\,[\Omega]$를 그림과 같이 결선하고 대칭 3상 전압 $E\,[V]$를 가했을 때 전류 I_1, $I_2\,[A]$는?

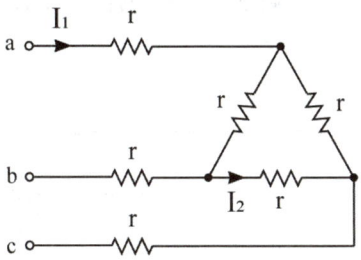

① $I_1 = \dfrac{\sqrt{3}}{4E},\ I_2 = \dfrac{rE}{4}$

② $I_1 = \dfrac{4E}{\sqrt{3}},\ I_2 = \dfrac{4r}{E}$

③ $I_1 = \dfrac{\sqrt{3}\,E}{4},\ I_2 = \dfrac{E}{4r}$

④ $I_1 = \dfrac{\sqrt{3}\,E}{4r},\ I_2 = \dfrac{E}{4r}$

| 해설
△결선을 Y결선으로 등가변환하면 다음과 같다.

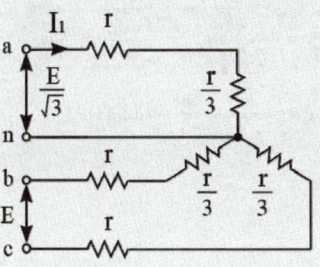

㉠ 각 상의 합성저항: $R = r + \dfrac{r}{3} = \dfrac{4r}{3}\,[\Omega]$

㉡ 선전류(부하전류) - a상 회로 계산

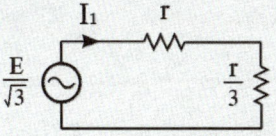

$I_1 = \dfrac{V_p}{R} = \dfrac{\dfrac{E}{\sqrt{3}}}{\dfrac{4r}{3}} = \dfrac{3E}{4r\sqrt{3}} = \dfrac{\sqrt{3}\,E}{4r}\,[A]$

∴ 상전류: $I_2 = \dfrac{I_1}{\sqrt{3}} = \dfrac{E}{4r}\,[A]$

정답 122 ② 123 ④

124 ☐☐☐

그림과 같이 △로 접속된 부하에서 각 선로에서 저항은 $r = 1\,[\Omega]$ 이고 부하의 임피던스는 $Z = 6 + j12\,[\Omega]$ 이다. 단자 a, b, c간에 200[V]의 평형 3상 전압을 가할 때 부하의 상전류 [A]는?

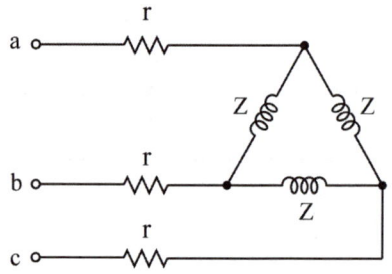

① 23.09[A] ② 40.26[A]
③ 13.33[A] ④ 69.28[A]

| 해설
㉠ △결선을 Y결선으로 등가변환했을 때의 각 상의 임피던스
$Z = r + \dfrac{Z}{3} = 3 + j4\,[\Omega]$
㉡ 선전류(부하전류)
$I_l = \dfrac{V_p}{Z} = \dfrac{\frac{V_l}{\sqrt{3}}}{\sqrt{3^2 + 4^2}} = \dfrac{\frac{200}{\sqrt{3}}}{5} = \dfrac{40}{\sqrt{3}}$
∴ 상전류: $I_p = \dfrac{I_l}{\sqrt{3}} = \dfrac{40}{3} = 13.33\,[A]$

125 ☐☐☐

그림과 같은 △회로를 등가인 Y회로로 환산하면 a의 임피던스는?

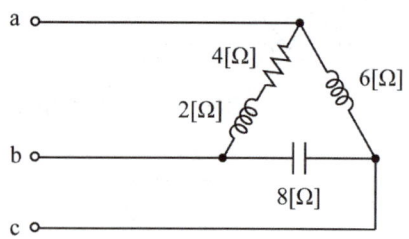

① $3 + j6\,[\Omega]$ ② $-3 + j6\,[\Omega]$
③ $6 + j6\,[\Omega]$ ④ $-6 + j6\,[\Omega]$

| 해설
$Z_a = \dfrac{Z_{ab} \times Z_{ca}}{(Z_{ab} + Z_{bc} + Z_{ca})}$
$= \dfrac{(4 + j2) \times j6}{(4 + j2) + (-j8) + j6}$
$= \dfrac{-12 + j24}{4} = -3 + j6\,[\Omega]$

126 ☐☐☐

그림과 같은 부하에 선간전압이 $V_{ab} = 100 \angle 30°\,[V]$인 평형 3상 전압을 가했을 때 선전류 $I_a\,[A]$는?

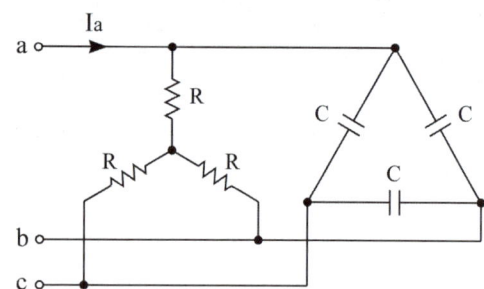

① $\dfrac{100}{\sqrt{3}}\left(\dfrac{1}{R} + j3\omega C\right)$ ② $100\left(\dfrac{1}{R} + j\sqrt{3}\omega C\right)$
③ $\dfrac{100}{\sqrt{3}}\left(\dfrac{1}{R} + j\omega C\right)$ ④ $100\left(\dfrac{1}{R} + j\omega C\right)$

정답 124 ③ 125 ② 126 ①

| 해설

㉠ △결선을 Y결선으로 등가변환하면 다음과 같다.
 (임피던스 크기를 1/3로 변환)

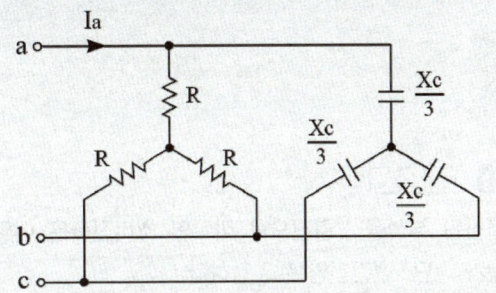

㉡ 저항과 정전용량은 병렬관계이므로 아래와 같이 등가변환 시킬 수 있다.

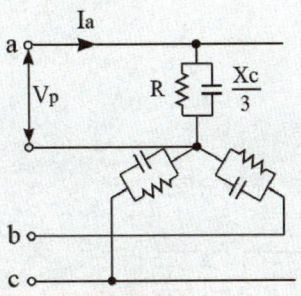

㉢ 합성 임피던스

$$Z = \cfrac{1}{\cfrac{1}{R}+\cfrac{1}{-jX_C/3}} = \cfrac{1}{\cfrac{1}{R}+j\cfrac{3}{X_C}}$$

$$= \cfrac{1}{\cfrac{1}{R}+j3\omega C}$$

여기서, 용량 리액턴스: $X_C = \dfrac{1}{\omega C}$

㉣ 상전압: $V_P = \dfrac{V_l}{\sqrt{3}} \angle -30 = \dfrac{100}{\sqrt{3}} \angle 0$

㉤ Y결선은 상전류와 선전류가 동일하므로

$$I_a = \dfrac{V_P}{Z} = \dfrac{100}{\sqrt{3}}\left(\dfrac{1}{R}+j3\omega C\right)$$

127 □□□

전압 200[V]의 3상 회로에 그림과 같은 평형부하를 접속했을 때 선전류 I[A]는?

(단, $R = 9\,[\Omega]$, $X_C = \dfrac{1}{\omega C} = 4\,[\Omega]$)

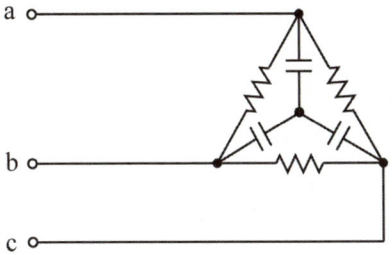

① 48.1
② 38.5
③ 28.9
④ 115.5

| 해설

㉠ △결선으로 접속된 저항 R을 Y결선으로 등가변환하면 그 크기가 1/3배로 줄어든다.

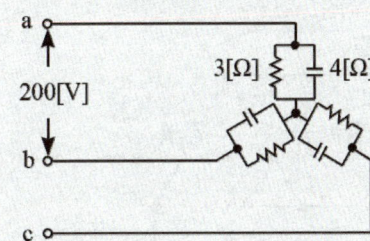

㉡ 한 상의 임피던스

$$Z = \dfrac{RX}{\sqrt{R^2+X^2}}$$

$$= \dfrac{3\times 4}{\sqrt{3^2+4^2}} = \dfrac{12}{5}\,[\Omega]$$

∴ Y결선은 선전류와 상전류가 같으므로

$$I_l = I_p = \dfrac{V_p}{Z} = \dfrac{\dfrac{V_l}{\sqrt{3}}}{Z} = \dfrac{\dfrac{200}{\sqrt{3}}}{\dfrac{12}{5}}$$

$$= \dfrac{200\times 5}{12\sqrt{3}} = 48.1\,[A]$$

정답 127 ①

128 □□□

저항 R[Ω] 3개를 Y로 접속한 회로에 전압 200[V]의 3상 교류전원을 인가 시 선전류가 10[A]라면 이 3개의 저항을 △로 접속하고 동일전원을 인가 시 선전류는 몇 [A]인가?

① 10
② $10\sqrt{3}$
③ 30
④ $30\sqrt{3}$

| 해설

㉠ 저항을 Y로 접속한 경우

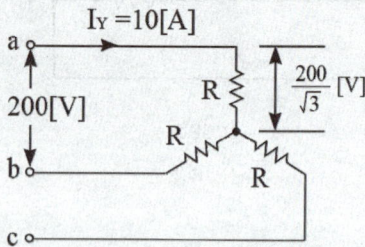

저항: $R = \dfrac{V_p}{I_Y} = \dfrac{200/\sqrt{3}}{10} = \dfrac{20}{\sqrt{3}}$ [Ω]

㉡ 저항을 △로 접속한 경우

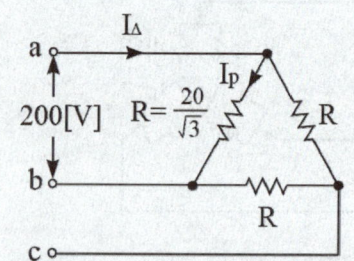

상전류: $I_p = \dfrac{V_p}{R} = \dfrac{200}{\frac{20}{\sqrt{3}}} = 10\sqrt{3}$ [A]

∴ 선전류: $I_l = \sqrt{3}\,I_p = 30$ [A]

129 □□□

저항 R[Ω] 3개의 저항을 같은 전원에 △결선에 접속시킬 때와 Y결선으로 접속시킬 때 선전류의 크기 비 $(I_\triangle / I_Y)$는?

① $\dfrac{1}{3}$
② $\sqrt{6}$
③ $\sqrt{3}$
④ 3

| 해설

△결선으로 접속된 부하를 Y결선으로 변경 시 선전류와 소비전력이 모두 1/3배로 감소된다.

∴ $I_Y = \dfrac{1}{3} I_\triangle \to \dfrac{I_\triangle}{I_Y} = 3$

130 □□□

△결선된 부하를 Y결선으로 바꾸면 소비전력은 어떻게 되는가? (단, 선간전압은 일정하다.)

① $\dfrac{1}{3}$배
② 6배
③ $\dfrac{1}{\sqrt{3}}$배
④ $\dfrac{1}{\sqrt{6}}$배

| 해설

㉠ 부하를 Y로 접속했을 때 소비전력

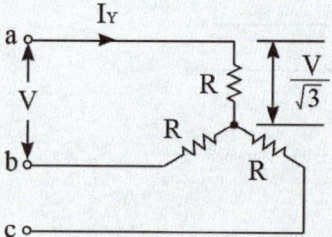

$P_Y = 3 \times \dfrac{E^2}{R} = 3 \times \dfrac{\left(\dfrac{V}{\sqrt{3}}\right)^2}{R} = \dfrac{V^2}{R}$ [W]

㉡ 부하를 △로 접속했을 때 소비전력

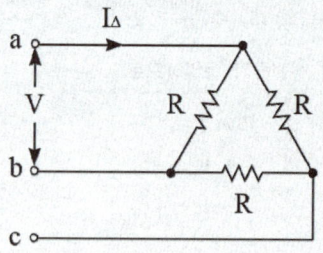

$P_\triangle = 3 \times \dfrac{E^2}{Z} = 3 \times \dfrac{V^2}{R} = 3\dfrac{V^2}{R}$ [W]

∴ $\dfrac{P_Y}{P_\triangle} = \dfrac{1}{3}$

정답 128 ③ 129 ④ 130 ①

131

그림에서 저항 R이 접속되고 여기에 3상 평형 전압 V[V]가 가해져 있다. 지금 ×표의 곳에서 1선이 단선 되었다고 하면 소비전력은 처음의 몇 배로 되는가?

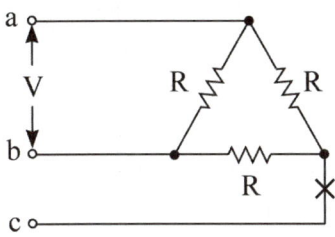

① 1
② 0.5
③ 0.25
④ 0.7

| 해설

㉠ 단선되기 전 소비전력: $P_\triangle = \dfrac{3V^2}{R}$ [W]

㉡ c선이 단선 후 소비전력

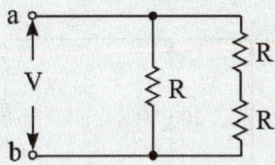

- 합성저항: $R_{ab} = \dfrac{R \times 2R}{R + 2R} = \dfrac{2}{3}R$ [Ω]
- 소비전력: $P_x = \dfrac{V^2}{R_{ab}} = \dfrac{3V^2}{2R}$ [W]

∴ $\dfrac{P_x}{P_\triangle} = \dfrac{\frac{3V^2}{2R}}{\frac{3V^2}{R}} = \dfrac{1}{2} = 0.5$배

132

선간전압 100[V], 역률 60[%]인 평형 3상 부하에서 소비전력 P = 10[kW]일 때 선전류 [A]는?

① 99.4[A]
② 96.2[A]
③ 86.2[A]
④ 76.4[A]

| 해설

$I = \dfrac{P}{\sqrt{3}\,V\cos\theta} = \dfrac{10 \times 10^3}{\sqrt{3} \times 100 \times 0.6}$
$= 96.2$ [A]

133

3상 유도전동기의 출력이 3마력, 전압이 200[V], 효율 80[%], 역률 90[%]일 때 전동기에 유입하는 선전류의 값은 약 몇 [A]인가?

① 7.18[A]
② 9.18[A]
③ 6.84[A]
④ 8.97[A]

| 해설

유효전력 $P = \sqrt{3}\,VI\cos\theta\,\eta$ [W] 에서
(여기서, 효율 $\eta = \dfrac{출력}{입력}$, 1[HP] = 746[W])

∴ 선전류: $I = \dfrac{P}{\sqrt{3}\,V\cos\theta\,\eta}$
$= \dfrac{3 \times 746}{\sqrt{3} \times 200 \times 0.9 \times 0.8}$
$= 8.97$ [A]

134

부하 단자전압이 220[V]인 15[kW]의 3상 대칭 부하에 3상 전력을 공급하는 선로 임피던스가 $3 + j2$ [Ω]일 때, 부하가 뒤진 역률 60[%]이면 선전류 [A]는?

① 약 $26.2 - j19.7$
② 약 $39.36 - j52.48$
③ 약 $39.39 - j29.54$
④ 약 $19.7 - j26.4$

| 해설

㉠ 선전류의 크기
$I = \dfrac{P}{\sqrt{3}\,V\cos\theta} = \dfrac{15 \times 10^3}{\sqrt{3} \times 220 \times 0.6}$
$= 65.61$ [A]

㉡ 전류 벡터도(뒤진 역률 60%)

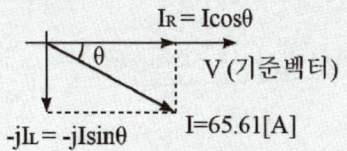

∴ 선전류: $\dot{I} = I(\cos\theta - j\sin\theta)$
$= 65.61(0.6 - j0.8)$
$= 39.36 - j52.48$ [A]

정답 131 ② 132 ② 133 ④ 134 ②

135

3상 평형부하에 선간전압 200[V]의 평형 3상 정현파 전압을 인가했을 때 선전류는 8.6[A]가 흐르고, 무효전력이 1,788[Var]이었다. 역률은?

① 0.6
② 0.7
③ 0.8
④ 0.9

| 해설

무효전력 $P_r = Q = \sqrt{3}\, VI \sin\theta$ [Var] 에서

$\sin\theta = \dfrac{Q}{\sqrt{3}\, VI} = \dfrac{1788}{\sqrt{3} \times 200 \times 8.6} = 0.6$

∴ 역률 $\cos\theta = \sqrt{1 - \sin^2\theta}$
$= \sqrt{1 - 0.6^2} = 0.8$

136

한 상의 임피던스 $Z = 6 + j8\,[\Omega]$ 인 평형 Y부하에 평형 3상 전압 200[V]를 인가할 때 무효전력은 약 몇 [Var]인가?

① 1,330
② 1,848
③ 2,381
④ 3,200

| 해설

㉠ 각 상의 임피던스
$Z = \sqrt{R^2 + X^2} = \sqrt{6^2 + 8^2} = 10\,[\Omega]$

㉡ 선전류
$I_l = I_p = \dfrac{V_p}{Z} = \dfrac{V_l/\sqrt{3}}{Z}$
$= \dfrac{200/\sqrt{3}}{10} = \dfrac{20}{\sqrt{3}}\,[A]$

∴ 무효전력
$P_r = Q = 3 I_p^2 X = 3 I^2 X$
$= 3 \times \left(\dfrac{20}{\sqrt{3}}\right)^2 \times 8 = 3200\,[\text{Var}]$

137

대칭 3상 Y부하에서 각상의 임피던스가 $Z = 3 + j4\,[\Omega]$ 이고 부하전류가 20[A]일 때 이 부하에서 소비되는 전력 [W]은?

① 1,200
② 1,400
③ 1,600
④ 3,600

| 해설

Y결선은 선전류(부하전류)와 상전류의 크기가 같으므로 소비전력은 다음과 같다.

∴ $P = 3 I_p^2 R = 3 \times 20^2 \times 3 = 3600\,[W]$

138

임피던스 3개를 그림과 같이 평형으로 성형 접속하여 a, b, c단자 200[V]의 대칭 3상 전압을 가했을 때 흐르는 전류와 전력은 얼마인가?

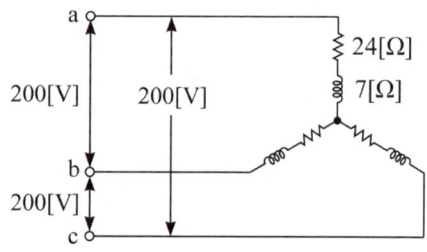

① $I = 4.6\,[A],\ P = 1536\,[W]$
② $I = 6.4\,[A],\ P = 1636\,[W]$
③ $I = 5.0\,[A],\ P = 1500\,[W]$
④ $I = 6.4\,[A],\ P = 1346\,[W]$

| 해설

㉠ 한 상에 흐르는 전류
$I_p = \dfrac{V_p}{Z} = \dfrac{200/\sqrt{3}}{\sqrt{24^2 + 7^2}} = 4.6\,[A]$

㉡ 소비전력(= 유효전력)
$P = 3 I_p^2 R = 3 \times 4.6^2 \times 24 = 1536\,[W]$

정답 135 ③ 136 ④ 137 ④ 138 ①

139

3상 평형 부하가 있다. 이것의 선간전압은 200[V], 선전류는 10[A]이고, 부하의 소비전력은 4[kW]이다. 이 부하의 등가 Y회로의 각 상의 저항 [Ω]은 얼마인가?

① 8
② 13.3
③ 15.6
④ 18.3

| 해설

소비전력 $P = 3I^2R$[W] 에서

$\therefore R = \dfrac{P}{3I^2} = \dfrac{4000}{3 \times 10^2} = 13.3$ [Ω]

140

각 상의 임피던스가 각각 $Z = 6 + j8$ [Ω]인 평행 △부하에 선간전압이 220[V]인 대칭 3상 전압을 인가할 때의 부하전류는 약 몇 [A]인가?

① 27.2[A]
② 38.1[A]
③ 22[A]
④ 12.7[A]

| 해설

㉠ 각 상의 임피던스
$Z = \sqrt{R^2 + X^2} = \sqrt{6^2 + 8^2} = 10$ [Ω]

㉡ 상전류: $I_p = \dfrac{V_p}{Z} = \dfrac{220}{10} = 22$ [A]

$\therefore$ 선전류: $I_l = \sqrt{3}\,I_p = 22\sqrt{3} = 38.1$ [A]

141

한상의 임피던스가 각각 $Z = 6 + j8$ [Ω]인 △부하에 대칭 선간전압이 200[V]를 인가 시 3상 전력은 몇 [W]인가?

① 2,400
② 4,157
③ 7,200
④ 12,470

| 해설

상전류 $I_p = \dfrac{V_p}{Z} = \dfrac{200}{\sqrt{6^2 + 8^2}} = 20$ [A]

$\therefore$ 유효전력
$P = 3I_p^2 R = 3 \times 20^2 \times 6 = 7200$ [W]

142

대칭 3상 △부하에서 각 상의 임피던스가 $Z = 3 + j4$ [Ω]이고 부하전류가 20[A]일 때 피상전력 [VA]는?

① 1,800
② 2,000
③ 2,400
④ 2,800

| 해설

피상전력

$P_a = S = 3I_p^2 Z$

$= 3 \times \left(\dfrac{20}{\sqrt{3}}\right)^2 \times \sqrt{3^2 + 4^2} = 2000$ [VA]

143

△결선된 대칭 3상 부하가 있다. 역률이 0.8(지상)이고 소비전력이 1,800[W]이다. 선로의 저항 0.5[Ω]에서 발생하는 선로의 손실이 50[W]이면 부하 단자전압[V]은?

① 627
② 525
③ 326
④ 225

| 해설

㉠ 선로 손실 $P_l = 3I^2 R$

㉡ $I = \sqrt{\dfrac{P_l}{3R}} = \sqrt{\dfrac{50}{3 \times 0.5}} = \dfrac{10}{\sqrt{3}}$ [A]

$\therefore$ 부하 단자전압

$V = \dfrac{P}{\sqrt{3}\,I\cos\theta}$

$= \dfrac{1800}{\sqrt{3} \times \dfrac{10}{\sqrt{3}} \times 0.8} = \dfrac{180}{0.8}$

$= 225$ [V]

정답 139 ② 140 ② 141 ③ 142 ② 143 ④

144 □□□

성형(Y)결선의 부하가 있다. 선간전압 300[V]의 3상 교류를 인가했을 때 선전류가 40[A]이고 역률이 0.8이라면 리액턴스는 약 몇 [Ω]인가?

① 2.6[Ω]　　② 4.3[Ω]
③ 16.6[Ω]　　④ 35.6[Ω]

| 해설

㉠ 한 상의 임피던스
$$Z = \frac{V_p}{I_p} = \frac{\frac{V_l}{\sqrt{3}}}{I_l} = \frac{\frac{300}{\sqrt{3}}}{40} = 4.33[\Omega]$$

㉡ 무효율
$$\sin\theta = \sqrt{1-\cos^2\theta} = \sqrt{1-0.8^2} = 0.6$$

㉢ 임피던스 삼각형

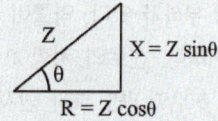

∴ 리액턴스
$$X = Z\sin\theta = 4.33 \times 0.6 = 2.598[\Omega]$$

145 □□□

그림과 같은 선간전압 200[V]의 3상 전원에 대칭 부하를 접속할 때 부하 역률은?

(단, $R = 9[\Omega]$, $X_C = \frac{1}{\omega C} = 4[\Omega]$)

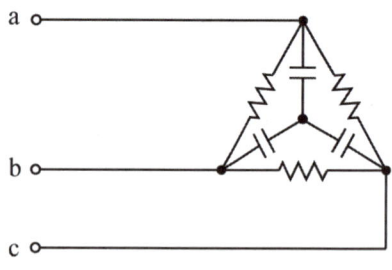

① 0.6　　② 0.7
③ 0.8　　④ 0.9

| 해설

△결선으로 접속된 저항 R을 Y결선으로 등가변환하면 그 크기가 1/3배로 줄어든다.

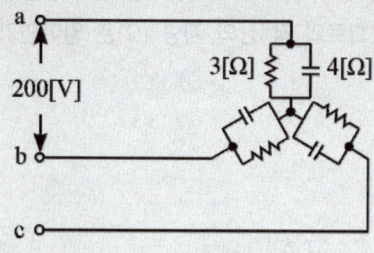

∴ 병렬회로의 역률
$$\cos\theta = \frac{X}{\sqrt{R^2+X^2}} = \frac{4}{\sqrt{3^2+4^2}} = 0.8$$

146 □□□

단상변압기 3대(100[kVA] × 3)로 △결선하여 운전 중 1대 고장으로 V결선한 경우의 출력 [kVA]은?

① 100　　② 173
③ 245　　④ 300

| 해설

V결선 출력
$$P_V = \sqrt{3}\,P = \sqrt{3} \times 100 = 173.2\,[kVA]$$

147 □□□

3대의 변압기를 △결선으로 운전하던 중 변압기 1대가 고장으로 제거하여 V결선으로 한 경우 공급할 수 있는 전력과 고장전 전력과의 비율[%]은 얼마인가?

① 86.8　　② 75.0
③ 66.7　　④ 57.7

| 해설

V결선의 특징
㉠ 3상 출력: $P_V = \sqrt{3}\,P[kVA]$
　(여기서, P: 변압기 1대 용량)

정답　144 ①　145 ③　146 ②　147 ④

ⓒ 이용률

$$\frac{V결선의\ 출력}{변압기\ 2개\ 용량} = \frac{\sqrt{3}P}{2P} = \frac{\sqrt{3}}{2}$$
$$= 0.866 = 86.6\,[\%]$$

ⓒ 출력비

$$\frac{P_V}{P_\triangle} = \frac{\sqrt{3}P}{3P} = \frac{\sqrt{3}}{3}$$
$$= 0.577 = 57.7\,[\%]$$

148 ☐☐☐

변압기 2대를 V결선했을 때의 이용률은 몇 [%]인가?

① 57.7[%]　　② 70.7[%]
③ 86.6[%]　　④ 100[%]

149 ☐☐☐

용량 30[kW]의 단상변압기 2대를 V결선하여 역률 0.8, 전력 20[kW]의 평형 3상 부하에 전력을 공급할 때 변압기 1대가 분담하는 피상전력은 얼마인가?

① 14.14[kVA]　　② 15[kVA]
③ 20[kVA]　　　④ 30[kVA]

|해설

3상 출력 $P = \sqrt{3}\,VI\cos\theta$ 에서 변압기 1대가 분담하는 피상전력은 VI 이므로

$$\therefore VI = \frac{P}{\sqrt{3}\cos\theta} = \frac{20}{\sqrt{3}\times 0.8}$$
$$= 14.14\,[kVA]$$

150 ☐☐☐

대칭 n 상 성산결선에서 선간전압의 크기는 성상 전압의 몇 배인가?

① $\sin\dfrac{\pi}{n}$　　② $\cos\dfrac{\pi}{n}$
③ $2\sin\dfrac{\pi}{n}$　　④ $2\cos\dfrac{\pi}{n}$

|해설

성형결선에서 선간전압과 상전압의 관계

㉠ 선간전압: $V_l = 2\sin\dfrac{\pi}{n}V_p$

㉡ 위상차: $\theta = \dfrac{\pi}{2} - \dfrac{\pi}{n} = \dfrac{\pi}{2}\left(1 - \dfrac{2}{n}\right)$

㉢ 성형결선 시 상전류와 선전류는 같다.

여기서, n: 상수

151 ☐☐☐

대칭 n 상에서 선전류와 환상전류 사이의 위상차는 어떻게 되는가?

① $\dfrac{n}{2}\left(1 - \dfrac{\pi}{2}\right)$　　② $\dfrac{\pi}{2}\left(1 - \dfrac{n}{2}\right)$
③ $2\left(1 - \dfrac{2}{n}\right)$　　④ $\dfrac{\pi}{2}\left(1 - \dfrac{2}{n}\right)$

|해설

환상결선에서 선전류와 상전류의 관계

㉠ 선전류: $I_l = 2\sin\dfrac{\pi}{n}I_p$

㉡ 위상차: $\theta = \dfrac{\pi}{2} - \dfrac{\pi}{n} = \dfrac{\pi}{2}\left(1 - \dfrac{2}{n}\right)$

㉢ 환상결선 시 선간전압과 상전압은 같다.

여기서, n: 상수

152 ☐☐☐

대칭 5상 교류에서 선간전압과 상전압 간의 위상차는 몇 도 인가?

① 27°　　② 36°
③ 54°　　④ 72°

|해설

$$\theta = \dfrac{\pi}{2} - \dfrac{\pi}{n} = \dfrac{\pi}{2}\left(1 - \dfrac{2}{n}\right) = \dfrac{180}{2}\left(1 - \dfrac{2}{5}\right)$$
$$= 54°$$

정답　148 ③　149 ①　150 ③　151 ④　152 ③

153 □□□

대칭 6상 성형(star) 결선에서 상전압이 200[V]일 때 선간전압은?

① 200[V]   ② 150[V]
③ 100[V]   ④ 50[V]

| 해설
㉠ 성형결선 시 선간전압
$V_l = 2\sin\frac{\pi}{n}V_p = 2\sin\frac{\pi}{6}V_p = V_p$
㉡ 대칭 6상 성형결선에서 선간전압(V_l)과 상전압(V_p)의 크기는 같다.
∴ 선간전압 $V_l = V_p = 200[V]$

154 □□□

2개의 전력계를 사용하여 평형부하의 3상 회로에 역률을 측정하고자 한다. 전력계의 지시 값이 각각 W_1, W_2일 때 이 회로의 역률은?

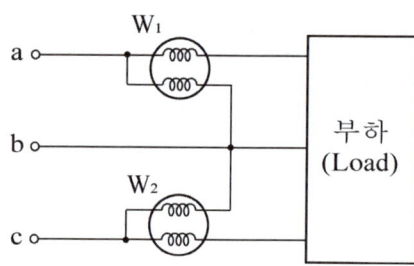

① $W_1 + W_2$
② $\sqrt{3}(W_1 - W_2)$
③ $\dfrac{2\sqrt{W_1^2 + W_2^2 - W_1W_2}}{W_1 + W_2}$
④ $\dfrac{W_1 + W_2}{2\sqrt{W_1^2 + W_2^2 - W_1W_2}}$

| 해설
2전력계법에 의한 전력 측정
㉠ 유효전력
$P = W_1 + W_2 = \sqrt{3}VI\cos\theta[W]$
㉡ 무효전력
$P_r = \sqrt{3}(W_2 - W_1) = \sqrt{3}VI\sin\theta[Var]$
㉢ 피상전력
$P_a = 2\sqrt{W_1^2 + W_2^2 - W_1W_2} = \sqrt{3}VI[VA]$
∴ 역률
$\cos\theta = \dfrac{P}{P_a} = \dfrac{W_1 + W_2}{2\sqrt{W_1^2 + W_2^2 - W_1W_2}}$
$= \dfrac{W_1 + W_2}{\sqrt{3}VI}$

155 □□□

2전력계법을 써서 대칭 평형 3상전력을 측정하였더니 각 전력계가 500[W], 300[W]를 지시하였다. 전 전력은 얼마인가? (단, 부하의 위상각은 60°보다 크며 90°보다 작다고 한다.)

① 200[W]   ② 300[W]
③ 500[W]   ④ 800[W]

| 해설
유효전력(소비전력)
$P = W_1 + W_2 = 500 + 300 = 800[W]$

156 □□□

대칭 3상 전압을 공급한 3상 유도전동기에서 각 계기의 지시는 다음과 같다. 유도전동기의 역률은? (단, $W_1 = 2.36[kW]$, $W_2 = 5.97[kW]$, $V = 200[V]$, $I = 30[A]$)

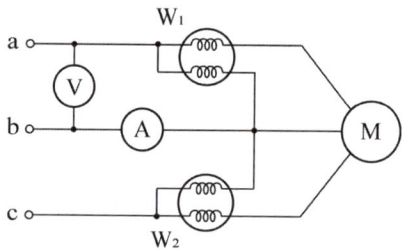

① 0.60   ② 0.80
③ 0.65   ④ 0.86

정답 153 ① 154 ④ 155 ④ 156 ②

| 해설
역률
$$\cos\theta = \frac{P}{P_a} = \frac{W_1+W_2}{2\sqrt{W_1^2+W_2^2-W_1W_2}}$$
$$= \frac{W_1+W_2}{\sqrt{3}\,VI} = \frac{2360+5970}{\sqrt{3}\times 200\times 30} = 0.8$$

157 □□□

단상전력계 2개로 3상 전력을 측정하고자 한다. 전력계의 지시가 각각 200[W], 100[W]를 가리켰다고 한다. 부하의 역률은?

① 94.8[%]   ② 86.6[%]
③ 50.0[%]   ④ 31.6[%]

| 해설
$$\cos\theta = \frac{P}{P_a} = \frac{W_1+W_2}{2\sqrt{W_1^2+W_2^2-W_1W_2}}$$
$$= \frac{200+100}{2\sqrt{200^2+100^2-200\times 100}} = 0.866$$

158 □□□

2개의 전력계로 평형 3상 부하의 전력을 측정하였더니 한쪽의 지시가 다른 쪽 전력계 지시의 3배였다면 부하의 역률 cosθ는?

① 0.76   ② 1
③ 3   ④ 0.4

| 해설
2전력계법 시험패턴
㉠ 측정 전력이 동일($W_1 = W_2$)한 경우
   $\cos\theta = 1$
   (R만의 부하의 경우 $W_1 = W_2$ 이 된다.)
㉡ 측정 전력이 2배($W_1 = 2W_2$) 차이나는 경우
   $\cos\theta = 0.86 = 86[\%]$
㉢ 측정 전력이 3배($W_1 = 3W_2$) 차이나는 경우
   $\cos\theta = 0.76 = 76[\%]$
㉣ 측정 전력이 4배($W_1 = 4W_2$) 차이나는 경우
   $\cos\theta = 0.69 = 69[\%]$
㉤ 측정 전력이 둘 중 하나가 0인 경우
   $\cos\theta = 0.5 = 50[\%]$

159 □□□

3상 전력을 측정하는데 두 전력계 중에서 하나가 0이었다. 이때의 역률은 어떻게 되는가?

① 0.5   ② 0.8
③ 0.6   ④ 0.4

160 □□□

선간전압 E[V]의 평형 전원에 대칭부하 R[Ω]의 그림과 같이 접속되어있을 때 a, b두 상간에 접속된 전력계의 지시 c상의 전류 [A]는?

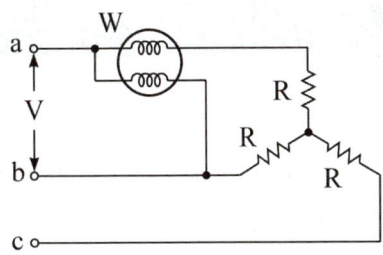

① $\dfrac{W}{3V}$ ② $\dfrac{2W}{3V}$
③ $\dfrac{2W}{\sqrt{3}\,V}$ ④ $\dfrac{\sqrt{3}\,W}{V}$

| 해설
㉠ 2전력계법에 의한 유효전력
   $P = W_1 + W_2 = \sqrt{3}\,VI\cos\theta\,[W]$
㉡ 평형 3상의 R만의 부하인 경우
   $W_1 = W_2$, $\cos\theta = 1$ 이 된다.
∴ 선전류: $I = \dfrac{W_1+W_2}{\sqrt{3}\,V\cos\theta} = \dfrac{2W}{\sqrt{3}\,V}\,[A]$

정답   157 ②   158 ①   159 ①   160 ③

161 □□□

다음의 대칭 다상 교류에 의한 회전자계 중 잘못된 것은?

① 대칭 3상 교류에 의한 회전자계는 원형 회전자계이다.
② 대칭 2상 교류에 의한 회전자계는 타원형 회전자계이다.
③ 3상 교류에서 어느 두 코일의 전류의 상순을 바꾸면 회전자계의 방향도 바뀐다.
④ 회전자계의 회전속도는 일정 각속도 ω이다.

| 해설
㉠ 대칭 다상 교류에 의한 회전자계
  원형 회전 자계
㉡ 비대칭 다상 교류에 의한 회전자계
  타원형 회전 자계

제4장 비정현파 교류

162 □□□

다음은 비정현파의 성분을 표시한 것이다. 가장 맞는 것은?

① 교류분 + 고조파 + 기본파
② 직류분 + 기본파 + 고조파
③ 기본파 + 고조파 − 직류분
④ 직류분 + 고조파 − 기본파

| 해설
㉠ 비정현파의 성분: 직류분 + 기본파 + 고조파
㉡ 푸리에 급수 일반식

$$f = a_o + \sum_{n=1}^{\infty} a_n \cos n\omega t + \sum_{n=1}^{\infty} b_n \sin n\omega t$$

163 □□□

어떤 함수 $f(t)$ 를 비정현파의 푸리에급수에 의한 전개를 옳게 나타낸 것은?

① $\sum_{n=1}^{\infty} a_n \sin n\omega t + \sum_{n=1}^{\infty} b_n \sin n\omega t$

② $\sum_{n=1}^{\infty} a_n \sin n\omega t + \sum_{n=1}^{\infty} b_n \cos n\omega t$

③ $a_0 + \sum_{n=1}^{\infty} a_n \cos n\omega t + \sum_{n=1}^{\infty} b_n \cos n\omega t$

④ $a_0 + \sum_{n=1}^{\infty} a_n \sin n\omega t + \sum_{n=1}^{\infty} b_n \cos n\omega t$

| 해설
㉠ 직류분
$$a_0 = \frac{1}{T}\int_0^T f(t)\,d\omega t = \frac{1}{2\pi}\int_0^{2\pi} f(t)\,d\omega t$$

㉡ 정현파 상수
$$a_n = \frac{2}{T}\int_0^T f(t)\cdot \sin n\omega t\, d\omega t$$
$$= \frac{1}{\pi}\int_0^{2\pi} f(t)\cdot \sin n\omega t\, d\omega t$$

㉢ 여현파 상수
$$b_n = \frac{2}{T}\int_0^T f(t)\cdot \cos n\omega t\, d\omega t$$
$$= \frac{1}{\pi}\int_0^{2\pi} f(t)\cdot \cos n\omega t\, d\omega t$$

164 □□□

주기적인 구형파의 신호는 그 성분이 어떠한가?

① 교류합성을 갖지 않는다.
② 직류분만으로 합성된다.
③ 무수히 많은 주파수의 합성이다.
④ 성분분석이 불가능하다.

| 해설
주기적인 구형파 신호를 푸리에 급수로 전개하면 다음과 같이 무수히 많은 주파수 성분의 합성으로 표현할 수 있다.

정답 161 ② 162 ② 163 ④ 164 ③

165 □□□

$i = 2 + 5\sin(100t + 30°) + 10\sin(200t - 10°) - 5\cos(400t + 10°)$ [A]와 파형이 동일하나 기본파의 위상이 20° 늦은 비정현 전류파의 순시치를 나타내는 식은?

① $i = 2 + 5\sin(100t + 10°) + 10\sin(200t - 30°) - 5\cos(400t - 10°)$ [A]

② $i = 2 + 5\sin(100t + 10°) + 10\sin(200t - 50°) - 5\cos(400t - 10°)$ [A]

③ $i = 2 + 5\sin(100t + 10°) + 10\sin(200t - 30°) - 5\cos(400t - 70°)$ [A]

④ $i = 2 + 5\sin(100t + 10°) + 10\sin(200t - 50°) - 5\cos(400t - 70°)$ [A]

| 해설

㉠ 고조파 전류 $i_n(t) = \dfrac{I_m}{n}\sin n(\omega t \pm \theta)$ [A]이므로 제 n 고조파에 대해서 전류는 크기는 $1/n$ 배, 그리고 주파수와 위상이 각각 n 배가 된다.

㉡ 기본파 위상이 20° 늦어지면 제 2고조파는 20°×2 = 40°, 제4고조파는 20°×4 = 80° 만큼 늦어지게 된다.

∴ $i = 2 + 5\sin(100t + 10°) + 10\sin(200t - 50°) - 5\cos(400t - 70°)$ [A]

166 □□□

그림과 같은 정현파 교류를 푸리에 급수로 전개할 때 직류분은?

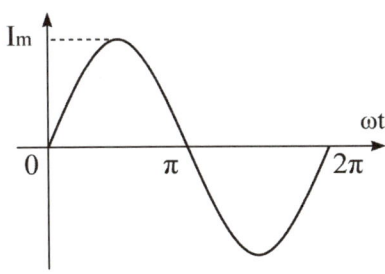

① I_m
② $\dfrac{I_m}{2}$
③ $\dfrac{I_m}{\sqrt{2}}$
④ $\dfrac{2I_m}{\pi}$

| 해설

직류분(교류의 평균값으로 해석)

$a_0 = \dfrac{1}{T}\int_0^T f(t)\,dt$

$= \dfrac{1}{\pi}\int_0^\pi I_m \sin\omega t = \dfrac{2I_m}{\pi}$

167 □□□

ωt 가 0에서 π 까지 $i = 10$ [A], π 에서 2π 까지는 $i = 0$ [A] 인 파형을 푸리에 급수로 전개하면 a_0 는?

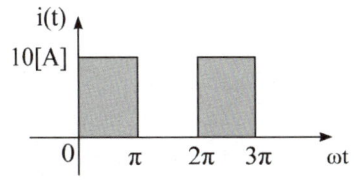

① 14.14
② 10
③ 7.07
④ 5

| 해설

직류분(교류의 평균값으로 해석)

$a_0 = \dfrac{1}{T}\int_0^T f(t)\,dt$

$= \dfrac{1}{2\pi}\int_0^\pi 10\,d\omega t = \left[\dfrac{10}{2\pi}\omega t\right]_0^\pi = \dfrac{10}{2}$

$= 5$ [A]

[별해] 구형반파의 평균값 $I_{av} = \dfrac{I_m}{2} = 5$ [A]

정답 165 ④ 166 ④ 167 ④

168 □□□
비정현파에 있어서 정현 대칭의 조건은 어느 것인가?

① $f(t) = f(-t)$ ② $f(t) = -f(t)$
③ $f(t) = -f(-t)$ ④ $f(t) = -f(t + \frac{T}{2})$

| 해설
푸리에 계수 정리
$$f(t) = a_0 + \sum_{n=1}^{\infty} b_n \sin n\omega t + \sum_{n=1}^{\infty} a_n \cos n\omega t$$

구분	대칭 조건	푸리에 계수
우함수 (여현대칭)	$f(t) = f(-t)$	$b_n = 0$, a_0, a_n 존재
기함수 (정현대칭)	$f(t) = -f(-t)$	$a_0 = a_n = 0$, b_n 존재
반파대칭	$f(t) = f(-t)$	홀수(기수)차 고조파만 남는다.

169 □□□
푸리에 급수에서 직류항은?

① 우함수이다.
② 기함수이다.
③ 우수함 + 기함수
④ 우함수 × 기함수이다.

| 해설
푸리에 급수에서 직류항(a_0)이 존재하면 우함수가 된다.

170 □□□
비사인파의 실횻값은?

① 최대파의 실횻값
② 각 고조파의 실횻값의 합
③ 각 고조파의 실횻값의 합의 제곱근
④ 각 파의 실횻값의 제곱의 합의 제곱근

171 □□□
어떤 회로에 흐르는 전류가 아래와 같은 경우 실횻값[A]은?

$$i(t) = 5 + 10\sqrt{2} \sin \omega t + 5\sqrt{2} \sin\left(3\omega t + \frac{\pi}{3}\right) [A]$$

① 12.2[A] ② 13.6[A]
③ 14.6[A] ④ 16.6[A]

| 해설
전류의 실횻값
$$|I| = \sqrt{I_0^2 + |I_1|^2 + |I_3|^3}$$
$$= \sqrt{5^2 + 10^2 + 5^2} = 12.24 [A]$$

172 □□□
어떤 회로에 흐르는 전류가 아래와 같은 경우 실횻값[A]은?

$$i(t) = 30 \sin \omega t + 40 \sin(3\omega t + 45°) [A]$$

① 25[A] ② $25\sqrt{2}$ [A]
③ $35\sqrt{2}$ [A] ④ 50[A]

| 해설
$$|I| = \sqrt{|I_1|^2 + |I_3|^3} = \sqrt{\left(\frac{30}{\sqrt{2}}\right)^2 + \left(\frac{40}{\sqrt{2}}\right)^2}$$
$$= \sqrt{\frac{1}{2}(30^2 + 40^2)} = \frac{50}{\sqrt{2}}$$
$$= \frac{50}{\sqrt{2}} \times \frac{\sqrt{2}}{\sqrt{2}} = 25\sqrt{2} [A]$$

정답 168 ③ 169 ① 170 ④ 171 ① 172 ②

173

그림과 같은 비정현파의 실횻값 [V]은?

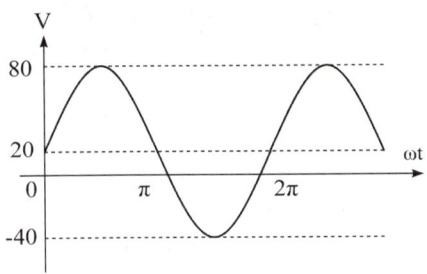

① 46.9[V] ② 51.6[V]
③ 56.6[V] ④ 63.3[V]

| 해설
㉠ 전압의 순시값
  $v = 20 + 60 \sin \omega t$ [V]
㉡ 전압의 실횻값
  $|V| = \sqrt{20^2 + \dfrac{60^2}{2}} = 46.9$ [V]

174

어떤 회로에 전압과 전류가 아래와 같을 때 평균전력은 몇 [W]인가? (단, $\omega_1 \neq \omega_2$)

$$e = 100\sqrt{2}\sin\left(\omega_1 t + \dfrac{\pi}{3}\right) \text{[V]}$$
$$i = 100\sqrt{2}\sin(\omega_2 t + \theta) \text{[A]}$$

① 0   ② 10,000
③ 5,000 ④ $5,000\sqrt{3}$

| 해설
전압과 전류의 주파수(ω_1, ω_2)가 서로 다르므로 평균전력은 0이 된다.

175

어떤 회로에 전압과 전류가 아래와 같을 때 평균전력은 몇 [W]인가?

$$v(t) = V(\sin \omega t - \sin 3\omega t) \text{[V]}$$
$$i(t) = I \sin \omega t \text{[A]}$$

① $\displaystyle\int_0^{2\pi} VI\, dt$ ② $\dfrac{1}{2} VI$

③ $\dfrac{1}{2} VI \sin \omega t$ ④ $\dfrac{2}{\sqrt{3}} VI$

| 해설
제 3고조파 전류가 없으므로 기본파에 의해서만 전력이 발생된다.
$$\therefore P = \dfrac{V}{\sqrt{2}} \times \dfrac{I}{\sqrt{2}} \times \cos 0° = \dfrac{1}{2} VI \text{[W]}$$
(여기서, V, I: 전압과 전류의 최댓값)

176

다음과 같은 비정현파 기전력 및 전류에 의한 전력 [W]은?

$$e(t) = 100\sqrt{2}\sin(\omega t + 30°)$$
$$\quad + 50\sqrt{2}\sin(5\omega t + 60°) \text{[V]}$$
$$i(t) = 15\sqrt{2}\sin(3\omega t + 30°)$$
$$\quad + 10\sqrt{2}\sin(5\omega t + 30°) \text{[A]}$$

① $250\sqrt{3}$ [W]   ② 1,000[W]
③ $1,000\sqrt{3}$ [W] ④ 2,000[W]

| 해설
평균전력 $P = V_0 I_0 + \displaystyle\sum_{i=1}^{n} V_i I_i \cos \theta_i$ [W] 에서
주파수가 동일한 전압, 전류는 제 5고조파 뿐이므로 제 5고조파에 의한 전력만이 존재한다.
$$\therefore P = V_5 I_5 \cos \theta_5$$
$$= 50 \times 10 \times \cos 30° = 250\sqrt{3} \text{[W]}$$

정답 173 ① 174 ① 175 ② 176 ①

177 □□□

다음과 같은 비정현파 전압과 전류에 의한 소비전력 [W]은?

$$e = 100 + 50\sin 377t \,[V]$$
$$i = 10 + 3.54\sin(377t - 45°) \,[A]$$

① 562.6[W] ② 1062.5[W]
③ 1250.5[W] ④ 1385.5[W]

| 해설

소비전력 $P = V_0 I_0 + \sum_{i=1}^{n} V_i I_i \cos\theta_i \,[W]$ 에서

㉠ 직류분 소비전력
$P_0 = V_0 I_0 = 100 \times 10 = 1000 \,[W]$

㉡ 기본파 소비전력
$P_1 = V_1 I_1 \cos\theta_1 = \frac{1}{2} V_{m1} I_{m1} \cos\theta_1$
$= \frac{1}{2} \times 50 \times 3.54 \times \cos 45° = 62.58 \,[W]$

∴ $P = P_0 + P_1 = 1062.58 \,[W]$

178 □□□

다음과 같은 왜형파 전압 및 전류에 의한 전력 [W]은?

$$v(t) = 80\sin(\omega t + 30°) - 50\sin(3\omega t + 60°)$$
$$+ 25\sin 5\omega t \,[V]$$
$$i(t) = 16\sin(\omega t - 30°) + 15\sin(3\omega t + 30°)$$
$$+ 10\cos(5\omega t - 60°) \,[A]$$

① 67[W] ② 103.5[W]
③ 536.5[W] ④ 753[W]

| 해설

㉠ 기본파 소비전력
$P_1 = \frac{1}{2} V_{m1} I_{m1} \cos\theta_1$
$= \frac{1}{2} \times 80 \times 16 \times \cos 60° = 320 \,[W]$

㉡ 제 3고조파 소비전력
$P_3 = \frac{1}{2} V_{m3} I_{m3} \cos\theta_3$
$= \frac{1}{2} \times (-50) \times 15 \times \cos 30°$
$= -324.76 \,[W]$

㉢ 제5고조파 소비전력
$P_5 = \frac{1}{2} \times 25 \times 10 \times \cos 30° = 108.25 \,[W]$

∴ $P = P_1 + P_3 + P_5 = 103.49 \,[W]$

179 □□□

어떤 회로의 단자전압이 $e = 20\sin\omega t + 10\sin 3\omega t \,[V]$ 이고 전압강하의 방향으로 흐르는 전류가

$i = 10\sin\omega t + 20\sin 3\omega t \,[A]$ 일 때 회로의 역률은 몇 [%]인가?

① 60 ② 80
③ 96 ④ 98

| 해설

㉠ 전압, 전류의 최댓값
$V_m = I_m = \sqrt{20^2 + 10^2} = \sqrt{500}$

㉡ 피상전력
$P_a = S = VI = \frac{1}{2} V_m I_m = 250 \,[VA]$

㉢ 유효전력
$P = \frac{1}{2} \times 20 \times 10 \times \cos 0° + \frac{1}{2} \times 10 \times 20 \times \cos 0°$
$= 200 \,[W]$

∴ 역률: $\cos\theta = \frac{P}{P_a} = \frac{200}{250} = 0.8$

180 □□□

100[Ω]의 저항에 흐르는 전류가

$i = 5 + 14.14\sin t + 7.07\sin 2t \,[A]$ 일 때 저항에서 소비하는 평균전력 [W]은?

① 20,000[W] ② 15,000[W]
③ 10,000[W] ④ 7,500[W]

정답 177 ② 178 ② 179 ② 180 ②

| 해설

전류의 실횻값

$$I = \sqrt{I_0^2 + I_1^2 + I_3^2}$$
$$= \sqrt{5^2 + \left(\frac{14.14}{\sqrt{2}}\right)^2 + \left(\frac{7.07}{\sqrt{2}}\right)^2} = 12.24 [A]$$

∴ 평균전력

$$P = I^2 R = 12.24^2 \times 100 = 15,000 [W]$$

181 □□□

$e = 100\sqrt{2} \sin\omega t + 75\sqrt{2} \sin 3\omega t + 20\sqrt{2} \sin 5\omega t$ [V]

인 전압을 RL 직렬회로에 가할 때 제 3고조파 전류의 실효치는? (단, R = 4[Ω], ωL = 1[Ω]이다.)

① $\dfrac{75}{\sqrt{17}}$ ② 15

③ 17   ④ 20

| 해설

제 3고조파 임피던스
$$Z_{h3} = \sqrt{R^2 + (3\omega L)^2} = \sqrt{4^2 \times 3^2} = 5 [\Omega]$$

∴ 제 3고조파 전류의 실효치
$$I_{h3} = \frac{E_{h3}}{Z_{h3}} = \frac{75}{5} = 15 [A]$$

182 □□□

그림과 같은 RC 직렬회로에 비정현파 전압
$v = 20 + 220\sqrt{2} \sin 120\pi t + 40\sqrt{2} \sin 360\pi t$ [V]를 가할 때 제 3고조파 전류 i_3 [A]는 약 얼마인가?

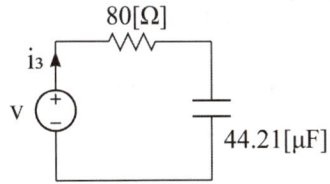

① $0.49 \sin(360\pi t - 14.04°)$
② $0.49\sqrt{2} \sin(360\pi t - 14.04°)$
③ $0.49 \sin(360\pi t + 14.04°)$
④ $0.49\sqrt{2} \sin(360\pi t + 14.04°)$

| 해설

제 3고조파 임피던스
$$Z_{h3} = R - j\frac{1}{3\omega C}$$
$$= 80 - j\frac{1}{360\pi \times 44.21 \times 10^{-6}}$$
$$= 80 - j20 = 82.46 \angle -14.04° [\Omega]$$

∴ 제 3고조파 전류의 실효치
$$I_{h3} = \frac{V_{h3}}{Z_{h3}} \fallingdotseq \frac{40\sqrt{2} \angle 0}{82.46 \angle -14.04}$$
$$= 0.49\sqrt{2} \angle 14.04°$$
$$= 0.49\sqrt{2} \sin(360\pi t + 14.04°) [A]$$

183 □□□

R = 4[Ω], ωL = 3[Ω]의 직렬회로에
$e = 100\sqrt{2} \sin\omega t + 50\sqrt{2} \sin 3\omega t$ [V]를 가할 때 이 회로의 소비전력 [W]은?

① 1,414[W]   ② 1,500[W]
③ 1,703[W]   ④ 2,000[W]

| 해설

㉠ 기본파 전류의 실횻값
$$I_1 = \frac{E_1}{Z_1} = \frac{E_1}{\sqrt{R^2 + (\omega L)^2}} = \frac{100}{\sqrt{4^2 + 3^2}}$$
$$= 20 [A]$$

㉡ 제 3고조파 전류의 실횻값
$$I_1 = \frac{E_3}{Z_3} = \frac{E_3}{\sqrt{R^2 + (3\omega L)^2}} = \frac{50}{\sqrt{4^2 + 9^2}}$$
$$= 5.08 [A]$$

㉢ 전류의 실횻값
$$I = \sqrt{I_1^2 + I_3^2} = \sqrt{20^2 + 5.08^2} = 20.64 [A]$$

∴ 소비전력: $P = I^2 R$
$$= 20.64^2 \times 4 = 1703 [W]$$

정답 181 ② 182 ④ 183 ③

184 □□□

전류가 1[H]의 인덕터를 흐르고 있을 때 인덕터에 축적되는 에너지[J]는 얼마인가?

$$i = 5 + 10\sqrt{2}\sin 100t + 5\sqrt{2}\sin 200t \text{ [A]}$$

① 150[J]   ② 100[J]
③ 75[J]   ④ 50[J]

| 해설

전류의 실훗값
$I = \sqrt{5^2 + 10^2 + 5^2} = 12.25\,[A]$ 이므로
∴ 인덕터에 축적되는 에너지
$W_L = \frac{1}{2}LI^2 = \frac{1}{2} \times 1 \times 12.25^2 = 75\,[J]$

185 □□□

RLC 직렬공진 회로에서 제 n 고조파의 공진주파수 f [Hz] 는?

① $\frac{1}{2\pi\sqrt{LC}}$ ② $\frac{1}{2\pi\sqrt{nLC}}$
③ $\frac{1}{2\pi n\sqrt{LC}}$ ④ $\frac{1}{2\pi n^2\sqrt{LC}}$

| 해설

㉠ RLC 직렬회로의 임피던스
$Z_n = R + j\left(n\omega L - \frac{1}{n\omega C}\right)\,[\Omega]$

㉡ 직렬 공진 조건: $n\omega L = \frac{1}{n\omega C}$

∴ 공진주파수: $f_n = \frac{1}{2\pi n\sqrt{LC}}\,[Hz]$

186 □□□

RLC 직렬공진 회로에서 제 3고조파의 공진주파수 f [Hz] 는?

① $\frac{1}{2\pi\sqrt{LC}}$ ② $\frac{1}{3\pi\sqrt{LC}}$
③ $\frac{1}{6\pi\sqrt{LC}}$ ④ $\frac{1}{9\pi\sqrt{LC}}$

| 해설

제3고조파의 공진주파수
$f_3 = \frac{1}{2\pi n\sqrt{LC}}\bigg|_{n=3} = \frac{1}{6\pi\sqrt{LC}}\,[Hz]$

187 □□□

$e(t) = 50 + 100\sqrt{2}\sin\omega t + 50\sqrt{2}\sin 2\omega t + 30\sqrt{2}\sin 3\omega t\,[V]$의 왜형률을 구하면?

① 1.0   ② 0.58
③ 0.8   ④ 0.3

| 해설

고조파 왜형률(Total Harmonics Distortion)
$V_{THD} = \frac{\text{고조파만의 실훗값}}{\text{기본파의 실훗값}}$
$= \frac{\sqrt{50^2 + 30^2}}{100} = 0.58 = 58\,[\%]$

188 □□□

기본파의 40[%]인 제3고조파와 30[%]인 제 5고조파를 포함한 전압파 왜형률(歪刑律)은 얼마인가?

① 30[%]   ② 50[%]
③ 70[%]   ④ 90[%]

| 해설

고조파 왜형률(Total Harmonics Distortion)
$V_{THD} = \frac{\text{고조파만의 실훗값}}{\text{기본파의 실훗값}}$
$= \frac{\sqrt{(0.4E)^2 + (0.3E)^2}}{E}$
$= \sqrt{0.4^2 + 0.3^2} = 0.5 = 50\,[\%]$

정답   184 ③   185 ③   186 ③   187 ②   188 ②

189

가정용 전원의 기본파가 100[V]이고 제 7고조파가 기본파의 4[%], 제 11고조파가 기본파의 3[%]이었다면 이 전원의 일그러짐률은 몇 [%]인가?

① 11[%] ② 10[%]
③ 7[%]   ④ 5[%]

| 해설
고조파 왜형률(Total Harmonic Distortion)

$V_{THD} = \dfrac{\text{고조파만의 실횻값}}{\text{기본파의 실횻값}}$

$= \dfrac{\sqrt{(0.04E)^2 + (0.03E)^2}}{E}$

$= \sqrt{0.04^2 + 0.03^2} = 0.05 = 5\,[\%]$

190

비정현 주기파 중 고조파의 감소율이 가장 적은 것은?

① 반파정류파   ② 삼각파
③ 전파정류파   ④ 구형파

191

일반적으로 대칭 3상 회로의 전압 전류에 포함되는 전압 전류의 고조파를 임의의 정수로 하여 3n + 1일 때의 상회전은 어떻게 되는가?

① 상회전은 기본파와 반대
② 정지상태
③ 상회전은 기본파와 동일
④ 각 상 동위상

| 해설
㉠ 영상분: 3n 고조파(3, 6, 9, 12 …)
  → a, b, c 성분의 크기와 위상이 같음
㉡ 정상분: 3n + 1 고조파(4, 7, 10, 13 …)
  → 기본파와 상회전 방향이 동일
㉢ 역상분: 3n - 1 고조파(2, 5, 8, 11 …)
  → 기본파와 상회전 방향이 반대

192

그림과 같은 Y결선에서 기본파와 제3고조파 전압만이 존재한다고 할 때 전압계의 눈금이 $V_1 = 150$[V], $V_2 = 220$[V]로 나타낼 때 제 3고조파 전압을 구하면 몇 [V]인가?

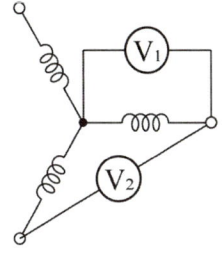

① 약 145.4[V]   ② 약 150.4[V]
③ 약 127.2[V]   ④ 약 79.9[V]

| 해설
Y결선에서 선간전압은 제3고조파 성분이 포함되지 않는다. 따라서 전압계 V_2에는 기본파 상전압의 $\sqrt{3}$ 배의 전압($V_2 = \sqrt{3}\,V_p$)이 측정된다.

㉠ 상전압: $V_p = \dfrac{V_2}{\sqrt{3}} = \dfrac{220}{\sqrt{3}}$ [V]

㉡ 전압계 V_1 측정 전압 $V_1 = \sqrt{V_p^2 + V_3^2}$ [V]이므로
제 3고조파 전압(V_3)는

$\therefore V_3 = \sqrt{V_1^2 - V_p^2}$

$= \sqrt{150^2 - \left(\dfrac{220}{\sqrt{3}}\right)^2} = 79.9\,[V]$

정답 189 ④ 190 ④ 191 ③ 192 ④

193 □□□

대칭 3상 전압이 있을 때 한상의 Y전압의 순시치가 아래와 같다면 선간전압에 대한 상전압의 실효치 비율 [%]은?

$$v = 1000\sqrt{2}\sin\omega t + 500\sqrt{2}\sin(3\omega t + 20°)$$
$$+ 100\sqrt{2}\sin(5\omega t + 30°)\,[V]$$

① 약 65[%]   ② 약 85[%]
③ 약 95[%]   ④ 약 55[%]

|해설

㉠ 상전압의 실횻값
$$E_P = \sqrt{1000^2 + 500^2 + 100^2} = 1122.5\,[V]$$

㉡ 선간전압의 실횻값
$$E_L = \sqrt{3} \times \sqrt{1000^2 + 100^2} = 1740.69\,[V]$$

$$\therefore \frac{E_P}{E_L} = \frac{1122.5}{1740.69} \times 100 = 64.5\,[\%]$$

제5장 대칭좌표법

194 □□□

3상 대칭분을 I_0, I_1, I_2라 하고 선전류 I_a, I_b, I_c라 할 때 I_b는?

① $I_0 + a^2 I_1 + a I_2$ ② $\frac{1}{3}(I_0 + I_1 + I_2)$

③ $I_0 + I_1 + I_2$ ④ $I_0 + a I_1 + a^2 I_2$

|해설

대칭좌표법에서 선전류
㉠ a상 전류: $I_a = I_0 + I_1 + I_2\,[A]$
㉡ b상 전류: $I_b = I_0 + a^2 I_1 + a I_2\,[A]$
㉢ c상 전류: $I_c = I_0 + a I_1 + a^2 I_2\,[A]$

195 □□□

대칭좌표법을 이용하여 3상 회로의 각 상전압을
$V_a = V_0 + V_1 + V_2$, $V_b = V_0 + a^2 V_1 + a V_2$,
$V_c = V_0 + a V_1 + a^2 V_2$ 와 같이 표시될 때 정상분 전압 V_1을 올바르게 나타낸 것은? (단, 상순은 a, b, c이다.)

① $\frac{1}{3}(V_a + V_b + V_c)$

② $\frac{1}{3}(V_a + V_b \angle +120° + V_c \angle -120°)$

③ $\frac{1}{3}(V_a + V_b \angle -120° + V_c \angle +120°)$

④ $\frac{1}{3}(V_a \angle +120° + V_b + V_c \angle -120°)$

|해설

대칭좌표법에서 대칭분 전압
㉠ 영상분: $V_0 = \frac{1}{3}(V_a + V_b + V_c)$
㉡ 정상분: $V_1 = \frac{1}{3}(V_a + a V_b + a^2 V_c)$
㉢ 역상분: $V_2 = \frac{1}{3}(V_a + a^2 V_b + a V_c)$

(여기서, $a = 1\angle 120° = 1\angle -240°$
$a^2 = 1\angle 240° = 1\angle -120°$)

196 □□□

상순이 a, b, c인 불평형 3상 전류 I_a, I_b, I_c의 대칭분을 I_0, I_1, I_2라 하면 이때 대칭분과의 관계식 중 옳지 못한 것은?

① $\frac{1}{3}(I_a + I_b + I_c)$

② $\frac{1}{3}(I_a + I_b \angle +120° + I_c \angle -120°)$

③ $\frac{1}{3}(I_a + I_b \angle -120° + I_c \angle +120°)$

④ $\frac{1}{3}(-I_a - I_b - I_c)$

정답   193 ①   194 ①   195 ②   196 ④

| 해설

㉠ 영상분: $I_0 = \dfrac{1}{3}(I_a + I_b + I_c)$

㉡ 정상분: $I_1 = \dfrac{1}{3}(I_a + aI_b + a^2 I_c)$

㉢ 역상분: $I_2 = \dfrac{1}{3}(I_a + a^2 I_b + a I_c)$

197 □□□

3상 불평형 전압을 V_a, V_b, V_c 라고 할 때, 역상전압 V_2 는 얼마인가?

① $V_2 = \dfrac{1}{3}(V_a + V_b + V_c)$

② $V_2 = \dfrac{1}{3}(V_a + a^2 V_b + a V_c)$

③ $V_2 = \dfrac{1}{3}(V_a + a V_b + a^2 V_c)$

④ $V_2 = \dfrac{1}{3}(V_a + a^2 V_b + a^2 V_c)$

198 □□□

대칭 3상 전압 V_a, $V_b = a^2 V_a$, $V_c = a V_a$일 때 a상 기준으로 한 각 대칭분 V_0, V_1, V_2은?

(단, $a = -\dfrac{1}{2} + j\dfrac{\sqrt{3}}{2}$)

① 0, V_a, 0
② $a^2 V_a$, V_a, 0
③ $-V_a$, V_a, 0
④ 0, $a^2 V_a$, $a V_a$

| 해설

영상분, 정상분, 역상분 공식에 대칭 3상 조건 $(V_a, V_b = a^2 V_a, V_c = a V_a)$을 대입하면 다음 같이 정리할 수 있다.

㉠ 영상분

$V_0 = \dfrac{1}{3}(V_a + V_b + V_c)$

$= \dfrac{1}{3}(V_a + a^2 V_a + a V_a) = 0$

㉡ 정상분

$V_1 = \dfrac{1}{3}(V_a + a V_b + a^2 V_c)$

$= \dfrac{1}{3}(V_a + a^3 V_a + a^3 V_a) = V_a$

㉢ 역상분

$V_2 = \dfrac{1}{3}(V_a + a^2 V_b + a V_c)$

$= \dfrac{1}{3}(V_a + a^4 V_a + a^2 V_a) = 0$

∴ 대칭 3상의 경우(사고가 안 난 계통) 영상분과 역상분은 0이고 정상분만 존재한다.

→ $V_0 = V_2 = 0$, $V_1 = V_a$

199 □□□

대칭좌표법에서 사용되는 용어중 공통인 성분을 표시하는 것은?

① 영상분
② 정상분
③ 역상분
④ 공통분

| 해설

대칭 좌표법에서 각 상에 공통으로 포함되어 있는 성분은 영상분이다.

200 □□□

3상 4선식에서 중성선이 필요하지 않아서 중성선을 제거하여 3상 3선식을 만들기 위한 중성선에서의 조건식은 어떻게 되는가? (단, I_a, I_b, I_c 는 각상의 전류이다.)

① 불평형 3상 $I_a + I_b + I_c = 1$
② 불평형 3상 $I_a + I_b + I_c = \sqrt{3}$
③ 불평형 3상 $I_a + I_b + I_c = 3$
④ 평형 3상 $I_a + I_b + I_c = 0$

| 해설

3상 회로에서 불평형 발생시 불평형 전류가 다른 상에 영향을 주는 것을 방지하기 위해 중성선 접지를 실시한다. 따라서 불평형을 발생시키지 않는 평형 3상일 때 중성선을 제거할 수 있다.

∴ 평형 3상 조건: $I_a + I_b + I_c = 0$

정답 197 ② 198 ① 199 ① 200 ④

201 □□□

3상 3선식에서는 회로의 평형, 불평형 또는 부하의 △, Y에 불구하고, 세 선전류의 합은 0이므로 선전류의 (　　)은 0이다. (　　) 안에 들어갈 말은?

① 영상분　　② 정상분
③ 역상분　　④ 상전압

| 해설

영상분 전류 $I_0 = \frac{1}{3}(I_a + I_b + I_c)$ 이므로
$I_a + I_b + I_c = 0$ 이면 $I_0 = 0$ 이 된다.

202 □□□

대칭 3상 △부하(비접지)에서 각 선전류를 I_a, I_b, I_c 라 하면 전류의 영상분은 얼마인가?

① ∞　　② -1
③ 1　　④ 0

| 해설

중성선이 없는 3상 3선식 회로에서는
$I_a + I_b + I_c = 0$ 이므로 영상분 $I_0 = 0$ 이 된다.

203 □□□

불평형 회로에서 영상분이 존재하는 3상 회로 구성은?

① △-△결선의 3상 3선식
② △-Y결선의 3상 3선식
③ Y-Y결선의 3상 3선식
④ Y-Y결선의 3상 4선식

| 해설

영상분이 존재하려면 3상 4선식의 중성점 접지방식일 경우이다.

204 □□□

대칭좌표법에 관한 설명 중 잘못된 것은?

① 대칭좌표법은 일반적인 비대칭 n상 교류회로의 계산에도 이용된다.
② 대칭 3상 전압의 영상분과 역상분은 0이고, 정상분만 남는다.
③ 비대칭 n상 교류회로는 영상분, 역상분 및 정상분의 3성분으로 해석한다.
④ 비대칭 3상 회로의 접지식 회로에는 영상분이 존재하지 않는다.

| 해설

비대칭 3상 회로에서 접지식 회로에서는 영상분이 존재한다.

205 □□□

3상 회로에 있어서 대칭분 전압이
$\dot{V}_0 = -8 + j3 [V]$, $\dot{V}_1 = 6 - j8 [V]$
$\dot{V}_2 = 8 + j12 [V]$ 일 때 a상의 전압 [V] 는?

① $6 + j7$　　② $-32.3 + j2.73$
③ $2.3 + j0.73$　　④ $2.3 + j0.73$

| 해설

a상 전압
$V_a = V_0 + V_1 + V_2$
$= (-8 + j3) + (6 - j8) + (8 + j12) = 6 + j7 [V]$

206 □□□

각 상의 전류가 아래와 같을 때 영상 대칭분 전류[A]는?

$i_a = 30 \sin \omega t [A]$
$i_b = 30 \sin (\omega t - 90°) [A]$
$i_c = 30 \sin (\omega t + 90°) [A]$

① $10 \sin \omega t$　　② $30 \sin \omega t$
③ $\frac{30}{\sqrt{3}} \sin \omega t$　　④ $\frac{10}{3} \sin \omega t$

정답　201 ①　202 ④　203 ④　204 ④　205 ①　206 ①

해설

$$V_0 = \frac{1}{3}(V_a + V_b + V_c)$$
$$= \frac{1}{3}(30 + 30\angle+90° + 30\angle-90°)$$
$$= \frac{30}{3}\angle 0° = 10\sin\omega t\,[V]$$

207 □□□

3상 부하가 Y결선으로 되어 있다. 각 상의 임피던스는 $Z_a = 3\,[\Omega]$, $Z_b = 3\,[\Omega]$, $Z_c = j3\,[\Omega]$ 이다. 이 부하의 영상 임피던스는 얼마인가?

① $6 + j3\,[\Omega]$
② $2 + j\,[\Omega]$
③ $3 + j3\,[\Omega]$
④ $3 + j6\,[\Omega]$

해설

$$Z_0 = \frac{1}{3}(Z_a + Z_b + Z_c)$$
$$= \frac{1}{3}(3 + 3 + j3) = 2 + j\,[\Omega]$$

208 □□□

불평형 3상 교류회로에서 각 상의 전류가 각각 $i_a = 7 + j2\,[A]$, $i_b = -8 - j10\,[A]$, $i_c = -4 + j6\,[A]$ 일 때 전류의 대칭분 중 정상분 전류는?

① 약 8.95[A]
② 약 7.75[A]
③ 약 3.76[A]
④ 약 2.53[A]

해설

$$I_1 = \frac{1}{3}(I_a + aI_b + a^2I_c)$$
$$= \frac{1}{3}\left[7 + j2 + \left(-\frac{1}{2} + j\frac{\sqrt{3}}{2}\right)(-8 - j10)\right.$$
$$\left. + \left(-\frac{1}{2} - j\frac{\sqrt{3}}{2}\right)(-4 + j6)\right]$$
$$= 8.95 + j0.18\,[A]$$
$$\therefore |I_1| = \sqrt{8.95^2 + 0.18^2} = 8.95\,[A]$$

209 □□□

불평형 3상 전류가 $I_a = 15 + j2\,[A]$, $I_b = -20 - j14\,[A]$, $I_c = -3 + j10\,[A]$ 일 때 역상분 전류 I_2 는?

① $1.91 + j6.24\,[A]$
② $15.74 - j3.57\,[A]$
③ $-2.67 - j0.67\,[A]$
④ $2.67 - j0.67\,[A]$

해설

$$I_2 = \frac{1}{3}(I_a + a^2I_b + aI_c)$$
$$= \frac{1}{3}\left[(15 + j2) + \left(-\frac{1}{2} - j\frac{\sqrt{3}}{2}\right)(-20 - j14)\right.$$
$$\left. + \left(-\frac{1}{2} + j\frac{\sqrt{3}}{2}\right)(-3 + j10)\right]$$
$$= 1.91 + j6.24\,[A]$$

210 □□□

3상 불평형 전압에서 역상전압이 25[V]이고, 정상전압이 100[V], 영상전압이 10[V]라 할 때 전압의 불평형률은?

① 0.25
② 0.4
③ 4
④ 10

해설

불평형률

$$\%U = \frac{V_2}{V_1} \times 100 = \frac{25}{100} \times 100 = 25\,[\%]$$

여기서, V_1: 정상분, V_2: 역상분

정답 207 ② 208 ① 209 ① 210 ①

211 □□□

3상회로의 선간전압이 각각 80, 50, 50[V] 일 때의 전압의 불평형률[%]은 대략 얼마인가?

① 22.7[%] ② 39.6[%]
③ 45.3[%] ④ 57.3[%]

| 해설

3상 회로의 각 상전압은 다음과 같다.

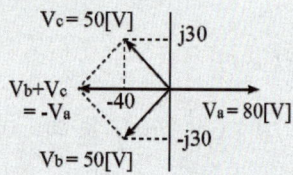

- $V_a = 80$ [V]
- $V_b = -40 - j30$ [V]
- $V_c = -40 + j30$ [V]

㉠ 정상분 전압

$$V_1 = \frac{1}{3}(V_a + aV_b + a^2V_c)$$
$$= \frac{1}{3}\left[80 + (-\frac{1}{2} + j\frac{\sqrt{3}}{2})(-40-j30)\right.$$
$$\left. + (-\frac{1}{2} - j\frac{\sqrt{3}}{2})(-40+j30)\right]$$
$$= 57.3 \text{ [V]}$$

㉡ 역상분 전압

$$V_2 = \frac{1}{3}(V_a + a^2V_b + aV_c)$$
$$= \frac{1}{3}\left[80 + (-\frac{1}{2} - j\frac{\sqrt{3}}{2})(-40-j30)\right.$$
$$\left. + (-\frac{1}{2} + j\frac{\sqrt{3}}{2})(-40+j30)\right]$$
$$= 22.7 \text{ [V]}$$

∴ 불평형률

$$\%U = \frac{V_2}{V_1} \times 100 = \frac{22.7}{57.3} \times 100 = 39.6 \text{ [\%]}$$

212 □□□

3상회로의 선간전압이 각각 120, 100, 100[V]이었다. 이때의 역상전압 V_2[V]은?

① 9.8[V] ② 13.8[V]
③ 96.2[V] ④ 106.2[V]

| 해설

3상 회로의 각 상전압은 다음과 같다.

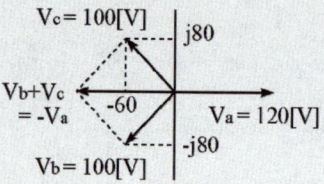

- $V_a = 120$ [V]
- $V_b = -60 - j80$ [V]
- $V_c = -60 + j80$ [V]

∴ 역상분 전압

$$V_2 = \frac{1}{3}(V_a + a^2V_b + aV_c)$$
$$= \frac{1}{3}\left[120 + (-\frac{1}{2} - j\frac{\sqrt{3}}{2})(-60-j80)\right.$$
$$\left. + (-\frac{1}{2} + j\frac{\sqrt{3}}{2})(-60+j80)\right]$$
$$= 13.8 \text{ [V]}$$

213 □□□

대칭 3상 교류 발전기의 기본식 중 알맞게 표현된 것은? (단, V_0는 영상분 전압, V_1은 정상분 전압, V_2는 역상분 전압이다.)

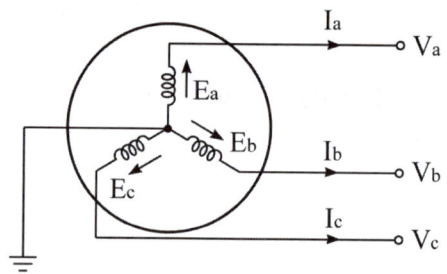

① $V_0 = E_0 - Z_0 I_0$ ② $V_1 = Z_1 I_1$
③ $V_2 = Z_2 I_2$ ④ $V_1 = E_a - Z_1 I_1$

정답 211 ② 212 ② 213 ④

| 해설
3상 교류발전기 기본식
㉠ 영상분: $V_0 = -Z_0 I_0$
㉡ 정상분: $V_1 = E_a - Z_1 I_1$
㉢ 역상분: $V_2 = -Z_2 I_2$

| 해설
Z에 의한 1선 지락사고
㉠ 영상전류: $I_0 = \dfrac{E_a}{Z_0 + Z_1 + Z_2 + 3Z}$
㉡ 지락전류: $I_g = 3I_0 = \dfrac{3E_a}{Z_0 + Z_1 + Z_2 + 3Z}$

214 □□□
전류의 대칭분을 I_0, I_1, I_2 유기기전력 및 단자전압의 대칭분을 E_a, E_b, E_c 및 V_0, V_1, V_2 라 할 때 교류 발전기의 기본식 중 역상분 V_2 값은?

① $-Z_0 I_0$
② $-Z_2 I_2$
③ $E_a - Z_1 I_1$
④ $E_b - Z_2 I_2$

| 해설
3상 교류발전기 기본식
㉠ 영상분: $V_0 = -Z_0 I_0$
㉡ 정상분: $V_1 = E_a - Z_1 I_1$
㉢ 역상분: $V_2 = -Z_2 I_2$

215 □□□
그림과 같이 대칭 3상 교류발전기의 a상이 임피던스 Z를 통하여 지락되었을 때 흐르는 지락전류 I_g 는 얼마인가?

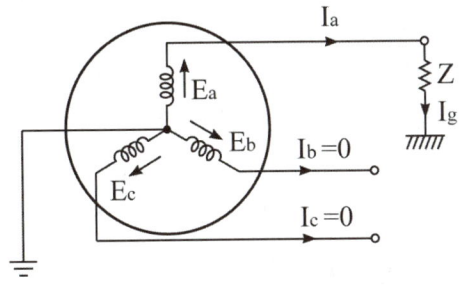

① $\dfrac{3E_a}{Z_0 + Z_1 + Z_2 + Z}$
② $\dfrac{E_a}{Z_0 + Z_1 + Z_2 + Z}$
③ $\dfrac{3E_a}{Z_0 + Z_1 + Z_2 + 3Z}$
④ $\dfrac{E_a}{Z_0 + Z_1 + Z_2 + 3Z}$

216 □□□
단자전압의 각 대칭분 $\dot{V_0}$, $\dot{V_1}$, $\dot{V_2}$ 가 0이 아니고 같게 되는 고장의 종류는?

① 1선 지락
② 선간 단락
③ 2선 지락
④ 3선 단락

| 해설
2선(b상, c상) 지락 고장시 대칭분해성분
(여기서, 고장 조건: $V_b = V_c = 0$, $I_a = 0$)
㉠ 영상분 전압
$$V_0 = \frac{1}{3}(V_a + V_b + V_c) = \frac{1}{3}V_a$$
㉡ 정상분 전압
$$V_1 = \frac{1}{3}(V_a + aV_b + a^2 V_c) = \frac{1}{3}V_a$$
㉢ 역상분 전압
$$V_2 = \frac{1}{3}(V_a + a^2 V_b + aV_c) = \frac{1}{3}V_a$$
∴ 2선 지락사고가 발생하면 각 대칭분 $\dot{V_0}$, $\dot{V_1}$, $\dot{V_2}$ 가 0이 아니고 같게 된다.

정답 214 ② 215 ③ 216 ③

제6장 회로망 해석

217 □□□
다음 용어에 대한 설명으로 옳은 것은?

① 능동소자는 나머지 회로에 에너지를 공급하는 소자이며, 그 값은 양과 음의 값을 갖는다.
② 종속전원은 회로 내의 다른 변수에 종속되어 전압 또는 전류를 공급하는 전원이다.
③ 선형소자는 중첩의 원리와 비례의 법칙을 만족할 수 있는 다이오드 등을 말한다.
④ 개방 회로는 두 단자 사이에 흐르는 전류가 양단자에 전압과 관계없이 무한대값을 갖는다.

|해설
① 능동소자: 회로를 만드는 부품 중에서 트랜지스터와 같이 외부에서 에너지의 공급을 받아 증폭이나 발진 등의 작용을 할 수 있는 소자를 말하며, 일반적으로 전원은 회로의 구성요소로 보지 않는다.
③ 선형소자는 중첩의 원리와 옴의법칙을 만족할 수 있는 R, L, C소자 등을 말한다. 다이오드와 철심에 감겨진 코일 등은 비선형 소자이다.
④ 개방 회로의 임피던스는 무한대이므로 전압과 관계없이 전류가 흐르지 않는다.

218 □□□
이상적 전압·전류원에 관한 설명으로 옳은 것은?

① 전압원의 내부저항은 ∞이고 전류원의 내부저항은 0이다.
② 전압원의 내부저항은 0이고 전류원의 내부저항은 ∞이다.
③ 전압원 전류원의 내부저항은 흐르는 전류에 따라 변한다.
④ 전압원의 내부저항은 일정하고 전류원의 내부저항은 일정하지 않다.

219 □□□
그림의 회로 (a), (b)가 등가가 되기 위한 I_s, R의 값은?

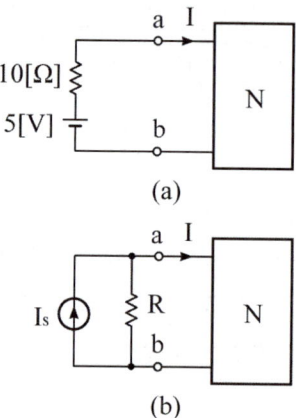

① 0.5[A], 10[Ω] ② 0.5[A], 1/10[Ω]
③ 5[A], 10[Ω]   ④ 10[A], 10[Ω]

|해설
전압원과 전류원의 등가변환
㉠ 전류원 내부저항: $R = r = 10\,[\Omega]$
  (전압원의 내부저항과 크기는 같다.)
㉡ 전류원 등가전류
  $I_s = \dfrac{E}{r} = \dfrac{5}{10} = 0.5\,[A]$
  (전압원 a, b 단자를 단락시켰을 때 흐르는 전류, r: 전압원 내부저항)

220 □□□
그림의 회로에서 단자 a, b에 3[Ω]의 저항을 연결할 때 이 저항에서의 소비전력의 몇 [W]인가?

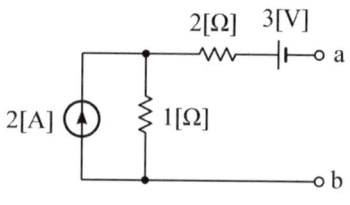

① 1/12   ② 1/3
③ 1   ④ 12

정답 217 ② 218 ② 219 ① 220 ①

| 해설

㉠ 전류원 2[A]를 전압원으로 등가변화하고 부하를 접속하면 아래와 같이 그릴 수 있다.

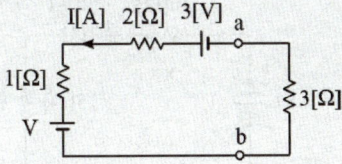

㉡ 등가전압: $V = IR = 1 \times 2 = 2\,[V]$

㉢ 전류: $I = \dfrac{V}{R} = \dfrac{3-2}{1+2+3} = \dfrac{1}{6}\,[A]$

∴ 소비전력: $P = I^2 R = \left(\dfrac{1}{6}\right)^2 \times 3 = \dfrac{1}{12}\,[W]$

221 □□□

회로에서 중첩의 원리를 이용하여 I를 구하면 몇 [A]이 되는가?

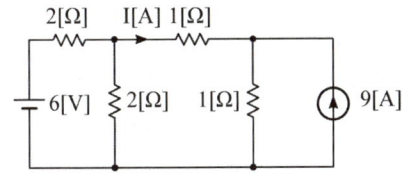

① 2[A]
② -2[A]
③ -1[A]
④ 4[A]

| 해설

㉠ 전압원 6[V]를 전류원으로 변환

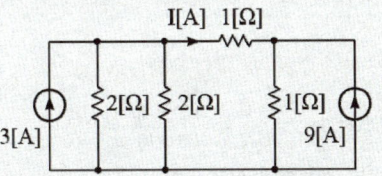

㉡ 병렬로 접속된 2개의 저항(2[Ω])의 합성

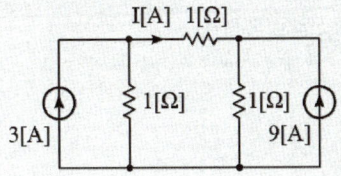

㉢ 3[A], 9[A] 전류원을 전압원으로 변환

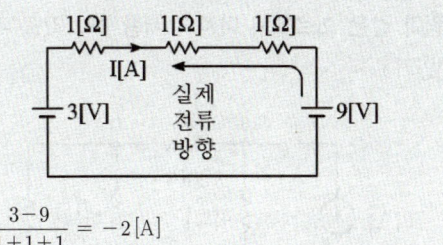

∴ $I = \dfrac{3-9}{1+1+1} = -2\,[A]$

(여기서, -는 문제에 제시된 전류와 반대방향을 의미한다.)

222 □□□

회로에서 저항 0.5[Ω]에 걸리는 전압 [V]은?

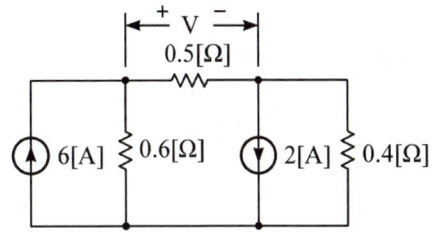

① 0.62
② 0.93
③ 1.47
④ 1.68

| 해설

㉠ 전류원을 전압원으로 등가변환

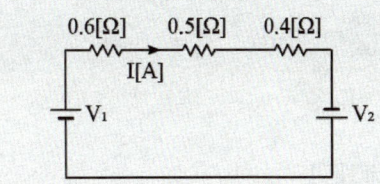

㉡ $V_1 = IR = 6 \times 0.6 = 3.6\,[V]$

㉢ $V_2 = IR = 2 \times 0.4 = 0.8\,[V]$

㉣ $I = \dfrac{V_1 + V_2}{R} = \dfrac{3.6 + 0.8}{0.6 + 0.5 + 0.4} = 2.93\,[A]$

∴ $V = 0.5I = 0.5 \times 2.93 = 1.47\,[V]$

정답 221 ② 222 ③

223
그림과 같은 회로에서 미지의 저항 R의 값을 구하면 몇 [Ω]인가?

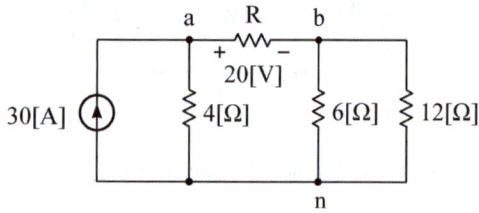

① 2.5[Ω]　　② 2[Ω]
③ 1.6[Ω]　　④ 1[Ω]

| 해설
㉠ 전류원을 전압원으로 등가변환
(6[Ω]과 12[Ω]의 병렬합성: 4[Ω])

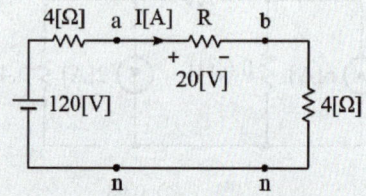

㉡ $V_R = IR = \dfrac{120}{4+4+R} \times R = 20\,[V]$ 에서

$120R = 20(8+R)$
$120R = 160 + 20R$
$100R = 160$
∴ $R = \dfrac{160}{100} = 1.6\,[Ω]$

224
선형회로에 가장 관계가 있는 것은?

① 키르히호프의 법칙
② 옴의 법칙
③ 패러데이의 전자유도법칙
④ 중첩의 원리

| 해설
중첩의 원리는 선형회로에서만 적용할 수 있다.

225
회로의 V_{30} 과 V_{15} 는 얼마인가?

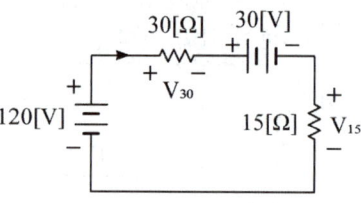

① 60[V], 30[V]　　② 70[V], 40[V]
③ 80[V], 50[V]　　④ 50[V], 40[V]

| 해설
㉠ 회로 전류: $I = \dfrac{V}{R} = \dfrac{120-30}{30+15} = 2\,[A]$
㉡ $V_{30} = 30I = 30 \times 2 = 60\,[V]$
㉢ $V_{15} = 15I = 15 \times 2 = 30\,[V]$

226
다음 회로에서 120[V], 30[V] 전압원의 전력은?

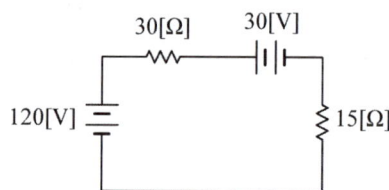

① 240[W], 60[W]　　② 240[W], -60[W]
③ -240[W], 60[W]　　④ -240[W], -60[W]

| 해설
㉠ 회로 전류: $I = \dfrac{V}{R} = \dfrac{120-30}{30+15} = 2\,[A]$
㉡ 120[V] 전압원의 전력
$P_1 = V_1 I = 120 \times 2 = 240\,[W]$
㉢ 30[V] 전압원의 전력
$P_2 = -V_2 I = -30 \times 2 = -60\,[W]$

정답　223 ③　224 ④　225 ①　226 ②

227 □□□

그림과 같은 회로의 a, b단자 간의 전압 [V]는?

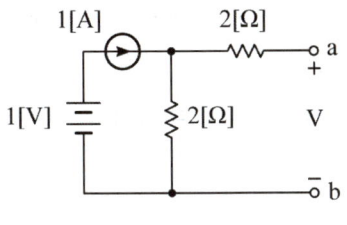

① 2[V]
② -2[V]
③ -4[V]
④ 4[V]

| 해설
중첩의 정리를 이용하여 풀이할 수 있다.
㉠ 전압원 1[V] 만의 회로해석: $I_1 = 0$

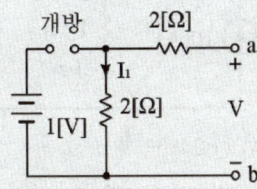

㉡ 전류원 1[A] 만의 회로 해석: $I_2 = 1[A]$

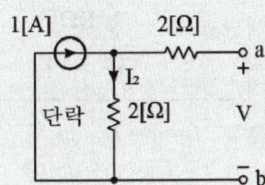

㉢ 2[Ω] 통과 전류: $I = I_1 + I_2 = 1[A]$
∴ 개방전압: $V = 2I = 2 \times 1 = 2[V]$

228 □□□

그림과 같은 회로에서 2[Ω]의 단자전압 [V]은?

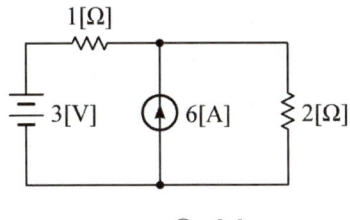

① 3[V]
② 4[V]
③ 6[V]
④ 8[V]

| 해설
중첩의 정리를 이용하여 풀이할 수 있다.
㉠ 전압원 3[V] 만의 회로해석

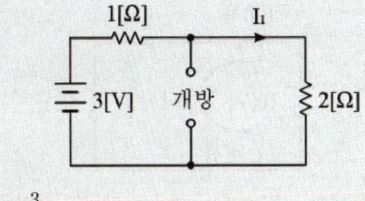

$$I_1 = \frac{3}{1+2} = 1[A]$$

㉡ 전류원 6[A] 만의 회로 해석

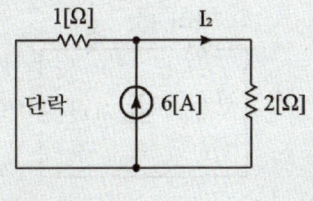

$$I_2 = \frac{1}{1+2} \times 6 = 2[A]$$

㉢ 2[Ω] 통과 전류: $I = I_1 + I_2 = 3[A]$
∴ 개방전압: $V = 2I = 2 \times 3 = 6[V]$

정답 227 ① 228 ③

229

그림과 같은 회로에서 5[Ω]에 흐르는 전류는 몇 [A]인가?

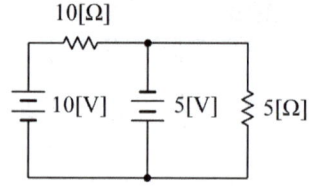

① 1/2[A]
② 2/3[A]
③ 1[A]
④ 5/3[A]

| 해설
중첩의 정리를 이용하여 풀이할 수 있다.
㉠ 전압원 10[V] 만의 회로해석: $I_1 = 0$

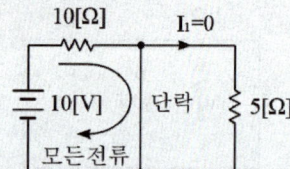

전류는 단락된 곳으로 모두 흐르기 때문에 5[Ω]을 통과하는 전류는 0이 된다.
㉡ 전압원 5[V] 만의 회로 해석

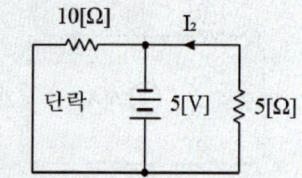

$$I_2 = \frac{V}{R} = \frac{5}{5} = 1[A]$$

병렬 시에는 전압이 일정하기 때문에 5[Ω], 10[Ω]의 단자 전압은 모두 5[V]가 된다.
∴ 5[Ω] 통과 전류: $I = I_1 + I_2 = 1[A]$

230

다음 그림에서 a, b 간의 선간전압 V_{ab} 는?

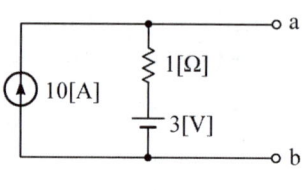

① 10[V] ② 3[V]
③ 7[V]   ④ 13[V]

| 해설
중첩의 정리를 이용하여 풀이할 수 있다.
㉠ 전류원 10[A] 만의 회로해석: $I_1 = 10$

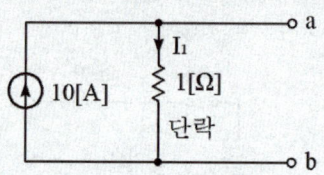

㉡ 전류원 6[A] 만의 회로 해석: $I_2 = 0$

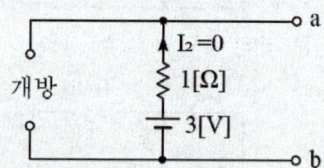

㉢ 1[Ω] 통과 전류: $I = I_1 + I_2 = 10[A]$
㉣ 1[Ω] 단자전압: $V_R = 1 \times 10 = 10[V]$
∴ 개방전압: $V = V_R + 3 = 13[V]$

정답 229 ③ 230 ④

231 □□□

그림에서 10[Ω]의 저항에 흐르는 전류는 몇 [A]인가??

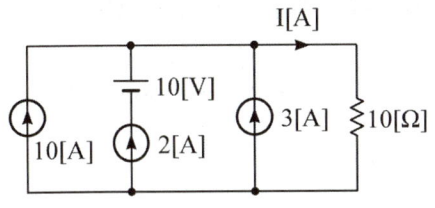

① 16[A] ② 15[A]
③ 14[A] ④ 13[A]

| 해설
중첩의 정리를 이용하여 풀이할 수 있다.
㉠ 전류원 10[A] 만의 회로해석: $I_1 = 10$ [A]

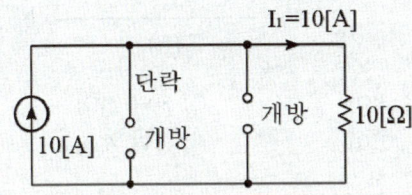

㉡ 전압원 10[V] 만의 회로해석: $I_2 = 0$ [A]

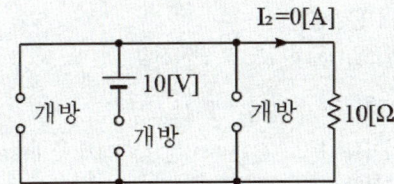

㉢ 전류원 2[A] 만의 회로해석: $I_3 = 2$ [A]

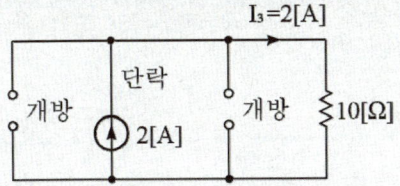

㉣ 전류원 3[A] 만의 회로해석: $I_4 = 3$ [A]

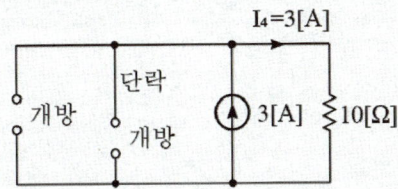

∴ 10[Ω] 통과 전류
$$I = I_1 + I_2 + I_3 + I_4$$
$$= 10 + 0 + 2 + 3 = 15 [A]$$

232 □□□

그림과 같은 회로의 컨덕턴스 G_2 에 흐르는 전류 [A]는?

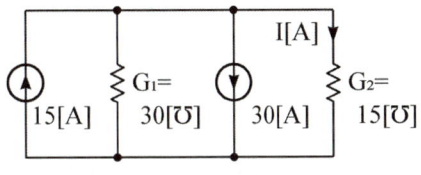

① 5[A] ② 10[A]
③ -3[A] ④ -5[A]

| 해설
중첩의 정리를 이용하여 풀이할 수 있다.
㉠ 전류원 15[A] 만의 회로해석

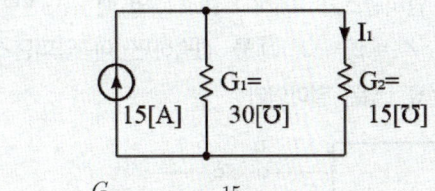

$$I_1 = \frac{G_2}{G_1 + G_2} \times I = \frac{15}{30+15} \times 15 = 5 [A]$$

㉡ 전압원 10[V] 만의 회로해석

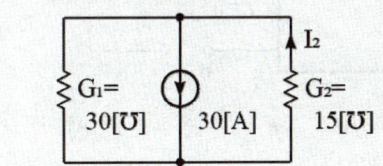

$$I_2 = \frac{G_2}{G_1 + G_2} \times I = \frac{15}{30+15} \times 30 = 10 [A]$$

∴ 15[℧] 통과 전류
$$I = I_1 - I_2 = 5 - 10 = -5 [A]$$

233 □□□

전류가 전압에 비례한다는 것을 가장 잘 나타낸 것은?

① 테브난의 정리 ② 상반의 정리
③ 밀만의 정리 ④ 중첩의 정리

정답 231 ② 232 ④ 233 ①

234 ☐☐☐

테브난 정리와 쌍대의 관계가 있는 것은?

① 밀만의 정리　　② 중첩의 원리
③ 노튼의 정리　　④ 보상의 정리

| 해설

테브난 정리는 등가 전압원의 정리이다. 쌍대관계에 있는 것을 등가전류원의 정리로서 노튼의 정리를 말한다.

235 ☐☐☐

그림에서 a, b단자의 전압이 50[V] a, b 단자에서 본 능동 회로망의 임피던스가 $Z = 6 + j8\,[\Omega]$ 일 때 a, b 단자에 임피던스 $Z_L = 2 - j2\,[\Omega]$ 을 접속하면 이 임피던스에 흐르는 전류 [A]는 얼마인가?

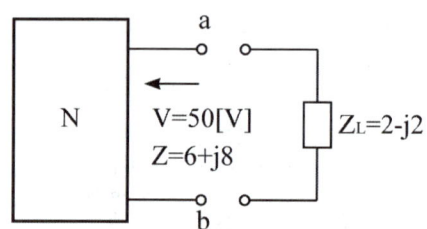

① $4 - j3\,[A]$　　② $4 + j3\,[A]$
③ $3 - j4\,[A]$　　④ $3 + j4\,[A]$

| 해설

테브난 정리에 의해 풀이할 수 있다.

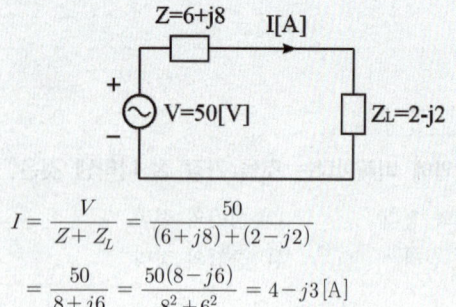

$$I = \frac{V}{Z + Z_L} = \frac{50}{(6+j8)+(2-j2)}$$
$$= \frac{50}{8+j6} = \frac{50(8-j6)}{8^2 + 6^2} = 4 - j3\,[A]$$

236 ☐☐☐

그림과 같은 (a)의 회로를 그림 (b)와 같은 등가회로로 구성하고자 한다. 이때 V 및 R의 값은?

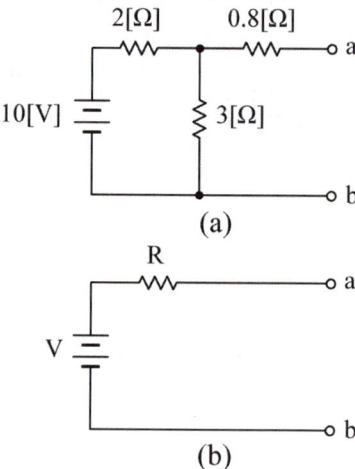

(a)

(b)

① 2[V], 3[Ω]　　② 3[V], 2[Ω]
③ 6[V], 2[Ω]　　④ 2[V], 6[Ω]

| 해설

테브난의 등가변환

㉠ 개방전압: a, b 양단의 단자전압
$$V = 3I = 3 \times \frac{10}{2+3} = 6\,[V]$$

㉡ 등가저항: 전압원을 단락시킨 상태에서 a, b에서 바라본 합성저항
$$R = 0.8 + \frac{2 \times 3}{2+3} = 2\,[\Omega]$$

정답　234 ③　235 ①　236 ③

237

회로 (a)를 회로 (b)로 하여 테브난의 정리를 이용하면 임피던스 R_{Th}의 값과 전압 V_{Th}의 값은 얼마인가?

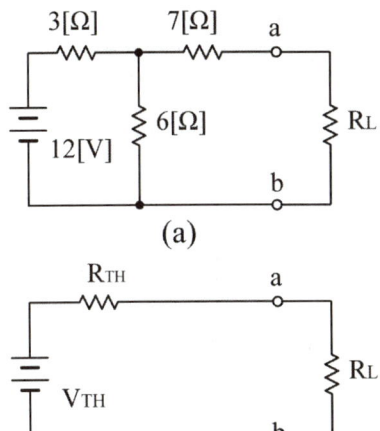

① 4[V], 13[Ω]　② 8[V], 2[Ω]
③ 8[V], 9[Ω]　④ 4[V], 9[Ω]

| 해설
테브난의 등가변환
㉠ 개방전압: a, b 양단의 단자전압
$$V_{Th} = 6I = 6 \times \frac{12}{3+6} = 8\,[\text{V}]$$
㉡ 등가저항: 전압원을 단락시킨 상태에서 a, b에서 바라본 합성저항
$$R_{Th} = 7 + \frac{3 \times 6}{3+6} = 9\,[\Omega]$$

238

그림과 같은 직류 회로에서 저항 $R[\Omega]$의 값은?

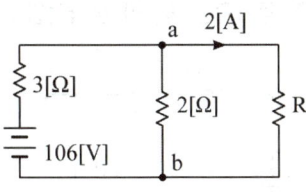

① 10[Ω]　② 20[Ω]
③ 30[Ω]　④ 40[Ω]

| 해설
테브난의 등가변환

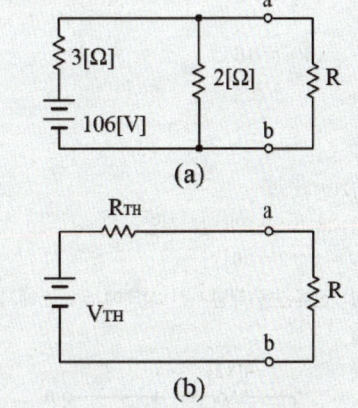

㉠ 개방전압: a, b 양단의 단자전압
$$V_{Th} = 2I = 2 \times \frac{106}{3+2} = 42.4\,[\text{V}]$$
㉡ 등가저항: 전압원을 단락시킨 상태에서 a, b에서 바라본 합성저항
$$R_{Th} = \frac{3 \times 2}{3+2} = 1.2\,[\Omega]$$
㉢ 부하전류: $I = \dfrac{V_{Th}}{R_{Th}+R} = 2\,[\text{A}]$

$$\therefore R = \frac{V_{Th}}{I} - R_{Th} = \frac{42.4}{2} - 1.2 = 20\,[\Omega]$$

정답　237 ③　238 ②

239

회로를 테브난(Thevenin)의 등가회로로 변환하려고 한다. 이때 테브난의 등가저항 R_T와 등가전압 V_T[V]는?

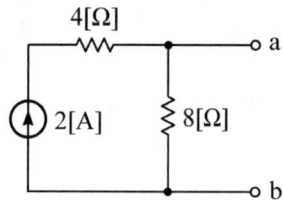

① $R_T = \dfrac{8}{3}$, $V_T = 8$
② $R_T = 6$, $V_T = 12$
③ $R_T = 8$, $V_T = 16$
④ $R_T = \dfrac{8}{3}$, $V_T = 16$

| 해설

테브난의 등가변환
㉠ 개방전압: a, b 양단의 단자전압
$V_T = 8I = 8 \times 2 = 16$[V]
㉡ 등가저항: 전류원을 개방시킨 상태에서 a, b에서 바라본 합성저항

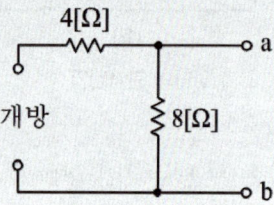

$R_T = 8[\Omega]$

240

그림 (a)와 (b)의 회로가 등가회로가 되기 위한 전류원 I[A]와 임피던스 Z[Ω]의 값은?

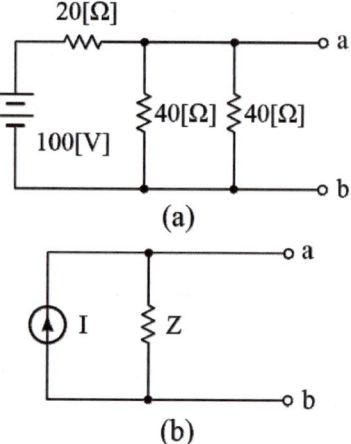

① 5[A], 10[Ω]   ② 2.5[A], 10[Ω]
③ 5[A], 20[Ω]   ④ 2.5[A], 20[Ω]

| 해설

㉠ 병렬로 접속된 2개의 40[Ω]을 합성하면
$R = \dfrac{40}{2} = 20\,[\Omega]$ 이 되어 아래와 같이 다시 그릴 수 있다.

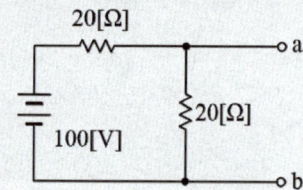

㉡ 노튼의 등가저항: 전압원을 단락시킨 상태에서 a, b에서 바라본 합성저항
$R_N = \dfrac{20}{2} = 10\,[\Omega] = Z$

㉢ 노튼의 전류: a, b 단자를 단락시켜 이곳을 통과하는 전류

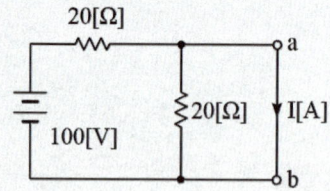

$I_N = \dfrac{100}{20} = 5\,[A] = I$

정답 239 ③   240 ①

241

회로망 출력 단자 a, b에서 바라본 등가 임피던스는?
(단, $V_1 = 6\,[\text{V}]$, $V_2 = 3\,[\text{V}]$, $I_1 = 10\,[\text{A}]$, $R_1 = 15\,[\Omega]$, $R_2 = 10\,[\Omega]$, $L = 2\,[\text{H}]$, $j\omega = s$ 이다.)

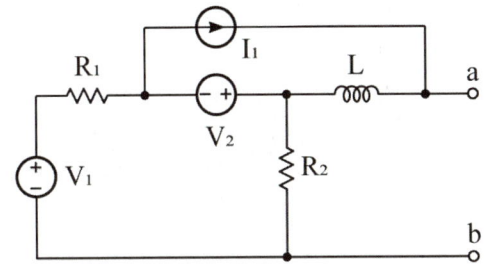

① $\dfrac{1}{s+3}$ ② $s+15$

③ $\dfrac{3}{s+2}$ ④ $2s+6$

| 해설
등가 임피던스를 구할 때 전압원은 단락($Z=0$), 전류원은 개방($Z=\infty$)하여 구한다.

$$\therefore Z_{ab} = Ls + \dfrac{R_1 R_2}{R_1 + R_2}$$

$$= 2s + \dfrac{15 \times 10}{15 + 10} = 2s + 6$$

242

그림과 같은 회로에서 a, b에 나타나는 전압 몇 [V]인가?

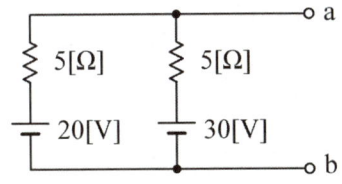

① 20[V] ② 23[V]
③ 25[V] ④ 26[V]

| 해설
밀만의 정리에 의해서 구할 수 있다.

$$\therefore V_{ab} = \dfrac{\sum I}{\sum Y} = \dfrac{\dfrac{20}{5} + \dfrac{30}{5}}{\dfrac{1}{5} + \dfrac{1}{5}} = \dfrac{50}{2} = 25\,[\text{V}]$$

243

그림과 같은 회로에서 a, b에 나타나는 전압 몇 [V]인가?

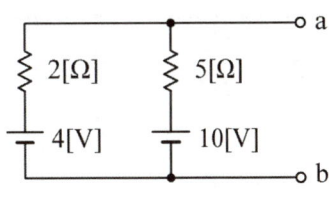

① 5.7[V] ② 6.5[V]
③ 4.3[V] ④ 3.4[V]

| 해설
밀만의 정리에 의해서 구할 수 있다.

$$\therefore V_{ab} = \dfrac{\sum I}{\sum Y} = \dfrac{\dfrac{4}{2} + \dfrac{10}{5}}{\dfrac{1}{2} + \dfrac{1}{5}} = \dfrac{\dfrac{40}{10}}{\dfrac{7}{10}} = 5.7\,[\text{V}]$$

244

그림과 같은 회로에서 a, b에 나타나는 전압 몇 [V]인가?

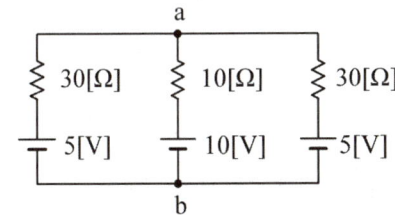

① 2[V] ② 4[V]
③ 6[V] ④ 8[V]

| 해설
밀만의 정리에 의해서 구할 수 있다.

$$\therefore V_{ab} = \dfrac{\sum I}{\sum Y} = \dfrac{\dfrac{5}{30} + \dfrac{10}{10} + \dfrac{5}{30}}{\dfrac{1}{30} + \dfrac{1}{10} + \dfrac{1}{30}} = 8\,[\text{V}]$$

정답 241 ④ 242 ③ 243 ① 244 ④

245 □□□

그림과 같은 회로에서 a, b에 나타나는 전압 몇 [V]인가?

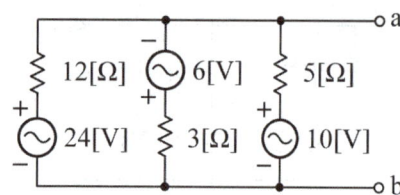

① $\dfrac{360}{37}$ [V]   ② $\dfrac{120}{37}$ [V]

③ 28 [V]   ④ 40 [V]

| 해설
밀만의 정리에 의해서 구할 수 있다.

$$\therefore V_{ab} = \frac{\sum I}{\sum Y} = \frac{\frac{24}{12} - \frac{6}{3} + \frac{10}{5}}{\frac{1}{12} + \frac{1}{3} + \frac{1}{5}}$$

$$= \frac{\frac{240 - 240 + 240}{12}}{\frac{10 + 40 + 24}{120}} = \frac{240}{74} = \frac{120}{37} \text{ [V]}$$

246 □□□

그림과 같은 회로에서 5[Ω]에 흐르는 전류는 몇 [A]인가?

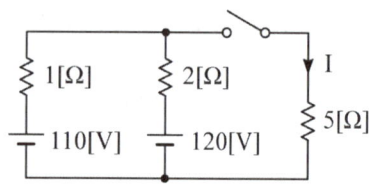

① 30[A]   ② 40[A]
③ 20[A]   ④ 33.3[A]

| 해설
밀만의 정리에 의해서 구할 수 있다.
㉠ 개방전압(5[Ω]의 단자전압)

$$V_{ab} = \frac{\sum I}{\sum Y} = \frac{\frac{110}{1} + \frac{120}{2}}{\frac{1}{1} + \frac{1}{2} + \frac{1}{5}} = 100 \text{ [V]}$$

㉡ 5[Ω]에 흐르는 전류: $I = \dfrac{100}{5} = 20$ [A]

247 □□□

그림의 성형 불평형 회로에 각 상전압이 E_a, E_b, E_c[V]이고, 부하는 Z_a, Z_b, Z_c[Ω]이라면, 중성선 임피던스가 Z_n일 때 중성점 간의 전위는 어떻게 되는가?

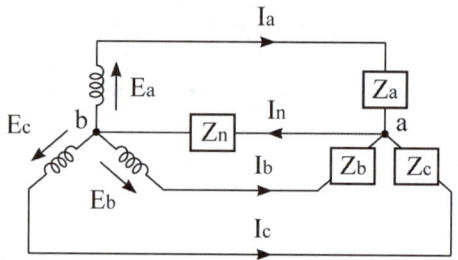

① $V_n = \dfrac{E_a + E_b + E_c}{Z_a + Z_b + Z_c}$

② $V_n = \dfrac{E_a + E_b + E_c}{Z_a + Z_b + Z_c + Z_n}$

③ $V_n = \dfrac{\dfrac{E_a}{Z_a} + \dfrac{E_b}{Z_b} + \dfrac{E_c}{Z_c}}{\dfrac{1}{Z_a} + \dfrac{1}{Z_b} + \dfrac{1}{Z_c} + \dfrac{1}{Z_n}}$

④ $V_n = \dfrac{\dfrac{E_a}{Z_a} + \dfrac{E_b}{Z_b} + \dfrac{E_c}{Z_c}}{\dfrac{1}{Z_a} + \dfrac{1}{Z_b} + \dfrac{1}{Z_c}}$

| 해설
㉠ 회로를 아래와 같이 등가변환할 수 있다.

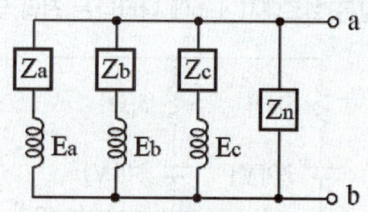

㉡ 중성점 간의 전위(a, b의 개방전압)은 밀만의 정리에 의해서 구할 수 있다.

$$V_n = \frac{\sum I}{\sum Y} = \frac{E_a Y_a + E_b Y_b + E_c Y_c}{Y_a + Y_b + Y_c + Y_n}$$

$$= \frac{\dfrac{E_a}{Z_a} + \dfrac{E_b}{Z_b} + \dfrac{E_c}{Z_c}}{\dfrac{1}{Z_a} + \dfrac{1}{Z_b} + \dfrac{1}{Z_c} + \dfrac{1}{Z_n}} \text{ [V]}$$

정답 245 ② 246 ③ 247 ③

제7장 4단자망 회로 해석

248 □□□
그림과 같은 2단자망에서 구동점 임피던스를 구하면?

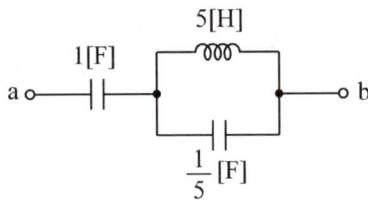

① $\dfrac{6s^2+1}{s(s^2+1)}$ ② $\dfrac{6s+1}{6s^2+1}$

③ $\dfrac{6s^2+1}{(s+1)(s+2)}$ ④ $\dfrac{s+2}{6s(s+1)}$

| 해설
구동점 임피던스

$$Z(s) = \dfrac{1}{C_1 s} + \dfrac{Ls \times \dfrac{1}{C_2 s}}{Ls + \dfrac{1}{C_2 s}}$$

$$= \dfrac{1}{C_1 s} + \dfrac{Ls}{LCs^2 + 1}$$

$$= \dfrac{1}{s} + \dfrac{5s}{s^2+1} = \dfrac{6s^2+1}{s(s^2+1)}$$

249 □□□
그림과 같은 회로의 구동점 임피던스[Ω]는?

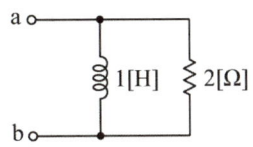

① $2 + j\omega$ ② $\dfrac{2\omega^2 + j4\omega}{3}$

③ $\dfrac{\omega^2 + j8\omega}{4 + \omega^2}$ ④ $\dfrac{2\omega^2 + j4\omega}{4 + \omega^2}$

| 해설
구동점 임피던스
$$Z(j\omega) = \dfrac{2 \times j\omega}{2 + j\omega} = \dfrac{j2\omega}{2 + j\omega} \times \dfrac{2 - j\omega}{2 - j\omega}$$
$$= \dfrac{2\omega^2 + j4\omega}{4 + \omega^2}$$

250 □□□
그림과 같은 회로의 구동점 임피던스[Ω]는?

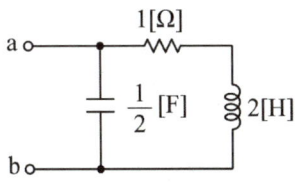

① $\dfrac{2(2s+1)}{2s^2 + s + 2}$ ② $\dfrac{2s+1}{2s^2 + s + 2}$

③ $\dfrac{2(2s-1)}{2s^2 + s + 2}$ ④ $\dfrac{2s^2 + s + 2}{2(2s+1)}$

| 해설
$$Z(s) = \dfrac{\dfrac{1}{Cs} \times (Ls + R)}{\dfrac{1}{Cs} + (Ls + R)}$$

$$= \dfrac{Ls + R}{LCs^2 + RCs + 1} = \dfrac{2s+1}{s^2 + \dfrac{1}{2}s + 1}$$

$$= \dfrac{4s+2}{2s^2 + s + 2} = \dfrac{2(2s+1)}{2s^2 + s + 2}$$

정답 248 ① 249 ④ 250 ①

251

그림과 같은 회로의 2단자 임피던스 $Z(s)$ 는?
(단, $s = j\omega$ 라 한다.)

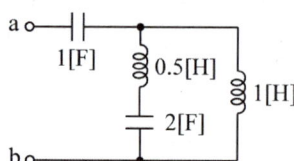

① $\dfrac{s^3+1}{3s^2(s+1)}$ ② $\dfrac{3s^2(s+1)}{s^3+1}$

③ $\dfrac{s(3s^2+1)}{s^4+2s^2+1}$ ④ $\dfrac{s^4+4s^2+1}{s(3s^2+1)}$

| 해설

$$Z(s) = \dfrac{1}{C_1 s} + \dfrac{\left(L_1 s + \dfrac{1}{C_2 s}\right) \times L_2 s}{\left(L_1 s + \dfrac{1}{C_2 s}\right) + L_2 s}$$

$$= \dfrac{1}{C_1 s} + \dfrac{L_1 L_2 s^2 + \dfrac{L_2}{C_2}}{(L_1 + L_2)s + \dfrac{1}{C_2 s}}$$

$$= \dfrac{1}{C_1 s} + \dfrac{L_1 L_2 C_s s^3 + L_2 s}{(L_1 + L_2)C_s s^2 + 1}$$

$$= \dfrac{1}{s} + \dfrac{s^3 + s}{3s^2 + 1} = \dfrac{s^4 + 4s^2 + 1}{s(3s^2+1)}$$

여기서, $C_1 = 1\,[\text{F}]$, $C_2 = 2\,[\text{F}]$, $L_1 = 0.5\,[\text{H}]$, $L_2 = 1\,[\text{H}]$

252

임피던스 $Z(s)$ 가 $Z(s) = \dfrac{s+20}{s^2+2RLs+1}$ 로 주어지는 2단자 회로에 직류 전원 15[A]를 가할 때 이 회로의 단자 전압 [V]은?

① 200[V] ② 300[V]
③ 400[V] ④ 600[V]

| 해설
직류를 가하면 $s = 0$ 이므로 임피던스
$$Z(s) = \left[\dfrac{s+20}{s^2+2RLs+1}\right]_{s=0} = \dfrac{20}{1} = 20\,[\Omega]$$
∴ 단자전압 $V = I \times Z(s) = 20 \times 15 = 300\,[\text{V}]$

253

임피던스 함수 $Z(s) = \dfrac{4s+2}{s}$ 로 표시되는 2단자 회로망은 다음 중 어느 것인가?

① 4[Ω] 1/2[H] ② 4[Ω] 1/2[F]

③ 4[Ω] 2[H]   ④ 4[Ω] 2[F]

| 해설
㉠ RLC 직렬회로의 합성 임피던스는
$Z(s) = R + Ls + \dfrac{1}{Cs}$ 의 형태이다.
㉡ 문제의 임피던스를 정리하면 다음과 같다.
$$Z(s) = \dfrac{4s+2}{s} = 4 + \dfrac{2}{s}$$
$$= 4 + \dfrac{1}{\dfrac{s}{2}} = 4 + \dfrac{1}{\dfrac{1}{2}s}$$
∴ $R = 4\,[\Omega]$, $C = 1/2\,[\text{F}]$ 이 직렬로 접속된 회로로 나타낼 수 있다.

254

리액턴스 함수가 $Z(s) = \dfrac{4s}{s^2+9}$ 로 표시되는 리액턴스 2단자망은 어느 것인가?

① $\dfrac{4}{9}$[H], $\dfrac{1}{4}$[F] (병렬)
② $\dfrac{1}{4}$[H], $\dfrac{4}{9}$[F] (병렬)
③ $\dfrac{4}{9}$[H] $\dfrac{1}{4}$[F] (직렬)
④ $\dfrac{1}{4}$[H] $\dfrac{4}{9}$[F] (직렬)

정답 251 ④ 252 ② 253 ② 254 ①

| 해설

㉠ RLC 병렬회로의 합성 임피던스는

$Z(s) = \dfrac{1}{\dfrac{1}{R} + \dfrac{1}{Ls} + Cs}$ 의 형태이다.

㉡ 문제의 임피던스를 정리하면 다음과 같다.

$Z(s) = \dfrac{4s}{s^2+9} = \dfrac{1}{\dfrac{s}{4} + \dfrac{9}{4s}} = \dfrac{1}{\dfrac{1}{4}s + \dfrac{1}{\dfrac{4}{9}s}}$

∴ $C = \dfrac{1}{4}$ [F], $L = \dfrac{4}{9}$ [H] 가 병렬로 접속된 회로로 나타낼 수 있다.

255 □□□

2단자 임피던스 함수가 $Z(s) = \dfrac{s+3}{(s+4)(s+5)}$ 일 때의 영점은?

① 4.5
② -4, -5
③ 3
④ -3

| 해설

영점은 구동점 임피던스의 분자항이 0인 점을 의미하므로 ($Z(s) = 0$ 이 되기 위한 s 의 해)
∴ 영점 $s = -3$ (극점은 -4, -5가 된다.)

256 □□□

구동점 임피던스 함수 $Z(s)$ 에서 영점은?

① 회로가 개방된 상태
② 회로의 상태와 관계없다.
③ 회로가 파괴된 상태
④ 단락회로 상태

| 해설

$Z(s)$ 에서 영점은 $Z(s) = 0$ 인 점을 의미하므로 회로 단자가 단락된 상태를 나타낸다.

257 □□□

구동점 임피던스(driving point impedance) 함수에 있어서 극점(pole)은?

① 단락회로 상태를 의미한다.
② 개방회로 상태를 의미한다.
③ 아무런 상태도 아니다.
④ 전류가 많이 흐르는 상태를 의미한다.

| 해설

극점은 구동점 임피던스의 분모항이 0인 점을 의미하므로 임피던스 $Z(s) = \infty$ 가 된다.
그러므로 전류 $I(s) = 0$ 이 되어 개방회로(open) 상태를 의미한다.

258 □□□

다음의 2단자 임피던스 함수가 $Z(s) = \dfrac{s(s+1)}{(s+2)(s+3)}$ 일 때 회로의 단락 상태를 나타내는 점은?

① -1, 0
② 0, 1
③ -2, -3
④ 2, 3

| 해설

회로의 단락상태는 2단자 회로의 영점을 의미하므로
$Z_1 = 0$, $Z_1 = -1$ 이 된다.

259 □□□

2단자 임피던스의 허수부가 어떤 주파수에 관해서도 언제나 0이 되고 실수부도 주파수에 무관하게 항상 일정하게 되는 회로는?

① 정인덕턴스 회로
② 정임피던스 회로
③ 정리액턴스 회로
④ 정저항 회로

| 해설

정저항 회로
위상각이 존재하지 않으며 전압과 전류의 위상차도 없다. 이러한 회로는 $j\omega = 0$ 이 되므로 주파수에 항상 무관한 회로로 작용한다.

정답 255 ④ 256 ④ 257 ② 258 ① 259 ④

260

L 및 C를 직렬로 접속한 임피던스가 있다. 지금 그림과 같이 L 및 C의 각각에 동일한 무유도 저항 R을 병렬로 접속하여 이 합성회로가 주파수에 무관하게 되는 R의 값은?

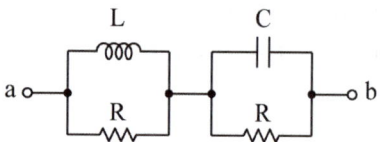

① $R^2 = \dfrac{L}{C}$ ② $R^2 = \dfrac{C}{L}$

③ $R^2 = CL$ ④ $R^2 = \dfrac{1}{LC}$

| 해설

정저항 조건: $R^2 = Z_1 Z_2 = \dfrac{L}{C}$

여기서, $Z_1 = j\omega L$, $Z_2 = \dfrac{1}{j\omega C}$

261

다음 회로의 임피던스가 R이 되기 위한 조건은?

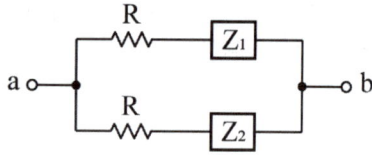

① $Z_1 Z_2 = R$ ② $\dfrac{Z_1}{Z_2} = R^2$

③ $Z_1 Z_2 = R^2$ ④ $\dfrac{Z_2}{Z_1} = R^2$

| 해설

정저항 조건: $R^2 = Z_1 Z_2 = \dfrac{L}{C}$

여기서, $Z_1 = j\omega L$, $Z_2 = \dfrac{1}{j\omega C}$

262

그림이 정저항 회로로 되려면 $C[\mu F]$는?

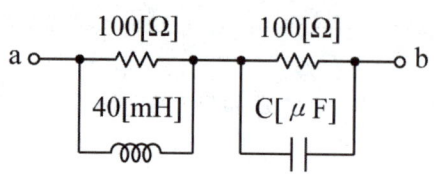

① 4[μF] ② 6[μF]
③ 8[μF] ④ 10[μF]

| 해설

정저항 조건이 $R^2 = Z_1 Z_2 = \dfrac{L}{C}$ 이므로

$\therefore C = \dfrac{L}{R^2} = \dfrac{40 \times 10^{-3}}{100^2}$

$= 4 \times 10^{-6}\,[F] = 4\,[\mu F]$

263

그림과 같은 회로가 정저항 회로가 되기 위한 R의 값은 얼마인가?

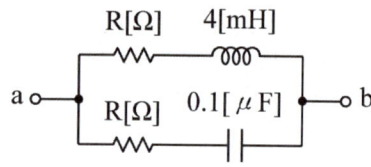

① 200[Ω] ② 2[Ω]
③ 2×10^{-2}[Ω] ④ 2×10^{-4}[Ω]

| 해설

정저항 조건

$R = \sqrt{\dfrac{L}{C}} = \sqrt{\dfrac{4 \times 10^{-3}}{0.1 \times 10^{-6}}}$

$= \sqrt{4 \times 10^4} = 200\,[\Omega]$

정답 260 ① 261 ③ 262 ① 263 ①

264 □□□

다음 회로에서 정저항 회로가 되기 위해서는 $\dfrac{1}{\omega C}$ 의 값은 몇 [Ω]이면 되는가?

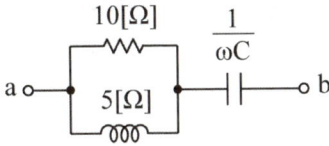

① 2[Ω]
② 4[Ω]
③ 6[Ω]
④ 8[Ω]

| 해설
㉠ 합성 임피던스
$$Z_{ab} = \dfrac{10 \times j5}{10+j5} - j\dfrac{1}{\omega C}$$
$$= 2 + j4 - j\dfrac{1}{\omega C} = 2 + j\left(4 - \dfrac{1}{\omega C}\right)$$
㉡ 정저항이 되기 위한 조건은 허수부가 0이 되어야 한다.
∴ $\dfrac{1}{\omega C} = 4\,[\Omega]$

265 □□□

다음과 같은 T형 회로의 임피던스 파라미터 Z_{22} 의 값은?

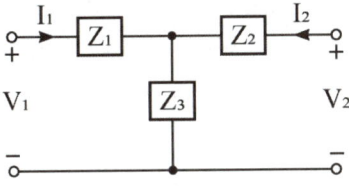

① $Z_1 + Z_2$
② $Z_2 + Z_3$
③ $Z_1 + Z_3$
④ $-Z_2$

| 해설
㉠ 임피던스 파라미터
$Z_{11} = Z_1 + Z_2$ $Z_{12} = Z_3$
$Z_{21} = Z_3$ $Z_{22} = Z_2 + Z_3$
㉡ 어드미턴스 파라미터
$Y_{11} = \dfrac{1}{K}$ $Y_{12} = -\dfrac{Z_3}{K}$
$Y_{21} = -\dfrac{Z_3}{K}$ $Y_{22} = \dfrac{Z_1 + Z_3}{K}$
여기서, $K = Z_1 Z_2 + Z_2 Z_3 + Z_3 Z_1$

266 □□□

다음과 같은 L형 회로의 임피던스 파라미터 Z_{22} 의 값은?

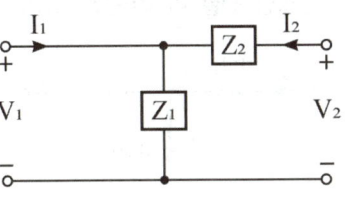

① Z_1
② Z_2
③ $Z_1 + Z_2$
④ $\dfrac{Z_1 Z_2}{Z_1 + Z_2}$

| 해설
임피던스 파라미터
㉠ $Z_{11} = Z_1$
㉡ $Z_{12} = Z_{21} = Z_1$
㉢ $Z_{22} = Z_1 + Z_2$

267 □□□

다음과 같은 L형 회로의 임피던스 파라미터 Z_{22} 의 값은?

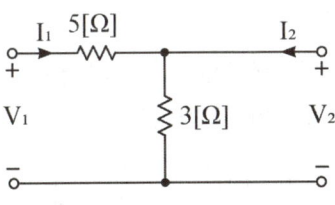

① 8[Ω]
② 5[Ω]
③ 3[Ω]
④ 2[Ω]

| 해설
임피던스 파라미터
㉠ $Z_{11} = 5 + 3 = 8\,[\Omega]$
㉡ $Z_{12} = Z_{21} = 3\,[\Omega]$
㉢ $Z_{22} = 0 + 3 = 3\,[\Omega]$

정답 264 ② 265 ② 266 ③ 267 ③

268 □□□

그림에서 4단자망(two port)의 개방 순방향 전달 임피던스 Z_{21} 과 단락 순방향 전달 어드미턴스 Y_{21} 은?

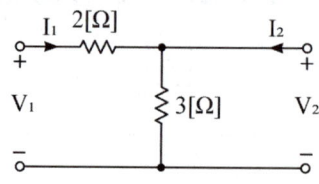

① $Z_{21} = 3\,[\Omega]$, $Y_{21} = -1/2\,[\mho]$
② $Z_{21} = 3\,[\Omega]$, $Y_{21} = 1/3\,[\mho]$
③ $Z_{21} = 3\,[\Omega]$, $Y_{21} = 1/2\,[\mho]$
④ $Z_{21} = 2\,[\Omega]$, $Y_{21} = -5/6\,[\mho]$

| 해설
㉠ $Z_{21} = 3\,[\Omega]$
㉡ $Y_{21} = \dfrac{-Z_3}{Z_1 Z_2 + Z_2 Z_3 + Z_3 Z_1}$
$= \dfrac{-3}{0+0+6} = -\dfrac{1}{2}\,[\mho]$

269 □□□

그림의 4단자 회로에서 단자 a, b에서 본 구동점 임피던스 $Z_{11}\,[\Omega]$과 구동점 어드미턴스 $Y_{11}\,[\mho]$는?

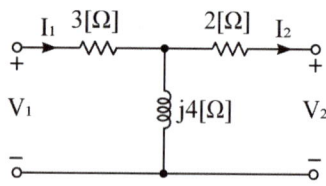

① $Z_{11} = 3+j4$, $Y_{11} = \dfrac{1}{4.6+j0.8}$
② $Z_{11} = 3+j4$, $Y_{11} = 0.2114 - j0.037$
③ $Z_{11} = 2$, $Y_{11} = \dfrac{1}{4.6+j0.8}$
④ $Z_{11} = 2+j4$, $Y_{11} = 0.2114 + j0.037$

| 해설
㉠ $Z_{11} = 3+j4\,[\Omega]$
㉡ $Y_{11} = \dfrac{Z_2 + Z_3}{Z_1 Z_2 + Z_2 Z_3 + Z_3 Z_1}$
$= \dfrac{2+j4}{6+j20} = 0.211 - j0.37\,[\mho]$

270 □□□

다음과 같은 π형 4단자 회로망의 어드미턴스 파라미터 Y_{11} 의 값은?

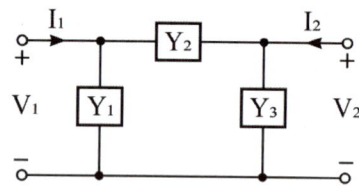

① $Y_1 + Y_2$
② Y_2
③ Y_3
④ $Y_2 + Y_3$

| 해설
π형 등가회로에서 어드미턴스 파라미터
㉠ $Y_{11} = Y_1 + Y_2\,[\mho]$
㉡ $Y_{12} = Y_{21} = -Y_2\,[\mho]$
㉢ $Y_{22} = Y_2 + Y_3\,[\mho]$

271 □□□

다음과 같은 π형 4단자 회로망의 어드미턴스 파라미터 Y_{22} 의 값은?

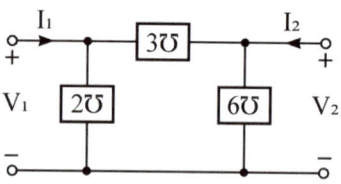

① $Y_{22} = 5\,[\mho]$
② $Y_{22} = 6\,[\mho]$
③ $Y_{22} = 9\,[\mho]$
④ $Y_{22} = 11\,[\mho]$

정답 268 ① 269 ② 270 ① 271 ③

| 해설

π형 등가회로에서 어드미턴스 파라미터
$Y_{22} = Y_2 + Y_3 = 3 + 6 = 9\,[\mho]$

272 ☐☐☐

4단자 정수 A, B, C, D 중에서 임피던스의 차원을 가진 정수는?

① A
② B
③ C
④ D

| 해설

4단자 방정식 $\begin{cases} V_1 = AV_2 + BI_2 \\ I_1 = CV_2 + DI_2 \end{cases}$

㉠ 2차측을 개방했을 경우($I_2 = 0$)

- $A = \dfrac{V_1}{V_2}$: 전압 이득 차원

- $C = \dfrac{I_1}{V_2}$: 어드미턴스 차원

㉡ 2차측을 단락했을 경우($V_2 = 0$)

- $B = \dfrac{V_1}{I_2}$: 임피던스 차원

- $D = \dfrac{I_1}{I_2}$: 전류 이득 차원

273 ☐☐☐

4단자망의 파라미터 정수에 관한 다음의 서술 중 잘못된 것은?

① ABCD 파라미터 중 A 및 D는 차원(dimension)이 없다.
② H 파라미터 중 H_{12} 및 H_{21}은 차원이 없다.
③ ABCD 파라미터 중 B는 어드미턴스 C는 임피던스의 차원을 갖는다.
④ B 파라미터 중 B_{12}은 임피던스 B_{22}는 어드미턴스의 차원을 갖는다.

| 해설

4단자 정수의 차원 관계
㉠ A: 전압 이득 차원
㉡ B: 임피던스 차원
㉢ C: 어드미턴스 차원
㉣ D: 전류 이득 차원

274 ☐☐☐

4단자정수를 구하는 식에서 틀린 것은 어느 것인가?

① $A = \dfrac{V_1}{V_2}\bigg|_{I_2 = 0}$
② $B = \dfrac{V_2}{I_2}\bigg|_{V_2 = 0}$
③ $C = \dfrac{I_1}{V_2}\bigg|_{I_2 = 0}$
④ $D = \dfrac{I_1}{I_2}\bigg|_{V_2 = 0}$

275 ☐☐☐

4단자 회로망에서 출력측을 개방하니 $V_1 = 12$, $V_2 = 4$, $I_1 = 2$이고, 출력측을 단락하니 $V_1 = 16$, $I_1 = 4$, $I_2 = 2$이었다. 4단자 정수 A, B, C, D는 얼마인가?

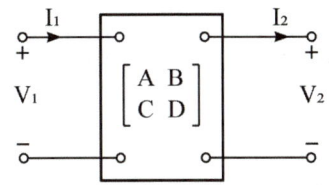

① 3, 8, 0.5, 2
② 8, 0.5, 2, 3
③ 0.5, 2, 3, 8
④ 2, 3, 8, 0.5

| 해설

4단자 방정식 $\begin{cases} V_1 = AV_2 + BI_2 \\ I_1 = CV_2 + DI_2 \end{cases}$ 에서

㉠ 출력측을 개방하면 $I_2 = 0$이 된다.

- $A = \dfrac{V_1}{V_2}\bigg|_{I_2 = 0} = \dfrac{12}{4} = 3$

- $C = \dfrac{I_1}{V_2}\bigg|_{I_2 = 0} = \dfrac{2}{4} = 0.5$

㉡ 출력측을 단락하면 $V_2 = 0$이 된다.

- $B = \dfrac{V_1}{I_2}\bigg|_{V_2 = 0} = \dfrac{16}{2} = 8$

- $D = \dfrac{I_1}{I_2}\bigg|_{V_2 = 0} = \dfrac{4}{2} = 2$

∴ $\begin{bmatrix} A & B \\ C & D \end{bmatrix} = \begin{bmatrix} 3 & 8 \\ 0.5 & 2 \end{bmatrix}$

정답 272 ② 273 ③ 274 ② 275 ①

276 □□□
그림과 같은 4단자망에서 4단자 정수의 행렬은?

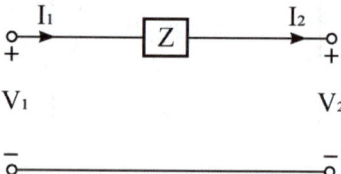

① $\begin{bmatrix} 1 & Z \\ 0 & 1 \end{bmatrix}$
② $\begin{bmatrix} Z & 0 \\ 1 & 0 \end{bmatrix}$
③ $\begin{bmatrix} 0 & 1 \\ Z & 1 \end{bmatrix}$
④ $\begin{bmatrix} 1 & 0 \\ 1 & Z \end{bmatrix}$

| 해설
Z만의 회로에서 4단자 정수
$\begin{bmatrix} A & B \\ C & D \end{bmatrix} = \begin{bmatrix} 1 & Z \\ 0 & 1 \end{bmatrix}$

277 □□□
그림과 같은 4단자망에서 정수 행렬은?

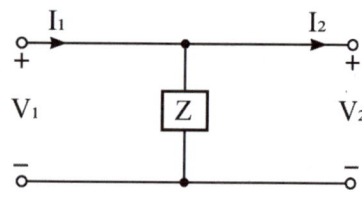

① $\begin{bmatrix} 1 & Z \\ 0 & 1 \end{bmatrix}$
② $\begin{bmatrix} 1 & 0 \\ \frac{1}{Z} & 1 \end{bmatrix}$
③ $\begin{bmatrix} 1 & Z \\ \frac{1}{Z} & 0 \end{bmatrix}$
④ $\begin{bmatrix} Z & 1 \\ 1 & 0 \end{bmatrix}$

| 해설
Y만의 회로에서 4단자 정수
$\begin{bmatrix} A & B \\ C & D \end{bmatrix} = \begin{bmatrix} 1 & 0 \\ Y & 1 \end{bmatrix} = \begin{bmatrix} 1 & 0 \\ \frac{1}{Z} & 1 \end{bmatrix}$

278 □□□
그림과 같은 T형 4단자 회로의 4단자 정수 중 B의 값은?

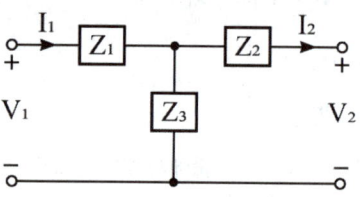

① $\frac{Z_1 + Z_2}{Z_3}$
② $\frac{Z_1 Z_2 + Z_2 Z_3 + Z_3 Z_1}{Z_3}$
③ $\frac{1}{Z_3}$
④ $\frac{Z_2 + Z_3}{Z_3}$

| 해설
Y만의 회로에서 4단자 정수
$\begin{bmatrix} A & B \\ C & D \end{bmatrix} = \begin{bmatrix} 1+\frac{Z_1}{Z_3} & \frac{Z_1 Z_2 + Z_2 Z_3 + Z_3 Z_1}{Z_3} \\ \frac{1}{Z_3} & 1+\frac{Z_2}{Z_3} \end{bmatrix}$
여기서, $Z_1 Z_2 + Z_2 Z_3 + Z_3 Z_1 = K$

279 □□□
다음 회로의 4단자 상수 중 잘못 구해진 것은 어느 것인가?

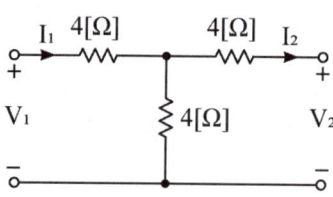

① $A = 2$
② $B = 12$
③ $C = \frac{1}{2}$
④ $D = 2$

| 해설
T형 등가회로에서 4단자 정수
㉠ $A = 1 + \frac{Z_1}{Z_3} = 1 + \frac{4}{4} = 2$

정답   276 ①   277 ②   278 ②   279 ③

ⓛ $B = \dfrac{K}{Z_3} = \dfrac{Z_1 Z_2 + Z_2 Z_3 + Z_3 Z_1}{Z_3}$

　　$= \dfrac{4 \times 4 + 4 \times 4 + 4 \times 4}{4} = \dfrac{16 \times 3}{4} = 12$

ⓒ $C = \dfrac{1}{Z_3} = \dfrac{1}{4}$

ⓓ $D = 1 + \dfrac{Z_2}{Z_3} = 1 + \dfrac{4}{4} = 2$

280 □□□

그림과 같은 4단자 정수 A, B, C, D의 값은?

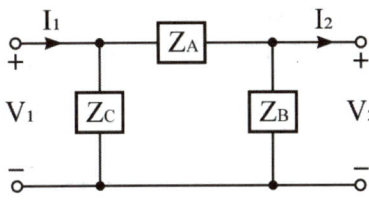

① $A = 1 + \dfrac{Z_A}{Z_B}$, $B = Z_A$, $C = \dfrac{Z_A + Z_B + Z_C}{Z_B \cdot Z_C}$,

　$D = \dfrac{1}{Z_B \cdot Z_C}$

② $A = 1 + \dfrac{Z_A}{Z_B}$, $B = Z_A$, $C = \dfrac{1}{Z_B}$, $D = 1 + \dfrac{Z_A}{Z_B}$

③ $A = 1 + \dfrac{Z_A}{Z_B}$, $B = Z_A$, $C = \dfrac{Z_A + Z_B + Z_C}{Z_B \cdot Z_C}$,

　$D = 1 + \dfrac{Z_A}{Z_C}$

④ $A = 1 + \dfrac{Z_A}{Z_B}$, $B = Z_A$, $C = \dfrac{1}{Z_A}$, $D = 1 + \dfrac{Z_A}{Z_B}$

| 해설
π형 등가회로에서 4단자 정수

$\begin{bmatrix} A & B \\ C & D \end{bmatrix} = \begin{bmatrix} 1 + \dfrac{Z_A}{Z_B} & Z_A \\ \dfrac{Z_A + Z_B + Z_C}{Z_B Z_C} & 1 + \dfrac{Z_A}{Z_C} \end{bmatrix}$

281 □□□

그림과 같은 L형 회로의 4단자 정수는 어떻게 되는가?

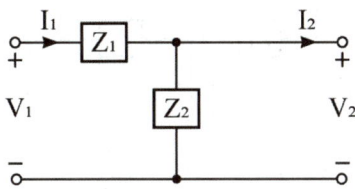

① $A = Z_1$, $B = 1 + \dfrac{Z_1}{Z_2}$, $C = \dfrac{1}{Z_2}$, $D = 1$

② $A = 1$, $B = \dfrac{1}{Z_2}$, $C = 1 + \dfrac{1}{Z_2}$, $D = Z_1$

③ $A = 1 + \dfrac{Z_1}{Z_2}$, $B = Z_1$, $C = \dfrac{1}{Z_2}$, $D = 1$

④ $A = \dfrac{1}{Z_2}$, $B = 1$, $C = Z_1$, $D = 1 + \dfrac{Z_1}{Z_2}$

| 해설

$\begin{bmatrix} 1 & Z_1 \\ 0 & 1 \end{bmatrix} \begin{bmatrix} 1 & 0 \\ \dfrac{1}{Z_2} & 1 \end{bmatrix} = \begin{bmatrix} 1 + \dfrac{Z_1}{Z_2} & Z_1 \\ \dfrac{1}{Z_2} & 1 \end{bmatrix}$

282 □□□

그림과 같은 4단자망의 4단자 정수 B는?

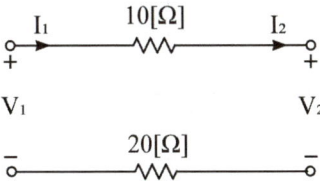

① 20/3　　② 2/3
③ 1　　　④ 30

| 해설

$\begin{bmatrix} A & B \\ C & D \end{bmatrix} = \begin{bmatrix} 1 & 10+20 \\ 0 & 1 \end{bmatrix} = \begin{bmatrix} 1 & 30 \\ 0 & 1 \end{bmatrix}$

정답　280 ③　281 ③　282 ④

283 □□□

그림과 같은 T형 4단자 회로의 4단자 정수 중 A의 값은?

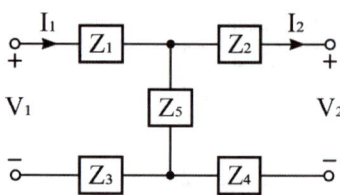

① Z_5
② $\dfrac{Z_5}{Z_2+Z_4+Z_5}$
③ $\dfrac{1}{Z_5}$
④ $\dfrac{Z_1+Z_3+Z_5}{Z_5}$

| 해설

$$A = \dfrac{V_1}{V_2}\bigg|_{I_2=0} = \dfrac{(Z_1+Z_5+Z_3)I_1}{Z_5 I_1}$$
$$= \dfrac{Z_1+Z_3+Z_5}{Z_5}$$

284 □□□

그림과 같은 4단자 회로의 4단자 정수 A, B, C, D에서 C의 값은?

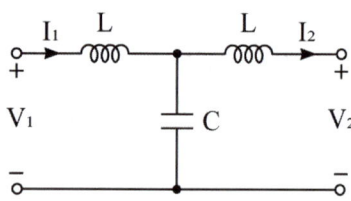

① $1-j\omega C$
② $1-\omega^2 L$
③ $j\omega C$
④ $j\omega L(2-\omega^2 LC)$

| 해설

㉠ $A = 1 + \dfrac{j\omega L}{\dfrac{1}{j\omega C}} = 1 + j^2\omega^2 LC$
$= 1 - \omega^2 LC$

㉡ $B = \dfrac{j\omega L \times \dfrac{1}{j\omega} + (j\omega L)^2 + j\omega L \times \dfrac{1}{j\omega}}{\dfrac{1}{j\omega C}}$
$= j\omega LC(2-\omega^2 LC)$

㉢ $C = \dfrac{1}{\dfrac{1}{j\omega C}} = j\omega C$

㉣ $D = 1 + \dfrac{j\omega L}{\dfrac{1}{j\omega C}} = 1 + j^2\omega^2 LC$
$= 1 - \omega^2 LC$

285 □□□

그림과 같은 4단자 회로망의 정수 중 C는 어떻게 나타내어지는가?

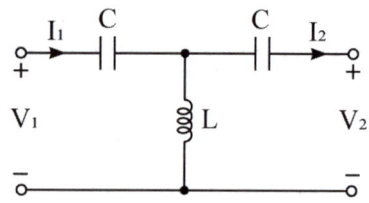

① $1-\dfrac{1}{\omega^2 LC}$
② $\dfrac{1}{j\omega C}\left(2-\dfrac{1}{\omega^2 LC}\right)$
③ $\dfrac{1}{j\omega L}$
④ $1-\dfrac{1}{j\omega C}$

| 해설

T형 등가회로에서 4단자 정수

$$\begin{bmatrix} A & B \\ C & D \end{bmatrix} = \begin{bmatrix} 1 & \dfrac{1}{j\omega C} \\ 0 & 1 \end{bmatrix}\begin{bmatrix} 1 & 0 \\ \dfrac{1}{j\omega L} & 1 \end{bmatrix}\begin{bmatrix} 1 & \dfrac{1}{j\omega C} \\ 0 & 1 \end{bmatrix}$$

$$= \begin{bmatrix} 1-\dfrac{1}{\omega^2 LC} & \dfrac{1}{(j\omega C)^2} \\ \dfrac{1}{j\omega L} & 1-\dfrac{1}{\omega^2 LC} \end{bmatrix}$$

정답 283 ④ 284 ③ 285 ③

286 □□□

그림과 같은 회로망에서 Z_1을 4단자 정수에 의해 표시하면?

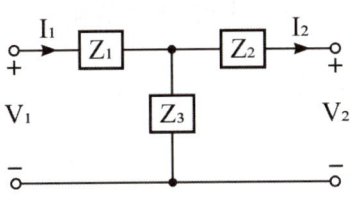

① $\dfrac{1}{C}$ ② $\dfrac{D-1}{C}$

③ $\dfrac{B-1}{C}$ ④ $\dfrac{A-1}{C}$

| 해설

㉠ 4단자 정수는 다음과 같다.

$$\begin{bmatrix} A & B \\ C & D \end{bmatrix} = \begin{bmatrix} 1+\dfrac{Z_1}{Z_3} & Z_1+Z_2+\dfrac{Z_1Z_2}{Z_3} \\ \dfrac{1}{Z_3} & 1+\dfrac{Z_2}{Z_3} \end{bmatrix}$$

㉡ $A-1 = \dfrac{Z_1}{Z_3} = Z_1 C$ 이므로

$\therefore Z_1 = \dfrac{A-1}{C}$

287 □□□

그림과 같이 π형 회로에서 Z_3를 4단자 정수로 표시한 것은?

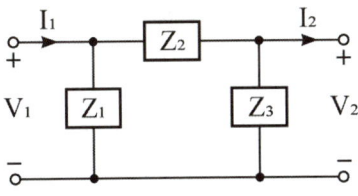

① $\dfrac{B}{1-A}$ ② $\dfrac{A}{1-B}$

③ $\dfrac{B}{A-1}$ ④ $\dfrac{A}{B-1}$

| 해설

㉠ π형 등가회로의 4단자 정수는 다음과 같다.

$$\begin{bmatrix} A & B \\ C & D \end{bmatrix} = \begin{bmatrix} 1+\dfrac{Z_2}{Z_3} & Z_2 \\ \dfrac{Z_1+Z_2+Z_3}{Z_1Z_3} & 1+\dfrac{Z_2}{Z_1} \end{bmatrix}$$

㉡ $A-1 = \dfrac{Z_2}{Z_3} = \dfrac{B}{Z_3}$ 이므로

$\therefore Z_3 = \dfrac{B}{A-1}$

288 □□□

A, B, C, D 4단자 정수를 올바르게 쓴 것은?

① AD + BD = 1 ② AB - CD = 1

③ AB + CD = 1 ④ AD - BC = 1

289 □□□

어떤 회로망의 4단자 정수 A = 8, B = j2, D = 3 + j2 이면 이 회로망의 C는?

① $24+j14$ ② $3-j4$

③ $8-j11.5$ ④ $4+j6$

| 해설

$AD - BC = 1$ 에서

$C = \dfrac{AD-1}{B} = \dfrac{8(3+j2)-1}{j2}$

$= 8-j11.5 [\mho]$

정답 286 ④ 287 ③ 288 ④ 289 ③

290

T형 4단자형 회로 그림에서 ABCD 파라미터 간의 성질 중 성립되는 대칭 조건은?

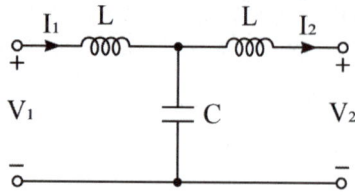

① A = D
② A = C
③ B = C
④ B = A

| 해설
4단자 정수는 아래와 같으므로 회로가 대칭이 되면 $A = D$ 가 같아진다.
$$\begin{bmatrix} A & B \\ C & D \end{bmatrix} = \begin{bmatrix} 1 & j\omega L \\ 0 & 1 \end{bmatrix}\begin{bmatrix} 1 & 0 \\ j\omega C & 1 \end{bmatrix}\begin{bmatrix} 1 & j\omega L \\ 0 & 1 \end{bmatrix}$$
$$= \begin{bmatrix} 1-\omega^2 LC & j\omega L(2-\omega^2 LC) \\ j\omega C & 1-\omega^2 LC \end{bmatrix}$$

291

이상 변압기에 대한 설명 중 옳은 것은?

① 단자 전압의 비 V_1/V_2 는 코일의 권수비와 같다.
② 1차측의 복소전력은 2차측 복소전력과 같다.
③ 단자 전류의 비 I_1/I_2 는 권수비와 같다.
④ 1차 단자에서 본 전체 임피던스는 부하 임피던스에 권수비 자승의 역수를 곱한 것과 같다.

| 해설
변압기 권수비
$$a = \frac{N_1}{N_2} = \frac{V_1}{V_2} = \frac{I_2}{I_1} = \sqrt{\frac{L_1}{L_2}} = \sqrt{\frac{Z_1}{Z_2}}$$
여기서, $L \propto N^2$, $Z_1 = a^2 Z_2$

292

그림과 같은 이상변압기에 대하여 성립하지 않는 관계식은? (단, n_1, n_2 는 1차 및 2차 코일의 권수)

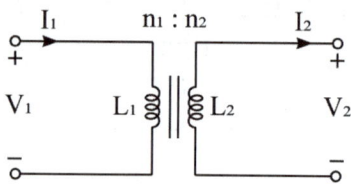

① $V_1 I_1 = V_2 I_2$
② $\frac{I_2}{I_1} = \frac{n_1}{n_2} = n$
③ $\frac{V_2}{V_1} = \frac{n_2}{n_1} = \frac{1}{n}$
④ $n = \sqrt{\frac{L_2}{L_1}}$

| 해설
변압기 권수비
$$a = \frac{N_1}{N_2} = \frac{V_1}{V_2} = \frac{I_2}{I_1} = \sqrt{\frac{L_1}{L_2}}$$

293

그림과 같은 이상변압기 4단자 정수 ABCD는 어떻게 표시되는가?

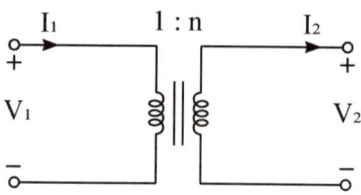

① $n, 0, 0, \frac{1}{n}$
② $\frac{1}{n}, 0, 0, -n$
③ $\frac{1}{n}, 0, 0, n$
④ $n, 0, 1, \frac{1}{n}$

| 해설
㉠ 변압기 권수비: $a = \frac{N_1}{N_2} = \frac{1}{n}$

㉡ 4단자 정수: $\begin{bmatrix} A & B \\ C & D \end{bmatrix} = \begin{bmatrix} a & 0 \\ 0 & \frac{1}{a} \end{bmatrix}$

정답 290 ① 291 ① 292 ④ 293 ③

$$\therefore \begin{bmatrix} A & B \\ C & D \end{bmatrix} = \begin{bmatrix} \dfrac{1}{n} & 0 \\ 0 & n \end{bmatrix}$$

| 해설
1차로 환산한 임피던스의 크기
$$Z_1 = a^2 Z_2 = \left(\dfrac{n_1}{n_2}\right)^2 Z_2 = \left(\dfrac{1}{3}\right)^2 \times 900$$
$$= 100\,[\Omega]$$

294 □□□

그림과 같이 10[Ω]의 저항에 감은 비가 10:1의 결합회로를 연결했을 때 4단자 정수 ABCD는?

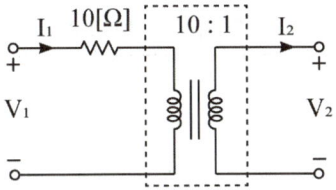

① $10,\ 1,\ 0,\ \dfrac{1}{10}$ ② $1,\ 10,\ 0,\ 10$

③ $10,\ 1,\ 0,\ 10$ ④ $10,\ 0,\ 1,\ \dfrac{1}{10}$

| 해설
$$\begin{bmatrix} A & B \\ C & D \end{bmatrix} = \begin{bmatrix} 1 & Z \\ 0 & 1 \end{bmatrix} \begin{bmatrix} a & 0 \\ 0 & \dfrac{1}{a} \end{bmatrix}$$
$$= \begin{bmatrix} 1 & 10 \\ 0 & 1 \end{bmatrix} \begin{bmatrix} 10 & 0 \\ 0 & \dfrac{1}{10} \end{bmatrix} = \begin{bmatrix} 10 & 1 \\ 0 & \dfrac{1}{10} \end{bmatrix}$$

296 □□□

그림과 같은 전원측 저항 100[Ω], 부하저항 1[Ω]일 때 이것에 변압비 $n:1$의 이상변압기를 써서 정합을 취하려고 한다. 이때 n의 값은 얼마인가?

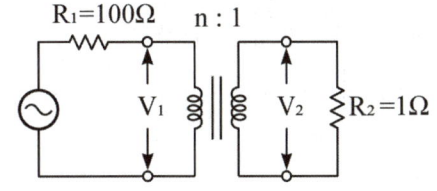

① 100 ② 10

③ 1/10 ④ 1/100

| 해설
$Z_1 = a^2 Z_2$에서 권수비 $a = \dfrac{N_1}{N_2} = n$ 이므로
$$\therefore a = \sqrt{\dfrac{Z_1}{Z_2}} = \sqrt{\dfrac{R_1}{R_2}} = \sqrt{\dfrac{100}{1}} = 10$$

295 □□□

그림과 같은 이상변압기의 권선비가 $n_1 : n_2 = 1 : 3$일 때 a, b단자에서 본 임피던스는?

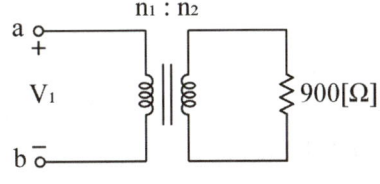

① 50[Ω] ② 100[Ω]

③ 200[Ω] ④ 400[Ω]

297 □□□

4단자 회로에서 4단자 정수를 $ABCD$라 하면 영상 임피던스 $Z_{01},\ Z_{02}$는?

① $Z_{01} = \sqrt{\dfrac{AB}{CD}},\ Z_{02} = \sqrt{\dfrac{BD}{AC}}$

② $Z_{01} = \sqrt{AB},\ Z_{02} = \sqrt{CD}$

③ $Z_{01} = \sqrt{\dfrac{CD}{AB}},\ Z_{02} = \sqrt{\dfrac{BD}{AC}}$

④ $Z_{01} = \sqrt{\dfrac{BD}{AC}},\ Z_{02} = \sqrt{ABCD}$

정답 294 ① 295 ② 296 ② 297 ①

298

L형 4단자 회로망에서 4단자 정수가 $B=\frac{5}{3}$ $C=1$ 이고, 영상 임피던스 $Z_{01}=\frac{20}{3}$ [Ω]일 때 영상 임피던스 Z_{02} [Ω] 의 값은?

① $\frac{1}{4}$
② $\frac{100}{9}$
③ 9
④ $\frac{9}{100}$

| 해설

$Z_{01} \times Z_{02} = \sqrt{\frac{AB}{CD}} \times \sqrt{\frac{BD}{AC}} = \frac{B}{C}$ 이므로

∴ $Z_{02} = \frac{B}{C} \times \frac{1}{Z_{01}} = \frac{5}{3} \times \frac{3}{20} = \frac{5}{20} = \frac{1}{4}$

299

4단자 회로망에서 4단자 정수가 $A=\frac{15}{4}$, $D=1$ 이고, 영상 임피던스 $Z_{02}=\frac{12}{5}$ [Ω]일 때 영상 임피던스 Z_{01} 은 몇 [Ω]인가?

① 8[Ω]
② 9[Ω]
③ 10[Ω]
④ 11[Ω]

| 해설

$\frac{Z_{01}}{Z_{02}} = \frac{\sqrt{\frac{AB}{CD}}}{\sqrt{\frac{BD}{AC}}} = \frac{A}{D}$ 이므로

∴ $Z_{01} = \frac{A}{D} \times Z_{02} = \frac{15}{4} \times \frac{12}{5} = 9$ [Ω]

300

어떤 4단자망의 입력단자 1-1' 사이의 영상 임피던스 Z_{01} 과 출력단자 2-2' 사이의 영상 임피던스 Z_{02} 가 같게 되려면 4단자 정수 사이에 어떠한 관계가 있어야 하는가?

① $BC = AC$
② $AB = CD$
③ $B = C$
④ $A = D$

| 해설

영상 임피던스 $Z_{01} = \sqrt{\frac{AB}{CD}}$, $Z_{02} = \sqrt{\frac{BD}{AC}}$ 이 두식이 같게 되려면 $A = D$ 이다.

301

다음과 같은 4단자망에서 영상 임피던스는 몇 [Ω]인가?

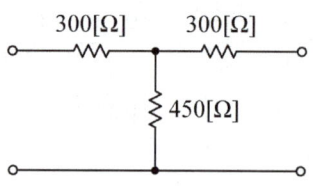

① 600[Ω]
② 450[Ω]
③ 300[Ω]
④ 200[Ω]

| 해설

㉠ T형 등가회로에서 4단자 정수
$A = 1 + \frac{Z_1}{Z_3}$, $B = \frac{Z_1 Z_2 + Z_2 Z_3 + Z_3 Z_1}{Z_3}$,
$C = \frac{1}{Z_3}$, $D = 1 + \frac{Z_2}{Z_3}$

㉡ 영상 임피던스
$Z_{01} = \sqrt{\frac{AB}{CD}}$, $Z_{02} = \sqrt{\frac{BD}{AC}}$

㉢ 대칭 조건($Z_1 = Z_2$): $A = D$

∴ T형 대칭 회로에서 영상 임피던스

$Z_{01} = Z_{02} = \sqrt{\frac{B}{C}} = \sqrt{Z_1 Z_2 + Z_2 Z_3 + Z_3 Z_1}$
$= \sqrt{300 \times 300 + 300 \times 450 + 450 \times 300} = 600$ [Ω]

302

단자회로에서 4단자 정수를 $ABCD$ 로 할 때 영상 전달 정수 θ 는 어떻게 되는가?

① $\log_e (\sqrt{AB} + \sqrt{BC})$
② $\log_e (\sqrt{AB} - \sqrt{CD})$
③ $\log_e (\sqrt{AD} + \sqrt{BC})$
④ $\log_e (\sqrt{AD} - \sqrt{BC})$

정답 298 ① 299 ② 300 ④ 301 ① 302 ③

303 □□□

그림과 같은 4단자망의 영상 전달정수는?

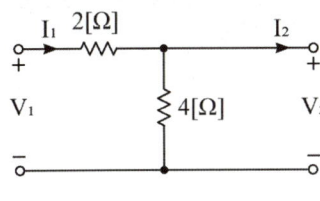

① 0.33
② 0.66
③ 0.99
④ 1.22

| 해설

$A = 1 + \dfrac{2}{4} = 1.5$, $B = \dfrac{2 \times 4}{4} = 2$

$C = \dfrac{1}{4} = 0.25$, $D = 1 + \dfrac{0}{4} = 1$

∴ 영상 전달정수

$\theta = \log_e(\sqrt{AD} + \sqrt{BC})$
$= \ln(\sqrt{1.5 \times 1} + \sqrt{2 \times 0.25}) = 0.66$

제8장 분포정수 회로

304 □□□

분포정수회로에서 직렬 임피던스를 Z, 병렬 어드미턴스를 Y라 할 때, 선로의 특성 임피던스 Z_0는?

① ZY
② $\sqrt{ZY}$
③ $\sqrt{\dfrac{Y}{Z}}$
④ $\sqrt{\dfrac{Z}{Y}}$

| 해설

특성 임피던스란, 선로를 이동하는 진행파에 대한 전압과 전류의 비로서 그 선로의 고유한 값을 말한다.

∴ 특성 임피던스 크기

$Z_0 = \sqrt{\dfrac{Z}{Y}} = \sqrt{\dfrac{R + j\omega L}{G + j\omega C}}\,[\Omega]$

305 □□□

전송선로에서 무손실일 때 L = 96[mH], C = 0.6[μF]이면 특성 임피던스는 몇 [Ω]인가?

① 100[Ω]
② 200[Ω]
③ 300[Ω]
④ 400[Ω]

| 해설

특성 임피던스(무손실 조건: $R = G = 0$)

$Z_0 = \sqrt{\dfrac{L}{C}} = \sqrt{\dfrac{96 \times 10^{-3}}{0.6 \times 10^{-6}}} = 400\,[\Omega]$

306 □□□

무한장 무손실 전송선로 상의 어떤 점에서 전압이 100[V]였다. 이 선로의 인덕턴스가 7.5[μH/km]이고 커패시턴스가 0.003[μF/km]일 때 이 점에서 전류 [A]는?

① 2[A]
② 4[A]
③ 6[A]
④ 8[A]

| 해설

㉠ 특성 임피던스: $Z_0 = \sqrt{\dfrac{L}{C}} = \sqrt{\dfrac{7.5 \times 10^{-6}}{0.003 \times 10^{-6}}} = 50\,[\Omega]$

㉡ 전류: $I = \dfrac{V}{Z_0} = \dfrac{100}{50} = 2\,[A]$

307 □□□

유한장의 송전선로가 있다. 수전단을 단락하고 송전단에서 측정한 임피던스는 $j250\,[\Omega]$, 또 수전단을 개방시키고 송전단에서 측정한 어드미턴스는 $j1.5 \times 10^{-3}\,[\mho]$이다. 이 송전선로의 특성 임피던스는?

① 2.45×10^{-3}
② 408.25
③ $j0.612$
④ 6×10^{-6}

| 해설

특성 임피던스

$Z_0 = \sqrt{\dfrac{Z}{Y}} = \sqrt{\dfrac{j250}{j1.5 \times 10^{-3}}} = 408.25\,[\Omega]$

정답 303 ② 304 ④ 305 ④ 306 ① 307 ②

308 □□□

선로의 단위 길이 당 분포 인덕턴스, 저항, 정전용량, 누설 컨덕턴스를 각각 L, R, G, C라 하면 전파정수는 어떻게 되는가?

① $\dfrac{\sqrt{R+j\omega L}}{G+j\omega C}$

② $\sqrt{(R+j\omega L)(G+j\omega C)}$

③ $\dfrac{R+j\omega L}{G+j\omega C}$

④ $\sqrt{\dfrac{G+j\omega C}{R+j\omega L}}$

| 해설

전파정수란, 전압, 전류가 선로의 끝 송전단에서부터 멀어져 감에 따라 그 진폭이라든가 위상이 변해가는 특성과 관계된 상수를 말한다.

∴ 전파정수
$\gamma = \sqrt{ZY} = \sqrt{(R+j\omega L)(G+j\omega C)}$
$= \sqrt{RG} + j\omega\sqrt{LC} = \alpha + j\beta$
여기서, α: 감쇠정수, β: 위상정수

309 □□□

무손실 선로가 되기 위한 조건 중 틀린 것은?

① $\dfrac{R}{L} = \dfrac{G}{C}$ 인 선로를 무왜형(無歪形) 회로라 한다.

② $R = G = 0$ 인 선로를 무손실 회로라 한다.

③ 무손실 선로, 무왜선로의 감쇠정수는 $\sqrt{RG}$ 이다.

④ 무손실 선로, 무왜회로에서의 위상속도는 $\dfrac{1}{\sqrt{CL}}$ 이다.

| 해설

① 무왜형 회로
송전단에서 보낸 정현파 입력이 수전단에 전혀 일그러짐이 없이 도달되는 회로로 선로정수가 R, L, C, G 사이에 $\dfrac{R}{L} = \dfrac{G}{C}$ 의 관계가 무왜조건이라 한다.

② 무손실 선로
손실이 없는 선로($R = G = 0$)로 송전전압 및 전류의 크기가 항상 일정하다.

③ 전파정수
$\gamma = \sqrt{ZY} = \sqrt{RG} + j\omega\sqrt{LC} = \alpha + j\beta$ 에서 무손실 선로의 경우 $R = G = 0$ 이므로 감쇠정수는 $\alpha = 0$ 이 된다.

④ 위상속도(전파속도)
$v = \dfrac{1}{\sqrt{\epsilon\mu}} = \dfrac{1}{\sqrt{LC}} = \dfrac{\omega}{\beta}$ [m/s]

310 □□□

분포정수회로에서 선로의 특성 임피던스를 Z_0, 전파정수를 γ라 할 때 선로의 병렬 어드미턴스 [℧]는?

① $\dfrac{Z_0}{\gamma}$

② $\dfrac{\gamma}{Z_0}$

③ $\sqrt{\gamma Z_0}$

④ γZ_0

| 해설

㉠ 특성 임피던스: $Z_0 = \sqrt{\dfrac{Z}{Y}}$

㉡ 전파정수: $\gamma = \sqrt{ZY}$

∴ 송전단에서 본 어드미턴스
$Y = \dfrac{1}{Z} = \dfrac{\gamma}{Z_0} = \sqrt{ZY} \times \sqrt{\dfrac{Y}{Z}}$

311 □□□

무손실 선로가 되기 위한 조건 중 틀린 것은?

① $Z_0 = \sqrt{\dfrac{L}{C}}$

② $\gamma = \sqrt{ZY}$

③ $\alpha = \omega\sqrt{LC}$

④ $v = \dfrac{1}{\sqrt{LC}}$

| 해설

전파정수
$\gamma = \sqrt{ZY} = \sqrt{(R+j\omega L)(G+j\omega C)}$
$= \sqrt{RG} + j\omega\sqrt{LC} = \alpha + j\beta$
여기서, α: 감쇠정수, β: 위상정수

∴ 무손실 선로($R = G = 0$)인 경우 감쇠정수 $\alpha = 0$이 된다.

정답 308 ② 309 ③ 310 ② 311 ③

312

무왜형(無歪形) 선로를 설명한 것 중 옳은 것은?

① 특성 임피던스가 주파수의 함수이다.
② 감쇠정수는 0 이다.
③ $LG = CG$의 관계가 있다.
④ 위상속도 v는 주파수에 관계가 없다.

| 해설
위상속도(전파속도)
$$v = \frac{1}{\sqrt{\epsilon\mu}} = \frac{1}{\sqrt{LC}} \text{ [m/s]}$$

313

분포 정수회로에서 저항 0.5[Ω/km], 인덕턴스 1[μH/km], 정전용량 6[μF/km], 길이 250[km]의 송전선로가 있다. 무왜형선로가 되기 위해서는 컨덕턴스 [℧/km]는 얼마가 되어야 하는가?

① 1[℧/km]
② 2[℧/km]
③ 3[℧/km]
④ 4[℧/km]

| 해설
무왜조건 $\frac{R}{L} = \frac{G}{C}$ 에서
∴ 누설 컨덕턴스
$$G = \frac{RC}{L} = \frac{0.5 \times 6 \times 10^{-6}}{10^{-6}} = 3 \text{ [℧/km]}$$

314

1[km]당의 인덕턴스 25[mH], 정전용량 0.005[μF]의 선로가 있을 때 무손실 선로라고 가정한 경우의 위상속도 [km/sec]는?

① 약 5.24×10^4
② 약 8.95×10^4
③ 약 5.24×10^8
④ 약 5.24×10^3

| 해설
위상속도
$$v = \frac{1}{\sqrt{LC}} = \frac{1}{\sqrt{25 \times 10^{-3} \times 0.005 \times 10^{-6}}}$$
$$= 8.95 \times 10^4 \text{ [km/sec]}$$

315

위상정수 β = 2.5[rad/km], 각주파수 ω = 20[rad/s]일 때의 위상속도는 몇 [m/s]인가?

① 8[m/s]
② 80[m/s]
③ 800[m/s]
④ 8000[m/s]

| 해설
$$v = \frac{1}{\sqrt{LC}} = \frac{\omega}{\beta} = \frac{20}{2.5 \times 10^{-3}} = 8000 \text{ [m/s]}$$
여기서, 위상정수: $\beta = \omega\sqrt{LC}$

316

위상정수 β = 6.28[rad/km]일 때 파장[km]은?

① 1[km]
② 2[km]
③ 3[km]
④ 4[km]

| 해설
파장의 길이
$$\lambda = \frac{v}{f} = \frac{\omega}{f\beta} = \frac{2\pi}{\beta} = \frac{2\pi}{6.28} = 1 \text{ [km]}$$
여기서, 각속도 $\omega = 2\pi f$,
위상정수: $\beta = \omega\sqrt{LC}$

317

무한장이라고 생각할 수 있는 평행 2회선 선로에 주파수 200[MHz]의 전압을 가하면 전압의 위상은 1[m]에 대해서 얼마나 되는가?
(단, 여기서 위상속도는 3×10^8[m/s]로 한다.)

① $\frac{4}{3}\pi$
② $\frac{2}{3}\pi$
③ $\frac{\pi}{3}$
④ π

| 해설
위상정수
$$\beta = \frac{\omega}{v} = \frac{2\pi f}{v} = \frac{2\pi \times 200 \times 10^6}{3 \times 10^8} = \frac{4\pi}{3} \text{ [rad/m]}$$

정답 312 ④ 313 ③ 314 ② 315 ④ 316 ① 317 ①

제9장 과도현상

318 ☐☐☐

$Ri(t) + L\dfrac{di(t)}{dt} = E$ 의 계통 방정식에서 정상전류는?

① 0
② $\dfrac{E}{R}\left(1 - e^{-\frac{R}{L}t}\right)$
③ $\dfrac{E}{R}$
④ $\dfrac{E}{R}e^{-\frac{R}{L}t}$

| 해설

전류 $i(t) = \dfrac{E}{R}\left(1 - e^{-\frac{R}{L}t}\right)$ 에서

정상전류란 $t = \infty$ 일 때의 전류값이므로

∴ $i_s = \dfrac{E}{R}$ [A]

319 ☐☐☐

회로의 정상전류 값 i_s 는? (단, $t = 0$ 에서 스위치 K 를 닫았다.)

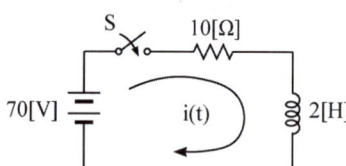

① 0[A]
② 7[A]
③ 35[A]
④ −35[A]

| 해설

정상전류: $i_s = \dfrac{E}{R} = \dfrac{70}{10} = 7$ [A]

320 ☐☐☐

어떤 회로의 전류가 $i(t) = 20 - 20\,e^{-200t}$ [A]로 주어졌다. 정상값은 몇 [A]인가?

① 5[A]
② 12.6[A]
③ 15.6[A]
④ 20[A]

[해설

$R-L$ 직렬회로에서 전류는

$i(t) = i_s + i_t = \dfrac{E}{R} - \dfrac{E}{R}e^{-\frac{R}{L}t}$

$= \dfrac{E}{R}\left(1 - e^{-\frac{R}{L}t}\right)$ [A]이므로

∴ 정상전류: $i_s = 20$ [A]

여기서, i_s: 정상항, i_t: 과도항

321 ☐☐☐

다음 회로에서 회로의 시정수[sec] 및 회로의 정상전류는 몇 [A]인가? (단, $E = 40$ [V]이다.)

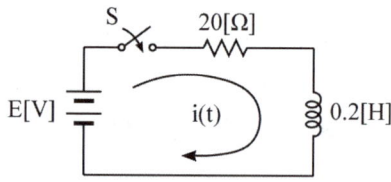

① $\tau = 0.01$ [sec], $i_s = 2$ [A]
② $\tau = 0.01$ [sec], $i_s = 1$ [A]
③ $\tau = 0.02$ [sec], $i_s = 1$ [A]
④ $\tau = 1$ [sec], $i_s = 3$ [A]

| 해설

㉠ 시정수: $\tau = \dfrac{L}{R} = \dfrac{0.2}{20} = 0.01$ [sec]

㉡ 정상전류: $i_s = \dfrac{E}{R} = \dfrac{40}{20} = 2$ [A]

322 ☐☐☐

인덕턴스 0.5[H], 저항 2[Ω]의 직렬회로에 30[V]의 직류 전압을 급히 가했을 때 스위치를 닫은 후 0.1초 후의 전류의 순시값 i[A]와 회로의 시정수 τ[s]는?

① $i = 4.95$ [A], $\tau = 0.25$ [s]
② $i = 12.75$ [A], $\tau = 0.35$ [s]
③ $i = 5.95$ [A], $\tau = 0.45$ [s]
④ $i = 13.95$ [A], $\tau = 0.25$ [s]

정답 318 ③ 319 ② 320 ④ 321 ① 322 ①

| 해설

㉠ 전류의 순시값

$$i(t) = \frac{E}{R}\left(1-e^{-\frac{R}{L}t}\right)$$
$$= \frac{30}{2}\left(1-e^{-\frac{2}{0.5}\times 0.1}\right) = 4.95\,[\text{A}]$$

㉡ 시정수: $\tau = \frac{L}{R} = \frac{0.5}{2} = 0.25\,[\text{sec}]$

323 □□□

그림과 같은 회로에 대한 서술에서 잘못된 것은 어느 것인가?

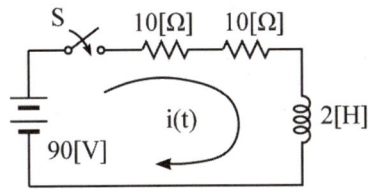

① 이 회로의 시정수는 0.1[sec]이다.
② 이 회로의 특성근은 -10이다.
③ 이 회로의 특성근은 +10이다.
④ 정상 전류값은 4.5[A]이다.

| 해설

① 시정수: $\tau = \frac{L}{R} = \frac{2}{10+10} = 0.1\,[\text{sec}]$

② 특성근: $P = -\frac{R}{L} = -\frac{1}{\tau} = -\frac{1}{0.1} = -10$

③ 정상전류: $i_s = \frac{E}{R} = \frac{90}{20} = 4.5\,[\text{A}]$

(과도전류: $i(t) = \frac{E}{R_1+R_2}\left(1-e^{-\frac{R_1+R_2}{L}t}\right)$)

324 □□□

코일의 권회수 $N=1000$, 저항 $R=20\,[\Omega]$으로 전류 $I=10\,[\text{A}]$를 흘릴 때 자속 $\phi=3\times 10^{-2}\,[\text{Wb}]$이다. 이 회로의 시정수는?

① $\tau = 0.15\,[\text{sec}]$ ② $\tau = 3\,[\text{sec}]$
③ $\tau = 0.4\,[\text{sec}]$ ④ $\tau = 4\,[\text{sec}]$

| 해설

인덕턴스

$$L = \frac{\Phi}{I} = \frac{N\phi}{I} = \frac{1000\times 3\times 10^{-2}}{10} = 3\,[\text{H}]$$

∴ 시정수: $\tau = \frac{L}{R} = \frac{3}{20} = 0.15\,[\text{sec}]$

325 □□□

$R=100\,[\Omega]$, $L=1\,[\text{H}]$의 직렬회로에 직류전압 $E=100\,[\text{V}]$를 가했을 때, $t=0.01\,[\text{s}]$후의 전류 $i_t\,[\text{A}]$는 약 얼마인가?

① 0.362[A]   ② 0.632[A]
③ 3.62[A]   ④ 6.32[A]

| 해설

과도전류

$$i(t) = \frac{E}{R}\left(1-e^{-\frac{R}{L}t}\right) = \frac{100}{100}\left(1-e^{-\frac{100}{1}\times 0.01}\right)$$
$$= 1(1-e^{-1}) = 0.632\,[\text{A}]$$

326 □□□

그림과 같은 회로에서 시각 $t=0$에서 스위치를 갑자기 닫은 후 전류가 0에서 정상 전류의 63.2[%]에 도달하는 시간 [sec]를 구하면?

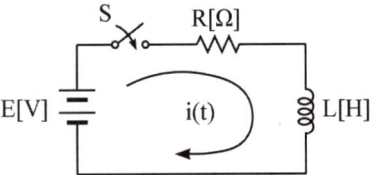

① LR ② $\frac{1}{LR}$
③ $\frac{L}{R}$ ④ $\frac{R}{L}$

| 해설

정상전류의 63.2[%]에 도달하는 걸리는 시간을 시정수라 한다.

∴ RL 회로의 시정수: $\tau = \frac{L}{R}\,[\text{sec}]$

정답 323 ③ 324 ① 325 ② 326 ③

327

유도 코일의 시상수가 0.04[sec], 저항이 15.8[Ω]일 때 코일의 인덕턴스[mH]는?

① 395[mH]
② 2.53[mH]
③ 12.6[mH]
④ 632[mH]

| 해설

시정수 $\tau = \dfrac{L}{R}$ [sec] 에서 인덕턴스는

$\therefore L = \tau R = 0.04 \times 15.8$
$= 0.632 \, [H] = 632 \, [mH]$

328

전기회로에서 일어나는 과도현상은 그 회로의 시정수와 관계가 있다. 이 사이의 관계를 옳게 표현한 것은?

① 회로의 시정수가 클수록 과도현상은 오랫동안 지속된다.
② 시정수는 과도현상의 지속시간에는 상관되지 않는다.
③ 시정수의 역이 클수록 과도현상은 천천히 사라진다.
④ 시정수가 클수록 과도현상은 빨리 사라진다.

| 해설

과도현상이 소멸되는 시간은 시정수와 비례관계를 갖는다. 따라서 시정수가 커지면 과도현상이 소멸되는 시간도 길어진다.

329

$R-L$ 직렬회로에서 시정수의 값이 클수록 과도현상의 소멸되는 시간은 어떻게 되는가?

① 짧아진다.
② 과도기가 없어진다.
③ 길어진다.
④ 관계없다.

| 해설

과도현상이 소멸되는 시간은 시정수와 비례관계를 갖는다. 따라서 시정수가 커지면 과도현상이 소멸되는 시간도 길어진다.

330

$R-L$ 직렬회로에 E 인 직류전압원을 갑자기 연결하였을 때 $t=0$ 인 순간 이 회로에 흐르는 회로전류에 대하여 바르게 표현된 것은?

① 이 회로에는 전류가 흐르지 않는다.
② 이 회로에는 $\dfrac{E}{R}$ 크기의 전류가 흐른다.
③ 이 회로에는 무한대의 전류가 흐른다.
④ 이 회로에는 $\dfrac{E}{R+j\omega L}$ 의 전류가 흐른다.

| 해설

$i(0) = \dfrac{E}{R}\left(1 - e^{-\frac{R}{L}t}\right)$

$= \dfrac{E}{R}(1 - e^0) = \dfrac{E}{R}(1-1) = 0$

$\therefore$ 스위치는 닫는 순간($t=0$)에는 전류가 흐르지 않는다.

331

그림과 같은 회로에서 스위치 S를 $t=0$에서 닫았을 때 $(V_L)_{t=0} = 100 \, [V]$, $\left(\dfrac{di}{dt}\right)_{t=0} = 400 \, [A/\sec]$ 이다. L의 값은 몇 [H] 인가?

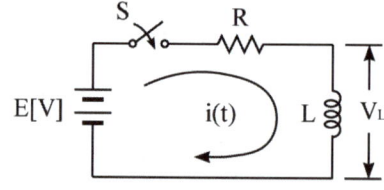

① 0.1
② 0.5
③ 0.25
④ 7.5

| 해설

인덕턴스 단자전압 $V_L = L\dfrac{di}{dt}$ 에서

$V_L = 100 \, [V]$, $\dfrac{di}{dt} = 400$ 이므로

$\therefore L = \dfrac{V_L}{\dfrac{di}{dt}} = \dfrac{100}{400} = 0.25 \, [H]$

정답 327 ④ 328 ① 329 ③ 330 ① 331 ③

332 □□□

그림과 같은 회로에 있어서 스위치 S를 닫았을 때 L 양단에 걸리는 전압 $V_L[\text{V}]$는?

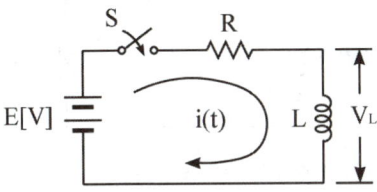

① $V_L = \dfrac{E}{R} e^{-\frac{R}{L}t}$ ② $V_L = \dfrac{E}{R} e^{\frac{L}{R}t}$

③ $V_L = E e^{-\frac{R}{L}t}$ ④ $V_L = E e^{\frac{L}{R}t}$

| 해설

스위치 S를 닫는 순간의 과도전류

$i(t) = \dfrac{E}{R}\left(1 - e^{-\frac{R}{L}t}\right)$ 이므로

$\therefore V_L = L\dfrac{di}{dt} = L\dfrac{d}{dt}\left[\dfrac{E}{R}\left(1 - e^{-\frac{R}{L}t}\right)\right]$

$\quad = L \times \left(-\dfrac{E}{R}\right) \times \left(-\dfrac{R}{L}\right) e^{-\frac{R}{L}t} = E e^{-\frac{R}{L}t}$

333 □□□

회로에서 $t = 0$인 순간에 전압 E를 인가한 경우, 인덕턴스 L에 걸리는 전압은?

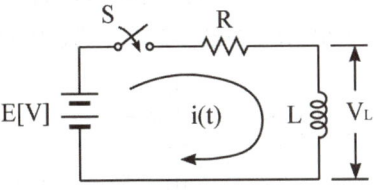

① 0   ② E

③ $\dfrac{LE}{R}$ ④ $\dfrac{E}{R}$

| 해설

인덕턴스 단자전압 $V_L = E e^{-\frac{R}{L}t}$ 에서 $t = 0$의 경우 $V_L(0) = E e^0 = E[\text{V}]$가 걸리므로 기전력과 등전위가 되어 전류는 흐르지 않는다.

즉, $t = 0$에서 L은 개방회로로 작용한다.

334 □□□

그림과 같은 $R-L$ 회로에서 스위치 S를 열 때 흐르는 전류 $i(t)$는 어느 것인가?

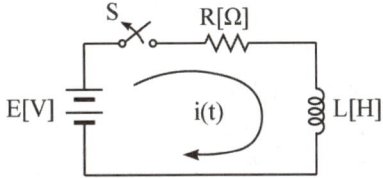

① $\dfrac{E}{R} e^{\frac{R}{L}t}$ ② $\dfrac{E}{R}\left(1 - e^{\frac{R}{L}t}\right)$

③ $\dfrac{E}{R} e^{-\frac{R}{L}t}$ ④ $\dfrac{E}{R}\left(1 - e^{-\frac{R}{L}t}\right)$

| 해설

초기전류($t = 0$)는 $i(0) = \dfrac{E}{R}$이고, 정상전류 ($t = \infty$)는 $i(\infty) = 0$이 되므로

$\therefore$ 과도전류

$i(t) = i(\infty) + [i(0) - i(\infty)] e^{-\frac{R}{L}t}$

$\quad = 0 + \left(\dfrac{E}{R} - 0\right) e^{-\frac{R}{L}t} = \dfrac{E}{R} e^{-\frac{R}{L}t} [\text{A}]$

정답 332 ③ 333 ② 334 ③

335

$R-L$ 직렬회로에서 그 양단에 직류전압 E[V]를 연결한 후 스위치 S를 개방하면 $\frac{L}{R}$[sec] 후의 전류값은 몇 [A]인가?

① $\frac{E}{R}$
② $0.368\frac{E}{R}$
③ $0.5\frac{E}{R}$
④ $0.632\frac{E}{R}$

| 해설

$R-L$ 직렬회로에서 스위치 개방 시 과도전류는
$i(t) = \frac{E}{R}e^{-\frac{R}{L}t}$ 이므로
∴ 시정수 시간에서의 전류
$i(\tau) = \frac{E}{R}e^{-\frac{R}{L}t} = \frac{E}{R}e^{-\frac{R}{L}\times\frac{L}{R}}$
$= \frac{E}{R}e^{-1} = 0.368\frac{E}{R}$ [A]

336

$R = 4000$[Ω], $L = 5$[H]의 직렬회로에 직류전압 200[V]를 가할 때 급히 단자 사이의 스위치를 개방시킬 경우 이로부터 1/800[sec]후 $R-L$ 중의 전류는 몇 [mA]인가?

① 18.4[mA]
② 1.84[mA]
③ 28.4[mA]
④ 2.84[mA]

| 해설

스위치 S를 개방하는 순간의 과도전류
$i(\tau) = \frac{E}{R}e^{-\frac{R}{L}t} = \frac{200}{4000}e^{-\frac{4000}{5}\times\frac{1}{800}}$
$= 0.05e^{-1} = 0.05\times 0.368$
$= 0.0184$ [A] = 18.4 [mA]

337

그림과 같은 회로에 대한 설명으로 잘못된 것은?

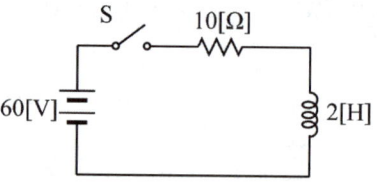

① 이 회로의 시정수는 0.2[sec]이다.
② 이 회로의 정상전류는 6[A]이다.
③ 이 회로의 특성근은 -5이다.
④ t = 0에서 직류전압 60[V]를 제거할 때 t = 0.4[sec]시각의 회로의 전류는 5.26[A]이다.

| 해설

① 시정수: $\tau = \frac{L}{R} = \frac{2}{10} = 0.2$ [sec]
② 정상전류: $i_s = \frac{E}{R} = \frac{60}{10} = 6$ [A]
③ 특성근: $P = -\frac{R}{L} = -\frac{1}{\tau} = -5$
④ 스위치 개방 시 과도전류
$i(t) = \frac{E}{R}e^{-\frac{R}{L}t} = \frac{60}{10}e^{-\frac{10}{2}\times 0.4}$
$= 6e^{-2} = 6\times 0.135 = 0.812$ [A]

338

그림의 회로에서 스위치 S를 닫을 때의 충전전류 $i(t)$ [A]는 얼마인가? (단, 콘덴서에 초기 충전전하는 없다.)

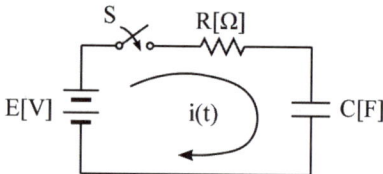

① $\frac{E}{R}e^{-\frac{1}{CR}t}$
② $\frac{E}{R}e^{\frac{R}{C}t}$
③ $\frac{E}{R}e^{-\frac{C}{R}t}$
④ $\frac{E}{R}e^{\frac{1}{CR}t}$

정답 335 ② 336 ① 337 ④ 338 ①

| 해설

① C에 충전된 전하량
$$Q(t) = CE\left(1 - e^{-\frac{1}{RC}t}\right)[C]$$

② 스위치 투입 시 충전전류
$$i(t) = \frac{dQ(t)}{dt} = \frac{E}{R}e^{-\frac{1}{RC}t}[A]$$

③ 스위치 개방 시 방전전류
$$i(t) = -\frac{E}{R}e^{-\frac{1}{RC}t}[A]$$

339 □□□

직류 $R-C$ 직렬회로에서 회로의 시정수 값은?

① $\frac{R}{C}$ ② $\frac{E}{R}$

③ $\frac{1}{RC}$ ④ RC

| 해설

㉠ $R-L$ 회로의 시정수: $\tau = \frac{L}{R}[\sec]$
㉡ $R-C$ 회로의 시정수: $\tau = RC[\sec]$

340 □□□

$R = 1[M\Omega]$, $C = 1[\mu F]$의 직렬회로에 직류 $100[V]$를 가했다. 시정수[sec] 및 초기값 전류는 몇 [A] 인가?

① $\tau = 5[\sec]$, $i(0) = 10^{-4}[A]$
② $\tau = 4[\sec]$, $i(0) = 10^{-3}[A]$
③ $\tau = 1[\sec]$, $i(0) = 10^{-4}[A]$
④ $\tau = 2[\sec]$, $i(0) = 10^{-3}[A]$

| 해설

㉠ 정수
$\tau = RC = 10^6 \times 10^{-6} = 1[\sec]$
㉡ 초기값 전류
$i(0) = \frac{E}{R} = \frac{100}{10^{-6}} = 10^{-4}[A]$

341 □□□

$R-C$ 직렬회로에 직류전압을 가했을 때 전류 값이 초기값의 e^{-1}으로 저하되는 시간은 몇 [sec] 인가?

① $\frac{1}{RC}$ ② $\frac{L}{R}$

③ RC ④ $\frac{C}{R}$

| 해설

충전전류 $i(t) = \frac{E}{R}e^{-\frac{1}{RC}t}[A]$에서 초기값 전류가
$i(0) = \frac{E}{R}[A]$ 이므로
∴ 충전전류가 초기값 전류의 e^{-1}이 되기 위해서는
$t = RC[\sec]$ (시정수)가 되어야 한다.

342 □□□

그림과 같은 $R-C$ 직렬회로에 $t=0$에서 스위치 S를 닫아 직류전압 $100[V]$를 회로의 양단에 급격히 인가하면 그 때의 충전전하는?
(단, $R = 10[\Omega]$, $C = 0.1[F]$ 이다.)

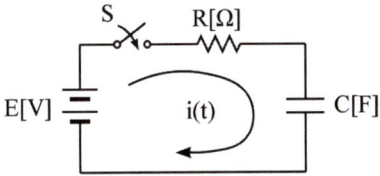

① $10(1 - e^{-t})$ ② $-10(1 - e^t)$
③ $10e^{-t}$ ④ $-10e^t$

| 해설

$$Q(t) = Q(\infty) + [Q(0) - Q(\infty)]e^{-\frac{1}{RC}t}$$
$$= CE + (0 - CE)e^{-\frac{1}{RC}t}$$
$$= CE\left(1 - e^{-\frac{1}{RC}t}\right)$$
$$= 0.1 \times 100\left(1 - e^{-\frac{1}{10 \times 0.1}t}\right)$$
$$= 10(1 - e^{-t})[C]$$

정답 339 ④ 340 ③ 341 ③ 342 ①

343

$R = 5000\,[\Omega]$, $C = 20\,[\mu F]$ 가 직렬로 접속된 회로에 일정전압 $E = 100\,[V]$ 를 가하고 $t = 0$ 에서 스위치를 넣을 때 콘덴서 단자전압[V] 을 구하면?
(단, 처음에 콘덴서에는 충전되지 않았다.)

① $100\,(1 - e^{10t})$
② $100\,e^{-10t}$
③ $100\,e^{10t}$
④ $100\,(1 - e^{-10t})$

| 해설

$$V_C = \frac{Q(t)}{C} = E\left(1 - e^{-\frac{1}{RC}t}\right)$$
$$= 100\left(1 - e^{-\frac{1}{5000 \times 20 \times 10^{-6}}t}\right)$$
$$= 100(1 - e^{-10t})\,[V]$$

344

그림과 같은 회로에서 $t = 0$ 에서 스위치를 닫았다. $V_C(0)$ 의 값은 얼마인가?

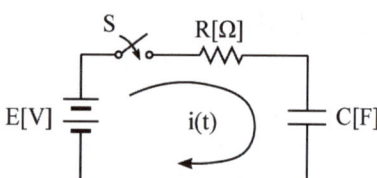

① 0
② E
③ $\frac{E}{CR}\,e^{-\frac{1}{CR}t}$
④ $\frac{E}{R}\,e^{-\frac{1}{CR}t}$

| 해설

$$V_C(0) = E\left(1 - e^{-\frac{1}{RC}t}\right) = E(1 - e^0)$$
$$= E(1-1) = 0\,[V]$$

345

$R-C$ 직렬회로의 과도현상에 대하여 옳게 설명된 것은 어느 것인가?

① RC 값이 클수록 과도 전류값은 천천히 사라진다.
② RC 값이 클수록 과도 전류값은 빨리 사라진다.
③ 과도전류는 RC 값에 관계가 있다.
④ $\frac{1}{RC}$ 의 값이 클수록 과도 전류값은 천천히 사라진다.

| 해설

시정수가 클수록 과도시간은 길어지므로 충전전류(과도전류)는 천천히 사라진다.

346

시간[sec]의 차원을 갖지 않는 것은 어느 것인가?
(단, R 은 저항, L 은 인덕턴스, C 는 커패시턴스이다.)

① RL
② RC
③ $\frac{L}{R}$
④ $\sqrt{LC}$

| 해설

L의 단자전압 $V_L = L\frac{di}{dt}$ 에서 인덕턴스
$L = \frac{V_L dt}{di}\,[\frac{V \cdot sec}{A} = \Omega \cdot sec]$이 된다.
$\therefore RL\,[\Omega \cdot \Omega \cdot sec = \Omega^2 \cdot sec]$

정답 343 ④ 344 ① 345 ① 346 ①

347

R-L 및 R-C 회로의 과도상태의 설명이다. 잘못된 것은?

① $t=0$ 일 때 C는 단락상태가 된다.
② 시정수가 크면 정상값에 빨리 도달한다.
③ $t=0$에서 L은 개방상태이다.
④ 변화하지 않는 저항만의 회로에서는 과도현상은 없다.

| 해설
시정수가 클수록 과도시간은 길어지므로 정상값에 천천히 도달한다.

348

그림과 같은 $R-L-C$ 직렬회로에서 시정수의 값이 작을수록 과도현상이 소멸되는 시간은 어떻게 되는가?

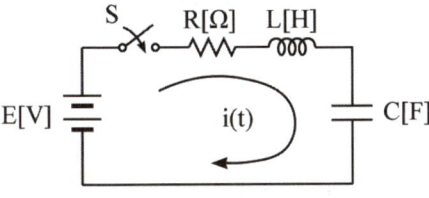

① 짧아진다.
② 관계없다.
③ 길어진다.
④ 과도상태가 없다.

349

$R-L-C$ 직렬회로에서 직류전압 인가시 $R^2 = \dfrac{4L}{C}$ 일 때의 상태는?

① 진동상태
② 비진동상태
③ 임계상태
④ 정상상태

| 해설
㉠ $R^2 < 4\dfrac{L}{C}$ 일 경우: 부족제동(진동적)
㉡ $R^2 = 4\dfrac{L}{C}$ 일 경우: 임계제동(임계적)
㉢ $R^2 > 4\dfrac{L}{C}$ 일 경우: 과제동(비진동적)

350

$R-L-C$ 직렬회로에서 회로 저항의 값이 다음의 어느 조건일 때 이 회로가 부족제동이 되었다고 하는가?

① $R = 0$
② $R > 2\sqrt{\dfrac{L}{C}}$
③ $R = 2\sqrt{\dfrac{L}{C}}$
④ $R < 2\sqrt{\dfrac{L}{C}}$

| 해설
㉠ $R^2 < 4\dfrac{L}{C}$ 일 경우: 부족제동(진동적)
㉡ $R^2 = 4\dfrac{L}{C}$ 일 경우: 임계제동(임계적)
㉢ $R^2 > 4\dfrac{L}{C}$ 일 경우: 과제동(비진동적)
∴ $R^2 < 4\dfrac{L}{C}$ → $R < 2\sqrt{\dfrac{L}{C}}$

351

$R-L-C$ 직렬회로에서 $L = 8 \times 10^{-3}$[H], $C = 2 \times 10^{-7}$[F] 이다. 임계진동이 되기 위한 R 값은?

① 0.01 [Ω]
② 100 [Ω]
③ 200 [Ω]
④ 400 [Ω]

| 해설
임계진동 조건은 $R^2 = 4\dfrac{L}{C}$ 이므로
∴ $R = \sqrt{\dfrac{4L}{C}} = \sqrt{\dfrac{4 \times 8 \times 10^{-3}}{2 \times 10^{-7}}} = 400$ [Ω]

정답 347 ② 348 ① 349 ③ 350 ④ 351 ④

352 □□□

그림의 정전용량 $C[F]$를 충전한 후 스위치 S를 닫아 이것을 방전하는 경우의 과도전류는?(단, 회로에는 저항이 없다고 가정한다.)

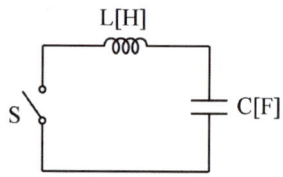

① 불변의 진동전류
② 감쇠하는 전류
③ 감쇠하는 진동전류
④ 일정치까지 증가하여 그 후 감쇠하는 전류

| 해설

㉠ 회로방정식: $L\dfrac{di(t)}{dt} + \dfrac{1}{C}\int i(t)\,dt = E$

㉡ ㉠에서 라플라스 변환: $Ls\,I(s) + \dfrac{1}{Cs}I(s) = \dfrac{E}{s}$

㉢ ㉡을 전류식으로 정리하면

$$I(s) = \dfrac{E}{s\left(Ls + \dfrac{1}{Cs}\right)}$$

$$= \dfrac{E}{Ls^2 + \dfrac{1}{C}} = \dfrac{E/L}{s^2 + \dfrac{1}{LC}}$$

$$= E\sqrt{\dfrac{C}{L}}\cdot\dfrac{\dfrac{1}{\sqrt{LC}}}{s^2 + \left(\dfrac{1}{\sqrt{LC}}\right)^2}$$

∴ ㉢을 라플라스 역변환하면 $i(t) = E\sqrt{\dfrac{C}{L}}\sin\dfrac{1}{\sqrt{LC}}t\,[A]$
가 되어 불변 진동전류가 된다.

제10장 라플라스 변환

353 □□□

함수 $f(t)$의 라플라스 변환은 어떤 식으로 정의되는가?

① $\displaystyle\int_{-\infty}^{\infty} f(t)e^{-st}\,dt$
② $\displaystyle\int_{0}^{\infty} f(-t)e^{st}\,dt$
③ $\displaystyle\int_{0}^{\infty} f(t)e^{-st}\,dt$
④ $\displaystyle\int_{0}^{\infty} f(t)e^{st}\,dt$

| 해설

㉠ 라플라스 변환 공식

$$\mathcal{L}[f(t)] = F(s) = \int_{0}^{\infty} f(t)e^{-st}\,dt$$

㉡ 라플라스 역변환 공식

$$\mathcal{L}^{-1}[F(s)] = f(t) = \dfrac{1}{2\pi j}\int_{C} F(s)e^{st}\,ds$$

354 □□□

$\displaystyle\int_{0}^{t} f(t)\,dt$를 라플라스 변환하면?

① $s^2 F(s)$
② $sF(s)$
③ $\dfrac{1}{s}F(s)$
④ $\dfrac{1}{s^2}F(s)$

| 해설

㉠ 라플라스 변환 기호: $f(t) \xrightarrow{\mathcal{L}} F(s)$

㉡ 미분 연산자: $\dfrac{df(t)}{dt} \xrightarrow{\mathcal{L}} sF(s)$

㉢ 적분 연산자: $\displaystyle\int f(t)\,dt \xrightarrow{\mathcal{L}} \dfrac{1}{s}F(s)$

정답 352 ① 353 ③ 354 ③

355

a가 상수, $t > 0$일 때 $f(t) = A e^{at}$의 라플라스 변환 $F(s)$는?

① $\dfrac{A}{s-a}$ ② $\dfrac{A}{s+a}$

③ $\dfrac{A}{s^2-a^2}$ ④ $\dfrac{A}{s^2+a^2}$

| 해설

복소추이의 정리

$\mathcal{L}[A e^{at}] = \dfrac{A}{s}\bigg|_{s=s-a} = \dfrac{A}{s-a}$

356

$e^{j\omega t}$의 라플라스 변환은?

① $\dfrac{1}{s-j\omega}$ ② $\dfrac{1}{s+j\omega}$

③ $\dfrac{1}{s^2+\omega^2}$ ④ $\dfrac{\omega}{s^2+\omega^2}$

| 해설

복소추이의 정리

$\mathcal{L}[e^{j\omega t}] = \dfrac{1}{s}\bigg|_{s=s-j\omega} = \dfrac{1}{s-j\omega}$

357

어느 함수가 $f(t) = 1 - e^{-at}$인 것을 라플라스 변환하면?

① $\dfrac{1}{s^2(s+a)}$ ② $\dfrac{a}{s(s-a)}$

③ $\dfrac{1}{s(s+a)}$ ④ $\dfrac{a}{s(s+a)}$

| 해설

$\mathcal{L}[1-e^{-at}] = \dfrac{1}{s} - \dfrac{1}{s}\bigg|_{s=s+a}$

$= \dfrac{1}{s} - \dfrac{1}{s+a} = \dfrac{s+a-s}{s(s+a)} = \dfrac{a}{s(s+a)}$

358

$f(t) = 10 t^3$의 라플라스 변환은?

① $\dfrac{60}{s^4}$ ② $\dfrac{30}{s^4}$

③ $\dfrac{10}{s^4}$ ④ $\dfrac{80}{s^4}$

| 해설

$\mathcal{L}[10 t^3] = 10 \times \dfrac{3!}{s^{3+1}} = 10 \times \dfrac{3 \times 2 \times 1}{s^4}$

$= \dfrac{60}{s^4}$

359

함수 $f(t) = t^2 e^{-3t}$의 라플라스 변환 $F(s)$은?

① $\dfrac{2}{(s-3)^2}$ ② $\dfrac{2}{(s+3)^3}$

③ $\dfrac{1}{(s+3)^3}$ ④ $\dfrac{1}{(s-3)^3}$

| 해설

$\mathcal{L}[t^2 e^{-3t}] = \dfrac{2}{s^3}\bigg|_{s=s+3} = \dfrac{2}{(s+3)^3}$

360

함수 $f(t) = \sin at$의 라플라스 변환 $F(s)$은?

① $\dfrac{s}{s^2+a^2}$ ② $\dfrac{a}{s^2+a^2}$

③ $\dfrac{s}{s^2-a^2}$ ④ $\dfrac{a}{s^2-a^2}$

| 해설

정현파, 여현파의 라플라스 변환

㉠ $\mathcal{L}[\sin \omega t] = \dfrac{\omega}{s^2+\omega^2}$

㉡ $\mathcal{L}[\cos \omega t] = \dfrac{s}{s^2+\omega^2}$

정답 355 ① 356 ① 357 ④ 358 ① 359 ② 360 ②

361

함수 $f(t) = \cos\omega t$ 의 라플라스 변환 $F(s)$ 은?

① $\dfrac{s^2}{s^2+\omega^2}$ ② $\dfrac{s}{s^2+\omega^2}$

③ $\dfrac{\omega^2}{s^2+\omega^2}$ ④ $\dfrac{\omega}{s^2+\omega^2}$

| 해설

정현파, 여현파의 라플라스변환

㉠ $\mathcal{L}[\sin\omega t] = \dfrac{\omega}{s^2+\omega^2}$

㉡ $\mathcal{L}[\cos\omega t] = \dfrac{s}{s^2+\omega^2}$

362

함수 $f(t) = 5\sin 2t$ 의 라플라스 변환 $F(s)$ 은?

① $\dfrac{10}{s^2+4}$ ② $\dfrac{10}{s^2-4}$

③ $\dfrac{5}{s^2+4}$ ④ $\dfrac{5}{s^2-4}$

| 해설

$\mathcal{L}[5\sin 2t] = 5 \times \dfrac{2}{s^2+2^2} = \dfrac{10}{s^2+4}$

363

함수 $f(t) = \sinh at$ 의 라플라스 변환 $F(s)$ 은?

① $\dfrac{s}{s^2-a}$ ② $\dfrac{s}{s^2+a}$

③ $\dfrac{a}{s^2+a^2}$ ④ $\dfrac{a}{s^2-a^2}$

| 해설

쌍곡선 함수의 라플라스 변환

㉠ $\mathcal{L}[\sinh\omega t] = \dfrac{\omega}{s^2-\omega^2}$

㉡ $\mathcal{L}[\cosh\omega t] = \dfrac{s}{s^2-\omega^2}$

364

함수 $f(t) = \cosh\omega t$ 의 라플라스 변환 $F(s)$ 은?

① $\dfrac{\omega}{s^2-\omega^2}$ ② $\dfrac{s}{s^2-\omega^2}$

③ $\dfrac{s}{s^2+\omega^2}$ ④ $\dfrac{\omega}{s^2+\omega^2}$

| 해설

쌍곡선 함수의 라플라스 변환

㉠ $\mathcal{L}[\sinh\omega t] = \dfrac{\omega}{s^2-\omega^2}$

㉡ $\mathcal{L}[\cosh\omega t] = \dfrac{s}{s^2-\omega^2}$

365

함수 $f(t) = \sin t + 2\cos t$ 의 라플라스 변환 $F(s)$ 은?

① $\dfrac{2s}{(s+1)^2}$ ② $\dfrac{2s+1}{s^2+1}$

③ $\dfrac{2s+1}{(s+1)^2}$ ④ $\dfrac{2s}{(s^2+1)^2}$

| 해설

$\mathcal{L}[\sin t + 2\cos t] = \dfrac{1}{s^2+1} + \dfrac{2s}{s^2+1}$

$= \dfrac{2s+1}{s^2+1}$

366

함수 $f(t) = 1 - \cos\omega t$ 의 라플라스 변환 $F(s)$ 은?

① $\dfrac{\omega}{s(s^2+\omega^2)}$ ② $\dfrac{s}{s(s^2+\omega^2)}$

③ $\dfrac{s^2}{s(s^2+\omega^2)}$ ④ $\dfrac{\omega^2}{s(s^2+\omega^2)}$

| 해설

$\mathcal{L}[1-\cos\omega t] = \dfrac{1}{s} - \dfrac{s}{s^2+\omega^2}$

$= \dfrac{s^2+\omega^2-s^2}{s(s^2+\omega^2)} = \dfrac{\omega^2}{s(s^2+\omega^2)}$

정답 361 ② 362 ① 363 ④ 364 ② 365 ② 366 ④

367

함수 $f(t) = \sin(\omega t + \theta)$ 의 라플라스 변환 $F(s)$ 은?

① $\dfrac{\cos\theta + \sin\theta}{s^2 + \omega^2}$ ② $\dfrac{\omega\sin\theta}{s^2 + \omega^2}$

③ $\dfrac{\omega\cos\theta}{s^2 + \omega^2}$ ④ $\dfrac{\omega\cos\theta + s\sin\theta}{s^2 + \omega^2}$

| 해설

$\sin(\omega t + \theta) = \sin\omega t \cos\theta + \cos\omega t \sin\theta$ 의 가법정리에 의해 풀이할 수 있다.

$\therefore \mathcal{L}[\sin\omega t \cos\theta + \cos\omega t \sin\theta]$
$= \dfrac{\omega\cos\theta}{s^2 + \omega^2} + \dfrac{s\sin\theta}{s^2 + \omega^2}$
$= \dfrac{\omega\cos\theta + s\sin\theta}{s^2 + \omega^2}$

368

함수 $f(t) = \sin t \cos t$ 의 라플라스 변환 $F(s)$ 은?

① $\dfrac{1}{s^2 + 4}$ ② $\dfrac{1}{s^2 + 2}$

③ $\dfrac{1}{(s+2)^2}$ ④ $\dfrac{1}{(s+4)^2}$

| 해설

㉠ $\sin(t+t) = \sin t \cos t + \cos t \sin t$
㉡ $\sin(t-t) = \sin t \cos t - \cos t \sin t$
㉢ ㉠ + ㉡ $= \sin 2t = 2\sin t \cos t$

$\therefore \mathcal{L}\left[\dfrac{1}{2}\sin 2t\right] = \dfrac{1}{2} \times \dfrac{2}{s^2 + 2^2} = \dfrac{1}{s^2 + 4}$

369

함수 $f(t) = e^{-at}\sin t \cos t$ 의 라플라스 변환 $F(s)$ 은?

① $\dfrac{1}{(s-a)^2 + 4}$ ② $\dfrac{1}{(s+a)^2 + 4}$

③ $\dfrac{2}{s^2 + 4}$ ④ $\dfrac{2}{(s-a)^2 + 4}$

| 해설

$\mathcal{L}[e^{-at}\sin t \cos t] = \mathcal{L}\left[\dfrac{1}{2}e^{-at}\sin 2t\right]$
$= \dfrac{1}{2} \times \dfrac{2}{s^2 + 2^2}\bigg|_{s=s+a} = \dfrac{1}{(s+a)^2 + 4}$

370

함수 $f(t) = e^{-at}\sin\omega t$ 의 라플라스 변환 $F(s)$ 은?

① $\dfrac{s+a}{(s+a)^2 + \omega^2}$ ② $\dfrac{s-a}{(s+a)^2 + \omega^2}$

③ $\dfrac{\omega}{(s+a)^2 + \omega^2}$ ④ $\dfrac{2\omega(s-a)}{(s+a)^2 + \omega^2}$

| 해설

$\mathcal{L}[e^{-at}\sin\omega t] = \dfrac{\omega}{s^2 + \omega^2}\bigg|_{s=s+a}$
$= \dfrac{\omega}{(s+a)^2 + \omega^2}$

371

함수 $f(t) = e^{-2t}\cos 3t$ 의 라플라스 변환 $F(s)$ 은?

① $\dfrac{s+2}{(s+2)^2 + 3^2}$ ② $\dfrac{s-2}{(s-2)^2 + 3^2}$

③ $\dfrac{s}{(s+2)^2 + 3^2}$ ④ $\dfrac{s}{(s-2)^2 + 3^2}$

| 해설

$\mathcal{L}[e^{-2t}\cos 3t] = \dfrac{s}{s^2 + 3^2}\bigg|_{s=s+2}$
$= \dfrac{s+2}{(s+2)^2 + 3^2}$

정답 367 ④ 368 ① 369 ② 370 ③ 371 ①

372 □□□

함수 $f(t) = \dfrac{d}{dt}\sin\omega t$ 의 라플라스 변환 $F(s)$ 은?

① $\dfrac{s^2}{s^2+\omega^2}$ ② $\dfrac{-s^2}{s^2+\omega^2}$

③ $\dfrac{\omega s}{s^2+\omega^2}$ ④ $\dfrac{\omega}{s^2+\omega^2}$

| 해설
실미분 정리의 일반식이
$$\mathcal{L}\left[\dfrac{d^n}{dt^n}f(t)\right] = s^n F(s) - s^{n-1}f(0_+) - s^{n-2}f'(0_+) - \cdots$$
이므로
$$\therefore \mathcal{L}\left[\dfrac{d}{dt}\sin\omega t\right] = s \times \dfrac{\omega}{s^2+\omega^2} = \dfrac{\omega s}{s^2+\omega^2}$$

373 □□□

함수 $f(t) = \dfrac{d}{dt}\cos\omega t$ 의 라플라스 변환 $F(s)$ 은?

① $\dfrac{\omega^2}{s^2+\omega^2}$ ② $\dfrac{-s^2}{s^2+\omega^2}$

③ $\dfrac{s}{s^2+\omega^2}$ ④ $\dfrac{-\omega^2}{s^2+\omega^2}$

| 해설
실미분 정리
$$\mathcal{L}\left[\dfrac{d}{dt}\cos\omega t\right] = s \times \dfrac{s}{s^2+\omega^2} - \cos 0$$
$$= \dfrac{s^2}{s^2+\omega^2} - 1 = \dfrac{-\omega^2}{s^2+\omega^2}$$

374 □□□

함수 $f(t) = t\sin\omega t$ 의 라플라스 변환 $F(s)$ 은?

① $\dfrac{\omega}{(s^2+\omega^2)^2}$ ② $\dfrac{\omega s}{(s^2+\omega^2)^2}$

③ $\dfrac{\omega^2}{(s^2+\omega^2)^2}$ ④ $\dfrac{2\omega s}{(s^2+\omega^2)^2}$

| 해설
복소미분 정리의 일반식이
$$\mathcal{L}[t^n f(t)] = (-1)^n \dfrac{d^n}{ds^n}F(s)$$ 이므로

㉠ $\mathcal{L}[t\sin\omega t] = -\dfrac{d}{ds}\dfrac{\omega}{s^2+\omega^2}$
$$= -\dfrac{0\times(s^2+\omega^2)-2s\times\omega}{(s^2+\omega^2)^2}$$
$$= \dfrac{2\omega s}{(s^2+\omega^2)^2}$$

㉡ $\mathcal{L}[t\cos\omega t] = -\dfrac{d}{ds}\dfrac{s}{s^2+\omega^2}$
$$= -\dfrac{1\times(s^2+\omega^2)-2s\times s}{(s^2+\omega^2)^2}$$
$$= \dfrac{s^2-\omega^2}{(s^2+\omega^2)^2}$$

375 □□□

자동제어계에서 중량함수(weight function)라고 불리는 것은?

① 인디셜 ② 임펄스
③ 전달함수 ④ 램프함수

| 해설
임펄스(impulse)함수 = 충격함수 = 중량함수 = 하중(weight)함수

376 □□□

그림과 같이 표시된 단위 계단함수는?

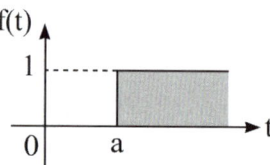

① $u(t)$ ② $u(t-a)$
③ $u(t+a)$ ④ $-u(t-a)$

정답 372 ③ 373 ④ 374 ④ 375 ② 376 ②

377 □□□
계단함수 $u(t)$ 에 상수 5를 곱해서 라플라스 변환하면?

① $\dfrac{s}{5}$ ② $\dfrac{5}{s^2}$

③ $\dfrac{5}{s-1}$ ④ $\dfrac{5}{s}$

| 해설

$5u(t) \xrightarrow{\mathcal{L}} \dfrac{5}{s}$

378 □□□
그림과 같이 표시된 단위 계단함수는?

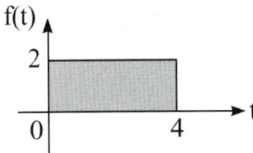

① $\dfrac{2}{s}(1-e^{4s})$ ② $\dfrac{4}{s}(1-e^{2s})$

③ $\dfrac{2}{s}(1-e^{-4s})$ ④ $\dfrac{4}{s}(1-e^{-2s})$

| 해설

함수 $f(t) = 2u(t) - 2u(t-4)$ 에서

$\therefore F(s) = \dfrac{2}{s} - \dfrac{2}{s}e^{-4s} = \dfrac{2}{s}(1-e^{-4s})$

379 □□□
그림과 같은 높이가 1인 펄스의 Laplace 변환은 어느 것인가?

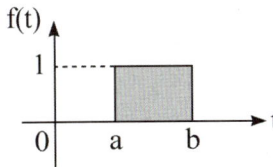

① $\dfrac{1}{s}(e^{-as} + e^{-bs})$ ② $\dfrac{1}{s}(e^{-as} - e^{-bs})$

③ $\dfrac{1}{s^2}(e^{-as} + e^{-bs})$ ④ $\dfrac{1}{s^2}(e^{-as} - e^{-bs})$

| 해설

함수 $f(t) = u(t-a) - u(t-b)$ 에서

$\therefore F(s) = \dfrac{1}{s}e^{-as} - \dfrac{1}{s}e^{-bs}$

$= \dfrac{1}{s}(e^{-as} - e^{-bs})$

380 □□□
다음과 같은 함수 $f(t)$의 라플라스 변환은?

$$t < 2 \;:\; f(t) = 0$$
$$2 \leq t \leq 4 \;:\; f(t) = 10$$
$$t > 4 \;:\; f(t) = 0$$

① $\dfrac{1}{s}(e^{-2s} + e^{-4s})$ ② $\dfrac{5}{s}(e^{-2s} - e^{-4s})$

③ $\dfrac{10}{s}(e^{-2s} - e^{-4s})$ ④ $\dfrac{10}{s}(e^{-4s} - e^{-2s})$

| 해설

㉠ 조건을 그림으로 나타내면 다음과 같다.

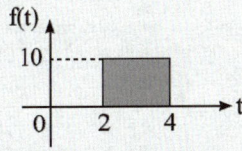

㉡ 함수는 $f(t) = 10u(t-2) - 10u(t-4)$ 이 되고 이를 라플라스 변환하면

$\therefore F(s) = \dfrac{10}{s}e^{-2s} - \dfrac{10}{s}e^{-4s}$

$= \dfrac{10}{s}(e^{-2s} - e^{-4s})$

정답 377 ④ 378 ③ 379 ② 380 ③

381 □□□

다음과 같은 파형을 단위 계단함수 $u(t)$ 로 표시하면?

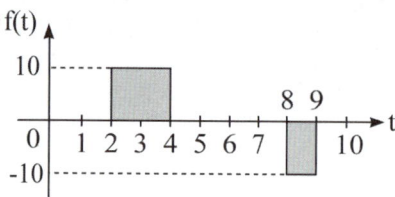

① $f(t) = 10u(t-2) + 10u(t-4) + 10u(t-8) + 10u(t-9)$
② $f(t) = 10u(t-2) - 10u(t-4) - 10u(t-8) - 10u(t-9)$
③ $f(t) = 10u(t-2) - 10u(t-4) - 10u(t-8) + 10u(t-9)$
④ $f(t) = 10u(t-2) - 10u(t-4) + 10u(t-8) - 10u(t-9)$

382 □□□

시간함수 $f(t) = u(t) - \cos\omega t$ 를 라플라스 변환을 하면?

① $\dfrac{s}{s^2+\omega^2}$
② $\dfrac{\omega^2}{s(s^2+\omega^2)}$
③ $\dfrac{s}{s(s^2-\omega^2)}$
④ $\dfrac{\omega^2}{s(s^2-\omega^2)}$

| 해설

$$\mathcal{L}[u(t) - \cos\omega t] = \frac{1}{s} - \frac{s}{s^2+\omega^2}$$
$$= \frac{s^2+\omega^2 - s^2}{s(s^2+\omega^2)} = \frac{\omega^2}{s(s^2+\omega^2)}$$

383 □□□

시간함수 $i(t) = 3u(t) + 2e^{-t}$ 일 때 라플라스 변환한 함수 $I(s)$는?

① $\dfrac{s+3}{s(s+1)}$
② $\dfrac{5s+3}{s(s+1)}$
③ $\dfrac{3s}{s^2+1}$
④ $\dfrac{5s+1}{s^2(s+1)}$

| 해설

$$\mathcal{L}[3u(t) + 2e^{-t}] = \frac{3}{s} + \frac{2}{s}\bigg|_{s=s+1}$$
$$= \frac{3}{s} + \frac{2}{s+1} = \frac{5s+3}{s(s+1)}$$

384 □□□

$\mathcal{L}[\cos(10t-30°)\,u(t)]$는?

① $\dfrac{s+1}{s^2+100}$
② $\dfrac{s+30}{s^2+100}$
③ $\dfrac{0.866s}{s^2+100}$
④ $\dfrac{0.866s+5}{s^2+100}$

| 해설

$$\mathcal{L}[\cos(10t-30°)] = \mathcal{L}[\cos10t\cos30° + \sin10t\sin30°]$$
$$= \frac{0.866s+5}{s^2+100}$$

385 □□□

그림과 같은 계단함수의 Laplace 변환은?

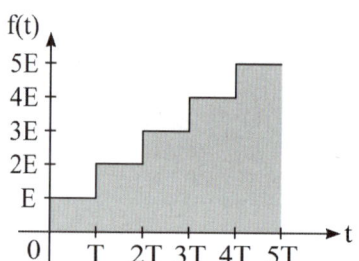

① $\dfrac{E}{1-e^{-Ts}}$
② $\dfrac{E}{s(1-e^{-Ts})}$
③ $E(1-e^{-Ts})$
④ $\dfrac{E}{s}(1-e^{-Ts})$

| 해설

$f(t) = Eu(t) + Eu(t-T) + Eu(t-2T) + Eu(t-3T) + \cdots$ 에서

정답 381 ③ 382 ② 383 ② 384 ④ 385 ②

$$\therefore F(s) = \frac{E}{s} + \frac{E}{s}e^{-Ts} + \frac{E}{s}e^{-2Ts} + \frac{E}{s}e^{-3Ts} + \cdots$$
$$= \frac{E}{s}(1 + e^{-Ts} + e^{-2Ts} + e^{-3Ts} + \cdots)$$
$$= \frac{E}{s} \times \frac{1}{1-e^{-Ts}} = \frac{E}{s(1-e^{-Ts})}$$

| 해설
함수 $f(t) = \frac{E}{T}tu(t) - \frac{E}{T}(t-T)u(t-T) - Eu(t-T)$ 에서
$$\therefore F(s) = \frac{E}{Ts^2} - \frac{E}{Ts^2}e^{-Ts} - \frac{E}{s}e^{-Ts}$$
$$= \frac{E}{Ts^2}(1 - e^{-Ts} - Tse^{-Ts})$$

386 □□□
다음 파형의 라플라스 변환은?

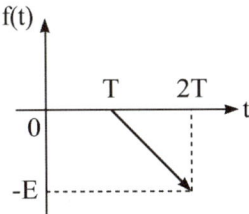

① $\dfrac{E}{Ts}e^{-Ts}$ ② $-\dfrac{E}{Ts}e^{-Ts}$

③ $-\dfrac{E}{Ts^2}e^{-Ts}$ ④ $\dfrac{E}{Ts^2}e^{-Ts}$

| 해설
함수 $f(t) = -\dfrac{E}{T}(t-T)u(t-T)$ 에서
$$\therefore F(s) = -\frac{E}{Ts^2}e^{-Ts}$$

387 □□□
그림과 같은 톱니파의 라플라스 변환은?

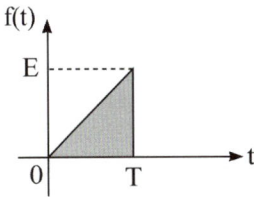

① $\dfrac{E}{Ts}(1-e^{-Ts})$

② $\dfrac{E}{Ts}(1-e^{-Ts} - Tse^{-Ts})$

③ $\dfrac{E}{Ts^2}(1-e^{-Ts})$

④ $\dfrac{E}{Ts^2}(1-e^{-Ts} - Tse^{-Ts})$

388 □□□
그림과 같은 삼각파의 라플라스 변환은?

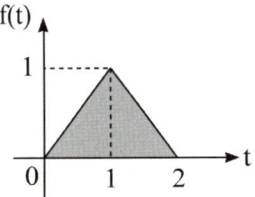

① $1 - 2e^s + e^{-2s}$

② $s(1 - 2e^{-s} + e^{-2s})$

③ $\dfrac{(1-2e^{-s} + e^{-2s})}{s}$

④ $\dfrac{(1-2e^{-s} + e^{-2s})}{s^2}$

| 해설
함수 $f(t) = tu(t) - 2(t-1)u(t-1) + (t-2)u(t-2)$ 에서
$$\therefore F(s) = \frac{1}{s^2} - \frac{2}{s^2}e^{-s} + \frac{1}{s^2}e^{-2s}$$
$$= \frac{1}{s^2}(1 - 2e^{-s} + e^{-2s})$$

정답 386 ③ 387 ④ 388 ④

389 □□□
그림과 같은 반파 정현파의 라플라스(Laplace) 변환은?

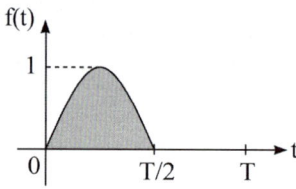

① $\dfrac{s}{s^2+\omega^2}\left(1+e^{-\frac{Ts}{2}}\right)$

② $\dfrac{\omega}{s^2+\omega^2}\left(1+e^{-\frac{Ts}{2}}\right)$

③ $\dfrac{s}{s^2+\omega^2}\left(1+e^{\frac{Ts}{2}}\right)$

④ $\dfrac{\omega}{s^2+\omega^2}\left(1+e^{\frac{Ts}{2}}\right)$

| 해설

함수 $f(t)=\sin\omega t+\sin\omega\left(t-\dfrac{T}{2}\right)$ 에서

$\therefore F(s)=\dfrac{\omega}{s^2+\omega^2}+\dfrac{\omega}{s^2+\omega^2}e^{-\frac{Ts}{2}}$

$=\dfrac{\omega}{s^2+\omega^2}\left(1+e^{-\frac{Ts}{2}}\right)$

390 □□□
시간 구간 a, 진폭 $\dfrac{1}{a}$ 인 단위 펄스에서 $a\to 0$ 에 접근할 때의 단위 충격함수에 대한 Laplace 변환은?

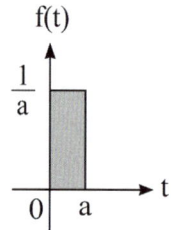

① a ② 1
③ 0 ④ $\dfrac{1}{a}$

| 해설
문제와 같이 폭 a, 높이 $\dfrac{1}{a}$, 면적이 1인 파형에 대해서 $a\to 0$ 으로 한 극한 파형을 단위 임펄스 함수라 하고, $\delta(t)$ 로 표시한다.

$\therefore \mathcal{L}[\delta(t)]=\mathcal{L}\left[\dfrac{du(t)}{dt}\right]=1$

391 □□□
$f(t)=\delta(t)-be^{-bt}$ 의 라플라스 변환은?
(단, $\delta(t)$ 는 임펄스 함수이다.)

① $\dfrac{b}{s+b}$ ② $\dfrac{s(1-b)+5}{s(s+b)}$

③ $\dfrac{1}{s(s+b)}$ ④ $\dfrac{s}{s+b}$

| 해설

$\mathcal{L}[\delta(t)-be^{-bt}]=1-\dfrac{b}{s}\bigg|_{s=s+b}$

$=1-\dfrac{b}{s+b}=\dfrac{s+b}{s+b}-\dfrac{b}{s+b}=\dfrac{s}{s+b}$

392 □□□
어떤 제어계의 출력 $C(s)=\dfrac{3s+2}{s(s^2+s+3)}$ 일 때 출력의 시간함수 $c(t)$ 의 정상치는?

① 2 ② 3
③ $\dfrac{3}{2}$ ④ $\dfrac{2}{3}$

| 해설
최종값(정상값 = 목표값)

$\lim_{t\to\infty}c(t)=\lim_{s\to 0}sC(s)=\lim_{s\to 0}\dfrac{3s+2}{s^2+s+3}=\dfrac{2}{3}$

정답 389 ② 390 ② 391 ④ 392 ④

393

$F(s) = \dfrac{5s+3}{s(s+1)}$ 의 정상치 $f(\infty)$ 는?

① 3
② -3
③ 2
④ -2

| 해설
최종값(정상값 = 목표값)
$\lim\limits_{t\to\infty} f(t) = \lim\limits_{s\to 0} sF(s) = \lim\limits_{s\to 0}\dfrac{5s+3}{s+1} = 3$

394

어떤 회로에서 가지 전류 $i(t)$ 의 라플라스 변환을 구하였더니, $I(s) = \dfrac{2s+5}{(s+1)(s+2)}$ 로 주어졌다. $t=\infty$ 에서의 전류 $i(\infty)$ 를 구하면?

① 2.5
② 0
③ 5
④ ∞

| 해설
최종값(정상값 = 목표값)
$\lim\limits_{t\to\infty} i(t) = \lim\limits_{s\to 0} sI(s) = \lim\limits_{s\to 0} s\times \dfrac{2s+5}{(s+1)(s+2)} = 0$

395

$I(s) = \dfrac{12}{2s(s+6)}$ 일 때 전류의 초기값 $i(0^+)$ 은?

① 6
② 2
③ 1
④ 0

| 해설
초기값: $i(0^+) = \lim\limits_{t\to 0} i(t) = \lim\limits_{s\to\infty} sI(s)$
$= \lim\limits_{s\to\infty}\dfrac{6}{s+6} = \dfrac{6}{\infty} = 0$

396

$I(s) = \dfrac{12(s+8)}{4s(s+6)}$ 일 때 전류의 초기값 $i(0^+)$ 를 구하면?

① 4
② 3
③ 2
④ 1

| 해설
$\lim\limits_{t\to 0} i(t) = \lim\limits_{s\to\infty} sI(s) = \lim\limits_{s\to\infty}\dfrac{12(s+8)}{4(s+6)}$
$= \lim\limits_{s\to\infty}\dfrac{12+\dfrac{96}{s}}{4+\dfrac{24}{s}} = \dfrac{12}{4} = 3$

397

계통방정식이 $\dfrac{d\omega}{dt} + 5\omega = 20$ 일 때, 정상값 ω 은 얼마인가?

① 0
② 1
③ 2
④ 4

| 해설
㉠ 방정식을 라플라스 변환하면
$s\omega(s) + 5\omega(s) = \dfrac{20}{s}$ 가 되어
$\omega(s) = \dfrac{20}{s(s+5)}$ 가 된다.
∴ $\lim\limits_{t\to\infty}\omega(t) = \lim\limits_{s\to 0} s\omega(s) = \lim\limits_{s\to 0}\dfrac{20}{s+5} = 4$

398

$F(s) = \dfrac{10}{s+3}$ 을 역라플라스 변환하면?

① $f(t) = 10\,e^{3t}$
② $f(t) = 10\,e^{-3t}$
③ $f(t) = 10\,e^{\frac{t}{3}}$
④ $f(t) = 10\,e^{-\frac{t}{3}}$

| 해설
$\mathcal{L}^{-1}\left[\dfrac{10}{s+3}\right] = \mathcal{L}^{-1}\left[\dfrac{10}{s}\bigg|_{s=s+3}\right] = 10\,e^{-3t}$

정답 393 ① 394 ② 395 ④ 396 ② 397 ④ 398 ②

399

$F(s) = \dfrac{8}{s^3} + \dfrac{3}{s+2}$ 의 역라플라스 변환은?

① $(3t^2 + 3e^{-2t})\,u(t)$ ② $(4t^2 + 3e^{-2t})\,u(t)$
③ $(8t^2 - 3e^{-2t})\,u(t)$ ④ $(8t^2 + 3e^{-2t})\,u(t)$

| 해설

$$\mathcal{L}^{-1}\left[\dfrac{8}{s^3} + \dfrac{3}{s+2}\right] = \mathcal{L}^{-1}\left[4 \times \dfrac{2}{s^3} + \dfrac{3}{s+2}\right]$$
$$= (4t^2 + 3e^{-2t})\,u(t)$$

400

$F(s) = \dfrac{1}{s^2 + a^2}$ 을 역라플라스 변환하면?

① $\sin at$ ② $\dfrac{1}{a}\sin at$
③ $\cos at$ ④ $\dfrac{1}{a}\cos at$

| 해설

$$\mathcal{L}^{-1}\left[\dfrac{1}{s^2 + a^2}\right] = \mathcal{L}^{-1}\left[\dfrac{1}{a} \times \dfrac{a}{s^2 + a^2}\right] = \dfrac{1}{a}\sin at$$

401

$F(s) = \dfrac{s\sin\theta + \omega\cos\theta}{s^2 + \omega^2}$ 의 역라플라스 변환하면?

① $\sin(\omega t - \theta)$ ② $\sin(\omega t + \theta)$
③ $\cos(\omega t - \theta)$ ④ $\cos(\omega t + \theta)$

| 해설

$F(s) = \dfrac{s\sin\theta + \omega\cos\theta}{s^2 + \omega^2}$
$\quad = \dfrac{s}{s^2 + \omega^2}\sin\theta + \dfrac{\omega}{s^2 + \omega^2}\cos\theta$

에서 라플라스 역변환하면
$\therefore f(t) = \cos\omega t \sin\theta + \sin\omega t \cos\theta$
$\quad = \sin\omega t \cos\theta + \cos\omega t \sin\theta$
$\quad = \sin(\omega t + \theta)$

402

$F(s) = \dfrac{1}{(s+5)^2 + 1}$ 을 역라플라스 변환하면?

① $e^{-5t}\sin t$ ② $e^{-t}\sin 5t$
③ $e^{-t}\cos 5t$ ④ $e^{-5t}\cos 5t$

| 해설

$$\mathcal{L}^{-1}\left[\dfrac{1}{(s+5)^2 + 1}\right] = \mathcal{L}^{-1}\left[\dfrac{1}{s^2 + 1^2}\bigg|_{s=s+5}\right]$$
$$= e^{-5t}\sin t$$

403

$f(t) = \mathcal{L}^{-1}\left[\dfrac{1}{s^2 + 6s + 10}\right]$ 의 값은 얼마인가?

① $e^{-3t}\sin t$ ② $e^{-3t}\cos t$
③ $e^{-t}\sin 5t$ ④ $e^{-t}\sin 5\omega t$

| 해설

$$\mathcal{L}^{-1}\left[\dfrac{1}{s^2 + 6s + 10}\right] = \mathcal{L}^{-1}\left[\dfrac{1}{(s+3)^2 + 1}\right]$$
$$= \mathcal{L}^{-1}\left[\dfrac{1}{s^2 + 1^2}\bigg|_{s=s+3}\right] = e^{-3t}\sin t$$

404

$F(s) = \dfrac{3s + 8}{s^2 + 9}$ 의 역라플라스 변환은?

① $3\cos 3t - \dfrac{8}{3}\sin 3t$ ② $3\sin 3t + \dfrac{8}{3}\cos 3t$
③ $3\cos 3t + \dfrac{8}{3}\sin t$ ④ $3\cos 3t + \dfrac{8}{3}\sin 3t$

| 해설

$$\mathcal{L}^{-1}\left[\dfrac{3s+8}{s^2+9}\right] = \mathcal{L}^{-1}\left[\dfrac{3s}{s^2+3^2} + \dfrac{8}{s^2+3^2}\right]$$
$$= \mathcal{L}^{-1}\left[3 \times \dfrac{s}{s^2+3^2} + \dfrac{8}{3} \times \dfrac{3}{s^2+3^2}\right]$$
$$= 3\cos 3t + \dfrac{8}{3}\sin 3t$$

정답 399 ② 400 ② 401 ② 402 ① 403 ① 404 ④

405

$\mathcal{L}^{-1}\left[\dfrac{1}{s^2+2s+5}\right]$ 의 값은?

① $e^{-t}\sin 2t$
② $\dfrac{1}{2}e^{-t}\sin t$
③ $\dfrac{1}{2}e^{-t}\sin 2t$
④ $e^{-t}\sin t$

| 해설

$$\mathcal{L}^{-1}\left[\dfrac{1}{s^2+2s+5}\right] = \mathcal{L}^{-1}\left[\dfrac{1}{(s+1)^2+2^2}\right]$$
$$= \mathcal{L}^{-1}\left[\dfrac{1}{2}\times\dfrac{2}{s^2+2^2}\bigg|_{s=s+1}\right]$$
$$= \dfrac{1}{2}e^{-t}\sin 2t$$

406

$\mathcal{L}^{-1}\left[\dfrac{s}{(s+1)^2}\right]$ 의 값은?

① $e^{-t}-t\,e^{-t}$
② $e^{-t}+2t\,e^{-t}$
③ $e^{t}-t\,e^{-t}$
④ $e^{-t}+t\,e^{-t}$

| 해설

$$\mathcal{L}^{-1}\left[\dfrac{s}{(s+1)^2}\right] = \mathcal{L}^{-1}\left[\dfrac{s+1-1}{(s+1)^2}\right]$$
$$= \mathcal{L}^{-1}\left[\dfrac{s+1}{(s+1)^2}-\dfrac{1}{(s+1)^2}\right]$$
$$= \mathcal{L}^{-1}\left[\dfrac{1}{s+1}-\dfrac{1}{(s+1)^2}\right]$$
$$= \mathcal{L}^{-1}\left[\dfrac{1}{s+1}-\dfrac{1}{s^2}\bigg|_{s=s+1}\right]$$
$$= e^{-t}-te^{-t}$$

407

$F(s)=\dfrac{1}{s(s+a)}$ 의 역라플라스 변환하면?

① $1-e^{-at}$
② $a(1-e^{-at})$
③ $\dfrac{1}{a}(1-e^{-at})$
④ e^{-at}

| 해설

㉠ $F(s)=\dfrac{1}{s(s+a)}=\dfrac{A}{s}+\dfrac{B}{s+a}\xrightarrow{\mathcal{L}^{-1}} A+Be^{-at}$
에서 미지수 A, B는 다음과 같다.

㉡ $A=\lim\limits_{s\to 0}sF(s)=\lim\limits_{s\to 0}\dfrac{1}{s+a}=\dfrac{1}{a}$

㉢ $B=\lim\limits_{s\to -a}(s+a)F(s)=\lim\limits_{s\to -a}\dfrac{1}{s}=-\dfrac{1}{a}$

∴ 함수: $f(t)=A+Be^{-at}=\dfrac{1}{a}(1-e^{-at})$

408

$F(s)=\dfrac{2s+3}{s^2+3s+2}$ 의 역라플라스 변환은?

① $e^{-t}+e^{-2t}$
② $e^{-t}-e^{-2t}$
③ $e^{t}-2e^{-2t}$
④ $e^{-t}+2e^{-2t}$

| 해설

㉠ $F(s)=\dfrac{2s+3}{s^2+3s+2}=\dfrac{2s+3}{(s+1)(s+2)}$
$\xrightarrow{\mathcal{L}^{-1}} Ae^{-t}+Be^{-2t}$

에서 미지수 A, B는 다음과 같다.

㉡ $A=\lim\limits_{s\to -1}(s+1)F(s)=\lim\limits_{s\to -1}\dfrac{2s+3}{s+2}$
$=\dfrac{-2+3}{-1+2}=1$

㉢ $B=\lim\limits_{s\to -2}(s+2)F(s)=\lim\limits_{s\to -2}\dfrac{2s+3}{s+1}$
$=\dfrac{-4+3}{-2+1}=1$

∴ 함수: $f(t)=Ae^{-t}+Be^{-2t}=e^{-t}+e^{-2t}$

정답 405 ③ 406 ① 407 ③ 408 ①

409

$F(s) = \dfrac{2}{(s+1)(s+3)}$ 의 역라플라스 변환은?

① $e^{-t} - e^{-3t}$ ② $e^{t} - e^{2t}$
③ $e^{t} - e^{3t}$ ④ $e^{t} - e^{-3t}$

| 해설

㉠ $F(s) = \dfrac{2}{(s+1)(s+3)} = \dfrac{A}{s+1} + \dfrac{B}{s+3}$

$\xrightarrow{\mathcal{L}^{-1}} A e^{-t} + B e^{-3t}$

㉡ $A = \lim\limits_{s \to -1}(s+1)F(s) = \lim\limits_{s \to -1}\dfrac{2}{s+3} = 1$

㉢ $B = \lim\limits_{s \to -3}(s+3)F(s) = \lim\limits_{s \to -3}\dfrac{2}{s+1} = -1$

∴ 함수: $f(t) = Ae^{-t} + Be^{-3t} = e^{-t} - e^{-3t}$

410

$F(s) = \dfrac{6s+2}{s(6s+1)}$ 의 역라플라스 변환은?

① $4 - e^{-\frac{1}{6}t}$ ② $2 - e^{-\frac{1}{6}t}$
③ $4 - e^{-\frac{1}{3}t}$ ④ $2 - e^{-\frac{1}{3}t}$

| 해설

㉠ $F(s) = \dfrac{s+\frac{1}{3}}{s\left(s+\frac{1}{6}\right)} = \dfrac{A}{s} + \dfrac{B}{s+\frac{1}{6}}$

$\xrightarrow{\mathcal{L}^{-1}} A + Be^{-\frac{1}{6}t}$

㉡ $A = \lim\limits_{s \to 0}sF(s) = \lim\limits_{s \to 0}\dfrac{s+\frac{1}{3}}{s+\frac{1}{6}} = 2$

㉢ $B = \lim\limits_{s \to -\frac{1}{6}}\left(s+\frac{1}{6}\right)F(s) = \lim\limits_{s \to -\frac{1}{6}}\dfrac{s+\frac{1}{3}}{s} = -1$

∴ 함수: $f(t) = A + Be^{-\frac{1}{6}t} = 2 - e^{-\frac{1}{6}t}$

411

미분방정식이 $\dfrac{di(t)}{dt} + 2i(t) = 1$ 일 때 $i(t)$ 는?
(단, $t = 0$ 에서 $i(0) = 0$ 이다.)

① $\dfrac{1}{2}(1+e^{-2t})$ ② $\dfrac{1}{2}(1-e^{-2t})$
③ $\dfrac{1}{2}(1+e^{-t})$ ④ $\dfrac{1}{2}(1-e^{-t})$

| 해설

㉠ $\dfrac{di(t)}{dt} + 2i(t) = \dfrac{di(t)}{dt} + 2i(t) = 1 \xrightarrow{\mathcal{L}}$

$sI(s) + 2I(s) = I(s)(s+2) = \dfrac{1}{s}$

㉡ $I(s) = \dfrac{1}{s(s+2)} = \dfrac{A}{s} + \dfrac{B}{s+2} \xrightarrow{\mathcal{L}^{-1}} A + Be^{-2t}$

㉢ $A = \lim\limits_{s \to 0}sI(s) = \lim\limits_{s \to 0}\dfrac{1}{s+2} = \dfrac{1}{2}$

㉣ $B = \lim\limits_{s \to -2}(s+2)I(s) = \lim\limits_{s \to -2}\dfrac{1}{s} = -\dfrac{1}{2}$

∴ $i(t) = A + Be^{-2t} = \dfrac{1}{2}(1-e^{-2t})$ [A]

제11장 전달함수(전기산업기사)

412

전달함수의 성질 중 틀린 것은?

① 어떤 계의 전달함수는 그 계에 대한 임펄스 응답의 라플라스 변환과 같다.
② 전달함수 $G(s)$ 인 계의 입력이 임펄스 함수(δ 함수)이고 모든 초기치가 0이면 그 계의 출력변환은 $G(s)$ 와 같다.
③ 계의 전달함수는 계의 미분방정식을 라플라스 변환하고 초기치에 의하여 생긴 항을 무시하면 $G(s) = \mathcal{L}^{-1}\left[\dfrac{Y^2}{X^2}\right]$ 와 같이 얻어진다.
④ 계 전달함수의 분모를 0으로 놓으면 이것이 곧 특성방정식이 된다.

정답 409 ① 410 ② 411 ② 412 ③

| 해설

전달함수의 정의
모든 초기값을 0으로 했을 때 입력변수의 라플라스 변환과 출력 변수의 라플라스 변환의 비를 의미한다.

$$\therefore G(s) = \frac{C(s)}{R(s)} = \frac{Y(s)}{X(s)} = \frac{V_o(s)}{V_i(s)}$$

| 해설

$$G(s) = \frac{E_o(s)}{E_i(s)} = \frac{I(s)R}{I(s)(Ls+R)} = \frac{R}{Ls+R}$$
$$= \frac{1}{\frac{L}{R}s+1} = \frac{1}{Ts+1}$$

413 □□□

그림에서 전달함수 $G(s)$ 는?

R(s) → G(s) → C(s)

① $\dfrac{R(s)}{C(s)}$ ② $\dfrac{C(s)}{R(s)}$

③ $R(s) \cdot C(s)$ ④ $\dfrac{C^2(s)}{R(s)}$

| 해설

전달함수의 정의
모든 초기값을 0으로 했을 때 입력변수의 라플라스 변환과 출력 변수의 라플라스 변환의 비를 의미한다.

$$\therefore G(s) = \frac{\mathcal{L}[c(t)]}{\mathcal{L}[r(t)]} = \frac{C(s)}{R(s)}$$

415 □□□

그림과 같은 $R-L$ 회로에서 전달함수는?

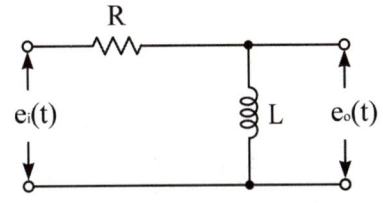

① $\dfrac{L}{R+Ls}$ ② $\dfrac{1}{R+Ls}$

③ $\dfrac{1}{s+\dfrac{R}{L}}$ ④ $\dfrac{s}{s+\dfrac{R}{L}}$

| 해설

전달함수: $G(s) = \dfrac{E_o(s)}{E_i(s)} = \dfrac{Z_o(s)}{Z_i(s)}$

$$= \frac{Ls}{R+Ls} = \frac{s}{s+\dfrac{R}{L}}$$

414 □□□

그림과 같은 회로의 전달함수는?

(단, $\dfrac{L}{R} = T$: 시정수이다.)

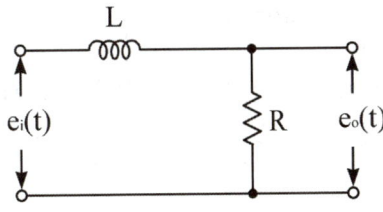

① $Ts^2 + 1$ ② $\dfrac{1}{Ts+1}$

③ $Ts + 1$ ④ $\dfrac{1}{Ts^2+1}$

정답 413 ② 414 ② 415 ④

416 □□□
다음 회로에서 $V_1(s)$를 입력, $V_2(s)$를 출력이라 할 때 전달함수가 $\dfrac{1}{s+1}$이 되려면 $C[\text{F}]$의 값은?

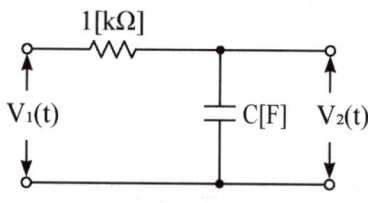

① 1
② 0.1
③ 0.01
④ 0.001

| 해설

㉠ 전달함수: $G(s) = \dfrac{V_2(s)}{V_1(s)} = \dfrac{Z_o(s)}{Z_i(s)}$

$= \dfrac{\frac{1}{Cs}}{R + \frac{1}{Cs}} = \dfrac{1}{RCs+1}$

㉡ $RC = 1$이 되려면 정전용량은

$\therefore C = \dfrac{1}{R} = \dfrac{1}{10^3} = 0.001\,[\text{F}]$

417 □□□
다음 그림과 같은 회로의 전달함수는?

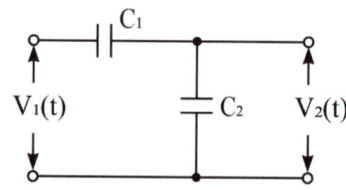

① $C_1 + C_2$
② $\dfrac{C_2}{C_1}$
③ $\dfrac{C_1}{C_1 + C_2}$
④ $\dfrac{C_2}{C_1 + C_2}$

| 해설

$G(s) = \dfrac{\frac{1}{C_2 s}}{\frac{1}{C_1 s} + \frac{1}{C_2 s}} = \dfrac{\frac{1}{C_2}}{\frac{1}{C_1} + \frac{1}{C_2}} = \dfrac{C_1}{C_1 + C_2}$

418 □□□
그림과 같은 회로의 전압비 전달함수 $V_2(s)/V_1(s)$는?

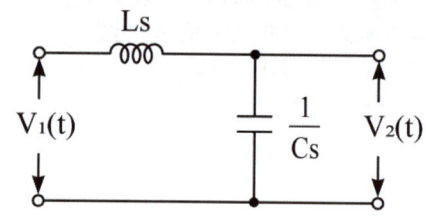

① $\dfrac{LCs}{s^2 + LC}$
② $\dfrac{\frac{1}{LCs}}{s^2 + LC}$
③ $\dfrac{\frac{1}{LC}}{s^2 + \frac{1}{LC}}$
④ $\dfrac{\frac{1}{LC}}{s^2 + LC}$

| 해설

$G(s) = \dfrac{V_2(s)}{V_1(s)} = \dfrac{Z_o(s)}{Z_i(s)} = \dfrac{\frac{1}{Cs}}{Ls + \frac{1}{Cs}}$

$= \dfrac{1}{LCs^2 + 1} = \dfrac{\frac{1}{LC}}{s^2 + \frac{1}{LC}}$

419 □□□
그림의 전기회로에서 전달함수 $\dfrac{E_2(s)}{E_1(s)}$는?

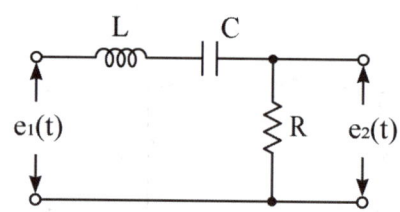

① $\dfrac{LRs}{LCs^2 + RCs + 1}$
② $\dfrac{Cs}{LCs^2 + RCs + 1}$
③ $\dfrac{RCs}{LCs^2 + RCs + 1}$
④ $\dfrac{LRCs}{LCs^2 + RCs + 1}$

정답 416 ④ 417 ③ 418 ③ 419 ③

| 해설

$$G(s) = \frac{E_2(s)}{E_1(s)} = \frac{Z_o(s)}{Z_i(s)}$$
$$= \frac{R}{Ls + \frac{1}{Cs} + R} = \frac{RCs}{LCs^2 + RCs + 1}$$

420 □□□

회로에서의 전압비 전달함수 $\dfrac{E_o(s)}{E_i(s)}$ 는?

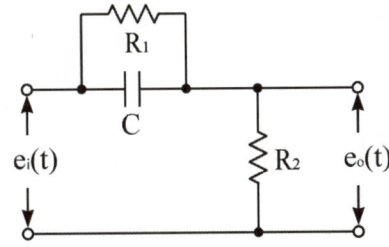

① $\dfrac{R_1 + Cs}{R_1 + R_2 + Cs}$

② $\dfrac{R_2 + Cs}{R_1 + R_2 + Cs}$

③ $\dfrac{R_1 + R_1 R_2 Cs}{R_1 + R_2 + R_1 R_2 Cs}$

④ $\dfrac{R_2 + R_1 R_2 Cs}{R_1 + R_2 + R_1 R_2 Cs}$

| 해설

$$G(s) = \frac{E_o(s)}{E_i(s)} = \frac{Z_o(s)}{Z_i(s)}$$
$$= \frac{R_2}{R_2 + \frac{R_1 \times \frac{1}{Cs}}{R_1 + \frac{1}{Cs}}} = \frac{R_2}{R_2 + \frac{R_1}{R_1 Cs + 1}}$$
$$= \frac{R_2 \times (1 + R_1 Cs)}{\left(R_2 + \frac{R_1}{R_1 Cs + 1}\right) \times (1 + R_1 Cs)}$$
$$= \frac{R_2 + R_1 R_2 Cs}{R_2 + R_1 R_2 Cs + R_1}$$
$$= \frac{(1 + R_1 Cs) R_2}{R_1 + R_2 + R_1 R_2 Cs}$$

421 □□□

그림과 같은 LC 브리지 회로의 전달함수 $G(s)$는?

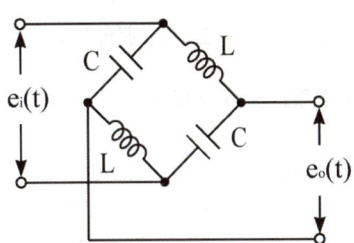

① $\dfrac{1}{1 + LCs^2}$

② $\dfrac{Ls}{1 + LCs^2}$

③ $\dfrac{LCs}{1 + LCs^2}$

④ $\dfrac{1 - LCs^2}{1 + LCs^2}$

| 해설

$$G(s) = \frac{E_o(s)}{E_i(s)} = \frac{\frac{1}{Cs} - Ls}{\frac{1}{Cs} + Ls} = \frac{1 - LCs^2}{1 + LCs^2}$$

422 □□□

그림과 같은 LC 브리지 회로의 전달함수 $G(s)$는?

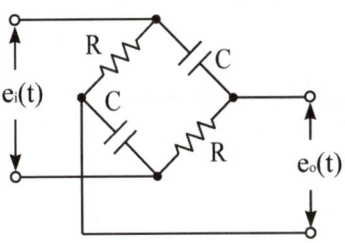

① $\dfrac{RCs - 1}{RCs + 1}$

② $\dfrac{1}{RCs + 1}$

③ $\dfrac{RCs + 1}{RCs + 1}$

④ $\dfrac{1}{RCs - 1}$

| 해설

$$G(s) = \frac{E_o(s)}{E_i(s)} = \frac{R - \frac{1}{Cs}}{R + \frac{1}{Cs}} = \frac{RCs - 1}{RCs + 1}$$

정답 420 ④ 421 ④ 422 ①

423

그림과 같은 R, L, C 회로에서 입력전압 $e_i(t)$, 출력전류가 $i(t)$인 경우 이 회로의 전달함수 $\dfrac{I(s)}{E_i(s)}$는?
(단, 모든 초기조건은 0 이다.)

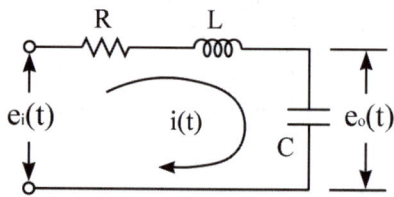

① $\dfrac{Cs}{RCs^2+LCs+1}$ ② $\dfrac{1}{RCs^2+LCs+1}$

③ $\dfrac{Cs}{LCs^2+RCs+1}$ ④ $\dfrac{1}{LCs^2+RCs+1}$

| 해설
㉠ 회로방정식
$$e_i(t) = Ri(t) + L\dfrac{di(t)}{dt} + \dfrac{1}{C}\int i(t)\, dt$$
㉡ 라플라스 변환하면
$$E_i(s) = RI(s) + LsI(s) + \dfrac{1}{Cs}I(s)$$
$$= I(s)\left(R+Ls+\dfrac{1}{Cs}\right)$$
∴ 전달함수
$$G(s) = \dfrac{I(s)}{E_i(s)} = \dfrac{1}{R+Ls+\dfrac{1}{Cs}}$$
$$= \dfrac{Cs}{LCs^2+RCs+1}$$

424

그림과 같은 회로에서 전달함수 $\dfrac{E_o(s)}{I(s)}$는 얼마인가?
(단, 초기조건은 모두 0으로 한다.)

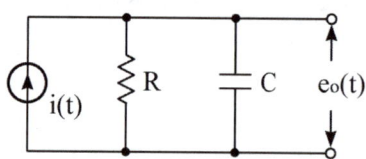

① $\dfrac{1}{RCs+1}$ ② $\dfrac{R}{RCs+1}$

③ $\dfrac{C}{RCs+1}$ ④ $\dfrac{RCs}{RCs+1}$

| 해설
$$G(s) = \dfrac{E_o(s)}{I(s)} = \dfrac{I(s)Z_o(s)}{I(s)} = Z_o(s)$$
$$= \dfrac{R\times\dfrac{1}{Cs}}{R+\dfrac{1}{Cs}} = \dfrac{R}{RCs+1}$$

425

그림과 같은 회로에서 전달함수 $\dfrac{E_o(s)}{I(s)}$는?

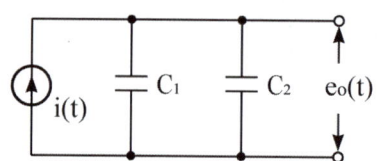

① $\dfrac{1}{s(C_1+C_2)}$ ② $\dfrac{C_1C_2}{C_1+C_2}$

③ $\dfrac{C_1}{s(C_1+C_2)}$ ④ $\dfrac{C_2}{s(C_1+C_2)}$

| 해설
$$G(s) = \dfrac{E_o(s)}{I(s)} = \dfrac{I(s)Z_o(s)}{I(s)} = Z_o(s)$$
$$= \dfrac{1}{Cs} = \dfrac{1}{(C_1+C_2)s}$$

정답   423 ③   424 ②   425 ①

426

어떤 계를 표시하는 미분방정식이 아래와 같을 때, $x(t)$를 입력, $y(t)$를 출력이라고 한다면 이 계의 전달함수는 어떻게 표시되는가?

$$\frac{d^2y(t)}{dt^2}+3\frac{dy(t)}{dt}+2y(t)=\frac{dx(t)}{dt}+x(t)$$

① $G(s) = \dfrac{s^2+3s+2}{s+1}$

② $G(s) = \dfrac{2s^2+3s+2}{s^2+1}$

③ $G(s) = \dfrac{s+1}{s^2+3s+2}$

④ $G(s) = \dfrac{s^2+s+1}{2s+1}$

|해설

㉠ 미분방정식을 라플라스 변환하면
$s^2 Y(s) + 3s Y(s) + 2 Y(s) = s X(s) + X(s)$

㉡ $Y(s)(s^2+3s+2) = X(s)(s+1)$

∴ 전달함수
$$G(s) = \frac{Y(s)}{X(s)} = \frac{s+1}{s^2+3s+2}$$

427

$\dfrac{X(s)}{R(s)} = \dfrac{1}{s+4}$ 의 전달함수를 미분방정식으로 표시하면?

① $\dfrac{d}{dt}r(t)+4r(t)=x(t)$

② $\int r(t)dt + 4r(t) = x(t)$

③ $\dfrac{d}{dt}x(t)+4x(t)=r(t)$

④ $\int r(t)dt + 4x(t) = r(t)$

|해설

문제의 전달함수를 정리하면
$(s+4)X(s) = R(s)$, $sX(s) + 4X(s) = R(s)$ 이 되고
이를 역라플라스 변환하면

∴ 미분방정식: $\dfrac{d}{dt}x(t) + 4x(t) = r(t)$

428

어떤 제어계의 전달함수가 $G(s) = \dfrac{2s+1}{s^2+s+1}$ 로 표시될 때, 이 계에 입력 $x(t)$를 가했을 경우 출력 $y(t)$를 구하는 미분방정식으로 알맞은 것은?

① $\dfrac{d^2y(t)}{dt^2} + \dfrac{dy(t)}{dt} + y = 2\dfrac{dy(t)}{dx} + x(t)$

② $\dfrac{d^2y(t)}{dt^2} + \dfrac{dy(t)}{dt} + y(t) = 2\dfrac{dx(t)}{dt} + x(t)$

③ $\dfrac{d^2y(t)}{dt} + \dfrac{dy(t)}{dt} + y(t) = 2\dfrac{dx(t)}{dt} + x(t)$

④ $\dfrac{d^2y(t)}{dt} + \dfrac{dy(t)}{dx} + y(t) = 2\dfrac{dx(t)}{dt} + x(t)$

|해설

전달함수 $G(s) = \dfrac{Y(s)}{X(s)} = \dfrac{2s+1}{s^2+s+1}$ 에서 이를 정리하면

$Y(s)(s^2+s+1) = X(s)(2s+1)$,
$s^2 Y(s) + s Y(s) + Y(s) = 2s X(s) + X(s)$
이므로 이를 역라플라스 변환하면

∴ 미분방정식
$$\frac{d^2y(t)}{dt^2} + \frac{dy(t)}{dt} + y(t) = 2\frac{dx(t)}{dt} + x(t)$$

429

다음 사항을 옳게 표현된 것은?

① 비례요소의 전달함수는 $\dfrac{1}{Ts}$ 이다.

② 미분요소의 전달함수는 K 이다.

③ 적분요소의 전달함수는 Ts 이다.

④ 1차 지연요소의 전달함수는 $\dfrac{K}{Ts+1}$ 이다.

|해설

㉠ 비례요소: $G(s) = K$

㉡ 미분요소: $G(s) = Ks$

㉢ 적분요소: $G(s) = \dfrac{K}{s}$

㉣ 1차 지연요소: $G(s) = \dfrac{K}{Ts+1}$

정답 426 ③ 427 ③ 428 ② 429 ④

430 □□□
그림과 같은 액면계에서 $q(t)$를 입력, $h(t)$를 출력으로 본 전달함수는?

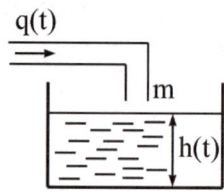

① $\dfrac{K}{s}$ ② Ks

③ $1+Ks$ ④ $\dfrac{K}{1+s}$

| 해설
$h(t) = \dfrac{1}{A}\int q(t)\,dt$ 에서 이를 라플라스 변환하면
$H(s) = \dfrac{1}{As}Q(s) = \dfrac{K}{s}Q(s)$ 이므로
∴ 전달함수: $G(s) = \dfrac{H(s)}{Q(s)} = \dfrac{K}{s}$

431 □□□
부동작 시간 요소의 전달함수는?

① K ② $\dfrac{K}{s}$

③ Ke^{-Ls} ④ Ks

| 해설
전달함수의 부동작 시간요소는 제어계의 시간추이요소에 해당되는 값으로서 전달함수는 $G(s) = Ke^{-Ls}$로 표현된다.

432 □□□
전달함수에 대한 설명으로 틀린 것은?

① 어떤 계의 전달함수는 그 계에 대한 임펄스 응답의 라플라스 변환과 같다.
② 전달함수는 $\dfrac{\text{출력 라플라스 변환}}{\text{입력 라플라스 변환}}$ 으로 정의된다.
③ 전달함수가 s가 될 때 적분요소라 한다.
④ 어떤 계의 전달함수의 분모를 0으로 놓으면 이것이 곧 특성방정식이다.

433 □□□
자동제어의 각 요소를 블록 선도로 표시할 때에 각 요소를 전달함수로 표시하고 신호의 전달 경로는 무엇으로 표시하는가?

① 전달함수   ② 단자
③ 화살표   ④ 출력

434 □□□
그림과 같은 미분요소에 입력으로 단위계단 함수를 사용하면 출력 파형은?

$X(s) \rightarrow \boxed{Ks} \rightarrow Y(s)$

① 임펄스 파형   ② 사인파형
③ 삼각파형   ④ 톱니파형

| 해설
임펄스 파형 $\delta(t)$는 단위 계단 함수 $u(t)$를 미분한 값을 말한다.
∴ $\delta(t) = \dfrac{d}{dt}u(t) \xrightarrow{\mathcal{L}} 1$

정답 430 ① 431 ③ 432 ③ 433 ③ 434 ①

435

다음 시스템의 전달함수(C/R)는?

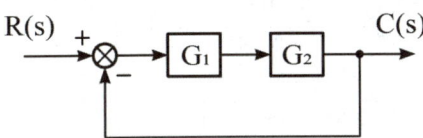

① $\dfrac{G_1 G_2}{1+G_1 G_2}$
② $\dfrac{G_1 G_2}{1-G_1 G_2}$
③ $\dfrac{1+G_1 G_2}{G_1 G_2}$
④ $\dfrac{1-G_1 G_2}{G_1 G_2}$

| 해설
종합 전달함수(메이슨 공식)

$$M(s) = \dfrac{C(s)}{R(s)} = \dfrac{\sum 전향\ 경로\ 이득}{1-\sum 폐루프\ 이득}$$

$$= \dfrac{G_1 G_2}{1-(-G_1 G_2)} = \dfrac{G_1 G_2}{1+G_1 G_2}$$

436

다음과 같은 블록선도의 등가 합성 전달함수는?

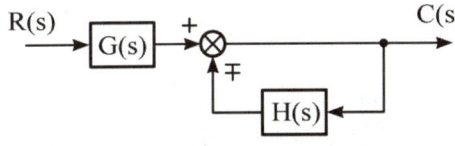

① $\dfrac{1}{1 \pm G(s)H(s)}$
② $\dfrac{G(s)}{1 \pm G(s)H(s)}$
③ $\dfrac{G(s)}{1 \pm H(s)}$
④ $\dfrac{1}{1 \pm H(s)}$

| 해설
종합 전달함수(메이슨 공식)

$$M(s) = \dfrac{C(s)}{R(s)} = \dfrac{\sum 전향\ 경로\ 이득}{1-\sum 폐루프\ 이득}$$

$$= \dfrac{G(s)}{1-[\mp H(s)]} = \dfrac{G(s)}{1 \pm H(s)}$$

437

그림과 같은 블록선도에서 $\dfrac{C}{R}$의 값은?

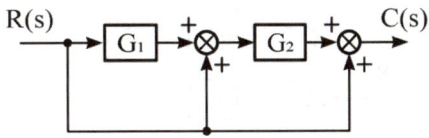

① $1+G_1+G_1 G_2$
② $1+G_2+G_1 G_2$
③ $\dfrac{G_1+G_2}{1-G_2-G_1 G_2}$
④ $\dfrac{(1+G_1)G_2}{1-G_2}$

| 해설
종합 전달함수(메이슨 공식)

$$M(s) = \dfrac{C(s)}{R(s)} = \dfrac{\sum 전향\ 경로\ 이득}{1-\sum 폐루프\ 이득}$$

$$= \dfrac{G_1 G_2 + G_2 + 1}{1-0} = 1+G_2+G_1 G_2$$

438

그림과 같은 블록선도에 대한 등가 종합 전달함수(C/R)는?

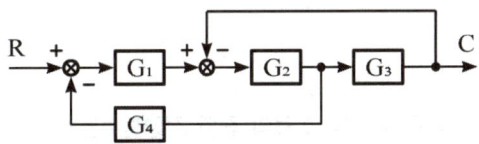

① $\dfrac{G_1 G_2 G_3}{1+G_1 G_2+G_1 G_2 G_3}$
② $\dfrac{G_1 G_2 G_3}{1+G_2 G_3+G_1 G_2 G_3}$
③ $\dfrac{G_1 G_2 G_4}{1+G_1 G_2+G_1 G_2 G_4}$
④ $\dfrac{G_1 G_2 G_3}{1+G_2 G_3+G_1 G_2 G_4}$

| 해설
종합 전달함수(메이슨 공식)

$$M(s) = \dfrac{C(s)}{R(s)} = \dfrac{\sum 전향\ 경로\ 이득}{1-\sum 폐루프\ 이득}$$

$$= \dfrac{G_1 G_2 G_3}{1-(-G_1 G_2 G_4 - G_2 G_3)}$$

$$= \dfrac{G_1 G_2 G_3}{1+G_1 G_2 G_4+G_2 G_3}$$

정답 435 ① 436 ③ 437 ② 438 ④

439

다음과 같은 블록선도에서 등가 합성 전달함수 $\dfrac{C}{R}$ 는?

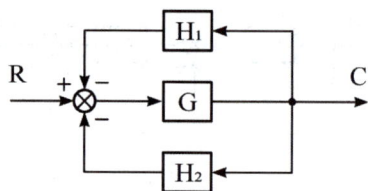

① $\dfrac{H_1+H_2}{1+G}$ ② $\dfrac{G}{1-H_3G-H_2G}$

③ $\dfrac{H_1}{1+H_1H_2G}$ ④ $\dfrac{G}{1+H_1G+H_2G}$

| 해설
종합 전달함수(메이슨 공식)

$$M(s)=\dfrac{C(s)}{R(s)}=\dfrac{\sum 전향\ 경로\ 이득}{1-\sum 폐루프\ 이득}$$

$$=\dfrac{G}{1-(-GH_1-GH_2)}$$

$$=\dfrac{G}{1+H_1G+H_2G}$$

440

그림과 같은 피드백 회로의 종합 전달함수는?

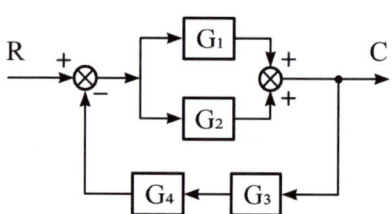

① $\dfrac{G_1G_2}{1+G_1G_2+G_3G_4}$

② $\dfrac{G_1+G_2}{1+G_1G_3G_4+G_2G_3G_4}$

③ $\dfrac{G_1+G_2}{1+G_1G_2G_3G_4+G_2G_3G_4}$

④ $\dfrac{G_1G_2}{1+G_4G_2+G_3G_4}$

| 해설
종합 전달함수(메이슨 공식)

$$M(s)=\dfrac{C(s)}{R(s)}=\dfrac{\sum 전향\ 경로\ 이득}{1-\sum 폐루프\ 이득}$$

$$=\dfrac{G_1+G_2}{1-[-(G_1+G_2)G_3G_4]}$$

$$=\dfrac{G_1+G_2}{1+(G_1+G_2)G_3G_4}$$

441

블록선도에서 $r(t)=25$, $G_1=1$, $H_2=5$, $c(t)=50$ 일 때 H_1 을 구하면?

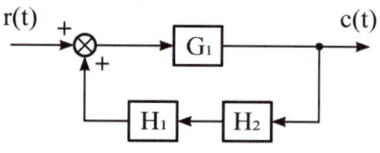

① $\dfrac{1}{4}$ ② $\dfrac{1}{10}$

③ $\dfrac{2}{5}$ ④ $\dfrac{2}{3}$

| 해설

㉠ $M(s)=\dfrac{C(s)}{R(s)}=\dfrac{50/s}{25/s}=2$

㉡ $M(s)=\dfrac{\sum 전향\ 경로\ 이득}{1-\sum 폐루프\ 이득}$

$\qquad =\dfrac{G_1}{1-G_1H_1H_2}=\dfrac{1}{1-5H_1}$

㉢ $M(s)=2=\dfrac{1}{1-5H_1}$ 이므로

$2(1-5H_1)=1$ 에서 $2-10H_1=1$ 이 된다.

$\therefore H_1=\dfrac{1}{10}$

정답 439 ④ 440 ② 441 ②

442 □□□

다음 그림과 같은 블록선도에서 입력 R과 외란 D가 가해질 때 출력 C는?

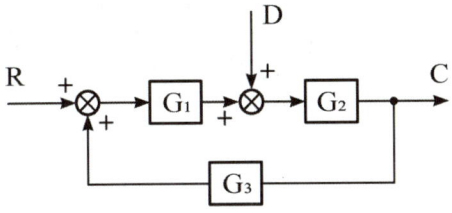

① $\dfrac{G_1G_2R+G_2D}{1+G_1G_2G_3}$ ② $\dfrac{G_1G_2R-G_2D}{1+G_1G_2G_3}$

③ $\dfrac{G_1G_2R+G_2D}{1-G_1G_2G_3}$ ④ $\dfrac{G_1G_2R-G_3D}{1-G_1G_2G_3}$

| 해설

㉠ 출력 $C = [(R+CG_3)G_1 + D]G_2$
$= (RG_1 + CG_1G_3 + D)G_2$
$= RG_1G_2 + CG_1G_2G_3 + DG_2$

㉡ 위 식을 정리하면 다음과 같다.
$C - CG_1G_2G_3 = RG_1G_2 + DG_2$,
$C(1 - G_1G_2G_3) = RG_1G_2 + DG_2$
$\therefore C = \dfrac{RG_1G_2 + DG_2}{1 - G_1G_2G_3}$
$= \dfrac{G_1G_2}{1-G_1G_2G_3}R + \dfrac{G_2}{1-G_1G_2G_3}D$

443 □□□

개루프 전달함수가 $G(s) = \dfrac{s+2}{s(s+1)}$일 때, 폐루프 전달함수는?

① $\dfrac{s+2}{s^2+s}$ ② $\dfrac{s+2}{s^2+2s+2}$

③ $\dfrac{s+2}{s^2+s+2}$ ④ $\dfrac{s+2}{s^2+2s+4}$

| 해설

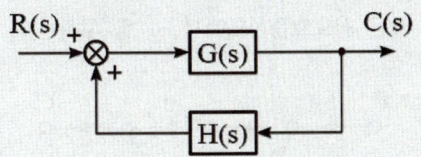

㉠ 종합 전달함수: $M(s) = \dfrac{G(s)}{1+G(s)H(s)}$

㉡ $G(s)H(s)$를 개루프 전달함수라 하고 $H(s)=1$인 폐루프 시스템을 단위 (부)궤환 시스템이라 한다.

$\therefore M(s) = \dfrac{G(s)}{1+G(s)} = \dfrac{\dfrac{s+2}{s(s+1)}}{1+\dfrac{s+2}{s(s+1)}}$

$= \dfrac{s+2}{s(s+1)+(s+2)} = \dfrac{s+2}{s^2+2s+2}$

444 □□□

다음 신호흐름선도에서 전달함수 C/R의 값은?

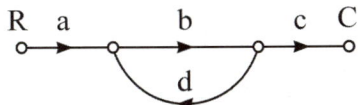

① $G = \dfrac{1-bd}{abc}$ ② $G = \dfrac{1+bd}{abc}$

③ $G = \dfrac{abc}{1+bd}$ ④ $G = \dfrac{abc}{1-bd}$

| 해설

종합 전달함수(메이슨 공식)

$M(s) = \dfrac{C(s)}{R(s)} = \dfrac{\sum 전향\ 경로\ 이득}{1-\sum 폐루프\ 이득}$

$= \dfrac{abc}{1-bd}$

정답 442 ③ 443 ② 444 ④

445

그림과 같은 신호흐름선도에서 $\dfrac{C}{R}$ 를 구하면?

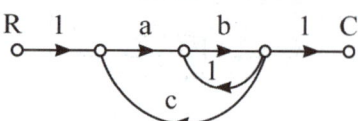

① $\dfrac{ab}{1+b-abc}$ ② $\dfrac{ab}{1-b-abc}$

③ $\dfrac{ab}{1-b+abc}$ ④ $\dfrac{ab}{a+b+abc}$

| 해설

종합 전달함수(메이슨 공식)

$M(s) = \dfrac{C(s)}{R(s)} = \dfrac{\sum 전향\ 경로\ 이득}{1 - \sum 폐루프\ 이득}$

$= \dfrac{ab}{1-b-abc}$

446

그림과 같은 신호흐름선도에서 $\dfrac{C}{R}$ 를 구하면?

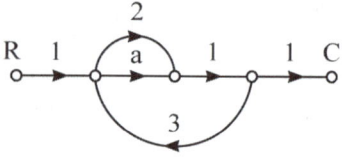

① $a+2$ ② $a+3$
③ $a+5$ ④ $a+6$

| 해설

종합 전달함수(메이슨 공식)

$M(s) = \dfrac{C(s)}{R(s)} = \dfrac{\sum 전향\ 경로\ 이득}{1 - \sum 폐루프\ 이득}$

$= \dfrac{a+2+3}{1-0} = a+5$

447

그림과 같은 신호흐름 선도에서 전달함수 $C(s)/R(s)$는?

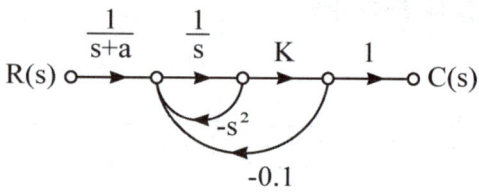

① $\dfrac{C(s)}{R(s)} = \dfrac{K}{(s+a)(s^2+s+0.1K)}$

② $\dfrac{C(s)}{R(s)} = \dfrac{K(s+a)}{(s+a)(s^2+s+0.1K)}$

③ $\dfrac{C(s)}{R(s)} = \dfrac{K}{(s+a)(s^2+s-0.1K)}$

④ $\dfrac{C(s)}{R(s)} = \dfrac{K(s+a)}{(s+a)(-s^2-s+0.1K)}$

| 해설

종합 전달함수(메이슨 공식)

$M(s) = \dfrac{C(s)}{R(s)} = \dfrac{\sum 전향\ 경로\ 이득}{1 - \sum 폐루프\ 이득}$

$= \dfrac{\dfrac{K}{s(s+a)}}{1+s+\dfrac{0.1K}{s}}$

$= \dfrac{K}{s(s+a)\left(s+1+\dfrac{0.1K}{s}\right)}$

$= \dfrac{K}{(s+a)(s^2+s+0.1K)}$

정답 445 ② 446 ③ 447 ①

Chapter 05 제어공학

※ 적중문제는 기출 분석을 바탕으로 자주 출제되는 유형을 선별하였습니다.

제1장 자동제어의 개요

01 □□□
다음 중 개루프 시스템의 주된 장점이 아닌 것은?
① 원하는 출력을 얻기 위해 보정해 줄 필요가 없다.
② 구성하기 쉽다.
③ 구성 단가가 낮다.
④ 보수 및 유지가 간단하다.

| 해설
개루프 시스템은 출력을 검출하고 보정해주는 검출부가 없다.

02 □□□
다음 중 피드백 제어계의 일반적인 특징이 아닌 것은?
① 비선형 왜곡이 감소한다.
② 구조가 간단하고 설치비가 저렴하다.
③ 대역폭이 증가한다.
④ 계의 특성 변환에 대한 입력 대 출력비의 감도가 감소한다.

| 해설
피드백 제어계의 특징
㉠ 비선형 왜곡이 감소한다.
㉡ 구조가 복잡하고 설치비가 고가이다.
㉢ 대역폭이 증가한다.
㉣ 계의 특성 변환에 대한 입력 대 출력비의 감도가 감소한다.

03 □□□
다음 요소 중 피드백(feedback) 제어계의 제어장치에 속하지 않는 것은?
① 설정부 ② 제어요소
③ 검출부 ④ 제어대상

| 해설
피드백 제어계의 구성

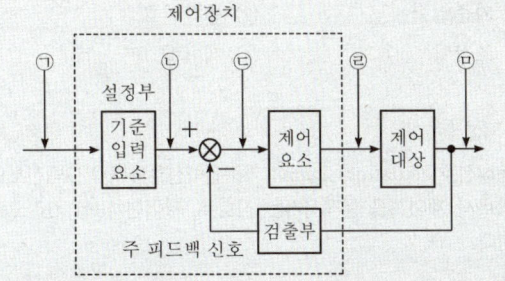

㉠ 목표값: 제어계의 입력
㉡ 기준입력신호: 목표값을 제어할 수 있는 신호로 변환하는 장치
㉢ 동작신호: 제어계를 동작시키는 기준으로서 직접 제어계에 가해지는 신호
㉣ 조작량: 제어장치가 제어대상에 가해지는 신호로 제어장치의 출력인 동시에 제어대상의 입력신호
㉤ 제어량: 제어계의 출력
∴ 제어장치에는 설정부, 제어요소, 검출부로 구성되어 있다.

04 □□□
다음 용어 설명 중 옳지 않은 것은?
① 목표값을 제어할 수 있는 신호를 변환하는 장치: 기준입력장치
② 목표값을 제어할 수 있는 신호를 변환하는 장치: 조작부
③ 제어량을 설정값과 비교하여 오차를 계산하는 장치: 오차 검출기
④ 제어량을 측정하는 장치: 검출단

| 해설
㉠ 제어요소: 조절부와 조작부로 구성
㉡ 조절부: 검출부에서 나온 검출량을 목표값과 비교하여, 제어계가 필요로 하는 신호로 만들어 조작부로 보내준다.
㉢ 조작부: 조절부로부터 받은 신호를 조작량으로 바꾸어 제어대상에 보내주는 신호

정답 01 ① 02 ② 03 ④ 04 ②

05

다음 그림 중 ㉠에 알맞은 신호 이름은?

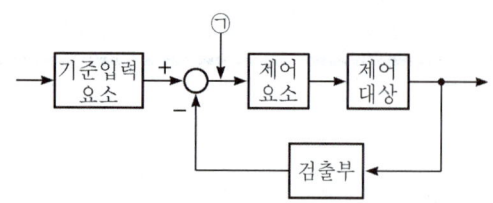

① 기준입력 ② 동작신호
③ 조작량 ④ 제어량

| 해설
동작신호(actuating signal): 기준입력신호와 주피드백신호의 차로서 제어계를 동작시키는 신호로, 제어편차(error)라고도 한다.

06

궤환 제어계에서 제어요소에 관한 설명 중 가장 알맞은 것은?

① 검출부와 조작부로 구성되어 있다.
② 오차신호를 제어장치에서 제어대상에 가해지는 신호로 변환시키는 요소이다.
③ 목표 값에 비례하는 신호를 발생시키는 요소이다.
④ 입력과 출력을 비교하는 요소이다.

| 해설
제어요소는 동작신호(오차신호)를 제어대상의 제어신호인 조작량으로 변환시키는 요소이고, 조절부와 조작부로 구성되어 있다.

07

궤환 제어계에서 반드시 필요한 장치는?

① 구동장치
② 정확성을 높이는 장치
③ 안정성을 증가시키는 장치
④ 입력과 출력을 비교하는 장치

| 해설
궤환 제어계에는 주궤환 요소에 제어량(출력)을 검출하는 검출부가 있으며 이 값과 목표값을 가합부에서 비교하여 제어계에 공급한다. 즉, 궤환 제어계는 입력과 출력을 비교하는 검출부가 반드시 필요하다.

08

인가직류 전압을 변화시켜서 전동기의 회전수를 800[rpm]으로 하고자 한다. 이 경우 회전수는 어느 용어에 해당하는가?

① 목표값 ② 조작량
③ 제어량 ④ 제어대상

| 해설
① 전압: 조작량
② 전동기: 제어대상
③ 회전수: 제어량
④ 800[rmp]: 목표값

09

자동제어의 분류에서 제어량의 종류에 의한 분류가 아닌 것은?

① 서보기구 ② 추치제어
③ 프로세스 제어 ④ 자동조정

| 해설
제어량에 의한 분류
㉠ 서보기구
　위치, 방위, 자세, 거리, 각도 등의 기계적 변위를 제어
㉡ 프로세스 기구
　온도, 유량, 액위, 농도, 습도, 비중 등 공업공정의 상태량을 제어
㉢ 자동조정 기구
　전압, 주파수, 역률, 회전력, 속도, 토크 등의 기계적 또는 전기적인 량을 제어
∴ 추치제어는 목표값에 따른 분류를 말한다.

정답 05 ② 06 ② 07 ④ 08 ③ 09 ②

10 □□□

온도, 유량, 압력 등의 공업 프로세스 상태량을 제어량으로 하는 제어계로서 프로세스에 가해지는 외란의 억제를 주목적으로 하는 것은?

① 프로세서 제어 ② 자동조정
③ 서보기구   ④ 정치제어

11 □□□

프로세스 제어의 제어량이 아닌 것은?

① 물체의 자세 ② 액위면
③ 유량   ④ 온도

| 해설
물체의 자세는 기계적인 변위 제어이므로 서보기구 제어에 해당된다.

12 □□□

다음 중 자동조정에 속하지 않는 제어량은?

① 속도(회전수) ② 방위
③ 전압   ④ 주파수

| 해설
방위는 기계적인 변위 제어이므로 서보기구 제어에 해당된다.

13 □□□

다음 중 제어량을 어떤 일정한 목표값으로 유지하는 것을 목적으로 하는 제어법은?

① 추종제어어   ② 비율제어
③ 프로그램 제어 ④ 정치제어

| 해설
목표값에 의한 분류
(1) 정치제어: 시간에 관계없이 일정한 제어(예 연속식 압연기 등)
(2) 추치제어: 시간에 따라 변화하는 제어
  ㉠ 추종제어: 임의로 변화(예 어군탐지기, 대공포 미사일, 추적 레이더 등)

㉡ 프로그램 제어: 미리 정해진 신호에 따라 동작(예 무인열차, 엘리베이터 등)
㉢ 비율제어: 2개 이상의 양 사이에 어떤 비율을 유지하도록 제어하는 것

14 □□□

자동제어의 추치제어 3종이 아닌 것은 어느 것인가?

① 프로세스제어 ② 추종제어
③ 비율제어   ④ 프로그램제어

| 해설
프로세서 제어는 제어량에 의한 분류 중의 하나이다.

15 □□□

연속식 압연기의 자동제어는 다음 중 어느 것인가?

① 정치 제어 ② 추종 제어
③ 비례 제어 ④ 프로그램 제어

| 해설
연속식 압연기는 여러 대의 압연 롤러에 금속을 넣어 순차적으로 얇게 압연하는 기계로 금속의 두께를 일정하게 압연해야 하므로 정치제어에 해당된다.

16 □□□

엘리베이터의 자동제어는 다음 중 어느 제어에 속하는가?

① 추종제어 ② 프로그램 제어
③ 정치제어 ④ 비율제어

| 해설
무인 자판기, 엘리베이터, 열차의 무인 운전 등은 미리 정해진 입력에 따라 제어를 실시하는 프로그램 제어에 속한다.

정답 10 ④ 11 ① 12 ② 13 ④ 14 ① 15 ① 16 ②

17

연료의 유량과 공기의 유량과의 사이의 비율을 연소에 적합한 것으로 유지하고자 하는 제어는?

① 비율제어　　② 추종제어
③ 프로그램 제어　　④ 시퀀스 제어

18

다음 중 불연속 제어계는?

① 비례제어　　② 미분제어
③ 적분제어　　④ on-off제어

| 해설
㉠ 조절부 동작에는 불연속 동작과 연속 동작으로 구분할 수 있다.
㉡ 불연속 동작은 현재 온도가 목표값의 동작범위에 대해서 밸브의 열림과 닫힘을 반복하여 온도를 일정하게 유지시키는 방식으로 불연속 동작 또는 on-off 제어라 한다.

19

PI 제어동작은 공정 제어계의 무엇을 개선하기 위해 쓰이고 있는가?

① 속응성　　② 정상특성
③ 이득　　④ 안정도

| 해설
연속 동작의 종류
㉠ P제어(비례제어)
　난조 제거, 잔류편차(off-set) 발생
㉡ PI제어(비례적분제어)
　잔류편차를 제거(정상특성을 개선), 속응성이 길어짐
㉢ PD제어(비례미분제어)
　과도응답의 속응성을 개선
㉣ PID 제어(비례 미·적분 제어)
　속응성, 잔류편차 제거 등 최적의 제어

20

PD제어 동작은 공정 제어계의 무엇을 개선하기 위하여 쓰이고 있는가?

① 정밀성　　② 속응성
③ 안정성　　④ 이득성

| 해설
속응성은 목표값의 변동에 신속히 응답하는 성질을 말하며, 속응성이 클수록 과도 시간이 짧아진다. 여기서 PD 제어는 속응성을 향상(개선)시키기 위해 사용한다.

21

PID 동작은 어느 것인가?

① 사이클링과 오프셋이 제거되고 응답속도가 빠르며 안정성도 있다.
② 응답속도를 빨리할 수 있으나 오프셋은 제거되지 않는다.
③ 오프셋은 제거되나 제어동작에 큰 부동작시간이 있으면 응답이 늦어진다.
④ 사이클링을 제거할 수 있으나 오프셋이 생긴다.

| 해설
PID 제어는 동작 중 속응도와 정상편자에서 최적의 제어가 된다.

22

잔류편차(OFF SET)를 일으키는 제어는?

① 비례제어　　② 미분제어
③ 적분제어　　④ 비례적분미분제어

23

제어오차가 검출될 때 오차가 변화하는 속도에 비례하여 조작량을 조절하는 동작으로 오차가 커지는 것을 사전에 방지하는 제어동작은?

① 미분동작제어　　② 비례동작제어
③ 적분동작제어　　④ ON-OFF 제어

정답　17 ①　18 ④　19 ②　20 ②　21 ①　22 ①　23 ①

| 해설
㉠ 미분제어동작: 제어오차가 검출될 때 오차가 변화하는 속도에 비례하여 조작량을 가감하여 오차가 커지는 것을 미연에 방지한다.
㉡ 비례동작제어: 제어량의 편차의 크기에 비례하여 위치를 취하는 동작으로 구조가 간단하나 잔류편차(offset)가 발생하는 단점이 있다.
㉢ 적분제어동작: 제어오차가 검출되면 조작부에서 편차에 비례하여 조작단 이동속도를 제어하여 제어량의 오차를 방지한다. 따라서 적분제어는 잔류편차(offset)가 발생하지 않는다.

24 □□□

P동작의 비례감도(proportional gain, 비례이득)가 4인 경우 비례대(proportional band)는 몇 [%]인가?

① 4[%]
② 10[%]
③ 25[%]
④ 40[%]

| 해설
비례대는 자동제어 조절기에서 입력과 출력의 비례관계에 있는 입력값의 폭을 의미한다.

$$\therefore 비례대 = \frac{1}{비례감도} \times 100$$

$$= \frac{1}{4} \times 100 = 25 \, [\%]$$

25 □□□

비례적분 동작을 하는 PI 조절계의 전달함수는?

① $K_P\left(1+\dfrac{1}{T_I s}\right)$
② $K_P + \dfrac{1}{T_I s}$
③ $1+\dfrac{1}{T_I s}$
④ $\dfrac{K_P}{T_I s}$

| 해설
비례적분동작의 전달함수

$$G(s) = K_P\left(1+\frac{1}{T_I s}\right)$$

(여기서, K_P: 비례이득, T_I: 적분시간)

26 □□□

제어기 전달함수가 $\dfrac{2s+5}{7s}$ 인 제어기가 있다. 이 제어기는 어떤 제어기인가?

① 비례미분 제어계
② 적분 제어계
③ 비례적분 제어계
④ 비례적분·미분 제어계

| 해설
전달함수 $G(s) = \dfrac{2s+5}{7s} = \dfrac{2}{7} + \dfrac{5}{7s}$

$$= \frac{2}{7}\left(1+\frac{2.5}{s}\right) = \frac{2}{7}\left(1+\frac{1}{0.4s}\right)$$

이므로 비례적분요소이다.

27 □□□

조작량이 아래와 같이 표시되는 PID 동작에 있어서 비례감도, 적분시간, 미분시간을 구하면?

$$y(t) = 4z(t) + 1.6\frac{dz(t)}{dt} + \int z(t)\, dt$$

① $K_P = 2$, $T_D = 0.1$, $T_I = 2$
② $K_P = 3$, $T_D = 0.2$, $T_I = 4$
③ $K_P = 4$, $T_D = 0.4$, $T_I = 4$
④ $K_P = 5$, $T_D = 0.4$, $T_I = 4$

| 해설
㉠ 위의 함수를 라플라스 변환하여 전개하면

$$Y(s) = 4Z(s) + 1.6sZ(s) + \frac{1}{s}Z(s)$$

$$= 4\left(1+0.4s+\frac{1}{4s}\right)Z(s)$$

㉡ 전달함수

$$Y(s) = \frac{Y(s)}{Z(s)} = K_P\left(1+T_D s+\frac{1}{T_I s}\right)$$

$$= 4\left(1+0.4s+\frac{1}{4s}\right)$$

∴ 비례감도: $K_P = 4$, 미분시간: $T_D = 0.4$, 적분시간: $T_I = 4$

정답 24 ③ 25 ① 26 ③ 27 ③

28 □□□
변위 → 압력으로 변환시키는 장치는?

① 벨로우즈 ② 가변저항기
③ 다이어프램 ④ 유압분사관

| 해설
㉠ 변위 → 압력
   노즐 플래퍼, 유압 분사관, 스프링
㉡ 압력 → 변위
   벨로즈, 다이어프램, 스프링
㉢ 변위 → 임피던스
   가변저항기, 용량형 변환기, 가변저항 스프링
㉣ 변위 → 전압
   차동변압기, 전위차계, 포텐셔미터
㉤ 전압 → 변위
   전자석, 전자코일
㉥ 광 → 임피던스
   광전관, 광전도, 트랜지스터
㉦ 광 → 전압
   광전지, 광전 다이오드
㉧ 방사선 → 임피던스
   GM 관, 전리함
㉨ 온도 → 임피더스
   측온저항(열선, 서미스터, 백금, 니켈)
㉩ 온도 → 전압
   열전대

29 □□□
다음 중 변위를 전압으로 변환시키는 요소는?

① 벨로우즈 ② 노즐 플래퍼
③ 서미스터 ④ 차동변압기

| 해설
① 벨로우즈: 압력 → 변위
② 노즐 플래퍼: 변위 → 압력
③ 서미스터: 온도 → 전압
④ 차동변압기: 변위 → 전압

30 □□□
다음 중 온도를 전압으로 변환시키는 요소는?

① 차동변압기 ② 열전대
③ 측온저항 ④ 광전지

| 해설
① 차동변압기: 변위 → 전압
② 열전대: 온도 → 전압
③ 측온저항: 온도 → 임피던스
④ 광전지: 광 → 전압

31 □□□
다음 중 제어계에 가장 많이 이용되는 전자 요소는?

① 증폭기 ② 변조기
③ 주파수 변환기 ④ 가산기

32 □□□
다음은 서보모터(Servo motor)의 특징을 열거한 것이다. 틀린 것은?

① 원칙적으로 정역전(正逆轉)이 가능하여야 한다.
② 저속이며 거침없는 운전이 가능하여야 한다.
③ 직류용은 없고 교류용만 있다.
④ 급가속, 급감속이 용이한 것이라야 한다.

| 해설
㉠ 서보모터란 빈번히 변화하는 위치나 속도의 명령(목표치)에 대해서 신속하고, 정확하게 추종할 수 있도록 설계된 모터를 말한다.
㉡ 특징: 소형, 경량, 설치의 용이성, 고효율성, 정확한 제어성, 유지보수의 용이성 등
㉢ 종류: DC 서보모터, AC 서보모터(브러시리스 서보모터)

정답 28 ④ 29 ④ 30 ② 31 ① 32 ③

제2장 전달함수

33 □□□

전달함수의 성질 중 틀린 것은?

① 어떤 계의 전달함수는 그 계에 대한 임펄스 응답의 라플라스 변환과 같다.
② 전달함수 $G(s)$ 인 계의 입력이 임펄스 함수(δ 함수)이고 모든 초기치가 0이면 그 계의 출력변환은 $G(s)$ 와 같다.
③ 계의 전달함수는 계의 미분방정식을 라플라스 변환하고 초기치에 의하여 생긴 항을 무시하면

$G(s) = \mathcal{L}^{-1}\left[\dfrac{Y^2}{X^2}\right]$ 와 같이 얻어진다.

④ 계 전달함수의 분모를 0으로 놓으면 이것이 곧 특성방정식이 된다.

| 해설

전달함수의 정의: 모든 초기값을 0으로 했을 때 입력변수의 라플라스 변환과 출력 변수의 라플라스 변환의 비를 의미한다.

$\therefore G(s) = \dfrac{C(s)}{R(s)} = \dfrac{Y(s)}{X(s)} = \dfrac{V_o(s)}{V_i(s)}$

34 □□□

그림에서 전달함수 $G(s)$ 는?

$R(s) \longrightarrow \boxed{G(s)} \longrightarrow C(s)$

① $\dfrac{R(s)}{C(s)}$ ② $\dfrac{C(s)}{R(s)}$

③ $R(s) \cdot C(s)$ ④ $\dfrac{C^2(s)}{R(s)}$

| 해설

전달함수의 정의
모든 초기값을 0으로 했을 때 입력변수의 라플라스 변환과 출력 변수의 라플라스 변환의 비를 의미한다.

$\therefore G(s) = \dfrac{\mathcal{L}[c(t)]}{\mathcal{L}[r(t)]} = \dfrac{C(s)}{R(s)}$

35 □□□

그림과 같은 $R-L$ 회로에서 전달함수는?

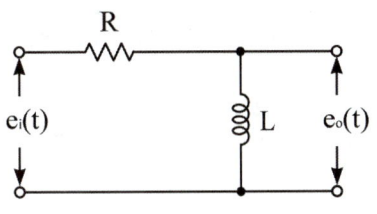

① $\dfrac{L}{R+Ls}$ ② $\dfrac{1}{R+Ls}$

③ $\dfrac{1}{s+\dfrac{R}{L}}$ ④ $\dfrac{s}{s+\dfrac{R}{L}}$

| 해설

전달함수: $G(s) = \dfrac{E_o(s)}{E_i(s)} = \dfrac{Z_o(s)}{Z_i(s)}$

$= \dfrac{Ls}{R+Ls} = \dfrac{s}{s+\dfrac{R}{L}}$

36 □□□

그림과 같은 회로의 전달함수는? (단, $\dfrac{L}{R} = T$: 시정수이다.)

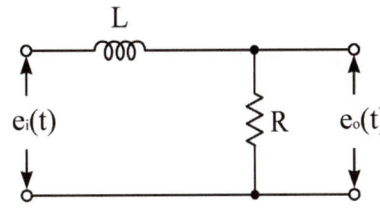

① $Ts^2 + 1$ ② $\dfrac{1}{Ts+1}$

③ $Ts + 1$ ④ $\dfrac{1}{Ts^2+1}$

| 해설

$G(s) = \dfrac{E_o(s)}{E_i(s)} = \dfrac{I(s)R}{I(s)(Ls+R)} = \dfrac{R}{Ls+R}$

$= \dfrac{1}{\dfrac{L}{R}s+1} = \dfrac{1}{Ts+1}$

정답 33 ③ 34 ② 35 ④ 36 ②

37

다음 회로에서 $V_1(s)$ 를 입력, $V_2(s)$ 를 출력이라 할 때 전달함수가 $\dfrac{1}{s+1}$ 가 되려면 $C[\text{F}]$ 의 값은?

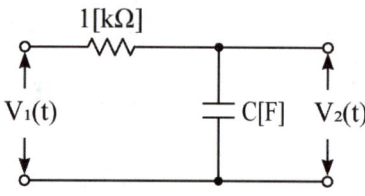

① 1 ② 0.1
③ 0.01 ④ 0.001

| 해설

㉠ 전달함수: $G(s) = \dfrac{V_2(s)}{V_1(s)} = \dfrac{Z_o(s)}{Z_i(s)}$

$= \dfrac{\dfrac{1}{Cs}}{R+\dfrac{1}{Cs}} = \dfrac{1}{RCs+1}$

㉡ $RC = 1$ 이 되려면 정전용량은

$\therefore C = \dfrac{1}{R} = \dfrac{1}{10^3} = 0.001\,[\text{F}]$

38

다음 그림과 같은 회로의 전달함수는?

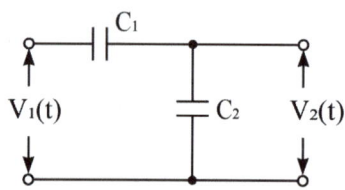

① $C_1 + C_2$ ② $\dfrac{C_2}{C_1}$
③ $\dfrac{C_1}{C_1+C_2}$ ④ $\dfrac{C_2}{C_1+C_2}$

| 해설
전달함수

$G(s) = \dfrac{\dfrac{1}{C_2 s}}{\dfrac{1}{C_1 s}+\dfrac{1}{C_2 s}} = \dfrac{\dfrac{1}{C_2}}{\dfrac{1}{C_1}+\dfrac{1}{C_2}}$

$= \dfrac{C_1}{C_1+C_2}$

39

그림과 같은 회로의 전압비 전달함수 $V_2(s)/V_1(s)$는?

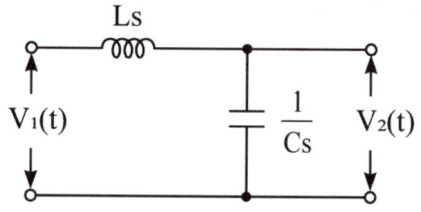

① $\dfrac{LCs}{s^2+LC}$ ② $\dfrac{\dfrac{1}{LCs}}{s^2+LC}$

③ $\dfrac{\dfrac{1}{LC}}{s^2+\dfrac{1}{LC}}$ ④ $\dfrac{\dfrac{1}{LC}}{s^2+LC}$

| 해설
전달함수

$G(s) = \dfrac{V_2(s)}{V_1(s)} = \dfrac{I(s)Z_o(s)}{I(s)Z_i(s)} = \dfrac{Z_o(s)}{Z_i(s)}$

$= \dfrac{\dfrac{1}{Cs}}{Ls+\dfrac{1}{Cs}}$

$= \dfrac{1}{LCs^2+1} = \dfrac{\dfrac{1}{LC}}{s^2+\dfrac{1}{LC}}$

여기서, $Z_i(s)$: 입력측 임피던스
$Z_o(s)$: 출력측 임피던스

정답 37 ④ 38 ③ 39 ③

40

그림의 전기회로에서 전달함수 $\dfrac{E_2(s)}{E_1(s)}$ 는?

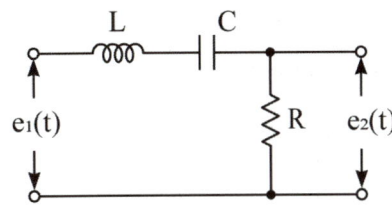

① $\dfrac{LRs}{LCs^2+RCs+1}$
② $\dfrac{Cs}{LCs^2+RCs+1}$
③ $\dfrac{RCs}{LCs^2+RCs+1}$
④ $\dfrac{LRCs}{LCs^2+RCs+1}$

| 해설

전달함수

$$G(s)=\dfrac{E_2(s)}{E_1(s)}=\dfrac{Z_o(s)}{Z_i(s)}$$

$$=\dfrac{R}{Ls+\dfrac{1}{Cs}+R}$$

$$=\dfrac{RCs}{LCs^2+RCs+1}$$

41

회로에서의 전압비 전달함수 $\dfrac{E_o(s)}{E_i(s)}$ 는?

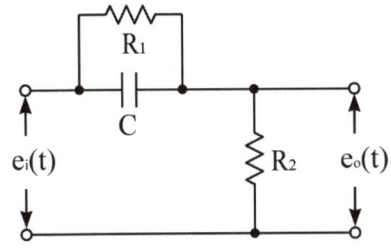

① $\dfrac{R_1+Cs}{R_1+R_2+Cs}$
② $\dfrac{R_2+Cs}{R_1+R_2+Cs}$
③ $\dfrac{R_1+R_1R_2Cs}{R_1+R_2+R_1R_2Cs}$
④ $\dfrac{R_2+R_1R_2Cs}{R_1+R_2+R_1R_2Cs}$

| 해설

전달함수

$$G(s)=\dfrac{E_o(s)}{E_i(s)}=\dfrac{Z_o(s)}{Z_i(s)}$$

$$=\dfrac{R_2}{R_2+\dfrac{R_1\times\dfrac{1}{Cs}}{R_1+\dfrac{1}{Cs}}}$$

$$=\dfrac{R_2}{R_2+\dfrac{R_1}{R_1Cs+1}}$$

$$=\dfrac{R_2\times(1+R_1Cs)}{\left(R_2+\dfrac{R_1}{R_1Cs+1}\right)\times(1+R_1Cs)}$$

$$=\dfrac{R_2+R_1R_2Cs}{R_2+R_1R_2Cs+R_1}$$

$$=\dfrac{(1+R_1Cs)R_2}{R_1+R_2+R_1R_2Cs}$$

42

그림과 같은 LC 브리지 회로의 전달함수 $G(s)$는?

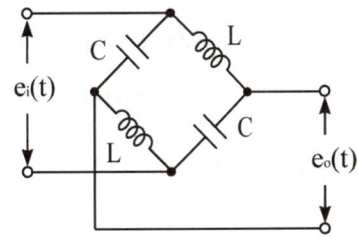

① $\dfrac{1}{1+LCs^2}$
② $\dfrac{Ls}{1+LCs^2}$
③ $\dfrac{LCs}{1+LCs^2}$
④ $\dfrac{1-LCs^2}{1+LCs^2}$

| 해설

전달함수

$$G(s)=\dfrac{E_o(s)}{E_i(s)}=\dfrac{\dfrac{1}{Cs}-Ls}{\dfrac{1}{Cs}+Ls}=\dfrac{1-LCs^2}{1+LCs^2}$$

정답 40 ③ 41 ④ 42 ④

43

그림과 같은 LC 브리지 회로의 전달함수 $G(s)$는?

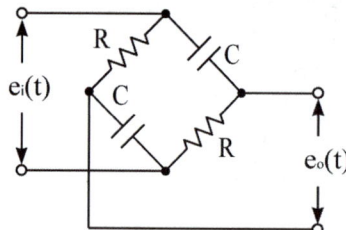

① $\dfrac{RCs-1}{RCs+1}$ ② $\dfrac{1}{RCs+1}$

③ $\dfrac{RCs+1}{RCs+1}$ ④ $\dfrac{1}{RCs-1}$

| 해설

전달함수

$$G(s) = \frac{E_o(s)}{E_i(s)} = \frac{R - \dfrac{1}{Cs}}{R + \dfrac{1}{Cs}} = \frac{RCs-1}{RCs+1}$$

44

그림과 같은 R, L, C 회로에서 입력전압 $e_i(t)$, 출력전류가 $i(t)$인 경우 이 회로의 전달함수 $\dfrac{I(s)}{E_i(s)}$는?
(단, 모든 초기조건은 0 이다.)

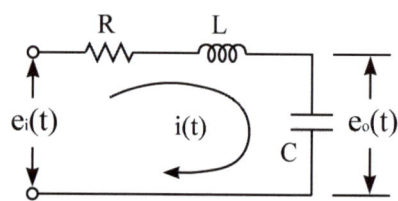

① $\dfrac{Cs}{RCs^2+LCs+1}$ ② $\dfrac{1}{RCs^2+LCs+1}$

③ $\dfrac{Cs}{LCs^2+RCs+1}$ ④ $\dfrac{1}{LCs^2+RCs+1}$

| 해설

㉠ 회로방정식

$$e_i(t) = Ri(t) + L\frac{di(t)}{dt} + \frac{1}{C}\int i(t)\,dt$$

㉡ 라플라스 변환하면

$$E_i(s) = RI(s) + LsI(s) + \frac{1}{Cs}I(s)$$
$$= I(s)\left(R + Ls + \frac{1}{Cs}\right)$$

∴ 전달함수

$$G(s) = \frac{I(s)}{E_i(s)} = \frac{1}{R + Ls + \dfrac{1}{Cs}}$$
$$= \frac{Cs}{LCs^2 + RCs + 1}$$

45

그림과 같은 회로에서 전달함수 $\dfrac{E_o(s)}{I(s)}$는 얼마인가?
(단, 초기조건은 모두 0으로 한다.)

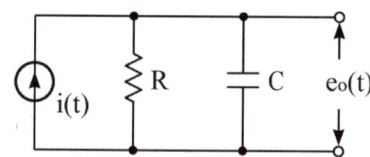

① $\dfrac{1}{RCs+1}$ ② $\dfrac{R}{RCs+1}$

③ $\dfrac{C}{RCs+1}$ ④ $\dfrac{RCs}{RCs+1}$

| 해설

$$G(s) = \frac{E_o(s)}{I(s)} = \frac{I(s)Z_o(s)}{I(s)} = Z_o(s)$$
$$= \frac{R \times \dfrac{1}{Cs}}{R + \dfrac{1}{Cs}} = \frac{R}{RCs+1}$$

정답 43 ① 44 ③ 45 ②

46 □□□

그림과 같은 회로에서 전달함수 $\dfrac{E_o(s)}{I(s)}$ 는?

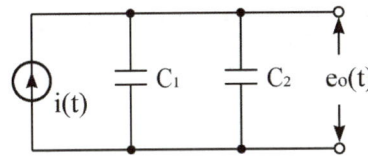

① $\dfrac{1}{s(C_1+C_2)}$
② $\dfrac{C_1 C_2}{C_1+C_2}$
③ $\dfrac{C_1}{s(C_1+C_2)}$
④ $\dfrac{C_2}{s(C_1+C_2)}$

| 해설

$$G(s) = \dfrac{E_o(s)}{I(s)} = \dfrac{I(s)Z_o(s)}{I(s)} = Z_o(s)$$
$$= \dfrac{1}{Cs} = \dfrac{1}{(C_1+C_2)s}$$

47 □□□

어떤 계를 표시하는 미분방정식이 아래와 같을 때, $x(t)$를 입력, $y(t)$를 출력이라고 한다면 이 계의 전달함수는 어떻게 표시되는가?

$$\dfrac{d^2 y(t)}{dt^2} + 3\dfrac{dy(t)}{dt} + 2y(t) = \dfrac{dx(t)}{dt} + x(t)$$

① $G(s) = \dfrac{s^2+3s+2}{s+1}$
② $G(s) = \dfrac{2s^2+3s+2}{s^2+1}$
③ $G(s) = \dfrac{s+1}{s^2+3s+2}$
④ $G(s) = \dfrac{s^2+s+1}{2s+1}$

| 해설

㉠ 미분방정식을 라플라스 변환하면
  $s^2 Y(s) + 3sY(s) + 2Y(s) = sX(s) + X(s)$
㉡ $Y(s)(s^2+3s+2) = X(s)(s+1)$
∴ 전달함수: $G(s) = \dfrac{Y(s)}{X(s)} = \dfrac{s+1}{s^2+3s+2}$

48 □□□

$\dfrac{X(s)}{R(s)} = \dfrac{1}{s+4}$ 의 전달함수를 미분방정식으로 표시하면?

① $\dfrac{d}{dt}r(t) + 4r(t) = x(t)$
② $\int r(t)dt + 4r(t) = x(t)$
③ $\dfrac{d}{dt}x(t) + 4x(t) = r(t)$
④ $\int x(t)dt + 4x(t) = r(t)$

| 해설

문제의 전달함수를 정리하면
$(s+4)X(s) = R(s)$, $sX(s) + 4X(s) = R(s)$ 이 되고
이를 역라플라스 변환하면
∴ 미분방정식: $\dfrac{d}{dt}x(t) + 4x(t) = r(t)$

49 □□□

어떤 제어계의 전달함수가 $G(s) = \dfrac{2s+1}{s^2+s+1}$ 로 표시될 때, 이 계에 입력 $x(t)$를 가했을 경우 출력 $y(t)$를 구하는 미분방정식으로 알맞은 것은?

① $\dfrac{d^2 y(t)}{dt^2} + \dfrac{dy(t)}{dt} + y(t) = 2\dfrac{dy(t)}{dx} + x(t)$
② $\dfrac{d^2 y(t)}{dt^2} + \dfrac{dy(t)}{dt} + y(t) = 2\dfrac{dx(t)}{dt} + x(t)$
③ $\dfrac{d^2 y(t)}{dt} + \dfrac{dy(t)}{dt} + y(t) = 2\dfrac{dx(t)}{dt} + x(t)$
④ $\dfrac{d^2 y(t)}{dt} + \dfrac{dy(t)}{dx} + y(t) = 2\dfrac{dx(t)}{dt} + x(t)$

| 해설

전달함수 $G(s) = \dfrac{Y(s)}{X(s)} = \dfrac{2s+1}{s^2+s+1}$ 에서 이를 정리하면
$Y(s)(s^2+s+1) = X(s)(2s+1)$,
$s^2 Y(s) + sY(s) + Y(s) = 2sX(s) + X(s)$
이므로 이를 역라플라스 변환하면
∴ 미분방정식
$$\dfrac{d^2 y(t)}{dt^2} + \dfrac{dy(t)}{dt} + y(t) = 2\dfrac{dx(t)}{dt} + x(t)$$

정답 46 ① 47 ③ 48 ③ 49 ②

50

다음 사항을 옳게 표현된 것은?

① 비례요소의 전달함수는 $\dfrac{1}{Ts}$ 이다.

② 미분요소의 전달함수는 K 이다.

③ 적분요소의 전달함수는 Ts 이다.

④ 1차 지연요소의 전달함수는 $\dfrac{K}{Ts+1}$ 이다.

| 해설

㉠ 비례요소: $G(s) = K$
㉡ 미분요소: $G(s) = Ks$
㉢ 적분요소: $G(s) = \dfrac{K}{s}$
㉣ 1차 지연요소: $G(s) = \dfrac{K}{Ts+1}$

51

그림과 같은 액면계에서 $q(t)$를 입력, $h(t)$를 출력으로 본 전달함수는?

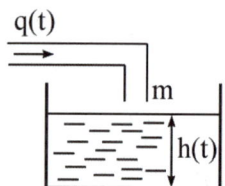

① $\dfrac{K}{s}$　　② Ks

③ $1 + Ks$　　④ $\dfrac{K}{1+s}$

| 해설

$h(t) = \dfrac{1}{A}\int q(t)\,dt$ 에서 이를 라플라스 변환하면

$H(s) = \dfrac{1}{As}Q(s) = \dfrac{K}{s}Q(s)$ 이므로

∴ 전달함수: $G(s) = \dfrac{H(s)}{Q(s)} = \dfrac{K}{s}$

52

어떤 계의 계단응답이 지수 함수적으로 증가하고 일정값으로 된 경우 이 계는 어떤 요소인가?

① 미분요소　　② 1차 뒤진 요소
③ 부동작 요소　　④ 지상요소

| 해설

1차 지연(뒤진)요소

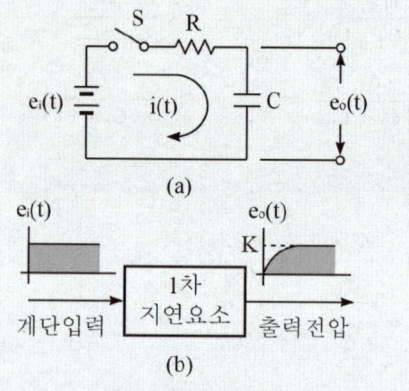

출력전압 $e_o(t)$ 는 콘덴서(C)에 충전되는 전압으로 초기에는 지수함수적으로 증가하다 충전이 완료되면 일정전압이 된다.

∴ $e_o(t) = K\left(1 - e^{-\frac{1}{T}t}\right)$ [V]

53

단위계단 입력에 대한 응답특성이 $c(t) = 1 - e^{-\frac{1}{T}t}$ 로 나타나는 제어계는?

① 비례제어계　　② 적분제어계
③ 1차 지연제어계　　④ 2차 지연제어계

| 해설

1차 지연요소에 계단함수 $f(t) = Ku(t)$ 를 넣으면 출력 $c(t) = K\left(1 - e^{-\frac{1}{T}t}\right)$ 의 형태가 된다.

정답　50 ④　51 ①　52 ②　53 ③

54

부동작 시간 요소의 전달함수는?

① K
② $\dfrac{K}{s}$
③ Ke^{-Ls}
④ Ks

| 해설
전달함수의 부동작 시간요소는 제어계의 시간추이요소에 해당되는 값으로서 전달함수는 $G(s) = Ke^{-Ls}$ 로 표현된다.

55

전달함수에 대한 설명으로 틀린 것은?

① 어떤 계의 전달함수는 그 계에 대한 임펄스 응답의 라플라스 변환과 같다.
② 전달함수는 $\dfrac{출력\ 라플라스\ 변환}{입력\ 라플라스\ 변환}$ 으로 정의된다.
③ 전달함수가 s 가 될 때 적분요소라 한다.
④ 어떤 계의 전달함수의 분모를 0으로 놓으면 이것이 곧 특성방정식이다.

56

자동제어의 각 요소를 블록 선도로 표시할 때에 각 요소를 전달함수로 표시하고, 신호의 전달 경로는 무엇으로 표시하는가?

① 전달함수
② 단자
③ 화살표
④ 출력

57

그림과 같은 미분요소에 입력으로 단위계단 함수를 사용하면 출력 파형은?

$X(s) \rightarrow \boxed{Ks} \rightarrow Y(s)$

① 임펄스 파형
② 사인파형
③ 삼각파형
④ 톱니파형

| 해설
임펄스 파형 $\delta(t)$는 단위 계단 함수 $u(t)$ 를 미분한 값을 말한다.
$\therefore \delta(t) = \dfrac{d}{dt}u(t) \xrightarrow{\mathcal{L}} 1$

58

다음 시스템의 전달함수(C/R)는?

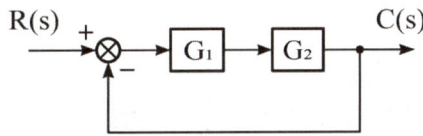

① $\dfrac{G_1 G_2}{1 + G_1 G_2}$
② $\dfrac{G_1 G_2}{1 - G_1 G_2}$
③ $\dfrac{1 + G_1 G_2}{G_1 G_2}$
④ $\dfrac{1 - G_1 G_2}{G_1 G_2}$

| 해설
종합 전달함수(메이슨 공식)
$M(s) = \dfrac{C(s)}{R(s)} = \dfrac{\sum 전향\ 경로\ 이득}{1 - \sum 폐루프\ 이득}$
$= \dfrac{G_1 G_2}{1 - (-G_1 G_2)} = \dfrac{G_1 G_2}{1 + G_1 G_2}$

정답 54 ③ 55 ③ 56 ③ 57 ① 58 ①

59

다음과 같은 블럭선도의 등가 합성 전달함수는?

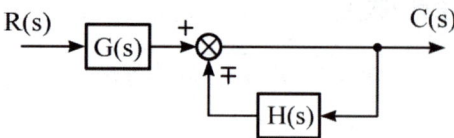

① $\dfrac{1}{1 \pm G(s)H(s)}$ ② $\dfrac{G(s)}{1 \pm G(s)H(s)}$

③ $\dfrac{G(s)}{1 \pm H(s)}$ ④ $\dfrac{1}{1 \pm H(s)}$

| 해설
종합 전달함수(메이슨 공식)

$$M(s) = \dfrac{C(s)}{R(s)} = \dfrac{\sum 전향\ 경로\ 이득}{1 - \sum 폐루프\ 이득}$$

$$= \dfrac{G(s)}{1-[\mp H(s)]} = \dfrac{G(s)}{1 \pm H(s)}$$

60

그림과 같은 블록선도에서 $\dfrac{C}{R}$ 의 값은?

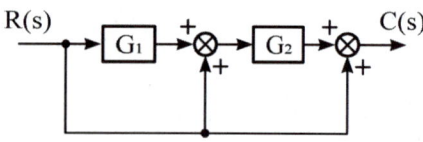

① $1 + G_1 + G_1G_2$ ② $1 + G_2 + G_1G_2$

③ $\dfrac{G_1 + G_2}{1 - G_2 - G_1G_2}$ ④ $\dfrac{(1+G_1)G_2}{1-G_2}$

| 해설
종합 전달함수(메이슨 공식)

$$M(s) = \dfrac{C(s)}{R(s)} = \dfrac{\sum 전향\ 경로\ 이득}{1 - \sum 폐루프\ 이득}$$

$$= \dfrac{G_1G_2 + G_2 + 1}{1 - 0} = 1 + G_2 + G_1G_2$$

61

그림과 같은 블록선도에 대한 등가 종합 전달함수 $\dfrac{C}{R}$ 는?

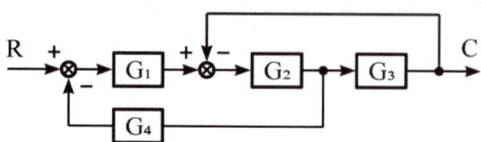

① $\dfrac{G_1G_2G_3}{1 + G_1G_2 + G_1G_2G_3}$ ② $\dfrac{G_1G_2G_3}{1 + G_2G_3 + G_1G_2G_3}$

③ $\dfrac{G_1G_2G_4}{1 + G_1G_2 + G_1G_2G_4}$ ④ $\dfrac{G_1G_2G_3}{1 + G_2G_3 + G_1G_2G_4}$

| 해설
종합 전달함수(메이슨 공식)

$$M(s) = \dfrac{C(s)}{R(s)} = \dfrac{\sum 전향\ 경로\ 이득}{1 - \sum 폐루프\ 이득}$$

$$= \dfrac{G_1G_2G_3}{1 - (-G_1G_2G_4 - G_2G_3)}$$

$$= \dfrac{G_1G_2G_3}{1 + G_1G_2G_4 + G_2G_3}$$

정답 59 ③ 60 ② 61 ④

62

다음과 같은 블록선도에서 등가 합성 전달함수 $\dfrac{C}{R}$ 는?

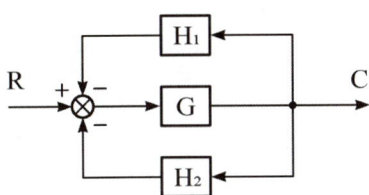

① $\dfrac{H_1 + H_2}{1 + G}$
② $\dfrac{G}{1 - H_3 G - H_2 G}$
③ $\dfrac{H_1}{1 + H_1 H_2 G}$
④ $\dfrac{G}{1 + H_1 G + H_2 G}$

| 해설
종합 전달함수(메이슨 공식)

$M(s) = \dfrac{C(s)}{R(s)} = \dfrac{\sum 전향\ 경로\ 이득}{1 - \sum 폐루프\ 이득}$

$= \dfrac{G}{1 - (-GH_1 - GH_2)}$

$= \dfrac{G}{1 + H_1 G + H_2 G}$

63

그림과 같은 피드백 회로의 종합 전달함수는?

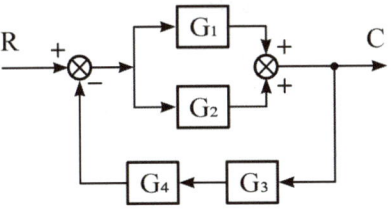

① $\dfrac{G_1 G_2}{1 + G_1 G_2 + G_3 G_4}$
② $\dfrac{G_1 + G_2}{1 + G_1 G_3 G_4 + G_2 G_3 G_4}$
③ $\dfrac{G_1 + G_2}{1 + G_1 G_2 G_3 G_4 + G_2 G_3 G_4}$
④ $\dfrac{G_1 G_2}{1 + G_4 G_2 + G_3 G_4}$

| 해설
종합 전달함수(메이슨 공식)

$M(s) = \dfrac{C(s)}{R(s)} = \dfrac{\sum 전향\ 경로\ 이득}{1 - \sum 폐루프\ 이득}$

$= \dfrac{G_1 + G_2}{1 - [-(G_1 + G_2) G_3 G_4]}$

$= \dfrac{G_1 + G_2}{1 + (G_1 + G_2) G_3 G_4}$

64

블록선도에서 $r(t) = 25$, $G_1 = 1$, $H_2 = 5$, $c(t) = 50$ 일 때 H_1 을 구하면?

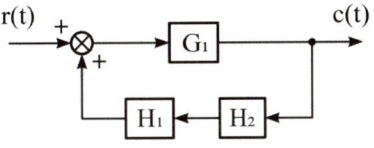

① $\dfrac{1}{4}$
② $\dfrac{1}{10}$
③ $\dfrac{2}{5}$
④ $\dfrac{2}{3}$

| 해설
㉠ $M(s) = \dfrac{C(s)}{R(s)} = \dfrac{50/s}{25/s} = 2$

㉡ $M(s) = \dfrac{\sum 전향\ 경로\ 이득}{1 - \sum 폐루프\ 이득}$

$= \dfrac{G_1}{1 - G_1 H_1 H_2} = \dfrac{1}{1 - 5H_1}$

㉢ $M(s) = 2 = \dfrac{1}{1 - 5H_1}$ 이므로

$2(1 - 5H_1) = 1$ 에서 $2 - 10H_1 = 1$ 이 된다.

∴ $H_1 = \dfrac{1}{10}$

정답 62 ④ 63 ② 64 ②

65 □□□
다음 블록선도를 옳게 등가 변환한 것은?

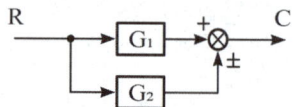

| 해설
문제의 종합 전달함수
$$M(s) = \frac{\sum 전향\ 경로\ 이득}{1-\sum 폐루프\ 이득} = \frac{G_1+G_2}{1-(0)}$$
$= G_1 + G_2$ 를 만족하는 것은 ②이다.

66 □□□
다음 블록선도의 전달함수 $\frac{C(s)}{R(s)}$ 는?

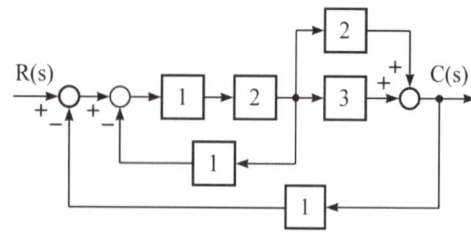

① $\frac{10}{9}$ ② $\frac{10}{13}$

③ $\frac{12}{9}$ ④ $\frac{12}{13}$

| 해설
$$M(s) = \frac{\sum 전향\ 경로\ 이득}{1-\sum 폐루프\ 이득}$$
$$= \frac{1\times 2\times(2+3)}{1-(-2-10)} = \frac{10}{13}$$

67 □□□
다음의 두 블록선도가 등가인 경우 A요소의 전달함수는?

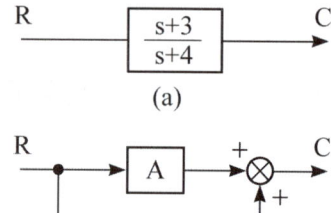

① $\dfrac{-1}{s+4}$ ② $\dfrac{-2}{s+4}$

③ $\dfrac{-3}{s+4}$ ④ $\dfrac{-4}{s+4}$

| 해설
㉠ (a) 회로의 종합 전달함수
$$M(s) = \frac{\sum 전향경로이득}{\sum 폐루프이득} = \frac{s+3}{s+4}$$
㉡ (b) 회로의 종합 전달함수
$$M(s) = \frac{\sum 전향경로이득}{\sum 폐루프이득} = A+1$$
㉢ (a), (b) 회로가 등가가 되기 위한 A값은
$\dfrac{s+3}{s+4} = A+1$ 에서
$$\therefore A = \frac{s+3}{s+4} - 1 = \frac{-1}{s+4}$$

정답 65 ② 66 ② 67 ①

68

다음 블럭선도의 변환에서 A에 맞는 것은?

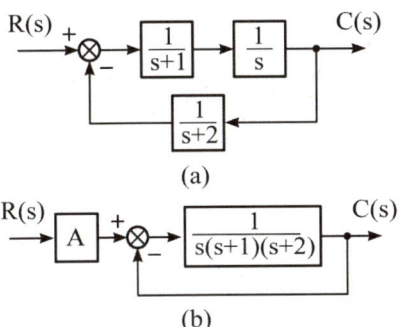

① $s+2$
② $(s+1)(s+2)$
③ s
④ $s(s+1)(s+2)$

| 해설
㉠ 첫 번째 회로의 종합 전달함수
$$M(s) = \frac{\frac{1}{s(s+1)}}{1-\frac{1}{s(s+1)(s+2)}} = \frac{s+2}{s(s+1)(s+2)-1}$$
㉡ 두 번째 회로의 종합 전달함수
$$M(s) = \frac{\frac{A}{s(s+1)(s+2)}}{1-\frac{1}{s(s+1)(s+2)}} = \frac{A}{s(s+1)(s+2)-1}$$
∴ 두 회로가 등가가 되기 위해서는 $A=s+2$ 가 되어야 한다.

69

그림과 같은 블록선로에서 외란이 있는 경우의 출력은?

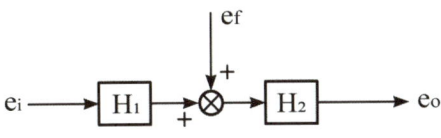

① $H_1H_2e_i + H_2e_f$
② $H_1H_2(e_i + e_f)$
③ $H_1e_i + H_2e_f$
④ $H_1H_2e_ie_f$

| 해설
출력: $e_o = (e_iH_1 + e_f)H_2 = H_1H_2e_i + H_2e_f$

70

다음 그림과 같은 블록선도에서 입력 R 과 외란 D 가 가해질 때 출력 C 는?

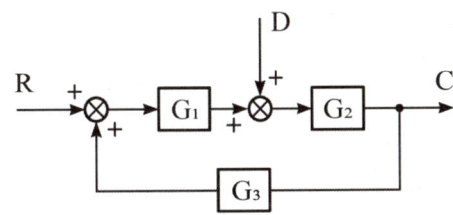

① $\dfrac{G_1G_2R+G_2D}{1+G_1G_2G_3}$
② $\dfrac{G_1G_2R-G_2D}{1+G_1G_2G_3}$
③ $\dfrac{G_1G_2R+G_2D}{1-G_1G_2G_3}$
④ $\dfrac{G_1G_2R-G_3D}{1-G_1G_2G_3}$

| 해설
㉠ 출력 $C = [(R+CG_3)G_1 + D]G_2$
$= (RG_1 + CG_1G_3 + D)G_2$
$= RG_1G_2 + CG_1G_2G_3 + DG_2$
㉡ 위 식을 정리하면 다음과 같다.
$C - CG_1G_2G_3 = RG_1G_2 + DG_2$,
$C(1-G_1G_2G_3) = RG_1G_2 + DG_2$
$\therefore C = \dfrac{RG_1G_2 + DG_2}{1-G_1G_2G_3}$
$= \dfrac{G_1G_2}{1-G_1G_2G_3}R + \dfrac{G_2}{1-G_1G_2G_3}D$

정답 68 ① 69 ① 70 ③

71

개루프 전달함수가 $G(s) = \dfrac{s+2}{s(s+1)}$ 일 때, 페루프 전달함수는?

① $\dfrac{s+2}{s^2+s}$ ② $\dfrac{s+2}{s^2+2s+2}$

③ $\dfrac{s+2}{s^2+s+2}$ ④ $\dfrac{s+2}{s^2+2s+4}$

| 해설

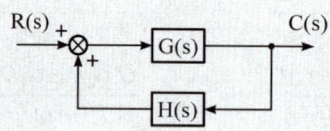

㉠ 종합 전달함수

$M(s) = \dfrac{G(s)}{1+G(s)H(s)}$

㉡ $G(s)H(s)$를 개루프 전달함수라 하고 $H(s) = 1$인 페루프 시스템을 단위 (부)궤환 시스템이라 한다.

$\therefore M(s) = \dfrac{G(s)}{1+G(s)} = \dfrac{\frac{s+2}{s(s+1)}}{1+\frac{s+2}{s(s+1)}}$

$= \dfrac{s+2}{s(s+1)+(s+2)}$

$= \dfrac{s+2}{s^2+2s+2}$

72

다음의 신호선도를 메이슨의 공식을 이용하여 전달함수를 구하고자 한다. 이 신호선도에서 루프(Loop)는 몇 개인가?

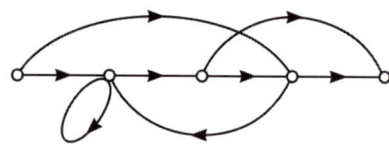

① 1 ② 2
③ 3 ④ 4

73

그림과 같은 신호흐름선도에서 $\dfrac{C}{R}$ 를 구하면?

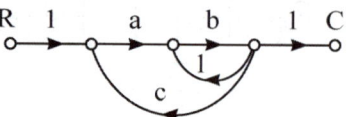

① $\dfrac{ab}{1+b-abc}$ ② $\dfrac{ab}{1-b-abc}$

③ $\dfrac{ab}{1-b+abc}$ ④ $\dfrac{ab}{a+b+abc}$

| 해설

종합 전달함수

$M(s) = \dfrac{C(s)}{R(s)} = \dfrac{\sum 전향\ 경로\ 이득}{1-\sum 페루프\ 이득}$

$= \dfrac{ab}{1-b-abc}$

74

다음 신호흐름선도의 전달함수는?

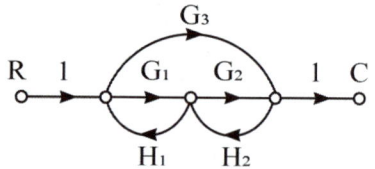

① $\dfrac{G_1G_2+G_3}{1-(G_1H_1+G_2H_2)-G_3H_1H_2}$

② $\dfrac{G_1G_2+G_3}{1-(G_1H_1-G_2H_2)}$

③ $\dfrac{G_1G_2-G_3}{1-(G_1H_1-G_2H_2)}$

④ $\dfrac{G_1G_2-G_3}{1-(G_1H_1+G_2H_2)}$

정답 71 ② 72 ② 73 ② 74 ①

| 해설
종합 전달함수

$$M(s) = \frac{C(s)}{R(s)} = \frac{\sum \text{전향 경로 이득}}{1 - \sum \text{폐루프 이득}}$$

$$= \frac{G_1G_2 + G_3}{1 - G_1H_1 - G_2H_2 - G_3H_1H_2}$$

75 □□□

그림과 같은 신호흐름선도에서 전달함수 $C(s)/R(s)$ 는?

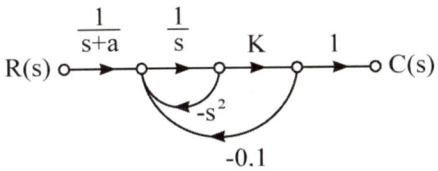

① $\dfrac{C(s)}{R(s)} = \dfrac{K}{(s+a)(s^2+s+0.1K)}$

② $\dfrac{C(s)}{R(s)} = \dfrac{K(s+a)}{(s+a)(s^2+s+0.1K)}$

③ $\dfrac{C(s)}{R(s)} = \dfrac{K}{(s+a)(s^2+s-0.1K)}$

④ $\dfrac{C(s)}{R(s)} = \dfrac{K(s+a)}{(s+a)(-s^2-s+0.1K)}$

| 해설
종합 전달함수

$$M(s) = \frac{C(s)}{R(s)} = \frac{\sum \text{전향 경로 이득}}{1 - \sum \text{폐루프 이득}}$$

$$= \frac{\dfrac{K}{s(s+a)}}{1 + s + \dfrac{0.1K}{s}}$$

$$= \frac{K}{s(s+a)\left(s+1+\dfrac{0.1K}{s}\right)}$$

$$= \frac{K}{(s+a)(s^2+s+0.1K)}$$

76 □□□

그림과 같은 신호흐름선도에서 전달함수 $C(s)/R(s)$는?

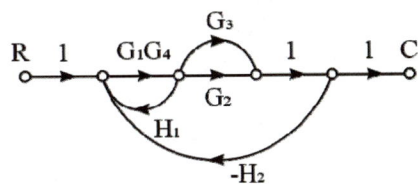

① $\dfrac{G_1G_4(G_2+G_3)}{1 + G_1G_4H_1 + G_1G_4(G_3+G_2)H_2}$

② $\dfrac{G_1G_4(G_2+G_3)}{1 - G_1G_4H_1 + G_1G_4(G_3+G_2)H_2}$

③ $\dfrac{G_1G_2 - G_3G_4}{1 + G_1G_3G_4H_2 + G_1G_2H_1}$

④ $\dfrac{G_1G_2 - G_3G_4}{1 - G_1G_2H_1 + G_1G_3G_4H_2}$

| 해설

$$M(s) = \frac{C(s)}{R(s)} = \frac{\sum \text{전향 경로 이득}}{1 - \sum \text{폐루프 이득}}$$

$$= \frac{G_1G_4(G_2+G_3)}{1 - G_1G_4H_1 + G_1G_4(G_3+G_2)H_2}$$

정답 75 ① 76 ②

77

그림과 같은 회로망에 맞는 신호흐름선도는?

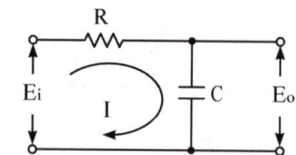

① $E_i \xrightarrow{1} \xrightarrow{\frac{1}{R}} 1 \xrightarrow{\frac{1}{Cs}} E_o$ 피드백 $\frac{1}{R}$

② $E_i \xrightarrow{1} \xrightarrow{\frac{1}{R}} 1 \xrightarrow{\frac{1}{Cs}} E_o$ 피드백 $-\frac{1}{R}$

③ $E_i \xrightarrow{1} \xrightarrow{\frac{1}{R}} 1 \xrightarrow{-\frac{1}{Cs}} E_o$ 피드백 $\frac{1}{R}$

④ $E_i \xrightarrow{1} \xrightarrow{\frac{1}{R}} 1 \xrightarrow{-\frac{1}{Cs}} E_o$ 피드백 $-\frac{1}{R}$

| 해설

㉠ 전류: $I(s) = \frac{1}{R}[E_i(s) - E_o(s)]$
$= \frac{1}{R}E_i(s) - \frac{1}{R}E_o(s)$

㉡ 출력전압: $E_o(s) = \frac{1}{Cs}I(s)$

참고

㉠ RC 회로의 전달함수
$$M(s) = \frac{E_o(s)}{E_i(s)} = \frac{\frac{1}{Cs}}{R + \frac{1}{Cs}} = \frac{1}{1+RCs}$$

㉡ 보기 ② 전달함수
$$M(s) = \frac{\sum \text{전향 경로 이득}}{1 - \sum \text{폐루프 이득}}$$
$$= \frac{\frac{1}{RCs}}{1 + \frac{1}{RCs}} = \frac{1}{1+RCs}$$

∴ 문제의 회로와 보기의 신호흐름선도의 전달함수를 직접 풀어 동일한 답을 찾는 것을 추천한다.

78

그림과 같은 회로망에 맞는 신호흐름선도는?

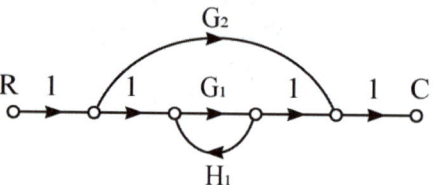

① $\frac{C}{R} = \frac{G_1 + G_2}{1 - G_1 H_1}$

② $\frac{C}{R} = \frac{G_1 + G_2(1 - G_1 H_1)}{1 - G_1 H_1}$

③ $\frac{C}{R} = \frac{G_1 + G_2}{1 - G_1 H_1 - G_2 H_2}$

④ $\frac{C}{R} = \frac{G_1 G_2}{1 - G_1 H_1}$

| 해설

㉠ $\Delta = 1 - \sum \ell_1 = 1 - G_1 H_1$
㉡ $G_1' = G_1$, $\Delta_1 = 1$
㉢ $G_2' = G_2$, $\Delta_2 = \Delta = 1 - G_1 H_1$

∴ 메이슨 공식
$$M(s) = \frac{\sum G_K' \Delta_K}{\Delta} = \frac{G_1' \Delta_1 + G_2' \Delta_2}{\Delta}$$
$$= \frac{G_1 + G_2(1 - G_1 H_1)}{1 - G_1 H_1}$$

정답 77 ② 78 ②

79

다음 신호흐름선도에서 $\dfrac{C(s)}{R(s)}$ 의 값은?

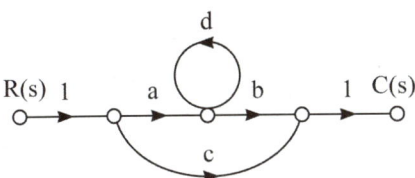

① $\dfrac{ab+c(1-d)}{1-d}$ ② $\dfrac{ab+c}{1-d}$

③ $ab+c$ ④ $\dfrac{ab+c(1+d)}{1+d}$

| 해설

㉠ $\Delta = 1 - \sum \ell_1 = 1 - d$
㉡ $G_1 = ab,\ \Delta_1 = 1$
㉢ $G_2 = c,\ \Delta_2 = \Delta = 1-d$

∴ 메이슨 공식

$$M(s) = \dfrac{\sum G_K \Delta_K}{\Delta} = \dfrac{G_1 \Delta_1 + G_2 \Delta_2}{\Delta}$$
$$= \dfrac{ab+c(1-d)}{1-d}$$

80

다음 신호흐름선도에서 $\dfrac{Y(s)}{D(s)}$ 를 구하면?

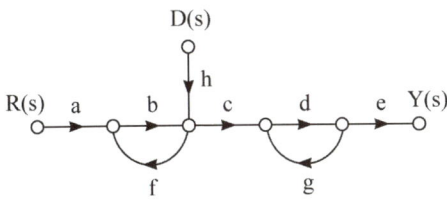

① $\dfrac{cdeh}{1-bf-dg+bfdg}$ ② $\dfrac{abcde+hcde}{1-bf-dg+bfdg}$

③ $\dfrac{cdeh}{1-dg}$ ④ $\dfrac{abcde+hcde}{1-dg}$

| 해설

㉠ $\Delta = 1 - \sum \ell_1 + \sum \ell_2 = 1 - (bf+dg) + (bdfg)$
㉡ $G_1 = hcde,\ \Delta_1 = 1$

∴ 메이슨 공식(정식)

$$M(s) = \dfrac{\sum G_K \Delta_K}{\Delta} = \dfrac{G_1 \Delta_1}{\Delta}$$
$$= \dfrac{cdeh}{1-bf-dg+bdfg}$$

81

다음 신호흐름선도에서 $\dfrac{Y_2}{Y_1}$ 를 구하면?

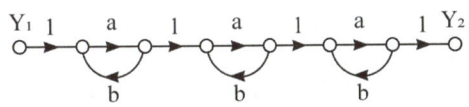

① $\dfrac{a^3}{(1-ab)^3}$ ② $\dfrac{a^3}{1-3ab+a^2b^2}$

③ $\dfrac{a^3}{1-3ab}$ ④ $\dfrac{a^3}{1-3ab+2a^2b^2}$

| 해설

메이슨 공식(정식): $M(s) = \dfrac{\sum G_K \Delta_K}{\Delta}$

㉠ $\sum \ell_1 = ab+ab+ab = 3ab$
㉡ $\sum \ell_2 = a^2b^2+a^2b^2+a^2b^2 = 3a^2b^2$
㉢ $\sum \ell_3 = a^3b^3$
㉣ $\Delta = 1 - \sum \ell_1 + \sum \ell_2 - \sum \ell_3$
$= 1-3ab+3a^2b^2-a^3b^3 = (1-ab)^3$
㉤ $G_1 = a^3,\ \Delta_1 = 1$

∴ 메이슨 공식(정식)

$$M(s) = \dfrac{\sum G_K \Delta_K}{\Delta} = \dfrac{G_1 \Delta_1}{\Delta} = \dfrac{a^3}{(1-ab)^3}$$

정답 79 ① 80 ① 81 ①

82

다음 중 그림의 신호흐름선도에서 전달함수 $\dfrac{C(s)}{R(s)}$ 는?

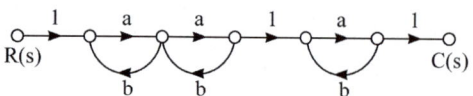

① $\dfrac{a^3}{(1-ab)^3}$ ② $\dfrac{a^3}{1-3ab+a^2b^2}$

③ $\dfrac{a^3}{1-3ab}$ ④ $\dfrac{a^3}{1-3ab+2a^2b^2}$

| 해설

메이슨 공식(정식): $M(s) = \dfrac{\sum G_K \Delta_K}{\Delta}$

㉠ $\sum \ell_1 = ab + ab + ab = 3ab$

㉡ $\sum \ell_2 = a^2b^2 + a^2b^2 = 2a^2b^2$

㉢ $\Delta = 1 - \sum \ell_1 + \sum \ell_2 = 1 - 3ab + 2a^2b^2$

㉣ $G_1 = a^3$, $\Delta_1 = 1$

∴ 메이슨 공식(정식)

$M(s) = \dfrac{\sum G_K \Delta_K}{\Delta} = \dfrac{G_1 \Delta_1}{\Delta}$

$= \dfrac{a^3}{1-3ab+2a^2b^2}$

제3장 시간 영역 해석법

83

시간 영역에서 자동제어계를 해석할 때 기본 시험입력에 보통 사용되지 않는 입력은?

① 정속도 입력 ② 정현파 입력
③ 단위 계단 입력 ④ 정가속도 입력

| 해설

시간 영역에서 기본 시험입력
㉠ 단위 계단 입력 $u(t)$
㉡ 정속도 입력 t
㉢ 정가속도 입력 t^2

84

어떤 제어계에 입력신호를 가하고 난 후 출력신호가 정상상태에 도달할 때까지의 응답을 무엇이라고 하는가?

① 시간응답 ② 선형응답
③ 정상응답 ④ 과도응답

| 해설

과도응답이란 입력을 가한 후 정상상태에 도달할 때까지의 출력을 의미한다.

85

단위계단 입력신호에 대한 과도응답을 무엇이라 하는가?

① 임펄스 응답 ② 인디셜 응답
③ 노멀 응답 ④ 램프 응답

| 해설

응답의 종류

종류	$r(t)$	$R(s)$	응답 $c(t)$
임펄스 응답	$\delta(t)$	1	$\mathcal{L}^{-1}[G(s)]$
인디셜 응답	$u(t)$	$\dfrac{1}{s}$	$\mathcal{L}^{-1}\left[\dfrac{1}{s}G(s)\right]$
경사 응답	t	$\dfrac{1}{s^2}$	$\mathcal{L}^{-1}\left[\dfrac{1}{s^2}G(s)\right]$
포물선 응답	$\dfrac{1}{2}t^2$	$\dfrac{1}{s^3}$	$\mathcal{L}^{-1}\left[\dfrac{1}{s^3}G(s)\right]$

정답 82 ④ 83 ② 84 ④ 85 ②

86 □□□

다음 회로의 임펄스 응답은? (단, $t=0$ 에서 스위치 K 를 닫으면 v_o 를 출력으로 본다.)

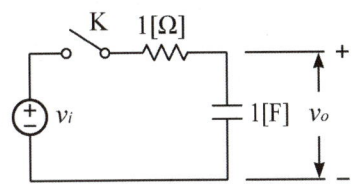

① e^t ② e^{-t}
③ $\dfrac{1}{2}e^{-t}$ ④ $2e^{-t}$

| 해설

㉠ 종합 전달함수
$$M(s)=\dfrac{V_o(s)}{V_i(s)}=\dfrac{\dfrac{1}{Cs}}{R+\dfrac{1}{Cs}}$$
$$=\dfrac{1}{RCs+1}=\dfrac{\dfrac{1}{RC}}{s+\dfrac{1}{RC}}$$

㉡ 응답: $v_o(t)=\mathcal{L}^{-1}[V_o(s)]$
$$=\mathcal{L}^{-1}[V_i(s)M(s)]$$

∴ 임펄스 응답
$$v_o(t)=\mathcal{L}^{-1}[M(s)]=\mathcal{L}^{-1}\left[\dfrac{\dfrac{1}{RC}}{s+\dfrac{1}{RC}}\right]$$
$$=\dfrac{1}{RC}e^{-\dfrac{1}{RC}t}=e^{-t}$$

87 □□□

전달함수 $G(s)=\dfrac{C(s)}{R(s)}=\dfrac{1}{(s+a)^2}$ 인 제어계의 임펄스 응답 $c(t)$ 는?

① e^{-at} ② $1-e^{-at}$
③ te^{-at} ④ $\dfrac{1}{2}t^2$

| 해설

㉠ 임펄스 함수의 라플라스 변환
$$\delta(t)\xrightarrow{\mathcal{L}}1\text{(즉, }R(s)=1\text{)}$$

㉡ 출력 라플라스 변환
$$C(s)=R(s)G(s)=G(s)=\dfrac{1}{(s+a)^2}$$

∴ 응답(시간 영역에서의 출력)
$$c(t)=\mathcal{L}^{-1}\left[\dfrac{1}{(s+a)^2}\right]$$
$$=\mathcal{L}^{-1}\left[\dfrac{1}{s^2}\bigg|_{s\to s+a}\right]=te^{-at}$$

88 □□□

어떤 제어계의 임펄스 응답이 $\sin 2t$ 이면 이 제어계의 전달함수는?

① $\dfrac{s}{s+2}$ ② $\dfrac{s}{s^2+2}$
③ $\dfrac{2}{s^2+2}$ ④ $\dfrac{2}{s^2+4}$

| 해설

임펄스 응답 $c(t)=\mathcal{L}^{-1}[M(s)]$ 이므로
∴ 종합 전달함수
$$M(s)=\mathcal{L}[c(t)]=C(s)$$
$$=\dfrac{2}{s^2+2^2}=\dfrac{2}{s^2+4}$$

정답 86 ② 87 ③ 88 ④

89 □□□

그림과 같은 RC 회로에 단위 계단 전압을 가하면 출력전압은?

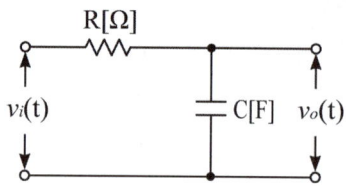

① 아무 전압도 나타나지 않는다.
② 처음부터 계단전압이 나타난다.
③ 계단전압에서 지수적으로 감쇠한다.
④ 0부터 상승하여 계단전압에 이른다.

| 해설

㉠ 전달함수: $G(s) = \dfrac{V_o(s)}{V_i(s)} = \dfrac{\frac{1}{RC}}{s + \frac{1}{RC}}$

㉡ 출력 라플라스 변환

$V_o(s) = G(s) V_i(s) = \dfrac{\frac{1}{RC}}{s + \frac{1}{RC}} \times \dfrac{1}{s}$

$= \dfrac{\frac{1}{RC}}{s\left(s + \frac{1}{RC}\right)}$

㉢ 인디셜 응답: $v_o(t) = \mathcal{L}^{-1}[V_o(s)]$

$= 1 - e^{-\frac{1}{RC}t}$

∴ 출력전압은 0부터 상승하여 계단전압에 이른다.

90 □□□

어떤 제어계에 단위 계단입력을 가하였더니 출력이 $1 - e^{-2t}$ 로 나타났다. 이 계의 전달함수는?

① $\dfrac{1}{s+2}$ ② $\dfrac{2}{s+2}$
③ $\dfrac{1}{s(s+2)}$ ④ $\dfrac{2}{s(s+2)}$

| 해설

㉠ 인디셜 응답: $c(t) = \mathcal{L}^{-1}\left[\dfrac{1}{s} G(s)\right]$

㉡ 출력 라플라스 변환: $C(s) = \dfrac{1}{s} G(s)$

∴ 전달함수

$G(s) = s\, C(s) = s\left(\dfrac{1}{s} - \dfrac{1}{s+2}\right)$

$= s \times \dfrac{s+2-s}{s(s+2)} = \dfrac{2}{s+2}$

91 □□□

그림과 같은 RC 회로의 입력단자에 계단전압을 인가하면 출력전압은?

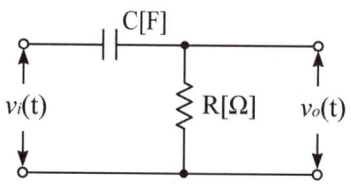

① 0부터 지수적으로 증가한다.
② 처음에는 입력과 같이 변했다가 지수적으로 감쇠한다.
③ 같은 모양의 계단전압이 나타난다.
④ 아무것도 나타나지 않는다.

| 해설

㉠ 입력에 계단전압(직류전압)을 인가했으므로 회로에 흐르는 전류

$i(t) = \dfrac{E}{R} e^{\frac{1}{RC}t}$ [A]

㉡ 출력전압: $v_o(t) = E e^{-\frac{1}{RC}t}$ [V]

∴ 지수함수적으로 감쇠하는 그래프가 된다.

정답 89 ④ 90 ② 91 ②

92

그림의 블럭선도에서 $H = 0.1$이면 오차 $E[V]$는?

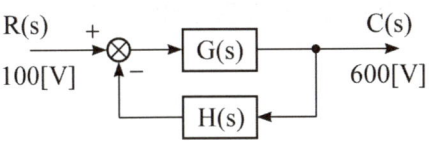

① -6 ② 6
③ -40 ④ 40

| 해설
오차: $E = R - B = R - CH$
$= 100 - 600 \times 0.1 = 40 [V]$

93

단위 계단 입력에 대한 정상편차가 유한값이면 이 계는 무슨 형인가?

① 0형 제어계 ② 1형 제어계
③ 2형 제어계 ④ 3형 제어계

| 해설
시험용 시험에 따른 정상편차

구분	입력	제어계 형별
정상 위치 편차	단위 계단 함수 $u(t)$	0형 제어계
정상 속도 편차	단위 램프 함수 t	1형 제어계
정상 가속도 편차	단위 포물선 함수 $\frac{1}{2}t^2$	2형 제어계

94

단위 램프 입력에 대하여 정상 속도편차 상수가 유한 값을 갖는 제어계의 형은?

① 0형 제어계 ② 1형 제어계
③ 2형 제어계 ④ 3형 제어계

95

그림과 같은 블록선도로 표시되는 계는 무슨 형인가?

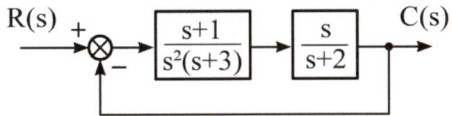

① 0형 제어계 ② 1형 제어계
③ 2형 제어계 ④ 3형 제어계

| 해설
㉠ 개루프 전달함수

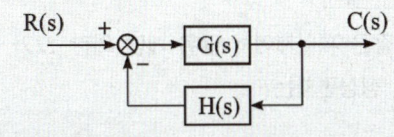

$G = G(s)H(s)$
$= \dfrac{Ks^a(s-Z_1)(s-Z_2)\cdots(s-Z_n)}{s^b(s-P_1)(s-P_2)\cdots(s-P_n)}$

㉡ $b - a = l$이라 놓으면 이 제어계는 l형 제어계라 한다.

∴ $G = G(s)H(s) = \dfrac{s(s+1)}{s^2(s+3)(s+2)}$ 에서

$l = b - a = 2 - 1 = 1$이 되어 1형 제어계가 된다.

96

$G(s)H(s) = \dfrac{K(s+1)}{s(s+2)(s+4)}$ 일 때 이 계통은 무슨 형인가?

① 0형 ② 1형
③ 2형 ④ 3형

| 해설
$l = b - a = 1 - 0 = 1$이 되어 1형 제어계가 된다.

정답 92 ④ 93 ① 94 ② 95 ② 96 ②

97

다음 중 $G(s)H(s) = \dfrac{K}{Ts+1}$ 일 때 이 계통은 어떤 형인가?

① 0형
② 1형
③ 2형
④ 3형

| 해설

∴ $l = b - a = 0$ 이 되어 0형 제어계가 된다.

98

그림과 같은 제어계에서 단위 계단 외란 D가 인가되었을 때의 정상편차는?

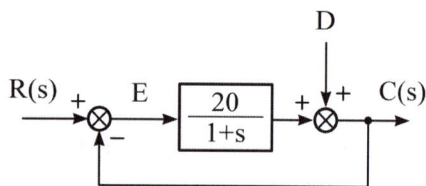

① 20
② 21
③ $\dfrac{1}{10}$
④ $\dfrac{1}{21}$

| 해설

시험용 시험에 따른 정상편차

구분	입력 $r(t)$	정상편차	정상편차 상수
정상 위치 편차	$u(t)$	$e_{sp} = \dfrac{1}{1+K_p}$	$K_p = \lim\limits_{s \to 0} s^0 G$
정상 속도 편차	t	$e_{sv} = \dfrac{1}{K_v}$	$K_v = \lim\limits_{s \to 0} s^1 G$
정상 가속도 편차	$\dfrac{1}{2}t^2$	$e_{sa} = \dfrac{1}{K_a}$	$K_a = \lim\limits_{s \to 0} s^2 G$

㉠ 정상 위치 편차 상수

$K_p = \lim\limits_{s \to 0} s^0 G = \lim\limits_{s \to 0} G(s)H(s) = \lim\limits_{s \to 0} \dfrac{20}{1+s} = 20$

㉡ 정상 위치 편차

$e_{sp} = \dfrac{1}{1+K_p} = \dfrac{1}{21}$

99

단위 피드백 제어계에서 개루프 전달함수 $G(s)$가 다음과 같이 주어지는 계의 단위 계단 입력에 대한 정상편차는?

$$G(s) = \dfrac{6}{(s+1)(s+3)}$$

① $\dfrac{1}{2}$
② $\dfrac{1}{3}$
③ $\dfrac{1}{4}$
④ $\dfrac{1}{6}$

| 해설

㉠ 정상 위치 편차 상수

$K_p = \lim\limits_{s \to 0} s^0 G = \lim\limits_{s \to 0} G(s)H(s)$
$= \lim\limits_{s \to 0} \dfrac{6}{(s+1)(s+3)} = \dfrac{6}{3} = 2$

㉡ 정상 위치 편차

$e_{sp} = \dfrac{1}{1+K_p} = \dfrac{1}{3}$

100

개루프 전달함수 $G(s) = \dfrac{10}{s(s+1)(s+2)}$가 다음과 같은 계에서 단위속도 입력에 대한 정상 편차는?

① 0.2
② 0.25
③ 0.33
④ 0.5

| 해설

㉠ 개루프 전달함수 $G = G(s)H(s)$에서 $H(s) = 1$인 전달함수를 단위 폐루프 제어계라 한다.

㉡ 정상 속도편차 상수

$K_v = \lim\limits_{s \to 0} s^1 G$
$= \lim\limits_{s \to 0} s \cdot \dfrac{10}{s(s+1)(s+2)} = \dfrac{10}{2} = 5$

㉢ 정상 속도 편차

$e_{sv} = \dfrac{1}{K_v} = \dfrac{1}{5} = 0.2$

정답 97 ① 98 ④ 99 ② 100 ①

101

그림과 같은 블록선도의 제어계통에서 정상 속도편차 상수 K_v 는 얼마인가?

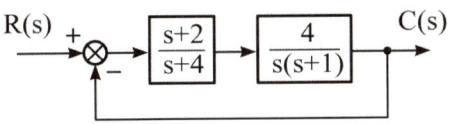

① 2
② 0
③ 0.5
④ ∞

| 해설
정상 속도편차 상수
$$K_v = \lim_{s \to 0} s^1 G = \lim_{s \to 0} s G(s)H(s)$$
$$= \lim_{s \to 0} s \cdot \frac{4(s+2)}{s(s+1)(s+4)} = \frac{8}{4} = 2$$

102

$G_1(s) = K$, $G_2(s) = \frac{1+0.1s}{1+0.2s}$,

$G_3(s) = \frac{200}{s(s+1)(s+2)}$ 인 그림과 같은 제어계에 단위 램프 입력을 가할 때 정상편차가 0.01 이라면 K의 값은?

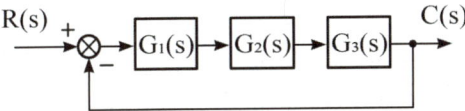

① 0.1
② 1
③ 10
④ 100

| 해설
㉠ 정상 속도편차 상수
$$K_v = \lim_{s \to 0} s^1 G$$
$$= \lim_{s \to 0} s \cdot \frac{200K(1+0.1s)}{s(s+1)(s+2)(1+0.2s)}$$
$$= \frac{200K}{2} = 100K$$
㉡ 정상 속도 편차
$$e_{sv} = \frac{1}{K_v} = \frac{1}{100K} = 0.01$$
∴ $K = \frac{1}{100 \times 0.01} = 1$

103

제어시스템의 정상상태 오차에서 포물선 함수입력에 의한 정상상태 오차를 $K_a = \lim_{s \to 0} s^2 G(s)H(s)$ 로 표현된다. 이때 K_a 를 무엇이라고 부르는가?

① 위치 오차 상수
② 속도 오차 상수
③ 가속도 오차 상수
④ 평균 오차 상수

104

오버슈트에 대한 설명 중 옳지 않은 것은?

① 자동제어계의 정상 오차이다.
② 자동제어계의 안정도의 척도가 된다.
③ 상대 오버슈트 = $\frac{최대\ 오버슈트}{최종의\ 희망값} \times 100$
④ 계단응답 중에 생기는 입력과 출력 사이의 최대 편차량이 최대 오버슈트이다.

| 해설
㉠ 정상 오차: 정상 편차(offset)
㉡ 과도 오차: 오버슈트(overshoot)

105

다음의 과도응답에 관한 설명 중 옳지 않은 것은?

① 지연시간은 응답이 최초로 목표 값의 50%가 되는 데 소요되는 시간이다.
② 백분율 오버슈트는 최종 목표값과 최대 오버슈트와의 비를 %로 나타낸 것이다.
③ 감쇠비는 최종 목표값과 최대 오버슈트와의 비를 나타낸 것이다.
④ 응답시간은 응답이 요구하는 오차 이내로 정착되는데 걸리는 시간이다.

| 해설
진폭 감쇠비(decay ratio)
㉠ 과도응답의 소멸되는 정도를 나타내는 양
㉡ 진폭 감쇠비 = $\frac{제2의\ 오버슈트}{최대\ 오버슈트}$

정답 101 ① 102 ② 103 ③ 104 ① 105 ③

106 □□□

자동 제어계의 2차계 과도응답에서 응답이 최초로 정상값의 50[%]에 도달하는데 요하는 시간은 무엇인가?

① 상승시간
② 지연시간
③ 응답시간
④ 정정시간

| 해설
과도응답 평가 상수
① 상승시간(T_r): 목표값의 10[%]에서 90[%]까지 도달하는 데 걸리는 시간
② 지연시간(T_d): 목표값의 50[%]에 도달하는데 걸리는 시간
④ 정정시간(T_s): 응답이 정해진 허용범위(최종 목표값의 ±5[%] 또는 ±2[%]) 이내로 되는데 걸리는 시간

107 □□□

2차 시스템의 감쇠율 δ (damping ratio)가 $\delta < 0$ 이면 어떤 경우인가?

① 비감쇠
② 과감쇠
③ 부족감쇠
④ 발산

| 해설
2차 지연요소의 인디셜 응답의 구분
㉠ $\delta > 1$: 과제동(비진동)
㉡ $\delta = 1$: 임계제동(임계상태)
㉢ $0 < \delta < 1$: 부족제동(감쇠진동)
㉣ $\delta = 0$: 무제동(무한진동, 완전진동)
㉤ $\delta < 0$: 발산(부의 제동)

108 □□□

2차 제어계의 과도응답에 대한 설명 중 틀린 것은?

① 제동계수가 1보다 작은 경우는 부족제동이라 한다.
② 제동계수가 1보다 큰 경우는 과제동이라 한다.
③ 제동계수가 1일 경우는 적정제동이라 한다.
④ 제동계수가 0일 경우는 무제동이라 한다.

| 해설
제동계수가 1일 경우 임계제동이라 한다.

109 □□□

단위 부궤환 제어시스템(unit negative feedback control system)의 개루프 전달함수 $G(s) = \dfrac{\omega_n^2}{s(s+2\zeta\omega_n)}$ 일 때 다음 설명 중 틀린 것은?

① 이 시스템은 $\zeta = 1.2$ 일 때 과제동 된 상태에 있게 된다.
② 이 폐루프 시스템의 특성방정식은 $s^2 + 2\zeta\omega_n s + \omega_n^2 = 0$ 이다.
③ ζ 값이 작게 될수록 제동이 많이 걸리게 된다.
④ ζ 값이 음의 값이면 불안정하게 된다.

| 해설
㉠ 전달함수
$$M(s) = \frac{G(s)}{1+G(s)} = \frac{\dfrac{\omega_n^2}{s(s+2\zeta\omega_n)}}{1+\dfrac{\omega_n^2}{s(s+2\zeta\omega_n)}}$$
$$= \frac{\omega_n^2}{s^2 + 2\zeta\omega_n s + \omega_n^2}$$
㉡ 특성방정식
$F(s) = s^2 + 2\zeta\omega_n s + \omega_n^2 = 0$
㉢ $\zeta > 1$: 과제동

110 □□□

전달함수 $\dfrac{C(s)}{R(s)} = \dfrac{1}{1+3(j\omega)+4(j\omega)^2}$ 인 제어계는 어느 경우인가?

① 과제동(over damped)
② 부족제동(under damped)
③ 임계제동(critical damped)
④ 무제동(undamped)

| 해설
㉠ 전달함수
$$M(s) = \frac{1}{4s^2+3s+1} = \frac{\dfrac{1}{4}}{s^2 + \dfrac{3}{4}s + \dfrac{1}{4}}$$

정답 106 ② 107 ④ 108 ③ 109 ③ 110 ②

ⓒ 특성방정식
$$F(s) = s^2 + \frac{3}{4}s + \frac{1}{4} = 0$$
ⓒ 2차 제어계의 특성방정식은
$$F(s) = s^2 + 2\zeta\omega_n s + \omega_n^2 = 0 \text{ 이므로}$$
ⓔ 상수항에서 $\omega_n^2 = \frac{1}{4}$ 이므로 고유각 주파수
$$\omega_n = \frac{1}{2}$$
ⓜ 1차 항에서 $2\zeta\omega_n s = \frac{3}{4}s$ 이므로 제동비
$$\zeta = \frac{3}{4} \times \frac{1}{2\omega_n} = \frac{3}{4}$$
∴ 제동비의 범위가 $0 < \zeta < 1$ 이므로 부족제동 상태가 된다.

111 □□□

미분방정식이 아래와 같을 때 2차 계통에서 감쇠율(Damping Ratio) ζ 와 제동의 종류는?

$$\frac{d^2 y(t)}{dt^2} + 6\frac{dy(t)}{dt} + 9y(t) = 9x(t)$$

① $\zeta = 0$: 무제동
② $\zeta = 1$: 임계제동
③ $\zeta = 2$: 과제동
④ $\zeta = 0.5$: 감쇠진동 또는 부족제동

| 해설
ⓘ 미분방정식을 라플라스 변환하면
$s^2 Y(s) + 6s Y(s) + 9 Y(s) = 9 X(s)$가 되므로 전달함수
$$M(s) = \frac{Y(s)}{X(s)} = \frac{9}{s^2 + 6s + 9} \text{ 이 된다.}$$
ⓒ 특성방정식
$$F(s) = s^2 + 6s + 9$$
$$= s^2 + 2\zeta\omega_n s + \omega_n^2 = 0$$
ⓒ 상수항에서 $\omega_n^2 = 9$ 에서 고유각 주파수
$$\omega_n = 3$$
ⓔ 1차 항에서 $2\zeta\omega_n s = 6s$ 에서 제동비
$$\zeta = \frac{6}{2\omega_n} = \frac{6}{2 \times 3} = 1$$
∴ 제동비가 $\zeta = 1$ 이므로 임계제동 상태가 된다.

112 □□□

그림과 같은 궤환 제어계의 감쇠계수(제동비)는?

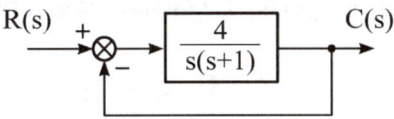

① $\zeta = 1$
② $\zeta = \frac{1}{2}$
③ $\zeta = \frac{1}{3}$
④ $\zeta = \frac{1}{4}$

| 해설
ⓘ 전달함수
$$M(s) = \frac{\dfrac{4}{s(s+1)}}{1 + \dfrac{4}{s(s+1)}} = \frac{4}{s(s+1) + 4}$$
ⓒ 특성방정식
$$F(s) = s^2 + s + 4 = 0$$
ⓒ 2차 제어계의 특성방정식
$F(s) = s^2 + 2\zeta\omega_n s + \omega_n^2 = 0$ 과 비교하여
ω_n 와 ζ 를 구할 수 있다.
ⓔ 상수항에서 $\omega_n^2 = 4$ 에서 고유각 주파수
$$\omega_n = 2$$
∴ 제동비가 $\zeta = \frac{1}{2\omega_n} = \frac{1}{4}$ 이므로 $\zeta < 1$ 이 되어 부족제동 상태가 된다.

정답 111 ② 112 ④

113

어떤 자동제어 계통의 극점이 s평면에 그림과 같이 주어지는 경우 이 시스템의 시간영역에서 동작 상태는?

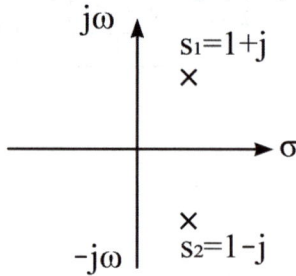

① 진동하지 않는다.
② 감폭 진동한다.
③ 점점 더 크게 진동한다.
④ 지속 진동한다.

| 해설
복소평면 우반부에 특성근이 위치하면 인디셜 응답은 점점 증가하는 발산이 되어 불안정한 제어계가 된다.

114

그림은 어떤 2차계에 대한 복소평면에서의 특성방정식 근의 위치를 나타낸다. 고유진동수 ω_n 과 감쇠율 ζ 는 얼마인가?

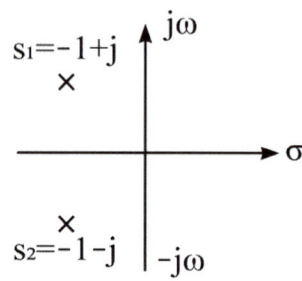

① $\omega_n = \sqrt{2}$, $\zeta = \sqrt{2}$ ② $\omega_n = 2$, $\zeta = \sqrt{2}$
③ $\omega_n = \sqrt{2}$, $\zeta = 1/\sqrt{2}$ ④ $\omega_n = 1/\sqrt{2}$, $\zeta = \sqrt{2}$

| 해설
㉠ 극점: $s_1 = -1+j$, $s_2 = -1-j$
㉡ 특성방정식
$$F(s) = s^2 + 2\zeta\omega_n s + \omega_n^2$$
$$= (s-s_1)(s-s_2)$$
$$= (s+1-j)(s+1+j)$$
$$= (s+1)^2 - j^2 = (s+1)^2 + 1$$
$$= s^2 + 2s + 2 = 0$$
㉢ 고유각 주파수: $\omega_n = \sqrt{2}$
∴ 제동비: $\zeta = \dfrac{2}{2\omega_n} = \dfrac{1}{\sqrt{2}}$

참고 특성근이 복소평면 좌반부에 위치하면 부족진동이 되므로 감쇠율 ζ는 1보다 작게된다. 따라서 이를 만족하는 정답은 ③이 된다.

115

어떤 회로의 영 입력 응답(또는 자연응답)이 다음과 같다. $v(t) = 84\left(e^{-t} - e^{-6t}\right)$ 다음의 서술에서 잘못된 것은?

① 회로의 시정수는 1[秒], 1/6[秒] 두 개이다.
② 이 회로는 2차 회로이다.
③ 이 회로는 과제동되었다.
④ 이 회로는 임계제동되었다.

| 해설
㉠ 영입력 응답의 라플라스 변환
$$V(s) = \mathcal{L}\left[84(e^{-t} - e^{-6t})\right]$$
$$= 84\left(\dfrac{1}{s+1} - \dfrac{1}{s+6}\right)$$
$$= 84\left[\dfrac{5}{(s+1)(s+6)}\right]$$
$$= \dfrac{420}{(s+1)(s+6)}$$
㉡ 특성방정식
$$F(s) = s^2 + 2\zeta\omega_n s + \omega_n^2$$
$$= (s+1)(s+6) = s^2 + 7s + 6 = 0$$
㉢ 고유각 주파수: $\omega_n = 6$
∴ 제동비가 $\zeta = \dfrac{7}{2\omega_n} = \dfrac{7}{2\sqrt{6}} > 1$ 이 되어 과제동 상태가 된다.

정답 113 ③ 114 ③ 115 ④

제4장 주파수 영역 해석법

116 □□□

$G(j\omega) = \dfrac{K}{1+j\omega T}$ 일 때 $|G(j\omega)|$ 와 $\angle G(j\omega)$ 는?

① $|G(j\omega)| = \dfrac{K}{\sqrt{1+(\omega T)^2}}$ $\angle G(j\omega) = -\tan^{-1}(\omega T)$

② $|G(j\omega)| = -\dfrac{K}{\sqrt{1+(\omega T)}}$ $\angle G(j\omega) = -\tan(\omega T)$

③ $|G(j\omega)| = -\dfrac{K}{\sqrt{1+(\omega T)}}$ $\angle G(j\omega) = -\tan^{-1}(\omega T)$

④ $|G(j\omega)| = \dfrac{K}{\sqrt{1+(\omega T)^2}}$ $\angle G(j\omega) = \tan(\omega T)$

| 해설

㉠ 주파수 전달함수

$G(j\omega) = \dfrac{K}{1+j\omega T}$

$= \dfrac{K \angle 0}{\sqrt{1^2+(\omega T)^2} \angle \tan^{-1}(\omega T)}$

$= \dfrac{K}{\sqrt{1^2+(\omega T)^2}} \angle -\tan^{-1}(\omega T)$

㉡ 크기: $|G(j\omega)| = \dfrac{K}{\sqrt{1+(\omega T)^2}}$

㉢ 위상각: $\angle G(j\omega) = -\tan^{-1}(\omega T)$

117 □□□

다음 RC 저역 여파기 회로의 전달함수 $G(j\omega)$ 에서 $\omega = \dfrac{1}{RC}$ 인 경우 $|G(j\omega)|$ 의 값은?

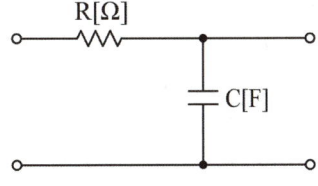

① 1
② 0.5
③ 0.707
④ 0

| 해설

㉠ 전압비 전달함수

$G(s) = \dfrac{\dfrac{1}{Cs}}{R+\dfrac{1}{Cs}} = \dfrac{1}{RCs+1}$

㉡ 주파수 전달함수

$G(j\omega) = \dfrac{1}{1+j\omega RC}\bigg|_{\omega=\frac{1}{RC}}$

$= \dfrac{1}{1+j} = \dfrac{1}{\sqrt{2} \angle 45°}$

$= 0.707 \angle -45°$

118 □□□

$G(j\omega) = \dfrac{K}{j\omega(j\omega+1)}$ 의 나이퀴스트 선도는?

(단, $K > 0$ 이다.)

① 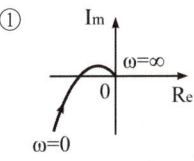 ②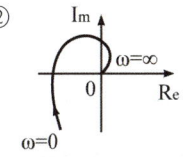

③ 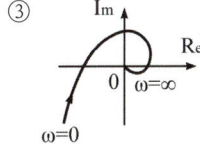 ④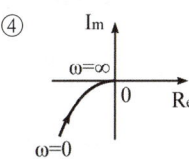

| 해설

제어계의 벡터 궤적

전달함수 $G(s) = \dfrac{K}{s(\ )}$ 와 같이 분모가 s 로 묶여 있는 벡터궤적 문제에서는 해설과 같이 분모의 괄호( ) 수에 따라 벡터 궤적 모양을 기억하면 된다.

① $G(s) = \dfrac{K}{s(T_1 s+1)(T_2 s+1)}$

② $G(s) = \dfrac{K}{s(T_1 s+1)(T_2 s+1)(T_3 s+1)}$

③ $\dfrac{K}{s(T_1 s+1)(T_2 s+1)(T_3 s+1)(T_4 s+1)}$

④ $G(s) = \dfrac{K}{s(T_1 s+1)}$

여기서, $s = j\omega$

정답 116 ① 117 ③ 118 ④

119 □□□

그림과 같은 극좌표 선도를 갖는 계통의 전달함수는?

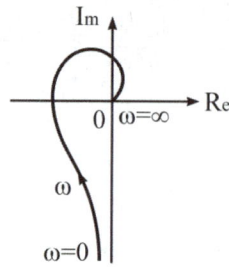

① $G(s) = \dfrac{K_o}{1+sT}$

② $G(s) = \dfrac{K_o}{s(1+sT)}$

③ $G(s) = \dfrac{K_o}{s(1+sT_1)(1+sT_2)}$

④ $G(s) = \dfrac{K_o}{s(1+sT_1)(1+sT_2)(1+sT_3)}$

120 □□□

벡터궤적이 다음과 같이 표시되는 요소는?

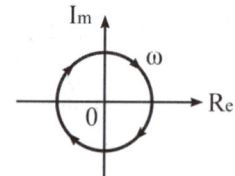

① 비례요소
② 1차 지연요소
③ 부동작·시간요소
④ 2차 지연요소

| 해설
㉠ 부동작 시간요소의 전달함수
 $G(s) = Ke^{-Ls}$
㉡ 주파수 전달함수
 $G(j\omega) = Ke^{-j\omega L} = K\angle -\omega L °$
∴ 주파수 전달함수에서 $\omega = 0 \sim \infty$ 까지 변화를 주면 $G(j\omega)$는 크기는 K이면서 시계방향으로 벡터궤적이 그려진다.

121 □□□

그림과 같은 궤적(주파수응답)을 나타내는 계의 전달함수는?

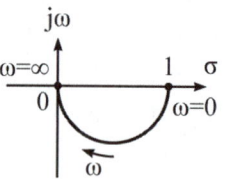

① s
② $\dfrac{1}{s}$
③ $\dfrac{1}{1+Ts}$
④ $\dfrac{\omega_n^2}{s^2+2\zeta\omega_n s+\omega_n^2}$

| 해설
제어계의 벡터 궤적
㉠ 1차 지연요소: $G(s) = \dfrac{K}{T_1 s+1}$

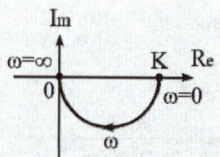

㉡ 2차 지연요소
 $G(s) = \dfrac{K}{(T_1 s+1)(T_2 s+1)}$

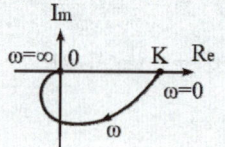

122 □□□

그림과 같은 벡터 궤적을 갖는 계의 주파수 전달함수는?

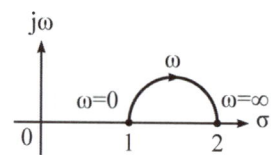

① $\dfrac{1}{j\omega+1}$
② $\dfrac{1}{j2\omega+1}$
③ $\dfrac{j\omega+1}{j2\omega+1}$
④ $\dfrac{j2\omega+1}{j\omega+1}$

정답 119 ④ 120 ③ 121 ③ 122 ④

| 해설

$\omega = 0$ 일 때 $|G(j\omega)| = 1$, $\omega = \infty$ 일 때
$|G(j\omega)| = \dfrac{T_2}{T_1} = 2$ 이므로 $T_2 > T_1$ 이고
위상값이 +값이 되기 때문에 주파수 전달함수
$G(j\omega) = \dfrac{1+j2\omega}{1+j\omega}$ 이 된다.

123 □□□

전달함수 $G(s) = \dfrac{10}{s^2 + 3s + 2}$ 으로 표시되는 제어계통에서 직류 이득은 얼마인가?

① 1 ② 2
③ 3 ④ 5

| 해설

직류 이득인 경우에는 주파수와 무관한($\omega = 0$) 전달함수 크기를 의미하므로
∴ 주파수 전달함수
$G(j\omega) = \dfrac{10}{(j\omega)^2 + j3\omega + 2}\bigg|_{\omega=0} = \dfrac{10}{2} = 5$

124 □□□

1[mV]의 입력을 인가 0.1[V]의 출력이 나오는 4단자 회로의 이득은 몇 [dB]인가?

① 10[dB] ② 20[dB]
③ 30[dB] ④ 40[dB]

| 해설

㉠ 주파수 전달함수
$G(j\omega) = \dfrac{V_o(j\omega)}{V_i(j\omega)} = \dfrac{0.1}{10^{-3}} = 10^2$

㉡ 이득: $g = 20 \log |G(j\omega)|$
$= 20 \log 10^2 = 40 \log 10$
$= 40 \, [\text{dB}]$

125 □□□

전압비 10^7일 때 감쇠량으로 표시하면 몇 [dB]인가?

① 7[dB] ② 70[dB]
③ 100[dB] ④ 140[dB]

| 해설

이득: $g = 20 \log |G(j\omega)|$
$= 20 \log 10^7 = 140 \log 10$
$= 140 \, [\text{dB}]$

126 □□□

$G(s) = 0.1s$ 일 때 $\omega = 100$ [rad/sec]일 때 계의 이득은 얼마인가?

① 20[dB] ② 30[dB]
③ 40[dB] ④ 50[dB]

| 해설

㉠ 주파수 전달함수
$G(j\omega) = j0.1\omega|_{\omega=100} = j10 = 10 \angle 90°$

㉡ 이득: $g = 20 \log |G(j\omega)|$
$= 20 \log 10 = 20 \log 10$
$= 20 \, [\text{dB}]$

127 □□□

$G(s) = e^{-Ls}$ 에서 $\omega = 100$ [rad/sec]일 때 이득 g [dB]은?

① 0[dB] ② 20[dB]
③ 30[dB] ④ 40[dB]

| 해설

㉠ 주파수 전달함수
$G(j\omega) = e^{-j\omega L} = 1 \angle -\omega L°$

㉡ 이득: $g = 20 \log |G(j\omega)|$
$= 20 \log 1 = 0 \, [\text{dB}]$

정답 123 ④ 124 ④ 125 ④ 126 ① 127 ①

128 □□□

주파수 전달함수 $G(j\omega) = \dfrac{1}{j100\omega}$ 인 계에서 $\omega = 0.1$ [rad/sec]일 때의 이득 [dB]과 위상각 θ [deg]는 얼마인가?

① -20, -90°
② -40, -90°
③ 20, 90°
④ 40, 90°

| 해설

㉠ 주파수 전달함수
$$G(j\omega) = \dfrac{1}{j100\omega}\bigg|_{\omega=0.1} = \dfrac{1}{j10}$$
$$= \dfrac{1}{10\angle 90°} = 10^{-1}\angle -90°$$

㉡ 이득: $g = 20\log|G(j\omega)|$
$$= 20\log 10^{-1} = -20\log 10$$
$$= -20\,[\text{dB}]$$

129 □□□

전달함수 $G(s) = \dfrac{1}{s(s+10)}$ 에 $\omega = 0.1$ 인 정현파 입력을 주었을 때 보드선도의 이득은?

① -40[dB]
② -20[dB]
③ 0[dB]
④ 20[dB]

| 해설

㉠ 주파수 전달함수
$$G(j\omega) = \dfrac{1}{j\omega(j\omega+10)}\bigg|_{\omega=0.1}$$
$$= \dfrac{1}{j0.1(j0.1+10)} \fallingdotseq 1\angle -90°$$

㉡ 이득: $g = 20\log|G(j\omega)|$
$$= 20\log 1 = 0\,[\text{dB}]$$

130 □□□

$G(j\omega) = 4j\omega^2$ 의 계의 이득이 0[dB]이 되는 각 주파수는?

① 1[rad/s]
② 0.5[rad/s]
③ 4[rad/s]
④ 2[rad/s]

| 해설

㉠ 이득 $g = 20\log|G(j\omega)| = 0\,[\text{dB}]$ 이 되기 위해서는 $|G(j\omega)| = 1$ 이 되어야 한다.

㉡ $|G(j\omega)| = 4\omega^2 = 1$ 이므로
$$\therefore \omega = \sqrt{\dfrac{1}{4}} = \dfrac{1}{2} = 0.5\,[\text{rad/sec}]$$

131 □□□

$G(s) = \dfrac{1}{5s+1}$ 일 때, 보드선도에서 절점주파수 ω_0 는?

① 0.2[rad/s]
② 0.5[rad/s]
③ 2[rad/s]
④ 5[rad/s]

| 해설

㉠ 1차 제어계 $G(j\omega) = \dfrac{K}{1+j\omega T}$ 에서 $\omega = \dfrac{1}{T}$ 인 주파수를 절점주파수(break frequency)라 한다. 즉, 실수부와 허수부의 크기가 같아지는 주파수를 말한다.

㉡ 주파수 전달함수: $G(j\omega) = \dfrac{1}{1+j5\omega}$

$\therefore$ 절점 주파수: $\omega_0 = \dfrac{1}{5} = 0.2\,[\text{rad/sec}]$

132 □□□

$G(s) = \dfrac{1}{1+Ts}$ 인 제어계에서 절점주파수의 이득은?

① -5[dB]
② 4[dB]
③ -3[dB]
④ 2[dB]

| 해설

㉠ 주파수 전달함수
$$G(j\omega) = \dfrac{1}{1+j\omega T}\bigg|_{\omega=\frac{1}{T}}$$
$$= \dfrac{1}{1+j} = \dfrac{1}{\sqrt{2}\angle 45°}$$
$$= 0.707\angle -45°$$

㉡ 이득: $g = 20\log|G(j\omega)|$
$$= 20\log 0.707 = -3\,[\text{dB}]$$

정답 128 ① 129 ③ 130 ② 131 ① 132 ③

133

$G(s) = \dfrac{K}{s}$ 인 적분요소의 보드선도에서 이득곡선의 1[decade]당 기울기는?

① 10[dB] ② 20[dB]
③ -10[dB] ④ -20[dB]

| 해설

㉠ 주파수 전달함수
$$G(j\omega) = \dfrac{K}{j\omega} = \dfrac{K}{\omega \angle 90°} = \dfrac{K}{\omega} \angle -90°$$

㉡ 이득: $g = 20 \log |G(j\omega)|$
$$= 20 \log \dfrac{K}{\omega}$$
$$= 20 \log K - 20 \log \omega$$
$$= K' - 20 \log \omega \,[dB]$$

∴ 보드선도 기울기(경사): $-20\,[dB/dec]$
위상각: $\theta = -90°$

134

$G(j\omega) = K(j\omega)^3$ 의 보드선도는?

① 20[dB/dec]의 경사를 가지며 위상각은 90°
② 40[dB/dec]의 경사를 가지며 위상각은 -90°
③ 60[dB/dec]의 경사를 가지며 위상각은 -270°
④ 60[dB/dec]의 경사를 가지며 위상각은 270°

| 해설

㉠ 주파수 전달함수
$$G(j\omega) = K(j\omega)^3 = j^3 K\omega^3$$
$$= K\omega^3 \angle 270°$$

㉡ 이득: $g = 20 \log |G(j\omega)|$
$$= 20 \log K\omega^3$$
$$= 20 \log K + 20 \log \omega^3$$
$$= K' + 60 \log \omega \,[dB]$$

∴ 보드선도 기울기(경사): $60\,[dB/dec]$
위상각: $\theta = 270°$

135

$G(j\omega) = \dfrac{1}{j\omega(j\omega+1)}$ 에 있어서 $\omega \to 0$ 에서의 $|G(j\omega)|$ 의 경사와 위상각은?

① -40[dB], -180° ② -40[dB], -90°
③ -20[dB], -180° ④ -20[dB], -90°

| 해설

㉠ 주파수 전달함수
$$G(j\omega) = \dfrac{1}{j\omega(1+j\omega T)}\bigg|_{\omega \to 0} \fallingdotseq \dfrac{1}{j\omega \times 1}$$
$$= \dfrac{1}{j\omega} = \omega^{-1} \angle -90°$$

㉡ 이득: $g = 20 \log |G(j\omega)|$
$$= 20 \log \omega^{-1} = -20 \log \omega \,[dB]$$

∴ 보드선도 기울기(경사): $-20\,[dB/dec]$
위상각: $\theta = -90°$

136

$G(s) = \dfrac{1}{s(1+Ts)}$ 로 표시되는 제어계에서 ω 가 아주 클 때 $|G(j\omega)|$ 의 경사와 위상각은?

① -40[dB], -180° ② -40[dB], -90°
③ -20[dB], -180° ④ -20[dB], -90°

| 해설

㉠ 주파수 전달함수
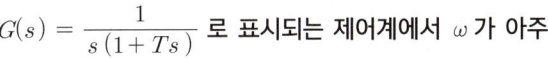
$$G(j\omega) = \dfrac{1}{j\omega(1+j\omega T)}\bigg|_{\omega \to \infty} \fallingdotseq \dfrac{1}{j\omega \times j\omega}$$
$$= \dfrac{1}{j^2 \omega^2} = \omega^{-2} \angle -180°$$

㉡ 이득: $g = 20 \log |G(j\omega)|$
$$= 20 \log \omega^{-2} = -40 \log \omega \,[dB]$$

∴ 보드선도 기울기(경사): $-40\,[dB/dec]$
위상각: $\theta = -180°$

정답 133 ④ 134 ④ 135 ④ 136 ①

137

$G(s) = \dfrac{10}{(s+1)(10s+1)}$ 의 보드(BODE) 선도의 이득 곡선은?

①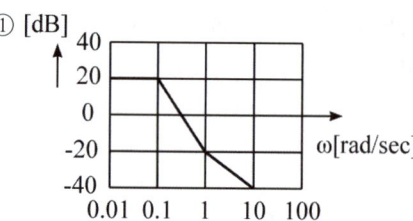

②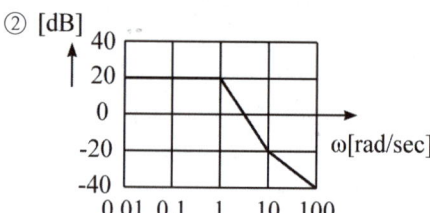

③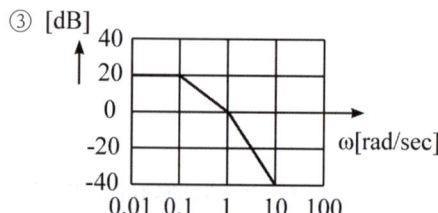

④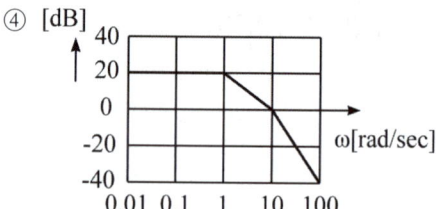

| 해설

(1) 주파수 전달함수 $G(j\omega) = \dfrac{10}{(j\omega+1)(j10\omega+1)}$ 에서
 절점주파수는 $\omega_1 = 1$, $\omega_2 = 0.1$ 이 된다.
(2) $\omega = 0.1\,[\text{rad/sec}]$ 일 때 이득
 ㉠ 주파수 전달함수
$$G(j\omega) = \dfrac{10}{(j\omega+1)(j10\omega+1)}\bigg|_{\omega=0.1}$$
$$= 7\angle -50.7°$$
 ㉡ 이득: $g = 20\log|G(j\omega)|$
$$= 20\log 7 = 17\,[\text{dB}]$$
(3) $\omega = 1\,[\text{rad/sec}]$ 일 때 이득
 ㉠ 주파수 전달함수
$$G(j\omega) = \dfrac{10}{(j\omega+1)(j10\omega+1)}\bigg|_{\omega=1}$$
$$= 0.7\angle -129°$$

 ㉡ 이득: $g = 20\log|G(j\omega)|$
$$= 20\log 0.7 = -3\,[\text{dB}]$$
∴ $\omega = 0.1$, $\omega = 1\,[\text{rad/sec}]$ 를 각각 대입했을 때의 이득을 만족하는 것은 ③번이 된다.

138

그림과 같은 보드 선도를 갖는 계의 전달함수는?

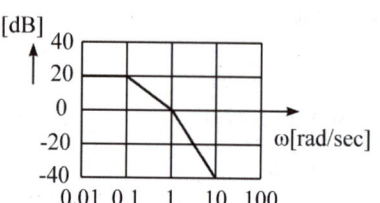

① $G(s) = \dfrac{10}{(s+1)(10s+1)}$

② $G(s) = \dfrac{5}{(s+1)(10s+1)}$

③ $G(s) = \dfrac{10}{(s+1)(s+1)}$

④ $G(s) = \dfrac{20}{(s+1)(5s+1)}$

| 해설

㉠ 절점주파수 $\omega_1 = 0.1$, $\omega_2 = 1$ 이므로
$$G(j\omega) = \dfrac{K}{(j\omega+1)(j10\omega+1)}$$ 의 식을 만족하게 된다.

㉡ $\omega = 0.1$ 일 때 이득 $g = 20\log|G(j\omega)| = 20\,[\text{dB}]$ 이 되어야 하므로 $|G(j\omega)| = 10$ 이 된다.

㉢ 주파수 전달함수
$$G(j\omega) = \dfrac{K}{(j\omega+1)(j10\omega+1)}\bigg|_{\omega=0.1}$$
$$= \dfrac{K}{(1+j0.1)(1+j)}$$
$$= 0.7K\angle -0.88°$$ 이 되므로

㉣ $K = \dfrac{10}{0.7} = 14.28$ 이 된다.

∴ $G(s) = \dfrac{14.28}{(s+1)(10s+1)}$

정답 137 ③ 138 ①

> 참고
> $$G(j\omega) = \frac{10}{(j\omega+1)(j10\omega+1)}\bigg|_{\omega=0.1}$$
> $$= \frac{10}{(1+j0.1)(1+j)}$$
> 의 이득을 구하면 $17[\text{dB}]$이 나온다.

제5장 안정도 판별법

139 □□□
특성방정식의 근이 모두 복소 S평면의 좌반부에 있으면 이 계의 안정 여부는?

① 안정　　　　② 중안정
③ 조건부 안정　④ 불안정

| 해설
특성근이 위치에 따른 안정도 판별

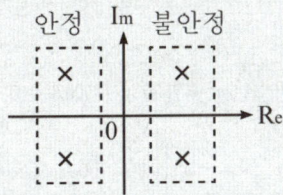

㉠ 좌반부: 안정
㉡ 우반부: 불안정
㉢ 허수축: 임계

140 □□□
Routh-Hurwitz표를 작성할 때 제1열 요소의 부호변환은 무엇을 의미하는가?

① S-평면의 좌반면에 존재하는 근의 수
② S-평면의 우반면에 존재하는 근의 수
③ S-평면의 허수축에 존재하는 근의 수
④ S-평면의 원점에 존재하는 근의 수

| 해설
제1열(기준열) 요소의 부호변환을 불안정근의 수를 의미하므로 S평면에서 우반 평면에 존재하는 근의 수를 의미한다.

141 □□□
특성방정식 $F(s) = s^3 + s^2 + s = 0$일 때 이 계통은?

① 안정하다.　　　② 불안정하다.
③ 임계상태이다.　④ 조건부 안정이다.

| 해설
특성방정식 s^0 차항(상수)이 0이면 임계안정이 된다. 단, 부호는 동일부호이어야 하며, s^0 차 항을 제외한 모든 항이 존재하여야 한다.
∴ 상수항이 없으면 임계상태가 된다.

142 □□□
특성방정식이 아래와 같을 때 이 계가 안정될 K의 범위는?

$$F(s) = s^2 + Ks + 2K - 1 = 0$$

① $K > 0$
② $K > \frac{1}{2}$
③ $K < \frac{1}{2}$
④ $0 < K < \frac{1}{2}$

| 해설
㉠ 특성방정식
$$F(s) = a_0 s^2 + a_1 s + a_2$$
$$= s^2 + Ks + 2K - 1 = 0$$
㉡ 루스표

s^2	a_0	a_2		s^2	1	$2K-1$
s^1	a_1	a_3	→	s^1	K	0
s^0	b_1	b_2		s^0	b_1	0

㉢ $b_1 = \dfrac{a_0 a_3 - a_1 a_2}{-a_1} = \dfrac{a_0 \times 0 - a_1 a_2}{-a_1}$
$= a_2 = 2K - 1$

㉣ 루스표에서 제1열(a_0, a_1, b_1)의 부호가 모두 같으면 (+) 안정이 된다.

∴ 안정되기 위한 K의 범위: $K > \dfrac{1}{2}$

정답　139 ①　140 ②　141 ③　142 ②

143

그림과 같은 제어계가 안정하기 위한 K의 범위는?

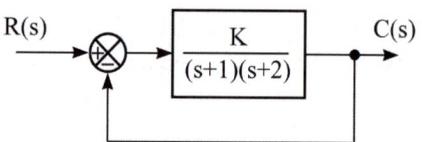

① $K > 0$
② $K < -2$
③ $K > -2$
④ $K < 1$

| 해설

㉠ 종합 전달함수
$$M(s) = \frac{\text{전향 경로이득}}{1-\text{폐루프이득}}$$
$$M(s) = \frac{\frac{K}{(s+1)(s+2)}}{1+\frac{K}{(s+1)(s+2)}}$$
$$= \frac{K}{(s+1)(s+2)+K}$$

㉡ 특성방정식
$$F(s) = (s+1)(s+2)+K$$
$$= s^2+3s+2+K = 0$$

㉢ $F(s) = as^2+bs+c = 0$ (2차 방정식)에서
$a, b, c > 0$ 을 만족하면 안정된 제어계가 된다.

∴ 안정되기 위한 K의 범위: $K > -2$

144

특성방정식이 아래와 같을 때 이 계가 안정될 K의 범위는?

$$F(s) = s^3+3s^2+3s+1+K = 0$$

① $-1 < K < 0$
② $0 < K < 8$
③ $-1 < K < 8$
④ $1 < K < 8/3$

| 해설

㉠ 특성방정식
$$F(s) = a_0 s^3 + a_1 s^2 + a_2 s + a_3$$
$$= s^3+3s^2+3s+1+K = 0$$

㉡ 루스표

s^3	a_0	a_2		s^3	1	3
s^2	a_1	a_3	→	s^2	3	$1+K$
s^1	b_1	b_2		s^1	b_1	0
s^0	c_1	c_2		s^0	c_1	0

㉢ $b_1 = \dfrac{a_0 a_3 - a_1 a_2}{-a_1} = \dfrac{(1+K)-9}{-3} = \dfrac{8-K}{3}$

㉣ $c_1 = \dfrac{a_1 b_2 - b_1 a_3}{-b_1} = \dfrac{a_1 \times 0 - b_1 a_3}{-b_1} = a_3 = 1+K$

㉤ 루스표에서 제1열(a_0, a_1, b_1, c_1)의 부호가 모두 같으면 (+) 안정이 된다.

- $b_1 = \dfrac{8-K}{3} > 0$ 에서 $K < 8$
- $c_1 = 1+K > 0$ 에서 $K > -1$

∴ 안정되기 위한 K의 범위: $-1 < K < 8$

145

특성방정식이 아래와 같을 때 이 계가 안정될 K의 범위는?

$$F(s) = s^3 + 34.5 s^2 + 7500 s + 7500K = 0$$

① $0 < K < 34.5$
② $K < 0$
③ $K > 34.5$
④ $0 < K < 69$

| 해설

㉠ 특성방정식
$$F(s) = a_0 s^3 + a_1 s^2 + a_2 s + a_3$$
$$= s^3 + 34.5 s^2 + 7500 s + 7500K = 0$$

㉡ 루스표

s^3	a_0	a_2		s^3	1	7500
s^2	a_1	a_3	→	s^2	34.5	$7500K$
s^1	b_1			s^1	b_1	0
s^0	c_1			s^0	c_1	0

㉢ $b_1 = \dfrac{a_0 a_3 - a_1 a_2}{-a_1} = \dfrac{7500K - 34.5 \times 7500}{-34.5}$

㉣ $c_1 = \dfrac{a_1 b_2 - b_1 a_3}{-b_1} = \dfrac{a_1 \times 0 - b_1 a_3}{-b_1} = a_3 = 7500K$

㉤ 루스표에서 제1열(a_0, a_1, b_1, c_1)의 부호가 모두 같으면 (+) 안정이 된다.

- $b_1 = \dfrac{34.5 \times 7500 - 7500K}{34.5} > 0$ 에서 $K < 34.5$
- $c_1 = 7500K > 0$ 에서 $K > 0$

∴ 안정되기 위한 K의 범위: $0 < K < 34.5$

정답 143 ③ 144 ③ 145 ①

146 □□□

특성방정식이 아래와 같이 주어질 때 이 계가 안정되기 위해서는 K와 T 사이에는 어떤 관계가 있는가? (단, K와 T는 정(正)의 실수이다.)

$$F(s) = 2s^3 + 3s^2 + (1+5KT)s + 5K = 0$$

① $K > T$
② $15KT > 10K$
③ $3+15KT > 10K$
④ $3-15KT > 10K$

| 해설

3차 방정식($F(s) = as^3 + bs^2 + cs + d = 0$)이므로 아래 두 조건을 만족하면 안정이 된다.
㉠ $a, b, c, d > 0$ 을 만족해야 한다.
  → $K > 0$
㉡ $bc > ad$ 을 만족해야 한다.
  → $3(1+5KT) > 10K$이므로
  $3+15KT > 10K$가 된다.
∴ 안정되기 위한 K의 범위
  $3+15KT > 10K$

147 □□□

특성방정식이 아래와 같이 주어질 때 안정하기 위한 K의 범위를 루스(Routh)의 판정조건은?

$$F(s) = s^3 + 3Ks^2 + (K+2)s + 4 = 0$$

① $K < -2.528$
② $K > 0.528$
③ $-2.528 < K < 0.528$
④ $K = 1$

| 해설

㉠ 특성방정식이 3차 방정식이므로 $K > 0$, $K+2 > 0$ 과 $3K(K+2) > 4$ 이면 이 계는 안정이 된다.
㉡ 여기서 $3K(K+2) > 4$ 를 정리하면
  $3K^2 + 6K - 4 > 0$ 이 되고 근의 공식으로
  K값을 구하면
  $K = \dfrac{-b \pm \sqrt{b^2 - 4ac}}{2a}$
  $= \dfrac{-6 \pm \sqrt{6^2 - 4 \times 3 \times (-4)}}{2 \times 3}$
  $= -1 \pm 1.528$
∴ 안정이 되려면 특성방정식이 모두 +가 되어야 하므로 $K > 0.528$ 이 된다.

148 □□□

특성방정식 중 안정될 필요조건을 갖춘 것은?

① $s^4 + 3s^2 + 10s + 10 = 0$
② $s^3 + s^2 - 5s + 10 = 0$
③ $s^3 + 2s^2 + 4s - 1 = 0$
④ $s^3 + 9s^2 + 20s + 12 = 0$

| 해설

① s^3 항이 없으므로 불안정
② 특성방정식에 -가 있어 불안정
③ 특성방정식에 -가 있어 불안정
④ $a, b, c, d > 0$와 $bc > ad$을 만족하므로 안정

149 □□□

불안정한 제어계의 특성방정식은 다음 중 어느 것인가?

① $s^3 + 7s^2 + 14s + 8 = 0$
② $s^3 + 2s^2 + 3s + 6 = 0$
③ $s^3 + 5s^2 + 11s + 15 = 0$
④ $s^3 + 2s^2 + 2s + 2 = 0$

| 해설

특성방정식 $F(s) = as^3 + bs^2 + cs + d = 0$ 에서 $a, b, c, d > 0$와 $bc > ad$ 를 만족해야 안정된 제어계가 된다. 따라서 이를 만족하지 않는 것은 ②번이 된다.

정답 146 ③ 147 ② 148 ④ 149 ②

150

특성방정식 $2s^3 + 5s^2 + 3s + 1 = 0$로 주어진 계의 안정도를 판정하고 우반 평면상의 근을 구하면?

① 임계상태이며 허수측상에 근이 2개 존재한다.
② 안정하고 우반평면에 근이 없다.
③ 불안정하며 우반평면상에 근이 2개이다.
④ 불안정하며 우반평면상에 근이 1개이다.

| 해설

$F(s) = as^3 + bs^2 + cs + d = 0$ 에서
$a, b, c, d > 0$ 와 $bc > ad$ 를 만족해야 안정된 제어계가 된다. $bc = 15$, $ad = 2$ 이므로 $bc > ad$ 를 만족하므로
∴ 안정하고 불안정한 근도 없다.

151

특성방정식이 아래와 같은 경우, 양의 실수부를 갖는 근은 몇 개인가?

$$F(s) = s^3 + 11s^2 + 2s + 40 = 0$$

① 0
② 1
③ 2
④ 3

| 해설

㉠ 특성방정식
$F(s) = a_0 s^3 + a_1 s^2 + a_2 s + a_3$
$= s^3 + 11s^2 + 2s + 40 = 0$

㉡ 루스표

s^3	a_0	a_2		s^3	1	2
s^2	a_1	a_3	→	s^2	11	40
s^1	b_1	b_2		s^1	b_1	0
s^0	c_1	c_2		s^0	c_1	0

㉢ $b_1 = \dfrac{a_0 a_3 - a_1 a_2}{-a_1} = \dfrac{40 - 22}{-11} = -\dfrac{18}{11}$

㉣ $c_1 = \dfrac{a_1 b_2 - b_1 a_3}{-b_1} = \dfrac{a_1 \times 0 - b_1 a_3}{-b_1} = a_3 = 40$

㉤ 루스표에서 제1열(a_0, a_1, b_1, c_1)의 부호 변하면 불안정한 제어계가 되며 변화된 개수가 제어계의 불안정 근의 개수가 된다.

∴ 루스표에서 제1열의 부호가 2번 변했으므로 불안정한 근은 2개가 된다.

152

$G(s)H(s) = \dfrac{K(1+sT_2)}{s^2(1+sT_1)}$ 를 갖는 제어계의 안정조건은?

(단, $K, T_1, T_2 > 0$)

① $T_2 = 0$
② $T_1 > T_2$
③ $T_2 = T_1$
④ $T_1 < T_2$

| 해설

㉠ $F(s) = 1 + G(s)H(s)$
$= 1 + \dfrac{K(1+sT_2)}{s^2(1+sT_1)} = 0$

㉡ 위 식을 정리하면 특성방정식은
$F(s) = as^3 + bs^2 + cs + d$
$= s^2(1+sT_1) + K(1+sT_2)$
$= T_1 s^3 + s^2 + KT_2 s + K = 0$

㉢ $bc > ad$ 의 조건을 만족해야 하므로
$KT_2 > KT_1$ 이 되므로
∴ 안정하기 위한 조건: $T_1 < T_2$

153

계의 특성방정식이 $2s^4 + 4s^2 + 3s + 6 = 0$ 일 때 이 계통은?

① 안정하다.
② 불안정하다.
③ 임계상태이다.
④ 조건부 안정이다.

| 해설

s^3 계수가 0이므로 안정 필요조건에 만족하지 못하므로 불안정한 제어계가 된다.

154

특성방정식이 아래와 같을 때 이 계가 안정될 K의 범위는?

$$s^4 + 6s^3 + 11s^2 + 6s + K = 0$$

① $K<0$, $K>20$
② $0 < K < 20$
③ $0 < K < 10$
④ $K < 20$

정답 150 ② 151 ③ 152 ④ 153 ② 154 ③

| 해설

㉠ 특성방정식
$$F(s) = a_0 s^4 + a_1 s^3 + a_2 s^2 + a_3 s + a_4$$
$$= s^4 + 6s^3 + 11s^2 + 6s + K = 0$$

㉡ 루스표

s^4	a_0	a_2	a_4		s^4	1	11	K
s^3	a_1	a_3	a_5	→	s^3	6	6	0
s^2	b_1	b_2	b_3		s^2	10	K	0
s^1	c_1	c_2	c_3		s^1	$6-0.6K$	0	0
s^0	d_1	d_2	d_3		s^0	K	0	0

㉢ $b_1 = \dfrac{a_0 a_3 - a_1 a_2}{-a_1} = \dfrac{1 \times 6 - 6 \times 11}{-6} = 10$

㉣ $b_2 = \dfrac{a_0 a_5 - a_1 a_4}{-a_1} = \dfrac{1 \times 0 - 6 \times K}{-6} = K$

㉤ $c_1 = \dfrac{b_1 a_3 - a_1 b_2}{b_1} = \dfrac{10 \times 6 - 6 \times K}{10} = 6 - 0.6K$

㉥ $c_2 = \dfrac{a_1 b_3 - b_1 a_5}{-b_1} = 0$

㉦ $d_1 = \dfrac{b_1 c_2 - c_1 b_2}{-c_1} = \dfrac{b_1 \times 0 - c_1 b_2}{-c_1} = b_2 = K$

㉧ $c_1 = 6 - 0.6K > 0$ 에서 $K < \dfrac{6}{0.6} = 10$,

$d_1 = K > 0$ 의 조건을 만족해야 하므로

∴ 안정되기 위한 K의 범위: $0 < K < 10$

155 □□□

특성방정식이 아래와 같을 때 이 계의 후르비쯔 방법으로 안정도를 판별하면?

$$s^4 + 2s^3 + s^2 + 4s + 2 = 0$$

① 불안정　　② 안정
③ 임계안정　④ 조건부 안정

| 해설

㉠ 특성방정식
$$F(s) = as^4 + bs^3 + cs^2 + ds + e$$
$$= s^4 + 2s^3 + s^2 + 4s + 2 = 0$$

㉡ 후르비쯔 행렬식

• $H_{11} = |a| = |1| = 1$

• $H_{22} = \begin{vmatrix} b & d \\ a & c \end{vmatrix} = \begin{vmatrix} 2 & 4 \\ 1 & 1 \end{vmatrix} = 2 - 4 = -2$

• $H_{33} = \begin{vmatrix} b & d & 0 \\ a & c & e \\ 0 & b & d \end{vmatrix} = \begin{vmatrix} 2 & 4 & 0 \\ 1 & 1 & 2 \\ 0 & 2 & 4 \end{vmatrix} = 8 - 8 - 16 = -16$

㉢ H_{11}, H_{22}, H_{33} 모두가 양의 정수일 때 안정한 제어계가 된다.

∴ H_{22}, $H_{33} < 0$ 이므로 불안정한 제어계가 된다.

156 □□□

Nyquist 판정법의 설명으로 틀린 것은?

① Nyquist 선도는 제어계의 오차 응답에 관한 정보를 준다.
② 계의 안정을 개선하는 방법에 대한 정보를 제시해 준다.
③ 안정성을 판정하는 동시에 안정도를 지시해 준다.
④ Routh-Hurwitz 판정법과 같이 계의 안정여부를 직접 판정해 준다.

| 해설

Nyquist 판정법은 안정도 판별에 관한 정보를 지시해 주지만 오차를 구할 수는 없다.

157 □□□

나이퀴스트(Nyquist) 선도에서 얻을 수 있는 자료 중 틀린 것은?

① 계통의 안정도 개선법을 알 수 있다.
② 상태안정도를 알 수 있다.
③ 정상오차를 알 수 있다.
④ 절대 안정도를 알 수 있다.

158 □□□

나이퀴스트(Nyquist) 경로에 포위되는 영역에 특성방정식의 근이 존재하지 않으면 제어계는 어떻게 되는가?

① 불안정　　② 안정
③ 진동　　　④ 발산

| 해설

$(-1, j0)$인 점을 포위하지 않으면 안정한 제어계가 된다.

정답　155 ①　156 ①　157 ③　158 ②

159

$G(s)H(s) = \dfrac{K}{(T_1s+1)(T_2s+1)}$ 의 개루프 전달함수에 대한 Nyquist 안정도 판별의 설명 중 옳은 설명은?

① K, T_1 및 T_2의 값에 관계없이 안정
② K, T_1 및 T_2의 모든 양의 값에 대하여 안정
③ K에 대하여 조건부 안정
④ T_1 및 T_2의 값에 대하여 조건부 안정

|해설

㉠ 특성방정식
$$F(s) = 1 + G(s)H(s)$$
$$= T_1T_2s^2 + (T_1+T_2)s + K + 1 = 0$$
㉡ $T_1T_2 > 0$, $T_1+T_2 > 0$, $K+1 > 0$ 이 세 가지 모든 조건을 만족하기 위해서는 T_1, T_2, K 모두 양의 값에 대하여 안정할 수 있다.

160

나이퀴스트 임계점 $(-1, j0)$에 대응하는 보드선도상의 점은 이득이 A[dB], 위상이 B 되는 점이다. A, B에 알맞은 것은?

① $A = 0$[dB], $B = -180°$
② $A = 0$[dB], $B = 0°$
③ $A = 1$[dB], $B = 0°$
④ $A = 1$[dB], $B = 90°$

|해설

㉠ 임계점: $-1 + j0 = 1 \angle -180°$
㉡ 이득: $g = 20\log|G(j\omega)|$
$= 20\log 1 = 0$[dB]
㉢ 위상각: $-180°$

161

어떤 제어계의 보드선도에 있어서 위상여유(phose Margin)가 45°일 때 이 계통은?

① 안정한다. ② 불안정하다.
③ 지속 안정이다. ④ 조건부 안정이다.

|해설

보드선도에 따른 안정도 판별법
㉠ 안정: $g_m > 0$, $\theta_m > 0$
㉡ 임계안정(안정한계): $g_m = 0$, $\theta_m = 0$
㉢ 불안정: $g_m < 0$, $\theta_m < 0$
∴ 이득여유와 위상여유가 크면 안정도는 좋지만 제어계의 속응성이 저하되므로 위상여유는 40~60°, 이득여유는 10~20[dB]이 적절하다.

162

보드선도에서 이득곡선이 0[dB]인 선을 지날 때의 주파수에서 양의 위상여유가 생기고 위상곡선이 -180°를 지날 때 양의 이득여유가 생긴다면 이 폐루프시스템의 안정도는 어떻게 되겠는가?

① 항상 안정
② 항상 불안정
③ 조건부 안정
④ 안정성 여부를 판가름할 수 없다.

|해설

개루프 전달함수에 따른 안정도 판별법
㉠ 벡터 궤적

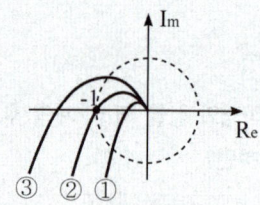

㉡ 이득여유 g_m 와 위상여유 θ_m

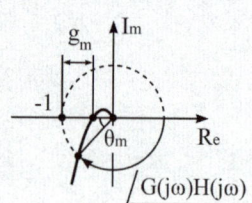

ⓒ 보드선도와 위상선도

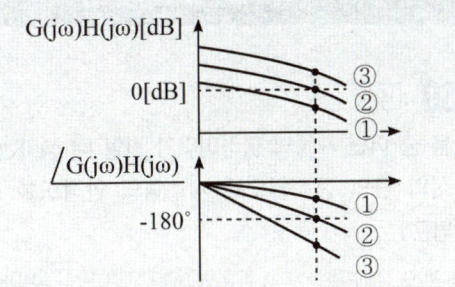

∴ $G(j\omega)H(j\omega)$에 따른 벡터 궤적, 보드선도, 위상선도를 그리면 위와 같고, ①은 안정, ②은 임계안정(안정한계), ③은 불안정이 된다.

163 □□□

보드선도의 안정판정의 설명 중 옳은 것은?

① 위상곡선이 −180°점에서 이득 값이 양이다.
② 이득(0[dB])축과 위상(−180°)축을 일치시킬 때 위상곡선이 위에 있다.
③ 이득곡선의 0[dB]점에서 위상차가 −180°보다 크다.
④ 이득여유는 음의 값, 위상여유는 양의 값이다.

164 □□□

다음 중 위상여유의 정의는 무엇인가?

① 이득교차 주파수에서의 위상각이다.
② 크기는 이득교차 주파수에서의 위상각이고 부호는 반대이다.
③ 이득교차 주파수에서의 위상각에서 90°를 더한 것이다.
④ 이득교차 주파수에서의 위상각에서 180°를 더한 것이다.

| 해설
㉠ 이득여유
벡터 궤적이 실수축과 만나는 점의 크기에 의한
$20\log\dfrac{1}{|G(j\omega)H(j\omega)|}$ [dB]
㉡ 위상여유
단위 원와 벡터 궤적이 만나는 점의 위상으로
$180° + \angle G(j\omega)H(j\omega)$ [°]

165 □□□

$G(s)H(s) = \dfrac{2}{(s+1)(s+2)}$ 의 이득여유는?

① 20[dB] ② −20[dB]
③ 0[dB]   ④ ∞[dB]

| 해설
㉠ 이득여유는 개루프 전달함수 $G(j\omega)H(j\omega)$의 허수를 0으로 하여 구해야 한다.
㉡ 개루프 전달함수
$G(j\omega)H(j\omega) = \dfrac{2}{(j\omega+1)(j\omega+2)}\bigg|_{\omega=0}$
$= \dfrac{2}{2} = 1$
∴ 이득여유
$g_m = 20\log\dfrac{1}{|G(j\omega)H(j\omega)|}$
$= 20\log 1 = 0\,[\text{dB}]$

166 □□□

$G(j\omega) = \dfrac{K}{(1+2j\omega)(1+j\omega)}$ 인 계의 이득여유가 20[dB]이면 이때 K의 값은?

① 0   ② 1
③ 10   ④ 1/10

| 해설
㉠ 이득여유는 개루프 전달함수 $G(j\omega)H(j\omega)$의 허수를 0으로 하여 구해야 한다.
㉡ 개루프 전달함수
$G(j\omega)H(j\omega) = \dfrac{K}{(1+2j\omega)(1+j\omega)}\bigg|_{\omega=0} = K$
여기서, $H(j\omega) = 1$ 인 제어계를 단위 궤환 시스템이라 한다.
㉢ 이득여유 $g_m = 20\log\dfrac{1}{|G(j\omega)H(j\omega)|} = 20\log\dfrac{1}{K}$ 에서
$g_m = 20[\text{dB}]$ 이 되려면 $\dfrac{1}{K} = 10$ 이 되어야 한다.
∴ $K = \dfrac{1}{10}$

정답 163 ② 164 ④ 165 ③ 166 ④

167

$G(s)H(s) = \dfrac{K}{(s+1)(s-2)}$ 인 계의 이득여유가 40[dB] 이면 이때 K의 값은?

① -50
② 1/50
③ -20
④ 1/40

해설

㉠ 이득여유는 개루프 전달함수 $G(j\omega)H(j\omega)$의 허수를 0으로 하여 구해야 한다.

㉡ 개루프 전달함수

$$G(j\omega)H(j\omega) = \dfrac{K}{(j\omega+1)(j\omega-2)}\bigg|_{\omega=0} = -\dfrac{K}{2}$$

㉢ 이득여유 $g_m = 20\log\dfrac{1}{|G(j\omega)H(j\omega)|} = 20\log\dfrac{2}{K}$ 에서 $g_m = 40\,[\text{dB}]$ 이 되려면 $\dfrac{2}{K} = 10^2$ 이 되어야 한다.

$$\therefore K = \dfrac{2}{10^2} = \dfrac{2}{100} = \dfrac{1}{50}$$

168

$G(j\omega)H(j\omega) = \dfrac{10}{(j\omega+1)(j\omega+T)}$ 에서 이득여유를 20[dB]보다 크게 하기 위한 T의 범위는?

① $T > 0$
② $T > 10$
③ $T < 0$
④ $T > 100$

해설

㉠ 이득여유는 개루프 전달함수 $G(j\omega)H(j\omega)$의 허수를 0으로 하여 구해야 한다.

㉡ 개루프 전달함수

$$G(j\omega)H(j\omega) = \dfrac{10}{(j\omega+1)(j\omega+T)}\bigg|_{\omega=0} = \dfrac{10}{T}$$

여기서, $H(j\omega) = 1$ 인 제어계를 단위 궤환 시스템이라 한다.

㉢ 이득여유 $g_m = 20\log\dfrac{1}{|G(j\omega)H(j\omega)|} = 20\log\dfrac{T}{10}$ 에서 $g_m > 20\,[\text{dB}]$ 이 되려면 $\dfrac{T}{10} > 10$ 이 되어야 한다.

$$\therefore K > 100$$

제6장 근궤적법

169

다음 중 어떤 계통의 파라미터가 변할 때 생기는 특성 방정식의 근의 움직임으로 시스템의 안정도를 판별하는 방법은?

① 보드 선도법
② 나이퀴스트 판별법
③ 근궤적법
④ 루드-후르비쯔 판별법

170

폐루프 전달함수 $\dfrac{G(s)}{1+G(s)H(s)}$ 의 극의 위치를 루프 전달함수 $G(s)H(s)$의 이득 상수 K의 함수로 나타내는 기법은?

① 근궤적법
② 주파수 응답법
③ 보드 선도법
④ Nyquist 판정법

171

근궤적의 성질 중 옳지 않은 것은?

① 근궤적은 실수축에 관해 대칭이다.
② 근궤적은 개루프 전달함수의 극으로부터 출발한다.
③ 근궤적의 가지수는 특성 방정식의 차수와 같다.
④ 점근선은 실수축과 허수축상에서 교차한다.

해설

점근선의 교차점은 실수축상에서만 존재한다.

172

근궤적은 무엇에 대하여 대칭인가?

① 원점
② 허수축
③ 실수축
④ 대칭점이 없다.

정답 167 ② 168 ④ 169 ③ 170 ① 171 ④ 172 ③

| 해설

근궤적의 성질
㉠ 근궤적은 실수축에 대하여 대칭이다.
㉡ 근궤적은 항상 극점에서 출발하여 영점에서 끝난다. 그러나 실수축에 존재하지 않는 극점은 무한 원점으로 발산하고 만다.
㉢ 근궤적의 수는 전달함수의 극점과 영점의 개수 중 큰 것과 같으며 또는 특성방정식의 근의 개수와 같다고 할 수 있다.

173 □□□

근궤적의 출발점 및 도착점과 관계되는 $G(s)H(s)$의 요소는? (단, $K > 0$ 이다.)

① 영점, 분기점
② 극점, 영점
③ 극점, 분기점
④ 지지점, 극점

174 □□□

개루프 전달함수가 아래와 같을 때 근궤적의 가지수 (개)는?

$$G(s)H(s) = \frac{K}{s(s+1)(s+2)}$$

① 1
② 2
③ 3
④ 4

| 해설

㉠ 근궤적의 수는 극점과 영점의 수 중 큰 것에 의해 결정된다. 또는 특성방정식의 차수에 의해 결정된다.
㉡ 영점의 수: $Z = 0$
㉢ 극점의 수: $P = 3$
∴ 근궤적 수는 3개가 된다.

175 □□□

$G(s)H(s) = \dfrac{K}{s^2(s+1)^2}$ 에서 근궤적의 수는 몇 개인가?

① 4
② 2
③ 1
④ 없다.

| 해설

극점의 수가 4개가 되므로 근궤적 수도 4개가 된다.

176 □□□

$G(s)H(s) = \dfrac{K(s+3)}{s^2(s+2)(s+4)(s+5)}$ 일 때, 근궤적의 수는?

① 1
② 3
③ 5
④ 7

| 해설

영점의 수가 1개, 극점의 수가 5개가 되므로 근궤적 수는 5개가 된다.

177 □□□

다음과 같은 특성방정식의 근궤적 가지수는?

$$F(s) = s(s+1)(s+2) + K(s+3) = 0$$

① 6
② 5
③ 4
④ 3

| 해설

근궤적의 수는 극점과 영점의 수 중 큰 것 또는 특성방정식의 차수에 의해 결정된다.
∴ 특성방정식이 3차가 되므로 근궤적의 수도 3개가 된다.

178 □□□

근궤적 s 평면의 $j\omega$ 축과 교차할 때 폐루프의 제어계는?

① 안정
② 불안정
③ 임계상태
④ 알 수 없다.

| 해설

s 평면 좌반부는 안정, 우반부는 불안정, 경계점인 허수축은 임계상태(안정한계)가 된다.

정답 173 ② 174 ③ 175 ① 176 ③ 177 ④ 178 ③

179

$G(s)H(s) = \dfrac{K(s-1)}{s(s+1)(s-4)}$ 에서 점근선의 교차점을 구하면?

① -1　　　② 1
③ -2　　　④ 2

| 해설

㉠ 극점: $s_1 = 0$, $s_2 = -1$, $s_3 = 4$
　• 극점의 수: $P = 3$개
　• 극점의 총합: $\sum P = 3$
㉡ 영점: $s_1 = 1$
　• 영점의 수: $Z = 1$개
　• 영점의 총합: $\sum Z = 1$
∴ 점근선의 교차점
　$\sigma = \dfrac{\sum P - \sum Z}{P - Z} = \dfrac{3-1}{3-1} = 1$

180

개루프 전달함수가 아래와 같이 주어지는 계에서 점근선의 교차점은?

$$G(s)H(s) = \dfrac{K(s-5)}{s(s-1)^2(s+2)^2}$$

① $-\dfrac{3}{2}$　　　② $-\dfrac{7}{4}$
③ $\dfrac{5}{3}$　　　④ $-\dfrac{1}{5}$

| 해설

㉠ 극점: $s_1 = 0$, $s_2 = 1$(중근),
　　　　$s_3 = -2$(중근)
　• 극점의 수: $P = 5$개
　• 극점의 총합: $\sum P = 1+1-2-2 = -2$
㉡ 영점: $s_1 = 5$
　• 영점의 수: $Z = 1$개
　• 영점의 총합: $\sum Z = 5$
∴ 점근선의 교차점
　$\sigma = \dfrac{\sum P - \sum Z}{P - Z} = \dfrac{-2-5}{5-1} = -\dfrac{7}{4}$

181

특성방정식에서 $-\infty < K \leq 0$ 인 근궤적의 점근선이 실수축과 이루는 각은 각각 몇 도인가?

$$s(s+4)(s^2+3s+3) + K(s+2) = 0$$

① 0°, 120°, 240°　　　② 45°, 135°, 225°
③ 60°, 180°, 300°　　　④ 90°, 180°, 270°

| 해설

㉠ 전달함수: $G(s) = \dfrac{K(s+2)}{s(s+4)(s^2+3s+3)}$
㉡ 극점과 영점의 수: $P = 4$, $Z = 1$
㉢ 점근선이 이루는 각 $\alpha = \dfrac{(2K+1)\pi}{P-Z}$ 이고, 점근선의 수 $N = P - Z = 3$개 된다.
　• $K = 0$ 일 때 $\alpha_0 = \dfrac{\pi}{4-1} = 60°$
　• $K = 1$ 일 때 $\alpha_1 = \dfrac{3\pi}{4-1} = 180°$
　• $K = 2$ 일 때 $\alpha_2 = \dfrac{5\pi}{4-1} = 300°$

182

개루프 전달함수이 아래와 같을 때 실수축 상의 근궤적 범위는? (단, $K > 0$)

$$G(s)H(s) = \dfrac{K}{s(s+1)(s+2)}$$

① 0 ~ -1 사이의 실수축상
② -1 ~ -2 사이의 실수축상
③ (-2)와 (+∞)사이
④ 원점에서 (+2)사이

정답　179 ②　180 ②　181 ③　182 ①

해설

실수축상에 놓여진 극점과 영점을 경계구간으로 하여 특정 경계구간에서 실영점까지 실수축상에 놓여 있는 영점과 극점의 수를 헤아려 갈 때 그 총수가 홀수이면 근궤적이 존재하고, 짝수이면 존재하지 않는다.

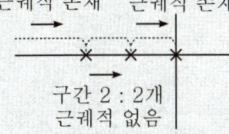
(a) 실수축상의 근궤적 판단

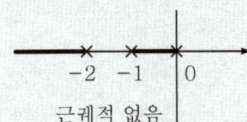
(b) 실수축상의 근궤적 작도

제7장 상태방정식

183 □□□

상태방정식 $\dfrac{d}{dt}x(t) = Ax(t) + Br(t)$ 인 제어계의 특성방정식은?

① $|sI-B| = I$ ② $|sI-A| = I$
③ $|sI-B| = 0$ ④ $|sI-A| = 0$

184 □□□

$\dfrac{d^2x(t)}{dt^2} + \dfrac{dx(t)}{dt} + 2x(t) = 2u(t)$ 의 상태변수를

$x_1(t) = x(t)$, $x_2(t) = \dfrac{dx(t)}{dt}$ 라 할 때 시스템 매트릭스(system matrix)는?

① $\begin{bmatrix} 0 & 1 \\ 1 & 1 \end{bmatrix}$ ② $\begin{bmatrix} 0 & 1 \\ 2 & 1 \end{bmatrix}$
③ $\begin{bmatrix} 0 & 1 \\ -2 & -1 \end{bmatrix}$ ④ $\begin{bmatrix} 0 \\ 2 \end{bmatrix}$

해설

㉠ $x(t) = x_1(t)$
㉡ $\dfrac{d}{dt}x(t) = \dfrac{d}{dt}x_1(t) = \dot{x}_1(t) = x_2(t)$
㉢ $\dfrac{d^2}{dt^2}x(t) = \dfrac{d}{dt}x_2(t) = \dot{x}_2(t)$
$\qquad = -2x_1(t) - x_2(t) + 2u(t)$

$\therefore \begin{bmatrix} \dot{x}_1 \\ \dot{x}_2 \end{bmatrix} = \begin{bmatrix} 0 & 1 \\ -2 & -1 \end{bmatrix} \begin{bmatrix} x_1(t) \\ x_2(t) \end{bmatrix} + \begin{bmatrix} 0 \\ 2 \end{bmatrix} u(t)$

별해 $\dfrac{d^2x(t)}{dt^2} + A\dfrac{dx(t)}{dt} + Bx(t) = Cu(t)$의 경우 아래와 같이 구성된다.

$\begin{bmatrix} \dot{x}_1 \\ \dot{x}_2 \end{bmatrix} = \begin{bmatrix} 0 & 1 \\ -B & -A \end{bmatrix} \begin{bmatrix} x_1(t) \\ x_2(t) \end{bmatrix} + \begin{bmatrix} 0 \\ C \end{bmatrix} u(t)$

185 □□□

$A = \begin{bmatrix} 0 & 1 \\ -3 & -2 \end{bmatrix}$, $B = \begin{bmatrix} 4 \\ 5 \end{bmatrix}$ 인 상태방정식

$\dfrac{dx}{dt} = Ax + Br$ 에서 제어계의 특성방정식은?

① $s^2 + 4s + 3 = 0$ ② $s^2 + 3s + 2 = 0$
③ $s^2 + 3s + 4 = 0$ ④ $s^2 + 2s + 3 = 0$

해설

특성방정식 $F(s) = |sI-A| = 0$ 에서
$F(s) = \begin{bmatrix} s & 0 \\ 0 & s \end{bmatrix} - \begin{bmatrix} 0 & 1 \\ -3 & -2 \end{bmatrix}$
$\quad = \begin{bmatrix} s & -1 \\ 3 & s+2 \end{bmatrix}$
$\quad = s(s+2) + 3$
$\quad = s^2 + 2s + 3 = 0$

정답 183 ④ 184 ③ 185 ④

186 □□□

상태방정식 $\dot{X} = AX + BU$에서
$A = \begin{bmatrix} 0 & 1 \\ -2 & -3 \end{bmatrix}, B = \begin{bmatrix} 0 \\ 1 \end{bmatrix}$ 일 때 고유값은?

① $-1, -2$ ② $1, 2$
③ $-2, -3$ ④ $2, 3$

| 해설
특성방정식 $F(s) = |sI - A| = 0$에서
$F(s) = \begin{bmatrix} s & 0 \\ 0 & s \end{bmatrix} - \begin{bmatrix} 0 & 1 \\ -2 & -3 \end{bmatrix}$
$= \begin{bmatrix} s & -1 \\ 2 & s+3 \end{bmatrix}$
$= s(s+3) + 2$
$= s^2 + 3s + 2$
$= (s+1)(s+2) = 0$
∴ 고유값(특성근): $s_1 = -1, s_2 = -2$

187 □□□

선형 시불변 시스템의 상태방정식
$\dfrac{d}{dt} x(t) = Ax(t) + Bu(t)$에서
$A = \begin{bmatrix} 1 & 3 \\ 1 & -2 \end{bmatrix}, B = \begin{bmatrix} 0 \\ 1 \end{bmatrix}$ 일 때, 특성방정식은?

① $s^2 + s - 5 = 0$ ② $s^2 - s - 5 = 0$
③ $s^2 + 3s + 1 = 0$ ④ $s^2 - 3s + 1 = 0$

| 해설
특성방정식 $F(s) = |sI - A| = 0$에서
$F(s) = \begin{bmatrix} s & 0 \\ 0 & s \end{bmatrix} - \begin{bmatrix} 1 & 3 \\ 1 & -2 \end{bmatrix} = \begin{bmatrix} s-1 & -3 \\ -1 & s+2 \end{bmatrix}$
$= (s-1) \times (s+2) - (-3) \times (-1)$
$= s^2 + s - 2 - 3$
$= s^2 + s - 5 = 0$

188 □□□

상태방정식 $\dfrac{d}{dt} x(t) = Ax(t) + Bu(t)$에서
$A = \begin{bmatrix} -6 & 7 \\ 2 & -1 \end{bmatrix}$ 이라면 A의 고유값은?

① $1, -8$ ② $1, -5$
③ $2, -8$ ④ $2, -5$

| 해설
특성방정식 $F(s) = |sI - A| = 0$에서
$F(s) = \begin{bmatrix} s & 0 \\ 0 & s \end{bmatrix} - \begin{bmatrix} -6 & 7 \\ 2 & -1 \end{bmatrix}$
$= \begin{bmatrix} s+6 & -7 \\ -2 & s+1 \end{bmatrix}$
$= (s+6) \times (s+1) - 14$
$= s^2 + 7s - 8 = (s+8)(s-1) = 0$
∴ 고유값(특성근): $s_1 = 1, s_2 = -8$

189 □□□

상태방정식 $\dot{x} = Ax(t) + Bu(t)$에서 $A = \begin{bmatrix} 0 & 1 \\ -2 & -3 \end{bmatrix}$인 시스템의 안정도는 어떠한가?

① 안정 ② 불안정
③ 임계안정 ④ 판정 불능

| 해설
특성방정식 $F(s) = |sI - A| = 0$에서
$F(s) = \begin{bmatrix} s & 0 \\ 0 & s \end{bmatrix} - \begin{bmatrix} 0 & 1 \\ -2 & -3 \end{bmatrix} = \begin{bmatrix} s & -1 \\ 2 & s+3 \end{bmatrix}$
$= s(s+3) + 2 = s^2 + 3s + 2 = 0$
∴ 2차 방정식에서는 모든 차수의 계수가 존재하고 동일부호 (+)가 되면 안정이다.

정답 186 ① 187 ① 188 ① 189 ①

190

$\frac{d^3}{dt^3}x(t) + 8\frac{d^2}{dt^2}x(t) + 19\frac{d}{dt}x(t) + 12x(t) = 6u(t)$ 의

미분방정식을 상태방정식 $\frac{dx(t)}{dt} = Ax(t) + Bu(t)$ 로 표현할 때 옳은 것은?

① $A = \begin{bmatrix} 0 & 1 & 0 \\ 0 & 0 & 1 \\ -12 & -19 & -8 \end{bmatrix}$, $B = \begin{bmatrix} 0 \\ 0 \\ 6 \end{bmatrix}$

② $A = \begin{bmatrix} 0 & 1 & 0 \\ 0 & 0 & 1 \\ -8 & -19 & -12 \end{bmatrix}$, $B = \begin{bmatrix} 0 \\ 0 \\ 6 \end{bmatrix}$

③ $A = \begin{bmatrix} 0 & 1 & 0 \\ 0 & 0 & 1 \\ -12 & -19 & -8 \end{bmatrix}$, $B = \begin{bmatrix} 6 \\ 0 \\ 0 \end{bmatrix}$

④ $A = \begin{bmatrix} 0 & 1 & 0 \\ 0 & 0 & 1 \\ -12 & -19 & -8 \end{bmatrix}$, $B = \begin{bmatrix} 6 \\ 0 \\ 1 \end{bmatrix}$

| 해설

㉠ $x(t) = x_1(t)$

㉡ $\frac{d}{dt}x(t) = \frac{d}{dt}x_1(t) = \dot{x}_1(t) = x_2(t)$

㉢ $\frac{d^2}{dt^2}x(t) = \frac{d}{dt}x_2(t) = \dot{x}_2(t) = x_3(t)$

㉣ $\frac{d^3}{dt^3}x(t) = \frac{d}{dt}x_3(t) = \dot{x}_3(t)$
$= -12x_1(t) - 19x_2(t) - 8x_3(t) + 6u(t)$

∴ $\begin{bmatrix} \dot{x}_1 \\ \dot{x}_2 \\ \dot{x}_3 \end{bmatrix} = \begin{bmatrix} 0 & 1 & 0 \\ 0 & 0 & 1 \\ -12 & -19 & -8 \end{bmatrix} \begin{bmatrix} x_1(t) \\ x_2(t) \\ x_3(t) \end{bmatrix} + \begin{bmatrix} 0 \\ 0 \\ 6 \end{bmatrix} u(t)$

별해

$\frac{d^3}{dt^3}c(t) + K_1\frac{d^2}{dt^2}c(t) + K_2\frac{d}{dt}c(t) + K_3 c(t) = K_4 u(t)$ 의
경우 아래와 같이 구성된다.

$\begin{bmatrix} \dot{x}_1 \\ \dot{x}_2 \\ \dot{x}_3 \end{bmatrix} = \begin{bmatrix} 0 & 1 & 0 \\ 0 & 0 & 1 \\ -K_3 & -K_2 & -K_1 \end{bmatrix} \begin{bmatrix} x_1(t) \\ x_2(t) \\ x_3(t) \end{bmatrix} + \begin{bmatrix} 0 \\ 0 \\ K_4 \end{bmatrix} u(t)$

191

다음 계통의 상태방정식을 유도하면?

$$x''' + 5x'' + 10x' + 5x = 2u$$

① $\begin{bmatrix} \dot{X}_1 \\ \dot{X}_2 \\ \dot{X}_3 \end{bmatrix} = \begin{bmatrix} 0 & 1 & 0 \\ 0 & 0 & 1 \\ -5 & -10 & -5 \end{bmatrix} \begin{bmatrix} X_1 \\ X_2 \\ X_3 \end{bmatrix} + \begin{bmatrix} 0 \\ 0 \\ 2 \end{bmatrix} u$

② $\begin{bmatrix} \dot{X}_1 \\ \dot{X}_2 \\ \dot{X}_3 \end{bmatrix} = \begin{bmatrix} 0 & 1 & 0 \\ 0 & 0 & 1 \\ -5 & -10 & -5 \end{bmatrix} \begin{bmatrix} X_1 \\ X_2 \\ X_3 \end{bmatrix} + \begin{bmatrix} 2 \\ 0 \\ 0 \end{bmatrix} u$

③ $\begin{bmatrix} \dot{X}_1 \\ \dot{X}_2 \\ \dot{X}_3 \end{bmatrix} = \begin{bmatrix} -5 & 0 & 0 \\ -10 & 1 & 0 \\ -5 & 0 & 1 \end{bmatrix} \begin{bmatrix} X_1 \\ X_2 \\ X_3 \end{bmatrix} + \begin{bmatrix} 2 \\ 0 \\ 0 \end{bmatrix} u$

④ $\begin{bmatrix} \dot{X}_1 \\ \dot{X}_2 \\ \dot{X}_3 \end{bmatrix} = \begin{bmatrix} -5 & 0 & 0 \\ -10 & 1 & 0 \\ -5 & 0 & 1 \end{bmatrix} \begin{bmatrix} X_1 \\ X_2 \\ X_3 \end{bmatrix} + \begin{bmatrix} 0 \\ 2 \\ 0 \end{bmatrix} u$

정답 190 ① 191 ①

192 □□□

상태방정식 $\frac{d}{dt}x(t) = Ax(t) + Bu(t)$, $y(t) = Cx(t)$

에서 특성방정식을 구하면? 단, $A = \begin{bmatrix} 0 & 1 & 0 \\ 0 & 0 & 1 \\ -12 & -19 & -8 \end{bmatrix}$,

$B = \begin{bmatrix} 0 \\ 0 \\ 6 \end{bmatrix}$, $C = \begin{bmatrix} 1 & 0 & 0 \end{bmatrix}$ 이다.

① $s^3 + 8s^2 + 19s + 12 = 0$
② $s^3 + 12s^2 + 19s + 8 = 0$
③ $s^3 + 12s^2 + 19s + 8 = 6$
④ $s^3 + 8s^2 + 19s + 12 = 6$

| 해설

특성방정식 $F(s) = |sI - A| = 0$ 에서

$F(s) = \begin{bmatrix} s & 0 & 0 \\ 0 & s & 0 \\ 0 & 0 & s \end{bmatrix} - \begin{bmatrix} 0 & 1 & 0 \\ 0 & 0 & 1 \\ -12 & -19 & -8 \end{bmatrix}$

$= \begin{bmatrix} s & -1 & 0 \\ 0 & s & -1 \\ 12 & 19 & s+8 \end{bmatrix}$

$= s(s^2 + 8s + 19) + 12$

∴ $F(s) = s^3 + 9s^2 + 12s + 19 = 0$

193 □□□

$\begin{bmatrix} 0 & 1 & 0 \\ 0 & -1 & 6 \\ -1 & -1 & -5 \end{bmatrix}$ 고유값은?

① $-1, -2, -3$
② $-2, -3, -4$
③ $-1, -2, -4$
④ $-1, -3, -4$

| 해설

㉠ 특성방정식
$F(s) = |sI - A|$
$= \begin{bmatrix} s & 0 & 0 \\ 0 & s & 0 \\ 0 & 0 & s \end{bmatrix} - \begin{bmatrix} 0 & 1 & 0 \\ 0 & -1 & 6 \\ -1 & -1 & -5 \end{bmatrix}$
$= \begin{bmatrix} s & -1 & 0 \\ 0 & s+1 & -6 \\ 1 & 1 & s+5 \end{bmatrix}$
$= s(s^2 + 6s + 11) + 6$
$= s^3 + 6s^2 + 11s + 6 = 0$

㉡ 3차 방정식을 인수분해하면
$F(s) = (s+1)(s+2)(s+3) = 0$ 이므로
∴ 고유값(특성근)
$s_1 = -1$, $s_2 = -2$, $s_3 = -3$

194 □□□

다음 중 라플라스 변환값과 Z 변환값이 같은 함수는?

① t^2
② t
③ $u(t)$
④ $\delta(t)$

| 해설

㉠ 라플라스 변환: $\delta(t) \xrightarrow{\mathcal{L}} 1$

㉡ Z 변환: $\delta(t) \xrightarrow{Z} 1$

여기서, $\delta(t)$: 임펄스 함수
$\delta(t) = \frac{du(t)}{dt}$

195 □□□

단위 계단함수의 Z 변환은 어느 것인가?

① 1
② $\frac{1}{Z-1}$
③ $\frac{Z}{Z-1}$
④ $\frac{Z}{(Z-1)^2}$

| 해설

㉠ 라플라스 변환: $u(t) \xrightarrow{\mathcal{L}} \frac{1}{s}$

㉡ Z 변환: $u(t) \xrightarrow{Z} \frac{Z}{Z-1}$

정답 192 ① 193 ① 194 ④ 195 ③

196

$f(t) = e^{-at}$ 의 Z 변환은?

① $\dfrac{1}{Z - e^{-at}}$ ② $\dfrac{1}{Z + e^{-at}}$

③ $\dfrac{Z}{Z - e^{-at}}$ ④ $\dfrac{Z}{Z + e^{-at}}$

| 해설

㉠ 라플라스 변환: $e^{-at} \xrightarrow{\mathcal{L}} \dfrac{1}{s+a}$

㉡ Z 변환: $e^{-at} \xrightarrow{Z} \dfrac{Z}{Z-e^{-at}}$

197

Z 변환함수 $\dfrac{Z}{Z-1}$ 에 대응되는 라플라스 변환함수는?

① $\dfrac{1}{s+1}$ ② $\dfrac{1}{s}$

③ $\dfrac{1}{(s+1)^2}$ ④ $\dfrac{1}{s^2}$

| 해설

$\dfrac{Z}{Z-1} \xrightarrow{Z^{-1}} u(t) \xrightarrow{\mathcal{L}} \dfrac{1}{s}$

198

Z 변환함수 $\dfrac{Z}{(Z-e^{-aT})}$ 에 대응되는 라플라스 변환과 이에 대응되는 시간 함수는?

① $\dfrac{1}{(s+a)^2}$, $t e^{-aT}$

② $\dfrac{1}{1-e^{-TS}}$, $\displaystyle\sum_{n=0}^{\infty} \delta(T-nT)$

③ $\dfrac{a}{s(s+a)}$, $1 - e^{-at}$

④ $\dfrac{1}{s+a}$, e^{-at}

| 해설

$\dfrac{Z}{Z-e^{-at}} \xrightarrow{Z^{-1}} e^{-at} \xrightarrow{\mathcal{L}} \dfrac{1}{s+a}$

199

Z 변환 함수 $\dfrac{TZ}{(Z-1)^2}$ 에 대응되는 라플라스 변환함수는? (단, T 는 이상적인 샘플러의 샘플 주기이다.)

① $\dfrac{1}{s^2}$ ② $\dfrac{2}{s^2}$

③ $\dfrac{1}{(s-3)^2}$ ④ $\dfrac{2}{(s-3)^2}$

| 해설

$\dfrac{TZ}{(Z-1)^2} \xrightarrow{Z^{-1}} t \xrightarrow{\mathcal{L}} \dfrac{1}{s^2}$

200

다음 중 Z 변환함수 $\dfrac{3Z}{(Z-e^{-3t})}$ 에 대응되는 라플라스 변환함수는?

① $\dfrac{1}{(s+3)}$ ② $\dfrac{3}{(s-3)}$

③ $\dfrac{1}{(s-3)}$ ④ $\dfrac{3}{(s+3)}$

| 해설

$\dfrac{3Z}{(Z-e^{-3t})} \xrightarrow{Z^{-1}} 3e^{-3t} \xrightarrow{\mathcal{L}} \dfrac{3}{s+3}$

정답 196 ③ 197 ② 198 ④ 199 ① 200 ④

201

$R(Z) = \dfrac{(1-e^{-at})Z}{(Z-1)(Z-e^{-at})}$ 의 역변환은?

① $1-e^{-at}$ ② $1+e^{-at}$
③ te^{-at} ④ te^{at}

| 해설

$$R(Z) = \dfrac{Z-Ze^{-at}}{(Z-1)(Z-e^{-at})}$$
$$= \dfrac{Z^2 - Ze^{-at} - Z^2 + Z}{(Z-1)(Z-e^{-at})}$$
$$= \dfrac{Z(Z-e^{-at}) - Z(Z-1)}{(Z-1)(Z-e^{-at})}$$
$$= \dfrac{Z}{Z-1} - \dfrac{Z}{Z-e^{-at}}$$
$$\therefore r(t) = 1 - e^{-at}$$

202

$e(t)$ 의 Z변환을 $E(Z)$ 라 했을 때, $e(t)$ 의 초기값은?

① $\lim\limits_{Z \to 0} zE(z)$ ② $\lim\limits_{Z \to 0} E(z)$
③ $\lim\limits_{Z \to \infty} zE(z)$ ④ $\lim\limits_{Z \to \infty} E(z)$

| 해설

㉠ 초기값의 정리: $f(0) = \lim\limits_{Z \to \infty} F(Z)$

㉡ 최종값의 정리: $f(\infty) = \lim\limits_{Z \to 1}\left(1-\dfrac{1}{Z}\right)F(Z)$

203

다음 그림의 폐루프 샘플치 제어계의 Z변환 전달함수는?

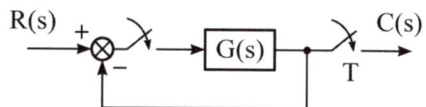

① $\dfrac{1}{1+G(z)}$ ② $\dfrac{1}{1-G(z)}$
③ $\dfrac{G(z)}{1+G(z)}$ ④ $\dfrac{G(z)}{1-G(z)}$

| 해설

$$G(z) = \dfrac{\text{전향경로이득}}{1-\text{페루프이득}} = \dfrac{G(z)}{1+G(z)}$$

204

다음 그림과 같은 이산치계의 Z변환 전달함수 $\dfrac{C(Z)}{R(Z)}$ 를 구하면?

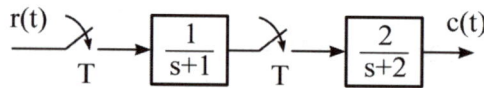

① $\dfrac{2Z}{Z-e^{-T}} - \dfrac{2Z}{Z-e^{-2T}}$ ② $\dfrac{2Z}{Z-e^{-2T}} - \dfrac{2Z}{Z-e^{-T}}$
③ $\dfrac{2Z^2}{(Z-e^{-T})(Z-e^{-2T})}$ ④ $\dfrac{2Z}{(Z-e^{-T})(Z-e^{-2T})}$

| 해설

㉠ $\dfrac{1}{s+1} \xrightarrow{\mathcal{L}^{-1}} e^{-t} \xrightarrow{Z} \dfrac{Z}{Z-e^{-T}}$

㉡ $\dfrac{2}{s+2} \xrightarrow{\mathcal{L}^{-1}} 2e^{-2t} \xrightarrow{Z} \dfrac{2Z}{Z-e^{-2T}}$

$$\therefore G(Z) = \dfrac{C(Z)}{R(Z)} = \dfrac{Z}{Z-e^{-T}} \times \dfrac{2Z}{Z-e^{-2T}}$$
$$= \dfrac{2Z^2}{(Z-e^{-T})(Z-e^{-2T})}$$

205

T 를 샘플주기라고 할 때 Z변환은 라플라스 변환 함수의 s 대신 다음의 어느 것을 대입하여야 하는가?

① $\dfrac{1}{T}\ln\dfrac{1}{Z}$ ② $\dfrac{1}{T}\ln Z$
③ $T\ln Z$ ④ $T\ln\dfrac{1}{Z}$

| 해설

$Z = e^{Ts}$ 로 정의함으로 양변 $\ln$을 취하면

$\therefore s = \dfrac{1}{T}\ln Z$

정답 201 ① 202 ④ 203 ③ 204 ③ 205 ②

206

Z변환법을 사용한 샘플치 제어계가 안정되려면 $1 + GH(z) = 0$의 근의 위치는?

① Z평면의 좌반면에 존재하여야 한다.
② Z평면의 우반면에 존재하여야 한다.
③ $|Z|=1$ 인 단위원 내에 존재하여야 한다.
④ $|Z|=1$ 인 단위원 밖에 존재하여야 한다.

| 해설
점의 위치에 따른 안정도 판별

구분	s평면	z평면
안정	좌반부	단위원 내부에 사상
불안정	우반부	단위원 외부에 사상
임계안정 (안정한계)	허수축	단위 원주상 으로 사상

207

Z평면상의 원점에 중심을 둔 단위원주 상에 사상(寫像)되는 것은 S평면의 어느 성분인가?

① 양의 반평면
② 음의 반평면
③ 실수축
④ 허수축

208

샘플치(sampled-date) 제어계통이 안정되기 위한 필요충분 조건은?

① 전체(over-all) 전달함수의 모든 극점이 Z-평면의 원점에 중심을 둔 단위원 내부에 위치해야 한다.
② 전체(over-all) 전달함수의 모든 영점이 Z-평면의 원점에 중심을 둔 단위원 내부에 위치해야 한다.
③ 전체(over-all) 전달함수의 모든 극점이 Z-평면 좌반면에 위치해야 한다.
④ 전체(over-all) 전달함수의 모든 영점이 Z-평면 우반면에 위치해야 한다.

| 해설
극점의 위치에 따른 안정도 판별

구분	s평면	z평면
안정	좌반부	단위원 내부에 사상
불안정	우반부	단위원 외부에 사상
임계안정 (안정한계)	허수축	단위 원주상 으로 사상

209

샘플러의 주기를 T라 할 때 s평면상의 모든 점은 식 $Z = e^{sT}$에 의하여 Z평면상에 사상된다. s평면의 좌반 평면상의 모든 점은 Z평면상 단위원의 어느 부분으로 사상되는가?

① 내점
② 외점
③ 원주상의 점
④ z평면 전체

제8장 시퀀스 회로의 이해

210

시퀀스(Sequence)제어에서 다음 중 옳지 않은 것은?

① 조합 논리회로(組合 論理回路)도 사용된다.
② 기계적 계전기도 사용된다.
③ 전체 계통에 연결된 스위치가 일시에 동작할 수도 있다.
④ 시간 지연요소도 사용된다.

| 해설
시퀀스 제어는 미리 정해진 순서에 따라 순차적 제어 운전되는 회로를 의미하므로 스위치의 일시동작은 일어날 수 없다.

정답 206 ③ 207 ④ 208 ① 209 ① 210 ③

211 □□□
전자 계전기를 사용할 때 장점이 아닌 것은?

① 온도 특성이 양호하다.
② 접점의 동작 속도가 빠르다.
③ 과부하에 견디는 힘이 크다.
④ 동작 상태의 확인이 용이하다.

| 해설
(1) 전자 계전기(Relay)의 장점
  ㉠ 과부하 내량이 크다.
  ㉡ 개폐 부하 용량이 크다.
  ㉢ 전기적 노이즈에 대해 안정하다.
  ㉣ 온도 특성이 양호하다.
  ㉤ 입력과 출력을 분리할 수 있다.
  ㉥ 동작상태의 확인이 용이하다.
  ㉦ 가격이 비교적 싸다.
(2) 전자 계전기(Relay)의 단점
  ㉠ 동작 속도가 늦다. 수 [ms]가 한계이다.
  ㉡ 소비전력이 비교적 크다.
  ㉢ 접점의 소모나 마모가 있기 때문에 수명에 한계가 있다.
  ㉣ 기계적 진동, 충격, 인화성 가스 등에 비교적 약하다.
  ㉤ 외형의 소형화에 한계가 있다.

212 □□□
다음 그림과 같은 회로의 명칭은?

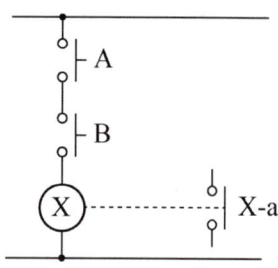

① OR 회로   ② AND 회로
③ NOT 회로   ④ NOR 회로

| 해설
㉠ AND 회로: 입력 접점이 직렬로 접속
  단, 릴레이(X)의 출력이 b접점(X-b)인 경우
  NAND 회로가 된다.
㉡ OR 회로: 입력 접점이 병렬로 접속
  단, 릴레이(X)의 출력이 b접점(X-b)인 경우
  NOR 회로가 된다.

213 □□□
다음 그림과 같은 회로의 명칭은?

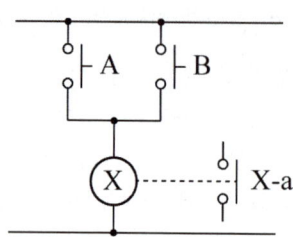

① OR 회로   ② AND 회로
③ NOT 회로   ④ NOR 회로

214 □□□
다음 진리표의 논리소자는?

입력		출력
A	B	C
0	0	1
0	1	0
1	0	0
1	1	0

① OR 회로   ② AND 회로
③ NOT 회로   ④ NOR 회로

| 해설
㉠ OR 회로: A, B 중 어느 하나라도 ON이 되면 출력은 ON이 된다.
㉡ NOR 회로: OR 회로의 반전
㉢ NOR 회로의 유접점 회로

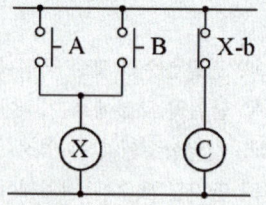

㉣ 논리기호($C = \overline{A+B} = \overline{A} \cdot \overline{B}$)

정답 211 ② 212 ② 213 ① 214 ④

215

다음 회로는 무엇을 나타낸 것인가?

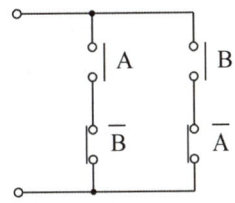

① OR 회로
② AND 회로
③ Exclusive OR 회로
④ NOR 회로

| 해설
㉠ 배타적 논리합(XOR, EX-OR)
  A, B 두 개의 입력 중 어느 하나만 ON되면 출력이 ON 상태가 나오는 회로
㉡ 논리회로

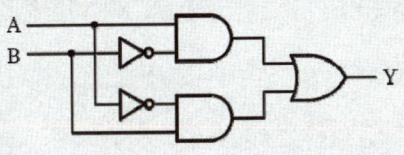

㉢ 논리식: $C = A\overline{B} + \overline{A}B$
㉣ 진리표

입력		출력
A	B	C
0	0	0
0	1	1
1	0	1
1	1	0

216

그림과 같은 계전기 접점 회로의 논리식은 어느 것인가?

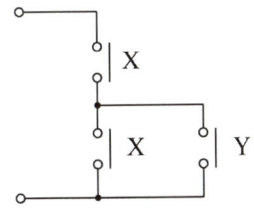

① $X(X-Y)$
② $X+(XY)$
③ $X+(X+Y)$
④ $X(X+Y)$

| 해설
접점의 직렬접속은 AND 회로(·연산), 병렬접속은 OR 회로(+연산)이다.

217

그림과 같은 논리회로에서 $A=1$, $B=1$인 입력에 대한 출력 X, Y는 각각 얼마인가?

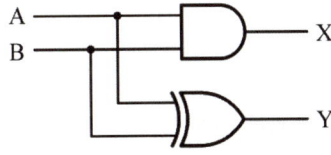

① $X=0$, $Y=0$
② $X=0$, $Y=1$
③ $X=1$, $Y=0$
④ $X=1$, $Y=1$

| 해설
㉠ X는 AND회로, Y는 XOR 회로이고, 진리표는 아래와 같다.

AND 회로			XOR 회로		
입력		출력	입력		출력
A	B	C	A	B	C
0	0	0	0	0	0
0	1	0	0	1	1
1	0	0	1	0	1
1	1	1	1	1	0

㉡ XOR의 간략화 회로의 논리식

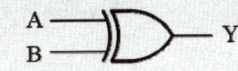

$Y = A\overline{B} + \overline{A}B = A \oplus B$

정답 215 ③ 216 ④ 217 ③

218
다음 논리회로의 출력은?

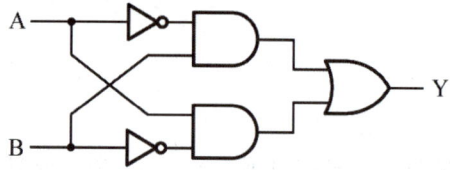

① $Y = A \cdot \overline{B} + \overline{A} \cdot B$
② $Y = \overline{A} \cdot \overline{B} + \overline{A} \cdot B$
③ $Y = A \cdot \overline{B} + \overline{A} \cdot \overline{B}$
④ $Y = \overline{A} + \overline{B}$

| 해설
본 문제는 XOR 회로가 된다.

219
다음 부울 대수식에서 바르지 못한 것은?

① $A + A = A$
② $A \cdot A = A$
③ $A \cdot \overline{A} = 0$
④ $A + 1 = A$

| 해설
부울 대수(접점의 법칙)
㉠ $A \cdot A = A$
㉡ $A \cdot \overline{A} = 0$
㉢ $A \cdot 1 = A$
㉣ $A \cdot 0 = 0$
㉤ $A + A = A$
㉥ $A + \overline{A} = 1$
㉦ $A + 1 = 1$
㉧ $A + 0 = A$

220
다음 식 중 De Morgan의 정리를 나타낸 식은?

① $A + B = B + A$
② $A \cdot (B \cdot C) = (A \cdot B) \cdot C$
③ $\overline{A \cdot B} = \overline{A} \cdot \overline{B}$
④ $\overline{A \cdot B} = \overline{A} + \overline{B}$

| 해설
드모르강의 정리는 다음과 같다.
㉠ $\overline{A \cdot B} = \overline{A} + \overline{B}$
㉡ $\overline{A + B} = \overline{A} \cdot \overline{B}$

221
논리식 $\overline{\overline{A} + \overline{B} \cdot \overline{C}}$ 를 간단히 계산한 결과는?

① $\overline{A + BC}$
② $\overline{A(B+C)}$
③ $\overline{A \cdot B + C}$
④ $\overline{A + B} + C$

| 해설
드모르강의 정리를 이용하여 논리식을 간략화하면 다음과 같다.
∴ $\overline{\overline{A} + (\overline{B} \cdot \overline{C})} = \overline{A \cdot (B+C)}$

222
다음 논리식 중 다른 값을 나타내는 논리식은?

① $XY + X\overline{Y}$
② $(X+Y)(X+\overline{Y})$
③ $X(X+Y)$
④ $X(\overline{X}+Y)$

| 해설
① $XY + X\overline{Y} = X(Y+\overline{Y}) = X \cdot 1 = X$
② $(X+Y)(X+\overline{Y}) = XX + X\overline{Y} + XY + Y\overline{Y}$
　$= X + X\overline{Y} + XY + 0 = X(1+\overline{Y}+Y)$
　$= X \cdot 1 = X$
③ $X(X+Y) = XX + XY = X + XY$
　$= X(1+Y) = X \cdot 1 = X$
④ $X(\overline{X}+Y) = X\overline{X} + XY = 0 + XY = XY$

223
논리식 $L = \overline{X} \cdot \overline{Y} + \overline{X} \cdot Y + X \cdot Y$ 를 간단히 한 것은?

① $X + Y$
② $\overline{X} + Y$
③ $X + \overline{Y}$
④ $\overline{X} \cdot \overline{Y}$

| 해설
$L = \overline{X} \cdot \overline{Y} + \overline{X} \cdot Y + X \cdot Y$
$= \overline{X} \cdot \overline{Y} + \overline{X} \cdot Y + \overline{X} \cdot Y + X \cdot Y$
$= \overline{X}(\overline{Y}+Y) + Y(\overline{X}+X) = \overline{X} + Y$

정답　218 ①　219 ④　220 ④　221 ②　222 ④　223 ②

224

다음 논리식을 간단히 하면?

$$Y = [(AB + A\overline{B}) + AB] + \overline{A}B$$

① $A + B$
② $\overline{A} + B$
③ $A + \overline{B}$
④ $A + A \cdot B$

| 해설

$Y = [(AB + A\overline{B}) + AB] + \overline{A}B$
$= [A(B + \overline{B}) + AB] + \overline{A}B$
$= A + AB + \overline{A}B$
$= A + AB + AB + \overline{A}B$
$= A(1 + B) + B(A + \overline{A})$
$= A + B$

225

그림과 같은 계전기 접점회로의 논리식은?

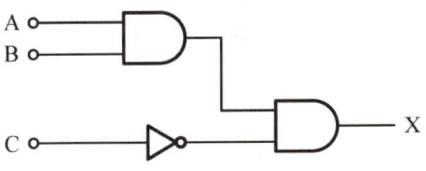

① $A \cdot B + \overline{C}$
② $(A + B)\overline{C}$
③ $A + B + \overline{C}$
④ $A \cdot B \cdot \overline{C}$

226

그림과 같은 계전기 접점회로의 논리식은?

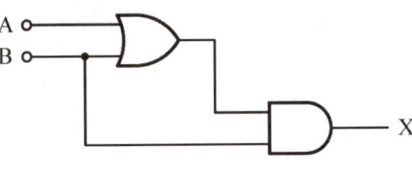

① A
② B
③ $A + B$
④ $A \cdot B$

| 해설

$X = (A + B) \cdot B = AB + BB$
$\quad = AB + B = B(A + 1) = B$

227

그림과 같은 논리회로와 등가인 것은?

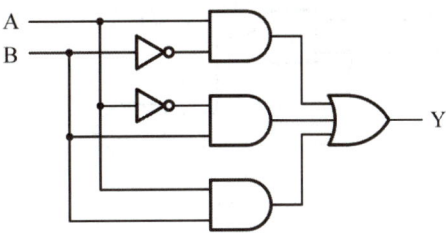

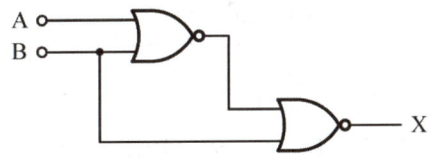

| 해설

$Y = A \cdot \overline{B} + \overline{A} \cdot B + A \cdot B$
$\quad = A(\overline{B} + B) + B(\overline{A} + A) = A + B$

228

다음의 논리회로를 간단히 하면?

① $X = A \cdot B$
② $X = \overline{A} \cdot B$
③ $X = A \cdot \overline{B}$
④ $X = \overline{A \cdot B}$

| 해설

$X = \overline{(A + B) + B} = \overline{(A + B)} \cdot \overline{B}$
$\quad = A \cdot \overline{B} + B \cdot \overline{B} = A \cdot \overline{B}$

정답 224 ① 225 ④ 226 ② 227 ② 228 ③

229 □□□
다음의 논리회로를 간단히 하면?

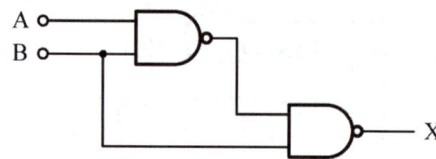

① $X = \overline{A} + B$　② $X = A + \overline{B}$
③ $X = \overline{A} + \overline{B}$　④ $X = A + B$

| 해설
$X = \overline{(A \cdot B) \cdot B} = \overline{(\overline{A} + \overline{B}) \cdot B}$
　$= \overline{\overline{A} \cdot B + \overline{B} \cdot B} = \overline{\overline{A} \cdot B} = A + \overline{B}$

230 □□□
그림과 같은 회로의 출력 Z는 어떻게 표현되는가?

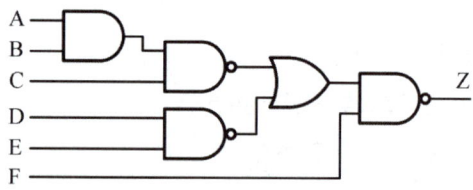

① $\overline{A} + \overline{B} + \overline{C} + \overline{D} + \overline{E} + F$　② $A + B + C + D + E + \overline{F}$
③ $\overline{A}\,\overline{B}\,\overline{C}\,\overline{D}\,\overline{E} + F$　④ $ABCDE + \overline{F}$

| 해설
$Z = \overline{(\overline{ABC} + \overline{DE}) \cdot F}$
　$= \overline{(\overline{ABC} + \overline{DE})} + \overline{F}$
　$= ABCDE + \overline{F}$

231 □□□
인버터(▷∘)의 기능 회로가 아닌 것은?

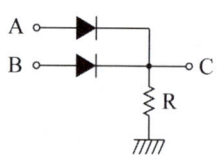

| 해설
① $\overline{\overline{A} + \overline{A}} = A \cdot A = A$
② $\overline{A+A} = \overline{A} \cdot \overline{A} = \overline{A}$
③ $\overline{A \cdot A} = \overline{A}$
④ $\overline{A+A} = \overline{A} \cdot \overline{A} = \overline{A}$
∴ 인버터는 반전회로이므로 입력에 A를 주었을 때 반전이 되지 않은 ①이 정답이 된다.

232 □□□
그림의 회로는 어느 게이트(gate)에 해당되는가?

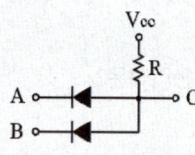

① OR 회로　② AND 회로
③ NOT 회로　④ NOR 회로

| 해설
㉠ AND 회로　㉡ NOT 회로

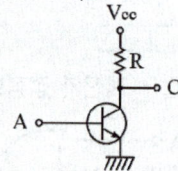

정답　229 ②　230 ④　231 ①　232 ①

233 □□□

다음 그림과 같은 회로는 어떤 논리회로인가?

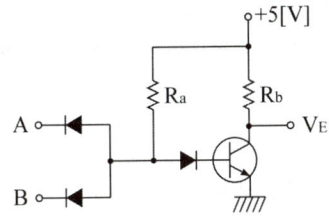

① AND 회로
② NAND 회로
③ OR 회로
④ NOR 회로

| 해설

참고 NOR 회로는 다음과 같으며, 문제의 회로는 NAND 회로이다.

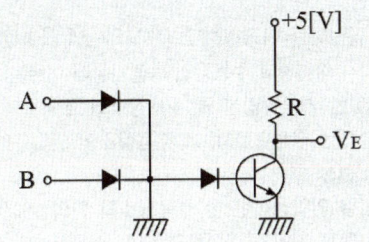

234 □□□

다음 그림과 같은 회로는 어떤 논리회로인가?

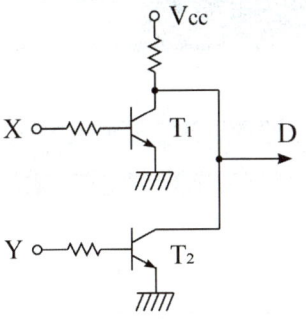

① AND 회로
② NAND 회로
③ OR 회로
④ NOR 회로

| 해설

㉠ 트랜지스터(T_1, T_2)에 입력(X, Y)을 주면 전원(Vcc)은 모두 접지로 흐르기 때문에 출력(D)은 0가 되어 ㉡과 같이 동작한다.
㉡ 진리표(Truth-table)

NOR 회로		
입력		출력
X	Y	D
0	0	1
0	1	0
1	0	0
1	1	0

정답 233 ② 234 ④

Chapter 06 전기설비기술기준

※ 적중문제는 기출 분석을 바탕으로 자주 출제되는 유형을 선별하였습니다.

제1장 전기설비기술기준

01 □□□
다음 중 전력계통의 운용에 관한 지시를 하는 곳은?
① 변전소
② 개폐소
③ 급전소
④ 배전소

| 해설
전기설비기술기준 제3조 (정의)
① 변전소: 밖으로부터 전송받은 전기를 변전소 안에 시설한 변압기, 전동발전기, 회전변류기, 정류기 그 밖의 기계기구에 의하여 변성하는 곳으로서 변성한 전기를 다시 변전소 밖으로 전송하는 곳을 말한다.
② 개폐소: 개폐소 안에 시설한 개폐 및 기타 장치에 의하여 전로를 개폐하는 곳으로서 발전소, 변전소 및 수용장소 이외의 곳을 말한다.
④ 배전소: 용어정리에 없음

02 □□□
가공전선로의 지지물로 볼 수 없는 것은?
① 목주
② 지지선
③ 철탑
④ 철근 콘크리트주

| 해설
전기설비기술기준 3조(정의)
"지지물"이라 함은 목주, 철주, 철근 콘크리트주 및 철탑과 이와 유사한 시설물로서, 전선, 약전류전선 또는 광섬유 케이블을 지지하는 것을 주된 목적으로 하는 것을 말한다.

03 □□□
한 수용장소의 인입구에서 분기하여 지지물을 거치지 않고 다른 수용장소의 인입구에 이르는 부분을 무엇이라 하는가?
① 가공인입선
② 인입선
③ 이웃 연결 인입선
④ 옥측 배선

| 해설
전기설비기술기준 제3조(정의)
용어의 정의
㉠ 가공인입선이란 가공전선로의 지지물로부터 다른 지지물을 거치지 아니하고 수용장소의 붙임점에 이르는 가공전선
㉡ 인입선이란 가공인입선 및 수용장소의 조영물의 옆면 등에 시설하는 전선으로서, 그 수용장소의 인입구에 이르는 부분의 전선
㉢ **이웃 연결 인입선**이란 한 수용장소의 인입선에서 분기하여 지지물을 거치지 아니하고 다른 수용장소의 인입구에 이르는 부분의 전선
㉣ 옥측 배선이란 옥외의 전기사용장소에서 그 전기사용장소에서의 전기사용을 목적으로 조영물에 고정시켜 시설하는 전선

04 □□□
발전기, 변압기, 무효전력 보상장치, 모선 또는 이를 지지하는 애자는 어느 전류에 의하여 생기는 기계적 충격에 견디는 강도를 가져야 하는가?
① 정격전류
② 최대 사용전류
③ 과부하전류
④ 단락전류

| 해설
전기설비기술기준 제23조(발전기 등의 기계적 강도)
발전기, 변압기, 무효전력 보상장치, 계기용변성기, 모선 및 이를 지지하는 애자는 단락전류에 의하여 생기는 기계적 충격에 견디는 것이어야 한다.

정답 01 ③ 02 ② 03 ③ 04 ④

05 □□□

저압의 전선로 중 절연부분의 전선과 대지 간의 절연저항은 사용전압에 대한 누설전류가 최대 공급전류의 얼마를 넘지 않도록 유지하여야 하는가?

① $\dfrac{1}{2000}$ ② $\dfrac{1}{1000}$

③ $\dfrac{1}{200}$ ④ $\dfrac{1}{100}$

| 해설

전기설비기술기준 제27조(전선로의 전선 및 절연성능)
저압전선로 중 절연 부분의 전선과 대지 사이 및 전선의 심선 상호 간의 절연저항은 사용전압에 대한 누설전류가 최대 공급전류의 1/2,000을 넘지 않도록 하여야한다.

06 □□□

1차 전압 22.9[kV], 2차 전압 100[V], 용량 15[kVA]인 변압기에서 저압측의 허용누설전류는 몇 [mA]를 넘지 않도록 유지하여야 하는가?

① 35 ② 50
③ 75 ④ 100

| 해설

전기설비기술기준 제27조(전선로의 전선 및 절연성능)
허용 누설전류는 1/2,000 이므로

∴ $I_g = \dfrac{15,000}{100} \times \dfrac{1}{2,000} = 0.075 = 75$ [mA]

07 □□□

단상 2선식인 저압 전선로 중 절연부분의 전선(2선 모두)과 대지 간의 절연저항은 사용전압에 대한 누설전류가 최대 공급전류의 몇 배를 넘지 아니하도록 유지하여야 하는가?

① $\dfrac{1}{1000}$ ② $\dfrac{1}{2000}$

③ $\dfrac{1}{500}$ ④ $\dfrac{1}{1500}$

| 해설

전기설비기술기준 제27조(전선로의 전선 및 절연성능)
㉠ 저압전선로 중 절연 부분의 전선과 대지 사이 및 전선의 심선 상호 간의 절연저항은 사용전압에 대한 누설전류가 최대 공급전류의 1/2,000을 넘지 않도록 하여야 한다.
㉡ 단상 2선식에서 2선을 모두 고려하면 허용 누설전류는
$\dfrac{1}{2000} + \dfrac{1}{2000} = \dfrac{1}{1000}$ 을 넘지 않도록 하여야 한다.

08 □□□

저압전로의 절연성능에서 SELV, PELV에 전로에서 절연저항은 얼마 이상인가?

① 0.1[MΩ] ② 0.3[MΩ]
③ 0.5[MΩ] ④ 1.0[MΩ]

| 해설

전기설비기술기준 제52조(저압전로의 절연성능)
저압전로의 절연성능

전로의 사용전압[V]	DC시험전압[V]	절연저항[MΩ]
SELV 및 PELV	250	0.5
FELV, 500V 이하	500	1.0
500V 초과	1,000	1.0

09 □□□

기능적 특별저압(FELV), 500[V] 이하일 때, 절연저항은 몇 [MΩ] 이상이어야 하는가?

① 1 ② 2
③ 3 ④ 4

| 해설

전기설비기술기준 제52조(저압전로의 절연성능)
저압전로의 절연성능

전로의 사용전압[V]	DC시험전압[V]	절연저항[MΩ]
SELV 및 PELV	250	0.5
FELV, 500V 이하	500	1.0
500V 초과	1,000	1.0

정답 05 ① 06 ③ 07 ① 08 ③ 09 ①

제2장 공통사항

10 ☐☐☐
교류에서 저압은 몇 [V] 이하인가?
① 380
② 600
③ 700
④ 1,000

| 해설
KEC 111.1 적용 범위
전압의 구분은 다음과 같다.

구분	교류(AC)	직류(DC)
저압	1kV 이하	1.5kV 이하
고압	저압을 초과하고 7kV 이하인 것	
특고압	7kV를 초과하는 것	

11 ☐☐☐
방전등용 안정기로부터 방전관까지의 전로를 무엇이라고 하는가?
① 소세력회로
② 관등회로
③ 급전선로
④ 약전류전선로

| 해설
KEC 112 용어 정의
"관등회로"란 방전등용 안정기 또는 방전등용 변압기로부터 방전관까지의 전로

12 ☐☐☐
충전부는 아니지만 고장 시에 충전될 위험이 있고, 사람이 쉽게 접촉할 수 있는 기기의 도전성 부분을 무엇이라고 하는가?
① 보호도체
② 기본보호
③ 노출도전부
④ 보호본딩도체

| 해설
KEC 112 용어 정의
㉠ 보호도체: 감전에 대한 보호 등 안전을 위해 제공되는 도체를 말한다.
㉡ 기본보호: 정상 운전시 기기의 충전부에 직접 접촉함으로써 발생할 수 있는 위험으로부터 인축을 보호하는 것을 말한다.
㉢ 보호본딩도체: 보호등전위본딩을 제공하는 보호도체를 말한다.

13 ☐☐☐
"리플프리(Ripple-free) 직류"란 교류를 직류로 변환할 때 리플성분의 실효값이 몇 [%] 이하로 포함된 직류를 말하는가?
① 3
② 5
③ 10
④ 15

| 해설
KEC 112 용어 정의
리플프리(Ripple-free) 직류
교류를 직류로 변환할 때 리플(맥동률) 성분의 실효값이 10[%] 이하로 포함된 직류를 말한다.

14 ☐☐☐
지락고장 중에 접지부분 또는 기기나 장치의 외함과 기기나 장치의 다른 부분 사이에 나타나는 전압을 무엇이라 하는가?
① 충전전압
② 단락전압
③ 과전압
④ 스트레스전압

| 해설
KEC 112 용어 정의
스트레스전압(Stress Voltage)
지락고장 중에 접지부분 또는 기기나 장치의 외함과 기기나 장치의 다른 부분 사이에 나타나는 전압을 말한다.

정답 10 ④ 11 ② 12 ③ 13 ③ 14 ④

15

"제2차 접근상태"라 함은 가공전선이 다른 시설물과 접근하는 경우에 그 가공전선로의 다른 시설물의 위쪽 또는 옆쪽에서 수평거리로 몇[m] 미만인 곳에 시설되는 상태를 말하는가?

① 0.5　　② 1
③ 2　　　④ 3

| 해설
KEC 112 용어 정의
제2차 접근상태: 가공전선이 다른 시설물과 접근하는 경우 그 가공전선이 다른 시설물의 위쪽 또는 옆쪽에서 수평거리로 3[m] 미만인 곳에 시설되는 상태를 말한다.

16

계통, 설비 또는 기기의 한 점과 접지극 사이의 도전성 경로 또는 그 경로의 일부가 되는 도체를 무엇이라 하는가?

① 접지도체　　② 접속설비도체
③ 접촉범위도체　　④ 등전위도체

| 해설
KEC 112 용어 정의
접지도체
계통, 설비 또는 기기의 한 점과 접지극 사이의 도전성 경로 또는 그 경로의 일부가 되는 도체를 말한다.

17

다음 중 "지중 관로"에 포함되지 않는 것은?

① 지중 광섬유 케이블 선로
② 지중 약전류 전선로
③ 지중 전선로
④ 지중 레일 선로

| 해설
KEC 112 용어 정의
지중관로
지중 전선로·지중 약전류 전선로·지중 광섬유 케이블 선로·지중에 시설하는 수관 및 가스관과 이와 유사한 것 및 이들에 부속하는 지중함 등을 말한다.

18

전선 상의 식별에서 다음 중 중성선은 어떤 전선 색을 사용하는가?

① 파란색　　② 갈색
③ 검은색　　④ 회색

| 해설
KEC 121.2 전선의 식별
전선의 식별(N: 중성선, PE: 보호도체)

상(문자)	L1	L2	L3	N	PE
색상	갈색	검은색	회색	파란색	황 - 녹색

KEC 이전: A(흑), B(적), C(청), N(백), E(녹)

19

전선의 색상 식별에서 보호도체는 어떤 색의 전선을 사용하는가?

① 회색　　② 파란색
③ 검은색　　④ 녹황색

| 해설
KEC 121.2 전선의 식별
접지도체 및 보호도체: 녹색 - 노란색

20

다음 각 케이블 중 특히 특고압 전선용으로만 사용할 수 있는 것은?

① 용접용 케이블　　② MI 케이블
③ CD 케이블　　④ 파이프형 압력 케이블

| 해설
KEC 122.5 고압 및 특고압 케이블
특고용 케이블의 종류
㉠ 파이프형 압력 케이블
㉡ 연피 케이블
㉢ 알루미늄피 케이블
㉣ 그 밖의 금속피복을 한 케이블

정답　15 ④　16 ①　17 ④　18 ①　19 ④　20 ④

21

전선의 접속법을 열거한 것 중 잘못 설명한 것은?

① 전선의 세기를 30[%] 이상 감소시키지 않는다.
② 접속부분은 절연전선의 절연물과 동등 이상의 절연효력이 있도록 충분히 피복한다.
③ 접속부분은 접속관, 기타의 기구를 사용한다.
④ 알루미늄 도체의 전선과 동도체의 전선을 접속할 때에는 전기적 부식이 생기지 않도록 한다.

| 해설
KEC 123 전선의 접속
전선 접속 시 유의사항
㉠ 전선의 전기저항을 증가시키지 말 것
㉡ 전선의 세기는 20[%] 이상 감소시키지 말 것
㉢ 접속부분은 접속관 기타의 기구를 사용할 것
㉣ 절연전선의 절연물과 동등 이상의 절연성능이 있는 것으로 충분히 피복할 것
㉤ 코드 상호, 캡타이어케이블 상호, 케이블 상호 또는 이들 상호를 접속하는 경우에는 코드 접속기, 접속함, 기타 기구를 사용할 것

22

전로를 대지로부터 반드시 절연하여야 하는 것은?

① 전로의 중성점에 접지공사를 하는 경우의 접지점
② 계기용 변성기 2차측 전로에 접지공사를 하는 경우의 접지점
③ 시험용 변압기
④ 저압 가공전선로 접지측 전선

| 해설
KEC 131 전로의 절연 원칙
전로는 다음 이외에는 대지로부터 절연하여야 한다.
㉠ 전로의 중성점에 접지공사를 하는 경우의 접지점
㉡ 계기용 변성기의 2차측 전로에 접지공사를 하는 경우의 접지점
㉢ 저압 가공전선의 특고압 가공전선과 동일 지지물에 시설되는 부분에 접지공사를 하는 경우의 접지점
㉣ 중성점이 접지된 특고압 가공전선로의 중성선에 다중 접지를 하는 경우의 접지점
㉤ 저압 전로와 사용전압이 300[V] 이하의 저압 전로를 결합하는 변압기의 2차측 전로에 접지공사를 하는 경우의 접지점
㉥ 다음과 같이 절연할 수 없는 부분
• 시험용 변압기, 전력선 반송용 결합 리액터, 전기울타리용 전원장치, X선 발생장치, 전기부식방지용 양극, 단선식 전기철도의 귀선 등 전로의 일부를 대지로부터 절연하지 않고 전기를 사용하는 것이 부득이한 것
• 전기욕기·전기로·전기보일러·전해조 등 대지로부터 절연이 기술상 곤란한 것
㉦ 저압 옥내직류 전기설비의 접지에 의하여 직류계통에 접지공사를 하는 경우의 접지점

23

저압 전로에서 정전이 어려운 경우 등 절연저항 측정이 곤란한 경우 저항성분의 누설전류가 몇 [mA] 이하이면 그 전로의 절연성능은 적합한 것으로 보는가?

① 1   ② 2
③ 3   ④ 4

| 해설
KEC 132 전로의 절연저항 및 절연내력
사용전압이 저압인 전로에서 정전이 어려운 경우 등 절연저항 측정이 곤란한 경우에는 누설전류를 저항성 누설전류가 1[mA] 이하로 유지하여야 한다.

24

고압 및 특고압 전로의 절연내력시험을 하는 경우 시험전압에 몇 분간 견디어야 하는가?

① 1분   ② 3분
③ 5분   ④ 10분

| 해설
KEC 132 전로의 절연저항 및 절연내력
고압 및 특고압 전로의 시험전압은 전로와 대지 간(다심 케이블은 심선 상호간 및 심선과 대지 간)에 연속하여 **10분간** 가하여 절연내력을 시험하였을 때 이에 견디어야 한다.

정답 21 ① 22 ④ 23 ① 24 ④

25

전압이 22.9[kV]로써 중성선 다중접지하는 전선로의 절연내력 시험전압은 최대 사용전압의 몇 배인가?

① 0.72
② 0.92
③ 1.1
④ 1.25

| 해설
KEC 132 전로의 절연저항 및 절연내력
최대사용전압이 7,000[V]를 넘고 25,000[V]이하인 중성점 접지식 전로는 **최대사용 전압의 0.92배**의 전압에 10분간 견딜 것

26

3상 4선식 22.9[kV] 중성점 다중 접지식 가공전선로의 전로 대지 간의 절연내력 시험전압은?

① 28,625[V]
② 22,900[V]
③ 21,068[V]
④ 16,488[V]

| 해설
KEC 132 전로의 절연저항 및 절연내력
최대사용전압이 7[kV]초과 25[kV] 이하인 전로
㉠ 중성점 다중 접지식 전로
　　최대사용전압의 **0.92배**
㉡ ㉠을 제외한 전로 : 최대사용전압의 1.25배
　　(단, 10.5[kV] 미만의 경우 10.5[kV]로 시험)
∴ $22,900 \times 0.92 = 21,068\,[V]$

27

최대사용전압이 154[kV]인 중성점 직접 접지식 전로의 절연내력 시험전압은 몇 [V]인가?

① 110,880
② 141,680
③ 169,400
④ 192,500

| 해설
KEC 132 전로의 절연저항 및 절연내력
최대사용전압이 60[kV]를 초과하는 중성점 **직접 접지식 전로**의 경우 최대사용전압의 **0.72배** 시험전압으로 10분간 가하여 시험한다.
$154,000 \times 0.72 = 110,880\,[V]$

28

최대 사용전압이 170,000[V]를 넘는 권선(성형전선연결)로써 중성점 직접 접지식 전로에 접속하고 또한 그 중성점을 직접 접지하는 변압기전로의 절연내력 시험전압은 최대 사용전압의 몇 배의 전압인가?

① 0.3
② 0.64
③ 0.72
④ 1.1

| 해설
KEC 132 전로의 절연저항 및 절연내력
최대 사용전압이 170[kV]를 넘는 권선(성형전선연결에 한한다)으로써 중성점 직접 접지식 전로에 접속하고 또한 그 중성점을 직접 접지하는 변압기의 절연내력 시험전압은 전로와 대지 사이에 최대 **사용전압의 0.64배**를 가한다.

29

6.6[kV] 지중전선로의 케이블을 직류전원으로 절연내력 시험을 하자면 시험전압을 직류 몇[V]인가?

① 9,900[V]
② 14,420[V]
③ 16,500[V]
④ 19,800[V]

| 해설
KEC 132 전로의 절연저항 및 절연내력
㉠ 최대사용전압이 7[kV] 이하인 전로의 시험전압 : **최대 사용전압의 1.5배**
㉡ 고압 및 특고압 전로를 직류전원으로 절연내력시험을 할 경우에는 **교류 시험전압의 2배** 전압으로 10분간 시행한다.
∴ 시험전압 : $6,600 \times 1.5 \times 2 = 19,800\,[V]$

정답 25 ② 26 ③ 27 ① 28 ② 29 ④

30

최대 사용전압 440[V]인 전동기의 절연내력 시험전압은?

① 330[V]
② 440[V]
③ 500[V]
④ 660[V]

| 해설

KEC 133 회전기 및 정류기의 절연내력
최대사용전압이 7kV 이하의 회전기
㉠ 시험전압: **최대사용전압의 1.5배**
㉡ 단, 500V 미만의 경우 500V로 시험
∴ 시험전압: $440 \times 1.5 = 660\,[\text{V}]$

31

3상 220[V] 유도전동기의 권선과 대지간의 절연내력 시험전압과 견디어야 할 최소 시간이 맞는 것은?

① 220[V] 5분
② 275[V] 10분
③ 330[V] 20분
④ 500[V] 10분

| 해설

KEC 133 회전기 및 정류기의 절연내력
최대사용전압이 7[kV] 이하의 회전기
㉠ 시험전압: 최대사용전압의 1.5배
㉡ 단, 500V 미만의 경우 500V로 시험
∴ $220 \times 1.5 = 330\,[\text{V}] \rightarrow 500\,[\text{V}]$로 시험

32

최대사용전압 3,300[V]의 고압 전동기가 있다. 이 전동기의 절연내력 시험전압은 얼마인가?

① 3,630[V]
② 4,125[V]
③ 4,290[V]
④ 4,950[V]

| 해설

KEC 133 회전기 및 정류기의 절연내력
최대사용전압이 7kV 이하의 회전기
㉠ 시험전압: **최대사용전압의 1.5배**
㉡ 단, 500V 미만의 경우 500V로 시험
∴ 시험전압: $3,300 \times 1.5 = 4,950\,[\text{V}]$

33

고압용 SCR의 절연내력 시험전압은 직류측 최대 사용전압의 몇 배의 교류전압인가?

① 1배
② 1.1배
③ 1.25배
④ 1.5배

| 해설

KEC 133 회전기 및 정류기의 절연내력
정류기의 시험전압(고압은 7[kV] 이하)
㉠ 최대사용전압이 60[kV] 이하의 경우
 직류측의 최대사용전압의 **1배의 교류전압**
 (단, 500[V] 미만의 경우 500[V]로 시험)
㉡ 최대사용전압이 60[kV] 초과의 경우
 • 교류측의 최대사용전압의 1.1배의 교류전압
 • 직류측의 최대사용전압의 1.1배의 직류전압

34

연료전지 및 태양전지 모듈의 절연내력시험을 하는 경우 충전부분과 대지 사이에 어느 정도의 시험전압을 인가하여야 하는가?
(단, 연속하여 10분간 가해 견디는 것이어야 한다.)

① 최대 사용전압의 1.5배의 직류전압 또는 1.25배의 교류전압
② 최대 사용전압의 1.25배의 직류전압 또는 1.25배의 교류전압
③ 최대 사용전압의 1.5배의 직류전압 또는 1배의 교류전압
④ 최대 사용전압의 1.25배의 직류전압 또는 1.25배의 교류전압

| 해설

KEC 134 연료전지 및 태양전지 모듈의 절연내력
연료전지 및 태양전지 모듈의 절연내력시험
아래의 시험전압을 10분간 가하여 이에 견뎌야 한다. 만약, 아래의 계산 값이 500V 미만인 경우 500V로 시험한다.
㉠ **직류 시험전압: 최대사용전압의 1.5배**
㉡ **교류 시험전압: 최대사용전압의 1배**

정답 30 ④ 31 ④ 32 ④ 33 ① 34 ③

35 □□□

어떤 변압기의 1차 전압이 6900V, 6600V, 6300V, 6000V, 5700V로 되어 있다. 절연내력 시험전압은 몇 [V]인가?

① 7,590 ② 8,625
③ 10,350 ④ 13,800

|해설
KEC 135 변압기 전로의 절연내력
변압기의 Tap 중에서 가장 높은 전압이 6,900[V]이므로 최대사용전압의 1.5배로 시험한다.
∴ 시험전압: $6,900 \times 1.5 = 10,350 \, [V]$

36 □□□

최대사용전압이 1차 22000[V], 2차 6600[V]의 권선으로써 중성점 비접지식 전로에 접속하는 변압기의 특고압측 절연내력 시험전압은 몇 [V]인가?

① 44,000 ② 33,000
③ 27,500 ④ 24,000

|해설
KEC 135 변압기 전로의 절연내력
최대사용전압이 7[kV]초과 25[kV] 이하인 변압기 전로의 시험전압
㉠ 중성점 다중 접지식 전로
   최대사용전압의 0.92배
㉡ ㉠을 제외한 전로: 최대사용전압의 **1.25배**
   (단, 10.5[kV] 미만의 경우 10.5[kV]로 시험)
∴ 시험전압: $22,000 \times 1.25 = 27,500 \, [V]$

37 □□□

다음 중 접지시스템의 시설 종류가 아닌 것은?

① 단독접지 ② 공통접지
③ 통합접지 ④ 피뢰시스템접지

|해설
KEC 141 접지시스템의 구분 및 종류
㉠ 접지시스템은 계통접지, 보호접지, 피뢰시스템접지 등으로 구분한다.
㉡ 접지시스템의 시설 종류에는 **단독접지, 공통접지, 통합접지**가 있다.

38 □□□

접지극의 매설시 사용되는 접지선을 사람이 닿을 우려가 있는 장소에 시설하는 경우 접지극은 지하 몇 [m] 이상의 깊이로 하되 동결깊이를 감안하여 매설하여야 하는가?

① 0.25 ② 0.5
③ 0.75 ④ 1

|해설
KEC 142.2 접지극의 시설 및 접지저항
접지극의 시설

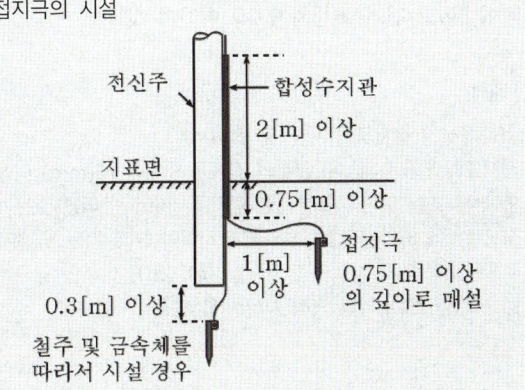

접지극은 동결 깊이를 감안하여 시설하되 고압 이상의 전기설비와 변압기 중성점 접지에 시설하는 접지극의 매설깊이는 지표면으로부터 지하 **0.75[m] 이상**으로 한다.

39 □□□

접지공사에 사용되는 접지도체를 사람이 닿을 우려가 있는 장소에 철주 등에 시설하는 경우 접지극은 그 금속체로 부터 지중에서 몇 [cm] 이상 이격시켜야 하는가?

① 150 ② 125
③ 100 ④ 75

|해설
KEC 142.2 접지극의 시설 및 접지저항
접지도체를 철주 기타의 금속체를 따라서 시설하는 경우에는 접지극을 철주의 밑면으로부터 0.3[m] 이상의 깊이에 매설하는 경우 이외에는 접지극을 지중에서 그 금속체로부터 1[m] 이상 떼어 매설하여야 한다.

정답 35 ③ 36 ③ 37 ④ 38 ③ 39 ③

40 □□□

지중에 매설된 금속제 수도관로는 각종의 접지공사의 접지극으로 사용할 수 있다. 다음 중에서 접지극으로 사용할 수 없는 것은 어느 것인가?

① 내경 75mm에서 분기한 내경 50mm의 수도관의 길이가 6m이고 저항치가 3Ω 이하의 것
② 내경 30mm인 수도관의 전기 저항치가 2Ω 이하의 것
③ 내경 75mm 이상이고 전기 저항치가 3Ω 이하의 것
④ 내경 30mm에서 분기한 내경 30mm 수도관 길이가 5m 이내이고 전기 저항치가 3Ω 이하의 것

| 해설
KEC 142.2 접지극의 시설 및 접지저항
접지도체와 금속제 수도관로의 접속은 안지름 75[mm] 이상인 부분 또는 여기에서 분기한 안지름 75[mm] 미만인 분기점으로부터 5[m] 이내의 부분에서 하여야 한다. 다만, 금속제 수도관로와 대지 사이의 전기저항 값이 2[Ω] 이하인 경우에는 분기점으로부터의 거리는 5[m]을 넘을 수 있다.

41 □□□

지중에 매설되어 있고 대지와의 전기저항값이 최대 몇 [Ω] 이하의 값을 유지하고 있는 금속체 수도관로를 각종 접지공사의 접지극으로 사용할 수 있는가?

① 3[Ω] ② 5[Ω]
③ 7[Ω] ④ 10[Ω]

| 해설
KEC 142.2 접지극의 시설 및 접지저항
지중에 매설되어 있고 대지와의 전기저항 값이 3[Ω] 이하의 값을 유지하고 있는 금속제 수도관로는 접지극으로 사용이 가능하다.

42 □□□

금속제 수도관로를 접지공사의 접지극으로 사용하는 경우에 대한 사항이다. 다음 (㉠), (㉡), (㉢)에 들어갈 수치로 알맞은 것은?

> 접지도체와 금속제 수도관로의 접속은 안지름 (㉠)[mm] 이상인 금속제 수도관로의 부분 또는 이로부터 분기한 안지름 (㉡)[mm] 미만의 금속제 수도관로의 그 분기점으로부터 5[m] 이내의 부분에서 할 것. 단, 금속제 수도관로와 대지 간의 전기저항값이 (㉢)[Ω] 이하인 경우에는 분기점으로부터의 거리는 5[m]를 넘을 수 있다.

① ㉠ 75 ㉡ 75 ㉢ 2   ② ㉠ 75 ㉡ 50 ㉢ 2
③ ㉠ 50 ㉡ 75 ㉢ 4   ④ ㉠ 50 ㉡ 50 ㉢ 4

| 해설
KEC 142.2 접지극의 시설 및 접지저항
접지도체와 금속제 수도관로의 접속은 안지름 75[mm] 이상인 부분 또는 여기에서 분기한 안지름 75[mm] 미만인 분기점으로부터 5[m] 이내의 부분에서 하여야 한다. 다만, 금속제 수도관로와 대지 사이의 전기저항 값이 2[Ω] 이하인 경우에는 분기점으로부터의 거리는 5[m]을 넘을 수 있다.

43 □□□

비접지식 고압 전로에 시설하는 금속제 외함에 실시하는 접지공사의 접지극으로 사용할 수 있는 건물의 철골, 기타의 금속제는 대지와의 사이에 전기저항값을 얼마 이하로 유지하여야 하는가?

① 2[Ω] ② 3[Ω]
③ 5[Ω] ④ 10[Ω]

| 해설
KEC 142.2 접지극의 시설 및 접지저항
건축물·구조물의 철골 기타의 금속제는 이를 비접지식 고압 전로에 시설하는 기계기구의 철대 또는 금속제 외함의 접지공사 또는 비접지식 고압전로와 저압전로를 결합하는 변압기의 저압전로의 접지공사의 접지극으로 사용할 수 있다. 다만, 대지와의 사이에 전기저항 값이 2[Ω] 이하인 값을 유지하는 경우에 한한다.

정답 40 ① 41 ① 42 ① 43 ①

44

사람이 닿을 우려가 있는 접지도체는 합성수지관 또는 이와 동등 이상의 절연효력 및 강도를 가지는 몰드로 덮어야 하는데 그 부분은 어떻게 규정되어 있는가?

① 지하 30[cm], 지표상 1[m]
② 지하 50[cm], 지표상 1.2[m]
③ 지하 60[cm], 지표상 1.8[m]
④ 지하 75[cm], 지표상 2[m]

| 해설
KEC 142.3.1 접지도체
접지도체는 지하 0.75[m] 부터 지표 상 2[m] 까지 부분은 합성수지관(두께 2[mm] 미만의 합성수지제 전선관 및 가연성 콤바인덕트관은 제외한다) 또는 이와 동등 이상의 절연효과와 강도를 가지는 몰드로 덮어야 한다.

45

사람이 접촉할 우려가 있는 접지공사의 지하 0.75[m]로부터 지표상 2[m]까지의 접지도체는 접촉의 우려가 없도록 하기 위하여 어느 것을 사용하여 보호하는가?

① 두께 1[mm] 이상의 콤바인덕트
② 두께 2[mm] 이상의 합성수지관
③ 피막의 두께가 균일한 비닐포장지
④ 이음부분이 없는 플로어덕트

| 해설
KEC 142.3.1 접지도체
접지도체는 지하 0.75[m] 부터 지표 상 2[m] 까지 부분은 합성수지관(두께 2[mm] 미만의 합성수지제 전선관 및 가연성 콤바인덕트관은 제외한다) 또는 이와 동등 이상의 절연효과와 강도를 가지는 몰드로 덮어야 한다.

46

접지도체의 단면적은 큰 고장전류가 접지도체를 통하여 흐르지 않을 경우 구리로 하였을 때 접지도체의 최소 단면적은 몇 [mm^2] 인가?

① 2.5
② 6
③ 10
④ 16

| 해설
KEC 142.3.1 접지도체
큰 고장전류가 접지도체를 통하여 흐르지 않을 경우 접지도체의 최소 단면적
㉠ 구리: 6[mm^2] 이상
㉡ 철제: 50[mm^2] 이상

47

접지도체에 피뢰시스템이 접속되는 경우 접지도체의 단면적은 구리일 때 몇 [mm^2] 이상으로 하여야 하는가?

① 2.5
② 6
③ 10
④ 16

| 해설
KEC 142.3.1 접지도체
접지도체에 피뢰시스템이 접속되는 경우, 접지도체의 단면적은 구리 16[mm^2] 또는 철 50[mm^2] 이상으로 하여야 한다.

정답 44 ④ 45 ② 46 ② 47 ④

48 □□□

보호도체의 최소 단면적이 $S = \dfrac{\sqrt{I^2 t}}{k}$ 일 때 차단시간이 몇 초 이하인 경우에만 다음 계산식을 적용하는가?

① 1초 ② 2초
③ 5초 ④ 10초

| 해설

KEC 142.3.2 보호도체의 최소 단면적
보호도체(PE)의 최소 단면적

선도체의 단면적 ($S[\text{mm}^2]$, 구리)	보호도체의 최소 단면적 ($[\text{mm}^2]$, 구리)
$S \leq 16$	S
$16 < S \leq 35$	16
$S > 35$	$S/2$

단, 차단시간이 **5초 이하인 경우**에만 다음 계산식을 적용한다.

∴ 보호도체의 단면적: $S = \dfrac{\sqrt{I^2 t}}{k}$ [mm²]

여기서, I: 예상 고장전류[A]
t: 차단기 동작시간[s]
k: 보호도체, 절연, 기타 부위의 재질 및 초기온도와 최종온도에 따라 정해지는 계수

49 □□□

보호도체와 계통도체를 겸용하는 겸용도체는 구리로 단면적 몇 [mm²] 이상이어야 하는가?

① 2.5 ② 6
③ 10   ④ 16

| 해설

KEC 142.3.4 보호도체와 계통도체 겸용
겸용도체는 고정된 전기설비에만 사용 가능
㉠ 단면적: **구리 10[mm²]** 또는 알루미늄 16[mm²]
㉡ 중성선과 보호도체의 겸용도체는 전기설비의 부하 측으로 시설하여서는 안 된다.
㉢ 폭발성 분위기 장소는 보호도체를 전용으로 하여야 한다.

50 □□□

어느 주택의 인입구에 있어서 TN-C-S 방식인 경우 중성선 겸용 보호도체의 단면적은 구리를 사용했을 때 몇 [mm²] 이어야 하는가?

① 2.5 ② 6
③ 10   ④ 16

| 해설

KEC 142.4.2 주택 등 저압수용장소 접지
중성선 겸용 보호도체(PEN)는 고정 전기설비에만 사용할 수 있고, 그 도체의 단면적이 **구리는 10[mm²] 이상**, 알루미늄은 16[mm²] 이상이어야 하며, 그 계통의 최고전압에 대하여 절연되어야 한다.

51 □□□

저압용 기계기구에 인체에 대한 감전보호용 누전차단기를 시설하면 외함의 접지를 생략할 수 있다. 이 경우의 누전차단기 정격에 대한 기술기준으로 적합한 것은?

① 정격감도전류 30[mA] 이하, 동작시간 0.03[sec] 이하의 전류동작형
② 정격감도전류 30[mA] 이하, 동작시간 0.1[sec] 이하의 전류동작형
③ 정격감도전류 60[mA] 이하, 동작시간 0.03[sec] 이하의 전류동작형
④ 정격감도전류 60[mA] 이하, 동작시간 0.1[sec] 이하의 전류동작형

| 해설

KEC 142.7 기계기구의 철대 및 외함의 접지
저압용의 개별기계기구에 전기를 공급하는 전로에 인체 감전보호용 누전차단기는 **정격감도전류가 30[mA] 이하, 동작시간이 0.03[sec] 이하의 전류동작형**의 것을 말한다.

정답 48 ③ 49 ③ 50 ③ 51 ①

52 □□□

주접지단자와 접속하기 위한 등전위본딩 도체는 설비 내에 있는 가장 큰 보호접지 도체 단면적의 1/2 이상의 단면적을 가져야 하고, 구리도체일 때 몇 [mm²] 이어야 하는가?

① 2.5 ② 6
③ 16   ④ 50

| 해설
KEC 143.3.1 보호등전위본딩 도체
㉠ 주접지단자에 접속하기 위한 등전위본딩 도체는 설비 내에 있는 가장 큰 보호접지 도체 단면적의 1/2 이상의 단면적을 가져야 하고 다음의 단면적 이상이어야 한다.
  ⓐ 구리: 6[mm²] 이상
  ⓑ 알루미늄: 16[mm²] 이상
  ⓒ 강철: 50[mm²] 이상
㉡ 주접지단자에 접속하기 위한 보호본딩도체의 단면적은 구리도체 25[mm²] 또는 다른 재질의 동등한 단면적을 초과할 필요는 없다.

53 □□□

다음 중 외부 피뢰 시스템의 종류가 아닌 것은?

① 수뢰부 시스템   ② 인하도선 시스템
③ 접지극 시스템   ④ 보호 시스템

| 해설
KEC 152 외부 피뢰 시스템
외부 피뢰 시스템의 구성
㉠ 수뢰부 시스템
㉡ 인하도선 시스템
㉢ 접지극 시스템

54 □□□

돌침, 수평도체, 그물망도체의 요소 중에 한 가지 또는 이를 조합한 형식으로 시설하는 것은?

① 접지극 시스템   ② 수뢰부 시스템
③ 내부 피뢰 시스템   ④ 인하도선 시스템

| 해설
KEC 152 외부 피뢰 시스템
수뢰부 시스템
㉠ 구성 요소: 돌침, 수평도체, 그물망도체
㉡ 배치 방법: 보호각법, 회전구체법, 그물망법

55 □□□

금속제 설비의 등전위 본딩으로 건축물·구조물에는 지하 몇 [m]와 높이 20[m] 마다 환상도체를 설치하여야 하는가?

① 0.5   ② 0.75
③ 1   ④ 1.5

| 해설
KEC 153.2.2 금속제 설비의 등전위본딩
건축물·구조물에는 지하 0.5[m]와 높이 20[m] 마다 환상도체를 설치한다. 다만 철근콘크리트, 철골구조물의 구조체에 인하도선을 등전위본딩하는 경우 환상도체는 설치하지 않아도 된다.

제3장 저압 전기설비

56 □□□

저압전로의 보호도체 및 중성선의 접속방식에 따른 접지계통의 분류가 아닌 것은?

① IT 계통   ② TN 계통
③ TT 계통   ④ TC 계통

| 해설
KEC 203.1 계통접지 구성
계통접지 구성
저압전로의 보호도체(PE) 및 중성선(N)의 접속 방식에 따른 TN 계통, TT 계통, IT 계통으로 구분된다.

정답 52 ② 53 ④ 54 ② 55 ① 56 ④

57

계통 전체에 대해 별도의 중성선 또는 PE 도체를 사용하며, 배전계통에서 PE 도체를 추가로 접지할 수 있는 방식은?

① IT
② TT
③ TN-S
④ TN-C

| 해설
KEC 203.2 TN 계통
TN 계통접지의 종류
㉠ **TN-S 계통**
계통 전체에 대해 **별도의 중성선 또는 PE 도체를 사용**한다. 배전계통에서 PE 도체를 추가로 접지할 수 있다.
㉡ TN-C 계통
계통 전체에 대해 중성선과 보호도체의 기능을 동일도체로 겸용한 PEN 도체를 사용한다. 배전계통에서 PEN 도체를 추가로 접지할 수 있다.
㉢ TN-C-S 계통
계통의 일부분에서 PEN 도체를 사용하거나, 중성선과 별도의 PE 도체를 사용하는 방식이 있다. 배전계통에서 PEN 도체와 PE 도체를 추가로 접지할 수 있다.

58

다음 그림의 접지 계통 방식은?

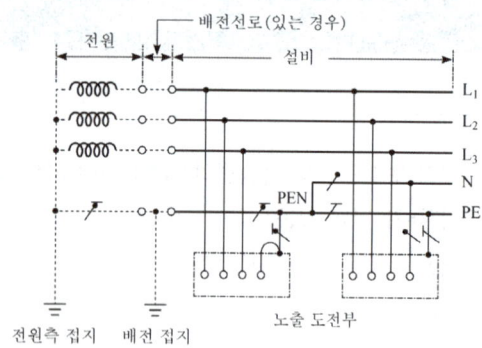

① TT
② IT
③ TN-C
④ TN-C-S

| 해설
KEC 203.2 TN 계통
TN-C-S 계통
계통의 일부분에서 PEN 도체를 사용하거나, 중성선과 별도의 PE 도체를 사용하는 방식이 있다. 배전계통에서 PEN 도체와 PE 도체를 추가로 접지할 수 있다.

59

전원의 한 점을 직접 접지하고 설비의 노출도전부는 전원의 접지전극과 전기적으로 독립적인 접지극에 접속시키는 방식은?

① IT
② TT
③ TN-S
④ TN-C

| 해설
KEC 203.3 TT 계통
TT 계통: 전원의 한 점을 직접 접지하고 설비의 노출도전부는 전원의 접지전극과 전기적으로 독립적인 접지극에 접속시킨다. 배전계통에서 PE 도체를 추가로 접지할 수 있다.

60

충전부 전체를 대지로부터 절연시키거나, 한 점을 임피던스를 통해 대지에 접속시키는 방식은?

① IT
② TT
③ TN-S
④ TN-C

| 해설
KEC 203.3 TT 계통
IT 계통의 특징
㉠ **충전부 전체를 대지로부터 절연시키거나, 한 점을 임피던스를 통해 대지에 접속시킨다.** 전기설비의 노출도전부를 단독 또는 일괄적으로 계통의 PE 도체에 접속시킨다. 배전계통에서 추가접지가 가능하다.
㉡ 계통은 충분히 높은 임피던스를 통하여 접지할 수 있다. 이 접속은 중성점, 인위적 중성점, 선도체 등에서 할 수 있다. 중성선은 배선할 수도 있고, 배선하지 않을 수도 있다.

61

과전류차단기로 저압전로에 사용하는 퓨즈에서 정격전류가 4[A] 이하인 경우 불용단전류는 정격전류의 몇 배인가?

① 1.1배
② 1.25배
③ 1.5배
④ 2배

정답 57 ③ 58 ④ 59 ② 60 ① 61 ③

| 해설
KEC 212.3.4 보호장치의 특성
저압전로에 사용하는 퓨즈(gG)의 용단특성

정격전류의 구분	시간	정격전류의 배수	
		불용단전류	용단전류
4A 이하	60분	1.5배	2.1배
4A 초과 16A 미만	60분	1.5배	1.9배
16A 이상 63A 이하	60분	1.25배	1.6배
63A 초과 160A 이하	120분	1.25배	1.6배
160A 초과 400A 이하	180분	1.25배	1.6배
400A 초과	240분	1.25배	1.6배

62 □□□

과전류차단기로 저압전로에 사용하는 정격전류 63[A] 초과할 때 ㉠ 불용단전류, ㉡ 용단전류는 정격전류의 몇 배수 이어야 하는가?

① ㉠ 1.25배 ㉡ 1.25배
② ㉠ 1.25배 ㉡ 1.6배
③ ㉠ 1.25배 ㉡ 2배
④ ㉠ 1.5배 ㉡ 2배

| 해설
KEC 212.3.4 보호장치의 특성
저압전로에 사용하는 퓨즈(gG)의 용단특성

정격전류의 구분	시간	정격전류의 배수	
		불용단전류	용단전류
63A 초과 160A 이하	120분	1.25배	1.6배

63 □□□

과전류차단기로 저압전로에 사용하는 산업용 배선차단기의 부동작전류와 동작전류로 적합한 것은?

① 1.0배, 1.2배
② 1.05배, 1.3배
③ 1.25배, 1.6배
④ 1.3배, 1.8배

| 해설
KEC 212.3.4 보호장치의 특성
과전류트립 동작시간 및 특성 (산업용)

정격전류의 구분	시간	정격전류의 배수	
		부동작전류	동작전류
63A 이하	60분	1.05배	1.3배
63A 초과	120분		

64 □□□

저압전로에 사용하는 정격전류 63[A]를 초과하는 주택용 배선용차단기에 부동작의 전류는 몇 배 인가?

① 1.1배
② 1.13배
③ 1.33배
④ 1.5배

| 해설
KEC 212.3.4 보호장치의 특성
과전류트립 동작시간 및 특성 (주택용)

정격전류의 구분	시간	정격전류의 배수	
		부동작전류	동작전류
63A 이하	60분	1.13배	1.45배
63A 초과	120분		

65 □□□

옥내에 시설하는 전동기가 소손되는 것을 방지하기 위한 과부하보호장치를 하지 않아도 되는 것은?

① 전동기출력이 4[kW]이며, 취급자가 감시할 수 없는 경우
② 정격출력이 0.2[kW] 이하의 경우
③ 과전류차단기가 없는 경우
④ 정격출력이 10[kW] 이상인 경우

| 해설
KEC 212.6.3 저압 전동기 보호용 과전류보호장치
전동기의 정격출력이 0.2[kW] 이하인 경우에는저압 전동기 보호용 과전류보호장치의 시설을 생략할 수 있다.

정답 62 ② 63 ② 64 ② 65 ②

66. ☐☐☐

옥내에 시설하는 전동기에 과부하보호장치의 시설을 생략할 수 없는 경우는?

① 전동기가 단상의 것으로, 전원측 전로에 시설하는 과전류차단기의 정격전류가 16[A] 이하인 경우
② 전동기가 단상의 것으로, 전원측 전로에 시설하는 배선용 차단기의 정격전류가 20[A] 이하인 경우
③ 타인이 출입할 수 없고 전동기운전 중 취급자가 상시감시할 수 있는 위치에 시설하는 경우
④ 전동기 정격출력이 0.75[kW]인 전동기

| 해설
KEC 212.6.3 저압 전동기 보호용 과전류보호장치
전동기의 정격출력이 **0.2[kW] 이하**인 경우에는 저압 전동기 보호용 과전류보호장치의 시설을 생략할 수 있다.

67. ☐☐☐

저압 가공인입선의 전선으로 사용할 수 없는 전선은?

① 코드선
② 인입용 비닐절연전선
③ 옥외용 비닐절연전선
④ 케이블

| 해설
KEC 221.1.1 저압 인입선의 시설
저압 가공인입선의 시설
㉠ 전선은 **절연전선** 또는 **케이블**일 것
㉡ 케이블의 인장강도: 2.30[kN] 이상
  (단, 지지물 간 거리 15[m] 이하인 경우 1.25[kN] 이상)
㉢ 인입용 비닐절연전선의 지름: 2.6[mm] 이상
  (단, 지지물 간 거리 15[m] 이하인 경우 2[mm] 이상)
㉣ 전선이 옥외용 비닐절연전선인 경우에는 사람이 접촉할 우려가 없도록 시설하고, 옥외용 비닐절연전선 이외의 절연전선인 경우에는 사람이 쉽게 접촉할 우려가 없도록 시설할 것

68. ☐☐☐

저압 가공인입선이 그림과 같이 차량의 통행이 많은 도로를 횡단하고 있다. 노면상의 높이(h)는 최소한 몇 [m] 이상으로 하여야 하는가?

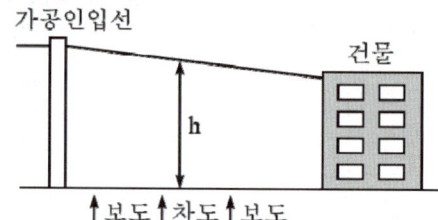

① 6[m] 이상
② 5.5[m] 이상
③ 5[m] 이상
④ 4[m] 이상

| 해설
KEC 221.1.1 저압 인입선의 시설
저압 가공인입선의 시설
㉠ 도로를 횡단하는 경우: **노면상 5[m] 이상**
  (교통에 지장이 없는 경우: 3[m] 이상)
㉡ 철도 또는 궤도를 횡단하는 경우
  레일면상 6.5[m] 이상
㉢ 횡단보도교의 위에 시설하는 경우
  노면상 3[m] 이상

69. ☐☐☐

저압 이웃 연결 인입선은 인입선에서 분기하는 점으로부터 몇 [m]를 초과하는 지역에 미치지 않도록 시설하여야 하는가?

① 60
② 80
③ 100
④ 120

| 해설
KEC 221.1.2 이웃 연결 인입선의 시설
저압 이웃 연결 인입선의 시설
㉠ 인입선에서 분기하는 점으로부터 **100[m]를 초과**하지 말 것
㉡ 폭 5[m]를 초과하는 도로를 횡단하지 말 것
㉢ 옥내를 통과하지 말 것

정답 66 ④ 67 ① 68 ③ 69 ③

70

저압 이웃 연결 인입선은 폭 몇 [m]를 넘는 도로를 횡단하지 않아야 하는가?

① 5
② 6
③ 7
④ 8

| 해설
KEC 221.1.2 이웃 연결 인입선의 시설
저압 이웃 연결 인입선의 시설
㉠ 인입선에서 분기하는 점으로부터 100[m]를 초과하지 말 것
㉡ 폭 5[m]를 초과하는 도로를 횡단하지 말 것
㉢ 옥내를 통과하지 말 것

71

저압 옥측 전선로의 시설로 잘못된 것은?

① 철골조 조영물에 버스덕트 공사로 시설
② 합성수지관공사로 시설
③ 목조조영물에 금속관공사로 시설
④ 전개된 장소에 애자공사로 시설

| 해설
KEC 221.2 옥측전선로
저압 옥측전선로의 공사 방법
㉠ 애자공사 (전개된 장소에서 사용)
㉡ 합성수지관공사
㉢ 금속관공사 (목조 이외의 조영물에서 사용)
㉣ 버스덕트 공사 (목조 이외의 조영물에서 사용. 단, 점검할 수 없는 은폐된 장소를 제외)
㉤ 케이블공사(연피 케이블, 알루미늄피 케이블 또는 무기물 절연(MI) 케이블을 사용하는 경우에는 목조 이외의 조영물에 시설하는 경우에 한한다)

72

사용전압이 400[V] 이하인 저압 가공전선은 케이블이나 절연전선인 경우를 제외하고 인장강도가 3.43[kN] 이상인 것 또는 지름 몇 [mm] 이상의 경동선이어야 하는가?

① 1.2
② 2.6
③ 3.2
④ 4.0

| 해설
KEC 222.5 저압 가공전선의 굵기 및 종류
저압 가공전선의 굵기 및 종류
㉠ 저압 가공전선은 나전선, 절연전선, 다심형 전선 또는 케이블을 사용할 것 (여기서, 나전선은 중성선 또는 다중접지된 접지측 전선으로 사용)
㉡ 사용전압이 400[V] 이하인 저압 가공전선
(케이블인 경우를 제외한 경우)

구분	지름	인장강도
나전선	3.2mm 이상	3.43kN 이상
절연전선	2.6mm 이상	2.30kN 이상

㉢ 사용전압이 400[V] 초과인 저압 가공전선
(케이블인 경우를 제외한 경우)

구분	지름	인장강도
시가지	5mm 이상	3.43kN 이상
시가지 외	4mm 이상	5.26kN 이상

㉣ 사용전압이 400[V] 초과인 저압 가공전선에는 인입용 비닐절연전선(DV)을 사용하지 않을 것

73

시가지에서 400[V] 이하의 저압 가공전선로에 사용하는 절연전선의 지름은 최소 몇 [mm] 이상의 것이어야 하는가?

① 2.0
② 2.6
③ 3.2
④ 5.0

| 해설
KEC 222.5 저압 가공전선의 굵기 및 종류
사용전압이 400[V] 이하인 저압 가공전선
(케이블인 경우를 제외한 경우)

구분	지름	인장강도
나전선	3.2mm 이상	3.43kN 이상
절연전선	2.6mm 이상	2.30kN 이상

정답 70 ① 71 ③ 72 ③ 73 ②

74 □□□

사용전압이 400[V] 초과인 저압 가공전선을 경동선으로 시가지에 시설하는 경우 이 경동선의 최소 굵기는 지름 몇 [mm] 이상이어야 하는가?

① 2.6
② 3.2
③ 4
④ 5

| 해설

KEC 222.5 저압 가공전선의 굵기 및 종류
사용전압이 400[V] 초과인 저압 가공전선
(케이블인 경우를 제외한 경우)

구분	지름	인장강도
시가지	5mm 이상	3.43kN 이상
시가지 외	4mm 이상	5.26kN 이상

75 □□□

사용전압이 400[V] 이하인 경우의 저압 보안공사에 전선으로 경동선을 사용할 경우 몇 [mm]의 것을 사용하여야 하는가?

① 1.2
② 2.6
③ 3.5
④ 4

| 해설

KEC 222.10 저압 보안공사
저압 보안공사의 전선(케이블 제외)

구분	지름	인장강도
400V 이하	4mm 이상	5.26kN 이상
400V 초과	5mm 이상	8.01kN 이상

76 □□□

저압 보안공사에 사용되는 목주의 굵기는 위쪽 끝의 지름이 몇 [cm] 이상이어야 하는가?

① 8
② 10
③ 12
④ 14

| 해설

KEC 222.10 저압 보안공사
저압 보안공사에서 목주의 시설
㉠ 풍압하중에 대한 안전율: 1.5 이상
㉡ 위쪽 끝의 지름: 0.12[m] 이상

77 □□□

600[V] 비닐절연전선을 사용한 저압 가공전선이 위쪽에서 상부 조영재와 접근하는 경우의 전선과 상부 조영재간의 간격은 최소 몇 [m]인가?

① 1
② 1.5
③ 2
④ 2.5

| 해설

KEC 222.11(332.11)
가공전선과 건조물의 조영재 사이의 간격

구분	접근	간격
상부 조영재	위쪽	2[m] (전선이 케이블인 경우에는 1[m])
	옆쪽 또는 아래쪽	1.2[m] (전선에 사람이 쉽게 접촉할 우려가 없도록 시설한 경우에는 0.8[m], 케이블인 경우에는 0.4[m])
기타의 조영재		1.2m (전선에 사람이 쉽게 접촉할 우려가 없도록 시설한 경우에는 0.8[m], 케이블인 경우에는 0.4[m])

정답 74 ④ 75 ④ 76 ③ 77 ③

78

저압 가공전선에 가공전화선과 접근하여 시설될 때 수평 간격은 일반적인 경우 몇 [cm] 이상이어야 하는가?

① 30
② 40
③ 50
④ 60

| 해설

KEC 222.13 가공약전류전선 등의 접근 또는 교차
저압 가공전선이 가공약전류전선 등과 접근 또는 교차상태로 시설되는 경우의 간격

가공전선의 종류	간격	
	나전선	절연전선 또는 케이블
저압	0.6m 이상	0.3m 이상
고압	0.8m 이상	0.4m 이상

79

저압 가공전선이 25[kV] 교류전차선의 위에 교차하여 시설되는 경우 저압 가공전선으로 케이블을 사용하고 단면적 몇 [mm²] 이상인 아연도강연선으로서 조가하여 시설하여야 하는가?

① 22
② 35
③ 55
④ 100

| 해설

KEC 222.15 교류전차선 등의 접근 또는 교차
저압 가공전선이 교류전차선 등과 접근 또는 교차상태로 시설되는 경우
㉠ 저압 가공전선에는 케이블을 사용할 것
㉡ 단면적 35[mm²] 이상인 아연도강연선으로서 인장강도 19.61[kN] 이상인 것으로 조가하여 시설할 것
㉢ 교류 전차선 등과 교차하는 부분을 포함하는 지지물 간 거리에 접속점이 없는 것에 한한다.

80

고압 가공전선이 교류전차선의 상방에서 교류 전차선과 교차하는 경우 고압 가공전선로에 사용하는 경동연선의 최소 굵기는?

① 14[mm²]
② 22[mm²]
③ 30[mm²]
④ 38[mm²]

| 해설

KEC 222.15 교류전차선 등의 접근 또는 교차
저압 가공전선 또는 고압 가공전선이 교류 전차선 등과 교차하는 경우에 저압 가공전선 또는 고압 가공전선이 교류 전차선 등의 위에 시설되는 때에는 다음에 따라야 한다.
㉠ 저압 가공전선에는 케이블을 사용하고 또한 이를 단면적 35[mm²] 이상인 아연도강연선으로서 인장강도 19.61[kN] 이상인 것(교류 전차선 등과 교차하는 부분을 포함하는 지지물 간 거리에 접속점이 없는 것에 한한다)으로 조가하여 시설할 것
㉡ **고압 가공전선**은 케이블인 경우 이외에는 인장강도 14.51kN 이상의 것 또는 **단면적 38[mm²] 이상**의 경동연선(교류 전차선 등과 교차하는 부분을 포함하는 지지물 간 거리에 접속점이 없는 것에 한한다)일 것

81

저압 가공전선이 다른 저압 가공전선과 접근시설할 때 저압 가공전선 상호간의 최소 간격 몇 [m] 이상인가?

① 0.6
② 1.0
③ 1.2
④ 2.0

| 해설

KEC 222.16 저압 가공전선 상호 간의 접근·교차
저압 가공전선이 다른 저압 가공전선과 접근상태로 시설되거나 교차하여 시설되는 경우
㉠ 가공전선 상호 간의 간격: 0.6m 이상
 (단, 어느 한 쪽의 전선이 고압·특고압 절연전선 또는 케이블인 경우에는 0.3m 이상)
㉡ 저압 가공전선과 다른 저압 가공전선로의 지지물 사이의 간격: 0.3m 이상

정답 78 ④ 79 ② 80 ④ 81 ①

82

저압 가공전선과 식물이 상호접촉되지 않도록 이격시키는 기준으로 옳은 것은?

① 간격은 최소 50[cm] 이상 떨어져 시설하여야 한다.
② 상시 불고 있는 바람 등에 의하여 접촉하지 않도록 시설하여야 한다.
③ 저압 가공전선은 반드시 방호구에 넣어 시설하여야 한다.
④ 트리와이어(treewire)를 사용하여 시설하여야 한다.

| 해설
KEC 222.19 저압 가공전선과 식물의 간격
저압 가공전선은 상시 부는 바람 등에 의하여 식물에 접촉하지 않도록 시설하여야 한다.

83

농사용 저압 가공전선로의 시설에 대한 설명으로 틀린 것은?

① 전선로의 지지물 간 거리는 30[m] 이하일 것
② 목주굵기는 위쪽 끝지름이 9[cm] 이상일 것
③ 저압 가공전선의 지표상 높이는 5[m] 이상일 것
④ 저압 가공전선은 지름 2[mm] 이상의 경동선일 것

| 해설
KEC 222.22 농사용 저압 가공전선로의 시설
농사용 저압 가공전선로의 시설 높이는 3.5[m] 이상이어야 한다. (단, 사람이 쉽게 출입하지 못하는 경우에는 3[m] 이상)

84

방직공장의 구내 도로에 220[V] 조명등용 가공전선로를 시설하고자 한다. 전선로의 지지물 간 거리는 몇 [m] 이하이어야 하는가?

① 20   ② 30
③ 40   ④ 50

| 해설
KEC 222.23 구내에 시설하는 저압 가공전선로
구내에 시설하는 저압 가공전선로
㉠ 1구 내에만 시설하는 사용전압이 400[V] 이하일 것
㉡ 전선은 지름 2[mm] 이상의 경동선의 절연전선을 사용할 것(단, 지지물 간 거리가 10[m] 이하인 경우에 한하여 4[mm²] 이상의 연동 절연전선을 사용할 것)
㉢ 전선로의 지지물 간 거리는 30[m] 이하일 것
㉣ 도로를 횡단하는 경우에는 4[m] 이상이고 교통에 지장이 없는 높이일 것

85

저압 옥내 배선에 사용되는 전선은 지름 몇 [mm²]의 연동선이거나 이와 동등 이상의 세기 및 굵기의 것을 사용하여야 하는가?

① 0.75   ② 2
③ 2.5   ④ 6

| 해설
KEC 231.3.1 저압 옥내배선의 사용전선
저압 옥내배선의 전선은 단면적 2.5[mm²] 이상의 연동선 또는 이와 동등 이상의 강도 및 굵기의 것을 사용하여야 한다.

86

옥내에 시설하는 저압 전선으로 나전선을 절대로 사용할 수 없는 것은?

① 애자공사의 전기로용 전선
② 놀이용 전차에 전기공급을 위한 접촉전선
③ 제분공장의 전선
④ 애자공사의 전선피복절연물이 부식하는 장소에 시설하는 전선

정답 82 ② 83 ③ 84 ② 85 ③ 86 ③

| 해설

KEC 231.4 나전선의 사용 제한
옥내의 저압전선에는 나전선을 사용해서는 안된다. 단, 아래의 경우에는 사용할 수 있다.
㉠ **애자공사**에 의하여 전개된 곳
  ⓐ 전기로용 전선
  ⓑ 전선의 **피복절연물이 부식하는 장소**
  ⓒ 취급자 이외의 사람이 출입할 수 없도록 설비한 장소
㉡ 버스덕트 공사에 의하여 시설하는 경우
㉢ 라이팅덕트 공사에 의하여 시설하는 경우
㉣ 저압 접촉전선 및 **놀이용 전차**를 시설하는 경우

87 □□□

저압 옥내배선공사를 할 때 반드시 절연전선이 아니라도 상관없는 공사는?

① 합성수지관공사 ② 금속관공사
③ 버스덕트공사   ④ 플로어덕트공사

| 해설

KEC 231.4 나전선의 사용 제한
배선공사 중 전선이 반드시 절연전선이 아니라도 상관없는 공사방법은 애자공사, **버스덕트 공사**, 라이팅덕트 공사 등이 있다.

88 □□□

백열전등 또는 방전등에 전기를 공급하는 옥내 전로의 대지전압을 몇 [V] 이하이어야 하는가?

① 100 ② 150
③ 200 ④ 300

| 해설

KEC 231.6 옥내전로의 대지 전압의 제한
백열전등 또는 방전등에 공급하는 옥내의 전로의 대지전압은 **300[V] 이하**이어야 하며 다음에 의하여 시설하여야 한다. 단, 150[V] 이하의 전로인 경우에는 제외한다.
㉠ 백열전등 또는 방전등 및 이에 부속하는 전선은 사람이 접촉할 우려가 없도록 시설할 것
㉡ 백열전등 또는 방전등용 안전기는 저압 옥내 배선과 직접 접속하여 시설할 것
㉢ 전구 소켓은 키나 그 밖의 점멸기구가 없도록 시설할 것

89 □□□

저압 옥내배선을 합성수지관공사에 의하여 시설하는 경우 몇 [mm²] 이하의 연선(동선)은 단선을 사용할 수 있는가?

① 2.5 ② 6
③ 10   ④ 16

| 해설

KEC 232.11 합성수지관공사
합성수지관공사의 시설조건
㉠ 전선은 절연전선을 사용
  (옥외용 비닐절연전선은 사용불가)
㉡ 전선은 연선일 것. 다만, 다음의 것은 적용하지 않는다.
  ⓐ 짧고 가는 합성수지관에 넣은 것
  ⓑ 단면적 10[mm²] 이하의 것
    (단, 알루미늄선은 단면적 16[mm²] 이하)
㉢ 전선은 합성수지관 안에서 접속점이 없도록 할 것
㉣ 이중천장(반자 속 포함) 내에는 시설할 수 없다.

90 □□□

합성수지관공사에 의한 저압 옥내 배선시설방법에 대한 설명 중 틀린 것은?

① 관의 지지점 간의 거리는 1.2[m] 이하로 할 것
② 박스, 기타의 부속품을 습기가 많은 장소에 시설하는 경우에는 방습장치로 할 것
③ 사용전선은 절연전선일 것
④ 합성수지관 안에는 전선의 접속점이 없도록 할 것

| 해설

KEC 232.11.3 합성수지관 및 부속품의 시설
합성수지관 및 부속품의 시설
㉠ 지지점 간의 거리: **1.5[m] 이하**
㉡ 관 상호간 및 박스와는 관을 삽입 깊이
  관의 바깥지름의 1.2배 이상
  (접착제를 사용 시: 0.8배 이상)
㉢ 습기가 많은 장소 또는 물기가 있는 장소에 시설하는 경우에는 방습 장치를 할 것

정답 87 ③ 88 ④ 89 ③ 90 ①

91

합성수지관공사에서 관 상호간 및 박스와는 관을 삽입하는 깊이를 관의 바깥지름의 몇 배 이상으로 하고 또한 꽂음접속에 의하여 견고하게 접속하여야 하는가? (단, 접착제를 사용하지 않은 경우임)

① 1.2
② 1.5
③ 1.8
④ 2

| 해설
KEC 232.11.3 합성수지관 및 부속품의 시설
합성수지관 및 부속품의 시설
㉠ 지지점 간의 거리: 1.5[m] 이하
㉡ 관 상호간 및 박스와의 관 삽입 깊이
  관의 바깥지름의 **1.2배 이상**
  (접착제를 사용 시: 0.8배 이상)
㉢ 습기가 많은 장소 또는 물기가 있는 장소에 시설하는 경우에는 방습 장치를 할 것

92

금속관공사에 의한 저압 옥내배선의 시설방법으로 옳은 것은?

① 전선은 옥외용 비닐절연전선을 사용하였다.
② 전선으로는 단면적 6[mm²]의 연선일 것
③ 관 두께를 1.2[mm]로 하여 콘크리트에 매설하였다.
④ 관 안에는 전선의 접속점을 1개소만 허용하였다.

| 해설
KEC 232.12 금속관공사
금속관공사 시설조건 (금속관의 두께)
㉠ 콘크리트에 매입의 경우: **1.2[mm] 이상**
㉡ 기타의 경우: 1[mm] 이상

93

금속관공사에서 절연 부싱을 사용하는 가장 주된 목적은?

① 관의 끝이 터지는 것을 방지
② 관의 단구에서 조영재의 접촉방지
③ 관 내 해충 및 이물질 출입방지
④ 관의 단구에서 전선피복의 손상방지

| 해설
KEC 232.12 금속관공사
관의 끝부분(단구)에는 **전선피복의 손상**을 방지하기 위하여 적당한 구조의 **부싱을 사용**한다.
단, 금속관공사로부터 애자공사로 옮기는 경우에는 그 부분의 관 끝부분에 절연 부싱 또는 이와 유사한 것을 사용하여야 한다.

94

가요전선관 공사에 의한 저압 옥내배선을 다음과 같이 시행하였다. 옳은 것은?

① 옥외용 비닐절연전선을 사용하였다.
② 지름 5.0[mm]의 단선을 사용하였다.
③ 2종 금속제 가요전선관을 사용하였다.
④ 접속점은 2개소 이하이어야 한다.

| 해설
KEC 232.13 금속제 가요전선관공사
금속제 가요전선관공사 시설조건
㉠ 전선은 절연전선일 것
  (옥외용 비닐절연전선은 제외)
㉡ **전선은 연선일 것**. 단, 단면적 10[mm²] 이하인 것은 단선을 사용할 수 있다.
  (단, 알루미늄선은 단면적 16[mm²] 이하)
㉢ 가요전선관 안에는 전선에 접속점이 없도록 할 것
㉣ 가요전선관은 **2종 금속제 가요전선관**일 것
  단, 아래의 경우에는 예외로 한다.
  ⓐ 전개된 장소 또는 점검할 수 있는 은폐된 장소에는 1종 가요전선관을 사용
  ⓑ 습기가 많은 장소 또는 물기가 있는 장소에는 비닐 피복 1종 가요전선관을 사용

정답 91 ① 92 ③ 93 ④ 94 ③

95 ☐☐☐

모양이나 배치변경 등 전기배선이 변경되는 장소에 쉽게 응할 수 있게 마련한 저압옥내 배선공사는?

① 금속 덕트 공사　② 금속제 가요전선관 공사
③ 금속 몰드 공사　④ 합성수지관공사

| 해설
KEC 232.13 금속제 가요전선관공사
금속제 가요전선관은 형상을 자유로이 변형시킬 수 있어서 **굴곡이 있는 현장에 배관공사로 이용할 수 있다.**

96 ☐☐☐

합성수지 몰드 공사에 의한 저압 옥내배선의 시설방법으로 옳지 않은 것은?

① 합성수지 몰드는 홈의 폭 및 깊이가 3.5[cm] 이하의 것이어야 한다.
② 합성수지 몰드 안에는 전선에 접속점이 없도록 한다.
③ 합성수지 몰드 상호간 및 합성수지 몰드와 박스, 기타의 부속품과는 전선이 노출되지 않도록 접속한다.
④ 합성수지 몰드 안에는 접속점을 1개소까지 허용한다.

| 해설
KEC 232.21 합성수지몰드공사
합성수지몰드공사 시설조건
㉠ 전선은 절연전선 사용
 (옥외용 비닐전연선 사용 불가)
㉡ 합성수지 몰드 안에는 전선에 **접속점이 없을 것**
㉢ 합성수지 몰드는 홈의 폭 및 깊이가 3.5[cm] 이하일 것
 (단, 사람이 쉽게 접촉할 우려가 없도록 시설하는 경우에는 폭이 5[cm] 이하로 할 것)
㉣ 합성수지 몰드 상호간 및 합성수지 몰드와 박스, 기타의 부속품과는 전선이 노출되지 않도록 접속할 것

97 ☐☐☐

금속 몰드 배선공사에 대한 설명으로 틀린 것은?

① 몰드에는 접지공사를 할 것
② 접속점을 쉽게 점검할 수 있도록 시설할 것
③ 황동제 또는 동제의 몰드는 폭이 50[mm] 이하, 두께 1.0[mm] 이상인 것일 것
④ 몰드 안의 전선을 외부로 인출하는 부분은 몰드의 관통부분에서 전선이 손상될 우려가 없도록 시설할 것

| 해설
KEC 232.22 금속몰드공사
금속몰드공사 시설조건
㉠ 전선은 절연전선을 사용
 (옥외용 비닐절연전선은 사용불가)
㉡ 금속몰드 안에는 전선에 접속점이 없도록 할 것
㉢ 금속몰드의 사용전압이 400[V] 이하로 옥내의 건조한 장소로 전개된 장소 또는 점검할 수 있는 은폐장소에 한하여 시설할 것
㉣ 황동제 또는 동제의 몰드는 폭이 50[mm] 이하, 두께 **0.5[mm] 이상인 것일 것**
㉤ 몰드 상호간 및 몰드 박스, 기타의 부속품과는 견고하고 또한 전기적으로 완전하게 접속할 것

98 ☐☐☐

저압 옥내 배선의 간선 및 분기회로의 전선을 금속 덕트 공사로 하는 경우 덕트에 넣는 절연전선의 단면적의 합계는 덕트의 내부 단면적의 몇 [%] 이하로 하여야 하는가?

① 20　② 30
③ 40　④ 50

| 해설
KEC 232.31 금속덕트공사
관내 허용 가능한 전선 및 케이블의 면적
㉠ 전선관 (합성수지관, 금속관, 가요전선관 등)
 내 단면적의 32% 이하
㉡ 금속트렁킹 및 금속몰드, 금속덕트
 내 단면적의 **20% 이하**
㉢ 금속덕트 내에 제어회로 배선의 경우
 내 단면적의 50% 이하

정답 95 ②　96 ④　97 ③　98 ①

99

제어회로용 절연전선을 금속 덕트 공사에 의하여 시설하고자 한다. 금속 덕트 공사에 넣는 전선의 단면적은 덕트 내부단면적의 몇 [%]까지 넣을 수 있는가?

① 20　　　　　② 30
③ 40　　　　　④ 50

| 해설

KEC 232.31 금속덕트공사
㉠ 금속덕트에 넣은 전선의 단면적(절연피복의 단면적을 포함)의 합계는 덕트의 내부 단면적의 20[%] 이하일 것
㉡ 단, 전광표시장치 기타 이와 유사한 장치 또는 **제어회로** 등의 배선만을 넣는 경우에는 50[%] 이하일 것

100

금속덕트 공사에 의한 저압 옥내배선공사 중 시설기준에 적합하지 않은 것은?

① 금속덕트에 넣은 전선의 단면적의 합계가 내부 단면적의 20[%] 이하가 되게 하였다.
② 덕트상호 및 덕트와 금속관과는 전기적으로 완전하게 접속했다.
③ 덕트를 조영재에 붙이는 경우 덕트의 지지점 간의 거리를 4[m] 이하로 견고하게 붙였다.
④ 저압 옥내배선의 사용전압이 400[V] 이하로 하여야 한다.

| 해설

KEC 232.31 금속덕트공사
덕트를 조영재에 붙이는 경우에는 덕트의 지지점 간의 거리를 3[m](취급자 이외의 자가 출입할 수 없도록 설비한 곳에서 수직으로 붙이는 경우에는 6[m]) 이하로 하고 또한 견고하게 붙일 것

101

플로어덕트 공사에 사용되는 금속제 박스는 강판을 몇 [mm] 이상 되는 것으로 사용하여야 되는가?

① 1.0　　　　　② 1.2
③ 2.0　　　　　④ 2.5

| 해설

KEC 232.32 플로어덕트공사
플로어덕트 및 박스 기타의 부속품 또는 두께가 2[mm] 이상인 강판으로 견고하게 제작한 것으로 아연도금을 하거나 에나멜 등으로 피복한 것일 것

102

케이블트레이 공사에 사용되는 케이블트레이는 수용된 모든 전선을 지지할 수 있는 적합한 강도의 것으로서, 이 경우 케이블트레이의 안전율은 얼마 이상으로 하여야 하는가?

① 1.1　　　　　② 1.2
③ 1.3　　　　　④ 1.5

| 해설

KEC 232.41 케이블트레이공사
수용된 모든 전선을 지지할 수 있는 적합한 강도의 것이어야 한다. 이 경우 케이블 트레이의 안전율은 1.5 이상으로 하여야 한다.

103

저압 옥내 배선을 할 때 인입용 비닐절연전선을 사용할 수 없는 것은?

① 합성수지관공사　　　② 금속관공사
③ 애자공사　　　　　　④ 가요전선관공사

| 해설

KEC 232.56 애자공사
애자공사 시설조건
㉠ 전선은 절연전선 사용
　(옥외용·인입용 비닐절연전선 사용 불가)
㉡ 전선 상호간격: 0.06[m] 이상
㉢ 전선과 조영재와 간격
　ⓐ 400[V] 이하: 25[mm] 이상
　ⓑ 400[V] 초과: 45[mm] 이상
　　(단, 건조한 장소: 25[mm] 이상)
㉣ 전선의 지지점 간의 거리: 2[m] 이하
　(단, 400[V] 초과인 경우: 6[m] 이하)

정답　99 ④　100 ③　101 ③　102 ④　103 ③

ⓑ 전선의 지지점 간의 거리는 전선을 조영재의 윗면 또는 옆면에 따라 붙일 경우에는 2[m] 이하일 것

104 □□□
애자공사에 의한 저압 옥내 배선 시 전선 상호간의 간격은 몇 [m] 이상이어야 하는가?

① 0.02 ② 0.04
③ 0.06 ④ 0.08

|해설
KEC 232.56 애자공사
애자공사에서 전선 상호간격은 0.06[m]이다.

105 □□□
사용전압이 380[V]인 옥내배선을 애자공사로 시설할 때 전선과 조영재 사이의 간격은 몇 [cm] 이상이어야 하는가?

① 2   ② 2.5
③ 4.5 ④ 6

|해설
KEC 232.56 애자공사
전선과 조영재 사이의 간격
㉠ 사용전압이 400[V] 이하인 경우
   2.5[cm] 이상
㉡ 사용전압이 400[V] 초과인 경우
   4.5[cm] 이상
   (단, 건조한 장소의 경우: 2.5[cm] 이상)

106 □□□
애자공사에서 전선과 조영재 사이의 간격은 사용전압이 440[V]이고 항상, 건조하지 않은 장소일 경우 몇 [cm] 이상이어야 하는가?

① 3.0 ② 3.5
③ 4.0 ④ 4.5

|해설
KEC 232.56 애자공사
전선과 조영재 사이의 간격
㉠ 사용전압이 400[V] 이하인 경우
   2.5[cm] 이상
㉡ 사용전압이 400[V] 초과인 경우
   4.5[cm] 이상
   (단, 건조한 장소의 경우: 2.5[cm] 이상)

107 □□□
애자공사에서 전개된 장소 또는 점검할 수 있는 은폐 장소로써 전선을 조영재의 윗면 또는 측면에 따라 붙일 경우에 전선의 지지점 간의 거리는 몇 [m] 이하로 하여야 하는가?

① 2 ② 3
③ 5 ④ 8

|해설
KEC 232.56 애자공사
애자공사에서 전선을 조영재의 윗면 또는 옆면에 따라 붙일 경우에 지지점 간의 거리를 2[m] 이하로 한다.

108 □□□
사용전압이 400[V]를 넘는 저압 옥내배선을 애자공사에 의하여 시설하는 경우 전선의 지지점 간의 거리는 몇 [m] 이하이어야 하는가? (단, 전선을 조영재의 윗면 또는 옆면에 따라 붙이지 않은 경우이다)

① 2.0 ② 4.0
③ 4.5 ④ 6.0

|해설
KEC 232.56 애자공사
애자공사에서 전선의 지지점 간의 거리는 2[m] 이하로 시설하여야 한다. (단, 400[V]를 초과하는 경우에는 6[m] 이하)

정답 104 ③ 105 ② 106 ④ 107 ① 108 ④

109

라이팅덕트 공사에 의한 저압 옥내 배선에서 옳지 않은 것은?

① 덕트는 조영재에 견고하게 붙일 것
② 덕트의 지지점 간의 거리는 3[m] 이상일 것
③ 덕트의 종단부는 폐쇄할 것
④ 덕트는 조영재를 관통하여 시설하지 아니 할 것

| 해설
KEC 232.71 라이팅덕트공사
라이팅덕트공사 시설조건
㉠ 덕트 상호 간 및 전선 상호 간은 견고하게 또한 전기적으로 완전히 접속할 것
㉡ 덕트는 조영재에 견고하게 붙일 것
㉢ 덕트의 지지점 간의 거리는 2[m] 이하로 할 것
㉣ 덕트의 끝부분은 막을 것
㉤ 덕트를 사람이 용이하게 접촉할 우려가 있는 장소에 시설하는 경우에는 전로에 지락이 생겼을 때에 자동적으로 전로를 차단하는 장치를 시설할 것

110

라이팅덕트 공사에 의한 저압 옥내 배선에서 덕트의 지지점 간의 거리는?

① 4[m] 이하
② 3[m] 이하
③ 2[m] 이하
④ 1[m] 이하

| 해설
KEC 232.71 라이팅덕트공사
라이팅덕트공사시 덕트의 지지점 간의 거리는 2[m] 이하로 할 것

111

옥내에 시설하는 저압 접촉전선 공사법이 아닌 것은?

① 점검할 수 있는 은폐된 장소의 애자공사
② 버스덕트 공사
③ 금속몰드 공사
④ 절연 트롤리 공사

| 해설
KEC 232.81 옥내에 시설하는 저압 접촉전선 배선
이동기중기·자동청소기 그 밖에 이동하며 사용하는 저압의 전기기계기구에 전기를 공급하기 위하여 사용하는 접촉전선을 옥내에 시설하는 경우에는 기계기구에 시설하는 경우 이외에는 전개된 장소 또는 점검할 수 있는 은폐된 장소에 **애자공사 또는 버스덕트공사 또는 절연 트롤리 공사**에 의하여야 한다.

112

다음 중 사용전압이 440[V]인 이동기중기용 접촉전선을 애자공사에 의하여 옥내의 전개된 장소에 시설하는 경우 사용하는 전선으로 옳은 것은?

① 인장강도가 3.44[kN] 이상인 것 또는 지름 2.6[mm]의 경동선으로, 단면적이 8[mm²] 이상인 것
② 인장강도가 3.44[kN] 이상인 것 또는 지름 3.2[mm]의 경동선으로, 단면적이 18[mm²] 이상인 것
③ 인장강도가 11.2[kN] 이상인 것 또는 지름 6[mm]의 경동선으로, 단면적이 28[mm²] 이상인 것
④ 인장강도가 11.2[kN] 이상인 것 또는 지름 8[mm]의 경동선으로, 단면적이 18[mm²] 이상인 것

| 해설
KEC 232.81 옥내에 시설하는 저압 접촉전선 배선
옥내에 시설하는 저압 접촉전선 배선

구분	400V 이하	400V 초과
인장강도	3.44kN 이상	11.2kN 이상
지름	3.2mm 이상	6mm 이상
단면적	8mm² 이상	28mm² 이상

정답 109 ② 110 ③ 111 ③ 112 ③

113

다음 중 저압 접촉전선을 절연 트롤리 공사에 의하여 시설하는 경우에 대한 기준으로 옳지 않은 것은?

① 절연 트롤리선은 사람이 쉽게 접할 우려가 없도록 시설할 것
② 절연 트롤리선의 개구부는 아래 또는 옆으로 향하여 시설할 것
③ 절연 트롤리선의 끝 부분은 충전부분이 노출되는 구조일 것
④ 절연 트롤리선은 각 지지점에서 견고하게 시설하는 것 이외에 그 양쪽 끝을 내장 인류장치에 의하여 견고하게 인류 할 것

| 해설
KEC 232.81 옥내에 시설하는 저압 접촉전선 배선
옥내에 시설하는 저압 접촉전선 배선
㉠ 절연 트롤리선은 사람이 쉽게 접할 우려가 없도록 시설할 것
㉡ 절연트롤리선의 도체는 지름 6[mm]의 경동선 또는 이와 동등 이상의 세기의 것으로서 단면적이 28[mm²] 이상의 것일 것
㉢ 절연 트롤리선의 개구부는 아래 또는 옆으로 향하여 시설할 것
㉣ **절연 트롤리선의 끝 부분은 충전부분이 노출되지 아니하는 구조의 것일 것**
㉤ 절연 트롤리선은 각 지지점에서 견고하게 시설하는 것 이외에 그 양쪽 끝을 내장 인류장치에 의하여 견고하게 인류할 것
㉥ 절연 트롤리선 및 그 절연 트롤리선에 접촉하는 집전장치는 조영재와 접촉되지 아니하도록 시설할 것
㉦ 절연 트롤리선을 습기가 많은 장소 또는 물기가 있는 장소에 시설하는 경우에는 옥외용 행거 또는 옥외용 내장 인류장치를 사용할 것

114

옥내에 시설하는 사용전압이 400[V] 이하인 전구선으로 캡타이어케이블을 사용할 경우, 단면적이 몇 [mm²] 이상인 것을 사용하여야 하는가?

① 0.75　　② 2
③ 3.5　　④ 5.5

| 해설
KEC 234.3 코드 및 이동전선
코드 및 이동전선
㉠ 조명용 전원코드 또는 이동전선은 단면적 0.75[mm²] 이상의 코드 또는 캡타이어케이블을 사용할 것
㉡ 옥측에 시설하는 경우의 조명용 전원코드(건조한 장소)는 단면적이 0.75[mm²] 이상인 450/750V 내열성 에틸렌 아세테이트 고무절연전선을 사용할 것

115

목욕탕에 시설하는 사용전압이 400[V] 이하인 이동전선으로 사용되는 것은?

① 면절연전선　　② 고무절연전선
③ 면코드　　④ 방습코드

| 해설
KEC 234.3 코드 및 이동전선
물기가 있고 사람이 접촉할 우려가 있는 곳에 시설하는 경우에는 방습코드 또는 고무코드에 한한다.

정답　113 ③　114 ①　115 ④

116 □□□
아파트 세대 욕실에 "비데용 콘센트"를 시설하고자 한다. 다음의 시설방법 중 적합하지 않은 것은?

① 저압용 콘센트는 접지극이 없는 것을 사용할 것
② 습기가 많은 장소에 시설하는 콘센트는 방습장치를 하여야 한다.
③ 콘센트를 시설하는 경우에는 절연변압기(정격용량 3kVA 이하인 것에 한한다.)로 보호된 전로에 접속하여야 한다.
④ 콘센트를 시설하는 경우에는 인체감전보호용 누전차단기(정격감도전류 15mA 이하, 동작시간 0.03초 이하의 전류동작형의 것에 한한다.)로 보호된 전로에 접속하여야 한다.

| 해설
KEC 234.5 콘센트의 시설
욕조나 샤워시설이 있는 욕실 또는 화장실 등 인체가 물에 젖어있는 상태에서 전기를 사용하는 장소에 콘센트를 시설하는 경우에는 다음에 따라 시설하여야한다.
㉠ 「전기용품 및 생활용품 안전관리법」의 적용을 받는 인체감전보호용 누전차단기(정격감도전류 15[mA] 이하, 동작시간 0.03초 이하의 전류동작형의 것에 한한다) 또는 절연변압기(정격용량 3[kVA] 이하인 것에 한한다)로 보호된 전로에 접속하거나, 인체감전보호용 누전차단기가 부착된 콘센트를 시설하여야 한다.
㉡ 콘센트는 접지극이 있는 방적형 콘센트를 사용하여 접지하여야 한다.
㉢ 습기가 많은 장소 또는 수분이 있는 장소에 시설하는 콘센트 및 기계기구용 콘센트는 접지용 단자가 있는 것을 사용하여 접지하고 방습 장치를 하여야 한다.

117 □□□
조명용 백열전등을 설치할 때 타임스위치를 시설하여야 할 곳은?

① 공장　　　　② 사무실
③ 병원　　　　④ 아파트 현관

| 해설
KEC 234.6 점멸기의 시설
센서등(타임스위치 포함)의 시설
㉠ 숙박업 개실의 입구등: 1분 이내 소등
㉡ 주택 및 아파트 현관등: 3분 이내 소등

118 □□□
일반주택 및 아파트 각 호실의 현관등과 같은 조명용 백열전등을 설치할 때에는 타임스위치를 시설하여야 한다. 몇 분 이내에 소등되는 것이어야 하는가?

① 1　　　　② 3
③ 5　　　　④ 7

| 해설
KEC 234.6 점멸기의 시설
센서등(타임스위치 포함)의 시설
㉠ 숙박업 개실의 입구등: 1분 이내 소등
㉡ 주택 및 아파트 현관등: 3분 이내 소등

119 □□□
호텔 또는 여관의 각 객실의 입구등은 몇 분 이내에 소등되는 타임스위치를 시설하여야 하는가?

① 1　　　　② 2
③ 3　　　　④ 5

| 해설
KEC 234.6 점멸기의 시설
센서등(타임스위치 포함)의 시설
㉠ 숙박업 개실의 입구등: 1분 이내 소등
㉡ 주택 및 아파트 현관등: 3분 이내 소등

120 □□□
쇼윈도내의 배선에 사용전압 400[V] 이하의 캡타이어 케이블 전선의 최소 단면적은 얼마인가?

① 0.5[mm²]　　　　② 0.75[mm²]
③ 1.5[mm²]　　　　④ 1.25[mm²]

| 해설
KEC 234.8 진열장 또는 이와 유사한 것의 내부 배선
진열장 또는 이와 유사한 것의 내부 배선
㉠ 건조한 장소에 시설하고 또한 내부를 건조한 상태로 사용하는 진열장 또는 이와 유사한 것의 내부에 사용전압이 400[V] 이하의 배선을 외부에서 잘 보이는 장소에 한하여 코드 또는 캡타이어케이블로 직접 조영재에 밀착하여 배선할 것

정답　116 ①　117 ④　118 ②　119 ①　120 ②

ⓒ 전선의 배선은 단면적 0.75[mm²] 이상의 코드 또는 캡타이어케이블일 것

121 □□□
건조한 곳에 시설하고 또한 내부를 건조한 상태로 사용하는 쇼윈도우 안의 사용전압이 400[V] 이하인 저압 옥내배선의 전선은?

① 단면적이 0.75[mm²] 이상인 절연전선 또는 캡타이어 케이블
② 단면적이 1.25[mm²] 이상인 코드 또는 절연전선
③ 단면적이 0.75[mm²] 이상인 코드 또는 캡타이어 케이블
④ 단면적이 1.25[mm²] 이상인 코드 또는 다심형 전선

| 해설
KEC 234.8 진열장 또는 이와 유사한 것의 내부 배선
진열장 또는 이와 유사한 것의 내부 배선
㉠ 건조한 장소에 시설하고 또한 내부를 건조한 상태로 사용하는 진열장 또는 이와 유사한 것의 내부에 사용전압이 400[V] 이하의 배선을 외부에서 잘 보이는 장소에 한하여 코드 또는 캡타이어케이블로 직접 조영재에 밀착하여 배선할 것
ⓒ 전선의 배선은 단면적 0.75[mm²] 이상의 코드 또는 캡타이어케이블일 것

122 □□□
관등회로 사용전압이 400[V] 이하인 배선은 공칭단면적 몇 [mm²] 이상의 연동선과 이와 동등 이상의 세기 및 굵기의 절연전선이어야 하는가?

① 2.5
② 4
③ 6
④ 10

| 해설
KEC 234.11.4 관등회로의 배선
관등회로의 사용전압이 400[V] 이하인 배선은 공칭단면적 2.5[mm²] 이상의 연동선과 이와 동등 이상의 세기 및 굵기의 재질의 절연전선(옥외용 비닐절연전선 및 인입용 비닐절연전은 제외), 캡타이어케이블 또는 케이블을 사용하여 시설하여야 한다.

123 □□□
방전등용 변압기의 2차 단락전류나 관등회로의 동작전류가 몇 [mA] 이하인 방전등을 시설하는 경우 방전등용 안정기의 외함 및 방전등용 전등 기구의 금속제 부분에 옥내방전등 공사의 접지공사를 하지 않아도 되는가? (단, 방전등용 안정기를 외함에 넣고 또한 그 외함과 방전등용 안정기를 넣을 방전등용 전등 기구를 전기적으로 접속하지 않도록 시설한다고 한다.)

① 25
② 50
③ 75
④ 100

| 해설
KEC 234.11.9 1kV이하 방전등의 접지
관등회로의 사용전압이 400[V] 이하 또는 변압기의 정격 2차 단락전류 혹은 회로의 동작전류가 50[mA] 이하의 것으로 안정기를 외함에 넣고, 이것을 등기구와 전기적으로 접속되지 않도록 시설할 경우

124 □□□
옥내에 시설하는 관등회로의 사용전압이 1000[V]를 넘는 방전등으로서 방전관에 네온방전관을 사용한 것의 관등회로의 배선은?

① MI케이블 공사
② 금속관 공사
③ 경질비닐관공사
④ 애자공사

| 해설
KEC 234.12 네온방전등
네온 방전등 시설조건
㉠ 사람이 쉽게 접촉할 우려가 없는 곳에 위험의 우려가 없도록 시설할 것
ⓒ 배선은 전개된 장소 또는 점검할 수 있는 은폐된 장소에 시설할 것
ⓒ 배선은 애자공사에 의하여 시설한다.
  ⓐ 전선은 네온관용 전선을 사용할 것
  ⓑ 전선 지지점 간의 거리는 1[m] 이하로 할 것
  ⓒ 전선 상호 간의 간격은 60[mm] 이상일 것

정답 121 ③ 122 ① 123 ② 124 ④

125 ☐☐☐

옥내의 네온 방전등 공사에서 전선의 지지점 간의 거리는 몇 [m] 이하로 시설하여야 하는가?

① 1
② 2
③ 3
④ 4

| 해설
KEC 234.12 네온방전등
네온 방전등 시설조건
㉠ 사람이 쉽게 접촉할 우려가 없는 곳에 위험의 우려가 없도록 시설할 것
㉡ 배선은 전개된 장소 또는 점검할 수 있는 은폐된 장소에 시설할 것
㉢ 배선은 애자공사에 의하여 시설한다.
　ⓐ 전선은 네온관용 전선을 사용할 것
　ⓑ 전선 지지점 간의 거리는 1[m] 이하로 할 것
　ⓒ 전선 상호 간의 간격은 60[mm] 이상일 것

126 ☐☐☐

옥내 관등회로의 사용전압이 1000[V]를 넘는 네온방전등 공사로 적합하지 않은 것은?

① 애자공사에 의한 전선 상호 간의 간격은 10[cm] 이상일 것
② 관등회로의 배선은 전개된 장소 또는 점검할 수 있는 은폐된 장소에 시설할 것
③ 전선 상호간의 간격은 60[mm] 이상일 것
④ 애자공사에 의한 전선의 지지점 간의 거리는 1[m] 이하일 것

| 해설
KEC 234.12 네온방전등
전선 상호 간의 간격은 60[mm] 이상

127 ☐☐☐

교통신호등 시설을 다음과 같이 하였다. 옳지 않은 것은?

① 회로의 사용전압을 600[V]로 하였다.
② 교통신호등 회로의 인하선을 지표상 2.5[m]로 하였다.
③ 교통신호등의 제어장치의 전원측에는 전용개폐기 및 과전류차단기를 각 극에 설치하였다.
④ 교통신호등의 제어장치의 금속제 외함에는 접지공사를 하였다.

| 해설
KEC 234.15 교통신호등
교통신호등 제어장치의 2차측 배선의 최대사용전압은 300[V] 이하로 하여야 한다.

128 ☐☐☐

전기울타리의 시설에 관한 다음 사항 중 틀린 것은?

① 전로의 사용전압은 600[V] 이하일 것
② 사람이 쉽게 출입하지 아니하는 곳에 시설할 것
③ 전선은 인장강도 1.38[kN] 이상의 것 또는 지름 2[mm] 이상의 경동선일 것
④ 전선과 수목 사이의 간격은 30[cm] 이상일 것

| 해설
KEC 241.1 전기울타리
전기울타리 시설조건
㉠ 전기울타리는 사람이 쉽게 출입하지 아니하는 곳에 시설할 것
㉡ 전선은 인장강도 1.38[kN] 이상의 것 또는 지름 2[mm] 이상의 경동선일 것
㉢ 전선과 이를 지지하는 기둥 사이의 간격은 25[mm] 이상일 것
㉣ 전선과 다른 시설물(가공 전선은 제외) 또는 수목과의 간격은 0.3[m] 이상일 것
㉤ 전기울타리를 시설한 곳에는 사람이 보기 쉽도록 적당한 간격으로 위험표시를 할 것
㉥ 전기울타리에 전기를 공급하는 전로에는 쉽게 개폐할 수 있는 곳에 전용 개폐기를 시설할 것
㉦ 전기울타리용 전원장치에 전기를 공급하는 전로의 사용전압의 250[V] 이하일 것

정답　125 ①　126 ①　127 ①　128 ①

129 □□□

전기울타리의 시설에서 전선과 이를 지지하는 기둥과의 간격은 최소 몇 [cm] 이상인가?

① 1.5
② 2.5
③ 3.5
④ 4.5

| 해설

KEC 241.1 전기울타리
전선과 이를 지지하는 기둥 사이의 간격은 **25[mm] 이상일 것**

130 □□□

목장에서 가축의 탈출을 방지하기 위하여 전기울타리를 시설하는 경우의 전선으로 경동선을 사용할 경우 그 최소 굵기는 지름 몇 [mm]인가?

① 1
② 1.2
③ 1.6
④ 2

| 해설

KEC 241.1 전기울타리
전기울타리 시설조건
㉠ 전기울타리는 사람이 쉽게 출입하지 아니하는 곳에 시설할 것
㉡ 전선은 인장강도 1.38[kN] 이상의 것 또는 **지름 2[mm] 이상의 경동선일 것**
㉢ 전선과 이를 지지하는 기둥 사이의 간격은 25[mm] 이상일 것
㉣ 전선과 다른 시설물(가공 전선은 제외) 또는 수목과의 간격은 0.3[m] 이상일 것
㉤ 전기울타리를 시설한 곳에는 사람이 보기 쉽도록 적당한 간격으로 위험표시를 할 것
㉥ 전기울타리에 전기를 공급하는 전로에는 쉽게 개폐할 수 있는 곳에 전용 개폐기를 시설할 것
㉦ 전기울타리용 전원장치에 전기를 공급하는 전로의 사용전압의 250[V] 이하일 것

131 □□□

목장에서 가축의 탈출을 방지하기 위하여 전기울타리를 시설하는 경우 전선은 인장강도가 몇 [kN] 이상의 것이어야 하는가?

① 0.39
② 1.38
③ 2.78
④ 5.93

| 해설

KEC 241.1 전기울타리
전선은 인장강도 **1.38[kN] 이상**의 것 또는 지름 2[mm] 이상의 경동선일 것

132 □□□

욕탕의 양단에 판상의 전극을 설치하고 그 전극 상호간에 교류전압을 가하는 전기욕기의 전원변압기 2차 전압은 몇 [V] 이하인 것을 사용하여야 하는가?

① 5
② 10
③ 12
④ 15

| 해설

KEC 241.2 전기욕기
전기욕기 시설조건
㉠ **전기욕기용 전원장치(변압기의 2차측 사용전압이 10[V] 이하인 것)를 사용할 것**
㉡ 욕탕 안의 전극 간의 거리는 1[m] 이상이어야 한다.
㉢ 욕탕 안의 전극은 사람이 쉽게 접촉할 우려가 없도록 시설한다.
㉣ 전기욕기용 전원장치로부터 욕기안의 전극까지의 배선은 공칭단면적 2.5[mm²] 이상의 연동선과 이와 동등이상의 세기 및 굵기의 절연전선(옥외용 비닐절연전선을 제외) 이나 케이블 또는 공칭단면적이 1.5[mm²] 이상의 캡타이어 케이블을 합성수지관공사, 금속관공사 또는 케이블공사에 의하여 시설하거나 또는 공칭단면적이 1.5[mm²] 이상의 캡타이어 코드를 합성수지관(두께가 2[mm] 미만의 합성수지제 전선관 및 난연성이 없는 콤바인 덕트관을 제외) 이나 금속관에 넣고 관을 조영재에 견고하게 고정할 것
㉤ 전기욕기용 전원장치로부터 욕기안의 전극까지의 전선 상호 간 및 전선과 대지 사이의 절연저항은 "132 전로의 절연저항 및 절연내력"에 따를 것

정답 129 ② 130 ④ 131 ② 132 ②

133 □□□

전기온상 등의 시설에서 전기온상 등에 전기를 공급하는 전로의 대지전압은 몇 [V] 이하인가?

① 500
② 300
③ 600
④ 700

| 해설
KEC 241.5 전기온상 등
전기온상 시설조건
㉠ 전기온상에 전기를 공급하는 전로의 대지전압은 300[V] 이하일 것
㉡ 발열선 및 발열선에 직접 접속하는 전선은 전기온상선 일 것
㉢ 발열선은 그 온도가 80[℃]를 넘지 아니하도록 시설할 것

134 □□□

전기온상의 발열선의 온도는 몇 [℃]를 넘지 아니하도록 시설하여야 하는가?

① 70
② 80
③ 90
④ 100

| 해설
KEC 241.5 전기온상 등
전기온상의 발열선은 그 온도가 80[℃]를 넘지 아니하도록 시설하여야 한다.

135 □□□

2차측 개방전압이 10,000[V]인 절연변압기를 사용한 전격살충기는 전격격자가 지표상 또는 마루 위 몇 [m] 이상의 높이에 시설되어야 하는가?

① 2.5
② 2.8
③ 3.0
④ 3.5

| 해설
KEC 241.7 전격살충기
전격살충기 시설조건
㉠ 전격살충기는 전용 개폐기를 전격살충기에서 가까운 곳에 쉽게 개폐할 수 있도록 시설한다.
㉡ 전격격자가 지표상 또는 마루 위 3.5[m] 이상의 높이가 되도록 시설할 것
 (단, 2차측 개방전압이 7,000[V] 이하인 절연변압기를 사용하고 사람의 접촉 우려가 없도록 할 때 지표상 또는 마루 위 1.8[m] 높이까지로 감할 수 있음)
㉢ 전격살충기의 전격격자와 다른 시설물(가공전선은 제외) 또는 식물과의 간격은 0.3[m] 이상일 것
㉣ 전격살충기를 시설한 곳에는 위험표시를 할 것

136 □□□

공원 등 야외식당에 전격살충기를 시설하고자 한다. 시공이 잘못된 것은?

① 전격살충기는 전격자가 지표상 또는 마루 위 3.5[m] 이상의 높이가 되도록 시설
② 식물과 간격은 30[cm] 이상으로 한다.
③ 전용개폐기는 전격살충기에서 가까운 곳에 쉽게 개폐할 수 없도록 시설할 것
④ 2차 개방전압이 8,000[V]이고 격자 높이는 1.5[m]로 한다.

| 해설
KEC 241.7 전격살충기
2차측 개방전압이 7,000[V] 이하인 절연변압기를 사용하고 사람의 접촉 우려가 없도록 할 때 지표상 또는 마루 위 1.8[m] 높이까지로 감할 수 있음

137 □□□

어느 유원지의 어린이 놀이 기구에 사용된 놀이용 전차의 공급 전압은 교류 몇[V] 이하인가?

① 20
② 40
③ 60
④ 100

| 해설
KEC 241.8 놀이용 전차
놀이용 전차에 전기를 공급하는 전로의 사용전압은 직류의 경우 60[V] 이하, 교류의 경우는 40[V] 이하일 것

정답 133 ② 134 ② 135 ④ 136 ④ 137 ②

138 □□□

놀이용 전차 안의 전로 및 여기에 전기를 공급하기 위하여 사용하는 전기공작물은 다음에 의하여 시설하여야 한다. 옳지 않은 것은?

① 놀이용 전차에 전기를 공급하는 전로에는 개폐기를 시설할 것
② 놀이용 전차에 전기를 공급하기 위하여 사용하는 접촉전선은 제3레일 방식에 의하여 시설할 것
③ 놀이용 전차에 전기를 공급하는 전로의 사용전압은 직류에 있어서는 80[V] 이하, 교류에 있어서는 60[V] 이하일 것
④ 놀이용 전차에 전기를 공급하는 전로의 사용전압에 전기를 변성하기 위하여 사용하는 변압기의 1차 전압은 400[V] 미만일 것

| 해설

KEC 241.8 놀이용 전차

놀이용 전차 시설조건

㉠ **놀이용 전차에 전기를 공급하는 전로의 사용전압은 직류의 경우 60[V] 이하, 교류의 경우는 40[V] 이하일 것**
㉡ 놀이용 전차에 전기를 공급하기 위하여 사용하는 접촉전선은 제3레일 방식에 의하여 시설할 것
㉢ 변압기·정류기 등과 레일 및 접촉전선을 접속하는 전선 및 접촉전선 상호간을 접속하는 전선은 케이블공사에 의하여 시설하는 경우 이외에는 사람이 쉽게 접촉할 우려가 없도록 시설할 것
㉣ 놀이용 전차에 전기를 공급하는 전로의 사용전압으로 전기를 변성하기 위하여 사용하는 변압기의 1차전압의 400[V] 이하일 것
㉤ 놀이용 전차 안에 승압용 변압기를 시설하는 경우 변압기는 절연변압기를 사용하고 2차 전압은 150[V] 이하로 할 것
㉥ 놀이용 전차에 전기를 공급하는 전로에는 전용 개폐기를 시설한다.
㉦ 접촉전선과 대지 사이의 절연저항은 사용전압에 대한 누설전류가 연장 1[km]마다 100[mA]를 넘지 않도록 유지할 것
㉧ 놀이용 전차 안의 전로와 대지 사이의 절연저항은 사용전압에 대한 누설전류가 규정전류의 5,000분의 1을 넘지 않도록 유지할 것

139 □□□

건축현장에 사용되는 가변형의 용접기에 사용되는 용접변압기의 종류는?

① 유입변압기
② 절연변압기
③ 수냉식변압기
④ 흡상변압기

| 해설

KEC 241.10 아크 용접기

아크 용접기 시설조건

㉠ **용접변압기는 절연변압기일 것**
㉡ 용접변압기의 1차측 전로의 대지전압은 300[V] 이하일 것
㉢ 용접변압기의 1차측 전로에는 용접 변압기에 가까운 곳에 쉽게 개폐할 수 있는 개폐기를 시설할 것
㉣ 전선은 용접용 케이블을 사용할 것
㉤ 용접기 외함 및 피용접재 또는 이와 전기적으로 접속되는 받침대·정반 등의 금속체는 접지공사를 할 것

140 □□□

가반형(이동형)의 용접전극을 사용하는 아크 용접장치를 시설할 때 용접변압기의 1차측 전로의 대지전압은 몇 [V] 이하이어야 하는가?

① 200[V] 이하
② 250[V] 이하
③ 300[V] 이하
④ 600[V] 이하

| 해설

KEC 241.10 아크 용접기
용접변압기의 1차측 전로의 대지전압은 **300[V] 이하일 것**

정답 138 ③ 139 ② 140 ③

141

아크 용접장치의 시설에서 잘못된 것은?

① 용접변압기의 1차측 전로의 대지전압은 400[V] 이상
② 용접변압기는 절연변압기일 것
③ 용접변압기의 1차측 전로에는 용접변압기에 가까운 곳에 쉽게 개폐할 수 있는 개폐기를 시설
④ 피용접재 또는 이와 전기적으로 접속되는 기구, 정반 등의 금속체는 접지공사를 할 것

| 해설
KEC 241.10 아크 용접기
용접변압기의 1차측 전로의 대지전압은 300[V] 이하일 것

142

아크용접장치의 용접변압기에서 용접전극에 이르는 부분에 사용할 수 없는 전선은?

① 고무절연케이블   ② 캡타이어케이블
③ 용접용케이블   ④ 비닐캡타이어 케이블

| 해설
KEC 241.10 아크 용접기
전선은 용접용 케이블 또는 캡타이어케이블 (용접변압기로부터 용접전극에 이르는 전로는 0.6/1kV EP 고무 절연 클로로프렌 캡타이어케이블에 한한다)일 것

143

전기온돌 등의 전열장치를 시설할 때 발열선을 도로, 주차장 또는 조영물의 조영재에 고정시켜 시설하는 경우 발열선에 전기를 공급하는 전로의 대지전압은 몇 [V] 이하이어야 하는가?

① 150[V] 이하   ② 300[V] 이하
③ 380[V] 이하   ④ 440[V] 이하

| 해설
KEC 241.12 도로 등의 전열장치
㉠ 발열선에 전기를 공급하는 전로의 대지전압은 300[V] 이하일 것
㉡ 발열선은 그 온도가 80[℃]를 넘지 아니하도록 시설할 것 (다만, 도로 또는 옥외주차장에 금속피복을 한 발열선을 시설할 경우에는 발열선의 온도를 120[℃] 이하로 할 수 있다.)

144

전기부식방지시설을 할 때 전기부식방지용 전원장치로부터 양극 및 피방식체까지의 전로에 사용되는 전압은 직류 몇 [V] 이하이어야 하는가?

① 20   ② 40
③ 60   ④ 80

| 해설
KEC 241.16 전기부식 방지 시설
전기부식방지 시설은 지중 또는 수중에 시설하는 금속체의 부식을 방지하기 위해 지중 또는 수중에 시설하는 양극과 피방식체간에 방식 전류를 통하는 시설이다.
㉠ 전기부식방지 회로의 사용전압은 직류 60[V] 이하일 것
㉡ 양극은 지중에 매설하거나 수중에서 쉽게 접촉할 우려가 없는 곳에 시설한다.
㉢ 지중에 매설하는 양극의 매설깊이는 0.75[m] 이상일 것
㉣ 수중에 시설하는 양극과 그 주위 1[m] 이내의 거리에 있는 임의점과의 사이의 전위차는 10[V]를 넘지 아니할 것
㉤ 지표 또는 수중에서 1[m] 간격의 임의의 2점간의 전위차가 5[V]를 넘지 아니할 것

정답 141 ① 142 ④ 143 ② 144 ③

145

소맥분, 전분, 유황 등의 가연성 먼지가 존재하는 공장에 전기설비가 발화원이 되어 폭발할 우려가 있는 곳의 저압 옥내 배선에 적합하지 못한 공사는? (단, 각종 전선관 공사 시 관의 두께는 모두 기준에 적합한 것을 사용한다)

① 합성수지관공사　② 가요전선관공사
③ 금속관공사　　　④ 케이블 공사

| 해설
KEC 242.2 먼지 위험장소
먼지 위험장소의 공사방법
㉠ 폭연성 먼지(마그네슘·알루미늄·티탄 등)가 발화원이 되어 폭발할 우려가 있는 곳에 시설하는 저압 옥내 전기설비: 금속관공사, 케이블 공사(캡타이어케이블은 제외)
㉡ 가연성 먼지(소맥분·전분·유황 등)가 발화원이 되어 폭발할 우려가 있는 곳에 시설하는 저압 옥내 전기설비: **금속관공사, 케이블 공사, 합성수지관공사** (두께 2[mm] 미만은 제외)

146

티탄올을 제조하는 공장으로 먼지가 쌓여진 상태에서 착화된 상태에 폭발할 우려가 있는 곳에 저압 옥내배선을 설치하고자 한다. 다음 중 적절한 공사방법은?

① 금속관공사 또는 케이블 공사
② 합성수지관공사 또는 라이팅덕트공사
③ 캡타이어 케이블공사 또는 금속몰드공사
④ 금속 제2종 가요전선관 공사 또는 VV케이블 공사

| 해설
KEC 242.2.1 폭연성 먼지 위험장소
폭연성 먼지 위험장소
저압 옥내배선, 저압 관등회로 배선 및 소세력 회로의 전선은 **금속관공사 또는 케이블공사**(캡타이어케이블을 사용하는 것을 제외한다)에 의할 것

147

폭연성 먼지 또는 화약류의 가루가 존재하여 전기설비가 점화원이 되어 폭발할 우려가 있는 곳의 저압 옥내배선은 어느 공사에 의하는가?

① 캡타이어 케이블　② 합성수지관 공사
③ 애자사용 공사　　④ 금속관 공사

| 해설
KEC 242.2.1 폭연성 먼지 위험장소
폭연성 먼지 위험장소
저압 옥내배선, 저압 관등회로 배선 및 소세력 회로의 전선은 **금속관공사 또는 케이블공사**(캡타이어케이블을 사용하는 것을 제외한다)에 의할 것

148

석유류를 저장하는 장소의 저압 전등배선에서 사용할 수 없는 공사방법은?

① 합성수지관공사　② 케이블 공사
③ 금속관공사　　　④ 애자공사

| 해설
KEC 242.4 위험물 등이 존재하는 장소
셀룰로이드·성냥·석유류 기타 타기 쉬운 위험한 물질을 제조하거나 저장하는 곳에 시설하는 저압 옥내 전기설비는 **금속관공사, 케이블공사, 합성수지관공사**로 시설할 것

정답　145 ②　146 ①　147 ④　148 ④

149

화약류 저장소에서의 전기설비시설기준으로 틀린 것은?

① 전용 개폐기 및 과전류차단기는 화약류 저장소 이외의 곳에 둔다.
② 전기기계기구는 반폐형의 것을 사용한다.
③ 전로의 대지전압은 300[V] 이하이어야 한다.
④ 케이블을 전기기계기구에 인입할 때에는 인입구에서 케이블이 손상될 우려가 없도록 시설하여야 한다.

| 해설
KEC 242.5 화약류 저장소 등의 위험장소
화약류 저장소 안에는 전기설비를 시설해서는 안된다. 다만, 조명기구에 전기를 공급하기 위한 전기설비에는 다음의 조건을 갖추어야 한다.
화약류 저장소 등의 위험장소에는
㉠ 전로에 대지전압은 300[V] 이하일 것
㉡ 전기기계기구는 **전폐형**의 것일 것
㉢ 금속관공사, 케이블 공사로 시설할 것
㉣ 화약류 저장소 안의 전기설비에 전기를 공급하는 전로에는 화약류 저장소 이외의 곳에 전용 개폐기 및 과전류차단기를 각 극에 취급자 이외의 자가 쉽게 조작할 수 없도록 시설할 것
㉤ 전로에 지락이 생겼을 때에 자동차단하거나 경보하는 장치를 시설할 것
㉥ 케이블을 전기기계기구에 인입할 때에는 인입구에서 케이블이 손상될 우려가 없도록 시설할 것

150

흥행장의 저압 전기설비공사로 무대, 무대마루 밑, 오케스트라박스, 영사실, 기타 사람이나 무대도구가 접촉할 우려가 있는 곳에 시설하는 저압 옥내 배선, 전구선 또는 이동전선은 사용전압이 몇 [V] 이하이어야 하는가?

① 100
② 200
③ 300
④ 400

| 해설
KEC 242.6 전시회, 쇼 및 공연장의 전기설비
무대·무대마루 밑·오케스트라 박스·영사실 기타 사람이나 무대 도구가 접촉할 우려가 있는 곳에 시설하는 저압 옥내배선, 전구선 또는 이동전선은 사용전압이 **400[V]** 이하이어야 한다.

151

의료행위를 하는 장소는 TT 계통 또는 TN 계통 접지를 하여야 한다. 다음 중 그룹1 의료장소가 아닌 것은?

① 분만실
② 일반병실
③ 회복실
④ 내시경실

| 해설
KEC 242.10 의료장소
의료장소의 구분
㉠ **그룹 0**: 일반병실, 진찰실, 검사실, 처치실, 재활치료실 등 장착부를 사용하지 않는 의료장소
㉡ **그룹 1**: 분만실, MRI실, X선 검사실, 회복실, 구급처치실, 인공투석실, 내시경실 등 장착부를 환자의 신체 외부 또는 심장 부위를 제외한 환자의 신체 내부에 삽입시켜 사용하는 의료장소
㉢ **그룹 2**: 관상동맥질환 처치실(심장카테터실), 심혈관조영실, 중환자실(집중치료실), 마취실, 수술실, 회복실 등 장착부를 환자의 심장 부위에 삽입 또는 접촉시켜 사용하는 의료장소

152

엘리베이터 등의 승강로 내에 시설되는 저압 옥내 배선에 사용되는 전압의 최대 한도는?

① 250[V] 이하
② 300[V] 이하
③ 400[V] 이하
④ 600[V] 이하

| 해설
KEC 242.11 승강로 안의 저압 옥내배선 등의 시설
엘리베이터·소형물품 운반용 승강기 등의 승강로 내에 시설하는 사용전압이 **400[V]** 이하인 저압 옥내배선, 저압의 이동전선 및 이에 직접 접속하는 리프트 케이블은 이에 적합한 비닐 리프트 케이블 또는 고무 리프트 케이블을 사용하여야 한다.

정답 149 ② 150 ④ 151 ② 152 ③

153 ☐☐☐

전자개폐기의 조작회로 또는 초인벨, 경보벨 등에 접속하는 전로로서, 최대 사용전압이 60[V] 이하인 것으로 대지전압이 몇 [V] 이하인 강전류전기의 전송에 사용하는 전로와 변압기로 결합되는 것을 소세력회로라 하는가?

① 100
② 150
③ 300
④ 600

| 해설

KEC 241.14 소세력 회로
전자개폐기의 조작회로 또는 초인벨·경보벨 등에 접속하는 전로로서 최대 사용전압이 60[V] 이하인 것은 다음에 따라 시설하여야 한다.
㉠ 소세력 회로에 전기를 공급하기 위한 절연변압기의 사용전압은 대지전압 300[V] 이하로 할 것
㉡ 절연변압기를 사용할 것
㉢ 전선은 케이블(통신용 케이블을 포함)인 경우 이외에는 1[mm²] 이상의 연동선일 것

154 ☐☐☐

전자개폐기의 조작회로 또는 초인벨, 경보벨용에 접속하는 전로로서, 최대 사용전압이 몇 [V] 이하인 것을 소세력 회로라 하는가?

① 60
② 80
③ 100
④ 150

| 해설

KEC 241.14 소세력 회로
전자개폐기의 조작회로 또는 초인벨·경보벨 등에 접속하는 전로로서 최대 사용전압이 60[V] 이하이다.

제4장 고압·특고압 전기설비

155 ☐☐☐

고압 또는 특고압과 저압의 혼촉에 의한 위험방지시설에서 가공공동지선은 지름 몇 [mm]의 경동선을 사용하여야 하는가?

① 2
② 3
③ 4
④ 4.5

| 해설

KEC 322.1 고·저압의 혼촉에 의한 위험방지 시설
가공공동지선은 인장강도 5.26[kN] 이상 또는 **지름 4[mm] 이상**의 경동선을 사용하여 시설할 것

156 ☐☐☐

고·저압의 혼촉에 의한 위험을 방지하기 위하여 저압측의 중성점에 접지공사를 시설할 때는 변압기의 시설장소마다 시행하여야 한다. 그러나 토지의 상황에 따라 규정의 접지저항값을 얻기 어려운 경우에는 몇 [m]까지 떼어놓을 수 있는가?

① 75
② 100
③ 200
④ 300

| 해설

KEC 322.1 고·저압의 혼촉에 의한 위험방지 시설
변압기의 중성점 접지는 변압기의 시설장소마다 시행하여야 한다. 다만, 토지의 상황에 의하여 변압기의 시설장소에서 의한 접지저항 값을 얻기 어려운 경우, 인장강도 5.26[kN] 이상 또는 지름 4[mm] 이상의 가공 접지도체를 변압기의 시설장소로부터 200[m]까지 떼어놓을 수 있다.

정답 153 ③ 154 ① 155 ③ 156 ③

157 ☐☐☐

고압과 저압 전로를 결합하는 변압기 저압측의 중성점에는 접지공사를 변압기의 시설장소마다 하여야 하나 부득이하여 가공공동지선을 설치하여 공통의 접지공사로 하는 경우 각 변압기를 중심으로 하는 지름 몇 [m] 이내의 지역에 시설하여야 하는가?

① 400
② 500
③ 600
④ 800

| 해설

KEC 322.1 고·저압의 혼촉에 의한 위험방지 시설
접지공사는 각 변압기를 중심으로 하는 **지름 400[m] 이내의 지역**으로서 그 변압기에 접속되는 전선로 바로 아래의 부분에서 각 변압기의 양쪽에 있도록 할 것

158 ☐☐☐

다음 고·저압 혼촉에 의한 위험방지시설로 가공공동지선을 설치하여 시설하는 경우에 각 접지선을 가공공동지선으로부터 분리하였을 경우에 각 접지선과 대지 간의 전기저항값은 몇 [Ω] 이하로 하여야 하는가?

① 75
② 150
③ 300
④ 600

| 해설

KEC 322.1 고·저압의 혼촉에 의한 위험방지 시설
가공공동지선과 대지 사이의 합성 전기저항 값은 1[km]를 지름으로 하는 지역 안으로 하고 또한 각 접지도체를 가공공동지선으로부터 분리하였을 경우의 각 접지도체와 대지 사이의 전기저항 값은 **300[Ω] 이하**로 할 것

159 ☐☐☐

특고압전로와 비접지식 저압전로를 결합하는 변압기로써 그 특고압 권선과 저압 권선간에 혼촉방지판이 있는 변압기에 접속하는 저압 옥상전선로의 전선으로 사용할 수 있는 것은?

① 케이블
② 절연전선
③ 경동연선
④ 강심알루미늄선

| 해설

KEC 322.2 혼촉방지판이 있는 변압기에 접속하는 저압 옥외전선의 시설 등
혼촉방지판이 있는 변압기에 접속하는 저압 옥외전선의 시설조건
㉠ 저압 전선은 1구내에만 시설할 것
㉡ 저압 가공전선로 및 옥상전선로의 전선은 케이블일 것
㉢ 저압 가공전선과 고압 또는 특고압의 가공전선을 동일 지지물에 시설하지 아니할 것
(예외: 고압 및 특고압 가공전선이 케이블인 경우)

160 ☐☐☐

혼촉방지판이 있는 변압기에 접속한 비접지식 저압 옥외전선의 시설방법으로 옳지 않은 것은?

① 저압 전선은 1구 내에 시설하여야 한다.
② 저압 가공전선로의 전선은 케이블을 사용한다.
③ 고압과 병행설치할 때 고압과 저압을 모두 케이블로 사용한다.
④ 특고압과 동일 지지물에 시설할 때 저압은 케이블이고, 특고압은 절연전선을 사용한다.

| 해설

KEC 322.2 혼촉방지판이 있는 변압기에 접속하는 저압 옥외전선의 시설 등
저압 가공전선과 고압 또는 특고압의 가공전선을 동일 지지물에 시설해서는 안된다. 단, 고압 및 **특고압 가공전선이 케이블인 경우에는 시설이 가능**하다.

161 ☐☐☐

변압기에 의하여 특고압전로에 결합되는 고압전로에는 사용전압의 3배 이하인 전압이 가하여진 경우에 어떤 장치를 그 변압기 단자의 가까운 1극에 설치하여야 하는가?

① 스위치 장치
② 계전보호장치
③ 누전전류 검지장치
④ 방전하는 장치

정답 157 ① 158 ③ 159 ① 160 ④ 161 ④

162

특고압 전로와 고압전로를 결합하는 변압기에 설치하는 방전장치의 접지저항은 몇 [Ω] 이하로 유지하여야 하는가?

① 2
② 3
③ 5
④ 10

| 해설

KEC 322.3 특고압과 고압의 혼촉 등에 의한 위험방지
변압기에 의하여 특고압전로에 결합되는 고압전로에는 사용전압의 3배 이하인 전압이 가하여진 경우에 **방전하는 장치를** 그 변압기의 단자에 가까운 1극에 설치하여야 한다. 다만, 사용전압의 3배 이하인 전압이 가하여진 경우에 방전하는 피뢰기를 고압전로의 모선의 각상에 시설하거나 특고압 권선과 고압 권선 간에 혼촉방지판을 시설하여 **접지저항 값이 10[Ω] 이하** 또는 규정에 따른 접지공사를 한 경우에는 그러하지 아니하다.

163

154[kV]에 연결된 3,300[V] 전로의 변압기단자에 시설하는 방전기의 최대 방전전압은 얼마로 되는가?

① 4,950[V]
② 6,600[V]
③ 8,250[V]
④ 9,900[V]

| 해설

KEC 322.3 특고압과 고압의 혼촉 등에 의한 위험방지
변압기에 의하여 특고압전로에 결합되는 고압전로에는 사용전압의 **3배 이하인** 전압이 가하여진 경우에 방전하는 장치를 그 변압기의 단자에 가까운 1극에 설치하여야 한다.
∴ 최대 방전전압 = $3,300 \times 3 = 9,900$ [V]

164

전로의 중성점을 접지하는 목적에 해당되지 않는 것은?

① 보호장치의 확실한 동작확보
② 이상전압의 억제
③ 대지전압의 저하
④ 부하전류의 일부를 대지로 흐르게 함으로써 전선절약

| 해설

KEC 322.5 전로의 중성점의 접지
전로의 중성점을 접지하는 목적은 **전로의 보호장치의 확실한 동작확보, 이상전압의 억제 및 대지전압의 저하**이다.

165

220/380[V] 전로의 중성점을 접지할 때 연동선의 최소 지름은 얼마인가?

① 6[mm²]
② 10[mm²]
③ 16[mm²]
④ 20[mm²]

| 해설

KEC 322.5 전로의 중성점의 접지
접지도체의 굵기는 저압전로의 중성점은 **6[mm²]** 이상, 기타의 경우에는 16[mm²] 이상의 연동선에 의할 것

166

고압 전로의 중성점을 접지할 때 접지선으로 연동선을 사용하는 경우의 지름은 최소 몇 [mm²]인가?

① 2.5[mm²] 이상
② 6[mm²] 이상
③ 10[mm²] 이상
④ 16[mm²] 이상

| 해설

KEC 322.5 전로의 중성점의 접지
접지도체는 공칭단면적 **16[mm²] 이상의 연동선** 또는 이와 동등 이상의 세기 및 굵기의 쉽게 부식하지 아니하는 금속선 (저압 전로의 중성점에 시설하는 것은 공칭단면적 6[mm²] 이상의 연동선 또는 이와 동등 이상의 세기 및 굵기의 쉽게 부식하지 않는 금속선)으로서, 고장 시 흐르는 전류가 안전하게 통할 수 있는 것을 사용하고 또한 손상을 받을 우려가 없도록 시설한다.

정답 162 ④ 163 ④ 164 ④ 165 ① 166 ④

167 □□□
전선로의 종류가 아닌 것은?

① 산간전선로 ② 수상전선로
③ 물밑전선로 ④ 터널 내 전선로

| 해설
KEC 330 전선로
전선로의 종류
㉠ 가공전선로   ㉡ 옥측 전선로
㉢ 옥상전선로   ㉣ 지중전선로
㉤ 터널 내 전선로 ㉥ 수상전선로
㉦ 물밑전선로

168 □□□
가공전선로의 지지물에 취급자가 오르고 내리는 데 사용하는 발판못 등은 지표상 몇 [m] 미만에 시설해서는 안되는가?

① 1.2 ② 1.8
③ 2.2 ④ 2.5

| 해설
KEC 331.4 지지물의 철탑오름 및 전주오름 방지
가공전선로의 지지물에 취급자가 오르고 내리는데 사용하는 발판 볼트 등을 지표상 1.8[m] 미만에 시설하여서는 아니 된다.

169 □□□
이동하여 사용하는 전기기계기구의 금속제 외함등의 접지시스템의 경우 저압 전기설비용 접지도체는 다심 코드 또는 다심 캡타이어케이블의 1개 도체의 단면적은 몇 [mm²] 이상인 것으로 하는가?

① 0.75 ② 1.5
③ 2.5   ④ 6

| 해설
KEC 331.4 지지물의 철탑오름 및 전주오름 방지
이동하여 사용하는 전기기계기구의 금속제 외함 등의 접지선의 단면적은 다음과 같다.
㉠ 특고압·고압 전기설비용 접지도체 및 중성점 접지용 도체: 10[mm²] 이상

㉡ 저압 전기설비
 ⓐ 다심 코드 또는 다심 캡타이어 케이블의 1개 도체: 0.75[mm²] 이상
 ⓑ 유연성이 있는 연동연선의 1개 도체: 1.5[mm²] 이상

170 □□□
가공전선로에 사용하는 지지물의 강도계산에 적용하는 풍압하중의 종류는?

① 갑종, 을종, 병종 ② A종, B종, C종
③ 1종, 2종, 3종   ④ 수평, 수직, 각도

| 해설
KEC 331.6 풍압하중의 종별과 적용
가공 전선로에 사용하는 지지물의 강도 계산에 적용하는 풍압하중은 다음의 3종으로 한다.
㉠ 갑종 풍압하중
㉡ 을종 풍압하중
㉢ 병종 풍압하중

171 □□□
가공전선로에 사용하는 지지물의 강도계산에 적용하는 풍압하중 중 병종 풍압하중은 갑종 풍압하중에 대한 얼마의 풍압을 기초로 하여 계산한 것인가?

① $\frac{1}{2}$ ② $\frac{1}{3}$
③ $\frac{2}{3}$ ④ $\frac{1}{4}$

| 해설
KEC 331.6 풍압하중의 종별과 적용
㉠ 병종 풍압하중: 빙설이 적은 저온계 및 인가가 밀집된 도시지역의 35[kV] 이하 가공전선로에 적용한다.
㉡ 병종 풍압하중은 갑종 풍압하중의 2분의 1을 기초로 하여 계산한다.

정답 167 ① 168 ② 169 ① 170 ① 171 ①

172

빙설이 많지 않은 지방의 저온계절에는 어떤 종류의 풍압하중을 적용하는가?

① 갑종 풍압하중
② 을종 풍압하중
③ 병종 풍압하중
④ 갑종 풍압하중과 을종 풍압하중

|해설
KEC 331.6 풍압하중의 종별과 적용
㉠ 빙설이 많은 지방
  • 고온계: 갑종 풍압하중
  • 저온계: 을종 풍압하중
㉡ 빙설이 적은 지방
  • 고온계: 갑종 풍압하중
  • **저온계: 병종 풍압하중**
㉢ 인가가 많이 이웃 연결된 장소: 병종 풍압하중

173

빙설의 정도에 따라 풍압하중을 적용하도록 규정하고 있는 내용 중 옳은 것은?

① 빙설이 많은 지방에서는 고온계절에는 갑종 풍압하중, 저온계절에는 을종 풍압하중을 적용한다.
② 빙설이 많은 지방에서는 고온계절에는 을종 풍압하중, 저온계절에는 갑종 풍압하중을 적용한다.
③ 빙설이 적은 지방에서는 고온계절에는 갑종 풍압하중, 저온계절에는 을종 풍압하중을 적용한다.
④ 빙설이 적은 지방에서는 고온계절에는 을종 풍압하중, 저온계절에는 갑종 풍압하중을 적용한다.

|해설
KEC 331.6 풍압하중의 종별과 적용
㉠ 빙설이 많은 지방
  • 고온계: 갑종 풍압하중
  • 저온계: 을종 풍압하중
㉡ 빙설이 적은 지방
  • 고온계: 갑종 풍압하중
  • 저온계: 병종 풍압하중
㉢ 인가가 많이 이웃 연결된 장소: 병종 풍압하중

174

가공전선로에 사용하는 지지물의 강도계산에 적용하는 갑종 풍압하중을 계산할 때 구성재의 수직투영면적 1[m²]에 대한 풍압값의 기준이 잘못된 것은?

① 목주: 588[Pa]
② 원형 철주: 588[Pa]
③ 원형 철근 콘크리트주: 882[Pa]
④ 강관으로 구성된 철탑: 1255[Pa]

|해설
KEC 331.6 풍압하중의 종별과 적용
갑종 풍압하중의 종류에 따른 풍압하중
(구성재의 수직투영면적 1[m²]에 대한 풍압)
(1) 목주(지지물): 588[Pa]
(2) 철주(지지물)
  ㉠ 원형: 588[Pa]
  ㉡ 삼각형 또는 능형: 1,412[Pa]
  ㉢ 강관으로 4각형: 1,117[Pa]
  ㉣ 기타: 1,784[Pa]
    (목재가 전·후면에 겹치는 경우: 1,627[Pa])
(3) 철근 콘크리트주(지지물)
  ㉠ **원형: 588[Pa]**
  ㉡ 기타: 882[Pa]
(4) 철탑(지지물)
  ㉠ 강관: 1,255[Pa]
  ㉡ 기타: 2,157[Pa]
(5) 전선, 기타 가섭선
  ㉠ 단도체: 745[Pa]
  ㉡ 다도체: 666[Pa]
(6) 애자장치(특고압 전선용): 1,039[Pa]
(7) 완금류
  ㉠ 단일재: 1,196[Pa]
  ㉡ 기타: 1,627[Pa]

정답 172 ③ 173 ① 174 ③

175

철주가 강관에 의하여 구성되는 사각형의 것일 때 갑종 풍압하중을 계산하려 한다. 수직투영면적 $1[m^2]$에 대한 풍압하중을 몇 [Pa]로 기초하여 계산하는가?

① 588　　　② 882
③ 1,117　　④ 1,411

| 해설
KEC 331.6 풍압하중의 종별과 적용
철주가 강관으로 구성된 **사각형**일 때의 갑종 풍압하중: 1117[Pa]

176

강관으로 구성된 철탑의 갑종 풍압하중은 수직투영면적 $1[m^2]$에 대한 풍압을 기초로 하여 계산한 값이 몇 [Pa]인가?

① 588　　　② 666
③ 1,255　　④ 2,157

| 해설
KEC 331.6 풍압하중의 종별과 적용
갑종 풍압하중
　㉠ 목주, 원형 철주, 원형 철근 콘크리트주: 588[Pa]
　㉡ 철탑, 강관으로 구성되는 철탑: 1,255[Pa]
　㉢ 기타: 2,157[Pa]

177

가공전선로에 사용하는 지지물을 강관으로 구성되는 철탑으로 할 경우 지지물의 강도계산에 적용하는 병종 풍압하중은 구성재의 수직투영면적 $1[m^2]$에 대한 풍압을 몇 [Pa]로 하여 계산하는가?

① 441　　　② 627
③ 706　　　④ 1,078

| 해설
KEC 331.6 풍압하중의 종별과 적용
철탑의 갑종 풍압하중의 크기는 1255[Pa]이나 병종 풍압하중은 **갑종 풍압하중의 50[%]**를 적용하기 때문에 627[Pa]이다.

178

다도체 가공전선의 을종풍압하중은 수직투영면적 $1[m^2]$당 몇 [kg]을 기초로 하여 계산하는가? (단, 전선 기타의 가섭선 주위에 두께 6[mm], 비중 0.9의 빙설이 부착한 상태임)

① 294　　　② 333
③ 373　　　④ 588

| 해설
KEC 331.6 풍압하중의 종별과 적용
풍압을 받는 다도체 가공전선의 갑종 풍압하중의 크기는 666[Pa]이나 을종 풍압하중은 갑종풍압하중의 50[%]를 적용하기 때문에 333[Pa]이다.

179

가공전선로에 사용되는 특고압 전선로용의 애자장치에 대한 갑종 풍압하중은 그 구성재의 수직투영면적 $1[m^2]$에 대한 풍압으로 몇 [Pa]을 기초로 하여 계산하는가?

① 588　　　② 666
③ 882　　　④ 1,039

| 해설
KEC 331.6 풍압하중의 종별과 적용
애자장치의 갑종 풍압하중: 1,039[Pa]

180

가공전선로의 지지물에 하중이 가해지는 경우 그 하중을 받는 지지물의 기초안전율은 얼마 이상이어야 하는가? (단, 이상 시 상정하중은 무관)

① 1　　　② 2
③ 2.5　　④ 3

| 해설
KEC 331.7 가공전선로 지지물의 기초의 안전율
가공전선로의 지지물에 하중이 가해지는 경우 그 하중을 받는 지지물의 **기초안전율은 2 이상**이어야 한다. (이상 시 상정하중에 대한 철탑의 기초에 대하여는 1.33이상)

정답　175 ③　176 ③　177 ②　178 ②　179 ④　180 ②

181

고압 가공전선로의 지지물로써 사용하는 목주의 풍압하중에 대한 안전율은 얼마 이상이어야 하는가?

① 1.0 ② 1.2
③ 1.3 ④ 1.5

| 해설
KEC 331.7 가공전선로 지지물의 기초의 안전율
풍압하중에 대한 목주의 기초안전율
㉠ 저압 가공전선로: 1.2 이상
㉡ **고압 가공전선로: 1.3 이상**
㉢ 특고압 가공전선로: 1.5 이상

182

저·고압 가공전선로의 지지물로 사용하는 A종 철근 콘크리트주는?

① 전장 16[m] 이하, 설계하중 6.8[kN] 이하의 것
② 전장 18[m] 이하, 설계하중 6.8[kN] 이하의 것
③ 전장 15[m] 이하, 설계하중 9.8[kN] 이하의 것
④ 전장 17[m] 이하, 설계하중 9.8[kN] 이하의 것

| 해설
KEC 331.7 가공전선로 지지물의 기초의 안전율
가공전선로 지지물의 기초의 안전율
(지지물의 종류에는 A종과 B종이 있다.)
㉠ A종: 길이 16[m] 이하, 설계하중 6.8[kN] 이하
㉡ B종: A종 이외의 것

183

고압전선로의 지지물로써 길이 9[m]의 A종 철근 콘크리트주를 시설할 때 땅에 묻히는 깊이는 몇 [m] 이상으로 하여야 하는가?

① 1.2 ② 1.5
③ 2   ④ 2.5

| 해설
KEC 331.7 가공전선로 지지물의 기초의 안전율
지지물의 매설 깊이
㉠ A종 철주(강관주, 강관조립주) 및 A종 철근 콘크리트주의 매설깊이(여기서, A종은 전장이 16[m] 이하, 설계하중이 6.8[kN] 이하인 것)
- 전장 15[m] 이하: 전장 $\frac{1}{6}$ 이상
- **전장 15[m]를 넘는 것: 2.5[m] 이상**
㉡ 전장 16[m] 넘고 20[m] 이하(설계하중 6.8[kN] 이하인 경우): 2.8[m] 이상
㉢ 전장 14[m] 이상 20[m] 이하(설계하중 6.8[kN] 초과하고 9.8[kN] 이하): 표준근입(㉠항의 값) + 30[cm]

∴ 매설깊이 $= 9 \times \frac{1}{6} = 1.5\,[m]$

184

전장 15[m]가 넘는 목주, A종 철주, A종 철근 콘크리트주의 매설깊이는 최소 몇 [m]인가?

① 3   ② 3.5
③ 2   ④ 2.5

| 해설
KEC 331.7 가공전선로 지지물의 기초의 안전율
A종 철주(강관주, 강관조립주) 및 A종 철근 콘크리트주의 매설깊이 (여기서, A종은 전장이 16[m] 이하, 설계하중이 6.8[kN] 이하인 것)
㉠ 전장 15[m] 이하: 전장 $\frac{1}{6}$ 이상
㉡ 전장 15[m]를 넘는 것: 2.5[m] 이상

정답 181 ③ 182 ① 183 ② 184 ④

185

전체의 길이가 18[m]이고, 설계하중이 6.8[kN]인 철근 콘크리트주를 지반이 튼튼한 곳에 시설하려고 한다. 기초 안전율을 고려하기 위해서는 묻히는 깊이를 몇 [m] 이상으로 시설하여야 하는가?

① 2.5[m]
② 2.8[m]
③ 3[m]
④ 3.2[m]

| 해설
KEC 331.7 가공전선로 지지물의 기초의 안전율
㉠ 전장이 15[m]를 넘을 경우의 매설깊이는 2.5[m] 이상으로 한다.
㉡ 전장이 14[m] 이상 20[m] 이하, 설계하중이 6.8[kN]을 초과하고 9.8[kN]이하인 경우 ㉠항에 30[cm]를 가산한다.
∴ 매설깊이: 2.5[m] + 0.3[m] = **2.8[m]**

186

다음 중 지지선의 시설목적으로 적합하지 않은 것은?

① 유도장해를 방지하기 위하여
② 지지물의 강도를 보강하기 위하여
③ 전선로의 안전성을 증가시키기 위하여
④ 불평형 장력을 줄이기 위하여

| 해설
KEC 331.11 지지선의 시설
지지선의 시설목적
㉠ 지지물의 강도보강 (철탑 제외)
㉡ 전선로의 안전성 증대
㉢ 불평형 장력에 대한 평형 유지

187

지지선을 사용하여 그 강도를 분담시켜서는 안 되는 가공전선로 지지물은?

① 목주
② 철주
③ 철탑
④ 철근 콘크리트주

| 해설
KEC 331.11 지지선의 시설
지지선의 시설조건
㉠ 철탑은 지지선을 사용하여 그 강도를 분담시켜서는 안 된다.
㉡ 지지물로 사용하는 철주 또는 철근 콘크리트주는 지지선을 사용하지 않는 상태에서 2분의 1 이상의 풍압하중에 견디는 강도를 가지는 경우 이외에는 지지선을 사용하여 그 강도를 분담시켜서는 안 된다.

188

가공전선로의 지지물에 시설하는 지지선의 안전율은 일반적으로 얼마 이상이어야 하는가?

① 2.0
② 2.1
③ 2.2
④ 2.5

| 해설
KEC 331.11 지지선의 시설
가공전선로의 안전율
㉠ 지지물(목주, A종 철주, A종 철근 콘크리트주): 1.5 이상
㉡ 지지물에 시설하는 지지선: **2.5 이상**

정답 185 ② 186 ① 187 ③ 188 ④

189 ☐☐☐

가공전선로의 지지물에 시설하는 지지선의 안전율을 2.5 이상으로 하여야 하는 경우의 허용인장하중의 최저는 몇 [kN]으로 하는가?

① 3.3[kN] ② 3.7[kN]
③ 3.9[kN] ④ 4.3[kN]

| 해설
KEC 331.11 지지선의 시설
가공전선로의 지지물에 시설하는 지지선의 시설조건
㉠ 지지선의 안전율: 2.5 이상
 (목주, A종 철주, A종 철근 콘크리트주 등은 1.5 이상)
㉡ 허용 인장하중: 4.31[kN] 이상
㉢ 소선(素線) 3가닥 이상의 연선일 것
㉣ 소선은 지름 2.6[mm] 이상의 금속선을 사용할 것 또는 소선의 지름이 2[mm] 이상인 아연도강연선으로서, 소선의 인장강도가 0.68[kN/mm²] 이상인 것
㉤ 지중부분 및 지표상 0.3[m]까지의 부분에는 내식성이 있는 아연도금철봉 사용

190 ☐☐☐

도로를 횡단하여 시설하는 지지선의 높이는 특별한 경우를 제외하고 지표상 몇 [m] 이상으로 하여야 하는가?

① 5   ② 5.5
③ 6   ④ 6.5

| 해설
KEC 331.11 지지선의 시설
도로를 횡단하여 시설하는 지지선의 높이는 지표상 5m 이상으로 하여야 한다.

191 ☐☐☐

고압 가공인입선이 케이블 이외의 것으로서 그 아래에 위험표시를 하였다면 전선의 지표상 높이는 몇 [m]까지로 감할 수 있는가?

① 2.5   ② 3.5
③ 4.5   ④ 5.5

| 해설
KEC 331.12.1 고압 가공인입선의 시설
고압 가공인입선의 시설조건
㉠ 고압 가공인입선의 높이: 지표상 5[m] 이상
㉡ 고압 가공인입선이 케이블일 때와 전선의 아래쪽에 위험 표시한 경우: 지표상 3.5[m] 이상

192 ☐☐☐

고압 인입선 등의 시설기준에 맞지 않는 것은?

① 고압 가공인입선 아래에 위험표시를 하고 지표상 3.5[m] 높이에 설치하였다.
② 전선은 5.0[mm] 경동선과 동등한 세기의 고압 절연전선을 사용하였다.
③ 애자사용공사로 시설하였다.
④ 15[m] 떨어진 다른 수용가에 고압 이웃 연결 인입선을 시설하였다.

| 해설
KEC 331.12.1 고압 가공인입선의 시설
고압 가공인입선의 시설조건
㉠ 고압 가공인입선은 인장강도 8.01[kN] 이상의 고압 절연전선, 특고압 절연전선 또는 지름 5[mm] 이상의 경동선의 고압 절연전선, 특고압 절연전선에서 규정하는 인하용 절연전선을 애자사용공사에 의하여 시설하거나 케이블을 규정에 준하여 시설
㉡ 고압 가공인입선의 높이는 지표상 3.5[m]까지로 감할 수 있다. 이 경우에 그 고압 가공인입선이 케이블 이외의 것인 때에는 그 전선의 아래쪽에 위험표시를 하여야 함
㉢ 고압 이웃 연결 인입선은 시설할 수 없음

정답 189 ④ 190 ① 191 ② 192 ④

193

고압 옥측 전선로의 전선으로 사용할 수 있는 것은?

① 케이블
② 절연전선
③ 다심형 전선
④ 나경동선

| 해설
KEC 331.13.1 고압 옥측전선로의 시설
고압 옥측전선로의 시설조건
㉠ **전선은 케이블일 것**
㉡ 케이블은 견고한 관 또는 트라프에 넣거나 사람이 접촉할 우려가 없도록 시설할 것
㉢ 케이블을 조영재의 옆면 또는 아랫면에 따라 붙일 경우에는 케이블의 지지점 간의 거리를 2[m] (수직으로 붙일 경우에는 6[m])이하로 하고 또한 피복을 손상하지 아니하도록 붙일 것
㉣ 관 기타의 케이블을 넣는 방호장치의 금속제 부분·금속제의 전선 접속함 및 케이블의 피복에 사용하는 금속제에는 이들의 부식방지조치를 한 부분 및 대지와의 사이의 전기저항 값이 10[Ω] 이하인 부분을 제외하고 접지공사를 할 것

194

저압 또는 고압 가공전선로(전기철도용 급전선로는 제외)와 기설 가공 약전류전선로(단선식 전화선로 제외)가 병행할 때 유도작용에 의한 통신상의 장해가 생기지 아니하도록 하려면 양자의 간격은 최소 몇 [m] 이상으로 하여야 하는가?

① 2
② 4
③ 6
④ 8

| 해설
KEC 332.1 가공약전류전선로의 유도장해 방지
고·저압 가공전선로가 가공 약전류전선과 병행하는 경우 약전류전선과 2[m] 이상 이격시켜야 한다.

195

가공전화선로에 유도장해를 방지하기 위한 특고압 가공전선로의 유도전류 제한사항으로 옳은 것은?

① 사용전압이 60,000[V] 이하인 경우에는 전화선로의 길이 12[km]마다 유도전류가 1[mA]를 넘지 않도록 할 것
② 사용전압이 60,000[V] 이하인 경우에는 전화선로의 길이 12[km]마다 유도전류가 1.5[mA]를 넘지 않도록 할 것
③ 사용전압이 60,000[V]를 넘는 경우에는 전화선로의 길이 40[km]마다 유도전류가 1[μA]를 넘지 않도록 할 것
④ 사용전압이 60,000[V]를 넘는 경우에는 전화선로의 길이 40[km]마다 유도전류가 3[μA]를 넘지 않도록 할 것

| 해설
KEC 333.2 유도장해의 방지
유도장해의 방지
㉠ 사용전압이 60,000[V] 이하인 경우에는 전화선로의 길이 12[km]마다 유도전류가 2[μA]를 넘지 않도록 할 것
㉡ 사용전압이 60,000[V]를 넘는 경우에는 전화선로의 길이 **40[km]마다 유도전류가 3[μA]를 넘지 않도록 할 것**

196

저압 가공전선으로 케이블을 사용하는 경우 케이블은 조가선에 행거로 시설하고 이때 사용전압이 고압일 때에는 행거의 간격을 몇 [cm] 이하로 시설하여야 하는가?

① 30
② 50
③ 75
④ 100

| 해설
KEC 332.2 가공케이블의 시설
가공케이블의 시설
㉠ 케이블은 조가선에 행거로 시설할 것
  • **조가선에 0.5[m] 이하마다 행거에 의해 시설할 것**
  • 조가선에 접촉시키고 금속 테이프 등을 0.2[m] 이하 간격으로 나선형으로 감아 붙일 것
  • 단면적 22[mm²] 이상의 아연도강연선일 것
㉡ 조가선 및 케이블 피복에는 접지공사를 할 것

정답 193 ① 194 ① 195 ④ 196 ②

197

고압 가공케이블을 설치하기 위한 조가선은 단면적 몇 [mm²]인 아연도 철연선 또는 이와 동등 이상의 세기 및 굵기의 연선을 사용하여야 하는가?

① 8
② 14
③ 22
④ 30

| 해설
KEC 332.2 가공케이블의 시설
가공케이블의 시설
㉠ 케이블은 조가선에 행거로 시설할 것
  • **조가선에** 0.5[m] 이하마다 행거에 의해 시설할 것
  • 조가선에 접촉시키고 금속 테이프 등을 0.2[m] 이하 간격으로 나선형으로 감아 붙일 것
  • 단면적 22[mm²] 이상의 아연도강연선일 것
㉡ 조가선 및 케이블 피복에는 접지공사를 할 것

198

특고압 가공전선로의 전선으로 케이블을 사용하는 경우의 시설로 옳지 않은 방법은?

① 케이블은 조가선에 행거에 의하여 시설한다.
② 케이블은 조가선에 접촉시키고 비닐 테이프 등을 30[cm] 이상의 간격으로 감아 붙인다.
③ 조가선은 단면적 22[mm²]의 아연도강연선 또는 동등 이상의 세기 및 굵기의 연선을 사용한다.
④ 조가선 및 케이블의 피복에 사용한 금속제에는 접지공사를 한다.

| 해설
KEC 332.2 가공케이블의 시설
가공케이블의 시설
조가선에 접속시키고 **금속 테이프** 등을 **0.2[m]** 이하 간격으로 나선형으로 감아 붙일 것

199

고압 가공전선으로 경동선 또는 내열 동합금선을 사용할 때 그 안전율은 최소 얼마 이상이 되는 처짐정도로 시설하여야 하는가?

① 2.0
② 2.2
③ 2.5
④ 3.0

| 해설
KEC 332.4 고압 가공전선의 안전율
고압 가공전선의 안전율
㉠ **경동선** 또는 내열 동합금선
  2.2 이상이 되는 처짐정도로 시설
㉡ 그 밖의 전선(예 강심 알루미늄 연선, 알루미늄선)
  2.5 이상이 되는 처짐정도로 시설

200

고압 가공전선로에 사용하는 가공지선에는 지름 몇 [mm] 이상의 나경동선이나 이와 동등 이상의 세기 및 굵기의 것을 사용하여야 하는가?

① 2.5
② 3.0
③ 3.5
④ 4.0

| 해설
KEC 332.6 고압 가공전선로의 가공지선
고압 가공전선로의 가공지선
㉠ 지름: **4[mm]** 이상의 나경선
㉡ 인장강도: 5.26[kN] 이상

정답 197 ③ 198 ② 199 ② 200 ④

201

고압 가공전선으로 ACSR선을 사용할 때의 안전율은 얼마 이상이 되는 처짐정도로 시설하여야 하는가?

① 2.0
② 2.2
③ 2.5
④ 3.0

| 해설
KEC 332.4 고압 가공전선의 안전율
고압 가공전선의 안전율
㉠ 경동선 또는 내열 동합금선
　2.2 이상이 되는 처짐정도로 시설
㉡ 그 밖의 전선(예 강심 알루미늄 연선, 알루미늄선)
　2.5 이상이 되는 처짐정도로 시설

202

동일 지지물에 저압 가공전선(다중 접지된 중성선은 제외)과 고압 가공전선을 시설하는 경우 저압 가공전선은?

① 고압 가공전선의 위로 하고 동일 완금류에 시설
② 고압 가공전선과 나란하게 하고 동일 완금류에 시설
③ 고압 가공전선의 아래로 하고 별개의 완금류에 시설
④ 고압 가공전선과 나란하게 하고 별개의 완금류에 시설

| 해설
KEC 332.8 고압 가공전선 등의 병행설치
저압 가공전선(다중 접지된 중성선은 제외)과 고압 가공전선을 동일 지지물에 시설하는 경우의 시설조건
㉠ 저압 가공전선을 고압 가공전선의 **아래로 하고 별개의 완금류에 시설할 것**
㉡ 저압 가공전선과 고압 가공전선 사이의 간격은 0.5[m] 이상일 것(단, 고압측이 케이블 경우 0.3[m] 이상)

203

저압 가공전선과 고압 가공전선을 동일 지지물에 시설하는 경우 저압 가공전선과 고압 가공전선 간격은 몇 [cm] 이상이어야 하는가?

① 50
② 60
③ 80
④ 100

| 해설
KEC 332.8 고압 가공전선 등의 병행설치
동일 지지물에 고·저압 가공전선의 병행설치
㉠ 저압 가공전선과 고압 가공전선 사이의 간격: 0.5[m] 이상
㉡ 단, 고압측이 케이블일 경우: 0.3[m] 이상

204

저압 가공전선과 고압 가공전선을 동일 지지물에 병행설치하는 경우 고압 가공전선에 케이블을 사용하면 그 케이블과 저압 가공전선의 최소 간격은 몇 [cm]인가?

① 30
② 50
③ 70
④ 90

| 해설
KEC 332.8 고압 가공전선 등의 병행설치
동일 지지물에 고·저압 가공전선의 병행설치
㉠ 저압 가공전선과 고압 가공전선 사이의 간격: 0.5[m] 이상
㉡ 단, 고압측이 케이블일 경우: 0.3[m] 이상

205

3상4선식 22.9[kV] 중성점 다중접지식 가공전선로에 저압 가공전선을 병행설치하는 경우 상호간의 간격은 몇 [m]이어야 하는가? (단, 특고압 가공전선으로는 케이블을 사용하지 않는 것으로 한다.)

① 1.0
② 1.3
③ 1.7
④ 2.0

| 해설
KEC 332.8 고압 가공전선 등의 병행설치
25[kV] 이하 중성선 다중접지식 가공전선로와 고·저압 가공전선로와의 병행설치할 때 상호 전선 간격은 **1[m] 이상**으로 하고, 특고압 가공전선에 케이블을 사용하면 50[cm]까지 감할 수 있다.

정답 201 ③ 202 ③ 203 ① 204 ① 205 ①

206 □□□

고압 가공전선로의 지지물 간 거리는 지지물이 목주일 경우에는 몇 [m] 이하이어야 하는가?

① 150[m] ② 200[m]
③ 250[m] ④ 300[m]

| 해설
KEC 332.9 고압 가공전선로의 지지물 간 거리 제한
고압 가공전선로 지지물 간 거리의 제한

지지물의 종류	표준지지물 간 거리
목주·A종 철주 또는 A종 철근 콘크리트 주	150[m]
B종 철주 또는 B종 철근 콘크리트 주	250[m]
철탑	600[m]

207 □□□

고압 가공전선로의 지지물로 B종 철근 콘크리트주를 사용하는 경우의 지지물 간 거리는 몇 [m] 이상이어야 하는가?

① 100 ② 150
③ 200 ④ 250

| 해설
KEC 332.9 고압 가공전선로의 지지물 간 거리의 제한
고압 가공전선로 지지물 간 거리의 제한

지지물의 종류	표준지지물 간 거리
목주·A종 철주 또는 A종 철근 콘크리트 주	150[m]
B종 철주 또는 B종 철근 콘크리트 주	250[m]
철탑	600[m]

208 □□□

고압 가공전선로의 전선으로 단면적 14[mm²]의 경동연선을 사용할 때 그 지지물이 B종 철주인 경우라면, 지지물 간 거리는 몇 [m]이어야 하는가?

① 150 ② 200
③ 250 ④ 300

| 해설
KEC 332.9 고압 가공전선로 지지물 간 거리의 제한
고압 가공전선로의 지지물로 B종 철주 또는 B종 철근 콘크리트 주 사용하는 경우 지지물 간 거리는 250[m] 이하가 된다.

209 □□□

고압 가공전선로의 지지물로 A종 철근 콘크리트주를 시설하고 전선으로는 단면적 22[mm²](인장강도 8.71[kN])의 경동연선을 사용하였을 경우 지지물 간 거리는 몇 [m]까지로 할 수 있는가?

① 150 ② 250
③ 300 ④ 500

| 해설
KEC 332.9 고압 가공전선로 지지물 간 거리의 제한
고압 가공전선의 단면적이 22[mm²](인장강도 8.71[kN])인 경동연선의 경우의 지지물 간 거리
㉠ 목주, A종 철주 또는 A종 철근, 콘크리트 주: 300[m] 이하
㉡ B종 철주 또는 B종 철근 콘크리트주: 500[m] 이하

210 □□□

고압 보안공사에 사용되는 전선의 규격으로 옳은 것은?

① 2.6[mm] 이상 ② 3.2[mm] 이상
③ 4[mm] 이상   ④ 5[mm] 이상

| 해설
KEC 332.10 고압 보안공사
고압 보안공사의 시설조건
㉠ 전선은 케이블인 경우 이외에는 인장강도 8.01[kN] 이상의 것 또는 지름 5[mm] 이상의 경동선일 것
㉡ 목주의 풍압하중에 대한 안전율은 1.5 이상일 것

정답 206 ① 207 ④ 208 ③ 209 ③ 210 ④

211 □□□

고압 보안공사 시 지지물로 A종 철근 콘크리트주를 사용할 경우 지지물 간 거리는 몇 [m] 이하이어야 하는가?

① 100 ② 200
③ 250 ④ 400

| 해설

KEC 332.10 고압 보안공사
고압 보안공사에서 지지물의 지지물 간 거리

지지물의 종류	경간
목주, A종 철주 또는 A종 철근 콘크리트주	100[m]
B종 철주 또는 B종 철근 콘크리트주	150[m]
철탑	400[m]

212 □□□

중성점을 다중접지한 22.9[kV] 3상4선식 가공전선로를 건조물의 상방에서 접근상태로 시설하는 경우, 가공전선과 건조물과의 최소 간격은 얼마인가?

① 1.2[m] ② 2.0[m]
③ 2.5[m] ④ 3.0[m]

| 해설

KEC 332.11 고압 가공전선과 건조물의 접근
35[kV] 이하 전선은 건조물로부터 특별한 경우가 아니면 3[m] 이상으로 한다.

213 □□□

고압 가공전선과 가공약전류전선이 접근하여 시설되는 경우 양자 간의 수평 간격은 특별한 경우를 제외하고 몇 [m] 이상이어야 하는가?

① 0.4 ② 0.6
③ 0.8 ④ 1.2

| 해설

KEC 332.13 고압 가공전선과 가공약전류전선 등의 접근 또는 교차
고압 가공전선이 가공약전류전선 등과 접근 또는 교차상태로 시설되는 경우의 간격

| 가공전선의 종류 | 간격 | |
	나전선	절연전선 또는 케이블
저압	0.6m 이상	0.3m 이상
고압	0.8m 이상	0.4m 이상

214 □□□

고압 가공전선이 가공약전류전선 등과 접근하는 경우에 고압 가공전선과 가공 약전류전선 사이의 간격은 전선이 케이블인 경우에는 몇 [cm] 이상이어야 하는가?

① 20 ② 30
③ 40 ④ 50

| 해설

KEC 332.13 고압 가공전선과 가공약전류전선 등의 접근 또는 교차
고압 가공전선이 가공약전류전선 등과 접근 또는 교차상태로 시설되는 경우의 간격

| 가공전선의 종류 | 간격 | |
	나전선	절연전선 또는 케이블
저압	0.6m 이상	0.3m 이상
고압	0.8m 이상	0.4m 이상

215 □□□

고압 가공전선이 안테나와 접근상태로 시설되는 경우에 가공전선과 안테나 사이의 수평간격은 최소 몇 [cm] 이상이어야 하는가? (단, 가공전선으로는 절연전선을 사용한다고 한다)

① 60 ② 80
③ 100 ④ 120

정답 211 ① 212 ④ 213 ③ 214 ③ 215 ②

| 해설
KEC 332.14 고압 가공전선과 안테나의 접근 또는 교차
가공전선과 안테나 사이의 수평 간격
㉠ 저압 사용 시: 0.6[m] 이상
 (단, 절연전선, 케이블인 경우: 0.3[m] 이상)
㉡ 고압 사용 시: **0.8[m] 이상**
 (단, 케이블인 경우: 0.4[m] 이상)

216 □□□

B종 철주를 사용한 고압 가공전선로를 교류 전차선로와 교차해서 시설하는 경우 고압 가공전선로의 지지물 간 거리는 몇 [m] 이하이어야 하는가?

① 60[m] 이하
② 80[m] 이하
③ 100[m] 이하
④ 120[m] 이하

| 해설
KEC 332.15 고압 가공전선교류전차선 등의 접근 또는 교차
고압 및 저압 가공전선이 교류 전차선로 위에서 교차할 때 가공전선로의 지지물 간 거리
㉠ 목주, A종 철주 또는 A종 철근 콘크리트 주의 경우: 60[m] 이하
㉡ B종 철근 콘크리트주를 사용하는 경우: **120[m] 이하**

217 □□□

저·고압 가공전선과 가공 약전류전선 등을 동일 지지물에 시설하는 경우로서 옳지 않은 방법은?

① 가공전선을 가공 약전류전선 등의 위로 하여 별개의 완금류에 시설할 것
② 가공전선과 가공 약전류전선 등 사이의 간격은 저압과 고압이 모두 75[cm] 이상일 것
③ 전선로의 지지물로 사용하는 목주의 풍압하중에 대한 안전율은 1.5 이상일 것
④ 가공전선이 가공 약전류전선에 대하여 유도작용에 의한 통신상의 장해를 줄 우려가 있는 경우에는 가공전선을 적당한 거리에서 전선 위치 바꿈할 것

| 해설
KEC 332.21 고압 가공전선과 가공약전류전선 등의 공용 설치
가공전선과 가공약전류전선 사이의 간격
㉠ 저압: 0.75[m] 이상
㉡ **고압: 1.5[m] 이상**

218 □□□

저압 가공전선로에 가공 약전류전선을 공가하는 경우 전선로의 지지물로 사용되는 목주의 풍압하중에 대한 안전율은 얼마 이상이어야 하는가?

① 1.2
② 1.3
③ 1.5
④ 2.0

| 해설
KEC 332.21 고압 가공전선과 가공약전류전선 등의 공용 설치
저압 가공전선 또는 고압 가공전선과 가공약전류전선 등을 동일 지지물에 시설하는 경우
㉠ 전선로의 지지물로서 사용하는 목주의 풍압하중에 대한 안전율: **1.5 이상**
㉡ 가공전선을 가공약전류전선 등의 위로하고 별개의 완금류에 시설할 것
㉢ 가공전선과 가공약전류전선 사이의 간격
 • 저압: 0.75[m] 이상
 • 고압: 1.5[m] 이상
㉣ 가공전선로의 접지도체에 절연전선 또는 케이블을 사용한다.
㉤ 가공전선로의 접지도체 및 접지극과 가공약전류전선로 등의 접지도체 및 접지극과는 각각 별개로 시설할 것

정답 216 ④ 217 ② 218 ③

219

특고압 가공전선로를 시가지에서 A종 철주를 사용하여 시설하는 경우 지지물 간 거리의 최대는 몇 [m]인가?

① 50　　　　② 75
③ 150　　　④ 200

| 해설
KEC 333.1 시가지 등에서 특고압 가공전선로 시설
시가지 등에서 특고압 가공전선로의 시설
㉠ 지지물에는 철주, 철근콘크리트주 또는 철탑을 사용한다.
㉡ **A종은 75[m] 이하**, B종은 150[m]이하, 철탑은 400[m] 이하로 할 것

220

특고압 가공전선을 시가지에 시설하는 경우에 그 지지물로 사용할 수 없는 것은 다음 중 어느 것인가?

① 목주
② 철주(강판조립주 제외)
③ 철근 콘크리트주
④ 철탑

| 해설
KEC 333.1 시가지 등에서 특고압 가공전선로 시설
시가지 등에서 특고압 가공전선로의 시설
㉠ 지지물에는 철주, 철근콘크리트주 또는 철탑을 사용한다.
㉡ **A종은 75[m] 이하**, B종은 150[m]이하, 철탑은 400[m] 이하로 할 것

221

22,900[V] 전선로를 시가지에 시설하는 경우 그 전선의 지표상의 높이는 최소 몇 [m] 이상이어야 하는가? (단, 전선으로는 나경동선을 사용한다고 한다.)

① 6　　　　② 7
③ 9　　　　④ 10

| 해설
KEC 333.1 시가지 등에 특고압 가공전선로의 시설
전선의 지표상 높이
㉠ 35[kV] 이하: 10[m]
　　(전선이 특고압 절연전선인 경우: 8[m])
㉡ 35[kV] 초과: 10[m]에 35[kV]를 초과하는 10[kV] 또는 그 단수마다 0.12[m] 가산

222

특고압 가공전선로를 시가지, 기타 인가가 밀집하는 지역에 시설할 경우로써 사용전압이 100,000[V]를 넘는 것에만 해당되는 것은?

① 지지물에는 철주, 철근콘크리트주 또는 철탑을 사용한다.
② 전선로의 지지물 간 거리는 A종은 75[m], B종은 150[m], 철탑은 400[m] 이하이다.
③ 지락이 생긴 경우 또는 단락한 경우에 1초 안에 자동 차단한다.
④ 지지물에는 위험표시를 보기 쉬운 곳에 시설한다.

| 해설
KEC 333.1 시가지 등에서 특고압 가공전선로 시설
사용전압이 100kV를 초과하는 특고압 가공전선에 지락 또는 단락이 생겼을 때에는 1초 이내에 자동적으로 이를 전로로부터 차단하는 장치를 시설할 것

223

시가지에 시설하는 특고압 가공전선로의 지지물이 철탑이고, 전선이 수평으로 2 이상 있는 경우에 전선 상호간의 간격이 4[m] 미만인 때에는 특고압 가공전선로의 지지물 간 거리는 몇 [m] 이하이어야 하는가?

① 100　　　② 150
③ 200　　　④ 250

| 해설
KEC 333.1 시가지 등에서 특고압 가공전선로의 시설
시가지에 시설하는 특고압 가공전선로의 지지물 간 거리

지지물의 종류	지지물 간 거리
A종 철주 또는 A종 철근 콘크리트주	75[m] 이하
B종 철주 또는 B종 철근 콘크리트주	150[m] 이하
철탑	400[m] 이하 (단주인 경우: 300[m]) 단, 전선이 수평으로 2 이상 있는 경우에 전선 상호간의 간격이 4[m] 미만의 경우: 250[m] 이하

정답　219 ②　220 ①　221 ④　222 ③　223 ④

224 □□□

사용전압이 170[kV]을 초과하는 특고압 가공전선로를 시가지에 시설하는 경우 전선의 단면적은 몇 [mm²] 이상의 강심 알루미늄 또는 이와 동등 이상의 인장강도 및 내(耐) 아크 성능을 가지는 연선을 사용하여야 하는가?

① 22
② 55
③ 150
④ 240

|해설
KEC 333.1 시가지 등에서 특고압 가공전선로의 시설
사용전압이 170[kV] 초과하는 특고압 가공전선로를 시가지에 시설하는 경우의 시설조건
㉠ 전선을 지지하는 애자장치에는 아크혼을 부착한 현수애자 또는 긴 애자를 사용
㉡ 지지물 간 거리는 600[m] 이하
㉢ 전선은 단면적 240[mm²] 이상의 강심 알루미늄선 또는 이와 동등 이상의 인장강도 및 내 아크 성능을 가지는 연선을 사용
㉣ 전선은 압축접속에 의하는 경우 이외에는 지지물 간 거리 도중에 접속점을 시설하지 아니할 것
㉤ 전선의 지표상의 높이는 10[m]에 35[kV]를 초과하는 10[kV]마다 0.12[m]를 더한 값 이상일 것
㉥ 전선로에 지락 또는 단락이 생겼을 때에는 1초 이내에 자동적으로 전로에서 차단하는 장치를 시설할 것

225 □□□

100,000[V] 미만인 특고압 가공전선로를 인가가 밀집되지 않는 시가지 외에 시설할 경우, 전로에 사용되는 경동연선은 최소 몇 [mm²] 이상이어야 하는가?

① 22
② 55
③ 100
④ 150

|해설
KEC 333.1 시가지 등에서 특고압 가공전선로의 시설
특고압 가공전선 시가지 시설제한의 전선굵기
㉠ 100[kV] 미만: 55[mm²] 이상의 경동연선 또는 알루미늄이나 절연전선
㉡ 100[kV] 이상: 150[mm²] 이상의 경동연선 또는 알루미늄이나 절연전선
㉢ 시가지 외: 22[mm²] 이상

226 □□□

시가지에 시설되는 69,000[V] 가공송전선로의 경동연선의 최소 굵기는 몇 [mm²]인가?

① 38[mm²]
② 55[mm²]
③ 80[mm²]
④ 100[mm²]

|해설
KEC 333.1 시가지 등에서 특고압 가공전선로의 시설
특고압 가공전선 시가지 시설제한의 전선굵기
㉠ 100[kV] 미만: 55[mm²] 이상의 경동연선 또는 알루미늄이나 절연전선
㉡ 100[kV] 이상: 150[mm²] 이상의 경동연선 또는 알루미늄이나 절연전선

227 □□□

사용전압 154[kV]의 가공전선을 시가지에 시설하는 경우 전선의 지표상 높이는 최소 몇 [m] 이상이어야 하는가?

① 7.44
② 9.44
③ 11.44
④ 13.44

|해설
KEC 333.1 시가지 등에서 특고압 가공전선의 시설
35[kV]를 넘는 경우에는 10[m]에 35[kV]를 초과하는 10[kV] 또는 그 단수마다 0.12[m] 가산해야 한다.
㉠ 10[kV] 단수: (154 - 35) ÷ 10 = 11.9에서 절상하여 단수는 12로 한다.
㉡ 154[kV] 가공전선의 지표상 높이
 10 + 12 × 0.12 = 11.44[m]

정답 224 ④ 225 ① 226 ② 227 ③

228 □□□

사용전압이 35,000[V] 이하인 특고압 가공전선을 일반도로에 시설할 때 지표상의 높이는 몇 [m] 이상으로 하여야 하는가?

① 3.5
② 4
③ 4.5
④ 5

|해설

KEC 333.1 시가지 등에서 특고압 가공전선의 시설
고압 가공전선의 지표상(철도 또는 궤도를 횡단하는 경우에는 레일면상, 횡단보도교를 횡단하는 경우에는 그 노면상)의 높이는 다음에서 정한 값 이상일 것

㉠ 사용전압이 35[kV] 이하: 5[m] 이상
(철도 또는 궤도를 횡단하는 경우에는 6.5[m], 도로를 횡단하는 경우에는 6[m], 횡단보도교의 위에 시설하는 경우로서 전선이 특고압 절연전선 또는 케이블인 경우에는 4[m])

㉡ 35[kV] 초과 160[kV] 이하: 6[m] 이상
(철도 또는 궤도를 횡단하는 경우에는 6.5[m], 산지(山地) 등에서 사람이 쉽게 들어갈 수 없는 장소에 시설하는 경우에는 5[m], 횡단보도교의 위에 시설하는 경우 전선이 케이블인 때는 5[m])

㉢ 사용전압이 160[kV] 초과: 6[m]에 160[kV]를 초과하는 10[kV] 또는 그 단수마다 0.12[m]를 더한 값
(철도 또는 궤도를 횡단하는 경우에는 6.5[m], 산지 등에서 사람이 쉽게 들어갈 수 없는 장소를 시설하는 경우에는 5[m])

229 □□□

사용전압 15,000[V] 미만인 특고압 가공전선으로 경동연선을 사용할 때 지지물, 완금류, 지지기둥 또는 지지선 사이의 간격은 일반적으로 몇 [cm] 이상이여야 하는가?

① 15
② 30
③ 50
④ 80

|해설

KEC 333.5 특고압 가공전선과 지지물 등의 간격
특고압 가공전선과 그 지지물, 완금류, 지지기둥 또는 지지선 사이의 간격은 다음 표에서 정한 값 이상이어야 한다. 단, 기술상 부득이한 경우 위험의 우려가 없도록 시설한 때에는 표에서 정한 값의 0.8배까지 감할 수 있다.

사용전압	간격
15[kV] 미만	0.15[m]
15[kV] 이상 25[kV] 미만	0.2[m]
25[kV] 이상 35[kV] 미만	0.25[m]
35[kV] 이상 50[kV] 미만	0.3[m]
50[kV] 이상 60[kV] 미만	0.35[m]
60[kV] 이상 70[kV] 미만	0.4[m]
70[kV] 이상 80[kV] 미만	0.45[m]
80[kV] 이상 130[kV] 미만	0.65[m]
130[kV] 이상 160[kV] 미만	0.9[m]
160[kV] 이상 200[kV] 미만	1.1[m]
200[kV] 이상 230[kV] 미만	1.3[m]
230[kV] 이상	1.6[m]

230 □□□

최대 사용전압 22.9[kV]인 가공전선과 지지물과의 간격은 일반적으로 몇 [cm] 이상이어야 하는가?

① 5
② 10
③ 15
④ 20

|해설

KEC 333.5 특고압 가공전선과 지지물 등의 간격
특고압 가공전선과 그 지지물, 완금류, 지지기둥 또는 지지선 사이의 간격은 다음 표에서 정한 값 이상이어야 한다. 단, 기술상 부득이한 경우 위험의 우려가 없도록 시설한 때에는 표에서 정한 값의 0.8배까지 감할 수 있다.

사용전압	간격
15[kV] 미만	0.15[m]
15[kV] 이상 25[kV] 미만	0.2[m]
25[kV] 이상 35[kV] 미만	0.25[m]
35[kV] 이상 50[kV] 미만	0.3[m]
50[kV] 이상 60[kV] 미만	0.35[m]
60[kV] 이상 70[kV] 미만	0.4[m]
70[kV] 이상 80[kV] 미만	0.45[m]
80[kV] 이상 130[kV] 미만	0.65[m]
130[kV] 이상 160[kV] 미만	0.9[m]
160[kV] 이상 200[kV] 미만	1.1[m]
200[kV] 이상 230[kV] 미만	1.3[m]
230[kV] 이상	1.6[m]

정답 228 ④ 229 ① 230 ④

231

154[kV]의 특고압 가공전선을 사람이 쉽게 들어갈 수 없는 산지(山地) 등에 시설하는 경우 지표상 높이는 몇 [m] 이상으로 하여야 하는가?

① 4 ② 5
③ 6 ④ 8

| 해설

KEC 333.7 특고압 가공전선의 높이
35[kV] 초과 160[kV] 이하: 6[m] 이상
(철도 또는 궤도를 횡단하는 경우에는 6.5[m], 산지(山地) 등에서 사람이 쉽게 들어갈 수 없는 장소에 시설하는 경우에는 5[m], 횡단보도교의 위에 시설하는 경우 전선이 케이블인 때는 5[m])

232

345[kV]의 가공송전선로를 평지에 건설하는 경우 전선의 지표상 높이는 최소 몇 [m] 이상이어야 하는가?

① 7.58 ② 7.95
③ 8.28 ④ 8.85

| 해설

KEC 333.7 특고압 가공전선의 높이
160[kV]까지는 6[m], 160[kV] 넘는 10[kV] 그 단수마다 0.12[m]를 가산하여야 한다.
㉠ (345[kV] - 160[kV]) ÷ 10 = 18.5이므로 절상하여 단수는 19이다.
㉡ 지표상 높이 = 6 + 0.12 × 19 = 8.28[m]

233

345[kV]의 송전선을 사람이 쉽게 들어갈 수 없는 산지에 시설하는 경우 전선의 지표상 높이는 최소 몇 [m] 이상이어야 하는가?

① 7.28 ② 7.85
③ 8.28 ④ 8.85

| 해설

KEC 333.7 특고압 가공전선의 높이
산지 등에서 사람이 쉽게 들어갈 수 없는 장소를 시설하는 경우 160[kV] 이하는 5[m], 160[kV]를 초과하는 경우 10[kV] 그 마다 0.12[m]를 가산하여야 한다.
㉠ (345[kV] - 160[kV]) ÷ 10 = 18.5에서 절상하여 단수는 19로 한다.
㉡ 지표상 높이 = 5 + 0.12 × 19 = 7.28[m]

234

사용전압 22900[V]의 가공전선이 철도를 횡단하는 경우 전선의 레일면상 높이는 몇 [m] 이상이어야 하는가?

① 5 ② 5.5
③ 6 ④ 6.5

| 해설

KEC 333.7 특고압 가공전선의 높이
특고압 가공전선의 지표상(철도 또는 궤도를 횡단하는 경우에는 레일면상, 횡단보도교를 횡단하는 경우에는 그 노면상)의 높이는 다음에서 정한 값 이상일 것
㉠ 사용전압이 35[kV] 이하: 5[m] 이상
 (철도 또는 궤도를 횡단하는 경우에는 6.5[m], 도로를 횡단하는 경우에는 6[m], 횡단보도교의 위에 시설하는 경우로서 전선이 특고압 절연전선 또는 케이블인 경우에는 4[m])
㉡ 35[kV] 초과 160[kV] 이하: 6[m] 이상
 (철도 또는 궤도를 횡단하는 경우에는 6.5[m], 산지(山地) 등에서 사람이 쉽게 들어갈 수 없는 장소에 시설하는 경우에는 5[m], 횡단보도교의 위에 시설하는 경우 전선이 케이블인 때는 5[m])
㉢ 사용전압이 160[kV] 초과: 6[m]에 160[kV]를 초과하는 10[kV] 또는 그 단수마다 0.12[m]를 더한 값
 (철도 또는 궤도를 횡단하는 경우에는 6.5[m], 산지 등에서 사람이 쉽게 들어갈 수 없는 장소를 시설하는 경우에는 5[m])

정답 231 ② 232 ③ 233 ① 234 ④

235 ☐☐☐

특별한 경우를 제외하고 저압 가공전선이 도로를 횡단하는 경우의 지표상의 높이는 얼마 이상으로 시설해야 하는가?

① 4.5[m] ② 5[m]
③ 5.5[m] ④ 6[m]

| 해설
KEC 333.7 특고압 가공전선의 높이
저압·고압(KEC 332.5) 가공전선의 높이

구분	저압	고압
도로 횡단	6m 이상	6m 이상
철도 횡단	6.5m 이상	6.5m 이상
횡단보도교	3.5m 이상 *	3.5m 이상
기타	5m 이상	5m 이상

* 절연전선 및 케이블인 경우: 3m 이상

236 ☐☐☐

특고압 가공전선로에 사용하는 가공지선에는 지름 몇 [mm]의 나경동선 또는 이와 동등 이상의 세기 및 굵기의 나선을 사용하여야 하는가?

① 2.6 ② 3.5
③ 4   ④ 5

| 해설
KEC 333.8 특고압 가공전선로의 가공지선
특고압 가공전선로의 가공지선
㉠ 지름 5[mm](인장강도 8.01[kN]) 이상의 나경동선
㉡ 아연도강연선 22[mm²] 또는 OPGW(광섬유 복합 가공지선) 전선을 사용

237 ☐☐☐

특고압 가공전선로의 지지물 양측의 지지물 간 거리의 차가 큰 곳에 사용되는 철탑은?

① 내장형 철탑   ② 잡아 당김형 철탑
③ 각도형 철탑   ④ 보강형 철탑

| 해설
KEC 333.11 특고압 가공전선로의 철주·철근콘크리트 주 또는 철탑의 종류
특고압 가공전선로의 지지물로 사용하는 B종 철근·B종 콘크리트주 또는 철탑의 종류
㉠ 직선형: 전선로의 직선부분(수평각도 3°이하)에 사용하는 것 (내장형 및 보강형 제외)
㉡ 각도형: 전선로중 3°를 초과하는 수평각도를 이루는 곳에 사용하는 것
㉢ 잡아 당김형: 전가섭선을 인류하는 곳에 사용하는 것
㉣ 내장형: 전선로의 지지물 양쪽의 지지물 간 거리의 차가 큰 곳에 사용하는 것
㉤ 보강형: 전선로의 직선부분에 그 보강을 위하여 사용하는 것

238 ☐☐☐

특고압 가공전선로에 사용되는 B종 철주 중 각도형은 전선로 중 최소 몇 도를 넘는 수평각도를 이루는 곳에 사용되는가?

① 3   ② 5
③ 8   ④ 10

| 해설
KEC 333.11 특고압 가공전선로의 철주·철근콘크리트 주 또는 철탑의 종류
각도형은 전선로 중 3°를 넘는 수평각도를 이루는 곳에 사용하는 것이다.

239 ☐☐☐

다음 중 이상 시 상정하중에 속하는 것은 어느 것인가?

① 각도주에 있어서의 수평횡하중
② 전선배치의 비대칭으로 인한 수직편심하중
③ 전선절단에 의하여 생기는 압력에 의한 하중
④ 전선로에 현저한 수직각도가 있는 경우의 수직하중

정답 235 ④ 236 ④ 237 ① 238 ① 239 ③

| 해설

KEC 333.14 이상 시 상정하중
철탑의 강도계산에 사용하는 이상 시 상정하중은 풍압이 전선로에 직각방향으로 가해지는 경우의 하중과 전선로의 방향으로 가해지는 경우의 하중을 전선 및 가섭선의 절단으로 인한 불평균하중을 계산하여 각 부재에 대한 이들의 하중 중 그 부재에 큰 응력이 생기는 쪽의 하중을 채택하는 것으로 한다.

240 □□□

특고압 가공전선로 중 지지물로 직선형의 철탑을 연속하여 10기 이상 사용하는 부분에는 몇 기 이하마다 내장애자장치가 되어 있는 철탑 또는 이와 동등한 강도를 가지는 철탑 1기를 시설하여야 하는가?

① 3
② 5
③ 7
④ 10

| 해설

KEC 333.16 특고압 가공전선로의 내장형 등의 지지물 시설
특고압 가공전선로 중 지지물로서 직선형의 철탑을 연속하여 10기 이상 사용하는 부분에는 **10기 이하마다** 장력에 견디는 애자장치가 되어 있는 철탑 또는 이와 동등 이상의 강도를 가지는 철탑 1기를 시설하여야 한다.

241 □□□

철탑의 강도계산에 사용하는 이상시 상정하중에 대한 철탑의 기초에 대한 안전율은 얼마 이상이어야 하는가?

① 0.9
② 1.33
③ 1.83
④ 2.25

| 해설

KEC 333.17 가공전선로 지지물의 기초의 안전율
가공전선로의 지지물에 하중이 가해지는 경우 그 하중을 받는 지지물의 기초안전율은 2 이상이어야 한다. (**이상 시 상정하중에 대한 철탑의 기초에 대하여는 1.33 이상**)

242 □□□

사용전압이 35[kV] 이하인 특고압 가공전선과 가공약전류전선 등을 동일 지지물에 시설하는 경우, 특고압 가공전선로는 어떤 종류의 보안공사를 하여야 하는가?

① 제1종 특고압 보안공사
② 제2종 특고압 보안공사
③ 제3종 특고압 보안공사
④ 고압 보안공사

| 해설

KEC 333.19 특고압 가공전선과 가공약전류전선 등의 공용설치
특고압 가공전선과 가공약전류전선 등의 공용설치조건
㉠ 특고압 가공전선로는 제2종 특고압 보안공사에 의할 것
㉡ 특고압 가공전선은 가공 약전류전선 등의 위로하고 별개의 완금류에 시설할 것
㉢ 특고압 가공전선은 케이블인 경우 이외에는 인장강도 21.67[kN] 이상의 연선 또는 단면적이 50[mm²] 이상인 경동연선일 것
㉣ 특고압 가공전선과 가공약전류전선 등 사이의 간격은 2[m] 이상으로 할 것 다만, 특고압 가공전선이 케이블인 경우에는 0.5[m] 까지로 감할 수 있다.

243 □□□

특고압 가공전선로의 지지물 간 거리는 지지물이 철탑인 경우 몇 [m] 이하이어야 하는가? (단, 단주가 아닌 경우이다)

① 400
② 500
③ 600
④ 700

| 해설

KEC 333.21 특고압 가공전선로의 지지물 간 거리 제한
특고압 가공전선로의 지지물 간 거리 제한
㉠ 목주, A종 철주 또는 A종 철근 콘크리트 주: 150[m] 이하
㉡ B종 철주 또는 B종 철근 콘크리트 주: 250[m] 이하
㉢ 철탑: 600[m] 이하(단주인 경우: 400[m] 이하)

정답 240 ④ 241 ② 242 ② 243 ③

244

A종 철주를 사용하는 특고압 가공전선로의 표준지지물 간 거리의 한도는 몇 [m]인가?

① 300　　② 250
③ 200　　④ 150

| 해설
KEC 333.21 특고압 가공전선로의 지지물 간 거리 제한
특고압 가공전선로의 지지물 간 거리 제한
㉠ 목주, **A종 철주** 또는 A종 철근 콘크리트 주: **150[m] 이하**
㉡ B종 철주 또는 B종 철근 콘크리트 주: 250[m] 이하
㉢ 철탑: 600[m] 이하(단주인 경우: 400[m] 이하)

245

제1종 특고압 보안공사에 사용할 수 없는 지지물은?

① A종 철근 콘크리트주
② 강판조립주를 제외한 B종 철주
③ B종 철근 콘크리트주
④ 철탑

| 해설
KEC 333.22 특고압 보안공사
제1종 특고압 보안공사시 전선로의 지지물에는 B종 철주, B종 철근 콘크리트 주 또는 철탑을 사용할 것(지지물의 강도가 약한 **A종 지지물과 목주는 사용할 수 없음**)

246

단면적 50[mm²]의 경동연선을 사용하는 특고압 가공전선로의 지지물로 내장형의 B종 철근 콘크리트주를 사용하는 경우 허용 최대 지지물 간 거리는 몇 [m] 이하인가?

① 150　　② 250
③ 300　　④ 500

| 해설
KEC 333.21 특고압 가공전선로의 지지물 간 거리 제한
특고압 가공전선로의 전선에 인장강도 21.67kN 이상의 것 또는 단면적이 50mm² 이상인 경동연선을 사용하는 경우 지지물 간 거리
㉠ 목주, A종 철주 또는 A종 철근 콘크리트주: 300m 이하,
㉡ B종 철주 또는 B종 철근 콘크리트주: 500m 이하

247

제1종 특고압 보안공사에 의하여 시설한 154[kV] 가공송전선로는 전선에 지기가 생긴 경우에 몇 초 안에 자동적으로 이를 전로로부터 차단하는 장치를 시설하는가?

① 0.5　　② 1.0
③ 2.0　　④ 3.0

| 해설
KEC 333.22 특고압 보안공사
특고압 가공전선에 지락 또는 단락이 생겼을 경우에 3초(**사용전압이 100kV 이상인 경우에는 2초**) 이내에 자동적으로 이것을 전로로부터 차단하는 장치를 시설할 것

248

154[kV] 가공전선로를 제1종 특고압 보안공사에 의하여 시설하는 경우 사용전선은 인장강도 58.84[kN] 이상의 연선 또는 단면적 몇 [mm²] 이상의 경동 연선이어야 하는가?

① 100　　② 125
③ 150　　④ 200

| 해설
KEC 333.22 특고압 보안공사
제1종 특고압 보안공사의 시설조건
㉠ 100[kV] 미만: 인장강도 21.67[kN] 이상, 55[mm²] 이상의 경동연선
㉡ **100[kV] 이상 300[kV] 미만: 인장강도 58.84[kN] 이상, 150[mm²] 이상의 경동연선**
㉢ 300[kV] 이상: 인장강도 77.47[kN] 이상, 200[mm²] 이상의 경동연선

정답　244 ④　245 ①　246 ④　247 ③　248 ③

249

345[kV] 가공전선로를 제1종 특고압 보안공사에 의하여 시설하는 경우에 사용하는 전선은 인장강도 77.47[kN] 이상의 연선 또는 단면적 몇 [mm²] 이상의 경동연선이어야 하는가?

① 100
② 125
③ 150
④ 200

| 해설

KEC 333.22 특고압 보안공사
제1종 특고압 보안공사의 시설조건
㉠ 100[kV] 미만: 인장강도 21.67[kN] 이상, 55[mm²] 이상의 경동연선
㉡ 100[kV] 이상 300[kV] 미만: 인장강도 58.84[kN] 이상, 150[mm²] 이상의 경동연선
㉢ 300[kV] 이상: 인장강도 77.47[kN] 이상, 200[mm²] 이상의 경동연선

250

제2종 특고압 보안공사에 있어서 B종 철주를 지지물로 사용하는 경우 지지물 간 거리는 몇 [m] 이하인가?

① 100
② 150
③ 200
④ 400

| 해설

KEC 333.22 특고압 보안공사
제2종 특고압 보안공사의 시설조건
㉠ 특고압 가공전선은 연선일 것
㉡ 지지물로 사용하는 목주의 풍압하중에 대한 안전율은 2 이상일 것
㉢ 지지물 간 거리는 다음 표에서 정한 값 이하일 것

지지물의 종류	지지물 간 거리
목주, A종 철주 또는 A종 철근 콘크리트주	100[m]
B종 철주 또는 B종 철근 콘크리트주	200[m]
철탑	400[m]

<예외> 전선에 인장강도 38.05[kN] 이상의 연선 또는 단면적이 95[mm²] 이상인 경동연선을 사용하고 지지물에 B종 철주, B종 철근 콘크리트 주 또는 철탑을 사용하는 경우에는 표준지지물 간 거리를 적용

251

22.9[kV]전선로를 제2종 특고압 보안공사로 시설할 경우 전선으로 경동연선을 사용한다면 그 단면적은 몇 [mm²] 이상의 것을 사용하여야 하는가?

① 38
② 50
③ 80
④ 100

| 해설

KEC 333.22 특고압 보안공사
사용전압이 35[kV]을 초과하고 100[kV] 미만인 특고압 가공전선과 저압 또는 고압 가공전선을 동일 지지물에 시설하는 경우
㉠ 특고압 가공전선로는 제2종 특고압 보안공사에 의할 것
㉡ 특고압 가공전선과 저압 또는 고압 가공전선 사이의 간격은 2[m] 이상일 것 다만, 특고압 가공전선이 케이블인 경우에 저압 가공전선이 절연전선 혹은 케이블인 때 또는 고압 가공전선이 절연전선 혹은 케이블인 때에는 1[m] 까지 감할 수 있다.
㉢ 특고압 가공전선은 케이블인 경우를 제외하고는 인장강도 21.67[kN] 이상의 연선 또는 단면적이 50[mm²] 이상인 경동연선일 것
㉣ 특고압 가공전선로의 지지물은 철주·철근 콘크리트 주 또는 철탑일 것

정답 249 ④ 250 ③ 251 ②

252 □□□

사용전압 66[kV] 가공전선과 6[kV] 가공전선을 동일 지지물에 병행설치하는 경우, 특고압 가공전선은 케이블인 경우를 제외하고는 단면적이 몇 [mm²]인 경동연선 또는 이와 동등 이상의 세기 및 굵기의 연선이어야 하는가?

① 22
② 38
③ 50
④ 100

| 해설
KEC 333.22 특고압 보안공사
사용전압이 35[kV]을 초과하고 100[kV] 미만인 특고압 가공전선과 저압 또는 고압 가공전선을 동일 지지물에 시설하는 경우
㉠ 특고압 가공전선로는 제2종 특고압 보안공사에 의할 것
㉡ 특고압 가공전선과 저압 또는 고압 가공전선 사이의 간격은 2[m] 이상일 것 다만, 특고압 가공전선이 케이블인 경우에 저압 가공전선이 절연전선 혹은 케이블인 때 또는 고압 가공전선이 절연전선 혹은 케이블인 때에는 1[m] 까지 감할 수 있다.
㉢ 특고압 가공전선은 케이블인 경우를 제외하고는 인장강도 21.67[kN] 이상의 연선 또는 **단면적이 50[mm²] 이상**인 경동연선일 것
㉣ 특고압 가공전선로의 지지물은 철주·철근 콘크리트 주 또는 철탑일 것

253 □□□

단면적 38[mm²]의 경동연선을 사용하고 지지물로 A종 철근 콘크리트주를 사용한 66[kV] 가공전선로를 제3종 특고압 보안공사에 의하여 시설할 때 지지물 간 거리의 한도는 몇 [m]인가?

① 100
② 150
③ 200
④ 250

| 해설
KEC 333.22 특고압 보안공사
제3종 특고압 보안공사의 시설조건
㉠ 특고압 가공전선은 연선이어야 한다.
㉡ 지지물 간 거리는 아래 정한 값 이하일 것

종류	지지물 간 거리
목주, A종 철주 또는 A종 철근콘크리트 주	100[m] (인장강도 14.51[kN] 이상 또는 38[mm²] 이상인 경동연선을 사용하는 경우에는 150[m] 이하)
B종 철주 또는 B종 철근콘크리트 주	200[m] 이하 (인장강도 21.67[kN] 이상 또는 55[mm²] 이상인 경동연선을 사용하는 경우에는 250[m] 이하)
철탑	400[m] 이하 (인장강도 21.67[kN] 이상 또는 55[mm²] **이상**인 경동연선을 사용하는 경우에는 600[m]) 단, 단주의 경우에는 300[m](인장강도 21.67[kN] 이상 또는 55[mm²] 이상인 경동연선을 사용하는 경우에는 400[m])

254 □□□

사용전압이 35,000[V] 이하인 특고압 가공전선이 건조물과 제2차 접근상태로 시설되는 경우에 특고압 가공전선로는 어떤 보안공사를 하여야 하는가?

① 제1종 특고압 보안공사
② 제2종 특고압 보안공사
③ 제3종 특고압 보안공사
④ 제4종 특고압 보안공사

| 해설
KEC 333.23 특고압 가공전선과 건조물의 접근
특고압 보안공사를 구분하면 다음과 같다.
㉠ 제1종 특고압 보안공사
　35[kV]를 넘고, 2차 접근상태인 경우
㉡ **제2종 특고압 보안공사**
　35[kV] 이하이고, 2차 접근상태인 경우
㉢ 제3종 특고압 보안공사
　특고압 가공전선이 다른 시설물과 1차 접근 상태인 경우

정답　252 ③　253 ②　254 ②

255

특고압 가공전선로를 제3종 특고압 보안공사에 의하여 시설하는 경우는?

① 건조물과 제1차 접근상태에 시설하는 경우
② 건조물과 제2차 접근상태에 시설하는 경우
③ 도로 위에 교차하여 시설하는 경우
④ 가공 약전류전선과 공가하여 시설하는 경우

| 해설
KEC 333.23 특고압 가공전선과 건조물의 접근
제3종 특고압 보안공사: 특고압 가공전선이 다른 시설물과 1차 접근상태인 경우

256

35[kV] 이하의 특고압 가공전선이 건조물과 제1차 접근상태로 시설되는 경우의 간격은 일반적인 경우 몇 [m] 이상이어야 하는가?

① 3
② 3.5
③ 4
④ 4.5

| 해설
KEC 333.23 특고압 가공전선과 건조물의 접근
특고압 가공전선이 건조물과 제1차 접근상태로 시설되는 경우의 시설조건
㉠ 특고압 가공전선로는 제3종 특고압 보안공사에 의할 것
㉡ 35[kV] 이하인 특고압 가공전선과 건조물의 조영재 간격은 다음의 이상일 것

건조물과 조영재의 구분	전선의 종류	접근 형태	간격
상부 조영재	케이블	위쪽	1.2[m]
		옆쪽 또는 아래쪽	0.5[m]
	기타 전선	-	3[m]
기타 조영재	특고압 절연전선	-	1.5[m] (사람의 접촉 우려가 적을 경우 1[m])
	케이블	-	0.5[m]
	기타 전선	-	3[m]

㉢ 35[kV]를 초과하는 경우 10[kV] 단수마다 15[cm] 가산할 것

257

최대사용전압 161[kV] 가공전선이 건조물과 제1차 접근상태에 시설되는 경우 전선과 건조물간의 최소 간격은 몇 [m]이어야 하는가?

① 4.55
② 4.75
③ 4.95
④ 5.45

| 해설
KEC 333.23 특고압 가공전선과 건조물의 접근
35[kV]를 초과하는 경우 10[kV] 단수마다 15[cm] 가산하여야 한다.
㉠ (161kV) - 35[kV]) ÷ 10 = 12.6에서 절상하여 단수는 13로 한다.
㉡ 건조물과의 간격 = 3 + 13 × 0.15 = 4.95[m]

258

특고압 가공전선로에 시설한 보호망에 경동선을 사용하는 경우 지름은 몇 [mm] 이상인가?

① 2.6
② 3.2
③ 4
④ 5

| 해설
KEC 333.24 특고압 가공전선과 도로 등의 접근 또는 교차
특고압 가공전선과 도로 등의 접근 또는 교차하는 경우의 시설조건
㉠ 보호망은 접지공사를 한 금속제의 그물형 장치로 하고 견고하게 지지할 것
㉡ 보호망을 구성하는 금속선은 그 바깥둘레 및 특고압 가공전선의 바로 아래에 시설하는 금속선에는 인장강도 8.01[kN] 이상의 것 또는 지름 5[mm] 이상의 경동선을 사용하고 그 밖의 부분에 시설하는 **금속선에는 인장강도 5.26[kN]** 이상의 것 또는 지름 4[mm] 이상의 경동선을 사용할 것
㉢ 보호망을 구성하는 금속선 상호간격은 가로, 세로 각 1.5[m] 이하일 것
㉣ 보호망이 특고압 가공전선의 외부에 뻗은 폭은 특고압 가공전선과 보호망과의 수직거리의 2분의 1 이상이어야 한다. 단, 6[m]를 넘지 아니하여도 된다.

정답 255 ① 256 ① 257 ③ 258 ④

259

나전선을 사용한 69,000[V] 가공전선이 삭도와 제1차 접근상태에 시설되는 경우 전선과 삭도와의 최소 간격은?

① 2.12[m]
② 2.24[m]
③ 2.36[m]
④ 2.48[m]

| 해설
KEC 333.25 특고압 가공전선과 삭도의 접근 또는 교차
㉠ 60[kV]까지는 2[m], 60[kV] 넘는 10[kV] 단수마다 0.12[m]를 가산한다.
㉡ 단수는 (69 - 60) ÷ 10 = 0.9이므로 절상하여 단수는 1이 된다.
㉢ 69[kV] 가공전선과 삭도와의 간격 2 + (1 × 0.12) = 2.12[m]

260

특고압 가공전선이 삭도와 2차 접근상태로 시설할 경우에 특고압 가공전선로의 보안 공사는?

① 고압 보안공사
② 제1종 특고압 보안공사
③ 제2종 특고압 보안공사
④ 제3종 특고압 보안공사

| 해설
KEC 333.25 특고압 가공전선과 삭도의 접근 또는 교차
특고압 가공전선과 삭도의 접근 또는 교차
㉠ 삭도와 제2차 접근상태로 시설 시 특고압 가공전선은 제2종 특고압 보안공사 적용
㉡ 삭도와 제1차 접근상태로 시설 시 특고압 가공전선은 제3종 특고압 보안공사 적용

261

특고압 가공전선과 가공 약전류전선 사이에 사용하는 보호망에 있어서 보호망을 구성하는 금속선의 상호간격[m]은 얼마 이하로 시설하여야 하는가?

① 0.75
② 1.0
③ 1.25
④ 1.5

| 해설
KEC 333.26 특고압 가공전선과 저·고압 가공전선 등의 접근 또는 교차
특고압 가공전선과 저고압 가공전선 등의 접근 또는 교차 시 시설조건
㉠ 보호망을 구성하는 금속선 상호간격은 가로, 세로 각 1.5[m] 이하일 것
㉡ 보호망과 저고압 가공전선 등과의 수직 간격은 60[cm] 이상일 것

262

특고압 가공전선이 저·고압 가공전선 등과 제2차 접근상태로 시설되는 경우 사용전압이 35,000[V] 이하인 특고압 가공전선과 저·고압 가공전선 등 사이에 무엇을 시설하는 경우에 특고압 가공전선로를 제2종 특고압 보안공사에 의하지 않아도 되는가? (단, 애자장치에 관한 부분에 한한다)

① 접지설비
② 보호망
③ 차폐장치
④ 전류제한장치

| 해설
KEC 333.26 특고압 가공전선과 저·고압 가공전선 등의 접근 또는 교차
특고압 가공전선로는 제2종 특고압 보안공사에 의한다. 단, 사용전압이 35,000[V] 이하인 특고압 가공전선과 저·고압 가공전선 등 사이에 **보호망**을 시설하는 경우에는 제2종 특고압 보안공사(애자장치에 관한 부분에 한한다)에 의하지 아니할 수 있다.

정답 259 ① 260 ③ 261 ④ 262 ②

263 ☐☐☐

사용전압 22.9[kV] 특고압 가공전선과 저고압 가공전선 등 또는 이들의 지지물이나 지지기둥 사이의 간격은 최소 몇 [m] 이상이어야 하는가? (단, 특고압 가공전선이 저고압 가공전선과 제1차 접근상태일 경우이다.)

① 1.5
② 2
③ 2.5
④ 3

| 해설

KEC 333.26 특고압 가공전선과 저·고압 가공전선 등의 접근 또는 교차
특고압 가공전선이 가공 약전류전선 등 저압 또는 고압의 가공전선이나 저압 또는 고압의 전차선(이하에서 "저고압 가공전선 등"이라 한다)과 제1차 접근상태로 시설되는 경우에는 다음에 따라야 한다.
㉠ 특고압 가공전선로는 제3종 특고압 보안공사에 의할 것
㉡ 특고압 가공전선과 저고압 가공 전선 등 또는 이들의 지지물이나 지지기둥 사이의 간격은 다음에서 정한 값 이상일 것

사용전압의 구분	간격
60[kV] 이하	2[m]
60[kV] 초과	2[m]에 사용전압이 60[kV]를 초과하는 10[kV] 또는 그 단수마다 0.12[m] 더한 값

264 ☐☐☐

특고압 가공전선이 저고압 가공전선과 제1차 접근상태로 시설하는 경우, 66[kV] 특고압 가공전선과 저고압 가공전선 사이의 간격은 몇 [m] 이상이어야 하는가?

① 2.0
② 2.12
③ 2.2
④ 2.5

| 해설

KEC 333.26 특고압 가공전선과 저·고압 가공전선 등의 접근 또는 교차
㉠ 60[kV]까지는 2[m], 60[kV] 넘는 10[kV] 단수마다 0.12[m]를 가산한다.
㉡ 단수는 (69 − 60) ÷ 10 = 0.9이므로 절상하여 단수는 1이 된다.
㉢ 69[kV] 가공전선과 삭도와의 간격 2 + (1 × 0.12) = 2.12[m]

265 ☐☐☐

345[kV] 가공전선이 154[kV] 가공전선과 교차하는 경우 이들 양 전선 상호간의 간격은 몇 [m] 이상인가?

① 4.48
② 4.96
③ 5.48
④ 5.82

| 해설

KEC 333.27 특고압 가공전선 상호 간의 접근 또는 교차
특고압 가공전선과 다른 특고압 가공전선 사이의 간격은 다음의 규정에 준할 것

사용전압의 구분	간격
60[kV] 이하	2[m]
60[kV] 초과	2[m]에 사용전압이 60[kV]를 초과하는 10[kV] 또는 그 단수마다 0.12[m]를 더한 값

㉠ 60[kV]를 넘는 경우 10[kV] 단수는 (345 − 60) ÷ 10 = 28.5로 절상하여 29로 한다.
㉡ 345[kV]와 154[kV] 가공전선 사이의 간격 2 + (29 × 0.12) = 5.48[m]

266 ☐☐☐

154[kV] 가공송전선이 66[kV] 가공송전선의 위쪽에 교차되어 시설되는 경우, 154[kV] 가공송전선로는 제 몇 종 특고압 보안공사에 의하여야 하는가?

① 1종
② 2종
③ 3종
④ 4종

| 해설

KEC 333.27 특고압 가공전선 상호 간의 접근 또는 교차
특고압 가공전선이 다른 특고압 가공전선과 접근상태로 시설되거나 교차하여 시설되는 위쪽 또는 옆쪽에 시설되는 특고압 가공전선로는 **제3종 특고압 보안공사에 의할 것**

정답 263 ② 264 ② 265 ③ 266 ③

267

60[kV]의 송전선로의 송전선과 수목과의 최소 간격은 몇 [m]인가?

① 2.0
② 2.2
③ 2.12
④ 3.45

| 해설

KEC 333.30 특고압 가공전선과 식물의 간격
특고압 가공전선과 식물의 간격
㉠ 60[kV] 이하: **2[m] 이상**
㉡ 60[kV] 초과: 2[m] 에 사용전압이 60[kV]를 초과하는 10[kV] 또는 그 단수마다 0.12[m]를 더한 값

268

사용전압 154[kV]의 가공전선과 식물 사이의 간격은 최소 몇 [m] 이상이어야 하는가?

① 2
② 2.6
③ 3.2
④ 3.8

| 해설

KEC 333.30 특고압 가공전선과 식물의 간격
가공전선과 식물의 간격

사용전압의 구분	간격
60[kV] 이하	2[m]
60[kV] 초과	2[m]에 사용전압이 60[kV]를 초과하는 10[kV] 또는 그 단수마다 0.12[m]을 더한 값

㉠ (154[kV] - 60[kV]) ÷ 10 = 9.4에서 절상하여 단수는 10으로 한다.
㉡ 식물과의 간격 = 2 + 10 × 0.12 = 3.2[m]

269

중성선 다중 접지식으로서 전로에 지락이 생겼을 때 2[sec] 이내에 자동적으로 이를 전로로부터 차단하는 장치가 되어 있는 사용 전압 22,900[V]인 특고압 가공전선과 식물과의 간격은 몇 [m] 이상이어야 하는가?

① 1.5[m] 이상
② 2.0[m] 이상
③ 2.5[m] 이상
④ 3.0[m] 이상

| 해설

KEC 333.32 25kV 이하인 특고압 가공전선로의 시설
60[kV] 이하의 특고압 가공전선로와 식물과의 간격은 2[m] 이상으로 하고, 중성선 다중 접지한 25[kV] 이하의 가공전선로와 식물 사이의 간격은 **1.5[m] 이상**일 것

270

특고압 절연전선을 사용한 22,900[V] 가공전선과 안테나와의 최소 간격은 몇 [m]인가? (단, 중성선 다중 접지식의 것으로 전로에 지기가 생겼을 때 2[sec] 이내에 전로로부터 차단하는 장치가 되어 있음)

① 1.0
② 1.2
③ 1.5
④ 2.0

| 해설

KEC 333.32 25kV 이하인 특고압 가공전선로의 시설
15[kV] 초과 25[kV] 이하 특고압 가공전선로

구분	가공전선의 종류	간격(수평이격)
가공약전류전선, 저압 또는 고압 가공전선, 안테나, 저압 또는 고압의 전차선	나전선	2.0[m] 이상
	특고압 절연전선	1.5[m] 이상
	케이블	0.5[m] 이상

정답 267 ① 268 ③ 269 ① 270 ③

271 ☐☐☐

중성점 다중 접지식 22.9[kV] 특고압 전로와 저압전로를 결합하는 주상 변압기의 2차측 중성점 접지도체 최소 굵기는?

① 0.75[mm²] ② 2.5[mm²]
③ 6[mm²]   ④ 16[mm²]

| 해설

KEC 333.32 25kV 이하인 특고압 가공전선로의 시설
사용전압이 15[kV]를 초과하고 25[kV] 이하인 특고압 가공전선로(중성선 다중접지 방식의 것으로서 전로에 지락이 생겼을 때에 2초 이내에 자동적으로 이를 전로로부터 차단하는 장치가 되어 있는 것에 한한다.
㉠ 접지도체는 **공칭단면적 6[mm²] 이상**의 연동선 또는 이와 동등 이상의 세기 및 굵기의 쉽게 부식하지 않는 금속선으로서 고장 시에 흐르는 전류가 안전하게 통할 수 있는 것일 것
㉡ 각각 접지한 곳 상호 간의 거리는 전선로에 따라 150[m] 이하일 것
㉢ 각 접지도체를 중성선으로부터 분리하였을 경우의 각 접지점의 대지 전기저항 값과 1[km]마다 중성선과 대지 사이의 합성전기저항 값은 다음 표에서 정한 값 이하일 것

각 접지점의 대지 전기저항값	1[km]마다의 합성 전기저항값
300[Ω]	15[Ω]

272 ☐☐☐

중성선 다중접지식의 것으로써 전로에 지기가 생긴 경우에 2초 안에 자동적으로 차단하는 장치를 가지는 22.9[kV] 가공전선로에서 1[km] 마다의 중성선과 대지간의 합성 전기저항값은 몇 [Ω] 이하이어야 하는가?

① 10   ② 15
③ 20   ④ 30

| 해설

KEC 333.32 25kV 이하인 특고압 가공전선로의 시설
사용전압이 15[kV]를 초과하고 25[kV] 이하인 특고압 가공전선로(중성선 다중접지 방식의 것으로서 전로에 지락이 생겼을 때에 2초 이내에 자동적으로 이를 전로로부터 차단하는 장치가 되어 있는 것에 한한다.
㉠ 접지도체는 **공칭단면적 6[mm²] 이상**의 연동선 또는 이와 동등 이상의 세기 및 굵기의 쉽게 부식하지 않는 금속선으로서 고장 시에 흐르는 전류가 안전하게 통할 수 있는 것일 것
㉡ 각각 접지한 곳 상호 간의 거리는 전선로에 따라 150[m] 이하일 것
㉢ 각 접지도체를 중성선으로부터 분리하였을 경우의 각 접지점의 대지 전기저항 값과 1[km]마다 중성선과 대지 사이의 합성전기저항 값은 다음 표에서 정한 값 이하일 것

각 접지점의 대지 전기저항값	1[km]마다의 합성 전기저항값
300[Ω]	15[Ω]

273 ☐☐☐

22.9[kV] 중성선 다중접지 계통에서 각 접지선을 중성선으로부터 분리하였을 경우의 매 1[km] 마다의 중성선과 각 접지점의 대지 전기저항 값은 몇 [Ω] 이하이어야 하는가?

① 30   ② 50
③ 100   ④ 300

| 해설

KEC 333.32 25kV 이하인 특고압 가공전선로의 시설
사용전압이 15[kV]를 초과하고 25[kV] 이하인 특고압 가공전선로(중성선 다중접지 방식의 것으로서 전로에 지락이 생겼을 때에 2초 이내에 자동적으로 이를 전로로부터 차단하는 장치가 되어 있는 것에 한 한다.
㉠ 접지도체는 **공칭단면적 6[mm²] 이상**의 연동선 또는 이와 동등 이상의 세기 및 굵기의 쉽게 부식하지 않는 금속선으로서 고장 시에 흐르는 전류가 안전하게 통할 수 있는 것일 것
㉡ 각각 접지한 곳 상호 간의 거리는 전선로에 따라 150[m] 이하일 것
㉢ 각 접지도체를 중성선으로부터 분리하였을 경우의 각 접지점의 대지 전기저항 값과 1[km]마다 중성선과 대지 사이의 합성전기저항 값은 다음 표에서 정한 값 이하일 것

각 접지점의 대지 전기저항값	1[km]마다의 합성 전기저항값
300[Ω]	15[Ω]

정답 271 ③ 272 ② 273 ④

274 □□□

고압 지중케이블로써 직접매설식에 의하여 콘크리트제 기타, 견고한 관 또는 트라프에 넣지 않고 부설할 수 있는 케이블은?

① 비닐 외장 케이블
② 고무 외장 케이블
③ 크로로프렌 외장 케이블
④ 콤바인 덕트 케이블

| 해설
KEC 334.1 지중전선로의 시설
지중전선을 견고한 트라프, 기타 방호물에 넣지 않아도 되는 경우
㉠ 차량, 기타 중량물의 압력을 받을 우려가 없는 경우에 그 위를 견고한 판 또는 몰드로 덮어 시설하는 경우
㉡ 저압 또는 고압의 지중전선에 **콤바인덕트 케이블을 사용**하여 시설하는 경우
㉢ 지중전선에 파이프형 압력 케이블을 사용하고 또한 지중 전선의 위를 견고한 판 또는 몰드 등으로 덮어 시설하는 경우
㉣ 지중 전선에 파이프형 압력케이블을 사용하거나 최대사용 전압이 60[kV]를 초과하는 연피케이블, 알루미늄피케이블 그 밖의 금속피복을 한 특고압 케이블을 사용하고 또한 지중 전선의 위를 견고한 판 또는 몰드 등으로 덮어 시설하는 경우

275 □□□

지중전선로의 매설방법이 아닌 것은?

① 직접 매설식
② 관로식
③ 압착식
④ 암거식

| 해설
KEC 334.1 지중전선로의 시설
지중 전선로는 전선에 케이블을 사용하고 또한 관로식, 암거식(暗渠式) 또는 직접 매설식에 의하여 시설한다.

276 □□□

지중전선로의 시설에 관한 사항으로 옳은 것은?

① 전선은 케이블을 사용하고 관로식, 암거식 또는 직접 매설식에 의하여 시설한다.
② 전선은 절연전선을 사용하고 관로식, 암거식 또는 직접 매설식에 의하여 시설한다.
③ 전선은 케이블을 사용하고 내화성능이 있는 비닐관에 인입하여 시설한다.
④ 전선은 절연전선을 사용하고 내화성능이 있는 비닐관에 인입하여 시설한다.

| 해설
KEC 334.1 지중전선로의 시설
지중 전선로는 전선에 케이블을 사용하고 또한 **관로식, 암거식(暗渠式) 또는 직접 매설식에 의하여 시설**한다.

277 □□□

지중 전선로를 직접매설식에 의하여 시설하는 경우에는 매설 깊이를 차량 기타의 중량물의 압력을 받을 우려가 있는 장소에는 1[m] 이상이어야 하고, 기타 장소에는 몇 [m] 이상으로 하여야 하는가?

① 0.2
② 0.3
③ 0.4
④ 0.6

| 해설
KEC 334.1 지중전선로의 시설
지중전선로의 시설
㉠ 지중전선로에는 케이블을 사용
㉡ 지중전선로의 매설방법: 직접 매설식, 관로식, 암거식
㉢ 관로식 및 직접 매설식을 시설하는 경우

중량물의 압력을 받는 장소	기타 장소
1.0[m] 이상	0.6[m] 이상

정답 274 ④ 275 ③ 276 ① 277 ④

278

지중전선로에 사용하는 지중함의 시설기준이 아닌 것은?

① 견고하고 차량, 기타 중량물의 압력에 견딜 수 있을 것
② 그 안의 고인 물을 제거할 수 있는 구조일 것
③ 뚜껑은 시설자 이외의 자가 쉽게 열 수 없도록 할 것
④ 조명 및 세척이 가능한 장치를 하도록 할 것

해설

KEC 334.2 지중함의 시설
지중함의 시설조건
㉠ 지중함은 견고하고 차량 기타 중량물의 압력에 견디는 구조일 것
㉡ 지중함은 그 안의 고인 물을 제거할 수 있는 구조로 되어 있을 것
㉢ 폭발성 또는 연소성의 가스가 침입할 우려가 있는 것에 시설하는 지중함으로서 그 크기가 1[m³] 이상인 것에는 통풍장치 기타 가스를 방산시키기 위한 적당한 장치를 시설할 것
㉣ 지중함의 뚜껑은 시설자 이외의 자가 쉽게 열 수 없도록 시설할 것

279

폭발성 또는 연소성의 가스가 침입할 우려가 있는 곳에 시설하는 지중함으로서 그 크기가 몇 [m³] 이상인 것에는 통풍장치, 기타 가스를 방산시키기 위한 적당한 장치를 시설하여야 하는가?

① 0.5 ② 0.75
③ 1   ④ 2

해설

KEC 334.2 지중함의 시설
폭발성 또는 연소성의 가스가 침입할 우려가 있는 것에 시설하는 지중함으로서 그 크기가 1[m³] 이상인 것에는 통풍장치 기타 가스를 방산시키기 위한 적당한 장치를 시설하여야 한다.

280

지중전선로는 기설 지중 약전류전선로에 대하여 (㉠) 또는 (㉡)에 대하여 통신상의 장해를 주지 않도록 기설 약전류전선로로부터 충분히 이격시키거나 적당한 방법으로 시설하여야 한다. ㉠, ㉡에 알맞은 말은?

① ㉠ 정전용량 ㉡ 표피작용
② ㉠ 정전용량 ㉡ 유도작용
③ ㉠ 누설전류 ㉡ 표피작용
④ ㉠ 누설전류 ㉡ 유도작용

해설

KEC 334.5 지중약전류전선의 유도장해 방지
지중전선로는 기설 지중약전류전선로에 대하여 **누설전류** 또는 **유도작용**에 의하여 통신상의 장해를 주지 않도록 기설 약전류 전선로로부터 충분히 이격시키거나 기타 적당한 방법으로 시설하여야 한다.

281

특고압 지중전선과 지중 약전류전선의 접근교차 시 간격은 몇 [cm] 이하인가?

① 30 ② 60
③ 80 ④ 90

해설

KEC 334.6 지중전선과 지중약전류전선 등 또는 관과의 접근 또는 교차
지중전선과 지중약전류전선 등 또는 관과의 접근 또는 교차 시 간격
㉠ 고압 및 저압 지중전선과 약전류전선 등: 0.3[m] 이하
㉡ **특고압 지중전선과 약전류전선 등: 0.6[m] 이하**
㉢ 특고압 지중전선이 가연성이나 유독성의 유체를 내포하는 관과 접근하거나 교차하는 경우에 상호 간의 간격이 1[m] 이하(단, 사용전압이 25[kV] 이하인 다중접지방식 지중전선로의 경우에는 0.5[m] 이하)인 때에는 지중전선과 관 사이에 견고한 내화성의 격벽을 시설하는 경우 이외에는 지중전선을 견고한 불연성 또는 난연성의 관에 넣어 그 관이 가연성이나 유독성의 유체를 내포하는 관과 직접 접촉하지 아니하도록 시설하여야 한다.

정답 278 ④ 279 ③ 280 ④ 281 ②

282 ☐☐☐

특고압 지중전선이 가연성이나 유독성의 유체(流體)를 내포하는 관과 접근하기 때문에 상호간에 견고한 내화성의 격벽을 시설하였다. 상호간의 간격이 몇 [cm] 이하인 경우인가?

① 30　　　　　② 60
③ 80　　　　　④ 100

| 해설

KEC 334.6 지중전선과 지중약전류전선 등 또는 관과의 접근 또는 교차
특고압 지중전선이 가연성이나 유독성의 유체를 내포하는 관과 접근하거나 교차하는 경우에 상호 간의 **간격이 1[m] 이하**(단, 사용전압이 25[kV] 이하인 다중접지방식 지중전선로의 경우에는 0.5[m] 이하)인 때에는 지중전선과 관 사이에 견고한 내화성의 격벽을 시설하는 경우 이외에는 지중전선을 견고한 불연성 또는 난연성의 관에 넣어 그 관이 가연성이나 유독성의 유체를 내포하는 관과 직접 접촉하지 않도록 한다.

283 ☐☐☐

사용전압이 300[V]인 지중 케이블이 지중 약전류전선과 접근 또는 교차할 때 상호 간에 내화성의 격벽을 설치한다면 상호 간의 간격은 몇 [cm] 이하인 경우인가?

① 30　　　　　② 50
③ 60　　　　　④ 100

| 해설

KEC 334.6 지중전선과 지중약전류전선 등 또는 관과의 접근 또는 교차
지중전선이 지중약전류전선 등과 접근하거나 교차하는 경우에 상호 간의 간격이 **저압 또는 고압의 지중전선은 0.3[m] 이하**, 특고압 지중전선은 0.6[m] 이하인 때에는 지중전선과 지중약전류전선 등 사이에 견고한 내화성의 격벽을 설치하는 경우 이외에는 지중전선을 견고한 불연성 또는 난연성의 관에 넣어 그 관이 지중약 전류전선 등과 직접 접촉하지 아니하도록 시설하여야 한다.

284 ☐☐☐

수상전선로를 시설하는 경우 알맞은 것은?

① 사용전압이 고압인 경우에는 3종 캡타이어케이블을 사용한다.
② 가공전선로의 전선과 접속하는 경우, 접속점이 육상에 있는 경우에는 지표상 4[m] 이상의 높이로 지지물에 견고하게 붙인다.
③ 가공전선로의 전선과 접속하는 경우, 접속점이 수면상에 있는 경우, 사용전압이 고압인 경우에는 수면상 5[m] 이상의 높이로 지지물에 견고하게 붙인다.
④ 고압 수상전선로에 지기가 생길 때를 대비하여 전로를 수동으로 차단하는 장치를 시설한다.

| 해설

KEC 335.3 수상전선로의 시설
수상 전선로를 시설하는 경우에는 그 사용전압은 저압 또는 고압인 것에 한하며 다음에 의하고 또한 위험의 우려가 없도록 시설하여야 한다.
㉠ 전선은 전선로의 사용전압이 저압인 경우에는 클로로프렌 캡타이어 케이블이어야 하며, 고압인 경우에는 캡타이어 케이블일 것
㉡ 접속점이 육상에 있는 경우에는 지표상 5[m] 이상. 단, 수상 전선로의 사용전압이 저압인 경우에 도로상 이외의 곳에 있을 때에는 지표상 4[m]까지로 감할 수 있다.
㉢ 접속점이 수면상에 있는 경우에는 수상 전선로의 사용전압이 저압인 경우에는 수면상 4[m] 이상, 고압인 경우에는 **수면상 5[m] 이상**
㉣ 수상 전선로에는 이와 접속하는 가공전선로에 전용 개폐기 및 과전류차단기를 각 극(과전류차단기는 다선식 전로의 중성극을 제외한다)에 시설하고 또한 수상전선로의 사용전압이 고압인 경우에는 전로에 지락이 생겼을 때 자동적으로 전로를 차단하기 위한 장치를 시설하여야 한다.

285 ☐☐☐

특고압 전선로에 접속하는 배전용 변압기의 1·2차 전압은?

① 1차: 35,000[V] 이하　2차: 저압 또는 고압
② 1차: 35,000[V] 이하　2차: 특고압 또는 고압
③ 1차: 50,000[V] 이하　2차: 저압 또는 고압
④ 1차: 50,000[V] 이하　2차: 특고압 또는 고압

정답　282 ④　283 ①　284 ③　285 ①

| 해설

KEC 341.2 특고압 배전용 변압기의 시설
특고압 배전용 변압기의 시설조건
㉠ 1차 전압은 35,000[V] 이하, 2차 전압은 **저압** 또는 **고압**일 것
㉡ 변압기의 특고압측에 개폐기 및 과전류차단기를 시설할 것
㉢ 변압기의 2차측이 고압인 경우에는 개폐기를 시설하고 지상에서 쉽게 개폐할 수 있도록 시설할 것
㉣ 특고압측과 고압측에는 피뢰기를 시설할 것

286 □□□

특고압 배전용 변압기의 특고압측에 반드시 시설하여야 하는 것은?

① 변성기 및 변류기
② 변류기 및 무효전력 보상장치
③ 개폐기 및 리액터
④ 개폐기 및 과전류차단기

| 해설

KEC 341.2 특고압 배전용 변압기의 시설
특고압 배전용 변압기의 시설조건
㉠ 1차 전압은 35,000[V] 이하, 2차 전압은 저압 또는 고압일 것
㉡ 변압기의 특고압측에 개폐기 및 과전류차단기를 시설할 것
㉢ 변압기의 2차측이 고압인 경우에는 개폐기를 시설하고 지상에서 쉽게 개폐할 수 있도록 시설할 것
㉣ 특고압측과 고압측에는 피뢰기를 시설할 것

287 □□□

고압용의 개폐기, 차단기, 피뢰기, 기타 이와 유사한 기구로서 동작 시에 아크가 생기는 것은 목재의 벽 또는 천장, 기타의 가연성 물체로부터 몇 [m] 이상 떼어놓아야 하는가?

① 1
② 0.8
③ 0.5
④ 0.3

| 해설

KEC 341.7 아크를 발생하는 기구의 시설
고압용 또는 특고압용의 개폐기, 차단기, 피뢰기, 기타 이와 유사한 기구동작 시에 아크가 생기는 것은 목재의 벽 또는 천장, 기타의 가연성 물체로부터 떼어놓아야 한다.
㉠ 고압: 1[m] 이상
㉡ 특고압: 2[m] 이상 (화재의 위험이 없으면 1[m] 이상)

288 □□□

고압용 기계기구를 시가지에 시설할 때 지표상의 최소 높이는 몇 [m]인가?

① 4
② 4.5
③ 5
④ 5.5

| 해설

KEC 341.8 고압용 기계기구의 시설
고압용 기계기구의 설치 높이
㉠ 시가지 내: 지표상 4.5[m] 이상
㉡ 시가지 외: 지표상 4[m] 이상

289 □□□

농촌지역에서 고압 가공전선로에 접속되는 배전용 변압기를 시설하는 경우 지표상의 높이는 몇 [m] 이상이어야 하는가?

① 3.5
② 4
③ 4.5
④ 5

| 해설

KEC 341.8 고압용 기계기구의 시설
고압용 기계기구의 설치 높이
㉠ 시가지 내: 지표상 4.5[m] 이상
㉡ 시가지 외: 지표상 4[m] 이상

정답 286 ④ 287 ① 288 ② 289 ②

290

고압용 또는 특고압용의 개폐기로서 중력 등에 의하여 자연히 작동할 우려가 있는 것은 어떤 장치를 시설하여야 하는가?

① 차단장치
② 제어장치
③ 단락장치
④ 자물쇠장치

| 해설
KEC 341.9 개폐기의 시설
개폐기의 시설조건
㉠ 전로 중에 개폐기를 시설하는 경우 각 극에 시설하여야 한다.
㉡ 고압용 또는 특고압용은 개폐상태를 표시하여야 한다.
㉢ 중력 등에 자연히 작동할 우려가 있는 것은 **자물쇠장치(쇄정장치)를** 한다.
㉣ 부하전류를 차단하기 위한 것이 아닌 개폐기는 부하전류가 통하고 있을 경우 회로가 열리지 않도록 시설하거나 이를 방지하기 위한 조치를 하여야 한다.
 • 보기 쉬운 위치에 부하전류의 유무를 표시한 장치
 • 전화기 등 기타의 지령장치
 • 태블렛 등 사용

291

고압용 또는 특고압용 개폐기를 시설할 때 반드시 조치하지 않아도 되는 것은?

① 작동 시에 개폐상태가 쉽게 확인될 수 없는 경우에는 개폐상태를 표시하는 장치
② 중력 등에 의하여 자연히 작동할 우려가 있는 것은 자물쇄장치, 기타 이를 방지하는 장치
③ 고압용 또는 특고압용이라는 위험표시
④ 부하전류의 차단용이 아닌 것은 부하전류가 통하고 있을 경우 회로가 열리지 않도록 시설

| 해설
KEC 341.9 개폐기의 시설
고압용 또는 특고압용은 개폐기는 개폐상태를 표시하면 되지 **위험표시까지 할 필요는 없다.**

292

과전류차단기로 시설하는 퓨즈 중 고압 전로에 사용하는 포장 퓨즈는 정격전류의 몇 배의 전류에 견디어야 하는가?

① 1.1
② 1.3
③ 1.5
④ 2.0

| 해설
KEC 341.10 고압 및 특고압 전로 중의 과전류 차단기의 시설
고압 및 특고압 전로 중의 과전류차단기
㉠ 포장 퓨즈는 **정격전류의 1.3배에 견디고, 또한 2배의 전로로 120분 안에 용단되어야 한다.**
㉡ 비포장 퓨즈는 정격전류의 1.25배에 견디고, 또한 2배의 전류로 2분 안에 용단되어야 한다.

293

과전류차단기로 시설하는 퓨즈용 고압 전로에 사용하는 비포장 퓨즈는 정격전류의 몇 배의 전류에 견디어야 하는가?

① 1.1
② 1.25
③ 1.3
④ 2

| 해설
KEC 341.10 고압 및 특고압 전로 중의 과전류 차단기의 시설
고압 및 특고압 전로 중의 과전류차단기
㉠ 포장 퓨즈는 **정격전류의 1.3배에 견디고, 또한 2배의 전로로 120분 안에 용단되어야 한다.**
㉡ 비포장 퓨즈는 정격전류의 **1.25배에 견디고, 또한 2배의 전류로 2분 안에 용단되어야 한다.**

294

과전류차단기로 시설하는 퓨즈 중 고압전로에 사용하는 비포장 퓨즈는 정격전류의 1.25 배의 전류에 견디고 또한 몇 배의 전류로 몇 분 안에 용단되는 것이어야 하는가?

① 1.5배로 1분
② 1.5배로 2분
③ 2배로 1분
④ 2배로 2분

정답 290 ④ 291 ③ 292 ② 293 ② 294 ④

| 해설

KEC 341.10 고압 및 특고압 전로 중의 과전류 차단기의 시설
고압 및 특고압 전로 중의 과전류차단기
㉠ **포장 퓨즈는 정격전류의 1.3배에 견디고, 또한 2배의 전로로 120분 안에 용단되어야 한다.**
㉡ 비포장 퓨즈는 정격전류의 1.25배에 견디고, 또한 **2배의 전류로 2분 안에 용단되어야 한다.**

295 □□□

고압 또는 특고압전로 중 기계기구 및 전선을 보호하기 위하여 필요한 곳에서 무엇을 시설하여야 하는가?

① 영상변류기 ② 과전류차단기
③ 콘덴서형 변성기 ④ 지락차단기

| 해설

KEC 341.10 고압 및 특고압 전로 중의 과전류 차단기의 시설
고압 또는 특고압의 전로에 단락이 생긴 경우에 동작하는 과전류차단기는 이것을 시설하는 곳을 통과하는 단락전류를 차단하는 능력을 가지는 것이어야 한다.

296 □□□

전로 중에 기계기구 및 전선을 보호하기 위하여 필요한 곳에는 과전류차단기를 시설하여야 한다. 다음 중 과전류차단기를 시설하여도 되는 곳은?

① 접지공사의 접지도체
② 다선식 전로의 중선선
③ 방전장치를 시설한 고압 전로의 전선
④ 전로의 일부에 접지공사를 한 저압 가공전선로의 접지측 전선

| 해설

KEC 341.11 과전류차단기의 시설 제한
㉠ 과전류차단기의 시설
전선과 기계기구를 과전류로부터 보호
㉡ 과전류차단기의 시설 제한
• 접지공사의 접지도체
• 다선식 선로의 중성선
• 접지공사를 한 저압 가공전선로의 접지측 전선

297 □□□

가공전선로와 지중전선로가 접속되는 곳에 반드시 시설하여야 하는 것은?

① 직렬 리액터 ② 방출보호등
③ 무효전력 보상장치 ④ 피뢰기

| 해설

KEC 341.13 피뢰기의 시설
피뢰기의 설치 위치
㉠ 발전소·변전소 또는 이에 준하는 장소의 가공전선 인입구 및 인출구
㉡ 가공전선로에 접속하는 배전용 변압기의 고압측 및 특고압측
㉢ 고압 및 특고압 가공전선로부터 공급을 받는 수용장소의 인입구
㉣ **가공전선로와 지중전선로가 접속되는 곳**

298 □□□

피뢰기를 반드시 시설하지 않아도 되는 곳은?

① 가공전선로와 지중전선로가 접속되는 곳으로써 피보호기기가 보호범위 내에 위치하는 경우
② 발전소, 변전소 또는 이에 준하는 장소의 가공전선 인입구
③ 특고압 가공전선로부터 공급받는 수용장소의 인입구
④ 특고압 배전용 변압기의 특고압측 및 고압측

| 해설

KEC 341.13 피뢰기의 시설
피뢰기의 설치 위치
㉠ 발전소·변전소 또는 이에 준하는 장소의 가공전선 인입구 및 인출구
㉡ 가공전선로에 접속하는 배전용 변압기의 고압측 및 특고압측
㉢ 고압 및 특고압 가공전선로부터 공급을 받는 수용장소의 인입구
㉣ **가공전선로와 지중전선로가 접속되는 곳**

정답 295 ② 296 ③ 297 ④ 298 ①

299

고압 또는 특고압 전로에서 시설하는 피뢰기의 접지저항 값은 몇 [Ω] 이하이어야 하는가?

① 1[Ω]
② 10[Ω]
③ 30[Ω]
④ 50[Ω]

| 해설
KEC 341.14 피뢰기의 접지
고압 및 특고압의 전로에 시설하는 피뢰기 접지저항 값은 10[Ω] 이하로 하여야 한다.

300

피뢰기의 접지공사의 접지극을 변압기 중성점 접지용 접지극으로부터 1[m] 이상 격리하여 시설하는 경우에 그 접지공사의 접지저항 값은 몇 [Ω] 이하이어야 하는가?

① 10[Ω]
② 20[Ω]
③ 30[Ω]
④ 40[Ω]

| 해설
KEC 341.14 피뢰기의 접지
피뢰기의 접지공사의 접지극을 변압기 중성점 접지용 접지극으로부터 1[m] 이상 격리하여 시설하는 경우에 그 접지공사의 접지저항 값이 30[Ω] 이하

301

발전소의 개폐기 또는 차단기에 사용하는 압축공기장치의 주 공기탱크에는 어떠한 최고 눈금이 있는 압력계를 설치하여야 하는가?

① 사용압력의 1배 이상 1.5배 이하
② 사용압력의 1.25배 이상 2배 이하
③ 사용압력의 1.5배 이상 3배 이하
④ 사용압력의 2배 이상 4배 이하

| 해설
KEC 341.15 압축공기계통
압축공기계통의 시설조건
㉠ 공기압축기는 최고사용압력의 1.5배의 수압(1.25배 기압)을 10분간 견디어야 한다.
㉡ 사용압력에서 공기의 보급이 없는 상태로 개폐기 또는 차단기의 투입 및 차단을 계속하여 1회 이상 할 수 있는 용량을 가지는 것이어야 한다.
㉢ 주공기탱크는 사용압력의 1.5배 이상 3배 이하의 최고눈금이 있는 압력계를 시설해야 한다.

302

발·변전소의 차단기에 사용하는 압축공기장치의 공기탱크는 사용압력에서 공기의 보급이 없는 상태에서 차단기의 투입 및 차단을 연속하여 몇 회 이상 할 수 있는 용량을 가져야 하는가?

① 1회
② 2회
③ 3회
④ 4회

| 해설
KEC 341.15 압축공기계통
사용압력에서 공기의 보급이 없는 상태로 개폐기 또는 차단기의 투입 및 차단을 계속하여 1회 이상 할 수 있는 용량을 가지는 것이어야 한다.

303

다음은 발전소, 변전소, 개폐소 또는 이에 준하는 곳에서 개폐기 또는 차단기에 사용하는 압축공기장치에 대한 설명이다. 빈칸 ㉠, ㉡ 에 적합한 값은?

> 공기 압축기는 최고 사용압력의 (㉠)배의 수압을 연속하여 (㉡)분간 가하여 시험을 하였을 때에 이에 견디고 또한 새지 아니하여야 한다.

① ㉠ 1.5 ㉡ 5
② ㉠ 1.5 ㉡ 10
③ ㉠ 1.25 ㉡ 5
④ ㉠ 1.25 ㉡ 10

정답 299 ② 300 ③ 301 ③ 302 ① 303 ②

| 해설

KEC 341.15 압축공기계통
압축공기계통의 시설조건
㉠ 공기압축기는 최고사용압력의 1.5배의 수압(1.25배 기압)을 10분간 견디어야 한다.
㉡ 사용압력에서 공기의 보급이 없는 상태로 개폐기 또는 차단기의 투입 및 차단을 계속하여 1회 이상 할 수 있는 용량을 가지는 것이어야 한다.
㉢ 주공기탱크는 사용압력의 1.5배 이상 3배 이하의 최고눈금이 있는 압력계를 시설해야 한다.

304 □□□

고압 옥내배선 방법으로 적당한 것은?

① 금속관공사 ② 케이블공사
③ 합성수지관공사 ④ 버스덕트공사

| 해설

KEC 342.1 고압 옥내배선 등의 시설
고압 옥내 배선 공사방법
㉠ 애자사용공사(건조한 장소로서 전개된 장소에 한한다.)
㉡ 케이블공사
㉢ 케이블트레이공사

305 □□□

애자사용배선에 의한 고압 옥내 배선 등의 시설에서 사용되는 연동선의 공칭단면적은 몇 [mm²] 이상인가?

① 6 ② 10
③ 16 ④ 22

| 해설

KEC 342.1 고압 옥내배선 등의 시설
애자사용공사에 의한 고압 옥내 배선 시설조건
㉠ 사용 전선: 6[mm²] 이상의 연동선 또는 이와 동등 이상의 세기 및 굵기의 고압 절연전선이나 특고압 절연전선 또는 인하용 고압 절연전선일 것
㉡ 전선의 지지점 간의 거리: 6[m] 이하
(단, 전선을 조영재의 면을 따라 붙이는 경우: 2[m] 이하)
㉢ 전선 상호 간의 간격: 0.08[m] 이상
㉣ 전선과 조영재 사이의 간격: 0.05[m] 이상

306 □□□

애자사용공사에 의한 고압 옥내 배선을 시설하고자 한다. 다음 중 잘못된 내용은?

① 저압 옥내 배선과 쉽게 식별되도록 시설한다.
② 전선은 공칭단면적 6[mm²] 이상의 연동선을 사용한다.
③ 전선 상호간의 간격은 8[cm] 이상이어야 한다.
④ 전선과 조영재 사이의 간격은 4[cm] 이상이어야 한다.

| 해설

KEC 342.1 고압 옥내배선 등의 시설
전선과 조영재 사이의 간격은 5[cm] 이상이어야 한다.

307 □□□

애자사용공사에 의한 고압 옥내 배선을 사람이 접촉할 우려가 없도록 시설한 경우 전선의 지지점 간의 간격은 일반적으로 몇 [m] 이하이어야 하는가?

① 4 ② 5
③ 6 ④ 7

| 해설

KEC 342.1 고압 옥내배선 등의 시설
전선의 지지점 간의 거리: 6[m] 이하
(단, 전선을 조영재의 면을 따라 붙이는 경우: 2[m] 이하)

정답 304 ② 305 ① 306 ④ 307 ③

308 □□□

6[kV] 고압 옥내 배선을 애자사용공사로 하는 경우 전선의 지지점 간의 거리는 전선을 조영재의 면을 따라 붙이는 경우에는 몇 [m] 이하이어야 하는가?

① 1
② 2
③ 3
④ 5

| 해설

KEC 342.1 고압 옥내배선 등의 시설
애자사용공사에 의한 고압 옥내 배선 시설조건
㉠ 전선의 지지점 간의 거리: 6[m] 이하
　　(단, 전선을 조영재의 면을 따라 붙이는 경우: 2[m] 이하)
㉡ 전선 상호 간의 간격: 0.08[m] 이상
㉢ 전선과 조영재 사이의 간격: 0.05[m] 이상

309 □□□

옥내 고압용 이동전선의 시설방법으로 옳은 것은?

① 전선은 MI케이블을 사용하였다.
② 다선식 전로의 중성선에 과전류차단기를 시설하였다.
③ 이동전선과 전기사용 기계기구와는 해체가 쉽게 되도록 느슨하게 접속하였다.
④ 전로에 지기가 생겼을 때 자동적으로 전로를 차단하는 장치를 시설하였다.

| 해설

KEC 342.2 옥내 고압용 이동전선의 시설
옥내에 시설하는 고압의 이동전선의 시설조건
㉠ 전선은 **고압용의 캡타이어케이블일 것**
㉡ 이동전선과 전기사용기계기구와는 볼트 조임 기타의 방법에 의하여 견고하게 접속할 것
㉢ 이동전선에 전기를 공급하는 전로(유도전동기의 2차측 전로를 제외)에는 전용 개폐기 및 과전류 차단기를 각극(과전류 차단기는 다선식 전로의 중성극을 제외)에 시설하고, 또한 **전로에 지락이 생겼을 때에 자동적으로 전로를 차단하는 장치를 시설할 것**

310 □□□

다음 중 옥내에 시설하는 고압용 이동전선의 종류는?

① 150[mm²] 연동선
② 비닐 캡타이어케이블
③ 고압용 캡타이어케이블
④ 강심 알루미늄 연선

| 해설

KEC 342.2 옥내 고압용 이동전선의 시설
옥내에 시설하는 고압의 이동전선의 시설조건
㉠ 전선은 **고압용의 캡타이어케이블일 것**
㉡ 이동전선과 전기사용기계기구와는 볼트 조임 기타의 방법에 의하여 견고하게 접속할 것
㉢ 이동전선에 전기를 공급하는 전로(유도전동기의 2차측 전로를 제외)에는 전용 개폐기 및 과전류 차단기를 각극(과전류 차단기는 다선식 전로의 중성극을 제외)에 시설하고, 또한 전로에 지락이 생겼을 때에 자동적으로 전로를 차단하는 장치를 시설할 것

311 □□□

특고압을 옥내에 시설하는 경우 그 사용전압의 최대 한도는 몇 [kV] 이하인가? (단, 케이블트레이 공사는 제외)

① 100
② 170
③ 250
④ 345

| 해설

KEC 342.4 특고압 옥내 전기설비의 시설
특고압 옥내 전기설비의 사용전압은 100[kV] 이하여야 한다. (다만, 케이블트레이공사에 의하여 시설하는 경우에는 35[kV] 이하)

정답　308 ②　309 ④　310 ③　311 ①

312

특고압 옥내 배선과 저압 옥내 전선, 관등회로의 배선 또는 고압 옥내 전선 사이의 간격은 몇 [cm] 이상이어야 하는가?

① 15
② 30
③ 45
④ 60

| 해설

KEC 342.4 특고압 옥내 전기설비의 시설
특고압 옥내배선과 저압 옥내전선·관등회로의 배선 또는 고압 옥내전선 사이의 간격은 0.6[m] 이상이어야 한다.
(다만, 상호 간에 견고한 내화성의 격벽을 시설할 경우에는 그러하지 아니하다.)

313

다음에서 ㉠, ㉡에 들어갈 것으로 알맞은 것은?

> 고압 또는 특고압의 기계기구모선을 옥외에 시설하는 발전소, 변전소, 개폐소 또는 이에 준하는 곳에 시설하는 울타리, 담 등의 높이는 (㉠)[m] 이상으로 하고, 지표면과 울타리, 담 등의 하단 사이의 간격은 (㉡)[cm] 이하로 하여야 한다.

① ㉠ 3 ㉡ 15
② ㉠ 2 ㉡ 15
③ ㉠ 3 ㉡ 25
④ ㉠ 2 ㉡ 25

| 해설

KEC 351.1 발전소 등의 울타리·담 등의 시설
발전소 등의 울타리·담 등의 시설조건
㉠ 울타리·담 등의 높이는 2[m] 이상으로 하고 지표면과 울타리·담 등의 하단 사이의 간격은 15[cm] 이하로 한다.
㉡ 울타리·담 등의 높이와 울타리·담 등으로부터 충전부분까지 거리의 합계는 다음 표에서 정한 값 이상으로 한다.

사용전압의 구분	울타리·담 등의 높이와 울타리·담 등으로부터 충전부분까지 거리의 합계
35[kV] 이하	5[m]
35[kV] 초과 160[kV] 이하	6[m]
160[kV] 초과	6[m]에 160[kV]를 초과하는 10[kV] 또는 그 단수마다 12[cm]를 더한 값

314

고압 가공전선과 금속제의 울타리가 교차하는 경우 울타리에는 교차점과 좌, 우로 접지공사를 하여야 한다. 그 접지공사의 방법이 옳은 것은?

① 좌우로 30[m] 이내의 개소에 한다.
② 좌우로 35[m] 이내의 개소에 한다.
③ 좌우로 40[m] 이내의 개소에 한다.
④ 좌우로 45[m] 이내의 개소에 한다.

| 해설

KEC 351.1 발전소 등의 울타리·담 등의 시설
고압 또는 특고압 가공전선(전선에 케이블을 사용하는 경우는 제외함)과 금속제의 울타리·담 등이 교차하는 경우에 금속제의 울타리·담 등에는 교차점과 좌, 우로 45[m] 이내의 개소에 접지공사를 하여야 한다.

315

20[kV] 전로에 접속한 전력용 콘덴서 장치에 울타리를 하고자 한다. 울타리의 높이를 2[m]로 하면 울타리로부터 콘덴서 장치의 최단 충전부까지의 거리는 몇 [m] 이상이어야 하는가?

① 1
② 2
③ 3
④ 4

| 해설

KEC 351.1 발전소 등의 울타리·담 등의 시설
발전소 등의 울타리·담 등의 시설조건

사용전압의 구분	울타리·담 등의 높이와 울타리·담 등으로부터 충전부분까지 거리의 합계
35[kV] 이하	5[m]
35[kV] 초과 160[kV] 이하	6[m]
160[kV] 초과	6[m]에 160[kV]를 초과하는 10[kV] 또는 그 단수마다 12[cm]를 더한 값

울타리 높이와 울타리까지 거리의 합계는 35[kV] 이하는 5[m] 이상이므로 울타리 높이를 2[m]로 하려면 울타리까지 거리는 3[m] 이상으로 하여야 한다.

정답 312 ④ 313 ② 314 ④ 315 ③

316

사용전압이 22,900[V]인 개폐소의 울타리, 담 등과 특고압의 충전부분이 접근하는 경우에, 울타리, 담 등의 높이와 울타리, 담 등으로부터 충전부분까지의 거리의 합계는 몇 [m] 이상으로 하여야 하는가?

① 5
② 5.5
③ 6
④ 6.5

| 해설

KEC 351.1 발전소 등의 울타리·담 등의 시설
발전소 등의 울타리·담 등의 시설조건

사용전압의 구분	울타리·담 등의 높이와 울타리·담 등으로부터 충전부분까지 거리의 합계
35[kV] 이하	5[m]
35[kV] 초과 160[kV] 이하	6[m]

317

변전소에서 154[kV], 용량 2,100[kVA] 변압기를 옥외에 시설할 때 울타리의 높이와 울타리에서 충전부분까지의 거리의 합계는 몇 [m] 이상이어야 하는가?

① 5
② 5.5
③ 6
④ 6.5

| 해설

KEC 351.1 발전소 등의 울타리·담 등의 시설
발전소 등의 울타리·담 등의 시설조건

사용전압의 구분	울타리·담 등의 높이와 울타리·담 등으로부터 충전부분까지 거리의 합계
35[kV] 이하	5[m]
35[kV] 초과 160[kV] 이하	6[m]

318

345[kV]의 옥외 변전소에 있어서 울타리의 높이와 울타리에서 기기의 충전부분까지의 거리의 합계는 최소 몇 [m] 이상이어야 하는가?

① 6.48
② 8.16
③ 8.28
④ 8.40

| 해설

KEC 351.1 발전소 등의 울타리·담 등의 시설
울타리까지 거리와 울타리 높이의 합계는 160[kV]까지는 6[m]이고, 160[kV]넘는 10[kV]단수는 (345 - 160) ÷ 10 = 18.50이므로 19 단수이다.
그러므로 울타리까지 거리와 높이의 합계는
6 + (19 × 0.12) = 8.28[m]이다.

319

345[kV] 변전소의 충전부분에서 5.78[m]의 거리에 울타리를 설치하고자 한다. 울타리의 높이는 최소 몇 [m]로 하여야 하는가?

① 2
② 2.25
③ 2.5
④ 3

| 해설

KEC 351.1 발전소 등의 울타리·담 등의 시설
울타리까지 거리와 높이의 합계는 6 + 19 × 0.12 = 8.28[m]에서 거리 5.78[m]을 빼면 울타리 높이는 **2.5[m]**가 된다.

320

발전기의 용량에 관계없이 자동적으로 이를 전로로부터 차단하는 장치를 시설하여야 하는 경우는?

① 과전류 인입
② 베어링
③ 발전기 내부고장
④ 유압의 과팽창

| 해설

KEC 351.3 발전기 등의 보호장치
발전기에 과전류나 과전압이 생기는 경우 **자동적으로 이를 전로로부터 자동차단하는 장치**를 하여야 한다.

정답 316 ① 317 ③ 318 ③ 319 ③ 320 ①

321 □□□

발전기를 구동하는 수차의 압유장치 유압이 현저히 저하한 경우 자동적으로 이를 전로로부터 차단시키도록 보호장치를 하여야 한다. 용량 몇 [kVA] 이상인 발전기에 자동차단 보호장치를 하는가?

① 500
② 1,000
③ 1,500
④ 2,000

| 해설
KEC 351.3 발전기 등의 보호장치
다음의 경우 자동적으로 이를 전로로부터 자동차단하는 장치를 하여야 한다.
㉠ 발전기에 과전류나 과전압이 생기는 경우
㉡ 500[kVA] 이상: 수차의 압유장치의 유압 또는 전동식 제어장치(가이드밴, 니들, 디플렉터 등)의 전원전압이 현저하게 저하한 경우
㉢ 100[kVA] 이상: 발전기를 구동하는 풍차의 압유장치의 유압, 압축공기장치의 공기압 또는 전동식 블레이드 제어장치의 전원전압이 현저히 저하한 경우
㉣ 2,000[kVA] 이상: 수차발전기의 스러스트베어링의 온도가 현저하게 상승하는 경우
㉤ 10,000[kVA] 이상인 발전기 내부고장이 생긴 경우
㉥ 출력 10,000[kW] 넘는 증기 터빈의 스러스트베어링이 현저하게 마모되거나 온도가 현저히 상승하는 경우

322 □□□

수력발전소의 발전기 내부에 고장이 발생하였을 때 자동적으로 전로로부터 차단하는 장치를 시설하여야 하는 발전기 용량은 몇[kVA] 이상인 것인가?

① 3,000
② 5,000
③ 8,000
④ 10,000

| 해설
KEC 351.3 발전기 등의 보호장치
10,000[kVA] 이상인 발전기 내부고장이 생긴 경우에는 자동적으로 전로로부터 차단하는 장치를 시설하여야 한다.

323 □□□

스러스트 베어링의 온도가 현저히 상승하는 경우 자동적으로 이를 전로로부터 차단하는 장치를 시설하여야 하는 수차발전기의 용량은 최소 몇 [kVA] 이상인 것인가?

① 500
② 1,000
③ 1,500
④ 2,000

| 해설
KEC 351.3 발전기 등의 보호장치
발전기의 운전 중에 용량이 2,000[kVA] 이상의 수차발전기는 스러스트베어링의 온도가 현저하게 상승하는 경우 자동차단장치를 동작시켜 발전기를 보호하여야 한다.

324 □□□

증기터빈의 스러스트베어링이 현저하게 마모되거나 온도가 현저히 상승한 경우 그 발전기를 전로로부터 자동차단하는 장치를 시설하는 것은 정격출력이 몇 [kW]를 넘었을 경우인가?

① 500
② 2,000
③ 5,000
④ 10,000

| 해설
KEC 351.3 발전기 등의 보호장치
출력 10,000[kW] 넘는 증기 터빈의 스러스트베어링이 현저하게 마모되거나 온도가 현저히 상승하는 경우

정답 321 ① 322 ④ 323 ④ 324 ④

325

뱅크 용량이 10,000[kVA] 이상인 특고압 변압기의 내부 고장이 발생하면 어떤 보호장치를 설치하여야 하는가?

① 자동차단장치
② 경보장치
③ 표시장치
④ 경보 및 자동차단장치

| 해설

KEC 351.4 특고압용 변압기의 보호장치
특고압용 변압기의 보호장치

뱅크용량의 구분	동작조건	장치의 종류
5,000[kVA] 이상 10,000[kVA] 미만	변압기 내부고장	자동차단장치 또는 경보장치
10,000[kVA] 이상	변압기 내부고장	자동차단장치
타냉식변압기(변압기의 권선 및 철심을 직접 냉각시키기 위하여 봉입한 냉매를 강제 순환시키는 냉각 방식을 말한다)	냉각장치에 고장이 생긴 경우 또는 변압기의 온도가 현저히 상승한 경우	경보장치

326

특고압용 타냉식 변압기의 냉각장치에 고장이 생긴 경우를 대비하여 어떤 보호장치를 하여야 하는가?

① 경보장치
② 속도조정장치
③ 온도시험장치
④ 냉매흐름장치

| 해설

KEC 351.4 특고압용 변압기의 보호장치
특고압용 변압기의 보호장치

뱅크용량의 구분	동작조건	장치의 종류
타냉식변압기(변압기의 권선 및 철심을 직접 냉각시키기 위하여 봉입한 냉매를 강제 순환시키는 냉각 방식을 말한다)	냉각장치에 고장이 생긴 경우 또는 변압기의 온도가 현저히 상승한 경우	경보장치

327

일정 용량 이상의 특고압용 변압기에 내부 고장이 생겼을 경우 자동적으로 이를 전로로부터 자동차단하는 장치 또는 경보장치를 시설해야 하는 뱅크 용량은?

① 1,000[kVA] 이상 5,000[kVA] 미만
② 5,000[kVA] 이상 10,000[kVA] 미만
③ 10,000[kVA] 이상 15,000[kVA] 미만
④ 15,000[kVA] 이상 20,000[kVA] 미만

| 해설

KEC 351.4 특고압용 변압기의 보호장치
뱅크용량이 5,000[kVA] 이상 10,000[kVA] 미만의 특고압용 변압기에 내부고장이 생겼을 경우 자동적으로 이를 전로로부터 자동차단하는 장치 또는 경보장치를 시설해야 한다.

328

전력용 콘덴서의 내부에 고장이 생긴 경우 및 과전류 또는 과전압이 생긴 경우에 자동적으로 전로로부터 차단하는 장치가 필요한 뱅크 용량은 몇 [kVA] 이상인가?

① 1,000[kVA] 이상
② 5,000[kVA] 이상
③ 10,000[kVA] 이상
④ 15,000[kVA] 이상

| 해설

KEC 351.5 조상설비의 보호장치
조상설비에는 그 내부에 고장이 생긴 경우에 보호하는 장치를 시설하여야 한다.

설비종별	뱅크용량의 구분	자동적으로 전로로부터 차단하는 장치
전력용 커패시터 및 분로리액터	500[kVA] 초과 15,000[kVA] 미만	내부고장 및 과전류 발생 시 보호장치
	15,000[kVA] 이상	내부고장 및 과전류·과전압 발생 시 보호장치
무효전력 보상장치	15,000[kVA] 이상	내부고장 시 보호장치

정답 325 ① 326 ① 327 ② 328 ④

329 □□□

전력용 콘덴서의 용량이 15,000[kVA] 이상인 경우에 시설하는 차단하는 장치의 설명으로 옳지 않은 것은?

① 내부에 고장이 생긴 경우 동작하는 장치
② 절연유의 압력이 변화할 때 동작하는 장치
③ 과전류가 생긴 경우에 동작하는 장치
④ 과전압이 생긴 경우에 동작하는 장치

| 해설
KEC 351.5 조상설비의 보호장치
조상설비의 보호장치

설비종별	뱅크용량의 구분	자동적으로 전로로부터 차단하는 장치
전력용 커패시터 및 분로리액터	500[kVA] 초과 15,000[kVA] 미만	내부고장 및 과전류 발생 시 보호장치
	15,000[kVA] 이상	내부고장 및 과전류·과전압 발생 시 보호장치
무효전력 보상장치	15,000[kVA] 이상	내부고장 시 보호장치

330 □□□

무효전력 보상장치의 보호장치에서 용량이 몇 [kVA] 이상의 무효전력 보상장치에는 그 내부에 고장이 생긴 경우에 자동적으로 이를 전로로부터 차단하는 장치를 하여야 하는가?

① 1,000
② 1,500
③ 10,000
④ 15,000

| 해설
KEC 351.5 조상설비의 보호장치
용량이 15,000[kVA] 이상의 무효전력 보상장치에 내부고장이 발생한 경우 자동적으로 차단하는 장치를 이용하여 보호한다.

331 □□□

일반 변전소 또는 이에 준하는 곳의 주요 변압기에 시설하여야 하는 계측장치로 옳은 것은?

① 전류, 전력 및 주파수
② 전압, 주파수 및 전력품질
③ 전압 및 전류 또는 전력
④ 전력, 역률 또는 주파수

| 해설
KEC 351.6 계측장치
변전소에서 계측장치의 설치
㉠ 주요 변압기의 전압 및 전류 또는 전력
㉡ 특고압용 변압기의 온도

332 □□□

발전소에서 계측장치를 시설하지 않아도 되는 것은?

① 발전기의 전압, 전류 또는 전력
② 발전기의 베어링 및 고정자의 온도
③ 특고압 모선의 전압 및 전류 또는 전력
④ 특고압용 변압기의 온도

| 해설
KEC 351.6 계측장치
발전소에서 계측장치의 설치
㉠ 발전기, 연료전지 또는 태양전지 모듈의 전압, 전류, 전력
㉡ 발전기 베어링(수중 메탈은 제외) 및 고정자의 온도
㉢ 정격출력이 10,000[kW]를 넘는 증기 터빈에 접속된 발전기진동의 진폭
㉣ 주요 변압기의 전압, 전류, 전력
㉤ 특고압용 변압기의 온도

정답 329 ② 330 ④ 331 ③ 332 ③

333 □□□

동기발전기를 사용하는 전력계통에 시설하여야 하는 장치는?

① 비상 조속기
② 동기검정장치
③ 분로 리액터
④ 절연유 유출방지설비

| 해설

KEC 351.6 계측장치
무효전력 보상장치를 시설하는 경우에는 다음의 사항을 계측하는 장치 및 동기검정장치를 시설하여야 한다. 다만, 무효전력 보상장치의 용량이 전력계통의 용량과 비교하여 현저히 적은 경우에는 동기검정장치를 시설하지 아니할 수 있다.
㉠ 무효전력 보상장치의 전압 및 전류 또는 전력
㉡ 무효전력 보상장치의 베어링 및 고정자의 온도

334 □□□

수소냉각식 발전기 및 이에 부속하는 수소냉각장치에 대한 설명으로 틀린 것은?

① 발전기는 기밀구조의 것이고 또한 수소가 대기압에서 폭발하는 경우에 생기는 압력에 견디는 강도를 가지는 것일 것
② 발전기 안의 수소의 순도가 70[%] 이하로 저하한 경우 경보하는 장치를 시설할 것
③ 발전기 안의 수소의 온도를 계측하는 장치를 시설할 것
④ 수소의 압력계측장치 및 압력변동에 대한 경보장치를 시설할 것

| 해설

KEC 351.10 수소냉각식 발전기 등의 시설
발전기 안의 수소의 순도가 85[%] 이하로 저하한 경우 경보하는 장치를 시설하여야 한다.

335 □□□

전력보안 통신용 전화설비를 반드시 시설하여야 하는 곳은?

① 원격감시제어가 되는 변전소
② 화력발전소와 수력발전소 상호간
③ 원격감시제어가 되는 발전소
④ 2 이상의 급전소 상호간

| 해설

KEC 362.1 전력보안통신설비의 시설 요구사항
전력보안통신설비의 시설조건
㉠ 원격감시제어가 되지 않는 발전소, 원격감시제어가 되지 않는 변전소, 발전제어소, 변전제어소, 개폐소 및 전선로의 기술원 주재소와 이를 운용하는 급전소 간
㉡ 2 이상의 급전소 상호간과 이들을 총합 운용하는 급전소 간
㉢ 수력설비 중 필요한 곳, 수력설비의 보안상 필요한 양수소(量水所) 및 강수량 관측소와 수력발전소 간
㉣ 동일 수계에 속하고 안전상 긴급연락의 필요가 있는 수력발전소 상호간
㉤ 동일 전력계통에 속하고 또한 안전상 긴급연락의 필요가 있는 발전소·변전소 및 개폐소 상호 간
㉥ 발전소, 변전소 및 개폐소와 기술원 주재소 간
㉦ 발전소, 변전소, 개폐소, 급전소 및 기술원 주재소와 전기설비의 안전상 긴급 연락의 필요가 있는 기상대, 측후소, 소방서 및 방사선 감시계측 시설물 등의 사이

336 □□□

일반적으로 가공전선로의 지지물에 시설하는 통신선과 고압 가공전선 사이의 간격은 몇 [m] 이상이어야 하는가?

① 0.4
② 0.6
③ 0.8
④ 1

| 해설

KEC 362.2 전력보안통신선의 시설 높이와 간격
통신선과 고압 가공전선 사이의 간격은 **0.6[m] 이상**일 것 다만, 고압 가공 전선이 케이블인 경우에 통신선이 절연전선과 동등 이상의 절연성능이 있는 것인 경우에는 0.3[m] 이상으로 할 수 있다.

정답 333 ② 334 ② 335 ④ 336 ②

337

가공전선로의 지지물에 시설하는 통신선과 고압 가공전선 사이에 간격은 몇 [cm] 이상이어야 하는가?

① 15
② 30
③ 60
④ 75

| 해설
KEC 362.2 전력보안통신선의 시설 높이와 간격
통신선과 고압 가공전선 사이의 간격은 0.6m 이상일 것(다만, 고압 가공 전선이 케이블인 경우에 통신선이 절연전선과 동등 이상의 절연성능이 있는 것인 경우에는 0.3m 이상)

338

통신선과 특고압 가공전선 사이의 간격은 몇 [m] 이상이어야 하는가? (단, 특고압 가공전선로의 다중 접지를 한 중성선을 제외한다)

① 0.8
② 1
③ 1.2
④ 1.4

| 해설
KEC 362.2 전력보안통신선의 시설 높이와 간격
통신선과 특고압 가공전선 사이의 간격은 **1.2[m] 이상**일 것
다만, 특고압 가공전선이 케이블인 경우에 통신선이 절연전선과 동등 이상의 절연성능이 있는 것인 경우에는 0.3[m] 이상으로 할 수 있다.

339

전력선 가공통신선을 교통에 지장을 줄 우려가 있는 곳의 도로 위에 시설할 경우에는 지표상 몇 [m] 이상으로 시설하여야 하는가?

① 4[m] 이상
② 4.5[m] 이상
③ 5[m] 이상
④ 5.5[m] 이상

| 해설
KEC 362.2 전력보안통신선의 시설 높이와 간격
전력보안통신선의 지표상 높이
㉠ **도로 위에 시설하는 경우: 지표상 5[m] 이상**
 (단, 교통에 지장이 없을 경우: 4.5[m] 이상)
㉡ 철도의 궤도를 횡단하는 경우: 레일면상 6.5[m] 이상
㉢ 횡단보도교 위에 시설하는 경우: 노면상 3[m] 이상
㉣ 위의 사항에 해당하지 않는 일반적인 경우: 3.5[m] 이상

340

저압 가공전선로의 지지물에 시설하는 통신선 또는 이에 직접 접속하는 가공통신선을 횡단보도교의 위에 시설하는 경우에는 노면상 몇[m] 이상의 높이로 시설하여야 하는가? (단, 통신선은 절연전선과 동등 이상의 절연효력이 있는 것이라고 한다.)

① 3.0
② 3.5
③ 4.0
④ 5.0

| 해설
KEC 362.2 전력보안통신선의 시설 높이와 간격
전력보안통신선의 지표상 높이
㉠ 도로 위에 시설하는 경우: 지표상 5[m] 이상
 (단, 교통에 지장이 없을 경우: 4.5[m] 이상)
㉡ 철도의 궤도를 횡단하는 경우: 레일면상 6.5[m] 이상
㉢ 횡단보도교 위에 시설하는 경우: **노면상 3[m] 이상**
㉣ 위의 사항에 해당하지 않는 일반적인 경우: 3.5[m] 이상

341

전력보안통신선을 조가할 경우 조가선은?

① 금속으로 된 단선
② 알루미늄으로 된 단선
③ 강심 알루미늄 연선
④ 아연도강연선

| 해설
KEC 362.3 조가선 시설기준
조가선은 단면적 38[mm²] 이상의 **아연도강연선**을 사용할 것

정답 337 ③ 338 ③ 339 ③ 340 ① 341 ④

342

전력보안 통신설비는 가공전선로로 부터의 어떤 작용에 의하여 사람에게 위험을 줄 우려가 없도록 시설하여야 하는가?

① 정전유도작용 및 표피작용
② 전자유도작용 및 표피작용
③ 정전유도작용 및 전자유도작용
④ 전자유도작용 및 페란티작용

| 해설
KEC 362.4 전력유도의 방지
전력보안통신설비는 가공전선로로부터의 **정전유도작용** 또는 **전자유도작용**에 의하여 사람에게 위험을 줄 우려가 없도록 시설하여야 한다.

343

특고압용 제2종 보안장치 또는 이에 준하는 보안장치등이 되어 있지 않은 25[kV] 이하인 특고압 가공전선로의 지지물에 시설하는 통신선 또는 이에 직접 접속하는 통신선으로 사용할 수 있는 것은?

① 캡타이어 케이블
② 지름 2.6[mm] 이상의 절연전선
③ 광섬유케이블
④ CV-CN 케이블

| 해설
KEC 362.6 25kV 이하인 특고압 가공전선로 첨가 통신선의 시설에 관한 특례
통신선은 광섬유 케이블일 것. 다만, 통신선은 광섬유 케이블 이외의 경우에 특고압용 제2종 보안장치 또는 이에 준하는 보안장치를 시설할 때에는 그러하지 아니하다.

344

그림은 전력선 반송통신용 결합장치의 보안장치이다. S는 어떤 용도의 개폐기인가?

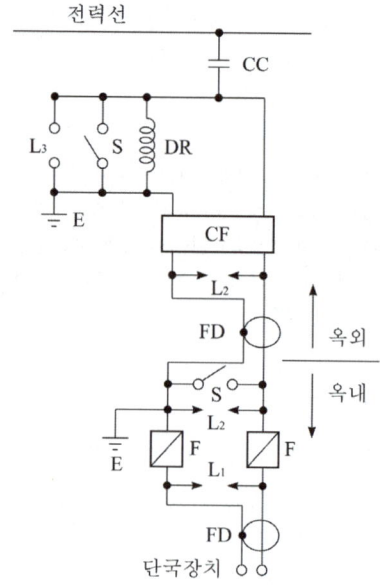

① 동축 케이블
② 결합 콘덴서
③ 접지용 개폐기
④ 구상용 방전 갭

| 해설
KEC 362.11 전력선 반송 통신용 결합장치의 보안장치
전력선 반송 통신용 결합장치의 보안장치
㉠ **CC: 결합 커패시터(결합 안테나를 포함)**
㉡ L_3: 동작전압이 교류 2[kV]를 초과하고 3[kV] 이하로 조정된 구상방전갭
㉢ **S: 접지용 개폐기**
㉣ DR: 전류용량 2[A] 이상의 배류선륜
㉤ CF: 결합 필터
㉥ L_2: 동작전압이 교류 1300[V]를 초과하고 1,600[V] 이하로 조정된 방전갭
㉦ FD: 동축 케이블
㉧ F: 정격전류 10[A] 이상의 포장 퓨즈
㉨ L_1: 교류 300[V] 이하에서 동작하는 피뢰기
㉩ E: 접지

정답 342 ③ 343 ③ 344 ③

345

그림은 전력선 반송통신용 결합장치의 보안장치이다. 여기서, CC는 어떤 콘덴서인가?

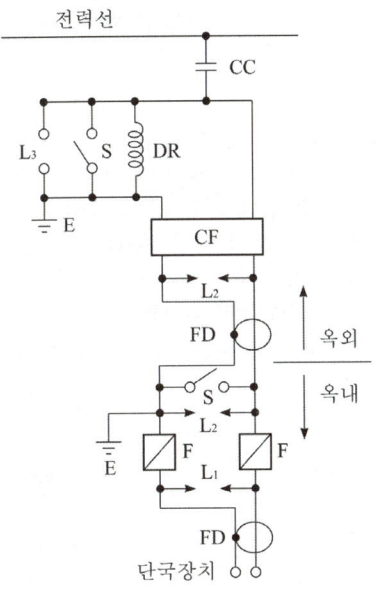

① 전력용 콘덴서
② 정류용 콘덴서
③ 결합용 콘덴서
④ 축전용 콘덴서

|해설
KEC 362.11 전력선 반송 통신용 결합장치의 보안장치
전력선 반송 통신용 결합장치의 보안장치
- ㉠ **CC: 결합 커패시터(결합 안테나를 포함)**
- ㉡ L₃: 동작전압이 교류 2[kV]를 초과하고 3[kV] 이하로 조정된 구상방전갭
- ㉢ **S: 접지용 개폐기**
- ㉣ DR: 전류용량 2[A] 이상의 배류선륜
- ㉤ CF: 결합 필터
- ㉥ L₂: 동작전압이 교류 1300[V]를 초과하고 1,600[V] 이하로 조정된 방전갭
- ㉦ FD: 동축 케이블
- ㉧ F: 정격전류 10[A] 이상의 포장 퓨즈
- ㉨ L₁: 교류 300[V] 이하에서 동작하는 피뢰기
- ㉩ E: 접지
- ㉪ DR₁: 고압용 배류 중계 코일(선로측 코일과 옥내측 코일 사이 및 선로측 코일과 대지 사이의 절연내력은 교류 3kV의 시험전압으로 시험하였을 때 연속하여 1분간 이에 견디는 것일 것)
- ㉫ DR₂: 특고압용 배류 중계 코일(선로측 코일과 옥내측 코일 사이 및 선로측 코일과 대지 사이의 절연내력은 **교류 6kV의 시험전압으로 시험하였을 때 연속하여 1분간 이에 견디는 것일 것)**

346

전력보안 통신설비인 무선통신용 안테나를 지지하는 목주는 풍압하중에 대한 안전율이 얼마 이상이어야 하는가?

① 1.0
② 1.2
③ 1.5
④ 2.0

|해설
KEC 364.1 무선용 안테나 등을 지지하는 철탑 등의 시설
무선용 안테나 등을 지지하는 철탑 등의 시설
목주, 철주, 철근 콘크리트주, 철탑의 **기초안전율은 1.5 이상**으로 한다.

제5장 전기철도

347

다음 중 전기철도 설비가 아닌 것은?

① 변전설비
② 급전설비
③ 송전설비
④ 부하설비

|해설
KEC 402 전기철도의 용어 정의
전기철도설비는 전철 변전설비, 급전설비, 부하설비(전기철도 차량 설비 등)로 구성된다.

348

레일·침목 및 도상과 이들의 부속품으로 구성된 시설을 무엇이라고 하는가?

① 차량
② 궤도
③ 조가선
④ 전차선

|해설
KEC 402 전기철도의 용어 정의
궤도
레일·침목 및 도상과 이들의 부속품으로 구성된 시설을 말한다.

정답 345 ③ 346 ③ 347 ③ 348 ②

349 □□□

팬터그래프 집전판의 편마모를 방지하기 위하여 전차선을 레일면 중심수직선으로부터 한쪽으로 치우친 정도의 치수를 무엇이라고 하는가?

① 조가선 ② 귀선회로
③ 급전선로 ④ 전차선편위

| 해설
KEC 402 전기철도의 용어 정의
㉠ 조가선: 전차선이 레일면상 일정한 높이를 유지하도록 행어이어, 드로퍼 등을 이용하여 전차선 상부에서 조가하여 주는 전선
㉡ 귀선회로: 전기철도차량에 공급된 전력을 변전소로 되돌리기 위한 귀로
㉢ 급전선로: 급전선 및 이를 지지하거나 수용하는 설비를 총괄한 것

350 □□□

장기 과전압은 지속시간이 몇 [ms] 이상인 과전압을 말하는가?

① 10 ② 20
③ 30 ④ 40

| 해설
KEC 402 전기철도의 용어 정의
장기 과전압은 지속시간이 20[ms] 이상인 과전압을 말한다.

351 □□□

다음 중 60[Hz] 교류 전차선로의 공칭전압은 몇 [V] 인가?

① 3,300 ② 6,600
③ 25,000 ④ 66,000

| 해설
KEC 411.2 전차선로의 전압
전차선로의 전압(60[Hz] 교류방식)
사용전압과 각 전압별 최고, 최저전압은 아래의 표에 따라 선정하여야 한다. 다만, 비지속성 최저전압은 지속시간이 2분 이하로 예상되는 전압의 최저값으로 하되, 기존 운행중인 전기철도차량과의 인터페이스를 고려한다.

구분	급전전압[V]
비지속성 최저전압	17,500 35,000
지속성 최저전압	19,000 38,000
공칭전압	25,000 50,000
지속성 최고전압	27,500 55,000
비지속성 최고전압	29,000 58,000
장기 과전압	38,746 77,492

352 □□□

변전소의 설비로 급전용변압기는 직류 전기철도의 경우 3상 정류기용 변압기, 교류 전기철도의 경우 어떤 변압기의 적용을 원칙으로 하는가?

① 단권변압기 ② 2권선변압기
③ 승압기 ④ 3상 스코트결선 변압기

| 해설
KEC 421.4 변전소의 설비
급전용변압기는 직류 전기철도의 경우 3상 정류기용 변압기, 교류 전기철도의 경우 3상 스코트결선 변압기의 적용을 원칙으로 하고, 급전계통에 적합하게 선정하여야 한다.

정답 349 ④ 350 ② 351 ③ 352 ④

353 □□□

다음 전기철도 변전방식 계획에 대한 내용이 아닌 것은?

① 기기와 시설자재는 운반이 폐쇄적이어야 한다.
② 전기철도 노선, 전기철도차량의 특성, 차량운행계획 및 철도망건설계획 등 부하특성과 연장급전 등을 고려하여 변전소 등의 용량을 결정한다.
③ 변전소의 위치는 가급적 수전선로의 길이가 최소화 되도록 하며, 전력수급이 용이하고, 변전소 앞 절연구간에서 전기철도차량의 타행운행이 가능한 곳을 선정하여야 한다.
④ 변전설비는 설비운영과 안전성 확보를 위하여 원격 감시 및 제어방법과 유지보수 등을 고려하여야 한다.

| 해설
KEC 421.2 변전소 등의 계획
변전소 등의 계획
㉠ 전기철도 노선, 전기철도차량의 특성, 차량운행계획 및 철도망건설계획 등 부하특성과 연장급전 등을 고려하여 변전소 등의 용량을 결정하고, 급전계통을 구성하여야 한다.
㉡ 변전소의 위치는 가급적 수전선로의 길이가 최소화 되도록 하며, 전력수급이 용이하고, 변전소 앞 절연구간에서 전기철도차량의 무동력[타행]운행이 가능한 곳을 선정하여야 한다. 또한 기기와 시설자재의 운반이 용이하고, 공해, 염분 피해, 각종 재해의 영향이 적거나 없는 곳을 선정하여야 한다.
㉢ 변전설비는 설비운영과 안전성 확보를 위하여 원격 감시 및 제어방법과 유지보수 등을 고려하여야 한다.

354 □□□

다음 중 전기철도의 전차선로 전선 설치방식에 속하지 않는 것은?

① 가공방식
② 강체방식
③ 지중조가선방식
④ 제3레일 방식

| 해설
KEC 431.1 전차선 전선 설치방식
전차선의 전선 설치방식은 열차의 속도 및 노반의 형태, 부하전류 특성에 따라 적합한 방식을 채택하여야 하며 **가공방식, 강체방식, 제3레일방식**을 표준으로 한다.

355 □□□

비절연보호도체, 매설접지도체, 레일 등으로 구성하여 단권변압기 중성점과 공통접지에 접속하는 것을 무엇이라고 하는가?

① 귀선로
② 급전선
③ 합성전차선
④ 수전선로

| 해설
KEC 431.5 귀선로
귀선로는 비절연보호도체, 매설접지도체, 레일 등으로 구성하여 단권변압기 중성점과 공통접지에 접속한다.

356 □□□

전차선의 편위는 오버랩이나 분기 구간 등 특수 구간을 제외하고 레일면에 수직인 궤도 중심선으로부터 좌우로 각각 몇 [mm]를 표준으로 하는가?

① 50
② 100
③ 200
④ 300

| 해설
KEC 431.8 전차선의 편위
전차선의 편위는 오버랩이나 분기 구간 등 특수 구간을 제외하고 레일면에 수직인 궤도 중심선으로부터 좌우로 각각 **200[mm]**를 표준으로 하며, 팬터그래프 집전판의 고른 마모를 위하여 지그재그 편위를 준다.

정답 353 ① 354 ③ 355 ① 356 ③

357 □□□

전차선로 설비의 경우 합금 전차선의 경우 안전율은 2.0 이상으로 하며, 경동선의 경우는 얼마로 하는가?

① 1.2
② 1.5
③ 2.2
④ 2.5

| 해설
KEC 431.10 전차선로 설비의 안전율
전차선로 설비의 안전율
㉠ 합금전차선의 경우 2.0 이상
㉡ **경동선의 경우 2.2 이상**
㉢ 조가선 및 조가선 장력을 지탱하는 부품에 대하여 2.5 이상
㉣ 복합체 자재(고분자 애자 포함)에 대하여 2.5 이상

358 □□□

교류 전차선 등 충전부와 식물 사이의 간격은 몇 [m] 이어야 하는가?

① 3
② 5
③ 6
④ 6.5

| 해설
KEC 431.11 전차선 등과 식물사이의 간격
교류 전차선 등 충전부와 식물사이의 간격은 5[m] 이상이어야 한다. 다만, 5[m] 이상 확보하기 곤란한 경우에는 현장여건을 고려하여 방호벽 등 안전조치를 하여야 한다.

359 □□□

전기철도 차량이 회생제동의 사용을 중단해야 하는 경우가 아닌 것은?

① 전차선로 지락이 발생한 경우
② 전차선로에서 전력을 받을 수 없는 경우
③ 규정된 선로전압이 장기 과전압보다 높은 경우
④ 가공 전차선로의 유효전력이 150[kW] 이상일 경우

| 해설
KEC 441.5 회생제동
전기철도차량은 다음과 같은 경우에 회생제동의 사용을 중단해야 한다.
㉠ 전차선로 지락이 발생한 경우
㉡ 전차선로에서 전력을 받을 수 없는 경우
㉢ 411.2에서 규정된 선로전압이 장기 과전압 보다 높은 경우

360 □□□

전기철도의 설비를 보호하기 위해 시설하는 피뢰기의 시설기준으로 틀린 것은?

① 피뢰기는 변전소 인입측 및 급전선 인출 측에 설치하여야 한다.
② 피뢰기는 가능한 한 보호하는 기기와 가깝게 시설하되 누설전류 측정이 용이하도록 지지대와 절연하여 설치한다.
③ 피뢰기는 개방형을 사용하고 유효 보호거리를 증가시키기 위하여 방전개시전압 및 제한전압이 낮은 것을 사용한다.
④ 피뢰기는 가공전선과 직접 접속하는 지중케이블에서 낙뢰에 의해 절연파괴의 우려가 있는 케이블 단말에 설치하여야 한다.

| 해설
KEC 451.3 전기철도의 피뢰기 설치장소
(1) 전기철도의 피뢰기 설치장소
㉠ 변전소 인입측 및 급전선 인출측
㉡ 가공전선과 직접 접속하는 지중케이블에서 낙뢰에 의해 절연파괴의 우려가 있는 케이블 단말
㉢ 피뢰기는 가능한 한 보호하는 기기와 가깝게 시설하되 누설전류 측정이 용이하도록 지지대와 절연하여 설치
(2) 피뢰기의 선정
㉠ 피뢰기는 **밀봉형을 사용**하고 유효 보호거리를 증가시키기 위하여 방전개시전압 및 제한전압이 낮은 것을 사용한다.
㉡ 유도뢰서지에 대하여 2선 또는 3선의 피뢰기 동시 동작이 우려되는 변전소 근처의 단락전류가 큰 장소에는 속류차단능력이 크고 또한 차단성능이 회로조건의 영향을 받을 우려가 적은 것을 사용한다.

정답 357 ③ 358 ② 359 ④ 360 ③

361

공칭전압이 교류 1[kV] 또는 직류 1.5[kV] 이하인 경우 사람이 접근할 수 있는 보행표면의 공간거리를 유지할 수 없는 경우, 장애물과 충전부 사이의 공간거리는 최소한 몇 [m]로 하여야 하는가?

① 0.15
② 0.3
③ 0.5
④ 1.0

| 해설
KEC 461.1 감전에 대한 보호조치
공칭전압이 교류 1[kV] 또는 직류 1.5[kV] 이하인 경우 사람이 접근할 수 있는 보행표면의 공간거리를 유지할 수 없는 경우 충전부와의 직접 접촉에 대한 보호를 위해 장애물을 설치하여야 한다. 충전부가 보행표면과 동일한 높이 또는 낮게 위치한 경우 장애물 높이는 장애물 상단으로부터 1.35[m]의 공간 거리를 유지하여야 하며, 장애물과 충전부 사이의 공간거리는 최소한 0.3[m]로 하여야 한다.

362

전기부식 방지대책에서 매설금속체측의 누설전류에 의한 전기부식의 피해가 예상되는 곳에 고려하여야 하는 방법으로 틀린 것은?

① 배류장치 설치
② 절연코팅
③ 저준위 금속체를 접속
④ 변전소 간 간격 축소

| 해설
KEC 461.4 전기부식방지
(1) 전기철도측의 전기부식 방지를 위해서는 다음 방법을 고려하여야 한다.
  ㉠ 변전소 간 간격 축소
  ㉡ 레일본드의 양호한 시공
  ㉢ 장대레일채택
  ㉣ 절연도상 및 레일과 침목사이에 절연층의 설치
  ㉤ 기타
(2) 매설금속체측의 누설전류에 의한 전기부식의 피해가 예상되는 곳은 다음 방법을 고려하여야 한다.
  ㉠ 배류장치 설치
  ㉡ 절연코팅
  ㉢ 매설금속체 접속부 절연
  ㉣ 저준위 금속체를 접속
  ㉤ 궤도와의 간격 증대
  ㉥ 금속판 등의 도체로 차폐

363

귀선시스템의 종 방향 전기저항을 낮추기 위해서는 레일 사이에 저저항 레일본드를 접합 또는 접속하여 전체 종 방향 저항이 몇 [%] 이상 증가하지 않도록 하여야 하는가?

① 5
② 10
③ 15
④ 20

| 해설
KEC 461.5 누설전류 간섭에 대한 방지
귀선시스템의 종 방향 전기저항을 낮추기 위해서는 레일 사이에 저저항 레일본드를 접합 또는 접속하여 전체 종 방향 저항이 5[%] 이상 증가하지 않도록 하여야 한다.

364

직류 전기철도 시스템이 매설 배관 또는 케이블과 인접할 경우 누설전류를 피하기 위해 최대한 이격시켜야하며, 주행레일과 최소 몇 [m] 이상의 거리를 유지하여야 하는가?

① 0.3
② 0.5
③ 1
④ 2

| 해설
KEC 461.5 누설전류 간섭에 대한 방지
직류 전기철도 시스템이 매설 배관 또는 케이블과 인접할 경우 누설전류를 피하기 위해 최대한 이격시켜야 하며, 주행레일과 최소 1[m] 이상의 거리를 유지하여야 한다.

정답 361 ② 362 ④ 363 ① 364 ③

365

교류식 전기철도용 전차선로는 기설 가공약전류 전선로에 대하여 어떤 작용에 의한 통신상의 장해가 생기지 않도록 시설하여야 하는가?

① 전기부식작용
② 충전작용
③ 유도작용
④ 누설작용

| 해설

KEC 461.7 통신상의 유도 장해방지 시설
교류식 전기철도용 전차선로는 기설 가공약전류 전선로에 대하여 유도작용에 의한 통신상의 장해가 생기지 않도록 시설하여야 한다.

제6장 분산형전원설비

366

분산형전원설비에서 사업장의 설비용량 합계가 몇 [kVA] 이상인 경우 송배전계통과의 연결 상태 감시 및 유효전력, 무효전력, 전압 등을 측정할 수 있는 장치를 시설하여야 하는가?

① 100
② 150
③ 200
④ 250

| 해설

KEC 503 분산형전원 계통 연계설비의 시설
분산형전원설비 사업자의 한 사업장의 설비용량 합계가 **250[kVA] 이상**일 경우에는 송·배전계통과 연계지점의 연결 상태를 감시 또는 유효전력, 무효전력 및 전압을 측정할 수 있는 장치를 시설하여야 한다.

367

분산형전원 계통 연계설비의 시설에서 전력계통으로 언급되지 않는 것은?

① 전력판매사업자의 계통
② 구내계통
③ 구외계통
④ 독립전원계통

| 해설

KEC 503.1 계통 연계의 범위
계통 연계의 범위
분산형전원설비 등을 전력계통에 연계하는 경우에 적용하며, 여기서 전력계통이라함은 **전력판매사업자의 계통, 구내계통 및 독립전원계통** 모두를 말한다.

368

분산형전원설비를 인버터를 이용하여 전기판매사업자의 저압 전력계통에 연계하는 경우 인버터로부터 직류가 계통으로 유출되는 것을 방지하기 위하여 접속점과 인버터 사이에 무엇을 시설하여야 하는가?

① 네온변압기
② 상용주파수변압기
③ 저주파변압기
④ 자동차단장치

| 해설

KEC 503.2 저압계통 연계 시 직류유출방지 변압기의 시설
분산형전원설비를 인버터를 이용하여 전기판매사업자의 저압 전력계통에 연계하는 경우 인버터로부터 직류가 계통으로 유출되는 것을 방지하기 위하여 접속점(접속설비와 분산형전원설비 설치자 측 전기설비의 접속점을 말한다)과 인버터 사이에 상용주파수 변압기(단권변압기를 제외한다)를 시설하여야 한다. 다만, 다음을 모두 충족하는 경우에는 예외로 한다.
㉠ 인버터의 직류 측 회로가 비접지인 경우 또는 고주파 변압기를 사용하는 경우
㉡ 인버터의 교류출력 측에 직류 검출기를 구비하고, 직류 검출 시에 교류출력을 정지하는 기능을 갖춘 경우

정답 365 ③ 366 ④ 367 ③ 368 ②

369

다음 중 전기저장장치 시설장소로 적합하지 않은 것은?

① 기기 등을 조작 또는 보수·점검할 수 있는 충분한 공간을 확보하고 조명설비를 설치하여야 한다.
② 폭발성 가스의 축적을 방지하기 위한 환기시설을 갖추어야 한다.
③ 침수의 우려가 없도록 시설하여야 한다.
④ 근무자가 상시 드나들 수 있도록 시설을 개방해 놓아야 한다.

| 해설
KEC 511.1 시설장소의 요구사항
전기저장장치 시설장소의 요구사항
㉠ 전기저장장치의 이차전지, 제어반, 배전반의 시설은 기기 등을 조작 또는 보수·점검할 수 있는 충분한 공간을 확보하고 조명설비를 설치하여야 한다.
㉡ 전기저장장치를 시설하는 장소는 폭발성 가스의 축적을 방지하기 위한 환기시설을 갖추고 제조사가 권장하는 온도·습도·수분·먼지 등 적정 운영환경을 상시 유지하여야 한다.
㉢ 침수의 우려가 없도록 시설하여야 한다.
㉣ 외벽 등 확인하기 쉬운 위치에 "전기저장장치 시설장소" 표지를 하고, 일반인의 출입을 통제하기 위한 잠금장치 등을 설치하여야 한다.

370

전기저장장치의 전기배선은 몇 [mm²] 이상의 연동선 또는 이와 동등 이상의 세기 및 굵기의 것이어야 하는가?

① 1.5
② 2.5
③ 6
④ 16

| 해설
KEC 512.1 전기배선
전선은 공칭단면적 2.5[mm²] 이상의 연동선 또는 이와 동등 이상의 세기 및 굵기의 것일 것

371

전기저장장치를 전용건물에 시설하는 경우 다음 중 시설기준이 적합하지 않은 것은?

① 전기저장장치 시설장소의 바닥, 천장, 벽면 재료는 불연재료이어야 한다.
② 이차전지는 전력변환장치(PCS) 등의 다른 전기설비와 분리된 격실에 설치하여야 한다.
③ 이차전지는 벽면으로부터 2m 이상 이격하여 설치하여야 한다.
④ 전기저장장치가 차량에 의해 충격을 받을 우려가 있는 장소에 시설되는 경우에는 충돌방지장치 등을 설치하여야 한다.

| 해설
KEC 515.2.1 전용건물에 시설하는 경우
전기저장장치를 전용건물에 시설하는 경우
㉠ 전기저장장치 시설장소의 바닥, 천장(지붕), 벽면 재료는 「건축물의 피난·방화구조 등의 기준에 관한 규칙」에 따른 불연재료이어야 한다. 단, 단열재는 준불연재료 또는 이와 동등 이상의 것을 사용할 수 있다.
㉡ 전기저장장치 시설장소는 지표면을 기준으로 높이 22m 이내로 하고 해당 장소의 출구가 있는 바닥면을 기준으로 깊이 9m 이내로 하여야 한다.
㉢ 이차전지는 전력변환장치(PCS) 등의 다른 전기설비와 분리된 격실(이하 515에서 '이차전지실')에 설치하고 다음에 따라야 한다.
  ⓐ 이차전지실의 벽면 재료 및 단열재는 제2의 것과 같아야 한다.
  ⓑ 이차전지는 벽면으로부터 1m 이상 이격하여 설치하여야 한다. 단, 옥외의 전용 컨테이너에서 적정 거리를 이격한 경우에는 규정에 의하지 아니할 수 있다.
  ⓒ 이차전지와 물리적으로 인접 시설해야 하는 제어장치 및 보조설비(공조설비 및 조명설비 등)는 이차전지실 내에 설치할 수 있다.
  ⓓ 이차전지실 내부에는 가연성 물질을 두지 않아야 한다.
㉣ 전기저장장치가 차량에 의해 충격을 받을 우려가 있는 장소에 시설되는 경우에는 충돌방지장치 등을 설치하여야 한다.
㉤ 전기저장장치 시설장소는 주변 시설(도로, 건물, 가연물질 등)로부터 1.5m 이상 이격하고 다른 건물의 출입구나 피난계단 등 이와 유사한 장소로부터는 3m 이상 이격하여야 한다.

정답 369 ④ 370 ② 371 ③

372 ☐☐☐
다음 중 태양광발전설비 설치장소의 요구사항으로 맞지 않는 것은?

① 작업자가 쉽게 접근하도록 울타리·담 등을 시설하여서는 안된다.
② 태양전지 모듈을 지붕에 시설하는 경우 취급자에게 추락의 위험이 없도록 점검통로를 안전하게 시설하여야 한다.
③ 일반인이 쉽게 출입할 수 없는 옥상·지붕에 설치하는 경우는 모듈 프레임 등 쉽게 식별할 수 있는 위치에 위험 표시를 하여야 한다.
④ 주차장 상부에 시설하는 경우는 차량의 출입 등에 의한 구조물, 모듈 등의 손상이 없도록 하여야 한다.

| 해설
KEC 521.1 설치장소의 요구사항
㉠ 인버터, 제어반, 배전반 등의 시설은 기기 등을 조작 또는 보수 점검할 수 있는 충분한 공간을 확보하고 필요한 조명설비를 시설하여야 한다.
㉡ 태양전지 모듈을 지붕에 시설하는 경우 취급자에게 추락의 위험이 없도록 점검통로를 안전하게 시설하여야 한다.
㉢ 태양전지 모듈의 직렬군 최대개방전압이 직류 750V 초과 1500V 이하인 시설장소는 다음에 따라 울타리 등의 안전조치를 하여야 한다.
　ⓐ 태양전지 모듈을 지상에 설치하는 경우는 351.1의 1에 의하여 울타리·담 등을 시설하여야 한다.
　ⓑ 태양전지 모듈을 일반인이 쉽게 출입할 수 있는 옥상 등에 시설하는 경우는 "㉠" 또는 341.8의 1의 "바"에 의하여 시설하여야 하고 식별이 가능하도록 위험 표시를 하여야 한다.
　ⓒ 태양전지 모듈을 일반인이 쉽게 출입할 수 없는 옥상·지붕에 설치하는 경우는 모듈 프레임 등 쉽게 식별할 수 있는 위치에 위험 표시를 하여야 한다.
　ⓓ 태양전지 모듈을 주차장 상부에 시설하는 경우는 "ⓑ"와 같이 시설하고 차량의 출입 등에 의한 구조물, 모듈 등의 손상이 없도록 하여야 한다.

373 ☐☐☐
태양전지 모듈을 병렬로 접속하는 전로에는 그 전로에 단락전류가 발생할 경우에 전로를 보호하기 위해 무엇을 설치하여야 하는가?

① 스페이서　　② 피뢰기
③ 과전류차단기　　④ 인버터

| 해설
KEC 522.3.2 과전류 및 지락 보호장치
모듈을 병렬로 접속하는 전로에는 그 전로에 단락전류가 발생할 경우에 전로를 보호하는 과전류차단기 또는 기타 기구를 시설하여야 한다.

374 ☐☐☐
태양전지 발전소에 시설하는 태양전지 모듈 시설에 대한 설명 중 틀린 것은?

① 충전부분은 노출되지 아니하도록 시설할 것
② 태양전지 모듈에 접속하는 부하측 전로에는 그 접속점에 멀리하여 개폐기를 시설할 것
③ 전선은 공칭단면적 2.5[mm²] 이상의 연동선 또는 동등 이상의 세기 및 굵기일 것
④ 태양전지 모듈을 병렬로 접속하는 전로에는 전로를 보호하는 과전류차단기 등을 시설할 것

| 해설
KEC 522.3.2 과전류 및 지락 보호장치
태양광 발전소 시설
㉠ 충전부분은 노출되지 아니하도록 시설할 것
㉡ 태양전지 모듈에 접속하는 부하측의 전로에는 그 접속점에 근접하여 개폐기 기타 이와 유사한 기구를 시설할 것
㉢ 태양전지 모듈을 병렬로 접속하는 전로에는 그 전로에 단락이 생긴 경우에 전로를 보호하는 과전류차단기 기타의 기구를 시설할 것
㉣ 전선은 다음에 의하여 시설할 것. 다만, 기계기구의 구조상 그 내부에 안전하게 시설할 수 있을 경우에는 그러하지 아니하다.
　ⓐ 전선은 공칭단면적 2.5mm² 이상의 연동선 또는 이와 동등 이상의 세기 및 굵기의 것일 것

정답　372 ①　373 ③　374 ②

ⓑ 옥내에 시설할 경우에는 합성수지관공사, 금속관공사, 가요전선관공사 또는 케이블공사 규정에 준하여 시설할 것

ⓒ 옥측 또는 옥외에 시설할 경우에는 합성수지관공사, 금속관공사, 가요전선관공사 또는 케이블공사 규정에 준하여 시설할 것

375 □□□

풍력발전설비에서 화재방호설비를 시설해야하는 출력은?

① 200[kW] 이상 ② 300[kW] 이상
③ 400[kW] 이상 ④ 500[kW] 이상

| 해설
KEC 531.3 화재방호설비 시설
500[kW] 이상의 풍력터빈은 나셀 내부의 화재 발생 시, 이를 자동으로 소화할 수 있는 화재방호설비를 시설하여야 한다.

376 □□□

풍력발전기 간선의 출력배선에 사용하는 전선은 무엇인가?

① DV ② OW
③ CV ④ HIV

| 해설
KEC 532.2.1 풍력터빈의 구조
풍력발전기에서 출력배선에 쓰이는 전선은 CV선 또는 TFR-CV선을 사용하거나 동등 이상의 성능을 가진 제품을 사용하여야 하며, 전선이 지면을 통과하는 경우에는 피복이 손상되지 않도록 별도의 조치를 취할 것

377 □□□

풍력터빈의 유지, 보수 및 점검 시 작업자의 안전을 위해 잠금장치를 시설하여야 하는데 정지장치가 작동하지 않더라도 회전을 막을 수 있어야 하지 않는 것은?

① 로터 ② 나셀
③ 날개 ④ 전원부

| 해설
KEC 532.3.2 풍력설비의 시설기준
풍력터빈의 유지, 보수 및 점검 시 작업자의 안전을 위한 다음의 잠금장치를 시설하여야 한다.
㉠ 풍력터빈의 로터, 요 시스템 및 피치 시스템에는 각각 1개 이상의 잠금장치를 시설하여야 한다.
㉡ 잠금장치는 풍력터빈의 정지장치가 작동하지 않더라도 로터, 나셀, 날개의 회전을 막을 수 있어야 한다.

378 □□□

풍력터빈에는 설비의 손상을 방지하기 위하여 운전 상태를 계측하는 장치를 시설하여야 하는데 다음 중 맞지 않는 것은?

① 속도계 ② 조도계
③ 풍속계 ④ 압력계

| 해설
KEC 532.3.7 계측장치의 시설
풍력터빈 설비의 손상을 방지하기 위한 시설
회전속도계, 나셀 내의 진동을 감시하기 위한 진동계, 풍속계, 압력계, 온도계 등

379 □□□

연료전지 설비의 내압시험은 내압 부분 중 최고 사용압력의 0.1[MPa] 이상의 부분은 최고 사용압력의 몇 배의 수압까지 가압하여야 하는가?

① 1배 ② 1.25배
③ 1.5배 ④ 2배

| 해설
KEC 542.1.3 연료전지설비의 구조
내압시험은 연료전지 설비의 내압 부분 중 최고 사용압력이 0.1[MPa] 이상의 부분은 최고 사용압력의 1.5배의 수압(수압으로 시험을 실시하는 것이 곤란한 경우는 최고 사용압력의 1.25배의 기압)까지 가압하여 압력이 안정된 후 최소 10분간 유지하는 시험을 실시하였을 때 이것에 견디고 누설이 없어야 한다.

정답 375 ④ 376 ③ 377 ④ 378 ② 379 ③

380 ☐☐☐

연료전지에 연료가스 공급을 자동적으로 차단하며 연료전지 내의 연료가스를 자동적으로 배기하는 장치를 시설하여야 하는데 다음 중 시설하지 않아도 되는 것은?

① 과전류가 생긴 경우
② 상시감시를 하지 않는 경우
③ 온도가 현저하게 상승한 경우
④ 산소농도 또는 공기 출구에서의 연료가스 농도가 현저히 상승한 경우

| 해설

KEC 542.2.1 연료전지설비의 보호장치
연료전지는 다음의 경우에 자동적으로 이를 전로에서 차단하고 연료전지에 연료가스 공급을 자동적으로 차단하며 연료전지내의 연료가스를 자동적으로 배기하는 장치를 시설하여야 한다.
㉠ 연료전지에 과전류가 생긴 경우
㉡ 발전요소의 발전전압에 이상이 생겼을 경우 또는 연료가스 출구에서의 산소농도 또는 공기 출구에서의 연료가스 농도가 현저히 상승한 경우
㉢ 연료전지의 온도가 현저하게 상승한 경우

381 ☐☐☐

연료전지의 접지설비에서 접지도체의 공칭단면적은 몇 [mm²] 이상인가? (단, 저압 전로의 중성점 시설은 제외한다.)

① 2.5　　② 6
③ 16　　④ 25

| 해설

KEC 542.2.5 접지설비
접지도체는 공칭단면적 16[mm²] 이상의 연동선을 사용할 것 (저압 전로의 중성점에 시설하는 것은 공칭단면적 6[mm²] 이상의 연동선을 사용할 것)

정답 380 ②　381 ③

pass.Hackers.com

해커스자격증
pass.Hackers.com

해커스 전기기사·산업기사 필기 올인원 이론 + 적중문제 + 최신기출

PART 03
최신기출(CBT)

2025년 3회　전기기사

2025년 2회　전기기사

2025년 1회　전기기사

2025년 3회　전기산업기사

2025년 2회　전기산업기사

2025년 1회　전기산업기사

2025년 3회 전기기사

※ CBT문제는 수험생의 기억에 따라 복원된 것이며, 실제 기출문제와 동일하지 않을 수 있습니다.

01 전기자기학

01 ☐☐☐

그림에서 축전기를 $\pm Q[C]$로 대전한 후 스위치 k를 닫고 도선에 전류 I를 흘리는 순간의 축전기 두 판 사이의 변위전류는?

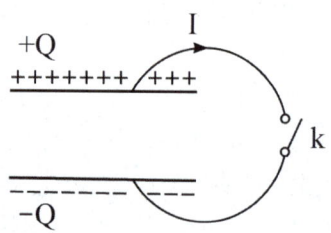

① $+Q$판에서 $-Q$판쪽으로 흐른다.
② $-Q$판에서 $+Q$판쪽으로 흐른다.
③ 왼쪽에서 오른쪽으로 흐른다.
④ 오른쪽에서 왼쪽으로 흐른다.

| 해설
전도전류와 변위전류의 방향은 같으며, 두 전류로 모두 자기장을 발생시킨다.

02 ☐☐☐

내부장치 또는 공간을 물질로 포위시켜 외부자계의 영향을 차폐시키는 방식을 자기차폐라 한다. 자기차폐에 좋은 물질은?

① 강자성체 중에서 비투자율이 큰 물질
② 강자성체 중에서 비투자율이 작은 물질
③ 비투자율이 1보다 작은 역자성체
④ 비투자율에 관계없이 물질의 두께에만 관계되므로 되도록 두꺼운 물질

| 해설
자기차폐는 비투자율이 큰 강자성체로 포위시켜 내부장치를 외부 자계에 대하여 영향을 받지 않도록 차폐하는 것을 말한다. 만약 내부장치가 외부 자계에 노출되면 유도장해($e = -N\dfrac{d\phi}{dt}$)를 일으키게 된다.

03 ☐☐☐

공기 중에 그림과 같이 가느다란 전선으로 반경 a인 원형코일을 만들고, 이것에 전하 Q가 균일하게 분포하고 있을 때 원형코일의 중심축 상에서 중심으로부터 거리 x 만큼 떨어진 P점의 전계의 세기는 몇 $[V/m]$인가?

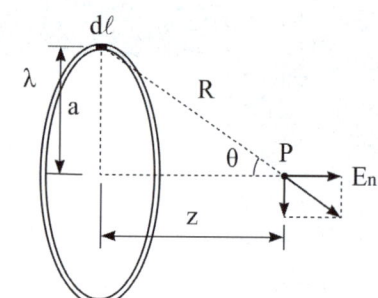

① $\dfrac{Q \cdot z}{2\pi\epsilon_0(a^2+z^2)^{3/2}}$
② $\dfrac{Q \cdot z}{4\pi\epsilon_0(a^2+z^2)^{3/2}}$
③ $\dfrac{Q \cdot z}{2\pi\epsilon_0(a^2+z^2)}$
④ $\dfrac{Q \cdot z}{4\pi\epsilon_0(a^2+z^2)^{1/2}}$

| 해설
환원도체에 의한 전계의 세기
$$E = \dfrac{\lambda z a}{2\epsilon_0(a^2+z^2)^{3/2}} = \dfrac{Qz}{4\pi\epsilon_0(a^2+z^2)^{3/2}}$$

정답 1② 2① 3②

04

길이 l, 단면반지름 $a(l \gg a)$, 권수 N_1인 단층 원통형 1차 솔레노이드의 중앙 부근에 권수 N_2인 2차 코일을 밀착되게 감았을 경우 상호 인덕턴스는?

① $\dfrac{\mu \pi a^2}{l} N_1 N_2$
② $\dfrac{\mu \pi a^2}{l} N_1^2 N_2^2$
③ $\dfrac{\mu l}{\pi a^2} N_1 N_2$
④ $\dfrac{\mu l}{\pi a^2} N_1^2 N_2^2$

| 해설
㉠ 직렬 접속 시 합성 인덕턴스
   $L = L_1 + L_2 \pm 2M \,[\text{H}]$
㉡ 차동결합(코일을 서로 반대 방향으로 감은 경우)
   $L_2 = L_{C1} + L_{C2} - 2M$
∴ 상호 인덕턴스: $M = \dfrac{L_1 - L_2}{4} \,[\text{H}]$

05

어떤 종류의 결정(결정)을 가열하면 한면에 정(正), 반대면에 부(負)의 전기가 나타나 분극을 일으키며 반대로 냉각하면 역(逆)의 분극이 일어나는 것은?

① 파이로(Pyro)전기
② 볼타(Volta)효과
③ 바아크 하우센(Barkhausen)법칙
④ 압전기(Piezo-electric)의 역효과

06

진공 중에 전하량 $Q[\text{C}]$인 점전하가 있다. 그림과 같이 Q를 둘러싸는 경로 C_1가 둘러싸지 않은 폐곡선 C_2가 있다. 지금 $+1[\text{C}]$의 전하를 화살표 방향으로 경로 C_1을 따라 일주시킬 때 요하는 일을 W_1, 경로 C_2를 일주시키는데 요하는 일을 W_2라고 할 때 옳은 것은?

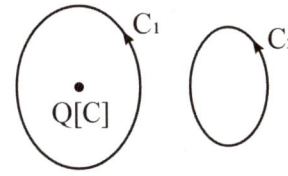

① $W_1 < W_2$
② $W_2 < W_1$
③ $W_1 \neq 0, \ W_2 = 0$
④ $W_1 = W_2 = 0$

| 해설
$\oint E \, d\ell = 0$ 이므로, 폐회로를 따라 일주하면 위치가 원 위치이므로 에너지 증감이 없다.

07

자성체가 균일하게 자화되어 있을 때의 자극의 상태로 옳은 것은?

① 자성체에는 자극이 나타나지 않는다.
② 자성체 전체에 자극이 골고루 분포되어 나타난다.
③ 자성체의 내부에 자극이 나타난다.
④ 자성체의 양단면에 자극이 나타난다.

정답 4 ④ 5 ① 6 ④ 7 ④

08 □□□

무한장 선전하와 무한평면 전하에서 $r[m]$떨어진 점의 전위는 각각 얼마인가? (단, ρ_L은 선전하밀도, ρ_s는 평면 전하밀도이다.)

① 무한직선: $\frac{\rho_L}{2\pi\epsilon_0}$, 무한평면도체: $\frac{\rho_s}{\epsilon}$

② 무한직선: $\frac{\rho_L}{4\pi\epsilon_0 r}$, 무한평면도체: $\frac{\rho_s}{2\pi\epsilon_0}$

③ 무한직선: $\frac{\rho_L}{\epsilon}$, 무한평면도체: ∞

④ 무한직선: ∞, 무한평면도체: ∞

| 해설
무한장 선전하, 무한평면 전하의 전하량은 무한대이므로 이들의 전위도 ∞가 된다.

09 □□□

자계의 세기에 관계없이 급격히 자성을 잃는 점을 자기 임계온도 또는 큐리점(curie point)이라고 한다. 순철의 경우 이 온도는 약 몇 [℃]인가?

① 약 0[℃] ② 약 370[℃]
③ 약 570[℃] ④ 약 770[℃]

10 □□□

유전율이 각각 $\epsilon_1 = 1$, $\epsilon_2 = \sqrt{3}$ 인 두 유전체가 그림과 같이 접해있는 경우, 경계면에서 전기력선의 입사각 $\theta_1 = 45°$ 이었다. 굴절각 θ_2는 몇 도인가?

① 20° ② 30°
③ 45° ④ 60°

| 해설
유전체의 경계조건 $\frac{\epsilon_1}{\epsilon_2} = \frac{\tan\theta_1}{\tan\theta_2}$ 에서

$\tan\theta_2 = \tan\theta_1 \frac{\epsilon_2}{\epsilon_1} = \tan\theta_1 \frac{\epsilon_{s2}}{\epsilon_{s1}}$ 이므로

$\therefore \theta_2 = \tan^{-1}\left(\tan\theta_1 \frac{\epsilon_2}{\epsilon_1}\right)$
$= \tan^{-1}\left(\tan 45° \times \frac{\sqrt{3}}{1}\right)$
$= \tan^{-1}\sqrt{3} = 60°$

11 □□□

서울에서 부산 방향으로 향하는 제트기가 있다. 제트기가 대지면과 나란하게 1235[km/h]로 비행할 때, 제트기 날개 사이에 나타나는 전위차[V]는? (단, 지구의 자기장은 대지면에서 수직으로 향하고, 그 크기는 30[A/m]이고, 제트기의 몸체 표면은 도체로 구성되며, 날개 사이의 길이는 65[m]이다.)

① 0.42 ② 0.84
③ 1.68 ④ 3.03

| 해설
제트기(도체)가 대지 표면에서 발생되는 자기장을 끊어나가면 제트기 표면에는 기전력이 유도된다. (플레밍의 오른손 법칙)
$\therefore$ 유도기전력
$e = vBl\sin\theta = v\mu_0 Hl\sin\theta$
$= \frac{1235}{3600} \times 4\pi \times 10^{-7} \times 30 \times 65 \times \sin 90$
$= 0.84[V]$

정답 8④ 9④ 10④ 11②

12

질량이 $10^{-3}[\text{kg}]$ 인 작은 물체가 전하 $Q[\text{C}]$ 을 가지고 무한 도체 평면 아래 $2 \times 10^{-2}[\text{m}]$ 에 있다. 전기영상법을 이용하여 정전력이 중력과 같게 되는데 필요한 Q 의 값은 얼마인가?

① 약 2.5×10^{-8}
② 약 3.2×10^{-8}
③ 약 4.2×10^{-8}
④ 약 5.0×10^{-8}

| 해설

쿨롱의 힘 = 중력의 힘
㉠ 영상법에 의한 쿨롱의 힘
$$F = \frac{Q^2}{4\pi\epsilon_0 (2r)^2}$$
$$= 9 \times 10^9 \times \frac{Q^2}{(2 \times 2 \times 10^{-2})^2} [\text{N}]$$
㉡ 중력의 힘: $F = mg = 10^{-3} \times 9.8 [\text{N}]$
㉢ $F = \frac{9 \times 10^9 \times Q^2}{(4 \times 10^{-2})^2} = 9.8 \times 10^{-3}$ 에서
$$\therefore Q = \sqrt{\frac{9.8 \times 10^{-3} \times (4 \times 10^{-2})^2}{9 \times 10^9}}$$
$$= 4.17 \times 10^{-8} [\text{C}]$$

13

그림과 같이 n 개의 동일한 콘덴서 C를 직렬 접속하여 최하단의 한개와 병렬로 정전용량 C_0 의 정전전압계를 접속하였다. 이 정전전압계의 지시가 V 일 때 측정전압 V_0 는 몇 V 인가?

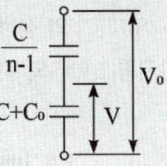

① nV
② $\frac{C_0}{C}(n-1)V$
③ $\left[n - \frac{C_0}{C}(n-1)\right]V$
④ $\left[n + \frac{C_0}{C}(n-1)\right]V$

| 해설
㉠ 회로의 등가변환

㉡ 전압 분배법칙
$$V = \frac{\frac{C}{n-1}}{\frac{C}{n-1} + C + C_0} \times V_0$$
$$= \frac{C}{C + (n-1)(C + C_0)} \times V_0$$
$$= \frac{C}{C + nC + nC_0 - C - C_0} \times V_0$$
$$= \frac{C}{nC + C_0(n-1)} \times V_0$$
$\therefore V_0$ 의 값을 정리하면
$$V_0 = \frac{nC + C_0(n-1)}{C} \times V$$
$$= \left[n + \frac{C_0}{C}(n-1)\right]V$$

14

콘크리트($\epsilon_r = 4$, $\mu_r = 1$) 중에서 전자파의 고유 임피던스는 약 몇 [Ω]인가?

① 35.4[Ω]
② 70.8[Ω]
③ 124.3[Ω]
④ 188.5[Ω]

| 해설

자유공간에서의 고유 임피던스(특성 임피던스)
$$Z = \sqrt{\frac{\mu}{\epsilon}} = \sqrt{\frac{\mu_0 \mu_r}{\epsilon_0 \epsilon_r}} = 120\pi \sqrt{\frac{\mu_r}{\epsilon_r}}$$
$$= 120\pi \sqrt{\frac{1}{4}} = 377 \times \frac{1}{2} = 188.5 [\Omega]$$

정답 12 ③ 13 ① 14 ④

15 □□□

점(0, 0), (3, 0), (0, 4) [m]에 각각 5×10^{-8}[C], 4×10^{-8}[C], -6×10^{-8}[C]의 점전하가 있을 때 점(0, 0)을 중심으로 한 반지름 5[m]의 구면을 통과하는 전기력선 수는?

① 540π
② 1080π
③ 2160π
④ 5400π

| 해설
㉠ 폐곡면 내부 총 전하량
$Q = (5+4-6) \times 10^{-8} = 3 \times 10^{-8}$[C]
㉡ 진공의 유전율
$\epsilon_0 = 8.855 \times 10^{-12} = \dfrac{1}{36\pi \times 10^9}$[F/m]
∴ 전력기력선 수
$N = \dfrac{Q}{\epsilon_0} = \dfrac{3 \times 10^{-8}}{\dfrac{1}{36\pi \times 10^9}} = 1080\pi$

16 □□□

2개의 물체를 마찰하면 마찰전기가 발생한다. 이는 마찰에 의한 일에 의하여 표면에 가까운 무엇이 이동하기 때문인가?

① 전하
② 양자
③ 구속전자
④ 자유전자

17 □□□

자계 내에서 도선에 전류를 흘러 보낼 때, 도선을 자계에 대해 60°의 각으로 놓았을 때 작용하는 힘은 30°각으로 놓았을 때 작용하는 힘의 몇 배인가?

① 1.2
② 1.7
③ 2.4
④ 3.6

| 해설
플레밍의 왼손법칙
$\dfrac{F_{60}}{F_{30}} = \dfrac{IB\ell \sin 60}{IB\ell \sin 30} = \dfrac{\sin 60}{\sin 30}$
$= \dfrac{\sqrt{3}/2}{1/2} = 1.732$

18 □□□

구리 중에는 1[cm³]에 8.5×10^{22}[개]의 자유전자가 있다. 단면적 2[mm²]의 구리선에 10[A]의 전류가 흐를 때의 자유전자의 평균속도는 약 몇 [cm/s]인가?

① 0.037
② 0.37
③ 3.7
④ 37

| 해설
㉠ 전류의 정의식
$I = \dfrac{Q}{t} = nevS = \rho vS$[A]
여기서, $\rho = ne$: 체적 전하밀도[C/m³]
㉡ 단위 체적당 전자의 개수
$n = 8.5 \times 10^{22}$[개/cm³]
$= 8.5 \times 10^{22} \times 10^6$[개/m³]
㉢ 구리선의 단면적
$S = 2$[mm²] $= 2 \times 10^{-6}$[m²]
∴ 전자의 이동 속도
$v = \dfrac{I}{neS}$
$= \dfrac{10}{8.5 \times 10^{22} \times 10^6 \times 1.6 \times 10^{-19} \times 2 \times 10^{-6}}$
$= 0.000367$[m/s] $= 0.0367$[cm/s]

19 □□□

평등자계 H[AT/m]에 수직으로 전자가 속도 v[m/s]로 이동할때 이 전자의 운동궤도 반경 r[m]은 얼마인가? (단, 전자의 전하량: e[C], 진공내의 전자 질량: m[m])

① $\dfrac{mH}{e\mu_0 V}$
② $\dfrac{eV}{m\mu_0 H}$
③ $\dfrac{eH}{m\mu_0 V}$
④ $\dfrac{mV}{e\mu_0 H}$

정답 15 ② 16 ④ 17 ② 18 ① 19 ④

| 해설

운동 전하가 평등자계에 대하여 수직입사하면 등속 원운동을 한다.

㉠ 원운동 조건: $\dfrac{mv^2}{r} = vBq$

　여기서, m: 질량 [kg], q: 전하[C]
　　　　　B: 자속밀도 [Wb/m²]

㉡ 전자의 궤도(원운동을 하는 반지름)

　$r = \dfrac{mv}{Bq} = \dfrac{mv}{\mu_0 Hq}$ [m]

20 ☐☐☐

송전선의 전류가 0.01초 사이에 10[kA]변화될 때 이 송전선에 나란한 통신선에 유도되는 유도전압은 몇 [V]인가? (단, 송전선과 통신선 간의 상호유도계수는 0.3[mH]이다.)

① 30
② 3×10^2
③ 3×10^3
④ 3×10^4

| 해설

통신선에 유도되는 기전력

$e = -M\dfrac{di}{dt} = -0.3 \times 10^{-3} \times \dfrac{10 \times 10^3}{0.01}$

　$= -3 \times 10^2$ [V]

여기서, $-$ 는 송전선에 흐르는 전류와 반대 방향으로 기전력이 유도된다는 것을 의미한다.

02 전력공학

21 ☐☐☐

전력선 반송보호계전방식의 고장선택방법에 해당되는 것은?

① 방향비교방식
② 전압차동보호방식
③ 방향거리모선보호방식
④ 고주파억제식 비율차동보호방식

| 해설

반송보호계전방식
① 방향비교방식
② 위상비교방식
③ 전송차단방식
④ 고속도거리계전기와 조합하는 방식

22 ☐☐☐

3상 결선 변압기의 단상운전에 의한 소손방지 목적으로 설치하는 계전기는?

① 차동계전기
② 역상계전기
③ 과전류계전기
④ 단락계전기

| 해설

역상계전기
• 역상분전압 또는 역상분전류의 크기에 따라 동작하는 계전기
• 전력설비의 불평형운전 또는 결상 운전방지를 위해 설치

23 ☐☐☐

조압수조(surge tank)의 설치목적은?

① 조속기의 보호
② 수차의 보호
③ 여수의 처리
④ 수압관의 보호

| 해설

조압수조 설치 목적
• 부하의 변동시 생기는 수격작용 경감
• 유량 조절
• 수격작용에 의한 압력이 압력수로에 미치는 것을 방지(= 수압관 보호)

정답　20 ②　21 ①　22 ②　23 ④

24

부하변동이 있을 경우 수차(또는 증기터빈)입구의 밸브를 조작하는 기계식 조속기의 각 부의 동작순서는?

① 평속기 → 복원기구 → 배압밸브 → 서보모터
② 배압밸브 → 평속기 → 서보모터 → 복원기구
③ 평속기 → 배압밸브 → 서보모터 → 복원기구
④ 평속기 → 배압밸브 → 복원기구 → 서보모터

| 해설
조속기는 출력의 증감에 관계없이 수차의 회전수를 일정하게 유지하기 위해서 출력의 변화에 따라 수차유량을 조절하는 설비이다.
평속기 → 배압 밸브 → 서보모터 → 복원기구

25

한류리액터를 사용하는 주된 목적은?

① 코로나 방지
② 역률 개선
③ 피뢰기 대응
④ 단락전류 제한

| 해설
한류리액터
선로의 단락 사고시 일시적으로 발생하는 단락전류를 제한하여 차단기의 용량을 감소하기 위해 선로에 직렬로 설치한다.

26

평균발열량 7200[kcal/kg]의 석탄이 있다. 탄소와 회분으로 되어 있다면 회분은 몇 [%]인가? (단, 탄소만인 경우의 발열량은 8100[kcal/kg]이다.)

① 11
② 14
③ 17
④ 20

| 해설
회분 $= \frac{8100-7200}{8100} \times 100 = 11.1[\%]$
회분: 화석연료가 다 연소된 뒤 남은 불연성의 물질

27

1상의 대지정전용량 0.5[μF], 주파수 60[Hz]인 3상 송전선이 있다. 이 선로에 소호리액터를 설치하려 한다면 소호리액터의 공진리액턴스는 약 몇 [Ω]이면 되는가?

① 970
② 1370
③ 1770
④ 3570

| 해설
소호리액터 용량 $\omega L = \frac{1}{3\omega C} - \frac{X_t}{3}[\Omega]$
(X_t: 변압기 1상당 리액턴스)
변압기의 리액턴스는 제시되지 않았으므로 소호리액터의 공진리액턴스는 다음과 같다.
$\omega L = \frac{1}{3\omega C} = \frac{1}{3 \times 2\pi \times 60 \times 0.5 \times 10^{-6}} = 1768 ≒ 1770[\Omega]$

28

저압 뱅킹(banking)방식에 대한 설명으로 옳은 것은?

① 깜빡임(light flicker)현상이 심하게 나타난다.
② 저압 간선의 전압강하는 줄여지나 전력손실은 줄일 수 없다.
③ 캐스케이딩(cascading)현상의 염려가 있다.
④ 부하의 증가에 대한 융통성이 없다.

| 해설
저압 뱅킹방식: 부하 밀집도가 높은 지역의 배전선에 2대 이상의 변압기를 저압측에 병렬 접속하여 공급하는 배전방식
• 부하 증가에 대해 많은 변압기 전력을 공급할 수 있으므로 탄력성이 있다.
• 전압동요(Flicker)현상이 감소된다.
• 단점으로는 건전한 변압기 일부가 고장나면 고장이 확대되는 현상이 일어난다. 이것을 캐스케이딩(cascading) 현상이라 하며 이를 방지하기 위하여 구분퓨즈를 설치하여야 한다. 현재는 사용하고 있지 않는 배전방식이다.

정답 24 ③ 25 ④ 26 ① 27 ③ 28 ③

29

인터록(Interlock)에 대한 설명 중 맞는 것은?

① 차단기가 닫혀 있어야 단로기를 닫을 수 있다.
② 차단기가 열려 있어야 단로기를 닫을 수 있다.
③ 차단기와 단로기를 별도로 닫고 열 수 있어야 한다.
④ 조작자의 의중에 따라 개폐되어야 한다.

| 해설

단로기는 부하 전류의 개폐 능력이 없으므로 오동작시 아크에 의해 사고의 발생우려가 높다.
단로기 운용 방법
- 차단기의 개방 유무를 확인
- 단로기와 차단기 사이에 인터록을 설정하여 차단기의 open 시에만 단로기의 동작이 가능하도록 운용
- 66[kV] 이상의 차단기에는 의무적으로 시설

30

전력선에 의한 영상전류가 흐를 때 통신선로에 발생되는 유도장해는?

① 고조파 유도장해 ② 전력유도장해
③ 정전유도장해   ④ 전자유도장해

| 해설

전자유도장해
- 전력선과 통신선 사이의 상호 인덕턴스에 의해 발생하는 것으로 지락사고시 영상전류가 흐르면 통신선에 전자유도전압을 유기하여 유도장해가 발생한다.
- 전자유도전압 $E_n = 2\pi f M \ell \times 3I_0$ [V]이므로 영상전류 I_0 [A] 및 선로길이(ℓ)에 비례한다.

31

송전전압을 높일 경우에 생기는 문제점이 아닌 것은?

① 전선 주위의 전위경도가 커지기 때문에 코로나손, 코로나 잡음이 발생한다.
② 변압기, 차단기등의 절연레벨이 높아지기 때문에 건설비가 많이 든다.
③ 표준상태에서 공기의 절연이 파괴되는 전위경도는 직류에서 50[kV/cm]로 높아진다.
④ 태풍, 뇌해, 염해 등에 대한 대책이 필요하다.

| 해설

표준상태(20℃, 760mmHg)에서 공기는 직류 30[kV/cm]에서 절연파괴되므로 정현파 교류의 경우는 $30/\sqrt{2} = 21.1$[kV/cm]에서 절연이 파괴된다.

32

차단기의 고속도 재폐로의 목적은?

① 고장의 신속한 제거 ② 안정도 향상
③ 기기의 보호   ④ 고장전류 억제

| 해설

재폐로방식의 특징
재폐로방식은 고장전류를 차단하고 차단기를 일정 시간 후 자동적으로 재투입하는 방식으로 3상 재폐로방식과 다상 재폐로방식이 있으며 재폐로방식을 적용하면 다음과 같다.
㉠ 송전계통의 안정도를 향상시킨다.
㉡ 송전용량을 증가시킬 수 있다.
㉢ 계통사고의 자동복구를 할 수 있다.

33

전력 원선도에서 알 수 없는 것은?

① 전력   ② 손실
③ 역률   ④ 도전율

| 해설

전력원선도에서 알 수 있는 사항
- 송·수전단 전력
- 조상설비의 종류 및 조상용량
- 개선된 수전단 역률
- 송전효율 및 선로손실
- 송전단 역률

정답 29 ② 30 ④ 31 ③ 32 ② 33 ④

34

전력계통에서 전력용콘덴서와 직렬로 연결하는 리액터로 제거되는 고조파는?

① 제 2고조파　② 제 3고조파
③ 제 4고조파　④ 제 5고조파

| 해설
직렬리액터는 전력용 콘덴서에 의해 발생된 제 5고조파를 제거하기 위해 사용한다.
직렬리액터의 용량 $X_L = 0.04\,X_C$
(이론상 4[%], 실제로는 5 ~ 6[%]를 적용)

35

초고압 송전선로에 단도체를 대신 복도체를 사용할 경우 옳지 않은 것은?

① 선로의 작용 인덕턴스를 감소시킨다.
② 선로의 작용 정전용량을 증가시킨다.
③ 전선 표면의 전위경도를 저감시킨다.
④ 전선의 코로나 임계전압을 저감시킨다.

| 해설
복도체나 다도체를 사용할 때 장점
- 인덕턴스는 감소하고 정전용량은 증가한다.
- 같은 단면적의 단도체에 비해 전류용량 및 송전용량이 증가한다.
- 코로나 임계전압의 상승으로 코로나 현상이 방지된다.

36

전력설비의 수용률을 나타낸 것으로 옳은 것은?

① 수용률 = $\dfrac{평균전력[kW]}{최대수용전력[kW]} \times 100$

② 수용률 = $\dfrac{개개의\ 최대\ 수용전력의\ 합[kW]}{합성최대수용전력[kW]} \times 100$

③ 수용률 = $\dfrac{최대수용전력[kW]}{수용설비용량[kW]} \times 100$

④ 수용률 = $\dfrac{설비전력[kW]}{합성\ 최대수용전력[kW]} \times 100$

| 해설
수용률
임의 기간 중 수용가의 최대수요전력과 사용 전기설비의 정격 용량의 합계와의 비를 수용률이라 한다.
수용률 = $\dfrac{최대수용전력[kW]}{수용설비용량[kW]} \times 100[\%]$

37

7/3.7[mm]인 경동연선(반지름 0.555cm)을 그림과 같이 배치한 완전 연가의 66[kV] 1회선 송전선이 있다. 1[km]당 작용 인덕턴스는 몇 [mH/km]인가?

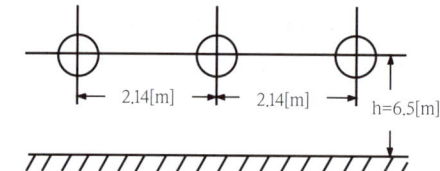

① 1.237[mH/km]　② 1.287[mH/km]
③ 2.849[mH/km]　④ 2.899[mH/km]

| 해설
작용인덕턴스 $L = 0.05 + 0.4605\log_{10}\dfrac{\sqrt[3]{2}D}{r}$ [mH/km]

$L = 0.05 + 0.4605\log_{10}\dfrac{\sqrt[3]{2} \times 214}{0.555} = 1.287$ [mH/km]

(등가선간거리와 전선의 반지름을 [cm]으로 변환하여 단위를 같게 하여 계산한다.)

38

배전용 변전소의 주 변압기로 사용되는 것은?

① 단권변압기　② 3권선변압기
③ 체강변압기　④ 체승변압기

| 해설
배전용 변전소에서는 초고압에서 배전전압으로 강압시켜 배전선로를 이용하여 수용가에 공급해야 하므로 체강변압기를 사용한다.

정답　34 ④　35 ④　36 ③　37 ②　38 ③

39 ☐☐☐

부하역률이 $\cos\theta$ 인 배전선로의 저항손실과 같은 크기의 부하전력에서 역률 1일 때의 저항손실과 비교하면?

① 1
② $\cos\theta$
③ $\dfrac{1}{\cos\theta}$
④ $\dfrac{1}{\cos^2\theta}$

| 해설

선로에 흐르는 전류 $I = \dfrac{P}{\sqrt{3}\,V\cos\theta}$ [A]

선로손실

$P_c = 3I^2 r = 3\left(\dfrac{P}{\sqrt{3}\,V\cos\theta}\right)^2 r = \dfrac{P^2}{V^2\cos^2\theta} \times \dfrac{\rho\ell}{A} = \dfrac{\rho\ell P^2}{AV^2\cos^2\theta}$

$= \dfrac{\rho\ell P^2}{AV^2\cos^2\theta}$ [kW]

40 ☐☐☐

송전선로 매설지선의 설치목적은?

① 코로나 전압감소
② 뇌해 방지
③ 기계적 강도 증가
④ 절연강도 증가

| 해설

매설지선은 역섬락으로 선로에 가해지는 뇌해를 방지하기 위해 30~50[cm] 이상의 지면 아래에 설치한다.

03 전기기기

41 ☐☐☐

농형 유도전동기의 기동법이 아닌 것은?

① 전전압 기동
② Y-△ 기동
③ 기동보상기에 의한 기동
④ 2차저항에 의한 기동

| 해설

기동법은 기동전류 감소와 기동토크 증대를 위한 방법이다.
- 농형 유도전동기 기동법: 전전압 기동, Y-△기동, 기동보상기법(= 단권변압기 기동), 리액터 기동, 콘드로퍼 기동
- 권선형 유도전동기 기동법: 2차 저항 기동(= 기동 저항기법), 게르게스 기동

42 ☐☐☐

단상 정류자 전동기의 일종인 단상 반발 전동기에 해당되는 것은?

① 시라게 전동기
② 아트킨손형 전동기
③ 단상 직권 정류자 전동기
④ 반발 유도전동기

| 해설

단상 반발전동기의 종류에는 아트킨손형 전동기, 톰슨형 전동기, 데리형 전동기가 있다.

43 ☐☐☐

3상 유도전동기의 회전방향은 이 전동기에서 발생되는 회전자계의 회전방향과 어떤 관계가 있는가?

① 아무 관계도 없다.
② 회전자계의 회전방향으로 회전한다.
③ 회전자계의 반대방향으로 회전한다.
④ 부하조건에 따라 정해진다.

| 해설

3상 유도전동기에서 전동기의 회전자는 회전자계의 유도작용에 의해 약간 늦게 같은 방향으로 회전한다.

정답 39 ④ 40 ② 41 ④ 42 ② 43 ②

44

변압기 권수를 N이라 할 때 누설 리액턴스는?

① N에 비례
② N에 역비례
③ N^2에 비례
④ N^2에 역비례

| 해설

인덕턴스 $L = \dfrac{\mu N^2 A}{l}$ [H]

누설리액턴스 $X_l = \omega L = 2\pi f \dfrac{\mu N^2 A}{l}$ 이므로 누설리액턴스는 변압기 권수의 제곱에 비례한다.

45

5[kVA], 3000/200[V]의 변압기의 단락시험에서 임피이던스전압 = 120[V], 동손 = 150[W]라 하면 %저항강하는 몇 [%]인가?

① 1[%]
② 3[%]
③ 4[%]
④ 5[%]

| 해설

%저항강하 $p = \dfrac{I_n \cdot r_2}{V_{2n}} \times 100[\%]$

$p = \dfrac{I_n \cdot r_2}{V_{2n}} \times 100 \times \dfrac{I_n}{I_n} = \dfrac{P_c[W]}{P[VA]} \times 100[\%]$ 에서

$p = \dfrac{P_c}{P} \times 100 = \dfrac{150}{5 \times 10^3} \times 100 = 3[\%]$

46

2대의 3상 동기발전기가 같은 부하를 분담하고 병렬운전을 하고 있다. 각 발전기의 1상의 기전력은 2000[V]이고, 동기리액턴스는 5[Ω]이라 한다. 어떤 원인에 의하여 두 발전기의 기전력 사이에 30°의 위상차가 생겼다. 이때 두 발전기사이에 주고 받는 전력[kW]은 얼마인가? (단, 전기자저항은 무시한다.)

① 200[kW]
② 300[kW]
③ 400[kW]
④ 500[kW]

| 해설

동기발전기의 병렬운전시 위상차에 의한 수수전력(= 주고 받는 전력)

$P = \dfrac{E^2}{2Z_s} \sin\delta = \dfrac{2000^2}{2 \times 5} \times \sin 30° = 200 \times 10^{-3} = 200[\text{kW}]$

47

저압 분상 기동형 단상유도전동기의 기동권선의 저항 R 및 리액턴스 X의 주 권선에 대한 대소관계는?

① R: 대, X: 대
② R: 대, X: 소
③ R: 소, X: 대
④ R: 소, X: 소

| 해설

분상 기동형 단상 유도전동기의 경우 기동특성의 개선을 위해 운전권선과 기동권선의 저항 및 리액턴스의 크기를 다르게 하여 각 권선간에 위상차를 만들어 기동을 한다.

48

다음 사이리스터 중 3단자 사이리스터가 아닌 것은?

① SCR
② GTO
③ TRIAC
④ SCS

| 해설

SCS(Silicon Controlled Switch): gate가 2개인 4단자 1방향성 사이리스터
- SCR(사이리스터): 단방향 3단자
- GTO(Gate Turn Off 사이리스터): 단방향 3단자
- SCS: 단방향 4단자
- TRIAC(트라이액): 양방향 3단자

정답 44 ③ 45 ② 46 ① 47 ② 48 ④

49 □□□

유도전동기의 슬립이 커지면 커지는 것은?

① 회전수　　② 권수비
③ 2차 효율　④ 2차 주파수

|해설

슬립 s가 커질 경우
- 회전수 $N = (1-s)N_s$ → 감소
- 권수비 $a = \dfrac{k_{w1}N_1}{sk_{w2}N_2}$ → 감소
- 2차 효율 $\eta_2 = (1-s) \times 100[\%]$ → 감소
- 2차 주파수 $f' = sf_1$ → 증가

50 □□□

슬롯수 48의 고정자가 있다. 여기에 3상 4극의 2층권을 시행할 때 매극매상의 슬롯수와 총 코일수는?

① 4과 48　　② 12와 48
③ 12과 24　④ 9와 24

|해설

매극 매상의 슬롯수 $q = \dfrac{슬롯수}{극수 \times 상수} = \dfrac{48}{4 \times 3} = 4$

총코일수 $= \dfrac{총도체수}{2} = \dfrac{48 \times 2}{2} = 48$

51 □□□

다음은 단권변압기를 설명한 것이다. 틀린 것은?

① 소형에 적합하다.
② 누설자속이 적다.
③ 손실이 적고 효율이 좋다.
④ 재료가 절약되어 경제적이다.

|해설

단권 변압기의 장점 및 단점

1. 장점
   - 철심 및 권선을 적게 사용하여 변압기의 소형화, 경량화가 가능하다.
   - 철손 및 동손이 적어 효율이 높다.
   - 자기용량에 비하여 부하용량이 커지므로 경제적이다.
   - 누설자속이 거의 없으므로 전압변동률이 작고 안정도가 높다.
2. 단점
   - 고압측과 저압측이 직접 접촉되어 있으므로 저압측의 절연강도를 고압측과 동일한 크기의 절연이 필요하다.
   - 누설자속이 거의 없어 %임피던스가 작기 때문에 사고시 단락전류가 크다.

52 □□□

동기기에서 동기 리액턴스가 커지면 동작 특성이 어떻게 되는가?

① 전압변동률이 커지고, 병렬운전시 동기화력이 커진다.
② 전압변동률이 커지고, 병렬운전시 동기화력이 적어진다.
③ 전압변동률이 적어지고, 지속단락 전류도 감소한다.
④ 전압변동률이 적어지고, 지속단락 전류는 증가한다.

|해설

동기 리액턴스(x_s) 증가시 현상

- 전압변동률 $\epsilon = \dfrac{V_o - V_n}{V_n} \times 100 [\%]$이므로 x_s의 증가시 전압강하가 증가하여 전압변동률이 증가한다.
- 동기화력 $P = \dfrac{E^2}{2x_s} \cos\delta [kW]$에서 x_s의 증가시 동기화력은 적어진다.
- 지속단락전류 $I_s = \dfrac{E}{x_s}$[A]에서 x_s의 증가시 지속단락전류는 적어진다.

정답 49 ④　50 ①　51 ①　52 ②

53

50[Hz], 6극 200[V], 10[kW]의 3상 유도전동기가 960[rpm]으로 회전하고 있을 때의 2차 주파수[Hz]는?

① 2   ② 4
③ 6   ④ 8

| 해설
동기속도 $N_s = \dfrac{120f}{P} = \dfrac{120 \times 50}{6} = 1000[\text{rpm}]$

슬립 $s = \dfrac{N_s - N}{N_s} = \dfrac{1000 - 960}{1000} = 0.04$

2차주파수 $f_2 = sf_1 = 0.04 \times 50 = 2[\text{Hz}]$

54

다이오드를 사용한 정류회로에서 여러개를 직렬로 연결하여 사용할 경우 얻는 효과는?

① 다이오드를 과전류로부터 보호
② 다이오드를 과전압으로부터 보호
③ 부하출력의 맥동률 감소
④ 전력공급의 증대

| 해설
다이오드 보호방식
- 과전류로부터 다이오드 보호: 다이오드를 병렬로 추가접속
- 과전압으로부터 다이오드 보호: 다이오드를 직렬로 추가접속

55

직류 분권전동기를 무부하로 운전중 계자회로에 단선이 생겼다. 다음 중 옳은 것은?

① 즉시 정지한다.
② 과속도로 되어 위험하다.
③ 역전한다.
④ 무부하이므로 서서히 정지한다.

| 해설
분권전동기의 운전 중 계자회로가 단선이 되면 계자전류가 0이 되면 무여자($\phi = 0$) 상태가 되어 회전수 N이 위험 속도가 된다.

56

단자전압 100[V], 전기자전류 10[A], 전기자저항 1[Ω], 회전수 1800[rpm]인 직류전동기의 역기전력[V]은 얼마인가?

① 120   ② 110
③ 100   ④ 90

| 해설
역기전력 $E_c = V_n - I_a \cdot r_a = 100 - 10 \times 1 = 90[\text{V}]$

57

A, B 두대의 직류발전기를 병렬 운전하여 부하에 100[A]를 공급하고 있다. A발전기의 유기기전력과 내부저항은 110[V]와 0.04[Ω], B발전기의 유기기전력과 내부저항은 112[V]와 0.06[Ω]이다. 이때 A 발전기에 흐르는 전류[A]는?

① 4   ② 6
③ 40   ④ 60

| 해설
A, B 두 발전기 부하전류의 합 $I_n = I_A + I_B = 100[\text{A}]$
A, B 두 발전기의 단자전압($V_n = E_a - I_a \cdot r_a$)이 같으므로
$110 - I_A \times 0.04 = 112 - I_B \times 0.06$
A발전기 전류 $I_A = 100 - I_B$ 를 윗식에 대입하여
$110 - (100 - I_B) \times 0.04 = 112 - I_B \times 0.06$
$0.1 I_B = 6$, $I_B = 60[\text{A}]$, $I_A = 100 - 60 = 40[\text{A}]$

58

3상 유도전압 조정기의 동작원리는?

① 회전자계에 의한 유도작용을 이용하여 2차전압의 위상 전압의 조정에 따라 변화한다.
② 교번자계의 전자유도작용을 이용한다.
③ 충전된 두 물체 사이에 적용하는 힘
④ 두 전류 사이에 적용하는 힘

정답 53 ① 54 ② 55 ② 56 ④ 57 ② 58 ①

| 해설

3상 유도 전압 조정기
- 3상 유도전압 조정기 용량: $P_2 = \sqrt{3}E_2I_2 \times 10^{-3}$ [kVA]

단상 유도전압 조정기	3상 유도전압 조정기
① 교번자계 이용	① 회전자계 이용
② 단락권선 있다.	② 단락권선 없다.
③ 1·2차 전압사이 위상차 없다.	③ 1·2차 전압사이에 위상차 있다.

59 □□□

직류 분권전동기의 전체 도체수는 100, 단중 중권이며 자극수는 4, 자속수는 극당 0.628[Wb]이다. 부하를 걸어 전기자에 5[A]가 흐르고 있을때의 토크[N·m]는?

① 약 100[N·m]   ② 약 75[N·m]
③ 약 50[N·m]   ④ 약 25[N·m]

| 해설

토크 $T = \dfrac{PZ\phi I_a}{2\pi a} = \dfrac{4 \times 100 \times 0.628 \times 5}{2 \times 3.14 \times 4} = 50$ [N·m]

(여기서, 중권의 병렬회로수 $a = P = 4$)

60 □□□

회전자가 슬립 S로 회전하고 있을 때 고정자, 회전자의 실효 권수비를 α라 하면 고정자 기전력 E_1과 회전자 기전력 E_2와의 비는?

① $\dfrac{\alpha}{S}$ ② αS
③ $(1-S)\alpha$ ④ $\dfrac{\alpha}{1-S}$

| 해설

정지시: $\alpha = \dfrac{E_1}{E_2} \to E_2 = \dfrac{1}{\alpha}E_1$

운전시: $E_{2s} = sE_2 = s \cdot \dfrac{1}{\alpha}E_1 \to \dfrac{E_1}{E_{2s}} = \dfrac{\alpha}{s}$

04 회로이론 / 05 제어공학

61 □□□

다음 중 변위를 전압으로 변환시키는 요소는?

① 벨로우즈   ② 노즐 플래퍼
③ 서미스터   ④ 차동변압기

| 해설

① 벨로우즈: 압력 → 변위
② 노즐 플래퍼: 변위 → 압력
③ 서미스터: 온도 → 전압
④ 차동변압기: 변위 → 전압

62 □□□

특성방정식 $F(s) = s^3 + s^2 + s = 0$ 일 때 이 계통은?

① 안정하다.   ② 불안정하다.
③ 임계상태이다.   ④ 조건부 안정이다.

| 해설

특성방정식 s^0 차항(상수)이 0이면 임계안정이 된다. 단, 부호는 동일부호이어야 하며, s^0 차 항을 제외한 모든 항이 존재하여야 한다.
∴ 상수항이 없으면 임계상태가 된다.

정답 59 ③ 60 ① 61 ④ 62 ③

63 □□□
다음 논리회로의 출력은?

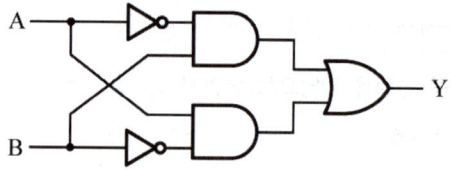

① $Y = A \cdot \overline{B} + \overline{A} \cdot B$ ② $Y = \overline{A} \cdot \overline{B} + \overline{A} \cdot B$
③ $Y = A \cdot \overline{B} + \overline{A} \cdot \overline{B}$ ④ $Y = \overline{A} + \overline{B}$

| 해설
본 문제는 XOR 회로가 된다.

64 □□□
다음 신호흐름선도를 단순화하면?

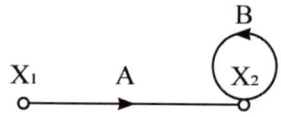

① $X_1 \xrightarrow{AB} X_2$ ② $X_1 \xrightarrow{1/A \cdot B} X_2$
③ $X_1 \xrightarrow{A/1-B} X_2$ ④ $X_1 \xrightarrow{1-B} X_2$

| 해설
전달함수: $M(s) = \dfrac{X_2}{X_1} = \dfrac{A}{1-B}$

65 □□□
부동작 시간 요소의 전달함수는?

① K ② $\dfrac{K}{s}$
③ Ke^{-Ls} ④ Ks

| 해설
전달함수의 부동작 시간요소는 제어계의 시간추이요소에 해당되는 값으로서 전달함수는 $G(s) = Ke^{-Ls}$로 표현된다.

66 □□□
어떤 제어계에 단위 계단입력을 가하였더니 출력이 $1 - e^{-2t}$로 나타났다. 이 계의 전달함수는?

① $\dfrac{1}{s+2}$ ② $\dfrac{2}{s+2}$
③ $\dfrac{1}{s(s+2)}$ ④ $\dfrac{2}{s(s+2)}$

| 해설
㉠ 인디셜 응답: $c(t) = \mathcal{L}^{-1}\left[\dfrac{1}{s}G(s)\right]$
㉡ 출력 라플라스 변환: $C(s) = \dfrac{1}{s}G(s)$
∴ 전달함수
$G(s) = s\,C(s) = s\left(\dfrac{1}{s} - \dfrac{1}{s+2}\right)$
$= s \times \dfrac{s+2-s}{s(s+2)} = \dfrac{2}{s+2}$

67 □□□
$G(s)H(s) = \dfrac{K(s+3)}{s^2(s+2)(s+4)(s+5)}$ 일 때, 근궤적의 수는?

① 1   ② 3
③ 5   ④ 7

| 해설
영점의 수가 1개, 극점의 수가 5개가 되므로 근궤적 수는 5개가 된다.

68 □□□
$\begin{bmatrix} 3 & 4 \\ 1 & 3 \end{bmatrix}$의 고유치(eigen value)는?

① 2, 2   ② 1, 5
③ 1, 3   ④ 2, 1

정답 63 ① 64 ③ 65 ③ 66 ② 67 ③ 68 ②

| 해설
특성방정식 $F(s) = |sI - A| = 0$ 에서
$F(s) = \begin{bmatrix} s & 0 \\ 0 & s \end{bmatrix} - \begin{bmatrix} 3 & 4 \\ 1 & 3 \end{bmatrix} = \begin{bmatrix} s-3 & -4 \\ -1 & s-3 \end{bmatrix}$
$= (s-3)^2 - 4 = s^2 - 6s + 5$
$= (s-1)(s-5) = 0$
∴ 고유값(특성근): $s_1 = 1$, $s_2 = 5$

69 □□□

전달함수 $G = \dfrac{1}{1 + 6j\omega + 9(j\omega)^2}$ 의 고유각 주파수는?

① 9
② 3
③ 1
④ 0.33

| 해설
㉠ 전달함수
$$M(s) = \frac{1}{9s^2 + 6s + 1} = \frac{\frac{1}{9}}{s^2 + \frac{6}{9}s + \frac{1}{9}}$$

㉡ 특성방정식
$$F(s) = s^2 + \frac{6}{9}s + \frac{1}{9} = 0$$

㉢ 2차 제어계의 특성방정식은
$$F(s) = s^2 + 2\zeta\omega_n s + \omega_n^2 = 0 \text{ 이므로}$$

∴ 상수항에서 $\omega_n^2 = \dfrac{1}{9}$ 에서 고유각 주파수

$$\omega_n = \frac{1}{3} = 0.33$$

70 □□□

회전운동계의 관성모멘트와 직선 운동계의 질량을 전기적 요소로 변환한 것은?

① 인덕턴스
② 전류
③ 전압
④ 커패시턴스

| 해설
전기계와 물리계의 대응관계

전기계	물리계	
	직선 운동계	회전 운동계
전압 E	힘 F	토크 T
전하 A	변위 y	각변위 θ
전류 I	속도 v	각속도 ω
저항 R	점성마찰 B	회전마찰 B
인덕턴스 L	질량 M	관성 모멘트 J
정전용량 C	스프링 상수 K	비틀림 정수 K

71 □□□

600[kVA] 역률 0.6(지상) 부하와 800[kVA] 역률 0.8(진상)의 부하가 접속되어 있을 때 종합 피상전력 [kVA]는?

① 1,400
② 1,000
③ 960
④ 0

| 해설
㉠ 부하 1의 피상전력
$P_{a1} = 600 \times 0.6 - j600 \times 0.8$
$= 360 - j480 \text{ [kVA]}$

㉡ 부하 2의 피상전력
$P_{a2} = 800 \times 0.8 - j800 \times 0.6$
$= 640 + j480 \text{ [kVA]}$

∴ 합성 부하의 피상전력
$P_a = P_{a1} + P_{a2}$
$= (360 + 640) + j(-480 + 480)$
$= 1000 \text{ [kVA]}$

정답 69 ④ 70 ① 71 ②

72

그림에서 직류전압계를 그림과 같은 극성으로 연결할 때 전압계의 지시값 [V]는?

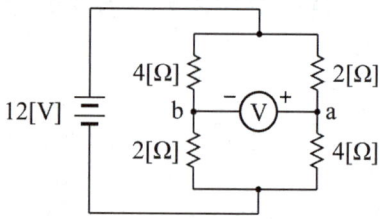

① 4
② -4
③ 8
④ -8

| 해설

㉠ 합성저항(전압계를 걸어주기 전으로 계산)
$$R = \frac{(4+2) \times (2+4)}{(4+2)+(2+4)} = 3[\Omega] \text{ 또는}$$
$$R = \frac{4+2}{2} = 3[\Omega]$$

㉡ 전체 전류: $I = \frac{V}{R} = \frac{12}{3} = 4[A]$

㉢ 각 지로의 전류: $I_1 = I_2 = \frac{4}{2} = 2[A]$

㉣ 각 마디 전압 $V_a = 4I_1 = 8[V]$, $V_b = 2I_2 = 4[V]$

∴ a, b 양단의 전위차(전압)는 $V_{ab} = 4[V]$가 된다. (전압계 측정 시 높은 전위 측에 +, 낮은 전위 측에 - 단자를 접촉시켜야한다. 만약, 반대로 측정하면 -전압으로 표시된다.)

73

어떤 함수 $f(t)$를 비정현파의 푸리에급수에 의한 전개를 옳게 나타낸 것은?

① $\sum_{n=1}^{\infty} a_n \sin n\omega t + \sum_{n=1}^{\infty} b_n \sin n\omega t$

② $\sum_{n=1}^{\infty} a_n \sin n\omega t + \sum_{n=1}^{\infty} b_n \cos n\omega t$

③ $a_0 + \sum_{n=1}^{\infty} a_n \cos n\omega t + \sum_{n=1}^{\infty} b_n \cos n\omega t$

④ $a_0 + \sum_{n=1}^{\infty} a_n \sin n\omega t + \sum_{n=1}^{\infty} b_n \cos n\omega t$

| 해설

㉠ 직류분
$$a_0 = \frac{1}{T}\int_0^T f(t)\, d\omega t = \frac{1}{2\pi}\int_0^{2\pi} f(t)\, d\omega t$$

㉡ 정현파 상수
$$a_n = \frac{2}{T}\int_0^T f(t) \cdot \sin n\omega t\, d\omega t$$
$$= \frac{1}{\pi}\int_0^{2\pi} f(t) \cdot \sin n\omega t\, d\omega t$$

㉢ 여현파 상수
$$b_n = \frac{2}{T}\int_0^T f(t) \cdot \cos n\omega t\, d\omega t$$
$$= \frac{1}{\pi}\int_0^{2\pi} f(t) \cdot \cos n\omega t\, d\omega t$$

74

$R-L$ 및 $R-C$ 회로의 과도상태의 설명이다. 잘못된 것은?

① $t = 0$ 일 때 C는 단락상태가 된다.
② 시정수가 크면 정상값에 빨리 도달한다.
③ $t = 0$ 에서 L은 개방상태이다.
④ 변화하지 않는 저항만의 회로에서는 과도현상은 없다.

| 해설

시정수가 클수록 과도시간은 길어지므로 정상값에 천천히 도달한다.

정답 72 ① 73 ④ 74 ②

75

그림과 같은 대칭 3상 회로가 있다. I_a의 크기 및 I_c의 위상각은? (단, $E_a = 120 \angle 0°$, $Z_l = 4+j6$, $Z = 20+j12$ 이다.)

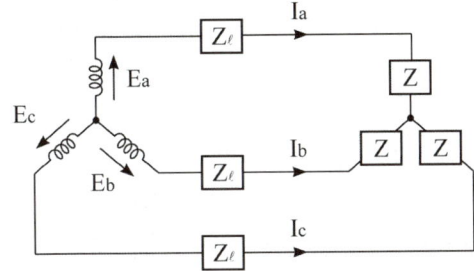

① 4, $\tan^{-1}\dfrac{3}{4}$
② 4, $-\tan^{-1}\dfrac{3}{4} + 120°$
③ 8, $-\tan^{-1}\dfrac{3}{4}$
④ 8, $\tan^{-1}\dfrac{3}{4} - 120°$

| 해설

㉠ 각 상의 임피던스의 크기
$Z_a = Z_l + Z = 24 + j18$
$= \sqrt{24^2 + 18^2} \angle \tan^{-1}\dfrac{18}{24}$
$= 30 \angle \tan^{-1}\dfrac{3}{4}$

㉡ a상의 선전류
$I_a = \dfrac{E_a}{Z_a} = \dfrac{120 \angle 0°}{30 \angle \tan^{-1}\dfrac{3}{4}}$
$= 4 \angle -\tan^{-1}\dfrac{3}{4}$ [A]

㉢ c상의 선전류 I_c는 I_a와 크기는 같고, 위상은 240° 느리다. (또는 120° 빠르다.)
∴ $I_c = 4 \angle -\tan^{-1}\dfrac{3}{4} - 240°$
$= 4 \angle -\tan^{-1}\dfrac{3}{4} + 120°$ [A]

76

전류의 대칭분을 I_0, I_1, I_2 유기기전력 및 단자전압의 대칭분을 E_a, E_b, E_c 및 V_0, V_1, V_2라 할 때 교류 발전기의 기본식 중 역상분 V_2 값은?

① $-Z_0 I_0$
② $-Z_2 I_2$
③ $E_a - Z_1 I_1$
④ $E_b - Z_2 I_2$

| 해설

3상 교류발전기 기본식
㉠ 영상분: $V_0 = -Z_0 I_0$
㉡ 정상분: $V_1 = E_a - Z_1 I_1$
㉢ 역상분: $V_2 = -Z_2 I_2$

77

아래 두 전류의 차에 상당하는 전류는?

$$i_1 = \sqrt{72} \sin(\omega t - \phi) \text{ [A]}$$
$$i_2 = \sqrt{32} \sin(\omega t - \phi - 180°) \text{ [A]}$$

① 2[A]
② 6[A]
③ 10[A]
④ 12[A]

| 해설

㉠ $\dot{I}_1 = \sqrt{36} \angle -\phi = 6 \angle -\phi$
㉡ $\dot{I}_2 = \sqrt{16} \angle -\phi -180° = 4 \angle -\phi -180°$

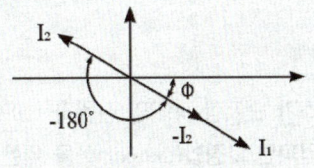

∴ $I = \dot{I}_1 - \dot{I}_2 = \dot{I}_1 + (-\dot{I}_2) = 10 \angle -\phi$ [A]

정답 75 ② 76 ② 77 ③

78

회로를 테브난(Thevenin)의 등가회로로 변환하려고 한다. 이때 테브난의 등가저항 R_T와 등가전압 V_T[V]는?

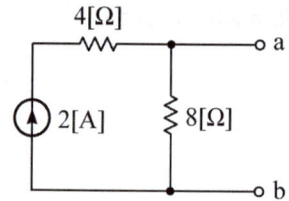

① $R_T = \dfrac{8}{3}$, $V_T = 8$

② $R_T = 6$, $V_T = 12$

③ $R_T = 8$, $V_T = 16$

④ $R_T = \dfrac{8}{3}$, $V_T = 16$

| 해설
테브난의 등가변환
㉠ 개방전압: a, b 양단의 단자전압
$V_T = 8I = 8 \times 2 = 16$ [V]
㉡ 등가저항: 전류원을 개방시킨 상태에서 a, b에서 바라본 합성저항

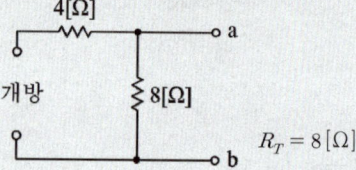

$R_T = 8$ [Ω]

79

내부 임피던스가 순저항 6[Ω]인 전원과 120[Ω]의 순저항 부하사이에 임피던스 정합(matching)을 위한 이상변압기의 권선비는?

① $1/\sqrt{20}$
② $1/\sqrt{2}$
③ $1/20$
④ $1/2$

| 해설
$Z_1 = a^2 Z_2$의 관계에서
$\therefore a = \sqrt{\dfrac{Z_1}{Z_2}} = \sqrt{\dfrac{R_1}{R_2}} = \sqrt{\dfrac{6}{120}} = \sqrt{\dfrac{1}{20}}$

80

$5\dfrac{d^2q(t)}{dt^2} + \dfrac{dq(t)}{dt} = 10\sin t$ 에서 $Q(s)$는? (단, 초기 조건은 0이다.)

① $\dfrac{10}{(5s^2+1)(s^2+1)}$
② $\dfrac{10}{(5s^2+s)(s^2+1)}$
③ $\dfrac{10}{(5s^2+1)(s^2+1)}$
④ $\dfrac{10}{(5s^2+1)(s^2+1)}$

| 해설
$5s^2 Q(s) + s Q(s) = Q(s)(5s^2+s) = \dfrac{10}{s^2+1}$ 이므로
$\therefore Q(s) = \dfrac{10}{(5s^2+s)(s^2+1)}$

06 전기설비기술기준

81

하나 또는 복합하여 시설하여야 하는 접지극의 방법으로 틀린 것은?

① 지중 금속구조물
② 토양에 매설된 기초 접지극
③ 케이블의 금속외장 및 그 밖에 금속피복
④ 대지에 매설된 강화콘크리트의 용접된 금속 보강재

| 해설
KEC 142.2 접지극의 시설 및 접지저항
접지극은 다음의 방법 중 하나 또는 복합하여 시설하여야 한다.
① 콘크리트에 매입 된 기초 접지극
② 토양에 매설된 기초 접지극
③ 토양에 수직 또는 수평으로 직접 매설된 금속전극(봉, 전선, 테이프, 배관, 판 등)
④ 케이블의 금속외장 및 그 밖에 금속피복
⑤ 지중 금속구조물(배관 등)
⑥ 대지에 매설된 철근콘크리트의 용접된 금속 보강재(강화콘크리트는 제외)

정답 78 ③ 79 ① 80 ② 81 ④

82

고압용 또는 특고압용 개폐기를 시설할 때 반드시 조치하지 않아도 되는 것은?

① 작동 시에 개폐상태가 쉽게 확인될 수 없는 경우에는 개폐상태를 표시하는 장치
② 중력 등에 의하여 자연히 작동할 우려가 있는 것은 자물쇄장치, 기타 이를 방지하는 장치
③ 고압용 또는 특고압용이라는 위험표시
④ 부하전류의 차단용이 아닌 것은 부하전류가 통하고 있을 경우 회로가 열리지 않도록 시설

| 해설
KEC 341.9 개폐기의 시설
㉠ 전로 중에 개폐기를 시설하는 경우 각 극에 시설하여야 한다.
㉡ 고압용 또는 특고압용은 개폐상태를 표시하여야 한다.
㉢ 중력 등에 자연히 작동할 우려가 있는 것은 **자물쇄장치(쇄정장치)**를 한다.
㉣ 부하전류를 차단하기 위한 것이 아닌 개폐기는 부하전류가 통하고 있을 경우 열린 회로가 될 수 없도록 시설하거나 이를 방지하기 위한 조치를 하여야 한다.
• 보기 쉬운 위치에 부하전류의 유무를 표시한 장치
• 전화기 등 기타의 지령장치
• 태블릿 등 사용

83

고압 가공전선로의 가공지선으로 나경동선을 사용하는 경우의 지름은 최소 몇 [mm] 이상이어야 하는가?

① 3
② 4
③ 5
④ 6

| 해설
KEC 332.6 고압 가공전선로의 가공지선
고압 가공전선로의 가공지선 → 4[mm](인장강도 5.26[kN]) 이상의 나경동선

84

풀용 수중조명등의 전기를 공급하기 위하여 사용되는 절연변압기 1차측 및 2차측 전로의 사용전압은?

① 1차 300[V] 미만, 2차 100[V] 이하
② 1차 400[V] 미만, 2차 150[V] 이하
③ 1차 200[V] 미만, 2차 150[V] 이하
④ 1차 600[V] 미만, 2차 300[V] 이하

| 해설
KEC 234.14 수중조명등
조명등에 전기를 공급하기 위하여는 1차측 전로의 사용전압 및 2차측 전로의 사용전압이 각각 400V 이하 및 150V 이하인 절연변압기를 사용할 것

정답 82 ③ 83 ② 84 ①

85

그림은 전력선 반송통신용 결합장치의 보안장치이다. S는 어떤 용도의 개폐기인가?

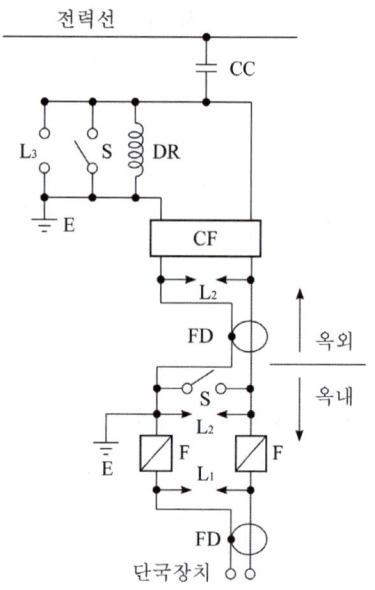

① 동축 케이블
② 결합 콘덴서
③ 접지용 개폐기
④ 구상용 방전 갭

| 해설
KEC 362.11 전력선 반송 통신용 결합장치의 보안장치
㉠ CC: 결합 커패시터(결합 안테나를 포함)
㉡ L₃: 동작전압이 교류 2[kV]를 초과하고 3[kV] 이하로 조정된 구상방전갭
㉢ **S: 접지용 개폐기**
㉣ DR: 전류용량 2[A] 이상의 배류선륜
㉤ CF: 결합 필터
㉥ L₂: 동작전압이 교류 1300[V]를 초과하고 1,600[V] 이하로 조정된 방전갭
㉦ FD: 동축 케이블
㉧ F: 정격전류 10[A] 이상의 포장 퓨즈
㉨ L₁: 교류 300[V] 이하에서 동작하는 피뢰기
㉩ E: 접지

86

사용전압이 22,900[V]인 특고압 가공전선이 도로를 횡단하는 경우 지표상의 높이는 최소 몇 [m] 이상이어야 하는가?

① 4.5
② 5
③ 5.5
④ 6

| 해설
KEC 333.7 특고압 가공전선의 높이
사용전압 35kV 이하에서 전선 지표상의 높이
• 철도 또는 궤도를 횡단하는 경우에는 6.5m 이상
• 도로를 횡단하는 경우에는 6m 이상
• 횡단보도교의 위에 시설하는 경우 특고압 절연전선 또는 케이블인 경우에는 4m 이상

87

접지시스템에서 주접지단자에 접속하여서는 안되는 것은?

① 등전위본딩도체
② 접지도체
③ 보호도체
④ 보조보호등전위본딩도체

| 해설
KEC 142.3.7 주접지단자
접지시스템에서 주접지단자에 다음의 도체들을 접속하여야 한다.
㉠ 등전위본딩도체
㉡ 접지도체
㉢ 보호도체
㉣ 기능성 접지도체

정답 85 ③ 86 ④ 87 ④

88

FELV 계통용 플러그와 콘센트의 사용 시 잘못된 것은?

① 플러그를 다른 전압계통의 콘센트에 꽂을 수 없어야 한다.
② 콘센트는 다른 전압계통의 플러그를 수용할 수 없어야 한다.
③ 콘센트는 보호도체에 접속하여야 한다.
④ 콘센트는 접지도체 및 보호도체에 접속하지 않는다.

| 해설
KEC 211.2.8 기능적 특별저압(FELV)
FELV 계통용 플러그와 콘센트는 다음의 모든 요구사항에 부합하여야 한다.
㉠ 플러그를 다른 전압계통의 콘센트에 꽂을 수 없어야 한다.
㉡ 콘센트는 다른 전압계통의 플러그를 수용할 수 없어야 한다.
㉢ 콘센트는 보호도체에 접속하여야 한다.

89

모양이나 배치변경 등 전기배선이 변경되는 장소에 쉽게 응할 수 있게 마련한 저압옥내 배선공사는?

① 금속 덕트 공사
② 금속제 가요전선관 공사
③ 금속 몰드 공사
④ 합성수지관공사

| 해설
KEC 232.13 금속제 가요전선관공사
금속제 가요전선관은 형상을 자유로이 변형시킬 수 있어서 굴곡이 있는 현장에 배관공사로 이용할 수 있다.

90

풍력발전설비의 경우 어떤 접지공사를 하여야 하는가?

① 단독접지
② 공통접지
③ 통합접지
④ 중성점접지

| 해설
KEC 532.3.4 접지설비
접지설비는 풍력발전설비 타워기초를 이용한 통합접지공사를 하여야 하며, 설비 사이의 전위차가 없도록 등전위본딩을 하여야 한다.

91

터널 안 전선로의 시설방법으로 옳은 것은?

① 저압 전선은 지름 2.6[mm]의 경동선의 절연전선을 사용하였다.
② 고압 전선은 절연전선을 사용하여 합성수지관공사로 하였다.
③ 저압 전선을 애자사용공사에 의하여 시설하고 이를 레일면상 또는 노면상 2.2[m]의 높이로 시설하였다.
④ 고압 전선을 금속관공사에 의하여 시설하고 이를 레일면상 또는 노면상 2.4[m]의 높이로 시설하였다.

| 해설
KEC 335.1 터널 안 전선로의 시설

구분	전선의 굵기	레일면 또는 노면상 높이	사용공사의 종류
저압	2.6[mm] 이상 (인장강도 2.30[kN])	2.5m 이상	케이블·금속관·합성수지관·금속제 가요전선관·애자사용공사
고압	4.0[mm] 이상 (인장강도 5.26[kN])	3m 이상	케이블 공사, 애자사용공사

정답 88 ④ 89 ② 90 ③ 91 ①

92 □□□

옥내 고압용 이동전선의 시설방법으로 옳은 것은?

① 전선은 MI케이블을 사용하였다.
② 다선식 전로의 중성성에 과전류차단기를 시설하였다.
③ 이동전선과 전기사용 기계기구와는 해체가 쉽게되도록 느슨하게 접속하였다.
④ 전로에 지기가 생겼을 때에 자동적으로 전로를 차단하는 장치를 시설하였다.

|해설
KEC 342.2 옥내 고압용 이동전선의 시설
옥내에 시설하는 고압의 이동전선은 다음에 따라 시설하여야 한다.
㉠ 전선은 고압용의 캡타이어케이블일 것
㉡ 이동전선과 전기사용기계기구와는 볼트 조임 기타의 방법에 의하여 견고하게 접속할 것
㉢ 이동전선에 전기를 공급하는 전로(유도 전동기의 2차측 전로를 제외)에는 전용 개폐기 및 과전류 차단기를 각극(과전류 차단기는 다선식 전로의 중성극을 제외)에 시설하고, 또한 전로에 지락이 생겼을 때에 자동적으로 전로를 차단하는 장치를 시설할 것

93 □□□

최대사용 전압이 7[kV]를 넘고 25[kV] 이하인 중성선을 다중접지하는 전로의 절연내력시험전압은 최대 사용 전압의 몇 배인가?

① 0.92 ② 1.1
③ 1.25 ④ 1.5

|해설
KEC 132 전로의 절연저항 및 절연내력
최대 사용전압이 25000[V] 이하, 중성점 다중 접지식일 때 시험전압은 최대 사용전압의 0.92배를 가해야 한다.

94 □□□

옥내의 네온 방전등 공사에서 전선의 지지점 간의 거리는 몇 [m] 이하로 시설하여야 하는가?

① 1 ② 2
③ 3 ④ 4

|해설
KEC 234.12 네온방전등
㉠ 사람이 쉽게 접촉할 우려가 없는 곳에 위험의 우려가 없도록 시설할 것
㉡ 배선은 전개된 장소 또는 점검할 수 있는 은폐된 장소에 시설할 것
㉢ 배선은 애자사용공사에 의하여 시설한다.
 • 전선은 네온관용 전선을 사용할 것
 • 전선지지점간의 거리는 1m 이하로 할 것
 • 전선 상호간의 간격은 60mm 이상일 것

95 □□□

지중전선로는 가설 지중 약전류전선로에 대하여 다음의 어느 것에 의하여 통신상의 장해를 주지 아니하도록 기설 약전류전선로 부터 충분히 이격시키는 등의 조치를 취하여야 하는가?

① 충전전류 또는 표피작용
② 충전전류 또는 유도작용
③ 누설전류 또는 표피작용
④ 누설전류 또는 유도작용

|해설
KEC 334.5 지중약전류전선의 유도장해 방지
지중전선로는 기설 지중약전류전선로에 대하여 누설전류 또는 유도작용에 의하여 통신상의 장해를 주지 않도록 기설 약전류전선로로부터 충분히 이격시키거나 기타 적당한 방법으로 시설하여야 한다.

96 □□□

154kV 가공전선로를 시가지에 시설하는 경우 전선로에 지기가 생기면 몇 초 안에 자동적으로 이를 전선로로부터 차단하는 장치를 시설하는가?

① 1 ② 2
③ 3 ④ 5

정답 92 ④ 93 ① 94 ① 95 ④ 96 ①

| 해설

KEC 333.1 시가지 등에서 특고압 가공전선로의 시설
사용전압이 100kV를 초과하는 특고압 가공전선에 지락 또는 단락이 생겼을 때에는 1초 이내에 자동적으로 이를 전로로부터 차단하는 장치를 시설할 것

97 □□□

감전에 대한 보호에서 전원의 자동차단에 의한 보호대책에 속하지 않는 것은?

① 기본보호는 충전부의 기본절연 또는 격벽이나 외함에 의한다.
② 고장보호는 보호등전위본딩 및 자동차단에 의한다.
③ 추가적인 보호로 배선용차단기를 시설할 수 있다.
④ 추가적인 보호로 누전차단기를 시설할 수 있다.

| 해설

KEC 211.2.1 감전에 대한 보호에서 전원의 자동차단에 의한 보호대책
전원의 자동차단에 의한 보호대책
• 기본보호는 충전부의 기본절연 또는 격벽이나 외함에 의한다.
• 고장보호는 보호등전위본딩 및 자동차단에 의한다.
• 추가적인 보호로 누전차단기를 시설할 수 있다.

98 □□□

전기부식 방지대책에서 매설금속체 측의 누설전류에 의한 전기부식의 피해가 예상되는 곳에 고려하여야 하는 방법으로 틀린 것은?

① 절연코팅   ② 배류장치 설치
③ 변전소 간 간격 축소   ④ 저준위 금속체를 접속

| 해설

KEC 461.4 전기 부식 방지
매설금속체 측의 누설전류에 의한 전식의 피해가 예상되는 곳은 다음 방법을 고려하여야 한다.
㉠ 배류장치 설치
㉡ 절연코팅
㉢ 매설금속체 접속부 절연
㉣ 저준위 금속체를 접속
㉤ 궤도와의 이격거리 증대
㉥ 금속판 등의 도체로 차폐

99 □□□

가공전선로에 사용하는 지지물의 강도계산에 적용하는 갑종 풍압하중은 지지물이 목주, 원형 철주, 원형 철근 콘크리트주인 경우 수직투영면적 1[m²]에 대하여 몇 [Pa]의 풍압을 기초로 하여 계산하는가?

① 588   ② 666
③ 745   ④ 1255

| 해설

KEC 331.6 풍압하중의 종별과 적용
㉠ 목주, 원형 철주, 원형 철근 콘크리트주: 588[Pa]
㉡ 철탑, 강관으로 구성되는 철탑: 1255[Pa]
㉢ 기타: 2157[Pa]

100 □□□

발전소, 변전소 또는 이에 준하는 곳에 특고압 전로의 접속상태를 모의모선(模擬母線)의 사용 또는 기타의 방법으로 표시하여야 하는데 표시의 의무가 없는 것은?

① 전선로의 회선수가 3회선 이하로서 복모선
② 전선로의 회선수가 2회선 이하로서 복모선
③ 전선로의 회선수가 3회선 이하로서 단일모선
④ 전선로의 회선수가 2회선 이하로서 단일모선

| 해설

KEC 351.2 특고압전로의 상 및 접속 상태의 표시
㉠ 발전소·변전소 등의 특고압 전로에는 그의 보기 쉬운 곳에 상별 표시
㉡ 발전소·변전소 등의 특고압 전로에 대하여는 접속상태를 모의모선에 의한 사용표시
㉢ 특고압 전선로의 회선수가 2 이하이고 또한 특고압의 모선이 단일모선인 경우 생략가능

정답 97 ③ 98 ③ 99 ① 100 ④

2025년 2회 전기기사

※ CBT문제는 수험생의 기억에 따라 복원된 것이며, 실제 기출문제와 동일하지 않을 수 있습니다.

01 전기자기학

01 ☐☐☐

균일한 자장 내에 놓여 있는 직선도선에 전류 및 길이를 각각 2배로 하면 이 도선에 작용하는 힘은 몇 배가 되는가?

① 1
② 2
③ 4
④ 8

| 해설
플레밍의 왼손 법칙
㉠ 자계 내의 도체에 전류를 흘리면 도체에는 전자력이 발생된다.
㉡ 전자력: $F = IBl\sin\theta$ [N]
∴ 전류와 길이를 각각 2배로 하면 이 도선에 작용하는 힘은 4배로 커진다.

02 ☐☐☐

동축 원통도체내의 원통간의 전계의 세기가 어느 곳에서든지 일정하기 위해서는 원통간에 넣는 유전체의 유전율이 중심으로부터의 거리 r 와 더불어 어떻게 변화하면 되는가?

① 거리 r 에 비례하도록 하면 된다.
② 거리 r 에 반비례하도록 하면 된다.
③ 거리 r^2 에 비례하도록 하면 된다.
④ 거리 r^2 에 반비례하도록 하면 된다.

| 해설
원통도체의 전계와 세기 $E = \dfrac{\lambda}{2\pi\epsilon r}$ [V/m] 식에서 ϵ 과 r 이 반비례하므로 거리 r 이 증가할수록 ϵ 를 감소해주면 일정 전계를 얻을 수 있다.

03 ☐☐☐

전류 $+I$ 와 전하 $+Q$ 가 무한히 긴 직선상의 도체에 각각 주어졌고 이들 도체는 진공속에서 각각 투자율과 유전율이 무한대인 물질로 된 무한대 평면과 평행하게 놓여있다. 이 경우 영상법에 의한 영상전류와 영상전하는?
(단, 전류는 직류이다)

① $-I, -Q$
② $-I, +Q$
③ $+I, -Q$
④ $+I, +Q$

| 해설
영상법에 의해 작용하는 힘은 항상 흡인력이 작용한다. 따라서 크기는 같고, 부호가 반대이며, 상호 대칭점에 위치한다. 이때 영상전하는 $-Q$ 이고 영상전류는 $+I$ 이다.

04 ☐☐☐

평균 자로의 길이 80[cm]의 환상 철심에 500회의 코일을 감고 여기에 4[A]의 전류를 흘렸을 때 기자력과 자화력(자계의 세기)은?

① 2,000[AT], 2,500[AT/m]
② 3,000[AT], 2,500[AT/m]
③ 2,000[AT], 3,500[AT/m]
④ 3,000[AT], 3,500[AT/m]

| 해설
㉠ 기자력
$F = NI = 500 \times 4 = 2000$ [AT]
㉡ 자화력(자계의 세기)
$H = \dfrac{NI}{l} = \dfrac{500 \times 4}{0.8} = 2500$ [AT/m]

정답 1③ 2② 3③ 4①

05 □□□

높은 주파수의 전자파가 전파될 때 일기가 좋은 날보다 비 오는 날 전자파의 감쇠가 심한 원인은?

① 도전율 관계이기 때문이다.
② 유전률 관계이기 때문이다.
③ 투자율 관계이기 때문이다.
④ 분극률 관계이기 때문이다.

| 해설

높은 주파수의 전자파는 짧은 파장을 가지므로 이를 통과하는 물체의 표면에 있는 전자들이 매우 빠르게 진동하게 된다. 이 때, 일기가 좋은 날보다 비 오는 날은 공기 중에 물분자가 많아져 전자파의 진폭을 감소시키는데, 이는 물분자의 도전율이 높아져서 발생한다.

06 □□□

진공 중에 밀도가 25×10^{-9}[C/m]인 무한히 긴 선전하가 Z축상에 있을 때 (3, 4, 0)[m]의 전계의 세기는?

① $24i + 36j$[V/m]
② $32i + 26j$[V/m]
③ $42i + 86j$[V/m]
④ $54i + 72j$[V/m]

| 해설

㉠ 거리벡터
$\vec{r} = (3-0)i + (4-0)j + (0-0)k = 3i + 4j$[m]

㉡ 단위벡터
$\vec{r_0} = \dfrac{\vec{r}}{r} = \dfrac{3i+4j}{\sqrt{3^2+4^2}} = \dfrac{3i+4j}{5}$

㉢ 전계의 세기(스칼라)
$E = \dfrac{\lambda}{2\pi\epsilon_0 r} = 18 \times 10^9 \times \dfrac{25 \times 10^{-9}}{5} = 90$[V/m]

$\therefore \vec{E} = E\vec{r_0} = 90 \times (\dfrac{3i+4j}{5}) = 54i + 72j$[V/m]

07 □□□

10[A]의 전류가 5분 동안 도선에 흘렀을 때 도선 단면을 지나는 전기량은 몇 [C]인가?

① 3000[C]
② 50[C]
③ 2[C]
④ 0.033[C]

| 해설

$Q = It = 10 \times 5 \times 60 = 3000$[C]

08 □□□

그림과 같이 공기 중에서 1[m]의 거리를 사이에 둔 2점 A, B에 각각 3×10^{-4}[Wb]와 -3×10^{-4}[Wb]의 점자극을 두었다. 이 때 점 P에 단위 정(+)자극을 두었을 때 이 극에 작용하는 힘의 합력은 약 몇 [N]인가? (단, $m(\overline{AP}) = m(\overline{BP})$, $m(\angle APB) = 90°$이다)

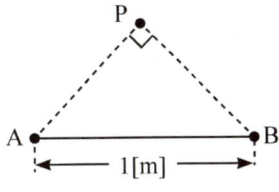

① 0
② 18.9
③ 37.9
④ 53.7

| 해설

㉠ P점의 자계의 세기는 아래와 같다.

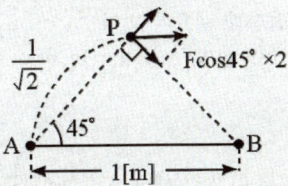

㉡ $\cos 45° = \dfrac{\overline{AP}}{1/2}$ 에서

$\overline{AP} = \dfrac{1/2}{\cos 45} = \dfrac{1/2}{\sqrt{2}/2} = \dfrac{1}{\sqrt{2}}$[m]

$\therefore F = F_1 + F_2 = F_1 \times \cos 45° \times 2$

$= \dfrac{m \times 1}{4\pi\mu_0 r^2} \times \dfrac{\sqrt{2}}{2} \times 2$

$= 6.33 \times 10^4 \times \dfrac{3 \times 10^{-4} \times 1}{\left(\dfrac{1}{\sqrt{2}}\right)^2} \times \dfrac{\sqrt{2}}{2} \times 2$

$= 53.7$[N]

정답 5① 6④ 7① 8④

09 □□□

무한히 긴 직선 도체에 전류 I[A]를 흘릴때 이 전류로부터 d[m]되는 점의 자속밀도는 몇 [Wb/m²]인가?

① $\dfrac{I}{d} \times 10^{-7}$ ② $\dfrac{2I}{d} \times 10^{-7}$

③ $\dfrac{d}{I} \times 10^{-7}$ ④ $\dfrac{d}{2I} \times 10^{-7}$

| 해설

㉠ 무한장 직선 도체의 자계의 세기
$$H = \dfrac{I}{2\pi d} \text{ [AT/m]}$$

㉡ 자속밀도: $B = \mu_0 H = \dfrac{\mu_0 I}{2\pi d}$ [Wb/m²]

$\therefore B = \dfrac{4\pi \times 10^{-7} \times I}{2\pi d} = \dfrac{2I}{d} \times 10^{-7}$ [Wb/m²]

10 □□□

회로에 발생하는 기전력에 관련되는 두개의 법칙은?

① 가우스법칙과 옴의 법칙
② 플레밍의 법칙과 옴의 법칙
③ 패러데이법칙과 렌츠의 법칙
④ 암페어의 법칙과 비오-사바르의 법칙

| 해설

패러데이는 자속이 시간적으로 변화하면 기전력이 발생한다는 성질을, 렌츠는 기전력의 방향은 자속의 증감을 방해하는 방향으로 발생한다는 것을 설명하였다.

11 □□□

정전용량 6[μF], 극간거리 2[mm]의 평판 콘덴서에 300[μC]의 전하를 주었을 때 극판간의 전계는 몇 [V/mm]인가?

① 25 ② 50
③ 150 ④ 200

| 해설

㉠ 전계의 세기와 전위차 관계식
  $V = dE$[V] (단, E는 평등 전계)

㉡ 콘덴서에 축적되는 전하량
  $Q = CV = CdE$[C]

$\therefore E = \dfrac{Q}{Cd} = \dfrac{300 \times 10^{-6}}{6 \times 10^{-6} \times 2} = 25$ [V/mm]

12 □□□

전기쌍극자 모멘트 M[C·m]인 전기쌍극자에 의한 임의의 점의 전위는 몇 [V] 인가? (단, 전기쌍극자의 중심점에서 임의의 점까지의 거리는 R[m] 이고, 이들 간에 이루어진 각은 θ 이다)

① $9 \times 10^9 \times \dfrac{M\cos\theta}{R}$ ② $9 \times 10^9 \times \dfrac{M\cos\theta}{R^2}$

③ $9 \times 10^9 \times \dfrac{M\sin\theta}{R}$ ④ $9 \times 10^9 \times \dfrac{M\sin\theta}{R^2}$

| 해설

전기쌍극자로 부터 R[m] 떨어진 점의 전위
$$V = \dfrac{M\cos\theta}{4\pi\epsilon_0 R^2} = 9 \times 10^9 \times \dfrac{M\cos\theta}{R^2} \text{ [V]}$$

13 □□□

지름이 각각 2[cm] 및 4[cm]인 금속구가 비유전율 10인 변압기유 속에 1[m] 떨어져 있다. 각 구의 전위가 동일하게 10[kV]라면 두 금속구 사이에 작용하는 반발력 [N]은?

① 1.2×10^{-6} ② 2.2×10^{-5}
③ 3.2×10^{-8} ④ 4.2×10^{-9}

| 해설

쿨롱의 법칙에 의한 전기력
$F = \dfrac{Q_1 Q_2}{4\pi\epsilon_0 \epsilon_s r^2} = \dfrac{C_1 V \times C_2 V}{4\pi\epsilon_0 \epsilon_s r^2}$

$= \dfrac{4\pi\epsilon_0 \epsilon_s r_1 \times 4\pi\epsilon_0 \epsilon_s r_2 \times V^2}{4\pi\epsilon_0 \epsilon_s r^2} = \dfrac{4\pi\epsilon_0 \epsilon_s r_1 r_2 V^2}{r^2}$

$= \dfrac{10 \times 0.01 \times 0.02 \times (10^4)^2}{9 \times 10^9 \times 1^2} = 2.22 \times 10^{-5}$ [N]

정답 9 ② 10 ③ 11 ① 12 ② 13 ②

14 □□□

안테나에서 파장 40[cm]의 평면파가 자유공간에 방사될 때 발신 주파수는 몇 [MHz]인가?

① 650
② 700
③ 750
④ 800

| 해설

파장의 길이 $\lambda = \dfrac{v}{f}$ [m] 에서 발신 주파수는

$\therefore f = \dfrac{v}{\lambda} = \dfrac{3 \times 10^8}{0.4}$

$= 0.75 \times 10^9$ [Hz] $= 750$ [MHz]

15 □□□

그림(a)의 인덕턴스에 전류가 그림(b)와 같이 흐를 때 2초에서 6초 사이의 인덕턴스전압 V_L 은 몇 [V]인가?

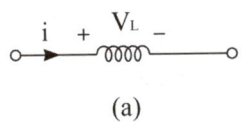

(a)

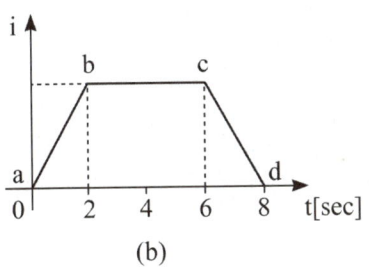

(b)

① 0
② 5
③ 10
④ -5

| 해설

인덕턴스 전압(유도기전력)은 시간에 따라 전류의 크기가 변해야 발생된다. ($V_L = L\dfrac{di}{dt}$ [V])

∴ 2초와 6초 사이의 전류의 변화가 없으므로 유도기전력 $\left(\dfrac{di}{dt} = 0\right)$ 은 발생되지 않는다.

16 □□□

도전율 σ, 유전율 ϵ 인 매질에 교류전압을 가할 때 전도전류와 변위전류의 크기가 같아지는 주파수는?

① $f = \dfrac{\sigma}{2\pi\epsilon}$
② $f = \dfrac{\epsilon}{2\pi\sigma}$
③ $f = \dfrac{2\pi\epsilon}{\sigma}$
④ $f = \dfrac{2\pi\sigma}{\epsilon}$

| 해설

㉠ 전도전류: $I_c = \sigma ES$ [A]
㉡ 변위전류: $I_d = \omega\epsilon ES = 2\pi f\epsilon ES$ [A]
㉢ 임계조건: $I_c = I_d \to \sigma ES = 2\pi f\epsilon ES$

∴ 임계주파수 $f_c = \dfrac{\sigma}{2\pi\epsilon} = \dfrac{k}{2\pi\epsilon}$ [Hz]

17 □□□

히스테리시스곡선의 기울기는 다음의 어떤 값에 해당하는가?

① 투자율
② 유전율
③ 자화율
④ 감자율

| 해설

히스테리시스 곡선의 횡축은 자계의 세기 H, 종축은 자속밀도 B 이므로 히스테리시스 곡선의 기울기는 $\dfrac{B}{H}$ 가 되므로 투자율 μ 을 의미한다. (자속밀도 $B = \mu H$)

정답 14 ③ 15 ① 16 ① 17 ①

18 □□□

그림과 같이 전류 I[A]가 흐르고 있는 직선 도체로부터 r[m] 떨어진 P점의 자계의 세기 및 방향을 바르게 나타낸 것은? (단, ⊗은 지면을 들어가는 방향, ⊙은 지면을 나오는 방향이다)

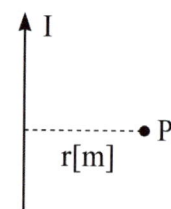

① $\dfrac{I}{2\pi r}$, ⊗   ② $\dfrac{I}{2\pi r}$, ⊙

③ $\dfrac{Id\ell}{4\pi r^2}$, ⊗   ④ $\dfrac{Id\ell}{4\pi r^2}$, ⊙

| 해설

㉠ 무한장 직선 도체의 자계의 세기

$H = \dfrac{I}{2\pi r}$ [AT/m]

㉡ 앙페르 오른나사 법칙에서 전류의 방향을 엄지로 하면 오른손이 쥐어지는 방향이 자계의 방향이 된다. 따라서 P점에서 자계는 들어가는 방향(⊗)이 된다.
여기서, ⊙: 나오는 방향

19 □□□

매질 1이 나일론(비유전율 $\epsilon_s = 4$)이고, 매질 2는 진공일 때 전속밀도 D가 경계면에서 각각 θ_1, θ_2의 각을 이룰 때 $\theta_2 = 30°$라 하면 θ_1의 값은?

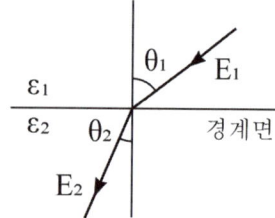

① $\tan^{-1}\dfrac{4}{\sqrt{3}}$ ② $\tan^{-1}\dfrac{\sqrt{3}}{4}$

③ $\tan^{-1}\dfrac{\sqrt{3}}{2}$ ④ $\tan^{-1}\dfrac{2}{\sqrt{3}}$

| 해설

유전체의 경계조건 $\dfrac{\epsilon_1}{\epsilon_2} = \dfrac{\tan\theta_1}{\tan\theta_2}$ 에서

$\tan\theta_2 = \tan\theta_1 \dfrac{\epsilon_2}{\epsilon_1} = \tan\theta_1 \dfrac{\epsilon_{s2}}{\epsilon_{s1}}$ 이므로

$\therefore \theta_1 = \tan^{-1}\left(\tan\theta_2 \dfrac{\epsilon_{s1}}{\epsilon_{s2}}\right)$

$= \tan^{-1}\left(\tan 30° \times \dfrac{4}{1}\right) = \tan^{-1}\left(\dfrac{4}{\sqrt{3}}\right)$

20 □□□

지름이 40[mm]인 원형 종이관에 일정하게 2000회의 코일이 감겨있는 솔레노이드의 인덕턴스는 몇 [mH]인가? (단, 솔레노이드의 길이는 50[cm]투자율은 μ_0라고 한다)

① 12.6   ② 25.2
③ 50.4   ④ 75.6

| 해설

종이관 내부는 공기로 채워져 있으므로(공심 솔레노이드) 비투자율 $\mu_s = 1$이 된다.

∴ 자기 인덕턴스

$L = \dfrac{\mu_0 S N^2}{l} = \dfrac{\mu_0 (\pi r^2) N^2}{l}$

$= \dfrac{4\pi \times 10^{-7} \times \pi (0.02)^2 \times 2000^2}{0.5}$

$= 12.62 \times 10^{-3}$ [H]

정답   18 ①   19 ①   20 ①

02 전력공학

21 □□□

일반 회로정수가 같은 평행 2회선에서 A, B, C, D는 1회선인 경우의 몇 배로 되는가?

① A: 2, B: 2, C: $\frac{1}{2}$, D: 1

② A: 1, B: 2, C: $\frac{1}{2}$, D: 1

③ A: 1, B: $\frac{1}{2}$, C: 2, D: 1

④ A: 1, B: $\frac{1}{2}$, C: 2, D: 2

| 해설

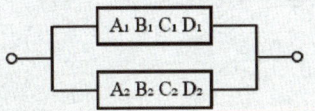

평행 2회선의 경우 합성 4단자 정수 A_o, B_o, C_o, D_o 는

$A_o = \frac{A_1 B_2 + B_1 A_2}{B_1 + B_2}$,

$B_o = \frac{B_1 \cdot B_2}{B_1 + B_2}$,

$C_o = C_1 + C_2 + \frac{(A_1 - A_2)(D_2 - D_1)}{B_1 + B_2}$,

$D_o = \frac{B_1 D_2 + D_1 B_2}{B_1 + B_2}$ 이므로

$A_1 = A_2 = A$, $B_1 = B_2 = B$, $C_1 = C_2 = C$, $D_1 = D_2 = D$ 라 하면

$A_o = A$, $B_o = \frac{1}{2}B$, $C_o = 2C$, $D_o = D$

22 □□□

변전소, 발전소 등에 설치하는 피뢰기에 대한 설명 중 옳지 않은 것은?

① 피뢰기의 직렬 갭은 일반적으로 저항으로 되어 있다.
② 정격전압은 상용주파 정현파전압의 최고한도를 규정한 순시값이다.
③ 방전전류는 뇌충격전류의 파고값으로 표시한다.
④ 속류란 방전현상이 실질적으로 끝난 후에도 전력계통에서 피뢰기에 공급되어 흐르는 전류를 말한다.

| 해설
피뢰기 정격전압이란 선로단자와 접지단자 간에 인가할 수 있는 상용주파 최대 허용전압으로 그 크기는 다음과 같이 구해진다.
피뢰기 정격전압 $V_n = \alpha \beta V_m$ [V]
(여기서, α: 접지계수, β: 유도계수, V_m = 공칭전압)

23 □□□

전력계통에서 내부 이상전압의 크기가 가장 큰 경우는?

① 유도성 소전류 차단 시
② 수차발전기의 부하 차단 시
③ 무부하선로 충전전류 차단 시
④ 송전선로의 부하차단기 투입 시

| 해설
송전선로 개폐조작 시 이상전압(재점호)이 가장 큰 경우는 무부하 송전선로의 충전전류(진상전류)를 차단 시 발생한다.

정답 21 ③ 22 ② 23 ③

24

송전전력, 부하역률, 송전거리, 전력손실 및 선간전압을 동일하게 하였을 경우 3상 3선식에 요하는 전선 총량은 단상 2선식에 필요로 하는 전선량의 몇 배인가?

① $\frac{1}{2}$ ② $\frac{2}{3}$
③ $\frac{3}{4}$ ④ 1

| 해설

전선의 총량 $V_0 = 2A_1L = 3A_3L$ ∴ $\frac{A_3}{A_1} = \frac{2}{3}$

전선의 저항 $R = \rho\frac{L}{A}$ 이므로 전선의 단면적에 반비례하여

$\frac{A_3}{A_1} = \frac{R_1}{R_3} = \frac{2}{3}$

또한 동일전력, 동일선간전압이면

$W_0 = V_1I_1 = \sqrt{3}\,VI_3$ 에서 $\frac{I_1}{I_3} = \sqrt{3}$

전력 손실 $\frac{P_{C3}}{P_{C2}} = \frac{3I_3^2R_3}{2I_1^2R_1} = \frac{3}{2} \times \left(\frac{1}{\sqrt{3}}\right)^2 \times \frac{3}{2} = \frac{3}{4}$

25

다음 중 철탑에서 전선의 오프셋을 하는 주된 이유는?

① 불평형 전압의 유도 방지
② 지락사고 방지
③ 전선의 진동 방지
④ 상·하선의 혼촉 방지

| 해설

오프셋은 송전선의 착빙설이 지면으로 떨어지면서 발생하는 피빙도약에 의한 상·하선의 단락을 방지하기 위해 사용한다.

26

역률개선용 콘덴서를 부하와 병렬로 연결하고자 한다. △결선방식과 Y 결선방식을 비교하면 콘덴서의 정전용량 (단위:μF)의 크기는 어떠한가?

① △결선방식과 Y결선방식은 동일하다.
② Y결선방식이 △결선방식의 $\frac{1}{2}$ 용량이다.
③ △결선방식이 Y결선방식의 $\frac{1}{3}$ 용량이다.
④ Y결선방식이 △결선방식의 $\frac{1}{\sqrt{3}}$ 용량이다.

| 해설

△결선서 콘덴서 용량 $Q_\triangle = 6\pi fCV^2 \times 10^{-9}$[kVA]

Y결선시 콘덴서 용량 $Q_Y = 2\pi fCV^2 \times 10^{-9}$[kVA]

$\frac{C_\triangle}{C_Y} = \frac{\frac{Q}{6\pi fV^2 \times 10^{-9}}}{\frac{Q}{2\pi fV^2 \times 10^{-9}}} = \frac{1}{3}$ 에서 $C_\triangle = \frac{1}{3}C_Y$

27

150[kVA] 단상변압기 3대를 △-△결선으로 사용하다가 1대의 고장으로 V-V결선을 하여 사용하면 몇 [kVA]의 부하까지 걸 수 있겠는가?

① 220 ② 235
③ 245 ④ 260

| 해설

이용률이 86.6[%]이므로 $P_v = (150 \times 2) \times 0.866 = 259.8$[kVA]

정답 24 ③ 25 ④ 26 ③ 27 ④

28 □□□

단면적 330[mm²]의 강심알루미늄을 경간이 300[m]이고 지지점의 높이가 같은 철탑사이에 가설하였다. 전선의 이도가 7.4[m]이면 전선의 실제 길이는 몇 [m]인가? (단, 풍압, 온도 등의 영향은 무시한다)

① 300.282
② 300.487
③ 300.685
④ 300.875

| 해설

전선의 실제길이 $L = S + \dfrac{8D^2}{3S} = 300 + \dfrac{8 \times 7.4^2}{3 \times 300} = 300.487[m]$

29 □□□

역률 0.8인 부하 480[kW]를 공급하는 변전소에 전력용콘덴서 220[kVA]를 설치하면 역률은 몇 [%]로 개선할 수 있는가?

① 94
② 96
③ 98
④ 99

| 해설

부하역률 $\cos\theta = \dfrac{P}{\sqrt{P^2 + Q^2}} \times 100$

$= \dfrac{480}{\sqrt{480^2 + (\dfrac{480}{0.8} \times 0.6 - 220)^2}} \times 100 = 96[\%]$

30 □□□

과부하 전류는 물론 사고때의 대전류를 개폐할 수 있는 것은?

① 단로기
② 선로개폐기
③ 차단기
④ 부하 개폐기

| 해설

차단기는 계통의 단락, 지락 사고가 일어났을 때 계통 안정을 확보하기 위하여 신속히 고장 계통을 분리하는 역할을 한다.
개폐기에 따른 개폐 가능전류
㉠ 단로기: 무부하 충전전류 및 변압기 여자전류 개폐 가능
㉡ 차단기: 부하전류 및 고장전류(과부하전류 및 단락전류)의 개폐 가능
㉢ 선로개폐기: 부하전류의 개폐 가능
㉣ 전력퓨즈: 단락전류 차단가능

31 □□□

3상 배전선로의 전압강하율[%]을 나타내는 식이 아닌 것은? (단, V_s: 송전단전압, V_r: 수전단전압, I: 전부하전류, P: 부하전력, Q: 무효전력이다.

① $\dfrac{PR + QX}{V_r^2} \times 100$

② $\dfrac{V_s - V_r}{V_r} \times 100$

③ $\dfrac{V_s(PR + QX)}{V_r} \times 100$

④ $\dfrac{\sqrt{3}I}{V_r}(R\cos\theta + X\sin\theta) \times 100$

| 해설

전압강하율
$\%e = \dfrac{V_s - V_r}{V_r} \times 100 = \dfrac{PR + QX}{V_r^2} \times 100$
$= \dfrac{\sqrt{3}I(R\cos\theta + X\sin\theta)}{V_r} \times 100[\%]$

여기서, V_s: 송전단전압, V_r: 수전단전압

정답 28 ② 29 ② 30 ③ 31 ③

32 □□□

발전기 또는 주변압기의 내부고장 보호용으로 가장 널리 쓰이는 것은?

① 비율차동계전기 ② 역상계전기
③ 과전류계전기 ④ 과전압계전기

| 해설

비율차동계전기는 고장에 의해 생긴 불평형의 전류차가 평형 전류의 설정값 이상 되었을 때 동작하는 계전기로 기기 및 선로 보호에 쓰인다.
- 역상계전기: 전력설비의 불평형 운전 또는 결상운전 방지를 위해 설치
- 과전압계전기: 전압의 크기가 일정치 이상으로 되었을 때 동작하는 계전기
- 과전류계전기: 전류의 크기가 일정치 이상으로 되었을 때 동작하는 계전기

33 □□□

직류 송전에 대한 설명으로 틀린 것은?

① 직류 송전에서는 유효전력과 무효전력을 동시에 보낼 수 있다.
② 역률이 항상 1로 되기 때문에 그 만큼 송전 효율이 좋아진다.
③ 직류 송전에서는 리액턴스라든지 위상각에 대해서 고려할 필요가 없기 때문에 안정도상의 난점이 없어진다.
④ 직류에 의한 계통 연계는 단락용량이 증대하지 않기 때문에 교류 계통의 차단용량이 적어도 된다.

| 해설

직류 송전방식(HVDC)의 장점
㉠ 비동기 연계가 가능하다.
㉡ 리액턴스강하가 없다. 따라서 안정도의 문제가 없다.
㉢ 절연비가 저감, 코로나에 유리
㉣ 유전체손이나 연피손이 없다.
㉤ 고장전류가 적어 계통 확충이 가능하다.

34 □□□

유효낙차 150[m], 최대출력 250,000[kW]의 수력발전소의 최대 사용수량은 약 몇 [m3/sec]인가? (단, 수차의 효율은 90[%], 발전기의 효율은 98[%]이다)

① 236 ② 193
③ 182 ④ 173

| 해설

$P = 9.8HQ\eta$ 에서 유량 Q 는

$Q = \dfrac{P}{9.8H\eta} = \dfrac{250000}{9.8 \times 150 \times 0.9 \times 0.98} = 193 [m3/s]$

35 □□□

전선로에 댐퍼(damper)를 사용하는 목적은?

① 전선의 진동방지
② 전력손실 경감
③ 낙뢰의 내습방지
④ 많은 전력을 보내기 위하여

| 해설

댐퍼는 진동이 발생하기 쉬운 개소에 설치하여 전선의 진동을 방지시켜 단선사고는 방지한다. 댐퍼는 350[m] 이내는 1개, 650[m] 구간에는 2개 그 이상은 3개 이상을 설치한다.

36 □□□

초고압 장거리송전선로에 접속되는 1차 변전소에 분로리액터를 설치하는 주된 목적은?

① 페란티 현상의 방지 ② 과도안정도의 증대
③ 송전용량의 증가 ④ 전력손실의 경감

| 해설

심야경부하시 발생하는 페란티 현상은 분로리액터(ShR)을 투입하여 경감시킨다.

정답 32 ① 33 ① 34 ② 35 ① 36 ①

37 □□□

비등수형 동력용 원자로에 대한 설명으로 틀린 것은?

① 노심안에서 경수가 끓으면서 증기를 발생할 수 있게 설계된 것이다.
② 내부의 압력은 가압수형 원자로(PWR)보다 높다.
③ 발생된 증기로 직접 터빈을 회전시키는 방식을 직접사이클이라 한다.
④ 직접사이클의 노에서는 증기속에 방사선 물질이 섞이게 되므로 터빈 내부까지 방사능으로 오염될 우려가 있다.

| 해설

비등수형 원자력 발전소의 원자로는 노심안에서 증기가 발생하므로 가압수형의 경우보다 압력이 낮다.

38 □□□

전압이 정정치 이하로 되었을 때 동작하는 것으로서 단락고장 검출 등에 사용되는 계전기는?

① 부족전압계전기 ② 비율차동계전기
③ 재폐로계전기   ④ 선택계전기

| 해설

계전기 주요 동작사항은 다음과 같다
- 재폐로계전기: 차단기에 동작책무를 부여하기 위해 차단기를 재폐로 시키기 위한 계전기
- 역상계전기: 계통에 역상 전류가 흐를 때 동작하는 계전기
- 부족전류계전기: 계통에 정정치 이하의 전류가 흐를 때 동작하는 계전기

39 □□□

변전소로부터 특별고압 3상3선식의 가공전선로로 수전하고 있는 공장이 있다. 이 공장의 부하는 40,000[kW]이고 뒤진역률 90[%], 수전전압은 70,000[V]라고 한다. 부하전류는 몇 [A]인가?

① 322.6   ② 366.6
③ 396.6   ④ 422.6

| 해설

부하전류 $I_n = \dfrac{P}{\sqrt{3}\,V_n \cos\theta} = \dfrac{40,000}{\sqrt{3}\times 70\times 0.9} = 366.6[A]$

40 □□□

고장점에서 구한 전 임피던스를 Z, 고장점의 성형전압을 E라 하면 단락전류는?

① $\dfrac{E}{Z}$ ② $\dfrac{E}{\sqrt{3}\,Z}$
③ $\dfrac{\sqrt{3}\,E}{Z}$ ④ $\dfrac{3E}{Z}$

| 해설

단락전류 $I_s = \dfrac{\frac{V}{\sqrt{3}}}{Z} = \dfrac{E}{Z}[A]$

[여기서, V: 선간전압, E: 성형전압(= 대지전압)]

03 전기기기

41 □□□

동기발전기에 회전계자형을 쓰는 경우가 많다. 그 이유로 적합하지 않은 것은?

① 전기자보다 계자극을 회전자로 하는 것이 기계적으로 튼튼하다.
② 기전력의 파형을 개선한다.
③ 전기자권선은 고전압으로 결선이 복잡하다.
④ 계자회로는 직류 저전압으로 소요전력이 적다.

| 해설

동기발전기를 회전계자형으로 하는 이유
- 기계적으로 튼튼하다.
- 직류소요전력이 작고 절연이 용이하다.
- 전기자권선은 Y결선으로 복잡하고 고압을 유기한다.
- 대용량부하에 적합하다.

정답 37 ② 38 ① 39 ② 40 ① 41 ②

42

전기기기에 있어 와전류손(Eddy current loss)을 감소시키기 위한 방법은?

① 냉각압연
② 보상권선 설치
③ 교류전원을 사용
④ 규소강판을 성층하여 사용

| 해설

- 철손 = 히스테리시스손 + 와류손
- 와전류손 $P_e \propto k_h k_e (ftB_m)^2$
  (여기서, f: 주파수, t: 두께, B_m: 자속 밀도)

와전류손은 두께의 2승에 비례하므로 감소시키기 위해 성층하여 사용한다.

43

200[V], 50[Hz], 8극 15[kW]의 3상 유도전동기에서 전부하 회전수가 720[rpm]이면 이 전동기의 2차 동손은 몇 [W]인가?

① 435
② 537
③ 625
④ 723

| 해설

- 동기속도 $N_s = \dfrac{120f}{P} = \dfrac{120 \times 50}{8} = 750[rpm]$
- 720[rpm]으로 회전시 슬립

$s = \dfrac{N_s - N}{N_s} = \dfrac{750 - 720}{750} = 0.04$

- 2차 동손 $P_c = \dfrac{s}{1-s} \times P_o = \dfrac{0.04}{1-0.04} \times 15 \times 10^3 = 625[W]$

44

역률이 가장 좋은 전동기는?

① 농형유도전동기
② 반발기동 전동기
③ 동기전동기
④ 교류 정류자전동기

| 해설

동기전동기의 특성
㉠ 장점
- 속도가 일정하다. (동기속도 N_s로 운전)
- 역률을 조정할 수 있다. (역률 $\cos\theta = 1$로 운전 가능)
- 효율이 좋고 공극이 크고 기계적으로 튼튼하다.

㉡ 단점
- 기동토크가 작고(기동 토크 $T_s = 0$) 속도 제어가 어렵다.
- 직류 여자가 필요하고 난조가 일어나기 쉽다.

45

단상 유도전동기의 기동법중에서 기동토크가 가장 적은 것은?

① 분상기동형
② 반발기동형
③ 콘덴서분상형
④ 반발유도형

| 해설

단상 유도전동기의 기동토크 크기에 따른 비교 순서
반발기동형 > 반발 유도형 > 콘덴서 기동형 > 분상 기동형 > 세이딩 코일형 > 모노사이크릭형

46

유도전동기로 동기전동기를 기동하는 경우, 유도전동기의 극수는 동기전동기의 극수보다 2극 적은 것을 사용한다. 그 이유는? (단, s는 슬립, N_s는 동기속도이다)

① 같은 극수일 경우 유도기는 동기속도보다 sN_s만큼 늦으므로
② 같은 극수일 경우 유도기는 동기속도보다 $(1-s)$만큼 늦으므로
③ 같은 극수일 경우 유도기는 동기속도보다 s만큼 빠르므로
④ 같은 극수일 경우 유도기는 동기속도보다 $(1-s)$만큼 빠르므로

| 해설

동기전동기 기동시 유도전동기를 이용할 경우 유도전동기가 sN_s만큼 동기전동기 보다 늦게 회전하므로 동기전동기 보다 2극 적은 유도전동기를 사용하여 기동한다.

정답 42 ④ 43 ③ 44 ③ 45 ① 46 ①

47

극수 P_1, P_2의 두 3상 유도전동기를 종속접속 하였을 때의 이 전동기의 동기속도는? (단, 전원 주파수는 f_1[Hz]이고 직렬종속이다)

① $\dfrac{120f_1}{P_1}$ ② $\dfrac{120f_1}{P_2}$

③ $\dfrac{120f_1}{P_1+P_2}$ ④ $\dfrac{120f_1}{P_1-P_2}$

| 해설

직렬 종속법 $N = \dfrac{120f_1}{P_1+P_2}$ [rpm]

48

동기발전기에서 극수 4, 1극의 자속수 0.062[Wb], 1분간의 회전속도를 1800, 코일의 권수를 100이라고 하고 이때 코일의 유기기전력의 실효치[V]를 구하시오. (단, 권선계수는 1.0이라 한다.)

① 526[V]   ② 1488[V]
③ 1652[V]   ④ 2336[V]

| 해설

- 동기발전기의 유기기전력 $E = 4.44 K_w f N \phi$[V]
  (여기서, K_w: 권선계수, f: 주파수, N: 1상당 권수, ϕ: 극당 자속)
- 동기속도 $N_s = \dfrac{120f}{P}$[rpm]에서
  $f = \dfrac{N_S \times P}{120} = \dfrac{1800 \times 4}{120} = 60$[Hz]
- 유기기전력
  $E = 4.44 K_w f N \phi = 4.44 \times 1.0 \times 60 \times 100 \times 0.062 = 1652$[V]

49

정격이 6000[V], 9000[kVA]인 3상 동기발전기의 %임피던스가 90[%]라면 동기임피던스는 몇 [Ω]인가?

① 3.0   ② 3.2
③ 3.4   ④ 3.6

| 해설

- 단락비 $K_s = \dfrac{I_s}{I_n} = \dfrac{100}{\%Z} = \dfrac{1}{Z[PU]} = \dfrac{10^3 V_n^2}{P Z_s}$
- 동기임피던스 $Z_s = \dfrac{10 V_n^2}{P} \times \%Z = \dfrac{10 \times 6^2}{9000} \times 90 = 3.6$[Ω]
  (여기서, V_n의 단위[kV], P의 단위[kVA])

50

정류방식중에서 맥동율이 가장 작은 회로는?

① 단상 반파정류회로   ② 단상 전파정류회로
③ 삼상 반파정류회로   ④ 삼상 전파정류회로

| 해설

각 정류방식에 따른 맥동률
- 단상 반파정류: 1.21
- 단상 전파정류: 0.48
- 3상 반파정류: 0.19
- 3상 전파정류: 0.042

51

사이클로 컨버터(cycloconverter)란?

① 실리콘 양방향성 소자이다.
② 제어정류기를 사용한 주파수 변환기이다.
③ 직류 제어소자이다.
④ 전류 제어장치이다.

| 해설

어떠한 주파수의 교류를 다른 주파수의 교류로 변환시키는 것을 주파수변환기라 하는데, 이 변환방법에는 직접식과 간접식이 있다. 간접식은 그림과 같이 순변환(converter)과 역변환(inverter)으로 구성되어 있으나, 직접식은 직류회로를 개재함이 없이 다른 주파수의 교류로 변환시키는 방법이다. 이와 같이 직접변환방식을 사이클로컨버터라 한다.

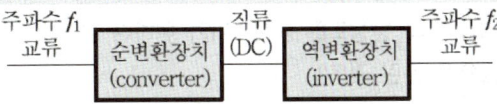

정답   47 ③   48 ③   49 ④   50 ④   51 ②

52

자동제어장치에 쓰이는 서보모터(servo motor)의 특성을 나타낸 것 중 틀린 것은?

① 빈번한 시동, 정지, 역전 등의 가혹한 상태에 견디도록 견고하고 큰 돌입전류에 견딜 것
② 시동 토크는 크나 회전부의 관성 모멘트가 작고 전기적 시정수가 짧을 것
③ 발생 토크는 입력신호(入力信號)에 비례하고 그 비가 클 것
④ 직류 서보모터에 비하여 교류 서보모터의 시동 토크가 매우 클 것

| 해설
서보모터의 특성
㉠ 시동정지가 빈번한 상황에서도 견딜 수 있어야 한다.
㉡ 큰 회전력을 가져야 한다.
㉢ 회전자(rotor)의 관성 모멘트가 작아야 한다.
㉣ 급제동 및 급가속(시동 토크가 크다)에 대응할 수 있어야 한다(시정수가 짧을 것).
㉤ 토크의 크기는 직류 서보모터가 교류 서보모터보다 크다.

53

유도전동기와 직결된 전기동력계(다이나모메터)의 부하 전류를 증가하면 유도전동기의 속도는?

① 증가한다.   ② 감소한다.
③ 변함이 없다.   ④ 동기 속도로 회전한다.

| 해설
전기동력계는 전동기의 특성을 파악하기 위한 설비로 토크를 측정할수 있다. 실부하법의 종류로 부하 증가시 부하전류가 증가하므로 토크가 증가하므로 회전속도는 감소한다.

54

동기발전기의 안정도를 증진시키기 위하여 설계상 고려할 점으로 틀린 것은?

① 자동전압 조정기의 속도를 크게 한다.
② 정상 과도 리액턴스 및 단락비를 작게한다.
③ 회전자의 관성력을 크게 한다.
④ 영상 및 역상 임피던스를 크게 한다.

| 해설
안정도 증진 대책
• 정상 과도 리액턴스 또는 동기 리액턴스는 작게 하고 단락비를 크게 한다.
• 자동전압 조정기의 속도를 크게한다(속응여자 방식을 채용).
• 회전자의 관성력을 크게 한다.
• 영상 및 역상 임피던스를 크게 한다.
• 관성을 크게 하거나 플라이휠 효과를 크게 한다.

55

동기발전기의 단락시험, 무부하시험으로 구할 수 없는 것은?

① 철손   ② 단락비
③ 전기자반작용   ④ 동기임피던스

| 해설
동기발전기의 무부하시험 및 단락시험을 통해 단락비, 철손, 동기임피던스, 동손 등을 알 수 있다.

56

내철형 3상 변압기를 단상 변압기로 사용할 수 없는 이유는?

① 1차, 2차 간의 각 변위가 있기 때문에
② 각 권선마다의 독립된 자기회로가 있기 때문에
③ 각 권선마다의 독립된 자기회로가 없기 때문에
④ 각 권선이 만든 자속이 $\frac{3\pi}{2}$ 위상차가 있기 때문에

| 해설
3상 변압기의 구분
㉠ 내철형 변압기
  내철형 변압기는 철심이 안쪽에 배치되어 권선이 철심을 둘러싸는 형태로 독립된 자기회로가 없기 때문에 단상변압기로는 사용할 수 없다.
㉡ 외철형 변압기
  권선이 안쪽에 있고 철심이 권선 주위를 감싸는 형태

정답   52 ④   53 ②   54 ②   55 ③   56 ③

57 ☐☐☐

단상 직권 정류자전동기의 설명으로 틀린 것은?

① 계자권선의 리액턴스강하 때문에 계자권선수를 적게 한다.
② 토크를 증가하기 위해 전기자권선수를 많게 한다.
③ 전기자반작용을 감소하기 위해 보상권선을 설치한다.
④ 변압기 기전력을 크게 하기 위해 브러시 접촉저항을 작게 한다.

| 해설

단상 직권 정류자전동기
㉠ 단상 직권 정류자전동기는 직류 직권전동기를 교류용에 사용하므로 역률과 효율이 낮고 토크가 작아 정류가 불량하다.
㉡ 대책
 • 전기자, 계자 모두 성층철심을 사용한다.
 • 역률 및 토크 감소를 해결하기 위해 전기자권수를 증가한다.
 • 보상권선을 설치하여 전기자반작용을 감소한다.

58 ☐☐☐

직류발전기의 부하 포화곡선은 다음 어느 것의 관계인가?

① 단자전압과 부하전류
② 출력과 부하전력
③ 단자전압과 계자전류
④ 부하전류와 계자전류

| 해설

부하포화곡선이라 함은 정격속도에서 부하전류를 일정하게 유지시키고 계자전류와 단자전압과의 관계곡선을 말한다.

59 ☐☐☐

권수비 60인 단상 변압기의 전부하 2차전압 200[V], 전압변동률 3[%]일 때 1차 전압[V]은?

① 1200
② 12180
③ 12360
④ 12720

| 해설

무부하 단자전압
$V_{20} = (1 + \frac{\%\delta}{100}) \times V_{2n} = (1 + \frac{3}{100}) \times 200 = 206[V]$
∴ 1차전압 $V_{10} = 206 \times 60 = 12360[V]$

60 ☐☐☐

직류 분권전동기에서 운전중 계자권선의 저항을 증가하면 회전속도의 값은?

① 감소한다.
② 증가한다.
③ 일정하다.
④ 관계없다.

| 해설

• 직류전동기의 회전속도는 $n = k\frac{V_n - I_a \cdot r_a}{\phi}$ [rps]
• 계자권선 저항 증가 → 계자전류 감소 → 자속 감소 → 회전수 증가

04 회로이론

61 ☐☐☐

각 상의 임피던스가 각각 $Z = 6 + j8[\Omega]$인 평행 △부하에 선간전압이 220[V]인 대칭 3상 전압을 인가할 때의 부하전류는 약 몇 [A]인가?

① 27.2[A]
② 38.1[A]
③ 22[A]
④ 12.7[A]

| 해설

㉠ 각 상의 임피던스
$Z = \sqrt{R^2 + X^2} = \sqrt{6^2 + 8^2} = 10[\Omega]$
㉡ 상전류: $I_p = \frac{V_p}{Z} = \frac{220}{10} = 22[A]$
∴ 선전류: $I_l = \sqrt{3}I_p = 22\sqrt{3} = 38.1[A]$

정답 57 ④ 58 ③ 59 ③ 60 ② 61 ②

62

4단자정수 A, B, C, D로 출력측을 개방시켰을 때 입력측에서 본 구동점 임피던스 $Z_{11} = \dfrac{V_1}{I_1}\bigg|_{I_2=0}$ 를 표시한 것 중 옳은 것은?

① $Z_{11} = \dfrac{A}{C}$ ② $Z_{11} = \dfrac{B}{D}$

③ $Z_{11} = \dfrac{A}{B}$ ④ $Z_{11} = \dfrac{B}{C}$

|해설|

4단자 방정식
㉠ $V_1 = AV_2 + BI_2$
㉡ $I_1 = CV_2 + DI_2$

$\therefore Z_{11} = \dfrac{V_1}{I_1}\bigg|_{I_2=0} = \dfrac{AV_2}{CV_2} = \dfrac{A}{C}$

63

1[km]당의 인덕턴스 25[mH], 정전용량 0.005[μF]의 선로가 있을 때 무손실 선로라고 가정한 경우의 위상속도 [km/sec]는?

① 약 5.24×10^4 ② 약 8.95×10^4
③ 약 5.24×10^8 ④ 5.24×10^3

|해설|

위상속도

$v = \dfrac{1}{\sqrt{LC}} = \dfrac{1}{\sqrt{25 \times 10^{-3} \times 0.005 \times 10^{-6}}}$
$= 8.95 \times 10^4$ [km/sec]

64

$R-L-C$ 직렬회로에서 $L = 8 \times 10^{-3}$ [H], $C = 2 \times 10^{-7}$ [F] 이다. 임계진동이 되기 위한 R 값은?

① 0.01 [Ω]   ② 100 [Ω]
③ 200 [Ω]   ④ 400 [Ω]

|해설|

임계진동 조건은 $R^2 = 4\dfrac{L}{C}$ 이므로

$\therefore R = \sqrt{\dfrac{4L}{C}} = \sqrt{\dfrac{4 \times 8 \times 10^{-3}}{2 \times 10^{-7}}} = 400$ [Ω]

65

$R-C$ 직렬회로에 $t=0$에서 직류전압을 인가하였다. 시정수 5배에서 커패시터에 충전된 전하는 약 몇 [%]인가? (단, 초기에 충전된 전하는 없다고 가정한다.)

① 1   ② 2
③ 93.7   ④ 99.3

|해설|

㉠ 충전전하: $Q(t) = CE\left(1 - e^{-\frac{1}{RC}t}\right)$
㉡ 정상상태($t=\infty$)에서 충전전하
$Q(\infty) = CE(1 - e^{-\infty}) = CE$
㉢ 시정수 5배 시간($t = 5\tau = 5RC$)에서 충전전하
$Q(5\tau) = CE(1 - e^{-5}) = CE \times 0.9932$
∴ 시정수 5배에서 커패시터에 충전된 전하는 정상상태의 99.32[%]가 된다.

66

다음 회로 중 저항 1[MΩ]에서 0.5[sec] 동안 소비되는 에너지 [J]는 얼마인가? (여기서, $e = 100\sin 2\pi ft$ [V] 이다.)

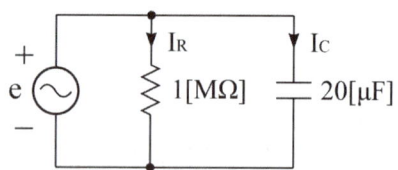

① 2.8   ② 2.5×10^{-2}
③ 2.5×10^{-3} ④ 2.5×10^{-4}

정답 62 ① 63 ② 64 ④ 65 ③ 66 ③

| 해설

㉠ 저항에 흐르는 전류

$I_R = \dfrac{E}{R} = \dfrac{100/\sqrt{2}}{10^6} = \dfrac{10^{-4}}{\sqrt{2}}$ [A]

㉡ 소비되는 에너지

$W_L = I_R^2 Rt = \left(\dfrac{10^{-4}}{\sqrt{2}}\right)^2 \times 10^6 \times 0.5$

$= 0.25 \times 10^{-2}$ [J]

67 □□□

미분방정식이 $\dfrac{di(t)}{dt} + 2i(t) = 1$ 일 때 $i(t)$ 는?

(단, $t=0$ 에서 $i(0)=0$ 이다.)

① $\dfrac{1}{2}(1+e^{-2t})$ ② $\dfrac{1}{2}(1-e^{-2t})$

③ $\dfrac{1}{2}(1+e^{-t})$ ④ $\dfrac{1}{2}(1-e^{-t})$

| 해설

㉠ $\dfrac{di(t)}{dt} + 2i(t) = 1 \xrightarrow{\mathcal{L}}$

$sI(s) + 2I(s) = I(s)(s+2) = \dfrac{1}{s}$

㉡ $I(s) = \dfrac{1}{s(s+2)} = \dfrac{A}{s} + \dfrac{B}{s+2} \xrightarrow{\mathcal{L}^{-1}} A + Be^{-2t}$

㉢ $A = \lim_{s \to 0} sI(s) = \lim_{s \to 0} \dfrac{1}{s+2} = \dfrac{1}{2}$

㉣ $B = \lim_{s \to -2}(s+2)I(s) = \lim_{s \to -2} \dfrac{1}{s} = -\dfrac{1}{2}$

∴ $i(t) = A + Be^{-2t} = \dfrac{1}{2}(1-e^{-2t})$ [A]

68 □□□

일반적으로 대칭 3상 회로의 전압 전류에 포함되는 전압 전류의 고조파를 임의의 정수로 하여 3n+1일 때의 상회전은 어떻게 되는가?

① 상회전은 기본파와 반대
② 정지상태
③ 상회전은 기본파와 동일
④ 각 상 동위상

| 해설

㉠ 영상분: 3n 고조파 (3, 6, 9, 12 …)
  → a, b, c 성분의 크기와 위상이 같음
㉡ 정상분: 3n+1 고조파 (4, 7, 10, 13 …)
  → 기본파와 상회전 방향이 동일
㉢ 역상분: 3n-1 고조파 (2, 5, 8, 11 …)
  → 기본파와 상회전 방향이 반대

69 □□□

회로 (a)를 회로 (b)와 로 하여 테브난의 정리를 이용하면 임피던스 R_{Th} 의 값과 전압 V_{Th} 의 값은 얼마인가?

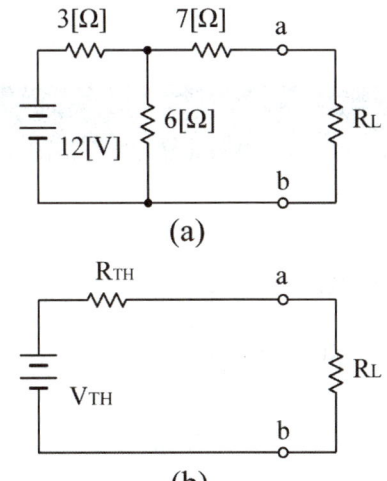

① 4[V], 13[Ω] ② 8[V], 2[Ω]
③ 8[V], 9[Ω] ④ 4[V], 9[Ω]

| 해설

테브난의 등가변환

㉠ 개방전압: a, b 양단의 단자전압

$V_{Th} = 6I = 6 \times \dfrac{12}{3+6} = 8$ [V]

㉡ 등가저항: 전압원을 단락시킨 상태에서 a, b에서 바라본 합성저항

$R_{Th} = 7 + \dfrac{3 \times 6}{3+6} = 9$ [Ω]

정답 67 ② 68 ③ 69 ③

70 □□□

어떤 3상 회로의 각 상전압이 $V_a = V$, $V_b = a^2 V$, $V_c = a V$이다. a상을 기준으로 한 대칭분 V_0, V_1, V_2은? (단, V_0는 영상분, V_1은 정상분, V_2는 역상분이다.)

① 0, V, $-V$
② 0, $-V$, V
③ $-V$, V, 0
④ 0, V, 0

| 해설
대칭 3상의 경우(사고가 안 난 계통) 영상분과 역상분은 0이고 정상분만 존재한다.
∴ $V_0 = V_2 = 0$, $V_1 = V_a$

05 제어공학

71 □□□

그림에서 전달함수 $G(s)$는?

R(s) → G(s) → C(s)

① $\dfrac{R(s)}{C(s)}$
② $\dfrac{C(s)}{R(s)}$
③ $R(s) \cdot C(s)$
④ $\dfrac{C^2(s)}{R(s)}$

| 해설
전달함수의 정의
모든 초기값을 0으로 했을 때 입력변수의 라플라스 변환과 출력 변수의 라플라스 변환의 비를 의미한다.
∴ $G(s) = \dfrac{\mathcal{L}[c(t)]}{\mathcal{L}[r(t)]} = \dfrac{C(s)}{R(s)}$

72 □□□

$G(s) = \dfrac{1}{s(1+Ts)}$로 표시되는 제어계에서 ω가 아주 클 때 $|G(j\omega)|$의 경사와 위상각은?

① -40[dB], $-180°$
② -40[dB], $-90°$
③ -20[dB], $-180°$
④ -20[dB], $-90°$

| 해설
㉠ 주파수 전달함수
$G(j\omega) = \dfrac{1}{j\omega(1+j\omega T)}\bigg|_{\omega \to \infty} \fallingdotseq \dfrac{1}{j\omega \times j\omega}$
$= \dfrac{1}{j^2\omega^2} = \omega^{-2} \angle -180°$

㉡ 이득: $g = 20 \log |G(j\omega)|$
$= 20 \log \omega^{-2} = -40 \log \omega$ [dB]

∴ 보드선도 기울기(경사): -40 [dB/dec]
위상각: $\theta = -180°$

73 □□□

특정방정식 $2s^3 + 5s^2 + 3s + 1 = 0$으로 주어진 계의 안정도를 판정하고 우반 평면상의 근을 구하면?

① 임계상태이며 허수측상에 근이 2개 존재한다.
② 안정하고 우반평면에 근이 없다.
③ 불안정하며 우반평면상에 근이 2개이다.
④ 불안정하며 우반평면상에 근이 1개이다.

| 해설
$F(s) = as^3 + bs^2 + cs + d = 0$에서
$a, b, c, d > 0$와 $bc > ad$를 만족해야 안정된 제어계가 된다. $bc = 15$, $ad = 2$이므로 $bc > ad$를 만족하므로
∴ 안정하고 불안정한 근도 없다.

정답 70 ④ 71 ② 72 ① 73 ②

74 □□□

다음 그림과 같은 회로는 어떤 논리회로인가?

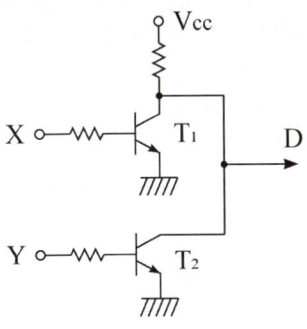

① AND 회로
② NAND 회로
③ OR 회로
④ NOR 회로

| 해설
㉠ 트랜지스터(T1, T2)에 입력(X, Y)을 주면 전원(Vcc)은 모두 접지로 흐르기 때문에 출력(D)은 0이 되어 ㉡과 같이 동작한다.
㉡ 진리표(Truth-table)

NOR 회로		
입력		출력
X	Y	D
0	0	1
0	1	0
1	0	0
1	1	0

75 □□□

연속식 압연기의 자동제어는 다음 중 어느 것인가?

① 정치 제어
② 추종 제어
③ 비례 제어
④ 프로그램 제어

| 해설
연속식 압연기는 여러 대의 압연 롤러에 금속을 넣어 순차적으로 얇게 압연하는 기계로 금속의 두께를 일정하게 압연해야 하므로 정치제어에 해당된다.

76 □□□

그림과 같은 RC 회로에 단위 계단 전압을 가하면 출력전압은?

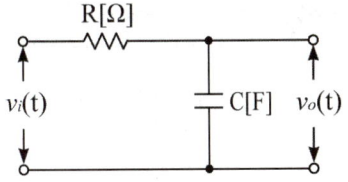

① 아무 전압도 나타나지 않는다.
② 처음부터 계단전압이 나타난다.
③ 계단전압에서 지수적으로 감쇠한다.
④ 0부터 상승하여 계단전압에 이른다.

| 해설
㉠ 전달함수: $G(s) = \dfrac{V_o(s)}{V_i(s)} = \dfrac{\frac{1}{RC}}{s + \frac{1}{RC}}$

㉡ 출력 라플라스 변환
$V_o(s) = G(s)V_i(s) = \dfrac{\frac{1}{RC}}{s + \frac{1}{RC}} \times \dfrac{1}{s} = \dfrac{\frac{1}{RC}}{s\left(s + \frac{1}{RC}\right)}$

㉢ 인디셜 응답: $v_o(t) = \mathcal{L}^{-1}[V_o(s)] = 1 - e^{-\frac{1}{RC}t}$

∴ 출력전압은 0부터 상승하여 계단전압에 이른다.

77 □□□

다음 중 $G(s)H(s) = \dfrac{K}{Ts+1}$ 일 때 이 계통은 어떤 형인가?

① 0형
② 1형
③ 2형
④ 3형

| 해설
∴ $l = b - a = 0$ 이 되어 0형 제어계가 된다.

정답 74 ④ 75 ① 76 ④ 77 ②

78 □□□

다음 블럭선도의 변환에서 A에 맞는 것은?

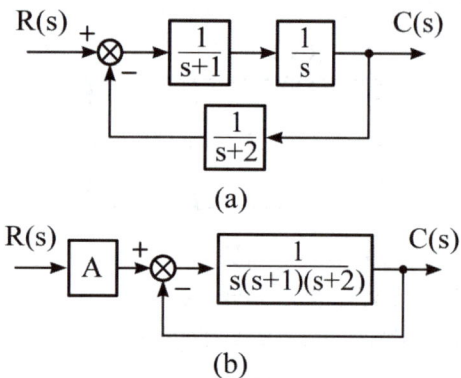

① $s+2$
② $(s+1)(s+2)$
③ s
④ $s(s+1)(s+2)$

| 해설

㉠ 첫 번째 회로의 종합 전달함수

$$M(s) = \frac{\frac{1}{s(s+1)}}{1-\frac{1}{s(s+1)(s+2)}} = \frac{s+2}{s(s+1)(s+2)-1}$$

㉡ 두 번째 회로의 종합 전달함수

$$M(s) = \frac{\frac{A}{s(s+1)(s+2)}}{1-\frac{1}{s(s+1)(s+2)}} = \frac{A}{s(s+1)(s+2)-1}$$

∴ 두 회로가 등가가 되기 위해서는 $A = s+2$ 가 되어야 한다.

79 □□□

개루프 전달함수가 아래와 같을 때 실수축 상의 근궤적 범위는? (단, $K > 0$)

$$G(s)H(s) = \frac{K}{s(s+1)(s+2)}$$

① 0 ~ -1 사이의 실수축상
② -1 ~ -2 사이의 실수축상
③ (-2)와 (+∞)사이
④ 원점에서 (+2)사이

| 해설

실수축상에 놓여진 극점과 영점을 경계구간으로 하여 특정 경계구간에서 실영점까지 실수축상에 놓여 있는 영점과 극점의 수를 헤아려 갈 때 그 총수가 홀수이면 근궤적이 존재하고, 짝수이면 존재하지 않는다.

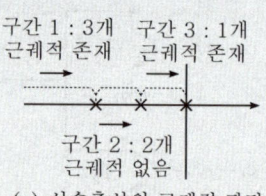

(a) 실수축상의 근궤적 판단

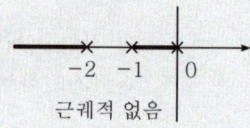

(b) 실수축상의 근궤적 작도

80 □□□

벡터궤적이 다음과 같이 표시되는 요소는?

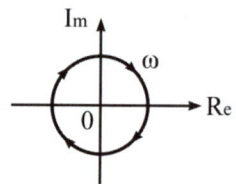

① 비례요소
② 1차 지연요소
③ 부동작 시간요소
④ 2차 지연요소

| 해설

㉠ 부동작 시간요소의 전달함수
$G(s) = Ke^{-Ls}$

㉡ 주파수 전달함수
$G(j\omega) = Ke^{-j\omega L} = K\angle -\omega L°$

∴ 주파수 전달함수에서 $\omega = 0 \sim \infty$ 까지 변화를 주면 $G(j\omega)$는 크기는 K이면서 시계방향으로 벡터궤적이 그려진다.

정답 78 ① 79 ① 80 ③

06 전기설비기술기준

81 ☐☐☐

전장 15[m]가 넘는 목주, A종 철주, A종 철근 콘크리트주의 매설깊이는 최소 몇 [m]인가?

① 3
② 3.5
③ 2
④ 2.5

| 해설
KEC 331.7 가공전선로 지지물의 기초의 안전율
(1) A종 철주(강관주, 강관조립주) 및 A종 철근 콘크리트주로, 전장이 16[m] 이하 하중이 6.8[kN]인 것
 - 전장 15[m] 이하: 전장 $\frac{1}{6}$ 이상
 - 전장 15[m]를 넘는 것: 2.5[m] 이상
(2) 전장 16[m] 넘고 20[m] 이하(설계하중이 6.8[kN] 이하인 경우): 2.8[m] 이상
(3) 전장 14[m] 이상 20[m] 이하(설계하중이 6.8[kN] 초과하고 9.8[kN] 이하): 표준근입((3항의 값) + 30[cm])

82 ☐☐☐

아파트 세대 욕실에 비데용 콘센트를 시설하고자 한다. 다음의 시설방법 중 적합하지 않은 것은?

① 콘센트를 시설하는 경우에는 인체감전보호용 누전차단기로 보호된 전로에 접속할 것
② 습기가 많은 곳에 시설하는 배선기구는 방습장치를 시설할 것
③ 저압용 콘센트는 접지극이 없는 것을 사용할 것
④ 충전부분이 노출되지 않을 것

| 해설
KEC 234.5 콘센트의 시설
욕조나 샤워시설이 있는 욕실 또는 화장실 등 인체가 물에 젖어있는 상태에서 전기를 사용하는 장소에 콘센트를 시설하는 경우에는 다음에 따라 시설하여야 한다.
㉠ 「전기용품 및 생활용품 안전관리법」의 적용을 받는 인체감전보호용 누전차단기(정격감도전류 15mA 이하, 동작시간 0.03초 이하의 전류동작형의 것에 한한다) 또는 절연변압기(정격용량 3kVA 이하인 것에 한한다)로 보호된 전로에 접속하거나, 인체감전보호용 누전차단기가 부착된 콘센트를 시설하여야 한다.
㉡ 콘센트는 접지극이 있는 방적형 콘센트를 사용하여 접지하여야 한다.
㉢ 습기가 많은 장소 또는 수분이 있는 장소에 시설하는 콘센트 및 기계기구용 콘센트는 접지용 단자가 있는 것을 사용하여 접지하고 방습 장치를 하여야 한다.

83 ☐☐☐

전선로의 종류가 아닌 것은?

① 산간전선로
② 수상전선로
③ 물밑전선로
④ 터널 내 전선로

| 해설
전선로의 종류
㉠ 가공전선로   ㉡ 옥측 전선로
㉢ 옥상전선로   ㉣ 지중전선로
㉤ 터널 내 전선로 ㉥ 수상전선로
㉦ 물밑전선로

84 ☐☐☐

방전등용 안정기로부터 방전관까지의 전로를 무엇이라고 하는가?

① 소세력회로
② 관등회로
③ 급전선로
④ 약전류전선로

| 해설
KEC 112 용어 정의
"관등회로"란 방전등용 안정기 또는 방전등용 변압기로부터 방전관까지의 전로

정답 81 ④ 82 ③ 83 ① 84 ②

85

태양광발전설비에서 주택의 태양전지모듈에 접속하는 부하측 옥내배선의 대지전압 제한은 직류 몇 V 이하여야 하는가?

① 250   ② 300
③ 400   ④ 600

| 해설
KEC 511.3 옥내전로의 대지전압 제한
주택의 태양전지모듈에 접속하는 부하측 옥내배선의 대지전압 제한은 직류 600V 이하이어야 한다.

86

수소냉각식 발전기의 경보장치는 발전기 내 수소의 순도가 몇 [%] 이하로 저하한 경우 이를 경보하는 장치를 시설하여야 하는가?

① 75   ② 80
③ 85   ④ 90

| 해설
KEC 351.10 수소냉각식 발전기 등의 시설
발전기 내부 또는 조상기 내부의 수소의 순도가 85% 이하로 저하한 경우에 이를 경보하는 장치를 시설할 것

87

고압 가공인입선이 케이블 이외의 것으로서 그 아래에 위험표시를 하였다면 전선의 지표상 높이는 몇 [m]까지로 감할 수 있는가?

① 2.5   ② 3.5
③ 4.5   ④ 5.5

| 해설
KEC 331.12.1 고압 가공인입선의 시설
㉠ 고압 가공인입선의 높이는 지표상 5[m] 이상
㉡ 고압 가공인입선이 케이블일 때와 전선의 아래쪽에 위험표시를 하면 지표상 3.5[m] 이상

88

철도·궤도 또는 자동차도 전용 터널 안의 전선로를 시설할 때 저압 전선은 인장강도가 몇 [kN] 이상의 절연전선을 사용하여야 하는가?

① 1.38   ② 2.30
③ 2.46   ④ 5.26

| 해설
KEC 335.1 터널 안 전선로의 시설
철도·궤도 또는 자동차도 전용터널 안의 저압 전선로 시설
• 인장강도 2.30kN 이상의 절연전선 또는 지름 2.6mm 이상의 경동선의 절연전선을 사용
• 애자사용배선에 의하여 시설하여야 하며 레일면상 또는 노면상 2.5m 이상의 높이로 유지할 것

89

저압 옥내 배선의 간선 및 분기회로의 전선을 금속 덕트 공사로 하는 경우 덕트에 넣는 절연전선의 단면적의 합계는 덕트의 내부 단면적의 몇 [%] 이하로 하여야 하는가?

① 20   ② 30
③ 40   ④ 50

| 해설
KEC 232.31 금속덕트공사
㉠ 전선은 절연전선일 것(옥외용 비닐절연전선은 제외)
㉡ 금속덕트에 넣은 전선의 단면적(절연피복의 단면적을 포함)의 합계는 덕트의 내부 단면적의 20%(전광표시장치 기타 이와 유사한 장치 또는 제어회로 등의 배선만을 넣는 경우에는 50%) 이하일 것
㉢ 금속덕트 안에는 전선에 접속점이 없도록 할 것
㉣ 폭이 40mm 이상, 두께가 1.2mm 이상인 철판 또는 동등 이상의 기계적 강도를 가지는 금속제의 것으로 견고하게 제작한 것일 것
㉤ 안쪽 면은 전선의 피복을 손상시키는 돌기가 없는 것일 것
㉥ 덕트의 지지점 간의 거리는 3[m](취급자 이외의 자가 출입할 수 없도록 설비한 곳에서 수직으로 붙이는 경우에는 6[m]) 이하로 할 것

정답 85 ④ 86 ③ 87 ② 88 ② 89 ①

90

옥내 배선의 사용전압이 220[V]인 경우에 이를 금속관공사에 의하여 시설하려고 한다. 다음 중 옥내 배선의 시설로서 옳은 것은?

① 전선으로는 단면적 6[mm²]의 연선이어야 한다.
② 전선은 옥외용 비닐절연전선을 사용하였다.
③ 콘크리트에 매설하는 전선관의 두께는 1.2[mm]를 사용하였다.
④ 전선은 금속과 안에서 접속점이 2개 이하여야 한다.

| 해설

KEC 232.12 금속관공사
㉠ 전선은 절연전선을 사용(옥외용 비닐절연전선은 사용불가)
㉡ 전선은 연선일 것. 다만, 다음의 것은 적용하지 않음
  • 짧고 가는 금속관에 넣은 것.
  • 단면적 10mm²(알루미늄선은 단면적 16mm²) 이하의 것
㉢ 전선은 금속관 안에서 접속점이 없도록 할 것
㉣ 관두께는 콘크리트에 매입하는 것은 1.2mm 이상, **기타 경우 1mm 이상으로 할 것**

91

전력보안 통신설비인 무선통신용 안테나를 지지하는 목주는 풍압하중에 대한 안전율이 얼마 이상이어야 하는가?

① 1.0   ② 1.2
③ 1.5   ④ 2.0

| 해설

KEC 364.1 무선용 안테나 등을 지지하는 철탑 등의 시설
목주, 철주, 철근 콘크리트주, 철탑의 기초안전율은 1.5 이상으로 한다.

92

다음 중 발전기를 전로로부터 자동적으로 차단하는 장치를 시설하여야 하는 경우에 해당되지 않는 것은?

① 발전기에 과전류가 생긴 경우
② 용량이 500[kVA] 이상의 발전기를 구동하는 수차의 압유장치의 유압이 현저히 저하한 경우
③ 용량이 100[kVA] 이상의 발전기를 구동하는 풍차의 압유장치의 유압, 압축공기장치의 공기압이 현저히 저하한 경우
④ 용량이 5000[kVA] 이상인 발전기의 내부에 고장이 생긴 경우

| 해설

KEC 351.3 발전기 등의 보호장치
다음의 경우 자동적으로 이를 전로로부터 자동차단하는 장치를 하여야 한다.
㉠ 발전기에 과전류나 과전압이 생기는 경우
㉡ 500[kVA] 이상: 수차의 압유장치의 유압 또는 전동식 제어장치(가이드밴, 니들, 디플렉터 등)의 전원전압이 현저하게 저하한 경우
㉢ 100[kVA] 이상: 발전기를 구동하는 풍차의 압유장치의 유압, 압축공기장치의 공기압 또는 전동식 블레이드 제어장치의 전원전압이 현저히 저하한 경우
㉣ 2000[kVA] 이상: 수차발전기의 스러스트베어링의 온도가 현저하게 상승하는 경우
㉤ 10000[kVA] 이상: 발전기 내부고장이 생긴 경우
㉥ 출력 10000[kW] 넘는 증기 터빈의 스러스트베어링이 현저하게 마모되거나 온도가 현저히 상승하는 경우

정답 90 ③ 91 ③ 92 ④

93

두 개 이상의 전선을 병렬로 사용하는 경우에 동선과 알루미늄선은 각각 얼마 이상의 전선으로 하여야 하는가?

① 동선: 20mm² 이상, 알루미늄선: 40mm² 이상
② 동선: 30mm² 이상, 알루미늄선: 50mm² 이상
③ 동선: 40mm² 이상, 알루미늄선: 60mm² 이상
④ 동선: 50mm² 이상, 알루미늄선: 70mm² 이상

| 해설
KEC 123 전선의 접속
두 개 이상의 전선을 병렬로 사용하는 경우 각 전선의 굵기는 동선 50mm² 이상 또는 알루미늄 70mm² 이상으로 하고, 전선은 같은 도체, 같은 재료, 같은 길이 및 같은 굵기의 것을 사용하여야 한다.

94

특고압 가공전선로에 사용되는 B종 철주 중 각도형은 전선로 중 최소 몇 도를 넘는 수평각도를 이루는 곳에 사용되는가?

① 3   ② 5
③ 8   ④ 10

| 해설
KEC 333.11 특고압 가공전선로의 철주·철근 콘크리트주 또는 철탑의 종류
각도형은 전선로 중 3도를 넘는 수평각도를 이루는 곳에 사용하는 것이다.

95

다음중 특고압 전로의 다중접지 지중 배전계통에 사용하는 케이블은?

① 알루미늄피케이블
② 클로로프렌외장케이블
③ 폴리에틸렌외장케이블
④ 동심중성선 전력케이블

| 해설
KEC 122.5 고압 및 특고압케이블
특고압 전로의 다중접지 지중 배전계통에 사용하는 케이블은 동심중성선 전력케이블로서 최대사용전압은 25.8kV이하이다.

96

가공전선로의 지지물에 취급자가 오르고 내리는 데 사용하는 발판못 등은 지표상 몇 [m] 미만에 시설해서는 안 되는가?

① 1.2   ② 1.8
③ 2.2   ④ 2.5

| 해설
KEC 331.4 가공전선로 지지물의 철탑오름 및 전주오름 방지
가공전선로의 지지물에 취급자가 오르고 내리는데 사용하는 발판 볼트 등을 지표상 1.8m 미만에 시설하여서는 아니 된다.

97

태양광 설비의 계측장치에서 시설하지 않아도 되는 것은?

① 주파수   ② 전류
③ 전력   ④ 전압

| 해설
KEC 522.2.3 태양광설비의 계측장치
태양광설비에는 전압, 전류 및 전력을 계측하는 장치를 시설하여야 한다.

정답 93 ④ 94 ① 95 ④ 96 ② 97 ①

98

전기욕기에 전기를 공급하기 위한 장치로서 내장되어 있는 전원변압기의 2차측 전로의 사용전압은 몇 [V] 이하인 것으로 하는가?

① 10
② 20
③ 30
④ 60

| 해설
KEC 241.2 전기욕기
전기욕기용 전원장치(변압기의 2차측 사용전압이 10[V] 이하인 것)를 사용할 것

99

가공전선로에 사용하는 지지물의 강도계산에 적용하는 갑종 풍압하중은 지지물이 목주, 원형 철주, 원형 철근 콘크리트주인 경우 수직투영면적 1[m²]에 대하여 몇 [Pa]의 풍압을 기초로 하여 계산하는가?

① 588
② 666
③ 745
④ 1255

| 해설
KEC 331.6 풍압하중의 종별과 적용
㉠ 목주, 원형 철주, 원형 철근 콘크리트주: 588[Pa]
㉡ 철탑, 강관으로 구성되는 철탑: 1255[Pa]
㉢ 기타: 2157[Pa]

100

직류 시스템에서 공칭전압 1500[V]인 경우 전차선과 건조물간에 비오염 상태에서 동적 최소 절연이격거리는 얼마인가?

① 25
② 50
③ 100
④ 150

| 해설
KEC 431.2 전차선로의 충전부와 건조물 간의 절연이격

시스템 종류	공칭전압 (V)	동적(mm)		정적(mm)	
		비오염	오염	비오염	오염
직류	750	25	25	25	25
	1,500	100	110	150	160
단상교류	25,000	170	220	270	32

정답 98 ① 99 ① 100 ③

2025년 1회 전기기사

※ CBT문제는 수험생의 기억에 따라 복원된 것이며, 실제 기출문제와 동일하지 않을 수 있습니다.

01 전기자기학

01 □□□

자유공간 중에 점 P(2, -4, 5)가 도체면상에 있으며, 이 점에서 전계 $E = 3a_x - 6a_y + 2a_z$ [V/m]이다. 도체면에 법선성분 E_n 및 접선성분 E_t의 크기는 몇 [V/m]인가?

① $E_n = 3$, $E_t = -6$ ② $E_n = 7$, $E_t = 0$
③ $E_n = 2$, $E_t = 3$ ④ $E_n = -6$, $E_t = 0$

| 해설

전계는 도체표면에 대해서 수직 출입하므로 전계의 접선(수평)성분은 0이다. 즉, $E_t = 0$
∴ 전계의 법선(수직)성분의 크기
$|E| = E_n = \sqrt{3^2 + (-6)^2 + 2^2} = 7$ [V/m]

02 □□□

그림과 같은 균일한 자계 B [Wb/m²]내에서 길이 l [m]인 도선 AB가 속도 v [m/s]로 움직일 때 ABCD 내에 유도되는 기전력 e [V]와 폐회로 ABCD 내에 저항 R에 흐르는 전류의 방향은? (단, 폐회로 ABCD 내의 도선 및 도체의 저항은 무시한다)

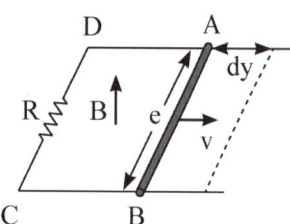

① $e = Blv$, 전류방향: C → D
② $e = Blv$, 전류방향: D → C
③ $e = Blv^2$, 전류방향: C → D
④ $e = Blv^2$, 전류방향: D → C

| 해설

㉠ 자계 내에 도체가 v [m/s]로 운동하면 도체에는 기전력이 유도된다. 도체의 운동방향과 자속밀도는 수직으로 쇄교하므로 기전력은 $e = Blv$ 가 발생된다.
㉡ 방향은 아래 그림과 같이 플레밍 오른손 법칙에 의해 시계 방향으로 발생된다.

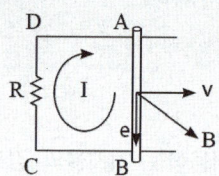

03 □□□

그림은 철심부의 평균 길이가 0.8[m], 공극의 길이가 5.3[mm], 면적이 10[cm²]인 자기회로이다. 이 철심의 자기저항은 [AT/Wb]은? (단, 비투자율은 800이다)

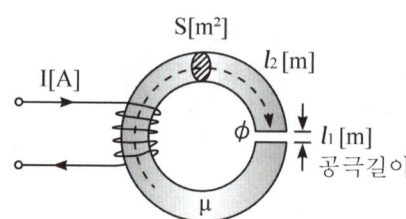

① 12.1×10^4 ② 12.1×10^5
③ 6.1×10^4 ④ 6.1×10^5

| 해설

㉠ 철심부의 자기저항
$R_m = \dfrac{l_2}{\mu S} = \dfrac{l_2}{\mu_0 \mu_s S}$
$= \dfrac{0.8}{4\pi \times 10^{-7} \times 800 \times 10 \times 10^{-4}}$
$= 7.96 \times 10^5$ [AT/Wb]

정답 1② 2① 3①

ⓒ 공극의 자기저항

$$R_0 = \frac{l_1}{\mu_0 S} = \frac{5.3 \times 10^{-3}}{4\pi \times 10^{-7} \times 10 \times 10^{-4}}$$
$$= 42.18 \times 10^5 \text{ [AT/Wb]}$$

∴ 전체 자기저항
$$R_T = R_m + R_0 = 12.14 \times 10^5 \text{ [AT/Wb]}$$

04 □□□

도전도 $k = 6 \times 10^{17}$ [℧/m], 투자율 $\mu = \frac{6}{\pi} \times 10^{-7}$ [H/m]인 평면도체 표면에 10[kHz]의 전류가 흐를 때, 침투되는 깊이 δ [m]는?

① $\frac{1}{6} \times 10^{-7}$
② $\frac{1}{8.5} \times 10^{-7}$
③ $\frac{36}{\pi} \times 10^{-10}$
④ $\frac{36}{\pi} \times 10^{-6}$

| 해설
침투깊이(표피두께, skin depth)
$$\delta = \sqrt{\frac{2\rho}{\omega\mu}} = \frac{1}{\sqrt{\pi f \mu \sigma}}$$
$$= \frac{1}{\sqrt{\pi \times (10 \times 10^3) \times \frac{6}{\pi} \times 10^{-7} \times 6 \times 10^{17}}}$$
$$= \frac{1}{\sqrt{6^2 \times 10^{14}}} = \frac{1}{6 \times 10^7} = \frac{1}{6} \times 10^{-7} \text{ [m]}$$

05 □□□

비유전율 $\epsilon_s = 2.2$, 고유저항 $\rho = 10^{11}$[Ω · m]인 유전체를 넣은 콘덴서의 용량이 20[μF]이었다. 여기에 500[kV]의 전압을 가하였을 때 누설전류는 몇 [A]인가?

① 4.2
② 5.1
③ 54.5
④ 61.0

| 해설
저항과 정전용량의 관계 $RC = \rho\epsilon$ 에서
절연저항 $R = \frac{\rho\epsilon}{C}$ 이므로
∴ 누설전류
$$I_g = \frac{V}{R} = \frac{CV}{\rho\epsilon}$$
$$= \frac{20 \times 10^{-6} \times 500 \times 10^3}{10^{11} \times 2.2 \times 8.855 \times 10^{-12}} = 5.13 \text{ [A]}$$

06 □□□

면적 A[m²], 간격 d[m]인 평형판 콘덴서의 전극판에 비유전률 ϵ_r인 유전체를 가득히 채웠을 때 전극판 간에 V[V]를 가하면 전극판을 떼어내는데 필요한 힘은 몇 [N]인가?

① $\frac{\epsilon_0 \epsilon_r V^2 A}{2d^2}$
② $\frac{\epsilon_0 \epsilon_r V^2 A}{d^2}$
③ $\frac{\epsilon_0 \epsilon_r V^2 A}{2\pi d^2}$
④ $\frac{\epsilon_0 \epsilon_r V^2 A}{2d}$

| 해설
ⓐ 단위면적당 작용하는 힘은
$$f = \frac{1}{2}\epsilon E^2 = \frac{1}{2}ED = \frac{D^2}{2\epsilon} \text{ [N/m²] 이므로}$$

ⓑ 전극판을 떼어내는데 필요한 힘은
$$F = f \cdot A = \frac{1}{2}\epsilon E^2 A \text{ [N]이 된다.}$$

ⓒ 여기에 $E = \frac{V}{d}$를 대입하면
$$\therefore F = \frac{1}{2}\epsilon \left(\frac{V}{d}\right)^2 A = \frac{1}{2d} \frac{\epsilon_0 \epsilon_r A}{d} V^2$$
$$= \frac{\epsilon_0 \epsilon_r V^2 A}{2d^2} \text{ [N]}$$

정답 4 ① 5 ② 6 ①

07

그림과 같이 한변의 길이가 l[m]인 정 6각형 회로에 전류 I[A]가 흐르고 있을 때 중심 자계의 세기는 몇 [A/m]인가?

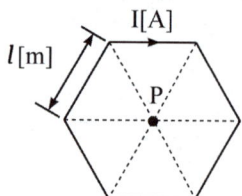

① $\dfrac{1}{2\sqrt{3}\,\pi l} \times I$ ② $\dfrac{2\sqrt{2}}{\pi l} \times I$

③ $\dfrac{\sqrt{3}}{\pi l} \times I$ ④ $\dfrac{\sqrt{3}}{2\pi l} \times I$

| 해설

정 육각형 도체 중심에서 자계의 세기

$H = \dfrac{\sqrt{3}}{\pi l} I$ [A/m]

08

$f = xyz$, $\vec{A} = xi + yj + zk$ 일 때 점(1, 1, 1)에서의 $div(fA)$ 는?

① 3 ② 4
③ 5 ④ 6

| 해설

$\div(fA) = \dfrac{\partial}{\partial x} x^2 yz + \dfrac{\partial}{\partial y} xy^2 z + \dfrac{\partial}{\partial z} xyz^2$

$= 2xyz + 2xyz + 2xyz$ $\begin{cases} x = 1 \\ y = 1 \\ z = 1 \end{cases} = 6$

09

정전용량이 각각 $C_1 = 5\,[\mu F]$, $C_2 = 2\,[\mu F]$인 도체에 전하 $Q_1 = -5\,[\mu C]$, $Q_2 = 2\,[\mu C]$을 각각 주고 각 도체에 가는 철사로 연결하였을 때 C_1에서 C_2로 이동하는 전하는 몇 $[\mu C]$인가?

① -4 ② -3.5
③ -3 ④ -1.5

| 해설

㉠ 두 콘덴서가 보유한 총 전하량
 $Q = Q_1 + Q_2 = -3\,[\mu C]$

㉡ C_2 측으로 분배되는 전하량
 $Q_2' = \dfrac{C_2}{C_1 + C_2} \times Q$
 $= \dfrac{2}{1+2} \times (-3) = 2\,[\mu C]$

∴ C_2에 전하량이 $-2\,[\mu C]$이 되기 위해서는 C_1으로부터 $-4\,[\mu C]$이 이동하여야 한다.

10

그림과 같은 정방형관 단면의 격자점 ⑥의 전위를 반복법으로 구하면 약 몇 [V]가 되는가?

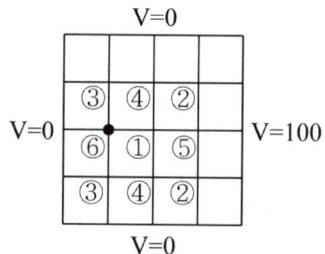

① 6.3 ② 9.4
③ 18.8 ④ 53.2

| 해설

라플라스 근사법에 의한 전위를 구하면

㉠ ①점의 전위: $V_1 = \dfrac{100+0+0+0}{4} = 25$

㉡ ③점의 전위: $V_3 = \dfrac{25+0+0+0}{4} = 6.25$

∴ ⑥점의 전위

$V_6 = \dfrac{25+6.25+6.25+0}{4} = 9.375$ [V]

정답 7③ 8④ 9① 10②

11 ☐☐☐

15[℃]의 물 4[L]를 용기에 넣어 1[kW]의 전열기로 가열하여 물의 온도를 90[℃]로 올리는데 30분이 필요하였다. 이 전열기의 효율은 약 몇 [%]인가?

① 50
② 60
③ 70
④ 80

| 해설
전열기 효율
$$\eta = \frac{mc\theta}{860pt} = \frac{4\times1(90-15)}{860\times1\times\frac{30}{60}}\times100 = 70\,[\%]$$

12 ☐☐☐

전속밀도에 대한 설명으로 가장 옳은 것은?

① 전속은 스칼라량이기 때문에 전속밀도도 스칼라량이다.
② 전속밀도는 전계의 세기의 방향과 반대 방향이다.
③ 전속밀도는 유전체 내에 분극의 세기와 같다.
④ 전속밀도는 유전체와 관계없이 크기는 일정하다.

| 해설
① 전속밀도와 전하밀도의 크기는 같다. 단, 전속밀도는 벡터, 전하밀도는 스칼라가 된다.
② 전속밀도는 전계의 세기의 방향과 같은 방향이다.
③ 분극의 세기: $P = D - \epsilon_0 E$
 (여기서, D: 전속밀도, E: 전계의 세기)
④ 전속밀도는 유전체와 관계없이 크기가 일정하다.

13 ☐☐☐

자계의 벡터 포텐셜을 A 라 할 때 자계의 변화에 의하여 생기는 전계의 세기 E 는?

① $E = rot\,A$
② $rot\,E = -\dfrac{\partial A}{\partial t}$
③ $E = -\dfrac{\partial A}{\partial t}$
④ $rot\,E = A$

| 해설
㉠ 맥스웰 방정식: $rot\,E = -\dfrac{\partial B}{\partial t}$
㉡ $B = rot\,A$ (여기서, A: 벡터 포텐셜)
∴ ㉡식을 ㉠식에 대입 정리하면
$$E = -\dfrac{\partial A}{\partial t}\,[\text{V/m}]$$

14 ☐☐☐

자기 유도계수 20[mH]인 코일에 전류를 흘릴 때 코일과의 쇄교자속수가 0.2[Wb]이었다면 코일에 축적된 에너지는 몇 [J]인가?

① 1
② 2
③ 3
④ 4

| 해설
코일에 저장되는 자기에너지
$$W_L = \frac{\Phi^2}{2L} = \frac{0.2^2}{2\times(20\times10^{-3})} = 1\,[\text{J}]$$

15 ☐☐☐

비투자율 μ_s 인 철심이 든 환상 솔레노이드의 권수가 N 회, 평균 지름이 $d\,[\text{m}]$, 철심의 단면적이 $A\,[\text{m}^2]$라 할 때 솔레노이드에 $I\,[\text{A}]$의 전류가 흐르면, 자속[Wb]은?

① $\dfrac{2\pi\times10^{-7}\mu_s NIA}{d}$
② $\dfrac{4\pi\times10^{-7}\mu_s NIA}{d}$
③ $\dfrac{2\times10^{-7}\mu_s NIA}{d}$
④ $\dfrac{4\times10^{-7}\mu_s NIA}{d}$

| 해설
자속: $\phi = \dfrac{\mu ANI}{l} = \dfrac{\mu_0\mu_s ANI}{2\pi r}$
$= \dfrac{4\pi\times10^{-7}\mu_s ANI}{\pi d}$
$= \dfrac{4\times10^{-7}\mu_s ANI}{d}\,[\text{Wb}]$

정답 11 ③ 12 ④ 13 ③ 14 ① 15 ④

16

지름 2[mm], 길이 25[m]인 동선의 내부 인덕턴스는 몇 [μH]인가?

① 25
② 5.0
③ 2.5
④ 1.25

| 해설
내부 인덕턴스(구리의 비투자율: $\mu_s \fallingdotseq 1$)

$$L_i = \frac{\mu l}{8\pi} = \frac{\mu_0 \mu_s l}{8\pi} = \frac{4\pi \times 10^{-7} \times 25}{8\pi}$$
$$= 1.25 \times 10^{-6} [H] = 1.25 [\mu H]$$

17

내부저항 20[Ω] 및 25[Ω], 최대 지시눈금이 다 같이 1[A]인 전류계 A1 및 A2를 그림과 같이 접속했을 때 측정할 수 있는 최대 전류의 값은 몇 [A]인가?

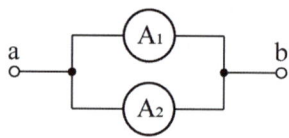

① 1
② 1.5
③ 1.8
④ 2

| 해설

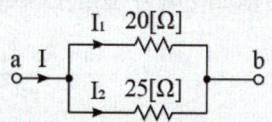

㉠ 전류계를 병렬로 설치하면 내부저항이 작은 쪽으로 더 많은 전류가 흐른다.
㉡ 내부저항이 작은 전류계 A1에 $I_1 = 1[A]$가 흘렀을 때가 두 병렬 전류계가 측정할 수 있는 최대 전류 I가 된다.
㉢ A1에 흐르는 전류 I_1 (전류 분배 법칙)

$$I_1 = \frac{R_2}{R_1 + R_2} \times I$$

여기서, R_1: A1 내부저항
R_2: A2 내부저항

∴ 최대 전류

$$I = \frac{R_1 + R_2}{R_2} \times I_1 = \frac{20 + 25}{25} \times 1$$
$$= 1.8 [A]$$

18

그림과 같은 평행판 콘덴서에 교류전원을 접속할 때 전류의 연속성에 대해서 성립하는 식은? (단, E: 전계, D: 전속밀도, ρ: 체적전하밀도, i: 전도전류밀도, B: 자속밀도, t: 시간)

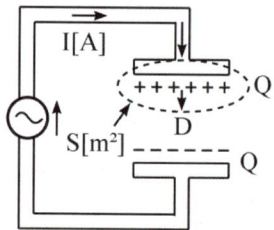

① $\nabla \cdot D = \rho$
② $\nabla \times E = -\frac{\partial B}{\partial t}$
③ $\nabla \cdot B = 0$
④ $\nabla \cdot (i + \frac{\partial D}{\partial t}) = 0$

| 해설
전류밀도 $i = i_c + i_d = kE + \frac{\partial D}{\partial t}$ 이므로
∴ 전류의 연속성
$$div\, i = \nabla \cdot i = \nabla \cdot \left(i_c + \frac{\partial D}{\partial t}\right) = 0$$

19

점전하와 접지된 유한한 도체구가 존재할 때 점전하에 의한 접지구 도체의 영상전하에 관한 설명 중 틀린 것은?

① 영상전하는 구 도체 내부에 존재한다.
② 영상전하는 점전하와 크기는 같고 부호는 반대이다.
③ 영상전하는 점전하와 도체 중심축을 이은 직선상에 존재한다.
④ 영상전하가 놓인 위치는 도체 중심과 점전하와의 거리에 도체 반지름에 의해 결정된다.

정답 16 ④ 17 ③ 18 ④ 19 ②

| 해설

접지구 도체 내부에 영상전하가 유도된다.

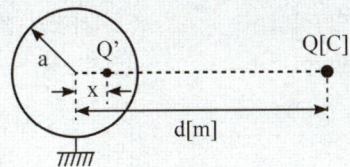

㉠ 영상전하: $Q' = -\dfrac{a}{d}Q[C]$

㉡ 구도체 내의 영상점: $x = \dfrac{a^2}{d}[m]$

20 □□□

점 전하 0.5[C]이 전계 $E = 3i + 5j + 8k$[V/m] 중에서 속도 $v = 4i + 2j + 3k$[m/s]로 이동할 때 받는 힘은 몇 [N]인가?

① 4.95 ② 7.45
③ 9.95 ④ 13.7

| 해설

㉠ 전계의 세기(스칼라)
$E = \sqrt{3^2 + 5^2 + 8^2} = 9.9$ [V/m]

㉡ 전계 내에서 전하가 받는 힘(전기력)
$F = QE = 0.5 \times 9.9 = 4.95$ [N]

02 전력공학

21 □□□

부하에 따라 전압변동이 심한 급전선을 가진 배전변전소의 전압조정장치는 어느 것인가?

① 유도전압조정기 ② 직렬 리액터
③ 계기용 변압기 ④ 전력용 콘덴서

| 해설

배전선로전압의 조정장치
㉠ 주상변압기 Tap 조절장치
㉡ 승압기설치(단권변압기)
㉢ 유도전압조정기
㉣ 직렬 콘덴서
유도전압조정기는 부하에 따라 전압변동이 심한 급전선에 전압조정장치로 사용한다.

22 □□□

유효낙차가 20[%] 저하하고, 수차의 효율이 10[%] 저하되었을 때의 출력은 약 몇 [%] 감소하는가?
(단, 개도나 기타 사항 등은 변하지 않는다고 한다)

① 35 ② 46
③ 53 ④ 65

| 해설

수차 출력 $P = 9.8HQ\eta$[kW]이므로 낙차와 효율과의 관계는
$\dfrac{P'}{P} = \left(\dfrac{H'}{H}\right)^{\frac{3}{2}} \times \dfrac{\eta'}{\eta}$ 이므로
$\dfrac{P'}{P} = (1-0.2)^{\frac{3}{2}} \times (1-0.1) = 0.6439$
∴ 출력은 35[%] 감소한다.

23 □□□

보일러에서 흡수열량이 가장 큰 것은?

① 과열기 ② 수냉벽
③ 절탄기 ④ 공기예열기

| 해설

절탄기와 공기예열기는 급수, 연소용 공기를 예열하는 기기이고 과열기는 습증기를 과열증기로 만들어 주는 기기로서 모두 열효율 향상을 위해서 설치된다.

정답 20 ① 21 ① 22 ① 23 ②

24 □□□
직렬콘덴서를 선로에 설치할 때의 이점이 아닌 것은?
① 선로의 인덕턴스를 보상한다.
② 수전단의 전압변동률을 줄인다.
③ 정태안정도를 증가한다.
④ 역률을 개선한다.

| 해설
직렬 콘덴서를 설치하였을 때 이점
㉠ 선로의 인덕턴스는 보상하여 전압강하를 줄인다.
㉡ 안정도가 증가하여 송전전력이 커진다.
㉢ 부하역률이 나쁜 선로일수록 설치효과가 좋다.
㉣ 수전단 전압변동율을 줄인다.

25 □□□
전주 사이의 경간이 50[m]인 가공전선로에서 전선 1[m]되는 중량이 0.37[kg], 전선의 이도가 0.8[m]이라면 전선의 수평장력은 몇 [kg]인가?
① 80
② 120
③ 145
④ 165

| 해설
수평장력 $T = \dfrac{WS^2}{8D} = \dfrac{0.37 \times 50^2}{8 \times 0.8} = 144.5 \fallingdotseq 145[kg]$

26 □□□
송전계통의 중성점 접지용 소호리액터의 인덕턴스 L은? (단, 전선로 1선의 대지정전용량을 C 라 한다)
① $L = \dfrac{1}{C}$
② $L = \dfrac{C}{2\pi f}$
③ $L = \dfrac{1}{2\pi f C}$
④ $L = \dfrac{1}{3(2\pi f)^2 C}$

| 해설
소호리액터의 리액턴스 $\omega L = \dfrac{1}{3\omega C}$ 에서
인덕턴스 $L = \dfrac{1}{3\omega^2 C} = \dfrac{1}{3(2\pi f)^2 C}$ 이다.

27 □□□
이상전압의 발생 우려가 가장 작은 중성점 접지방식은?
① 저항접지방식
② 소호 리액터 접지방식
③ 직접접지방식
④ 비접지방식

| 해설
중성점 직접접지방식은 1선 지락사고 시 건전상의 대지전압 상승이 작고 이상전압이 억제된다.

28 □□□
전력용 콘덴서에 직렬로 콘덴서 용량의 5[%] 정도의 유도 리액턴스를 삽입하는 목적은?
① 제3고조파 전류의 억제
② 제5고조파 전류의 억제
③ 이상전압 발생방지
④ 정전용량의 조절

| 해설
직렬 리액터는 제5고조파 전류를 제거하기 위해 사용하고 직렬 리액터의 용량은 전력용 콘덴서 용량의 이론상 4[%] 이상, 실제로는 5~6[%]의 용량을 사용한다.

29 □□□
송전선로에 낙뢰가 내습해서 애자에 섬락이 생기면 아크가 생겨 애자가 손상되는데 이것을 방지하기 위하여 사용하는 것은?
① 댐퍼
② 아머로드
③ 아킹혼
④ 매설지선

| 해설
아킹혼, 아킹링의 사용목적
㉠ 뇌격으로 인한 섬락사고 시 애자련을 보호한다.
㉡ 애자련의 전압분담을 균등화한다.
㉢ 코로나 발생의 억제 및 애자의 열적 파괴를 방지한다.

정답 24 ④ 25 ③ 26 ④ 27 ③ 28 ② 29 ③

30 ☐☐☐

송전선로의 1선 지락고장 시 인접통신선에 대한 전자유도 장해의 방지대책이 아닌 것은?

① 전력선과 통신선과의 병행거리 단축
② 전력선과 통신선과의 이격거리 단축
③ 고속도계전기 및 차단기를 채용
④ 도전율이 높은 도체로 가공지선 설치

| 해설

유도장해 방지대책
㉠ 전력선측 대책
  - 전력선과 통신선의 이격거리를 충분히 한다.
  - 전력선과 통신선을 직각교차한다.
  - 전력선과 통신선 간에 차폐선을 설치한다(M의 저감).
  - 지락전류를 작게 한다.
  - 전력선의 연가를 충분히 시행한다.
㉡ 통신선측 대책
  - 연피 케이블을 사용한다(M의 저감).
  - 통신선에 통신선용 피뢰기를 설치한다.
  - 통신선을 배류 코일 등으로 접지하여 저주파성 유도전류를 대지로 방류한다.

31 ☐☐☐

가공송전선의 인덕턴스가 $1.3[mH/km]$이고, 정전용량이 $0.009[\mu F/km]$일 때 파동 임피던스는 몇 $[\Omega]$인가?

① 350
② 380
③ 400
④ 420

| 해설

파동 임피던스(특성 임피던스)

$$Z_o = \sqrt{\frac{L}{C}} = \sqrt{\frac{1.3 \times 10^{-3}}{0.009 \times 10^{-6}}} = 380[\Omega]$$

32 ☐☐☐

지중전선로에 사용하는 전력케이블의 고장점 탐색방법 중 휘스톤브리지의 평형상태를 이용하여 고장점을 측정하는 방법은?

① 펄스 측정법
② 머레이 루프법
③ 수색 코일법
④ 정전용량 측정법

| 해설

머레이루프법
휘트스톤 브리지 원리를 적용한 케이블의 선로 임피던스를 이용하여 고장점의 위치를 찾아내는 방법이다.

33 ☐☐☐

선로고장 발생 시 고장전류를 차단할 수 없어 리클로저와 같이 차단기능이 있는 후비보호장치와 함께 설치되어야 하는 장치는?

① 배선용차단기
② 유입개폐기
③ 컷아웃스위치
④ 섹셔널라이저

| 해설

리클로저(recloser)와 섹셔널라이져(sectionalizer)는 직렬로 배열되어 22.9[kV] 배전선로에서 적용되고 있는 고속도 재폐로방식에서 이용되고 있다.
㉠ 리클로저: 선로 차단과 보호계전기능이 있고 재폐로가 가능
㉡ 섹셔널라이저: 고장 시 보호장치(리클로저)의 동작횟수를 기억하고 정정된 횟수(3회)가 되면 무전압상태에서 선로를 완전히 개방(고장전류 차단기능 없음)

34 ☐☐☐

가공선 계통은 지중선 계통보다 인덕턴스 및 정전용량이 어떠한가?

① 인덕턴스, 정전용량이 모두 작다.
② 인덕턴스, 정전용량이 모두 크다.
③ 인덕턴스는 크고, 정전용량은 작다.
④ 인덕턴스는 작고, 정전용량은 크다.

| 해설

가공전선로는 지중전선로에 비해 인덕턴스(L)가 크고 지중전선로에 비해 선간거리가 크게 되므로 정전용량(C)은 작다.

정답 30 ② 31 ② 32 ② 33 ④ 34 ③

35 □□□

부하의 불평형으로 인하여 발생하는 각 상별 불평형 전압을 평형되게 하고 선로손실을 경감시킬 목적으로 밸런서가 사용된다. 다음 중 이 밸런서의 가장 필요한 배전방식은?

① 단상 2선식
② 3상 3선식
③ 단상 3선식
④ 3상 4선식

| 해설
밸런서는 권선비가 1 : 1인 단권변압기로, 단상 3선식에서 전압불균형을 방지하기 위해 배전선로 말단에 시설한다.

36 □□□

전등설비 150[W], 전열설비 200[W], 전동기 설비 800[W], 기타 250[W]인 수용가가 있다. 이 수용가의 최대 수용전력이 910[W]이면 수용률[%]은?

① 55
② 60
③ 65
④ 70

| 해설

$$수용률 = \frac{최대수용전력}{설비용량} \times 100[\%]$$

$$= \frac{910}{150+200+800+250} \times 100 = 65[\%]$$

37 □□□

변전소의 가스 차단기에 대한 설명이 잘못된 것은?

① 불연성이므로 화재의 위험성이 작다.
② 자력소호가 가능하다.
③ 특고압 계통의 차단기로 많이 사용된다.
④ 근거리차단에 유리하지 못하다.

| 해설
가스 차단기(GCB)의 특징
㉠ 장점
 • 차단성능이 뛰어나고 개폐 서지가 낮다.
 • 완전밀폐형으로, 조작 시 가스를 대기 중에 방출하지 않아 조작소음이 작다.
 • 보수 · 점검 주기가 길다.

㉡ 단점
 • 가스 기밀구조가 필요하다.
 • 전계가 고르지 못한 경우 절연내력의 급격한 저하로 불순물, 수분의 철저한 관리가 필요하다.
 • SF6가스는 액화되기 쉬운 가스로, 기체로 사용이 가능하여야 한다.

38 □□□

전력선 반송보호계전방식의 장점이 아닌 것은?

① 장치가 간단하고 고장이 없으며 계전기의 성능저하가 없다.
② 고장의 선택성이 우수하다.
③ 동작이 예민하다.
④ 고장점이나 계통의 여하에 불구하고 선택차단개소를 동시에 고속도차단할 수 있다.

| 해설
전력선 반송보호계전방식의 특성
㉠ 송전선로에 단락이나 지락사고 시 고장점의 양끝에서 선로의 길이에 관계없이 고속으로 양단을 동시에 차단이 가능하다.
㉡ 중 · 장거리 선로의 기본보호계전방식으로 널리 적용한다.
㉢ 설비가 복잡하여 초기 설비투자비가 크고 차단동작이 예민하다.

39 □□□

154[kV] 송전선로의 철탑에 90[kA]의 직격전류가 흐를 때 역섬락을 일으키지 않을 탑각접지저항은 몇 [Ω]인가? (단, 154[kV]의 송전선에서 1연의 애자수는 9개를 사용하였고, 이때 애자의 섬락전압은 860[kV]이다)

① 9.6
② 14.6
③ 17.2
④ 21.2

| 해설

탑각접지저항 $R = \frac{V}{I} = \frac{860}{90} = 9.6[\Omega]$

정답 35 ③ 36 ③ 37 ④ 38 ① 39 ①

40

저압배전선로에 대한 설명으로 틀린 것은?

① 저압뱅킹방식은 전압변동을 경감할 수 있다.
② 밸런서(balancer)는 단상 2선식에 필요하다.
③ 부하율(F)과 손실계수(H) 사이에는 $1 \geq F \geq H \geq F^2 \geq 0$의 관계가 있다.
④ 수용률이란 최대수용전력을 설비용량으로 나눈 값을 퍼센트로 나타낸 것이다.

| 해설

밸런서는 권선비가 1 : 1인 단권변압기로 단상 3선식 배전선로 말단에 시설하여 전압의 불평형을 방지하고 선로손실을 경감시킬 목적으로 사용한다.

---

03 전기기기

41

가동 복권발전기의 내부결선을 바꾸어 직권발전기로 사용하려면?

① 직권 계자를 단락 시킨다.
② 분권계자를 개방시킨다.
③ 직권계자를 개방시킨다.
④ 외분권 복권형으로 한다.

| 해설

가동 복권발전기는 직권계자와 분권계자에서 발생하는 자속이 전기자에 공급된다.
　㉠ 가동 복권발전기 → 직권발전기
　　 분권계자를 개방시켜 운전한다.
　㉡ 가동 복권발전기 → 분권발전기
　　 직권계자를 단락시켜 운전한다.

42

권선형 3상 유도전동기에서 2차 저항을 변화시켜 속도를 제어하는 경우 최대 토크는?

① 최대 토크가 생기는 점의 슬립에 비례한다.
② 최대 토크가 생기는 점의 슬립에 반비례한다.
③ 2차 저항에만 비례한다.
④ 항상 일정하다.

| 해설

- 최대 토크는 $T_m \propto \dfrac{r_2}{S_t} = \dfrac{mr_2}{mS_t}$으로 저항의 크기가 변화되어 슬립이 변화되어도 항상 일정하다.
- 반면에 슬립이 $s_t \to ms_t$로 증가시 회전속도 $N = (1-ms_t)N_s$는 감소

43

정격전압 225[V], 전부하 전기자전류 30[A], 전기자저항 0.2[Ω]라는 직류분권전동기가 있다. 이 전동기에 정격전압을 걸어서 기동시킬 때 전기자회로에 몇 [Ω]의 저항을 넣어야 하는가? (단, 기동전류는 전부하전류의 1.5배로 제한하는 것으로 하고 계자전류는 무시한다)

① 4.8　　　　② 5.7
③ 6.8　　　　④ 7.7

| 해설

- 전동기의 기동전류 $I_s = \dfrac{V_n}{r_a + R_s}$ [A]

 (여기서, V_n: 정격전압, r_a: 전기자저항, R_s: 기동저항)

- 기동전류를 정격전류의 1.5배로 제한해야 하므로 기동전류는 $I_s = \dfrac{225}{0.2 + R_s} = 1.5 \times 30$

- 기동저항 $R_s = \dfrac{225}{1.5 \times 30} - 0.2 = 4.8\,[\Omega]$

정답　40 ②　41 ②　42 ④　43 ①

44

반파 정류회로의 직류전압이 200[V]일 때 정류기의 역방향 첨두전압은 약 몇 [V]는?

① 314
② 425
③ 628
④ 745

| 해설

- 교류전압 $E_a = \frac{\pi}{\sqrt{2}} E_d = \frac{\pi}{\sqrt{2}} \times 200 = 444.4[V]$
- 역방향 첨두전압(= 최대 역전압)
  $PIV = \sqrt{2} E_a = \sqrt{2} \times 444.4 = 628.38[V]$

45

3상 권선형 유도전동기의 회전자에 슬립 주파수의 전압을 공급하여 속도를 변화시키는 방법은?

① 2차 여자 제어법
② 교류 여자제어법
③ 주파수 변환법
④ 2차 저항법

| 해설

유도전동기의 2차회로에 2차 주파수와 같은 주파수로 적당한 크기와 위상의 전압을 외부에서 가하는 속도제어법을 2차 여자법이라 한다.

46

변압기 여자회로의 어드미턴스 $Y_0[℧]$를 구하면? (단, I_0는 여자전류, I_1는 철손전류, $I[\phi]$는 자화전류, g_0는 콘덕턴스, V_1는 인가전압이다)

① $\dfrac{I_0}{V_1}$
② $\dfrac{I_1}{V_1}$
③ $\dfrac{I_\phi}{V_1}$
④ $\dfrac{g_0}{V_1}$

| 해설

- 여자 전류 $I_0 = YV_1[A]$, 철손전류 $I_1 = gV_1[A]$, 자화전류 $I_\phi = bV_1[A]$ 이므로
- 어드미턴스 $Y_o = \dfrac{I_0}{V_1}[℧]$

47

스테핑전동기의 스텝각이 3°이고, 스테핑주파수(pulse rate)가 1,200[pps]이다. 이 스테핑전동기의 회전속도[rps]는?

① 10
② 12
③ 14
④ 16

| 해설

- 스테핑모터의 속도는 $n_m = \dfrac{1}{NP} n_{pulse}$에서 1번의 펄스에 $\dfrac{1}{NP}$ 바퀴만큼 회전한다.
- 1펄스에 스텝각이 3°이므로 1초당 1,200펄스 이므로 1초당 스텝각은 3° × 1,200 = 3,600°
- 스테핑모터의 회전속도 $n = \dfrac{3,600°}{360°} = 10[rps]$

48

변압기 온도 시험을 하는데 가장 좋은 방법은?

① 실부하법
② 내전압법
③ 단락시험법
④ 반환부하법

| 해설

반환부하법
2대 이상의 변압기가 있는 경우에 사용하고 전원으로부터 변압기의 손실분을 공급받는 방법으로 실제의 부하를 걸지 않고도 부하 시험이 가능하여 가장 널리 이용되고 있다.

49

출력 10[kVA], 정격전압에서의 철손이 85[W], 뒤진역률을 0.8, 3/4 부하에서 효율이 가장 큰 단상변압기가 있다. 역률 1일 때의 최대효율은?

① 96[%]
② 97.8[%]
③ 98.8[%]
④ 99[%]

정답 44 ③ 45 ① 46 ① 47 ① 48 ④ 49 ②

| 해설

- $P_i = (\frac{1}{m})^2 P_c$의 조건에서 효율이 최대가 되므로
- 동손 $P_c = \dfrac{85}{0.75^2} = 151.1[W]$
- 최대효율
$$\eta = \dfrac{0.75 \times 10 \times 1.0}{0.75 \times 10 \times 1.0 + 0.085 + (0.75)^2 \times 0.151} \times 100$$
$$= 97.78[\%]$$

50 □□□

여자전류 및 단자전압이 일정한 비철극형 동기발전기의 출력과 부하각 δ와의 관계를 나타낸 것은?
(단, 전기자 저항은 무시한다)

① δ에 비례   ② δ에 반비례
③ $\cos\delta$에 비례   ④ $\sin\delta$에 비례

| 해설

동기발전기의 출력

- 비돌극기의 출력 $P = \dfrac{E_a V_n}{x_s} \sin\delta [W]$
  (최대출력이 부하각 $\delta = 90°$에서 발생)
- 돌극기의 출력 $P = \dfrac{E_a V_n}{X_d} \sin\delta - \dfrac{V_n^2 (X_d - X_q)}{2 X_d X_q} \sin 2\delta [W]$
  (최대출력이 부하각 $\delta = 60°$에서 발생)

51 □□□

직류기의 정류(整流)불량이 되는 원인은 다음과 같다. 이 중 틀린 것은?

① 리액턴스 전압의 과대
② 보극권선과 전기자권선을 직렬로 설치
③ 보극의 부적당
④ 브러시 위치 및 재질이 나쁨

| 해설

브러시 접촉저항이 큰 탄소브러시를 사용하면 정류가 양호하다.

52 □□□

3상 유도전동기의 불평형 3상전압을 가한 경우 다음 전동기 특성 중 옳은 것은?

① 영상전압은 거의 고려할 필요가 없다.
② 영상전압은 고려하여야 한다.
③ 정상전압과 역상전압에 의한 회전자계의 방향은 같다.
④ 직렬 운전상태에서 역상분은 제동작용을 하지 않는다.

| 해설

불평형 3상에서 고조파 특성 비교

- 영상분 3n (3, 6, 9 …): 위상차가 발생하지 않는 것으로 회전자계가 발생하지 못함
- 정상분 3n+1 (4, 7, 10, 13 …): +120°의 위상차가 발생하는 고조파로 기본파와 같은 방향으로 작용하는 회전자계를 발생
- 역상분 3n-1 (2, 5, 8, 11 …): -120°의 위상차가 발생하는 고조파로 기본파와 역방향으로 작용하는 회전자계를 발생

53 □□□

단상변압기에 있어서 부하역률 80[%]의 저역률에서 전압변동률 4[%], 부하역률 100[%]에서 전압변동률 3[%]라고 한다. 이 변압기의 퍼센트 리액턴스강하는 몇 [%]인가?

① 2.7   ② 3.0
③ 3.3   ④ 3.6

| 해설

- 역률 100[%] 일 때 $\epsilon = p = 3 [\%]$
- 역률 80[%] 일 때 $\epsilon = p\cos\theta + q\sin\theta$ 에서
$\%\epsilon = 3 \times 0.8 + q \times 0.6 = 4$
$\therefore q = \dfrac{4 - 3 \times 0.8}{0.6} = 2.7[\%]$

정답 50 ② 51 ② 52 ① 53 ①

54

극수 P의 3상 유도전동기가 주파수 f[Hz] 슬립 s 토크 T[N·m]로 회전하고 있을 때 기계적 출력[W]은?

① $\dfrac{4\pi f}{P} \times T \cdot (1-s)$ ② $\dfrac{4Pf}{\pi} \times T \cdot (1-s)$

③ $\dfrac{4\pi f}{P} T \cdot s$ ④ $\dfrac{\pi f}{2P} \times T \cdot (1-s)$

| 해설

- 토크 $T = \dfrac{P_o}{\omega}$[N·m]에서 $P_o = \omega T$[W]
- 회전자 속도 $N = (1-s)N_s = (1-s)\dfrac{120f}{P}$[rpm]
- 기계적 출력

$P_o = 2\pi \dfrac{N}{60} T = 2\pi \cdot (1-s)\dfrac{120f}{P} \cdot \dfrac{1}{60} \cdot T$

$= \dfrac{4\pi f}{P} \times T \cdot (1-s)$[W]

55

자극수 4, 슬롯수 40, 슬롯 내부코일 변수 4인 단중 중권 직류기의 정류자 편수는?

① 80 ② 40
③ 20 ④ 1

| 해설

정류자 편수는 코일수와 같고 총코일수 = $\dfrac{\text{총도체수}}{2}$ 이므로

정류자 편수 $K = \dfrac{\text{슬롯수} \times \text{슬롯내 코일변수}}{2} = \dfrac{40 \times 4}{2} = 80$개

56

다음은 IGBT에 관한 설명이다. 잘못된 것은?

① Insulate Gate Bipolar Thyistor의 약자이다
② 트랜지스터와 MOSFET를 조합한 것이다.
③ 고속 스위칭이 가능하다.
④ 전력용 반도체 소자이다.

| 해설

IGBT(Insulated Gate Bipolar Transistor)
㉠ 게이트에 인가되는 전압에 의해 제어된다.
㉡ MOSFET과 전력용 트랜지스터의 조합이다.
㉢ 전력용 트랜지스터의 경우보다 훨씬 빠른 스위칭이 가능하다.
㉣ 대전력, 고주파수 응용장치에 활용한다.

57

1[MVA], 3300[V], 동기 임피던스 5[Ω]의 2대의 3상 교류 발전기를 병렬운전중 한 발전기의 계자를 강화해서 두 유도기전력(상전압) 사이에 200[V]의 전압차가 생기게 했을때 두 발전기사이에 흐르는 무효횡류는 몇 [A]인가?

① 40 ② 30
③ 20 ④ 10

| 해설

무효 횡류 $I = \dfrac{E_0}{2Z_s} = \dfrac{200}{2 \times 5} = 20$[A]

58

동일 용량의 변압기 2대를 사용하여 3300[V]의 3상식 간선에서 220[V]의 2상 전력을 얻으려면 T좌 변압기의 권수비는 얼마로 되겠는가?

① 17.31 ② 16.52
③ 15.34 ④ 12.99

| 해설

- 주좌 변압기 권선비 $a_m = \dfrac{n_1}{n_2} = \dfrac{3300}{220} = 15$
- 따라서 T좌 변압기 권선비 $a_t = 15 \times \dfrac{\sqrt{3}}{2} = 12.99$

정답 54 ① 55 ① 56 ① 57 ③ 58 ④

59

2대의 3상 동기발전기를 병렬운전하여 부하전류 1000[A], 뒤진역률 0.8의 전력을 공급하고 있다. 각 발전기의 유효전류가 같고 A기의 전류가 600[A]일 때 B기의 전류는 약 몇 [A]인가?

① 540[A]
② 413[A]
③ 429[A]
④ 390[A]

| 해설

- 각 발전기의 유효전류 = $1000 \times 0.8 \times \frac{1}{2} = 400$[A]
- 전 무효전류 $I_r = 1000 \times 0.6 = 600$[A]
- A기의 무효전류 $I_r = \sqrt{600^2 - 400^2} = 447$[A]
- B기의 무효전류 $I_{r'} = 600 - 447 = 153$[A]
- $\therefore I_B = \sqrt{400^2 + 153^2} = 428.26$[A]

60

동기조상기를 부족여자로 운전하면?

① 콘덴서로 작용한다.
② 일반부하와 뒤진전류를 보상한다.
③ 리액터로 작용한다.
④ 저항으로 작용한다.

| 해설

무부하 동기전동기를 역률 1.0으로 운전중인 동기조상기를 여자전류가 증가하면 앞선 무효전류의 전기자전류가 증가하여 콘덴서로 동작하고 여자전류를 감소시키면 뒤진 무효전류의 전기자전류가 증가하여 리액터로 동작한다.

04 회로이론

61

그림과 같은 정현파 교류를 푸리에 급수로 전개할 때 직류분은?

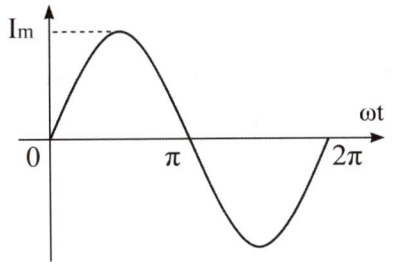

① I_m
② $\dfrac{I_m}{2}$
③ $\dfrac{I_m}{\sqrt{2}}$
④ $\dfrac{2I_m}{\pi}$

| 해설

직류분(교류의 평균값으로 해석)

$$a_0 = \frac{1}{T}\int_0^T f(t)\, dt = \frac{1}{\pi}\int_0^\pi I_m \sin\omega t = \frac{2I_m}{\pi}$$

62

3상 불평형 전압에서 역상전압이 25[V]이고, 정상전압이 100[V], 영상전압이 10[V]라 할 때 전압의 불평형률은?

① 0.25
② 0.4
③ 4
④ 10

| 해설

불평형률

$$\%U = \frac{V_2}{V_1} \times 100 = \frac{25}{100} \times 100 = 25[\%]$$

여기서, V_1: 정상분, V_2: 역상분

정답 59 ③ 60 ③ 61 ④ 62 ①

63

다음의 2단자 임피던스 함수가 $Z(s) = \dfrac{s(s+1)}{(s+2)(s+3)}$ 일 때 회로의 단락 상태를 나타내는 점은?

① -1, 0
② 0, 1
③ -2, -3
④ 2, 3

| 해설

회로의 단락상태는 2단자 회로의 영점을 의미하므로
$Z_1 = 0$, $Z_1 = -1$ 이 된다.

64

성형(Y)결선의 부하가 있다. 선간전압 300[V]의 3상 교류를 인가했을 때 선전류가 40[A]이고 역률이 0.8이라면 리액턴스는 약 몇 [Ω]인가?

① 2.6[Ω]
② 4.3[Ω]
③ 16.6[Ω]
④ 35.6[Ω]

| 해설

㉠ 한 상의 임피던스
$$Z = \dfrac{V_p}{I_p} = \dfrac{\dfrac{V_l}{\sqrt{3}}}{I_l} = \dfrac{\dfrac{300}{\sqrt{3}}}{40} = 4.33[\Omega]$$

㉡ 무효율
$$\sin\theta = \sqrt{1-\cos^2\theta} = \sqrt{1-0.8^2} = 0.6$$

㉢ 임피던스 삼각형

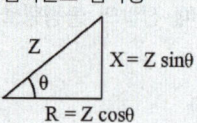

∴ 리액턴스
$X = Z\sin\theta = 4.33 \times 0.6 = 2.598[\Omega]$

65

다음 그림에서 a, b 간의 선간전압 V_{ab} 는?

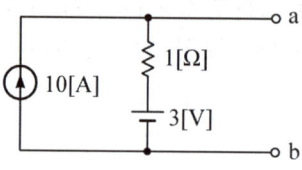

① 10[V]
② 3[V]
③ 7[V]
④ 13[V]

| 해설

중첩의 정리를 이용하여 풀이할 수 있다.
㉠ 전류원 10[A] 만의 회로해석: $I_1 = 10$

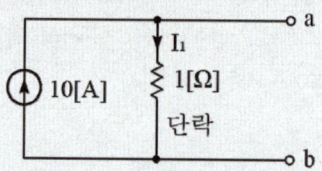

중첩의 정리를 이용하여 풀이할 수 있다.
㉠ 전류원 10[A] 만의 회로해석: $I_1 = 10$

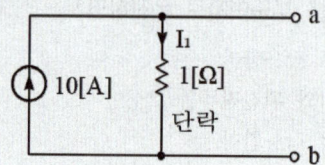

㉡ 전류원 6[A] 만의 회로 해석: $I_2 = 0$

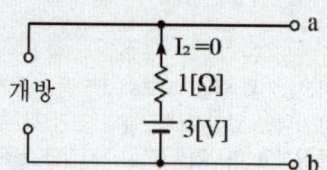

㉢ 1[Ω] 통과 전류: $I = I_1 + I_2 = 10[A]$
㉣ 1[Ω] 단자전압: $V_R = 1 \times 10 = 10[V]$
∴ 개방전압: $V = V_R + 3 = 13[V]$

정답 63 ① 64 ① 65 ④

66 □□□

그림과 같은 RC 병렬회로에서 양단에 인가된 전원전압이 $e(t) = 3e^{-5t}$ [V]인 경우 이 회로의 임피던스는?

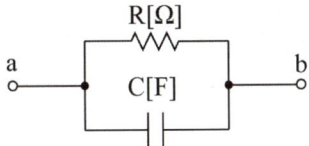

① $\dfrac{1}{R}(1-j\omega CR)$ ② $\dfrac{1}{R}(1+j\omega CR)$

③ $\dfrac{R}{1+j\omega CR}$ ④ $\dfrac{R}{1-j\omega CR}$

| 해설

$$Z = \dfrac{1}{\dfrac{1}{R}+\dfrac{1}{-jX_C}} = \dfrac{1}{\dfrac{1}{R}+j\dfrac{1}{X_C}}$$
$$= \dfrac{1}{\dfrac{1}{R}+j\omega C} = \dfrac{R}{1+j\omega CR} [\Omega]$$

67 □□□

위상정수 $\beta = \dfrac{\pi}{8}$ [rad/km]인 선로에 1[MHz]에 대한 전파 속도는 몇 [m/s]인가?

① 1.6×10^7 ② 3.2×10^7
③ 5.0×10^7 ④ 8.0×10^7

| 해설

$$v = \dfrac{1}{\sqrt{LC}} = \dfrac{\omega}{\beta} = \dfrac{2\pi f}{\beta} = \dfrac{2\pi \times 10^6}{\dfrac{\pi}{8}}$$
$$= 16 \times 10^6 = 1.6 \times 10^7 \text{ [m/s]}$$

여기서, 위상정수: $\beta = \omega\sqrt{LC}$

68 □□□

다음과 같은 비정현파 전압과 전류에 의한 소비전력 [W]은?

$$e = 100 + 50\sin 377t \text{ [V]}$$
$$i = 10 + 3.54\sin(377t - 45°) \text{ [A]}$$

① 562.6[W]   ② 1062.5[W]
③ 1250.5[W]   ④ 1385.5[W]

| 해설

소비전력 $P = V_0 I_0 + \sum_{i=1}^{n} V_i I_i \cos\theta_i$ [W] 에서

㉠ 직류분 소비전력
$P_0 = V_0 I_0 = 100 \times 10 = 1000$ [W]

㉡ 기본파 소비전력
$P_1 = V_1 I_1 \cos\theta_1 = \dfrac{1}{2} V_{m1} I_{m1} \cos\theta_1$
$= \dfrac{1}{2} \times 50 \times 3.54 \times \cos 45° = 62.58$ [W]

∴ $P = P_0 + P_1 = 1062.58$ [W]

69 □□□

그림의 회로에서 $t = 3$[sec]일 때 이 회로에 흐르는 전류는 약 몇 [A]인가? (단, $E = 10$ [V], $R = 1$ [Ω], $L = 3$ [H])

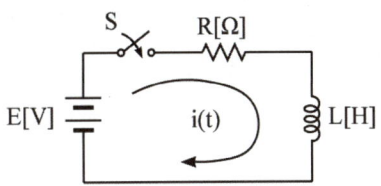

① 2.8   ② 7.4
③ 4.9   ④ 6.3

| 해설

과도전류
$$i(t) = \dfrac{E}{R}\left(1-e^{-\frac{R}{L}t}\right) = \dfrac{10}{1}\left(1-e^{-\frac{1}{3}\times 3}\right)$$
$$= 10(1-e^{-1}) = 6.32 \text{ [A]}$$

정답 66 ③ 67 ① 68 ② 69 ④

70

4단자 회로망에서 4단자 정수가 $A = \dfrac{15}{4}$, $D = 1$ 이고, 영상 임피던스 $Z_{02} = \dfrac{12}{5}$ [Ω]일 때 영상 임피던스 Z_{01}은 몇 [Ω]인가?

① 8[Ω]   ② 9[Ω]
③ 10[Ω] ④ 11[Ω]

| 해설

$$\dfrac{Z_{01}}{Z_{02}} = \dfrac{\sqrt{\dfrac{AB}{CD}}}{\sqrt{\dfrac{BD}{AC}}} = \dfrac{A}{D}$$ 이므로

$$\therefore Z_{01} = \dfrac{A}{D} \times Z_{02} = \dfrac{15}{4} \times \dfrac{12}{5} = 9\,[\Omega]$$

05 제어공학

71

다음과 같은 특성방정식의 근궤적 가지수는?

$$F(s) = s(s+1)(s+2) + K(s+3) = 0$$

① 6   ② 5
③ 4   ④ 3

| 해설

근궤적의 수는 극점과 영점의 수 중 큰 것 또는 특성방정식의 차수에 의해 결정된다.
∴ 특성방정식이 3차가 되므로 근궤적의 수도 3개가 된다.

72

$G(s)H(s) = \dfrac{K}{(s+1)(s-2)}$ 인 계의 이득 여유가 40[dB] 이면 이때 K의 값은?

① −50   ② 1/50
③ −20   ④ 1/40

| 해설

㉠ 이득여유는 개루프 전달함수 $G(j\omega)H(j\omega)$의 허수를 0으로 하여 구해야 한다.
㉡ 개루프 전달함수

$$G(j\omega)H(j\omega) = \dfrac{K}{(j\omega+1)(j\omega-2)}\bigg|_{\omega=0}$$
$$= -\dfrac{K}{2}$$

㉢ 이득여유 $g_m = 20 \log \dfrac{1}{|G(j\omega)H(j\omega)|} = 20 \log \dfrac{2}{K}$ 에서
$g_m = 40\,[dB]$ 이 되려면 $\dfrac{2}{K} = 10^2$ 이 되어야 한다.

73

상태방정식 $\dfrac{d}{dt}x(t) = Ax(t) + Br(t)$ 인 제어계의 특성방정식은?

① $|sI - B| = I$ ② $|sI - A| = I$
③ $|sI - B| = 0$ ④ $|sI - A| = 0$

74

Z변환 함수 $\dfrac{TZ}{(Z-1)^2}$ 에 대응되는 라플라스 변환함수는?
(단, T는 이상적인 샘플러의 샘플 주기이다)

① $\dfrac{1}{s^2}$ ② $\dfrac{2}{s^2}$
③ $\dfrac{1}{(s-3)^2}$ ④ $\dfrac{2}{(s-3)^2}$

| 해설

$$\dfrac{TZ}{(Z-1)^2} \xrightarrow{Z^{-1}} t \xrightarrow{\mathcal{L}} \dfrac{1}{s^2}$$

정답 70 ② 71 ④ 72 ② 73 ④ 74 ①

75

다음 논리식을 간단히 하면?

$$Y = \overline{A}\,\overline{B}\,\overline{C} + \overline{A}\,\overline{B}\,C + \overline{A}\,B\,C + \overline{A}\,B\,\overline{C}$$

① $\overline{A}$ ② $\overline{B}$
③ A ④ B

| 해설
㉠ 카르노맵

	$\overline{B}\,\overline{C}$	$\overline{B}\,C$	$B\,C$	$B\,\overline{C}$
$\overline{A}$	1	1	1	1
A				

㉡ 최대 이웃으로 묶기

	$\overline{B}\,\overline{C}$	$\overline{B}\,C$	$B\,C$	$B\,\overline{C}$
$\overline{A}$	1	1	1	1
A				

∴ 카르노맵을 정리하면 아래와 같다.
$Y = \overline{A}$

76

그림과 같은 제어계가 안정하기 위한 K의 범위는?

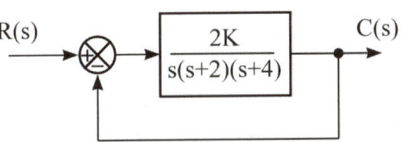

① $0 < K < 48$ ② $0 < K < 24$
③ $0 < K < 8$ ④ $0 < K < 4$

| 해설
㉠ 종합 전달함수

$$M(s) = \frac{\text{전향 경로이득}}{1-\text{페루프이득}} = \frac{\frac{2K}{s(s+2)(s+4)}}{1+\frac{2K}{s(s+2)(s+4)}}$$

$$= \frac{2K}{s^3+6s^2+8s+2K}$$

㉡ 특성방정식
$F(s) = s^3+6s^2+8s+2K = 0$

㉢ $F(s) = as^3+bs^2+cs+d = 0$ 에서 $a, b, c, d > 0$ 와 $bc > ad$ 를 만족해야 안정된 제어계가 된다.

㉣ 따라서 $K > 0$ 과 $48 > 2K$ 을 만족해야 한다.

∴ 안정되기 위한 K의 범위: $0 < K < 24$

77

회로의 입력전압이 $V_1(t)$, 출력전압이 $V_2(t)$일 때, $\dfrac{V_2(s)}{V_1(s)}$에 대한 고유 주파수 ω_n[rad/sec] 과 감쇠비 ζ는?
(단, $R = 100\,[\Omega]$, $L = 2\,[H]$, $C = 200\,[\mu F]$ 이고, 초기전하는 0이다.

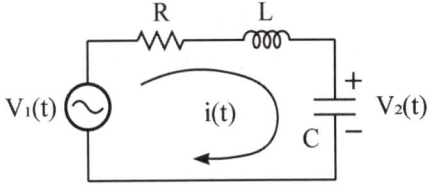

① $\omega_n = 50$, $\zeta = 1$ ② $\omega_n = 50$, $\zeta = 0.5$
③ $\omega_n = 250$, $\zeta = 0.7$ ④ $\omega_n = 250$, $\zeta = 0.5$

| 해설
㉠ 전달함수

$$G(s) = \frac{V_2(s)}{V_1(s)} = \frac{\frac{1}{Cs}}{Ls+R+\frac{1}{Cs}}$$

$$= \frac{1}{LCs^2+RCs+1}$$

$$= \frac{\frac{1}{LC}}{s^2+\frac{R}{L}s+\frac{1}{LC}}$$

$$= \frac{2500}{s^2+50s+2500}$$

㉡ 특성방정식
$F(s) = s^2+50s+2500 = 0$

㉢ 2차 제어계의 특성방정식 $F(s) = s^2+2\zeta\omega_n s+\omega_n^2 = 0$ 과 비교하여 ω_n 와 ζ를 구할 수 있다.

㉣ 상수항에서 $\omega_n^2 = 2500$ 에서 고유각 주파수
$\omega_n = 50$

㉤ 제동비가 $2\zeta\omega_n = 50$ 에서 감쇠비
$\zeta = \dfrac{50}{2\omega_n} = \dfrac{50}{2\times 50} = 0.5$

정답 75 ① 76 ② 77 ②

78 □□□

$G(s)H(s) = \dfrac{K(s+1)}{s(s+2)(s+4)}$ 일 때 이 계통은 어떤 형인가?

① 0형 ② 1형
③ 2형 ④ 3형

| 해설
$l = b - a = 1 - 0 = 1$ 이 되어 1형 제어계가 된다.

79 □□□

개루프 전달함수가 $G(s) = \dfrac{s+2}{s(s+1)}$ 일 때, 폐루프 전달함수는?

① $\dfrac{s+2}{s^2+s}$ ② $\dfrac{s+2}{s^2+2s+2}$
③ $\dfrac{s+2}{s^2+s+2}$ ④ $\dfrac{s+2}{s^2+2s+4}$

| 해설

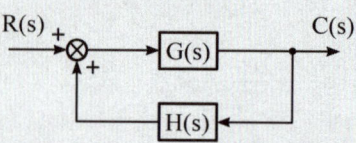

㉠ 종합 전달함수
$M(s) = \dfrac{G(s)}{1+G(s)H(s)}$

㉡ $G(s)H(s)$를 개루프 전달함수라 하고 $H(s) = 1$ 인 폐루프 시스템을 단위 (부)궤환 시스템이라 한다.

$\therefore M(s) = \dfrac{G(s)}{1+G(s)} = \dfrac{\dfrac{s+2}{s(s+1)}}{1+\dfrac{s+2}{s(s+1)}}$

$= \dfrac{s+2}{s(s+1)+(s+2)}$

$= \dfrac{s+2}{s^2+2s+2}$

80 □□□

궤환 제어계에서 반드시 필요한 장치는?

① 구동장치
② 정확성을 높이는 장치
③ 안정성을 증가시키는 장치
④ 입력과 출력을 비교하는 장치

| 해설
궤환 제어계에는 주궤환 요소에 제어량(출력)을 검출하는 검출부가 있으며 이 값과 목표값을 가합부에서 비교하여 제어계에 공급한다. 즉, 궤환 제어계는 입력과 출력을 비교하는 검출부가 반드시 필요하다.

06 전기설비기술기준

81 □□□

사용전압이 400[V] 초과인 저압 가공전선을 경동선으로 시가지에 시설하는 경우 이 경동선의 최소 굵기는 지름 몇 [mm] 이상이어야 하는가?

① 2.6 ② 3.2
③ 4   ④ 5

| 해설
KEC 222.5 저압 가공전선의 굵기 및 종류
㉠ 저압 가공전선은 나전선(중성선 또는 다중접지된 접지측 전선으로 사용하는 전선), 절연전선, 다심형 전선 또는 케이블을 사용할 것
㉡ 사용전압이 400V 이하인 저압 가공전선
 • 지름 3.2mm 이상(인장강도 3.43kN 이상)
 • 절연전선인 경우는 지름 2.6mm 이상(인장강도 2.3kN 이상)
㉢ 사용전압이 400V 초과인 저압 가공전선
 • 시가지: 지름 5mm 이상(인장강도 8.01kN 이상)
 • 시가지 외: 지름 4mm 이상(인장강도 5.26kN 이상)
㉣ 사용전압이 400V 초과인 저압 가공전선에는 인입용 비닐절연전선을 사용하지 않을 것

정답 78 ② 79 ② 80 ④ 81 ④

82

합성수지관공사에 의한 저압 옥내 배선시설방법에 대한 설명 중 틀린 것은?

① 관의 지지점 간의 거리는 1.2[m] 이하로 할 것
② 박스, 기타의 부속품을 습기가 많은 장소에 시설하는 경우에는 방습장치로 할 것
③ 사용전선은 절연전선일 것
④ 합성수지관 안에는 전선의 접속점이 없도록 할 것

| 해설
KEC 232.11 합성수지관공사
㉠ 전선은 절연전선을 사용(옥외용 비닐절연전선은 사용불가)
㉡ 전선은 연선일 것. 다만, 다음의 것은 적용하지 않음
 • 짧고 가는 합성수지관에 넣은 것
 • 단면적 10mm²(알루미늄선은 단면적 16mm²) 이하의 것
㉢ 전선은 합성수지관 안에서 접속점이 없도록 할 것
㉣ 합성수지관의 지지점 간의 거리는 1.5[m] 이하일 것
㉤ 관 상호간 및 박스와는 관을 삽입하는 깊이를 관의 바깥 지름의 1.2배(접착제를 사용: 0.8배)로 함
㉥ 습기가 많은 장소 또는 물기가 있는 장소에 시설하는 경우에는 방습 장치를 할 것

83

고압 및 특고압 전로의 절연내력시험을 하는 경우 시험전압에 몇 분간 견디어야 하는가?

① 1분
② 3분
③ 5분
④ 10분

| 해설
KEC 132 전로의 절연저항 및 절연내력
고압 및 특고압 전로의 시험전압은 전로와 대지 간(다심 케이블은 심선 상호간 및 심선과 대지 간)에 연속하여 10분간 가하여 절연내력을 시험하였을 때 이에 견디어야 한다. 단, 전선에 케이블을 사용하는 교류전로로써 시험전압의 2배 직류전압을 전로와 대지 간(다심 케이블은 심선 상호간 및 심선과 대지 간)에 연속하여 10분간 가하여 절연내력을 시험하였을 때 이에 견디는 것에 대하여는 그러하지 아니하다.

84

변전소의 주요 변압기에서 계측하여야 하는 사항 중 계측장치가 꼭 필요하지 않는 것은?
(단, 전기철도용 변전소의 주요 변압기는 제외한다)

① 전압
② 전류
③ 전력
④ 주파수

| 해설
KEC 351.6 계측장치
변전소에 설치하는 계측하는 장치
㉠ 주요 변압기의 전압 및 전류 또는 전력
㉡ 특고압용 변압기의 온도

85

가반형(이동형)의 용접전극을 사용하는 아크 용접장치를 시설할 때 용접변압기의 1차측 전로의 대지전압은 몇 [V] 이하이어야 하는가?

① 200
② 250
③ 300
④ 600

| 해설
KEC 241.10 아크 용접기
㉠ 용접변압기는 절연변압기일 것
㉡ 용접변압기의 1차측 전로의 대지전압은 300V 이하일 것
㉢ 용접변압기의 1차측 전로에는 용접 변압기에 가까운 곳에 쉽게 개폐할 수 있는 개폐기를 시설할 것
㉣ 전선은 용접용 케이블을 사용할 것
㉤ 용접기 외함 및 피용접재 또는 이와 전기적으로 접속되는 받침대·정반 등의 금속체는 접지공사를 할 것

정답 82 ① 83 ④ 84 ④ 85 ③

86

저압 가공인입선의 전선으로 사용할 수 없는 전선은?

① 코드선
② 인입용 비닐절연전선
③ 옥외용 비닐절연전선
④ 케이블

| 해설

KEC 221.1.1 저압 인입선의 시설
㉠ 전선은 절연전선 또는 케이블일 것
㉡ 전선이 케이블인 경우 이외에는 인장강도 2.30kN 이상의 것 또는 지름 2.6mm 이상의 인입용 비닐절연전선일 것. 다만, 경간이 15m 이하인 경우는 인장강도 1.25kN 이상의 것 또는 지름 2mm 이상의 인입용 비닐절연전선일 것
㉢ 전선이 옥외용 비닐절연전선인 경우에는 사람이 접촉할 우려가 없도록 시설하고, 옥외용 비닐절연전선 이외의 절연전선인 경우에는 사람이 쉽게 접촉할 우려가 없도록 시설할 것

87

한국전기설비규정에서 사용되는 용어의 정의에 대한 설명으로 옳지 않은 것은?

① 접속설비란 공용 전력계통으로부터 특정 분산형 전원 설치자의 전기설비에 이르기까지의 전선로와 이에 부속하는 개폐 장치, 모선 및 기타 관련설비를 말한다.
② 제1차 접근상태란 가공전선이 다른 시설물과 접근하는 경우에 다른 시설물의 위쪽 또는 옆쪽에서 수평거리로 3[m] 미만인 곳에 시설되는 상태를 말한다.
③ 계통연계란 분산형 전원을 송전사업자나 배전사업자의 전력계통에 접속하는 것을 말한다.
④ 단독운전이란 전력계통의 일부가 전력계통의 전원과 전기적으로 분리된 상태에서 분산형 전원에 의해서만 가압되는 상태를 말한다.

| 해설

KEC 112 용어 정의
㉠ 제1차 접근상태
가공전선이 다른 시설물과 접근하는 경우에 가공전선이 다른 시설물의 위쪽 또는 옆쪽에서 수평거리로 가공전선로의 지지물의 지표상의 높이에 상당하는 거리 안에 시설(수평거리로 3[m] 미만인 곳에 시설되는 것을 제외한다)됨으로써 가공전선로의 전선의 절단, 지지물의 도괴 등의 경우에 그 전선이 다른 시설물에 접촉할 우려가 있는 상태를 말한다.

㉡ 제2차 접근상태
가공 전선이 다른 시설물과 접근하는 경우에 그 가공 전선이 다른 시설물의 위쪽 또는 옆쪽에서 수평 거리로 3m 미만인 곳에 시설되는 상태를 말한다.

88

전기울타리를 설치하는 경우 시설기준에 맞지 않는 것은?

① 사용전선은 지름 2[mm] 이상의 경동선이다.
② 사람의 접촉이 쉽지 않아야 한다.
③ 전기를 공급하는 전원장치의 사용전압은 400[V]이하이어야 한다.
④ 전기울타리의 전선과 수목의 이격거리는 30[cm] 이상이어야 한다.

| 해설

KEC 241.1 전기울타리
㉠ 전기울타리는 사람이 쉽게 출입하지 아니하는 곳에 시설할 것
㉡ 전선은 인장강도 1.38kN 이상의 것 또는 지름 2mm 이상의 경동선일 것
㉢ 전선과 이를 지지하는 기둥 사이의 이격거리는 25mm 이상일 것
㉣ 전선과 다른 시설물(가공 전선은 제외) 또는 수목과의 이격거리는 0.3m 이상일 것
㉤ 전기울타리를 시설한 곳에는 사람이 보기 쉽도록 적당한 간격으로 위험표시를 할 것
㉥ 전기울타리에 전기를 공급하는 전로에는 쉽게 개폐할 수 있는 곳에 전용 개폐기를 시설할 것
㉦ 전기울타리용 전원장치에 전기를 공급하는 전로의 사용전압은 250[V] 이하일 것

정답 86 ① 87 ② 88 ③

89

380[V] 동력용 옥내 배선을 전개된 장소에서 애자사용공사로 시공할 때 전선 간의 이격거리는 몇 [cm] 이상인가? (단, 전선은 절연전선을 사용한다)

① 2
② 4
③ 6
④ 8

| 해설
KEC 232.56 애자공사
㉠ 전선은 절연전선 사용(옥외용 · 인입용 비닐절연전선 사용 불가)
㉡ 전선 상호간격: 0.06m 이상
㉢ 전선과 조영재와 이격거리
 • 400[V] 이하: 25mm 이상
 • 400[V] 초과: 45mm 이상(건조한 장소에 시설하는 경우에는 25mm)
㉣ 전선의 지지점 간의 거리는 전선을 조영재의 윗면 또는 옆면에 따라 붙일 경우에는 2[m] 이하일 것
㉤ 사용전압이 400[V] 초과인 것의 지지점 간의 거리는 6[m] 이하일 것

90

저압 가공전선이 가공 약전류전선과 접근하여 시설될 때 저압 가공전선과 가공 약전류전선 사이의 이격거리는 몇 [cm] 이상이어야 하는가?

① 30
② 40
③ 50
④ 60

| 해설
KEC 222.13 저압 가공전선과 가공약전류전선 등의 접근 또는 교차

가공전선의 종류	이격거리
저압 가공전선	0.6m(절연전선 또는 케이블인 경우에는 0.3m)
고압 가공전선	0.8m(전선이 케이블인 경우에는 0.4m)

91

방직공장의 구내 도로에 220[V] 조명등용 가공전선로를 시설하고자 한다. 전선로의 경간은 몇 [m] 이하이어야 하는가?

① 20
② 30
③ 40
④ 50

| 해설
KEC 222.23 구내에 시설하는 저압 가공전선로
㉠ 1구 내에만 시설하는 사용전압이 400[V] 이하일 것
㉡ 전선은 지름 2[mm] 이상의 경동선의 절연전선을 사용할 것 (단, 경간이 10[m] 이하인 경우에 한하여 4[mm²] 이상의 연동 절연전선을 사용할 것.)
㉢ 전선로의 경간은 30 m 이하일 것
㉣ 도로를 횡단하는 경우에는 4[m] 이상이고 교통에 지장이 없는 높이일 것

92

220[V]의 연료전지 및 태양전지 모듈의 절연내력시 직류시험전압은 몇 [V]인가?

① 220
② 330
③ 500
④ 750

| 해설
KEC 134 연료전지 및 태양전지 모듈의 절연내력
연료전지 및 태양전지 모듈은 최대사용전압의 1.5배의 직류전압 또는 1배의 교류전압을 충전부분과 대지사이에 연속하여 10분간 가하여 절연내력을 시험하였을 때에 이에 견디는 것이어야 한다. 단, 시험전압 계산 값이 500V 미만인 경우 500V로 시험한다.

정답 89 ③ 90 ④ 91 ② 92 ③

93

이차전지를 이용한 전기저장장치의 시설기준으로 틀린 것은?

① 점검을 용이하게 하기 위해 충전부분이 노출 되도록 시설하여야 한다.
② 전기저장장치의 이차전지, 제어반, 배전반의 시설은 기기 등을 조작 또는 보수 및 점검할 수 있는 충분한 공간을 확보하고 조명설비를 설치하여야 한다.
③ 전기저장장치를 시설하는 장소는 폭발성 가스의 축적을 방지하기 위한 환기시설을 갖추어야 한다.
④ 침수의 우려가 없도록 시설하여야 한다.

| 해설
KEC 511.1 전기저장장치 시설장소의 요구사항
㉠ 전기저장장치의 이차전지, 제어반, 배전반의 시설은 기기 등을 조작 또는 보수·점검할 수 있는 충분한 공간을 확보하고 조명설비를 설치하여야 한다.
㉡ 전기저장장치를 시설하는 장소는 폭발성 가스의 축적을 방지하기 위한 환기시설을 갖추고 제조사가 권장하는 온도·습도·수분·분진 등 적정 운영환경을 상시 유지하여야 한다.
㉢ 침수의 우려가 없도록 시설하여야 한다.
㉣ 전기저장장치 시설장소에는 외벽 등 확인하기 쉬운 위치에 "전기저장장치 시설장소" 표지를 하고, 일반인의 출입을 통제하기 위한 잠금장치 등을 설치하여야 한다.

94

사용전압이 25000[V] 이하의 특고압 가공전선로에서는 전화선로의 길이 12[km]마다 유도전류가 몇 [μA]를 넘지 아니하도록 하여야 하는가?

① 1.5 ② 2
③ 2.5 ④ 3

| 해설
KEC 333.2 유도장해의 방지
㉠ 사용전압이 60000[V] 이하인 경우에는 전화선로의 길이 12[km]마다 유도전류가 2[μA]를 넘지 않도록 할 것
㉡ 사용전압이 60000[V]를 넘는 경우에는 전화선로의 길이 40[km]마다 유도전류가 3[μA]를 넘지 않도록 할 것

95

다음 중 지선의 시설목적으로 적합하지 않은 것은?

① 유도장해를 방지하기 위하여
② 지지물의 강도를 보강하기 위하여
③ 전선로의 안전성을 증가시키기 위하여
④ 불평형 장력을 줄이기 위하여

| 해설
KEC 331.11 지선의 시설
㉠ 지지물의 강도보강(철탑 제외)
㉡ 전선로의 안전성증대
㉢ 불평형 장력에 대한 평형유지

96

발전기, 변압기, 조상기, 모선 또는 이를 지지하는 애자는 어느 전류에 의하여 생기는 기계적 충격에 견디는 강도를 가져야 하는가?

① 정격전류 ② 최대 사용전류
③ 과부하전류 ④ 단락전류

| 해설
전기설비기술기준 제23조(발전기 등의 기계적 강도)
발전기·변압기·조상기·계기용변성기·모선 및 이를 지지하는 애자는 단락전류에 의하여 생기는 기계적 충격에 견디는 것이어야 한다.

정답 93 ① 94 ② 95 ① 96 ④

97

연료전지설비에서 연료전지를 자동적으로 전로에서 차단하고 연료전지에 연료가스 공급을 자동적으로 차단하며 연료전지내의 연료가스를 자동적으로 배기하는 장치를 시설해야 하는 경우에 해당되지 않는 것은?

① 연료전지에 저전류가 생긴 경우
② 발전요소(發電要素)의 발전전압에 이상이 생겼을 경우
③ 연료가스 출구에서의 산소농도 또는 공기 출구에서의 연료가스 농도가 현저히 상승한 경우
④ 연료전지의 온도가 현저하게 상승한 경우

| 해설
KEC 542.2.1 연료전지설비의 보호장치
연료전지는 다음의 경우에 자동적으로 이를 전로에서 차단하고 연료전지에 연료가스 공급을 자동적으로 차단하며 연료전지내의 연료가스를 자동적으로 배제하는 장치를 시설할 것
㉠ 연료전지에 과전류가 생긴 경우
㉡ 발전요소의 발전전압에 이상이 생겼을 경우 또는 연료가스 출구에서의 산소농도 또는 공기 출구에서의 연료가스 농도가 현저히 상승한 경우
㉢ 연료전지의 온도가 현저하게 상승한 경우

98

전기철도의 변전방식에서 변전소 설비에 대한 내용중 해당되지 않는 것은?

① 급전용변압기에서 직류 전기철도는 3상 정류기용 변압기로 해야 한다.
② 제어용 교류전원은 상용과 예비의 2계통으로 구성한다.
③ 제어반의 경우 디지털계전기방식을 원칙으로 한다.
④ 제어반의 경우 아날로그계전기방식을 원칙으로 한다.

| 해설
KEC 421.4 전기철도의 변전소 설비
㉠ 급전용변압기는 직류 전기철도의 경우 3상 정류기용 변압기, 교류 전기철도의 경우 3상 스코트결선 변압기의 적용을 원칙으로 하고, 급전계통에 적합하게 선정하여야 한다.
㉡ 제어용 교류전원은 상용과 예비의 2계통으로 구성하여야 한다.
㉢ 제어반의 경우 디지털계전기방식을 원칙으로 하여야 한다.

99

과전류차단기로 시설하는 퓨즈 중 고압 전로에 사용하는 포장 퓨즈는 2배의 정격전류 시 몇 분 안에 용단되어야 하는가?

① 2
② 20
③ 60
④ 120

| 해설
KEC 341.10 고압 및 특고압 전로 중의 과전류차단기의 시설
㉠ 포장 퓨즈는 정격전력의 1.3배에 견디고, 또한 2배의 전로로 120분 안에 용단되어야 한다.
㉡ 비포장 퓨즈는 정격전류의 1.25배에 견디고, 또한 2배의 전류로 2분 안에 용단되어야 한다.

100

다음 중 옥내에 시설하는 고압용 이동전선의 종류는?

① 150[mm²] 연동선
② 비닐 캡타이어케이블
③ 고압용 캡타이어케이블
④ 강심 알루미늄 연선

| 해설
KEC 342.2 옥내 고압용 이동전선의 시설
옥내에 시설하는 고압의 이동전선은 다음에 따라 시설하여야 한다.
㉠ 전선은 고압용의 캡타이어케이블일 것
㉡ 이동전선과 전기사용기계기구와는 볼트 조임 기타의 방법에 의하여 견고하게 접속할 것.
㉢ 이동전선에 전기를 공급하는 전로(유도 전동기의 2차측 전로를 제외)에는 전용 개폐기 및 과전류 차단기를 각극(과전류 차단기는 다선식 전로의 중성극을 제외)에 시설하고, 또한 전로에 지락이 생겼을 때에 자동적으로 전로를 차단하는 장치를 시설할 것

정답 97 ① 98 ④ 99 ④ 100 ③

2025년 3회 전기산업기사

※ CBT문제는 수험생의 기억에 따라 복원된 것이며, 실제 기출문제와 동일하지 않을 수 있습니다.

01 전기자기학

01
인덕턴스의 단위에서 1[H]는?
① 1[A]의 전류에 대한 자속이 1[Wb]인 경우이다.
② 1[A]의 전류에 대한 유전율이 1[F/m]이다.
③ 1[A]의 전류가 1초간에 변화하는 양이다.
④ 1[A]의 전류에 대한 자계가 1[AT/m]인 경우이다.

| 해설
인덕턴스 정의 식: $L = \dfrac{\Phi}{I}$ [H = Wb/m]

∴ $L = \dfrac{\Phi}{I} = \dfrac{1}{1} = 1$ [H]

02
그림과 같은 자극 사이에 있는 도체에 전류 (I)가 흐를 때 힘은 어느 방향으로 작용하는가?

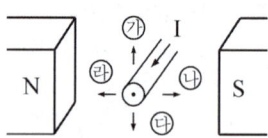

① 가　② 나
③ 다　④ 라

| 해설
플레밍의 왼손 법칙(전동기의 원리)
㉠ 엄지 손가락: 전자력의 방향 (F)
㉡ 검지 손가락: 자장의 방향 (B)
㉢ 중지 손가락: 전류의 방향 (I)

03
진공 중에서 4π [Wb]의 자하(磁荷)로 부터 발산되는 총 자력선 수는?
① 4π　② 10^7
③ $4\pi \times 10^7$　④ $\dfrac{10^7}{4\pi}$

| 해설
㉠ 자기력선의 수: $N = \dfrac{m}{\mu} = \dfrac{m}{\mu_0 \mu_s}$ 개
㉡ 자속선 수: $N = m$ 개 (μ과 무관)
∴ 자기력선 수(진공의 비투자율: $\mu_s = 1$)
$N = \dfrac{m}{\mu_0} = \dfrac{4\pi}{4\pi \times 10^{-7}} = 10^7$

04
진공 중에서 무한장 직선도체에 선전하밀도 $\rho_L = 2\pi \times 10^{-3}$ [C/m] 가 균일하게 분포된 경우 직선도체에서 2와 4[m]떨어진 두 점사이의 전위차는?
① $\dfrac{10^{-3}}{\pi \epsilon_0} \ln 2$　② $\dfrac{10^{-3}}{\epsilon_0} \ln 2$
③ $\dfrac{1}{\pi \epsilon_0} \ln 2$　④ $\dfrac{1}{\epsilon_0} \ln 2$

| 해설
무한 직선전하의 전위차
$V_{12} = \dfrac{\rho_L}{2\pi \epsilon} \ln \dfrac{r_2}{r_1} = \dfrac{2\pi \times 10^{-3}}{2\pi \epsilon_0} \ln \dfrac{4}{2}$
$= \dfrac{10^{-3}}{\epsilon_0} \ln 2$ [V]

정답　1 ①　2 ①　3 ②　4 ②

05

면적 400[cm²], 판간격 1[cm]인 2장의 평행금속판 간에 비유전율 5의 유전체를 채우고, 판간에 10[kV]의 전압으로 충전하였다가 10^{-5}[sec] 동안 방전시킬 경우의 평균전력은 몇 [W]인가?

① 400
② 637.8
③ 733.6
④ 885.5

| 해설

㉠ 콘덴서에 축적된 에너지는 저항을 통해서 방전시킬 때의 전력량과 같다.
$$W = \frac{1}{2}CV^2 = Pt \,[\text{J}]$$

㉡ 평행판 콘덴서의 정전용량
$$C = \frac{\epsilon_0 \epsilon_s S}{d}$$
$$= \frac{8.855 \times 10^{-12} \times 5 \times 400 \times 10^{-4}}{10^{-2}}$$
$$= 17.71 \times 10^{-11} \,[\text{F}]$$

∴ 평균전력
$$P = \frac{1}{2t}CV^2$$
$$= \frac{1}{2 \times 10^{-5}} \times 17.71 \times 10^{-11} \times (10^4)^2$$
$$= 8.855 \times 10^2 \,[\text{W}]$$

06

고유저항 $\rho \,[\Omega \cdot \text{m}]$, 한 변의 길이가 $r\,[\text{m}]$인 정육면체의 저항 $[\Omega]$은?

① $\dfrac{\rho}{\pi r}$
② $\dfrac{\pi r^2}{\sqrt{\rho}}$
③ $\dfrac{\rho}{r}$
④ $\sqrt{\dfrac{2\pi r^2}{\rho}}$

| 해설

전기저항: $R = \rho \dfrac{\ell}{S} = \rho \dfrac{r}{r^2} = \dfrac{\rho}{r} \,[\Omega]$

07

반지름 $a\,[\text{m}]$인 접지구형도체와 점전하가 유전율 ϵ인 공간에서 각각 원점과 $(d, 0, 0)$인 점에 있다. 구형도체를 제외한 공간의 전계를 구할 수 있도록 구형도체를 영상전하로 대치할 때의 영상점전하의 위치는?

① $\left(-\dfrac{a^2}{d},\ 0,\ 0\right)$
② $\left(+\dfrac{a^2}{d},\ 0,\ 0\right)$
③ $\left(0,\ +\dfrac{a^2}{d},\ 0\right)$
④ $\left(+\dfrac{d^2}{4a},\ 0,\ 0\right)$

| 해설

접지된 도체구와 점전하

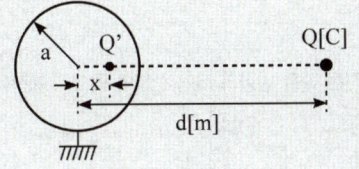

㉠ 영상전하: $Q' = -\dfrac{a}{d}Q\,[\text{C}]$

㉡ 구도체 내의 영상점: $x = \dfrac{a^2}{d}\,[\text{m}]$

정답 5 ④ 6 ③ 7 ②

08

위치함수로 주어지는 벡터량이 $E(xyz) = iE_x + jE_y + kE_z$ 이다. 나블라 (∇)와의 내적 $\nabla \cdot E$ 와 같은 의미를 갖는 것은?

① $\frac{\partial E_x}{\partial x} + \frac{\partial E_y}{\partial y} + \frac{\partial E_z}{\partial z}$

② $i\frac{\partial}{\partial x} + j\frac{\partial}{\partial y} + k\frac{\partial}{\partial z}$

③ $i\frac{\partial E_x}{\partial x} + j\frac{\partial E_y}{\partial y} + k\frac{\partial E_z}{\partial z}$

④ $\frac{\partial E}{\partial x} + \frac{\partial E}{\partial y} + \frac{\partial E}{\partial z}$

| 해설

벡터의 내적은 같은 방향의 크기 성분의 곱으로 계산할 수 있다.

$\nabla \cdot E = (i\frac{\partial}{\partial x} + j\frac{\partial}{\partial y} + k\frac{\partial}{\partial z}) \cdot (iE_x + jE_y + kE_z)$

$= \frac{\partial E_x}{\partial x} + \frac{\partial E_y}{\partial y} + \frac{\partial E_z}{\partial z}$

(참고: 내적은 같은 방향의 스칼라 곱)

09

평등자계내의 내부로 ㉠자계와 평행한 방향, ㉡자계와 수직인 방향으로 일정 속도의 전자를 입사시킬 때 전자의 운동 궤적을 바르게 나타낸 것은?

① ㉠ 원   ㉡ 타원
② ㉠ 직선   ㉡ 타원
③ ㉠ 직선   ㉡ 원
④ ㉠ 원   ㉡ 원

| 해설

평등자계내의 전자 또는 전하의 운동
㉠ 운동 전하가 평등자계에 대하여 수직으로 입사 시 등속 원운동
㉡ 운동 전하가 평등자계에 대하여 수평으로 입사 시 등속 직선운동
㉢ 운동 전하가 평등자계에 대하여 비스듬이 입사 시 등속 나선 운동

10

비투자율 1000, 단면적 10[cm²], 자로의 길이 100[cm], 권수 1000회인 철심 환상 솔레노이드에 10[A]의 전류가 흐를 때 저축되는 자기에너지는 몇 [J]인가?

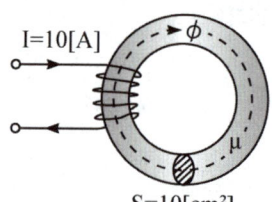

① 62.8
② 6.28
③ 31.4
④ 3.14

| 해설

㉠ 자기 인덕턴스

$L = \frac{\mu S N^2}{l} = \frac{\mu_0 \mu_s S N^2}{l}$

$= \frac{4\pi \times 10^{-7} \times 1000 \times 10 \times 10^{-4} \times 1000^2}{100 \times 10^{-2}}$

$= 4\pi \times 10^{-1}$ [H]

㉡ 코일에 저장되는 자기적인 에너지

$W_L = \frac{1}{2}LI^2 = \frac{1}{2} \times 4\pi \times 10^{-1} \times 10^2 = 62.8$ [J]

11

전력용 유입 커패시터가 있다. 유(기름)의 비유전율이 2이고 인가된 전계 $E = 200\sin\omega t \, a_x$ [V/m] 일 때 커패시터 내부에서의 변위전류밀도는 몇 [A/m²]인가?

① $400\epsilon_0 \omega \cos\omega t \, a_x$
② $400\epsilon_0 \sin\omega t \, a_x$
③ $200\epsilon_0 \omega \cos\omega t \, a_x$
④ $400\epsilon_0 \omega \sin\omega t \, a_x$

| 해설

변위전류밀도

$i_d = \frac{\partial D}{\partial t} = \epsilon \frac{\partial E}{\partial t}$

$= \epsilon \frac{\partial}{\partial t} 200 \sin\omega t \, a_x = 200 \epsilon \omega \cos\omega t \, a_x$

$= 400 \epsilon_0 \omega \cos\omega t \, a_x$ [A/m²]

정답 8① 9③ 10① 11①

12

강자성체의 히스테리시스 루프의 면적은?

① 강자성체의 단위 체적당의 필요한 에너지이다.
② 강자성체의 단위 면적당의 필요한 에너지이다.
③ 강자성체의 단위 길이당의 필요한 에너지이다.
④ 강자성체의 전체 체적의 필요한 에너지이다.

13

권수 500[T]의 코일내를 통하는 자속이 다음 그림과 같이 변화하고 있다. bc 기간 내에 코일 단자 간에 생기는 유기기전력은 몇 [V]인가?

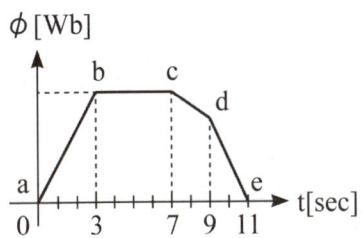

① 1.5
② 0.7
③ 1.4
④ 0

| 해설
유도기전력의 크기는 자속의 매초 변화율에 비례하여 발생한다. 이때 bc 기간은 자속 변화가 없으므로 유도기전력은 0이다.

14

전기력선 밀도를 이용하여 주로 대칭 정전계의 세기를 구하기 위하여 이용되는 법칙은?

① 페러데이의 법칙
② 가우스의 법칙
③ 쿨롱의 법칙
④ 톰슨의 법칙

| 해설
가우스의 법칙은 임의의 폐곡면을 관통하여 밖으로 나가는 전력선의 총수는 폐곡면 내부에 있는 총 전하량(Q)의 $1/\epsilon_0$ 배와 같다는 법칙으로 정전계의 세기를 구할 때 사용된다.

15

자성체 경계면에 전류가 없을 때의 경계조건으로 틀린 것은?

① 자계 H의 접선 성분 $H_{1T} = H_{2T}$
② 자속밀도 B의 법선 성분 $B_{1n} = B_{2n}$
③ 전속밀도 D의 법선 성분 $D_{1n} = D_{2n} = \dfrac{\mu_2}{\mu_1}$
④ 경계면에서의 자력선의 굴절 $\dfrac{\tan\theta_1}{\tan\theta_2} = \dfrac{\mu_1}{\mu_2}$

| 해설
자성체 경계조건

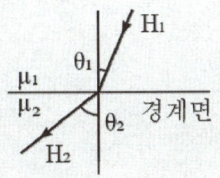

㉠ 자계의 접선성분은 서로 같다. (연속적)
$H_{1t} = H_{2t}$ ($H_1 \sin\theta_1 = H_2 \sin\theta_2$)
㉡ 자속밀도의 법선성분은 서로 같다.
$B_{1n} = B_{2n}$ ($B_1 \cos\theta_1 = B_2 \cos\theta_2$)
㉢ 경계조건: $\dfrac{\mu_1}{\mu_2} = \dfrac{\tan\theta_1}{\tan\theta_2}$

정답 12 ① 13 ④ 14 ② 15 ③

16

유전율이 각각 $\epsilon_1 = 1$, $\epsilon_2 = \sqrt{3}$ 인 두 유전체가 그림과 같이 접해있는 경우, 경계면에서 전기력선의 입사각 $\theta_1 = 45°$ 이었다. 굴절각 θ_2 는 몇 도인가?

① 20°
② 30°
③ 45°
④ 60°

| 해설

유전체의 경계조건 $\dfrac{\epsilon_1}{\epsilon_2} = \dfrac{\tan\theta_1}{\tan\theta_2}$ 에서

$\tan\theta_2 = \tan\theta_1 \dfrac{\epsilon_2}{\epsilon_1} = \tan\theta_1 \dfrac{\epsilon_{s2}}{\epsilon_{s1}}$ 이므로

$\therefore \theta_2 = \tan^{-1}\left(\tan\theta_1 \dfrac{\epsilon_2}{\epsilon_1}\right)$
$= \tan^{-1}\left(\tan 45° \times \dfrac{\sqrt{3}}{1}\right)$
$= \tan^{-1}\sqrt{3} = 60°$

17

맥스웰은 전극간의 유전체를 통하여 흐르는 전류를 (㉠)라 하고, 이것은 (㉡)를 발생한다고 가정하였다. ㉠, ㉡에 알맞는 것은?

① ㉠ - 와전류   ㉡ - 자계
② ㉠ - 변위전류   ㉡ - 자계
③ ㉠ - 와전류   ㉡ - 전류
④ ㉠ - 변위전류   ㉡ - 전계

| 해설

암페어 주회적분법칙: $rot\ H = i + \dfrac{\partial D}{\partial t}$

도선에 흐르는 전도전류 및 유전체를 통하여 흐르는 변위전류는 주위에 회전하는 자계를 발생시킨다.

18

그림과 같이 $C_1 = 3[\mu F]$, $C_2 = 4[\mu F]$, $C_3 = 5[\mu F]$, $C_4 = 4[\mu F]$의 콘덴서가 연결되어 있을 때 C_1 에 $Q_1 = 120[\mu C]$의 전하가 충전되어 있다면 a, c간의 전위차는 몇 [V]인가?

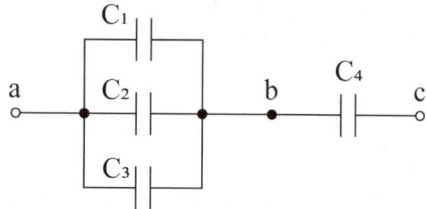

① 72
② 96
③ 102
④ 160

| 해설

㉠ a, b간 전위차는 C_1 에 걸린 전압과 같으므로

$V_{ab} = \dfrac{Q_1}{C_1} = \dfrac{120}{3} = 40\,[V]$

㉡ V_{ab} 에 걸린 전압을 전압분배법칙에 의해 전개를 하면

$V_{ab} = \dfrac{C_4}{C + C_4} \times V_{ac}$

(여기서 $C = C_1 + C_2 + C_3 = 12\,[\mu F]$)

$\therefore V_{ac} = \dfrac{V_{ab}(C + C_4)}{C_4} = \dfrac{40(12 + 4)}{4}$
$= 160\,[V]$

19

2[Ω]과 4[Ω]의 병렬회로 양단에 40[V]를 가했을 때 2[Ω]에서 발생하는 열은 4[Ω]에서의 열의 몇 배인가?

① 2
② 4
③ 6
④ 8

| 해설

저항에서 발생하는 열량 $H = 0.24\,Pt = 0.24\,\dfrac{V^2}{R}\,t\,[J]$ 에서 병렬회로의 전압은 일정하므로 발열량은 저항에 반비례한다. 따라서 2[Ω]에서 발생하는 열은 4[Ω]에서의 2배가 된다.

정답 16 ④ 17 ② 18 ④ 19 ①

20 ☐☐☐

절연내력 3000[kV/m]인 공기 중에 놓여진 직경 1[m]의 구도체에 줄 수 있는 최대전하는 몇 [C]인가?

① 6.75×10^4 ② 6.75×10^{-6}
③ 8.33×10^{-5} ④ 8.33×10^{-6}

|해설

㉠ 절연내력이란 절연체가 견딜 수 있는 최대 전계의 세기를 의미한다.
㉡ 전계의 세기 $E = \dfrac{Q}{4\pi\epsilon_0 r^2} = 9 \times 10^9 \times \dfrac{Q}{r^2}$ 에서 최대전하는 다음과 같다.

∴ $Q = 4\pi\epsilon_0 r^2 E = \dfrac{0.5^2 \times 3000 \times 10^3}{9 \times 10^9} = 8.33 \times 10^{-5}$ [C]

여기서, r: 구도체 반경 [m]

02 전력공학

21 ☐☐☐

복도체를 사용하면 송전용량이 증가하는 가장 주된 이유는 다음 중 어느 것인가?

① 코로나가 발생하지 않는다.
② 선로의 작용 인덕턴스는 감소하고 작용 정전용량은 증가한다.
③ 전압강하가 적다.
④ 무효전력이 적어진다.

|해설

복도체를 사용하면 같은 단면적의 단도체에 비해 인덕턴스는 20[%]정도 감소하고 정전용량은 20[%]정도 증가한다.

22 ☐☐☐

개폐서지를 흡수할 목적으로 설치하는 것의 약어는?

① CT ② SA
③ GIS ④ ATS

|해설

서지흡수기(SA)
차단기(VCB)의 개폐서지를 대지로 방전시켜 몰드변압기, 건식 변압기를 보호하는 장치

23 ☐☐☐

외뢰에 대한 주보호장치로서 송전계통의 절연협조의 기본이 되는 것은?

① 선로 ② 변압기
③ 피뢰기 ④ 변압기 부싱

|해설

피뢰기는 절연 협조의 기본이므로 절연레벨이 가장 작다. 그 관계는 다음과 같다.

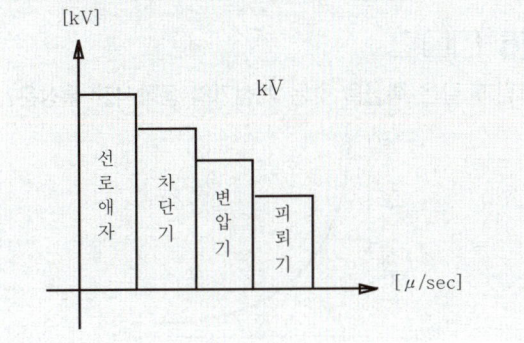

24 ☐☐☐

1상당의 용량 150[kVA]인 전력용콘덴서에 제 5고조파를 억제시키기 위해 필요한 직렬리액터의 기본파에 대한 용량은 몇 [kVA]정도가 필요한가?

① 1.5 ② 3
③ 4.5 ④ 6

|해설

직렬리액터의 용량은 기본파 용량의 4[%]가 필요하므로 직렬리액터 용량 $Q_L = 150 \times 0.04 = 6$ [kVA]

정답 20 ③ 21 ② 22 ④ 23 ③ 24 ④

25

전력선에 의한 통신선로의 전자유도장해의 주된 원인은?

① 전력선과 통신선 사이의 차폐효과 불충분
② 전력선의 연가 불충분
③ 영상전류가 흘러서
④ 전력선의 전압이 통신선보다 높기 때문에

| 해설
전자유도장해
- 전력선과 통신선 사이의 상호 인덕턴스에 의해 발생하는 것으로 지락사고시 영상전류가 흐르면 통신선에 전자유도전압을 유기하여 유도장해가 발생한다.
- 전자유도전압 $E_n = 2\pi f M\ell \times 3I_0$ [V] 이므로 영상전류 I_0 [A] 및 선로길이(ℓ)에 비례한다.

26

그림과 같은 특성을 갖는 계전기의 동작시간 특성은?

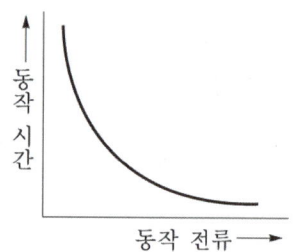

① 반한시특성
② 정한시특성
③ 비례한시 특성
④ 반한시 정한시특성

| 해설
㉠ 반한시계전기: 동작전류가 커질수록 동작시간이 짧게 되는 특성을 가진 것
㉡ 정한시계전기: 동작전류의 크기에 관계없이 일정한 시간에서 동작하는 것
㉢ 정한시 반한시계전기: 동작전류가 적은 동안에는 반한시 특성으로 되고 그 이상에서는 정한시 특성이 되는 것
㉣ 순시계전기: 최소동작전류 이상의 전류가 흐르면 즉시 동작하는 것

27

조압수조(surge tank)의 설치목적은?

① 조속기의 보호
② 수차의 보호
③ 여수의 처리
④ 수압관의 보호

| 해설
조압수조 설치 목적
- 부하의 변동시 생기는 수격작용 경감
- 유량 조절
- 수격작용에 의한 압력이 압력수로에 미치는 것을 방지(= 수압관 보호)

28

합성 임피던스 0.4[%](10000[kVA]기준)인 개소에 설치하는 차단기의 필요 차단용량은 몇 [MVA]인가?

① 40
② 250
③ 400
④ 2500

| 해설
차단기의 차단용량 $P_s = \dfrac{100}{\%Z} \times P_n$ [MVA]
(여기서, P_n: 기준용량)
$P_s = \dfrac{100}{0.4} \times 10,000 \times 10^{-3} = 2500$ [MVA]

29

전력용 콘덴서의 방전코일의 역할은?

① 잔류전하의 방전
② 고조파의 억제
③ 역률의 개선
④ 콘덴서 수명연장

| 해설
방전코일은 콘덴서를 전원으로부터 개방시킬 때 콘덴서 내부에 남아 있는 잔류전하를 방전시켜 인체의 감전사고를 방지한다.

정답 25 ③ 26 ① 27 ④ 28 ④ 29 ①

30

총 설비부하가 120[kW], 수용률이 65[%], 부하역률이 80[%]인 수용가에 공급하기 위한 변압기의 최소 용량은 약 몇 [kVA]인가?

① 40
② 60
③ 80
④ 100

| 해설

- 변압기 용량 = $\dfrac{수용률 \times 수용\,설비용량[kW]}{역률 \times 효율}$ [kVA]
- 변압기의 최소 용량 $P_T = \dfrac{120 \times 0.65}{0.8} = 97.5 ≒ 100[kVA]$

31

수·변전설비의 1차측에 설치하는 차단기의 용량은 주로 다음의 어느 것에 의하여 정하는가?

① 공급측의 전원의 단락용량
② 수전계약용량
③ 수전전력의 역률과 부하율
④ 부하설비의 용량

| 해설

차단기의 차단용량(= 단락용량) $P_s = \dfrac{100}{\%Z} \times P_n$ [kVA]

(여기서, %Z: 전원에서 고장점까지의 퍼센트 임피던스, P_n: 공급측의 전원용량(= 기준용량 또는 변압기용량))

32

원자력발전소에서 감속재에 관한 설명으로 틀린 것은?

① 중성자 흡수단면적이 클 것
② 감속비가 클 것
③ 감속능력이 클 것
④ 경수, 중수, 흑연 등이 사용됨

| 해설

감속재란 핵분열에 의해 생긴 고속중성자를 열중성자로 감속하기 위하여 사용하는 것
- 원자핵의 질량수가 적을 것
- 중성자의 산란이 크고 흡수가 적을 것

33

양 지지점의 높이가 같은 전선의 이도를 구하는 식은?
(단, 이도 d[m], 수평장력 T[kg], 전선의 무게 W[kg/m], 경간 S[m])

① $d = \dfrac{WS^2}{8T}$
② $d = \dfrac{SW^2}{8T}$
③ $d = \dfrac{8WT}{S^2}$
④ $d = \dfrac{ST^2}{8W}$

| 해설

이도 $D = \dfrac{WS^2}{8T}$ [m]

(여기서, W: 단위 길이당 전선의 중량[kg/m], S: 경간[m], T: 수평 장력[kg])

34

가공지선에 관한 설명으로 설치하는 목적으로 틀린 것은?

① 직격뢰를 방지하는 효과가 있다.
② 유도뢰를 저감시키는 효과가 있다.
③ 차폐각이 클수록 효과적이다.
④ 사고시 통신선에 전자유도장해가 경감된다.

| 해설

가공지선의 설치 효과
- 직격뢰로부터 선로 및 기기 차폐
- 유도뢰에 의한 정전차폐효과
- 통신선의 전자유도장해를 경감시킬 수 있는 전자차폐 효과

정답 30 ④ 31 ① 32 ① 33 ① 34 ③

35

송전계통의 안정도를 증진시키는 방법은?

① 발전기나 변압기의 직렬리액턴스를 가능한 크게 한다.
② 계통의 연계는 하지 않도록 한다.
③ 조속기의 동작을 느리게 한다.
④ 중간조상방식을 채용한다.

| 해설
안정도 향상대책
㉠ 송전 계통의 전달 리액턴스를 감소시킨다.
  - 기기 리액턴스 감소 및 선로에 직렬 콘덴서를 설치
㉡ 송전 계통의 전압변동을 적게 한다.
  - 중간 조상방식을 채용하거나 속응 여자방식을 채용
㉢ 계통을 연계하여 운전한다.
㉣ 제동 저항기를 설치한다.
㉤ 직류 송전 방식의 이용 검토로 안정도 문제를 해결한다.

36

피뢰기의 정격 전압이란?

① 상용주파 방전개시전압
② 속류 차단이 되는 최고의 교류전압
③ 방전을 개시할 때의 단자전압의 순시값
④ 충격방전전류를 통하고 있을 때 단자전압

| 해설
피뢰기 정격전압
• 속류를 차단하는 최고의 교류전압
• 선로단자와 접지 단자간에 인가할 수 있는 상용주파 최대 허용전압

37

154[kV] 송전선로에 10개의 현수애자가 연결되어 있다. 다음 중 전압부담이 가장 적은 것은? (단, 애자는 같은 간격으로 설치되어 있다)

① 철탑에 가장 가까운 것
② 철탑에서 3번째에 있는 것
③ 전선에서 가장 가까운 것
④ 전선에서 3번째에 있는 것

| 해설
154[kV] 송전선로의 현수애자 10개인 1연에서 나타나는 전압부담
㉠ 전압부담이 가장 적은 애자: 철탑으로부터 3번째 애자(전선으로부터는 70~80[%]에 위치)
㉡ 전압부담이 가장 많은 애자: 전선에서 가장 가까운 애자

38

배전선로의 부하율 F일 때 손실계수 H는?

① F와 F^2의 힘
② F와 같은 값
③ F와 F^2의 중간값
④ F^2와 같은 값

| 해설
손실계수(H)
손실계수는 말단 집중부하에 대해서 어느 기간 중의 평균손실과 최대 손실 간의 비이다.
㉠ 손실계수
$$H = \frac{어느\ 기간\ 중의\ 평균손실}{같은\ 기간\ 중의\ 최대\ 손실}$$
㉡ 손실계수(H)와 부하율(F)의 관계
$0 \leq F^2 \leq H \leq F \leq 1$

39

증기압, 증기온도 및 진공도가 일정하다면 추기할 때는 추기치 않을 때 보다 단위 발전량당 증기소비량과 연료소비량은 어떻게 변하는가?

① 증기소비량, 연료소비량보다 감소한다.
② 증기소비량은 증가하고 연료소비량은 감소한다.
③ 증기소비량은 감소하고 연료소비량은 증가한다.
④ 증기소비량, 연료소비량 모두 증가한다.

| 해설
증기를 추기하여 배기가스의 폐열을 이용하여 재가열하거나 급수가열을 하게 되면 증기소비량은 증가하게 되고 상대적으로 연료소비량은 감소하여 발전소의 발전효율은 증가한다.

정답 35 ④ 36 ② 37 ② 38 ③ 39 ②

40 ☐☐☐

보통 송전선용 표준철탑 설계의 경우 가장 큰 하중은?

① 풍압
② 애자, 전선의 중량
③ 빙설
④ 전선의 인장강도

|해설|
철탑에 상시 상정하중에서 가장 크게 고려해야 할 하중은 풍압하중이다.

03 전기기기

41 ☐☐☐

인버터(inverter)의 전력변환은?

① 교류 - 직류로 변환
② 직류 - 직류로 변환
③ 교류 - 교류로 변환
④ 직류 - 교류로 변환

|해설|
정류기에 따른 전력변환
- 인버터: 직류 - 교류로 변환
- 컨버터: 교류 - 직류로 변환
- 쵸퍼: 직류 - 직류로 변환
- 사이클로 컨버터: 교류 - 교류로 변환

42 ☐☐☐

동기 발전기의 돌발 단락전류를 주로 제한하는 것은?

① 동기 리액턴스
② 누설 리액턴스
③ 권선저항
④ 동기 임피던스

|해설|
동기발전기의 단자가 단락되면 정격전류의 수배에 해당하는 돌발 단락전류가 흐르는데 수사이클 후 단락전류는 거의 90° 지상전류로 전기자반작용이 발생하여 감자작용(누설 리액턴스)을 하므로 전류가 감소하여 지속 단락전류가 된다.

43 ☐☐☐

단상 정류가 전동기에서 전기자 권선수를 계자 권선수에 비하여 특히 크게 하는 이유는?

① 전기자 반작용을 작게하기 위하여
② 리액턴스 전압을 작게하기 위하여
③ 토크를 크게하기 위하여
④ 역률을 좋게하기 위하여

|해설|
단상 직권 정류자전동기는 전기자나 계자권선의 리액턴스 때문에 속도기전력 및 역률이 크게 감소하므로 이를 방지하기 위해 계자권선의 권수를 감소시켜 계자에서 발생하는 주자속을 작게 한다. 이에 따른 토크의 감소를 보충하기 위해 전기자 권선수를 크게 하고 변압기의 기전력을 작게 한다.

44 ☐☐☐

3상 송전선의 수전단에서 전압 3300[V], 전류 800[A], 역률 0.8의 지상전력을 수전하는 경우 동기조상기를 사용해서 역률을 100[%]로 개선하고자 한다. 필요한 동기조상기의 용량[kVA]은?

① 1452
② 1584
③ 2743
④ 3200

|해설|
수전전력
$P = \sqrt{3} V_n I_n \cos\theta = \sqrt{3} \times 3.3 \times 800 \times 0.8 = 3658.09 [\text{kW}]$
동기조상기의 용량 $Q_c = P[\text{kW}] (\tan\theta_1 - \tan\theta_2)[\text{kVA}]$
$Q_c = 3658.09 \times \left(\frac{\sqrt{1-0.8^2}}{0.8} - \frac{\sqrt{1-1.0^2}}{1.0} \right) = 2743 [\text{kVA}]$

정답 40 ① 41 ④ 42 ② 43 ④ 44 ③

45 □□□

60[Hz], 6극 200[V], 10[kW]의 3상 유도전동기가 960[rpm]으로 회전하고 있을 때의 회전자 기전력의 주파수[Hz]는?

① 4
② 12
③ 6
④ 8

| 해설

동기속도 $N_s = \dfrac{120f}{P} = \dfrac{120 \times 60}{6} = 1200[\text{rpm}]$

슬립 $s = \dfrac{N_s - N}{N_s} = \dfrac{1200 - 960}{1200} = 0.2$

회전자 기전력의 주파수 $f_2 = sf_1 = 0.2 \times 60 = 12[\text{Hz}]$

46 □□□

1[MVA], 3300[V], 동기 임피던스 5[Ω]의 2대의 3상 교류 발전기를 병렬운전 중 한 발전기의 계자를 강화해서 두 유도기전력(상전압) 사이에 200[V]의 전압차가 생기게 했을 때 두 발전기사이에 흐르는 무효횡류는 몇 [A]인가?

① 40
② 30
③ 20
④ 10

| 해설

무효 횡류는 병렬운전시 두 발전기의 기전력의 크기가 다를 경우 순환하는 전류이다.

무효횡류(무효순환전류) $I_o = \dfrac{E_A - E_B}{2Z_s} = \dfrac{200}{2 \times 5} = 20[\text{A}]$

47 □□□

3상 동기발전기에서 권선피치와 자극피치의 비율 $\dfrac{13}{15}$의 단절권으로 하였을 때의 단절권계수는?

① $\sin \dfrac{13}{15}\pi$
② $\sin \dfrac{13}{30}\pi$
③ $\sin \dfrac{15}{26}\pi$
④ $\sin \dfrac{15}{13}\pi$

| 해설

단절계수 $K_p = \sin \dfrac{\beta\pi}{2}$ (여기서, $\beta = \dfrac{\text{코일피치}}{\text{극피치}} < 1$)

$\beta = \dfrac{\text{코일피치}}{\text{극피치}} = \dfrac{13}{15}$ 이므로

단절권계수 $K_P = \sin \dfrac{\beta\pi}{2} = \sin \dfrac{\frac{13}{15}\pi}{2} = \sin \dfrac{13\pi}{30}$

48 □□□

25[kW], 125[V], 1200[rpm]의 타여자 발전기가 있다. 전기자 저항(브러시포함)은 0.04[Ω]이다. 정격상태에서 운전하고 있을 때 속도를 200[rpm]으로 늦추었을 경우 부하전류는 어떻게 변화하는가? (단, 전기자 반작용을 무시하고 전기자회로 및 부하저항값은 변하지 않는다고 한다)

① 33.3
② 200
③ 1200
④ 3125

| 해설

출력 $P_o = V_n I_n [\text{W}]$에서 부하전류 $I_n = \dfrac{25 \times 10^3}{125} = 200[\text{A}]$

유기기전력 $E_a = V_n + I_a \cdot r_a = 125 + 200 \times 0.04 = 133[\text{V}]$

유기기전력 $E_a = \dfrac{PZ\phi}{a} \cdot \dfrac{N}{60} \propto k\phi N$ 이므로

$E_{200} = \dfrac{N_2}{N_1} \times E_{1200} = \dfrac{200}{1200} \times 133 = 22[\text{V}]$

회전속도 200[rpm]일 경우 부하전류

$I_{200} = \dfrac{E_{200}}{E_{1200}} \times I_{1200} = \dfrac{22}{133} \times 200 = 33.3[\text{A}]$

정답 45 ② 46 ③ 47 ② 48 ①

49
변압기의 임피던스 전압이란?

① 단락전류에 의한 변압기 내부 전압강하
② 정격전류시 2차측 단자전압
③ 무부하 전류에 의한 2차측 단자전압
④ 정격전류에 의한 변압기 내부 전압강하

|해설
임피던스 전압
변압기 2차측을 단락한 상태에서 1차측의 인가전압을 서서히 증가시켜 정격전류가 1차, 2차 권선에 흐르게 되는데 이때 전압계의 지시값

50
유도전동기의 실부하법에서 부하로 쓰이지 않는 것은?

① 전기동력계   ② 프로니 브레이크
③ 전동 발전기   ④ 와전류 제동기

|해설
실부하법으로는 전기동력계법, 프로니 브레이크법, 손실의 크기를 알고 있는 직류발전기를 사용하는 방법 등이 있다.

51
단상 반파 정류회로에서 변압기 2차 전압의 실횻값을 $E[V]$라 할 때 직류전류 평균값[A]은 얼마인가?
(단, 정류기의 전압강하는 $e[V]$이다)

① $(\frac{\sqrt{2}}{\pi}E-e)/R$ ② $\frac{1}{2}\cdot\frac{E-e}{R}$
③ $\frac{2\sqrt{2}}{\pi}\cdot\frac{E}{R}$ ④ $\frac{\sqrt{2}}{\pi}\cdot\frac{E-e}{R}$

|해설
정류기의 전압강하 e를 고려한 직류전압 $E_d=\frac{\sqrt{2}}{\pi}E-e[V]$

직류전류 평균값 $I_d=\frac{E_d}{R}=\frac{(\frac{\sqrt{2}}{\pi}E-e)}{R}$ [A]

52
변압기의 누설 리액턴스를 줄이는 가장 효과적인 방법은?

① 철심의 단면적을 크게 한다.
② 코일의 단면적을 크게한다.
③ 권선을 동심 배치한다.
④ 권선을 분할하여 조립한다.

|해설
변압기 권선의 누설리액턴스를 줄이는 가장 효과적인 방법은 권선을 분할 조립하는 방법으로 저압권선을 내측에 감고 고압권선을 외측에 감아서 절연이 용이해지고 경제적으로 제작할 수 있다.

53
3상 변압기의 임피던스가 $Z[\Omega]$이고, 선간전압이 $V[kV]$ 정격용량이 $P[kVA]$일 때 %Z(%임피던스)는?

① $\frac{PZ}{V}$ ② $\frac{10PZ}{V}$
③ $\frac{PZ}{10V^2}$ ④ $\frac{PZ}{100V^2}$

|해설
정격전류 $I_n=\frac{P}{\sqrt{3}V_n}$ [A]
(여기서, P: 정격용량 [kVA], V_n: 선간전압[kV])

%임피던스 $\%Z=\frac{IZ}{V}\times100=\frac{\frac{P}{\sqrt{3}V}\times Z}{1000\frac{V}{\sqrt{3}}}\times100=\frac{PZ}{10V^2}[\%]$

정답 49 ④ 50 ③ 51 ① 52 ④ 53 ③

54

3상 유도전동기를 불평형 전압으로 운전하면 토크와 입력의 관계는?

① 토크는 증가하고 입력은 감소
② 토크는 증가하고 입력도 증가
③ 토크는 감소하고 입력은 증가
④ 토크는 감소하고 입력도 감소

| 해설
3상 유도전동기에 기본파와 고조파의 벡터합인 불평형 전압이 인가되면 평형전압에 비해 피상전력이 커지므로 입력이 증가되고 역상분 고조파에 의해 역방향 토크가 발생되어 토크는 감소된다.

55

직류 직권전동기를 단상 정류자 전동기로 사용하기 위하여 교류를 가했을 때 발생하는 문제점을 열거한 것이다. 이중에서 틀린 것은?

① 철손이 크다.
② 계자권선이 필요없다.
③ 역률이 나쁘다.
④ 정류가 불량하다.

| 해설
직류용 직권전동기를 교류용으로 사용하면 역률과 효율이 나쁘고 토크가 약해서 정류가 불량이 된다. 이를 개선하기 위하여 전기자에 직렬로 연결한 보상권선을 설치한다.

56

단권변압기의 3상 결선에서 △결선인 경우 1차측 선간전압 V_1, 2차측 선간전압 V_2 일때 단권변압기 용량/부하용량은? (단, $V_1 > V_2$ 인 경우)

① $\dfrac{V_1 - V_2}{V_1}$
② $\dfrac{V_1^2 - V_2^2}{\sqrt{3}\, V_1 V_2}$
③ $\dfrac{\sqrt{3}\,(V_1^2 - V_2^2)}{V_1 V_2}$
④ $\dfrac{V_1 - V_2}{\sqrt{3}\, V_1}$

| 해설
Y결선: $\dfrac{\text{자기용량}}{\text{부하용량}} = \dfrac{V_1 - V_2}{V_1}$

△결선: $\dfrac{\text{자기용량}}{\text{부하용량}} = \dfrac{1}{\sqrt{3}} \cdot \dfrac{V_1^2 - V_2^2}{V_1 V_2}$

57

3상 유도전동기의 기동법 중 전전압기동에 대한 설명으로 옳지 않은 것은?

① 소용량 농형전동기의 기동법이다.
② 소용량의 농형전동기에서는 일반적으로 기동시간이 길다.
③ 기동시에는 역률이 좋지 않다.
④ 전동기 단자에 직접 정격전압을 가한다.

| 해설
농형 유도전동기의 전전압 기동 특성
• 5[kW] 이하의 소용량 유도전동기에 사용
• 농형 유도전동기에 직접 정격전압을 인가하여 기동
• 기동전류가 전부하 전류의 4~6배 정도로 나타남
• 기동횟수가 빈번한 전동기에는 부적당함

58

직류 전동기의 정출력 제어를 위한 속도제어법은?

① 워어드 레오너드 제어법
② 전압제어법
③ 계자 제어법
④ 전기자저항 제어법

| 해설
동기 출력 $P_o = \omega T = 2\pi \dfrac{N}{60} \cdot k\phi I_a [\text{W}]$

회전수와 자속 관계는 $N \propto \dfrac{1}{\phi}$ 이므로 계자제어(ϕ)는 출력 P_o가 거의 일정하다.

정답 54 ③ 55 ② 56 ② 57 ② 58 ③

59

단상변압기가 있다. 전부하에서 2차전압은 115[V]이고, 전압변동률은 2[%]이다. 1차 단자전압[V]은? (단, 1차, 2차 권선비는 20 : 1이다)

① 2356
② 2346
③ 2336
④ 2326

| 해설

전압변동률 $\epsilon = \dfrac{V_{20} - V_{2n}}{V_{2n}} \times 100 = \dfrac{V_{20} - 115}{115} \times 100 = 2[\%]$

(여기서, V_{20}: 무부하 단자전압, V_{2n}: 전부하 단자전압)

$V_{20} = 115 \times (1 + \dfrac{2}{100}) = 117.3[V]$

1차 단자전압
$V_1 = a \times V_{20} = 20 \times V_{20} = 20 \times 117.3 = 2346[V]$

60

직류전동기의 설명중 바르게 설명한 것은?

① 전동차용 전동기는 차동 복권전동기이다.
② 직권전동기가 운전중 무부하로 되면 위험 속도가 된다.
③ 부하변동에 대하여 속도변동이 가장 큰 직류 전동기는 분권전동기이다.
④ 직류 직권전동기는 속도조정이 어렵다.

| 해설

• 직권전동기 위험상태: 정격전압, 무부하
• 회전속도 $n \propto k \dfrac{E_c}{\phi}$

직권전동기의 경우 운전중에 무부하시 계자 전류는 0이 되어 과속도로 된다.

04 회로이론

61

어떤 회로에 전압과 전류가 아래와 같을 때 평균전력은 몇 [W]인가?

$$v(t) = V(\sin \omega t - \sin 3\omega t)\,[V]$$
$$i(t) = I\sin \omega t\,[A]$$

① $\int_0^{2\pi} VI\,dt$
② $\dfrac{1}{2}VI$
③ $\dfrac{1}{2}VI\sin \omega t$
④ $\dfrac{2}{\sqrt{3}}VI$

| 해설

제3고조파 전류가 없으므로 기본파에 의해서만 전력이 발생된다.

$\therefore P = \dfrac{V}{\sqrt{2}} \times \dfrac{I}{\sqrt{2}} \times \cos 0° = \dfrac{1}{2}VI[W]$

(여기서, V, I: 전압과 전류의 최댓값)

62

$R = 100[\Omega]$, $L = 1[H]$의 직렬회로에 직류전압 $E = 100[V]$를 가했을 때, $t = 0.01[s]$후의 전류 $i_t[A]$는 약 얼마인가?

① 0.362[A]
② 0.632[A]
③ 3.62[A]
④ 6.32[A]

| 해설

과도전류

$i(t) = \dfrac{E}{R}\left(1 - e^{-\frac{R}{L}t}\right) = \dfrac{100}{100}\left(1 - e^{-\frac{100}{1} \times 0.01}\right)$

$= 1(1 - e^{-1}) = 0.632[A]$

정답 59 ② 60 ② 61 ② 62 ②

63

시간 구간 a, 진폭 $\frac{1}{a}$ 인 단위 펄스에서 $a \to 0$ 에 접근할 때의 단위 충격함수에 대한 Laplace 변환은?

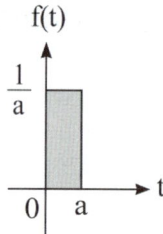

① a ② 1
③ 0 ④ $\frac{1}{a}$

| 해설

문제와 같이 폭 a, 높이 $\frac{1}{a}$, 면적이 1 인 파형에 대해서 $a \to 0$ 으로 한 극한 파형을 단위 임펄스 함수라 하고, $\delta(t)$ 로 표시한다.

$\therefore \mathcal{L}\left[\delta(t)\right] = \mathcal{L}\left[\dfrac{du(t)}{dt}\right] = 1$

64

고유저항의 M.K.S 단위는 무엇인가?

① $[\Omega \cdot m]$ ② $[1/\Omega \cdot m]$
③ $[\Omega/m]$ ④ $[\mho \cdot m]$

| 해설

전기저항 $R = \rho \dfrac{\ell}{S} \, [\Omega]$ 에서

$\therefore$ 고유저항: $\rho = \dfrac{RS}{\ell} \, [\Omega \cdot m^2/m = \Omega \cdot m]$

$= \dfrac{RS}{\ell} \times 10^6 \, [\Omega \cdot mm^2/m]$

65

아래와 같이 2개의 교류전압이 있다. 다음 중 옳게 설명한 것은?

$$v_1 = 100\sqrt{2}\sin\left(377t + \frac{\pi}{3}\right) [V]$$
$$v_2 = 100\sqrt{2}\cos\left(377t + \frac{\pi}{3}\right) [V]$$

① v_1 과 v_2 의 주기는 모두 $\frac{1}{60}$ [sec] 이다.
② v_1 과 v_2 의 주파수는 377 [Hz] 이다.
③ v_1 과 v_2 는 동상이다.
④ v_1 과 v_2 의 실횻값은 100 [V], $100\sqrt{2}$ [V] 이다.

| 해설

① v_1 과 v_2 의 주파수
$f = \dfrac{\omega}{2\pi} = \dfrac{377}{2 \times 3.14} = 60 \, [Hz]$

② v_1 과 v_2 의 주기: $T = \dfrac{1}{f} = \dfrac{1}{60} \, [sec]$

③ v_2 는 v_1 보다 위상이 $90°$ 앞선다.

④ v_1 과 v_2 의 실횻값은 모두 $100 \, [V]$ 이고, 최댓값은 $100\sqrt{2} \, [V]$ 이다.

66

그림과 같은 2단자망에서 구동점 임피던스를 구하면?

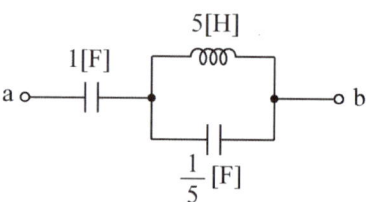

① $\dfrac{6s^2+1}{s(s^2+1)}$ ② $\dfrac{6s+1}{6s^2+1}$
③ $\dfrac{6s^2+1}{(s+1)(s+2)}$ ④ $\dfrac{s+2}{6s(s+1)}$

정답   63 ②   64 ①   65 ①   66 ①

| 해설

구동점 임피던스

$$Z(s) = \frac{1}{C_1 s} + \frac{Ls \times \frac{1}{C_2 s}}{Ls + \frac{1}{C_2 s}}$$

$$= \frac{1}{C_1 s} + \frac{Ls}{LCs^2 + 1}$$

$$= \frac{1}{s} + \frac{5s}{s^2 + 1} = \frac{6s^2 + 1}{s(s^2 + 1)}$$

67 □□□

그림과 같은 미분요소에 입력으로 단위계단 함수를 사용하면 출력 파형은?

X(s) → Ks → Y(s)

① 임펄스 파형 ② 사인파형
③ 삼각파형   ④ 톱니파형

| 해설

임펄스 파형 $\delta(t)$는 단위 계단 함수 $u(t)$를 미분한 값을 말한다.

$$\therefore \delta(t) = \frac{d}{dt} u(t) \xrightarrow{\mathcal{L}} 1$$

68 □□□

단상전력계 2개로 3상 전력을 측정하고자 한다. 전력계의 지시가 각각 200[W], 100[W]를 가리켰다고 한다. 부하의 역률은?

① 94.8[%] ② 86.6[%]
③ 50.0[%] ④ 31.6[%]

| 해설

$$\cos\theta = \frac{P}{P_a} = \frac{W_1 + W_2}{2\sqrt{W_1^2 + W_2^2 - W_1 W_2}}$$

$$= \frac{200 + 100}{2\sqrt{200^2 + 100^2 - 200 \times 100}} = 0.866$$

69 □□□

회로망 출력 단자 a, b에서 바라본 등가 임피던스는?
(단, $V_1 = 6$ [V], $V_2 = 3$ [V], $I_1 = 10$ [A], $R_1 = 15$ [Ω], $R_2 = 10$ [Ω], $L = 2$ [H], $j\omega = s$ 이다.)

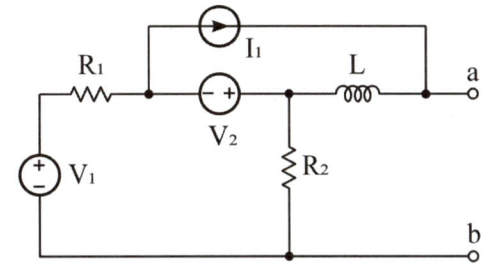

① $\dfrac{1}{s+3}$ ② $s+15$

③ $\dfrac{3}{s+2}$ ④ $2s+6$

| 해설

등가 임피던스를 구할 때 전압원은 단락($Z=0$), 전류원은 개방($Z=\infty$)하여 구한다.

$$\therefore Z_{ab} = Ls + \frac{R_1 R_2}{R_1 + R_2} = 2s + \frac{15 \times 10}{15 + 10} = 2s + 6$$

70 □□□

대칭 n상 성산결선에서 선간전압의 크기는 성상 전압의 몇 배인가?

① $\sin\dfrac{\pi}{n}$ ② $\cos\dfrac{\pi}{n}$

③ $2\sin\dfrac{\pi}{n}$ ④ $2\cos\dfrac{\pi}{n}$

| 해설

성형결선에서 선간전압과 상전압의 관계

㉠ 선간전압: $V_l = 2\sin\dfrac{\pi}{n} V_p$

㉡ 위상차: $\theta = \dfrac{\pi}{2} - \dfrac{\pi}{n} = \dfrac{\pi}{2}\left(1 - \dfrac{2}{n}\right)$

㉢ 성형결선 시 상전류와 선전류는 같다.

여기서, n: 상수

정답 67 ① 68 ② 69 ④ 70 ③

71 □□□

일반적으로 대칭 3상 회로의 전압 전류에 포함되는 전압 전류의 고조파를 임의의 정수로 하여 3n+1일 때의 상회전은 어떻게 되는가?

① 상회전은 기본파와 반대
② 정지상태
③ 상회전은 기본파와 동일
④ 각 상 동위상

| 해설

㉠ 영상분: 3n 고조파 (3, 6, 9, 12 …)
 → a, b, c 성분의 크기와 위상이 같음
㉡ 정상분: 3n+1 고조파 (4, 7, 10, 13 …)
 → 기본파와 상회전 방향이 동일
㉢ 역상분: 3n-1 고조파 (2, 5, 8, 11 …)
 → 기본파와 상회전 방향이 반대

72 □□□

$F(s) = \dfrac{1}{s(s+a)}$ 의 라플라스 역변환을 구하시오.

① $1 - e^{-at}$
② $a(1 - e^{-at})$
③ $\dfrac{1}{a}(1 - e^{-at})$
④ e^{-at}

| 해설

㉠ $F(s) = \dfrac{1}{s(s+a)} = \dfrac{A}{s} + \dfrac{B}{s+a} \xrightarrow{\mathcal{L}^{-1}} A + Be^{-at}$
 에서 미지수 A, B는 다음과 같다.
㉡ $A = \lim_{s \to 0} sF(s) = \lim_{s \to 0} \dfrac{1}{s+a} = \dfrac{1}{a}$
㉢ $B = \lim_{s \to -a} (s+a)F(s) = \lim_{s \to -a} \dfrac{1}{s} = -\dfrac{1}{a}$
∴ 함수: $f(t) = A + Be^{-at} = \dfrac{1}{a}(1 - e^{-at})$

73 □□□

그림과 같은 회로에서 저항 $R_4 = 8[\Omega]$에 소비되는 전력은 약 몇 [W]인가?

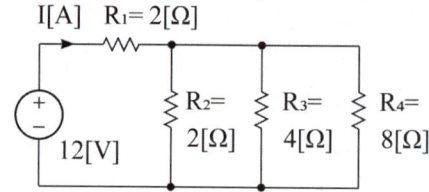

① 2.38
② 4.76
③ 9.53
④ 29.2

| 해설

㉠ 합성저항
$R = 2 + \dfrac{1}{\dfrac{1}{2} + \dfrac{1}{4} + \dfrac{1}{8}} = 3.14[\Omega]$

㉡ 전체 전류: $I = \dfrac{V}{R} = \dfrac{12}{3.14} = 3.82[A]$

㉢ R_1에 의한 전압강하
$V_1 = IR_1 = 3.82 \times 2 = 7.64[V]$

㉣ 각 병렬저항의 단자전압
$V_2 = V_3 = V_4 = 12 - 7.64 = 4.36[V]$

∴ R_4의 소비전력
$P = \dfrac{V_4^2}{R_4} = \dfrac{4.36^2}{8} = 2.38[W]$

74 □□□

5[mH]의 두 자기인덕턴스가 있다. 결합계수를 0.2로부터 0.8까지 변화시킬 수 있다면 이것을 접속시켜 얻을 수 있는 합성인덕턴스의 최댓값, 최솟값은?

① 18[mH] 2[mH]
② 18[mH] 8[mH]
③ 20[mH] 2[mH]
④ 20[mH] 8[mH]

| 해설

㉠ 결합계수: $k = \dfrac{M}{\sqrt{L_1 L_2}} = \dfrac{M}{5} = 0.2 \sim 0.8$
㉡ 상호 인덕턴스의 범위: $M = k\sqrt{L_1 L_2} = 1 \sim 4[mH]$

정답 71 ③ 72 ③ 73 ① 74 ①

ⓒ 가동결합 $L_a = L_1 + L_2 + 2M$ 이고,
차동결합 $L_b = L_1 + L_2 - 2M$ 이므로
상호 인덕턴스 $M = 4$를 대입해야 최댓값과 최솟값을 구할 수 있다.
∴ 최댓값: $L_a = L_1 + L_2 + 2M$
$= 5 + 5 + 2 \times 4 = 18 \text{[mH]}$
최솟값: $L_b = L_1 + L_2 - 2M$
$= 5 + 5 - 2 \times 4 = 2 \text{[mH]}$

75 □□□

회로의 V_{30} 과 V_{15} 는 얼마인가?

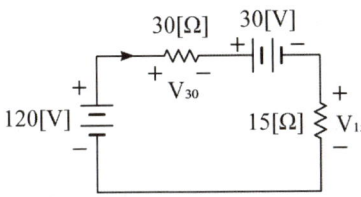

① 60[V], 30[V]
② 70[V], 40[V]
③ 80[V], 50[V]
④ 50[V], 40[V]

| 해설
㉠ 회로 전류: $I = \dfrac{V}{R} = \dfrac{120-30}{30+15} = 2 \text{[A]}$
㉡ $V_{30} = 30I = 30 \times 2 = 60 \text{[V]}$
㉢ $V_{15} = 15I = 15 \times 2 = 30 \text{[V]}$

76 □□□

다음과 같은 π형 4단자 회로망의 어드미턴스 파라미터 Y_{22} 의 값은?

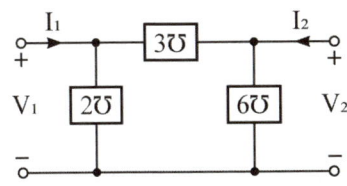

① $Y_{22} = 5 \text{[℧]}$
② $Y_{22} = 6 \text{[℧]}$
③ $Y_{22} = 9 \text{[℧]}$
④ $Y_{22} = 11 \text{[℧]}$

| 해설
π형 등가회로에서 어드미턴스 파라미터
$Y_{22} = Y_2 + Y_3 = 3 + 6 = 9 \text{[℧]}$

77 □□□

분포 정수회로에서 저항 0.5[Ω/km], 인덕턴스 1[μH/km], 정전용량 6[μF/km], 길이 250[km]의 송전선로가 있다. 무왜형선로가 되기 위해서는 컨덕턴스 [℧/km]는 얼마가 되어야 하는가?

① 1[℧/km]
② 2[℧/km]
③ 3[℧/km]
④ 4[℧/km]

| 해설
무왜조건 $\dfrac{R}{L} = \dfrac{G}{C}$ 에서
∴ 누설 컨덕턴스
$G = \dfrac{RC}{L} = \dfrac{0.5 \times 6 \times 10^{-6}}{10^{-6}} = 3 \text{[℧/km]}$

78 □□□

$a + a^2$ 의 값은? (단, $a = e^{j120}$ 이다.)

① 0
② -1
③ 1
④ a^3

| 해설
벡터 오퍼레이터(vector operator)
㉠ $a = 1 \angle 120°$
$= \cos 120° + j \sin 120°$
$= -\dfrac{1}{2} + j\dfrac{\sqrt{3}}{2}$
㉡ $a^2 = 1 \angle 240°$
$= \cos 240° + j \sin 240°$
$= -\dfrac{1}{2} - j\dfrac{\sqrt{3}}{2}$
∴ $a + a^2 = -1$

정답 75 ① 76 ③ 77 ③ 78 ②

79 ☐☐☐

3상 부하가 Y결선으로 되어 있다. 각 상의 임피던스는 $Z_a = 3[\Omega]$, $Z_b = 3[\Omega]$, $Z_c = j3[\Omega]$ 이다. 이 부하의 영상 임피던스는 얼마인가?

① $6 + j3[\Omega]$
② $2 + j[\Omega]$
③ $3 + j3[\Omega]$
④ $3 + j6[\Omega]$

| 해설

$$Z_0 = \frac{1}{3}(Z_a + Z_b + Z_c)$$
$$= \frac{1}{3}(3 + 3 + j3) = 2 + j[\Omega]$$

80 ☐☐☐

그림과 같은 $e = E_m \sin \omega t [V]$인 정현파 교류의 반파정류파형 실횻값은?

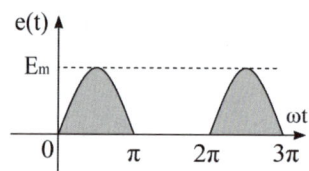

① E_m
② $\dfrac{E_m}{\sqrt{2}}$
③ $\dfrac{E_m}{2}$
④ $\dfrac{E_m}{\sqrt{3}}$

| 해설

㉠ 반파 정현파의 평균값: $E_a = \dfrac{E_m}{\pi}$
㉡ 반파 정현파의 실횻값: $E = \dfrac{E_m}{2}$

05 전기설비기술기준

81 ☐☐☐

방전등용 안정기로부터 방전관까지의 전로를 무엇이라고 하는가?

① 소세력회로
② 관등회로
③ 급전선로
④ 약전류전선로

| 해설

KEC 112 용어 정의
"관등회로"란 방전등용 안정기 또는 방전등용 변압기로부터 방전관까지의 전로를 말한다.

82 ☐☐☐

전기온상의 발열선의 온도는 몇 [℃]를 넘지 아니하도록 시설하여야 하는가?

① 70
② 80
③ 90
④ 100

| 해설

KEC 241.5 전기온상 등
전기온상에 발열선은 그 온도가 80℃를 넘지 아니하도록 시설할 것

83 ☐☐☐

비도전성 장소에서 노출도전부, 계통외도전부 및 노출도전부 사이의 상대적 간격은 몇 [m] 이상으로 하여야 하는가?

① 1
② 1.5
③ 2
④ 2.5

| 해설

KEC 211.9.1 비도전성 장소의 보호대책
노출도전부, 계통외도전부 및 노출도전부 사이의 상대적 간격은 두 부분 사이의 거리가 2.5m 이상으로 한다.

정답 79 ② 80 ③ 81 ② 82 ② 83 ④

84

다음중 전기철도의 전차선로 전선 설치방식에 속하지 않는 것은?

① 가공방식
② 강체방식
③ 지중조가선방식
④ 제3레일 방식

| 해설
KEC 431.1 전차선 전선 설치방식
전차선의 전선 설치방식은 열차의 속도 및 노반의 형태, 부하전류 특성에 따라 적합한 방식을 채택하여야 하며, 가공방식, 강체방식, 제3레일방식을 표준으로 한다.

85

교류에서 저압은 몇 [V] 이하인가?

① 380
② 600
③ 1,000
④ 1,500

| 해설
KEC 111.1 적용범위
전압의 구분은 다음과 같다.

	교류(AC)	직류(DC)
저압	1kV 이하	1.5kV 이하
고압	저압을 초과하고 7kV 이하인 것	
특고압	7kV를 초과하는 것	

86

저압 가공전선으로 케이블을 사용하는 경우 케이블은 조가선에 행거로 시설하고 이때 사용전압이 고압인 때에는 행거의 간격을 몇 [cm] 이하로 시설하여야 하는가?

① 30
② 50
③ 75
④ 100

| 해설
KEC 332.2 가공케이블의 시설
㉠ 케이블은 조가선에 행거로 시설할 것
  • 조가선에 0.5[m] 이하마다 행거에 의해 시설할 것
  • 조가선에 접촉시키고 금속 테이프 등을 0.2[m] 이하 간격으로 나선형으로 감아 붙일 것
  • 단면적 22[mm²] 이상의 아연도강연선일 것
㉡ 조가선 및 케이블 피복에는 접지공사를 할 것

87

변압기 중성점 접지공사의 접지저항값을 $\frac{150}{I}$으로 정하고 있는데, 이때 I에 해당되는 것은?

① 변압기의 고압측 또는 특고압측 전로의 1선 지락전류의 암페어수
② 변압기의 고압측 또는 특고압측 전로의 단락사고 시 고장전류의 암페어수
③ 변압기의 1차측과 2차측의 혼촉에 의한 단락전류의 암페어수
④ 변압기의 1차와 2차에 해당되는 전류의 합

| 해설
KEC 142.5 변압기 중성점 접지
변압기의 중성점접지 저항 값은 다음에 의한다.
㉠ 일반적으로 변압기의 고압·특고압측 전로 1선 지락전류로 150을 나눈 값과 같은 저항 값 이하
㉡ 변압기의 고압·특고압측 전로 또는 사용전압이 35kV 이하의 특고압전로가 저압측 전로와 혼촉하고 저압전로의 대지전압이 150V를 초과하는 경우는 저항 값은 다음에 의한다.
  • 1초 초과 2초 이내에 고압·특고압 전로를 자동으로 차단하는 장치를 설치할 때는 300을 나눈 값 이하
  • 1초 이내에 고압·특고압 전로를 자동으로 차단하는 장치를 설치할 때는 600을 나눈 값 이하
전로의 1선 지락전류는 실측값에 의한다. 다만, 실측이 곤란한 경우에는 선로정수 등으로 계산한 값에 의한다.

정답 84 ③ 85 ③ 86 ② 87 ①

88

고압 및 특고압 전로의 절연내력시험을 하는 경우 시험전압에 몇 분간 견디어야 하는가?

① 1분 ② 3분
③ 5분 ④ 10분

| 해설
KEC 132 전로의 절연저항 및 절연내력
고압 및 특고압 전로의 시험전압은 전로와 대지 간(다심 케이블은 심선 상호간 및 심선과 대지 간)에 연속하여 10분간 가하여 절연내력을 시험하였을 때 이에 견디어야 한다. 단, 전선에 케이블을 사용하는 교류전로로써 시험전압의 2배 직류전압을 전로와 대지 간(다심 케이블은 심선 상호간 및 심선과 대지 간)에 연속하여 10분간 가하여 절연내력을 시험하였을 때 이에 견디는 것에 대하여는 그러하지 아니하다.

89

누전차단기 설치를 생략할 수 있는 경우가 아닌 것은?

① 전로의 전원측에 절연변압기(2차 전압이 300V 이하인 경우에 한한다)를 시설하고 또한 그 절연 변압기의 부하측에 전로에 접지하지 아니하는 경우
② 대지전압이 300V 이하인 기계기구를 물기가 있는 곳 이외의 곳에 시설하는 경우
③ 전기용품 및 생활용품 안전관리법의 적용을 받은 이중 절연구조의 기계기구를 시설하는 경우
④ 기계기구가 유도전동기의 2차측 전로에 접속되는 것일 경우

| 해설
KEC 211.2.4 누전차단기의 시설
대지전압이 150V 이하인 기계기구를 물기가 있는 곳 이외의 곳에 시설하는 경우 누전차단기의 설치를 생략할수 있다.

90

계통의 일부분에서 PEN 도체를 사용하거나, 중성선(N)과 별도의 보호도체(PE)를 사용하는 방식의 접지계통은?

① TN-S ② TN-C-S
③ TN-S-C ④ TT

| 해설
KEC 203.2 TN 계통
TN-C-S
TN-C와 TN-S를 동시에 사용한 접지계통으로 반드시 TN-C를 먼저 사용하여야 한다.

91

22.9[kV] 중성선 다중 접지계통에서 각 접지선을 중성선으로부터 분리하였을 경우의 매 1[km]마다 중성선과 각 접지점의 대지전기저항값은 몇 [Ω] 이하이어야 하는가?

① 100 ② 150
③ 200 ④ 300

| 해설
KEC 333.32 25kV 이하인 특고압 가공전선로의 시설
사용전압이 15[kV]를 초과하고 25[kV] 이하인 특고압 가공전선로 중성선 다중 접지식으로 지락 시 2[sec] 이내에 전로 차단장치가 되어 있는 경우(각각 접지한 곳 상호간의 거리는 전선로에 따라 150[m] 이하일 것)

각 접지점의 대지전기저항값	1[km]마다의 합성전기저항값
300[Ω]	15[Ω]

정답 88 ④ 89 ② 90 ② 91 ④

92

지지선을 사용하여 그 강도를 분담시켜서는 안 되는 가공전선로 지지물은?

① 목주
② 철주
③ 철탑
④ 철근 콘크리트주

| 해설
KEC 331.11 지지선의 시설
㉠ 철탑은 지지선을 사용하여 그 강도를 분담시켜서는 안 된다.
㉡ 지지물로 사용하는 철주 또는 철근 콘크리트주는 지지선을 사용하지 않는 상태에서 2분의 1 이상의 풍압하중에 견디는 강도를 가지는 경우 이외에는 지지선을 사용하여 그 강도를 분담시켜서는 안 된다.

93

345[kV]의 가공송전선로를 평지에 건설하는 경우 전선의 지표상 높이는 최소 몇 [m] 이상이어야 하는가?

① 7.58
② 7.95
③ 8.28
④ 8.85

| 해설
KEC 333.7 특고압 가공전선의 높이
160[kV]까지는 6[m], 160[kV] 넘는 10[kV] 단수는
(345[kV] - 160[kV]) ÷ 10 = 18.5이므로 19단수이다.
∴ 지표상 높이 = 6 + 0.12 × 19 = 8.28[m]

94

흥행장의 저압 전기설비공사로 무대, 무대마루 밑, 오케스트라박스, 영사실, 기타 사람이나 무대도구가 접촉할 우려가 있는 곳에 시설하는 저압 옥내 배선, 전구선 또는 이동전선은 사용전압이 몇 [V] 미만이어야 하는가?

① 100
② 200
③ 300
④ 400

| 해설
KEC 242.6 전시회, 쇼 및 공연장의 전기설비
무대 · 무대마루 밑 · 오케스트라 박스 · 영사실 기타 사람이나 무대 도구가 접촉할 우려가 있는 곳에 시설하는 저압 옥내배선, 전구선 또는 이동전선은 사용전압이 400V 이하이어야 한다.

95

과전류차단기로 저압전로에 사용하는 산업용 배선차단기의 부동작전류와 동작전류로 적합한 것은?

① 1.0배, 1.2배
② 1.05배, 1.3배
③ 1.25배, 1.6배
④ 1.3배, 1.8배

| 해설
KEC 212.3.4 보호장치의 특성
과전류트립 동작시간 및 특성(산업용 배선차단기)

정격전류의 구분	시간	정격전류의 배수 (모든 극에 통전)	
		부동작 전류	동작 전류
63A 이하	60분	1.05배	1.3배
63A 초과	120분	1.05배	1.3배

96

저압 이웃 연결 인입선은 폭 몇 [m]를 초과하는 도로를 횡단하지 않아야 하는가?

① 5
② 6
③ 7
④ 8

| 해설
KEC 221.1.2 이웃 연결 인입선의 시설
저압 이웃 연결 인입선은 다음에 따라 시설하여야 한다.
㉠ 인입선에서 분기하는 점으로부터 100 m를 초과하는 지역에 미치지 아니할 것
㉡ 폭 5m를 초과하는 도로를 횡단하지 아니할 것
㉢ 옥내를 통과하지 아니할 것

정답 92 ③ 93 ③ 94 ④ 95 ② 96 ①

97

다음 중 제1종 특고압 보안공사를 필요로 하는 가공전선로에 지지물로 사용할 수 있는 것은 어느 것인가?

① A종 철근 콘크리트주
② B종 철근 콘크리트주
③ A종 철주
④ 목주

| 해설
KEC 333.22 특고압 보안공사
제1종 특고압 보안공사시 전선로의 지지물에는 B종 철주·B종 철근 콘크리트주 또는 철탑을 사용할 것(지지물의 강도가 약한 A종 지지물과 목주는 사용할 수 없음)

98

석유류를 저장하는 장소의 저압 전등배선에서 사용할 수 없는 공사방법은?

① 합성수지관공사   ② 케이블 공사
③ 금속관공사   ④ 애자사용공사

| 해설
KEC 242.4 위험물 등이 존재하는 장소
셀룰로이드·성냥·석유류 기타 타기 쉬운 위험한 물질을 제조하거나 저장하는 곳에 시설하는 저압 옥내 전기설비는 금속관공사, 케이블공사, 합성수지관공사로 시설할 것

99

풀용 수중조명등의 전기를 공급하기 위하여 사용되는 절연변압기 1차측 및 2차측 전로의 사용전압은?

① 1차 300[V] 미만, 2차 100[V] 이하
② 1차 400[V] 미만, 2차 150[V] 이하
③ 1차 200[V] 미만, 2차 150[V] 이하
④ 1차 600[V] 미만, 2차 300[V] 이하

| 해설
KEC 234.14 수중조명등
조명등에 전기를 공급하기 위하여는 1차측 전로의 사용전압 및 2차측 전로의 사용전압이 각각 400V 이하 및 150V 이하인 절연변압기를 사용할 것

100

분산형전원 계통 연계설비의 시설에서 전력계통으로 언급되지 않는 것은?

① 전력판매사업자의 계통   ② 구내계통
③ 구외계통   ④ 독립전원계통

| 해설
KEC 503.1 계통 연계의 범위
분산형전원설비 등을 전력계통에 연계하는 경우에 적용하며, 여기서 전력계통이라함은 전력판매사업자의 계통, 구내계통 및 독립전원계통 모두를 말한다.

정답 97 ② 98 ④ 99 ② 100 ③

2025년 2회 전기산업기사

※ CBT문제는 수험생의 기억에 따라 복원된 것이며, 실제 기출문제와 동일하지 않을 수 있습니다.

01 전기자기학

01 □□□

진공 중에 선전하밀도 ρ [C/m], 반경이 a [m]인 아주 긴 직선 원통 전하가 있다. 원통 중심축으로부터 $\frac{a}{2}$ [m]인 거리에 있는 점의 전계의 세기는?

① $\dfrac{\rho}{4\pi\epsilon_0 a}$
② $\dfrac{\rho}{2\pi\epsilon_0 a}$
③ $\dfrac{\rho}{\pi\epsilon_0 a^2}$
④ $\dfrac{\rho}{8\pi\epsilon_0 a}$

| 해설

전하가 도체 내부에 균일하게 분포된 경우

㉠ 도체 외부 전계: $E = \dfrac{\lambda}{2\pi\epsilon_0 r}$ [V/m]

㉡ 도체 내부 전계: $E = \dfrac{r\lambda}{2\pi\epsilon_0 a^2}$ [V/m]

∴ 도체 내부 거리 $r = \dfrac{a}{2}$ 이므로

$E = \dfrac{\lambda}{4\pi\epsilon_0 a} = \dfrac{\rho}{4\pi\epsilon_0 a}$ [V/m]

02 □□□

안테나에서 파장 40[cm]의 평면파가 자유공간에 방사될 때 발신 주파수는 몇 [MHz]인가?

① 650
② 700
③ 750
④ 800

| 해설

파장의 길이 $\lambda = \dfrac{v}{f}$ [m] 에서 발신 주파수는

∴ $f = \dfrac{v}{\lambda} = \dfrac{3 \times 10^8}{0.4} = 0.75 \times 10^9$ [Hz] = 750 [MHz]

03 □□□

그림과 같이 공기 중에서 무한평면도체의 표면으로부터 2[m]인 곳에 점전하 4[C]이 있다. 전하가 받는 힘은 몇 [N]인가?

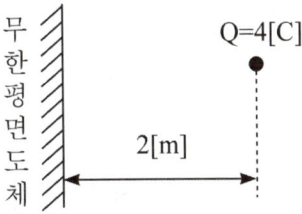

① 3×10^9
② 9×10^9
③ 1.2×10^{10}
④ 3.6×10^{10}

| 해설

전하가 받는 힘(전기력)

$F = \dfrac{Q^2}{4\pi\epsilon_0 r^2} = \dfrac{-Q^2}{4\pi\epsilon_0 (2a)^2}$

$= \dfrac{9 \times 10^9}{4} \times \dfrac{-Q^2}{a^2} = -\dfrac{9 \times 10^9}{4} \times \dfrac{4^2}{2^2}$

$= -9 \times 10^9$ [N]

여기서, '-'는 흡인력을 의미

04 □□□

전원에서 기계적 에너지를 변환하는 발전기, 화학변화에 의하여 전기에너지를 발생시키는 전지, 빛의 에너지를 전기에너지로 변환하는 태양전지 등이 있다. 다음 중 열에너지를 전기에너지로 변환하는 것은?

① 기전력
② 에너지원
③ 열전대
④ 역기전력

정답 1① 2③ 3② 4③

05

정전계의 설명으로 가장 적합한 것은?

① 전계 에너지가 항상 ∞인 전기장을 의미한다.
② 전계 에너지가 항상 0인 전기장을 의미한다.
③ 전계 에너지가 최소로 되는 전하 분포의 전계를 의미한다.
④ 전계 에너지가 최대로 되는 전하 분포의 전계를 의미한다.

| 해설
전계 내의 전하는 그 자신의 에너지가 최소가 되는 가장 안정된 전하 분포를 가지는 정전계를 형성하려고 한다. 이것을 톰슨의 정리라고 한다.

06

그림과 같은 길이 $\sqrt{3}$ [m]인 유한장 직선도선에 π [A]의 전류가 흐를 때 도선의 일단 B에서 수직하게 1[m]되는 P점의 자계의 세기는 몇 [AT/m]인가?

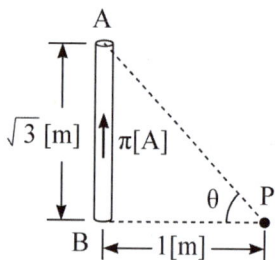

① $\dfrac{\sqrt{3}}{8}$
② $\dfrac{\sqrt{3}}{4}$
③ $\dfrac{\sqrt{3}}{2}$
④ $\sqrt{3}$

| 해설
㉠ 유한장 직선전류에 의한 자계의 세기는
$H = \dfrac{I}{4\pi r}(\sin\theta_1 + \sin\theta_2)$ 에서 $\theta_2 = 0$ 이므로
$H = \dfrac{I}{4\pi r} \times \sin\theta$ 가 된다.

㉡ 선분 $\overline{AP} = \sqrt{(\sqrt{3})^2 + 1^2} = 2$ [m]

㉢ $\sin\theta = \dfrac{\overline{AB}}{\overline{AP}} = \dfrac{\sqrt{3}}{2}$

∴ $H = \dfrac{I}{4\pi r} \times \sin\theta$
$= \dfrac{\pi}{4\pi r} \times \dfrac{\sqrt{3}}{2} = \dfrac{\sqrt{3}}{8}$ [AT/m]

07

전자파의 진행방향은?

① 전계 E의 방향과 같다.
② 자계 H의 방향과 같다.
③ $E \times H$의 방향과 같다.
④ $\nabla \times E$의 방향과 같다.

| 해설
전계 E와 자계 H의 외적 방향이다.

08

그림과 같은 회로에서 인덕턴스 20[H]에 저축되는 에너지는 몇 [J]인가?

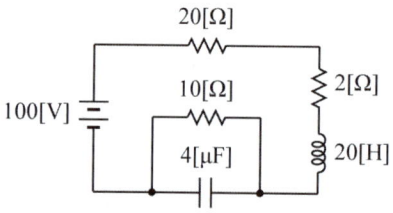

① 1.95
② 19.5
③ 97.7
④ 9,770

| 해설
㉠ 직류회로에는 주파수가 없으므로($f = 0$)에서 C는 개방, L은 단락 상태가 된다.
㉡ 용량 리액턴스 ($f = 0$)
$X_C = \dfrac{1}{\omega C} = \dfrac{1}{2\pi f C}\bigg|_{f=0} = \infty$
㉢ 유도 리액턴스 ($f = 0$)
$X_L = \omega L = 2\pi f L\big|_{f=0} = 0$
㉣ 회로에 흐르는 전류
$I = \dfrac{100}{20+2+10} = \dfrac{100}{32}$ [A]
∴ 코일에 저장되는 자기적 에너지
$W_L = \dfrac{1}{2}LI^2 = \dfrac{1}{2} \times 20 \times \left(\dfrac{100}{32}\right)^2$
$= 97.656$ [J]

정답 5③ 6① 7③ 8③

09

무한히 넓은 두 장의 도체판을 $d[\text{m}]$의 간격으로 평행하게 놓은 후, 두 판 사이에 $V[\text{V}]$의 전압을 가한 경우 도체판의 단위 면적당 작용하는 힘은 몇 $[\text{N/m}^2]$인가?

① $f = \epsilon_0 \dfrac{V^2}{d} [\text{N/m}^2]$

② $f = \dfrac{1}{2}\epsilon_0 d V^2 [\text{N/m}^2]$

③ $f = \dfrac{1}{2}\epsilon_0 \left(\dfrac{V}{d}\right)^2 [\text{N/m}^2]$

④ $f = \dfrac{1}{2}\dfrac{1}{\epsilon_0}\left(\dfrac{V}{d}\right)^2 [\text{N/m}^2]$

| 해설

㉠ 단위 면적당 작용하는 힘(정전응력)

$$f = \dfrac{1}{2}\epsilon_0 E^2 = \dfrac{1}{2}ED = \dfrac{D^2}{2\epsilon_0}$$
$$= \dfrac{\sigma^2}{2\epsilon_0} [\text{N/m}^2]$$

㉡ 전위차 : $V = dE[\text{V}]$

∴ 정전응력

$$f = \dfrac{1}{2}\epsilon_0 E^2 = \dfrac{1}{2}\epsilon_0\left(\dfrac{V}{d}\right)^2 [\text{N/m}^2]$$

10

그림과 같은 자기회로에서 코일에 흐르는 전류가 10[A]이면 $\overline{ACB}$ 간에 투과하는 자속 ϕ는 약 몇 [Wb]인가? (단, 코일의 권수 10회, $R_1 = 0.1[\text{AT/Wb}]$, $R_2 = 0.2[\text{AT/Wb}]$이다)

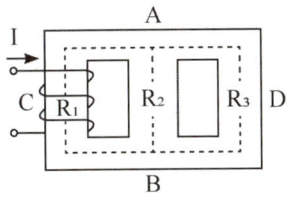

① 2.25×10^2
② 4.55×10^2
③ 6.50×10^2
④ 8.45×10^2

| 해설

㉠ 합성 자기저항

$$R_m = R_1 + \dfrac{R_2 \times R_3}{R_2 + R_3}$$
$$= 0.1 + \dfrac{0.2 \times 0.3}{0.2 + 0.3} = 0.22 [\text{AT/Wb}]$$

㉡ $\overline{ACB}$ 구간에 통과하는 자속(전체 자속)

$$\phi = \dfrac{F}{R_m} = \dfrac{\in}{R_m} = \dfrac{10 \times 10}{0.22}$$
$$= 4.55 \times 10^2 [\text{Wb}]$$

11

다음 (   ) 안에 들어갈 내용으로 옳은 것은?

> 전기쌍극자에 의해 발생하는 전위의 크기는 전기쌍극자 중심으로부터 거리의 (㉮)에 반비례하고, 자기쌍극자에 의해 발생하는 자계의 크기는 자기쌍극자 중심으로부터 거리의 (㉯)에 반비례한다.

① ㉮ 제곱 ㉯ 제곱
② ㉮ 제곱 ㉯ 세제곱
③ ㉮ 세제곱 ㉯ 제곱
④ ㉮ 세제곱 ㉯ 세제곱

| 해설

㉠ 전기쌍극자에 의한 전위

$$V = \dfrac{M\cos\theta}{4\pi\epsilon_0 r^2} \propto \dfrac{1}{r^2}$$

㉡ 자기쌍극자에 의한 자계의 세기

$$|\vec{H}| = \dfrac{M}{4\pi\mu_0 r^3}\sqrt{1+3\cos^2\theta} \propto \dfrac{1}{r^3}$$

정답 9 ③ 10 ② 11 ②

12 □□□

두 평행판 축전기에 채워진 폴리에틸렌의 비유전율이 ϵ_r, 평행판 거리 $d = 1.5 \,[\text{mm}]$일 때, 만일 평행판내의 전계의 세기가 $10 \,[\text{kV/m}]$라면 평행판간 폴리에틸렌 표면에 나타난 분극전하밀도는?

① $\dfrac{\epsilon_r - 1}{18\pi} \times 10^{-5} \,[\text{C/m}^2]$

② $\dfrac{\epsilon_r - 1}{36\pi} \times 10^{-6} \,[\text{C/m}^2]$

③ $\dfrac{\epsilon_r}{18\pi} \times 10^{-5} \,[\text{C/m}^2]$

④ $\dfrac{\epsilon_r - 1}{36\pi} \times 10^{-5} \,[\text{C/m}^2]$

| 해설

분극전하밀도(= 분극의 세기)

$$P = \epsilon_0 (\epsilon_r - 1) E = \dfrac{10^{-9}}{36\pi} \times (\epsilon_r - 1) \times 10^4$$

$$= \dfrac{\epsilon_r - 1}{18\pi} \times 10^{-5} \,[\text{C/m}^2]$$

(여기서, 전계의 세기 $E = 10[\text{kV/m}] = 10 \times 10^3 = 10^4 \,[\text{V/m}]$)

13 □□□

반지름이 5[mm]인 구리선에 10[A]의 전류가 단위시간에 흐르고 있을때 구리선의 단면을 통과하는 전자의 개수는 단위시간 당 얼마인가? (단, 전자의 전하량은 $e = 1.602 \times 10^{-19}$ [C]이다)

① 6.24×10^{18} ② 6.24×10^{19}
③ 1.28×10^{22} ④ 1.28×10^{23}

| 해설

전자의 개수

$$N = \dfrac{Q}{e} = \dfrac{It}{e} = \dfrac{10 \times 1}{1.602 \times 10^{-19}}$$

$$= 6.242 \times 10^{19} \,[\text{개}]$$

여기서, 전자 1개의 전하량 $e = 1.602 \times 10^{-19}$
　　　　단위시간 = 1초

14 □□□

자극의 세기 4[Wb], 자축의 길이 10[cm]의 막대자석이 100[AT/m]의 평등자장 내에서 20[N·m]의 회전력을 받았다면 이때 막대자석과 자장이 이루는 각도는?

① 0°　　　② 30°
③ 60°　　　④ 90°

| 해설

㉠ 막대자석의 회전력: $T = mlH\sin\theta$

㉡ $\sin\theta = \dfrac{T}{mlH} = \dfrac{20}{4 \times 0.1 \times 100} = 0.5$

∴ $\theta = \sin^{-1} 0.5 = 30°$

15 □□□

자기인덕턴스 0.5[H]의 코일에 1/200[sec]동안에 전류가 25[A]로부터 20[A]로 줄었다. 이 코일에 유기된 기전력의 크기 및 방향은?

① 50[V], 전류와 같은 방향
② 50[V], 전류와 반대 방향
③ 500[V], 전류와 같은 방향
④ 500[V], 전류와 반대 방향

| 해설

유도기전력

$$e = -L\dfrac{di}{dt} = -0.5 \times \dfrac{20-25}{1/200} = 500 \,[\text{V}]$$

여기서, + 부호는 전류와 동일방향으로 발생한다는 의미이다.

16 □□□

비투자율 μ_s, 자속밀도 $B\,[\text{Wb/m}^2]$의 자계 중에 있는 $m\,[\text{Wb}]$의 자극이 받는 힘은 몇 [N]인가?

① mB　　　② $\dfrac{mB}{\mu_0}$

③ $\dfrac{mB}{\mu_s}$　　　④ $\dfrac{mB}{\mu_0 \mu_s}$

정답　12 ②　13 ②　14 ②　15 ③　16 ④

| 해설

자기력과 자계의 세기 관계

$$F = mH = \frac{mB}{\mu} = \frac{mB}{\mu_0 \mu_s} [N]$$

여기서, 자속밀도: $B = \mu H [Wb/m^2]$
　　　　자계의 세기: $H[AT/m^2]$
　　　　투자율: $\mu = \mu_0 \mu_s [H/m]$

17 □□□

전하 $q[C]$가 진공 중의 자계 $H[AT/m]$에 수직방향으로 $v[m/s]$의 속도로 움직일 때 받는 힘은 몇 [N]인가? (단, μ_0는 진공의 투자율이다)

① $\dfrac{qH}{\mu_0 v}$ 　　② qvH

③ $\dfrac{qvH}{\mu_0}$ 　　④ $\mu_0 qvH$

| 해설

㉠ 자계 내 전류가 흐르면(전하 또는 전자가 이동) 플레밍 왼손법칙에 의해서 전자력이 발생된다.
㉡ 전자력(단, $I \perp B$)

$$F = IBl\sin\theta = \frac{dq}{dt}Bl\sin 90°$$
$$= \frac{dl}{dt}Bq = vBq = v\mu_0 Hq [N]$$

18 □□□

유전체에 작용하는 힘과 관련된 사항으로 전계 중의 두 유전체가 경계면에서 받는 변형력을 무엇이라 하는가?

① 쿨롱의 힘　　② 맥스웰의 응력
③ 톰슨의 응력　　④ 볼타의 힘

19 □□□

그림과 같이 반지름 $r[m]$, 중심 간격 $x[m]$인 평행 원통 도체가 있다. $x \gg r$라 할 때 원통도체의 단위길이 당 정전용량 $[F/m]$인가?

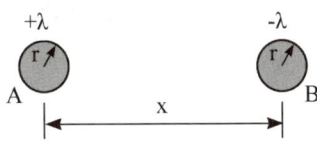

① $\dfrac{2\pi\epsilon_0}{\ln\dfrac{r}{x}}$ 　　② $\dfrac{2\pi\epsilon_0}{\ln\dfrac{x}{r}}$

③ $\dfrac{\pi\epsilon_0}{\ln\dfrac{r}{x}}$ 　　④ $\dfrac{\pi\epsilon_0}{\ln\dfrac{x}{r}}$

| 해설

평행 왕복도선 사이의 정전용량

$$C = \frac{\pi\epsilon_0}{\ln\dfrac{x}{r}} [F/m] = \frac{\pi\epsilon_0}{\ln\dfrac{x}{r}} \times 10^9 [\mu F/km]$$

20 □□□

서울에서 부산 방향으로 향하는 제트기가 있다. 제트기가 대지면과 나란하게 1235[km/h]로 비행할 때, 제트기 날개 사이에 나타나는 전위차[V]는? (단, 지구의 자기장은 대지면에서 수직으로 향하고, 그 크기는 30[A/m]이고, 제트기의 몸체 표면은 도체로 구성되며, 날개 사이의 길이는 65[m]이다)

① 0.42　　② 0.84
③ 1.68　　④ 3.03

| 해설

제트기(도체)가 대지 표면에서 발생되는 자기장을 끊어나가면 제트기 표면에는 기전력이 유도된다. (플레밍의 오른손 법칙)
∴ 유도기전력

$$e = vBl\sin\theta = v\mu_0 Hl\sin\theta$$
$$= \frac{1235}{3600} \times 4\pi \times 10^{-7} \times 30 \times 65 \times \sin 90$$
$$= 0.84 [V]$$

정답　17 ④　18 ②　19 ④　20 ②

02 전력공학

21 □□□
3상용 차단기의 정격 차단용량이라 함은?

① 정격전압 × 정격차단전류
② $\sqrt{3}$ × 정격전압 × 정격전류
③ 3 × 정격전압 × 정격차단전류
④ $\sqrt{3}$ × 정격전압 × 정격차단전류

| 해설
차단기의 정격 차단용량 $P_s = \sqrt{3}\, V_n\, I_s \times 10^{-6}$ [MVA]
(여기서, V_n : 회복전압(= 정격전압) I_s : 정격 차단전류, $\sqrt{3}$: 상계수)

22 □□□
선로정수를 전체적으로 평형되게 하고 근접 통신선에 대한 유도장해를 줄일 수 있는 방법은?

① 딥(dip)을 준다.
② 연가를 한다.
③ 복도체를 사용한다.
④ 소호리액터접지를 한다.

| 해설
연가의 목적
• 선로정수 평형
• 근접 통신선에 대한 유도장해 감소
• 소호리액터 접지계통에서 중성점의 잔류전압으로 인한 직렬 공진의 방지

23 □□□
승압기에 의하여 전압 V_e에서 V_h로 승압할 때 2차 정격전압 e, 자기용량 W인 단상승압기가 공급할 수 있는 부하용량 W_o는 어떻게 표현되는가?

① $\dfrac{V_e}{e} \times W$
② $\dfrac{V_h}{e} \times W$
③ $\dfrac{V_e}{V_h - V_e} \times W$
④ $\dfrac{V_h - V_e}{V_e} \times W$

| 해설
승압기 용량 $W = \dfrac{e}{V_h} \times W_o$이므로 승압기가 공급하는 부하용량 W_o는 $W_o = \dfrac{V_h}{e} W$ [kVA]

24 □□□
전선의 굵기가 같고 부하가 균등하게 분산되어 있는 배전선로의 전력손실은 전체 부하가 송전단에서 전체 길이의 얼마인 곳에 접속되어 있을 경우의 전력손실과 같은가?

① $\dfrac{1}{4}$
② $\dfrac{1}{3}$
③ $\dfrac{1}{2}$
④ $\dfrac{2}{3}$

| 해설

부하의 형태		전압강하	전력손실	부하율	손실계수
말단에 집중된 경우		1.0	1.0	1.0	1.0
평등 부하분포		$\dfrac{1}{2}$	$\dfrac{1}{3}$	$\dfrac{1}{2}$	$\dfrac{1}{3}$
중앙 일수록 큰 부하 분포		$\dfrac{1}{2}$	0.38	$\dfrac{1}{2}$	0.38
말단 일수록 큰 부하 분포		$\dfrac{2}{3}$	0.58	$\dfrac{2}{3}$	0.58
송전단 일수록 큰 부하 분포		$\dfrac{1}{3}$	$\dfrac{1}{5}$	$\dfrac{1}{3}$	$\dfrac{1}{5}$

25 □□□
네트워크 배전방식의 장점이 아닌 것은?

① 사고시 정전범위를 축소시킬 수 있다.
② 전압변동이 적음
③ 인축의 접지사고가 적어짐
④ 부하의 증가에 대한 적용성이 큼

정답 21 ④ 22 ② 23 ② 24 ② 25 ③

| 해설
네트워크 배전방식의 장점
㉠ 무정전 공급이 가능하고 공급의 신뢰도가 높다.
㉡ 부하 증가에 대해 융통성이 좋다.
㉢ 전력손실이나 전압강하가 적다.
㉣ 기기의 이용율이 향상된다
㉤ 인축의 접지사고가 증가함

26 □□□

서울과 같이 부하밀도가 큰 지역에서는 일반적으로 변전소의 수와 배전거리를 어떻게 결정하는 것이 옳은가?

① 변전소의 수는 감소하고 배전거리는 증가한다.
② 변전소의 수는 증가하고, 배전거리는 감소한다.
③ 변전소의 수는 감소하고, 배전거리도 감소한다.
④ 변전소의 수는 증가하고, 배전거리도 증가한다.

| 해설
루프식 또는 네트워크 배전방식 등을 적용하여 변전소의 수를 증가시키고 배전거리를 짧게 하여 전압강하 및 전력손실을 감소시켜야 한다.

27 □□□

SF_6 차단기에 관한 설명으로 옳지 않은 것은?

① SF_6 가스는 절연내력이 공기의 2~3배 정도이고 소호능력이 공기의 100~200배 정도이다.
② 밀폐구조이므로 소음이 없다.
③ 근거리고장 등 가혹한 재기전압에 대해서도 우수하다.
④ 아크에 의하여 SF_6 가스는 분해되어 유독가스를 발생시킨다.

| 해설
SF_6 차단기는 소호성능이 우수하고 안정도가 높은 SF_6 불활성 기체를 이용한 차단기로서 특징은 다음과 같다.
① SF_6 가스는 사용 상태에서 불활성, 불연, 무미, 무취, 무독성이다.
② 비열은 0.7, 비중은 공기의 약 5배정도 무겁다.
③ 소호능력은 공기의 100~200배 정도이다.

28 □□□

단면적 330[mm²]의 강심알루미늄을 경간이 300[m]이고, 지지점의 높이가 같은 철탑사이에 가설하였다. 전선의 이도가 7.4[m]이면 전선의 실제 길이는 몇 [m]인가?
(단, 풍압, 온도 등의 영향은 무시한다)

① 300.282
② 300.487
③ 300.685
④ 300.875

| 해설
전선의 실제 길이 $L = S + \dfrac{8D^2}{3S}$[m]
(여기서, S: 경간, D: 전선의 이도)
$L = 300 + \dfrac{8 \times 7.4^2}{3 \times 300} = 300.487$[m]

29 □□□

지락고장시의 건전상의 이상전압이 최저인 접지방식은?

① 비접지식
② 직접접지식
③ 고저항접지식
④ 소호리액터접지식

| 해설

접지방식 비교사항	비접지	직접접지	저항접지	소호리엑터
지락시 건전상에 나타나는 전압	$\sqrt{3}$ 배가 까지 상승한다.	평상시와 같다.	비접지의 경우보다 작다.	거의 선간 전압까지 올라간다.

정답 26 ② 27 ④ 28 ② 29 ②

30

그림과 같은 4단자 정수를 가진 2개의 회로가 직렬로 연결되어 있을 때 합성 4단자 정수는?

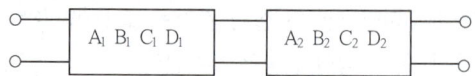

① $A = A_1A_2 + B_1C_2$, $B = A_1B_2 + B_1D_2$,
$C = A_2C_1 + D_1C_2$, $D = B_2C_1 + D_1D_2$

② $A = A_1A_2 + B_1C_1$, $B = A_1B_2 + B_1D_2$,
$C = A_2C_1 + D_1C_2$, $D = B_1C_2 + D_1D_2$

③ $A = A_1A_2 + B_2C_1$, $B = A_1B_2 + B_1D_2$,
$C = A_1C_2 + D_1C_2$, $D = B_2C_1 + D_1D_2$

④ $A = A_1A_2 + B_1C_2$, $B = A_2B_1 + B_1D_1$,
$C = A_1C_2 + D_1D_2$, $D = B_1C_1 + D_1D_2$

| 해설

$$\begin{bmatrix} A_1 & B_1 \\ C_1 & D_1 \end{bmatrix} \begin{bmatrix} A_2 & B_2 \\ C_2 & D_2 \end{bmatrix} = \begin{bmatrix} A_1A_2 + B_1C_2 & A_1B_2 + B_1D_2 \\ C_1A_2 + D_1C_2 & C_1B_2 + D_1D_2 \end{bmatrix}$$

31

500[kVA]의 단상변압기 3대를 3상전력을 공급하고 있던 공장에서 변압기 1대가 고장났을 때 공급할 수 있는 전력은 몇 [kVA]인가?

① 500 ② 688
③ 866 ④ 1000

| 해설

변압기 V결선시 용량 $P_v = \sqrt{3} P_1 [kVA]$
$P_v = \sqrt{3} \times 500 = 866.03 ≒ 866[kVA]$

32

부하가 P [kW]이고, 그 역률이 $\cos\theta_1$인 것을 $\cos\theta_2$로 개선하기 위하여는 전력용콘덴서가 몇 [kVA] 필요한가?

① $P(\tan\theta_1 - \tan\theta_2)$
② $P\left(\dfrac{\cos\theta_1}{\sin\theta_1} \cdot \dfrac{\cos\theta_2}{\sin\theta_2}\right)$
③ $\dfrac{P}{(\tan\theta_1 - \tan\theta_2)}$
④ $\dfrac{P}{(\cos\theta_1 - \cos\theta_2)}$

| 해설

콘덴서 용량 $Q_c = P(\tan\theta_1 - \tan\theta_2)[kVA]$
(여기서, P: 수전전력[kW], $\cos\theta_1$: 개선전 역률,
$\cos\theta_2$: 개선후 역률)

33

페란티 현상이 발생하는 원인은?

① 선로의 과도한 저항 때문이다.
② 선로의 정전용량 때문이다.
③ 선로의 인덕턴스 때문이다.
④ 선로의 급격한 전압강하 때문이다.

| 해설

페란티 현상이란 선로에 충전전류가 흐르면 수전단 전압이 송전단 전압보다 높아지는 현상으로 그 원인은 선로의 정전용량 때문이다.

정답 30 ① 31 ③ 32 ① 33 ②

34

부하에 따라 전압변동이 심한 급전선을 가진 배전변전소의 전압조정장치는?

① 단권변압기
② 전력용콘덴서
③ 유도전압조정기
④ 직렬리액터

| 해설
배전선로전압의 조정장치
㉠ 주상변압기 Tap 조절장치
㉡ 승압기 설치(단권변압기)
㉢ 유도전압조정기
㉣ 직렬콘덴서
유도전압조정기는 부하에 따라 전압변동이 심한 급전선에 전압조정장치로 사용한다.

35

차단기의 정격 차단시간의 표준이 아닌 것은?

① 3[c/sec]
② 5[c/sec]
③ 8[c/sec]
④ 10[c/sec]

| 해설
차단기의 정격차단시간
정격전압 하에서 규정된 표준 동작책무 및 동작상태에 따라 차단할 때의 차단시간 한도로서 트립 코일 여자로부터 아크의 소호까지의 시간(개극 시간 + 아크 시간)

정격전압[kV]	7.2	25.8	72.5	170	362
정격차단시간(Cycle)	5~8	5	5	3	3

36

송전선로에서 역섬락을 방지하는 가장 유효한 방법은?

① 피뢰기를 설치한다.
② 가공지선을 설치한다.
③ 소호각을 설치한다.
④ 탑각 접지저항을 적게한다.

| 해설
역섬락을 방지하기 위해서는 매설지선을 설치하여 탑각 접지저항을 적게한다.

37

유효낙차 200m인 펠톤 수차의 노즐에서 분사되는 물의 속도는 약 몇 [m/s]인가?

① 44.2
② 53.6
③ 62.6
④ 76.2

| 해설
물의 분출속도 $V = \sqrt{2gH} = \sqrt{2 \times 9.8 \times 200} = 62.6 [m/s]$

38

단상2선식(100[V]) 저압 배전선로를 단상 3선식(100[V]/200[V])으로 변경할 때 부하의 크기 및 공급전압을 일정하게 하고 또 부하를 평형시켰을 때 전선로의 전압강하율은 변경 전에 비하여 어떻게 되는가?

① $\frac{1}{2}$
② $\frac{1}{3}$
③ $\frac{1}{4}$
④ $\frac{1}{5}$

| 해설
전압강하율 %$e \propto \frac{1}{V^2}$ 이므로 110[V]에서 220[V]로 승압시 $\frac{1}{4}$배로 감소한다.

39

기력발전소의 열 사이클과정 중 단열팽창 과정에서 물 또는 증기의 상태변화를 옳게 표현한 것은?

① 습증기 → 포화액
② 포화액 → 압축액
③ 압축액 → 포화액 → 포화증기
④ 과열증기 → 습증기

| 해설
단열팽창은 터빈에서 이루어지는 과정이므로 터빈에 들어간 과열증기가 습증기로 된다.

정답 34 ③ 35 ④ 36 ④ 37 ③ 38 ③ 39 ④

40 □□□

화력발전소에서 석탄 1[kg]으로 발생할 수 있는 전력량은 약 몇 [kWh]인가?
(단, 석탄의 발열량 5000[kcal/kg], 발전소의 효율 40[%])

① 2.0　　　② 2.3
③ 4.7　　　④ 5.8

| 해설

화력발전 기본식 $860P = WC\eta$
(여기서, P: 발전전력[kW], W: 연료소비량[kg], C: 열량[kcal/kg], η: 발전기효율[%])

발생전력량 $P = \dfrac{WC\eta}{860} = \dfrac{1 \times 5000 \times 0.4}{860} = 2.33$[kWh]

---

03 전기기기

41 □□□

유도전동기의 속도제어 방식으로 잘못 나타내진 것은?

① 1차 주파수제어 방식　　② 정지 셀비우스 방식
③ 정지 레오나드 방식　　④ 2차 저항제어 방식

| 해설

1차 주파수제어, 2차 저항제어방식, 정지 셀비우스 방식(= 2차 여자법)은 유도전동기의 속도제어 방법이고 정지 레오나드 방식은 직류전동기의 속도제어 방법이다.

42 □□□

전압변동률이 작은 동기 발전기는?

① 동기 리액턴스가 크다.　　② 전기자 반작용 크다.
③ 단락비가 크다.　　　　　④ 값이 싸진다.

| 해설

전압변동률
동기발전기의 여자전류와 정격속도를 일정하게 하고 정격부하에서 무부하로 하였을 때에 단자전압의 변동으로서 전압변동률이 작은 기기는 단락비가 크다.

---

43 □□□

병렬운전 중인 두 대의 기전력의 상차가 30°이고 기전력(선간)이 3300[V] 동기리액턴스 5[Ω]일 때 각 발전기가 주고 받는 전력[kW]은?

① 181.5　　　② 225.4
③ 326.3　　　④ 425.5

| 해설

1상의 유기기전력 $E = \dfrac{V_n}{\sqrt{3}} = \dfrac{3300}{\sqrt{3}} = 1905$[V]

수수전력(= 주고 받는 전력)
$P = \dfrac{E^2}{2x_s}\sin\delta = \dfrac{1905^2}{2\times 5}\times \sin 30 \times 10^{-3} = 181.45$[kW]

44 □□□

20극, 360[rpm]의 3상 동기발전기가 있다. 전 슬롯수 180, 2층권 각 코일의 권수 4, 전기자권선은 성형으로 단자전압 6600[V]인 경우 1극의 자속은[Wb] 얼마인가?
(단, 권선계수는 0.9라 한다)

① 0.0597　　　② 0.0662
③ 0.0883　　　④ 0.1147

| 해설

- 동기속도 $N_s = \dfrac{120f}{P}$[rpm]에서 주파수
  $f = \dfrac{N_s \times P}{120} = \dfrac{360 \times 20}{120} = 60$[Hz]

- 1상의 권수 $N = \dfrac{180 \times 2}{2} \times 4 \times \dfrac{1}{3} = 240$[회]

- 1상의 유기기전력 $E = 4.44K_w f N \phi$[V]에서

- 1극의 자속수 $\phi = \dfrac{\dfrac{6600}{\sqrt{3}}}{4.44 \times 0.9 \times 60 \times 240} = 0.0662$[Wb]

정답　40 ②　41 ③　42 ③　43 ①　44 ②

45

부하변동에 대한 속도변동이 가장 작은 전동기는?

① 차동복권 ② 가동복권
③ 직권   ④ 분권

| 해설
속도변동이 가장 작은 전동기는 차동복권이고, 가장 큰 전동기는 직권전동기이다.

46

220[V], 6극, 60[Hz], 10[kW]인 3상 유도전동기의 회전자 1상의 저항은 0.1[Ω], 리액턴스는 0.5[Ω]이다. 정격전압을 가했을때 슬립이 4[%]이었다. 회전자 전류는 얼마인가? (단, 고정자와 회전자는 3각 결선으로 각각 권수는 300회와 150회이며 각 권선계수는 같다)

① 25[A]   ② 36[A]
③ 43[A]   ④ 52[A]

| 해설

정지시 2차전압 $E_2 = \dfrac{E_1}{a} = \dfrac{220}{300/150} = 110[V]$

회전시 2차전류

$I_2 = \dfrac{E_2}{\sqrt{(\dfrac{r_2}{s})^2 + x_2^2}} = \dfrac{110}{\sqrt{(\dfrac{0.1}{0.04})^2 + 0.5^2}} = 43[A]$

47

전부하 2차 전압이 220[V], 권수비 30, 전압변동률이 5[%]인 단상변압기의 1차 단자전압은?

① 3600[V]   ② 6930[V]
③ 12000[V] ④ 20800[V]

| 해설

전압변동율 $\epsilon = \dfrac{V_{20} - V_{2n}}{V_{2n}} \times 100 = \dfrac{V_{20} - 220}{220} \times 100 = 5[\%]$

(여기서, V_{20}: 무부하 단자전압, V_{2n}: 전부하 단자전압)

$V_{20} = 220 \times (1 + \dfrac{5}{100}) = 231[V]$

1차 단자전압 $V_1 = a \times V_{20} = 30 \times V_{20} = 30 \times 231 = 6930[V]$

48

직류기에서 전압변동률이 (-)값으로 표시되는 발전기는?

① 과복권 발전기   ② 타여자 발전기
③ 분권 발전기   ④ 평복권 발전기

| 해설
전압변동률은 발전기를 정격 속도로 회전시켜 정격전압 및 정격전류가 흐르도록 한 후 갑자기 무부하로 하였을 경우의 단자전압의 변화 정도이다.

$\epsilon = \dfrac{V_o - V_n}{V_n} \times 100 [\%]$

(여기서, V_o: 무부하 전압, V_n: 정격전압)

- $\epsilon(+)$: 타여자, 분권, 부족복권
- $\epsilon(0)$: 평복권
- $\epsilon(-)$: 과복권

49

다음은 단상 정류자전동기에서 보상권선과 저항도선의 작용을 설명한 것이다. 틀린 것은?

① 저항도선은 변압기 기전력에 의한 단락전류를 작게 한다.
② 보상권선은 변압기 기전력을 크게 한다.
③ 보상권선은 역률을 좋게 한다.
④ 보상권선은 전기자반작용을 제거해 준다.

| 해설
㉠ 보상권선: 전기자반작용을 제거해 역률을 개선하고 기전력을 작게 한다.
㉡ 저항도선: 변압기기전력에 의한 단락전류를 감소시킨다.

정답 45 ① 46 ③ 47 ② 48 ① 49 ②

50

무부하전압 250[V] 정격 전압 210[V]의 발전기의 전압변동률[%]은?

① 16 ② 17
③ 19 ④ 22

| 해설

전압변동률 $\epsilon = \dfrac{V_0 - V_n}{V_n} \times 100[\%]$

(여기서, V_o: 무부하 전압, V_n: 정격전압)

$\epsilon = \dfrac{V_0 - V_n}{V_n} \times 100 = \dfrac{250 - 210}{210} \times 100 = 19.04[\%]$

51

60[Hz], 4극, 정격속도 1720[rpm]의 권선형 3상 유도 전동기가 있다. 전부하 운전 중에 2차 회로의 저항을 4배로 하면 속도[rpm]는?

① 약 962 ② 약 1215
③ 약 1480 ④ 약 1656

| 해설

- 동기속도 $N_s = \dfrac{120f}{P} = \dfrac{120 \times 60}{4} = 1800[\text{rpm}]$
- 슬립 $s = \dfrac{N_s - N}{N_s} = \dfrac{1800 - 1720}{1800} = 0.0444$
- 슬립 $s_t = \dfrac{r_2}{x_2}$ 이므로 2차회로 저항을 4배로 하면 슬립 4배가 되므로
- 회전속도
  $N = (1-s)N_s = (1 - 0.0444 \times 4) \times 1800 \fallingdotseq 1480[\text{rpm}]$

52

3300/210[V], 5[kVA]의 단상 변압기가 %저항강하 2.4[%], %리액턴스강하 1.8[%]이다. 임피던스 전압[V]은?

① 99 ② 66
③ 33 ④ 21

| 해설

%임피던스 $\%Z = \sqrt{p^2 + q^2} = \sqrt{2.4^2 + 1.8^2} = 3[\%]$

$\%Z = \dfrac{IZ}{E} \times 100[\%]$ 에서

임피던스 전압 $V_Z = IZ = \dfrac{\%Z}{100} \times E = \dfrac{3}{100} \times 3300 = 99[V]$

53

정격출력 4.5[kW], 정격전압 200[V], 무부하전압 210[V]의 분권발전기가 있다. 계자저항이 200[Ω]이면, 전기자저항은 약 몇 [Ω]인가?

① 0.2 ② 0.4
③ 0.6 ④ 0.8

| 해설

- 부하전류 $I_n = \dfrac{4.5 \times 10^3}{200} = 22.5[A]$
- 분권발전기의 경우 계자전압(V_f)과 정격전압(V_n)은 같은 크기이므로 $V_n = V_f$
- 계자전류 $I_f = \dfrac{V_f}{r_f} = \dfrac{200}{200} = 1[A]$
- 전기자전류 $I_a = I_n + I_f = 22.5 + 1 = 23.5[A]$
- 무부하전압은 유기기전력과 같은 크기이므로 $V_o = E_a = 210[V]$
- 전기자저항 $r_a = \dfrac{E_a - V_n}{I_a} = \dfrac{210 - 200}{23.5} = 0.42[\Omega]$

54

권선형 3상 유도전동기에서 2차 저항을 변화시켜 속도를 제어하는 경우 최대 토크는?

① 최대 토크가 생기는 점의 슬립에 비례한다.
② 최대 토크가 생기는 점의 슬립에 반비례한다.
③ 2차 저항에만 비례한다.
④ 항상 일정하다.

정답 50 ③ 51 ③ 52 ① 53 ② 54 ④

| 해설

최대 토크는 $T_m \propto \dfrac{r_2}{S_t} = \dfrac{mr_2}{mS_t}$ 으로 저항의 크기가 변화되어 슬립이 변화되어도 항상 일정하다. 반면 슬립이 $s_t \to ms_t$로 증가시 회전속도 $N = (1-ms_t)N_s$는 감소한다.

55 □□□

유도전동기의 토크 속도곡선이 비례추이(proportional shifting) 한다는 것은 그 곡선이 무엇에 비례해서 이동하는 것을 말하는가?

① 슬립
② 회전수
③ 공급전압
④ 2차 합성저항

| 해설

최대 토크를 발생하는 슬립 $s_t \propto \dfrac{r_2}{x_2}$

최대 토크 $T_m \propto \dfrac{r_2}{s_t}$에서 $\dfrac{r_2}{s_1} = \dfrac{r_2 + R}{s_2}$이므로 2차 합성저항에 비례해서 토크 속도 곡선이 변화된다.

56 □□□

전기자 반작용이 직류발전기에 영향을 주는 것을 설명한 것이다. 틀린 설명은?

① 전기자 중성축을 이동시킨다.
② 자속을 감소시켜 부하시 전압강하의 원인이 된다.
③ 정류자 편간전압이 불균일하게 되어 섬락의 원인이 된다.
④ 전류의 파형은 찌그러지나 출력에는 변화가 없다.

| 해설

전기자 반작용으로 인한 문제점
- 주자속 감소(감자작용)
- 편자 작용에 의한 중성축 이동
- 정류자와 브러시 부근에서 불꽃 발생(정류 불량의 원인)

57 □□□

동기전동기의 난조 방지에 가장 유효한 방법은?

① 자극수를 적게한다.
② 회전자의 관성을 크게한다.
③ 자극면에 제동권선을 설치한다.
④ 동기 리액턴스를 작게 하고 동기화력을 크게한다.

| 해설

난조의 방지법
- 원동기의 조속기가 너무 예민하지 않도록 감도를 억제한다.
- 부하의 급증을 피하기 위하여 송전계통을 연계한다.
- 회전자에 플라이휠을 붙이는 등으로 고유 진동주파수를 조정한다.
- 발전기에 제동권선을 설치한다.
- 속응여자방식을 채용한다.
- 단락비를 크게 한다.

58 □□□

직류 분권전동기의 계자저항을 운전중에 증가하면?

① 전류는 일정
② 속도가 감소
③ 속도가 일정
④ 속도가 증가

| 해설

분권전동기의 회전속도 $n \propto k \dfrac{V_n - I_a \cdot r_a}{\phi}$ [rps]

계자저항 증가 → 계자전류 감소 → 자속 감소 → 속도 증가

정답 55 ④ 56 ④ 57 ① 58 ④

59 ☐☐☐

사이리스터 2개를 사용한 단상 전파정류회로에서 직류전압 100[V]를 얻으려면 몇 [V]의 교류전압이 필요한가? (단, 정류기내의 전압강하는 무시한다)

① 약 111 ② 약 141
③ 약 152 ④ 약 166

| 해설

- 단상전파 직류전압 $E_d = \dfrac{2\sqrt{2}}{\pi} E = 0.9E$ [V]
- 교류전압 $E = \dfrac{1}{0.9} E_d = \dfrac{1}{0.9} \times 100 = 111$ [V]

60 ☐☐☐

6600/210[V]의 단상변압기 3대를 △-Y로 결선하여 1상 18[kW] 전열기의 전원으로 사용하다가 이것을 △-△로 결선했을 때 이 전열기의 소비전력[kW]은?

① 31.2 ② 10.4
③ 2.0   ④ 6.0

| 해설

변압기의 △-Y결선을 △-△로 변경하는 경우 소비전력은 $P \propto V_1^2$ 이므로 2차 단자전압은 $\dfrac{1}{\sqrt{3}}$ 배 저하 되므로 전열기 1상의 소비전력 $P = 18 \times (\dfrac{1}{\sqrt{3}})^2 = 6$[kW]

04 회로이론

61 ☐☐☐

단자 a-b에 30[V]의 전압을 가했을 때 전류 I는 3[A]가 흘렀다고 한다. 저항 r[Ω]은 얼마인가?

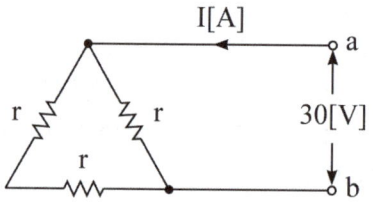

① 5   ② 10
③ 15 ④ 20

| 해설

㉠ 옴의 법칙으로 구한 합성저항
$R_0 = \dfrac{V}{I} = \dfrac{30}{3} = 10$ [Ω]

㉡ 직병렬 회로를 통한 합성저항
$R_0 = \dfrac{r \times 2r}{r + 2r} = \dfrac{2}{3}r$

㉢ 위 두 식을 통해 $\dfrac{2}{3}r = 10$ 되므로

∴ 저항: $r = 10 \times \dfrac{3}{2} = 15$ [Ω]

62 ☐☐☐

그림과 같은 회로에서 5[Ω]에 흐르는 전류는 몇 [A] 인가?

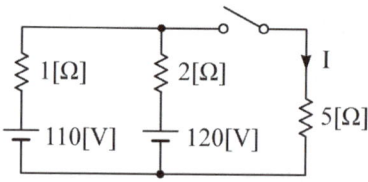

① 30[A]   ② 40[A]
③ 20[A]   ④ 33.3[A]

정답 59 ① 60 ④ 61 ③ 62 ③

| 해설
밀만의 정리에 의해서 구할 수 있다.
㉠ 개방전압(5[Ω]의 단자전압)

$$V_{ab} = \frac{\sum I}{\sum Y} = \frac{\frac{110}{1}+\frac{120}{2}}{\frac{1}{1}+\frac{1}{2}+\frac{1}{5}} = 100\,[V]$$

㉡ 5[Ω]에 흐르는 전류: $I = \frac{100}{5} = 20\,[A]$

63 □□□

그림과 같은 파형의 순시값은?

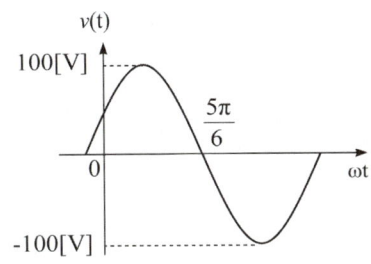

① $v = 100\sqrt{2}\,\sin\omega t$
② $v = 100\sqrt{2}\,\cos\omega t$
③ $v = 100\sin\left(\omega t + \frac{\pi}{6}\right)$
④ $v = 100\sin\left(\omega t - \frac{\pi}{6}\right)$

| 해설
순시값 = 최대값 $\sin(\omega t \pm 위상차)$
　　　 = $\sqrt{2}$ 실효값 $\sin(\omega t \pm 위상차)$
　　　 = 실효값 $\angle \pm 위상차$
∴ $v = 100\sin\left(\omega t + \frac{\pi}{6}\right)\,[V]$

64 □□□

그림에서 절점 B의 전위 [V]는?

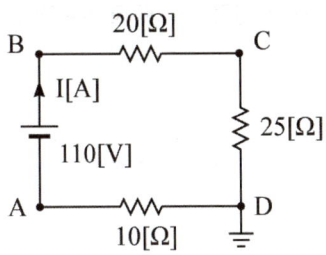

① 130　　② 110
③ 100　　④ 90

| 해설
㉠ 회로 전류: $I = \frac{110}{20+25+10} = 2\,[A]$
㉡ 절점의 전위는 대지에서부터 절점까지의 전위를 말한다.
즉, B, D 사이의 전압강하 합을 말한다.
∴ B점 전위: $V_B = 2\times(20+25) = 90\,[V]$

65 □□□

대칭 3상 전압이 있을 때 한상의 Y전압의 순시치가 아래와 같다면 선간전압에 대한 상전압의 실효치 비율 [%]은?

$$\begin{aligned}v =\ & 1000\sqrt{2}\sin\omega t\\&+500\sqrt{2}\sin(3\omega t+20°)\\&+100\sqrt{2}\sin(5\omega t+30°)\,[V]\end{aligned}$$

① 약 65[%]　　② 약 85[%]
③ 약 95[%]　　④ 약 55[%]

| 해설
㉠ 상전압의 실횻값
　$E_P = \sqrt{1000^2+500^2+100^2} = 1122.5\,[V]$
㉡ 선간전압의 실횻값
　$E_L = \sqrt{3}\times\sqrt{1000^2+100^2} = 1740.69\,[V]$
∴ $\frac{E_P}{E_L} = \frac{1122.5}{1740.69}\times100 = 64.5\,[\%]$

정답　63 ③　64 ④　65 ①

66

대칭 3상 교류 발전기의 기본식 중 알맞게 표현된 것은? (단, V_0는 영상분 전압, V_1은 정상분 전압, V_2는 역상분 전압이다.)

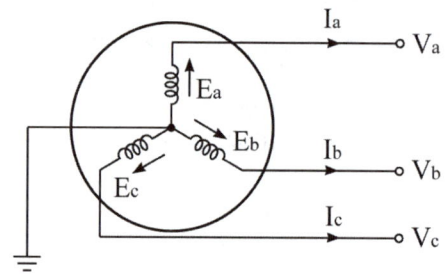

① $V_0 = E_0 - Z_0 I_0$
② $V_1 = Z_1 I_1$
③ $V_2 = Z_2 I_2$
④ $V_1 = E_a - Z_1 I_1$

| 해설
3상 교류발전기 기본식
㉠ 영상분: $V_0 = -Z_0 I_0$
㉡ 정상분: $V_1 = E_a - Z_1 I_1$
㉢ 역상분: $V_2 = -Z_2 I_2$

67

3상 대칭분을 I_0, I_1, I_2라 하고 선전류 I_a, I_b, I_c라 할 때 I_b는?

① $I_0 + a^2 I_1 + a I_2$
② $\frac{1}{3}(I_0 + I_1 + I_2)$
③ $I_0 + I_1 + I_2$
④ $I_0 + a I_1 + a^2 I_2$

| 해설
대칭좌표법에서 선전류
㉠ a상 전류: $I_a = I_0 + I_1 + I_2$ [A]
㉡ b상 전류: $I_b = I_0 + a^2 I_1 + a I_2$ [A]
㉢ c상 전류: $I_c = I_0 + a I_1 + a^2 I_2$ [A]

68

단상 전파 파형을 만들기 위해 전원은 어떤 단자에 연결해야 하는가?

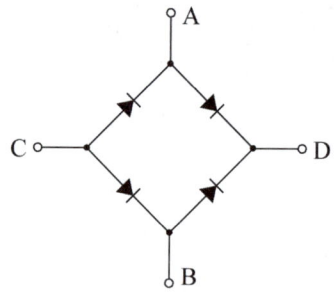

① A-B
② C-D
③ A-C
④ B-D

| 해설
㉠ 입력 단자: A-B
㉡ 출력 단자: C-D

69

전류가 전압에 비례한다는 것을 가장 잘 나타낸 것은?

① 테브난의 정리
② 상반의 정리
③ 밀만의 정리
④ 중첩의 정리

| 해설
테브난의 정리에 대한 설명이다.

정답 66 ④ 67 ① 68 ① 69 ①

70 □□□

그림과 같은 이상변압기 4단자 정수 ABCD는 어떻게 표시되는가?

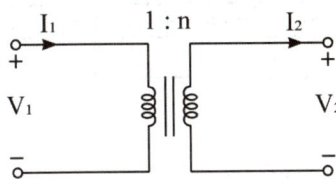

① $n, 0, 0, \dfrac{1}{n}$ ② $\dfrac{1}{n}, 0, 0, -n$

③ $\dfrac{1}{n}, 0, 0, n$ ④ $n, 0, 1, \dfrac{1}{n}$

| 해설

㉠ 변압기 권수비: $a = \dfrac{N_1}{N_2} = \dfrac{1}{n}$

㉡ 4단자 정수: $\begin{bmatrix} A & B \\ C & D \end{bmatrix} = \begin{bmatrix} a & 0 \\ 0 & \dfrac{1}{a} \end{bmatrix}$

∴ $\begin{bmatrix} A & B \\ C & D \end{bmatrix} = \begin{bmatrix} \dfrac{1}{n} & 0 \\ 0 & n \end{bmatrix}$

71 □□□

그림과 같은 △회로를 등가인 Y회로로 환산하면 a의 임피던스는?

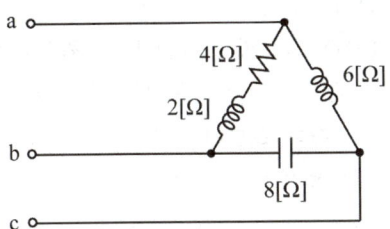

① $3 + j6\,[\Omega]$ ② $-3 + j6\,[\Omega]$
③ $6 + j6\,[\Omega]$ ④ $-6 + j6\,[\Omega]$

| 해설

$Z_a = \dfrac{Z_{ab} \times Z_{ca}}{(Z_{ab} + Z_{bc} + Z_{ca})}$

$= \dfrac{(4+j2) \times j6}{(4+j2) + (-j8) + j6}$

$= \dfrac{-12+j24}{4} = -3 + j6\,[\Omega]$

72 □□□

100[V] 전원에 1[kW]의 선풍기를 접속하니 12[A]의 전류가 흘렀다. 선풍기의 무효율 [%]은?

① 50 ② 55
③ 83 ④ 91

| 해설

㉠ 역률

$\cos\theta = \dfrac{P}{P_a} = \dfrac{P}{VI} = \dfrac{1000}{100 \times 12} = 0.833$

㉡ $\sin^2\theta + \cos^2\theta = 1$ 에서 무효율은

∴ $\sin\theta = \sqrt{1-\cos^2\theta}$
$= \sqrt{1-0.833^2} = 0.55 = 55[\%]$

73 □□□

$\dfrac{X(s)}{R(s)} = \dfrac{1}{s+4}$ 의 전달함수를 미분방정식으로 표시하면?

① $\dfrac{d}{dt}r(t) + 4r(t) = x(t)$

② $\int r(t)dt + 4r(t) = x(t)$

③ $\dfrac{d}{dt}x(t) + 4x(t) = r(t)$

④ $\int r(t)dt + 4x(t) = r(t)$

| 해설

문제의 전달함수를 정리하면
$(s+4)X(s) = R(s)$, $sX(s) + 4X(s) = R(s)$ 이 되고
이를 역라플라스 변환하면

∴ 미분방정식: $\dfrac{d}{dt}x(t) + 4x(t) = r(t)$

정답 70 ③ 71 ② 72 ② 73 ③

74 □□□

함수 $f(t) = \sin t + 2\cos t$ 의 라플라스 변환 $F(s)$은?

① $\dfrac{2s}{(s+1)^2}$ ② $\dfrac{2s+1}{s^2+1}$

③ $\dfrac{2s+1}{(s+1)^2}$ ④ $\dfrac{2s}{(s^2+1)^2}$

| 해설

$$\mathcal{L}[\sin t + 2\cos t] = \dfrac{1}{s^2+1} + \dfrac{2s}{s^2+1} = \dfrac{2s+1}{s^2+1}$$

75 □□□

$F(s) = \dfrac{2}{(s+1)(s+3)}$ 의 역 라플라스 변환은?

① $e^{-t} - e^{-3t}$ ② $e^{t} - e^{2t}$

③ $e^{t} - e^{3t}$ ④ $e^{t} - e^{-3t}$

| 해설

㉠ $F(s) = \dfrac{2}{(s+1)(s+3)} = \dfrac{A}{s+1} + \dfrac{B}{s+3}$

$\xrightarrow{\mathcal{L}^{-1}} Ae^{-t} + Be^{-3t}$

㉡ $A = \lim\limits_{s \to -1}(s+1)F(s) = \lim\limits_{s \to -1}\dfrac{2}{s+3} = 1$

㉢ $B = \lim\limits_{s \to -3}(s+3)F(s) = \lim\limits_{s \to -3}\dfrac{2}{s+1} = -1$

∴ 함수: $f(t) = Ae^{-t} + Be^{-3t} = e^{-t} - e^{-3t}$

76 □□□

그림과 같은 블록선도에 대한 등가 종합 전달함수(C/R)는?

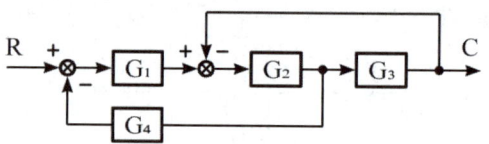

① $\dfrac{G_1 G_2 G_3}{1 + G_1 G_2 + G_1 G_2 G_3}$

② $\dfrac{G_1 G_2 G_3}{1 + G_2 G_3 + G_1 G_2 G_3}$

③ $\dfrac{G_1 G_2 G_4}{1 + G_1 G_2 + G_1 G_2 G_4}$

④ $\dfrac{G_1 G_2 G_3}{1 + G_2 G_3 + G_1 G_2 G_4}$

| 해설

종합 전달함수(메이슨 공식)

$$M(s) = \dfrac{C(s)}{R(s)} = \dfrac{\sum \text{전향 경로 이득}}{1 - \sum \text{폐루프 이득}}$$

$$= \dfrac{G_1 G_2 G_3}{1 - (-G_1 G_2 G_4 - G_2 G_3)}$$

$$= \dfrac{G_1 G_2 G_3}{1 + G_1 G_2 G_4 + G_2 G_3}$$

77 □□□

유한장의 송전선로가 있다. 수전단을 단락하고 송전단에서 측정한 임피던스는 $j250[\Omega]$, 또 수전단을 개방시키고 송전단에서 측정한 어드미턴스는 $j1.5 \times 10^{-3}[\mho]$이다. 이 송전선로의 특성 임피던스는?

① 2.45×10^{-3} ② 408.25

③ $j0.612$ ④ 6×10^{-6}

| 해설

특성임피던스

$$Z_0 = \sqrt{\dfrac{Z}{Y}} = \sqrt{\dfrac{j250}{j1.5 \times 10^{-3}}} = 408.25\,[\Omega]$$

정답 74 ② 75 ① 76 ④ 77 ②

78

그림과 같은 회로의 영상 임피던스 Z_{01}, Z_{02}는 각각 몇 [Ω]인가?

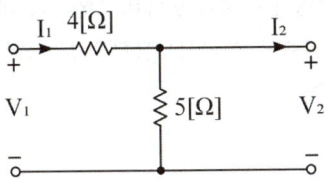

① $Z_{01} = 4$, $Z_{02} = \dfrac{20}{9}$

② $Z_{01} = 6$, $Z_{02} = \dfrac{10}{3}$

③ $Z_{01} = 9$, $Z_{02} = 5$

④ $Z_{01} = 12$, $Z_{02} = 4$

| 해설
(1) 4단자 정수
 ㉠ $A = 1 + \dfrac{4}{5} = 1.8$ ㉡ $B = \dfrac{4 \times 5}{5} = 4$
 ㉢ $C = \dfrac{1}{5} = 0.2$ ㉣ $D = 1 + \dfrac{0}{5} = 1$
(2) 영상 임피던스
 ㉠ $Z_{01} = \sqrt{\dfrac{AB}{CD}} = \sqrt{\dfrac{1.8 \times 4}{0.2 \times 1}} = 6$
 ㉡ $Z_{02} = \sqrt{\dfrac{BD}{AC}} = \sqrt{\dfrac{4 \times 1}{1.8 \times 0.2}} = \sqrt{\dfrac{4}{0.36}}$
 $= \sqrt{\dfrac{100}{9}} = \dfrac{10}{3}$

79

그림과 같은 선간전압 200[V]의 3상 전원에 대칭 부하를 접속할 때 부하 역률은?

(단, $R = 9\,[\Omega]$, $X_C = \dfrac{1}{\omega C} = 4\,[\Omega]$)

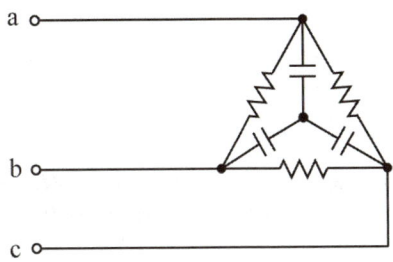

① 0.6 ② 0.7
③ 0.8 ④ 0.9

| 해설
△결선으로 접속된 저항 R을 Y결선으로 등가 변환하면 그 크기가 1/3배로 줄어든다.

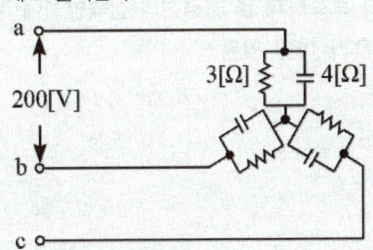

∴ 병렬회로의 역률
$\cos\theta = \dfrac{X}{\sqrt{R^2 + X^2}} = \dfrac{4}{\sqrt{3^2 + 4^2}} = 0.8$

정답 78 ② 79 ③

80

전기회로에서 일어나는 과도현상은 그 회로의 시정수와 관계가 있다. 이 사이의 관계를 옳게 표현한 것은?

① 회로의 시정수가 클수록 과도현상은 오랫동안 지속된다.
② 시정수는 과도현상의 지속시간에는 상관되지 않는다.
③ 시정수의 역이 클수록 과도현상은 천천히 사라진다.
④ 시정수가 클수록 과도현상은 빨리 사라진다.

| 해설
과도현상이 소멸되는 시간은 시정수와 비례관계를 갖는다. 따라서 시정수가 커지면 과도현상이 소멸되는 시간도 길어진다.

05 전기설비기술기준

81

저압전로의 보호도체 및 중성선의 접속방식에 따른 접지계통의 분류가 아닌 것은?

① IT 계통　　② TN 계통
③ TT 계통　　④ TC 계통

| 해설
KEC 203.1(계통접지 구성)
저압전로의 보호도체 및 중성선의 접속 방식에 따른 접지계통 구분
• TN 계통
• TT 계통
• IT 계통

82

가공전선로의 지지물로 볼 수 없는 것은?

① 목주　　② 지지선
③ 철탑　　④ 철근 콘크리트주

| 해설
전기설비기술기준 3조(정의)
지지물이라 함은 목주, 철주, 철근 콘크리트주 및 철탑과 이와 유사한 시설물로서, 전선, 약전류전선 또는 광섬유 케이블을 지지하는 것을 주된 목적으로 하는 것을 말한다.

83

중앙급전 전원과 구분되는 것으로서 전력소비지역 부근에 분산하여 배치 가능한 전원을 말하며 사용 전원의 정전 시에만 사용하는 비상용 예비전원은 제외하고 신·재생에너지 발전설비, 전기저장장치 등을 포함하는 설비를 무엇이라 하는가?

① 급전소　　② 발전소
③ 분산형전원　　④ 개폐소

| 해설
KEC 112 용어 정의
㉠ 급전소
전력계통의 운용에 관한 지시 및 급전조작을 하는 곳을 말한다.
㉡ 발전소
발전기·원동기·연료전지·태양전지·해양에너지발전설비·전기저장장치 그 밖의 기계기구를 시설하여 전기를 생산하는 곳을 말한다.
㉢ 개폐소
개폐기 및 기타 장치에 의하여 전로를 개폐하는 곳으로서 발전소·변전소 및 수용장소 이외의 곳을 말한다.

84

전기저장장치의 전용건물에 이차전지를 시설할 경우 벽면으로부터 몇 m 이상 이격하여야 하는가?

① 0.5m 이상　　② 1.0m 이상
③ 1.5m 이상　　④ 2.0m 이상

| 해설
KEC 515.2.1 전용건물에 시설하는 경우
이차전지는 벽면으로부터 1m 이상 이격하여 설치하여야 한다.

85

최대 사용전압 440[V]인 전동기의 절연내력 시험전압은?

① 330[V]　　② 440[V]
③ 500[V]　　④ 660[V]

정답　80 ①　81 ④　82 ②　83 ③　84 ②　85 ④

| 해설

KEC 132 전로의 절연저항 및 절연내력
7000[V] 이하의 회전기 절연내력시험은 최대 사용전압의 1.5배의 전압으로 10분간 가한다.
절연내력 시험전압 = 440 × 1.5 = 660[V]

86 □□□

애자사용공사를 습기가 많은 장소에 시설하는 경우 전선과 조영재 사이의 간격은 몇 [cm] 이상이어야 하는가? (단, 사용전압은 440[V]인 경우이다)

① 2.0　　② 2.5
③ 4.5　　④ 6.0

| 해설

KEC 232.56 애자공사
㉠ 전선은 절연전선 사용(옥외용·인입용 비닐절연전선 사용 불가)
㉡ **전선 상호간격: 0.06m 이상**
㉢ 전선과 조영재의 간격
　• 400[V] 이하: 25mm 이상
　• 400[V] 초과: 45mm 이상(건조한 장소에 시설하는 경우에는 25mm)
㉣ 전선의 지지점 간의 거리는 전선을 조영재의 윗면 또는 옆면에 따라 붙일 경우에는 2[m] 이하일 것
㉤ 사용전압이 400[V] 초과인 것의 지지점 간의 거리는 6[m] 이하일 것

87 □□□

지중에 매설되어 있고 대지와의 전기저항값이 최대 몇 [Ω] 이하의 값을 유지하고 있는 금속체 수도관로를 각종 접지공사의 접지극으로 사용할 수 있는가?

① 3　　② 5
③ 7　　④ 10

| 해설

KEC 142.2 접지극의 시설 및 접지저항
지중에 매설되어 있고 대지와의 전기저항 값이 3Ω 이하의 값을 유지하고 있는 금속제 수도관로는 접지극으로 사용이 가능하다.

88 □□□

플로어덕트 공사에 의한 저압 옥내 배선에서 절연전선으로 연선을 사용하지 않아도 되는 경우는 전선의 단면적이 몇 [mm²] 이하인가?

① 2.5　　② 4
③ 6　　　④ 10

| 해설

KEC 232.32 플로어덕트공사
㉠ 전선은 절연전선일 것.(옥외용 비닐절연전선은 제외)
㉡ **전선은 연선일 것. 단, 단면적 10mm2(알루미늄선은 단면적 16mm2) 이하인 것은 단선을 사용할 것**
㉢ 플로어덕트 안에는 전선에 접속점이 없도록 할 것
㉣ 덕트의 끝부분은 막을 것

89 □□□

전력보안통신설비를 반드시 시설하지 않아도 되는 곳은?

① 원격감시제어가 되지 않는 발전소
② 원격감시제어가 되지 않는 변전소
③ 2 이상의 급전소 상호간과 이들을 총합 운용하는 급전소 간
④ 발전소로서 전기공급에 지장을 미치지 않고, 휴대용 전력보안통신 전화설비에 의하여 연락이 확보된 경우

| 해설

KEC 362.1 전력보안통신설비의 시설 요구사항
다음에는 전력보안통신설비를 시설하여야 한다.
㉠ 원격감시제어가 되지 않는 발전소·원격감시제어가 되지 않는 변전소·발전제어소·변전제어소·개폐소 및 전선로의 기술원 주재소와 이를 운용하는 급전소 간
㉡ 2 이상의 급전소 상호간과 이들을 총합 운용하는 급전소 간
㉢ 수력설비 중 필요한 곳, 수력설비의 보안상 필요한 양수소(量水所) 및 강수량 관측소와 수력발전소 간
㉣ 동일 수계에 속하고 안전상 긴급연락의 필요가 있는 수력발전소 상호간
㉤ 동일 전력계통에 속하고 또한 안전상 긴급연락의 필요가 있는 발전소·변전소 및 개폐소 상호 간
㉥ 발전소·변전소 및 개폐소와 기술원 주재소 간
㉦ 발전소·변전소·개폐소·급전소 및 기술원 주재소와 전기설비의 안전상 긴급 연락의 필요가 있는 기상대·측후소·소방서 및 방사선 감시계측 시설물 등의 사이

정답　86 ③　87 ①　88 ④　89 ④

90

IT 계통에서 지락사고와 같은 1차 고장에 대해서 이를 감시하고 차단할 수 있는 보호장치를 설치하여야 한다. 이때 감시 및 보호장치로 잘못된 것은?

① 절연감시장치 ② 누전차단기
③ 과전류보호장치 ④ 퓨즈

| 해설
KEC 211.2.7 IT 계통
㉠ 절연 감시장치(음향 및 시각신호를 갖추어야 할 것.)
㉡ 누설전류 감시장치
㉢ 절연고장점 검출장치
㉣ 과전류보호장치
㉤ 누전차단기

91

발·변전소의 차단기에 사용하는 압축공기장치의 공기탱크는 사용압력에서 공기의 보급이 없는 상태에서 차단기의 투입 및 차단을 연속하여 몇 회 이상 할 수 있는 용량을 가져야 하는가?

① 1회 ② 2회
③ 3회 ④ 4회

| 해설
KEC 341.15 압축공기계통
사용압력에서 공기의 보급이 없는 상태로 개폐기 또는 차단기의 투입 및 차단을 계속하여 1회 이상 할 수 있는 용량을 가지는 것이어야 한다.

92

사용전압이 35000[V] 이하인 특고압 가공전선이 건조물과 제2차 접근상태로 시설되는 경우에 특고압 가공전선로는 어떤 보안공사를 하여야 하는가?

① 제1종 특고압 보안공사
② 제2종 특고압 보안공사
③ 제3종 특고압 보안공사
④ 제4종 특고압 보안공사

| 해설
333.23 특고압 가공전선과 건조물의 접근
특고압 보안공사를 구분하면 다음과 같다.
• 제1종 특고압 보안공사: 35[kV] 넘고, 2차 접근상태인 경우
• 제2종 특고압 보안공사: 35[kV] 이하이고, 2차 접근상태인 경우
• 제3종 특고압 보안공사: 특고압 가공전선이 다른 시설물과 1차 접근상태인 경우

93

3상4선식 Y접속시 전등과 동력을 공급하는 옥내배선의 경우 상별 부하전류가 평형으로 유지되도록 상별로 전선 연결하기 위하여 전압측 색별 배선을 하거나 색테이프를 감는 등의 방법으로 표시하여야 한다. 이때 L2상의 식별 표시는?

① 빨간색 ② 검은색
③ 파란색 ④ 회색

| 해설
KEC 121.2 전선의 식별

상(문자)	색상
L1	갈색
L2	검은색
L3	회색
N	파란색
보호도체	녹색 - 노란색

정답 90 ④ 91 ① 92 ② 93 ②

94

전력용 콘덴서의 내부에 고장이 생긴 경우 및 과전류 또는 과전압이 생긴 경우에 자동적으로 전로로부터 차단하는 장치가 필요한 뱅크 용량은 몇 [kVA] 이상인가?

① 1000
② 5000
③ 10000
④ 15000

| 해설

KEC 351.5 조상설비의 보호장치
조상설비에는 그 내부에 고장이 생긴 경우에 보호하는 장치를 시설하여야 한다.

설비종별	뱅크용량의 구분	자동적으로 전로로부터 차단하는 장치
전력용 커패시터 및 분로리액터	500kVA 초과 15,000kVA 미만	내부고장 및 과전류 발생시 보호장치
	15,000kVA 이상	내부고장 및 과전류·과전압 발생시 보호장치
무효전력 보상장치	15,000kVA 이상	내부고장시 보호장치

95

변압기에 의하여 특고압 전로에 결합되는 고압 전로에는 혼촉 등에 의한 위험방지시설로 어떤 것을 그 변압기의 단자에 가까운 1극에 설치하는가?

① 댐퍼
② 절연애자
③ 퓨즈
④ 방전장치

| 해설

KEC 322.3 특고압과 고압의 혼촉 등에 의한 위험방지 시설
변압기에 의하여 특고압전로에 결합되는 고압전로에는 사용전압의 3배 이하인 전압이 가하여진 경우에 방전하는 장치를 그 변압기의 단자에 가까운 1극에 설치하여야 한다.

96

가공전선로에 사용하는 지지물의 강도계산에 적용하는 갑종 풍압하중은 지지물이 목주, 원형 철주, 원형 철근 콘크리트주인 경우 수직투영면적 1[m²]에 대하여 몇 [Pa]의 풍압을 기초로 하여 계산하는가?

① 588
② 666
③ 745
④ 1255

| 해설

KEC 331.6 풍압하중의 종별과 적용
㉠ 목주, 원형 철주, 원형 철근 콘크리트주: 588[Pa]
㉡ 철탑, 강관으로 구성되는 철탑: 1255[Pa]
㉢ 기타: 2157[Pa]

97

옥내의 네온 방전등 공사에서 전선의 지지점 간의 거리는 몇 [m] 이하로 시설하여야 하는가?

① 1
② 2
③ 3
④ 4

| 해설

KEC 234.12 네온방전등
㉠ 사람이 쉽게 접촉할 우려가 없는 곳에 위험의 우려가 없도록 시설할 것
㉡ 배선은 전개된 장소 또는 점검할 수 있는 은폐된 장소에 시설할 것
㉢ 배선은 애자사용공사에 의하여 시설한다.
 • 전선은 네온관용 전선을 사용할 것
 • 전선지지점간의 거리는 1m 이하로 할 것
 • 전선 상호간의 간격은 60mm 이상일 것

정답 94 ④ 95 ④ 96 ① 97 ①

98

태양광 설비에 시설하여야 하는 계측기의 계측대상에 해당하는 것은?

① 전압과 전류
② 전력과 역률
③ 전류와 역률
④ 역률과 주파수

| 해설
KEC 522.3.6(태양광설비의 계측장치)
태양광설비에는 전압과 전류 또는 전압과 전력을 계측하는 장치를 시설하여야 한다.

99

특고압 가공전선로 중 지지물로 직선형의 철탑을 연속하여 10기 이상 사용하는 부분에는 몇 기 이하마다 내장애자장치가 되어 있는 철탑 또는 이와 동등한 강도를 가지는 철탑 1기를 시설하여야 하는가?

① 3
② 5
③ 7
④ 10

| 해설
KEC 333.16 특고압 가공전선로의 내장형 등의 지지물 시설
특고압 가공전선로 중 지지물로서 직선형의 철탑을 연속하여 10기 이상 사용하는 부분에는 10기 이하마다 장력에 견디는 애자장치가 되어 있는 철탑 또는 이와 동등 이상의 강도를 가지는 철탑 1기를 시설

100

의료장소별 계통접지에서 그룹 2에 해당하는 장소에 적용하는 접지방식은? (단, 이동식 X-레이, 5kVA이상의 대형기기, 일반 의료용 전기기기는 제외)

① TN
② TT
③ IT
④ TC

| 해설
KEC 242.10.2 의료장소별 계통접지
의료장소별로 다음과 같이 계통접지를 적용한다.
㉠ 그룹 0: TT 계통 또는 TN 계통
㉡ 그룹 1: TT 계통 또는 TN 계통
㉢ 그룹 2: 의료 IT 계통(이동식 X-레이, 5kVA이상의 대형기기, 일반 의료용 전기기기에는 TT 계통 또는 TN 계통 적용)

정답 98 ① 99 ④ 100 ③

2025년 1회 전기산업기사

※ CBT문제는 수험생의 기억에 따라 복원된 것이며, 실제 기출문제와 동일하지 않을 수 있습니다.

01 전기자기학

01 □□□

무한 평면도체로부터 거리 a[m] 인 곳에 점전하 Q[C] 이 있을 때 도체표면에 유도되는 최대 전하밀도는 몇 [C/m²] 인가?

① $-\dfrac{Q}{2\pi a^2}$
② $\dfrac{Q}{2\pi \epsilon_0 a^2}$
③ $\dfrac{Q}{4\pi a^2}$
④ $\dfrac{Q}{4\pi \epsilon_0 a^2}$

| 해설

최대 전하밀도

$D_m = \sigma_m = \epsilon_0 E_m = \dfrac{Q}{2\pi a^2}$ [C/m²]

02 □□□

균일하게 원형 단면을 흐르는 전류 I[A]에 의한 반지름 a[m], 길이 ℓ[m], 비투자율 μ_s인 원통 도체의 내부 인덕턴스는 몇 [H] 인가?

① $\dfrac{1}{2} \times 10^{-7} \mu_s \ell$
② $10^{-7} \mu_s \ell$
③ $2 \times 10^{-7} \mu_s \ell$
④ $\dfrac{1}{2a} \times 10^{-7} \mu_s \ell$

| 해설

내부 인덕턴스(구리의 비투자율: $\mu_s \fallingdotseq 1$)

$L_i = \dfrac{\mu l}{8\pi} = \dfrac{\mu_0 \mu_s l}{8\pi} = \dfrac{4\pi \times 10^{-7} \times \mu_s \times \ell}{8\pi}$

$= \dfrac{1}{2} \times 10^{-7} \times \mu_s \ell$ [H]

03 □□□

$A = 2i - 5j + 3k$일 때, $k \times A$를 구하면?

① $-5i + 2j$
② $5iz - 2j$
③ $-5i - 2j$
④ $5i + 2j$

| 해설

k와 A의 두 벡터의 외적은 다음과 같다.

$k \times A = k \times (2i - 5j + 3k) = 2j + 5i$

여기서, $k \times i = j$, $k \times j = -i$, $k \times k = 0$

04 □□□

정전용량이 20[μF]인 평행판 축전기에 0.01[C]의 전하량을 충전했을 때 두 평행판 사이에 비유전율 10인 유전체를 채우면 유전체 표면에 발생하는 분극 전하량은 몇 [C] 인가?

① -0.009
② -0.01
③ -0.09
④ -0.1

| 해설

㉠ 분극전하밀도 $\sigma' = P = \dfrac{Q'}{S}$ [C/m²] 이고,

전하밀도 $\sigma = D = \dfrac{Q}{S}$ [C/m²]

㉡ 분극전하밀도 $P = D\left(1 - \dfrac{1}{\epsilon_s}\right)$ 에서 양변에 면적을 곱해서 분극전하량을 구할 수 있다.

∴ 분극 전하량

$Q' = -Q\left(1 - \dfrac{1}{\epsilon_s}\right) = -0.01\left(1 - \dfrac{1}{10}\right)$

$= -0.009$ [C]

정답 1① 2① 3④ 4①

05

평행판 콘덴서에 유전율 $9 \times 10^{-8}\,[\text{F/m}]$, 고유저항 $\rho = 10^6\,[\Omega \cdot \text{m}]$ 인 액체를 채웠을 때, 정전용량이 $3\,[\mu\text{F}]$ 이었다. 이 양극판 사이의 저항은 몇 $[\text{k}\Omega]$ 인가?

① 37.6
② 30
③ 18
④ 15.4

| 해설

저항: $R = \dfrac{\rho \epsilon}{C}$

$= \dfrac{9 \times 10^{-8} \times 10^6}{3 \times 10^{-6}}$

$= 3 \times 10^4\,[\Omega] = 30\,[\text{k}\Omega]$

06

모든 전기장치를 접지시키는 근본적인 이유는?

① 편의상 대지는 전위가 영상 전위이기 때문이다.
② 대지는 습기가 있기 때문에 전류가 잘 흐르기 때문이다.
③ 영상전하로 생각하여 땅속은 음(-)전하이기 때문이다.
④ 지구의 정전용량이 커서 전위가 거의 일정하기 때문이다.

| 해설

모든 전기장치를 접지시키는 이유는 지구의 정전용량이 커서 전위가 거의 일정하기 때문이다.

07

유전체의 초전효과(Pyroelectric effect)에 대한 설명이 아닌 것은?

① 온도변화에 관계없이 일어난다.
② 자발 분극을 가진 유전체에서 생긴다.
③ 초전효과가 있는 유전체를 공기 중에 놓으면 중화된다.
④ 열에너지를 전기에너지로 변화시키는데 이용된다.

| 해설

초전효과는 온도변화에 의해 발생된다.

08

도전율 σ, 유전율 ϵ 인 매질에 교류전압을 가할 때 전도전류와 변위전류의 크기가 같아지는 주파수는?

① $f = \dfrac{\sigma}{2\pi\epsilon}$
② $f = \dfrac{\epsilon}{2\pi\sigma}$
③ $f = \dfrac{2\pi\epsilon}{\sigma}$
④ $f = \dfrac{2\pi\sigma}{\epsilon}$

| 해설

㉠ 전도전류: $I_c = \sigma ES\,[\text{A}]$
㉡ 변위전류: $I_d = \omega \epsilon ES = 2\pi f \epsilon ES\,[\text{A}]$
㉢ 임계조건: $I_c = I_d \rightarrow \sigma ES = 2\pi f \epsilon ES$
∴ 임계주파수 $f_c = \dfrac{\sigma}{2\pi\epsilon} = \dfrac{k}{2\pi\epsilon}\,[\text{Hz}]$

09

그림과 같이 환상철심에 2개의 코일을 감고, 1차 코일을 전지에, 2차 코일을 검류계 ⓖ에 연결한다. 다음의 각 경우 중 검류계에 흐르는 전류의 방향이 옳게 언급된 것은?

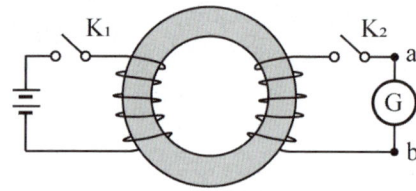

① 스위치 K_2를 닫은 다음 스위치 K_1을 닫으면 전류는 b에서 a로 흐른다.
② 스위치 K_1을 닫은 후 잠깐 있다가 스위치 K_2를 닫으면 전류는 a에서 b로 흐른다.
③ 스위치 K_1과 K_2를 닫아 놓고, 스위치 K_1을 급히 열면 전류는 b에서 a로 흐른다.
④ 스위치 K_1과 K_2를 닫아 놓고, 스위치 K_2를 급히 열면 전류는 b에서 a로 흐른다.

정답 5② 6④ 7① 8① 9③

| 해설
스위치 K_1과 K_2를 닫은 상태에서 K_1을 급해 열면 철내에 자속이 감소하게 된다. 그럼 전자유도법칙 $e = -N\dfrac{d\phi}{dt}$ 에 의해서 자속과 같은 방향으로 기전력이 유도되므로 2차측 코일에 흐르는 전류는 b에서 a측으로 흐르게 된다.

10 ☐☐☐

판자석의 표면밀도를 $\pm\sigma$ [Wb/m²]이라 하고, 두께를 δ [m]라고 할 때, 이 판자석의 세기는 몇 [Wb/m]인가?

① $\sigma\delta$
② $\dfrac{1}{2}\sigma\delta^2$
③ $\dfrac{1}{2}\sigma\delta$
④ $\sigma\delta^2$

| 해설
㉠ 자기 이중층 모멘트(판자석의 세기)
$$M = P = \sigma\delta = \mu_0 I \text{ [Wb/m]}$$
㉡ 자기 이중층(판자석) 자위
$$U = \dfrac{P\omega}{4\pi\mu_0} = \dfrac{I\omega}{4\pi} = \dfrac{I}{2}(1-\cos\theta) \text{ [J/Wb]}$$

11 ☐☐☐

다음 설명의 (㉠), (㉡)에 들어갈 내용으로 옳은 것은?

> 히스테리시스 곡선은 가로축(횡축)(㉠), 세로축(종축)(㉡)와의 관계를 나타낸다.

① ㉠ 자속밀도　㉡ 투자율
② ㉠ 자기장의 세기　㉡ 자속밀도
③ ㉠ 자화의 세기　㉡ 자기장의 세기
④ ㉠ 자기장의 세기　㉡ 투자율

| 해설
히스테리시스 곡선: 자성체가 자화되는 특성을 나타낸 곡선으로 외부에서 인가한 자기력에 대한 자성체 내의 자속밀도를 나타낸 곡선

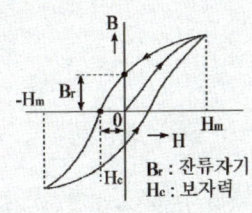

㉠ 가로축(횡축): 자기장의 세기
㉡ 세로축(종축): 자속밀도

12 ☐☐☐

정전용량 C_1, C_2, C_x 의 3개 캐패시터를 그림과 같이 연결하고 단자 a, b간에 100[V]의 전압을 가하였다. 지금 $C_1 = 0.02$[μF], $C_2 = 0.1$[μF]이며 C_1에 90[V]의 전압이 걸렸을 때 C_x는 몇 [μF]인가?

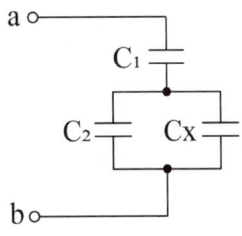

① 0.1
② 0.04
③ 0.06
④ 0.08

| 해설
㉠ 등가변환

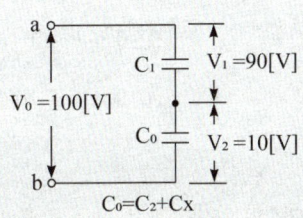

$C_0 = C_2 + C_x$

㉡ 전압 분배법칙 $V_2 = \dfrac{C_1}{C_1 + C_2 + C_x} \times V_0$ 에서

$10 = \dfrac{0.02}{0.12 + C_x} \times 100$ 이므로 $0.12 + C_x = 0.2$ 이 된다.

∴ $C_x = 0.2 - 0.12 = 0.08$ [μF]

정답 10 ① 11 ② 12 ④

13

온도 $t[℃]$에서 저항 $R_t[\Omega]$의 도선은 $30[℃]$일 때 저항은 어떻게 되는가?

① $\dfrac{30-t}{234.5}R_t$ ② $\dfrac{234.5+t}{264.5}R_t$

③ $\dfrac{30-t}{234.5+t}R_t$ ④ $\dfrac{264.5}{234.5+t}R_t$

| 해설
㉠ $20[℃]$에서 전기저항
$R_0 = \rho\dfrac{l}{S} = 1.69\times10^{-8}\times\dfrac{200}{2\times10^{-6}}$
$= 1.69[\Omega]$
㉡ 온도 상승 후 전기저항
$R_T = 1.69\times[1+0.0039(50-20)]$
$= 1.887[\Omega]$

14

자기 인덕턴스와 상호 인덕턴스와의 관계에서 결합계수 k의 값은?

① $0 \leq k \leq \dfrac{1}{2}$ ② $0 \leq k \leq 1$

③ $1 \leq k \leq 2$ ④ $0 \leq k \leq 10$

| 해설
㉠ $k=0$: 자기적인 비결합
㉡ $k=1$: 자기적인 완전결합
㉢ 결합계수 범위: $0 < k \leq 1$

15

진공 중에 놓여있는 $2\times10^3[C]$의 정전하로부터 $1[m]$ 떨어진 점 A와 $2[m]$ 떨어진 점 B에서의 전속밀도 D_A, D_B는 각각 몇 $[C/m^2]$인가?

① $D_A = 159$, $D_B = 40$
② $D_A = 0.4$, $D_B = 16$
③ $D_A = 40$, $D_B = 159$
④ $D_A = 16$, $D_B = 0.4$

| 해설
전속밀도 $D = \dfrac{Q}{4\pi r^2}$ 에서
㉠ $D_A = \dfrac{2\times10^3}{4\pi\times1} = 159[C/m^2]$
㉡ $D_B = \dfrac{2\times10^3}{4\pi\times2^2} = 40[C/m^2]$

16

그림과 같은 유한길이의 솔레노이드에서 비투자율이 μ_s인 철심의 단면적이 $S[m^2]$이고 길이가 $\ell[m]$인 것에 코일을 N회 감고 $I[A]$를 흘릴 때 자기저항 $R_m[AT/Wb]$은 어떻게 표현되는가?

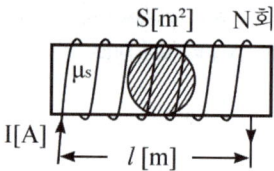

① $R_m = \dfrac{\ell}{\mu_0\mu_s}$ ② $R_m = \ell\mu_0\mu_s$

③ $R_m = \dfrac{\ell}{\mu_0\mu_s S}$ ④ $R_m = \ell S\mu_0\mu_s$

정답 13 ④ 14 ② 15 ① 16 ③

17 □□□

진공 중에 전하량 $Q[C]$ 인 점전하가 있다. 그림과 같이 Q를 둘러싸는 경로 C_1 가 둘러싸지 않은 폐곡선 C_2 가 있다. 지금 $+1[C]$ 의 전하를 화살표 방향으로 경로 C_1 을 따라 일주시킬 때 요하는 일을 W_1, 경로 C_2 를 일주시키는데 요하는 일을 W_2 라고 할 때 옳은 것은?

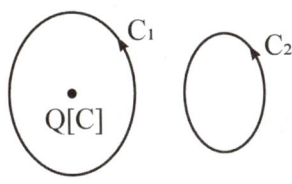

① $W_1 < W_2$
② $W_2 < W_1$
③ $W_1 \neq 0, \ W_2 = 0$
④ $W_1 = W_2 = 0$

| 해설

$\oint E \, d\ell = 0$ 이므로, 폐회로를 따라 일주하면 위치가 원 위치이므로 에너지 증감이 없다.

18 □□□

한 변의 길이가 10[m]되는 정방형 회로에 100[A]의 전류가 흐를 때 회로 중심부의 자계의 세기는 몇 [A/m]인가?

① 5
② 9
③ 16
④ 21

| 해설

정사각형 도체 중심의 자계의 세기

$H = \dfrac{2\sqrt{2}\,I}{\pi \ell} = \dfrac{2\sqrt{2} \times 100}{\pi \times 10} = 9 \,[A/m]$

19 □□□

콘크리트($\epsilon_r = 4, \ \mu_r = 1$) 중에서 전자파의 고유 임피던스는 약 몇 [Ω]인가?

① 35.4[Ω]
② 70.8[Ω]
③ 124.3[Ω]
④ 188.5[Ω]

| 해설

자유공간에서의 고유 임피던스(특성 임피던스)

$Z = \sqrt{\dfrac{\mu}{\epsilon}} = \sqrt{\dfrac{\mu_0 \mu_r}{\epsilon_0 \epsilon_r}} = 120\pi \sqrt{\dfrac{\mu_r}{\epsilon_r}}$

$= 120\pi \sqrt{\dfrac{1}{4}} = 377 \times \dfrac{1}{2} = 188.5\,[\Omega]$

20 □□□

자계 내에서 도선에 전류를 흘러 보낼 때, 도선을 자계에 대해 60°의 각으로 놓았을 때 작용하는 힘은 30°각으로 놓았을 때 작용하는 힘의 몇 배인가?

① 1.2
② 1.7
③ 2.4
④ 3.6

| 해설

플레밍의 왼손법칙

$\dfrac{F_{60}}{F_{30}} = \dfrac{IB\ell \sin 60}{IB\ell \sin 30} = \dfrac{\sin 60}{\sin 30}$

$= \dfrac{\sqrt{3}/2}{1/2} = 1.732$

02 전력공학

21 □□□

철탑에서의 차폐각에 대한 설명 중 옳은 것은?

① 차폐각이 클수록 차폐효율이 크다.
② 차폐각이 클수록 정전유도가 커진다.
③ 차폐각이 10°인 경우 차폐효율은 10[%]정도이다.
④ 차폐각은 보통 90도 이상으로 설계한다

| 해설

차폐각이란 가공지선과 전력선과의 설치각을 말하며 차폐각이 클수록 차폐효율이 작아지고 정전유도가 커지므로 보통 45°이하로 설계한다.

정답 17 ④ 18 ② 19 ④ 20 ② 21 ②

22

파이로트 와이어(pilot wire)계전방식에 해당되지 않는 것은?

① 고장점 위치에 관계없이 양단을 동시에 고속차단할 수 있다.
② 송전선에 평행되도록 양단을 연락한다.
③ 고장시 장해를 받지 않게 하기 위하여 연피케이블을 사용한다.
④ 고장점 위치에 관계없이 부하측 고장을 고속 차단한다.

|해설

파이로트 와이어 계전방식은 거리계전기의 맹점을 보완하기 위해 시한차를 두지 않는 고속도 계전기로 고장시 선로 양단을 동시에 차단한다.

23

동일한 2대의 단상변압기를 V결선하여 3상 전력을 100[kVA]까지 배전할 수 있다면 똑같은 단상변압기 1대를 더 추가하여 △결선하면 3상 전력을 약 몇 [kVA]까지 배전 할 수 있겠는가?

① 57.7
② 70.5
③ 141.4
④ 173.2

|해설

변압기 1대의 출력은 P_1라 하면 V결선시 출력
$P_V = \sqrt{3} \cdot P_1 = 100[kVA]$
변압기 1대를 추가하여 △결선으로 운전하면
$P_\triangle = \sqrt{3} \cdot P_V = \sqrt{3} \times 100 = 173.1[kVA]$

24

유효낙차가 20[%] 저하하고, 수차의 효율이 10[%] 저하되었을 때의 출력은 약 몇 [%] 감소하는가? (단, 개도나 기타 사항 등은 변하지 않는다고 한다)

① 35
② 46
③ 53
④ 65

|해설

수차 출력 $P = 9.8HQ\eta[kW]$이므로 낙차와 효율과의 관계는
$\frac{P'}{P} = \left(\frac{H'}{H}\right)^{\frac{3}{2}} \times \frac{\eta'}{\eta}$ 이므로
$\frac{P'}{P} = (1-0.2)^{\frac{3}{2}} \times (1-0.1) = 0.6439$
출력은 35[%] 감소한다.

25

이상전압의 발생 우려가 가장 적은 중성점 접지방식은?

① 저항접지방식
② 소호리액터접지방식
③ 직접접지방식
④ 비접지방식

|해설

중성점 직접접지방식은 1선 지락사고시 건전상의 대지전압 상승이 작고 이상전압이 억제된다.

26

어떤 건물에서 총 설비부하용량 850[kW], 수용률 60[%]라면 변압기 용량은 최소 몇 [kVA]로 하여야 하는가? (단, 부등률 1.0이고 설비부하의 종합역률은 0.75이다)

① 500
② 650
③ 680
④ 740

|해설

변압기 용량 $P_T = \frac{설비용량 \times 수용율}{부등율 \times 부하역률}$
$P_T = \frac{850 \times 0.6}{1.0 \times 0.75} = 680[kVA]$

정답 22 ④ 23 ④ 24 ① 25 ③ 26 ③

27 □□□

중거리 송전선로의 T형 회로에서 송전단전류 I_S는? (단, Z, Y는 선로의 직렬임피던스와 병렬 어드미턴스이고 E_R은 수전단전압 I_R은 수전단 전류이다)

① $I_R(1+\frac{ZY}{2})+YE_R$

② $E_R(1+\frac{ZY}{2})+ZI_R(1+\frac{ZY}{4})$

③ $E_R(1+\frac{ZY}{2})+ZI_R$

④ $I_R(\frac{1+ZY}{2})+E_RY(1+\frac{ZY}{4})$

| 해설
T형 회로는 아래 그림과 같으므로

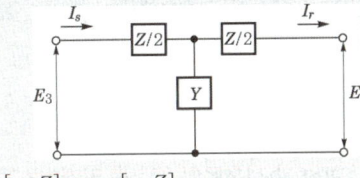

$$\begin{bmatrix}E_S\\I_S\end{bmatrix}=\begin{bmatrix}1&\frac{Z}{2}\\0&1\end{bmatrix}\begin{bmatrix}1&0\\Y&1\end{bmatrix}\begin{bmatrix}1&\frac{Z}{2}\\0&1\end{bmatrix}\begin{bmatrix}E_R\\I_R\end{bmatrix}$$

$$=\begin{bmatrix}1+\frac{ZY}{2}&Z(1+\frac{XY}{4})\\Y&1+\frac{ZY}{2}\end{bmatrix}\begin{bmatrix}E_R\\I_R\end{bmatrix}$$

송전단 전압 $E_S=\left(1+\frac{ZY}{2}\right)E_R+Z\left(1+\frac{ZY}{4}\right)I_R$

송전단 전류 $I_S=YE_R+\left(1+\frac{ZY}{2}\right)I_R$

28 □□□

어느 변전설비의 역률을 60[%]에서 80[%]로 개선하는데 2800[kVA]의 전력용콘덴서가 필요하였다. 이 변전설비의 용량은 몇 [kW]인가?

① 4800 ② 5000
③ 5400 ④ 5800

| 해설
전력용 콘덴서 용량 $Q_c=P(\tan\theta_1-\tan\theta_2)$[kVA]

$Q_c=P\left(\frac{\sqrt{1-0.6^2}}{0.6}-\frac{\sqrt{1-0.8^2}}{0.8}\right)=2800$[kVA]

변전설비 용량 $P=4800$[kW]

29 □□□

지상부하를 가진 3상 3선식 배전선 또는 단거리 송전선에서 전압강하를 나타낸 식은? (단, I, R, X, θ는 각각 수전단 전류, 선로저항, 리액턴스 및 수전단 전류의 위상각이다)

① $I(R\cos\theta+X\sin\theta)$

② $2I(R\cos\theta+X\sin\theta)$

③ $\sqrt{3}I(R\cos\theta+X\sin\theta)$

④ $3I(R\cos\theta+X\sin\theta)$

| 해설
전압강하 $e=kI_n(R\cos\theta+X\sin\theta)$[V] (여기서, 상계수 k)
- $k=2$: 단상 2선식, 직류 2선식
- $k=1$: 3상 4선식, 단상 3선식
- $k=\sqrt{3}$: 3상 3선식

정답 27 ① 28 ① 29 ③

30

변전소에서 수용가에 공급되는 전력을 끊고 소내 기기를 점검할 필요가 있을 경우와 점검이 끝난 후 차단기와 단로기를 개폐시키는 동작을 설명한 것이다. 옳은 것은?

① 점검시에는 차단기로 부하회로를 끊고 단로기를 열어야 하며, 점검한 후 차단기로 부하회로를 연결한 후 다음 단로기를 넣어야 한다.
② 점검시에는 단로기를 열고 난 후 차단기를 열어야 하며 점검후에는 단로기를 넣고난 다음 차단기로 부하회로를 연결하여야 한다.
③ 점검시에는 단로기를 열고 난 후 차단기를 열어야 하며 점검이 끝난 경우 차단기를 부하에 연결한 다음 단로기를 넣어야 한다.
④ 점검시에는 차단기로 부하회로를 끊고 난 다음 단로기를 열어야 하며 점검 후에는 단로기를 넣은 후 차단기를 넣어야 한다.

| 해설
단로기 조작순서(차단기와 연계하여 동작)
· 전원 투입(급전): DS on → CB on
· 전원 차단(정전): CB off → DS off

31

전력손실을 감소시키기 위한 직접적인 노력으로 볼 수 없는 것은?

① 승압공사 조기 준공   ② 노후설비 교체
③ 선로 등가저항 계산   ④ 설비 운전역률 개선

| 해설
3상3선식 전력손실 $P_c = 3 \cdot I_n^2 \cdot r = \dfrac{P^2 \cdot r}{V_n^2 \cdot \cos^2\theta}$ 에서 손실방지 대책은 다음과 같다.
① 승압   ② 역률개선
③ 전선교체   ④ 배전선로 단축
⑤ 불평형 부하 개선   ⑥ 단위기기 용량 감소

32

고저차가 없는 가공송전선로에서 이도 및 전선 중량을 일정하게 하고 경간을 2배로 했을 때 전선의 수평장력은 몇 배가 되는가?

① 2배   ② 4배
③ $\dfrac{1}{2}$ 배   ④ $\dfrac{1}{4}$ 배

| 해설
이도 $D = \dfrac{WS^2}{8T}$
(여기서, W: 단위 길이당 전선의 중량[kg/m], S: 경간[m], T: 수평 장력[kg])

전선의 수평장력 $T = \dfrac{WS^2}{8D}$ 에서 $T \propto S^2$ 이므로 경간(S)을 2배로 하면 수평장력(T)는 4배가 된다.

33

66[kV] 3상 1회선 송전선로의 1선의 리액턴스가 20[Ω], 전류가 350[A]일 때 %리액턴스는?

① 18.4   ② 19.7
③ 23.2   ④ 26.7

| 해설
퍼센트 리액턴스 $\%X = \dfrac{I_n X}{E} \times 100[\%]$

$\%X = \dfrac{I_n X}{E} \times 100 = \dfrac{350 \times 20}{66000/\sqrt{3}} = 18.37 \fallingdotseq 18.4[\%]$

34

배전선의 손실계수 H와 부하율 F와의 관계는?

① $0 \leq F^2 \leq H \leq F \leq 1$
② $0 \leq H^2 \leq F \leq H \leq 1$
③ $0 \leq H \leq F^2 \leq F \leq 1$
④ $0 \leq F \leq H^2 \leq H \leq 1$

정답   30 ④   31 ③   32 ②   33 ①   34 ①

| 해설

손실계수 $H = \dfrac{1}{I_m^2 RT}\int_o^T I^2 R dt$,

부하율 $F = \dfrac{1}{I_m RT}\int_o^T IR dt$ 로서 $I_m \geq 1$의 관계가 있으므로 부하율 F와 손실계수 H와의 관계는 다음과 같다.

$0 \leq F^2 \leq H \leq F \leq 1$

35 □□□
선택 접지계전기의 용도는?

① 단일 회선에서 접지전류의 대소의 선택
② 단일 회선에서 접지전류의 방향의 선택
③ 단일 회선에서 접지사고의 지속시간의 선택
④ 다회선에서 접지고장 회선의 선택

| 해설

선택지락계전기(SGR)
병행 2회선 송전선로에서 지락사고시 고장회선만을 선택·차단할 수 있게 하는 계전기

36 □□□
선택배류기는 어느 전기설비에 설치하는가?

① 급전선 ② 지하전력 케이블
③ 가공전화선 ④ 가공통신 케이블

| 해설

선택배류기는 전식작용을 방지하기 위해 지하전력 케이블에 설치한다.

37 □□□
합성임피던스 0.4[%](10000[kVA]기준)인 개소에 설치하는 차단기의 필요 차단용량은 몇 [MVA]인가?

① 40 ② 250
③ 400 ④ 2500

| 해설

차단기 용량 $P_s = \dfrac{100}{\%Z} \times P_n$ [MVA] (여기서, P_n: 기준용량)

$P_s = \dfrac{100}{0.4} \times 10,000 \times 10^{-3} = 2500$ [MVA]

38 □□□
발전기나 변압기의 내부고장 검출에 주로 사용되는 계전기는?

① 비율차동계전기 ② 역상계전기
③ 과전류계전기 ④ 과전압계전기

| 해설

비율차동계전기는 고장에 의해 생긴 불평형의 전류차가 평형 전류의 설정값 이상 되었을 때 동작하는 계전기로 기기 및 선로 보호에 쓰인다.
• 역상계전기: 전력설비의 불평형 운전 또는 결상운전 방지를 위해 설치
• 과전류계전기: 전류의 크기가 일정치 이상으로 되었을 때 동작하는 계전기
• 과전압계전기: 전압의 크기가 일정치 이상으로 되었을 때 동작하는 계전기

39 □□□
동기조상기의 설명으로 옳은 것은?

① 무부하로 운전되는 동기전동기로 역률을 개선한다.
② 전부하로 운전되는 동기전동기로 역률을 개선한다.
③ 무부하로 운전되는 동기발전기로 역률을 개선한다.
④ 전부하로 운전되는 동기발전기로 역률을 개선한다.

| 해설

동기조상기는 무부하로 운전되는 동기전동기로써 계자전류를 과여자, 부족여자시키면 전기자전류의 위상이 진상 또는 지상이 되므로 무효전력을 제어한다.

정답 35 ④ 36 ② 37 ④ 38 ① 39 ①

40 □□□

대용량 기력발전소에서 터빈의 중도에서 추기하여 급수가열에 사용함으로서 발생되는 효과가 아닌 것은?

① 열효율 개선
② 터빈 저압부 및 복수기의 소형화
③ 보일러 보급수량의 감소
④ 복수기 냉각수 감소

| 해설
재생사이클
터빈에서 팽창 도중의 증기의 일부를 추출하여 급수가열에 이용하여 효율을 높이는 방식으로 고온의 증기를 재사용함으로써 복수기의 소형화 및 냉각수 감소를 시킬수 있고 열효율이 개선된다.

03 전기기기

41 □□□

임피던스 강하가 5[%]인 변압기가 운전 중 단락되었을 때 단락전류는 정격전류의 몇 배가 되는가?

① 5
② 10
③ 15
④ 20

| 해설
단락전류 $I_s = \dfrac{100}{\%Z} \times 정격전류 = \dfrac{100}{5} I_n = 20 I_n [A]$

42 □□□

권선형 유도전동기의 저항제어법의 장점은 다음 중 어느 것인가?

① 부하에 대한 속도변동이 크다.
② 구조 간단하며, 제어조작이 용이하다.
③ 역율이 좋고, 운전효율이 양호하다.
④ 전부하로 장시간 운전하여도 온도상승이 작다

| 해설
권선형 유도전동기의 속도제어(저항제어) 특성
• 회전자저항의 변화를 통해 연속적인 속도제어가 가능하다.
• 조작이 간단하고 동기속도 이하에서 광범위하게 제어가 가능하다.
• 저항에 의한 손실발생으로 효율이 낮다.
• 저속에서 속도제어 시 토크변화에 대해 속도변화가 크게 나타나므로 안정도가 감소한다.

43 □□□

직류 직권전동기가 있다. 공급전압이 525[V] 전기자전류가 50[A]일 때 회전속도는 1,500[rpm]이라고 한다. 공급전압을 400[V]로 낮추었을 때 같은 전기자전류에 대한 회전속도를 구하라.
(단, 전기자권선 및 계자권선의 전 저항은 0.5[Ω]라 한다)

① 1,000[rpm]
② 1,125[rpm]
③ 1,250[rpm]
④ 1,375[rpm]

| 해설
공급전압 525[V]일 때
역기전력 $E_{c525} = V_n - I_a(r_a + r_f) = 525 - 0.5 \times 50 = 500[V]$
공급전압 400[V]일 때
역기전력 $E_{c400} = V_n - I_a(r_a + r_s) = 400 - 0.5 \times 50 = 375[V]$
역기전력은 $E_c = k\phi N \propto N$ 이므로,
500 : 375 = 1500 : N
회전속도 $N = \dfrac{375}{500} \times 1500 = 1125[rpm]$

정답 40 ③ 41 ④ 42 ② 43 ②

44

2차 1상의 저항 0.02[Ω], $S=1$에서 2차 리액턴스 0.05[Ω]인 3상 유도 전동기가 있다. 이 전동기의 슬립이 5[%]일 때 1차 부하전류가 12[A]라 하면 1상의 기계적 출력은 몇 [kW]인가? (단, 권수비 $a=10$, 상수비 $m=1$이다)

① 약 12.5 ② 약 13.7
③ 약 15.6 ④ 약 16.4

| 해설

1차 부하전류를 2차 전류로 변환
$I_2 = I_1 au = 12 \times 10 = 120[A]$

기계적 출력 $P_o = (\frac{1}{s}-1)I_2^2 r_2 \times 10^{-3}[kW]$

3상 기계적 출력
$P_o = 3 \times (\frac{1}{0.05}-1) \times 120^2 \times 0.02 \times 10^{-3} = 16.416[kW]$

1상의 기계적 출력 $P_o = \frac{3상\ 출력}{3} = \frac{16.416}{3} = 5.472[kW]$

46

무부하전압 213[V], 정격전압 200[V], 정격 출력 80[kW]의 분권 발전기가 있다. 계자저항이 20[Ω], 전부하때의 전기자 반작용에 의한 전압강하가 4.8[V]라면 그 전기자 회로의 저항[Ω]은?

① 0.02 ② 0.05
③ 0.08 ④ 0.1

| 해설

- 유기기전력 $E_a = V_n + I_a \cdot r_a + e_a [V]$
- 전기자전류
$I_a = I_n + I_f = \frac{P}{V_n} + \frac{V_n}{r_f} = \frac{80 \times 10^3}{200} + \frac{200}{20} = 410[A]$
- 무부하전압은 유기기전력과 같은 크기이므로
$V_o = E_a = 213[V]$
- 전기자저항 $r_a = \frac{E_a - V_n - e_a}{I_a} = \frac{213-200-4.8}{410} = 0.02[\Omega]$

45

3상 유도전압조정기의 동작원리는?

① 회전자계에 의한 유도작용을 이용하여 2차전압의 위상전압의 조정에 따라 변화한다.
② 교번자계의 전자유도작용을 이용한다.
③ 충전된 두 물체 사이에 적용하는 힘
④ 두 전류 사이에 적용하는 힘

| 해설

3상 유도 전압 조정기
3상 유도전압 조정기 용량: $P_2 = \sqrt{3}E_2I_2 \times 10^{-3}[kVA]$

단상 유도전압 조정기	3상 유도전압 조정기
① 교번자계 이용	① 회전자계 이용
② 단락권선 있다.	② 단락권선 없다.
③ 1·2차 전압사이 위상차 없다.	③ 1·2차 전압사이에 위상차 있다.

47

변압기의 기름이 갖추어야 할 조건 중에서 맞지 않는 것은 어느 것인가?

① 점도가 높을 것 ② 인화점이 높을 것
③ 절연내력이 클 것 ④ 응고점이 낮을 것

| 해설

㉠ 변압기유의 사용목적: 절연유지, 냉각작용
㉡ 변압기유가 갖추어야할 조건
- 절연내력이 높을 것
- 점도가 낮을 것
- 인화점이 높고 응고점이 낮을 것
- 화학작용이 일어나지 않을 것
- 변질하지 말 것
- 비열이 커서 냉각효과가 클 것

정답 44 ④ 45 ① 46 ① 47 ①

48

Y-△결선의 3상 변압기군 A와 △-Y 결선의 3상 변압기군 B를 병렬로 사용할 때 A군의 변압기 권수비가 30이라면 B군의 변압기의 권수비는?

① 30
② 60
③ 90
④ 120

| 해설

예를들어 변압기 2차 단자전압을 100[V]라 하면
A군 변압기 1차 상전압 $E_1 = aE_2 = 30 \times 100 = 3000[V]$
A군 변압기 Y-△ 결선시 1차 단자전압
$V_1 = \sqrt{3} E_1 = 3000\sqrt{3} [V]$
A와 B 두 변압기를 병렬운전시 1차 및 2차 단자전압은 같아야 한다.
B변압기 1차 단자전압 $E_1 = 3000\sqrt{3} [V]$,
2차 상전압이 $E_2 = \frac{100}{\sqrt{3}} [V]$가 되어야 하므로
B변압기의 권선비는 $a = \frac{E_1}{E_2} = \frac{3000\sqrt{3}}{100/\sqrt{3}} = 90$

49

정격부하를 걸고 16.3[kg·m]의 토크를 발생하여 600[rpm]으로 회전하는 어떤 직류 분권전동기의 역기전력이 50[V]라고 할 때 전기자전류는 약 몇 [A]인가?

① 약 2.1
② 약 20.5
③ 약 125.3
④ 약 200

| 해설

• 토크 $T = 0.975 \frac{P_o}{N} = 0.975 \frac{E_c I_a}{N} [Kg \cdot m]$
• 전기자 전류 $I_a = \frac{TN}{0.975 E_c} = \frac{16.3 \times 600}{0.975 \times 50} = 200.62 ≒ 200[A]$

50

실리콘 다이오드의 특성에서 잘못된 것은?

① 전압강하가 크다.
② 정류비가 크다.
③ 허용온도가 높다.
④ 역내전압이 크다.

| 해설

실리콘 다이오드
• 허용 온도(150[℃])가 높고 전류 밀도가 크다.
• 소자가 견딜 수 있는 역방향 전압(역내 전압)이 높다.
• 효율이 높고 전압강하가 작다.

51

10[kVA], 2000/100[V] 변압기의 1차 환산 등가 임피던스가 6.2 + j7[Ω]일때 %리액턴스 강하는?

① 0.17
② 0.35
③ 1.75
④ 1.86

| 해설

• 1차 정격전류 $I_1 = \frac{P}{V_1} = \frac{10 \times 10^3}{2000} = 5[A]$
• %리액턴스 강하 $q = \frac{I_1 \cdot x}{V_1} \times 100 = \frac{5 \times 7}{2000} \times 100 = 1.75[\%]$

52

변압기의 개방회로 시험으로 구할 수 없는 것은?

① 무부하 전류
② 동손
③ 철손
④ 여자임피던스

| 해설

㉠ 개방회로 시험은 부하측을 개방한 상태의 시험으로 무부하 시험과 같은 표현이다.
㉡ 변압기의 등가회로 작성시 특성 시험
• 무부하 시험 - 무부하전류(여자전류), 철손, 여자어드미턴스
• 단락 시험 - 임피던스 전압, 임피던스 와트, 동손, 전압변동률
• 권선의 저항측정

정답 48 ③ 49 ④ 50 ① 51 ③ 52 ②

53

효율 80[%], 출력 10[kW]인 직류발전기의 고정손실이 1300[W]라 한다. 이때 이 발전기의 가변손실은?

① 1000[W]
② 1200[W]
③ 1500[W]
④ 2500[W]

| 해설

- 고정손실 = 철손 = 1.3[kW], 가변손실 = 동손
- 발전기 효율

$$\eta = \frac{P_o}{P_o + P_i + P_c} \times 100 = \frac{10}{10 + 1.3 + P_c} \times 100 = 80[\%]$$

- 가변손실 $P_c = \frac{10}{80} - 10 - 1.3 = 1.2[kW] = 1200[W]$

54

3상 유도전동기의 2차 저항을 2배로 하면 2배로 되는 것은?

① 토크
② 전류
③ 역률
④ 슬립

| 해설

- 최대 토크를 발생하는 슬립 $s_t \propto \frac{r_2}{x_2}$ (여기서, x_2는 일정)
- 최대 토크 $T_m \propto \frac{r_2}{s_t} = \frac{mr_2}{ms_t}$ 이므로 2차 저항이 2배로 되면 슬립이 2배로 된다.

55

전기기계에 있어서 히스테리시스손을 감소시키기 위하여 하는 것은?

① 성층철심 사용
② 규소강판 사용
③ 보극설치
④ 보상권선 설치

| 해설

발전기, 전동기와 같은 회전기계는 2~2.5[%], 변압기와 같은 정지기계는 4~4.5[%]의 규소가 함유된 강판을 사용하여 히스테리시스손을 경감시킨다.

56

발전기의 부하가 불평형이 되어 발전기의 회전자가 과열 소손되는 것을 방지하기 위하여 설치하는 계전기는?

① 과전압계전기
② 역상 과전류계전기
③ 계자 상실계전기
④ 비율 차동계전기

| 해설

역상 과전류 계전기
부하의 불평형시에 고조파가 발생하므로 역상분을 검출할 수 있고 기기 과열의 큰 원인인 과전류의 검출이 가능하다.

57

3상 동기발전기의 정격출력이 10,000[kVA], 정격전압은 6600[V], 정격역률은 0.8이다. 1상의 동기 리액턴스를 1.0[PU]이라 할 때 정태 안정 극한전력을 구하시오.

① 약 8000[kW]
② 약 14240[kW]
③ 약 17800[kW]
④ 약 22250[kW]

| 해설

- $P \cdot U$법에서 정격전압 $V_n = 1.0$,
  유기기전력 $E = \sqrt{\cos^2\theta + (\sin\theta + x_s[p \cdot u])^2}$
- 유기기전력 $E = \sqrt{0.8^2 + (0.6 + 1.0)^2} = 1.7888[PU]$
- 최대출력 $P_m = \frac{EV}{X_s} = \frac{1.7888 \times 1}{1.0} = 1.7888[PU]$
- 정태 안정 극한전력 = 최대전력
  $= 1.7888 \times 10,000 = 1,7888[kW]$

정답 53 ① 54 ④ 55 ② 56 ② 57 ③

58 □□□

어떤 정류기의 부하 전압이 2000[V]이고 맥동률이 3[%]이면 교류분은 몇 [V] 포함되어 있는가?

① 20 ② 30
③ 60 ④ 70

|해설

• 맥동률 = $\dfrac{출력전압에 포함된 교류분}{출력전압의 직류분}$

• 교류분 전압
$V = 맥동률 \times 출력전압의 직류분 = 0.03 \times 2000 = 60[V]$

59 □□□

무부하 전동기는 역률이 낮지만 부하가 늘면 역률이 커지는 이유는?

① 전류증가 ② 효율증가
③ 전압감소 ④ 2차저항증가

|해설
유도전동기의 경우 무부하 및 경부하 운전을 할 경우 부하전류에 비해 무부하 전류가 상대적으로 커서 역률이 너무 낮으므로 중부하 및 전부하 운전을 하여 전류가 증대되면 역률이 증가하게 된다.

60 □□□

변압기의 병렬운전시 필요하지 않은 것은?

① 권수비가 같을 것
② 각 변압기의 1차, 2차의 정격전압 및 극성이 같을 것
③ %저항강하 및 %리액턴스 강하가 각 변압기의 용량에 반비례할 것
④ 3상식에서는 상 회전방향 및 위상 변위가 같을 것

|해설
변압기의 병렬운전 조건
• 변압기의 극성이 일치할 것
• 권수비가 같고 1차 및 2차의 정격전압이 같을 것
• 퍼센트 임피던스의 크기가 같을 것
• 퍼센트 저항강하 및 퍼센트 리액턴스강하의 비가 같을 것
• 3상 변압기는 상회전 방향 및 각 변위가 같을 것

04 회로이론

61 □□□

그림에서 저항 R이 접속되고 여기에 3상 평형 전압 V[V]가 가해져 있다. 지금 ×표의 곳에서 1선이 단선 되었다고 하면 소비전력은 처음의 몇 배로 되는가?

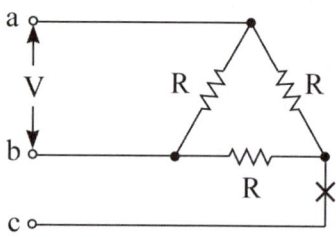

① 1 ② 0.5
③ 0.25 ④ 0.7

|해설

㉠ 단선되기 전 소비전력: $P_\triangle = \dfrac{3V^2}{R}$ [W]

㉡ c선이 단선 후 소비전력

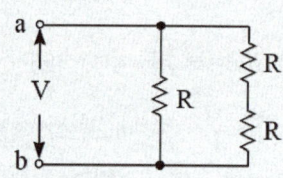

합성저항: $R_{ab} = \dfrac{R \times 2R}{R + 2R} = \dfrac{2}{3}R[\Omega]$

소비전력: $P_x = \dfrac{V^2}{R_{ab}} = \dfrac{3V^2}{2R}$ [W]

∴ $\dfrac{P_x}{P_\triangle} = \dfrac{\frac{3V^2}{2R}}{\frac{3V^2}{R}} = \dfrac{1}{2} = 0.5$ 배

정답 58 ③ 59 ① 60 ③ 61 ②

62 □□□

$e = 100\sqrt{2}\sin\omega t + 75\sqrt{2}\sin 3\omega t + 20\sqrt{2}\sin 5\omega t\,[V]$
인 전압을 RL 직렬회로에 가할 때 제3고조파 전류의 실효치는? (단, R = 4[Ω], ωL = 1[Ω]이다.)

① $\dfrac{75}{\sqrt{17}}$ ② 15
③ 17 ④ 20

| 해설
제3고조파 임피던스
$Z_{h3} = \sqrt{R^2 + (3\omega L)^2} = \sqrt{4^2 \times 3^2} = 5\,[\Omega]$
∴ 제3고조파 전류의 실효치
$I_{h3} = \dfrac{E_{h3}}{Z_{h3}} = \dfrac{75}{5} = 15\,[A]$

63 □□□

3상 불평형 전압에서 역상전압이 50[V], 정상전압이 200[V], 영상전압이 10[V]라 할 때 전압의 불평형률[%]은?

① 1 ② 5
③ 25 ④ 50

| 해설
불평형률
$\%U = \dfrac{V_2}{V_1} \times 100 = \dfrac{50}{200} \times 100 = 25[\%]$
여기서, V_1: 정상분, V_2: 역상분

64 □□□

그림과 같은 이상변압기의 권선비가 $n_1 : n_2 = 1 : 3$ 일 때 a, b단자에서 본 임피던스는?

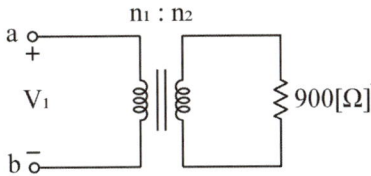

① 50[Ω] ② 100[Ω]
③ 200[Ω] ④ 400[Ω]

| 해설
1차로 환산한 임피던스의 크기
$Z_1 = a^2 Z_2 = \left(\dfrac{n_1}{n_2}\right)^2 Z_2 = \left(\dfrac{1}{3}\right)^2 \times 900$
$= 100\,[\Omega]$

65 □□□

변압기 $\dfrac{n_1}{n_2} = 30$인 단상 변압기 3개를 1차 △결선, 2차 Y결선 하고 1차 선간에 3000[V]를 가했을 때 무부하 2차 선간전압[V]은?

① $\dfrac{100}{\sqrt{3}}$ [V] ② $\dfrac{190}{\sqrt{3}}$ [V]
③ 100 [V] ④ $100\sqrt{3}$ [V]

| 해설
㉠ △-Y결선 3상 변압기

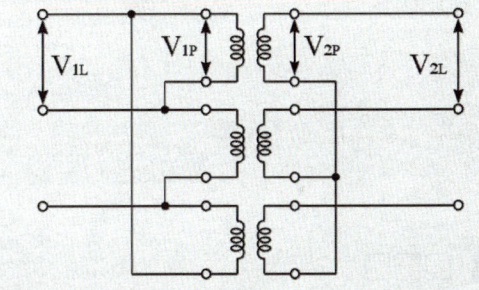

㉡ 변압기 1차측(△결선) 상전압
$V_{1p} = V_{1l} = 3000\,[V]$
㉢ 권선수 비 $a = \dfrac{n_1}{n_2} = \dfrac{V_{1p}}{V_{2p}}$ 이므로 변압기 2차측 상전압
$V_{2p} = \dfrac{V_{1p}}{a} = \dfrac{3000}{30} = 100\,[V]$
∴ 2차측(Y결선) 선간전압
$V_{2l} = \sqrt{3}\,V_{2p} = 100\sqrt{3}\,[V]$

정답 62 ② 63 ③ 64 ② 65 ③

66

$R-L-C$ 직렬회로에서 $L = 8 \times 10^{-3}[\text{H}]$, $C = 2 \times 10^{-7}[\text{F}]$ 이다. 임계진동이 되기 위한 R 값은?

① $0.01[\Omega]$ ② $100[\Omega]$
③ $200[\Omega]$ ④ $400[\Omega]$

| 해설

임계진동 조건은 $R^2 = 4\dfrac{L}{C}$ 이므로

$\therefore R = \sqrt{\dfrac{4L}{C}} = \sqrt{\dfrac{4 \times 8 \times 10^{-3}}{2 \times 10^{-7}}} = 400[\Omega]$

67

함수 $f(t) = t^2 e^{at}$ 의 라플라스 변환 $F(s)$은?

① $\dfrac{1}{(s-a)^2}$ ② $\dfrac{2}{(s-a)^2}$
③ $\dfrac{1}{(s-a)^3}$ ④ $\dfrac{2}{(s-a)^3}$

| 해설

$\mathcal{L}[t^2 e^{at}] = \dfrac{2}{s^3}\bigg|_{s=s-a} = \dfrac{2}{(s-a)^3}$

68

아래 두 전류의 차에 상당하는 전류는?

$$i_1 = \sqrt{72}\sin(\omega t - \phi)[\text{A}]$$
$$i_2 = \sqrt{32}\sin(\omega t - \phi - 180°)[\text{A}]$$

① $2[\text{A}]$ ② $6[\text{A}]$
③ $10[\text{A}]$ ④ $12[\text{A}]$

| 해설

㉠ $\dot{I}_1 = \sqrt{36} \angle -\phi = 6 \angle -\phi$
㉡ $\dot{I}_2 = \sqrt{16} \angle -\phi - 180° = 4 \angle -\phi - 180°$

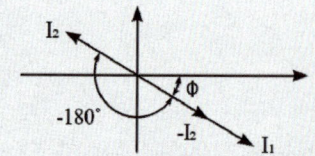

$\therefore I = \dot{I}_1 - \dot{I}_2 = \dot{I}_1 + (-\dot{I}_2) = 10 \angle -\phi[\text{A}]$

69

함수 $f(t) = \sin t \cos t$ 의 라플라스 변환 $F(s)$은?

① $\dfrac{1}{s^2+4}$ ② $\dfrac{1}{s^2+2}$
③ $\dfrac{1}{(s+2)^2}$ ④ $\dfrac{1}{(s+4)^2}$

| 해설

㉠ $\sin(t+t) = \sin t \cos t + \cos t \sin t$
㉡ $\sin(t-t) = \sin t \cos t - \cos t \sin t$
㉢ ㉠+㉡ $= \sin 2t = 2\sin t \cos t$

$\therefore \mathcal{L}\left[\dfrac{1}{2}\sin 2t\right] = \dfrac{1}{2} \times \dfrac{2}{s^2+2^2} = \dfrac{1}{s^2+4}$

70

그림과 같은 비정현파의 실횻값 [V]은?

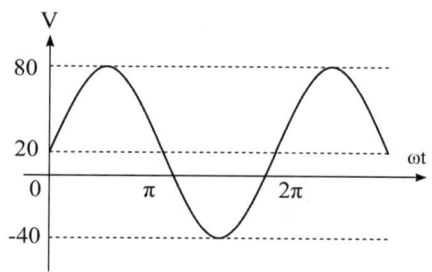

① $46.9[\text{V}]$ ② $51.6[\text{V}]$
③ $56.6[\text{V}]$ ④ $63.3[\text{V}]$

| 해설

㉠ 전압의 순시값
$v = 20 + 60 \sin\omega t [\text{V}]$
㉡ 전압의 실횻값
$|V| = \sqrt{20^2 + \dfrac{60^2}{2}} = 46.9[\text{V}]$

정답 66 ④ 67 ② 68 ③ 69 ① 70 ①

71

인덕턴스에서 급격히 변할 수 없는 것은?

① 전압 ② 전류
③ 전압과 전류 ④ 정답이 없다.

해설

인덕턴스 단자전압은 $V_L = L \dfrac{di}{dt}$ 이므로 전류가 급변하면 전압이 무한대가 된다.
∴ 인덕턴스 회로에서 전류가 급변할 수 없다.

72

분포정수회로에서 직렬 임피던스를 Z, 병렬 어드미턴스를 Y라 할 때, 선로의 특성임피던스 Z_0는?

① ZY ② $\sqrt{ZY}$
③ $\sqrt{\dfrac{Y}{Z}}$ ④ $\sqrt{\dfrac{Z}{Y}}$

해설

특성임피던스란, 선로를 이동하는 진행파에 대한 전압과 전류의 비로서 그 선로의 고유한 값을 말한다.
∴ 특성임피던스 크기

$$Z_0 = \sqrt{\dfrac{Z}{Y}} = \sqrt{\dfrac{R+j\omega L}{G+j\omega C}}\,[\Omega]$$

73

회로에서 $t=0$인 순간에 전압 E를 인가한 경우, 인덕턴스 L에 걸리는 전압은?

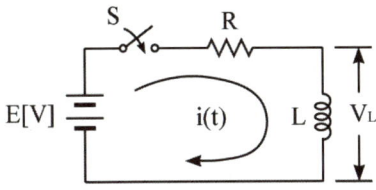

① 0 ② E
③ $\dfrac{LE}{R}$ ④ $\dfrac{E}{R}$

해설

인덕턴스 단자전압 $V_L = Ee^{-\frac{R}{L}t}$ 에서 $t=0$의 경우 $V_L(0) = Ee^0 = E[V]$가 걸리므로 기전력과 등전위가 되어 전류는 흐르지 않는다. 즉, $t=0$에서 L은 개방회로로 작용한다.

74

그림의 4단자 회로에서 단자 a, b에서 본 구동점 임피던스 $Z_{11}[\Omega]$과 구동점 어드미턴스 $Y_{11}[\mho]$는?

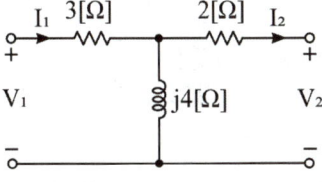

① $Z_{11} = 3+j4$, $Y_{11} = \dfrac{1}{4.6+j0.8}$
② $Z_{11} = 3+j4$, $Y_{11} = 0.2114 - j0.037$
③ $Z_{11} = 2$, $Y_{11} = \dfrac{1}{4.6+j0.8}$
④ $Z_{11} = 2+j4$, $Y_{11} = 0.2114 + j0.037$

해설

㉠ $Z_{11} = 3+j4\,[\Omega]$

㉡ $Y_{11} = \dfrac{Z_2 + Z_3}{Z_1 Z_2 + Z_2 Z_3 + Z_3 Z_1}$
$= \dfrac{2+j4}{6+j20} = 0.211 - j0.37\,[\mho]$

정답 71 ② 72 ④ 73 ② 74 ②

75 □□□

기전력 2[V], 내부저항 0.5[Ω]인 전지 9개가 있다. 이것을 3개씩 직렬로 하여 3조 병렬 접속한 것에 부하저항 1.5[Ω]을 접속하면 부하전류 [A]는?

① 1.5　　　　② 3
③ 4.5　　　　④ 5

| 해설

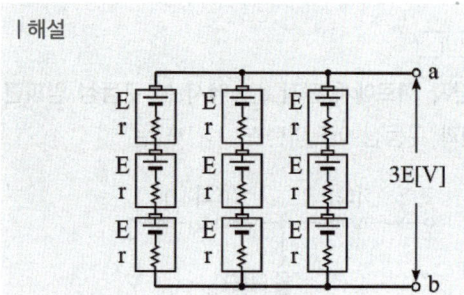

㉠ 전체 전압: $nE = 3 \times 2 = 6\,[\mathrm{V}]$
㉡ 전체 내부저항: $nr = \dfrac{0.5 \times 3}{3} = 0.5\,[\Omega]$
∴ 부하전류
$$I = \dfrac{nE}{nr + R} = \dfrac{6}{0.5 + 1.5} = 3\,[\mathrm{A}]$$

76 □□□

그림 (a)와 (b)의 회로가 등가회로가 되기 위한 전류원 I [A]와 임피던스 $Z[\Omega]$의 값은?

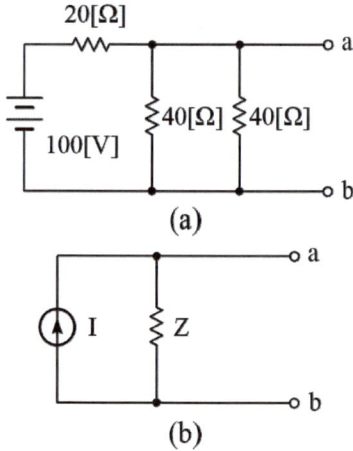

① 5[A], 10[Ω]　　　② 2.5[A], 10[Ω]
③ 5[A], 20[Ω]　　　④ 2.5[A], 20[Ω]

| 해설

병렬로 접속된 2개의 $40[\Omega]$을 합성하면
$R = \dfrac{40}{2} = 20\,[\Omega]$이 되어 아래와 같이 다시 그릴 수 있다.

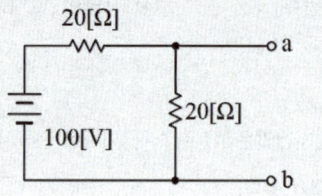

77 □□□

$R = 15[\Omega]$, $X_L = 12[\Omega]$, $X_C = 30[\Omega]$가 병렬로 접속된 회로에 $120\,[\mathrm{V}]$의 교류전압을 가하면 전원에 흐르는 전류와 역률은?

① 22[A], 85[%]　　　② 22[A], 80[%]
③ 22[A], 60[%]　　　④ 10[A], 80[%]

| 해설

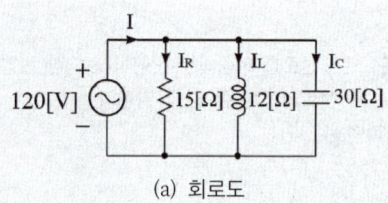

(a) 회로도

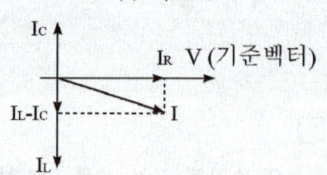

(b) 전류 벡터도

㉠ 저항에 흐르는 전류
$I_R = \dfrac{V}{R} = \dfrac{120}{15} = 8\,[\mathrm{A}]$

㉡ 코일에 흐르는 전류
$I_L = \dfrac{V}{jX_L} = -j\dfrac{V}{X_L} = -j\dfrac{120}{12} = -j10\,[\mathrm{A}]$

㉢ 콘덴서에 흐르는 전류
$I_C = \dfrac{V}{-jX_C} = j\dfrac{V}{X_C} = j\dfrac{120}{30} = j4\,[\mathrm{A}]$

㉣ 부하전류
$I = I_R - j(I_L - I_C) = 8 - j6 = \sqrt{8^2 + 6^2} = 10\,[\mathrm{A}]$

정답　75 ②　76 ①　77 ④

ⓒ 병렬회로 시 역률

$$\cos\theta = \frac{I_R}{I} = \frac{8}{10} = 0.8$$

ⓒ 함수는 $f(t) = 10u(t-2) - 10u(t-4)$ 이 되고 이를 라플라스 변환하면

$$\therefore F(s) = \frac{1}{s}e^{-as} - \frac{1}{s}e^{-bs}$$

$$= \frac{1}{s}\left(e^{-as} - e^{-bs}\right)$$

78 □□□

다음 그림에서 a, b 간의 선간전압 V_{ab}는?

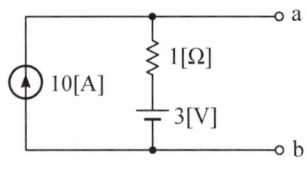

① 10[V]   ② 3[V]
③ 7[V]   ④ 13[V]

| 해설

중첩의 정리를 이용하여 풀이할 수 있다.
전류원 10[A] 만의 회로해석: $I_1 = 10$

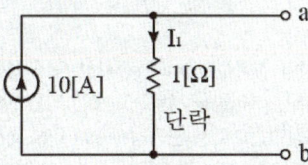

80 □□□

다음 회로에서 전류 I 는 몇 [A]인가?

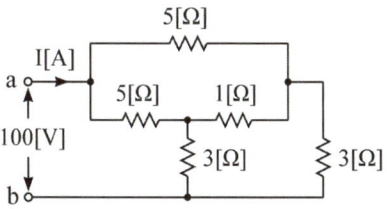

① 50[A]   ② 25[A]
③ 12.5[A] ④ 10[A]

| 해설

㉠ 문제의 그림은 아래와 같이 등가변환 된다.

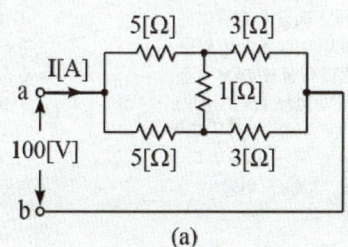

ⓒ 휘트스톤 브릿지 평형회로이므로 아래와 같이 1[Ω]을 개방시킬 수 있다.

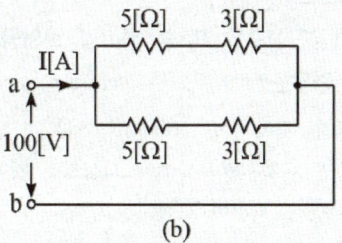

ⓒ 합성저항: $R_0 = \frac{8 \times 8}{8+8} = 4[\Omega]$

$$\therefore 회로 전류: I = \frac{V}{R_0} = \frac{100}{4} = 25[A]$$

79 □□□

다음과 같은 함수 $f(t)$의 라플라스 변환은?

$$t < 2 \;:\; f(t) = 0$$
$$2 \leq t \leq 4 \;:\; f(t) = 10$$
$$t > 4 \;:\; f(t) = 0$$

① $\frac{1}{s}\left(e^{-2s} + e^{-4s}\right)$ ② $\frac{5}{s}\left(e^{-2s} - e^{-4s}\right)$
③ $\frac{10}{s}\left(e^{-2s} - e^{-4s}\right)$ ④ $\frac{10}{s}\left(e^{-4s} - e^{-2s}\right)$

| 해설

㉠ 조건을 그림으로 나타내면 다음과 같다.

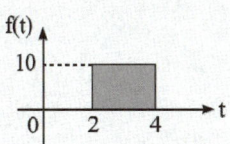

정답 78 ④ 79 ③ 80 ②

05 전기설비기술기준

81 □□□

사용전압 15000[V]미만인 특고압가공전선으로 경동연선을 사용할 때 지지물, 완금류, 지지기둥 또는 지지선 사이의 이격거리는 일반적으로 몇 [cm] 이상이어야 하는가?

① 15
② 30
③ 50
④ 80

| 해설

KEC 333.5 특고압 가공전선과 지지물 등의 간격
특고압 가공전선과 그 지지물·완금류·지지기둥 또는 지지선 사이의 간격은 다음 표에서 정한 값 이상이어야 한다. 단, 기술상 부득이한 경우 위험의 우려가 없도록 시설한 때에는 표에서 정한 값의 0.8배까지 감할 수 있다.

사용전압	간격(m)
15kV 미만	0.15
15kV 이상 25kV 미만	0.2
25kV 이상 35kV 미만	0.25
35kV 이상 50kV 미만	0.3
50kV 이상 60kV 미만	0.35
60kV 이상 70kV 미만	0.4
70kV 이상 80kV 미만	0.45
80kV 이상 130kV 미만	0.65
130kV 이상 160kV 미만	0.9
160kV 이상 200kV 미만	1.1
200kV 이상 230kV 미만	1.3
230kV 이상	1.6

82 □□□

특고압 가공전선로를 제3종 특고압 보안공사에 의하여 시설하는 경우는?

① 건조물과 제1차 접근상태에 시설하는 경우
② 건조물과 제2차 접근상태에 시설하는 경우
③ 도로 위에 교차하여 시설하는 경우
④ 가공 약전류전선과 공가하여 시설하는 경우

| 해설

KEC 333.23 특고압 가공전선과 건조물의 접근
특고압 보안공사를 구분하면 다음과 같다.
• 제1종 특고압 보안공사: 35[kV] 넘고, 2차 접근상태인 경우
• 제2종 특고압 보안공사: 35[kV] 이하이고, 2차 접근상태인 경우
• 제3종 특고압 보안공사: 특고압 가공전선이 건조물과 제1차 접근상태로 시설되는 경우

83 □□□

저압 가공전선이 25[kV] 교류전차선의 위에 교차하여 시설되는 경우 저압 가공전선으로 케이블을 사용하고 단면적 몇 [mm²] 이상인 아연도강연선으로서 조가하여 시설하여야 하는가?

① 22
② 35
③ 55
④ 100

| 해설

KEC 222.15 저압 가공전선과 교류전차선 등의 접근 또는 교차
저압 가공전선에는 케이블을 사용하고 또한 이를 단면적 35mm² 이상인 아연도강연선으로서 인장강도 19.61kN 이상인 것(교류전차선 등과 교차하는 부분을 포함하는 지지물 사이에 접속점이 없는 것에 한한다)으로 조가하여 시설할 것

84 □□□

전로 중에 기계기구 및 전선을 보호하기 위하여 필요한 곳에는 과전류차단기를 시설하여야 한다. 다음 중 과전류차단기를 시설하여도 되는 곳은?

① 접지공사의 접지선
② 다선식 전로의 중선선
③ 방전장치를 시설한 고압 전로의 전선
④ 전로의 일부에 접지공사를 한 저압 가공전선로의 접지측 전선

정답 81 ① 82 ① 83 ② 84 ③

| 해설
KEC 341.11 과전류차단기의 시설 제한
㉠ 시설할 곳: 전선과 기계기구를 과전류로부터 보호
㉡ 과전류차단기의 시설제한
  • 접지공사의 접지선
  • 다선식 선로의 중성선
  • 접지공사를 한 저압 가공전선로의 접지측 전선

85 □□□

일반주택 및 아파트 각 호실의 현관등으로 백열전등을 설치할 때에는 타임스위치를 설치하여 몇 분 이내에 소등되는 것이어야 하는가?

① 1 ② 3
③ 5 ④ 7

| 해설
KEC 234.6 점멸기의 시설
다음의 경우에는 센서등(타임스위치 포함)을 시설하여야 한다.
㉠ 「관광 진흥법」과 「공중위생관리법」에 의한 관광숙박업 또는 숙박업(여인숙업을 제외한다)에 이용되는 객실의 입구등은 1분 이내에 소등되는 것
㉡ 일반주택 및 아파트 각 호실의 현관등은 3분 이내에 소등되는 것

86 □□□

전차선로에서 귀선로를 구성하는 것이 아닌 것은?

① 보호도체 ② 비절연보호도체
③ 매설접지도체 ④ 레일

| 해설
KEC 431.5 귀선로
㉠ 귀선로는 비절연보호도체, 매설접지도체, 레일 등으로 구성하여 단권변압기 중성점과 공통접지에 접속한다.
㉡ 비절연보호도체의 위치는 통신유도장해 및 레일전위의 상승의 경감을 고려하여 결정하여야 한다.
㉢ 귀선로는 사고 및 지락 시에도 충분한 허용전류용량을 갖도록 하여야 한다.

87 □□□

저압 옥내 배선에 사용되는 전선은 지름 몇 [mm²]의 연동선이거나 이와 동등 이상의 세기 및 굵기의 것을 사용하여야 하는가?

① 0.75 ② 2
③ 2.5 ④ 6

| 해설
KEC 231.3.1 저압 옥내배선의 사용전선
저압 옥내배선의 전선은 단면적 2.5[mm²] 이상의 연동선 또는 이와 동등 이상의 강도 및 굵기의 것

88 □□□

다음 중 제2차 접근상태를 바르게 설명한 것은 무엇인가?

① 가공전선이 전선의 절단 또는 지지물의 절단이 되는 경우 당해 전선이 다른 공작물에 접속될 우려가 있는 상태를 말한다.
② 가공전선이 다른 공작물과 접근하는 경우 당해 가공전선이 다른 공작물의 상방 또는 측방에서 수평거리로 3[m] 미만인 곳에 시설되는 상태를 말한다.
③ 가공전선이 다른 공작물과 접근하는 경우 가공전선이 다른 공작물의 상방 또는 측방에서 수평거리로 5[m] 이상에 시설되는 것을 말한다.
④ 가공선로 중 제1차 시설로 접근할 수 없는 시설과 제2차 보호조치나 안전시설을 하여야 접근할 수 있는 상태의 시설을 말한다.

| 해설
KEC 112 용어 정의
제2차 접근상태라 함은 가공전선이 다른 시설물과 접근하는 경우 그 가공전선이 다른 시설물의 위쪽 또는 옆쪽에서 수평거리로 3[m] 미만인 곳에 시설되는 상태를 말한다.

정답 85 ② 86 ① 87 ③ 88 ②

89 ☐☐☐

동일 지지물에 저압 가공전선(다중 접지된 중성선은 제외)과 고압 가공전선을 시설하는 경우 저압 가공전선은?

① 고압 가공전선의 위로 하고 동일 완금류에 시설
② 고압 가공전선과 나란하게 하고 동일 완금류에 시설
③ 고압 가공전선의 아래로 하고 별개의 완금류에 시설
④ 고압 가공전선과 나란하게 하고 별개의 완금류에 시설

| 해설
KEC 332.8 고압 가공전선 등의 병행설치
저압 가공전선(다중접지된 중성선은 제외)과 고압 가공전선을 동일 지지물에 시설하는 경우
- 저압 가공전선을 고압 가공전선의 아래로 하고 별개의 완금류에 시설할 것
- 저압 가공전선과 고압 가공전선 사이의 간격은 0.5[m] 이상일 것(단, 고압측이 케이블일 경우 0.3[m] 이상)

90 ☐☐☐

수소냉각식 발전기의 경보장치는 발전기 내 수소의 순도가 몇 [%] 이하로 저하한 경우 이를 경보하는 장치를 시설하여야 하는가?

① 75　　　　② 80
③ 85　　　　④ 90

| 해설
KEC 351.10 수소냉각식 발전기 등의 시설
발전기 내부 또는 무효전력 보상장치 내부의 수소의 순도가 85% 이하로 저하한 경우에 이를 경보하는 장치를 시설할 것

91 ☐☐☐

발전소에서 계측장치를 시설하지 않아도 되는 것은?

① 발전기의 전압, 전류 또는 전력
② 발전기의 베어링 및 고정자의 온도
③ 특고압 모선의 전압 및 전류 또는 전력
④ 특고압용 변압기의 온도

| 해설
KEC 351.6 계측장치
㉠ 발전기, 연료전지 또는 태양전지 모듈의 전압, 전류, 전력
㉡ 발전기 베어링(수중 메탈은 제외) 및 고정자의 온도
㉢ 정격출력이 10000[kW]를 넘는 증기 터빈에 접속된 발전기 진동의 진폭
㉣ 주요 변압기의 전압, 전류, 전력
㉤ 특고압용 변압기의 온도

92 ☐☐☐

태양광발전설비에서 주택의 태양전지모듈에 접속하는 부하측 옥내배선의 대지전압 제한은 직류 몇 V 이하여야 하는가?

① 250　　　　② 300
③ 400　　　　④ 600

| 해설
KEC 511.3 옥내전로의 대지전압 제한
주택의 태양전지모듈에 접속하는 부하측 옥내배선의 대지전압 제한은 직류 600V 이하이어야 한다.

정답　89 ③　90 ③　91 ③　92 ④

93

사용전압 22.9[kV]의 가공전선이 철도를 횡단하는 경우, 전선의 레일면상의 높이는 몇 [m] 이상인가?

① 5
② 5.5
③ 6
④ 6.5

| 해설
KEC 333.7 특고압 가공전선의 높이
사용전압 35kV 이하에서 전선 지표상의 높이
- 철도 또는 궤도를 횡단하는 경우에는 6.5m 이상
- 도로를 횡단하는 경우에는 6m 이상
- 횡단보도교의 위에 시설하는 경우 특고압 절연전선 또는 케이블인 경우에는 4m 이상

94

가공전선로의 지지물에 시설하는 지지선의 안전율은 일반적으로 얼마 이상이어야 하는가?

① 2.0
② 2.1
③ 2.2
④ 2.5

| 해설
KEC 331.11 지지선의 시설
가공전선로의 지지물에 시설하는 지지선의 안전율은 2.5 이상일 것(목주·A종 철주, A종 철근 콘크리트주 등 1.5 이상)

95

통합접지시스템으로 낙뢰에 의한 과전압으로부터 전기전자기기를 보호하기 위해 설치하는 기기는?

① 서지보호장치
② 피뢰기
③ 배선차단기
④ 퓨즈

| 해설
KEC 142.6 공통접지 및 통합접지
전기설비의 접지설비, 건축물의 피뢰설비·전자통신설비 등의 접지극을 공용하는 통합접지시스템으로 하는 경우 낙뢰에 의한 과전압 등으로부터 전기전자기기 등을 보호하기 위해 서지보호장치를 설치하여야 한다.

96

전력보안통신선을 조가할 경우 조가선은?

① 금속으로 된 단선
② 알루미늄으로 된 단선
③ 강심 알루미늄 연선
④ 아연도강연선

| 해설
KEC 362.3 조가선 시설기준
조가선은 단면적 38mm² 이상의 아연도강연선을 사용할 것

97

옥내에 시설하는 조명용 전원코드로 캡타이어케이블을 사용할 경우 단면적이 몇 [mm²] 이상인 것을 사용하여야 하는가?

① 0.75
② 2
③ 3.5
④ 5.5

| 해설
KEC 234.3 코드 및 이동전선
㉠ 조명용 전원코드 또는 이동전선은 단면적 0.75mm² 이상의 코드 또는 캡타이어케이블을 사용할 것
㉡ 옥측에 시설하는 경우의 조명용 전원코드(건조한 장소)는 단면적이 0.75mm² 이상인 450/750V 내열성 에틸렌 아세테이트 고무절연전선을 사용할 것

98

애자사용공사에 의하여 시설하는 고압 옥내 배선과 수도관과의 최소 간격은 몇 [cm]인가?

① 10
② 15
③ 30
④ 60

| 해설
KEC 342.1 고압 옥내배선 등의 시설
고압 옥내 배선과 수관·가스관이나 이와 유사한 것 사이의 간격은 0.15m(애자사용배선에 의하여 시설하는 저압 옥내전선이 나전선인 경우에는 0.3m, 가스계량기 및 가스관의 이음부와 전력량계 및 개폐기와는 0.6m) 이상이어야 한다.

정답 93 ④ 94 ④ 95 ① 96 ④ 97 ① 98 ②

99 □□□

345[kV] 가공전선로를 제1종 특고압 보안공사에 의하여 시설하는 경우에 사용하는 전선은 인장강도 77.47[kN] 이상의 연선 또는 단면적 몇 [mm²] 이상의 경동연선이어야 하는가?

① 100
② 125
③ 150
④ 200

| 해설

KEC 333.22 특고압 보안공사
제1종 특고압 보안공사는 다음에 따라 시설함
- 100[kV] 미만: 인장강도 21.67[kN] 이상, 55[mm²] 이상
- 100[kV] 이상 300[kV] 미만: 인장강도 58.84[kN] 이상, 150[mm²] 이상
- 300[kV] 이상: 인장강도 77.47[kN] 이상, 200[mm²] 이상

100 □□□

수뢰부시스템을 배치하는 과정에서 사용되지 않는 방법은?

① 수평도체법
② 보호각법
③ 그물망법
④ 회전구체법

| 해설

KEC 152.1 수뢰부시스템
수뢰부시스템의 배치방법에는 보호각법, 회전구체법, 그물망법이 있다.

정답 99 ④ 100 ①

MEMO

MEMO

해커스
전기기사·산업기사
필기
올인원

시험장에 꼭 가져가야 할

필수공식노트

Chapter 01 전기자기학

(1) 전자의 운동 속도

① 전자 1개가 가지는 전하량

$$e = -1.602 \times 10^{-19} [\text{C}]$$

② 전자가 이동해서 한 일

$$W = eV[\text{eV}] = 1.602 \times 10^{-19} \times V[\text{J}]$$

③ 전자의 운동에너지

$$W = \frac{1}{2}mv^2 [\text{J}]$$

· [J, 줄] : 에너지의 단위

여기서, $m[\text{kg}]$: 전자의 질량, $v[\text{m/s}]$: 전자의 이동 속도, $v[\text{v}]$: 전위차

④ 에너지 보존법칙상 위 ②식과 ③식은 같다.

⑤ 전자의 운동 속도

$$V = \sqrt{\frac{2eV}{m}} \propto \sqrt{eV} [\text{m/s}]$$

(2) 유전율(誘電率, Permittivity)

① 부도체의 전기적인 특성을 나타내는 특성 값이다. 쉽게 말해서 전계 내에 물체를 놓았을 때 전하가 얼마나 잘 유기되는가 즉, 양측으로 (+)와 (-)전하가 어느 정도 분리되어(분극현상) 잘 반응되느냐의 정도이다.

② 유전율

$$\varepsilon = \varepsilon_0 \times \varepsilon_S [\text{F/m}]$$

· ε_0 : 진공 중의 유전율
· ε_S : 비유전율

· $\varepsilon_0 = 8.855 \times 10^{-12} [\text{F/m}$, 패럿 퍼 미터]
· 진공의 비유전율은 1이며, 유전체의 종류에 따라 비유전율 값은 다르다.

(3) 쿨롱의 법칙(Coulomb's law)

① 대전된 두 도체 사이에 작용하는 힘은 두 점전하의 곱에 비례하고, 거리 제곱에 반비례한다. 이때 그 힘의 방향은 두 점전하를 연결하는 직선의 방향이다. 이것을 쿨롱의 법칙이라 하며, 전기력(電氣力, Electric force)이라고 한다.

② 전기력의 스칼라

$$F = k \cdot \frac{Q_1 Q_2}{r^2} = \frac{1}{4\pi\varepsilon_0} \cdot \frac{Q_1 Q_2}{r^2} = 9 \times 10^9 \cdot \frac{Q_1 Q_2}{r^2} [\text{N, 뉴턴}]$$

· $F > 0$: 반발력(척력)
· $F < 0$: 흡인력(인력)
· K : 쿨롱 상수

③ 전기력의 벡터

$$\vec{F} = F \cdot \vec{r_0} = \frac{Q_1 Q_2}{4\pi\varepsilon_0 r^2} \cdot \frac{\vec{r}}{r} = \frac{(Q_1 Q_2)\vec{r}}{4\pi\varepsilon_0 r^3} [\text{N}]$$

· r_0 : 단위벡터
· $\vec{r}$: 변위(거리) 벡터
· r : 변위(거리)의 크기(스칼라)

(4) 전계의 세기(Intensity of electric field)

① 정의

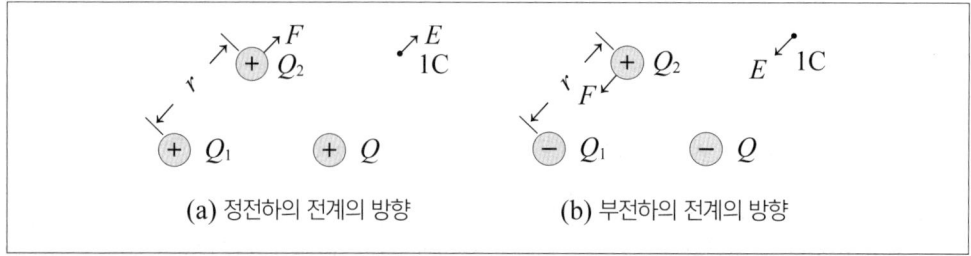

(a) 정전하의 전계의 방향   (b) 부전하의 전계의 방향

- 전계의 세기 E는 전계가 있는 곳에서 매우 작은 정지되어 있는 단위 시험 전하 (+1C)에 작용하는 전기력으로 정의한다.
- 위 그림과 같이 정(+)전하는 발산, 부(-)전하는 흡입하는 힘이 발생한다.

② 전계의 세기
- 정의 식

$$E = \lim_{\Delta Q \to 0} \frac{\Delta F}{\Delta Q} = \frac{Q}{4\pi\varepsilon_0 r^2} \text{[N/C]}$$

- 단위로는 $[N/C] = \frac{[N \times m]}{[C \times m]} = \frac{[J]}{[C]} \cdot \frac{1}{[m]} = [V/m]$ 로 표시한다.

- 전계의 세기의 스칼라와 벡터

  - 스칼라 표현 : $E = \dfrac{Q}{4\pi\varepsilon_0 r^2} = 9 \times 10^9 \times \dfrac{Q}{r^2} \text{[V/m]}$
  - 벡터 표현 : $\vec{E} = \dfrac{Q}{4\pi\varepsilon_0 r^2} \cdot \vec{r_0} = \dfrac{Q}{4\pi\varepsilon_0 r^2} \cdot \dfrac{\vec{r}}{r} \text{[V/m]}$
  - r_0 : 단위벡터
  - $\vec{r}$: 변위(거리) 벡터
  - r : 변위(거리)의 크기(스칼라)

③ 평등 전계 E[V/m] 내에 전하(q) 또는 전자(e)가 놓여있을 때 작용하는 전기력

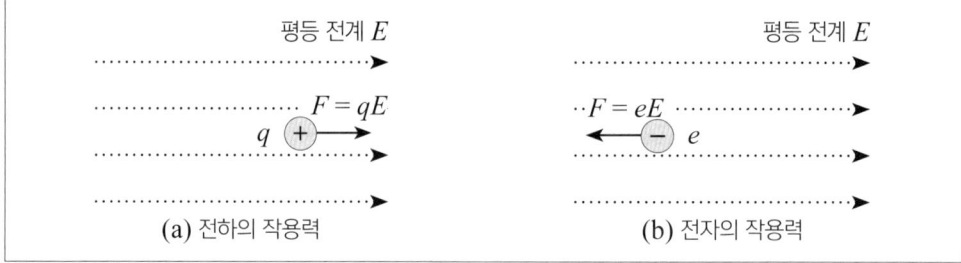

(a) 전하의 작용력   (b) 전자의 작용력

- 전하가 받아지는 전기력 : $F = qE$[N]
- 전자가 받아지는 전기력 : $F = eE = -qE$[N] (여기서, $-$는 전계와 반대 방향을 의미)
- 평등전계란 거리에 관계없이 항상 일정 크기를 갖는 전계의 세기를 말하며, 평행판 도체 사이에서 발생하는 전계를 말한다.

(5) 각 도체에 따른 전계의 세기

구분	전계의 세기
구도체	· 전계의 세기 : $E = \dfrac{Q}{4\pi\varepsilon_0 r^2}$ [V/m] · 도체 표면에서의 전계의 세기 : $E = \dfrac{Q}{4\pi\varepsilon_0 r^2} = \dfrac{\sigma s}{s\varepsilon_0} = \dfrac{\sigma}{\varepsilon_0}$ [V/m]
무한장 원주형 직선도체	· 전계의 세기 : $E = \dfrac{\lambda}{2\pi\varepsilon_0 r} \propto \dfrac{1}{r}$ [V/m] · 구도체와 직선도체는 공식과 계산문제가 출제되고 나머지는 공식을 찾는 문제가 출제된다.
평행 왕복 도체	· $+\lambda$에 의한 E_1은 발산하고, $-\lambda$에 의한 E_2는 도체 측으로 들어가게 된다. · $E = E_1 + E_2 = \dfrac{\lambda}{2\pi\varepsilon_0 r} + \dfrac{\lambda}{2\pi\varepsilon_0 (d-r)} = \dfrac{\lambda}{2\pi\varepsilon_0}\left(\dfrac{1}{r} + \dfrac{1}{d-r}\right)$ [V/m]
면도체	· 유한 면도체 : $E = \dfrac{\sigma}{2\varepsilon_0}(1-\cos\theta) = \dfrac{\sigma}{2\varepsilon_0}\left(1 - \dfrac{a}{\sqrt{r^2+a^2}}\right)$ · 무한 면도체 : $\lim\limits_{a\to\infty} E = \dfrac{\sigma}{2\varepsilon_0}$ [V/m] - 거리에 관계없이 일정한 전계를 갖는다. - 이러한 전계를 평등전계라 한다.
평행판 도체	· 무한 면도체 2개를 대치한 것으로 해석한다. · 무한 면도체의 전계는 거리에 관계없이 항상 일정한 크기 ($E_1 = E_2 = \dfrac{\sigma}{2\varepsilon_0}$)를 갖는다. · 외부전계 : $E = E_1 - E_2 = 0$ · 내부전계 : $E = E_1 + E_2 = \dfrac{\sigma}{\varepsilon_0}$ [V/m]
환원 도체	$E = \dfrac{\lambda z a}{2\varepsilon_0(a^2+z^2)^{3/2}} = \dfrac{Qz}{4\pi\varepsilon_0(a^2+z^2)^{3/2}}$ [V/m] 여기서, $Q = \lambda\ell = \lambda \times 2\pi a$ [C]

Chapter 02 전력공학

(1) 경제적인 송전전압

$$E = 5.5\sqrt{0.6l + \frac{P}{100}}\,[\text{kV}]$$

여기서, l : 송전거리[km], P : 송전전력[kW]

(2) 전선 굵기의 결정시 고려사항

① 허용 전류
② 전압강하
③ 기계적 강도

(3) 이도

$$D = \frac{WS^2}{8T}\,[\text{m}]$$

여기서, W : 단위 길이당 전선의 중량[kg/m], S : 경간[m], T : 수평 장력[kg]

(4) 작용 인덕턴스

$$L = 0.05 + 0.4605\log_{10}\frac{D}{r}\,[\text{mH/km}]$$

여기서, D : 등가선간거리, r : 전선의 반지름

(5) 작용 정전용량

$$C = C_s + 2C_m = \frac{0.02413}{\log_{10}\frac{D}{r}}\,[\mu\text{F/km}]$$

여기서, C_s : 대지정전용량[μF/km], C_m : 선간정전용량[μF/km], r : 도체의 반경[cm], D : 선간거리[cm]

(6) 연가의 목적

① 선로정수 평형
② 근접 통신선에 대한 유도장해 감소
③ 소호리액터 접지계통에서 중성점의 잔류전압으로 인한 직렬공진의 방지

(7) 코로나 방지 대책

① 굵은 전선(ACSR)을 사용하여 코로나 임계전압을 높게 함
② 등가반경이 큰 복도체 및 다도체 방식을 채택
③ 가선 금구류를 개량

(8) T형 회로

① 송전단 전압 $E_s = (1 + \dfrac{ZY}{2})E_R + Z(1 + \dfrac{ZY}{4})I_R$

② 송전단 전류 $I_s = YE_R + (1 + \dfrac{ZY}{2})I_R$

(9) 특성(파동)임피던스

$$Z_0 = \sqrt{\dfrac{Z}{Y}} = \sqrt{\dfrac{R+j\omega L}{g+j\omega C}} \fallingdotseq \sqrt{\dfrac{L}{C}}\,[\Omega]$$

(10) 전파정수

$$\gamma = \sqrt{ZY} = \sqrt{(R+j\omega L)(g+j\omega C)} = j\omega\sqrt{LC}$$

(11) 1선 지락 시 지락전류

$$I_0 = I_1 = I_2,\ I_g = 3I_0 = \dfrac{3E_a}{Z_0 + Z_1 + Z_2}\,[\text{A}]$$

(12) 선로의 고장시 해석

① 1선 지락 : 영상 임피던스, 정상 임피던스, 역상 임피던스
② 선간 단락 : 정상 임피던스, 역상 임피던스
③ 3선 단락 : 정상 임피던스

(13) 단락전류

$$I_S = \frac{E}{Z} = \frac{V_n/\sqrt{3}}{Z} \text{[A]} \text{ (여기서, } E : \text{대지전압, } V_n : \text{선간전압)}$$

$$I_S = \frac{100}{\%Z} \times I_n = \frac{100}{\%Z} \times \frac{P_n}{\sqrt{3}V_n} \text{[A]} \text{ (여기서, } V_n : \text{선간전압)}$$

(14) 중심점 접지 목적

① 이상 전압의 경감 및 발생 방지
② 전선로 및 기기의 절연레벨 경감(단절연 · 저감절연)
③ 보호계전기의 신속, 확실한 동작
④ 소호리액터 접지 계통에서 1선 지락시 아크 소멸 및 안정도 증진

(15) 방호장치의 구분 및 역할

① 소호각, 소호환 : 애자련 보호
② 가공지선 : 직격뢰로부터 선로 및 기기보호
③ 매설지선 : 탑각 접지저항으로 인한 역섬락 방지
    · 변류기(CT)의 경우 개방 방지 → 퓨즈설치 금지
    · 계기용 변압기(PT)의 경우 단락 방지 → PT 1차 및 2차측에 퓨즈설치

(16) 변압기 V결선, △결선

$$P_v = \sqrt{3}P_1 \text{ [kVA]}$$

$$P_\triangle = 3P_1 = \sqrt{3}P_v \text{ [kVA]}$$

(17) 수용율, 부하율, 부등률

- 수용율 = $\dfrac{\text{최대수용전력}}{\text{설비용량}} \times 100[\%]$

- 부하율 = $\dfrac{\text{평균수용전력}}{\text{최대수용전력}} \times 100[\%]$

- 부등률 = $\dfrac{\text{각 부하의 최대수용전력의 합}}{\text{각 부하를 종합했을 때의 최대수용전력}} > 1$

(18) 전력손실

$$P_l = I_n^2 R = \left(\dfrac{P}{V_n \cos\theta}\right)^2 \times R = \dfrac{P^2}{V_n^2 \cos^2\theta} \rho \dfrac{l}{A} [W]$$

전선의 단면적과 전압 관계 $A \propto \dfrac{1}{V^2}$

여기서, P : 송전전력, V_n : 송전전압, r : 선로저항, $\cos\theta$: 역률, A : 전선굵기

(19) 단상 2선식 기준에 비교한 배전방식의 전선 소요량 비

전기 방식	단상 2선식	단상 3선식	3상 3선식	3상 4선식
소요되는 전선량	100%	37.5%	75%	33.3%

(20) 전압강하

$$e = k \cdot I_n (r\cos\theta + x\sin\theta) \text{ (여기서, } k : \text{상계수)}$$

- $k = 2$: 단상 2선식, 직류 2선식
- $k = 1$: 3상 4선식, 단상 3선식
- $k = \sqrt{3}$: 3상 3선식

(21) 콘덴서 용량

$$Q_c = P(\tan\theta_1 - \tan\theta_2)[\text{kVA}]$$

여기서, P : 수전전력[kW], θ_1 : 개선전 역률, θ_2 : 개선후 역률

(22) 역률개선의 효과

① 변압기 및 배전선의 손실 경감
② 전압강하 감소
③ 설비 이용율 향상(= 동일부하시 변압기 용량감소)
④ 전력 요금 경감

(23) 수력발전소 발전기출력

$$P = 9.8HQ\eta[\text{kW}]$$

여기서, H : 유효낙차[m], Q : 유량[m^3/s], η : 효율

(24) 화력발전 기본식

$$860P = WC\eta$$

여기서, P : 발전전력[kW], W : 연료소비량[kg], C : 열량[kcal/kg], η : 발전기효율[%])

(25) 화력발전소에서 급수 및 증기의 순환과정(랭킨 사이클)

절탄기 → 보일러 → 과열기 → 터빈 → 복수기 → 급수펌프

Chapter 03 전기기기

(1) 유기기전력

$$E = \frac{PZ\phi}{a} \frac{N}{60} [\text{V}]$$

여기서, P : 극수, Z : 총도체수, ϕ : 극당 자속, N : 분당 회전수[rpm], 병렬회로수 : a

(2) 전기자 반작용

① 전기자 반작용으로 인한 문제점
- 주자속 감소(감자작용)
- 편자 작용에 의한 중성축 이동
- 정류자와 브러시 부근에서 불꽃 발생(정류 불량의 원인)

② 전기자 반작용 대책
- 보극 설치(소극적 대책)
- 보상권선 설치(적극적 대책)
- 로커를 이용하여 브러시 이동(발전기 : 회전방향으로 이동, 전동기 : 회전과 반대방향으로 이동)

(3) 리액턴스 전압

$$e_L = L \frac{2I_C}{T_C} [\text{V}]$$

여기서, L : 인덕턴스, I_C : 정류전류, T_C : 정류주기

(4) 직류 발전기 병렬운전 조건

① 발전기의 극성이 같을 것
② 정격(단자)전압이 같을 것
③ 외부특성곡선이 일치할 것 → 수하특성(용접기, 누설변압기, 차동복권기)
④ 직권, 복권발전기의 경우 균압(모)선을 접속할 것

(5) 토크

$$T = \frac{PZ\phi I_a}{2\pi a} [\text{N}\cdot\text{m}]$$

$$T = 0.975 \frac{P_o}{N} [\text{kg}\cdot\text{m}]$$

(6) 전동기

① 타여자 및 분권전동기(정속도전동기) : $T \propto I_a \propto \dfrac{1}{N}$

② 직권전동기 : $T \propto I_a^2 \propto \dfrac{1}{N^2}$

③ 직류전동기의 회전속도 $N = k\dfrac{E_C}{\phi} = k\dfrac{V - R_a I_a}{\phi}$ [rps]

④ 직류전동기 속도 제어방법
  · 전압제어법
  · 계자제어법
  · 저항제어법

(7) 철손 = 히스테리시스손 + 와류손

① 히스테리시스손 경감 → 규소를 함유한 규소강판 사용

② 와류손 경감 → 얇은 두께의 철심을 성층하여 사용

(8) 분포권계수와 단절권계수

① 분포권계수 $K_d = \dfrac{\sin\dfrac{\pi}{2m}}{q\sin\dfrac{\pi}{2mq}}$ (매극 매상당 슬롯수 $q = \dfrac{\text{총슬롯수}}{\text{극수} \times \text{상수}}$)

② 단절권계수 : $K_p = \sin\dfrac{\beta\pi}{2}$ ($\beta = \dfrac{\text{코일피치}}{\text{극피치}}$)

(9) 동기발전기의 출력

$$\text{비돌극기의 출력 } P = \frac{E_a V_n}{x_S}\sin\delta \ [\text{W}]$$

최대출력이 부하각 $\delta = 90°$에서 발생

(10) 단락비

$$K_s = \frac{I_s}{I_n} = \frac{100}{\%Z} = \frac{1}{Z[PU]} = \frac{10^3 V_n^2}{PZ_S}$$

(11) 동기 발전기의 병렬운전
　① 기전력의 크기가 같을 것
　② 기전력의 위상이 같을 것
　③ 기전력의 주파수가 같을 것
　④ 기전력의 파형이 같을 것
　⑤ 기전력의 상회전 방향이 같을 것
　⇒ 병렬운전시 달라도 되는 조건 : 용량, 출력, 부하전류, 임피던스

(12) 주고 받는 전력(= 수수전력)

$$P = \frac{E^2}{2Z_S} \sin\delta \, [kW]$$

(13) 동기 전동기의 기동법
　① 자(기)기동법 : 제동권선을 이용
　② 기동 전동기법(= 타 전동기법) : 동기 전동기 보다 2극 적은 유도 전동기를 이용하여 기동

(14) 동기 조상기
　① 과여자 운전 : 앞선 역률이 되며 전기자 전류가 증가
　② 부족여자 운전 : 뒤진 역률이 되며 전기자 전류가 증가

(15) 변압기 유도기전력

$$E_1 = 4.44 f N_1 \phi_m \, [V]$$

여기서, E_1 : 1차 전압, f : 주파수, N_1 : 1차 권선수, ϕ_m : 최대자속

(16) 변압기의 등가회로 작성시 특성 시험

① 무부하 시험 – 무부하전류(여자전류), 철손, 여자어드미턴스
② 단락 시험 – 임피던스 전압, 임피던스 와트, 동손, 전압변동률
③ 권선의 저항측정

(17) 전압변동율

$$\varepsilon = \frac{V_{20} - V_{2n}}{V_{2n}} \times 100 = p\cos\theta + q\sin\theta \, [\%]$$

(18) 변압기 운전시 최대효율 조건

전부하시 최대 효율 : $P_i = P_c$

부하시 최대 효율 : $P_i = \left(\dfrac{1}{m}\right)^2 P_c$

최대효율이 되기 위한 부하율 : $\dfrac{1}{m} = \sqrt{\dfrac{P_i}{P_c}}$

(19) 변압기유

① 변압기유의 사용목적 : 절연유지, 냉각작용
② 변압기유가 갖추어야 할 조건
  · 절연내력이 높을 것
  · 점도가 낮을 것
  · 인화점이 높고 응고점이 낮을 것
  · 화학작용이 일어나지 않을 것
  · 변질하지 말 것
  · 비열이 커서 냉각효과 클 것

(20) 변압기의 병렬운전 조건

① 변압기의 극성이 일치할 것
② 권수비가 같고 1차 및 2차의 정격전압이 같을 것
③ 퍼센트 임피던스의 크기가 같을 것
④ 퍼센트 저항강하 및 퍼센트 리액턴스강하의 비가 같을 것
⑤ 3상 변압기는 상회전 방향 및 각 변위가 같을 것

(21) 단권변압기의 자기용량과 부하용량의 비

$$\frac{\text{자기용량}}{\text{부하용량}} = \frac{V_h - V_i}{V_h}$$

(22) 슬립

$$s = \frac{N_s - N}{N_s} \times 100[\%]$$

여기서, N_s : 동기속도, N : 회전자 속도

[참고] 슬립의 범위
- 유도전동기의 경우 : $0 < s < 1$
- 유도발전기의 경우 : $-1 < s < 0$

(23) 등가 부하저항

$$R = \left(\frac{1}{s} - 1\right)r_2[\Omega]$$

(24) 2차 입력, 2차 손실, 기계적 출력과 슬립의 관계

$$P_2 : P_C : P_0 = 1 : S : (1-S)$$

(25) 토크특성

$$T \propto P_{극수} \propto \frac{1}{f} \propto V_1^2 \propto \frac{r_2}{s}$$

최대토크를 발생하는 슬립이 $s_t \propto \dfrac{r_2}{x_2}$ 이므로 s_t는 2차 합성저항 R_2의 크기에 비례하므로
최대 토크는 $T_m \propto \dfrac{r_2}{x_2} = \dfrac{mr_2}{ms_t}$ 으로 일정하다.
(여기서, $R_2 = r_2 + R$으로 R_2 : 2차 합성저항, r_2 : 2차 내부저항, R : 2차 외부저항)

(26) 유도전동기 원선도 작성시 필요시험 : 무부하시험, 구속시험, 저항측정

(27) 2차 효율

$$\eta_2 = \frac{2차\ 출력}{2차\ 입력} = \frac{1-s}{1} = 1 - s = \frac{N}{N_s}$$

(28) 3상 유도전동기의 기동법

① 농형 유도전동기 기동법 : 전전압 기동, Y-△기동, 기동보상기법(= 단권변압기 기동), 리액터 기동, 콘드로퍼 기동

② 권선형 유도전동기 기동법 : 2차 저항 기동(= 기동 저항기법), 게르게스 기동

(29) 유도전동기 속도제어법

① 농형 유도전동기 : 극수 변환법, 주파수 제어법, 1차 전압 제어법

② 권선형 유도전동기 : 2차 저항 제어법, 2차 여자법, 종속법

(30) 단상 유도전동기의 기동토크 크기에 따른 비교 순서

반발기동형 > 반발유도형 > 콘덴서기동형 > 분상기동형 > 세이딩코일형 > 모노사이크릭형

(31) 다이오드 보호방식

① 과전류로부터 다이오드 보호 : 다이오드를 병렬로 추가접속

② 과전압으로부터 다이오드 보호 : 다이오드를 직렬로 추가접속

③ 1상 반파 $E_d = 0.45E[V]$

④ 1상 전파 $E_d = 0.9E[V]$

⑤ 3상 반파 $E_d = 1.17E[V]$

⑥ 3상 전파 $E_d = 1.35E[V]$

(32) 사이리스터 전류의 정의
  ① 래칭전류 : 사이리스터의 Turn on 하는데 필요한 최소의 Anode 전류
  ② 유지전류 : 게이트를 개방한 상태에서 사이리스터가 on상태를 유지하는데 필요한 최소의 Anode전류

(33) 사이리스터 특성
  ① SCR(사이리스터) : 단방향 3단자
  ② GTO(Gate Turn Off 사이리스터) : 단방향 3단자
  ③ SCS : 단방향 4단자
  ④ TRIAC(트라이액) : 양방향 3단자

(34) 정류기에 따른 전력변환
  ① 인버터 : 직류-교류로 변환
  ② 컨버터 : 교류-직류로 변환
  ③ 사이클로 컨버터 : 교류-교류로 변환
  ④ 쵸퍼 : 직류-직류로 변환

(35) 스테핑 모터의 구조형의 종류 : 하이브리드형, 영구자석형, 가변 릴럭턴스형

(36) 단상 직권전동기의 종류 : 직권형, 보상직권형, 유도보상직권형

Chapter 04 회로이론

(1) 직류회로의 이해

① 전류(電流, Current, I[A, 암페어])
- 일정한 비율로 전하가 이동하는 경우 : $I = \dfrac{Q}{t}$ [C/s = A]
- 이동하는 전하량이 시간적으로 변하는 경우 : $i(t) = \dfrac{dq(t)}{dt}$ [A]

② 전력(電力, Power, P[W, 와트])
- 소비전력 : $P = \dfrac{W}{t} = VI = I^2R = \dfrac{V^2}{R}$ [W] ($W = QV = VIt$[J], $V = IR$[V])
- 발열량 : $H = 0.24Pt = 0.24I^2Rt$[cal] (1[J] = 0.24[cal], 1[kWh] = 860[kcal])

③ 저항의 접속법

구분	직렬접속	병렬접속
회로	(회로도: R_1, R_2 직렬, V_1, V_2, I_1, I_2, V)	(회로도: R_1, R_2 병렬, I_1, I_2, I, V)
특징	· 전류는 일정($I = I_1 = I_2$) · 전압은 분배($V = V_1 + V_2$)	· 전압은 일정($V = V_1 = V_2$) · 전류는 분배($I = I_1 + I_2$)

합성
저항
	· 저항이 2개인 경우 : $R_0 = R_1 + R_2$ [Ω]
	· 저항이 n개인 경우
	  - $R_0 = R_1 + R_2 + \ldots + R_n$[Ω]
	  - $R_1 = R_2 = \ldots = R_n = R$인 경우 :
	    $R_0 = nR$[Ω]
		· 저항이 2개인 경우 : $R_0 = \dfrac{1}{\dfrac{1}{R_1} + \dfrac{1}{R_2}} = \dfrac{R_1 \times R_2}{R_1 + R_2}$[Ω]
		· 저항이 n개인 경우
		  - $R_0 = \dfrac{1}{\dfrac{1}{R_1} + \dfrac{1}{R_2} + \ldots + \dfrac{1}{R_n}}$[Ω]
		  - $R_1 = R_2 = \ldots = R_n = R$인 경우 : $R_0 = \dfrac{R}{n}$[Ω]

분배 법칙	· $V_1 = \dfrac{R_1}{R_1 + R_2} \times V$ · $V_2 = \dfrac{R_2}{R_1 + R_2} \times V$	· $I_1 = \dfrac{R_2}{R_1 + R_2} \times I$ · $I_2 = \dfrac{R_1}{R_1 + R_2} \times I$

(2) 단상 교류회로의 이해

① 순시값(Instantaneous value)

시간적 변화에 따라 순간순간 나타나는 정현파의 값으로 기호는 i(t), v(t), i, v와 같이 소문자로 표시한다.

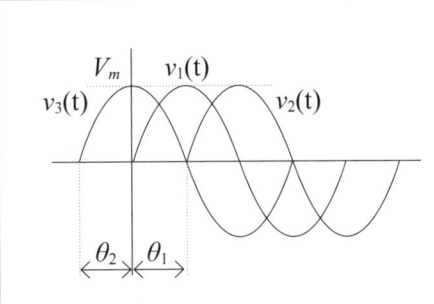

- $v_1(t) = V_m \sin \omega t$
- $v_2(t) = V_m \sin(\omega t - \theta_1)$: 지상
- $v_3(t) = V_m \sin(\omega t + \theta_2)$: 진상
- 각 주파수 : $\omega = \dfrac{\theta}{t} = \dfrac{2\pi}{T} = 2\pi f [\text{rad/s}]$
  (여기서, T[s] : 주기, f[Hz] : 주파수)
- $f = 60[\text{Hz}]$에서 $\omega = 120\pi = 377$
- $f = 50[\text{Hz}]$에서 $\omega = 100\pi = 314$

② 평균값(Average value 또는 Mean value)

- 한 주기를 평균내면 수학적으로 0이 되므로 반주기로 평균값을 구한다.
- 평균값 : $I_{av} = \dfrac{1}{T}\int_0^T i(t)dt = \dfrac{I_m}{\pi} \times 2 = 0.637\, I_m = 0.9I$ (I : 실효값)

③ 실효값(Effective value 또는 Root mean square value)

- 부하에서 소비되는 열량을 기준으로 교류를 직류로 환산한 값을 말한다.
- $I = \sqrt{\dfrac{1}{T}\int_0^T i(t)^2 dt} = \dfrac{I_m}{\sqrt{2}} = 0.707\, I_m$

④ 여러 파형에 따른 표현법

종별	파형	실효값 전파	실효값 반파	평균값 전파	평균값 반파	파형률 전파	파고율 전파
구형파		V_m	$\dfrac{V_m}{\sqrt{2}}$	V_m	$\dfrac{V_m}{2}$	1	1
정현파		$\dfrac{V_m}{\sqrt{2}}$	$\dfrac{V_m}{2}$	$\dfrac{V_m}{\pi} \times 2$	$\dfrac{V_m}{\pi}$	1.11	$\sqrt{2}$
삼각파		$\dfrac{V_m}{\sqrt{3}}$	$\dfrac{V_m}{\sqrt{6}}$	$\dfrac{V_m}{2}$	$\dfrac{V_m}{4}$	1.155	$\sqrt{3}$

- 파고율 = $\dfrac{\text{최대값}}{\text{실효값}}$

- 파형률 = $\dfrac{\text{실효값}}{\text{평균값}}$

⑤ 정현파의 페이저의 표시

- 정현파 순시값 : $i(t) = I_m \sin(\omega t + \theta) = I\sqrt{2}\sin(\omega t + \theta)[\text{A}]$
- 페이저 표현 : $I = I \angle \theta = I(\cos\theta + j\sin\theta) = Ie^{j\theta}[\text{A}]$
- 오일러 정리 : $A \angle \theta_1 \times B \angle \theta_2 = AB \angle \theta_1 + \theta_2$, $\dfrac{A \angle \theta_1}{B \angle \theta_2} = \dfrac{A}{B} \angle \theta_1 - \theta_2$

⑥ R, L, C 회로 특성(X_L : 유도성 리액턴스, X_C : 용량성 리액턴스)

구분	R만의 회로	L만의 회로	C만의 회로
페이저도			
정지 벡터도			
특징	· $I_R = \dfrac{V}{R}$[A] · 전류와 전압의 위상이 같다.(동위상)	· $I_L = \dfrac{V}{X_L} = \dfrac{V}{\omega L}$[A] · 전류는 전압보다 위상이 90° 늦다.	· $I_C = \dfrac{V}{X_C} = \omega CV$[A] · 전류는 전압보다 위상이 90° 빠르다.

⑦ $R-X$ 직렬회로

구분	회로가 유도성인 경우	회로가 용량성인 경우
합성 임피던스	$Z = R + jX_L = \sqrt{R^2 + X_L^2}$ $= \sqrt{R^2 + (\omega L)^2}$[Ω]	$Z = R - jX_C = \sqrt{R^2 + X_C^2}$ $= \sqrt{R^2 + \left(\dfrac{1}{\omega C}\right)^2}$[Ω]
상차각 (부하각)	$\theta = \tan^{-1}\dfrac{X_L}{R} = \tan^{-1}\dfrac{\omega L}{R}$	$\theta = -\tan^{-1}\dfrac{X_C}{R} = -\tan^{-1}\dfrac{1}{\omega CR}$

⑧ $R-X$ 병렬회로

구분	회로가 유도성인 경우	회로가 용량성인 경우
합성 임피던스	$Z = \dfrac{1}{\dfrac{1}{R} + \dfrac{1}{jX_L}} = \dfrac{jRX_L}{R + jX_L}$ $= \dfrac{RX_L}{\sqrt{R^2 + X_L^2}} = \dfrac{\omega RL}{\sqrt{R^2 + (\omega L)^2}}$[Ω]	$Z = \dfrac{1}{\dfrac{1}{R} + \dfrac{1}{-jX_C}} = \dfrac{-jRX_C}{R - jX_C}$ $= \dfrac{RX_C}{\sqrt{R^2 + X_C^2}}$[Ω]

Chapter 05 제어공학

(1) 자동제어의 개요

① Feedback 제어계의 기본 구성

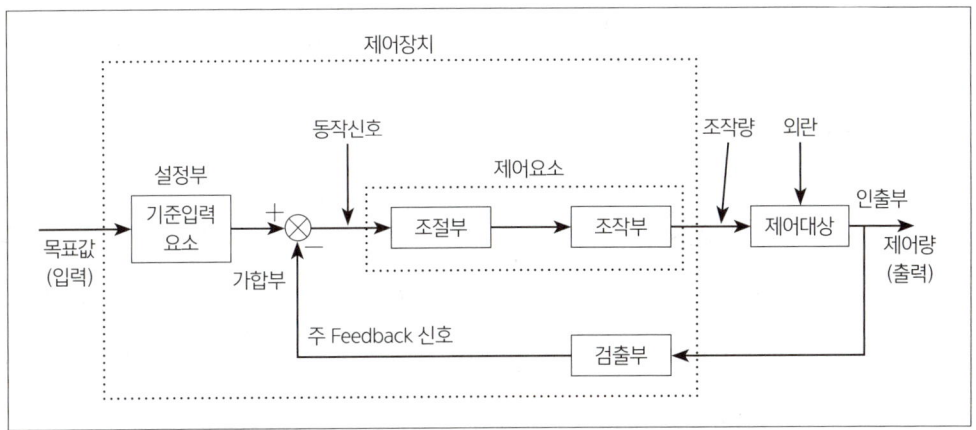

- 기준입력요소(설정부) : 목표값을 제어할 수 있는 신호를 변환하는 장치
- 동작신호 : 제어계를 동작시키는 기준으로서 직접 제어계에 가해지는 신호
- 제어요소 : 동작신호를 조작량으로 변환하는 장치로 조절부와 조작부로 구성
- 검출부 : 입력과 출력을 비교하는 장치
- 조작량 : 제어장치가 제어대상에 가해지는 신호로 제어장치의 출력인 동시에 제어대상의 입력신호

② 제어계의 분류

구분	내용
제어량에 의한 분류	• 서보 기구 : 위치, 방위, 자세, 거리, 각도 등의 기계적 변위를 제어 • 프로세서 기구 : 온도, 유량, 압력, 농도, 습도, 비중 등 공업공정의 상태량을 제어 • 자동조정 기구 : 전압, 주파수, 회전력, 토크 등 기계적 또는 전기적인 양을 제어

목표값에 의한 분류	• 정치 제어 : 시간에 관계없이 일정한 제어(대표되는 제어 : 연속식 압연기)
	• 추치 제어 : 시간에 따라 변화하는 제어
	  - 추종 제어 : 임의로 변화(어군탐지기, 대공포, 추적 레이더 등)
	  - 프로그램 제어 : 미리 정해진 신호에 따라 동작(무인열차, 엘리베이터 등)
	  - 비율 제어 : 2개 이상의 양 사이에 어떤 비율을 유지하도록 제어하는 것

조절부 동작에 의한 분류	• 비례 제어(P제어) : 난조 제거, 잔류편차(Off set)발생 • 비례 적분 제어(PI제어) : 잔류편치제거(정상특성을 개선), 속응성이 길어짐 • 비례 미분 제어(PD제어) : 과도응답의 속응성을 개선시킴 • 비례 미·적분 제어(PID제어) : 속응성 향상, 잔류편차제거 등 최적의 제어

(2) 전달함수

① 전달함수의 정의

- 선형 미분방정식의 초기값을 0으로 했을 때 입력신호의 라플라스 변환과 출력신호의 라플라스 변환의 비를 말한다.
- 즉, 입력신호를 $r(t)$, 출력신호를 $c(t)$라 하면 전달함수는,

$$G(s) = \frac{\mathcal{L}[c(t)]}{\mathcal{L}[r(t)]} = \frac{C(s)}{R(s)} \qquad R(s) \longrightarrow \boxed{G(s)} \longrightarrow C(s)$$

② 전기회로의 전달함수

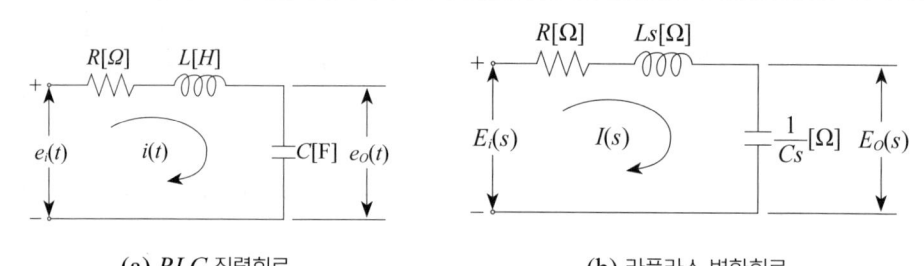

(a) RLC 직렬회로 (b) 라플라스 변환회로

- $G(s) = \dfrac{E_0(s)}{E_i(s)} = \dfrac{\dfrac{1}{Cs}I(s)}{\left(Ls + R + \dfrac{1}{Cs}\right)I(s)} = \dfrac{\dfrac{1}{Cs}}{Ls + R + \dfrac{1}{Cs}} = \dfrac{Z_0(s)}{Z_i(s)}$

$$= \dfrac{1}{LCs^2 + RCs + 1} = \dfrac{\dfrac{1}{LC}}{s^2 + \dfrac{R}{L}s + \dfrac{1}{LC}}$$

- Z_0 : 출력 측에서 바라본 임피던스
- Z_i : 입력 측에서 바라본 임피던스

- $G(s) = \dfrac{I(s)}{E_i(s)} = \dfrac{I(s)}{\left(Ls + R + \dfrac{1}{Cs}\right)I(s)} = \dfrac{1}{Ls + R + \dfrac{1}{Cs}} = \dfrac{1}{Z_i(s)}$

$$= \dfrac{Cs}{LCs^2 + RCs + 1} = \dfrac{Cs \cdot \dfrac{1}{LC}}{s^2 + \dfrac{R}{L}s + \dfrac{1}{LC}}$$

- $G(s) = \dfrac{E_o(s)}{I(s)} = \dfrac{\dfrac{1}{Cs}I(s)}{I(s)} = \dfrac{1}{Cs} = Z_o(s)$

③ 블록선도와 신호흐름선도

· 블록선도의 구성

신호	→	화살표 방향으로 신호가 전달된다.
전달요소	$R(s) \rightarrow \boxed{G(s)} \rightarrow C(s)$	$C(s) = G(s)R(s)$
가합점 (Summing point)	$X(s) \rightarrow \oplus \rightarrow E(s)$, $B(s) \uparrow \pm$	$E(s) = X(s) \pm B(s)$
인출점 (Branch point)	$X(s) \rightarrow Y(s)$, $\rightarrow Z(s)$	$X(s) = Y(s) = Z(s)$

· 블록선도의 종합 전달함수

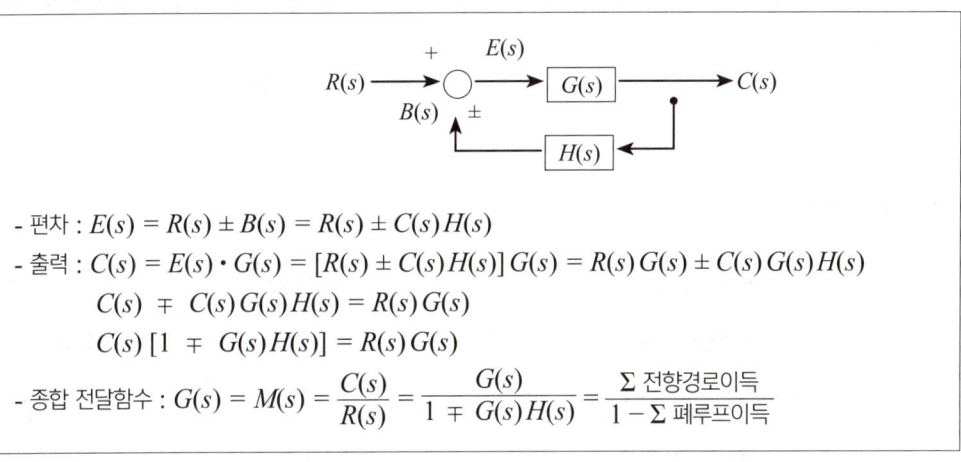

- 편차 : $E(s) = R(s) \pm B(s) = R(s) \pm C(s)H(s)$
- 출력 : $C(s) = E(s) \cdot G(s) = [R(s) \pm C(s)H(s)]G(s) = R(s)G(s) \pm C(s)G(s)H(s)$
  $C(s) \mp C(s)G(s)H(s) = R(s)G(s)$
  $C(s)[1 \mp G(s)H(s)] = R(s)G(s)$
- 종합 전달함수 : $G(s) = M(s) = \dfrac{C(s)}{R(s)} = \dfrac{G(s)}{1 \mp G(s)H(s)} = \dfrac{\sum \text{전향경로이득}}{1 - \sum \text{폐루프이득}}$

· 블록선도 및 신호흐름선도의 종합 전달함수

종합 전달함수	블록선도	신호흐름선도 등가변환
$M(s) = G_1 G_2$	$R(s) \rightarrow \boxed{G_1} \rightarrow \boxed{G_2} \rightarrow C(s)$	$R \circ \xrightarrow{G_1} \circ \xrightarrow{G_2} \circ C$
$M(s) = G_1 + G_2$	$R(s) \rightarrow \boxed{G_1}, \boxed{G_2} \rightarrow \oplus \rightarrow C(s)$	$R \circ \xrightarrow{1} \circ \xrightarrow{G_1} \circ \xrightarrow{1} \circ C$, G_2
$M(s) = \dfrac{G}{1 \mp GH}$	$R(s) \rightarrow \oplus \rightarrow \boxed{G} \rightarrow C(s)$, $\boxed{H}$	$R \circ \xrightarrow{1} \circ \xrightarrow{G} \circ \xrightarrow{1} \circ C$, $\pm H$

Chapter 06 전기설비기술기준

(1) 저압전로의 절연성능

전로의 사용전압 [V]	DC시험전압 [V]	절연저항 [MΩ]
SELV 및 PELV	250	0.5
FELV, 500V 이하	500	1.0
500V 초과	1,000	1.0

(2) 접근상태

① 1차 접근상태 : 지지물이 파괴되어 다른 시설물에 전선이 접촉할 우려가 있는 위험상태(수평거리 3m 이상)

② 2차 접근상태 : 가공전선 위치가 시설물의 옆 또는 위쪽으로 3m 미만

(3) 절연내력시험

최대사용전압	시험전압	최저시험전압
7,000[V] 이하	1.5배	500[V]
7,000[V] ~ 60[kV] 이하	1.25배	10,500[V]
60[kV] 이상	1.1배	75,000[V]
중성점 비접지식	1.25배	비고
중성점 직접접지식	0.72배	비고
중성점 직접접지식으로 사용전압 170[kV] 넘는 경우	0.64배	비고
7,000[V]를 넘고 25,000[V] 이하 중성점(선) 다중접지	0.92배	비고

※ 직류 시험전압 → 교류절연내력 시험전압의 2배

(4) 접지시스템의 종류 : 단독접지, 공통접지, 통합접지

(5) 접지도체의 굵기

① 특고압·고압 전기설비용은 $6mm^2$ 이상의 연동선

② 중성점 접지용은 $16mm^2$ 이상의 연동선

③ 7kV 이하의 전로 또는 25kV 이하인 특고압 가공전선로로 중성점 다중접지 방식(지락시 2초 이내 전로차단)인 경우 $6mm^2$ 이상의 연동선

(6) 수뢰부시스템의 배치방법 : 보호각법, 회전구체법, 그물망법

(7) 보호장치의 특성(과전류트립 동작시간 및 특성)

① 산업용 배선차단기

정격전류의 구분	시 간	정격전류의 배수 (모든 극에 통전)	
		부동작 전류	동작 전류
63A 이하	60분	1.05배	1.3배
63A 초과	120분	1.05배	1.3배

② 주택용 배선차단기

정격전류의 구분	시 간	정격전류의 배수 (모든 극에 통전)	
		부동작 전류	동작 전류
63A 이하	60분	1.13배	1.45배
63A 초과	120분	1.13배	1.45배

(8) 저압 가공전선의 굵기 및 종류

① 저압 가공전선은 나전선(중성선 또는 다중접지된 접지측 전선으로 사용하는 전선), 절연전선, 다심형 전선 또는 케이블을 사용할 것.

② 사용전압이 400V 이하인 저압 가공전선
- 지름 3.2mm 이상(인장강도 3.43kN 이상)
- 절연전선인 경우는 지름 2.6mm 이상(인장강도 2.3kN 이상)

③ 사용전압이 400V 초과인 저압 가공전선
- 시가지 : 지름 5mm 이상(인장강도 8.01kN 이상)
- 시가지 외 : 지름 4mm 이상(인장강도 5.26kN 이상)

④ 사용전압이 400V 초과인 저압 가공전선에는 인입용 비닐절연전선을 사용하지 않을 것.

(9) 가공전선의 높이

① 도로를 횡단하는 경우 지표상 6m 이상
② 철도 또는 궤도를 횡단하는 경우에는 레일면상 6.5m 이상
③ 횡단보도교의 위인 경우에는 저·고압 가공전선은 노면상 3.5m 이상(절연전선 및 케이블인 경우에는 3m 이상)
④ 기타(도로를 따라 시설)의 경우 지표상 5m 이상

(10) 나전선의 사용 제한

다음 내용에서만 나전선을 사용할 수 있다.
① 애자공사에 의하여 전개된 곳에 다음의 전선을 시설하는 경우
- 전기로용 전선
- 전선의 피복절연물이 부식하는 장소에 시설하는 전선
- 취급자 이외의 사람이 출입할 수 없도록 설비한 장소

② 버스덕트 공사에 의하여 시설하는 경우
③ 라이팅덕트 공사에 의하여 시설하는 경우
④ 저압 접촉전선 및 놀이용 전차를 시설하는 경우

(11) 수용가 설비에서의 전압강하

설비의 유형	조명(%)	기타(%)
저압으로 수전하는 경우	3	5
고압 이상으로 수전하는 경우	6	8

(12) 먼지 위험장소

① 폭연성 먼지(마그네슘·알루미늄·티탄 등)가 발화원이 되어 폭발할 우려가 있는 곳에 시설하는 저압 내 전기설비 → 금속관공사, 케이블 공사(캡타이어케이블은 제외)

② 가연성 먼지(소맥분·전분·유황 등)가 발화원이 되어 폭발할 우려가 있는 곳에 시설하는 저압 옥내 전기설비 → 금속관공사, 케이블 공사, 합성수지관공사(두께 2mm 미만은 제외)

(13) 풍압하중의 종별과 적용

갑종 풍압하중의 종류와 그 크기는 다음과 같다.

풍압을 받는 구분		구성재의 수직투영면적 1[m²]에 대한 풍압
지지물	목주	588[Pa]
	철주	· 원형 : 588[Pa] · 삼각형 또는 능형 : 1412[Pa] · 강관으로 4각형 : 1117[Pa] · 기타 : 1784[Pa](목재가 전·후면에 겹치는 경우 : 1627[Pa])
	철근 콘크리트주	· 원형 : 588[Pa] · 기타 : 882[Pa]
	철탑	· 강관 : 1255[Pa] · 기타 : 2157[Pa]
전선, 기타 가섭선		· 단도체 : 745[Pa] · 다도체 : 666[Pa]
애자장치(특고압 전선용)		1039[Pa]
완금류		· 단일재 1196[Pa] · 기타 : 1627[Pa]

(14) 지지선의 시설

가공전선로의 지지물에 시설하는 지지선은 다음에 따라야 한다.

① 지지선의 안전율 : 2.5 이상(목주·A종 철주, A종 철근 콘크리트주 등 1.5 이상)

② 허용인장하중 : 4.31[kN] 이상

③ 소선(素線) 3가닥 이상의 연선일 것

④ 소선은 지름 2.6[mm] 이상의 금속선을 사용한 것일 것. 또는 소선의 지름이 2[mm] 이상인 아연도강연선으로서, 소선의 인장강도가 0.68[kN/mm²] 이상인 것

⑤ 지중부분 및 지표상 0.3[m]까지의 부분에는 내식성이 있는 아연도금철봉 사용

(15) 시가지 등에서 특고압 가공전선로의 시설

① 전선굵기
- 100[kV] 미만 : 55[mm²] 이상
- 100[kV] 이상 : 150[mm²] 이상

② 지지물 간 거리
- A종 : 75[m] 이하(목주 제외)
- B종 : 150[m] 이하
- 철탑 : 400[m] 이하(단, 전선이 수평배치이고 간격이 4[m] 미만이면 250[m] 이하)

③ 사용전압 100[kV]를 초과하는 선로에 지락 및 단락 시 1초 이내에 차단

④ 전선지표상 높이
- 35[kV] 이하 시 : 10[m] 이상(절연전선 사용 시 8[m] 이상)
- 35[kV] 초과 시 : 10[m] + 0.12 × N 이상

(16) 유도장해의 방지

① 고·저압 가공전선로인 경우 : 기설 약전류 전선과 2m 이상 이격할 것

② 특고압 가공전선로인 경우 : 약전류 전선의 유도전류 제한
- 사용전압 60kV 이하 → 전화선로의 길이 12km마다 2μA 이하
- 사용전압 60kV 초과 → 전화선로의 길이 40km마다 3μA 이하

(17) 특고압 보안공사

제1종 특고압 보안공사는 다음에 따라 시설할 것

① 35[kV] 넘는 특고압 가공전선로가 건조물 등과 제2차 접근상태로 시설되는 경우에 적용

② 전선의 굵기
- 100[kV] 미만 : 인장강도 21.67[kN] 이상, 55[mm²] 이상의 경동연선일 것
- 100[kV] 이상 300[kV] 미만 : 인장강도 58.84[kN] 이상, 150[mm²] 이상의 경동연선일 것
- 300[kV] 이상 : 인장강도 77.47[kN] 이상, 200[mm²] 이상의 경동연선일 것

③ 지지물 간 거리
- A종 지지물, 목주 : 사용하지 않음
- B종 지지물 : 150[m] 이하
- 철탑 : 400[m] 이하

(18) 고압 및 특고압 전로 중의 과전류차단기의 시설

① 포장퓨즈 : 정격전류의 1.3배의 전류에 견디고 또한 2배의 전류로 120분 안에 용단될 것
② 비포장퓨즈 : 정격전류의 1.25배의 전류에 견디고 또한 2배의 전류로 2분 안에 용단될 것

(19) 지중전선로의 시설

① 지중전선로에는 케이블을 사용
② 지중전선로의 매설방법 : 직접 매설식, 관로식, 암거식
③ 관로식 및 직접 매설식을 시설하는 경우 매설 깊이를 차량, 기타 중량물의 압력을 받을 우려가 있는 장소에는 1.0m 이상, 기타 장소에는 0.6m 이상 시설

(20) 과전류차단기의 시설 제한

① 시설할 곳 : 전선과 기계기구를 과전류로부터 보호
② 과전류차단기의 시설제한
  · 접지공사의 접지선
  · 다선식 선로의 중성선
  · 접지공사를 한 저압 가공전선로의 접지측 전선

(21) 고압 옥내배선 등의 시설

① 애자공사(건조한 장소로서 전개된 장소에 한한다)
② 케이블공사
③ 케이블트레이공사

(22) 발전기 보호 ⇒ 차단장치

① 과전류, 과전압이 생긴 경우
② 100[kVA] 이상 ⇒ 풍차 발전기의 압유장치 문제
③ 500[kVA] 이상 ⇒ 수차 발전기의 압유장치 문제
④ 2000[kVA] 이상 ⇒ 수차 발전기 베어링 온도가 상승할 때
⑤ 10,000[kVA] 이상 ⇒ 내부에 고장이 생길 때
⑥ 10,000[kW] 초과 ⇒ 터빈 발전기의 스러스트베어링 온도 상승

(23) 발전소 계측장치

① 발전기, 연료전지 또는 태양전지 모듈의 전압, 전류, 전력
② 발전기 베어링(수중 메탈은 제외) 및 고정자의 온도
③ 정격출력이 10000[kW]를 넘는 증기 터빈에 접속된 발전기진동의 진폭
④ 주요 변압기의 전압, 전류, 전력
⑤ 특고압용 변압기의 온도

(24) 피뢰기의 시설

고압 및 특고압의 전로 중 피뢰기를 시설하여야 할 곳
① 발전소·변전소 또는 이에 준하는 장소의 가공전선 인입구 및 인출구
② 가공전선로에 접속하는 배전용 변압기의 고압측 및 특고압측
③ 고압 및 특고압 가공전선로로부터 공급을 받는 수용장소의 인입구
④ 가공전선로와 지중전선로가 접속되는 곳

(25) 전차선 전선 설치방식 : 가공방식, 강체방식, 제3레일방식

(26) 전기저장장치의 제어 및 보호장치 등

전기저장장치의 이차전지는 다음에 따라 자동으로 전로로부터 차단하는 장치를 시설
① 과전압 또는 과전류가 발생한 경우
② 제어장치에 이상이 발생한 경우
③ 이차전지 모듈의 내부 온도가 급격히 상승할 경우